FORTSCHRITTE DER BOTANIK

BEGRÜNDET VON FRITZ VON WETTSTEIN

UNTER ZUSAMMENARBEIT
MIT ZAHLREICHEN FACHGENOSSEN
UND MIT DER
DEUTSCHEN BOTANISCHEN GESELLSCHAFT

HERAUSGEGEBEN VON

ERWIN BÜNNING
TÜBINGEN

HEINZ ELLENBERG
ZÜRICH

SECHSUNDZWANZIGSTER BAND
BERICHT ÜBER DAS JAHR 1963

MIT 15 ABBILDUNGEN

SPRINGER-VERLAG
BERLIN · GÖTTINGEN · HEIDELBERG · NEW YORK
1964

ISBN 978-3-642-94891-6   ISBN 978-3-642-94890-9 (eBook)
DOI 10.1007/978-3-642-94890-9

Brühlsche Universitätsdruckerei Gießen

Titel-Nr. 4830

ERNST GÄUMANN

ist am 5. 12. 1963 im Alter von 70 Jahren verstorben. Zusammen mit OTTO RENNER hat er in unermüdlicher Arbeit dafür gesorgt, daß die „Fortschritte der Botanik" nach dem Krieg im Jahre 1949 wieder erscheinen konnten. Den Umfang seiner Bemühungen für das rechtzeitige Erscheinen der Bände und für die dem Fortschritt der Wissenschaft gerecht werdende Neugestaltung des Inhalts vermögen nur seine engeren Mitarbeiter und der Verlag abzuschätzen. Die Fachkollegen werden auch diese Leistung ERNST GÄUMANNs stets in dankbarer Erinnerung halten.

An GÄUMANNs Stelle wird von diesem Band ab HEINZ ELLENBERG Mitherausgeber der „Fortschritte der Botanik".

Inhaltsverzeichnis

---

[1] Der Beitrag folgt in Band 27.

---

[1] Der Beitrag folgt in Band 27.

E. Ausgewählte Kapitel der angewandten Botanik

Die Abschnitte A und B sind von H. ELLENBERG und die Abschnitte C und D von E. BÜNNING, der Abschnitt E ist von H. ELLENBERG und E. BÜNNING redigiert.

A. Anatomie und Morphologie

1. Morphologie und Entwicklungsgeschichte der Zelle

Von Lothar Geitler und Elisabeth Tschermak-Woess, Wien

Cyanophyceen und Bakterien. An der hormogonalen Fadenalge *Symploca* untersuchten Pankratz u. Bowen erneut elektronenoptisch den Bau des Cyanophyceenprotoplasten, ohne daß sich wesentlich Neues ergab; ob die als Ribosomen bezeichneten kleinen Körper wirklich solche sind (wie schon Ris u. Singh meinten), bleibt abzuwarten; die Chromatoplasmalamellen sind als flache Säcke (Thylakoide) ausgebildet und — in diesem Fall — nicht in einem distinkten peripheren Chromatoplasma lokalisiert; im Chromatinapparat konnte keinerlei Ordnung — die aber zu fordern ist — gefunden werden, und ebensowenig ließ sich eine "organized distribution" auf die Tochterzellen feststellen (die aber sicher vorhanden ist; vgl. weiter unten). Die in Kultur lebhaft wachsenden Algenfäden sind offenbar für die Beobachtung einer Teilungsstruktur wenig geeignet, weil sie sich in so hoher Teilungsfrequenz befinden, daß eine neue Teilung vor Beendigung der vorhergehenden einsetzt, eine Zelle also z. B. eine mittelalte und zwei jüngere Querwandanlagen oder manchmal sogar 7 Querwandanlagen besitzt, — eine nur bei Cyanophyceen realisierbare Situation, die ihre von den Karyonten grundsätzlich abweichende Organisation deutlich vor Augen führt. Wie bei einer Hormogonale zu erwarten und von anderen schon bekannt, sind in den Querwänden Poren („Plasmodesmen") vorhanden, und in ihrer unmittelbaren Nähe finden sich Porenreihen auch an den Längswänden. — Den typischen akaryonten Bau der Cyanophyceenzelle ergeben auch die Untersuchungen Marčenkos an der Thermalalge *Mastigocladus laminosus*, bei der Chromato- und Centroplasma deutlich unterscheidbar sind und bei der die Chromatoplasmalamellen wie bei *Chroococcus* (Fortschr. Bot. **21**, 2) unter Vergröberung lichtmikroskopisch sichtbar werden können. — El.-optische Untersuchungen der Heterocysten bestätigen das lichtoptisch Bekannte (Wildon u. Mercer).

Sehr aufschlußreich sind el.-optische Untersuchungen an einer Pleurocapsale, die nach Art der autosporinen Protococcalen Endosporen bildet (Beck). Der Protoplast des erwachsenen Sporangiums besitzt zahlreiche feulgenpositive Einzelelemente, deren jedes offenbar ein Kernäquivalent darstellt und die zusammen den Chromatinapparat bilden; die Sporen enthalten je ein solches Element, die wachsenden und erwachsenen Zellen entsprechend mehr und sind demnach polyenergid, wie dies schon Fuhs mit guten Gründen angenommen hat (Fortschr. Bot. **20**, 1) und worin offenbar der Schlüssel zum Verständnis der Blaualgenzelle überhaupt liegt. Das Einzelelement besteht aus einer netzig-fibrillären, DNS-haltigen Struktur und einer homogenen Substanz unbekannter Natur. Die Sporenbildung erfolgt, obwohl Simultanie möglich wäre, sukzedan, die Sporen behäuten sich noch innerhalb des Sporangiums ohne Beteiligung der Mutterzellwand, nach ihrer Entleerung zeigen sie ruckartige Eigenbewegung; alle diese Beobachtungen sind wertvolle Bestätigungen bisher unsicherer Vermutungen und gelten mutatis mutandis wohl für alle Cyanophyceen. Die Chromatoplasmalamellen sind auch hier als Thylakoide ausgebildet und dürften in Bau und Funktion denen höherer Pflanzen entsprechen; sie finden sich in älteren Zellen im ganzen Protoplasten, nur in den Sporen ist ein distinktes peripheres Chromatoplasma entwickelt; die Zerlegung des Protoplasten in die Sporen erfolgt unter Bildung vieler kleiner, sich einkrümmender Lamellenstapel, die je ein Kernäquivalent umschließen.

Über den Feinbau der Chromatinkörper der Bakterien läßt sich, trotz zahlreicher Bemühungen, noch kein abschließendes Urteil fällen (vgl. z. B. KRAN); klar ist nur, daß keine Zellkerne und Mitosen vorkommen, also eine akaryonte Organisation vorliegt (BRIEGER). — Bei den Stäbchenbacterium *Salmonella* wird die neue Membransubstanz beim Wachstum gleichmäßig über die ganze Länge der Zelle eingebaut (MAY), die beiden Tochterzellen lassen also keine verschieden alte Anteile erkennen; bei *Streptococcus* erfolgt dagegen nach COLE u. HAHN das Membranwachstum nur im Äquator der Zelle[1].

Protisten. In Untersuchungen, die mustergültig licht- und elektronenmikroskopische Methoden verbinden, zeigen MANTON u. PARKE (1962) für eine *Chrysochromulina*, daß die außen der Zelle anliegenden Schalenplättchen im Protoplasten entstehen und erst nachträglich oberflächlich deponiert werden, wie dies MANTON u. Mitarb. schon in anderen Fällen annahmen; dabei besteht ein deutlicher diurnaler Rhythmus: die Bildung der Plättchen ist während der Nacht sistiert, wogegen die Mitosen gerade in der Nacht ablaufen, und in den Nachtstunden zeigt auch der Golgikörper — es ist nur einer je Zelle vorhanden — eine auffallende Strukturänderung, die auf besondere Aktivität, d. h. Bildung von für den Zellaufbau wichtiger Substanz, schließen läßt — bei *Drosophyllum* und *Pinguicula* wird nach SCHNEPF (1) der Fangschleim vom Golgiapparat gebildet (weitere Angaben über Aktivität des Golgiapparats bei SCHNEPF l. c. S. 17). Für die „Zoosporen" der marinen Chlorophycee (Prasinophycinee) *Halosphaera* läßt sich zeigen, daß in den Cisternen der Golgikörper die Schalenplättchen entstehen, die auch hier vorhanden sind und nicht nur die Körperoberfläche, sondern auch die Geißeln, und sogar in zwei Lagen, fischschuppenartig bekleiden (MANTON, OATES u. PARKE)[2];

---

[1] Über den Assimilationsapparat der Rhodobakterien vgl. den Abschnitt „Plastiden".

[2] „Zoosporen" wurde hier unter „ " gesetzt, weil sich diese Schwärmer unter Zellteilung fortpflanzen, also bei fehlender Kenntnis der Zusammenhänge für einen selbständigen Flagellaten, und zwar für eine *Pyramidomonas*-Art gehalten werden können; der Bemerkung der Autoren, daß dadurch die Berechtigung der Gattung *Pyramidomonas* fragwürdig geworden sei, ist entgegenzuhalten, daß *P.*-Arten auch im Süßwasser vorkommen, wo es gar keine *Halosphaera* gibt.

für *Micromonas*, ebenfalls eine Chlorophycee im weiteren Sinn, wurde eine ähnliche Bedeckung der Geißeln mit Plättchen schon früher festgestellt (MANTON u. PARKE 1960), und das gleiche gilt für die vermutlich verwandte *Nephroselmis gilva* (PARKE u. RAYNS). — Die angeblich dritte Geißel der Chrysomonade *Prymnesium* erweist sich als Haptonema, d. h. als ein geißelartiges Organell, das nicht an der Lokomotion beteiligt ist und dessen „suktorielle" Spitze eine vorübergehende Anhaftung ermöglicht (MANTON u. LEEDALE); im Querschnitt zeigt es nicht die $9 + 2$ Fibrillen der Geißeln, sondern nur 7 von einer dreischichtigen Hülle umgebene Fibrillen (was nicht ausschließt, daß es sich um eine metamorphisierte Geißel handelt); die Körperoberfläche, nicht die Geißeln, sind auch hier von Schalenplättchen bedeckt. — Die Spermien von *Oedogonium* unterscheiden sich el.-optisch nicht wesentlich von den Zoosporen [HOFFMAN u. MANTON (1), (2)].

Für die farblose Volvocale *Polytoma* läßt sich el.-optisch nachweisen [LANG (1)], daß ein wahrscheinlich topfförmiger Leukoplast vorhanden ist, der auch Stärke bildet; außerhalb von ihm liegt ein Netz von Mitochondrien, das früher als Leukoplast mißdeutet wurde, während andere Autoren das Vorhandensein einer Plastide überhaupt leugneten; durch den Nachweis des Leukoplasten wird die Auffassung von *Polytoma* als apochlorotische *Chlamydomonas* bewiesen; im Unterschied zu *Chlamydomonas* ist der Leukoplast nicht lamelliert, die übrigen Organellen — end. Reticulum, Mitochondrien, Golgikörper, Stigma, doppelte Kernmembran mit Poren — sind grundsätzlich gleich gebaut wie in anderen Fällen und im besonderen bei Volvocalen [LANG (2)].

Die Askosporen der Hefen besitzen einen normalen Zellkern, ein end. Reticulum und Promitochondrien, aber keine Golgikörper (MARQUARDT 1963); vegetative Zellen einer Bäckerhefe enthalten nur manchmal Golgikörper, im übrigen einen typischen Zellkern und die sonstigen Organellen einer karyonten Zelle, obwohl manche Einzelheiten noch unklar bleiben [MARQUARDT (1)]. Den Zellkern mit perforierter Membran sowie Mitochondrien, Golgikörper und end. Reticulum beschreiben auch MOOR u. MÜHLETHALER, ähnlich auch HAGEDORN, der ausdrücklich betont, daß der Bau der Hefezelle keine „gravierenden" Unterschiede gegenüber hochorganisierten Pflanzenzellen zeigt; dies gilt auch für die Mitochondrien zahlreicher Phyko- und Eumyzeten (MOORE u. McALEAR). — Bei einer *Peronospora* läßt sich el.-optisch zeigen, daß das Haustorium die Plasmamembran der Wirtszelle nicht durchdringt; zwischen Eigenmembran des Haustoriums und dem Wirtsprotoplasten wird eine ''zone of apposition'' gebildet — ob vom Wirt oder dem Pilz, bleibt offen (PEYTON u. BOWEN).

Die Membranen verschiedener Rhodophyceen besitzen, wie bei anderen Fadenalgen, eine allen Zellen gemeinsame cuticulaartige äußerste Schichte („vagina"), eine innerste, dem Protoplasten anliegende, Schichte und zwischen beiden Schichten Membranstücke, z. T. von kompliziertem, auch H-förmigem Bau (CHADEFAUD); die Tüpfel (Synapsen) in den Querwänden und die entsprechenden Membranstücke zeigen bei verschiedenen Arten eine bedeutende Variation.

Plastiden. WEIER macht den bemerkenswerten Versuch, die photosynthetischen Apparate von den Rhodobakterien und Cyanophyceen angefangen bis zu den Metaphyten in morphologische und phylogenetische Beziehung zu bringen, wobei er gezwungen ist, mit den vielen unkritischen, von vergleichend-morphologischen Überlegungen unbeschwerten Angaben über Transformation von Plastiden und Mitochondrien oder sogar der Entstehung von Plastiden und Mitochondrien aus Zellkernen sich auseinanderzusetzen. Bei manchen *Rhodospirillum*-Arten sind (vgl. auch DREWS sowie KRAN, SCHLOTE u. SCHLEGEL) einzelne verstreut in der Zelle liegende, nicht lamellierte, blasenförmige Körper vorhanden (die WEIER entgegen jeder Logik ,,Chromatophoren" nennt) — nach COHEN-BAZIRE u. KUNISAWA liegen sie in Starklichtkulturen peripher, sonst auch im Innern der Zelle —, bei *Rhodomicrobium* gibt es schon periphere Doppellamellen, ähnlich verhalten sich bekanntlich die Cyanophyceen; bei den Rhodophyceen treten dann wirkliche Chromatophoren (Plastiden) auf usw.; die bestehende Zäsur zwischen Plastidenorganisation der Karyonten und der aplastidalen der Akaryonten arbeitet WEIER nicht klar heraus, während diese Unterschiede, allerdings unter Vernachlässigung gerade des Assilimaltionsapparates, BRIEGER besonders hervorhebt. Den in den Grundzügen gleichbleibenden lamellären Bau der Chloroplasten karyonter Algen hat schon HEITZ nachgewiesen. Obwohl manchmal bestritten, kommen Grana auch in Algenchromatophoren vor, wie sich wieder für *Acetabularia* zeigt (CRAWLEY). An den Chloroplasten von *Nicotiana* läßt sich die doppelschichtige Membran mit porenartigen Unterbrechungen deutlich erkennen (DÜVEL).

Polarität. Eine Übersicht über die Entstehung der Polarität in Keimzellen und besonders ihre Induktion durch Licht gibt HAUPT. Es ist zu unterscheiden zwischen prädeterminierter und durch Außenfaktoren induzierter Polarität, wobei im ersten Fall die Möglichkeit besteht, daß Außenfaktoren zusätzlich eingreifen können (auf die entwicklungsphysiologischen Probleme ist hier nicht einzugehen). — Eigentümlich polarisierte birnförmige Zellen nach Art von *Chlamydomonas* besitzt *Nautococcus:* der polare Zellbau wird hier für die neustonische, und zwar epineustonische Lebensweise ausgenützt, indem die Polaritätsachse senkrecht zur Wasseroberfläche steht und am einen Pol eine Art von Haftorgan ausgebildet wird, mit dem die Zelle auf der Wasseroberfläche sitzt; JAVORNICKY macht ergänzende entwicklungsgeschichtliche Beobachtungen, verwechselt aber oben mit unten, wodurch die Alge fälschlicherweise als submerser Hyponeustont aufgefaßt wird, obwohl dieser Irrtum schon vor Jahren vom Ref. richtiggestellt wurde.

Die Polarisierung der stomata- und nebenzellenbildenden Epidermiszellen und damit einen Teil der Probleme der Zelldifferenzierung behandeln an verschiedenen Monokotylen STEBBINS u. JAIN sowie STEBBINS u. SHAH, ohne im wesentlichen über die Feststellung von Gradienten im Plasma und die allgemeinen Vorstellungen BÜNNINGs hinauszukommen (Fortschr. Bot. **15**, 3; **16**, 13); die Befunde an *Oedogonium* (Fortschr. Bot. **24**, 4) wie viele andere sind ihnen unbekannt geblieben. Die entwicklungsgeschichtlich sehr eingehenden Untersuchungen zeigen jedenfalls die großen Schwierigkeiten, die einer Deutung entgegenstehen, und sind durch ihre klare Formulierung der Probleme beachtenswert. Daß die Mitosespindeln senkrecht ("across") auf die Gradienten stehen, ist wohl ein lapsus linguae, denn sie stehen gewiß immer parallel zu ihnen und die Scheidewände senkrecht.

Männlicher Gametophyt der Angiospermen. Im keimenden Pollen von *Oenothera* ist das Plasma der vegetativen Zelle el.-optisch viel stärker strukturiert als das der generativen (DIERS); vor allem ist das end. Reticulum mächtiger entwickelt und ähnlich wie im Sproß- und Wurzelmeristem stellenweise zu auffallenden Cisternen erweitert, womit die lichtoptisch bekannten, mit der verschiedenen Funktion der beiden Zellen zusammenhängenden Unterschiede bestätigt werden. — Im sich entwickelnden Pollen von *Zea* bewegt sich die eben entstandene generative Zelle entlang der Zellwand an den dem vegetativen Kern gegenüberliegenden Pol, während in der vegetativen Zelle intensive Plasmasynthese erfolgt (KOROBOVA); dann wandert die generative Zelle in die vegetative ein und teilt sich, die Tochterkerne bleiben kondensiert, was mit GERASIMOVA-NAWASCHINA (Fortschr. Bot. **24**, 8) als unvollendete Telophase gedeutet wird, die erst nach der Befruchtung im Milieu des weiblichen Plasmas zu Ende geführt wird.

Das Wachstum der Exine unter Ausbildung ihrer artspezifischen Struktur erfolgt anscheinend ohne direkte Mitwirkung des Plasmas: Durch die Intine ist die Exine vom Pollenprotoplasten frühzeitig isoliert und wächst in einer Flüssigkeit, die wohl Organelle der Tapetumzellen, aber kein organisiertes Plasma enthält (HESLOP-HARRISON; ROWLEY ist entgegengesetzter Meinung, vgl. unten); doch ist nach HESLOP-HARRISON in der frühen Entwicklung des noch im Tetradenverband stehenden Pollenkorns vom Protoplasten her der primären Wand, der „Primexine", an die die Intine später innen angelagert wird, ein Muster aufgeprägt, das durch die räumliche Anordnung des end. Reticulums bestimmt (determined) wird. Dem Ref. scheint, daß zu unterscheiden wäre zwischen der Großarchitektonik, wie Lage der Keimporen und Falten, die eine gesetzmäßige Lagebeziehung zueinander innerhalb der Tetrade zeigen, und den Außenstrukturen der Exine (Sexine). Gegen die Bedeutung des end. Reticulums z. B. auch bei der Bildung der Membranverdickungen in Gefäßen, läßt sich vielleicht einwenden, daß an diesen Stellen überhaupt eine Plasmaanhäufung, daher auch eine des end. Ret. erfolgt. Jedenfalls erscheint die alte Problematik des Wandwachstums ohne Kontakt mit dem Protoplasten (Sporen von *Selaginella*, Pollen von Oenotheraceen) in neuem Licht insofern, als wenigstens ein primäres Muster durch Plasmatätigkeit gegeben ist und später „nur" mehr Wachstum erfolgt [der Nachweis negativer Plasmolyseorte an der wachsenden Wand des Pollens von *Clarkia* durch den Ref. — Planta **27**, 426 (1937) — blieb dem Autor unbekannt und es fehlt auch eine Erörterung der Anschauungen SITTES, Fortschr. Bot. **16**, 2]. — Eine Schwierigkeit bleibt für die „Plättchen" oder „Ubischkörper" der sog. Tröpfchenscheide im Anthereninhalt bestehen, wenn sie, wie bei *Poa* (ROWLEY) exineartig ornamentiert sind, denn hier ist kein plasmatischer Einfluß, auch nicht in den jüngsten Stadien, vorhanden; die Existenz von Plasmasträngen in dem Raum zwischen Tapetum und Pollenkörnern, die ROWLEY behauptet, ist unbewiesen und unglaubhaft, denn woher sollte dieses extracelluläre „Plasma", das übrigens elektronenoptisch völlig unorganisiert aussieht, kommen? — Ein ausführliches kritisches Referat über Cytologie und Entwicklungsgeschichte des Antherentapetums liegt von CARNIEL vor.

Somatische Polyploidie, Endomitose. In den Metaxylemzellen der Wurzeln von *Zea* u. a. nimmt das Kernvolumen, das Zellvolumen und — soweit gemessen — der DNS-Gehalt sprunghaft zu und besteht zwischen allen drei Größen im allgemeinen eine gute Korrelation (LIST). Es ergibt sich maximal: für *Zea* in Bestätigung älterer Befunde 32-Ploidie, vereinzelt 64-Ploidie, für *Arisaema* sicher 16-Ploidie, höchstwahrscheinlich auch 32- und 64-Ploidie und für *Acorus* 16-Ploidie (für letzteren nur aus dem Kernvolumen, DNS nicht bestimmt). In den jungen Trachëiden von *Marsilea* spielt sich dagegen kein Kernwachstum, sondern eine Kernvermehrung ab. Bei den Monokotylen handelt es sich um endomitotisches Wachstum, auch wenn vom Autor der Begriff Endomitose abgelehnt und dem endomitotischen Strukturwechsel keine Beachtung geschenkt wird. Auf Grund einer allerdings nur sehr groben Schätzung der Volumenrelationen hält MÄKINEN (1) die stark vergrößerten und chromatinreichen Kerne im jungen Zentralzylinder (höchstwahrscheinlich handelt es sich gleichfalls um Metaxylemzellen) von *Allium cepa* für 64-ploid (vgl. auch SRINIVASACHAR, der allerdings nur an einem Kern einen DNS-Wert feststellte, der 16-Ploidie entspricht). — Um zu überprüfen, ob die Wuchsstoffbehandlung von Dauergeweben neben der Mitosestimulierung in präexistierenden endopolyploiden Kernen vielleicht auch noch zu einer Chromosomenreplikation ohne nachfolgende Mitose führen kann, kombiniert PARTANEN autoradiographische Markierungsversuche mit vorhergehender oder gleichzeitiger Wuchsstoffbehandlung. Er findet in Wurzeln von *Allium cepa* nur sporadisch markierte Kerne und keine postendomitotischen Prophasen, die markiert sind. Seiner Meinung nach sind somit die mit der Wuchsstoffmethode gewonnenen Befunde über Endopolyploidie im allgemeinen zutreffend. Daß die postendomitotischen Prophasen nicht markiert sind, entspricht allerdings nach Ansicht der Referentin nicht der Erwartung, denn nach den bisherigen Erfahrungen gehen die diploiden und endopolyploiden Kerne im posttelophasischen Zustand ins Dauergewebe über und machen erst im Zusammenhang mit der Mitosestimulierung die präprophasischen Veränderungen durch (vgl. auch weiter unten). Es bleiben daher Untersuchungen auf breiterer Basis abzuwarten.

Die ausgesprochene Tendenz zur Endopolyploidisierung, die bei den Cucurbitaceen schon bisher beobachtet worden ist, zeigt sich nach TURALA (1) auch bei *Echinocystis*. Von den 5 Haartypen der männlichen Blüte entwickelt sich nur eine ohne Polyploidisierung, während für bestimmte Zellen der 4 übrigen bestimmte Endopolyploidiegrade charakteristisch sind (maximal 16-Ploidie in den Köpfchenhaaren). Bei 6 Arten werden die Kerne des Sekretionstapetums durch 2 Endomitosewellen maximal oktoploid; seine Zellen sind im allgemeinen einkernig, nur bei *Bryonia* z. T. zweikernig, da an Stelle der 1. Endomitose noch eine Mitose ohne nachfolgende Cytokinese durchgeführt wird [TURALA (2)]. Die Chromatinvermehrung geht unter Bildung von Endochromozentren vor sich und z. T. wurde auch der endomitotische Strukturwechsel beobachtet.

Die Karyologie des Endosperms von *Cocos nucifera,* über die einander widersprechende Angaben vorlagen (Fortschr. Bot. **18,** 7 f.; **24,** 5), können ABRAHAM u. MATHEW dahingehend klären, daß in etwa 6 Monate alten Samen zur Zeit der Wandbildung (nucleäres Endosperm!) zu äußerst triploide Kerne vorhanden sind und nach innen zu auch höhere Polyploidiegrade (6n, 12n, vereinzelt 24n) auftreten; sie kommen durch Bildung von Restitutionskernen im Anschluß an C-mitoseartig gehemmte Mitosen zustande, was die Autoren richtig erkennen und was auch bei anderen Angiospermen zum normalen Entwicklungsgang des Endosperms gehört (Fortschr. Bot. **24,** 5). So wie in anderen Fällen erfaßt diese Hemmung nicht alle Kerne. Der von den Autoren u. a. verwendete Ausdruck „Endopolyploidie" sollte für diesen klaren Fall der Restitutionskernbildung im Interesse einer exakten Begriffsbildung und Terminologie nicht gebraucht werden. — Die von KAPOOR u. TANDON sowie TANDON u. KAPOOR beobachtete Vielfalt in der Größe, Form und Nucleolenzahl der Kerne im Endosperm von *Zephyranthes grandiflora* und *Nothoscordum* sowie ihre z. T. vervielfachte und z. T. aneuploide Chromosomenzahl ist ebenfalls auf das Vorkommen gehemmter Mitosen zurückzuführen. Für die von den Autoren getroffene Annahme von Kernfusionen und Amitosen liegen keine stichhaltigen Belege vor; es handelt sich um hantelförmige Ruhekerne und ähnliche Konfigurationen, wie sie häufig nach anaphasisch gestörten Mitosen mit Brücken auftreten; auch echte Endomitosen kommen nicht vor, sondern in der Metaphase abgestoppte Mitosen, wie sie von anderen Autoren im Tapetum und in tierischen Tumoren beobachtet wurden und z. T. unter der Bezeichnung „endoreduplication" und leider auch als Endomitose gehen. — Im Endosperm von *Aglaonema* sind polyploide Riesenkerne vorhanden [PFITZER (1)]. Sie gehören höchstwahrscheinlich dem chalazalen Endospermhaustorium an, was der Autor nicht erkennt; ihre Entstehung müßte noch genau verfolgt werden[1]. — Unter dem Einfluß der Saugtätigkeit von Wolläusen in den Inflorescenzen kommt es bei 3 *Aglaonema*-Arten zur Ausbildung mehrkerniger und polyploider Riesenzellen, was auf einer Hemmung der Wandbildung, der Spindelbildung oder beider sowie auf der Verschmelzung von Teilungsfiguren beruht [PFITZER (2)]. — Mit dem Ansteigen des Endopolyploidiegrades geht eine rhythmische Zunahme der Plastidenzahl einer bestimmten Zelltype einher, was BUTTERFASS (1) an *Beta* und *Portulaca* nachweisen und für *Bryophyllum* wahrscheinlich machen

---

[1] In Analogie zum Verhalten anderer Araceen [GRAFL, Österr. Bot. Z. **89,** 81 (1940), ERBRICH, unveröff.] ist Endopolyploidie zu erwarten. Daß PFITZER die Riesenkerne in vermeintlicher Mitose findet, könnte damit zu erklären sein, daß die Chromosomen in endopolyploiden Kernen im Bereich des Embryosackes auch im Ruhezustand sich prophaseartig spiralisieren; letzteres wurde u. a. im Endospermhaustorium von *Arum maculatum* festgestellt (ERBRICH, unveröff.).

konnte. Unter Berücksichtigung der gewebespezifischen Unterschiede kann daher die Chloroplastenzahl zusammen mit anderen Merkmalen zur Feststellung der Endopolyploidiestufe dienen. So wie bei *Gibbaeum* (Fortschr. Bot. **19**, 3) treten bei *Beta* in den Keimblättern höhere Grade von endomit. Polyploidie auf als in den Folgeblättern [auch Trisomie hat übrigens je nach Chromosom und Gewebe verschiedene Effekte auf die Chloroplastenzahl; BUTTERFASS (2)]. Wie sich an 2x-, 3x- und 4x-Pflanzen von *Beta* zeigt, hängt die Vermehrung der Chloroplastenzahl nicht direkt mit der Zunahme des Zellvolumens, sondern mit der Vermehrung der Genome zusammen [BUTTERFASS (3)].

In den endopolyploiden Kernen in Streckung befindlicher Internodialzellen von *Nitella* spielt sich im Zusammenhang mit der Kernfragmentation an den Chromozentren ein eigenartiger Formwechsel ab, den GILLET u. LEFEBVRE als eine Art rückgebildeter mitotischer Prozesse zu deuten versuchen. — Vor der Teilung der Ciliaten *Nassula* und *Loxophyllum* treten in den hochendopolyploiden Makronuclei Chromatinstränge hervor, die denen mitotischer Mikronuclei gleichen (RAIKOV, RUTHMANN); bei *Nassula* konnte RAIKOV auch ihre Längsspaltung beobachten. Die Autoren halten sie für Chromosomen; so gut wie sicher sind es aber ebenso wie in den mitotischen Mikronuclei vieler anderer Ciliaten Chromosomenaggregate. Daß die Makronuclei von *Paramecium caudatum* hochendopolyploid sind, kommt in ihrem hohen DNS-Gehalt zum Ausdruck, der das 64fache von dem der Mikronuclei beträgt — unabhängig von Unterschieden zwischen verschiedenen Varietäten (BLANC).

Mitose, Chromosomen. Bei dem Versuch, die Mitosevorgänge der Dinophyceen (die zuletzt SKOCZYLAS behandelt hat, Fortschr. Bot. **21**, 2) zu klären, kommt DODGE (1) zu dem Schluß, daß die Chromosomen keine lokalisierten Centromeren, aber auch nicht diffuse nach Art anderer Organismen haben, und daß eine Spindel der üblichen Ausbildung fehlt. Letzteres läßt sich jedoch mit Hilfe der von ihm verwendeten Essigcarmin-Methodik gar nicht entscheiden. In der Metaphase sollen die Chromosomen ein senkrecht auf die Kernteilungsebene stehendes Bündel bilden, und in der Anaphase gleiten die Schwesterchromatiden angeblich aneinander entlang, mit einem Ende voran zu den „Polen", und werden dabei bei Arten mit langen Chromosomen aus Raumgründen so umgebogen, daß sie V-Form annehmen und Chromosomen mit lokalisiertem Centromer gleichsehen. Die kritischen mittleren Stadien sind jedoch nicht ausreichend belegt. Interessant ist der Befund, wonach durch Röntgenbestrahlung entstandene Chromosomenfragmente fast durchgehend an der Anaphasebewegung teilnehmen. Die Chromosomen vieler Dinophyceen zeigen bekanntlich während der Interphase eine Kontraktion, wie sie bei anderen Organismen für die mitotische Metaphase typisch ist. DODGE (2) kann in ihnen bei *Prorocentrum* sehr klar eine vorwiegend rechtswindende Spiralisierung sichtbar machen. Das el.-mikroskopische Bild ergibt dichte Stapel von Schraubenumgängen und Hinweise auf Vielstrangigkeit; die Frage nach dem Vorhandensein von Schrauben höherer Ordnung wird nicht berührt und die diesbezügliche Veröffentlichung von GIESBRECHT nicht verwendet (Fortschr. Bot. **24**, 2). —

Die wesentlichen chemischen Bestandteile der Chromosomen, nämlich DNS und Histon, werden, wie bekannt, nicht erst während der Mitose, sondern während der Interphase vermehrt. Ob dieser Vorgang im allgemeinen an den chromatischen Strukturen zum Ausdruck kommt, bedarf noch des näheren Studiums. Bei *Parascaris* soll es nach SERRA u. PICCIOCHI jedenfalls zutreffen, und zwar soll man besonders deutlich bei der univalens-Rasse in der Interphase der oogonialen Vermehrungsteilungen 4 aus jedem der beiden Anaphasechromosomen hervorgehende Chromonemata erkennen (dort, wo sie an den Nucleolus angrenzen, also in die SAT-Zone übergehen) und die Reduplikationsvorgänge verfolgen können, die in der Präprophase zur Bildung von je 8 Chromonemata führen. In der Prophase vereinigen sie sich wieder zu je 4 zu einer Chromatide. Bestimmte Überkreuzungsbilder werden als Partnerwechsel und als Mechanismen zur Aufteilung der Tochterchromonemata auf 2 Chromatiden gedeutet. — Im Fusionsplasmodium von *Physarum* können durch eine bestimmte Versuchsanstellung Kerne, deren DNS noch nicht vermehrt ist oder gerade vermehrt wird, dazu veranlaßt werden, synchron mit anderen, sich normal verhaltenden in Mitose einzutreten, was GUTTES u. GUTTES indirekt nachweisen. Im Endosperm von *Triticum* lassen sich dagegen unmittelbar Mitosen mit ungespaltenen Chromosomen beobachten (STOLETOV u. IVANOVSKAYA); sie treten nach Einwirkung von Thripsiden auf und enden gewöhnlich mit der Bildung eines Restitutionskernes [vgl. auch GEITLER, Chromosoma 2, 519 (1943) über *Paris*]. — Für einige *Triticinae* ist das Vorkommen eines kleinen feulgenpositiven Abschnittes innerhalb der SAT-Zone charakteristisch (UPADHYA u. NATARAJAN). — Daß sich unter den „abnormen" Bedingungen der Gewebekultur eine gewisse numerische und strukturelle Variation der Karyotypen einstellt, ergibt sich nun auch für *Vicia* (VENKETESWARAN). — Bei langsamer Abkühlung bis zu einem bestimmten, bei 6 untersuchten Angiospermen über 0° C liegenden Grenzwert laufen die in Gang befindlichen Mitosen noch zu Ende, während eine schockartige Abkühlung bis zu Temperaturen über dem Grenzwert die bekannte Abstoppung in verschiedenen Mitosestadien und morphologische Veränderungen an den Chromosomen zur Folge hat [GRIF (1)]. Bei *Crepis capillaris* treten dabei insbesondere im C-Chromosom, aber auch in anderen Chromosomen Spezialsegmente zutage. Dies wird auf den durch die Kälte abgeänderten Stoffwechsel der Zelle und nicht auf eine unterschiedliche DNS-Synthese zurückgeführt, welche allgemein während der Interphase erfolgt und bei einem Teil der Versuche auch schon vor der Temperaturerniedrigung vor sich gegangen sein muß [GRIF (2)]. Bei *Crepis* und *Haplopappus gracilis* bewirkt der Kälteschock neben der Verkürzung der Chromosomen im allgemeinen auch eine Volumenzunahme — wahrscheinlich infolge geänderter Spiralisierung [GRIF (3)]. RESENDE vertritt die Ansicht, die Spezialsegmente wären dem „puffing" der Dipteren-Riesenchromosomen vergleichbar und der Ausdruck einer bei Kälte einsetzenden Genaktivität; auch die normale prophasische Zerstäubung des Heterochromatins soll im Sinn eines puffing und einer dann zustande kommenden Genaktivität zu deuten sein.

Einen Schlüssel zum Verständnis der Mitose vieler Fungi, für die in
den letzten Jahren „Amitosen" und ähnliches beschrieben worden ist
(Fortschr. Bot. **24**, 2), bietet wahrscheinlich der Mitoseablauf bei *Basi-
diobolus ranarum*. Er steht dem bestimmter *Spirogyra*-Arten nahe, da
sich die Kernspindel innerhalb der — im Vergleich zu den vorhergehenden Stadien — etwas veränderten Nucleolarsubstanz ausbildet,
in die auch die Chromosomen einwandern; an den Polen befinden sich
Kappen aus dichterer Nucleolarsubstanz, die beim Übergang in den
Ruhekernzustand abgebaut werden (Robinow). Allerdings entsteht
bei Spirogyra die Spindel nicht innerhalb der Nucleolarsubstanz,
sondern in diese schieben sich von außen her die Halbspindeln hinein.
Darüber, ob die Chromosomen so wie bei *Spirogyra* diffuse Centromeren
haben, wird nicht berichtet und läßt sich infolge ihrer geringen Größe
und hohen Zahl (um 60) wahrscheinlich auch nichts aussagen (über
Spirogyra vgl. Fortschr. Bot. **4**, 5; **17**, 5).

Einen stark asymmetrischen Chromosomensatz hat nach Khoshoo
u. Ahuja *Welwitschia mirabilis;* die Chromosomen sollen durchgehend
(oder die SAT-Chromosomen ausgenommen) echt telozentrisch sein;
doch fehlt eine Abwandlung der Technik und die Untersuchung der
meiotischen Chromosomen. — Wie die Lebendbeobachtung zeigt, können
sich künstlich erzeugte Ringchromosomen im Endosperm von *Haemanthus*, deren Chromatiden durch "interlocking" verbunden sind, ohne
Verzögerung der Anaphasebewegung trennen, indem eine von ihnen
durchreißt und die Bruchflächen sofort wieder fusionieren; das gleiche
kommt auch bei dizentrischen Chromosomen vor, deren Chromatiden
umeinander gewunden sind (Bajer). — In Unkenntnis der gleichlauten-
den Resultate von Czeika u. Schiman (Fortschr. Bot. **25**, 7) weist Ho
nach, daß zwischen den Chromosomensätzen weiblicher und männlicher
Ginkgo-Pflanzen kein Unterschied besteht und beide 4 SAT-Chromosomen
enthalten.

Die positive Heterochromasie von nur einem der beiden X-Chromosomen weiblicher Mammalia soll nach Melander (1) während der
frühen Embryogenese zustandekommen, und zwar infolge Bildung von
temporären Pseudochiasmen und anaphasischer Dehnung der Chromatiden zwischen diesen und den Spindelansatzstellen in einem X und
dem Ausbleiben dieser Vorgänge im anderen. Auch bei anderen Tieren
spielen sich angeblich regelmäßig ähnliche Vorgänge ab und werden sie
als Faktor der Zelldifferenzierung betrachtet [Melander (2, 3, 4)].

DNS, Teilungszyklus und Konstitution der Chromosomen. Im normalen
Entwicklungsgang wird im allgemeinen eine einmal begonnene DNS-
Synthese offenbar regelmäßig auch zu Ende geführt; auf sie folgt nach
Beendigung des präprophasischen Stadiums eine Mitose oder Endomitose und schließlich gehen die Kerne im posttelophasischen Zustand
ins Dauergewebe über. Dies ergibt sich für diploid bleibende Wurzel-
gewebe mehrerer Liliaceen aus den DNS-Messungen von La Cour et al.
(unveröff., zit. nach Deeley et al.) und für *Haemanthus* aus dem Verhalten von Kernvolumen und -struktur (Tschermak-Woess u. Dolezal-
Janisch, Fortschr. Bot. **17**, 10). Für die endopolyploide Wurzelrinde

von *Zea* geht es aus der Gegenüberstellung der Befunde von SWIFT (DNS-Werte bis 8C, Fortschr. Bot. **14**, 11) und HOLZER (postendomitotische Mitosen bis 8n, Fortschr. Bot. **14**, 7) hervor und höchstwahrscheinlich gilt es generell. Die Samenruhe unterbricht dagegen nach AVANZI et al. die Wachstumsvorgänge in der Wurzel von *Triticum* in verschiedenen Stadien der Interphase, nämlich im posttelophasischen (G_1), im präprophasischen (G_2) Zustand und sogar während der DNS-Synthese (S), was auf Grund von Feulgen-Mikrophotometrie und der Kombination von Röntgenbestrahlung und Markierung mit ^{3}H-Thymidin bzw. Autoradiographie geschlossen wird. Auch im Embryo von *Zea* überdauern viele Kerne die Samenruhe im präprophasischen Zustand (STEIN u. QUASTLER). — Die Abfolge der einzelnen Phasen des Mitosezyklus: D (= Mitose), G_1, S, G_2 und ihre Dauer stimmt nach MONTEZUMA-DE-CARVALHO bei *Luzula purpurea*, einer Art mit diffusen Centromeren, mit der schon bekannten von Arten mit lokalisierten Centromeren überein; allerdings wurde nicht berücksichtigt, daß Colchicin, welches zur Ermittlung der Gesamtdauer des Mitosezyklus ($D + G_1 + S + G_2$) angewendet wurde, die Mitose verlängert. — Anders als im oben geschilderten Normalfall verhält sich vielleicht der vegetative Kern im Pollen von *Pinus ponderosa*. Nach STANLEY u. YOUNG findet in ihm nämlich bei der Keimung eine ^{3}H-Thymidin-Inkorporation und damit wahrscheinlich eine DNS-Synthese statt, ohne daß eine Mitose folgt.

Daß die Differenzierung bei den meisten Angiospermen in vielen Geweben mit einer Endopolyploidisierung einhergeht, ist leider noch nicht Allgemeingut geworden und diese Unkenntnis pflanzt sich immer wieder in Irrtümern fort. So z. B., wenn MAROTI glaubt, in der Wurzel von *Beta* Inkonstanz der DNS nachgewiesen zu haben (biochemische Untersuchung 1 mm langer Scheiben und Umrechnung auf die Einzelzelle!). — Nicht mit den bisher am gleichen und an anderen Objekten gewonnenen Resultaten vereinbar sind die Angaben von YOKOMURA, wonach im Wurzelmeristem von *Vicia faba* sich zwischen den 2C- und 4C-Wert ein Maximum bei 3C einschieben und gegen die Spitze zu der DNS-Gehalt der Kerne noch unter den 2C-Wert absinken soll.

Die Versuche, mit Hilfe von ^{3}H-Thymidin-Markierung und Autoradiographie verschiedene Sorten von Chromatin nach dem verschiedenen Zeitpunkt und der Dauer der interphasischen DNS-Replikation zu unterscheiden, wurden an *Rumex*, *Haemanthus* und besonders eingehend an tierischen Objekten sowie an Kulturen menschlicher Leukocyten und anderer Gewebe fortgesetzt. Für das heterochromatische Sex-Chromatin von *Rumex acetosa* nimmt KUSANAGI eine früher beginnende und länger anhaltende DNS-Synthese im Unterschied zum Euchromatin an. Auch an interphasischen menschlichen ($\male$) Leukocyten in Gewebekultur zeigen sich zeitliche Unterschiede in der Inkorporation zwischen Eu- und Heterochromatin (LIMA-DE-FARIA u. REITALU). Während eines Replikationsschrittes in den Riesenchromosomen von *Chironomus* finden KEYL u. PELLING im Unterschied zum Verhalten von *Rumex* keinen vorzeitigen Beginn, sondern nur eine länger anhaltende Synthese in den heterochromatischen Abschnitten, und außerdem ergibt sich eine spezifische Stufenfolge in der späteren oder früheren Beendigung der DNS-Synthese für bestimmte Scheiben. Zwischen väterlichem und mütterlichem Strang bestehen nur in inhomologen Teilen Unterschiede in der Markierung. Auch an den meiotischen Chromosomen von *Triturus* läßt sich bei den Homologen die gleiche Intensität und Rate der interphasischen Synthese (und außerdem angeblich eine geringe Pachytänsynthese) feststellen; die Lokalisation ist allerdings möglicherweise verschieden (WIMBER u. PRENSKY). — Bei *Haemanthus* wird in der Umgebung des Centromers der kurzen Chromosomen offenbar länger synthetisiert und auch an einem langen Chromosom (oder Chromosomenpaar?) zeigt sich distal und in der Mitte des langen Schenkels eine verstärkte Inkorporation (RODKIEWICZ u. OLSZEWSKA). Ob die betreffenden Abschnitte heterochromatisch sind, wird leider nicht gesagt. Die menschlichen Autosomen besitzen nach GILBERT et al. ein so spezifisches Inkorporationsmuster, daß es zur Identifizierung der Homologen mit herangezogen werden kann[1]. Von den beiden X-Chromosomen weiblicher Kerne verhält sich bekanntlich nach der jetzt herrschenden Ansicht nur eines heterochromatisch und bildet ein charakteristisches Chromozentrum, das sogenannte Sex-Chromatin der Ruhekerne. Dementsprechend unterscheidet es sich auch in der Inkorporation von seinem Homologen, indem es erst gegen Ende der Synthese-Periode und dann sehr intensiv inkorporiert, während das andere praktisch schon inaktiv ist. Diese Phasenverschiebung in der Synthesetätigkeit stimmt mit der schon länger bekannten Phasenverschiebung in der Auflockerung des besonders kompakten Heterochromatins in der mitotischen Prophase und in der Endomitose gut überein [TSCHERMAK-WOESS (1), DOLEŽAL u. TSCHERMAK-WOESS].

Auch die Frage nach der Anzahl der Längselemente im Chromosom und der Art der Duplikationsvorgänge wurde in den vergangenen Jahren, ausgehend von Experimenten von TAYLOR et al., von verschiedenen Autoren und zuletzt von PEACOCK sowie PRESCOTT u. BENDER mit Hilfe von Markierungsversuchen behandelt. Darüber, daß der Duplikationsvorgang ein semikonservativer Prozeß ist (d. h. in einer ersten Mitose nach interphasischer Markierung beide Chromatiden bzw. Tochterchromosomen DNS-Moleküle aus alten und neuen Längshälften enthalten und daher beide markiert sind), können wohl kaum mehr Zweifel bestehen; und auch spontane Austauschvorgänge zwischen den Schwesterchromatiden werden im allgemeinen angenommen; dagegen deutete TAYLOR (Fortschr. Bot. **25**, 7; und ihm schließen sich PRESCOTT u. BENDER an) seine Befunde (die sich auch auf weitere, in nicht markiertem Milieu ablaufende Mitosezyklen beziehen) zuletzt in dem Sinn, daß das Anaphasechromosom aus einem Faden von linear angeordneten 2strangigen DNS-Molekülen besteht, während PEACOCKs Resultate für die Annahme einer Polynemie sprechen, welche ja auch auf Grund anderer Experimente und Beobachtungen wahrscheinlicher ist.

---

[1] Obwohl sie z. T. von allgemeinem Interesse sind, können die Veröffentlichungen über die Inkorporation menschlicher Chromosomen hier nicht in extenso berücksichtigt werden.

Zum Problem des Vorkommens von metaboler (mengeninkonstanter) DNS bringen LIMA-DE-FARIA (1) an der Diptere *Tipula* einen positiven, KEYL an den Riesenchromosomen von *Glyptotendipes* einen negativen Befund (für einen bestimmten je nach der Temperatur als heterochromatischen Block oder „puff" ausgebildeten Abschnitt der letzteren hatten STICH u. NAYLOR Unterschiede des DNS-Gehaltes behauptet).

Ob die RNS außer als metaboles Produkt auch als konstitutioneller Bestandteil anzusehen ist, oder zumindest zeitweise als solcher fungieren kann, bleibt noch offen. Auf die Untersuchungen, die die Synthese metaboler RNS in Abhängigkeit vom Mitosezyklus demonstrieren, ist an dieser Stelle nicht einzugehen. Es soll nur auf den Unterschied hingewiesen werden, der sich zwischen dem allozyklischen, stark kondensierten X und den Autosomen in der Meiose der *Locusta*-Männchen äußert. Die Autosomen synthetisieren nach HENDERSON in der 1. und 2. Prophase in Fortsetzung der interphasischen und interkinetischen Produktion noch RNS, das X ist dagegen inaktiv. Daß die Chromosomen der mitotischen Metaphase, die in der Regel keine RNS synthetisieren, diese enthalten können, gibt LA COUR für *Trillium* an; in seinen Markierungsversuchen an *Vicia* sieht er eine Stütze für die schon wiederholt geäußerte Hypothese, nach der das RNS-haltige Material des Nucleolus in der Prophase auf die Chromosomen übergeht und mit ihnen in den Telophasekern befördert wird. .

Meiose, meiotische Chromosomen. Die von FRIEDRICH-FREKSA (Fortschr. Bot. **10**, 10) aufgestellte Hypothese, nach der die Anziehung der Homologen in der 1. meiotischen Prophase auf Coulombsche Kräfte zurückgehen soll, baut SERRA aus und wendet sie auch für die „Fusion" in den Dipteren-Riesenchromosomen an (womit offenbar die Vereinigung der väterlichen und mütterlichen Stränge gemeint ist und nicht die der Einzelchromosomen innerhalb der Stränge). Seine Forderung, daß die sich paarenden Chromosomen bzw. die gepaarten Chromosomenstränge im Querschnitt elliptische oder etwas abgewandelte Umrisse haben, sucht er an den Zygotän-Pachytänchromosomen von *Alöe* und den Riesenchromosomen von *Chironomus* nachzuweisen, was ihm aber nicht sehr überzeugend gelingt. Es ist außerdem fraglich, ob man die somatische Paarung, wie sie im Verhalten der mitotischen Chromosomen der Dipteren und in der Ausbildung der Riesenchromosomen zum Ausdruck kommt, mit der meiotischen Paarung in einen Topf werfen soll; denn die Paarungskräfte in der Meiose sind schon nach dem Zusammentritt zweier Partner abgesättigt, also auf diesen einseitig gerichtet, während sie bei den Einzelchromosomen der Riesenchromosomen und höchstwahrscheinlich schon bei den somatisch gepaarten väterlichen und mütterlichen Ausgangschromosomen allseitig wirken. — Die bei einer Reihe von *Oryza*-Arten auftretenden und nicht einer Zufallsverteilung folgenden sekundären Assoziationen (Dreier- und Zweiergruppen von Bilvalenten) sprechen dafür, daß diese Arten sekundäre (= alte, abgeleitete) Polyploide sind (HU). Künstlich erzeugter tetraploider Reis zeigt in der 1. meiotischen Prophase Vierer-Gruppen von homologen Chromosomen, die zwischen Diakinese und 1. Metaphase in 2 Bivalente oder 1 Trivalent oder Bivalent plus Univalente zerfallen und vielleicht durch Oberflächenverklebung zustande kommen (BOUHARMONT).

Die zahlenmäßige Erfassung der Rechts- und Linkswindung (R bzw. L) in den Chromosomen der 1. meiotischen Metaphase von *Tradescantia* (diploid, tetraploid sowie hypotriploid mit B-Chromosomen und einem vermutlich durch „misdivision" entstandenen telozentrischen Chromosom) durch DARLINGTON u. VOSA ergibt im Unterschied zu den Beobachtungen anderer Autoren eine deutliche Bevorzugung der v e r s c h i e d e n e n Windungsrichtung (LR) in den beiden Schenkeln eines Chromosoms, zufallsgemäße Verteilung von LL, LR und RR in den durch ein terminales Chiasma verbundenen Schenkeln übereinstimmender Partner von Bivalenten und Multivalenten, aber etwas ungleiche (und zwar wieder unter Bevorzugung von LR) bei Bivalenten aus einem median inserierten und einem telozentrischen Chromosom (welche bei der hypotriploiden Form vorkommen). — Aus Messungen an Pachytänchromosomen von *Zea* geht hervor, daß bei größeren Längenunterschieden der Schenkel eines Chromosoms das Längenverhältnis in verschiedenen Kernen stärker schwankt als bei geringeren Unterschieden (MAGUIRE). — NORDENSKIÖLD setzt sich mit den Konfigurationen auseinander, die sich in der Meiose von *Luzula purpurea* zeigen. Es liegt so wie bei den Cocciden, die bekanntlich gleichfalls nicht lokalisierte Centromeren haben, in der 1. Metaphase Auto-Orientierung vor und das Verhalten einer Sippe mit e i n e m künstlich fragmentierten Chromosom spricht zugunsten der Auffassung, daß die Polyploidie in der Gattung *Luzula* nicht durch Vermehrung der Chromosomensätze, sondern durch Fragmentation zustande kommt (wofür der leicht zu Verwechslungen führende Ausdruck „Endonucleäre Polyploidie" verwendet wird).

B-Chromosomen. Das Chromomerenmuster der (standard-) B-Chromosomen von 6 *Secale cereale*-Sippen aus Schweden, der Türkei, Afghanistan, Transbaikal und Korea stimmt im wesentlichen überein [LIMA-DE-FARIA (1)], was auf eine gemeinsame Herkunft und weit zurückliegende Entstehung schließen läßt. Möglicherweise sind die schwedischen und ostasiatischen Typen durch Stückverlust aus denen des vorderen Orients (dem vermutlichen Ursprungsgebiet des Roggens) hervorgegangen. Für die in der 1. Pollenmitose auftretende "non-disjunction" der standard-B-Chromosomen ist nicht die Beschaffenheit der proximalen, sich nicht trennenden Teile, sondern das Vorhandensein einer distalen Region mit einem heterochromatischen Knopf im langen Schenkel maßgebend. „Deficiency-B-Chromatiden", denen die distale Region fehlt, trennen sich nämlich normal, wenn kein standard-B im Pollenkorn vorhanden ist, zeigen dagegen "non-disjunction" bei Anwesenheit eines standard-B [LIMA-DE-FARIA (3)]. — Während für diploide somatische Teilungen "non-disjunction" der B-Chromosomen im allgemeinen nur auf Grund ihrer Zahlenvariabilität angenommen wird, kann KAYANO bei *Paris tetraphylla* ihr Nachhinken in der Anaphyse tatsächlich beobachten. — Die angeblich somatisch stabilen B-Chromosomen von *Dactylis* (Wurzeln wurden jedoch nicht untersucht) zeigen bei der gleichen Pflanze in aufeinanderfolgenden Jahren stärkere Unterschiede der Chiasmafrequenz

als die A-Chromosomen (SHAH); sie sind also offenbar gegen Milieu-
faktoren, die die Chiasmafrequenz beeinflussen, empfindlicher als die
A-Chromosomen, und auch auf Einflüsse, ⸱die zur Asynapsis führen,
scheinen sie stärker anzusprechen als die A-Chromosomen. — Während
gewöhnlich B-Chromosomen vor allem bei diploiden Sippen vorkommen
und bei polyploiden fehlen oder zurücktreten, verhält es sich bei der
Kollektiv-Spezies *Chrysanthemum leucanthemum* gerade umgekehrt:
bei den 4x-, 6x- und 8x-Kleinarten treten sie auf, bei der diploiden
Sippe fehlen sie (FAVARGER). — Die 3 verschiedenen B-Chromosomen bei
Narcissus bulbocodium paaren sich in der Meiose praktisch durchgehend
in sich, indem es am Centromer oder bei den heterobrachialen auch an
anderen Stellen zur Faltung kommt und die nicht homologen Arme bzw.
auch Teile eines Armes sich aneinander legen (FERNANDES für ein langes
B-Chromosom schon 1946, für die kurzen FERNANDES u. MESQUITA),
dabei wirkt offenbar ihre heterochromatische Beschaffenheit und die
damit verbundene "stickiness" mit; daß auch Vorgänge nach Art des
"crossing-over" auftreten, ergibt sich aus den Umbauten, die die Chromatiden solcher B-Chromosomen gelegentlich zeigen, die sich während
der 1. Anaphase verspätet in die Äquatorialebene einordnen und trennen.
Die verschiedenartige Orientierung der polwärts wandernden Chromatiden der B-Chromosomen (Centromeren voran, hinten nachwandernd
oder seitlich) soll der Ausdruck einer neozentrischen Aktivität nicht nur
der endständigen, sondern aller Heterochromomeren sein.

Ob man die 8 winzigen Chromosomen des diploiden Satzes von
Rhinanthus, die den 14 normal großen ohne Übergang gegenüberstehen,
etwa als phylogenetisch stabilisierte B-Chromosomen auffassen kann,
ist fraglich. Daß sie jedenfalls eine von den A-Chromosomen verschiedene
Kategorie von Chromosomen darstellen, kommt bei *Rhinanthus serotinus*
in den hochendopolyploiden Kernen des Chalazahaustoriums klar zum
Ausdruck. In diesen bilden nämlich die A-Chromosomen „Riesenchromosomen", die B-Chromosomen dagegen Einzelchromozentren oder
2 bis wenigwertige Endochromozentren (TSCHERMAK-WOESS u. HA-
SITSCHKA-JENSCHKE).

Kernvolumen, Bau des Ruhekerns. Daß das interphasische Kernwachstum im allgemeinen sprunghaft vor sich geht, kann bereits als gut
gesicherte Tatsache gelten (Fortschr. Bot. **17**, 10; **20**, 5). Für *Allium cepa*
belegt dies neuerlich MÄKINEN (2). — Im Vorkeim von *Dryopteris* nimmt
parallel mit der verstärkten Proteinsynthese bei Kultur in Blaulicht das
Kernvolumen zu, während es im Rotlicht und bei Dunkelkultur abnimmt
(BERGFELD)[1]. Da das Plasmavolumen sich nicht bestimmen läßt, kann
man über eine Änderung der Kern-Plasma-Relation entgegen der Ansicht
des Autors wohl nichts aussagen. — Die erste Reaktion TMV-infizierter
Haarzellen von *Nicotiana tabacum* besteht in einer Zunahme des Kern-
volumens und in der Ausbildung von Lappen sowie Falten und Kanälen

---

[1] Nicht entnehmen läßt es sich, wie weit überprüft wurde, ob die Gestalt der
Kerne tatsächlich dem Rotationsellipsoid bzw. der Rotationsspindel entspricht;
die bloße Annahme, der parallel zur Blickrichtung verlaufende Durchmesser gleiche
dem kürzeren quer verlaufenden, kann zu beträchtlichen Irrtümern führen.

in der Kernmembran, in denen sich el.-mikroskopisch Mitochondrien, Lamellen des end. Reticulums und Golgiapparate nachweisen lassen (v. WETTSTEIN u. ZECH). — Eine ausführliche Monographie über den Bau des Ruhekerns bei Pflanzen und Tieren gibt TSCHERMAK-WOESS (2).

Verschiedenes. Eingehende Untersuchungen NEUMANNS an einer großen Zahl von Arten zeigen, daß die Richtung der Meiosewellen in Antheren vom Bau der Anthere, im besonderen von der Lagebeziehung zum Konnektivleitbündel abhängt, daß aber auch die enge Berührung des Antherenfachs mit anderen Organen der Blütenknospe (Filament, Griffel) bestimmend wirkt, wobei also eine stoffliche Induktion durch die Antherenwand hindurch stattfinden muß.

Die genaue Untersuchung der hellen Flecke auf Laubblättern von mehr als 30 Pflanzen ergibt, daß ihr Glanz und ihr Glitzern nicht nur vom Verlauf der lufterfüllten, lichtreflektierenden Intercellularen abhängt, sondern daß es unter anderem auf eine bestimmte Zellgröße und -form ankommt; es lassen sich eigene „Scheinwerferzellen" unterscheiden (DEVIDÉ); in den Palisadenzellen mancher Arten findet sich infolge der besonderen Ausbildung der Intercellularen eine charakteristische Anordnung der Chloroplasten („Actinoescharostrophe"). — Für das Auftreten und die Verteilung verschieden polygoner Abplattungsflächen von Parenchymzellen (Fortschr. Bot. **25**, 10) ist nicht nur die relative Größe der im Verband stehenden Zellen, sondern auch der Ablauf der Zellteilungen bzw. die Anordnung der Querwände maßgebend (WHEELER).

Eine Übersicht über die Veränderungen der Ultrastruktur während der Differenzierung gibt ESAU, wobei sich zeigt, daß kaum abschließende Ergebnisse erreicht sind. — An der Innenseite der Außenwand von Drüsenzellen finden sich unregelmäßige, meist submikroskopische Protuberanzen, die eine entsprechende Oberflächenvergrößerung des Protoplasten bedingen [WRISCHER, SCHNEPF (1), (3)]; besonders gut entwickelt sind sie auch in manchen Septalnektarien [SCHNEPF (2)]; ähnliches findet sich in der unteren Epidermis von *Elodea*-Blättern (FALK u. SITTE) und in den Saughaaren von *Tillandsia* (DOLZMANN). — Aus el.-mikr. Untersuchungen SITTEs und FALKs u. SITTEs an *Elodea* über die Wirkung von Plasmolytika, die hier nicht zu besprechen sind, ergeben sich auch wichtige morphologische Befunde: Der Protoplast ist gegen Zellwand und Vacuole durch besonders differenzierte Hautschichten, Plasmalemma und Tonoplast, abgegrenzt; beide sind voneinander klar unterscheidbar, der Tonoplast ist dünner (so auch ESAU). Das Haften des Plasmas an der Zellwand (negative Plasmolyseorte, Plasmodesmen) beruht nicht auf der Durchdringung der Wand mit Plasma, sondern auf Adhäsion des Plasmalemmas an der Wand. Dies gilt auch für die erwähnten Außenwand-Innenflächen der unteren Epidermis, die ein „Labyrinth" verflochtener Protuberanzen zeigen, in deren Konkavitäten das Plasma eindringt, ohne aber die Wand selbst zu durchdringen, und ebenso für die von SCHNEPF untersuchten Septalnektarien.

Literatur

ABRAHAM, A., and P. M. MATHEW: Ann. Bot. 27, 505 (1963). — AVANZI, SILVANA, A. BRUNORI, F. D'AMATO, VITTORIA NUTI RONCHI e G. T. SCARASCIA MUGNOZZA: Caryologia 16, 553 (1963).

BAJER, A.: Chromosoma 14, 18 (1963). — BECK, SABINE: Flora 153, 194 (1963). — BERGFELD, R.: Z. Naturforsch. 18b, 557 (1963). — BLANC, JANINE: Exp. Cell Res. 32, 476 (1963). — BRIEGER, E. M.: Structure and Ultrastructure of Microorganisms. New York and London; Acad. Press 1963. — BOUHARMONT, J.: Nature (Lond.) 197, 410 (1963). — BUTTERFASS, TH.: (1) Ber. dtsch. Bot. Ges. 76, 123 (1963); — (2) Proc. XIth Intern. Congr. Gen. 1 (1963); — (3) Naturwiss. 51, 70 (1964).

CARNIEL, K.: Österr. Bot. Z. 110, 145 (1963). — CHADEFAUD, M.: Bull. Soc. Bot. Fr. 109, 148 (1962). — COHEN-BAZIRE, GERMAINE, and R. KUNISAWA: J. Cell Biol. 16, 401 (1963). — COLA, R. M., and J. J. HAHN: Science 135, 722 (1962). — CRAWLEY, J. C. W.: Exp. Cell Res. 32, 368 (1963). — CZEIKA, G., u. HELENE SCHIMAN: Österr. Bot. Z. 107, 1 (1960).

DARLINGTON, C. D., and C. G. VOSA: Chromosoma 13, 609 (1963). — DEELEY, E. M., H. G. DAVIES, and J. CHAYEN: Exp. Cell Res. 12, 582 (1957). — DEVIDE, Z.: Acta Bot. Croat. 18/19, 107 (1960). — DIERS, L.: Z. Naturforsch. 18b, 562, 1092 (1963). — DODGE, J. D.: (1) Arch. Protistenk. 106, 442 (1963); — (2) Arch. Mikrobiol. 54, 46 (1963). — DOLEŽAL, RUTH, u. ELISABETH TSCHERMAK-WOESS: Österr. Bot. Z. 102, 158 (1955). — DOLZMANN, P.: Planta 60, 461 (1964). — DREWS, G.: Umschau 63, 154 (1963). — DÜVEL, D.: Beitr. Biol. Pfl. 39, 83 (1963).

ESAU, KATHERINE: Am. J. Bot. 50, 495 (1963).

FALK, H., u. P. SITTE: Protoplasma 57, 290 (1963). — FAVARGER, C.: Bull. Soc. Neuchâtel. Sc. Nat. 86, 101 (1963). — FERNANDES, A.: Bol. Soc. Brot. s. 2, 20, 93 (1946). — FERNANDES, A., et J. F. MESQUITA: Portug. Acta Biol. s. A, 7, 139 (1963).

GILBERT, C. W., S. MULDAL, L. G. LAJTHA, and JANET ROWLEY: Nature (Lond.) 195, 869 (1962). — GILLET, C., et J. LEFEBVRE: Rev. Cytol. Biol. Vég. 26, 349 (1963). — GRIF, V. G.: (1) Phitologija 5, 404 (1963); — (2) Phitologija 5, 615 (1963); — (3) Phitologija 5, 582 (1963). — GUTTES, E., and SOPHIE GUTTES: Experientia (Basel) 19, 13 (1963).

HAGEDORN, H.: Ber. dtsch. Bot. Ges. 75, 62 (1962). — HAUPT, W.: Ergebn. Biol. 25, 1 (1962). — HEITZ, E.: Z. Zellforsch. 53, 444 (1961). — HENDERSON, S. A.: Nature (Lond.) 200, 1235 (1963). — HESLOP-HARRISON, J.: Symposia Soc. exp. Biol. 17, 315 (1963). — HO, T.: J. Hered. 54, 67 (1963). — HOFFMAN, L. R., and IRENE MANTON: (1) J. exp. Bot. 13, 443 (1962); — (2) Am. J. Bot. 50, 455 (1963). — HU, C. H.: Cytologia 27, 285 (1962).

JAVORNICKY, P.: Arch. Protistenk. 106, 437 (1963).

KAPOOR, B. M., and S. L. TANDON: Genetica 34, 102 (1963). — KAYANO, H.: CIS 2, 7 (1961). — KEYL, H.-G.: Exp. Cell Res. 30, 245 (1963). — KEYL, H.-G., u. C. PELLING: Chromosoma 14, 347 (1963). — KHOSHOO, T. N., and M. R. AHUJA: Chromosoma 14, 522 (1963). — KOROBOVA, S. N.: Doklady Akad. Nauk SSSR 136, 6 (1961) engl. Ausg. — KUSANAGI, A.: Bot. Mag. Tokyo 76, 199 (1963). — KRAN, G.: Arch. Mikrobiol. 44, 1 (1962). — KRAN, G., F. W. SCHLOTE u. H. G. SCHLEGEL: Naturwiss. 50, 728 (1963).

LA COUR, L. F.: Exp. Cell Res. 29, 112 (1963). — LANG, NORMA J.: (1) J. Protozool. 10, 333 (1963); — (2) Am. J. Bot. 50, 280 (1963). — LIMA DE FARIA, A.: (1) Chromosoma 13, 47 (1962); — (2) Evolution 17, 289 (1963); — (3) Genetics 47, 1455 (1962). — LIMA DE FARIA, A., and J. REITALU: J. Cell Biol. 16, 315 (1963). — LIST JR., A.: Am. J. Bot. 50, 320 (1963).

MAGUIRE, M. P.: Cytologia 27, 248 (1962). — MÄKINEN, Y.: (1) Ann. Soc. Zool. Bot. Fenn. „Vanamo" 34, 7. H. (1963); — (2) Ann. Soc. Zool. Bot. Fenn. „Vanamo" 34, 6. H. (1963). — MANTON, IRENE, and G. F. LEEDALE: Arch. Mikrobiol. 45, 285 (1963). — MANTON, IRENE, K. OATES, and MARY PARKE: J. mar. biol. Ass. U. K. 43, 225 (1963). — MANTON, IRENE, and MARY PARKE: (1) J. mar. biol. Ass. U. K. 42, 565 (1962); — (2) J. mar. biol. Ass. U. K. 39, 275 (1960). — MARČENKO, ELENA: Acta Bot. Croat. 20/21, 47 (1961/62). — MARÓTI, M.: Acta Bot. Acad. Sci. Hung. 9, 105 (1963). — MARQUARDT, H.: (1) Z. Naturforsch. 17b, 689 (1962); — (2) Arch.

Mikrobiol. **46**, 308 (1963). — MAY, J. W.: Exp. Cell Res. **31**, 217 (1963). — MELANDER, Y.: (1) Hereditas **48**, 645 (1962); — (2) Hereditas **49**, 119 (1963); — (3) Hereditas **49**, 91 (1963); — (4) Hereditas **49**, 277 (1963). — MONTEZUMA-DE-CARVALHO, J.: Bol. Soc. Brot. **36** (2. A Sér), 179 (1962). — MOOR, H., and K. MÜHLETHALER: J. Cell Biol. **17**, 609 (1963). — MOORE, R. T., and J. H. McALEAR: (1) J. Ultrastruct. Res. **8**, 144 (1963); — (2) J. Cell Biol. **16**, 131 (1963).

NEUMANN, K.: Biol. Zbl. **82**, 665 (1963). — NORDENSKIÖLD, HEDDA: Hereditas **48**, 503 (1962).

PANKRATZ, H. ST., and C. C. BOWEN: Am. J. Bot. **50**, 387 (1963). — PARKE, MARY, and D. G. RAYNS: J. mar. biol. Ass. U. K. **44**, 209 (1964). — PARTANEN, C. R.: Exp. Cell Res. **31**, 597 (1963). — PEACOCK, W. J.: Proc. Nat. Acad. Sci. (Wash.) **49**, 793 (1963). — PEYTON, G. A., and C. C. BOWEN: Am. J. Bot. **50**, 787 (1963). — PFITZER, P.: (1) Portug. Acta Biol. **6**, 279 (1962); — (2) Z. Naturforsch. **18b**, 499 (1963). — PRESCOTT, D. M., and M. A. BENDER: Exp. Cell Res. **29**, 430 (1963).

RAIKOV, J. B.: Arch. Protistenk. **105**, 463 (1962). — RESENDE, F.: Port. Acta Biol. **7**, 47 (1963). — RIS, H., and R. N. SINGH: J. biophys. biochem. Cytol. **9**, 63 (1961). — ROBINOW, L. F.: J. Cell Biol. **17**, 123 (1963). — RODKIEWICZ, B., et M. J. OLSZEWSKA: Chromosoma **14**, 568 (1963). — ROWLEY, J. R.: (1) Grana palynologica **3**, 3 (1963); — (2) Grana palynologica **4**, 25 (1963). — RUTHMANN, A.: Arch. Protistenk. **106**, 422 (1963).

SERRA, J. A.: Rev. Port. Zool. Biol. Geral **3**, 79 (1961). — SERRA, J. A., and P. G. C. PICCIOCHI: Rev. Port. Zool. Biol. Geral **3**, 267 (1962). — SCHNEPF, E.: (1) Flora **153**, 1 (1963); — (2) Protoplasma **58**, 137 (1964); — (3) Planta **60**, 473 (1962). — SHAH, S. S.: Chromosoma **14**, 162 (1963). — SITTE, P.: Protoplasma **57**, 304 (1963). — SRINIVASACHAR, D.: Nature (Lond.) **184**, B. A. 80 (1959). — STANBY, R. G., and L. C. T. YOUNG: Nature (Lond.) **196**, 1228 (1962). — STEBBINS, G. L., and S. K. JAIN: Developmental Biol. **2**, 409 (1960). — STEBBINS, G. L., and S. S. SHAH: Developmental Biol. **2**, 477 (1960). — STEIN, O. L., and H. QUARTLER: Am. J. Bot. **50**, 1006 (1963). — STICH, H. F., and J. M. NAYLOR: Exp. Cell Res. **14**, 442 (1958). — STOLETOV, V. N., and E. V. IVANOVSKAYA: Izvestija Akad. Nauk SSSR Ser. biol. **29**, 81 (1964).

TANDON, S. L., and B. M. KAPOOR: Caryologia **16**, 377 (1963). — TAYLOR, J. H., P. S. WOODS, and W. L. HUGHES: Proc. Nat. Acad. Sci. (Wash.) **43**, 122 (1957). — TSCHERMAK-WOESS, ELISABETH: (1) Planta **44**, 509 (1954); — (2) Protoplasmatologia V/1 (1963). — TSCHERMAK-WOESS, ELISABETH, u. GERTRUDE HASITSCHKA-JENSCHKE: Österr. Bot. Z. **110**, 468 (1963). — TURALA, KRYSTYNA: (1) Acta biol. Cracoviensia s. Bot. **5**, 151 (1962); — (2) Acta biol. Cracoviensia s. Bot. **6**, 87 (1963).

UPADHYA, M. D., and A. T. NATARAJAN: Naturwiss. **50**, 381 (1963).

VENKETESWARAN, S.: Caryologia **16**, 91 (1963).

WEIER, T. E.: Am. J. Bot. **50**, 604 (1963). — WETTSTEIN, D. V., and H. ZECH: Z. Naturforsch. **17b**, 376 (1962). — WHEELER, G. E.: Am. J. Bot. **50**, 747 (1963). — WILDON, D. C., and F. V. MERCER: Arch. Mikrobiol. **47**, 19 (1963). — WIMBER, D., and W. PRENSKY: Genetics **48**, 1731 (1963). — WRISCHER, MERCEDES: Acta Bot. Croat. **20/21**, 75 (1962).

YOKOMURA, E.: Cytologia **27**, 424 (1962).

2. Submikroskopische Cytologie

Von PETER SITTE, Heidelberg

Der Beitrag folgt in Band 27

3. Morphologie einschließlich Anatomie

Von Wilhelm Troll und Hans Weber, Mainz

Mit 5 Abbildungen

Vorbemerkung. Der vorliegende Bericht berücksichtigt zur Hauptsache Arbeiten aus den Jahren 1962 und 1963, die sich auf Blatt, Blüte, Frucht und Samen sowie auf die Inflorescenzmorphologie beziehen. Die Abschnitte über Sproß und Wurzel werden im nächsten Band folgen.

I. Allgemeines

Im Rahmen des von Linsbauer begründeten Handbuches der Pflanzenanatomie, dessen zweite Auflage Zimmermann u. Ozenda herausgeben, sind nunmehr zwei weitere Bände in neuer Bearbeitung erschienen. F. J. Meyer legte in erweiterter Form den Beitrag „Assimilationsgewebe" vor, den er vor fast 30 Jahren schon für die erste Auflage besorgt hatte. Der 1932 von Netolitzky erschienene Band „Pflanzenhaare" wurde von Uphof neu bearbeitet und jetzt in englischer Sprache veröffentlicht. Ihm ist als gesonderte, von Hummel u. Staeche verfaßte Darstellung ein Überblick über „Die Verbreitung der Haartypen in den natürlichen Verwandtschaftsgruppen" beigegeben. — Eine neue „Pflanzenanatomie", die Kultur- und Nutzpflanzen stärker berücksichtigt, stammt von Kaussmann. Mit Kulturpflanzen beschäftigt sich auch Helm in mehreren Mitteilungen. Hervorgehoben sei eine wertvolle „Morphologisch-taxonomische Gliederung der Kultursippen von *Brassica oleracea L.*", die sich insbesondere auf Wuchsformen, Blattgestalt und Infloreszenzausbildung dieser hochpolymorphen Art gründet (1). In ähnlicher Weise hat er die sogenannten Chinakohle, *Brassica chinensis* (2) und *Brassica narinosa* (3), bearbeitet und damit die vorhergegangenen Studien über *Brassica pekinensis* (Fortschr. Bot. 25, 22) fortgesetzt.

II. Blatt
1. Blattentwicklung und Blattgestaltung

Bekanntlich zeichnen sich die Primärblätter der meisten Palmen gegenüber den Folgeblättern durch ihre einfache Gestalt aus, sei es, daß ihre Spreiten dauernd ungeteilt bleiben oder daß sie eine nur geringe Aufgliederung zeigen. Tomlinson (1), der jene Organe als „Eophylle" bezeichnen möchte, gibt einen Überblick über diese Blattformen und betont, daß sie jeweils art- bzw. gattungsspezifisch sind und gewisse phylogenetische Schlüsse erlauben. Von systematischer Bedeutung kann aber auch die Ausbildung des Unterblattes der adulten Folgeblätter sein. Grundsätzlich weist jedes Palmenblatt der Anlage nach eine

geschlossene Scheide auf, die jedoch in Verbindung mit dem Erstarkungs-
wachstum des Stammes mannigfache Veränderungen erfahren kann.
Danach unterscheidet TOMLINSON (2) eine Reihe verschiedener Typen,
u. a. den *Calamus*-Typ (lange Scheide, die auch im Alter geschlossen
bleibt), den *Phoenix*-Typ (kurze Scheide, die längs aufreißt), den *Cocos*-
Typ (der dem Blattstiel gegenüberliegende Scheidenteil löst sich in ein
verbunden bleibendes Faserwerk auf) und den *Zombia*-Typ (der Schei-
denrand zerteilt sich in einen persistierenden Stachelkranz). Zwischen
diesen Typen existieren Übergänge. Noch nicht restlos geklärt ist die
eigentümliche Faltung der Spreite von Palmenblättern. Zuletzt hatte
EAMES (Fortschr. Bot. **16**, 33) festgestellt, daß während der Ontogenese
frühzeitig intralaminare Spaltungen auftreten, die sich, verbunden mit
entsprechenden Wachstumsvorgängen, bis zur Ober- bzw. Unterseite
ausweiten. Dies wird jetzt von PERIASAMY (2) bestritten, der allein
unterschiedliche meristematische Aktivität für das Zustandekommen
der Falten verantwortlich macht, eine Auffassung, die im Prinzip schon
GOEBEL vertreten hatte.

Bei der schon wiederholt erörterten Frage, ob die unscheinbaren
Blattorgane, durch die sich *Psilotum* auszeichnet, primitiver oder ab-
geleiteter Natur seien, möchte sich jetzt auch ROTH (4) für das letztere
entscheiden. Die Bildung dieser rudimentären Blätter geht bei *Psilotum
nudum* in der Regel von jeweils 3 epidermalen Zellen aus, die am Sproßvegetationspunkt serial übereinanderliegen und die in periklinale und
antiklinale Teilungstätigkeit eintreten. Weder ausgesprochenes Spitzen-
noch Randwachstum sind dabei zu beobachten. Von *Dryopteris aristata*
und *Osmunda regalis* berichtet SAHA, daß die Scheitelzelle der Blatt-
anlagen ihre größten Ausmaße jeweils dann erreicht, wenn das Primor-
dium sich anschickt, Seitenfiedern auszugliedern. Später nimmt die
Scheitelzellgröße ab, was zugleich mit einem stärkeren Randwachstum
der jungen Spreite verbunden ist. Daß die ,,sporogenen Meristeme'',
aus denen die Farnsori hervorgehen, ihren Ursprung aus dem Marginal-
meristem der Blätter nehmen, konnten WARDLAW u. SHARMA bestätigen.
Wenn das Randwachstum danach fortgesetzt wird, erscheinen die Sori
später in mehr oder weniger großer Entfernung vom Blattrand auf der
Spreitenunterseite.

Luft- und Wasserblätter von *Ranunculus flabellaris* gehen grundsätzlich aus gleichartigen Anlagen hervor (BOSTRACK u. MILLINGTON).
Äußere Faktoren entscheiden jedoch über die meristematische Aktivität
bzw. den Zellteilungsmodus. So unterbleibt z. B. bei den Fiedern der
Wasserblätter das Randwachstum, das bei den Luftblättern normal ausgeprägt ist. TRON hat die Unterschiede in der Entwicklung von Luft-
und Wasserblättern bei *Hippuris vulgaris* studiert.

Für die Geissolomataceen, Penaeaceen und Oliniaceen konnte
WEBERLING rudimentäre Stipeln nachweisen, was für deren engere
Verwandtschaft mit den Myrtales spricht (vgl. Fortschr. Bot. **20**, 24).
Rudimentärstipeln treten nach demselben Autor auch in der Myrtaceen-
gattung *Heteropyxis* auf, die bisher für nebenblattlos gehalten wurde.

2. Blattnervatur

Nachdem PRAY schon für *Nephrolepis* (Fortschr. Bot. **24**, 12) zeigen konnte, daß die Differenzierung der Nerven in den Fiederblättchen in engstem Zusammenhang mit dem lang anhaltenden Randwachstum jener Organe erfolgt, gelang ihm jetzt ein entsprechender Nachweis für *Regnellidium* (Marsileaceae). Während aber im ersten Fall alle Nerven frei enden, wird bei *Regnellidium* das dichotom verzweigte Leitsystem durch einen Randnerv abgeschlossen. Dieser marginale Leitstrang, der sämtliche Nervenendigungen miteinander verbindet, entsteht kurz vor dem Erlöschen des Randwachstums der Spreite. Zu diesem Zeitpunkt ist die gesamte Nervatur des Blattes festgelegt. Dem Randwachstum folgt ebenfalls die Innervierung der Fiederblättchen von *Matteuccia struthiopteris* [HARA (1)]. Da hier während der ersten Entwicklungsphasen der jungen Spreite das Längenwachstum überwiegt, kommt es zunächst zur Ausgliederung eines mittleren Prokambiumstranges, von dem seitliche Nervenabzweigungen ausgehen, die sich akropetal zum Blattrand hin differenzieren. Erst bei vermindertem Längenwachstum und stärker betonter Entwicklung der seitlichen Partien der Blattanlage soll die Nervenverästelung mehr dichotomen Charakter annehmen. Ob sich freilich der Schluß HARAs stützen läßt, die monopodiale Form der Nervenverzweigung sei von der Dichotomie her zu verstehen und nur durch die Wachstumsverteilung bedingt, erscheint doch sehr fraglich. Mit den gleichen Argumenten könnte man die gegenteilige Auffassung begründen. Es sei hierzu auf die Befunde von WAGNER (Fortschr. Bot. **16**, 34) verwiesen, die bis heute nicht widerlegt werden konnten.

Gabelig-offene Blattnervatur kommt auch bei einigen dikotylen Pflanzen vor, so etwa bei der zum Verwandtschaftsbereich der Polycarpicae gehörenden *Kingdonia uniflora* (Fortschr. Bot. **22**, 23). FOSTER, der erneut die Aufmerksamkeit auf diese Pflanze gelenkt hatte, führt als weiteres Beispiel jetzt *Circaeaster agrestis* an. Beides sind krautige Gewächse aus den Gebirgen Westchinas. Den Leitbündelverlauf ihrer Blätter möchte er von einem „alten und primitiven Typ angiospermer Nervatur" her verstanden wissen. Für offen-dichotom halten ARNOTT u. TUCKER auch die Innervierung der Blütenblätter von *Ranunculus repens* var. *pleniflorus*. Obgleich die Zahl der Nervenanastomosen in diesen Organen ungleich höher ist als in den vorher genannten Fällen, glauben sie doch, auch hierin primitive Züge sehen zu können und nicht etwa das Ergebnis einer regressiven Evolution.

Weitere Untersuchungen über die Nervatur von Dikotylenblättern liegen für *Daphne pseudomezereum* [HARA (2)] sowie für die Chloranthacee *Sarcandra irvingbaileyi* (RAMJI) vor. In beiden Fällen entwickeln sich Mittelnerv und Seitennerven erster Ordnung streng akropetal und kontinuierlich zum Blattrand hin. Seitennerven höherer Ordnung werden dagegen „simultan" angelegt. DEDE gibt einen Überblick über den Leitbündelverlauf in den Blättern von Rutaceen und geht dabei insbesondere auf die Beziehungen ein, die sich zur Lage der Exkretbehälter ergeben. Dabei werden 7 Typen unterschieden und im einzelnen besprochen. Eine detaillierte Beschreibung des Leitsystems in Stiel und Spreite des Blattes von *Cyclamen persicum* bringt AYMARD, während ZIMMERMANN, BACH-MANN-SCHWEGLER u. DIERINGER auf die Nervatur der Blattstiele von *Pulsatilla albana* eingehen, dies unter besonderem Hinweis auf Sklerenchymstränge, die sich im Phloem der ventral-medianen Leitbündel befinden. Sehr einheitlich ist der Nervenverlauf in den Blättern aller Canellaceen, gleichgültig, ob es sich um amerikanische oder um afrikanischen Arten handelt (PARAMESWARAN).

Für die freien Nervenendigungen in Blättern wird oft angegeben, daß sie allein mit Xylemelementen auslaufen, wogegen Siebzellen zurückbleiben. Doch gibt es auch Ausnahmen. So findet neuerdings LANGE in den Endabschnitten der Blattadern von *Capsicum annum* und *Phaseolus vulgaris* Xylem- und Phloemelemente nebeneinander. In beiden Fällen sollen Geleitzellen vorhanden sein, deren Durchmesser denjenigen der Siebzellen übertrifft.

3. Blattepidermis

Bei der Behandlung blattanatomischer Fragen nehmen Untersuchungen über die Struktur der Epidermis, insbesondere über Bau und Entwicklungsgeschichte der Stomata einen breiten Raum ein. Vor allem hat sich gezeigt, daß das Aussehen adulter Spaltöffnungsapparate keineswegs immer Rückschlüsse auf deren Genese zuläßt. Seit FLORIN (1931) werden der sogenannte syndetocheile und der haplocheile Typ voneinander unterschieden. Im ersten Fall gehen aus einer Spaltöffnungsmutterzelle nicht nur die beiden Schließzellen hervor, sondern auch die seitlich davon liegenden Nebenzellen. Beim haplocheilen Typ verdanken die Nebenzellen benachbarten epidermalen Elementen ihre Entstehung. Diesem letzteren Modus entsprechen die Spaltöffnungsapparate, die BARTHEL für Pteridospermenblätter aus dem Oberkarbon und Perm beschreiben konnte. Der haplocheile Typ wird weiter für die Psilotales (MARÓTI) und, entgegen älteren Angaben, für *Gnetum* (MAHESWARI u. VASIL) angegeben. Er liegt nach JALAN ebenso bei *Schisandra grandiflora* (Polycarpicae) wie bei der monokotylen Gattung *Centrolepis* vor, welch letztere HAMANN (2) näher studierte und deren enge Verwandtschaft mit den Gramineen er auch durch dieses Merkmal begründet sieht. Haplocheilie liegt ferner nach NEUBAUER bei *Vanilla planifolia* vor. Syndetocheil wurden dagegen die Spaltöffnungsapparate von Filicinen (MARÓTI), von *Welwitschia mirabilis* (RODIN), und zwar sowohl bei deren Laubblättern als auch auf den Zapfenschuppen, von *Linum usitatissimum* (PALIWAL), von der Acanthacee *Asteracantha longifolia* (PANT u. MEHRA) sowie bei den Laubblättern von *Magnolia* und *Michelia* gefunden. Die Blütenorgane (Perianthblätter, Karpelle und Samenanlagen) der letztgenannten Magnoliaceen sollen dagegen nach PALIWAL u. BHANDARI den haplocheilen Typ zeigen. Dies wären also Beispiele dafür, daß bei ein und derselben Pflanze beide Entwicklungsmodi nebeneinander vorkommen können.

Epidermisstudien liegen noch für eine ganze Reihe weiterer Arten vor, auf deren Details hier nicht eingegangen werden kann, so u. a. für

Selaginella-Arten (GULYÁS), für *Cycas*- und *Macrozamia*-Arten (PANT u. NAUTIYAL), für verschiedene Theaceen (KENG) und Cyperaceen (AHUJA), für *Eragrostis*-Arten (ROY) sowie für einige brasilianische Campos-Pflanzen, wie *Anona coriacea* und *Erythroxylum suberosum* [BEIGUELMAN (1), (2)]. Auf den Blättern von *Pulsatilla albana* subsp. *georgica* treten gewisse Spaltöffnungsbänder bzw. -gruppen auf (ZIMMERMANN u. BACH-MANN-SCHWEGLER). TAKAHASHI berichtet über Spaltöffnungsanomalien bei *Pteridium aquilinum*, besonders bei tetraploiden Exemplaren. Auf den Feinbau der Schließzellen verschiedener Gräser gehen BROWN u. JOHNSON an Hand elektronenmikroskopischer Befunde ein. Dem schon mehrfach erörterten Problem, wie es zu der für viele Blätter charakteristischen Verzahnung von Epidermiszellen kommt, ist jetzt AUER am Beispiel von *Pulsatilla vulgaris* nachgegangen, und zwar erwiesen sich hier die Kotyledonen als geeignete Objekte. Als Ursache für die Wellung der Radialwände, deren Beginn mit der Vacuolisierung der Zellen zusammenfällt, werden im wesentlichen Wachstumsunterschiede erkannt, die sich zwischen den antiklinen und periklinen Wänden ergeben.

Was die Haarbildungen anlangt, so finden sich Hinweise darauf in zahlreichen Arbeiten, die großenteils schon in anderem Zusammenhang zitiert worden sind. Hier sei noch ein umfassender Überblick über die Haarformen der Gattung *Solanum* hervorgehoben, den SEITHE taxonomisch-phylogenetisch auszuwerten versucht. Die von CARLQUIST an Blättern und anderen Organen zweier hawaiianischer Lobeliaceen *(Cynea, Rollandia)* beobachteten "thorns" erweisen sich als einzellige Borstenhaare, die durch einen unter Beteiligung des Grundgewebes gebildeten Sockel über die Oberfläche emporgehoben werden. SIFTON schließlich berichtet über Entwicklung und Lebensdauer der Trichome an den Blättern von *Ledum groenlandicum*.

4. Weitere Arbeiten zur Blattanatomie

Es ist nicht möglich, in diesem Rahmen auf die vielen Details einzugehen, die zahlreiche weitere Untersuchungen vermitteln. BAILEY (1—3) bringt vergleichende Betrachtungen über die Anatomie der blatttragenden Kakteen *Pereskia*, *Pereskiopsis* und *Quiabentia*. Vergleichend behandelt werden auch der Blattbau von *Acrostriche*-Arten (Epacridaceae) durch PATERSON, von *Alangium*-Arten durch GOVINDARAJALA, von zahlreichen Gramineen, u. a. *Eriachne* (1), *Pariana* (2), Oryzeae und Ehrharteae durch TATEOKA. JOHNSON geht auf die Blätter von 4 *Juniperus*-Arten aus Arizona ein, während KWEI u. LEE über die Anatomie der Nadeln von 23 in China verbreiteten *Pinus*-Arten berichten. ROLAND schildert eingehend die Verteilung des Festigungsgewebes in den Blättern von *Olea europaea*. Unter diesem Gesichtspunkt hat LEDRAN auch fossiles Blattmaterial, nämlich von verschiedenen Cordaiten, erneut bearbeitet, offenbar unabhängig von entsprechenden, ein Jahr früher veröffentlichten Studien von HARMS u. LEISMAN (Fortschr. Bot. **25**, 148). Auf das Vorkommen einzelner Sklereiden, die als Stützelemente oft das ganze Mesophyll mancher Blätter durchsetzen, hat in neuerer Zeit insbesondere

Foster (Fortschr. Bot. **21**, 20; **24**, 14) aufmerksam gemacht. Inzwischen
sind weitere Beispiele dafür beschrieben worden, so Blätter und Achsen
von tropischen *Nymphaea*-Arten (Malaviya), die Blätter der Sapotacee
Mimusops hexandra (Vasvani u. Rao) und schließlich die Nadeln von
Taxodium distichum (Rao u. Tewari).

Verschiedene, teilweise recht eingehende blattanatomische Unter-
suchungen sind pharmakognostisch ausgerichtet und heben insbesondere
diagnostisch wichtige Merkmale hervor, so u. a. die Studien über eine
Reihe von *Lavandula*-Arten (Bhatnagar u. Dunn), über *Salvia lyrata*
(Bhatti u. Dunn), ferner über *Clerodendron serratum* (Bisht u. Kundu),
Justicia gendarussa [Mehrotra u. Kundu (1)], *Asteracantha longifolia*
[Mehrotra u. Kundu (2)], *Vallaris solanacea* (Madan u. Kundu),
Podophyllum hexandrum (Ellis u. Fell) und *Datura leichhardtii* (Evans
u. Stevenson).

III. Blüte
1. Allgemeines

Für das Verständnis der Angiospermen-Blüte ist die Foliartheorie
bis auf den heutigen Tag von entscheidender Bedeutung geblieben. Die
Kritik, die namentlich von Vertretern einer sogenannten "New Morphology" oder von "New Systematics" an sie herangetragen worden ist,
hat zahlreiche Untersuchungen ausgelöst, deren Ergebnisse die Richtigkeit jener auf den Blattcharakter aller Blütenorgane hinweisenden Konzeption nur bestätigen können. Darüber ist in diesen Berichten fortlaufend referiert worden, zuletzt hat Puri (1—3) in verschiedenen Veröffentlichungen hierauf Bezug genommen.

Im Mittelpunkt der Kontroversen steht insbesondere die Frage nach
den Placentationsverhältnissen. Die Foliartheorie vertritt bekanntlich
die Auffassung, daß Samenanlagen grundsätzlich blattbürtig sind. Das
gilt mit guten Gründen selbst für so schwer überschaubare Fälle, wie sie
etwa die Caryophyllaceen umfassen. Nach den eingehenden Untersuchungen von Eckardt u. a. (Fortschr. Bot. **24**, 22) kann kaum daran
gezweifelt werden, daß hier echte „Phyllosporie" vorliegt. Zum gleichen
Ergebnis kommt neuerdings Roth bei ihren Studien an *Herniaria* (2)
sowie an *Cerastium* (3). Aber auch für *Armeria* (1) betont sie den engen
Zusammenhang von Fruchtblatt und Samenanlage. In der Bildungsweise
des Obturators, der an der Innenwand des Gynoeceums aus einem epidermalen Reihenmeristem (Ventralmeristem) hervorgeht, möchte sie
im übrigen ein weiteres Argument für die Blattnatur der Karpelle
erblicken. Entwicklungsgeschichtliche Betrachtungen führen ferner
Sattler zu einer Bestätigung der alten Auffassung von der Phyllosporie
der Primulales (vgl. Fortschr. Bot. **22**, 27). Dem widerspricht aber erneut
Pankow, der aufgrund histogenetischer Studien eine ganze Reihe von
Familien für „stachyospor" halten möchte. Unter anderem sollen danach
die Zentralplacenten der Primulaceen und Caryophyllaceen reine
Achsennatur besitzen. Aber auch Moraceen, Piperaceen, Euphorbiaceen,
Juncaceen, Cyperaceen, Gramineen, selbst Labiaten und Solanaceen
u. a. m. werden als „eindeutig stachyospor" angesehen. Die Gründe, die

Pankow für seine Auffassungen ins Feld führt, sind freilich sehr peripherer Art. Sie beziehen sich allein auf den Ort der ersten Zellteilungen, die am Blütenvegetationspunkt zur Ausgliederung der einzelnen Organe führen. Daß einem so unkritischen und einseitigen Vorgehen in diesen wichtigen Fragen keine Beweiskraft zukommen kann, haben wir schon wiederholt betont (Fortschr. Bot. **22**, 27; **21**, 26). Für Phyllosporie sprechen sich u. a. weiter Nair u. Abraham (Euphorbiaceae) sowie Sharma (Nyctaginaceae, 1) aus.

Auf die Foliartheorie berufen sich im Grunde auch Voelter u. W. Weber bei ihren von Zimmermann angeregten Studien über die Entwicklung der *Pulsatilla*-Karpelle. Diese stellen peltate Blattorgane mit marginal-medianer Placentation dar, wie sie ebenso von anderen Anemoneen bekannt sind. Schaeppi u. Frank berichten hierüber in einer vergleichenden Betrachtung. Jedoch finden sich in dieser Gruppe auch Arten, deren fertile Samenanlagen seitlich an den Fruchtblatträndern, d. h. oberhalb der Querzone, inseriert sind *(Adonis, Callianthemum)*. Eindeutig ist dabei stets die marginale bzw. submarginale Placentation. Eine solche möchte Puri (3) auch dort vermuten, wo die Samenanlagen, wie etwa bei *Drimys* und *Degeneria*, als laminal beschrieben worden sind. Seiner Ansicht nach handelt es sich hierbei lediglich um stark verbreiterte Randpartien der Karpelle, denen die Samenanlagen ansitzen.

Eine neue Theorie der Angiospermen-Blüte versucht Melville (1, 2) zu begründen. Er stützt sich im wesentlichen auf das Studium der Innervierung der Blütenorgane und kommt zu dem Schluß, daß das Grundelement im Blütenbau das „Gonophyll" sei. Unter diesem, schon von Neumayer (1924) gebrauchten, dann aber in Vergessenheit geratenen Begriff wird ein Blattorgan verstanden, das einen fertilen Achsenkörper (Sporangiophor) als epiphyllen Auswuchs trägt. Im Falle des Ovars wäre dieser mit der Placenta identisch, wogegen die sterile Spreite in die Fruchtknotenwand einginge. Daß es sich hierbei um eine Konstruktion handelt, für die es heute keine überzeugende Argumente gibt, bedarf kaum eines besonderen Hinweises. Auch neueste Untersuchungen über den Karpellbau bei *Prunus*-Arten [Sterling (2)] und über die Struktur der Samenanlagen bei *Paeonia* (Camp u. Hubbard), in denen verwandte Vorstellungen anklingen, vermögen diese Gonophyll-Hypothese nicht zu stützen.

Einander widersprechend sind heute noch die Auffassungen über die Natur der „Zwitterblüten" bei den australisch-neuseeländischen *Centrolepis*-Arten. Eichler (1875) hatte sie als Pseudanthien gedeutet, wozu der Vergleich dieser Bildungen mit den extrem reduzierten diklinen Blüten der nahestehenden *Brizula* herausfordert. Diese Deutung möchte sich jetzt auch Hamann (1) zu eigen machen. Problematisch geblieben ist auch das häutige Hüllorgan, welches die gleichfalls äußerst reduzierten diklinen Blüten verschiedener *Najas*-Arten umgibt. Diese als Spatha bezeichnete Bildung wurde vielfach als Perianth gedeutet. Nach de Wilde ist sie jedoch einem normalen Laubblatt homolog.

Daß der Blütenvegetationspunkt in seiner Struktur mit dem Apex der vegetativen Sproßphase grundsätzlich übereinstimmt, wird durch neue histogenetische Untersuchungen von ROHWEDER (Commelinaceen) und von ROTH *(Armeria*, 1) bestätigt.

2. Perianth und Androeceum

In zwei Fällen konnte JÄGER im Blütenbereich vermutlich echt hypopeltate Blattorgane nachweisen. Es handelt sich dabei um solche Bildungen, bei denen im Verlauf der Entwicklungsgeschichte der zur Peltation führende Querwulst nicht auf der adaxialen Seite des betreffenden Organs auftritt (epipeltate Schildblätter), sondern auf dessen Dorsalseite. Dies scheint nach allem, was ontogenetische und leitbündelanatomische Untersuchungen ergeben, bei den Sepalen von *Viola*-Arten der Fall zu sein. Die eigentümlichen Anhängsel der Kelchblätter finden so ihre Erklärung (2). Zum anderen fand JÄGER (1) hypopeltate Organe als teratologische Bildungen unter den Kronblättern von *Prunus malus*. Sie sollen hier eine Weiterentwicklung der subhypopeltaten Anlage normaler Petalen darstellen.

Epipeltate Organe bzw. Hemmungsformen von solchen liegen nach LEINFELLNER (Fortschr. Bot. **24**, 20) dagegen u. a. in den Perianthblättern der Liliaceen vor. Nach seinen Studien, die er inzwischen auf weitere Gattungen, so *Tofieldia, Lilium, Lloydia* und *Fritillaria* (1—5, 7—8), ausdehnen konnte, stimmen diese in ihrer Grundstruktur mit den Staubblättern überein. Das Auffinden lückenloser Reihen von Übergangsformen bestärkt die Vermutung, daß das gesamte Liliaceen-Perigon, also innerer und äußerer Wirtel, staminaler Herkunft sei [LEINFELLNER (8)]. Damit gewinnt die u. a. schon von ČELAKOVSKY vertretene Auffassung wieder an Gewicht, daß die beiden Perianthkreise der Monokotylen-Blüte einheitlich aus dem Androeceum hervorgehen. NELSON, auf dessen gedankenreiches Buch „Gestaltwandel und Artbildung" in diesem Zusammenhang hingewiesen sei, hält den äußeren Perianthkreis der Orchideen allerdings für eine Hochblattbildung. Dagegen bringt er wesentliche Argumente für die Auffassung, daß die inneren Tepalen androecealer Herkunft sind. Das Labellum stellt seiner Meinung nach ein komplexes Organ dar, in das die beiden seitlichen äußeren und das mediane innere Staubblatt eingegangen sein sollen. Damit wird eine schon von DARWIN vertretene These erneut zur Diskussion gestellt.

Petaloide Umbildung von Staubblättern ist ja auch bei dikotylen Pflanzen eine häufig zu beobachtende Erscheinung. Erwähnenswert mag in diesem Zusammenhang das Verhalten der ontogenetisch „überkippten" Antheren von *Rhododendron* sein [LEINFELLNER (6)]. Bei Verlaubung richten sich diese auf, so daß die primäre Lage wieder hergestellt wird. Beachtung verdienen auch die verlaubten Stamina, die GUYOT u. DUPUY bei *Brassica napus* var. *oleifera* beobachtet haben. Die hier auftretenden diplophyllen Spreiten sind u. a. mit ähnlichen teratologischen Bildungen vergleichbar, die in *Tropaeolum*-Blüten gefunden wurden (DUPUY). Man vgl. hierzu Fortschr. Bot. **21**, 27.

Ein bis heute ungeklärtes Problem gibt die sogenannte Paracorolla der Narcisseen auf. Daß sie zum Androeceum in Beziehung steht, dürfte keinem Zweifel unterliegen. TROLL (2) deutet sie aufgrund vergleichender Beobachtungen am Androeceum von *Eustephia coccinea, Hymenocallis* und vor allem von *Brodiaea capitata* als das Verwachsungsprodukt von Flügelbildungen, die bei *Brodiaea* als scheinbar selbständige Anhänge neben den Filamenten stehen. Er schlägt vor, den mehrdeutigen Ausdruck Paracorolla besser durch den Begriff „Cyathostemium" (Staminalbecher) zu ersetzen, der auf die morphologische Wertigkeit dieser Bildung hinweist. Flügelartige Auswüchse an der Filamentbasis von *Diomma*- und *Sohnreyia*-Arten (Rutaceae) bilden auch STERN u. BRIZICKY ab, freilich ohne auf sie näher einzugehen.

Am Beispiel von *Armeria* kommt ROTH (1) auf ihre schon für *Primula* geäußerte These zurück, daß die Petalen dorsale Auswüchse, möglicherweise dorsale Medianstipeln der Staubblätter seien. Unsere in Fortschr. Bot. **22**, 27 geäußerten Einwände, die hier ebenso gelten und denen sich inzwischen LEINFELLNER (8) angeschlossen hat, blieben von ihr unbeachtet. Wir wiesen darauf hin, daß es sich hier um ein zeitlich begrenztes Vorauseilen der Staubblattentwicklung handeln dürfte, wie es auch in anderen Verwandtschaftsbereichen vorkommt, so bei den kürzlich von ROHWEDER studierten Commelinaceen.

Zur Anatomie der Compositen-Antheren berichtet DORMER (2) über 3 Typen von Wandverdickungen, die in der Faserschicht auftreten. — Als Placentoid hatte CHATIN (1870) einen längsgerichteten Gewebewulst bezeichnet, der den Pollensack von der Seite des Dissepiments her eindellt. Derartige Bildungen fand jetzt HARTL (2) bei fast sämtlichen Tubifloren. Das Placentoid scheint hier geradezu ein Ordnungsmerkmal zu sein. Aber auch Zingiberaceen, Cannaceen und Orchidaceen zeichnen sich durch das Vorkommen solcher „Pollensackwülste" aus. Diese dürfen jedoch nicht mit dem sogenannten Balkentapetum verwechselt werden, auf das zuletzt CARNIEL wieder hingewiesen hat.

Eine wesentliche Ausweitung hat in den letzten Jahren die palynologische Forschung erfahren, über deren Ergebnisse vor allem die eigens für dieses Fachgebiet begründeten Zeitschriften „Pollen et Spores" und „Grana palynologica" laufend berichten. Besondere Beachtung findet heute die Beschaffenheit des Sporoderms, das vielfach unter systematischen Gesichtspunkten behandelt wird. Unter anderem liegen Mitteilungen vor von UENO (Coniferae), SCRIVASTAVA *(Pinus roxburghii)*, CANRIGHT (verschiedene Polycarpicae), PRAGLOWSKI (schwedische Bäume und Sträucher), ROWLEY *(Poa annua)*, TING (Umbelliferae), SAAD [*Linum* (1), *Sonchus* (2), *Ctenolophon* (3)], CAMPO u. GUINET (Mimosaceae), RAJ (Acanthaceae), RAO (Epacridaceae), BLAISE *(Plantago*-Arten) und DRUGG (Lennoaceae). Diese Liste ist keineswegs vollständig, auf Details kann nicht eingegangen werden. Es sei aber auf einen Sammelbericht verwiesen, den ERDTMAN jüngst vorgelegt hat. Nur die ausführlichen Erörterungen von MARTENS u. WATERKEYN seien hervorgehoben, die sich mit dem Wandbau des „Flügelpollens" von *Pinus*-Arten befassen.

Die Ergebnisse, die aus Abb. 1 ersichtlich sind, weichen in einigen Punkten von neueren Auffassungen ab. Während z. B. SITTE daran festhält, daß die Luftsäcke durch einfache Ausweitung der Exine und deren partieller Ablösung von der Intine zustande kommen, wird jetzt nachgewiesen, daß jene ausschließlich Bildungen der Exine sind, die in den entsprechenden Bereichen aufspaltet und so die Lufträume umgrenzt (Ectexine — Endexine). Einen vergleichenden Überblick über die Organisation des männlichen Gametophyten der Gymnospermen bringt STERLING (1), die zugleich eine einheitliche Terminologie für die einzelnen Elemente vorschlägt.

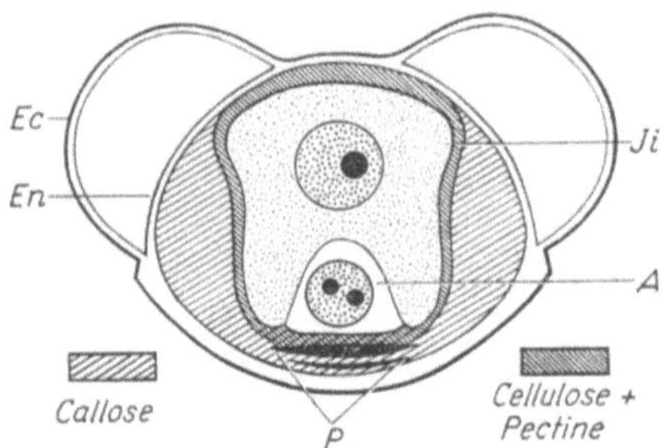

Abb. 1. *Pinus silvestris*. Reifes Pollenkorn. *A* Antheridienzelle, *P* Prothalliumzellen, *Ec* Ectexine, *En* Endexine, *Ii* innere Intine. Nach MARTENS u. WATERKEYN

Eingehende Beschreibungen der Sporen indischer *Isoetes*-Arten finden sich bei PANT u. SRIVASTAVA. NAYAR schildert u. a. die Sporen verschiedener Polypodiaceen (1) und *Adiantum*-Arten (2).

3. Gynoeceum

Nachdem BOKE (1) die bemerkenswerte Wuchsform von *Pereskia pititache* erstmalig genauer beschreiben konnte — es handelt sich um eine beblätterte, bis zu 10 m hoch werdende baumförmige Cactacee aus Mexiko —, schildert er in einer weiteren Mitteilung (2) deren Blütenbau, insbesondere das Gynoeceum. Der aus 10—18 Karpellen bestehende coenokarp-synkarpe Fruchtknoten ist oberständig. Jedes Loculament weist aber eine einwärts gerichtete taschenförmige Öffnung auf, die sich in einen gleichfalls offenen Griffelkanal fortsetzt (Abb. 2). Deutlich abgesetzte Narben sind nicht vorhanden. Alles dies sind ursprüngliche Züge, die an das Verhalten gewisser holziger Polycarpicae erinnern.

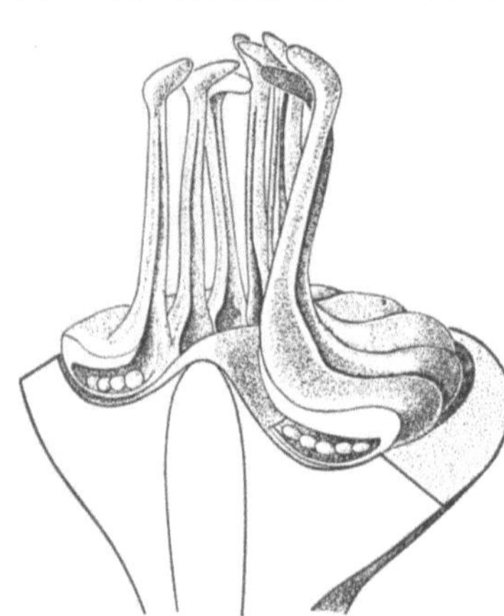

Abb. 2. *Pereskia pititache*. Gynoeceum, längs halbiert (halbschematisch). Nach BOKE (2)

Abgeleitet dagegen ist das unterständige Gynoeceum der subantarktischen *Griselinia*-Arten (Cornaceae), das KUBITZKI näher untersucht hat. Am Aufbau der Wand des pseudomonomeren Ovars sind 3 Karpelle gleichwertig beteiligt. Hinweise auf eine ursprüngliche Septenbildung mit zentralwinkelständiger Placentation wurden nicht gefunden, so daß parakarpe Struktur anzunehmen ist. Stärkere Beachtung findet bei diesen Studien insbesondere der Leitbündelverlauf. Dies gilt auch für eine Reihe weiterer Arbeiten, die neben anderen Blütenorganen das Gynoeceum zum Gegenstand haben, so etwa dasjenige von *Nelumbo lutea* (VAN LEEUWEN), von verschiedenen Nyctaginaceen [SHARMA (1)], Ficoidaceen [SHARMA (2)], Aristolochiaceen (NAIR u. NARAYANAN), Gentianaceen (KRISHNA u. PURI), Vacciniaceen [PALSER (1)], Diapensiaceen [PALSER (2)] und Pontederiaceen, insbesondere *Monochoria*-Arten (SINGH). Für letztere wird wandständige Placentation angegeben, die sich aus der zentralwinkelständigen herleitet. Gleichfalls aus leitbündelanatomischen Erwägungen möchte TIAGI das Gynoeceum der Orobanchaceen als 4karpellig betrachten, im Gegensatz zum dimeren Fruchtknoten der Scrophulariaceen.

Eine umfangreiche Studie hat HARTL (1) dem von ihm so genannten Apikalseptum gewidmet, das er am Beispiel von Ericaceen, Myrtaceen und Tubifloren schildern konnte. Dabei handelt es sich um eine Bildung des Ovars, die von derjenigen Form des Pistills herzuleiten ist, bei der der Griffel scheinbar nicht an der Spitze des Fruchtknotens (Acrostylie),

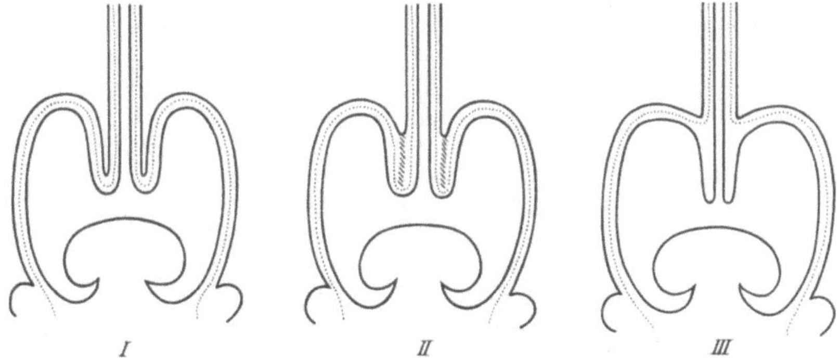

Abb. 3. *I-III* Mediane Längsschnitte durch verschieden gestaltete bikarpellate, coenokarpe Ovarien, das Zustandekommen des Apikalseptums *(III)* zeigend. Nach HARTL (1)

sondern unterhalb der Spitze (Anacrostylie) entspringt. Anacrostylie entsteht immer dann, wenn im Ovarbereich die Rückenseiten der Karpelle einem stärkeren Flächenwachstum unterliegen als die Bauchseiten; sie überwölben den Fußpunkt des Griffels, so daß dieser in eine mehr oder minder tiefe Furche des Ovars zu stehen kommt. Die in der Furche befindlichen und zur Seite des Griffels gekehrten Karpellflächen können nun unter Einbeziehung des Griffels miteinander kongenital verwachsen und so die typisch vorliegende Anacrostylie maskieren. Die so entstandene Scheidewand, deren Bildung in Abb. 3 veranschaulicht ist, stellt das genannte, bisher unbeachtet gebliebene Apikalseptum dar. Eine besonders starke Ausprägung erfährt es bei den Convolvulaceen, bei jener Familie also, deren Vertreter bislang als die einfachsten Tubifloren angesehen worden sind.

Unter den Solanaceen nimmt *Datura* insofern eine Sonderstellung ein, als sein Gynoeceum sich zu einer 4fächerigen Kapselfrucht entwickelt. Diesen Prozeß hat jetzt RAUD sehr sorgfältig studiert. Die alte Auffassung, daß auch hier die Placenten marginal an den eingewölbten

beiden Karpellen stehen, findet dabei ihre volle Bestätigung. Die Trenn-
wand, die die in Zweizahl angelegten Loculamente trennt, wird erst
später gebildet; sie verliert sich übrigens im oberen Bereich des Fruchtknotens, so daß dieser dort rein biloculär ist.

In der inneren Schicht der Ovarwandung von Compositen *(Centaurea, Silybium, Onopordon, Carthamus, Cirsium)* fand DORMER (1)
mannigfach gestaltete Kristalle von Calciumoxalat, die sich in jedem Fall
als artspezifisch erwiesen.

4. Verschiedenes

Einer ganzen Reihe von morphologisch-anatomischen Blütenunter-
suchungen liegen systematische Fragestellungen zugrunde. Das Studium
des Leitbündelverlaufs oder auch embryologische Betrachtungen spielen
dabei eine größere Rolle. Verschiedene *Nymphaea*-Arten (MOSELEY),
die Zygophyllacee *Fagonia cretica* (NAIR u. GUPTA), eine Anzahl von
Meliaceen (NAIR), Asclepiadaceen (RAO u. GANGULI) und Loranthaceen,
so *Tolypanthus* (DIXIT) und *Atkinsonia* (PRAKASH), einige amerikanische
Proteaceen (HABER) sowie die Tiliacee *Grewia asiatica* (DASS u. RAND-
HARA), *Anacardium occidentale* (COPELAND) und *Melianthus major*
(KHUSHALANI) werden so behandelt. *Secamone*, bisher zu den Cynan-
choideae gestellt, erweist sich nach SAFWAT als Bindeglied zwischen
Asclepiadaceen und Apocynaceen. Für die Aceracee *Dipteronia* erscheint
es HALL fraglich, ob dieser der Rang einer eigenen Gattung zukommt.
Eingehende Untersuchungen über Blütenbau und Embryogenese von
Lemnaceen liegen von S. MAHESHWARI u. KAPIL *(Lemna paucicostata)*
sowie von S. u. N. MAHESHWARI *(Spirodela polyrrhiza)* vor. Die nahe
Verwandtschaft dieser Familie mit den Araceen wird bestätigt. Genannt
seien schließlich Studien über die Blüten von *Trochodendron aralioides*
(PERVUKHINA) und von *Anticharis linearis* (JOSHI u. VARGHESE).

Im Rahmen blütenbiologischer Arbeiten, die vor allem an Beispielen
aus dem Bereich der Asclepiadaceen, Aristolochiaceen und Orchidaceen
durchgeführt wurden, gelang VOGEL der Nachweis besonderer Duft-
drüsen oder „Osmophoren". Die Gewebekomplexe nehmen in der Regel
die Oberseite der betreffenden Organe ein und zeigen eine äußere „Emis-
sionsschicht" (Epidermis) und eine darunterliegende „Produktions-
schicht", die oft aus mehreren Zellagen besteht. Letzterer kann noch ein
parenchymatisches Speichergewebe angegliedert sein. Die Innervierung
der umfangreichen Drüsen ist ungewöhnlich dicht und vorwiegend
phloematischer Natur, worin Parallelen zu gewissen extrafloralen
Nektarien bestehen. Solche wurden u. a. auf den Blattspreiten einiger
Cucurbitaceen gefunden, so bei *Blastania fimbristipula*. Auch hier unterscheiden CHAVAN u. BHATT eine epidermale „Filterschicht" und ein
mehrschichtiges Exkretionsgewebe. Vielfach ist ein ausgeprägtes Durch-
lüftungssystem vorhanden, dem zuweilen streng auf das Drüsenareal
beschränkte Spaltöffnungsfelder entsprechen.

Auf mannigfache teratologische Bildungen in den Blüten von *Dian-
thus caryophyllus* (BLAKE), *Tropaeolum majus* (ASTIÉ) und auf abnorme
Blüten- und Fruchtgestaltung bei der Bananenstaude, über die FAHN u.
Mitarb. berichtet haben, sei hingewiesen.

IV. Frucht und Samen

Verschiedene Fragen der Frucht- und Samenentwicklung wurden schon im Abschnitt „Blüte" gestreift. Weitere Beobachtungen liegen für die Banane (RAM, RAM u. STEWARD) sowie für *Foeniculum vulgare* (SARKANY) vor. Hier sei noch auf einige Erscheinungen aufmerksam gemacht, die sich auf die Dehiszenz von Kapselfrüchten beziehen. So konnte STOPP seine diesbezüglichen Untersuchungen (Fortschr. Bot. **24**, 23) auf die Convolvulaceen ausdehnen und einige recht aberrante Öffnungsformen darstellen, die mit dem Auftreten des auf S. 29 besprochenen Apikalseptums zusammenhängen. Insbesondere handelt es sich um Deckelkapseln aus dem Bereich der Gattungen *Cuscuta, Convolvulus, Pharbitis, Ipomoea* und *Merremia*. Bei der loculiziden Dehiszenz der Tulpenfrüchte *(Tulipa gesneriana)* zeigen sich an den Klappenrändern kammartig erscheinende, einwärts gerichtete „Fransen" von etwa 5 mm Länge, die das Ausstreuen der Samen erschweren. Nach ARZT werden diese Fransenreihen schon im jungen Fruchtknoten angelegt, und zwar geht jede Franse aus einer Gruppe einzelliger Trichome hervor, von denen einzelne schraubenförmige Verdickungsleisten zeigen. Fernerhin berichtet SELL über xero- und hygrochastische Öffnungsweisen bei Früchten verschiedener Acanthaceen.

Die mit Widerhaken versehenen Auswüchse, die an den Früchten von Pedaliaceen, u. a. bei *Uncarina*-Arten, auftreten, erweisen sich zur Hauptsache als Bildungen des Endokarps. Die Stacheln erscheinen zunächst als zylindrische Auswüchse der Fruchtwand. Während aber der vom Exokarp stammende Gewebeanteil zugrunde geht, weitet sich das dem Endokarp angehörende zentral liegende Gewebe unter Sklerotisierung an der Stachelspitze etwas aus. Aus den Rändern dieser plattenförmigen Erweiterung gehen dann schließlich jeweils 3—4 Widerhaken hervor (IHLENFELD u. STRAKA).

Verschiedene Autoren gehen auf den Bau von Samen ein. So beschreibt BUXBAUM (1, 2) im Zusammenhang mit systematischen Betrachtungen die Samen einer größeren Zahl von Cactaceen, wobei er insbesondere auf die Struktur der Testa hinweist. Eine vergleichende Betrachtung der Samenschale liegt auch für eine Reihe von *Eucalyptus*-Arten vor (GAUBA u. PRYOR). Gründlich untersucht wurde ferner die Anatomie der Samenschale von *Cercidium floridum* (SCOTT, BYSTROM u. BOWLER). Weitere Studien beziehen sich auf den Samenbau von *Rhododendron*-Arten (SHATALINA), von Vitaceen [PERIASAMY (1)], von *Piper nigrum* (KANTA), *Tridax trilobata* (KAPIL u. SETHI), *Capparis decidua* (NARAYANA) u. a. m.

Keine völlige Klarheit herrschte bisher über die Struktur der Epidermis von Tomatensamen *(Lycopersicum esculentum)*. CZAJA konnte jetzt in einer sorgfältigen Studie bestätigen, daß die Testa eine ausgesprochene Schleimepidermis aufweist („Myxotesta" nach TROLL), der zudem, noch im Reifestadium, 2—3 vom Placentargewebe stammende Zellschichten eng aufgelagert sind und die mit ihr zusammen die Schleimhülle des Samens bilden. Die einzelnen, prismatisch gebauten epidermalen Schleimzellen weisen je bis zu 8 senkrecht zur Außenfläche stehende Verdickungsleisten auf, die allein erhalten bleiben, wenn bei der Samenreife die übrigen Wandpartien der Epidermis aufgelöst werden. Sie sind deshalb gelegentlich mit Haarbildungen verwechselt worden, doch finden sich schon bei RASSMUS (1907) Hinweise auf das Vorkommen solcher Membranleisten bei Solanaceen-Samen. Daß selbst so gut studierte Objekte, wie etwa die Samenhaare von *Gossypium*, auch lichtmikroskopisch noch Neues bieten können, zeigt eine Studie von FRYXELL. Die Trichome besitzen danach einen scheibenartig verbreiterten Fuß, der sich unter der Epidermis ausweitet und so die gesamte Haarzelle verankert.

Die jetzt im Druck erschienene Dissertation von BRESINSKY über Bau und Entwicklungsgeschichte der Elaiosomen wurde schon in Fortschr. Bot. **24**, 24 berücksichtigt. Die morphologische Natur der „fleischigen Anhängsel", die MIÈGE u. ASSEMIEN an den Samen von *Borreria*-Arten (Rubiaceae) gefunden haben, ist noch nicht näher geklärt.

V. Inflorescenzen

In *Aetheolirion stenolobium* hat FORMAN eine neue Commelinacee beschrieben (Abb. 4). Sie gehört zusammen mit *Streptolirion* und *Spatholirion* in die sogenannte *Streptolirion*-Gruppe, für die der sympodial-monochasiale Wuchs der blühenden Triebe charakteristisch ist („inflorescentiae oppositifoliae"). Näherhin weisen diese anthokladiale Beschaffenheit auf. Im Infloreszenzbau herrscht Übereinstimmung u. a. mit *Aneilema*, namentlich insofern, als die gestreckte Hauptachse als Seitenglieder in größerer Zahl selbst wieder verlängerte wickelige Partialinfloreszenzen erzeugt. Auch TROLL (2) konnte seine Studien über die Commelinaceeninfloreszenzen (Fortschr. Bot. **24**, 15) mit der Untersuchung u. a. von *Buforrestia*, *Dichorisandra*, *Gibasis* und *Pyrrheima*

Abb. 4. *Aetheolirion stenolobium.* Blühender Trieb. Erläuterung im Text. Nach FORMAN

fortsetzen, wobei sich erneut bestätigte, daß wir es überall mit polytelen, aus thyrsoiden Floreszenzen aufgebauten Systemen zu tun haben. So auch bei *Callisia elegans*, die dem Muster etwa von *Tradescantia virginica* folgt, indem sie eine aus zwei Partialfloreszenzen bestehende Hauptfloreszenz ausbildet, während *Callisia fragrans (= Rectanthera fragrans* oder *Spironema fragrans)* eine Rumpfsynfloreszenz besitzt, also der Hauptfloreszenz entbehrt.

Im Rahmen einer Studie über *Chlorophytum comosum* (Fortschr. Bot. **25**, 21) hat TROLL (3) auch verschiedene andere *Asphodeloideen (Asphodeline, Anthericum, Aloe)* und Dracaenoideen *(Yucca, Dasylirion, Cordyline, Dracaena, Sansevieria)* durchgreifend auf ihre Synfloreszenzen hin bearbeitet und u. a. festgestellt, daß die in diesen Verwandtschaftskreisen gewöhnlich schraubelig gebauten Partialfloreszenzen bei *Asphodeline* entgegen bisherigen Angaben von wickeliger Struktur sind. Im selben Zusammenhang wird ferner der Nachweis geführt, daß für das Gros der Scilloideengattungen, wenn nicht für deren Gesamtheit, die Suppression der Stengelregion charakteristisch ist. Eingehender wurde daraufhin *Hyacinthus orientalis* studiert. Nicht unerhebliche Schwierigkeiten bereiteten zunächst die Asphodeloideengattungen *Phormium*, *Dianella* und *Stypandra*, bis es TROLL (1) gelang, auch für sie die Gliederung der Synfloreszenz nach einer von schraubeligen Partialfloreszenzen gebildeten Hauptfloreszenz und einer Bereicherungszone nachzuweisen.

Ausnehmend interessant gestaltete sich die Fortführung von TROLLs Untersuchungen (1) über verschiedene Asparagoideengattungen *(Streptopus, Smilacina, Majanthemum, Polygonatum* und *Convallaria)*. Was zunächst *Streptopus*, sonderlich *St. amplexifolius*, anlangt, so besitzt die Pflanze eine vollständige, nach Hauptfloreszenz und Bereicherungszone gegliederte Synfloreszenz. Hauptfloreszenz und Parakladien sind ausgesprochen frondos. Ähnlich verhalten sich die anderen Arten, nur sind bei ihnen die Partialfloreszenzen auf eine einzige vorblattlose Blüte reduziert (z. B. *St. simplex* und *St. roseus)*. Die Blütenstände von *Smilacina* und *Majanthemum* stellen Rumpfsynfloreszenzen dar, dies insofern, als sie in der Bildung der Bereicherungszone stecken bleiben. Die Parakladien präsentieren sich teilweise in stark vereinfachter Gestalt; bei *Majanthemum bifolium* erzeugen sie je nur zwei Blüten und bei *Smilacina stellata* deren gar nur eine einzige. Auch bei *Polygonatum* gelangen die Blütentriebe nicht zur Bildung einer Hauptfloreszenz; sie wachsen über der Bereicherungszone vielmehr in beschränktem Umfang vegetativ weiter, ohne jedoch eigentlich zu proliferieren. Ähnlich ist es um *Convallaria* bestellt, nur daß hier die auf ein einziges Parakladium beschränkte Bereicherungszone in die Niederblattregion verlegt ist.

Was die Amaryllidaceen anlangt, so hat TROLL (1) für die Unterfamilie der Agavoideen nachgewiesen, daß die Synfloreszenzen durch die starke Reduktion, wenn nicht den Ablast der Hauptfloreszenz charakterisiert sind. Ausgesprochene Rumpfsynfloreszenzen besitzen die Arten von *Polyanthes*. Von *Agave* Subg. *Euagave* konnte *A. americana* studiert werden. Bei ihr wie bei anderen (vielleicht allen) *Euagave*-Arten gelangt die Synfloreszenz noch zur Ausgliederung einer freilich nur aus wenigen Schraubeln bestehenden Hauptfloreszenz. Im Subg. *Littaea* fehlt diese dagegen ganz; außerdem sind die Bereicherungstriebe (= Parakladien) nach dem Muster der *Polyanthes*-Arten auf zwei Blüten reduziert. Mit solchen Rumpfsynfloreszenzen dürften wir es auch im Subg. *Manfredae* zu tun haben, obwohl der Blütenstand hier die Gestalt einer einfachen Traube besitzt. Diese Arten würden also *Smilacina stellata* entsprechen, während sich die *Littaea*-Arten und die ihnen im Infloreszenzbau gleichenden Vertreter der Gattung *Polyanthes Majanthemum bifolium* vergleichen lassen. In allen diesen Fällen weisen die Bereicherungstriebe keinen Unterbau auf, was der Aussage gleichkommt, daß sie allein aus der Cofloreszenz bestehen.

In der Unterfamilie der Amaryllioideen *(Leucojum, Galanthus, Narcissus* u. a.)* sind die Infloreszenzen mit Ausnahme von *Ixiolirion* seitlichen Ursprungs. Aus diesem und anderen Gründen müssen sie als Bereicherungstriebe angesehen werden. Sie treten allerdings jeweils nur in Einzahl auf. Über ihnen proliferiert der Scheitel der Hauptachse, um in der nächsten und in den folgenden Triebperioden darin nach der Bildung wiederum je eines Bereicherungstriebes fortzufahren. Ähnliche Verhältnisse begegnen uns unter den Liliaceen bei *Trillium* und auch bei *Paris.* Die vorgetragene Auffassung läßt sich in ausgezeichneter Weise durch den Vergleich mit *Ixiolirion* stützen, der einzigen Amaryllioideengattung, deren Arten einen verlängerten Hauptsproß sowie eine nach Bereicherungszone und Hauptfloreszenz gegliederte blühende Region besitzen (z. B. *I. montanum).* Alles in allem kann gesagt werden, daß sich auf Grund dieser Deduktionen die scheinbar so stark abweichenden Amaryllioideen gleichfalls dem von den übrigen Gruppen repräsentierten Familientypus zwanglos einfügen.

Aus der Familie der *Orchidaceen* konnte TROLL (2) insbesondere die Kenntnis von *Dendrobium acinaciforme* und von *Lockhartia*-Arten fördern. Bei ersteren (Sect. *Aporum)* ist die blühende Region der Triebe stark verkürzt. Sie endet außerdem am Scheitel blind. Aus den Achseln der Hochblätter, mit denen sie besetzt ist, gehen brakteose Blütentriebe mit einer je auf eine einzige Blüte beschränkten Infloreszenz (Hauptfloreszenz) hervor. Insoweit herrscht Ähnlichkeit mit vielen anderen *Dendrobium*-Arten. Doch treten hier in Begleitung der Blütentriebe in Einzahl phylloskope Beiknospen auf, die sich gewöhnlich auch entfalten und selbst wieder Blütentriebe liefern. Regelmäßig verfügt der distale Blütentrieb über eine solche Beiknospe, die man zunächst für den rudimentierten Scheitel des gesamten, in der blühenden Region endenden Sprosses halten möchte. Dieser aber ablastiert so vollständig, daß der distale Blütentrieb in pseudoterminale Stellung gerät. Die *Lockhartia*-Arten stehen im Gesamtverhalten den Dendrobien nahe, allererst insofern, als ihre ebenfalls rein brakteosen Blütentriebe axillären Ursprungs sind. Sodann erzeugt die jeweilige Hauptfloreszenz wiederum nur eine einzige Blüte, über deren Tragblatt hinaus sich die Achse in Form eines laciniaten Rudimentes fortsetzt. Recht ausgedehnt ist hier der Unterbau, der aus den Achseln der distalen Brakteen auch Parakladien hervorbringen kann. Zum größeren Teil bestehen diese nur aus der gleich der Hauptfloreszenz einblütigen Cofloreszenz. Schreitet der Entfaltungsprozeß basalwärts fort, so können Parakladien mit einer zwei Blüten umfassenden Cofloreszenz, ja sogar solche mit einem Parakladium zweiter Ordnung entstehen.

STAUFFERs Ausführungen zum „Gestaltwandel bei Blütenständen von Dicotyledonen" werden dadurch stark beeinträchtigt, daß nicht scharf genug zwischen monotelen und polytelen Synfloreszenzen unterschieden wird. Auch wird, entgegen den schon von EICHLER und GOEBEL erhobenen Einwänden, erneut der Efflorationsmodus zu einseitig in den Vordergrund gerückt, der, so großes Interesse er in anderer Hinsicht beanspruchen kann, für die typologische Erfassung des Synfloreszenzbaues relativ belanglos ist. Davon abgesehen enthält die Abhandlung verschiedene wertvolle Einzelangaben, so z. B. über die Infloreszenzen von *Santalum-*, *Maesa-* und *Lysimachia*-Arten. Es sei ferner auf die Behandlung der *Veronica-* und *Hebe*-Verwandtschaft sowie von Berberidaceen verwiesen, besonders von *Bongardia* und *Leontice*, zweier Gattungen, deren Synfloreszenzen sich u. a. darin voneinander unterscheiden, daß sie einerseits mit einer Terminalblüte abschließen *(Bongardia)*, andererseits aber offen bleiben *(Leontice)*. Überall ist es das Bestreben des Verfassers, die speziellen Fälle unter allgemeineren Gesichtspunkten zu erfassen und so scheinbar stark voneinander abweichende Formen auseinander abzuleiten. Allerdings kommt STAUFFER wegen des andersartigen, den natürlichen Gegebenheiten nicht in allen Punkten gerecht werdenden Ansatzes zu einer Deutung, die von derjenigen TROLLs und seiner Schule abweicht. Zudem deckt sich seine Interpretation speziell der Arbeiten von TROLL und WEBERLING nicht mit den Intentionen ihrer Verfasser, was zum Teil darauf beruht, daß der von TROLL eingeführte Begriff des Parakladiums ohne Zitat übernommen und in einem völlig anderen Sinne benutzt wird.

Eine hinsichtlich des Synfloreszenzbaues recht schwierige Familie sind die *Acanthaceen*, weshalb jeder zur Klärung der Verhältnisse geeignete Beitrag begrüßt werden muß, so auch die in zwei Arbeiten P. G. MEYERs (1, 2) enthaltenen Daten über

Abb. 5. *Petalidium variabile.* Parakladium (schematisch). Dessen Hauptachse ist dunkel, die Beisprosse sind hell gezeichnet. Die schraffierten Organe stellen die Blüten dar. Nach P. G. MEYER

Petalidium und *Blepharis*. Es kommt darin u. a. auch die ausgiebige akzessorische Sprossung zur Sprache, die die Parakladien gewisser *Petalidium*-Arten auszeichnet und dem unkritischen Beobachter dichasiale Verzweigung vorzutäuschen vermag (Abb. 5).

Die Inflorescenzen der indischen *Caesulia axillaris* stellen Syncephalien dar, die aus einblütigen Köpfchen zusammengesetzt sind. Mit diesem Befund konnte RAMAYYA diese schon 1832 von ROXBURGH geäußerte Auffassung jetzt bestätigen. In einer sehr eingehenden Studie hat sich schließlich RAUD (1) mit der Cupula von *Castanea* befaßt, deren Achsennatur darin klar zutage tritt.

Literatur

AHUJA, A.: Curr. Sci. **31**, 213—214 (1962). — ARNOTT, H. J., and SH. C. TUCKER: Am. J. Bot. **50**, 821—829 (1963). — ARZT, TH.: Ber. oberhess. Ges. Natur- u. Heilkunde Gießen, Naturw. Abt. **32**, 38—59 (1962). — ASTIE, M.: Bull. Soc. bot. France **109**, 115—121 (1962). — AUER, S.: Z. Bot. **50**, 128—153 (1962). — AYMARD, M.: Bull. Soc. bot. France **109**, 253—262 (1962).

BAILEY, I. W.: (1) J. Arnold Arb. **41**, 341—349 (1960); — (2) J. Arnold Arb. **42**, 144—150 (1961); — (3) J. Arnold Arb. **42**, 334—340 (1961). — BARTHEL, M.: Geologie, Beih. **33** (1962). — BEIGUELMAN, B.: (1) Rev. bras. Biol. **22**, 115—124 (1962)' — (2) Rev. Biol. (Lisboa) **3**, 97—110 (1962). — BHATNAGAR, J. K., and M. S. DUNN: Am. J. Pharm. **133**, 327—343 (1961). — BHATTI, W. H., and M. S. DUNN: Am. J. Pharm. **134**, 215—230 (1962). — BISHT, B. S., and B. C. KUNDU: J. Sci. indust. Res., C, **21**, 79—83 (1962). — BLAISE, S.: Bull. Soc. bot. France **110**, 91—106 (1963). — BLAKE, J.: Ann. Bot. (Lond.), N. S., **26**, 95—104 (1962). — BOKE, N. H.: (1) Cactus and Succulent J. America **35**, 3—10 (1963); — (2) Am. J. Bot. **50**, 843—858 (1963). — BOSTRACK, J. M., and W. F. MILLINGTON: Bull. Torrey bot. Club **89**, 1—20 (1962). — BRESINSKY, A.: Bibliotheca bot. **126**, 1—54 (1963). — BROWN, W. V., and S. C. JOHNSON: Am. J. Bot. **49**, 110—115 (1962). — BUXBAUM, F.: (1) Beitr. Biol. Pflanzen **38**, 383—419 (1963). — (2) Kakteen u. andere Sukkulenten **14** (1963).

CAMP, W. H., and M. M. HUBBARD: Am. J. Bot. **50**, 174—178 (1963). — CAMPO, M. VAN, et PH. GUINET: Pollen et Spores **3**, 201—218 (1961). — CANRIGHT, J. E.: Grana palyn. **4**, 64—72 (1963). — CARLQUIST, S.: Am. J. Bot. **49**, 413—419 (1962). — CARNIEL, K.: Österr. bot. Z. **110**, 145—176 (1963). — CHAVAN, A. R., and R. P. BHATT: Sci. and Culture **28**, 137 (1962). — COPELAND, H. F.: Phytomorphology **11**, 315—325 (1961). — CZAJA, A. TH.: Planta (Berl.) **59**, 262—279 (1963).

DASS, H. C., and G. S. RANDHAWA: Phyton (B. Aires) **19**, 185—193 (1962). — DEDE, R. A.: Am. J. Bot. **49**, 490—497 (1962). — DIXIT, S. N.: Phytomorphology **11**, 335—345 (1961). — DORMER, K. J.: (1) Ann. Bot. (Lond.), N. S., **25**, 241—254 (1961); — (2) New Phytol. **61**, 150—153 (1962). — DRUGG, W. S.: Am. J. Bot. **49**, 1027—1032 (1962). — DUPUY, P.: C. R. Soc. Biol. (Paris) **156**, 362—365 (1962).

ELLIS, S., and K. R. FELL: J. Pharm. (Lond.) **14**, 573—586 (1962). — ERDTMAN, G.: Advances bot. Research **1**, 149—208 (1963). — EVANS, W. C., and N. A. STEVENSON: J. Pharm. (Lond.) **14**, 664—678 (1962).

FAHN, A., N. KLARMAN-KISLEY, and D. ZIV: Bot. Gaz. **123**, 116—125 (1961). — FORMAN, L. L.: Kew Bulletin **16**, 209—222 (1962). — FOSTER, A. S.: J. Arnold Arb. **44**, 299—321 (1963). — FRYXELL, P. A.: Bot. Gaz. **124**, 196—199 (1963).

GAUBA, E., and L. D. PRYOR: Proc. Linnean Soc. Lond. **86**, 96—111 (1961). — GOVINDARAJALA, E.: Proc. nat. Inst. Sci. India, B, **28**, 100—114 (1962). — GULYAS, S.: Acta biol. (Szeged.) N. S., **7**, 15—24 (1961). — GUYOT, M., et P. DUPUY: Bull. Soc. bot. France **110**, 5—6 (1963).

HABER, J. M.: Phytomorphology **11**, 1—16 (1961). — HALL, B. A.: Am. J. Bot. **48**, 918—924 (1961). — HAMANN, U.: (1) Ber. dtsch. bot. Ges. **75**, 153—171 (1962);— (2) Bot. Jb. **82**, 316—320 (1963). — HARA, N.: (1) Sci. Papers Coll. gener. Educ. Univ. Tokyo **12**, 57—63 (1962); — (2) Bot. Mag. Tokyo **75**, 107—113 (1962). — HARTL, D.: (1) Beitr. Biol. Pflanzen **37**, 241—330 (1962); — (2) Ber. dtsch. bot. Ges. **76**, (71)—(72) 1963. — HELM, J.: (1) Kulturpflanze (Gatersleben) **11**, 92—210 (1963); — (2) Kulturpflanze (Gatersleben) **11**, 333—355 (1963); — (3) Kulturpflanze (Gatersleben) **11**, 417—421 (1963). — HUMMEL, K., u. K. STAECHE: Handbuch d. Pflanzenanatomie. Bd. IV, Teil 5 (Erg.-Heft). Berlin-Nikolassee 1962.

IHLENFELD, H.-D., u. H. STRAKA: Z. Bot. **50**, 154—168 (1962). — JÄGER, I.: (1) Österr. bot. Z. **110**, 20—32 (1963); — (2) Österr. bot. Z. **110**, 417—427 (1963). — JALAN, S.: Phytomorphology **12**, 239—242 (1962). — JOHNSON, T. N.: Bot. Gaz. **124**, 220—224 (1963). — JOSHI, M. C., and T. M. VARGHESE: Proc. Indian Acad. Sci., B, **57**, 167—177 (1963).

KANTA, K.: Phytomorphology **12**, 207—221 (1962). — KAPIL, R. N., and S. B. SETHI: Phytomorphology **12**, 235—238 (1962). — KAUSSMANN, B.: Pflanzenanatomie. Unter besonderer Berücksichtigung der Kultur- und Nutzpflanzen. Jena 1963. — KENG, H.: Univ. Calif. Publ. Bot. **33**, 269—383 (1962). — KHUSHALANI, I.: Phyton (Horn N.-Ö.) **10**, 145—156 (1963). — KRISHNA, G. G., and V. PURI: Bot. Gaz. **124**, 42—57 (1962). — KUBITZKI, K.: Ber. dtsch. bot. Ges. **76**, 33—39 (1963). — KWEI, Y. L., and C. L. LEE: Acta bot. sinica **11**, 44—48 (1963).

LANGE DE MORRETES, B.: Am. J. Bot. **49**, 560—567 (1962). — LEDRAN, CH.:
Bull. Soc. bot. France **109**, 63—75 (1962). — LEEUWEN, W. A. M. VAN: Acta bot.
neerl. **12**, 84—97 (1963). — LEINFELLNER, W.: (1) Österr. bot. Z. **109**, 1—17 (1962);
— (2) Österr. bot. Z. **109**, 113—124 (1962); — (3) Österr. bot. Z. **109**, 395—430
(1962); — (4) Österr. bot. Z. **110**, 177—193 (1963); — (5) Österr. bot. Z. **110**,
349—371 (1963); — (6) Österr. bot. Z. **110**, 374—380 (1963); — (7) Österr. bot. Z.
110, 401—410 (1963); — (8) Österr. bot. Z. **110**, 448—467 (1963).

MADAN, C. L., and B. C. KUNDU: J. Sci. indust. Res., C, **21**, 128—130 (1962). —
MAHESHWARI, P., and V. VASIL: Ann. Bot. (Lond.), N. S., **25**, 313—319 (1961). —
MAHESHWARI, S., and R. N. KAPIL: (1) Am. J. Bot. **50**, 677—685 (1963); — (2)
Am. J. Bot. **50**, 907—914 (1963). — MAHESHWARI, S. C., and N. MAHESHWARI:
Beitr. Biol. Pflanzen **39**, 179—188 (1963). — MARÓTI, I.: Acta biol. (Szeged.),
N. S., **7**, 43—67 (1961). — MARTENS, P., et L. WATERKEYN: Cellule **62**, 173—222
(1962). — MEHROTRA, B. N., and B. C. KUNDU: (1) J. Sci. indust. Res., C, **21**,
55—60 (1962); — (2) Planta med. (Stuttg.) **10**, 474—483 (1962). — MELVILLE, R.:
(1) Kew Bulletin **16**, 1—50 (1962); — (2) Kew Bulletin **17**, 1—63 (1963). — MEYER,
F. J.: Handbuch d. Pflanzenanatomie. Bd. IV, Teil 7 A. Berlin-Nikolassee 1962. —
MEYER, P. G.: (1) Mitt. bot. Staatssamml. München **4**, 59—72 (1961); — (2) Mitt.
bot. Staatssamml. München **4**, 145—160 (1961). — MIÈGE, J., et P. ASSEMIEN:
C. R. Acad. Sci. (Paris) **254**, 337—339 (1962). — MOSELEY JR., M. F.: Bot. Gaz.
122, 233—259 (1961). — MALAVIYA, M.: Proc. Indian Acad. Sci., B, **56**, 232—236
(1962).

NAIR, N. C.: J. Indian bot. Soc. **41**, 226—242 (1962). — NAIR, N. C., and V.
ABRAHAM: Proc. Indian Acad. Sci., B, **56**, 1—12 (1962). — NAIR, N. C., and I.
GUPTA: J. Indian bot. Soc. **40**, 635—640 (1961). — NAIR, N. C., and K. R. NARAYA-
NAN: Proc. nat. Inst. Sci. India, B, **28**, 211—227 (1962). — NARAYANA, H. S.:
Phytomorphology **12**, 167—177 (1962). — NAYAR, B. K.: (1) Bot. Gaz. **123**,223—232
(1962); — (2) Linnean Soc. Lond. Bot. **58**, 185—199 (1962). — NELSON, E.: Gestalt-
wandel und Artbildung, erörtert am Beispiel der Orchidaceen Europas und der
Mittelmeerländer, insbesondere der Gattung Ophrys. Bd. 1 u. 2. Chernex-Montreux
1962. — NEUBAUER, H. F.: Beitr. Biol. Pflanzen **36**, 255—271 (1961).

PALIWAL, G. S.: Curr. Sci. **30**, 269—271 (1961). — PALIWAL, G. S., and N. N.
BHANDARI: Phytomorphology **12**, 409—411 (1962). — PALSER, B. F.: (1) Bot. Gaz.
123, 79—111 (1961); — (2) Bot. Gaz. **124**, 200—219 (1963). — PANKOW, H.: Bot.
Studien (Jena) **13** (1962). — PANT, D. D., and B. MEHRA: Ann. Bot. (Lond.), N. S.,
27, 647—652 (1963). — PANT, D. D., and D. D. NAUTIYAL: (1) Curr. Sci. **32**, 232—234
(1963); — (2) Curr. Sci. **32**, 280—281 (1963). — PANT, D. D., and G. K. SRIVASTAVA:
Proc. nat. Inst. Sci. India, B, **28**, 242—280 (1962). — PARAMESWARAN, N.: Proc.
Indian Acad. Sci., B, **54**, 306—317 (1961). — PATERSON, B. R.: Aust. J. Bot. **9**,
197—208 (1961). — PERIASAMY, K.: (1) Proc. Indian Acad. Sci., B, **56**, 13—26
(1962); — (2) Phytomorphology **12**, 54—64 (1962). — PERVUKHINA, N. V.: Bot. Ž.
47, 1709—1730 (1962). Russisch. — PRAGLOWSKI, R.: Grana palyn. **3**, 45—65
(1962). — PRAKASH, S.: Phytomorphology **11**, 325—334 (1961). — PRAY, T. R.:
Am. J. Bot. **49**, 464—472 (1962). — PURI, V.: (1) J. Indian bot. Soc. **40**, 511—524
(1961); — (2) Proc. Summer School of Bot. Darjeeling 1960, 320—325. New Delhi
1962; — (3) Proc. Summer School of Bot. Darjeeling 1960, 326—333. New Delhi
1962.

RAJ, B.: Gran. palyn. **3**, 3—108 (1961). — RAM, H. Y. M., M. RAM, and F. C.
STEWARD: Ann. Bot. (Lond.), N. S., **26**, 657—673 (1962). — RAMAYYA, N.: Curr.
Sci. **31**, 24—25 (1962). — RAMJI, M. V.: Proc. nat. Inst. Sci. India, B, **27**, 189—197
(1961). — RAO, A. R., and J. P. TEWARI: Proc. nat. Inst. Sci. India, B, **27**, 41—45
(1961). — RAO, C. V.: J. Indian bot. Soc. **40**, 409—423 (1961). — RAO, V. S., and
A. GANGULI: Proc. Indian Acad. Sci., B, **57**, 15—44 (1963). — RAUD, G.: (1) Bull.
Soc. bot. France **108**, 130—158 (1961); — (2) Bull. Soc. bot. France **110**, 216—237
(1963). — RODIN, R. J.: Am. J. Bot. **50**, 641—647 (1963). — ROHWEDER, O.: Bot.
Jb. **82**, 1—99 (1963). — ROLAND, J. C.: Bull. Soc. bot. France **108**, 393—413 (1961).
— ROTH, I.: (1) Österr. bot. Z. **109**, 18—40 (1962); — (2) Flora (Jena) **152**, 179—195
(1962); — (3) Bot. Jb. **82**, 100—118 (1963); — (4) Flora (Jena) **153**, 90—111
(1963). — ROWLEY, J. R.: Grana palyn. **3**, 3—20 (1962). — ROY, K. K.: Curr. Sci.
32, 269—271 (1963).

SAAD, S. I.: (1) Grana palyn. **3**, 109—129 (1961); — (2) Pollen et Spores **3**, 247—260 (1961); — (3) Bot. Not. **115**, 49—57 (1962). — SAFWAT, F. M.: Ann. Missouri bot. Garden **49**, 95—129 (1962). — SAHA, B.: Ann. Bot. (Lond.), N. S., **27**, 269—280 (1963). — SÁRKÁNY, S.: Ann. Univ. Sci. Budapestin., Sect. Biol. **5**, 193—224 (1962). — SATTLER, R.: Bot. Jb. **81**, 358—396 (1962). — SCHAEPPI, H., u. K. FRANK: Bot. Jb. **81**, 337—357 (1962). — SCOTT, F. M., B. G. BYSTROM, and E. BOWLER: Am. J. Bot. **49**, 821—833 (1962). — SEITHE, A.: Bot. Jb. **81**, 261—336 (1962). — SELL, Y.: C. R. Acad. Sci. (Paris) **254**, 349—351 (1962). — SHARMA, H. P.: (1) Proc. Indian Acad. Sci., B, **57**, 149—163 (1963); — (2) Proc. Indian Acad. Sci., B, **56**, 269—285 (1962). — SHATALINA, M. S.: Vestn. Mosk. Univ., Ser. VI, **1**, 41—44 (1963). Russisch. — SIFTON, H. B.: Canad. J. Bot. **41**, 199—207 (1963). — SINGH, V.: Proc. Indian Acad. Sci., B, **56**, 339—353 (1962). — SITTE, P.: Grana palyn. **2**, 16—37 (1960). — SRIVASTAVA, S. K.: Grana palyn. **3**, 130—132 (1961). — STAUFFER, H. U.: Bot. Jb. **82**, 216—251 (1963). — STERLING, CL.: (1) Biol. Rev. **38**, 167—203 (1963); — (2) Am. J. Bot. **51**, 36—43 (1964). — STERN, W. L., and G. K. BRIZICKY: Mem. New York Bot. Garden **10**, 38—57 (1960). — STOPP, K.: Beitr. Biol. Pflanzen **38**, 179—188 (1963).

TAKAHASHI, C.: Cytologia **27**, 151—157 (1962). — TATEOKA, T.: (1) Bull. Torrey bot. Club **88**, 11—20 (1961); — (2) J. Japan. Bot. **36**, 299—304 (1961); — (3) Bot. Gaz. **124**, 264—270 (1963). — TIAGI, Y. D.: Vestn. Mosk. Univ., Ser. VI, **2**, 29—52 (1962). Russisch. — TING, W. S.: Pollen et Spores **3**, 189—199 (1961). — TOMLINSON, P. B.: (1) J. Arnold Arb. **41**, 414—428 (1960); — (2) J. Arnold Arb. **43**, 23—46 (1962). — TROLL, W.: (1) Jahrb. Akad. Wiss. u. Lit. Mainz **1961**, 113—125; — (2) Jahrb. Akad. Wiss. u. Lit. Mainz **1962**, 86—104; — (3) Neue Hefte z. Morphologie (Weimar) **4**, 9—68 (1962). — TRON, E.: Bot. Ž. **47**, 1100—1107 (1962). Russisch.

UENO, J.: J. Inst. Polytechn., Osaka City Univ., Ser. D, **11**, 109—136 (1960). — UPHOF, J. C.: Handbuch d. Pflanzenanatomie. Bd. IV, Teil 5. Berlin-Nikolassee 1962.

VASVANI, V., and A. R. RAO: Proc. Indian Acad. Sci., B, **53**, 36—41 (1961). — VOELTER, K. H., u. W. WEBER: Z. Bot. **50**, 498—516 (1962). — VOGEL, ST.: Abh. Akad. Wiss. u. Lit. Mainz, Math.-naturw. Kl. **1962**, 601—763.

WARDLAW, C. W., and D. N. SHARMA: Ann. Bot. (Lond.), N. S., **25**, 477—490 (1961). — WEBERLING, F.: Bot. Jb. **82**, 119—128 (1963). — WILDE, W. J. J. O. DE: Acta bot. neerl. **10**, 164—170 (1961).

ZIMMERMANN, W., u. H. BACHMANN-SCHWEGLER: Flora (Jena) **152**, 315—324 (1962). — ZIMMERMANN, W., H. BACHMANN-SCHWEGLER u. W. DIERINGER: Flora (Jena) **152**, 458—479 (1962).

4. Entwicklungsgeschichte und Fortpflanzung

Von Kurt Steffen, Braunschweig

Cyanophyceae. — Über die entwicklungsgeschichtliche Rolle und Funktion der für die Cyanophyceentaxonomie (Schwabe) so wichtigen Heterocysten läßt sich auch anhand der submikroskopischen Untersuchungen an einigen *Nostocales* und *Stigonematales* [Chapman u. Salton; Wildon u. Mercer (1 u. 2)] nur aussagen, daß die losgelösten Heterocysten sehr wahrscheinlich stoffwechselphysiologisch inaktiv und keimungsunfähig sind. Ihre Substruktur ist nämlich weitgehend desorganisiert. Die Bildung von Heterocysten scheint von der Stickstoffkonzentration des Mediums abhängig zu sein, wobei sich die getesteten Algen in bezug auf Stickstoffkonzentration und -quelle unterschiedlich verhalten [Pandey u. Mitra (1 u. 2)]. — Lazaroff u. Vishniac (2) nehmen bei *Nostoc muscorum* eine Alternanz zwischen sporen- und heterocystenbildenden Generationen an. Es scheinen zwei Typen beweglicher Trichome vorzukommen: die Hormogonien, die die Heterocystenphase bilden, und die Kurztrichome, die in der Heterocystenphase entstehen. Letztere bilden entweder unter Wachstum, Fragmentation und Sporulation die sporogene Phase oder nach Fusion wieder das Heterocystenstadium. Der Entwicklungsablauf in der Heterocystenphase ist von der Belichtung und vom Vorhandensein von Glucose im Kulturmedium [Lazaroff u. Vishniac (1); Lazaroff u. Schiff] abhängig. In Dunkelkulturen entstehen nur unkoordinierte Zellhaufen, die sich erst bei Belichtung zu Zellfäden vereinigen und Heterocysten bilden. — Die Endosporenbildung verläuft auch bei *Pleurocapsa fuliginosa* sukzedan, wie aus den elektronenmikroskopischen Untersuchungen von Beck hervorgeht. Sie beginnt mit der Bildung einer Vielzahl von gebogenen Lamellenstapeln, die je ein Kernäquivalent umschließen. Theoretisch wäre also ein simultaner Zerfall möglich gewesen. Auch hier zeigte sich, daß die klassische Unterscheidung von Chromato- und Centroplasma nach den bisherigen Erfahrungen für die Beschreibung der Feinstruktur wertlos ist (vgl. auch Pankratz u. Bowen). Eine Ausnahme macht allerdings eine in einer Cryptomonade symbiontisch lebende Cyanophycee (Hall u. Claus). Sie weicht aber durch ihren Zentralkörper, der nicht mit dem Centroplasma zu homologisieren ist (vgl. dazu Fortschr. Bot. 22, 33) soweit ab, daß sie zu einer neu zu errichtenden Familie zu stellen ist.

Xanthophyceae. — Nachuntersuchungen von Rieth (1 u. 2) ergaben, daß es das bei *Vaucheria* beschriebene und in die Handbuchliteratur übernommene *Gongrosira*-Stadium bei *Vaucheria* gar nicht gibt. In Wirklichkeit handelt es sich um Überdauerungsstadien der häufig mit *Vaucheria* vergesellschafteten Alge *Asterosiphon*. Die Feinstruktur der *Vaucheria*-Chloroplasten [DESCOMPS (1 u. 2)] gleicht der von *Tribonema* (LEFORT) und bietet ein weiteres Argument für die Zuordnung von *Vaucheria* zu den *Xanthophyceae* (vgl. dazu Fortschr. Bot. **25**, 50).

Haptophyceae. — CHRISTENSEN faßt neuerdings die Coccolithophoriden mit *Chrysochromulina*, *Prymnesium* und *Platychrysis* in der neu aufgestellten Klasse der *Haptophyceae* zusammen und trennt sie damit von den *Chrysophyceae* ab. Nachdem der Feinbau von *Chrysochromulina* (MANTON u. PARKE) und *Prymnesium* [MANTON u. LEEDALE (1)] bekannt war, lag es nahe, auch *Crystallolithus hyalinus* [MANTON u. LEEDALE (2)] zu untersuchen. Von dieser Art weiß man durch PARKE u. ADAMS, daß sie die bewegliche Phase der Coccolithophoride *Coccolithus pelagicus* ist. *Chrysochromulina* und *Crystallolithus* stimmen in Zellstruktur sowie im Feinbau des Haptonemas und der Schuppen überein, womit die Auffassung von CHRISTENSEN gestützt wird (vgl. auch Fortschr. Bot. **25**, 29). Die Schuppen dürften im Gegensatz zu den manchmal fehlenden Crystallolithen ein integrierender Bestandteil der Zelle sein. Sie entstehen in Plasmavesikeln [MANTON, OATES u. PARKE; MANTON u. LEEDALE (2)] und gelangen erst später an die Zelloberfläche, wo sie dem Plasmalemma außen anliegen. Die Coccolithen der Coccolithophoriden bestehen nach elektronenmikroskopischen Untersuchungen immer aus Calcit; Aragonit kommt nicht vor (BLACK). Sie sollen im Zellinnern (LAVINE, ISENBERG u. MOSS) in Abhängigkeit von der Assimilationsleistung [PAASCHE (1 u. 2)] gebildet werden. MANTON u. LEEDALE (2) halten bei *Crystallolithus* diese Frage für ungeklärt und äußern die Vermutung, daß die Crystallolithen außerhalb der Zelle in passenden Räumen entstehen, in die das gelöste Calcit sekretiert wird.

Phaeophyceae. — Die *Dictyotales* kann man nach ihrem Wachstumsmodus in zwei Gruppen einteilen: in eine Gruppe mit Scheitelzellwachstum (z. B. *Dictyota*) und in eine zweite, die zwar auch dieses Stadium durchläuft, aber dann mit einer Scheitelkante weiterwächst [z. B. *Taonia* (GAILLARD)]. Über epiphytischen Bewuchs von Braunalgen berichten JAASUND; VAN DEN ENDE u. LINSKENS; VAN DEN ENDE u. OORSCHOT. Ein auf *Chordaria flagelliformis* beobachteter Epiphyt mit plurilokulären Sporangien wird von JAASUND für die bisher in der Natur noch nicht gefundene Zwerggeneration von *Chordaria* gehalten (vgl. Fortschr. Bot. **18**, 45; **25**, 31 u. 50). Gestützt wird seine Auffassung durch das Auskeimen der Sporen aus den unilokulären Sporangien in situ und die Bildung von Jungpflanzen mit plurilokulären Sporangien, die noch den unilokulären Sporangien anhaften. — Der Entwicklungscyclus von *Macrocystis* wurde unter Labor- und Standortbedingungen untersucht [NEUSHUL u. HAXO; NEUSHUL (2)]. Unter Laborbedingungen entwickelt sich der mikroskopisch kleine Gametophyt in wenigen Tagen, bereits nach 10—13 Tagen treten die ersten Sporophyten auf. Unter den ungünstigeren Lichtverhältnissen im Meer verlangsamt sich die Entwicklung, doch ist der gesamte Entwicklungscyclus bis zur Sporulation des Sporophyten in 14 Monaten beendet. — *Phyllogigas* war bisher nur steril bekannt und wurde zu den *Laminariales* gestellt. Die jetzt entdeckten Sori mit unilokulären Sporangien und zweizelligen Paraphysen sind jedoch denen der *Desmarestiales* ähnlich [NEUSHUL (1)]. — Bei *Ascoseira* wurden erstmalig neben den Konzeptakeln auch unilokuläre Sporangien gefunden [NEUSHUL (1)]. — Die Untersuchung von *Cystophyllum* bestätigt die Zugehörigkeit zur Familie der *Cystoseiraceae*. In den Rezeptakeln entstehen in akropetaler Folge die Konzeptakel, in denen entweder Oogonien oder Antheridien gebildet werden (NIZAMUDDIN). Die Zygote keimt mit 4 Rhizoiden. Kulturversuche mit Oosporen von *Halidrys siliquosa* (MOSS u. LACEY) zeigten, daß die ersten Entwicklungsstadien denen von *Cystoseira* und *Sargassum* mehr gleichen als denen von *Fucus*. Konzeptakel werden erst im zweiten Jahr gebildet. Der erwachsene Thallus zeigt einen saisonbedingten Wechsel zwischen Wachstum und Reproduktion.

Pteridophyta. — Aus den Prothallien von *Lycopodium obscurum* konnte ein septierter Pilz isoliert werden, der auch zur Symbiose mit Prothallien anderer Arten in der Lage ist (FREEBERG). Vergleicht man frühere Literaturangaben, so muß man zu der Auffassung kommen, daß eine Anzahl verschiedener Pilze als Endophyten geeignet ist. — Die Hapteren der *Equisetum*-Sporen bestehen entgegen der Lehrmeinung aus zwei aufeinanderliegenden etwa gleich dicken Schichten, die von einer dünnen Haut umgeben sind [SITTE (1 u. 2)]. Die innere Celluloseschicht mit Längs-Textur dient in der ersten Bewegungsphase beim Strecken der Hapteren als Widerlager, während die äußere aus nicht cellulosischen Polysacchariden bestehende Lage als Quellschicht fungiert. Die schräge Streifung der Hapteren beruht nicht auf einer Cellulosetextur, sondern ist durch Kerben auf der Haut der Außenseite bedingt. Wahrscheinlich sind diese für die Torsionsbewegung der Hapteren beim weiteren Austrocknen verantwortlich. Die Polaritätsinduktion bei der *Equisetum*-Spore wird von ETZOLD u. JAFFE sowie MEYER ZU BENTRUP untersucht.

Die meisten Arbeiten über die Prothallienentwicklung der *Filicinae* sind physiologischer Natur und beschäftigen sich mit der Sporenkeimung [JAFFE u. ETZOLD; PIETRYKOWSKA (1)], der Morphogenese [BERGFELD; KELLEY u. POSTLETHWAIT; MILLER u. MILLER; MOHR; MOHR u. BARTH; NAYAR; OHLENROTH u. MOHR; PIETRYKOWSKA (2); VAUDOIS; WILKIE) und der Antheridieninduktion [ESTES; NÄF (2)]. Bisher sind drei verschiedene antheridienerzeugende Substanzen aus Prothallien isoliert worden [Übersicht bei NÄF (2); vgl. auch Fortschr. Bot. 22, 45; 23, 350; 24, 32; 25, 35]. Bei *Lygodium* und *Anemia*-Arten läßt sich die Antheridienbildung auch durch Gibberellinsäure auslösen [SCHRAUDOLF (1)], jedoch nicht bei *Polypodium*. Die Reaktion der Farnprothallien auf die Gibberellinsäure ist demnach unterschiedlich (VON WITSCH u. RINTELEN), außerdem zeigen Gibberelline verschiedener Herkunft eine verschiedene Aktivität [SCHRAUDOLF (3)]. Ob die Gibberellinsäure mit dem von NÄF angereicherten *Anemia*-Faktor identisch ist oder ob es sich um die analoge Wirkung von zwei verschiedenen Substanzen handelt, läßt sich vorerst nicht entscheiden. Die Empfindlichkeit für den antheridienbildenden *Pteridium*-Faktor nimmt mit dem Alter der *Onoclea*-Prothallien ab, wie aus den Untersuchungen von NÄF (1 u. 2) hervorgeht. Die Antheridienentwicklung der Schizaeacee *Anemia* weicht von der Knyschen Darstellung ab und nähert sich dem Polypodiaceen-Typ [SCHRAUDOLF (2)]. Bemerkenswert ist, daß die Stielzelle nicht aus der Antheridienmutterzelle sondern aus der bei der ersten inäqualen Teilung abgetrennten vegetativen Prothalliumzelle hervorgeht. Die Entstehung der Deckelzelle ist nicht ganz geklärt. Bei *Polyphlebium* ist die Zahl der Ring- und Deckelzellen erhöht (STONE). BELL faßt seine Untersuchungen über die submikroskopischen Veränderungen bei der Eireifung (vgl. Fortschr. Bot. 25, 35) zusammen und vermutet, daß eine zusätzlich gebildete Eimembran das veränderte Eiplasma gegen die Gametophytenzellen und deren Einfluß abschirmt.

DE MAGGIO hat die in vitro-Kultur von *Todea*-Zygoten (vgl. Fortschr. Bot. 24, 33 u. 25, 36) fortgesetzt und bei der Kultur von Embryonen in situ festgestellt, daß die Kohlenhydrat-Zufuhr nur die Embryoentwicklung beschleunigen, aber nicht die Embryoform verändern kann. DE MAGGIO, WETMORE u. MOREL warnen davor, die experimentell erzeugte Tracheidenbildung im Prothallium schon als Beweis für eine induzierte Apogamie zu werten. — Bei den leptosporangiaten Farnen ist die Ausbildung der Sori offensichtlich von Ernährungsfaktoren und hormonellen Stoffen abhängig (WARDLAW u. SHARMA). Nur, wenn die Blätter der vorausgehenden Vegetationsperiode intakt sind, werden an den Blattknospen Sori angelegt. Nach WARDLAW ist die Placenta des Sorus als sporogenes Meristem aufzufassen. — Beim Typ der Sporenbildung und Anordnung (decussiert oder tetraedrisch; vgl. Fortschr. Bot. 17. 84) dürfte es sich um ein allgemeines cytokinetisches Prinzip handeln, das nicht an taxonomische Grenzen gebunden ist. Bei den sicher nicht miteinander verwandten Farngattungen *Osmunda* und *Adiantum* kommt nämlich der gleiche tetraedrische Typ vor (MARENGO). — Bei der Hymenophyllacee *Mecodium* keimen die Sporen schon innerhalb des Sporangiums zu mehrzelligen Prothallien aus (SHARMA; vgl. Fortschr. Bot. 24, 32). Die apospore Bildung von Farngametophyten aus isolierten Blättern ist bekannt (vgl. Fortschr. Bot. 22, 46; 25, 36). PARTANEN u. PARTANEN fanden nun, daß auch in vitro kultivierte Wurzeln zur aposporen Prothallienbildung in der Lage sind. Dies ist ein wichtiger Beitrag zur Totipotenz der Zellen (PARTANEN). Nach WARD können am selben Segment des isolierten Rhizoms und des Blattstieles sowohl Gametophyten als auch Calluswucherungen entstehen, die Sporophyten bilden. MOREL vermutet, daß bei Blättern mit fortschreitendem Alter die Fähigkeit zur Gametophytenbildung verlorengeht.

Gymnospermae. — Sammelreferate liegen vor über die Entwicklung des männlichen Gametophyten bei den Gymnospermen (STERLING) und über den Proembryo der Coniferen (DOYLE); hierbei werden auch terminologische Fragen behandelt. Für vergleichende Untersuchungen wäre eine einheitliche graphische Darstellung nach den Vorschlägen von FAVRE-DUCHARTRE (1) über die Dauer der Entwicklungsgänge und die Kernteilungsfolge im männlichen Gametophyten [FAVRE-DUCHARTRE (4)] erwünscht. Statt der sonst im männlichen Gametophyten vorherrschenden Reduktionstendenz findet man die Zahl der Prothalliumzellen bei den *Podocarpaceae* und *Araucariaceae* (HODCENT) bis auf 30 vermehrt. — Die Zwischenschicht im Sporoderm von *Pinus mugo* erwies sich als eine nicht lipoidhaltige Kalloseschicht, die das eigentliche Pollenkorn nicht rings umschließt, sondern eine gegen den distalen Pol offene Schale darstellt [SITTE (3), vgl. auch Fortschr. Bot. **25**, 36].

FAVRE-DUCHARTRE (3) vergleicht die Nucelli der Gymnospermensamenanlage untereinander und findet 3 Typen, die er in zwei Entwicklungsreihen von *Lagenostoma* ableiten möchte. Beim ersten Typ durchwachsen die Nucelli die Mikropyle *(Araucaria, Agathis, Saxegothaea)*; beim zweiten kommt eine große *(Ginkgo, Cycadales, Ephedra)* oder reduzierte Pollenkammer *(Cupressaceae, Taxodiaceae, Taxaceae* und einige *Podocarpaceae)* im Nucellus vor. Der dritte Typ könnte durch regressive Evolution aus den beiden anderen Entwicklungsreihen entstanden sein und wird durch einen kuppelförmigen Nucellus charakterisiert, wie er bei einigen *Abies*-Arten und allgemein bei den Angiospermen vorkommt. Bei der Archegonienentwicklung zeichnen sich zwei Reihen ab: 1. kann die Zahl der Halszellen von einer Etage mit 2 *(Taxus)* oder 2—4 Zellen [*Cephalotaxus* und *Torreya*, FAVRE-DUCHARTRE (2 u. 5)] auf 2 Etagen *(Ginkgo)* und schließlich zu einem massiven Gewebe von 30—40 Zellen [*Ephedra gerardiana* (SINGH u. K. MAHESHWARI)] vermehrt werden. 2. kann sich die Zentralzelle verschieden verhalten. Entweder wird sie ungeteilt direkt zur Eizelle *(Taxus, Torreya taxifolia)*, oder es werden durch Karyokinese ein Bauchkanalkern *(Torreya myristica)* oder durch Cytokinese eine Bauchkanalzelle abgegeben *(Ginkgo, Pinus)*. Nach den embryologischen Befunden erscheint es berechtigt, *Thuja orientalis* den Status einer eigenen Gattung *Biota* zuzuerkennen (SINGH u. OBEROI). Charakteristisch für die *Cupressaceae* ist das Auftreten eines Archegonienkomplexes in apikaler oder lateraler Stellung (KONAR u. BANERJEE).

Bei *Welwitschia mirabilis* ist der Embryosack im Gegensatz zur bisherigen Auffassung tetrasporisch wie bei *Gnetum* (MARTENS). Auch die extrafloralen Embryosäcke in der Achse und dem Vegetationskegel zeigen denselben Entwicklungsmodus, jedoch konnte ihr haploider Charakter nicht nachgewiesen werden.

Angiospermae. — In dem von P. MAHESHWARI (2) herausgegebenen Buch "Recent advances in the embryology of angiosperms" werden in 14 Einzelreferaten nicht nur die Fortschritte der deskriptiven und der vergleichenden, sondern auch die der experimentellen Embryologie behandelt. Die Literatur ist im allgemeinen bis 1962 einschließlich verarbeitet. Vermißt werden die Kapitel über Anthere, Mikrosporogenese und Tapetumentwicklung. Letzteres wurde von seinem Verfasser CARNIEL (3) zurückgezogen und anderweitig veröffentlicht. Einzelne Teilgebiete werden von mehreren Gesichtspunkten aus behandelt, wie z. B. die Befruchtung nach entwicklungsgeschichtlichen, cytologischen [STEFFEN (2)] und physiologischen Aspekten (RANGASWAMY). Die Beziehung zwischen Embryologie und Taxonomie wird in einem abschließenden Kapitel von JOHRI (2) hergestellt.

Anthere und männlicher Gametophyt. Von CARNIEL (3) liegt das schon genannte Übersichtsreferat über das Antherentapetum (vgl. auch Fortschr. Bot. **21**, 38) vor. Besonders wertvoll ist seine kritische Zusammenstellung aller Fälle mit Restitutionskernbildung im Anschluß an defekte Mitosen sowie mit der Fusion von Spindeln und Anaphaseplatten, zumal in der Literatur einige Fälle fälschlich als Endomitosen beschrieben wurden. Die Zahl der Fälle mit nachgewiesenen Endomitosen im Tapetum hat sich inzwischen erhöht. Die Endomitosetätigkeit scheint meist mit einem tetra- oder oktoploiden Kern ihren Abschluß zu finden [zuletzt CARNIEL (2)]; 16n-Kerne (TURALA) sind selten. Im mehrkernigen Tapetum treten höchstens 4, selten 8 Kerne [CARNIEL (4)] auf. — Das innere Tapetum ist eine lokale Wucherung des Tapetums, das Placentoid hingegen ein parenchymatischer Gewebewulst, der den Pollensack von der Seite des Dissepiments her eindellt. Beide Bildungen sollten nicht miteinander verwechselt werden. Nach den embryologischen Befunden schließen sie sich jedoch keinesfalls aus, sondern treten meist vergesellschaftet auf. Da das Placentoid vor allem bei den *Tubiflorae*, den *Zingiberaceae, Cannaceae* und *Orchidaceae* vorkommt, möchte HARTL die Placentoidbildung als taxonomisches Merkmal werten. — Die Funktion des Tapetums wird in der Erzeugung und Weiterleitung von Enzymen, Hormonen und von Nährstoffen gesehen [CARNIEL (3); vgl. dazu auch PEREIRA u. LINSKENS]. Daß dem Tapetum eine solche Funktion auch über die Bildung der Pollentetrade hinaus zukommt, beweisen u. a. auch die Untersuchungen von ZENKTELER an fertilen und pollensterilen Karotten. Bei den sterilen Pflanzen degeneriert das Tapetum vorzeitig unter Bildung eines falschen Periplasmodiums. Der von WEILING (2 u. 3) bei der Meiose der Pollenmutterzellen gefundene Pinocytosemechanismus könnte eventuell den Mechanismus für die Aufnahme der genannten Stoffe aus dem Antherensaft darstellen. ROWLEY (1—3) vermutet bei seinen entwicklungsgeschichtlichen Untersuchungen zur Exinebildung bei *Poa annua* Protoplasmastränge als Verbindung zwischen Tapetum und den Pollenkörnern (vgl. Fortschr. Bot. **24**, 36 und die berechtigte Kritik von GEITLER u. TSCHERMAK-WOESS in diesem Band) und möchte sie als Transportwege für das monomere Sporopollenin ansehen. Er weist auf das Vorkommen von Schnarf-Ubisch-Körpern [ROWLEY (3), CHAMBERS u. GODWIN] zwischen beiden Zellen an den Kreuzungspunkten der Transportwege und auf den Ansatz der Stränge an den stachelförmigen Fortsätzen der Exine hin. In späteren Stadien nimmt auch ROWLEY (2) Transport über den Antherensaft an. Wichtig ist die Vorstellung von ROWLEY, daß das Sporopollenin erst in der Exine, also am Ablagerungsort, polymerisiert wird.

Unterbleibt im Archespor die Zellteilung der letzten prämeiotischen Mitose, so entstehen zweikernige Pollenmutterzellen (GÜNTHER), die bei *Potentilla* Oktaden oder durch Meiose-Störungen sekundäre Hexaden und Tetraden bilden [CZAPIK (1)]. Vielleicht hat die Bildung von sekundär polyploiden Pollenkörnern eine Bedeutung für die Evolution der Gattung *Potentilla*. — Nach den Untersuchungen von ESCHRICH und WATERKEYN sind die jungen Pollenmutterzellen untereinander durch breite Cytoplasmabrücken verbunden, die im elektronenmikroskopischen Bild den Anschein erwecken, als sei eine Verlagerung aller plasmatischen Organelle mit Ausnahme des Zellkernes von Zelle zu Zelle möglich. Nach NICOLOFF soll auch über die Plasmabrücken eine Übertragung von Chromatinmaterial, das während der Meiose eliminiert wurde, von einer Pollenmutterzelle zur anderen möglich sein. Die Richtung der Meiosewellen in der Anthere scheint nach NEUMANN u. a. von der Länge des Konnektivleitbündels und dessen Lagebeziehung zu den Loculi abhängig zu sein. — Fällt die Cytokinese nach Bildung der Tetradenkerne aus, so entstehen Gigaspollen, die bei der von FISCHER untersuchten tetraploiden *Beta vulgaris* überraschenderweise sogar keimfähig waren. Die Riesenpollenkörner können bis zu 8 Spermakerne und bis zu 4 vegetative Kerne enthalten. Abweichungen von dieser Zahl treten durch Meiosestörungen und damit verbundener Kleinkernbildung, sowie durch Kernverschmelzungen auf (zu Kleinkernen vgl. auch MALECKA; ROUSI). — Die Entstehung der reduzierten Pollentetraden der Cyperaceen wurde von CARNIEL (1) erneut untersucht. Dabei werden fehlerhafte Angaben in der Literatur wie folgt berichtigt: bei den beiden meiotischen Teilungen entstehen transitorische Zellwände, die vier Tetradenkerne wandern in den Innenwinkel der Pollenmutterzelle, durch inäquale Teilung entstehen ein großes und drei kleine absterbende Pollenkörner. Im überlebenden Pollenkorn tritt die erste Pollenkornmitose an der den absterbenden Zellen zugekehrten Innenseite ein (SHAH). Dieser Entwicklungstyp ist übrigens nicht einmalig, sondern findet sich auch beim *Styphelia*-Typ der *Epacridaceae* (VENKATA RAO). Die zu den *Ericales* gestellte Famili weist übrigens außerdem noch Einzelpollen sowie normale und reduzierte Tetraden mit 3, 2 und 1 fertilen Pollenkörnern auf (vgl. auch WATSON u. Fortschr. Bot. **24,** 37).

Ein Sammelreferat über den männlichen Gametophyten, beginnend mit dem einkernigen Pollenkorn und endend mit der Bildung der Spermazellen und des Pollenschlauches, liegt von STEFFEN (1) vor. Dabei werden vor allem cytologische Fragen erörtert. Die Lebensdauer und die Konservierungsfähigkeit des Pollens [POPOVA; RANGASWAMY; STEFFEN (2); VASIL] sind oft von praktischer Bedeutung, z. B. für Kreuzungen zur Züchtung krankheitsresistenter und besonders ertragreicher Cocospalmen [WHITEHEAD (1 u. 2)], wobei der Pollen über große Entfernungen hin versandt werden muß. Als Testmethoden für die Pollenfertilität kommen neben den bekannten Färbemethoden die Untersuchung der Pollenkörner im Phasenkontrast (z. B. ESKILSSON), die Bestimmung der Keimungsrate [z. B. GHOSH, COOPER u. SMITH; WEILING (1)] und des Pollenschlauchwachstums in vitro oder in vivo (DEMPSEY; LACZYŃSKA-HULEWICZ; LACZYŃSKA-HULEWICZ u. MACKIEWICZ) in Frage. Versuche, auf biochemischem Wege die Pollenfertilität zu bestimmen, liegen von TUPÝ vor, der den Gehalt an freien Aminosäuren untersucht, wie überhaupt die biochemische Untersuchung des Pollenkornes Fortschritte macht (LINSKENS u. HEINEN; OREL; PETROVSKAIA-BARANOVA u. ZINGER; SCHANDERL, STAUDENMAYER u. WERCKMEISTER; SCOTT u. STROHL; ZOLOTOVITCH u. SEČENSKA; vgl. auch Fortschr. Bot. **24,** 37). — DIERS

(1 u. 2) konnte bei elektronenmikroskopischen Untersuchungen an keimendem Pollen von *Oenothera* im wesentlichen die Ergebnisse von BOPP-HASSENKAMP (vgl. Fortschr. Bot. **24**, 38) bestätigen. Danach enthält die vakuolenfreie generative Zelle außer dem Kern Mitochondrien, stärkefreie Leukoplasten, Dictyosomen, ein im Vergleich zur vegetativen Zelle gering entwickeltes endoplasmatisches Reticulum, Lipoidtropfen und nicht identifizierte Einschlußkörper. Die 30—60 mμ dicke Wandung wird im Gegensatz zu BOPP-HASSENKAMP als Zellwand gedeutet, der vom generativen wie vom vegetativen Plasma her je ein Plasmalemma anliegt. — Warum gelegentlich in modernen cytologischen Arbeiten (z. B. VENEMA u. KOOPMANS) trotz aller Licht- und elektronenmikroskopischen Beweise [vgl. dazu STEFFEN (1)] und verbesserter Technik (z. B. BHADURI u. BHANJA) das Vorkommen von generativem Plasma geleugnet wird, bleibt unerklärlich.

Weiblicher Gametophyt. Sammelreferate liegen über die Samenanlage (KAPIL u. VASIL) und über die Embryosacktypen [JOHRI (1)] vor. Die Beziehung zur Physiologie und Genetik stellt P. MAHESHWARI (1) in einem Übersichtsreferat her. Die meisten embryologischen Arbeiten sind deskriptiv und beschäftigen sich mit der Analyse und der Typisierung der Embryosack-, Endosperm- und Embryoentwicklung und liefern damit wertvolles Material für eine spätere taxonomische Auswertung [JOHRI (2)]. In einigen vergleichend embryologischen Arbeiten wird bereits jetzt anhand des schon vorhandenen Materials eine systematische Verwertung versucht [z. B. von BHANDARI; JALAN; JUNELL; HAMANN (1—3); KAPIL u. VIJAYARAGHAVAN; MAHESHWARI, S. C., u. KAPIL (2); MAHESWARI DEVI (1); TERIOKHIN; VEILLET-BARTOSZEWSKA]. Neue Embryosacktypen sind nicht mehr gefunden worden. Bei der großen Anzahl embryologischer Untersuchungen vermehrt sich jedoch unsere Kenntnis über Vorkommen und Verbreitung von Abnormitäten, wie z. B. der Nucellarkappen [KHUSHALANI; MAHESHWARI, S. C., u. KAPIL (1)], von überzähligen und mehrkernigen Makrosporen (NARAYANA u. RAO), von Zwillingssamenanlagen [JOSHI u. VARGHESE (1 u. 2); NARAYANA], von Zwillingsembryosäcken (LAKSHMANAN; PANCHAKSHARAPPA) und von persistierenden Synergiden (DAVIS; KRUPKO; PHATAK u. AMBEGAOKAR). Endopolyploide Antipoden wurden von HASITSCHKA-JENSCHKE, zweikernige von HAMANN (2) und VIJAYARAGHAVAN, mehrkernige von MAHESWARI DEVI (1) beschrieben. Bei *Piper nigrum* teilen sich die triploiden Antipoden mehrfach und bilden ein massives Gewebe von 100 und mehr Zellen (KANTA). Bei *Guiera* kommen 3—6 Antipoden vor (PRAKASA RAO; vgl. auch Fortschr. Bot. **24**, 39). Mehrzelliges Archespor tritt bei *Paeonia* (WALTERS), *Cassytha* (SASTRI), *Olax* [AGARWAL (1)] *Barathranthus* (PRAKASH), *Zygophyllum* (MASAND), *Strombosia* [AGARWAL (2)], *Erythrina* (CHANDRAVADANA) und gelegentlich bei *Musa* (BOUHARMONT), *Commelina* (CHIKKANNAIAH), *Orygia* (NARAYANA u. LODHA) und *Bidens* [MAHESWARI DEVI (2)] auf. Die Bildung extraovarialer Samenanlagen (JALAN u. BHANDARI; MEYER u. BUFFET) sowie das Auswachsen der Embryosäcke aus der Mikropyle (CHANDRAVADANA; MOHAN RAM u. MASAND; NAIR u. PARASURAMAN) könnten für experimentelle Arbeiten über die Befruchtung von Bedeutung sein (vgl. auch Fortschr. Bot. **17**, 91; **21**, 40).

Embryo. Sammelreferate liegen vor über Polyembryonie (MAHESH-WARI, P., u. SACHAR), über die in vitro-Kultur von Embryonen (SANDERS u. ZIEBUR) und über die Embryoentwicklung (CRÉTÉ), wobei die Ergebnisse der französischen Schule in vorbildlicher Weise zusammengefaßt werden. Mit der Frage nach der Allgemeingültigkeit der embryogenetischen Gesetze von SOUÈGES setzen sich SWAMY u. PADMANABHAN kritisch auseinander. Sie betonen mit Recht, daß Variationen in der Zellteilungsfolge möglich sind, und daß jede Aussage über die prospektive Bedeutung der Stockwerke des Proembryos ohne morphogenetische Untersuchung ein Risiko ist.

MATTHIESSEN hat in einer Nachuntersuchung die freie Kernteilung in der Zygote von *Paeonia* und damit die Angaben der russischen Autoren erneut bestätigt (vgl. auch dazu Fortschr. Bot. **21**, 42; **24**, 40). — Bei 20 untersuchten Angiospermen blieben bei 4—5 Arten die Embryosuspensoren diploid, während sie bei 11 Arten durch Endomitose und bei 4 durch Restitutionskernbildung polyploid wurden [NAGL (1 u. 2); vgl. auch HASITSCHKA-JENSCHKE]. Auch hier dürfte die Polyploidie mit besonderen ernährungsphysiologischen Aufgaben der Suspensoren zusammenhängen. Nucellarembryonie als die häufigste Form der Polyembryonie wurde u. a. bei *Syzygium* (ROY u. SAHAI), *Aphanamixis* (GHOSH), *Xanthophyllum* (DESAI) und bei *Eucommia* (TANG) beschrieben. Die seltene Synergidenembryonie soll bei *Peganum harmala* vorkommen (KAPIL u. AHLUWALIA). HACCIUS vergleicht Nucellarembryonie und experimentell erzeugte Adventivembryonie [HU; JOHRI u. BAJAJ; JOHRI u. SEHGAL (1 u. 2); MAHESHWARI, P., u. BALDEV (1 u. 2)] und kommt zu der Auffassung, daß in beiden Fällen die Adventivembryonen aus einer Gruppe von reembryonalisierten Zellen („Embryoid") entstehen.

Endosperm. Sammelreferate liegen vor von CHOPRA u. SACHAR über das Endosperm mit besonderer Berücksichtigung der Physiologie dieses Gewebes und von TANDON u. KAPOOR (1) über dessen Cytologie. Das Endosperm hat vor allem durch die karyologischen Untersuchungen der Wiener Schule (ENZENBERG, TSCHERMAK-WOESS) und durch die ersten elektronenmikroskopischen Arbeiten (BUTTROSE; GRAHAM, JENNINGS, MORTON, PALK u. RAISON; SARFATTI) an Interesse gewonnen. Das „eigentliche" Endosperm ohne die Haustorien kann durch Endomitose oder durch Restitutionskernbildung polyploid werden [KAPOOR u. TANDON; RYCHLEWSKI; TANDON u. KAPOOR (2 u. 3)]. Bei 16 untersuchten Arten mit nukleärem Endosperm wurden 13 durch Restitutionskernbildung und 1 durch Endomitose polyploid, zwei wurden nicht polyploidisiert. Bei 3 Arten mit cellulärem Endosperm bleiben 2 triploid, während eine endopolyploid wurde (ENZENBERG). Die Endospermhaustorien, die schon immer das besondere Interesse der Embryologen gefunden haben [zuletzt AGARWAL (1 u. 2); AREKAL; GARCIA; GULIAYEV; JOSHI u. VARGHESE (2); MEYER, ABGRALL u. HORTIN; MOHAN RAM; MOHAN RAM u. MASAND; PADMANABHAN; VEILLET-BARTOSZEWSKA; vgl.

auch Fortschr. Bot. **17**, 93; **21**, 42], dürften meist hoch endopolyploide Kerne besitzen (ENZENBERG; HASITSCHKA-JENSCHKE; TSCHERMAK-WOESS u. HASITSCHKA-JENSCHKE). Bei den *Scrophulariaceae* lassen sich nach den Untersuchungen von JOSHI u. VARGHESE (2) nunmehr sechs verschiedene Haustorientypen unterscheiden. Bei *Schizanthus* sind die an die Chalaza grenzenden Endospermzellen vergrößert und zeigen Haustorialcharakter (FAGHERAZZI-ABGRALL u. MEYER).

In einem kritischen Übersichtsreferat befassen sich SWAMY u. PARAMESWARAN mit der Verbreitung des helobialen Endospermtyps. Sie sehen im helobialen Endosperm einen typischen Monokotylencharakter und leiten alle bei den Dikotylen angegebenen Fälle als Sonderformen vom nukleären oder cellulären Endosperm ab. — Beim cellulären Endosperm ist die erste Wand meist quer, in einigen Fällen auch längs oder schief gestellt. Zu den wenigen bisher bekannten Fällen mit schräg gestellter Wand *(Senecio, Centranthus, Peperomia, Helosis)* gesellt sich *Gerbera* (KORDYUM u. BOIKO). — Komplexendosperm durch Fusion benachbarter Embryosäcke kommt bei der Loranthacee *Barathranthus* (PRAKASH) vor (vgl. dazu auch Fortschr. Bot. **17**, 95; **21**, 42). PERIASAMY (1—3) unterscheidet bei der Entstehung des ruminierten Endosperms je nach der Beteiligung der Chalazalregion der Samenanlagen 3 Typen, den normal-chalazalen, den peri-chalazalen und den massiv-chalazalen Typ. Als Beispiel für den massiv-chalazalen Typ wird *Myristica fragrans* [PERIASAMY (1)] genannt. Bei der Muskatnuß werden das innere Integument und der Nucellus durch die wuchernde Chalaza verdrängt, die auch das Ruminationsgewebe liefert. Der perichalazale Typ ist bei den *Vitaceae* verbreitet. Hier wird das Ruminationsgewebe von den Integumenten gebildet, seine Lage aber durch die sich nach der Befruchtung vergrößernde Chalaza bestimmt.

Apomixis. BATTAGLIA faßt in vorbildlicher Weise unsere Kenntnisse über die Apomixis zusammen. Besonders wertvoll sind die schematischen Illustrationen seines Sammelreferates und die Erörterung terminologischer Fragen. — In *Pennisetum ciliare* scheint ein besonders günstiges Material vorzuliegen, um die genetischen Grundlagen der Apomixis zu klären. Die bisher untersuchten Herkünfte waren obligat apomiktisch (vgl. dazu auch Fortschr. Bot. **17**, 99; **18**, 47). Jetzt wurde von BASHAW eine sexuelle Form gefunden, in deren Nachkommenschaft neben sexuellen auch in geringer Zahl apomiktische Formen auftraten. Die Apomixis scheint demnach recessiv vererbt zu werden. — Apospore Embryosackbildung aus dem Nucellus kommt bei tri- und hexaploiden *Aglaonema*-Arten vor (PFITZER). Hochpolyploide Formen von *Antennaria* sind meist apomiktisch. Die jetzt von URBANSKA-WORYTKIEWICZ (1) untersuchte oktoploide *A. carpatica* aus der Tatra vermehrt sich jedoch sexuell. Kreuzungen von *A. carpatica* mit *A. dioica* erwiesen sich als hexaploid und amphimiktisch [URBANSKA-WORYTKIEWICZ (2 u. 3)] und lassen sich in ihrem Verhalten mit dem hexaploiden skandinavischen Biotyp von *A. carpatica* vergleichen. Auch zwischen skandinavischen und polnischen Biotypen von *Potentilla* bestehen Unterschiede im sexuellen Verhalten [CZAPIK (2 u. 3)]; während die hexaploiden aus Skandinavien

Apo- und Diplosporie, Parthenogenese und Pseudogamie zeigen (vgl. Fortschr. Bot. **21**, 43), vermehren sich die tetraploiden polnischen Herkünfte von *Potentilla Crantzii* und *arenaria* sexuell. *P. arenaria* zeigt mit gelegentlichem Vorkommen von Apo- und Diplosporie leichte Tendenz zur Apomixis. Bei *Cotoneaster* herrscht Apomixis vor, jedoch wird gelegentliches Vorkommen von Amphimixis für möglich gehalten (HJELMQVIST). Bei dem triploiden *Hieracium alpinum* (SKAWIŃSKA) und bei *Nardus stricta* (RYCHLEWSKI) wurden Diplosporie und parthenogenetische Entwicklung der Eizelle beschrieben. Aposporie (seltener Diplosporie) und Pseudogamie kommen bei *Hierochloe odorata* vor (NORSTOG). Bei tetraploiden Lilien wurde parthenogenetische Entwicklung der Eizelle beobachtet (EMSWELLER u. UHRING), wobei die entstandenen Pflanzen als polyhaploid anzusehen sind. Die Bildung von Haploiden durch Parthenogenesis wurde für einen Stamm von *Gossypium barbadense* beschrieben (TURCOTTE u. FEASTER).

Literatur

AGARWAL, S.: (1) Phytomorphology **13**, 185—196 (1963); (2) **13**, 348—356 (1963). — AREKAL, G. D.: Can. J. Botany **41**, 267—302 (1963).

BASHAW, E. C.: Crop Sci. **2**, 412—415 (1962). — BATTAGLIA, E.: Recent advances in the embryology of angiosperms 1963, 221—264. — BECK, S.: Flora (Jena) **153**, 194—216 (1963). — BELL, P. R.: J. Linnean Soc. Lond. Bot. **58**, 353—359 (1963). — BERGFELD, R.: Z. Naturforsch. **18b**, 328—331 u. 557—562 (1963). — BHADURI, P. N., and P. K. BHANJA: Stain Technol. **37**, 351—355 (1962).— BHANDARI, N. N.: Phytomorphology **13**, 303—316 (1963). — BLACK, M.: Proc. Linnean Soc. London **174**, 41—46 (1963). — BOPP-HASSENKAMP, G.: Z. Naturforsch. **15b**, 91—94 (1960). — BOUHARMONT, J.: Cellule **63**, 261—279 (1963). — BUTTROSE, M. S.: Australian J. Biol. Sci. **16**, 305—317 (1963).

CARNIEL, K.: (1) Österr. Botan. Z. **109**, 81—95 (1962); (2) **109**, 168—173 (1962); (3) **110**, 145—176 (1963); (4) **110**, 547—555 (1963). — CHAMBERS, J. C., and H. GODWIN: New Phytologist **60**, 393—399 (1961). — CHANDRAVADANA, P.: Current Sci. India **32**, 229—230 (1963). — CHAPMAN, J. A., and M. R. J. SALTON: Arch. Mikrobiol. **44**, 311—322 (1962). — CHIKKANNAIAH, P. S.: Phytomorphology **13**, 174—184 (1963). — CHOPRA, R. N., and R. C. SACHAR: Recent advances in the embryology of angiosperms 1963, 135—170. — CHRISTENSEN, T.: Botanik, Bind II: Systematisk Botanik Nr. 2, Alger, p. 1—178. Copenhagen: Munksgaard 1962. — CRÉTÉ, P.: Recent advances in the embryology of angiosperms 1963, 171—220. — CZAPIK, R.: (1) Acta biol. cracov., Ser. Bot., **4**, 43—47 (1961); (2) **4**, 97—119 (1961); (3) **5**, 29—42 (1962).

DAVIS, G. L.: Australian J. Botany **10**, 1—12 (1962). — DEMAGGIO, A. E.: J. Linnean Soc. Lond. Bot. **58**, 361—376 (1963). — DEMAGGIO, A. E., R. WETMORE et G. MOREL: Compt. rend. **256**, 5195—5199 (1963). — DEMPSEY, W. H.: Science **138**, 436—437 (1962). — DESAI, S.: Phytomorphology **12**, 184—190 (1962). — DESCOMPS, S.: (1) Compt. rend. **256**, 1333—1335 (1963); (2) **257**, 727—729 (1963). — DIERS, L.: (1) Z. Naturforsch. **18b**, 562—566 (1963); (2) **18b**, 1092—1097 (1963). — DOYLE, J.: Proc. roy. Irish Acad., B, **62**, 181—216 (1963).

EMSWELLER, S. L., and J. UHRING: Am. J. Botany **49**, 978—984 (1962). — ENDE, G. V. D., u. H. F. LINSKENS: Biol. Zentr. **81**, 173—181 (1962). — ENDE, G. V. D., u. R. V. OORSCHOT: Botanica marina (Hamburg) **5**, 111—120 (1963). — ENZENBERG, U.: Österr. Botan. Z. **108**, 245—285 (1961). — ESCHRICH, W.: Protoplasma **56**, 718—722 (1963). — ESKILSSON, L.: Hereditas **49**, 185—188 (1963). — ESTES, L. W.: Phytomorphology **13**, 284—289 (1963). — ETZOLD, H., and L. JAFFE: Exptl. Cell Research **29**, 188—193 (1963).

FAGHERAZZI-ABGRALL, M., et J. MEYER: Phytomorphology **13**, 22—29 (1963). — FAVRE-DUCHARTRE, M.: (1) Silvae Genetica **11**, 1—28 (1962); —

(2) Compt. rend. **255**, 3208—3210 (1962); — (3) Ann. l'A.R.E.R.S. **1**, Heft 2 (1963); — (4) Ann. Sci. nat. Bot. sér. 12, **4**, 233—239 (1963); — (5) Compt. rend. **258**, 661—664 (1964). — FISCHER, H. E.: Züchter **32**, 307—311 (1962). — FREEBERG, J. A.: Am. J. Botany **49**, 530—535 (1962).

GAILLARD, J.: Compt. rend. **257**, 725—726 (1963). — GARCIA, V.: Phytomorphology **12**, 307—312 (1962). — GHOSH, R. B.: Current Sci. India **31**, 165 (1962). — GHOSH, P. N., D. C. COOPER, and W. K. SMITH: Phyton (Buenos Aires) **18**, 105—107 (1962). — GRAHAM, J. S. D., A. C. JENNINGS, R. K. MORTON, B. A. PALK, and J. K. RAISON: Nature (Lond.) **196**, 967—969 (1962). — GÜNTHER, E.: Biol. Zentr. **82**, 45—71 (1963). — GULIAYEV, V. A.: Bot. Ž. **48**, 80—85 (1963).

HACCIUS, B.: Phytomorphology **13**, 107—115 (1963). — HALL, W. T., and G. CLAUS: J. Cell Biol. **19**, 551—563 (1963). — HAMANN, U.: (1) Bot. Jb. **81**, 397—407 (1962); — (2) Ber. dtsch. bot. Ges. **75**, 153—171 (1962); (3) **76**, 203—208 (1963). — HARTL, D.: Ber. dtsch. bot. Ges. **76**, (71—72) (1963). — HASITSCHKA-JENSCHKE, G.: Österr. Botan. Z. **109**, 125—137 (1962). — HJELMQVIST, H.: Botan. Notiser **115**, 208—236 (1962). — HODCENT, E.: Compt. rend. **257**, 489—492 (1963). — HU, S. Y.: Acta bot. sinica **11**, 16—21 (1963).

JAASUND, E.: Botanica marina (Hamburg) **5**, 1—8 (1963). — JAFFE, L., and H. ETZOLD: J. Cell Biol. **13**, 13—31 (1962). — JALAN, S.: Phytomorphology **13**, 338—347 (1963). — JALAN, S., and N. N. BHANDARI: Current Sci. India **32**, 230—232 (1963). — JOHRI, B. M.: (1) Recent advances in the embryology of angiosperms **1963**, 69—103; (2) **1963**, 395—444. — JOHRI, B. M., and Y. P. S. BAJAJ: Plant Tissue and Organ Culture — A Symposium, Delhi **1963**, 292—301. — JOHRI, B. M., and C. B. SEHGAL: (1) Naturwissenschaften **50**, 47—48 (1963); — (2) Plant Tissue and Organ Culture — A Symposium, Delhi **1963**, 245—256. — JOSHI, M. C., and T. M. VARGHESE: (1) Sci. and Culture (Calcutta) **28**, 489 (1962); — (2) Proc. Indian Acad. Sci., B, **57**, 164—177 (1963). — JUNELL, S.: Acta horti gotoburgen. **25**, 91—101 (1962).

KANTA, K.: Phytomorphology **12**, 207—221 (1962). — KAPIL, R. N., and K. AHLUWALIA: Phytomorphology **13**, 127—140 (1963). — KAPIL, R. N., and I. K. VASIL: Recent advances in the embryology of angiosperms **1963**, 41—67. — KAPIL, R. N., and M. R. VIJAYARAGHAVAN: Current Sci. India **31**, 270—272 (1962). — KAPOOR, B. M., and S. L. TANDON: Genetica **34**, 102—112 (1963). — KELLEY, A. G., and S. N. POSTLETHWAIT: Am. J. Botany **49**, 778—786 (1962). — KHUSHALANI, I.: Phyton (Horn, N. Ö.) **10**, 145—156 (1963). — KONAR, R. N., and S. K. BANERJEE: Phytomorphology **13**, 321—338 (1963). — KORDYUM, E. L., and A. P. BOIKO: Dapov. Akad. Nauk ukrain. R. S. R. **1962**, 1109—1112. — KRUPKO, S.: Acta Soc. Botan. Polon. **32**, 171—190 (1963).

LACZYŃSKA-HULEWICZ, T.: Genetica Polonica **4**, 97—119 (1963). — LACZYŃSKA-HULEWICZ, T., u. T. MACKIEWICZ: Züchter **33**, 11—17 (1963). — LAKSHMANAN, K. K.: Phyton (Buenos Aires) **20**, 49—58 (1963). — LAVINE, L. S., H. D. ISENBERG, and M. L. MOSS: Nature (Lond.) **196**, 78 (1962). — LAZAROFF, N., and J. SCHIFF: Science **137**, 603—604 (1962). — LAZAROFF, N., and W. VISHNIAC: (1) J. Gen. Microbiol. **25**, 365—374 (1961); (2) **28**, 203—210 (1962). — LEFORT, M.: Compt. rend. **254**, 3022—3024 (1962). — LINSKENS, H. F., u. W. HEINEN: Z. Bot. **50**, 338—347 (1962).

MAHESHWARI, P.: (1) Proc. of the Summer School of Botany, Darjeeling, **1962**, 171—192; — (2) Recent advances in the embryology of angiosperms, Delhi 1963. — MAHESHWARI, P., and B. BALDEV: (1) Nature (Lond.) **191**, 197—198 (1961); — (2) Plant embryology — A symposium. New Delhi 1962. — MAHESHWARI, P., and R. C. SACHAR: Recent advances in the embryology of angiosperms **1963**, 265—296. — MAHESHWARI, S. C., and R. N. KAPIL: (1) Am. J. Botany **50**, 677—686 (1963); (2) **50**, 907—914 (1963). — MAHESWARI DEVI, H.: (1) Proc. Indian Acad. Sci., B, **56**, 195—216 (1962); (2) **58**, 274—290 (1963). — MALECKA, J.: Acta biol. cracov., Ser. Bot., **4**, 25—42 (1961). — MANTON, I., and G. F. LEEDALE: (1) Arch. Mikrobiol. **45**, 285—303 (1963); (2) **47**, 115—136 (1963). — MANTON, I., K. OATES, and M. PARKE: J. mar. biol. Ass. U. K. **43**, 225—238 (1963). — MANTON, I., and M. PARKE: J. mar. biol. Ass. U. K. **42**, 565—578 (1962). — MARENGO, N. P.: Bull. Torrey Botan. Club **89**, 42—48 (1962). — MARTENS, P.: Cellule **63**, 309—329 (1963). — MASAND, P.: Phytomorphology **13**, 293—302 (1963). —

MATTHIESSEN, A.: Acta Horti bergiani **20**, 57—61 (1962). — MEYER, J., M. AB-GRALL et M. HORTIN: Compt. rend. **254**, 2629—2631 (1962). — MEYER, V. G., and M. BUFFET: J. Heredity **53**, 251—253 (1962). — MEYER ZU BENTRUP, F. W.: Planta **59**, 472—491 (1963). — MILLER, J. H., and P. M. MILLER: Plant and Cell Physiol. **4**, 65—72 (1963). — MOHAN RAM, H. Y.: J. Indian Botan. Soc. **41**, 288—296 (1962). — MOHAN RAM, H. Y., and P. MASAND: Phytomorphology **13**, 82—91 (1963). — MOHR, H.: J. Linnean Soc. Lond. Bot. **58**, 287—296 (1963). — MOHR, H., u. C. BARTH: Planta **58**, 580—593 (1962). — MORELL, G.: J. Linnean Soc. Lond. Bot. **58**, 381—383 (1963). — Moss, B., and A. LACEY: New Phytologist **62**, 67—74 (1963).

NÄF, U.: (1) Phyton (Buenos Aires) **18**, 173—182 (1962); — (2) J. Linnean Soc. Lond. Bot. **58**, 321—331 (1963). — NAGL, W.: (1) Österr. Botan. Z. **109**, 431—494 (1962); — (2) Naturwissenschaften **49**, 261—263 (1962). — NAIR, N. C., and V. PARASURAMAN: Phyton (Buenos Aires) **18**, 157—164 (1962). — NARAYANA, H. S.: Phytomorphology **12**, 167—177 (1962). — NARAYANA, H. S., and B. C. LODHA: Phytomorphology **13**, 54—59 (1963). — NARAYANA, H. S., and C. G. P. RAO: Phytomorphology **13**, 197—206 (1963). — NAYAR, B. K.: Am. J. Botany **50**, 301—308 (1963). — NEUMANN, K.: Biol. Zentr. **82**, 665—719 (1963). — NEU-SHUL, M.: (1) Botanica marina (Hamburg) **5**, 19—24 (1963); — (2) Am. J. Botany **50**, 354—359 (1963). — NEUSHUL, M., and F. T. HAXO: Am. J. Botany **50**, 349—353 (1963). — NICOLOFF, H.: Doklady Bolgar. Akad. Nauk **15**, 195—198 (1962). — NIZAMUDDIN, M.: New Phytologist **61**, 233—243 (1962). — NORSTOG, K.: Am. J. Botany **50**, 815—821 (1963).

OHLENROTH, K., u. H. MOHR: Planta **59**, 427—441 (1963). — OREL, L. I.: Doklady Akad. Nauk SSSR **147**, 1495—1498 (1962).

PAASCHE, E.: (1) Nature (Lond.) **193**, 1094—1095 (1962); — (2) Physiol. plantarum (Kbh.) **16**, 186—200 (1963). — PADMANABHAN, D.: J. Madras Univ. B, **31**, 37—46 (1961). — PANCHAKSHARAPPA, M. G.: Phytomorphology **12**, 418—430 (1962). — PANDEY, D. C., and A. K. MITRA: (1) Naturwissenschaften **49**, 89—90 (1962); — (2) Current Sci. India **31**, 201—202 (1962). — PANKRATZ, H. S., and C. C. BOWEN: Am. J. Botany **50**, 387—399 (1963). — PARKE, M., and I. ADAMS: J. mar. biol. Ass. U. K. **39**, 263—274 (1960). — PARTANEN, C. R.: Internat. Rev. Cytology **1963**, 215—243. — PARTANEN, J. N., and C. R. PARTANEN: Can. J. Botany **41**, 1657—1661 (1963). — PEREIRA, A. S. R., and H. F. LINSKENS: Acta Bot. Neerl. **12**, 302—314 (1963). — PERIASAMY, K.: (1) J. Madras Univ., B, **31**, 53—58 (1961); — (2) Proc. Indian Acad. Sci. **56**, B, 13—26 (1962); — (3) **58**, B, 325—332 (1963). — PETROVSKAIA-BARANOVA, T. P., i N. V. ZINGER: Bot. Ž. **47**, 1327—1333 (1962). — PFITZER, P.: Port. Acta biol., A, **6**, 279—293 (1962). — PHATAK, V. G., and K. B. AMBEGAOKAR: Proc. Indian Acad. Sci., B, **57**, 88—95 (1963). — PIETRYKOWSKA, J.: (1) Acta Soc. Botan. Polon. **31**, 437—447 (1962); — (2) **31**, 449—459 (1962). — POPOVA, D.: Doklady Bolgar. Akad. Nauk **16**, 317—320 (1963). — PRAKASA RAO, P. S.: Current Sci. India **32**, 30—31 (1963). — PRAKASH, S.: Phytomorphology **13**, 97—103 (1963).

RANGASWAMY, N. S.: Recent advances in the embryology of angiosperms **1963**, 327—353. — RIETH, A.: (1) Limnologica (Berl.) **1**, 197—210 (1962); — (2) Monatsber. dtsch. Akad. Wissensch. Berlin **4**, 519—522 (1962). — ROUSI, A.: Hereditas **48**, 390—408 (1962). — ROWLEY, J. R.: (1) Science **137**, 526—528 (1962); — (2) Grana palynol. (Stockh.) **3**, 3—20 (1963); — (3) **4**, 25—36 (1963). — ROY, S. K., and R. SAHAI: J. Indian Botan. Soc. **41**, 45—51 (1962). — RYCHLEWSKI, J.: Acta biol. cracov., Ser. Bot., **4**, 1—23 (1961).

SANDERS, M. E., and N. K. ZIEBUR: Recent advances in the embryology of angiosperms **1963**, 297—325. — SARFATTI, G.: Caryologia **15**, 1—20 (1962). — SASTRI, R. L. N.: Botan. Gaz. **123**, 197—206 (1962). — SCHANDERL, H., T. STAU-DENMAYER u. P. WERCKMEISTER: Naturwissenschaften **50**, 444 (1963). — SCHRAU-DOLF, H.: (1) Biol. Zentr. **81**, 731—740 (1962); — (2) Flora (Jena) **153**, 282—290 (1963); — (3) Nature (Lond.) **201**, 98—99 (1964). — SCHWABE, G. H.: Schweiz. Z. Hydrol. **24**, 207—222 (1962). — SCOTT, R. W., and M. J. STROHL: Phytochemistry **1**, 189—193 (1962). — SHAH, C. K.: Plant embryology — A symposium. New Delhy 1962, 81—93. — SHARMA, U.: J. Indian Botan. Soc. **41**, 571—576 (1963). — SINGH, H., and K. MAHESHWARI: Phytomorphology **12**, 361—372 (1962). —

SINGH, H., and Y. P. OBEROI: Phytomorphology 12, 373—393 (1962). — SITTE, P.:
(1) Ber. dtsch. bot. Ges. 76, 342—343 (1963); — (2) Ber. naturwiss.-med. Verein
Innsbruck 53, 193—207 (1963); — (3) Grana palynol. (Stockh.) 4, 41—52 (1963). —
SKAWIŃSKA, R.: Acta biol. cracov., Ser. Bot., 5, 89—96 (1962). — STEFFEN, K.:
(1) Recent advances in the embryology of angiosperms 1963, 15—40; (2) 1963,
105—133. — STERLING, C.: Biol. Rev. 38, 167—203 (1963). — STONE, I. G.:
Australian J. Botany 10, 76—92 (1962). — SWAMY, B. G. L., and D. PADMANA-
BHAN: J. Indian Botan. Soc. 41, 422—439 (1963). — SWAMY, B. G. L., and N.
PARAMESWARAN: Biol. Rev. 38, 1—50 (1963).

TANDON, S. L., and B. M. KAPOOR: (1) Sci. and Culture (Calcutta) 28, 114—117
(1962); — (2) Caryologia 15, 21—41 (1962); (3) 16, 377—395 (1963). — TANG, S. H.:
Acta Botan. Sinica 10, 29—34 (1962). — TERIOKHIN, E. S.: Bot. Ž. 47, 1811—1816
(1962). — TSCHERMAK-WOESS, E.: Protoplasmatologia 5, 1—158 (1963). — TSCHER-
MAK-WOESS, E., u. G. HASITSCHKA-JENSCHKE: Österr. Botan. Z. 110, 468—480
(1963). — TUPÝ, J.: Biol. plant. (Praha) 5, 154—160 (1963). — TURALA, K.: Acta
biol. cracov., Ser. Bot., 1, 25—34 (1958). — TURCOTTE, E. L., and C. V. FEASTER:
Science 140, 1407—1408 (1963).

URBANSKA-WORYTKIEWICZ, K.: (1) Acta biol. cracov., Ser. Bot., 4, 49—64
(1961); (2) 5, 97—102 (1962); (3) 5, 103—114 (1962).

VASIL, I. K.: J. Indian Botan. Soc. 41, 178—196 (1962). — VAUDOIS, B.:
Compt. rend. 256, 251—253 (1963). — VEILLET-BARTOSZEWSKA, M.: Rev. gén.
botan. 70, 141—230 (1963). — VENEMA, G., and A. KOOPMANS: Cytologia (Tokyo)
27, 11—24 (1962). — VENKATA RAO, C.: J. Indian Botan. Soc. 40, 409—423 (1961).
— VIJAYARAGHAVAN, M. R.: Phytomorphology 12, 45—49 (1962).

WALTERS, J. L.: Am. J. Botany 49, 787—794 (1962). — WARD, M.: J. Linnean
Soc. Lond. Bot. 58, 377—380 (1963). — WARDLAW, C. W.: Phytomorphology 12,
394—408 (1962). — WARDLAW, C. W., and D. N. SHARMA: Ann. Botany (London)
N. S. 27, 107—121 (1963). — WATERKEYN, L.: Cellule 62, 225—255 (1962). —
WATSON, L.: Nature (Lond.) 194, 889—890 (1962). — WEILING, F.: (1) Biol. Zentr.
81, 405—417 (1962); — (2) Protoplasma 55, 372—405 (1962); (3) 55, 452—496
(1962). — WHITEHEAD, R. A.: (1) Nature (Lond.) 196, 190 (1962); — (2) Euphytica
12, 167—177 (1963). — WILDON, D. C., and F. V. MERCER: (1) Austr. J. biol. Sci.
16, 585—596 (1963); — (2) Arch. Mikrobiol. 47, 19—31 (1963). — WILKIE, D.:
J. Linnean Soc. Lond. Bot. 58, 333—336 (1963). — WITSCH, H. v., u. J. RINTELEN:
Planta 59, 115—118 (1962).

ZENKTELER, M.: Am. J. Botany 49, 341—348 (1962). — ZOLOTOVITCH, G., i M.
SEČENSKA: Doklady Bolgar. Akad. Nauk 15, 639—642 (1962).

B. Systemlehre und Pflanzengeographie

5a. Systematik und Phylogenie der Algen

Von Bruno Schussnig, Jena

Mit 1 Abbildung

Chrysophyta. In Fortsetzung der licht- und elektronenmikroskopischen Untersuchungen über Chrysomonaden sind von Manton, Parke, Leedale u. a. neuere Veröffentlichungen erschienen. Untersucht sind *Chrysochromulina polyepis* sp. nov., *Chr. pringsheimii* sp. nov., *Chr. parva*, *Chr. minor*, *Chr. kappa* und *Prymnesium parvum*. Die acht bisher untersuchten Chrysochromulina-Arten zeigen eine weitgehende Übereinstimmung in der Zellstruktur, bis auf kleine Abweichungen. So sind die Pyrenoide von *Chr. chiton*, *Chr. minor* und *kappa* periplastidial, bei *Chr. strobilus*, *erecina*, *ephippium*, *alifera* und *brevifilum* intraplastidial. Die Struktur des Haptonemas ist bei allen untersuchten Arten gleichartig, ausgenommen kleine Abweichungen in der Zahl der zentralen Fibrillen. Die gewöhnliche Zahl ist 7, *Chr. strobilus* hat dagegen bloß 6, während bei *Chr. kappa* gelegentlich auch 8 nachgewiesen wurden. Wichtig ist weiters der Nachweis von Schuppen an der Zelloberfläche mit für jede Species charakteristischer Skulpturierung, die in periplasmatischen Vacuolen angelegt und von hier an die Zellperipherie wandern. Die Feinstruktur der Schuppen läßt sich nur im Elektronenmikroskop analysieren. Ähnliche Schuppen konnten auch für die farblose *Paraphysomonas vestita* nachgewiesen werden, was systematisch wichtig ist. Bezüglich der Geißelinsertion, der Beziehung des Zellkerns zur Geißelwurzel und zu den Plastiden, der Struktur der Mitochondrien und des Golgi-Apparates sei auf die Originalarbeiten verwiesen.

Kristiansen beschreibt die hologame Kopulation und Zygotenbildung von *Kephyrion rubri-claustri*, *Stenocalyx inconstans*, *S. monilifera*, *S. klarnetii*, *S. spiralis* und *S. rubriformis*. Bei *Stenocalyx inconstans* und *S. monilifera* wurden auch Zygoten mit drei leeren Gamontenhüllen gefunden, was auf eine dreifache Befruchtung schließen ließe. Cytologische Angaben darüber liegen jedoch nicht vor. Eine eigenartige asexuelle Fortpflanzung, wobei der Zellinhalt knospenartig die Hülle verläßt und an deren Mündungsrand eine Weile verbleibt, wo die neue Hülle ausgebildet wird, wurde für *Kephyrion rubri-claustri* und *Stenocalyx monilifera* beschrieben. Das gleiche ist auch für *Kephyriopsis cincta* bekannt. Dieser Vorgang vermittelt eine Vorstellung, wie koloniale Verbände, etwa vom Typus *Dinobryon*, entstanden sein können.

Chlorophyta. BOURRELLY setzt sich mit der Bedeutung der Geißel-feinstruktur für die Klassifizierung der Algen, und speziell der Grünalgen, auseinander. In Anlehnung an die Vorstellungen von CHADEFAUD, der in seiner, nichts weniger als einheitlichen Gruppe der *Chromophyta* weitgehende Abweichungen in der Geißelstruktur feststellt, glaubt BOURRELLY ein ähnliches Verhalten auch für die Chlorophyten gelten zulassen. Für die systematische Inhomogenität dieser Algengruppe führt er, nebst *Haematococcus, Platymonas, Pedinomonas, Micromonas squamata* und *pusilla, Thalassomonas, Bipedinomonas* und *Anisomonas* an, deren Begeißelung und Geißelstruktur vom Normaltypus der Phytomonaden und Chlorophyceen abweicht. Man kann dem Verf. darin nicht ganz folgen, solange nicht auf Grund einer genauen Analyse der Zelle und der elektronenoptischen Prüfung der Geißelfeinstruktur erwiesen ist, daß die erwähnten Formen zum Verwandtschaftskreis der Phytomonadinen gehören, was, mit Ausnahme von *Haematococcus*, höchstwahrscheinlich nicht der Fall ist. Die chlorophyllgrüne Farbe der Plastiden, das Vorhandensein von Pyrenoiden und von Stärkespeicherung können leicht zur Zusammenfassung von Formen in ein übergeordnetes Taxon, auf Kosten der Natürlichkeit desselben, verleiten.

Chlamydomonadinae. TSCHERMAK-WOESS beschreibt aus H_2S-haltigem Milieu eine neue *Chloromonas*-Art, *Chl. saprophila* n. sp., die sich durch ein ungewöhnliches Verhalten bei der Kopulation auszeichnet. Die in sexuelle Reaktion tretenden Individuen haben zunächst das Aussehen vegetativer Zellen und gehen wie diese zu viert aus einer Mutterzelle hervor. Während der Kopulation streift der eine Gamet, am Vorderende beginnend, die Membran ab und befestigt sich an der Flanke des behäuteten Partners. Die Membran dieses letzteren wird an der Anheftungsstelle aufgelöst und sein Inhalt fließt in den unbehäuteten Gameten über. Es liegt hier ein bemerkenswerter Fall physiologischer Anisogamie, wenn auch invers, der vielleicht als eine Vorstufe zur oogamen Kopulation aufgefaßt werden könnte. Fälle von Oogamie sind bei Chlamydomonaden bereits bekannt und gehören somit zur Charakterisierung dieser Flagellatengruppe.

Nomenklatorisch sorgfältig und mit gutem Abbildungsmaterial ausgestattet beschreibt ETTL vier neue Varietäten von *Chlamydomonas mundana* GERLOFF, u. zw. var. *botryodes* (STREHLOW) ETTL nov. comb., var. *simulans* ETTL et EPPLEY, var. *globulosa* ETTL et EPPLEY und var. *astigmata* ETTL. Bei var. *simulans* und *globulosa* wird eine zunehmende Rückbildung des Augenfleckes verfolgt, var. *astigmata* besitzt keinen Augenfleck. Verf. betont, „daß die Abwesenheit des Augenfleckes allein nicht als Merkmal zur Trennung von Arten, sondern nur zur Abtrennung intraspezifischer Taxa dienen kann".

In einer weiteren Veröffentlichung behandelt der Verf. die Systematik von *Sphaerellopsis*, die er als eigene Gattung anerkennt. Es werden davon die Arten *Sph. incisa* (PRINGSHEIM) nov. comb., *Sph. ignava* (KORSCHIKOFF) nov. comb., *Sph. nekrassovii* (KORSCHIKOFF) nov. comb. und *Sph. aulata* (PASCHER) GERLOFF forma genau analysiert.

Von Manton, Oates und Parke liegt eine bedeutsame Veröffentlichung über die Morphologie und Feinstruktur von *Pyramimonas grossii*
Parke, *P. amylifera* Conrad und *P. aff. obovata* vor, im Vergleich mit
dem *Pyramimonas*-Stadium von *Halosphaera*.

Zwischen den oben genannten freilebenden *Pyramimonas*-Arten und
dem Schwärmer von *Halosphaera* bestehen überraschenderweise weitgehende Übereinstimmungen sowohl im Körperbau, als auch in der
feineren Zellstruktur. Die Untersuchungen wurden licht- und elektronenoptisch ausgeführt. Hier interessiert uns zuvor die Struktur der Geißeln.
Es sind überall vier gleichlange, relativ starke Geißeln vorhanden, mit
stumpfen oder nur ganz wenig verjüngten Enden, ohne Akronema. Die
Geißeloberfläche ist verhältnismäßig spärlich mit Mastigonemen (pantonematisch) besetzt, über deren Natur die Verff. noch nichts Endgültiges
aussagen können. Es wird bloß angedeutet, daß es sich wahrscheinlich
um Flimmern eigener Art handeln dürfte. Das Bemerkenswerteste ist
aber, daß die Oberfläche der Geißeln, ähnlich wie die Oberfläche der Zelle,
von zwei Schichten nicht-mineralisierter Schuppen bedeckt ist, und zwar
von einer Lage sehr kleiner Schuppen, die dem Geißelplasma anliegen,
und von einer darüberliegenden Lage größerer Schuppen, die deutlich in
9 Längsreihen angeordnet sind. (Man beachte die Übereinstimmung mit
der Zahl 9 der peripheren Subfibrillen in der Geißel!) Im Elektronenmikroskop zeigen diese Schuppen eine bestimmte Form und Feinstruktur, die sich von jener der ebenfalls in zwei Schichten gelagerten
Körperschuppen unterscheiden. Wie weiter oben für die Chrysomonaden
gesagt wurde, entstehen diese Schuppen in Lacunen oder Vacuolen des
peripheren Zellplasmas, von wo sie, wahrscheinlich durch Ausführungskanälchen an die Zelloberfläche gelangen. Es scheint auch, daß eine
funktionelle Beziehung zwischen diesen Vacuolen und den Ampullen des
Golgi-Apparates besteht.

Auf die weiteren Details der Zellstruktur kann hier nicht näher eingegangen werden. Wichtig für die systematische Beurteilung von *Pyramimonas* ist die spezifische und bisher einmalige Geißelstruktur, die kein
Analogon bei den Chlamydomonaden hat. Und besonders wichtig ist
weiters der Befund, daß *Halosphaera* Schwärmer vom *Pyramimonas*-
Typus erzeugt, woraus der Schluß gezogen werden darf, daß diese
Gattung unmöglich bei den Heterokonten verbleiben kann. Über die
definitive Stellung von *Halosphaera* im Algensystem läßt sich im Augenblick nichts Endgültiges sagen. Eines jedoch ist nach Ansicht des Ref.
sicher: *Halosphaera* ist weder eine Heterokonte noch eine Chlorophycee!

Chlorococcales. Wie schon im letzten Band dieser Zeitschrift gesagt
wurde, sind gegenwärtig Untersuchungen im Gange, um eine intraspezifische Analyse der Gattung *Chlorella* mit Hilfe biochemischer
Methoden auszuführen. An 46 Stämmen, die größtenteils zu den *Euchlorellae* zu rechnen sind, wurden von Soeder die folgenden Merkmale und
deren Kombinationen geprüft: 1. die Form, 2. die Größe der Zellen in
vollsynchronen Reinkulturen, 3. die Färbbarkeit der Zellmembranen und
der Zellbestandteile mit Rutheniumrot, 4. das Vorhandensein oder
Fehlen von Pyrenoiden, 5. die Größe der Stärkekörner in den Plastiden,

6. die Entfärbung und endliche Farbe der Kulturen auf Glucoseagar im Licht und in der Dunkelheit, 7. die Verflüssigung von Gelatine und 8. die Dauer der Lichtperiode im Licht/Dunkelheit-Zyklus und die Entlassung der Autosporen. Aus der Verteilung der hier aufgezählten Merkmale auf die geprüften Stämme ergibt sich eine Unterscheidung von 8 Arten. Auf Grund anderer Methoden kam auch Kessler zum gleichen Resultat. Für *Chlorella* I, II und III muß bis auf weiteres diese provisorische Bezeichnung beibehalten werden. Die mit *Chl. miniata* bezeichneten Stämme konnten von *Chl. luteoviridis* nicht abgetrennt werden. Die Frage nach einer Abgrenzung von *Chl. saccharophila* gegen *ellipsoidea* muß, bis zur Klärung der Frage, ob der Originalstamm der ersteren nicht doch ein Pyrenoid führt, noch offen bleiben. ,,Die Existenz einer *Chl. pyrenoidosa* Chick konnten wir nicht bestätigen. Die Stämme dieses Namens erwiesen sich entweder als *Chl. vulgaris* oder als ,*Chlorella* I'.'' Trotz stammesgeschichtlicher Unterschiede in der Wüchsigkeit, in der Geschwindigkeit des Pigmentverlustes bei Stickstoffmangel und trotz Abweichungen in Zellformen und Zellgröße innerhalb der unterschiedenen Arten, sieht Verf. anerkennenswerterweise von der Aufstellung besonderer Unterarten oder Varietäten ab.

Von besonderem Interesse ist es, daß Kessler u. Mitarb. mit anderen physiologisch-chemischen Methoden zu Resultaten gelangen, die mit denen von Soeder sehr gut übereinstimmen. Die genannten Autoren haben, ebenfalls an 46 *Chlorella*-Stämmen, die Bildung von Sekundär-Carotinoiden bei Stickstoffmangel sowie die Hydrogenase-Aktivität verfolgt und gefunden, daß diese Merkmale auch zur Klassifizierung dieser morphologisch so wenig differenzierten Gattung mit Erfolg herangezogen werden können. Es zeigte sich, daß *Chlorella pyrenoidosa* eine starke Hydrogenase-Wirkung hat und sekundäre Carotinoide bildet. Zwei neue thermophile Arten bilden nur Hydrogenase, während bei *Chlorella vulgaris, ellipsoidea, luteoviridis* und *saccharophila* sowohl die Hydrogenase-Aktivität als auch die Fähigkeit, sekundäre Carotinoide zu bilden, fehlt. Bei *Chl. zofingiensis* konnte nur die letztere Fähigkeit nachgewiesen werden. Es ergibt sich die wertvolle Erkenntnis, daß auf Grund physiologisch-chemischer Merkmale die Arten von *Chlorella* sich gut charakterisieren und abgrenzen lassen. Daß es sich dabei um gute Merkmale handelt, zeigt die Tatsache, daß beispielsweise bei Stämmen von *Chlorella vulgaris, pyrenoidosa* oder *ellipsoidea* regional verschiedener Herkunft ein überraschend gleichförmiges Verhalten festgestellt werden konnte. Das gleiche gilt auch für eine Reihe anderer Merkmale, wie schon die Untersuchungen von Soeder gezeigt haben. Die Verff. weisen besonders auf die Fettbildung bei Stickstoffmangel wie auch auf den Verlauf der Induktion bei der Photosynthese hin, worin artbedingte Unterschiede zwischen verschiedenen Chlorellen zu bestehen scheinen.

Für die Systematik vorliegender Gattung wichtig ist die Feststellung von 8·morphologisch und physiologisch gut unterscheidbaren Arten. Davon stimmen 5 mit den bereits bekannten Arten *Chlorella vulgaris, ellipsoidea, luteoviridis, zofingiensis* und *saccharophila* überein. Die als ,,*Chlorella* I'' geführte Art ist mit *Chl. pyrenoidosa* identisch, die aber aus nomenklatorischen Gründen umbenannt werden muß. Die beiden „*Chlorella* II“-Stämme lassen sich von den nahestehenden Arten morphologisch und physiologisch gut abgrenzen. Die 6 Stämme von „*Chlorella* III“ sind thermophil. Gegenüber der ähnlichen *Chlorella vulgaris* unterscheiden sie sich durch den Besitz von Hydrogenase, wodurch „*Chlorella* III“ als eigene Art anzusehen ist. Zu *Chl. luteoviridis* werden auch, übereinstimmend mit SOEDER, die Stämme von *Chl. miniata* gezählt. *Chlorella zofingiensis* und *Chl. saccharophila* besitzen kein Pyrenoid und gehören somit nicht zur Untergattung *Euchlorella* WILLE.

Und hier noch eine kurze Mitteilung von TRAINOR, der bei *Scenedesmus obliquus* das Vorkommen von Zoosporen fand, was für diese Gattung bisher unbekannt war. Bei der Bildung der Tochterkolonien innerhalb der Mutterzellen wird die planetische Phase übersprungen, die Aplanosporen liefern direkt die Zellen der neuen Kolonie. Da aber die Aplanosporen phylogenetisch von Zoosporen abzuleiten sind, ist der vorliegende Befund ein instruktiver Beweis für die Richtigkeit dieser angenommenen Ableitung. Es liegt der Fall vor, in welchem die normalerweise unterdrückten Zoosporen doch noch aktiviert werden können.

Ulotrichales. KORNMANN hat sich vorgenommen, die Helgoländer Arten der Gattung *Ulothrix* zu sammeln und durch Kulturversuche ihre Entwicklungsgeschichte und ihre taxonomische Abgrenzung klarzustellen. Über die Biologie von *Ulothrix* ist ja bisher so gut wie nichts bekannt. Bekannt ist hingegen, daß zwei Entwicklungstypen vorkommen, und zwar so, daß bei einigen Arten die homologen und isomorphen Generationen sich durch agame Schwärmer vermehren, während bei anderen eine Alternation zweier heteromorpher Generationen erfolgt, wovon die eine einzellig, *Codiolum*-ähnlich ist. Die vorläufig noch unbenannte *Ulothrix*-Art, deren Entwicklung Verf. experimentell ermittelt hat, gehört zur letzteren Gruppe, wobei beide Generationen aus ungeschlechtlichen Schwärmern hervorgehen. Die Vermutung des Verf., daß es sich hier um die parthenogenetische Entwicklung einer an sich diöcischen Form handele, von der in seinen Kulturen zufällig nur das eine Geschlecht enthalten war, hat sich, nach brieflicher Mitteilung, bestätigt. Bei ungünstigen Ernährungsverhältnissen in den Kulturen treten außerdem in den Fäden abweichend aussehende (olivgrüne) Sporangien auf, welche kleine, zweigeißelige Schwärmer entlassen, während die normalen Zoosporen viergeißelig sind. Die zweigeißeligen Schwärmer kopulieren nicht, sondern sie wachsen zu kurzgestielten, einzelligen, zuerst länglichen, aber dann kugelig anschwellenden Stadien heran, die bis 80 μ dick werden können. Das weitere Verhalten dieser kugeligen Stadien kann verschieden sein, entweder sproßt aus ihnen, ohne daß es zu einer Schwärmerbildung kommt, eine größere Anzahl vegetativer Fäden hervor, oder aber ihr Inhalt zerfällt bis auf einen Restkörper in eine größere Anzahl viergeißeliger Zoosporen.

In einer weiteren Studie werden die Lebenszyklen einiger Ulotrichaceen übersichtlich zusammengestellt. Für die systematische Charakterisierung der *Ulotrichales* müssen nicht bloß die morphologischen, sondern auch die entwicklungsgeschichtlichen Verhältnisse berücksichtigt werden. KORNMANN rechnet zu den Ulotrichalen nur Vertreter einfachster Bautypen, so des monosiphonen Fadens und der scheibenförmigen Thalli und der daraus abzuleitenden einschichtigen, erekten flächigen Thalli. Als wesentliches Merkmal dieser Ordnung hebt er das einzellige Sporophytenstadium hervor. An Hand seiner hier wiedergegebenen Schemata mögen die einzelnen Typen kurz besprochen werden.

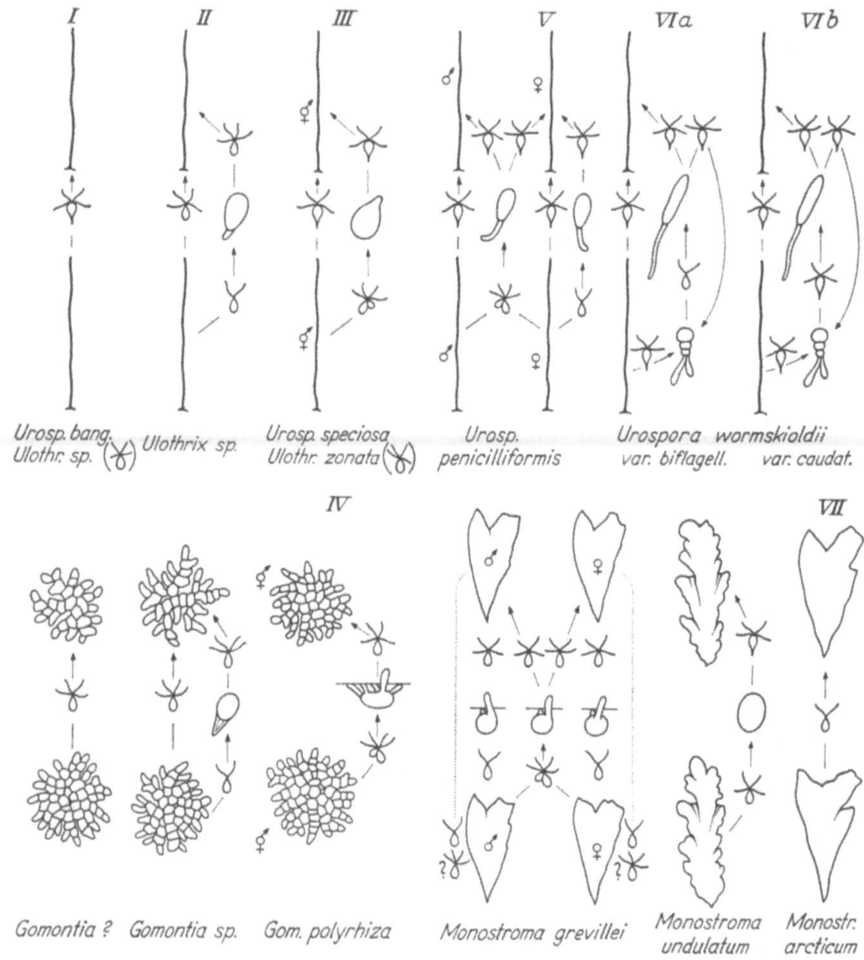

Abb. 6. Lebenszyklen einiger Vertreter der Ulotrichales (nach P. KORNMANN). Erläuterung im Text

In der oberen Reihe der schematischen Übersicht sind die Entwicklungszyklen der monosiphonen Formen veranschaulicht. Die weiter oben erwähnte *Ulothrix* spec. und *Urospora bangioides* zeigen einen Entwicklungslauf, der bei geeigneten Kulturbedingungen eine Aufeinanderfolge gleichartiger Generationen aufweist, deren Vermehrung durch viergeißelige Zoosporen erfolgt. Bei anderen Arten, wie *Urospora speciosa*,

Ulothrix zonata, aber auch bei *Ulothrix* spec., kann in den Entwicklungsgang auch noch ein *Codiolum*-Stadium eingeschaltet sein, der durch agame Schwärmer, durch Parthenogenese oder auch durch eine Gametenkopulation eingeleitet wird. Letzteres ist z. B. bei *Ulothrix zonata* und *Urospora speciosa* der Fall. Kornmann faßt das einzellige *Codiolum*-Pflänzchen als Sporophyten auf, dessen Inhalt in zahlreiche Schwärmer zerfällt. Wie II und III zeigt, erfolgt der Generationswechsel unabhängig von der Kernphase. V zeigt den Lebenszyklus der diöcischen und anisogamen *Urospora penicilliformis*, wobei die weiblichen Gameten, ähnlich wie die zweigeißeligen Schwärmer von *Ulothrix* spec. sich auch parthenogenetisch entwickeln können. Bei *Urospora wormskioldii* gehen bei tiefer Temperatur aus viergeißeligen Zoosporen die großfädigen Fadenformen hervor. Bei höherer Temperatur führen sie hingegen zur Bildung einer Zwerggeneration, aus deren Schwärmern das langgestielte *Codiolum gregarium* A. Braun entsteht. Diese Schwärmer sind bei der var. *biflagellata* zwei-, bei der var. *caudata* viergeißelig.

Einen Entwicklungszyklus, ähnlich dem von *Urospora penicilliformis*, weist auch *Monostroma grevilei* auf (V, untere Reihe). Die Alternanz der Generationen geht sowohl über eine, aus der Kopulation isomorpher Gameten entstehende *Codiolum*-artige Zygote, als auch über Parthenogameten. Außerdem können die vom Gametophyten erzeugten Schwärmer das *Codiolum*-Stadium überspringen und direkt neue Gametophyten liefern, wobei Verf. noch die Frage offen lassen muß, ob diese Gametophyten nicht vielleicht aus viergeißeligen Zoosporen hervorgehen, die außer den Gameten in sehr geringer Anzahl gebildet werden.

Wenn aber tatsächlich die zweigeißeligen Schwärmer die gametophytischen Pflanzen perpetuieren, so würde dies zum Lebenszyklus von *Monostroma arcticum* (VII) überleiten. *Monostroma arcticum* und *M. grevillei* sind habituell einander sehr ähnlich, beide entstehen auch durch Aufwölbung einer Keimscheibe, was zur Ausbildung eines geschlossenen Säckchens führt. Ein Unterschied zwischen beiden Arten besteht in ihren Schwärmern und in der verschiedenen Entwicklung.

Der zarte Thallus von *Monostroma undulatum* geht in der Jugend aus einem monosiphonen Faden, durch Längsteilungen, hervor, unterscheidet sich also darin von den zwei oben erwähnten Arten, doch das im Entwicklungszyklus eingeschaltete *Codiolum*-Stadium weist überzeugend ihren Platz in die Gattung *Monostroma*. Andererseits weist das fädige Keimstadium und die nur bei dieser Art festgestellten geschwänzten Zoosporen auf Beziehungen zu *Urospora wormskioldii* var. *caudata* hin. Eine weitere Übereinstimmung zwischen diesen beiden Algen besteht darin, daß ihre heteromorphen Generationen aus *viergeißeligen* Zoosporen hervorgehen.

Obwohl die Formen unter I und VII eines einzelligen Sporophyten entbehren, stimmen sie morphologisch und entwicklungsgeschichtlich so weitgehend mit den anderen Arten überein, daß ihre Zugehörigkeit zu den Ulotrichalen wohl unzweifelhaft ist. Zwei *Codiolum*-Stadien sind früher als selbständige Arten unter dem Namen *Codiolum gregarium* A. Braun (1855) und *C. polyrhizum* Lagerheim (1885) beschrieben

worden. Die erstere stellt den Sporophyten einer *Urospora*-Art (ARE-
SCHOUG, 1866) vor, so daß nach den Regeln der Nomenklatur diesem
Namen die Priorität gebührt. KORNMANN meint jedoch, daß, nachdem
das Wesen des *Codiolum*-Stadiums als einer Entwicklungsphase im
Lebenszyklus verschiedener Algen erkannt ist, es zweckmäßiger erscheint,
den Gattungsnamen *Urospora* beizubehalten.

Und zur Gattung *Monostroma* schließlich ist noch folgendes zu sagen.
Monostroma undulatum entsteht, wie oben gesagt, aus einem fädigen
Keimling mit primärem Rhizoid durch Längsteilungen der Fadenzellen.
Die embryonalen Stadien von *Monostroma grevillei* und *M. arcticum*
hingegen sind anfangs scheidenförmig und erinnern so an *Gomontia*-
Arten in vegetativem Zustand. Während aber die Scheiben von *Gomontia*
im zentralen Teil fertil werden, beginnen die zentralen Zellen der *Monostroma*-Keimscheiben sich zu teilen. Dadurch wölbt sich die Scheibe zu
einem hohlen Bläschen auf, „das nur durch den Ring seiner Randzellen
mit dem Substrat verbunden ist, bevor Rhizoiden für eine festere Verankerung sorgen. Der *Monostroma*-Thallus erhebt sich also nicht sekundär aus einem Basallager. Formen einer solchen Organisationsstufe, die
wegen ihrer äußeren Ähnlichkeit zu *Monostroma* gestellt worden sind,
schließen sich damit aus der Gattung aus. Dies gilt z. B. für *Monostroma
leptodermum* und *M. fuscum*, die ich den Ulvales zuordne."

Ulvales. Eine kritische monographische Übersicht der europäischen
Ulvalen bringt in ausführlicher und sorgfältiger Form BLIDING, wobei
nicht nur die Systematik und Synonymie, sondern auch die Anatomie,
Fortpflanzung und Entwicklungsgeschichte up to date berücksichtigt
werden. Den primitivsten Thallus besitzt *Percursaria* BORY, bestehend
aus einem biseriaten Faden, der sich meistens von einer horizontalen
Zellscheibe erhebt. Bei den Gattungen *Capsosiphon* GOBI, *Blidingia*
KYLIN, *Rhizenteron* DANGEARD und *Enteromorpha* LINK handelt es sich
bei den erekten Sprossen stets um tubulöse Thalli, deren Hohlraum von
einer einschichtigen Wand abgegrenzt ist. Nur bei einzelnen blattartig
ausgebildeten *Enteromorpha*-Arten kann die Lamina inseitig zusammen-
schließen. Auch der junge haploide Thallus von *Monostroma grevillei* ist
anfangs röhrenförmig, um sich später zu einer einschichtigen Scheibe zu
öffnen. Die Keimlinge von *Monostroma wittrockii* und *M. fuscum* (= *Ulvaria fusca*) sind röhrenförmig, die sich an der Spitze öffnen und die ein-
schichtige, scheibenförmige Folgepflanze liefern. Selbst bei *Ulva lactuca*
sind die Keimlinge noch röhrenförmig, doch wächst die Wand der Lamina
alsbald zusammen, der Hohlraum verschwindet, der erwachsene Thallus
ist zweischichtig.

Bei den meisten Arten von *Enteromorpha* und *Ulva*, und ebenso bei
Monostroma-Arten vom Typus *obscurum* und *fuscum*, kommt regelmäßig
ein Generationswechsel zwischen haploiden diöcischen Gametophyten
und den diploiden Sporophyten vor, welcher viergeißelige Zoosporen
erzeugt. Die beiden Generationen sind isomorph. *Enteromorpha linza* und
E. ahlneriana besitzt keinen Generationswechsel, die Fortpflanzung geschieht nur durch asexuelle viergeißelige Schwärmer. Dieser Lebenszyklus wurde noch bei 9 anderen Enteromorphen, bei allen Arten von

Blidingia und bei einer Art von *Ulva* nachgewiesen. Einem ähnlichen Lebenslauf, doch mit großen zweigeißeligen agamen Schwärmern, findet sich auch bei *Enteromorpha flexuosa* subspec. *biflagellata*, bei zwei *Ulva*-Arten und bei *Monostroma wittrockii* BLIDING (non *Monostroma wittrockii* MOEWUS) vor. *Capsosiphon* und *Percursaria* erzeugen zwei- und viergeißelige Schwärmer, welche, ähnlich wie bei *Ulothrix*, auf den gleichen Individuen entstehen. Bei *Monostroma grevillei* alterniert der Gametophyt mit einem stark reduzierten, einzelligen Sporophyten. Auf Grund dieses Verhaltens schlugen KUNIEDA und SUNESON vor, die Familie der *Monostromaceae* aufzustellen. Die Entscheidung darüber hält sich BLIDING für den zweiten Teil seiner vorliegenden Abhandlung vor.

Als Zoosporen bezeichnet BLIDING nur die viergeißeligen Schwärmer, welche bei den Arten mit Generationswechsel an den diploiden Pflanzen in der Folge einer Reduktionsteilung entstehen. Sie wachsen direkt zu weiblichen und männlichen Gametophyten. Die kleineren, ebenfalls viergeißeligen Schwärmer, welche direkt Pflanzen mit der gleichen Art von Schwärmern liefern, nennt Verf. „zoosporoids". Mitunter sind diese mit zweigeißeligen Schwärmern vermischt. Sie entstehen ohne Meiose und sind allem Anschein nach diploid. Die zweigeißeligen Zoosporoiden keimen zu Pflanzen mit ebenfalls zweigeißeligen Schwärmern aus.

Die Geschlechtsbestimmung der Gameten bei den Ulvaceen geschieht auf genotypischem Wege. Die Größenunterschiede zwischen den +- und — -Gameten sind gleitend und führen bis zur ausgesprochenen Anisogamie. Isogamie ist bei den Ulvaceen verhältnismäßig selten. Bei *Enteromorpha kylinii* und *Monostroma grevillei* kommt eine parthenogenetische Entwicklung der Gameten nicht vor. Meistens können unkopulierte Gameten jedoch neue Pflanzen liefern, die entweder zu haploiden (φ oder δ, Apomyxis), oder seltener, durch polyploide Aufregulierung, zu diploiden, zoosporenbildenden Pflanzen führen (Parthenogenese). Bei Kombination von Gameten verschiedener Arten kommt es gewöhnlich zu einem Aufschub der Kopulationen, die mitunter zu interspezifischen Hybrydzygoten führen können. Diese Zygoten sind jedoch infolge Ausfalls des entsprechenden Genaustausches nicht entwicklungsfähig.

Schwärmer und Zygoten keimen in der überwiegenden Mehrzahl der Fälle zu einem uniseriaten (monosiphonen) Faden, mit einer wechselnden Anzahl von Rhizoidzellen an der Basis aus. Der Keimfaden wird bald pluriseriat. Dieser *Ulva*-Typus tritt auch in den meisten Arten von *Enteromorpha*, *Ulvaria* und *Capsosiphon* entgegen. Bei *Enteromorpha hendayensis* entsteht zuerst eine lockere Haftscheibe, aus welcher sich der uniseriate Keimfaden erhebt. Bei *Percursaria* hingegen entstehen mehrere Keimfäden vom Rand einer einschichtigen Basalscheibe aus. Aus einem zweischichtigen prostraten System gehen bei *Blindingia* pluriseriate, tubulöse Sprosse hervor.

Die entwicklungsgeschichtlichen Daten wurden, namentlich bei kritischen Formen (z. B. der formenreichen Gattung *Enteromorpha)* durch Kulturen in mehreren Generationen ergänzt, so daß die vorliegende Monographie durchaus den Anforderungen einer modernen systematischen Bearbeitung entspricht. Die sorgfältige Analyse erstreckt sich vorerst auf die Gattungen *Capsosiphon*, *Percursaria*, *Blindingia* und *Enteromorpha*. Von letzterer unterscheidet der Verf. die Gruppen: *torta*, *prolifera*, *jugoslavica*, *flexuosa*, *clathrata*, *linza* und *intestinalis*. Die anderen Gattungen werden in einer späteren Abhandlung erscheinen.

Cladophorales. Einen anderen Weg schlägt SÖDERSTRÖM ein, um zu einer objektiv verwertbaren Abgrenzung der Arten von *Cladophora* von

den europäischen Nord-Atlantik-Küsten zu gelangen. Die Fortpflanzungs-
verhältnisse, der Entwicklungszyklus, die Sexualität und der Generationswechsel sind bei dieser Gattung soweit geklärt, daß sie im Augenblick eine Verallgemeinerung gestatten. Verf. greift zu den alten Methoden zurück und verlegt sich auf statistische Zellmessungen von größt-
möglicher Genauigkeit. Tatsächlich ergeben sich dabei Durchschnitts-
und Grenzwerte, die für jede analysierte Species unter gleichartigen
Standortsbedingungen weitgehend konstant sind. In sehr übersichtlichen
Punktdiagrammen, auf deren Abszisse die Zell-Längen und auf der
Ordinate die Zellbreiten aufgetragen sind, kann man die Dimensionen
bei den einzelnen Arten gut ablesen. Aus den Diagrammen läßt sich auch
erkennen, in welchen Regionen des Thallus (apikal oder intercalar) die
Zellteilungen vornehmlich vor sich gehen. Auch das Verhältnis von
Länge zu Breite der Zellen kommt darin zum Ausdruck. Jeder, der die
Schwierigkeiten kennt, mit denen man bei der Bestimmung von *Clado-
phora*-Arten an Hand der älteren Diagnosen zu kämpfen hat, wird dem
Verf. für seine emsige und erfolgreiche Analyse zu Dank verpflichtet sein.
Da die Abhandlung auch mit einem vorbildlichen Abbildungsmaterial
ausgestattet ist, wird die vorliegende Monographie ein unentbehrliches
Hilfsmittel für jeden Algenspezialisten sein.

Dasycladales. Die Gattung *Acetubularia* steht durch die grundlegenden
Untersuchungen von HÄMMERLING und seinen Mitarbeitern seit rund
30 Jahren im Mittelpunkt morphogenetischer Problemstellungen. Die
Feststellung, daß im vegetativen Zustand diese und einige verwandte
Formen einkernig sind, rechtfertigt die Sonderstellung der Dasycladalen
innerhalb der „Siphoneen", zu denen sie gezählt werden. Diese Formen
als „einzellig" zu bezeichnen, erscheint allerdings etwas zu formal, denn
sowohl der Aufbau des Thallus als auch die Prozesse während der Fortpflanzung lassen noch Beziehungen zu den analogen Vorgängen bei den
Siphonalen erkennen. Sollte es sich bewahrheiten, daß der primäre
Rhizoidkern polyploid ist, so entspräche dies einer sekundär erworbenen
Organisationsstufe des Kernes, die von den polyenergiden Stammformen
abgeleitet werden könnte.

Zunächst eine artsystematische Frage. FELDMANN hat vor einigen
Jahren behauptet, daß *Acetabularia wettsteinii* mit *A. moebii* identisch sei.
Durch PUISEUX-DAO wurde ich auf die neue Publikation von MOHAMMED
NIZAMUDDIN aufmerksam gemacht, in welcher der Verf. nachweist, daß
die zwei erwähnten Arten tatsächlich voneinander verschieden sind.
Acetabularia wettsteinii erzeugt in den fertilen Strahlen 30—40, *A. moebii*
64—85 Cysten. Ein weiterer Unterschied besteht darin, daß bei ersterer
Art die Kopulation isogam, bei der zweiten anisogam erfolgt.

Beachtenswert sind die Resultate, die PUISEUX-DAO an *Acetabularia
mediterranea, A. wettsteinii* und an *Batophora oerstedii* bekommen hat.
Danach soll es bei *A. mediterranea* zwei Arten der Fortpflanzung geben,
und zwar Zoosporen welche in den Cysten gebildet werden, die diploid
sind und direkt zu neuen Pflanzen auskeimen. Außerdem werden ebenfalls in den Cysten haploide Gameten erzeugt, was bekannt ist. Die
Kopulation ist isogam, aus den Zygoten gehen die diploiden Pflanzen

hervor. Es ist möglich, daß die Kopulation auch unter dem Aspekte einer Anisogamie geschieht, was jedoch auch bloß auf individuelle Größenunterschiede der Gameten zurückzuführen sein könnte. Die Reduktionsteilung muß nach der Verfasserin am Ende der Kernteilungen in den Cysten erfolgen. Auch für *A. wettsteinii* gibt Verfasserin an, daß aus allen Cysten eines Schirmes viergeißelige Zoosporen hervorgehen können, die demnach diploid sein müßten. Sie keimen schnell zu neuen Pflanzen aus. Die Gameten sind hingegen, wie bekannt, zweigeißelig, ergeben die Zygoten, aus denen wiederum diploide Pflanzen hervorgehen. Ein analoges Verhalten gibt sie auch für *Batophora* an.

In einer Stellungnahme zu den Befunden von PUISEUX bestreitet HÄMMERLING das Vorkommen von Zoosporen bei *Acetabularia* und weist vor allem darauf hin, daß weder in den klassischen Abhandlungen von DE BARY und von STRASBURGER, noch in seinen Materialien solche Fortpflanzungszellen bisher festgestellt werden konnten. Phylogenetisch betrachtet jedoch ist die Möglichkeit, daß unter bestimmten Bedingungen die für gewöhnlich unterdrückte Zoosporenphase reaktiviert werden kann, nicht so ohne weiteres von der Hand zu weisen.

Diatomaceae. *Grammatophora marina*, nahe verwandt mit *Rhabdonema adriaticum*, gehört zur Gruppe der Tabellarien, die sich von den übrigen pennaten Diatomeen durch das Fehlen der Raphe unterscheiden. Während v. STOSCH für *Rhabdonema* eine oogame Befruchtung festgestellt hat, läuft nach MAGNE-SIMON die Auxosporenbildung bei *Grammatophora*, karyologisch, im wesentlichen so wie bei allen pennaten Diatomeen ab, bloß mit dem Unterschied, daß die beiden Gamonten verschieden groß sind. Dieser, unter dem Aspekt einer echten Anisogamie sich vollziehende Befruchtungsvorgang, leitet zweifellos zur Oogamie von *Rhabdonema adriaticum* über. Ob aber die Tabellarien tatsächlich ein Bindeglied zwischen den zentrischen und den pennaten Diatomeen abgeben, wie die Verfasserin meint, ist nicht ganz klar.

In einer umfangreichen Monographie behandelt BRUNEL das Phytoplankton der Baie des Chaleurs (Kanada). Es werden darin die zentrischen und pennaten Diatomeen, die Dinophyceen, Xanthophyceen, Silicoflagellaten, nebst einigen Formen incertae sedis, sorgfältig beschrieben. Erleichtert wird die Benutzung dieses Werkes durch Bestimmungsschlüssel für die Arten der reich gegliederten Gattungen. Auf den 66 Autotypie-Tafeln sind die Arten nach Phasenkontrast-Aufnahmen abgebildet, eine neue Reproduktionsart, die sich zur Erkennung zellmorphologischer Einzelheiten gut bewährt.

Phaeophyceae. Mit der vorliegenden Abhandlung hat KORNMANN den Kuckuckschen Nachlaß, ergänzt durch jahrelange Standortsbeobachtungen und Kulturversuche, abgeschlossen. Die schwierige Gruppe der Ectocarpeen hat damit eine gründliche und moderne Durcharbeitung erfahren. Beschrieben und abgebildet werden *Ectocarpus breviarticulatus* J. AG., *E. rhodochortonoides* BÖRGS., *E. barbadensis* nov. spec., *Feldmannia irregularis* (KÜTZ.) HAMEL (= *E. arabicus* KÜTZ.), *Giffordia mitchellae* (HARV.) HAMEL (= *E. cutlerioides* KUCKUCK mscr.), *Ectocarpus*

Duchassaingianus GRUNOW und *E. indicus* SONDER. Die sorgfältig zusammengetragene Synonymie aller dieser Formen muß in der Arbeit eingesehen werden.

Nach der Art des Wachstums der Keimpflanzen können die *Dictyotales* in zwei Gruppen eingeteilt werden. In der einen, mit *Dictyota* und *Dilophus*, geschieht das Wachstum durch eine einzige Initiale (Scheitelzelle), während bei der anderen, mit *Taonia, Padina, Zonaria, Dictyopteris*, marginales Wachstum vorkommt, wobei alle oder nur ein Teil der Randzellen als Initialzellen fungieren. GAILLARD hat das embryonale Wachstum von *Taonia atomaria* verfolgt und gefunden, daß der Keimling sich vorerst mittels einer apikalen Initialzelle streckt, um dann, nach wenigen Tagen, in das Randwachstum mit mehreren Initialen überzugehen. Dieses Verhalten ist phylogenetisch bedingt und daher hervorhebenswert.

Rhodophyceae. FELDMANN u. Frau haben eine neue Art von *Gelidiocolax, G. christianae* n. sp., beschrieben, die auf *Gelidium spathulatum* parasitiert und von noch unsicherer systematischer Stellung ist. Die Gattung *Gelidiocolax* war bisher nur vom Pazifischen Ozean, von Südafrika und von Dakar bekannt, wurde aber jetzt auch für das Mittelmeer (Banyuls-sur-Mer) festgestellt. Es handelt sich um einen Alloparasiten, der keine nähere verwandtschaftliche Beziehung zur Wirtspflanze zeigt. KYLIN hat *Gelidiocolax* in die Nähe von *Gracilaria* gestellt, doch ist eine Entscheidung, bevor nicht der Bau der Karpogonialäste und der Gonimoblasten genauer bekannt ist, nicht zu treffen. Die Entstehung des Parasitismus bei den Rotalgen wird von SETCHELL durch eine Mutation der Keimzellen erklärt, während CHURCH eine adaptative Umwandlung vom Epiphytismus her annimmt. Verff. schließen sich der Anschauung STECHELLl an.

Für *Rissoella verruculosa* (BERTOL.) J. AG. beschreiben SCHOTTER und CABIOC'H den eigenartigen Bau der bisher unbekannt gebliebenen männlichen Organe. Die Spermatangien-Sori breiten sich über die ganze Oberfläche des Thallus aus, was wohl der Grund dafür sein dürfte, daß sie bis jetzt übersehen wurden. Das Eigentümliche dabei ist, daß zwischen den Spermatangienständen sterile Rindenzellen, als Paraphysen, eingestreut sind, ein sonst bei Rhodophyceen unbekanntes Verhalten. Die Spermatangien gehen durch synkline Teilungen der Spermatangien-Mutterzellen hervor, wobei die Membran der letzteren erhalten bleibt. Im ersten Augenblick erweckt dies den Eindruck, als wenn die Spermatangien endogen entstünden. Dies, im Zusammenhang mit dem von KYLIN schon beschriebenen Bau der Karpogonäste und der Entwicklung des Gonimoblasten, rechtfertigen die Aufstellung der monotypen Familie der *Rissoellaceae*, wie KYLIN es schon vorgeschlagen hat.

Farblose. Algen In dem Buch von PRINGSHEIM ist eine Fülle von eigenen und fremden Erfahrungen über die Ernährungsphysiologie und Kulturmethodik zusammengetragen. Darüber zu berichten ist hier nicht der Ort, obwohl die physiologischen Ergebnisse wichtige Anhaltspunkte auch für systematische Fragen liefern. Farblose Formen treten bei Cyanophyceen, Chrysophyten, Cryptophyten, Dinophyten, Euglenophyten, Chloromonadophyten und isokonten Chlorophyten entgegen. Bei Rhodophyten sind einige parasitische Gattungen bekannt, bei Phaeophyten fehlen sie ganz. Es sei darauf hingewiesen, daß Verf. keinen Unterschied zwischen Flagellaten und Algen gelten läßt, ja, er betrachtet den Begriff „Flagellata" als überholt. Trotzdem wendet er im Text oft das Wort Flagellaten an, was übrigens nicht der einzige Widerspruch ist, dem wir bei den systematisch-phylogenetischen Erwägungen des Verf. begegnen. So wird ausdrücklich erwähnt, daß sich der Übergang von der photosynthetischen Ernährungsweise zur Heterotrophie am häufigsten bei Flagellaten abgespielt hat. Übergänge sind sowohl kasuistisch als auch experimentell erwiesen. Ein Anschluß der nur farblos bekannten Flagellaten („Zooflagellaten") an bestimmte autotrophe Typen läßt sich derzeit — mit Ausnahme vielleicht der Choanoflagellaten, für die BOURRELLY eine nähere Verwandtschaft mit den Chrysomonadinen plausibel macht — nicht nachweisen. PRINGSHEIMs Vermutung, daß auch die Myxomyceten von Chrysomonaden abzuleiten wären, ist aus mannigfachen Gründen nicht überzeugend. Offen muß auch die Frage bleiben, ob *Beggiatoa, Crenothrix, Thiothrix, Simonsiella, Achromatium* u. a. als farblose Cyanophyceen aufzufassen sind.

Literatur

BOURRELLY, P.: Rev. Gén. Bot. **68**, 332—336 (1961). — BRUNEL, J.: Contrib. Instit. Bot. Univ. Montréal, No. 77 (1963). — BLIDING, C.: Opera Botanica **8**, 1—160 (1963).

ETTL, H.: Nova Hedwigia 5, 255—261 (1963).

FELDMANN, J. et G.: Rev. Gén. Bot. **70**, 557—570 (1963).

GAILLARD, J.: C. R. Acad. Sc. (Paris) **257**, 725—726 (1963).

HAEMMERLING, J.: Ann. Biol. **3**, 33—35 (1964).

KESSLER, E., W. LANGNER, I. LUDEWIG, u. H. WIECHMANN: Microalgae and Photosynthetic Bacteria, 7—20 (1963). — KORNMANN, P.: Helgoländer Wiss. Meeresunters. **8**, 357—360; 361—382 (1963); — Phycologia **3**, 60—68 (1963). — KRISTIANSEN, J.: Bot. Tidsskr. **59**, 244—254 (1963).

LEEDALE, G. F.: Britsh Phycol. Bull. **2**, 179 (1962).

MAGNE-SIMON, M. F.: Cahiers Biol. Mar. **3**, 79—89 (1962). — MANTON, I.: J. mar. biol. Ass. U. K. **42**, 565—578 (1962). — MANTON, I., and G. F. LEEDALE: Arch. Mikrobiol. **45**, 285—303 (1963); **41**, 519—526 (1961). — MANTON, I., K. OATES, and M. PARKE: J. mar. biol. Ass. U. K. **43**, 225—238 (1963).

PARKE, M., and I. MANTON: J. mar. biol. Ass. U. K. **42**, 391—404 (1962). — PARKE, M., J. W. G. LUND, and I. MANTON: Arch. Mikrobiol. **42**, 333—352 (1962). — PRINGSHEIM, E. G.: Farblose Algen. Jena 1963. — PUISEUX-DAO, S.: Ann. Biol. **2**, 99—154 (1963); — Thèse 5—99 (1962).

SCHOTTER, G., et J. CABIOC'H: C. R. Acad. Sci. (Paris) **256**, 1336—1339 (1963). — SOEDER, C. J.: Microalgae and Photosynthetic Bacteria , 21—34 (1963). — SÖDERSTRÖM, J.: Botanica Gothoburgensis **1**, 1—147 (1963).

TRAINOR, F.: Science **142**, 1673—1674 (1963). — TSCHERMAK-WOESS, E.: Österr. Bot. Z. **110**, 294—307 (1963).

5b. Systematik und Stammesgeschichte der Pilze

Von HEINZ KERN, Zürich

I. Allgemeines

ALEXOPOULOS' "Introductory Mycology" ist in zweiter, neu bearbeiteter Auflage erschienen. Das Buch führt den Leser in die Morphologie und Biologie der Pilze ein; es berücksichtigt moderne Gesichtspunkte der systematischen Gliederung und stellt auch schlecht bekannte Gruppen und offene Probleme zur Diskussion.

II. Archimyceten und Phycomyceten

Über die Wirtsspektren wasserbewohnender Phycomyceten liegen erst wenige experimentelle Arbeiten vor (z. B. Fortschr. Bot. **18**, 68). COOK untersucht den Befall von Desmidiaceen durch verschiedene Phycomyceten. Die Breite der Wirtsspektren ist erwartungsgemäß unterschiedlich und kann auch von Stamm zu Stamm einer Art sehr stark auseinandergehen. Ein Stamm aus der Gattung *Entophlyctis* (Chytridiales) befiel in den geschilderten Versuchen nur eine *Closterium*-Art, 21 andere Arten derselben und anderer Desmidiaceengattungen dagegen nicht. Zwei Stämme von *Myzocytium megastomum* de Wild. (Lagenidiales) entwickelten sich auf zahlreichen Arten verschiedener Gattungen; ein dritter Stamm vermochte nur einzelne *Micrasterias*-Arten regelmäßig zu befallen, während auf anderen Arten die Keimschläuche von der Wirtszelle abgekapselt wurden und zugrunde gingen und auf wieder anderen Arten die Zoosporen gar nicht zur Encystierung und Keimung gelangten. Zwischen Pilzbefall und näherer Verwandtschaft der *Micrasterias*-Arten lassen sich zum Teil Zusammenhänge erkennen; für weitere experimentelle Arbeiten steht hier noch ein weites Feld offen.

Aus der Verwandtschaft von *Polyphagus* (Chytridiales) beschreibt VALKANOV eine neue Gattung *Arnaudovia*. Von der zentralen Zelle ihres Vegetationskörpers gehen radiale, symmetrisch angeordnete, mit zahlreichen feinen, klebrigen Fanghyphen besetzte Hyphen aus; die Fanghyphen können bewegliche Zellen bestimmter, gehäusetragender Flagellaten- und Grünalgengattungen (*Trachelomonas, Phacotus* u. a.) festhalten und in sie eindringen. Andere Gattungen (z. B. *Euglena, Phacus)* werden — offenbar wegen der unterschiedlichen Oberflächenbeschaffenheit der Zellen — nicht befallen.

Nach den Beobachtungen von SANSOME erfolgt die Reduktionsteilung bei *Pythium de Baryanum* Hesse nicht bei der Keimung der Dauersporen, sondern in den Antheridien und Oogonien; der Vegetationskörper wäre demnach — im Gegensatz zur vorherrschenden Auffassung — diploid. Weitere Untersuchungen in dieser Richtung an verschiedenen Vertretern der Peronosporaceen wären sehr zu wünschen.

Innerhalb der Zygomyceten sind Tendenzen zur Heterogamie offenbar weiter verbreitet als bisher angenommen (SPALLA); bei *Mucor hiemalis* Wehm., *Mucor racemosus* Fres. und bei zwei *Cunninghamella*-Arten ist der eine Kopulationsast (Suspensor und Gametangium) wie in einzelnen früher untersuchten Fällen stärker entwickelt als der andere. — Entomophthoraceen, Übersicht: LAKON.

III. Ascomyceten

Endomycetales und Plectascales. Die Zellwände der Hefen nehmen — offenbar mit dem Überhandnehmen der Sproßmycelbildung — eine eigentümliche chemische Zusammensetzung an. Chitin ist nur noch in Spuren oder nicht mehr vorhanden; dafür treten Glucose- und Mannose-Polysaccharide, Polysaccharid-Protein-Komplexe und Lipoide in beträchtlichen Mengen auf. Große Unterschiede finden sich zwischen systematischen Gruppen, aber auch bei einzelnen Stämmen unter wechselnden Kulturbedingungen; viele Einzelheiten sind noch schlecht bekannt (Fortschr. Bot. **22**, 61; PHAFF; NICKERSON). Ähnliche Tendenzen wurden auch bei Zygomyceten beobachtet; Sproßmycel von *Mucor Rouxii* (Calm.) Wehm. enthält mehr Mannose und Protein (als Mannan-Protein-Komplex?) als die fädigen Hyphen (BARTNICKI-GARCIA). — Eine umfassende Übersicht über Methoden, systematische Ergebnisse und diagnostische Anwendungen der Serologie humanpathogener Pilze gibt SEELIGER (*Hansenula* u. a.: TSUCHIYA, KAWAKITA u. YAMASE).

Bearbeitungen einzelner Gruppen: Hefen mit warzigen Sporen *(Debaryomyces, Schwanniomyces;* ABADIE, PIGNAL u. JACOB). — *Gymnoascus* (ORR, KUEHN u. PLUNKETT; verschiedene Isolierungen von *Gymnoascus Reessii* Baran. zeigen eine beträchtliche Variationsbreite in der Ausbildung der Fruchtkörper und deren Anhängsel). — *Ctenomyces* (ORR u. KUEHN). — *Microascus* (UDAGAWA; CORLETT; MORTON u. SMITH). — *Chaetomium, Ascotricha* und *Lophotrichus* (AMES; Fortschr. Bot. **25**, 57).

Höhere Ascomyceten. Untersuchungen über die Fruchtkörperentwicklung einzelner Arten lassen immer wieder neue Gesichtspunkte und mögliche, aber noch nicht konkret faßbare Zusammenhänge erkennen. Bei *Neuronectria peziza* (Tode ex Fr.) Munk (syn. *Nectria peziza* [Tode ex Fr.] Fr.; HANLIN) entwickelt sich am Scheitel der Fruchtkörperhöhlung ein Pseudoparenchym, das zunächst den oberen Teil der Höhlung ausfüllt. Während der Ascusentwicklung strecken sich die Zellen dieses Pseudoparenchyms und bilden eigentümliche, unregelmäßige Strähnen, zwischen denen die Asci nach oben wachsen und die sich im weiteren Verlauf auflösen. Die Strähnen sind den beim „*Nectria*-Typus" (Fortschr. Bot. **24**, 65) vom Scheitel herunterwachsenden Hyphen im Aussehen ähnlich, entstehen jedoch anders. Das pseudoparenchymatische Geflecht erinnert an den Typus der Diaporthales (Fortschr. Bot. **22**, 62; offenbar ohne Strähnenbildung); ein ähnliches Pseudoparenchym wurde bei *Pleurage minuta* (Fckl.) Kze. beobachtet (WICKER).

Auch von Untersuchungen über die Fruchtkörperbildung in Reinkultur sind noch manche interessanten Ergebnisse zu erwarten. *Leptosphaeria typharum* (Desm.) Karsten bildet in Reinkultur nicht nur die

Hauptfruchtform und die Nebenfruchtform (Typus *Hendersonia*), sondern auch Fruchtkörper, die gleichzeitig Asci und Conidien enthalten und die bei dieser Gattung in der Natur noch nicht beobachtet wurden (LACOSTE; PARGUEY-LEDUC).

Bearbeitung einzelner Gruppen: Zu HANSFORDs Monographie der Meliolaceen (Fortschr. Bot. **24**, 65) ist ein besonderer Band mit Abbildungen der dort beschriebenen Arten erschienen. — In einem neuen Band der „Kleinen Kryptogamenflora" behandelt MOSER eine Auswahl vor allem größerer Formen der Ascomyceten (v. a. Discomyceten, aber auch *Elaphomyces, Hypoxylon* u. a.). — VON ARX gibt eine Übersicht über die Gattungen und Arten der Myriangiales. — *Hypoxylon* und *Daldinia* [DENNIS (2)]. — Capnodiaceen [BATISTA u. CIFERRI (1)]. — Im Meerwasser lebende Ascomyceten (v. a. Differenzierung der eigentümlichen Fortsätze der Ascosporen; JOHNSON; JOHNSON u. CAVALIERE; WILSON; KOHLMEYER). — Hyaloscyphaceen [*Dasyscyphus* u. a.; DENNIS (1)]. — Geoglossaceen (ECKBLAD; MAAS GEESTERANUS). — Cytologische Merkmale, Strukturen der Sporenwand und andere Merkmale höherer Discomyceten (LE GAL; s. a. Fortschr. Bot. **24**, 65).

IV. Basidiomyceten

Die auf periodisch vom Meerwasser bespültem Holz gefundene, im Fruchtkörperbau *Corticium* nahestehende *Digitatispora marina* DOGUET bildet auf der unseptierten Basidie vier eigentümliche, zylindrisch- am Scheitel dreifingerige Basidiosporen ohne Sterigmen, die in der Form an die Conidien wasserbewohnender Hyphomyceten erinnern. Die cytologischen Vorgänge in der Basidie entsprechen denjenigen anderer Holobasidiomyceten.

Die systematische Gliederung und stammesgeschichtliche Verknüpfung im Bereich der Hymenomyceten und Gastromyceten läßt noch manche Fragen offen. Wie bei den Ascomyceten, so liefert auch hier die Entwicklung der Fruchtkörper wichtige Gesichtspunkte. REIJNDERS beschreibt und diskutiert diese Vorgänge äußerst eingehend für eine große Zahl von Hymenomyceten. Die summarisch als hemiangiokarp und pseudoangiokarp zu umschreibenden Entwicklungstypen (bei denen das Hymenium anfänglich oder in einer späteren Phase von Hüllschichten eingeschlossen ist, zuletzt aber frei liegt) zeigen im einzelnen eine mannigfaltige Differenzierung, und das Gesamtbild erscheint noch sehr komplex. — Enge Beziehungen zwischen einzelnen Gattungen der Hymenomyceten und Gastromyceten zeigen sich vor allem in der „asterosporen Reihe" (Fortschr. Bot. **23**, 47). Im Gegensatz zu HEIM (z. B. Fortschr. Bot. **13**, 98) sehen SINGER u. SMITH den Ursprung dieser Entwicklungsreihe in der Gattung *Hydnangium* mit geschlossenen Fruchtkörpern ohne Columella und gelangen über verschiedene Zwischenstufen (mit Columella und schließlich mit einem Stiel, z. B. *Martellia, Elasmomyces, Macowanites;* s. a. SMITH) zu den Hymenomycetengattungen *Lactarius* und *Russula.* Zu den zahlreichen Arten, die in neuerer Zeit beschrieben wurden, werden zweifellos weitere wichtige Bindeglieder kommen; auch entwicklungsgeschichtliche Untersuchungen und Kultur-versuche lassen wesentliche Ergebnisse erwarten.

Bearbeitungen einzelner Gruppen: Thelephoraceen [REID (1); CUN-NINGHAM, Australien und Neuseeland; REID (2), Formen vom *Cyphella*-Typus, Fortschr. Bot. **24**, 66]. — Clavariaceen (THIND, Indien). — *Poria* (LOWE). — *Hygro-phorus* (HESLER u. SMITH). — *Rhodophyllus* (HESLER). — *Russula* (BLUM). — *Sebacina* und verwandte Gattungen (Tremellales; OBERWINKLER). — Morpho-logische Typen der Spermogonien von Rostpilzen (HIRATSUKA u. CUMMINS). — Ustilaginales (JÖRSTAD, Norwegen); *Anthracoidea* (Brandpilze mit Sporenlagern in den Fruchtknoten von *Carex* und verwandten Gattungen, meist in die Gattung *Cintractia* einbezogen; KUKKONEN).

V. Fungi imperfecti

Bearbeitungen einzelner Gruppen: Hyphomyceten mit zu Büscheln (Koremien) vereinigten Conidienträgern (Stilbaceen = Stilbellaceen; MORRIS). — Weitere Hyphomycetengattungen mit dunkel gefärbten Conidien (ELLIS, Fortschr. Bot. **24**, 67; PIROZYNSKI). — Asbolisiaceen [pyknidienbildende Rußtaupilze, zum Teil mit Capnodiaceen als Hauptfruchtform; BATISTA u. CIFERRI (2)]. — *Gliocla-dium* (MORQUER et al.). — *Phoma* (Isolierungen von Kartoffeln; KRANZ). — *Scopulariopsis* (Nebenfruchtformen zu *Microascus;* MORTON u. SMITH). — *Hel-minthosporium* (Conidienbildung, Hauptfruchtformen; LUTTRELL; AMMON). — *Cryptocystis* u. a. (SUTTON). — Wasserbewohnende Hyphomyceten (PETERSEN; NILSSON).

Literatur

ABADIE, F., M. C. PIGNAL et J. L. JACOB: Bull. Soc. myc. France **79**, 16—70 (1963). — ALEXOPOULOS, C. J.: Introductory Mycology. 2. Aufl. 613 S. New York und London: John Wiley & Sons 1962. — AMES, L. M.: U. S. Army Res. Develop-ment Ser. Nr. 2, 1—125 (1963). — AMMON, H. U.: Phytopath. Z. **47**, 244—300 (1963).

BARTNICKI-GARCIA, S.: Bact. Reviews **27**, 293—304 (1963). — BATISTA, A. C., and R. CIFERRI: (1) Saccardoa Nr. 2, 1—298 (1963); — (2) Ist. bot. Univ. Pavia Quad. **31**, 1—229 (1963). — BLUM, J.: Les Russules. Encycl. mycol. Nr. 32, 229 S. Paris: Lechevalier 1962.

COOK, P. W.: Amer. J. Bot. **50**, 580—588 (1963). — CORLETT, M.: Can. J. Bot. **41**, 253—266 (1963). — CUNNINGHAM, G. H.: New Zealand Dept. Sc. Ind. Res. Bull. 145 (1963).

DENNIS, R. W. G.: (1) Persoonia **2**, 171—191 (1962); — Kew Bull. **17**, 319—379 (1963); — (2) Bull. Jard. bot. Bruxelles **33**, 317—343 (1963). — DOGUET, G.: C. R. Acad. Sci. (Paris) **254**, 4336—4338 (1962); — Bull. Soc. myc. France **78**, 283—290 (1962).

ECKBLAD, F.-E.: Nytt Magasin Bot. **10**, 137—158 (1963). — ELLIS, M. B.: Mycol. Papers (Kew) Nr. 87, 1—42; Nr. 93, 1—33 (1963).

HANLIN, R. T.: Amer. J. Bot. **50**, 56—66 (1963). — HANSFORD, C. G.: Sydowia, Beiheft 5, 285 Tafeln (1963). — HESLER, L. R.: Brittonia **15**, 324—366 (1963). — HESLER, L. R., and A. H. SMITH: North American Species of Hygrophorus. 416 S. Knoxville: Univ. Tennessee Press 1963. — HIRATSUKA, Y., and G. B. CUMMINS: Mycologia (N. Y.) **55**, 487—507 (1963).

JÖRSTAD, I.: Nytt Magasin Bot. **10**, 85—130 (1963). — JOHNSON JR., T. W.: Nova Hedwigia **6**, 67—81, 83—93, 157—168, 169—178 (1963). — JOHNSON JR., T. W., and A. R. CAVALIERE: Nova Hedwigia **6**, 179—198 (1963).

KOHLMEYER, J.: Nova Hedwigia **6**, 297—329 (1963). — KRANZ, J.: Sydowia **16**, 1—40 (1962). — KUKKONEN, I.: Ann. Bot. Soc. Fenn. "Vanamo" **34**, Nr. 3, 1—122 (1963).

LACOSTE, L.: C. R. Acad. Sci. (Paris) **256**, 4272—4274 (1963). — LAKON, G.: Nova Hedwigia **5**, 7—26 (1963). — LE GAL, M.: Bull. Soc. myc. France **79**, 456—470 (1963). — LOWE, J. L.: Mycologia (N. Y.) **55**, 453—486 (1963). — LUTTRELL, E. S.: Mycologia (N. Y.) **55**, 643—674 (1963).

MAAS GEESTERANUS, R. A.: Persoonia 3, 81—96 (1964). — MORQUER, R., G. VIALA, J. ROUCH, J. FAYRET et G. BERGÉ: Bull. Soc. myc. France 79, 137—241 (1963). — MORRIS, E. F.: Western Illinois Univ. Ser. Biol. Sc. Nr. 3, 1—143 (1963).— MORTON, F. J., and G. SMITH: Mycol. Papers (Kew) Nr. 86, 1—96 (1963). — MOSER, M.: Ascomyceten. Kleine Kryptogamenflora 2a, 147 S. Stuttgart: G. Fischer 1963.

NICKERSON, W. J.: Bact. Reviews 27, 305—324 (1963). — NILSSON, S.: Bot. Notiser 115, 73—86 (1962).

OBERWINKLER, F.: Ber. Bayer. Bot. Ges. 36, 41—55 (1963); — Nova Hedwigia 7, 489—499 (1964). — ORR, G. F., and H. H. KUEHN: Mycopath. 21, 321—333 (1963). — ORR, G. F., H. H. KUEHN, and O. A. PLUNKETT: Mycopath. 21, 1—18, 135—158 (1963).

PARGUEY-LEDUC, A.: C. R. Acad. Sci. (Paris) 256, 4275—4277 (1963). — PETERSEN, R. H.: Mycologia (N. Y.) 54, 117—151 (1962); 55, 18—29 (1963). — PHAFF, H. J.: Ann. Rev. Microbiol. 17, 15—30 (1963). — PIROZYNSKI, K. A.: Mycol. Papers (Kew) Nr. 90, 1—37 (1963).

REID, D. A.: (1) Persoonia 2, 109—170 (1962); (2) 3, 97—154 (1963). — REIJN-DERS, A. F. M.: Les Problèmes du Développement des Carpophores des Agaricales et de quelques Groupes voisins. 412 S. Den Haag: W. Junk 1963.

SANSOME, E.: Trans. Brit. myc. Soc. 46, 63—72 (1963). — SEELIGER, H. P. R.: Handb. Haut- u. Geschl.krankh. (Springer), Erg.werk 4, 4. Teil, 605—734 (1963). — SINGER, R., and A. H. SMITH: Mem. Torrey Bot. Club. 21, Nr. 3, 1—112 (1960). — SMITH, A. H.: Mycologia (N. Y.) 55, 421—441 (1963). — SPALLA, C.: Rivista Patol. veg. Ser. III, 3, Nr. 2, 107—128, 129—140; Nr. 3, 3—12 (1963). — SUTTON, B. C.: Mycol. Papers (Kew) Nr. 88, 1—50 (1963).

THIND, K. S.: The Clavariaceae of India. 197 S. Indian Council agr. Res. New Delhi 1961. — TSUCHIYA, T., S. KAWAKITA, and Y. YAMASE: Sabouraudia 3, 155—163 (1964).

UDAGAWA, S.: J. gen. appl. Microbiol. 8, 39—51 (1962); 9, 137—147 (1963).

VALKANOV, A.: Arch. Protistenk. 106, 553—564 (1963). — VON ARX, J. A.: Persoonia 2, 421—475 (1963).

WICKER, M.: Bull. Soc. myc. France 78, 291—326 (1962). — WILSON, I. M.: Nature (Lond.) 200, 601 (1963).

5c. Systematik der Flechten

Von JOSEF POELT, München

Der Beitrag folgt in Band 27

5d. Systematik der Moose

Bericht über die Jahre 1962 und 1963 mit einigen Nachträgen

Von Josef Poelt, München

Es ist in der Wissenschaft, die sich mit der Ordnung der Organismen und den phylogenetischen Beziehungen zwischen ihnen befaßt, heutzutage viel die Rede von neuer Systematik, Biosystematik, von Cyto- und numerischer Taxonomie, Forschungsrichtungen die sich wie neue Tendenzen anfangs fast immer mehr in theoretischen Erörterungen als in praktischen Anwendungen austoben. Manches ist freilich inzwischen gängiges Lehrgut und Hilfsmittel der Systematik geworden, anderes nicht. Das Feld, das die neuen Ideen zu beackern versuchen, ist innerhalb der Flora fast stets das Reich der Blütenpflanzen, zur Not noch das der Farne. Bis dergleichen Richtungen auf die Bryophyten und die Bryologen übergreifen, pflegen sie abgekühlt zu sein, entkleidet einer spektakulären Aura, von der sie einst umgeben, zweckentsprechend angewandt zu brauchbaren Hilfen der Systematik geworden, die nun hoffen kann, den einen oder anderen Fall oder einen ganzen Problemkreis glücklicher als ehedem angehen zu können.

So ist auch in diesem Mooskapitel in den „Fortschritten der Botanik" gewöhnlich nur recht wenig über die allgemeine Problematik der Taxonomie zu berichten, was zudem mit dem Mangel an Bryologen zusammenhängen wird, die sich mit ihrer Materie nicht nur in Nebenstunden auseinandersetzen können. Als sehr verdienstvoll mag es daher erscheinen, daß nun, angeregt durch die „American Bryological Society", einige Bryologen ihre Vorstellungen eines modernen "species concept" im Rahmen eines Symposiums dargelegt haben. Wenn Fulford (1) gleich zu Beginn bekennt, daß sie nicht wisse, was eine Art sei, oder daß eine Art sei, was ein kompetenter Systematiker dafür halte, so zieht sie eine alte Quintessenz auch aus den neuesten Strömungen, die sich verzweifelt bemühen, den Artbegriff in irgendeiner Weise exakt zu definieren. Immerhin, viele der an den Angiospermen gewonnenen Kenntnisse über Artgrenzen, geographisch-ökologische und physiologisch-genetische Barrieren lassen, oder besser ließen sich auch auf die Bryophyten anwenden, wenn die notwendigen Kenntnisse bereits hinreichend groß wären. Fulford beklagt mit dem Mangel an Untersuchungen den Mangel an Forschern, die sich mit den Moosen beschäftigen. Phyletische Betrachtungen lassen sich daher auch heute zunächst nur auf morphologische Gesichtspunkte aufbauen; die Entscheidung der Frage, ob die Entwicklung der Hepaticae progressiv, ausgehend von thallosen, dorsiventralen Formen, oder regressiv, beginnend mit radiären, blättrigen

Typen, gelesen werden müsse, dürfte nach den heutigen Kenntnissen
über die Konzentration gerade radiär-aufrechter Typen im australantarktischen Florengebiet nicht mehr schwerfallen. — In vielem ähnliche Gedankengänge über die Laubmoose geht ANDERSON, der besonders
die voneinander unabhängige Entwicklung von Gametophyten und
Sporophyten im Laufe der Phylogenie hervorhebt und aus seinen Vergleichen wieder zu dem schon öfter geäußerten Eindruck eines hohen
Alters der Moose kommt. Arealdisjunktionen großen Alters, die bei
Blütenpflanzen zu generischen, bei Moosen nur zu spezifischen Trennungen führten, tertiäre Disjunktionen, bei denen die Differenzen auf Art-
bzw. Rassenebene liegen, machen dies auch aus geographisch-historischen
Gründen wahrscheinlich. Hinweise für die Ursachen ergeben sich aus der
oft nur vegetativen Vermehrung der Moose, die zur Verbreitung von
Klonen führt, aus der Häufigkeit der Autogamie, aus dem völligen Verlust der Sexualität, der zum Schwinden des Sporophyten führt. Bemerkenswert ist ferner die geringe Zahl verbürgter Hybriden, die fast nur bei
kleinen, kurzlebigen Erdmoosen zu finden sind. In solchen Gruppen, etwa
bei der Verwandtschaft von *Fissidens bryoides*, ergeben sich dann aber
Komplexe von Formen, welche sich nicht mehr mit genügender Sicherheit bestimmen lassen und deshalb für Bestimmungszwecke zu Sammel-
arten vereinigt werden sollten. Gewisse Kreise pleurokarper Laubmoose,
wie *Drepanocladus, Rhacomitrium*, lassen an apomiktische Verhältnisse
denken — wir wissen es nicht. Auch ANDERSON beklagt das geringe Maß
experimenteller Arbeiten über die Moose. Im Prinzip sieht er aber bei den
Bryophyten dieselben artbildenden Vorgänge wirken wie bei den Gefäßpflanzen.

Die genetischen Besonderheiten der Moose im Rahmen ihrer allgemeinen Gesetzlichkeiten herauszustellen unternahm LEWIS. Er betont z. B. die verschiedenartigen Voraussetzungen von Monöcie und
Diöcie bei Moosen und Blütenpflanzen, haploid bedingt bei den Moosen,
diploid bei den Spermatophyten. Recht umstritten ist übrigens mit Ausnahme weniger Fälle das Vorkommen spezifischer Geschlechtschromo-
somen trotz zahlreicher diesbezüglicher Angaben. Fast als Gesetz zu
betrachten ist die Monöcie (gametophytisch) diploider Typen, die entstanden sein mag entweder durch Regeneration somatischen Sporo-
phytengewebes, durch Verhinderung der Meiose. Rückkehr zur Diöcie
kann allerdings erfolgen durch Verlust entsprechender Chromosomen.
Infraspezifische Polyploidie wurde bei Moosen mehrfach berichtet. Bemerkenswert die Tatsache, daß anders als bei Blütenpflanzen, wo Polyploide meist weit umfangreichere Areale erobert haben als ihre diploiden
Stammformen, die zur Selbstbefruchtung tendierenden Diploiden bei
Moosen oft, nicht immer, weit seltener und weniger verbreitet sind als ihre
auf Fremdbefruchtung angewiesenen haploiden Verwandten.

JEFFREY befaßt sich mit der Entstehung und Differenzierung der
Archegoniaten. Er fordert für ihre den Grünalgen entstammenden Ahnen
einen monomorphen Generationswechsel. Die Entstehung sei nur vorstellbar aus Algengruppen heraus, die an zeitweise trockene Biotope
angepaßt waren und sich die Luft als Verbreitungsagens durch die Ent-

wicklung von Dauersporen dienstbar gemacht hatten. Ausdifferenzierung von Festigungs- und Leitgeweben der langsam aus dem Wasser aufsteigenden Sporophyten, Ausbildung massiger Körper mit geringerer Oberfläche, also besserem Wasserhaushalt in der Luft sowie eventuell Mycorrhiza seien weitere Notwendigkeiten gewesen. Der Gametophyt wurde dabei notwendigerweise reduziert und durch Anpassung an feuchte Kleinstandorte zum horizontalen Wachstum gezwungen. Der Sporophyt konnte dabei ganze Sproßsysteme entwickeln. Irgendwann mußte aber dann eine ganz andere Tendenz eingesetzt haben: Rückbildung des Sporophyten zum sporenbildenden Organ des Gametophyten und damit Entstehung der Bryophyta. Im Rahmen der Umbildungen wurde dann der Gametophyt mit photosynthetischen Organen ausgestattet. Am nächsten kommt unter den heute lebenden Formen dem Urtyp der Bryophyten sicher *Anthoceros* mit seinem abweichenden Plastidentyp, dem Fehlen von Mycorrhiza, der Ähnlichkeit der Generationen (Stomata in beiden!).

Morphologie und Entwicklungsgeschichte

Neue Methoden erschließen neue Möglichkeiten. RUDOLPH ist es erstmals gelungen, Sphagnen für lange Zeit unter definierten Bedingungen zu kultivieren und damit die Voraussetzungen für die Klärung systematisch schwieriger Formenkreise zu schaffen. E. TAYLOR (1) findet an Moosblättern im polarisierten Licht Feinstrukturen, die möglicherweise taxonomisch brauchbar sind.

Die Sporen der Laubmoose werden von MIYOSHI in zwei Gruppen gegliedert. Die unter 20 μ großen Sporen, die z. B. den *Hypnales* zukommen, lassen sich kaum systematisch auswerten. Anders die größeren Formen, die oft familien- und gattungsspezifische Strukturen vor allem in Form der Oberflächenskulpturen zeigen. — *Sphagnum*-Sporen wurden von TALLIS (1) untersucht; sie sind doppelwandig, wobei die innere Schicht stark, die äußere wenig lichtbrechend ist. Die Wand wird umgeben von einer gefalteten Perine. Reif lassen sich die Sporen der einzelnen Arten gut unterscheiden.

Sporenkeimung und Protonemabildung erfreuen sich weiterhin einigen Interesses. NEHIRA (1) findet bereits bei den Anthocerotaceen bemerkenswerte Differenzen. Ein hygrophiler *Megaceros* entwickelt eine Zellmasse ähnlich wie *Calobryum*, während ein epiphytischer *Dendroceros* gleich vielen Jubuleen bereits innerhalb der Sporenwand keimend einen Zellkörper aufbaut, von dem aus dann ein sekundäres Protonema nach außen getrieben wird. (Die ökologischen Abhängigkeiten des Keimungsverhaltens sollten also nicht außer acht gelassen werden.) Bei *Riccardia* findet derselbe Autor (2) zwei Keimungstypen: ein thalloides Protonema bei der großen *R. pinguis*, ein zuerst fädiges Vorstadium, das schließlich einen thallösen Körper entstehen läßt, bei den anderen Arten (was die von SCHUSTER geforderte generische Trennung unterstreichen dürfte). Der *Cephalozia*-Typ der Sporenkeimung kommt nach NEHIRA (3) in Abwandlungen, die zu verfolgen aussichtsreich sein dürfte, bei sehr verschiedenen Genera vor. Das fädige, regelmäßig verzweigte Protonema von *Odontoschisma lutescens* weicht von allen anderen bisher bekannten Typen so stark ab, daß es als neuer Typ herausgestellt werden sollte.

Mehr physiologischen Fragestellungen der Protonema-Ausgestaltung widmet sich BOPP (1), der sich auch mit der Blattdifferenzierung bei *Polytrichum* beschäftigt [BOPP (2)]. Hier gestalten sich die Blätter zunächst nach exakten Mustern. Differenzierungen haben inäquale Zellteilungen zur Voraussetzung. Gegen Ende der Ausgestaltung treten ungeregelte Teilungen auf, die zur Bildung von Stereiden führen.

Ökologisch und zugleich systematisch bemerkenswert erscheint die Feststellung von VAARAMA u. TARÉN, daß die Protonema-Entwicklung durch Ca-Zugabe bei *Orthotrichum cupulatum* und *Campylium halleri*, zwei Kalkmoosen, gefördert, bei der acidiphilen *Dicranella cerviculata* dagegen gehemmt wird.

Ziemlich übersehene Vegetationsorgane mancher Laubmoose sind die Pseudoparaphyllien, um die Sproßprimordien herum angelegte paraphyllien-ähnliche Gebilde, deren Typen systematisch verwertet werden können: IWATSUKI (1). — Über Pseudopodien bei dem Laubmoos *Neckeropsis* vgl. TOUW (1), Systematik, *Neckeraceae*.

Mit der Physiologie der Sporogon-Differenzierung befaßte sich BAUER (1); daß Sporophytengewebe deutlich heterotrophe Tendenzen zeigt und Gametophyt und Sporophyt qualitativ wie quantitativ verschiedene sekundäre Pflanzenstoffe produzieren, scheinen uns auch systematisch bedeutsame Feststellungen zu sein.

E. TAYLOR (2) brachte die schwer greifbaren, grundlegenden Artikel von PHILIBERT über die Peristome der Laubmoose in einer verkürzten Form neu heraus.

Cytologie und Cytogenetik

Auf die Darlegungen von LEWIS wurde bereits oben hingewiesen. BAUER (2) befaßt sich mit dem gegenseitigen Verhältnis von weiblichen und männlichen Tendenzen anhand der Splachnaceen, wo beim Aufweichen der weiblichen Tendenz eine männliche durchschlägt und dies sogar bei genotypisch determinierten Formen. Über ein labiles Zwischenstadium lassen sich aus weiblichen stabilisierte männliche Pflanzen erziehen. All dies scheint zur Vorsicht bei der Verwertung der Geschlechterverteilung (allerdings auch der völligen Ablehnung) zu raten.

Die Bewertung der genotypisch konstanten haploid-diöcischen und diploid-monöcischen Parallelformen bereitet einige Schwierigkeiten. CRUNDWELL spricht sich bei *Mnium riparium: Mn. marginatum* für eine Zuordnung im Varietätsrang aus, weil keinerlei geographische und morphologische Differenzen gegeben seien. Andere derartige Sippen unterscheiden sich in ihren Arealen (und sind dann höher einzustufen).

Eine umfangreiche Untersuchung über die Evolution der Karyotypen der Gattung *Frullania*, vor allem anhand amerikanischer Arten, legt IVERSON vor; auf seine Darlegungen hier näher einzugehen, ist nicht möglich. Festgehalten sei, daß sich die Karyotypen-Gruppen zu einem hohen Prozentsatz mit den morphologisch unterschiedenen Einheiten parallelisieren lassen und daß sich die Evolution der Gattung in der Evolution der Karyotypen widerspiegelt.

Eine Menge neuer Chromosomenzahlen wurde von verschiedenen Autoren erarbeitet, so von AL-AISH u. ANDERSON, GANGULEE u. CHATTERJEE, YANO. Mit den Zahlen von *Fissidens*-Arten befaßte sich CHOPRA. Auf die Zusammenfassungen der jährlich bekannt werdenden Daten im "Index to plant chromosome numbers" (The University of North Carolina Press, Chapel Hill) sei wiederum hingewiesen.

Geographie

Hier kann wieder nur auf wenige Gesichtspunkte, wenige wichtigere Neufunde hingewiesen werden. Das an alten Typen so reiche, erst in den letzten Jahren stärker herausgearbeitete amphipazifische Element unter den Moosen wurde durch einige bemerkenswerte Typen vermehrt. Das amerikanische *Ptilidium californicum* wurde in Kamtschatka entdeckt (KOROTKEVICZ), die ebenfalls pazifisch amerikanische *Fossombronia longiseta* am Amur (LADYZHENSKAJA); umgekehrt wurde die japanische *Treubia nana* nun auch am Rande von Britisch Kolumbien aufgefunden (SHOFIELD). In Nordamerika werden immer mehr ursprünglich aus Europa beschriebene Arten eines weit verbreiteten aber sehr disjunkten Oreophyten-Elements nachgewiesen: CRUM meldet diesmal *Encalypta brevicolla* und *longicolla*. Der nämlichen geographischen Gruppe gehört *Plagiobryum demissum* an, das von OCHI u. PERSSON in einer wenig verschiedenen Sippe aus Japan mitgeteilt wird. MEYER u. GROLLE berichten über eine neue *Frullania* aus Albanien, wohl ein Tertiärrelikt gleich vielen höheren Pflanzen der dortigen Flora. GRUNDWELL u. WARBURG melden die disjunkte (Lappland, Öland) *Seligeria oelandica* aus Irland, PATON (1) berichtet über die mediterrane *Southbya tophacea* in England.

Bemerkenswert erscheinen einige Fälle durch den Menschen verschleppter Moose, die sich Unkräutern gleich neue Areale erobern. In Südengland wurde die kalifornische *Tortula stanfordensis* festgestellt [WITHEHOUSE (1)] und in ihrer weiteren Ausbreitung verfolgt (WHITEHOUSE u. PATON). *Campylopus introflexus* wurde in Britannien zum erstenmal 1941 festgestellt und hat sich dort seitdem stark ausgebreitet (RICHARDS). — Das Auftreten der hocharktisch-amerikanischen *Funaria polaris* scheint von den Populationsschwankungen von Lemmingen abhängig zu sein, um deren Biotope sie lebt (STEERE).

Mit generellen Verbreitungsfragen befaßt sich FULFORD (2) vor allem bezüglich des antarktischen Florenelements, das in den letzten Jahren im Brennpunkt des Interesses stand. Die heutigen Areale vieler der meist sehr ursprünglichen Arten dieser Gruppe dürften sich am ehesten durch die Annahme der Kontinental-Verschiebung erklären lassen (was HERZOG vor langer Zeit aus anderen Gesichtspunkten bereits ebenfalls angenommen hatte). — SCHUSTER (1) bespricht anläßlich der Diskussion der Reliktgattung *Cephaloziopsis* jene Gruppe tertiärer Lebermoose, deren Arten disjunkt sich auf die hochozeanischen Teile Westeuropas und die Appalachen bzw. die Appalachen und Ostasien verteilen, wobei die getrennten Populationen etwas differenziert sein können. Es handelt sich dabei fast stets um sterile, acidiphile Arten, die in den Teilgebieten oft nur in ♀ oder ♂ Populationen vorkommen. — Bezüglich der CROIZATschen Theorien sei auf die Arbeit selbst verwiesen.

Übersicht über die Moose auf mineralstoffreichen Standorten: PRAT. — Punktkarten für Brit. Inseln: WHITEHOUSE u. SMITH.

Systematik

B = Beitrag — S = Schlüssel

Lebermoose

Der Umbau des Lebermoossystems verläuft in einer faszinierenden, freilich für den Nichtspezialisten kaum mehr folgbaren Schnelligkeit,

betrieben durch eine Reihe von Autoren, die oft gleichzeitig auf die nämlichen Probleme stoßen, gleichzeitig neue Sippen höheren Ranges benennen (und damit leider die Nomenklatur von vorne herein notwendigerweise erheblich belasten). Durch die Zahl und die Breite seiner Untersuchungen ragt ganz besonders SCHUSTER hervor. Dieser Autor (2) legte
nun in Form von Schlüsseln und Kommentaren hierzu eine systematische
Gliederung der australantarktischen Lebermoose und damit zu einem
guten Teil eine Neubearbeitung des ganzen Lebermoossystems vor, das
zwar noch viele Züge des Vorübergehenden, viele aber auch einer wohl
bleibenden Grundkonzeption enthält. 136 Gattungen und die entsprechenden höheren Einheiten werden getrennt nach systematischen und künstlichen Merkmalen geschlüsselt. Die Aufspaltung der *Jungermanniales* in
Unterordnungen wird vor allem im Bereich der *Ptilidiinae* sens. ampl.
weitergetrieben, die von SCHUSTER als Sammelgruppe ursprünglicher
Formen von gleicher Entwicklungshöhe, nicht aber enger Verwandtschaft aufgefaßt werden.

An der Basis stehen nach den *Calobryales* und den *Takakiales* die
Herbertinae mit unspezialisierter Verzweigung, denen die *Ptilidiinae*
s. str. mit regelmäßig terminaler Verzweigung aus lateralen Merophyten,
aber unspezialisierter Stellung der Gametangienstände folgen. Die
Lepidoziinae zeichnen sich durch eine definierte Stellung dieser Organe auf
kurzen Intercalarästen bei extremem Verzweigungspolymorphismus
sowie die Tendenz zur Differenzierung einer großzelligen Rinde aus. Die
monotypischen *Perssoniellinae* weichen durch eine Summe von Merkmalen von den übrigen Gruppen ab und werden nach den *Jungermanniinae*
und den *Pleuroziinae*, aber vor den *Radulinae* eingeschoben. Den Schluß
machen die *Porellinae* mit den *Porellaceae, Frullaniaceae, Lejeuneaceae*
und *Goebeliellaceae.*

Bemerkenswert erscheint dabei, daß alle drei ersten Unterordnungen
neben abgeleiteten dorsiventralen Typen mit entsprechend schiefer oder
längsgerichteter Blättcheninsertion primitive, aufrechte Formen mit
± radiärer Beblätterung enthalten, eine Tatsache, auf die anhand der
Lepidoziaceae besonders FULFORD (3) hinweist.

Es erscheint schwierig, alle neuen Sippen höheren Grades hier in ein
System einzuordnen, da sich die Angaben mancher Autoren widersprechen. Man möge die hier benutzte Familienfolge deshalb nur als notwendige Aneinanderreihung, nicht aber als systematisch immer unbedingt richtig auffassen.

Anthocerotae

Anthocerotaceae. Bei *Anthoceros* sens. lat. finden sich 2 verschiedene Bautypen
der Pyrenoide: nichtlamellat bei *A. laevis*, lamellat bei *A. punctatus*. Die Plastiden
zeigen durchwegs Lamellenstruktur: SUN. — Bei der Keimung bildet *Anthoceros*
sens. str. regelmäßig einen Keimschlauch, *Phaeoceros laevis* wie *Dendroceros* direkt
eine Zellmasse. Die Rhizoidbildung ist bei *Anthoceros* und *Nothothylas* von der der
Marchantiales und Farne verschieden. Chloroplastenhaltige Thalluszellen verlängern
sich direkt, der Zellinhalt wandert in den sich bildenden Rhizoidenschlauch, die
Plastiden degenerieren. Bei den *Marchantiales* und den Farnen wird dagegen erst
eine definierte Rhizoidenzelle abgetrennt. Zellmassen wachsen wie die Lagerlappen
mit einem Apikalmeristem: MEHRA u. KACHROO.

Hepaticae

Calobryaceae. Im Gegensatz zu den *Jungermanniales* sind bei den dorsiventralen *Calobryum*-Arten die Blättchen der dorsalen Reihe kleiner als die der lateralen. S der Gattung: GROLLE (1). — SCHUSTER (2) bezieht *Calobryum* in *Haplomitrium* ein.

Takakiaceae. *Takakia* hat zwei Formen von Schleimhaaren, einen unverzweigten fädigen Typus, bei dem Schleim durch die Zellwand sezerniert wird, sodann einen verzweigten Typ, bei dem er durch einen apikalen, offenen Hals abgeschieden wird. Die Knospenbildung scheint der von Samenpflanzen und Farnen ähnlicher als der von Leber- und Laubmoosen zu sein: PROSKAUER (1). Der Autor gliedert die Familie in die *Calobryales* ein, während SCHUSTER (2) sie als eigene Ordnung aufrecht erhält. Eine zweite Art der Gattung wurde durch GROLLE (2) aus dem Himalaja bekanntgemacht. Nach ihm sind die einzelnen Nadelblättchen keine Phylloide, sondern nur die Schenkel derselben; 3 bis 4 der Blättchen leiten sich von 1 Segment ab.

Herbertaceae. S für *Triandrophyllum*: FULFORD u. HATCHER. — Kritik der *Herberta adunca*-Gruppe: MILLER. — B *Herberta*: PROSKAUER (2).

Blepharostomataceae. Übersicht von *Temnoma* in Neuseeland sowie *Anoplostoma* nov. gen.: HODGSON u. ALLISON. Kritik von *Temnoma* und verwandten Gattungen: SCHUSTER (3). Die von FULFORD (4) erneut behandelte Gattung *Vetaforma* wird von SCHUSTER in die Familie einbezogen. *Archeophylla* nov. gen. auf *Temnoma schusteri* sowie *Archeochaete* nov. gen. auf *A. kuehnemannii*: SCHUSTER (2). B zu *Pseudolepicolea*: ANDO.

Trichocoleaceae. B *Trichocolea* in Kolumbien: BISCHLER (1). — *Eotrichocolea* nov. gen. auf *Jungermannia polyacantha*: SCHUSTER (2).

Lepidolaenaceae. Sporenkeimung bei *Lepidolaena* nach dem Frullaniaceentyp: HATCHER.

Lepidoziaceae. In der Familie finden sich sehr verschiedene Verzweigungstypen. Manche Genera können sich sowohl terminal wie interkalar verzweigen. Bei *Micropterygium* entspringen die Äste interkalar von den lateralen und ventralen Merophyten, bei *Mytilopsis* entstehen sie ventral, bei *Mastigopelma* ventral aus den Achseln der Unterblätter, bei einer noch unbeschriebenen Gattung lateral: J. TAYLOR (1). — B *Bazzania* in Kolumbien: BISCHLER (2). — *Hyalolepidozia* nov. gen. auf *Lep. bicuspidata*: ARNELL (1); nach SCHUSTER (2) syn. zu *Paracromastigum*. — GROLLE (3) ersetzt *Microlepidozia* [s. a. FULFORD (5)] durch *Kurzia* und bezieht *Dendrolembidium* ein. — *Micrisophylla* FULFORD (5) nov. gen. auf *Lepidozia setiformis* ist durch aufrechtes Wachstum, radiäre Struktur und blattähnliche Amphigastrien ausgezeichnet; S der Arten. — S und Kritik von *Telaranea* sowie Kritik der Familie: FULFORD (3). — *Hygrolembidium* nov. gen. auf *Lemb. isodictyon, Isolembidium* auf *Lemb. cucullatum* sowie *Megalembidium* auf *Lemb. insulanum; Acrolepidozia* nov. gen. auf *Lep. longitudinalis*: SCHUSTER (2). *Neolepidozia* wird in *Telaranea* einbezogen.

Calypogeiaceae. *Calypogeia* in Großbritannien: PATON (2).

Lophocoleaceae. Monographie von *Leptoscyphus*: GROLLE (4), 19 Arten, Zentrum Südamerika. *Anomylia* wird einbezogen. — *Herzogobryum* nom. nov. für *Chondrophyllum*: GROLLE (5). — *Leptophyllopsis* nov. gen. auf *Chiloscyphus laxus*: SCHUSTER (2). — *Geocalyx novaezelandiae* hat ein stark entwickeltes Perigyn, dazu eine die Kapsel einhüllende Kalyptra: J. TAYLOR (2).

Antheliaceae. fam. nov. auf *Anthelia*: SCHUSTER (2). *Chloranthelia* nov. gen. auf *Lembidium denticulatum*.

Lophoziaceae von Taiwan: KITAGAWA (1). — S für *Andrewsianthus* und *Stenorrhipis* in Afrika: GROLLE (6). Der auch europäische *Adelanthus decipiens* wird zu *Pseudomarsupidium* gestellt. — *Lophozia herzogiana* vermittelt zwischen den Subgenera *Massula* und *Barbilophozia*: GROLLE (7). — Neue *L.* aus dem arktischen Kanada: SCHUSTER (4).

Acrobolbaceae. Hierher nach SCHUSTER (2) *Goebelobryum* GROLLE (8) nov. gen. auf *Jungermannia unguiculata* mit Marsupien, bei GROLLE S.

Lethocoleaceae. nov. fam. auf *Lethocolea*: ARNELL (2).

Jungermanniaceae. B *Jungermannia* in Asien: AMAKAWA.

Marsupellaceae von Japan, Monographie: KITAGAWA (2). *Prasanthus* besser hier einzuordnen. Familie durch *Cryptocolea* mit den *Jungermanniaceae* verbunden.

In Japan bemerkenswerte Typen mit ungeteilten oder inäqual geteilten Blättern bzw. eine Art mit geflügeltem Kiel.

Plagiochilaceae. in trop. Afrika: Monographie: JONES (1). — B *Plagiochila* in SO-Asien: INOUE (1). Der *Plagiochila sciophylla-acanthophylla*-Komplex wird z. T. in Subspecies gegliedert.

Adelanthaceae. nov. fam. auf *Adelanthus:* ARNELL (2).

Cephaloziaceae. S der Gattung *Metahygrobiella,* in 3 Artengruppen zu zerlegen: GROLLE (9).

Cephaloziellaceae. *Cephaloziopsis* weicht von *Cephaloziella* durch vorwiegend laterale Verzweigung ab. *C. pearsonii* hat je eine etwas abweichende Population in Westeuropa bzw. den Appalachen: SCHUSTER (1). — *Simia* nov. gen. auf *Cephaloziella atroviridis:* ARNELL (1). — B *Cephaloziella* in Ungarn: VAIDA (1).

Schistochilaceae. *Paraschistochila* auf *Jungerm. pinnatifolia:* SCHUSTER (2).

Radulaceae. Revision von *Radula* subgen. *Acroradula* Sect. *Saccatae* bzw. *Lingulatae:* CASTLE (1 bzw. 2).

Porellaceae. *Porella* in trop. Afrika, 7 Sippen; S: JONES (2).

Frullaniaceae. *Neohattoria* nom. nov. für *Hattoria,* Kritik: KAMIMURA bzw. SCHUSTER (2).

Lejeuneaceae. Der Sproßbau ist bei den *Lej. Paradoxae* in den beiden Subtriben *Diplasiae* und *Astipae* recht verschieden. Bereits bei den *Schizostipae* vereinfachte Formen wie bei *Diplasiae:* 7 Rindenzellreihen und 3 Markzellreihen. Gegen die *Astipae* wird die Zahl der Markzellreihen auf 1, die der Rindenzellreihen auf 5 reduziert. Bei den *Diplasiae* große Einheitlichkeit im Sproßbau, bei den *Astipae* große, doch instabile Variabilität: BISCHLER (3). — *Blepharolejeunea* nov. gen. auf *Bl. harlingii:* ARNELL (3). — *Austrolejeunea* nov. gen. auf *Siphonolej. olgae:* SCHUSTER (2). — *Microlejeunea:* Typification: BISCHLER, MILLER, BONNER, in Zentral- und Südamerika: BISCHLER, BONNER (1) u. MILLER, in Ozeanien: MILLER, BONNER, BISCHLER. — Die Gattung wird von SCHUSTER (5) in *Lejeunea* einbezogen. *M. ulicina* zerfällt in eine Reihe von geographischen Unterarten, die jeweils durch eine Summe kleiner Merkmale umschrieben sind. — B *Lejeunea* in Nordamerika: SCHUSTER (6), in Indien: MIZUTANI. — B *Tuyamaella:* TIXIER (1). — *Cheilolejeunea insignis* ist durch Vittae aus 2 Reihen verlängerter Zellen auf Blättern und Amphigastrien ausgezeichnet: JOVET-AST u. TIXIER. — *Leptolejeunea* und *Odontolejeunea,* in Afrika: VAN DEN BERGHEN (1).

Pelliaceae. Die Sporengröße bei *Pellia* hängt sehr vom Reifezustand ab und ist deshalb systematisch nur schwierig verwertbar. B zur Gattung: PROSKAUER (2).

Sphaerocarpaceae. *Geothallus,* eine xerophytische, bisher nur bei San Diego in Kalifornien gefundene Gattung ist von *Sphaerocarpus* gut getrennt. Die Grenzflächen der Sporen in den Tetraden sind stachelig, die Außenseiten nicht — dies im Gegensatz zu den übrigen Lebermoosen. Der Keimschlauch durchbricht diese stachelige Innenseite und bildet einen grünen Lappen, aus dem die eigentliche Pflanze als seitlicher Auswuchs entsteht. Sie ist diöcisch, mit Lappen und Lamellen besetzt und bildet mit Stärke, Ölkörpern und Eiweißkörnern versehene Knollen für die Überdauerung: DOYLE.

Marchantiaceae. sens. ampl.: Bei einigen *Marchantiales* fanden sich 2 verschiedene Typen von Ölkörpern: im Thallus größere, in Methylrot fast schwarzrot gefärbte und in den Ventralschuppen kleinere, mit diesem Stoff rotorange werdende: ZÖTTL. — DENIZOT findet bei *Marchantia* intermediäre Bildungen zwischen Antheridienträgern und Keimkörperbechern. — Die beiden *Funicularia*-Arten sind im Sporenornament verschieden und zu den *Corsiniaceae* zu stellen. Sie keimen nach dem *Stephensoniella*-Typ: JOVET-AST. — B *Lunularia:* FREITAS.

Carrpaceae. nov. fam. auf *Carrpos* (syn. *Monocarpus*): PROSKAUER (3). Die eingehend untersuchte Pflanze stellt wohl einen Seitenast aus einem Ricciaceen-Vorläufer der *Marchantiales*-Reduktionsreihe dar.

Ricciaceae. B *Riccia:* RAUH u. BUCHLOH bzw. BAPNA.

Laubmoose

Sphagnaceae. B Island: LANGE. — *Sph. pylaiei* im französischen Disjunktareal: COURTEJAIRE. — B Westsibirien: DOROGOSTAJSKAJA. — Sph. von Thailand:

Hansen. — Gams findet durch die permischen Fossilfunde (vgl. Fortschr. Bot. 23, 111) seine Ansicht bestätigt, wonach die *Sphagnales* nach den *Polytrichales* oder *Dicranales* einzureihen wären. Zeit und Ort der Entstehung der *Sph.* wären allerdings nicht rekonstruierbar.

Tetraphidaceae. von Nordamerika: Forman. — Brutkörper und Sporen von *Tetraphis pellucida* keimen über ein fädiges Protonema zu laubartigen Strukturen, die basal wieder knospen und phyletisch sicher fortgeschritten sind: Schneider u. Sharp (1, 2).

Fissidentaceae. Für Artentrennung besonders brauchbar Gewebe, Vorhandensein, Form und Stellung von Papillen. Sehr fragwürdig dagegen Geschlechterverteilung, die stark variieren kann. Blattform bei Erdbewohnern stabiler als bei Wasserfissidenten: Bizot u. Pierrot. — B *Fissidens crassipes*-Gruppe: Smith u. Warburg, *F. pusillus*-Gruppe: Norkett.

Ditrichaceae. S *Trematodon* in Japan: Takagi. Die Gattung enthält Arten mit zwei- und fast ungeteilten Peristomzähnen; sie sollte besser hier als bei den Dicranaceen untergebracht werden.

Dicranaceae. B boreale Hochmoordicrana: Ahti u. Isoviita. — B *Campylopus* auf den Brit. Inseln: Richards.

Pottiaceae. sens. ampl.: B *Tortella:* Crundwell u. Nyholm (1). — Das endemisch antarktische Moos *Sarconeurum glaciale* vermehrt sich vegetativ durch auf dem Protonema gebildete Keimkörper. Zwergmännchen entstehen aus sekundärem Protonema: Savicz-Ljubitzkaja u. Smirnova. — *Pottioideae* und *Cinclidotoideae* der Niederlande: Touw (1). — Revision des *Tortula laevipila*-Komplexes: Barkman; für Gliederung vor allem Gemmenform und -stellung sowie Blattberandung brauchbar. — *Pottia* auf der Antarktis: Savicz-Ljubitzkaja.

Ein äußerst merkwürdiges Laubmoos, *Rechingerella*, das noch genauer untersucht werden sollte, beschrieb Frölich (1) aus Nordgriechenland. Es besitzt weder Seta noch Haube, die Kapsel öffnet sich durch Abbrechen des oberen Teiles, die Sporen tragen Längsleisten. Der Autor denkt an die Aufstellung einer neuen Familie für die Art.

Calymperaceae. *Teniolophora* nom. nov. für *Teniola:* Reese.

Bryaceae. Die 15. Folge des „*Bryum generis monographiae Prodromus*", Kreis von *Bryum pallescens:* Podpěra. — *Bryum mildeanum*-Gruppe auf den Brit. Inseln: Whitehouse (2). — Durch Erfassung von Brutkörpermerkmalen kommen Crundwell u. Nyholm (2) zur Aufstellung neuer *Bryum*-Arten.

Bartramiaceae. Field gibt einen Schlüssel für europäischen *Philonotis*-Arten nach Blattmerkmalen. Manche Formen, so gewisse *Laxa*typen, erwiesen sich in Kultur als genotypisch konstant. — Revision der japanischen Arten: Ochi (1 u. 2).

Mitteniaceae. *Mittenia plumula* hat ein Protonema mit ähnlichen Eigenschaften, wie es das von *Schistostega* besitzt. Die Zellen sind linsenförmig und brechen das Licht stark. Das Protonema hat ein anderes Lichtoptimum als das offen wachsende Pflänzchen und lebt in Höhlen: Stone.

Hookeriaceae. von Nordamerika: Welch (1).

Neckeraceae. Revision von *Neckeropsis* in der alten Welt: Touw (2). Die Gruppe zeigt einige bemerkenswerte Baueigentümlichkeiten. Bei einem Typ bleiben die Perichaetialblätter klein, die Seten verlängern sich stark, bei einem anderen verlängern sich dagegen die Perichaetialblätter nach der Befruchtung sehr stark, so daß das reife Sporogon von ihnen eingehüllt wird. Die Seta bleibt kurz. Bei dem auffälligsten Typus wird der weibliche Gametangienstand von Antheridien umgeben und beides von gemeinsamen Perichaetialblättern. Die Stände enthalten viele Paraphysen, die z. T. blattartig auswachsen. Der Abschnitt zwischen den Antheridien und dem Sporogon, das von blattartigen Paraphysen umgeben wird, streckt sich schließlich zu einem Pseudopodium.

Fontinalaceae. von Nordamerika: Welch (2).

Anomodontaceae. Revision der ostasiatischen Arten von *Anomodon* (11 Sippen): Iwatsuki (2).

Thuidiaceae. Verbreitung einiger Arten in Großbritannien: Tallis (2).

Amblystegiaceae. B *Campylium hispidulum*-Gruppe: Crundwell u. Nyholm (3). — Sektionsgliederung von *Drepanocladus:* Smirnova. — *Dr. lapponicus*-Kritik: Ruuhijärvi.

Brachytheciaceae. Die in den Chromosomenzahlen stark variierende ($n = 5, 6,$ 8, 9, 10, 11, 12) und stets als besonders schwierig empfundene Familie mußte einen weitreichenden Umbau über sich ergehen lassen, der von Merkmalskombinationen für die Gattungen ausgeht: ROBINSON. U. a. die *Salebrosa*-Gruppe von *Brachythecium* wird zu *Chamberlainia* überführt. *Homalothecium* schließt *Camptothecium* und *Tomenthypnum* ein. *Bryoandersonia* nov. gen. auf *Cirriphyllum illecebrum*, *Cratoneurella* nov. gen. auf *Brachythecium uncinifolium*. *Cirriphyllum* wird in *Brachythecium* eingeschlossen.

Plagiotheciaceae. B zu *Taxiphyllum* und *Plagiothecium:* IWATSUKI (1). — Biometrische Messungen sprechen nicht für eine infraspezifische Differenzierung des polymorphen *Isopterygium elegans:* LEFEBURE.

Hypnaceae. Revision von *Pylaisia* in Nordamerika: CONARD.

Floren, Floristik

Europa

Nordeuropa. Laubmoosflora von Granvin, Norwegen: HAVAAS.

Mitteleuropa. Namensliste der niederländischen Bryophyta: VAN DER WIJK (1), S der niederl. pleurokarpen Laubmoose: VAN DER WIJK (2). — B Moosflora von Göttingen: PHILIPPI. — Teil einer Lebermoosflora von Zürich: ALBRECHT-ROHNER. — B Steiermark: MAURER (1), Moose auf Serpentin dortselbst: MAURER (2). — B Geographie der Lebermoose in der Tschechoslowakei: DUDA (1), B Beskiden: DUDA (2).

Westeuropa. Übersicht der Neufunde in den jährlich erscheinenden Vice County recordes in Trans. brit. bryol. Soc.: PATON bzw. WARBURG. — Verbreitungskarten von Moosen auf den Brit. Inseln: WHITEHOUSE u. SMITH. — Flora eines Gebietes in S-England: PATON (3). — B Grandes Causses, Frankreich: VAN DEN BERGHEN. — B Pyrenäen: ALLORGE u. CASAS DE PUIG, B Katalonien: ALLORGE, CASAS DE PUIG u. SERÓ. — B Norditalien: FANELLI u. TOSCO. — Moosflora der Albaner Berge bei Rom: LACHMANN.

Südost- und Osteuropa. B Albanien: KARPATI u. VAJDA. — B Gebiet des Ochrida-Sees: PAVLETIC u. ZABIJAKIN. — B Pelistergebirge in Makedonien: ZABIJAKIN. — Subarktische Arten in den Karpaten: STEFUREAC. — Verbreitung von *Hepaticae* in Ungarn: VAJDA (2). — B Pieninen: SZWEYKOWSKI. — Laubmoose der Lubliner Umgebung: KARCZMARZ, von Podlesien: MICKIEWICZ, B Nordpolen: SOBOTKA.

Asien

Nordasien. B Ural und Sibirien: SCHULTZE-MOTEL (1).

Vorderasien. B Türkei: HENDERSON (1), Übersicht der bisher aus der Türkei bekannten Arten: HENDERSON (2). — B Cypern: BILEWSKY. — B Kaukasus: ABRAMOV u. ABRAMOVA bzw. ABRAMOV, ABRAMOVA u. DUDA. — *Leptobarbula* in Grusinien: DYLEVSKAJA.

Süd- und Südostasien. B Indien, bes. thallose Xerophyten: BAPNA u. VYAS. — Übersicht der bisherigen Kenntnisse der Moose von Indochina: TIXIER (2), B für Vietnam: TIXIER (2) bzw. JOVET-AST u. TIXIER: Laubmoose von Malesien, bes. Borneo: FROEHLICH (2). — B Philippinen: PILOUS. — *Hepaticae* der Chii-Berge in Korea: HATTORI, HONG u. INOUE, der Quelpartinseln: HATTORI, HONG u. INOUE(2), Laubmoose von dort: HONG u. ANDO. — Lebermoose der Chichibu-Okutama-Berge in Zentraljapan mit vielen tertiären Relikten: INOUE (2). — Laubmoose der Rishiri- und Rebun-Inseln: IWATSUKI (3). — Liste der Laubmoose von Neuguinea: SCHULTZE-MOTEL (2). — B westliche Hochländer von Neuguinea: BARTRAM.

Afrika

B Spanisch-Marokko: RUNGBY. — B Lebermoose von Angola: ARNELL (4). — Lebermoosflora von Südafrika: ARNELL (2), 298 Arten, davon 153 endemisch.

Amerika

B Alaska: PERSSON (1, 2, 3). — B Gebiet des Gr. Sklavensees: SCOTTER. — B Quebec: LE BLANC, B Alberta und Saskatchewan: BIRD, von Zentral-West-Kanada: BIRD (2). — Lebermoose von Utah: FLOWERS. — B Laubmoose von Florida: CRUM u. ANDERSON. — B Lebermoose von Ekuador: ARNELL (3).

Australien, Ozeanien, Antarktis

B *Hepaticae* von Australien, Tasmanien, Neuseeland: ARNELL (5). — B Laubmoose der Fidschi- und Tonga-Inseln: HÜRLIMANN. — Auf die Schlüssel für die australantarktischen Lebermoose von SCHUSTER (2) wurde bereits oben hingewiesen. — B Laubmoose von Hawaii: SCHULTZE-MOTEL (3).

Literatur und Indices

Verzeichnisse der bryologischen Literatur werden laufend durch FULFORD in "The Bryologist" zusammengestellt. — Index hepaticarum: Teile I, II, III, IV (Achiton bis Cystolejeunea sowie Plagiochila): BONNER. — Index muscorum II (D bis Hypno-): VAN DER WIJK (3). — Übersicht der erhaltengebliebenen Warnstorfschen Typenmaterialien: SCHULTZE-MOTEL (4). — Übersicht über die bryologische Literatur der Slowakei: PECIAR. Lebermoossammlungen in der Tschechoslowakei: DUDA (3). — Bryologische Sammlung im Joanneum Graz: SCHEFCZIK.

Literatur

ABRAMOVA, A., i I. ABRAMOV: Bot. Mat. 15, 166—170 (1962). — ABRAMOV, I., A. ABRAMOVA i J. DUDA: Bot. Mat. 16, 168—173 (1963). — AHTI, T., and P. ISOVIITA: Arch. Soc. Vanamo 17, 68—79 (1962). — AL-AISH, M., and L. ANDERSON: Bryologist 64, 289—314 (1961). — ALBRECHT-ROHNER, H.: Rev. bryolog. 32, 41—67 (1962). — ALLORGE, V., et C. CASAS DE PUIG: Rev. bryolog. 31, 213—238 (1961). — ALLORGE, V., C. CASAS DE PUIG y P. SERÓ: Collect. bit. 6, 331—348 (1962). — AMAKAWA, T.: J. Hattori bot. Lab. 26, 20—26 (1963). — ANDERSON, L.: Bryologist 66, 107—119 (1963). — ANDO, H.: Hikobia 3, 177—183 (1963). — ARNELL, S.: (1) Bot. Not. 115, 203—207 (1962); — (2) Hepaticae of South Africa. Stockholm 1963; — (3) Sv. bot. Tidsk. 56, 334—350 (1962); (4) 56, 55—60 (1962); — (5) Bot. Not. 115, 311—317 (1962).

BAPNA, K.: Trans. brit. bryol. Soc. 4, 249—253 (1962). — BAPNA, K., and G. VYAS: J. Hattori bot. Lab. 25, 81—101 (1962). — BARKMAN, J.: Rev. bryolog. 32, 183—192 (1963). — BARTRAM, E.: Rev. bryolog. 30, 185—207 (1961). — BAUER, L.: (1) J. Linn. Soc. (Bot.) 58, 343—351 (1963); (2) 58, 337—342 (1963). — BILEWSKY, F.: Rev. bryolog. 30, 267—273 (1961). — BIRD, C.: (1) Canad. J. Bot. 40, 573—587 (1962); (2) 40, 35—47 (1962). — BISCHLER, H.: (1) Rev. bryolog. 31, 34—35 (1962); (2) 32, 36—40 (1962); (3) 30, 231—252 (1961). — BISCHLER, H., C. BONNER, and H. MILLER: Nova Hedwigia 5, 359—411 (1963). — BISCHLER, H., MILLER, and C. BONNER: Nova Hedwigia 4, 173—187 (1962). — BIZOT, M., et R. PIERROT: Rev. bryolog. 32, 84—90 (1963). — BONNER, C.: Index Hepaticarum I (1962), II (1962), III (1963), IV (1963). — BOPP, M.: (1) J. linn. Soc. (Bot.) 58, 305—309 (1963); — (2) Rev. bryolog. 30, 253—259 (1961).

CASTLE, H.: (1) Rev. bryolog. 31, 139—151 (1962); (2) 32, 1—48 (1963). — CHOPRA, N.: Castanea 26, 88—93 (1961). — CONARD, H.: Bryologist 64, 355—363 (1961). — COURTEJAIRE, J.: Bryologist 65, 38—47 (1962). — CROIZAT, L.: Rev. bryolog. 31, 5—22 (1962). — CRUM, H.: Contr. Bot. 1960—1961, 36—44 (1963). — CRUM, H., and L. ANDERSON: Bryologist 64, 368—370 (1961). — CRUNDWELL, A.: Trans. brit. bryol. Soc. 4, 334 (1962). — CRUNDWELL, A., and E. NYHOLM: (1) Trans. brit. bryol. Soc. 4, 187—193 (1962); — (2) Bot. Not. 116, 94—97 (1963); — (3) Trans. brit. bryol. Soc. 4, 194—200 (1962). — CRUNDWELL, A., and E. WARBURG: Trans. brit. bryol. Soc. 4, 426—428 (1963).

DENIZOT, J.: Rev. bryolog. 32, 65—72 (1963). — DOROGOSTAJSKAJA, E.: Bot. Mat. 16, 178—188 (1963). — DOYLE, W.: Univ. Calif. Publ. Bot. 33, 185—268

(1962). — DUDA, J.: (1) Acta Mus. Sil. A 11, 65—90 (1962); (2) 11, 21—28 (1962); (3) 12, 69—84 (1963). — DYLEVSKAJA, I.: Bot. Mat. 16, 199—202 (1963).

FANELLI, A., e U. Tosco: Allionia 8, 87—115 (1962). — FIELD, J.: Trans. brit. bryol. Soc. 4, 429—433 (1963). — FLOWERS, S.: Univ. Utah. biolog. Series 12, 2, 1—89 (1961). — FORMAN, R.: Bryologist 65, 280—285 (1962). — FREITAS, S. DE: Broteria 32, 229—237 (1963). — FROEHLICH, J.: (1) Ann. naturhist. Mus. Wien 66, 35—36 (1963); — (2) Rev. bryolog. 32, 91—94 (1962). — FULFORD, M.: (1) Bryologist 66, 101—106 (1963); — (2) Polar Wandering and Continental Drift 140—145; — (3) Brittonia 15, 65—86 (1963); — (4) Nova Hedwigia 4, 81—85 (1962); — (5) Brittonia 14, 121—136 (1962). — FULFORD, M., and R. HATCHER: Bryologist 64, 348—351 (1961).

GAMS, H.: Rev. bryolog. 31, 1—4 (1962). — GANGULEE, H., and N. CHATTERJEE: Caryologia 15, 367—400 (1962). — GROLLE, R.: (1) J. Hattori bot. Lab. 26, 5—9 (1963); — (2) Österr. bot. Z. 110, 444—447 (1963); — (3) Rev. bryolog. 32, 166—180 (1963); — (4) Nova Acta leopold. 25, 161, 1—83 (1962); — (5) Rev. bryolog. 32, 157—165 (1963); — (6) Trans. brit. bryol. Soc. 4, 437—445 (1963); — (7) Rev. bryolog. 31, 152—156 (1962); — (8) J. Hattori bot. Lab. 25, 135—144 (1962); — (9) 26, 1—4 (1963).

HANSEN, B.: Dansk bot. Ark. 20, 89—108 (1961). — HATCHER, R.: J. Hattori bot. Lab. 26, 10—14 (1963). — HATTORI, S.: J. Hattori bot. Lab. 25, 163—185 (1962). — HATTORI, S., W. HONG, and H. INOUE: (1) J. Hattori bot. Lab. 25, 279—286 (1962); (2) 25, 126—134 (1962). — HAVAAS, J.: Arbok Un. Bergen mat. naturv. Ser. no. 5, 1—60 (1962). — HENDERSON, D.: (1) Not. r. bot. Gard. Edinb. 23, 263—278 (1961); (2) 23, 279—301 (1961). — HODGSON, E., and K. ALLISON: Trans. roy. Soc. New Zealand N. S. 1, 139—154 (1962). — HONG, W., and H. ANDO: Hikobia 3, 86—95 (1962), 191—200 (1963). — HÜRLIMANN, H.: Bauhinia 2, 167—176 (1963).

INOUE, H.: (1) J. Hattori bot. Lab. 25, 91—101 (1962); (2) 25, 186—216 (1962). — IVERSON, G.: J. Hattori bot. Lab. 26, 119—170 (1963). — IWATSUKI, Z.: (1) J. Hattori bot. Lab. 26, 63—75 (1963); (2) 26, 27—62 (1963); (3) 25, 107—125 (1962).

JEFFREY, C.: Bot. Not. 115, 446—454 (1962). — JONES, E.: (1) Trans. brit. bryol. Soc. 4, 254—325 (1962); (2) 4, 446—461 (1963). — JOVET-AST, S.: Rev. bryolog. 32, 193—211 (1963). — JOVET-AST, S., et P. TIXIER: Rev. bryolog. 31, 23—33 (1962).

KAMIMURA, M.: J. jap. Bot. 37, 218 (1962). — KARCZMARZ, H.: Fragm. florist. geobot. 6, 573—592 (1960). — KARPATI, I., u. L. VAJDA: Fragm. bot. hung. 1, 1—15 (1961). — KITAGAWA, N.: (1) Hikobia 3, 169—176 (1963); — (2) J. Hattori bot. Lab. 26, 76—118 (1963). — KOROTKEVICZ, L.: Bot. Mat. 16, 173—178 (1963).

LACHMANN, A.: Rev. bryolog. 32, 78—89 (1962). — LADYZHENSKAJA, K.: Bot. Mat. 16, 165—167 (1963). — LANGE, B.: Bot. Tidsskr. 59, 220—243 (1963). — LE BLANC, F.: Canad. J. Bot. 40, 1427—1438 (1962). — LEFEBURE, J.: Rev. bryolog. 32, 91—93 (1963). — LEWIS, K.: Trans. brit. bryol. Soc. 4, 111—130 (1961).

MAURER, W.: (1) u. (2) Mitt. zool. bot. Joanneum H. 13, 1—28 (1961). — MEHRA, P., and P. KACHROO: J. Hattori bot. Lab. 25, 145—153 (1962). — MEYER, F., u. K. GROLLE: Feddes Rep. 68, 101—107 (1963). — MICKIEWICZ, J.: Fragm. flor. geobot. 6, 407—416, 417—425 (1960). — MILLER, H.: Nova Hedwigia 4, 359—369 (1962). — MILLER, H., C. BONNER, and H. BISCHLER: Nova Hedwigia 4, 551—560 (1962). — MIYOSHI, N.: Hikobia 3, 13—18 (1962). — MIZUTANI, M.: J. Hattori bot. Lab. 26, 171—184 (1963).

NEHIRA, K.: (1) Hikobia 3, 184—190; (2) 3, 96—101 (1962); (3) 3, 4—9 (1964). — NORKETT, A.: Trans. brit. bryol. Soc. 4, 201—203 (1962).

OCHI, H.: (1) Nova Hedwigia 4, 87—108 (1962); (2) 5, 91—115 (1963). — OCHI, H., and H. PERSSON: Sv. bot. Tidskr. 57, 238—242 (1963).

PATON, J.: (1) Trans. brit. bryol. Soc. 4, 98—101 (1961); (2) 4, 221—229 (1962); (3) 4, 1—83 (1961). — PAVLETIC, Z., and V. ZABIJAKIN: Fragm. balcan. 4, 93—100 (1962). — PECIAR, V.: Acta Fac. nat. Un. Comen. 6, 551—556 (1961). — PERSSON, H.: (1) Sv. bot. Tidskr. 56, 1—35 (1962); — (2) Bryologist 66, 1—26 (1963); — (3) Sv. bot. Tidskr. 56, 51—54 (1962). — PHILIPPI, G.: Göttinger Jb. 1963, 53—58

(1963). — Pilous, Z.: Preslia 31, 247—250 (1959). — Podpěra, J.: Bryum generis monographiae Prodromus Pars. 15. — Prat, S.: Rozpr. Českosl. Ak. ved. 70—95 (1960). — Proskauer, J.: (1) J. Hattori bot. Lab. 25, 217—223 (1962); — (2) Bryologist 65, 213—233 (1962); — (3) Phytomorphology 11, 359—378 (1961).

Rauh, W., u. G. Buchloh: Rev. bryolog. 30, 260—262 (1961). — Reese, W.: Bryologist 65, 67 (1962). — Richards, P.: Trans. brit. bryol. Soc. 4, 404—417 (1963). — Robinson, H.: Bryologist 65, 73—146 (1962). — Rudolph, H.: Beitr. Biol. Pflanzen 39, 153—177 (1963). — Rungby, S.: Bot. Not. 115, 61—64 (1962). — Ruuhi Järvi, R.: Arch. Soc. Vanamo 17, 218—227 (1962).

Savicz-Ljubitzkaja, L., and Z. Smirnova: (1) Rev. bryolog. 30, 216—222 (1961); — (2) Bot. Mat. 16, 188—195 (1963). — Schefczik, J.: Mitt. Zool. Bot. Joanneum 15, 1—43 (1962). — Schneider, M., and A. Sharp: Am. J. Bot. 50, 622—623 (1963); — (2) Bryologist 65, 277—279 (1962). — Schultze-Motel, W.: (1) Nova Hedwigia 5, 79—90 (1963); — (2) Willdenowia 3, 399—549 (1963); (3) 3, 97—107 (1962); (4) 3, 289—313 (1962). — Schuster, R.: (1) Trans. brit. bryol. Soc. 4, 230—245 (1962); — (2) J. Hattori bot. Lab. 26, 185—309 (1963); — (3) Nova Hedwigia 5, 27—46 (1963); — (4) Canad. J. Bot. 39, 965—992 (1961); — (5) J. Hattori bot. Lab. 25, 1—80 (1962); — (6) J. E. Mitchell Soc. 78, 64—68 (1962). — Scotter, G.: Bryologist 65, 286—291 (1962). — Shofield, W.: Bryologist 65, 277—279 (1962). — Smirnova, Z.: Bot. Mat. 15, 170—185 (1962). — Smith, A., and E. Warburg: Trans. brit. bryol. Soc. 4, 204—207 (1962). — Sobotka, D.: Fragm. flor. geobot. 6, 427—437 (1960). — Steere, W.: Bryologist 66, 213—217 (1963). — Stefureac, T.: Rev. bryolog. 32, 68—73 (1962). — Stone, I.: Austral. J. Bot. 9, 124—151 (1961). — Sun, C.: Protoplasma 55, 89—98 (1962). — Szwey-kowski, J.: Pozn. Towarz. Przyjac. 24, 1—38 (1961).

Takagi, N.: J. Hattori bot. Lab. 25, 263—278 (1962). — Tallis, J.: (1) Trans. brit. bryol. Soc. 4, 209—213 (1962); (2) 4, 102—106 (1961). — Taylor, E.: (1) Bryologist 64, 364—367 (1961); (2) 65, 175—212 (1962). — Taylor, J.: (1) J. Hattori. bot. Lab. 25, 102—106 (1962); (2) 26, 15—19 (1963). — Tixier, P.: (1) Rev. bryol. 32, 187—189 (1962); (2) 32, 204—212 (1962); (3) 32, 190—203 (1962). — Touw, A.: (1) Blumea 11, 373—425 (1962); — (2) Buxbaumia 17, 82—100 (1963).

Vaarama, A., and N. Tarén: J. linn. Soc. (Bot.) 58, 297—304 (1963). — Vajda, L.: (1) Ann. hist. nat. Mus. nat. Hung. 53, 201—206 (1961); — (2) Fragm. bot. Hung. 2, 23—31 (1962). — van den Berghen, C.: (1) Rev. bryolog. 32, 49—55 (1963); (2) 32, 56—64 (1963). — van der Wijk, R.: (1) Buxbaumia 16, 50—67 (1962); (2) 17, 29—43 (1963); — (3) Index muscorum 2, Utrecht 1962.

Welch, W.: (1) Bryologist 65, 1—24 (1962); — (2) North American Flora 2, 3, 1—51 (1963). — Whitehouse, H.: Trans. brit. bryol. Soc. 4, 84—94 (1961); (2) 4, 389—403 (1963). — Whitehouse, H., and J. Paton: Trans. brit. bryol. Soc. 4, 462—463 (1963). — Whitehouse, H., and A. Smith: Trans. brit. bryol. Soc. 4, 505—527 (1963).

Yano, K.: Jap. J. Bot. 37, 97—101 (1962).

Zabijakin, V.: Fragm. balcan. 5, 1—6 (1963). — Zöttl, P.: Protoplasma 57, 800—816 (1963).

5e. Systematik der Farnpflanzen

Von DIETER MEYER, Berlin

Mit 1 Abbildung

In der „Flora Malesiana" ist die Bearbeitung der Baumfarne von HOLTTUM (1), dem langjährigen Direktor des botanischen Gartens in Singapur, erschienen. Sehenswert sind die Vegetationsbilder mit Baumfarnen (Fig. 17, 24, 25). Auf die Gattung *Cyathea* entfallen 191 Arten; nur wenige Arten enthalten die übrigen Gattungen *Dicksonia, Cystodium, Cibotium* und *Culcita*. Die Gattung *Alsophila* wurde nicht beibehalten. Zahlreiche Zeichnungen veranschaulichen wichtige Merkmale in einfacher Darstellung, aber wissenschaftlich sehr genau. Über den begrenzten Rahmen der „Flora Malesiana" hinaus liegt eine wichtige Informationsquelle für eine interessante, aber schwierige Pflanzengruppe vor und ein Muster für ähnliche Arbeiten. — In einem kleinen Buch hat SPORNE die Morphologie der Pteridophyten dargestellt. Fossile und lebende Pflanzen finden gleichwertige Berücksichtigung. Alle wichtigen Merkmale veranschaulichen einheitlich ausgeführte Zeichnungen. Abbildungen und Text informieren kurz und sehr durchdacht. — Eine Zusammenstellung der bei Farnpflanzen bisher festgestellten chemischen Daten gibt das Handbuch von HEGNAUER in systematischer Anordnung. Leider sind die Farne chemisch oft noch recht wenig untersucht; einige ausgenommen, die als Heilpflanzen benutzt wurden *(Equisetum arvense, Dryopteris filix-mas)* oder diejenigen, von denen Giftwirkungen bekannt geworden sind *(Equisetum palustre, E. sylvaticum, Lycopodium selago, Pteridium aquilinum)*.

Zu Fehleinschätzungen führt es, wenn Systematiker im „Schlüssel"-Denken befangen sind; d. h. lediglich ein Merkmal oder nur wenige Merkmale (die sich für Bestimmungsschlüssel eignen) der systematischen Gruppierung zugrunde gelegt werden. Ein Beispiel bildet die Überbetonung des Merkmals des Sorus. Auf diesem Wege entsteht keine systematische Anordnung, die der Ausdruck einer phylogenetischen Verwandtschaft wäre. Hierzu müssen alle erreichbaren Merkmale benutzt werden, und in Neuuntersuchungen muß nach noch unbekannten Merkmalen gefahndet werden. Es gilt, die Grundpläne der Ähnlichkeiten zu finden, nicht so sehr die Verbindungslinien zufolge einzelner Merkmale, die durch Parallelevolution unabhängig entstanden sein könnten. Unterschiedliche Chromosomenrassen als verschiedene Arten zu betrachten, würde die bisherige Tradition stürzen, die mit äußerlich sichtbaren Merkmalen gearbeitet hat [WAGNER (1)].

Die Abgrenzung der Gattung *Thelypteris* gegenüber *Dryopteris* hat
MORTON (1) herausgearbeitet. Die Chromosomengrundzahl der Gattung
Thelypteris beträgt etwa 36, während *Dryopteris* $n = 41$ besitzt. Aber
auch zahlreiche andere Merkmale trennen beide Gattungen gut: Sporen,
Gefäßbündel, Sporangien, Indusien, Rhizom und Nervatur zeigen sich
unterschiedlich. *Thelypteris* besitzt einzellige Haare auf den Fieder-
rippen, während *Dryopteris* diese Haare fehlen. Zu *Thelypteris* gehören
etwa 900 Arten, die früher zu *Dryopteris* gezählt wurden. — Eine monographische Bearbeitung der Untergattung *Coptophyllum* (mit 38 Arten)
der Gattung *Anemia* (früher *Aneimia;* mit 80 Arten) hat MICKEL unter
Berücksichtigung moderner Gesichtspunkte ausgeführt. Diese Untergattung von *Anemia* nähert sich der Gattung *Mohria* der *Schizaeaceae.*
Fossilien von *Anemia* wurden reicher bekannt als von den meisten anderen Gattungen der jetzigen Farnwelt. Insbesondere haben sich Erdöl-
geologen aus stratigraphischen Gründen mit *Anemia*-Sporen beschäftigt.
— Eine Monographie der kleinen, aber weltweit verbreiteten Gattung
Cystopteris hat BLASDELL vorgelegt. Zu beachten ist der Verlauf der
Nerven in den Fiederchen. Beim größten Teil der Arten enden die Nerven
an der Basis der Einkerbungen, bei zwei Arten gehen sie aber in die
Spitze der Zähne. Auch das Muster der Epidermis- und Indusiumzellen
ist systematisch wichtig. Die diploide Chromosomenzahl findet sich nur
bei zwei weitverbreiteten nordamerikanischen Arten, *C. bulbifera* und
C. protusa; dagegen tritt *C. fragilis* in 3 Stufen auf: tetraploid, hexaploid und oktoploid. Die durchschnittliche Sporengröße ist genügend
unterschiedlich, um die Polyploidiestufe an Herbarexemplaren prüfen
zu können. — Von der Untergattung *Hippochaete* der Gattung *Equisetum*
liegt jetzt die monographische Bearbeitung von HAUKE vor. Diese Monographie zeichnet sich dadurch aus, daß sehr viele Messungen ausgeführt
und graphisch ausgewertet wurden. Zu Kulturversuchen und Experimenten kamen intensive Beobachtungen in der Natur. Die morphologische Variabilität läßt manchmal die Grenzen undeutlich werden, daher
entstanden früher viele Namen. Nach der Bearbeitung von HAUKE enthält die Untergattung *Hippochaete* 7 Arten und 7 Bastarde. Die vegetative Vermehrung ermöglicht den früher oft nicht erkannten Bastarden
Häufigkeit am Standort und ein Vorkommen auch dort, wo die Elternarten selten sind oder ganz fehlen. Kreuzungen gelangen experimentell
erfolgreich und werden begünstigt durch die eingeschlechtlichen Prothallien. Zahlreiche Karten zeigen die Verbreitung der Arten und einiger
Bastarde. Das Vorkommen von *Equisetum scirpoides* in den Alpen ist
zweifelhaft, doch wurde ein Beleg für Dänemark gefunden.
Vergleichend morphologisch studierte HEWITSON 13 Arten der
Osmundaceae. Die Anordnung des Sklerenchyms im Wedelstiel kann
auch dem Paläobotaniker Anhaltspunkte zur Bestimmung fossiler Arten
bieten. Die Untergattung *Plenasium* hebt sich in anatomischen Merkmalen besonders heraus. Alles ist in ungewöhnlich genauen Zeichnungen
dargestellt. — Anatomische Verhältnisse von Rhizom und Wedelstiel
zahlreicher Arten der Hymenophyllaceen untersuchte LE THOMAS. Die
Länge der Tracheiden bei Farnen im Hinblick auf Systematik und

Evolution studierte WHITE. Histologische Untersuchungen ergaben, daß die Gestalt von *Psilotum nudum* als Reduktionsform zu betrachten ist (ROTH). Morphologische und anatomische Studien an zwei *Salvinia*-Arten führte DE LA SOTA und an *Marsilea concinna* GAMERRO aus. — Genaue Beschreibungen mit Abbildung der wichtigsten anatomischen und morphologischen Merkmale mehrerer Arten der Gattung *Cheilanthes* hat NAYAR (1) gegeben.

Das Studium der Sporenmorphologie ergab, daß die Gattung *Loxogramme* monolete und trilete Sporen ausbildet, während sonst bei den *Polypodiaceae* nur monolete vorkommen (YU-LUNG). Die Sporen der *Lindsaeaceae*, besonders auch der in Madagaskar endemischen Gattungen *Humblotiella* und *Sambirana*, studierte TARDIEU-BLOT im Vergleich zu den Sporen der Familie der *Dennstaedtiaceae*. — Der Morphologie der Sporen zufolge sind die Gattungen *Bolbitis* und *Egenolfia (Lomariopsidaceae)* nicht näher mit den *Dennstaedtiaceae* verwandt [NAYAR u. KAUR (1)]. Fast die Hälfte der *Anemia*-Arten können an Hand ihrer Sporen unterschieden werden [MICKEL (2)]. — Die Sporen, die Keimung und die Prothallien von acht Arten der Gattung *Anemia* studierte ATKINSON. Es ergaben sich mehrere Übereinstimmungen mit der Gattung *Mohria*. Bereits im geschlossenen Sporangium gekeimte Sporen fand SHARMA bei einer *Hymenophyllum*-Art. Eine Zusammenfassung der Untersuchungsergebnisse an Prothallien indischer Farne gab MAHABILÉ. Bei mehreren Gattungen treten Tracheiden in den Prothallien auf. — Sterile Rasen bis zu 2,5 m im Durchmesser von algengleichen Gametophyten wurden auf Sandstein in Illinois entdeckt. Möglicherweise gehören sie zu *Trichomanes* (WAGNER u. EVERS). — Die Entwicklungsgeschichte der jungen Sporophyten von *Ceratopteris* wurde eingehend von CHIANG untersucht. Die Spreuschuppen von *Ceratopteris thalictroides* stehen nicht am Rhizom, sondern an den basalen Teilen der Wedelstiele [NISHIDA(1)]. Auf Grund mehrerer ähnlicher Merkmale glaubt NISHIDA (2), daß *Ceratopteris* in die Nähe der *Marattiales* gehöre. — Ausführliche entwicklungsgeschichtliche Untersuchungen widmete *Isoëtes* PAOLILLO. Brutknöllchen an den Fiederspitzen von *Monachosorum flagellare* studierte SHIMURA.

Cytologie, Bastardierung

Über die „Biosystematik" der Farne der USA hat WAGNER (2) eine allgemeine Darstellung gegeben. Diese Disziplin umfaßt besonders cytologische und genetische Untersuchungen, und in der Natur erfolgen Populationsanalysen. Statistische Erhebungen vermitteln einen genauen Eindruck über die Merkmale einer Art. Unter gleichförmigen Bedingungen werden die Pflanzen in Kultur gehalten. Besondere Aufmerksamkeit wird Bastardierung und den Chromosomen gewidmet. Viele neuen Tatsachen und Zusammenhänge konnten so ermittelt werden. — Eine ungewöhnliche Chromosomenzahl ($n = 103$) zeigt *Schizaea pusilla*, die Kostbarkeit der Flora von New Jersey. Ähnlich problemreich wie in Europa ist die Gattung *Dryopteris*. Auf Hawaii gibt es auch Asplenien mit der Chromosomenzahl $n = 144$. Der in Europa seit Jahrzehnten ver-

geblich gesuchte Bastard *Asplenium ruta-muraria* $\times$ *A. trichomanes*
(= A. $\times$ clermontae) wurde jüngst in Ohio gefunden. — Eine Übersicht
über den Fortschritt durch die cytologische Untersuchung der Farnpflanzen hat WAGNER (3) zusammengestellt. Insbesondere tritt die große
Bedeutung von Bastardierung hervor.

Eine Zusammenfassung der cytologischen Untersuchungen der letzten
Jahre an indischen Farnen in ihrer Auswirkung auf die Systematik gab
PANIGRAHI (1). Vorausgeschickt sind graphische Darstellungen des
Farnsystems nach BOWER, CHING, WEATHERBY und HOLTTUM. 60% der
untersuchten Farne sind polyploid. Zahlreiche Arten kommen in mehreren Polyploidiestufen vor. Geradezu auffallend ist, daß bisher verhältnismäßig wenig diploide Formen festgestellt werden konnten. Die ver-
breitetsten Grundzahlen lauten: $n = 29, 30, 36, 37, 40, 41$ und 52. Niedriger sind sie fast nur bei den *Osmundaceae*, *Marattiaceae*, *Gleicheniaceae*
und *Hymenophyllaceae* (7, 9, 11, 13). 10% der indischen Farne zeigten
Apogamie. Einige Gattungen besitzen verschiedene Grundzahlen (z. B.
Thelypteris $n = 31, 35, 36$). — Cytologische Untersuchungen an hundert
Farnarten aus dem Süden Indiens führten ABRAHAM, NINAN u. MATHEW
aus. Mehrere Arten zeigten verschiedene Chromosomenrassen, andere
Apogamie oder unregelmäßige Reduktionsteilungen. Die Grundzahlen
vieler Gattungen stellt übersichtlich eine Tafel dar. Die Technik der
cytologischen Untersuchung von Mitosen und Meiosen sowie die photo-
graphische Wiedergabe, ist vollendet zu nennen und im Bedarfsfalle hier
nachzuschlagen. — Die Schule von MEHRA (mit BIR, VERMA, LOYAL
u. a.) hat eine Chromosomenliste von 70% der etwa 350 Arten umfassenden Farnflora des Himalajagebietes vorgelegt. Merkwürdigerweise
wird auch hier wieder *Polystichum lobatum* (als „*aculeatum*") mit
diploider Chromosomenzahl angegeben. — BIR (1) fand im Himalaja-
gebiet diploide, tetraploide und pentaploide Rassen bei *Diplazium
japonicum.* Morphologisch und cytologisch erinnert dieser Farn an
Athyrium thelypteroides und wird besser als *A. japonicum* bezeichnet. —
Auch wurden die Chromosomenzahlen von dreißig anderen Farnarten
des westlichen Himalaja festgestellt [BIR (2)]. Die Arten der Gattung
Vittaria im Himalaja (mit grasartig schmalen Wedeln) besitzen $n = 60$
Chromosomen [BIR (3)]. Cytologische Untersuchungen an 20 Vertretern
der *Polypodiaceae* im östlichen Indien führten PATNAIK u. PANIGRAHI aus.

Auf Grund cytologischer Befunde kann die Vermutung unterstrichen
werden, daß *Dennstaedtia* eventuell mit *Pteris* verwandt ist (VERMA u.
KURITA). In der Evolution der Gattung *Pteris* spielt Bastardierung eine
große Rolle. Ein hoher Prozentsatz der Arten ist apogam (WALKER). Die
Cytologie eines triploiden *Pellaea*-Bastards studierten KNOBLOCH u.
BRITTON. *Polystichum braunii* in Kanada besitzt $n = 82-84$ Chromosomen (TAYLOR u. LANG). *Polypodium californicum* und *P. hesperium*
zeigen in Nordamerika Rassen mit $n = 37$ und $n = 74$ Chromosomen
(LLOYD). Eine statistische Auswertung der Chromosomenzahlen in bezug
auf Epiphyten bei den Polypodiaceen führten PANIGRAHI u. PATNAIK
durch. Die Reduktionsteilungen mehrerer *Adiantum*-Arten studierten
und verglichen ROY u. SINHA (1). Bastardierung und Polyploidie sind

auch in dieser Gattung wichtig [ROY u. SINHA (2)]. Den Bastard *Equisetum fluviatile* × *E. palustre* fand PAGE auf den Hebriden.

Asplenium. Das Jahr 1963 bedeutet den Beginn eines neuen Abschnitts in der Untersuchung der Farnpflanzen. Ausgangspunkt der modernen cytologischen Untersuchung der Farne war das Werk von

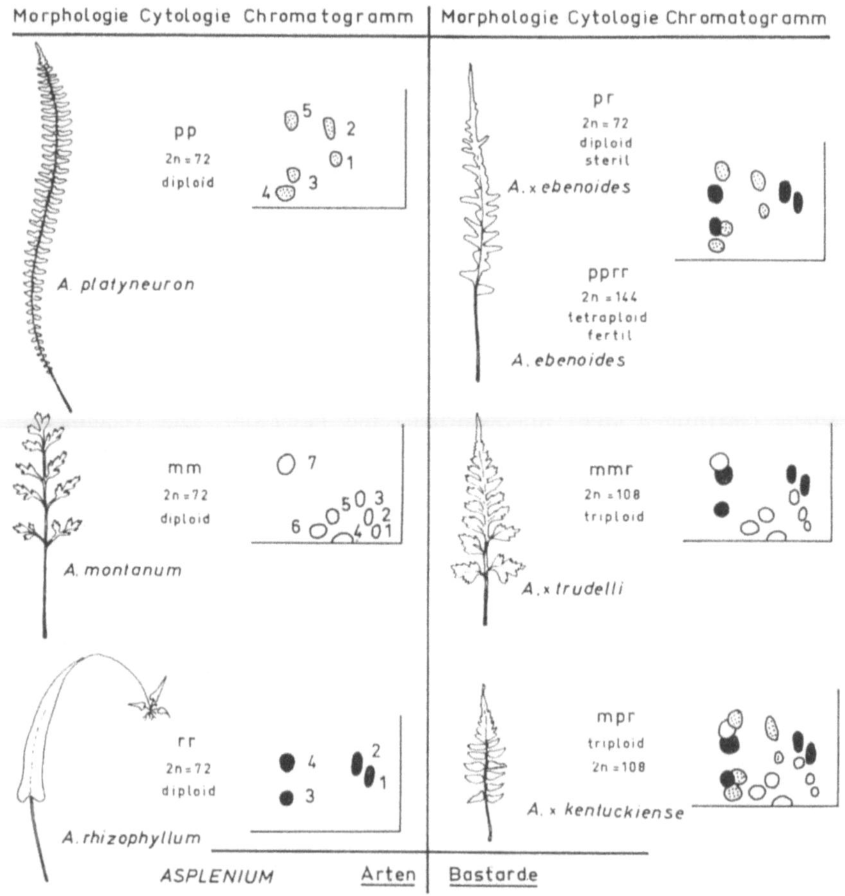

Abb. 7. Zu der bisherigen Untersuchungsmethodik der Morphologie und Cytologie ist ein neues Gebiet gleichberechtigt, ergänzend und weiterführend getreten: das Papierchromatogramm. Die erstaunliche Präzision der Aussage demonstriert die Untersuchung nordamerikanischer *Asplenium*-Arten und Bastarde sowie der von ihnen abstammenden allotetraploiden Arten (auszugsweise und verändert nach SMITH u. LEVIN)

MANTON 1950. Die *Asplenium*-Forschung begann in Europa 1952 durch D. E. MEYER und 1954 in Amerika durch W. H. WAGNER. Auf eine fast unbekannte Wurzel der *Asplenium*-Forschung sei hier hingewiesen, die bis zu GREGOR MENDEL reicht, der sich mit der „Bastardart" *Asplenium adulterinum* beschäftigte [MEYER (1)]. Durch eine Arbeit von SMITH u. LEVIN ist die *Asplenium*-Forschung jetzt in ein neues Stadium getreten.

Mit Hilfe einer neuen Untersuchungsmethode konnten Ergebnisse von fast unglaublicher Genauigkeit erzielt werden. SMITH u. LEVIN untersuchten papierchromatisch nordamerikanische Arten der Gattung *Asplenium* sowie Artbastarde und ihre allotetraploiden, zur Art gewordenen Abkömmlinge. Die diploiden Ausgangsarten für die netzförmige Evolution der Gattung *Asplenium* in Nordamerika *(A. platyneuron, A. montanum* und *A. rhizophyllum)* besitzen charakteristische biochemische Substanzen. Die Zahl der artspezifischen Substanzen, die sich nachweisen ließen, schwankt zwischen 4 und 7. In der Abbildung sind sie entsprechend gekennzeichnet. Innerhalb einer Art ist fast keine Variation des Chromatogramms zu bemerken. Die Artbastarde und ihre allotetraploiden Abkömmlinge zeigen eine vollständige Wiederkehr aller Substanzen ihrer bekannten oder angenommenen diploiden Vorfahren. Vorstellungen, die durch vergleichende Morphologie, Geographie und Cytologie gewonnen worden waren, fanden präzise Bestätigung: So wurde z. B. eine Kombination aller Substanzen der 3 diploiden Ausgangsarten in dem Bastard *A.* × *kentuckiense* gefunden, der nach den cytologischen Feststellungen 3 verschiedene Genome enthält (s. Abb.). Der diploide Bastard *A.* × *ebenoides* (= *A. platyneuron* × *A. rhizophyllum)* und die von ihm abstammende tetraploide Art *A. ebenoides* enthalten die Substanzen der Eltern kombiniert. Die Chromatogramme des sterilen *A.* × *ebenoides* und seines fertilen, allotetraploiden Abkömmlings können nicht unterschieden werden. Polyploidie allein zeigt keinen bemerkbaren Effekt auf das Chromatogramm. Die Ergebnisse dieser neuen Arbeitsrichtung ergänzen diejenigen der Cytologie; sie erlauben eine Determination der in einer Pflanze vorhandenen Genome ohne Kreuzungsexperiment und auch im getrockneten Zustand der Pflanze. Der Aufwand an Arbeitstechnik und Arbeitsmitteln ist nicht erheblich. Der Wert papierchromatographischer Untersuchung wird sich auch darin zeigen, daß falsche Hypothesen früh erkennbar werden. — Die Arbeit von SMITH u. LEVIN ist mit einem Preis ausgezeichnet worden.

In Ungarn erwies sich *Ceterach officinarum* an vielen Stellen als diploid. Bisher war *Ceterach* nur tetraploid bekannt (VIDA). Ein bemerkenswertes Farbphoto von × *Asplenoceterach badense (Asplenium ruta-muraria* × *Ceterach officinarum)* am Standort veröffentlichte SCHREMPP. Die Paarungsverhältnisse in der Reduktionsteilung des Bastards *Asplenium ruta-muraria* × *A. septentrionale (= A.* × *murbeckii)* werfen Probleme der Herkunft der Elternarten auf (LOVIS). Der durch Verdoppelung der Chromosomen zur Art gewordene Bastard *Asplenium montanum* × *Camptosorus rhizophyllus,* das *Asplenium pinnatifidum* in Nordamerika, zeigt mitunter Proliferation an den Wedelspitzen, ein von *Camptosorus* ererbtes Merkmal. Die genauere Untersuchung ergab, daß nicht nur vegetativ Jungpflanzen an den Spitzen der Wedel entstehen, sondern auch Sporangien umsäumen die Sprossungsstelle der Jungpflanzen. Auffallenderweise wurde das gleiche Phänomen schon früher bei dem Bastard *Cystopteris bulbifera* × *C. fragilis* beobachtet. Auch hier handelt es sich um eine Kreuzung zwischen einer Art mit Brutknospen und einer Art, die niemals solche bildet [WAGNER (4)]. Der Bastard

Asplenium trichomanes × *A. glandulosum* wurde bei Nizza gefunden und gab Anlaß zu untersuchen, ob der seltene Farn des westlichen Mittelmeergebietes, *A. glandulosum*, sein Entstehen einer Kreuzung *A. trichomanes* × *Pleurosorus pozoi* mit Chromosomenverdoppelung verdankt, was nach morphologischen, ökologischen, geographischen und cytologischen Daten wahrscheinlich ist. — Die bisher gefundenen Exemplare der Kreuzung *A. lepidum* × *A. trichomanes* ähneln teils dem einen Elter, teils dem anderen, obwohl alle Stöcke der F_1-Generation angehören [MEYER (2)].

Floristik

Den Verbleib wichtiger Farnsammlungen hat TRYON bekanntgegeben: Das Herbar von HERMANN KARSTEN (früher Berlin und Wien), eine der grundlegenden Sammlungen aus Südamerika, befindet sich in Leningrad, das Herbar CHRISTIAN LUERSSEN im Pariser Museum, und das Herbar EDUARD ROSENSTOCK (Gotha) gelangte nach Stockholm.

Europa. Eine Übersicht der Gattung *Polypodium* in Europa geben ROTHMALER u. SCHNEIDER mit Abbildung der wichtigen Merkmale: Ringzellen des Sporangiums, Spreuschuppen des Rhizoms, Nervatur der Fiedern. Literatur zu Nomenklatur und Systematik der mitteleuropäischen *Isoëtes*-Arten: FUCHS. Nomenklatur mitteleuropäischer Farne: JANCHEN (1). Verbreitungskarten von Farnpflanzen in Mitteldeutschland: MEUSEL u. BUHL; von Farnen in Brandenburg: MÜLLER-STOLL, FISCHER u. KRAUSCH. *Pilularia* in der Oberlausitz: HEMPEL; 1 ha Reinbestand! — *Lycopodium issleri* in Bayern: DAMBOLDT (1). *Diphasium (Lycopodium)* in Bayern, insbesondere *D. zeilleri:* DAMBOLDT (2). *Polypodium* in Bayern: MERGENTHALER u. DAMBOLDT. *Dryopteris* ×*tavelii* in Westfalen (mit charakteristischen Abbildungen): NIESCHALK; in Holland: SEGAL und LAWALRÉE. *Ceterach* in Holland: VAN DER VOO. Farne an alten Mauern in Holland: REYNDERS u. SEGAL. Abbildungen und Karten der Verbreitung der Serpentinfarne in Schlesien: KARPOWICZ. *Diphasium* in der Slowakei, mit Abbildungen und Karte: FUTÁK. Sehr genaue Farnflora des Böhmerwaldes und anliegender Gebiete mit zahlreichen Karten: MORAVEC. *Phyllitis scolopendrium* in der Tschechoslowakei: KOTLABA. Farnpflanzen von Österreich: JANCHEN (2); Ergänzungen zur Verbreitung und Nomenklatur, vollständige Berücksichtigung der einschlägigen Literatur. *Notholaena* im Burgenland: MELZER. *Cystopteris dickieana* in den Alpen: DAMBOLDT (3). *Dryopteris borreri* var. *pseudodisjuncta* in der Schweiz ist triploid: DÖPP, GÄTZI u. OBERHOLZER. *Phyllitis hemionitis* in Frankreich: NICOLI; in Italien: PIROLA. Eingehende Untersuchung von *Ceterach*-Standorten in Italien: LORENZONI. Farne auf Sardinien: JONCHEERE; in Spanien: HEYWOOD. *Hymenophyllum wilsonii* in Irland: WEBB.

Asien. *Lycopodium* in der Türkei: ZEYBEK. Malaya, neue Arten: HOLTTUM (2). *Pteridium aquilinum* und *P. caudatum:* HOLTTUM (3).

Indien. *Vittaria:* BIR (4). *Athyrium* in Sikkim: BIR (5). Farne im östlichen Indien: PANIGRAHI (2). *Microlepia:* NAYAR u. KAUR (2). *Phymatodes:* PAL u. PAL. *Peranema* und *Acrophorus:* NAYAR u. KAUR (3).

Matteuccia: NAYAR u. KAZMI. *Microsorium:* NAYAR (2); *Leptochilus* und *Paraleptochilus:* NAYAR (3). *Athyrium*-Verwandtschaft: SLEDGE.

Japan. *Sphenomeris biflora* ist apogam: KURITA u. NISHIDA. *Pteris vittata,* genaue Darstellung der Besiedelung eines Standortes: ISIKAWA. *Stenogramme* mit 11 Arten: IWATSUKI (1); Behaarung der *Thelypteris*-Verwandtschaft: (2); *Cyathea:* IWATSUKI (3). *Arachniodes* (zwischen *Dryopteris* und *Polystichum* stehend): KURATA (1); *Cyrtomium,* mit Karten und Abbildungen: (2); *Thelypteris, Asplenium* (mit Bastarden), *Athyrium:* KURATA (3). — *Thelypteris* in Thailand: IWATSUKI (4). Farne der Tonga Inseln: IWATSUKI (5). Farne der Pitcairn Inseln in Polynesien: BROWNLIE (1). *Lindsaea* in Neukaledonien: BROWNLIE (2).

Afrika. Die Farnpflanzen Makaronesiens im Atlantik untersuchte DANSEREAU in ihrer Verteilung auf die einzelnen Inseln und nach ihrer geographischen Herkunft. Farnflora von Liberia: KUNKEL (1). Westafrika: KUNKEL (2). *Pityrogramma calomelanos:* WARDLAW.

Amerika. Farne in Ontario (Kanada): SOPER; mit Punktkarten. Interessant ist das Vorkommen von *Selaginella selaginoides* entlang eines Küstensaumes. *Woodwardia* in Kanada: CODY. Endemische *Botrychium*-Arten in den südöstlichen USA: WAGNER (5); *Botrychium*-Populationen: WAGNER u. RAWLINGS. *Polypodium* in Florida: EVANS; Farne in Florida: DARLING. — *Eriosorus* in Costa Rica: SCAMMAN. *Thelypteris* in Westindien: MORTON (2). Ausführliche Farnflora der Niederländischen Antillen: KRAMER. — *Anemia* in Brasilien: MICKEL (3).

Australien. *Lastreopsis:* TINDALE (1). Farne in Victoria: WILLIS. *Hymenophyllaceae* im südöstlichen Australien: TINDALE (2).

Literatur

ABRAHAM, A., C. NINAN, and P. MATHEW: J. Ind. Bot. Soc. **41,** 339—421 (1962). — ATKINSON, L.: Phytomorph. **12,** 264—288 (1962).

BIR, S.: (1) Res. Bull. Panjab Univ. **12,** 119—133 (1961); — (2) Curr. Sci. **31,** 248—250 (1962); — (3) Am. Fern J. **52,** 36—42 (1962); — (4) Res. Bull. Panjab Univ. **13,** 15—24 (1962); — (5) Nova Hedwigia **4,** 165—170 (1962). — BLASDELL, R.: Mem. Torrey Club **21,** 1—102 (1963). — BROWNLIE, G.: (1) Pacific Sci. **15,** 297—300 (1961); — (2) 64—66 (1961).

CHIANG, Y., and S. CHIANG: Taiwania **8,** 35—50 (1962). — CODY, W.: Am. Fern J. **53,** 17—27 (1963).

DAMBOLDT, J.: (1) Ber. bayer. bot. Ges. **35,** 20—22 (1962); — (2) **36,** 25—27 (1963); — (3) **36,** 64—66 (1963). — DANSEREAU, P.: Agron. Lusit. **23,** 151—181 (1961). — DARLING, TH.: Am. Fern J. **52,** 137—148 (1962). — DE LA SOTA, E.: Darwiniana **12,** 612—623 (1963). — DÖPP, W., W. GÄTZI u. E. OBERHOLZER: Ber. dtsch. bot. Ges. **76,** 99—111 (1963).

EVANS, A.: Am. J. Bot. **50,** 634 (1963).

FUCHS, H.: Beih. Nova Hedwigia 3 (1962). — FUTÁK, J.: Biológia **4,** 256—264 (1963).

GAMERRO, J.: Darwinana **12,** 653—656 (1963).

HAUKE, R.: Beih. Nova Hedwigia 8 (1963). — HEGNAUER, R.: Chemotaxonomie der Pflanzen. Band 1, 517 S. Basel u. Stuttgart 1962. — HEMPEL, W.: Ber. Arbeitsgem. sächs. Bot., N. F., **4,** 218—226 (1962). — HEWITSON, W.: Ann. Missouri Bot. Gard. **49,** 57—93 (1962). — HEYWOOD, V.: Catalogus Plantarum Vascul. Hispaniae. Fasc. I, Madrid 1961. — HOLTTUM, R.: (1) Flora Males., ser. 2, 1, 65—176 (1963); — (2) Blumea **11,** 529—534 (1962); — (3) Malay. Nat. J. **15,** 75—77 (1961).

ISIKAWA, H.: J. Jap. Bot. **38**, 117—124 (1963). — IWATSUKI, K.: (1) Acta Phytotax. Geobot. **21**, 112—126 (1963); — (2) Mem. Coll. Sc. Univ. Kyoto **29**, 103—111 (1962); — (3) Acta Phytotax. Geobot. **21**, 127—136 (1963); — (4) J. Jap. Bot. **38**, 313—315 (1963); — (5) Am. Fern J. **53**, 133—138 (1963).

JANCHEN, E.: (1) Phyton **10**, 1—102 (1963); — (2) Catalogus Florae Austriae, 1. Teil, Ergänzungsheft, 128 S., Wien 1963. — JONCHEERE, G.: Brit. Fern Gaz. **9**, 114—116 (1963).

KARPOWICZ, W.: Fragm. Flor. Geobot. **9**, 35—44 (1963). — KNOBLOCH, I., and D. BRITTON: Am. J. Bot. **50**, 52—55 (1963). — KOTLABA, F.: Preslia **34**, 255—267 (1962). — KRAMER, K.: Flora of the Netherlands Antilles. Vol. 1, *Pteridophyta*. 84 p. Utrecht 1962. — KUNKEL, G.: (1) Ber. Schweiz. bot. Ges. **72**, 21—66 (1962); — (2) Nova Hedwigia **14**, 205—217 (1963). — KURATA, S.: (1) Sc. Rep. Yokosuka Mus. **7**, 23—40 (1962); — (2) **8**, 23—47 (1963); — (3) J. Geobot. **11**, 36—39, 66—69, 98—102 (1962). — KURITA, S., and M. NISHIDA: J. Jap. Bot. **38**, 4—7 (1963).

LAWALRÉE, A.: Gorteria **1**, 111—112 (1963). — LE THOMAS, A.: Bull. Soc. Sc. Bretagne **36**, 217—264 (1961). — LLOYD, R.: Am. Fern J. **53**, 99—101 (1963). — LORENZONI, G.: Atti Acad. Sc. Udine Ser. 7, **1**, 377—399 (1961). — LOVIS, J.: Brit. Fern Gaz. **9**, 110—113 (1963).

MAHABALÉ, T.: Proc. Summ. School Bot. 1960, 140—144 (1962). — MEHRA, P.: Res. Bull. Panjab Univ. **12**, 139—164 (1961). — MELZER, H.: Burgenl. Heimatbl. **24**, 239—240 (1962). — MERGENTHALER, O., u. J. DAMBOLDT: Ber. bayer. bot. Ges. **35**, 85—86 (1962). — MEUSEL, H., u. A. BUHL: Wiss. Z. Univ. Halle, Math. Nat. **11**, 1245—1318 (1962). — MEYER, D.: (1) Willdenowia **1**, 773—780 (1957); — (2) Ber. dtsch. bot. Ges. **76**, 13—22 (1963). — MICKEL, J.: (1) Iowa State J. Sci. **36**, 349—382 (1962); — (2) Am. J. Bot. **50**, 636 (1963); — (3) Sellowia Nr. 14, 47—49 (1962). — MORAVEC, J.: Preslia **35**, 255—276 (1963). — MORTON, C.: (1) Am. Fern J. **53**, 149—154 (1963); — (2) Am. Fern J. **53**, 57—70 (1963). — MORZENTI, V., and W. WAGNER: ASB Bull. **9**, 40—41 (1962). — MÜLLER-STOLL, W., W. FISCHER u. H. KRAUSCH: Wiss. Z. Hochsch. Potsdam, Math. Nat. **7**, 95—150 (1962).

NAYAR, B.: (1) J. Linn. Soc. London **58**, 449—460 (1963); — (2) Ann. Bot. **27**, 89—100 (1963); — (3) Am. J. Bot. **50**, 301—308 (1963). — NAYAR, B., and S. KAUR: (1) Poll. et Spor. **5**, 87—94 (1963); — (2) Bull. Bot. Gard. (Lucknow) No. 79 (1963); — (3) No. 81 (1963). — NAYAR, B., and F. KAZMI: Bull. Bot. Gard. (Lucknow) No. 82 (1963). — NICOLI, R.: Bull. Soc. Bot. France **109**, 262—263 (1962). — NIESCHALK, A., u. CH. NIESCHALK: Natur u. Heimat **23**, 56—59 (1963). — NISHIDA, M.: (1) J. Jap. Bot. **37**, 179—186 (1962); — (2) **37**, 193—200 (1962).

PAGE, C.: Brit. Fern Gaz. **9**, 117—119 (1963). — PAL, S., and N. PAL: Am. Fern J. **53**, 101—109 (1963). — PANIGRAHI, G.: (1) Proc. Summ. School Bot. 1960, 261—275 (1962); — (2) Bull. Bot. Surv. India **2**, 309—314 (1961). — PANIGRAHI, G., and S. PATNAIK: Am. Fern J. **53**, 145—148 (1963). — PAOLILLO, D.: The Developmental Anatomy of *Isoetes*. 130 S. Urbana (Illin.) 1963. — PATNAIK, S., and G. PANIGRAHI: Am. Fern J. **53**, 40—46 (1963). — PIROLA, A.: Atti, Istit. Bot. Univ. Pavia, Ser. 5, **19**, 162—164 (1963).

REYNDERS, J., en S. SEGAL: Lev. Natuur **66**, 49—53 (1963). — ROTH, I.: Flora **153**, 90—111 (1963). — ROTHMALER, W., u. U. SCHNEIDER: Kulturpflanze, Beih. 3, 234—248 (1962). — ROY, R., and B. SINHA: (1) Caryologia **14**, 413—428 (1961); — (2) Proc. Summ. School Bot. 1960, 349—362 (1962).

SCAMMAN, E.: Contr. Gray Herb. **191**, 81—89 (1962). — SCHREMPP, H.: Materia Med. Nordm., 4. Sonderh., 1963. — SEGAL, S.: Gorteria **1**, 121—128 (1963). — SHARMA, U.: J. Ind. Bot. Soc. **41**, 571—576 (1963). — SHIMURA, Y.: J. Jap. Bot. **38**, 157—160 (1963). — SLEDGE, W.: Bull. Brit. Mus. Bot. **2**, 275—325 (1962). — SMITH, D., and D. LEVIN: Am. J. Bot. **50**, 952—958 (1963). — SOPER, J.: Am. Fern J. **53**, 28—40, 71—81, 109—123 (1963). — SPORNE, K.: The Morphology of Pteridophytes. 192 p. London 1962.

TARDIEU-BLOT, M.: Poll. et Spor. **5**, 69—86 (1963). — TAYLOR, T., and F. LANG: Am. Fern J. **53**, 123—126 (1963). — TINDALE, M.: (1) Contr. N. S. Wales Nat. Herb. **3**, 245—248 (1963); — (2) Contr. N. S. Wales Nat. Herb., Flora Ser., No. 201 (1963). — TRYON, A.: Taxon **12**, 103—105 (1963).

Van der Voo, E., en C. van Leeuwen: Gorteria 1, 96—97 (1963). — Verma, S., and S. Kurita: Caryologia 14, 245—249 (1961). — Vida, G.: Acta Bot. Acad. Sci. Hung. 9, 197—215 (1963).

Wagner, W.: (1) Rec. Advanc. Bot., Sect. 9, 841—844 (1961); — (2) Am. Fern J. 53, 1—16 (1963); — (3) Regnum Veg. 27, 63—71 (1963); — (4) Castanea 25, 74—79 (1960); — (5) ASB Bull. 9, 40 (1962). — Wagner, W., and R. Evers: Am. J. Bot. 50, 623 (1963). — Wagner, W., and D. Rawlings: Castanea 27, 132—142 (1962). — Walker, T.: Evolution 16, 27—43 (1962). — Wardlaw, C.: J. Ecol. 50, 129—131 (1962). — Webb, D.: Irish Nat. J. 14, 155—156 (1963). — White, R.: Am. J. Bot. 50, 447—455 (1963). — Willis, J.: A handbook to plants in Victoria. Vol. 1, 448 p., Melbourne 1962.

Yu-Lung, Ch.: Acta Bot. Sin. 11, 36—43 (1963).

Zeybek, N.: Türk Biol. Derg. 9, 7—18 (1959).

5f. Systematik der Spermatophyta

Von Friedrich Ehrendorfer, Wien

6. Paläobotanik

N. N.

Die Beiträge folgen in Band 27

7. Systematische und genetische Pflanzengeographie

a) Areal- und Florenkunde

Von HELMUT GAMS, Innsbruck

1. Allgemeine Arealkunde und Biogeographie

Hier sei zuerst ein sehr bemerkenswerter neuer Versuch genannt, Arealgrenzen mit kartographisch darstellbaren Ausdrücken für das Großklima zu vergleichen: Der Finne V. HINTIKKA konstruiert 2—3-dimensionale Koordinatensysteme aus den Mitteltemperaturen des wärmsten und kältesten Monats und der Jahressumme des Niederschlags von nicht weniger als 136 finnischen, 151 schwedischen, 320 norwegischen, 25 dänischen und 660 sonstigen europäischen und auch nordamerikanischen Stationen und vergleicht hieraus konstruierte Karten mit großenteils neuen oder verbesserten Karten von über 100 europäischen Gefäßpflanzen, die er in eine subozeanische, mitteleuropäische und kontinentale Gruppe gliedert, sowie von einigen nordamerikanischen Holzpflanzen. Auf Grund der gefundenen Übereinstimmungen sucht er auch durch Klimaänderungen verursachte Grenzverschiebungen, wie das Zurückweichen der Nordgrenze von *Carex pseudocyperus* und *Trapa natans* seit der postglazialen Wärmezeit, großklimatisch genauer zu erklären als nach den bisherigen Verfahren, wie dem nur thermischen ENQVISTs.

Die 2. gänzlich neugestaltete vergleichende Chorologie der zentraleuropäischen Flora von H. MEUSEL, deren 1. Band die Pteridophyten, Gymnospermen und Angiospermen bis einschließlich Leguminosen umfaßt, enthält 1000 Arealkarten in 2farbigem Druck in systematischer, nicht wie in der 1. Auflage typologischer Anordnung.

Mit ebenfalls neuen Karten, für 18 ganze Gattungen und Familien, diskutiert der erfahrene Tropenbotaniker VAN STEENIS in einem zuerst beim 10. Pazifischen Kongreß in Honolulu 1961 gehaltenen Vortrag die vielerlei Ansichten über verschwundene Landbrücken, von denen er besonders eine Beringische, eine Marianische und eine subantarktische für völlig gesichert hält, wogegen er größere Kontinentalverschiebungen im Sinne WEGENERs, IRMSCHERs, WULFFs u. a. nur für das Altpaläozoikum gelten lassen will und daher bei seinen Brückenkonstruktionen vom Jura bis zum Quartär unberücksichtigt läßt. So fehlen in seinem 5seitigen Literaturverzeichnis die meisten Anhänger der Epeirophorese, aber auch viele ihrer Gegner von F. KERNER bis zu CROIZAT.

2. Floren, Ikonographien und Bibliographien

a) Thallophyten. Für die vom Berichterstatter begründete Kleine Kryptogamenflora hat M. MOSER ein Bestimmungsbuch für die größeren mitteleuropäischen Ascomyceten (außer wenigen Pyrenomyceten und vielen Discomyceten auch wenige Plectascalen und die fruchtkörperbildende Phycomycetenfamilie Endogonaceae, dagegen nicht die meisten parasitischen Ascomyceten und Imperfecten) mit zu 7 Tafeln vereinigten Zeichnungen beigesteuert. K. BERTSCH hat seine Flechtenflora von Südwestdeutschland überarbeitet, so daß die 2. Auflage 1328 (die 1. 1093) Arten umfaßt. Die zweite Lieferung von FREYs Flechtenflora der Schweiz (1. 1959) enthält nur eine illustrierte Bearbeitung der Physciaceen mit 37 neugegliederten Arten von *Physcia* und 4 oder 5 von *Anaptychia*.

b) Bryophyten. Besondere Fortschritte bedeuten Neubearbeitungen der südhemisphärischen Lebermoose, wie sie Frau HÄSSEL-MENENDEZ mit besonders schönen Zeichnungen für Südamerika, S. ARNELL für Südafrika, R. GROLLE u. a. für mehrere vorwiegend subantarktisch verbreitete Gattungen gegeben haben, wogegen R. SCHUSTER sowohl subantarktische wie nearktische bearbeitet. H. A. MILLER (Univ. Miami) verfaßt mit WHITTIER und BONNER (Genf) eine Moosflora von Mikronesien (Atolle der Gilbert- und Marshallinseln, Karolinen und Truk) und bereitet eine Lebermoosflora von Hawaii vor, die gegen 600 Arten umfassen soll. In 5 Vorarbeiten dazu hat er viele neuen Arten beschrieben und abgebildet. Eine illustrierte Moosflora von Florida mit 133 Tafeln ist RUTH SCHORNHORST-BREEN zu verdanken (s. auch S. 80ff.).

c) Gefäßpflanzenfloren von Europa. Neben dem bereits im letzten Bericht genannten, im Sommer 1964 erschienenen 1. Band der Flora Europaea sind weitere Lieferungen der Neubearbeitung von HEGIs Illustrierter Flora von Mitteleuropa zu nennen, von der nunmehr die Bände III$_1$ und IV$_1$ (Rhoeadales von MARKGRAF) abgeschlossen und die Bände III$_2$ (Centrospermae von FRIEDRICH, III$_3$ (Nymphaeales von MEUSEL, Ranunculaceae von ZIMMERMANN) und IV$_2$ (Rosifloren von H. HUBER) im Erscheinen und weitere in Vorbereitung sind. Einige, wie IV$_3$ (Leguminosen und Geraniales) werden nur mit kleineren Änderungen und einem Nachtrag gedruckt. Die 18., gleich den vorigen von MERXMÜLLER bearbeitete Auflage von HEGIs kleiner Alpenflora hat als besonders wertvolle Ergänzung einen Anhang von 48 Umrißkarten (Urk) erhalten. Zu ROTHMALERs Exkursionsflora von Deutschland ist (erst nach seinem Tod) ein ähnlicher Ergänzungsband mit kritischen Sippen, Hybriden usw. erschienen wie seinerzeit (zuletzt 1914) zur Schweizerflora von SCHINZ und KELLER. Durch OBERDORFERs Neubearbeitung seiner „Pflanzensoziologischen Exkursionsflora" von Südwestdeutschland ist ihr Umfang bei verkleinertem Format von 411 auf 987 Seiten gestiegen.

Mit der Ausarbeitung einer neuen mehrbändigen Flora von Frankreich haben GUINOCHET und R. DE VILMORIN begonnen. Von einer auf 4 Bände veranschlagten, hauptsächlich mit Photographien illustrierten Flora der französischen Gehölze von R. ROL behandelt der 1. Band die Bäume, Sträucher und Zwergsträucher des Tief- und Hügellandes. Die zweite Lieferung des IV. Spermatophytenbandes der großen Belgischen Flora enthält den Rest der von LAWALRÉE bearbeiteten Leguminosen und *Oxalis*. Von der seit 1948 erscheinenden Flora Neerlandica ist die 6. Lieferung des 1. Bd. mit den restlichen Monokotylen im Druck.

Übersichten über europäische Lokalfloren liegen für mehrere Länder vor, so für England in WANSTALLs Bericht über eine im September 1961 von der Botanischen Gesellschaft der Britischen Inseln abgehaltene Konferenz. Eine neue Flora von Nottinghamshire geben R. und B. HOWITT. Die Ikonographie der Britischen Gefäßpflanzen von S. ROSS-CRAIG wird mit der 18. Lieferung (41 Tafeln von Ligulifloren) und der 19. (37 Taf. von Campanulaceen und bis *Diapensia*) fortgesetzt. Eine der bestillustrierten europäischen Floren, die Norwegische von J. und D. LID ist in der 3. Auflage (1. 1944, 2. 1952) auch auf Schweden erweitert worden, wodurch die Zahl der aufgenommenen Arten (einschl. vieler adventiven) auf 2115, die der vorzüglichen Zeichnungen von Frau LID auf gegen 2000 gestiegen ist. Eine Gefäßpflanzenflora der südlichsten schwedischen Provinz Schonen ist einem ihrer besten Kenner, H. WEIMARCK, zu verdanken. HYLANDERs Nordische Gefäßpflanzenflora ist leider ebenso wie NYHOLMs Nordische Laubmoosflora noch immer unvollendet.

Über die Erforschung der Flora Polens legt B. PAWLOWSKI einen ausführlichen Bericht mit Bibliographie der Gesamt- und Lokalfloren, Areal- und Vegetationskarten usw. vor. Die Lieferung IX 2 des von J. MADALSKI begründeten Atlas der Polnischen Flora enthält 45 von E. SKWICZYNSKA gezeichnete Cruciferentafeln. Bd. IX der nach SAVULESCUs Tod von NYARADY fortgesetzten Rumänischen Flora enthält die Campanulaceen, Cucurbitaceen und einen Teil der Compositen mit 188 Tafeln. Über den Werdegang der nunmehr mit 30 Bänden abgeschlossenen, von KOMAROV begründeten Flora der UdSSR berichtet BOBROV, der seit 1935 zuerst als Redaktionssekretär, seit dem Tod auch des 2. Redaktors SCHISCHKIN (1963) als Hauptredaktor die letzten der 5 Compositenbände mit vielen Mitarbeitern redigiert hat. Wie er mitteilt, sind zunächst keine Neuauflagen der teilweise veralteten ersten Bände vorgesehen, von denen die 13 ersten in Wiesbaden unverändert, der 2. (Gramineen) in englischer Übersetzung von LANDAU in Jerusalem, nachgedruckt worden sind, sondern nur Neubearbeitungen einzelner Gattungen und Familien. So enthält schon der 3. Compositenband (28.) Neubearbeitungen von TAMAMSCHJAN *(Carduus)*, CHARADSE *(Cirsium)*, KLOKOV *(Centaurea)* u. a., der 4. (29.) die restlichen Ligulifloren (mit Ausnahme von *Hieracium*, das schon früher im 30. erschienen ist). In den 30 Bänden sind insgesamt 17520 Arten aus 1676 Gattungen und 160 Familien beschrieben. Von der 4bändigen Kaukasusflora A. GROSSHEIMs erscheint, großenteils erst nach seinem Tod, eine stark, u. a. um viele Puk vermehrte Neubearbeitung von SCHISCHKIN, FEDOROV u. a., deren 5. Bd. die Rosales und Leguminosen, der 6. die Geraniales u. a. enthält. Von russischen Lokalfloren sei der illustrierte Bestimmungsschlüssel für das Jaroslavler Gebiet von BJELOWASHINA, BOGATSCHEV und GOROCHOVA genannt.

d) Außereuropäische Gefäßpflanzenfloren. Außer den eben genannten Florenwerken von KOMAROV und GROSSHEIM ist hier die auf 25 Bände veranschlagte Flora von Kasachstan anzuführen, die BAITENOV, WASSILJEW u. Mitarb. in Alma-Ata ausarbeiten. Der 5. Band enthält 42 Leguminosengattungen mit 650 Arten. Der derzeitige Direktor des Wiener Natur historischen Museums, RECHINGER, gibt außer der bereits angezeigten Flora Iranica, deren 3 erste Hefte (1963) die Ephedraceen, Araceen und Convolvulaceen enthalten, auch eine Flora des Tieflands von Irak heraus, die etwa 900 Seiten stark werden soll.

Aus Japan ist eine von MAEKAWA, HARA und TURJARA bearbeitete Neuauflage von MAKINOs illustrierter Flora von Japan und das große Farbtafelwerk von OKUYAMA anzuzeigen, von welchem bis 1961 528 Tafeln mit Farbphotographien erschienen sind; für die Insel Taiwan (Formosa) eine Gehölzflora von HUI-LIN LI (Morris-Arboretum in Pennsylvania), die 1030 Arten aus 411 Gattungen und 105 Familien behandelt, davon 371 Arten mit schönen Zeichnungen. Aus Vorderindien seien genannt: als Vorarbeiten zu einer indischen Farnflora von NAYAR 8 Gattungsmonographien (1961/62), eine illustrierte Flora der angiospermen Wasserpflanzen Indiens von SUBRAMANYAM und eine Angiospermenflora der Umgebung von Manipur von DEB mit 426 Monokotylen und 1535 Dikotylen. Von der großen Flora Malesiana von VAN STEENIS u. Mitarb. sind der 2. Pteridophytenband und weitere Lieferungen des 6. Spermatophytenbandes im Erscheinen. Von einer neuen Flora von Java von C. A. BACKER u. Mitarb. liegt der 1. der 3 Bände mit 110 Familien von den Cycadaceen bis zu den Buxaceen vor.

Von HUMBERTs großer Flora von Madagaskar sind nunmehr die 3 Compositenbände mit zusammen 913 Seiten abgeschlossen. Die von R. MAIRE begonnene vielbändige Flora von Nordafrika wird von P. QUÉZEL, der zusammen mit S. SANTA auch eine kürzere Flora von Algerien verfaßt hat, fortgeführt; der 9. Band enthält die Archichlamydeen bis und mit den Centrospermen. Ein weiteres Heft der Flora von Britisch Ostafrika enthält die Convolvulaceen von VERDCOURT; die 8. Lieferung der Flora von Ruanda-Urundi (jetzt Rwanda und Burundi) den 1. Teil der von LÉONARD bearbeiteten Euphorbiaceen; die 26. der 33 der Südafrikanischen Flora von DYER, CODD und RYCROFT die Sympetalen von den Myrsinaceen bis zu den Apocynaceen.

Aus Nordamerika ist zunächst die Gefäßpflanzenflora der nordöstlichen Vereinigten Staaten von GLEASON und CRONQUIST zu nennen, eine einbändige Zusammenfassung der 3bändigen Flora von BRITTON u. BROWN, deren Neubearbeitung durch GLEASON u. Mitarb. 1962 bereits angezeigt ist. Eine Ikonographie mit 96 Farbbildern und über 700 Zeichnungen wilder Blumen des gleichen Gebiets ist RICKETT zu verdanken. Neue Lokalfloren liegen vor u. a. für Kentucky von DOROTHY GIBSON (1846 Gefäßpfl.), für 3 Counties von Iowa von COOPERRIDER, 2 Naturschutzgebiete von Indiana von McCORMICK, für SE-Washington und das angrenzende Idaho von JOHN, die Tiburon-Halbinsel an der kalifornischen Küste von PENALOSA, für das Kaskadengebirge (1515 Arten aus 425 Gattungen) von GILLETT, HOWELL und LESCHKE und ebenfalls von

Gillett für den Lassen-Vulkan-Nationalpark, dessen Gefäßpflanzenflora mit 715 Arten aus 290 Gattungen ungefähr gleichgroß wie die des
Mt. Rainier ist, aber etwas ärmer als die der Mt. Shasta- und Crater Lake-
Nationalparke; sowie die Sonorische Wüste von Shreve und Wiggins
(2 Bände mit 27 Karten).

Eine umfassende Flora Neotropica wird, wie A. C. Smith berichtet,
auf Anregung der UNESCO in Montevideo von A. Teixeira und seinen
Mitarbeitern vorbereitet. Der 5. und letzte Band der Cuba-Flora von
A. Liogier (New York) enthält die Sympetalen von den Rubiaceen bis
und mit den Compositen. Eine weitere Lieferung der in Chicago heraus-
kommenden Peru-Flora enthält von Mathias und Constance bearbeitete Umbelliferen.

In Australien wird die alte Flora von Victoria von Ewart durch eine
gänzlich neue von Willis ersetzt, deren 1. Band die Pteridophyten,
Gymnospermen und Monokotylen enthält. Die 2. Lieferung der Students
Flora von Tasmanien von W. M. Curtis reicht von den Lythraceen bis
zu den Epacridaceen.

3. Arealkarten im Dienst der Systematik
(einschließlich Cytotaxonomie) und Arealkarten einzelner Gattungen und Arten

a) Thallophyten. Frau Pignatti-Wikus gibt eine Puk des im
Mittelmeer verbreiteten Blasentangs *Sargassum hornschuchii;* der fin-
nische Mykologe Kukonnen in seiner Revision der auf nordischen Cyperaceen parasitierenden Brandpilze *(Cintractia* und *Anthracoidea)* Puk
der bisher in Fennoskandien auf *Carex limosa* und *lasiocarpa* gefundenen
Arten.

b) Bryophyten. Das große Interesse, das derzeit wieder der Systematik der Hepaticae geschenkt wird, hat auch viele neue Karten zur
Folge (s. XXV. Bericht S. 164). Zerov gibt eine Puk der für eine gute
Art gehaltenen *Riccia pseudopapillosa* in der Ukraine. Transpazifische
Disjunktion mit großer Lücke in Eurasien haben nach Puk von Ladyshenskaja *Fossombronia longiseta* und von Korotkewicz *Ptilidium
californicum;* vorwiegend subantarktisch-disjunkte Areale mehrere der
von Grolle untersuchten, z. T. neu beschriebenen Jungermanialen,
namentlich die ursprünglichsten Arten der bisher zu Unrecht mit *Mylia*
vereinigten Gattung *Leptoscyphus*, die nur mit einer Art bis an die nord-
atlantischen Küsten ausstrahlt. Neue Puk der japanischen Jubuleen
geben Mizutami für Lejeuneaceen (5 Karten) und Kamimura für 12
Frullaniaceen. Laubmoose: Noguchi und Osada geben Puk für 4
Atrichum-Arten in Japan, Martinčić für 2 *Andreaea* in Jugoslavien,
Tjuremnov für das Gesamtareal von *Sphagnum imbricatum*, das neben
einem amphiatlantischen Areal noch ein ostasiatisches Areal und ganz
vereinzelte Zwischenstationen am Schwarzen und Weißen Meer besitzt,
und Jurkovskaja für *Sphagnum subfulvum* in Karelien. Savicz-
Ljubizkaja und Smirnowa stellen das bis in die Antarktis reichende
Gesamtareal von *Bryoerythrophyllum recurvirostre* (= *Didymodon
rubellus)* und einiger seiner vielen Formen dar; Touw die Areale von

14 altweltlich-tropischen *Neckeropsis*-Arten; A. und I. ABRAMOV das heute auf Südostasien beschränkte Areal von *Actinothuidium Hookeri*, das sie im Pliozän von Baschkirien gefunden haben. RUUHIJÄRVI gibt eine Puk für *Drepanocladus lapponicus* im östlichen Fennoskandien, MIZUSHIMA Puk für 8 Entodontaceen in Japan.

c) Pteridophyten. HAUKE gibt 16 Karten für die immergrünen Arten von *Equisetum* Subgen. *Hippochaete*. Um die Entwicklung sowohl der Systematik wie der Chorologie und Oekologie der Farne bemüht sich besonders R. PICHI-SERMOLLI (Genua), der einerseits die Bearbeitung seiner Sammlungen aus Ostafrika fortführt und dabei eine Puk von *Onychium divaricatum* aus der neu abgetrennten Familie Cryptogrammaceae gibt, und andererseits durch Schülerinnen südeuropäische Farne chorologisch (mit Urk für das gesamte, Puk für das italienische Areal), ökologisch und phytozönotisch bearbeiten läßt, so durch MARIA BIZZARRI *Osmunda regalis* und durch VANDA CHIARINO-MASPES die (ebenso wie *Cheilanthes*) zu den Sinopteridaceen gestellte *Notholaena Marantae*. Wie die Ungarn G. VIDA und EDITH VAROCZY zeigen und durch Karyogramme und Karten belegen, ist das weitverbreitete tetraploide *Asplenium ceterach = Ceterach officinarum* wahrscheinlich aus der Kreuzung einer bisher übersehenen, in Südosteuropa (vielleicht auch Westeuropa, doch nicht Mitteleuropa) weitverbreiteten diploiden Art, die als *Asplenium* (oder *Ceterach*) *javorkaeanum* neu beschrieben wird, und *Asplenium sagittatum = Phyllitis hemionitis* hervorgegangen. Deren Verbreitung in Italien stellt PIROLA dar. S. auch S. 90.

d) Gymnospermen. Teilweise neue Karten nordeuropäischer und nordamerikanischer Coniferen gibt HINTIKKA, für 7 Arten in Kleinasien SCHIECHTL u. STERN, für *Pinus nigra* und ihre Unterarten in ganz Südeuropa und im besonderen in den östlichsten Alpen und um die Adria WENDELBERGER (1 u. 2), für *Pinus silvestris* an der unteren Lena SCHACHOVA.

e) Monokotyledonen. Urk der Araceen-Gattungen *Spathichlamys* und *Holochlamys* und der Cyperaceen-Gattung *Oreobolus* bei VAN STEENIS, Puk von 3 *Ruppia*-Sippen an den Küsten Schleswig-Holsteins bei REESE, 1 Flk für *Agropyron repens* in Großbritannien bei PALMER u. SAGAR, neue Urk für 11 *Aegilops*-Arten bei GRIGORJEV u. PAUSNER, 1 Puk der im Kaukasus endemischen *Tulipa Lipskyi* bei ALTUCHOV, von *Epipactis microphylla* Urk für Europa und Puk für Polen bei MAZARAKI.

f) Dikotyledonen. Nach Urk von COOK für die ganze Gattung (oder Untergattung von *Ranunculus*) *Batrachium* scheint es, daß sie am stärksten, d. h. durch 9 Arten in Westeuropa vertreten, vielleicht aber dort nur am meisten untersucht ist. Zur Ergänzung der in HUBERs Neubearbeitung der Saxifragales und Rosales in HEGIs Flora und in MEUSELs Chorologie enthaltenen Karten seien noch die von ZAIKONNIKOVA für 4 mexikanische *Deutzia*-Arten, von PACKER für 3 nordamerikanische *Chrysosplenium*-Arten und von POPOV für 5 *Sorbus*-Arten der Krim gegebenen genannt. Die von den Caesalpiniaceen zu den Papilionaceen-Sophoreen überleitende Leguminosengattung *Sweetia* umfaßt, wie der Monograph MOHLENBROCK auch in Puk darstellt, 20 auf Süd- und Mittel-

7*

amerika beschränkte Arten. Puk für 2 innerasiatische Sophoreen-Gattungen geben Borissova (3 Arten von *Ammothamnus)* und Juna-tov (2 Arten von *Piptanthus* und 1 von *Ammopiptanthus).* In Ergänzung von Meusels Karten in seiner Chorologie und in den neuen Bänden III$_1$ und III$_2$ der Hegi-Flora seien weiter genannt Wattendorffs Karten über die Ausbreitung der *Castanea* in Westfalen in historischer Zeit, Grubovs Puk der aralokaspischen Chenopodiacee *Borszczowia aralo-caspica* und weiterer innerasiatischer Chenopodiaceen von Lavrenko und Nikolskaja, Porsilds Puk für *Stellaria longipes* und 3 verwandte Arten in Nordamerika sowie Rechingers (3) Karte der afghanischen Caryophyllacee *Pleioneura griffithiana.* — Florengeschichtlich inter-essant sind Langs Karte der heutigen und spätglazialen Verbreitung von *Armeria alpina* und *purpurea* im Rheingebiet, Pignattis Urk für 11 südeuropäische *Limonium*-Arten und Gortschakovskys Karte der Ostgrenze von *Tilia cordata* in Westsibirien und ihr Reliktvorkommen am Irtysch. Pobjedimova gibt in ihrer Monographie der Cruciferen-gattung *Cakile* eine Übersichtskarte des Gesamtareals der 4 unter-schiedenen Serien und dazu Puk für 6 eurasiatische, 8 amerikanische und 2 australische Arten. Die luxuriös ausgestattete Monographie der suc-culenten Euphorbiaceen-Gattung *Monadenium* von Bally enthält für alle 46 Arten auch Karten. Bader stellt das vorwiegend südhemi-sphärische Areal aller *Gunnera*-Arten dar. — Nur Teilareale haben kartiert für die Britischen Inseln Coker für *Corrigiola,* Williams für *Chenopodium album,* Raven für *Circaea*-Arten, Elkington für *Poten-tilla fruticosa* und *Gentiana verna,* Scott für *Glaucium flavum* und *Mertensia maritima,* Brightmore für *Lathyrus japonicus (= maritimus)* und Ivinly-Cook für *Hypericum linearifolium;* Prilop von *Rhamnus cathartica* in Nordwestdeutschland, Frau St. Pawlowska von 3 *Solda-nella*-Arten der nördlichen Karpaten. — Tralau (3) hält die bisher für *Rhododendron ponticum* gehaltene Art süd- und westeuropäischer Inter-glaziale für von dieser Art verschieden und nennt sie daher *Rh. Sordellii.* In einer Karte stellt er neben den Fossilfundorten, von denen der bulga-rische nicht zu *Rhododendron* gehöre, die heutige Verbreitung der ganzen Sektion *Leiorhodion,* von der *Rh. caucasicum* der interglazialen Art eher näher stehe als *Rh. ponticum,* zusammen. — Im 5. Teil seiner Bearbeitung afrikanischer Loganiaceen behandelt Leeuwenberg die west-zentralafri-kanische *Usteria guineensis* mit einer Puk. Pissjakova revidiert die eur-asiatischen *Swertia*-Arten und gibt Karten für die europäische *Sw. perennis* und 3 asiatische, z. T. neu unterschiedene Arten. Arietti und Fenaroli lassen ihrer Monographie der endemisch-südalpinen *Campanula ela-tinoides* (1955) eine ähnlich reich mit Bildern und Karten ausgestattete der ähnlich, aber etwas weiter westlich verbreiteten *Campanula Raineri* folgen. Inge Gander-Thimm behandelt die Verbreitung der 3 oder 4 in den Alpen vertretenen *Saussurea*-Arten mit Puk für die Ostalpen.

4. Arealkarten im Dienst der regionalen Pflanzengeographie, Florengeschichte und Vegetationskunde

In immer mehr allgemein biogeographischen und vegetationskund-lichen Werken werden auch wenigstens einzelne Arealkarten gebracht, so in BRAUN-BLANQUETs Buch über die inneralpine Trockenvegetation von der Provence bis zur Steiermark, in ELLENBERGs Buch über die Vegetation Mitteleuropas, in ZOHARYs Buch über Palästina u. a. In Ostdeutschland setzen mehrere Arbeitsgemeinschaften ihre Kartierungen besonders intensiv fort. Die 10. Reihe von Puk mitteldeutscher Leitpflanzen von MEUSEL und BUHL behandelt 9 Laubhölzer, je 3 Wiesen- und Ruderalpflanzen und je 4 weiter verbreitete Montanpflanzen und Salz- und Steppenpflanzen; die 4. Reihe von Puk brandenburgischer Leitpflanzen von MÜLLER-STOLL, W. FISCHER und KRAUSCH 26 subatlantische und nordische Arten besonders von Sumpf- und Wasserpflanzen. MILITZERs Lokalflora der Umgebung von Bautzen enthält 12 Puk von Dikotylen. Die 48 Flk in MERXMÜLLERs Neubearbeitung von HEGIs kleiner Alpenflora wurden bereits genannt. Die Areale von 11 endemischen Arten der Karnischen und Julischen Alpen (darunter *Wulfenia*) untersucht FORNACIARI in bezug auf die Grenzen der eiszeitlichen Vergletscherung mit dem Ergebnis, daß mindestens an vielen der heutigen Standorte ein Überdauern wenigstens der letzten Eiszeit möglich war. Zu einem ähnlichen Ergebnis kommt auch GJAEREVOLL, der (1) mehrere Puk aus Alaska und (2) 17 teils unicentrische, teils bicentrische aus Fennoskandien mitteilt, wo manche dieser Arten wohl weniger an einem eisfreien Küstensaum als an Nunatakkern im Innern überdauern konnten. BÖCHERs Pflanzengeographie der mittleren Westküste Grönlands enthält Puk für 47 Gefäßpflanzen. TRALAU setzt seine durch möglichst genaue Kartierungen gestützten Untersuchungen über die quartäre Arealgeschichte nord- und mitteleuropäischer Gefäßpflanzen fort (1, 3) und dehnt sie nunmehr (2) bis ins Tertiär und nach Asien aus, wo noch heute Arten (z. B. von *Zelkova*, *Phellodendron* und *Actinidia*) leben, die in Europa zumeist schon in den älteren Eiszeiten erloschen sind. — PERRING legt dar, wie der neue, bereits angezeigte Atlas der Britischen Flora entstanden ist, zu dem das Material seit 1954 u. a. mit Hilfe von Lochkarten gesammelt worden ist. — Aus Asien seien noch 3 größere russische Arbeiten genannt: Von LAVRENKO und NIKOLSKAJA über zentralasiatische und nordturanische Wüstenpflanzen mit 10 Puk, mit deren Hilfe die Grenze zwischen Mittel- und Zentralasien neu gezogen wird, von SCHACHOVA über die Nordgrenze von *Pinus silvestris* an der Lena, wo sie 66°40′ erreicht, und von PIMENOV über für Sachalin neue Pflanzen mit Puk für 7 Dikotylen in ganz Nord- und Ostasien, die bis zur Nordspitze von Sachalin reichen. Der Japaner TATEWAKI gibt eine Statistik der Gefäßpflanzen der Aleuten und Commandor-Inseln, die er zu Ehren ihres Erforschers als „Hultenia" zusammenfaßt und durch „HULTENs Linie" von Kamtschatka trennt, doch ohne neue Arealkarten. — Im übrigen sei auf die 'paläobotanischen Beiträge von MÄGDEFRAU und FRENZEL und die cytotaxonomischen von RÖBBELEN verwiesen.

Literatur

ABRAMOV, A. u. I.: Not. syst. crypt. Inst. Komarov. 16, 195—199 (1963). — ALTUCHOV, M. D.: Bot. Ž. 49, 262—263 (1964). — ARIETTI, N., e L. FENAROLI: Campanula raineri, 47 p. Bergamo 1963. — ARNELL, S.: Hepaticae of S. Africa, 411 p. Stockholm 1963.

BACKER, C. A., R. C. BAKHUIZEN en J. VAN DEN BRINK JR.: Fl. Java 1, 648 (Groningen 1964). — BADER, FR. J.: Bot. Jb. 80, 281—293 (1961). — BAITENOV, M. S., A. N. WASSILJEW u. a.: Fl. Kasachstana 5, 515 S. Moskau 1962. — BALLY, P. R. O.: Genus Monadenium. 130 S. Bern: Benteli 1963. — BERTSCH, K.: Flechtenfl. v. SW-Deutschl. 2. Aufl. 251 S. Stuttgart 1964. — BIZZARRI, M. P.: Webbia 17, 367—405 (1963). — BJELOVASHINA, N., I. BOGATSCHEV i V. GOROCHOVA: Jaroslav. Fl. 497 S. (1961). — BOBROV, E. G.: Bot. Ž. 48, 1729—1740 (1963). — BØCHER, T. W.: Medd. om Grönland 148, 3, 1—289 (1963). — BORISSOVA, A.: Not. syst. herb. Inst. Komarov. 22, 172—179 (1963). — BRAUN-BLANQUET, J.: Geobot. selecta I, 273 S. Stuttgart 1961. — BRIGHTMORE, D., and P. H. F. WHITE: J. Ecol. 51, 795—801 (1963).

COKER, P. D.: J. Ecol. 50, 833—840 (1962). — COOK, C. D. K.: Watsonia 5, 294—303 (1963). — COOKE, W. B.: Wasm. J. Biol. 20, 1—67 (1962). — COOPERRIDER, T. S.: Univ. Iowa Stud. Nat. Hist. 20, 1—80 (1962). — CURTIS, W. M.: Students Fl. Tasmania 2, 225—475 (Hobart 1963).

DEB, D. B.: Bull. Bot. Surv. India 3, 115—138, 253—350 (1962). — DYER, R. A., L. E. CODD, and H. B. RYCROFT: Fl. S. Africa 26, 307 p. (1963).

ELKINGTON, T. T. (1): J. Ecol. 51, 755—767 (1963); (2) 769—781 (1963). — ELLENBERG, H.: Veget. Mitteleuropas (WALTERs Einf. in d. Phytol. IV 2), 943 S. (1963).

FORNACIARI, G.: G. Bot. Ital. 70, 136—140 (1963). — FREY, E.: Ber. schweiz. bot. Ges. 73, 389—503 (1963). — FRIEDRICH, H. CHR.: HEGIs Fl. III 2, 763 ff. (1961—1964).

GANDER-THIMM, I.: Ber. Naturw.-Med. Ver. Innsbruck 53, 77—88 (1963). — GIBSON, D.: Am. Midl. Nat. 66, 1—60 (1961). — GILLETT, G. W., I. T. HOWELL, and H. LESCHKE: Wasm. J. Biol. 19, 1—85 (1961). — GJAEREVOLL, O.: (1) K. Norske Vid. Selsk. Skr. 1963, 1—115 (1963); — (2) N. Atlant. Biota 261—283. Pergamon Press 1963. — GLEASON, H. A., and A. CRONQUIST: Man. vasc. pl. northeast. U. S. 810 p. New York 1963. — GORTSCHAKOVSKY, P. L.: Bot. J. 49, 7—20 (1963). — GRIGORJEV, J. S., u. L. E. PAUSNER: Bot. Z. 48, 640—660 (1963). — GROLLE, R.: N. Acta Leopold. 161, 143. Halle 1962. — GROSSHEIM, A.: Fl. Kavkasa ed. 2. 6, 462 S. Leningrad 1962. — GRUBOV, V.: Not. syst. herb. Inst. Komarov. 22, 100—104 (1963). — GUINOCHET, M., et R. DE VILMORIN: Flore de France (in Vorbereitung).

HÄSSEL DE MENENDEZ, G.: (1) Bol. Soc. Argent. Bot. 9, 233—260, 261—282 (1961); — (2) Opera Lilloana 7, 297 S. (1962). — HAUKE, R.: Beih. N. Hedwigia. 123 S. (1963). — HEGI s. FRIEDRICH, HUBER u. MERXMÜLLER. — HINTIKKA, V.: Ann. Bot. Soc. Vanamo 34, 1—64 (1963). — HOWITT, R. and B.: Fl. Nottinghamshire, 240 p. Nottingham 1964. — HUBER, H.: HEGIs Ill. Fl. IV 2,1 ff. (1961 bis 1964). — HUMBERT, H.: Fl. Madag. 189. Fam. 3, 623—913 (1963).

IVINSKY-COOK, R. B.: J. Ecol. 51, 727—732 (1963).

JOHN, H. ST.: Flora of SE Washington and Idaho 3. ed. 583 p. (1963). — JUNATOV, A.: Bot. Ž. 48, 1804—1812 (1963). — JURKOVSKAJA, T.: Bot. Ž. 48, 1837—1838 (1963).

KAMIMURA, M.: J. Hattori Bot. Lab. 24, 1—109 (1963). — KOMAROV, V. L. (s. auch BOBROV): Fl. USSR 2 (engl. v. N. LANDAU), 656 S. (Jerusalem 1963), 28, 684 S. (1963). — KOMAROV, V. L.: Flora SSSR 1—13 (1935—1948); nachgedruckt Wiesbaden (1963); 28, 673 S. (1964); 29, 24, 798 (1964). — KOROTKEWICZ, L.: Not. syst. crypt. Inst. Komarov. 16, 173—178 (1963). — KUKKONEN, I.: Ann. Bot. Soc. Vanamo 34, 1—122 (1963).

LADYSHENSKAJA, K.: Not. syst. crypt. Inst. Komarov. 16, 165—167 (1963). — LANG, G.: Ber. dtsch. bot. Ges. 75, 366—377 (1963). — LAVRENKO, M., i N. NIKOLSKAJA: Bot. Ž. 48, 1741—1761 (1963). — LAWALRÉE, A.: Fl. gén. Belg. IV 2, 135—236 (1963). — LEEUWENBERG, J. M.: Acta Bot. Neerl. 12, 112—118 (1963). — LÉONARD, I.: Fl. Congo et Rwanda-Burundi 8, 1—214 (1962). — LI, H.-L.: Woody Fl. Faiwan, 922 p. (1963). — LID, J.: Norsk og svensk Fl. 1800 S. Oslo 1963. — LOGIER, A.: Fl. de Cuba 5. New York 1963.

McCORMICK, J.: Bull. Am. Mus. Nat. Hist. 123, 353—422 (1962). — MADALSKI, J.: Atlas Fl. Polsk. IX 2, 45 Taf. (1963). — MAIRE, R., et P. QUÉZEL: Fl. Afrique du Nord 9, 300 p. (1963). — MAKINO, T.: Fl. Japan. 2. ed. 1057 p. (1961). — MARTINČIĆ, A.: Biol. Vestn. 11, 15—19 (1963). — MATHIAS, M., and L. CONSTANCE: Field Mus. Chicago Bot. Ser. 13, 97 p. (1962). — MAZARAKI, M.: Chronm. przyr. ojc.

Systematische und genetische Pflanzengeographie: Areal- und Florenkunde 103

19, 11—17 (1963). — Merxmüller, H.: Hegis Alpenfl. 18. Aufl. 112 S. (1963). —
Meusel, H., u. A. Buhl: Wiss. Z. Univ. Halle-Wittenb. 11, 1245—1318 (1962). —
Meusel, H.: Vergleichende Chorologie der zentraleuropäischen Flora. 1, 600 S. u.
1000 Karten. Jena: Fischer 1964. — Militzer, M.: Natura Lusat. 5, 39—60 (1961).
— Miller, H. A.: Ark. Bot. 2. Ser. 5, 489—531 (Sthm. 1963). — Miller, H. A.,
H. O. Whittier, and C. E. Bonner: Beih. N. Hedwigia. 92 p. (1963). — Mizu-
shima, U.: J. Hattori Bot. Lab. 22, 91—158 (1960). — Mizutami, M.: J. Hattori
Bot. Lab. 24, 115—302 (1961). — Mohlenbrock, R. H.: Webbia 17, 223—263
(1963). — Moser, M.: Kl. Kryptogamenfl. IIa, 147 S. Stuttgart 1963. — Müller-
Stoll, W., W. Fischer u. H. D. Krausch: Wiss. Z. Pädag. Hochsch. Potsdam
7, 95—150 (1962).

Nayar, B. K.: Bull. Bot. Gard. Lucknow 52—75 (1961—1962). — Noguchi,
A., and T. Osada: J. Hattori Bot. Lab. 23, 122—147 (1960).

Oberdorfer, E.: Pflanzensoziol. Exkursionsfl. 2. Aufl. 987 S. (1963). — Okuyama, S.: Wild pl. of Japan 6, 180 p., pl. 441—528 (1961). — van Oostrom, Reich-
gelt u. Mitarb.: Flora Neerlandica 1, Lief. 6 (1964).

Packer, J. G.: Canad. J. Bot. 41, 85—103 (1963). — Palmer, J. H., and G. R.
Sagar: J. Ecol. 51, 783—794 (1963). — Pawlowska, St.: Fragm. florist. et geobot.
9, 5—30 (1963). — Pawlowski, B.: Webbia 18, 379—395 (1963). — Penalosa, J.:
Wasm. J. Biol. 21, 1—74 (1963). — Perring, F. H.: Taxon 12, 183—190 (1963). —
Pichi-Sermolli, R.: Webbia 17, 299—315 (1963). — Pichi-Sermolli, R., e V.
Chiarino-Maspes: Webbia 17, 407—451 (1963). — Pignatti-Wikus, E.: Atti Ist.
Venet. sc. 120, 215—225 (1962). — Pignatti, S.: Webbia 18, 73—93 (1963). —
Pimenov, M. G.: Bot. Ž. 49, 253—258 (1964). — Pirola, A.: Arch. bot. biogeogr.
it. 38, 1—3 (1962). — Pissjakova, V.: Not. syst. herb. Inst. Komarov. 22, 202—215
(1963). — Pobjedimowa, E. G.: Bot. Ž. 48, 1762—1775 (1963). — Popov, K. P.:
Izv. Geogr. Ob. Krymsk. Otd. 6, 115—129 (1961). — Porsild, A. E.: Nat. Mus.
Canada Bull. 186, 1—35 (1963). — Prilop, H.: Abh. Nat. Ver. Bremen 36,
169—180 (1962).

Raven, P. H.: Watsonia 5, 262—272 (1963). — Rechinger, K. H.: (1) Fl.
Iranica 1—3, 36 S. (1963); — (2) Fl. Lowland Iraq, 900 p. (1964); — (3) Ann.
Naturhist. Mus. Wien 66, 45—50 (1963). — Reese, G.: Schr. Naturw. Ver. Schlesw.-
Holst. 34, 44—70 (1963); — Rickett, H. W.: Am. Wild Flowers, 414 p. New
York 1963. — Rol, R.: Fl. d. arbres, arbustes et arbrisseaux 1, 95 p. Paris 1963. —
Ross-Craig, S.: Draw. Brit. Pl. 18, 41 pl. (1963); 19, 37 Taf. (1964). — Rothmaler,
W.: Ergänz.-Bd. z. dtsch. Exkursionsfl. 622 S. (1963). — Ruuhijärvi, R.: Arch.
Soc. fenn. Vanamo 17, 218—227 (1962).

Savič-Ljubickaja, L. I., i Z. Smirnova: Bot. Ž. 48, 350—361 (1963). —
Savulescu, T.: Flora Rep. Romine 9, 1000 p. (1964). — Schachova, O. V.: Bot.
Ž. 49, 581—585 (1964). — Schiechtl, H. M., u. R. Stern: Ber. Nat. Med. Ver.
Innsbruck 53, 173—192 (1963). — Schornhorst Breen, R.: Mosses Florida. 134 p.
Florida 1963. — Scott, G. A. M.: J. Ecol. 51, 733—754 (1963). — Shreve, F., and
I. L. Wiggins: Veg. and Fl. of the Sonoran Desert, 1740 p., Stanford (1964). —
Smith, A. C.: Taxon 12, 125—127 (1963). — van Steenis, C. G. G. J.: (1) Fl. Male-
siana Ser. 1, 6 (1961—1965), Ser. 2, 2 (1964); — (2) Blumea 11, 235—542 (1962). —
Subramanyam, K.: Aquatic Angiosperms, 198 p. New Delhi 1962.

Tatewaki, M.: J. Fac. Agric. Hokkaido 53, 131—199 (1963). — Tjuremnov,
S. N.: Bull. Mosk. Ispyt. Pror. Biol. 58, 98—109 (1963). — Touw, A.: Blumea
11, 373—425 (1962). — Tralau, H.: (1) Ark. Bot. Ser. 2, 5, 533—582 (1963); — (2)
K. Sv. Vet. Ak. Handl. 4. R. 9, 1—87 (1963); — (3) Phyton 10, 103—109 (1963).

Verdcourt, B.: Fl. Trop. East Afr., Convolvulac. 161 p. (1963). — Vida, G.,
és E. Varoczy: Acta bot. Acad. Sci. Hung. 9, 197—215 (1963).

Wanstall, P. J.: Local Floras, 120 p. London 1963. — Wattendorff, J.:
Mitt. Flor.-soz. Arbeitsgem. N. F. 8, 222—226. Stolzenau 1960. — Weimarck,
H. S.: Skånes Flora, 744 S. Lund 1963. — Wendelberger, G.: (1) Ber. dtsch. bot.
Ges. 75, 378—386 (1963); — (2) Allg. Forstztg. 74, 1—3 (1963). — Williams, J. T.:
J. Ecol. 51, 711—725 (1963). — Willis, J. H.: Handbook to pl. in Victoria 1, 448 p.
Melbourne 1962.

Zaikonnikova, A.: Not. syst. herb. Inst. Komarov. 22, 155—161 (1963). —
Zerov, B. K.: Bot. Ž. 18, 73—77 (1961). — Zohary, M.: Plant Life in Palestine,
262 p. (1962).

b) Floren- und Vegetationsgeschichte
seit dem Ende des Tertiärs

Bericht über die Jahre 1962 und 1963

Von Burkhard Frenzel, Weihenstephan b. Freising/Obb.

1. Grundprobleme der pollenanalytischen Methode

Das wichtigste Hilfsmittel für vegetationsgeschichtliche Untersuchungen stellt nach wie vor die Pollenanalyse dar. Wurden früher aber die auf diesem Wege gewonnenen Ergebnisse oft sehr schnell als gesichert angesehen, so bemüht man sich gegenwärtig, das Ausmaß der Fehlerbreite dieser Methode und das Gewicht ihrer prinzipiellen Fehlerquellen kennenzulernen. Hierbei geht es besonders um eine Klärung der Frage, mit welcher Genauigkeit aus dem rezenten Pollenniederschlag einzelner Pflanzengesellschaften auf die den Pollenregen liefernde Gesellschaft geschlossen werden kann. Weiterhin sind Art und Ausmaß des Ferntransportes der Sporomorphen durch den Wind und die Modalitäten der Entstehung von Pollenspektren in supraaquatischen minerogenen Sedimenten von großem Interesse.

Sukachev und auch Davis wiesen darauf hin, daß die unterschiedliche Höhe der Pollenproduktion der einzelnen Arten untereinander, wie aber auch innerhalb verschiedener Pflanzengemeinschaften, eine bedeutende Fehlerquelle für die Auswertung des pollenanalytischen Befundes darstellen. Zur Umgehung dieser Schwierigkeiten empfahl Davis ein recht kompliziertes mathematisches Korrekturverfahren, dessen Prämissen nicht immer ausreichend erfüllbar sein dürften; Wright und Platten befürworteten hingegen den Entwurf stets mehrerer Pollendiagramme, deren Bezugsgrößen nach Bedarf variiert werden. In der Regel wird aber trotzdem durch die Pollenanalyse das Bild der ehemaligen Vegetation nur in groben Zügen ermittelt werden können (van Campo und Aymonin). — Mit Recht machte Smith (4) darüber hinaus darauf aufmerksam, daß ein analoger Kurvenverlauf in mehreren Pollendiagrammen verschiedener Gebiete noch nicht als Hinweis auf absolute Synchronie gewertet werden darf, da die Vegetation infolge der ihr innewohnenden Trägheit erst nach Überschreiten eines Schwellenwertes auf einen Außenreiz reagiert und sich die durch einen Klimawandel ermöglichte Einwanderung neuer Arten noch recht lange durch die Konkurrenz mit den bereits vorhandenen Arten verzögern mag.

Bei einem Vergleich zwischen der rezenten Vegetation und dem Pollenniederschlag in Oberflächenproben zeigte sich, daß in slowakischen und mährischen *Abies*-Gesellschaften der Anteil der *Abies*pollen nur einem Drittel der tatsächlichen Bedeutung des Baumes im Walde entspricht. Bei einem höheren *Pinus*-Anteil im Walde sinkt dieser Wert sogar auf ein Fünftel bis ein Sechstel der tatsächlichen Menge ab (Križo). — Die Nichtbaumpollen (NBP) gelten wegen ihres meist sehr geringen Transportes durch den Wind als besonders sichere Zeugen der lokalen Vegetation. Die Arbeiten von Mullenders und von Heim lehren aber übereinstimmend, daß aus den NBP weder die unterschiedlichen Waldgesellschaften (Mullenders) noch die Gesellschaften offener Fluren (Heim) ermittelt werden können. Erschwerend tritt hinzu, daß der Baumpollen (BP)-Niederschlag selbst im

Walde durch den Ferntransport empfindlich gefälscht werden kann. So betrug der Anteil des Ferntransports in einem ausgedehnten Waldgebiet bei Sedan rund 8% der Baumpollen (BP)-Summe (MULLENDERS); in verschiedenen Waldtypen der Ardennen etwa 30% (HEIM); in einem Buchenwaldgebiet der Provence, wo die Pollenproduktion von *Fagus* nahe ihrer Südgrenze wahrscheinlich bereits stark geschwächt ist, macht der Ferntransport sogar zwischen 20 und 50% der BP-Summe aus; *Pinus* und die *Quercus*-Typen *Ilex* und *pubescens* sind dort überrepräsentiert (HEIM und KNOP). Von allgemeiner Bedeutung scheint auch der Hinweis von MULLENDERS zu sein, daß sich bei Sedan das Vorkommen von *Populus tremula* im Walde pollenanalytisch nicht ermitteln läßt; denn auch RITCHIE und LICHTI-FEDOROVIČ stellten bei Winnipeg fest, daß *Populus* zwar um 30% der in der Luft transportierten Pollen lieferte, in den Oberflächenproben aber der *Populus*-Pollen nur zu weniger als 2% vertreten war. — Pollenanalysen mineralischer Sedimente: Nach HAVINGA wird in biologisch aktiven Sandböden der eingewaschene Pollen alsbald vernichtet, so daß der Pollengehalt durch Percolation und anschließende Zerstörung fortgesetzt erneuert wird. Bei beginnender Podsolierung (starke Abnahme der biologischen Aktivität) unterbleibt jedoch die Pollenzerstörung, so daß, da die biologische Aktivität zunächst in größeren Bodentiefen erlischt und dieser Vorgang bei fortschreitender Podsolierung nach oben übergreift, zunächst die am tiefsten eingespülten ältesten Pollengemeinschaften fossilisiert werden, denen sich immer jüngere Gemeinschaften anschließen. Hierdurch wird in Podsolprofilen eine Folge von Pollenspektren aufgebaut, die denen eines Moorprofils gleicht, ohne daß Pollensedimentation und Sedimentakkumulation gleichzeitig stattfinden.

2. Historische Florengeographie Europas

In dem Berichtszeitraum sind mehrere Arbeiten erschienen, die sich mit der fossilen Verbreitung bestimmter Pflanzenarten beschäftigen, so daß das in seiner historischen Ausdeutung so hypothetische Bild der heutigen Verbreitung einiger Sippen besser fundiert werden kann.

Es handelt sich dabei um: *Larix polonica, Pinus Cembra, P. mughus, Betula nana* und *Potamogeton filiformis* [ŚRODOŃ (3); SOBOLEWSKA und ŚRODOŃ: pleistozäne und holozäne Verbreitung in Polen]; spättertiäre *Fagus*-Arten Europas [TRALAU (1)]; *Najas tenuissima* [TRALAU (2)]; *Rhododendron ponticum* bzw. das neu aufgestellte *Rh. Sordellii* [TRALAU (3)]; mehrere heute asiatische Pflanzen, die in der cänozoischen Flora Europas wichtig waren [TRALAU (4)]; *Pterocarya fraxinifolia* [ŚRODOŃ (2)]; *Camptothecium nitens* und *Sphagnum imbricatum* (PIGOTT und PIGOTT; dort auch sehr interessante Angaben zur pollenanalytisch ermittelten spät- und postglazialen Florengeschichte von Yorkshire). Nach BERGLUND läßt sich das erste Auftreten der tetra- und octoploiden Sippe von *Sanguisorba officinalis* in Südost-Schweden pollenanalytisch bereits an der Grenze der Jüngeren Tundrenzeit zum Präboreal nachweisen. Die octoploide Sippe sei aber mindestens schon vom Atlanticum an auf Island vorhanden, müsse dort also einheimisch sein. Die zahlreichen einwanderungsgeschichtlichen Probleme, die mit diesen episodenreichen Verbreitungsbildern zusammenhängen, diskutierte dankenswerterweise FAEGRI (1, 2).

3. Das Quartär bis zur letzten Eiszeit in Europa

Übergang Tertiär/Quartär. Von besonderem Interesse ist gegenwärtig die Frage nach dem Beginn des Eiszeitalters und nach den Veränderungen, die sich damals in der Vegetation abgespielt hatten. Definitionsgemäß wird der Beginn des Eiszeitalters dort angesetzt, wo sich die ersten Zeichen einer stärkeren Abkühlung bemerkbar machen. Diese Definition schien so lange begründet, als über die Vegetationsgeschichte des ausgehenden Tertiärs nicht viel bekannt war. Inzwischen hat sich aber sowohl in den Niederlanden, als auch am Unterlauf der Wolga herausgestellt, daß bereits im Pliozän (vor dem Villafranchien) bedeutende Veränderungen in der Vegetation großer Räume erfolgt sind, die möglicherweise mit Klimaschwankungen zusammengehangen haben. Es ist verständlich, daß hierdurch eine Kenntnis der frühpleistozänen Vegetationsgeschichte außerordentlich erschwert wird, da es immer unklarer zu werden scheint, wo die Grenze Pliozän-Pleistozän zu ziehen sei. Als weitere Erschwerung tritt hinzu, daß wohl in den Niederlanden das erste Auftreten einer Tundra-ähnlichen Vegetation als Hinweis auf den Beginn des Eiszeitalters gewertet werden kann, zusammen mit Resten kalte Meere bewohnender Tiere. Dasselbe trifft für den Mittel- und Unterlauf der Wolga aber nicht zu, denn dort fand stets nur ein Wandel zwischen Wald- und Steppengesellschaften statt. Dieser Wechsel kann aber sowohl thermisch, als auch hygrisch bedingt sein, so daß eine über allen Zweifel erhabene Parallelisierung der durch ein kaltes Klima bedingten Tundrenphasen in den Niederlanden mit den im wesentlichen durch den Wasserhaushalt des Standortes verursachten Episoden der Vegetationsgeschichte am Mittel- und Unterlauf der Wolga gegenwärtig noch nicht möglich ist.

Aus den gehaltvollen Untersuchungen ZAGWIJNs (1, 2) über das Pliozän am Niederrhein geht der folgende Ablauf der spättertiären Vegetationsgeschichte hervor (vom ältesten zum jüngsten): 1. Susterian: Relativ niedrige Werte tertiärer Pflanzen, bei starker Beteiligung der Eichenmischwald-(EMW-)Pflanzen und von *Pinus haploxylon*. 2. Brunssumian A: Sehr hohe Werte tertiärer Pflanzen, besonders von *Sequoia*. 3. Brunssumian B: Die Bedeutung tertiärer Pflanzen, besonders von *Sequoia* war stark zurückgegangen; *Pinus* und verschiedene NBP sowie *Ericaceae* erreichten hohe Werte. 4. Brunssumian C: Erneut der Waldtyp des Brunssumian A. 5. Reuverian A: Vorherrschaft der Kiefernwälder. 6. Reuverian B: Es dominierten *Alnus*, z. T. auch *Taxodium* und *Nyssa*. Eine klare Klimaverschlechterung führte schließlich im Reuverian C zu erneuter Vorherrschaft von *Pinus*. Der Anteil tertiärer Pflanzen war sehr stark zurückgegangen, aber noch immer war die Beteiligung der NBP an der gesamten Pollensumme gering. Dies änderte sich erst in dem darauffolgenden Praetiglian, in dem NBP und BP ungefähr gleich stark vertreten waren. Unter den BP waren diejenigen tertiärer Pflanzen und anderer edler Hölzer verschwunden, und *Salix* hatte sich bedeutend ausgebreitet, zusammen mit *Artemisia, Sanguisorba minor, Ericales* und Sphagnen. Mit diesem ersten Auftreten einer subarktischen Parklandschaft wurde nach ZAGWIJN (1, 2) das Eiszeitalter eingeleitet. Schon im Pliozän der Niederlande können somit mehrmals bedeutende Veränderungen in der Vegetation nachgewiesen werden, die ZAGWIJN jedoch mit Ausnahme derjenigen des Reuverian A und C eher auf hydrologische Veränderungen zurückführen will, als auf klimatische. Lediglich bei den erwähnten Ausnahmen lasse der plötzliche starke Anteil von *Pinus* bei fast völligem Zurücktreten thermophiler Gewächse an Temperaturschwankungen denken.

Starke Einflüsse frühpleistozäner Klimaschwankungen weisen die Floren fossilführender Schichten des französischen Zentral-Plateaus auf, in denen der hohe Anteil von *Pinus silvestris*- und *Picea*-Pollen (letztere bis 61,4%), zusammen mit *Abies, Tsuga, Pterocarya, Carya, Torreya nucifera, Betula macrophylla, Carpinus orientalis, Zelkova* u. a. auffällt; die erwähnten Schichten werden von ELHAI und RUDEL; ELHAI, GRANGEON und RUDEL; FLORSCHÜTZ und MENENDEZ AMOR (2); GRANGEON und RUDEL in das Villafranchien, also in den Beginn des Eiszeitalters, gestellt. Demgegenüber kann aber an dem pliozänen Alter des Vorkommens von Willershausen (FRANTZ) nicht gezweifelt werden, und ebenfalls in das Reuver stellt CHANDA die von HECK vor Jahren als holstein-interglazial angesehenen Tone von Eichenberg, da sich die starke Coniferen-Dominanz (besonders *Picea*) und das meist regelmäßige Auftreten von *Nyssa, Picea omoricoides, Tsuga, Pseudotsuga (-Larix)*, *Sciadopitys, Taxodiaceae-Cupressaceae, Pinus haploxylon, Liquidambar, Fagus*, *Pterocarya* u. a. am besten mit dem ausgehenden Tertiär vereinigen läßt. Die Schwierigkeiten, die sich einer Ermittlung des Vegetationswandels an der Plio-Pleistozängrenze entgegenstellen, werden bei der ausführlichen Diskussion der Flora von Rippersroda durch MAI, MAJEWSKI und UNGER deutlich. Diese Flora, in der immerhin noch *Magnolia cor, Meliosma europaea, Fagus, Sciadopitys, Castanea, Zelkova*, *Eucommia, Symplocos* und bis zu 7% *Tsuga* vorhanden sind, unterscheidet sich von echten Tertiärfloren durch das Fehlen von *Sequoia, Nyssa, Liquidambar, Rhus*, *Engelhardtia, Aesculus, Myrica* u. a. Die Verff. parallelisieren daher die Flora mit dem Mizerna II, als Bildung des Endes des Tertiärs. Demgegenüber verweist ZAGWIJN (2) das Mizerna II aber schon in das Pleistozän, weil die vorangegangenen Abschnitte durch eine Flora kühler Klimate gekennzeichnet seien.

Einen Vorstoß der ukrainischen Steppen nach Weißrußland (Kameneck, Brest-Oblast') am Ende des Pliozäns (vielleicht auch bis zum Beginn des Eiszeitalters?) lassen Beobachtungen von CAPENKO und MACHNAČ erkennen. Auf eine Nadelwaldzeit, die durch mehrere *Pinus*-Arten und durch *Taxodium* (beide Gruppen z. T. bis 50%) sowie durch *Picea, Glyptostrobus* und *Sequoia, Pterocarya*, *Engelhardtia, Nyssa, Ilex, Osmundaceae* u. a. bestimmt war, folgte dort nämlich ein Abschnitt, in dem schon *Chenopodiaceae-Artemisia*-Steppen vorhanden waren. Aus den Wäldern war *Taxodium* fast vollkommen verschwunden, ersetzt von *Pinus* und bis zu 23% *Betula*, zusammen mit bis 11% *Picea*. Eigentliche Tertiärpflanzen traten nur mehr vereinzelt auf.

Eins der für die hier interessierenden Fragen wichtigsten Gebiete ist, wie erwähnt, dasjenige zwischen dem Asowschen Meer, dem Kaspischen Meer und dem Mittellauf der Wolga an der Mündung der Kama. Die Auffassungen darüber, wo die Untergrenze des Eiszeitalters zu ziehen sei, weichen stark voneinander ab, je nach den angewandten Kriterien (Fortschr. Bot. **24**, 104, 105). Daher seien hier nur die Veränderungen der Vegetation besprochen, wie sie bei verschiedenen Arbeiten festgestellt worden sind, und zwar unabhängig davon, welchen Zeitpunkt der einzelne Autor als den Beginn des Pleistocäns ansieht.

MASLOVA beschrieb von der Halbinsel Kertsch einen mehrmaligen pliozänen Florenwandel: 1. Mäot: Zu den vorherrschenden Wäldern traten mit bis zu 40% der Pollensumme offene Vegetationstypen. Besonders *Pinus, Picea, Abies, Ulmus*, *Quercus, Carpinus, Carya* und *Tsuga*, z. T. auch *Taxodium, Pterocarya, Juglans* und *Fagus*. 2. Grenze vom Mäot zum Pont: Dominant *Pinus-Picea*-Wälder, in denen thermophile Laubhölzer, *Taxodium* und *Tsuga* kaum noch vorkamen. 3. Zweite Hälfte des Pont: *Pinus-Picea-Cedrus*-Wälder mit bis zu 7% *Tsuga*. 4. An ihre Stelle traten thermophile Laubwälder, allerdings ohne *Fagus* und den größten Teil der *Juglandaceae* (Ende des Pont und Beginn des Kimmerij). 5. Kimmerij: Fast reine *Pinus*-Zeit ohne thermophile Pflanzen. Die Laubwaldphase des untersten Kimmerij der Halbinsel Kertsch scheint bei Stavropol an der mittleren Wolga ebenfalls erfaßt worden zu sein (GUBONINA), hier allerdings (wahrscheinlich synonym) als Unter-Kinel' bezeichnet. Auf die Laubwaldphase folgte an der mittleren Wolga eine Nadelwaldphase (5.), bestimmt durch *Picea*, zu der in nur untergeordnetem Maße *Pinus* trat. *Alnus* und *Betula* bildeten im wesentlichen die Laubgehölze; der Anteil thermophiler Arten und von *Tsuga* war aber sehr gering [BARANOV

und JATAJKIN: Hier auch ein interessanter Versuch, mit Hilfe der Korrelations-
rechnung die wichtigsten Waldgesellschaften zu erschließen; — ANANOVA (1)].
Offenbar war demnach bereits damals im Waldlande eine deutliche latitudinale
Zonierung verschiedener Waldtypen ausgebildet. 6. Nadel-Laubwaldphase: Čel-
ninsker Horizont bzw. Phase 2 [ANANOVA (1) bzw. BARANOV und JATAJKIN]:
An die Stelle der *Picea*-Wälder waren *Pinus*-Wälder mit einem geringeren *Picea*-
Anteil getreten und artenreiche Laubmischwälder sowie Bestände aus *Taxodiaceae,
Glyptostrobus, Sciadopitys* und recht viele *Ericaceae* bereicherten das Bild (u. a.
Flora von Rybnaja Sloboda!). Möglicherweise aus dieser Zeit datiert eine Bryflora
des Unterlaufs der Kama, mit *Hylocomium splendens, Anomodon viticulosus,
Thuidium philibertii* und dem nordamerikanischen *Claopodium subpiliferum*
(ABRAMOVA und ABRAMOV). 7. Sokol'-Horizont bzw. Phase 3 [BARANOV und
JATAJKIN; ANANOVA (1)]: Erneute Dominanz des Fichtenwaldes; die Bedeutung
der *Pinus*-Wälder und der thermophilen Laubwälder war beträchtlich zurück-
gegangen; *Tsuga* hatte mit 6% eine wichtige Position behalten. 8. Čistopol'-Hori-
zont bzw. Phase 4: Fortsetzung dieser Tendenz , wobei der Anteil der thermophilen
und aller Tertiärpflanzen außerordentlich stark zurückging. *Pinus* und *Picea*-
Wälder hatten sich nach Süden bis zum Obščij Syrt ausgedehnt, ein deutlicher Hinweis auf die eingetretene beträchtliche Klimaverschlechterung [ANANOVA (1);
BARANOV und JATAJKIN]. Hiermit ist wahrscheinlich bereits der Übergang zum
Akčagyl erreicht, währenddessen das Kaspische Meer bedeutend transgrediert war.
Aus dem Unter-Akčagyl (kurz vor der Transgression) stammen Pollenfloren (PF)
vom Unterlauf der Kama [Juski-Tekermen: ANANOVA (3)] und vom Ik [Podgornye
Bajljary: KUZNECOVA (1, 2)]. In beiden Floren tritt, wie am Ende des Kinel', das
starke Übergewicht der Fichtenwälder hervor [angeblich sogar mit der heute nur
im Dsungarischen Alatau und im westlichen Tienschan vorkommenden *Picea
Schrenkiana*: ANANOVA (3)]. Thermophile Laubhölzer waren zwar artenreich vertreten, aber ihre Pollen kommen jeweils nur recht vereinzelt vor. Unter den NBP
fallen *Empetrum nigrum, Polemonium coeruleum, Linnaea borealis* u. a. auf. Mit
beginnender Transgression ändert sich schlagartig die BP-Flora: Nur noch *Pinus,
Picea* und ganz vereinzelt *Abies* sind vertreten, nach KUZNECOVA (1, 2) ein Zeichen
für die deutliche Abkühlung. Hierbei scheint aber der jetzt ja nur noch mögliche
Ferntransport der Pollen auf das Meer hinaus übersehen worden zu sein. Immerhin
muß eine beträchtliche Abkühlung stattgefunden haben. Sie wird u. a. auch von
IVANOVA vom Mittellauf der Vjatka beschrieben, und GORECKIJ wie auch ANANOVA
(1, 2) charakterisieren das Klima als kühl oder kalt gemäßigt, jedoch ohne Inland-
vereisung. Das Akčagyl ist mit dem anschließenden Apšeron durch fließende Übergänge verbunden (KARMIŠINA). Nach VRONSKIJ (Zel'm, Astrachan Oblast') sowie
KAC und KAC (3) (Omarskij počinok, Novyj Meleken', Unterlauf der Kama)
scheint aber deutlich zu werden, daß auf die Nadelwaldphase des ausgehenden
Akčagyl im unteren Apšeron zunächst ein Abschnitt mit recht starker Bedeutung
thermophiler Gehölze einschließlich des Eichenmischwaldes (EMW), von *Carpinus,
Juglandaceae* und *Tsuga* innerhalb des vorherrschenden *Pinus-Picea-Abies*-
Waldes gefolgt sei, abgelöst von einem erneuten Rückschlag in der Bedeutung
thermophiler Gehölze. *Tsuga* konnte jedoch ihre Bedeutung im Walde wesentlich
verbessern. — Der geschilderte Floren- und Vegetationswandel seit dem Mäot ist
recht deutlich. Hinzu kommt, daß aus dem Akčagyl oder aus dem Apšeron umfangreiche Vereisungsspuren im Hohen Kaukasus beschrieben werden (DUMITRASHKO
u. Mitarb., vgl. auch ŠČERBAKOVA), deren Realität von den meisten übrigen Forschern anerkannt wird [etwa ŠANCER; MOSKVITIN (4)].

    An der Tatsache damaliger wiederholter Klimaschwankungen ist
somit kaum zu zweifeln. Fraglich bleibt jedoch, ob diese Klimaschwankungen noch als Erscheinungen des Pliozäns betrachtet werden sollen,
oder ob nicht doch an irgendeiner Stelle dieser wechselvollen Geschichte
die Plio-Pleistozängrenze anzusetzen sei. Es scheint, daß dieses unter
Vorbehalt am besten an der Untergrenze des Akčagyl erfolgen sollte.

    Altpleistozän. Nach ZAGWIJN (1, 2) sowie KORTENBOUT VAN DER
SLUYS und ZAGWIJN folgte in den Niederlanden auf die Prätiglian-Kalt-

zeit die Tiglian-Warmzeit, die offenbar aus dem älteren Abschnitt des Belfeld-Tones (gekennzeichnet noch durch *Carya, Tsuga, Fagus, Nyssa, Sciadopitys* und *Taxodium*) und dem jüngeren Abschnitt des Tegelen s. str. bestand, ohne daß bisher eine diese beiden Phasen trennende Kaltzeit bekanntgeworden ist. Die anschließende Eburonian-Kaltzeit leitete mit ihrer subarktischen Parktundra-Vegetation der Niederlande in das Waalian-Interglazial über, das möglicherweise innerhalb der Zone B durch eine ausgeprägte *Pinus*-Phase bei stärkerer Bedeutung der NBP und der *Ericales* in zwei EMW-Phasen und einen mittleren kühlen Abschnitt gegliedert war. Eine erneute Phase subarktischer Vegetation der Niederlande, das Menapian, trennte das Waal-Interglazial von dem anschließenden Cromer-Interglazial.

Eine Waldtundra- und Tundraphase mit sehr hoher Beteiligung der *Ericales* in Torfen und äolischen Sanden mit syngenetischen Eiskeilen beschrieb DRICOT von Beerse, bei Turnhout: Die Tundra folgte auf eine deutliche EMW-Phase, in deren Wäldern nur ganz vereinzelt *Fagus, Eucommia, Pterocarya* und *Tsuga* in der Nähe des transgredierenden Meeres vorkamen. In der Kaltzeit zog sich das Meer zurück; die anschließende Warmzeit, mit erneut starker Beteiligung der EMW-Pflanzen (besonders *Quercus*, aber auch *Carpinus*) und sehr geringem Anteil von *Eucommia* und *Pterocarya*, brachte wieder eine Transgression. Die Kaltzeit („Beersien") entspricht vielleicht dem Eburon.

Sehr interessante Beobachtungen über den frühpleistozänen Vegetationswandel in East Anglia verdankt man WEST (1, 2) und FUNNEL und WEST.

1. Tegelen (= „Ludhamian"): Wälder aus *Pinus, Picea, Tsuga canadensis, Quercus* und *Alnus* sowie *Sphagnum*-Moore mit *Empetrum* waren weit verbreitet. 2. Eburonian (= „Thurnian"): Die *Empetrum*-Heide hatte den Wald verdrängt. BP: Besonders *Betula, Pinus, Picea* und *Alnus*. Die gleichalte Foraminiferen-Fauna läßt auf ein fast glaziales Klima schließen. 3. Waalian (= „Antian"): Gemischte, temperierte Nadel-Laub-Wälder mit recht viel *Betula*, aber auch *Quercus* und *Tsuga*. 4. Menapian (= „Baventian"): In den Sedimenten treten skandinavische Mineralien auf: Die Gletscherstirn lag möglicherweise in der Nähe. Abermals ausgedehnte *Empetrum*-Heiden, zu denen als Holzpflanze fast nur *Betula* trat. Jetzt auch bereits *Polemonium*. 5. Wiederbewaldung: *Betula, Picea, Quercus, Alnus;* wenig *Ulmus* und *Carpinus; Tsuga* nur noch ganz selten; *Pterocarya* fehlt. Die Pollenflora dieser Zone weist zwar große Ähnlichkeiten zu derjenigen des Upper Freshwater Bed des Cromer Forest Bed auf, unterscheidet sich von ihr aber durch den höheren Anteil an *Carpinus* und an *Ericales*. Allerdings stellen DUIGAN und SPARKS bei einer Neubearbeitung des Cromer Forest Bed fest, daß im Upper Freshwater Bed, aus dem wahrscheinlich das bisher nur bekannte Profil von THOMSON stammt, der Anteil von *Carpinus* neben *Abies* und *Tsuga* doch größer gewesen zu sein scheint, als angenommen worden ist. Das Upper Freshwater Bed wäre demnach der locus classicus für das Cromer Interglazial, nicht aber das im liegenden anstehende Estuarine Bed mit seiner Fauna kalter Meere und das noch tiefer folgende Lower Freshwater Bed mit einer Waldflora gemäßigter Klimate [WEST (1)].

Möglicherweise Cromer-Interglazial: Pollenflora bei Loenermark in der östlichen Veluwe (POLAK, MAARLEVELD und NOTA): Ältere *Alnus-Ulmus-Quercus*-Phase und jüngere *Pinus-Alnus-Quercus-Ulmus*-Phase. Stets ist *Carpinus* gut vertreten, wie auch *Eucommia, Carya* und *Salvinia*. Hinzu kommen in der jüngeren Phase *Fagus* und *Abies, Viscum* und *Trapa*. Die starke Beteiligung von *Eucommia* und *Carya*, aber auch von *Picea omoricoides* sind für das Cromer-Interglazial neu, aber die alleinige Anwesenheit von *Azolla filiculoides* (ohne *A. tegeliensis*) läßt eine Einstufung in ein älteres Interglazial wenig sicher erscheinen. — Nach LONA (1) stehen im Tal des Po bei Castell'Arquato, nahe Piacenza, unter marinen Sedimenten,

die bisher stets als mittel- bis oberpliozäne Bildungen angesehen worden sind,
Gesteine an, deren PF deutlich auf ein kaltes Klima weist: Coniferen um 90%,
besonders *Picea* (bis 55%), *Abies*, *Tsuga* und *Pinus*. *Cedrus* und *Quercus* sind hin-
gegen mit nur 5% vertreten. Diese „arquatische Phase" scheint demnach auch schon
in das Altpleistozän zu gehören. — Pollenanalysen von PAGANELLI (3, 7) sowie von
PAGANELLI und SOLAZZI (2) lehren, daß in Umbrien bei Pietrafitta vermutlich am
Ende des Donau/Günz-Interglazials ein artenreicher Wald aus *Carya*, *Quercus*,
Zelkova, *Tsuga*, *Keteleeria*, *Cedrus*, aber auch noch aus *Araucaria*, *Podocarpus*,
Cephalotaxus, *Torreya*, *Liriodendron*, *Engelhardtia* u. a. gedieh. — In das Günz/
Mindel-Interglazial stellen PAGANELLI (1) sowie PAGANELLI und SOLAZZI (1) Floren
von Muccia und vom Monte Cavallo (Umbrien). Wichtig sind an beiden Stellen
Pinus haploxylon, *Tsuga* (*canadensis* und *diversifolia*), *Cedrus*, *Carya*, *Juglans*
und *Zelkova*, z. T. auch *Fagus*.

Holstein-Interglazial. Nach RÓŻYCKI hat das Holstein-Interglazial in Polen aus drei durch Kaltzeiten voneinander getrennten Warmzeiten bestanden (Fortschr. Bot. **24**, 106), eine Ansicht, die wenig ein-
zuleuchten vermag. ŚRODOŃ (4) stellte jetzt fest, daß diese Gliederung
durch ungenügende Berücksichtigung umgelagerter Pollen und durch
Überbewertung einzelner Pollentypen als „Leitfossilien" verursacht
worden sei. Immerhin ist in letzter Zeit auch von anderer Seite mit der
Möglichkeit gerechnet worden, daß bisher als einheitliche Bildungen an-
gesehene Interglaziale durch kühlere Phasen in jeweils zwei Abschnitte
gegliedert waren [Waalian: ZAGWIJN (2); Eem: LONA (4, 5); „Treene-
Odincovo"-Warmzeit: Fortschr. Bot. **24**, 109]. Diese Ansicht kann durch
die Beobachtung gestützt werden, daß in Lössen vielfach mehrere
fossile Böden dicht übereinander liegen, die — als „Pedokomplex" zusammengefaßt — innerhalb der größeren Warmzeiten gebildet worden
sein könnten (z. B. Nove Mesto im Waagtal: KUKLA, LOŽEK und BARTA),
falls sie sich nicht aus den echten interglazialen Böden und denjenigen
frühglazialer Interstadiale der einzelnen Eiszeiten zusammensetzen
sollten (vgl. für die Riß-Eiszeit im Limburger Becken SEMMEL). Hier
zeichnet sich offenbar ein neues, ernstes Problem der pleistozänen Vegetationsgeschichte ab. — Die holstein-interglaziale Vegetationsgeschichte
bei Gort in Irland war, wie JESSEN, ANDERSEN und FARRINGTON (Fortschr. Bot. **24**, 107) gezeigt hatten, besonders durch die starke Beteiligung
von *Taxus* gekennzeichnet. Eine Neuuntersuchung des gleichalten Interglazials von Hoxne in East-Anglia, das MOSKVITIN (3) als Drenthe-
Warthe-Interglazial ansieht, führte zu demselben Ergebnis [WEST (3)]. —
Die aus Groß-Britannien bekannte hohe Ozeanität des Klimas dieses
Interglazials spiegelt das Pollendiagramm von Tornskov in Süd-Jütland
ebenfalls wider, das im übrigen die übliche Vegetationsfolge, einschließlich einer schwachen terminalen *Carpinus-Abies*-Phase zeigt. Der stets
vorhandene Anteil von *Calluna*, *Myrica*, *Pteridium* und von *Sphagnum*
lehrt, daß unter dem ozeanischen Klima auch damals die Böden schnell
ausgelaugt worden sind (ANDERSEN). — Für dieses Interglazial ist nach
ŚRODOŃ (2) *Pterocarya* cf. *fraxinifolia* bezeichnend (Neuuntersuchung des
Interglazials von Kostenthal bei Cosel/Oberschlesien). Sie tritt meist
zusammen mit *Abies* und *Carpinus* auf, wie auch die Beobachtungen von
WOLF und LORENZ an einem Torfhorizont des Holstein-Interglazials
nördlich von Görlitz lehren. Nach ERD gediehen während der *Abies*-

Phase dieses Interglazials in Brandenburg recht häufig *Buxus* und *Pterocarya*. — Karpologische Untersuchungen holstein-interglazialer Sedimente Weißrußlands und des Profils von Židovšžizna verdankt man DOROFEEV sowie KAC und KAC (1). Hiernach kamen damals bei Židovščizna noch vor: *Carpinus minima, Menyanthes carpathica, Carya, Juglans cinerea, Pterocarya, Scirpus mucronatus* u. a. — Ein Pollendiagramm von der Bol'šaja Kosa, etwa 60 km südöstlich von Ostaškov nahe der oberen Wolga, das anscheinend das gesamte Holstein-Interglazial umfaßt, läßt einen stets hohen *Abies*-Anteil neben der sonst dominanten *Picea* erkennen, wie aber auch eine zweite Phase eines schwachen Maximums thermophiler Gehölze (zur Problematik der Zweiteilung einiger Interglaziale vgl. oben): LOPATNIKOV und ŠIK. — Ungefähr aus derselben Zeit datiert eine Flora der Via Flaminia bei Rom, die durch Makrofossilien von *Amentotaxus, Cephalotaxus, Torreya, Taxus, Taxodium* und *Abies* gekennzeichnet ist. Etwas jünger scheint eine zweite Flora derselben Lokalität zu sein, in der neben der noch vorhandenen *Abies* besonders viel *Buxus sempervirens*, daneben auch *Fraxinus, Vitis vinifera, Quercus Cerris* und *Qu. pedunculata, Tilia* und *Ulmus* auftraten: Ende der Flaminia-Eiszeit [FOLLIERI (5); FOLLIERI und MAGRI). Diese Eiszeit scheint kurz vor dem Holstein-Interglazial zu Ende gegangen zu sein. Aus dem eigentlichen Holstein-Interglazial bei Rom (Riano) datiert aber eine reiche Makro- und Mikrofossilienflora, die den folgenden Vegetationswandel erkennen läßt: *Carpinus-Tilia-Quercus*-Phase; *Pterocarya caucasica* (bis 60%)-*Carpinus*-Phase; *Carpinus-Abies* (bis 50%)-*Ulmus*-Phase; *Abies-Carpinus-Fagus*-Phase mit nur noch etwa 10% *Pterocarya*. Das gleichzeitige reiche Vorkommen von *Zelkova crenata, Acer monsspessulanum, A. Opalus, A. platanoides, A.* cf. *Lobelii, A. integerrimum* und auch von *Fagus* läßt nicht nur Beziehungen zur heutigen Colchis suchen, sondern auch erkennen, daß *Fagus* und *Acer* schon vor dem Postglazial in Italien vorhanden waren und dort Refugien gefunden hatten [FOLLIERI (1, 2, 3, 4, 6)]. Vergleichbare Wälder beschrieb PAGANELLI (5, 6) aus der Po-Ebene. Dort sollen mit der beginnenden Riß-Eiszeit *Cedrus, Tsuga, Pterocarya, Carya* und *Castanea* erloschen sein.

Saale-Eiszeit s. l. In einer saale-eiszeitlichen Kräuterflora von Czumow am Bug fallen besonders auf: *Armeria Iverseni, Dryas, Hedysarum obscurum, Helianthemum* sp., *Thalictrum alpinum* sowie *Betula nana, Salix herbacea, S. polaris* und *Saxifraga oppositifolia* [ŚRODOŃ (1)].

Warmzeit zwischen Drenthe- und Warthe-Vorstoß. Die Tatsache, daß in dieser Warmzeit z. T. recht mächtige Böden gebildet worden sind, ist nicht zu bezweifeln: Niederrhein: PAAS; Umgebung von Troppau: MACOUN; Schleswig-Holstein: PICARD (1,3). PICARD hatte schon früher (vgl. Fortschr. Bot. **24**, 107) auf den hohen Anteil von *Carpinus* an der PF der „Treene-Warmzeit" hingewiesen. Etwas Entsprechendes beschrieb BORÓWKO-DLUŻAKOWA (1) aus Warschau-Wola: In einer PF, die deutlich älter als das Eem ist, die aber nicht mit dem Holstein-Interglazial verglichen werden kann, treten bis zu 36% *Carpinus*, bis 26% *Corylus*, sowie *Alnus, Tilia, Quercus, Ulmus* und *Picea* auf. Das Alter ist unbekannt, doch könnte man an die „Treene-Warmzeit" denken.

Es fällt immer wieder auf, daß aus der erwähnten Warmzeit in der Regel nur fluviatile oder lakustrine Sedimente bekannt sind, so auch bei Chmel'niki in der Smolensk Oblast' (GUZMAN). Dort steht ein lakustriner Mergel zwischen zwei Moränen an, die der Dneprovsk- und der Moskau-Vereisung zugewiesen werden. Die Pollenspektren lassen den folgenden Vegetationswandel erkennen: 1. *Betula-Picea-Pinus*-Phase ohne breitblättrige Arten; 2. *Quercus-(Tilia-Ulmus-)Pinus-Picea*-Phase; 3. *Picea-Pinus-Betula*-Phase fast ohne EMW; 4. EMW-*Pinus-Betula*-Phase mit sehr wenig *Picea;* 5. *Ulmus-Tilia-Picea-Pinus*-Phase mit *Betula;* 6. *Betula-Pinus*-Phase. *Corylus* ist stets nur mit 5% vertreten; *Carpinus* und *Abies* kommen vereinzelt vor. Die Kulminanzfolge der einzelnen Laubholzarten ist jedoch nicht mit derjenigen anderer „Odincovo"-Vorkommen bei Roslavl vergleichbar (vgl. Fortschr. Bot. **24**, 109).

Letztes Interglazial, Eem. Das *Fagus*-Problem: Trotz zahlreicher Untersuchungen ist es bislang nicht gelungen, eine befriedigende Erklärung für das Fehlen von *Fagus* in den mitteleuropäischen Interglazialen zu finden. Leider sind selbst Lage und Ausdehnung der Buchenrefugien Südeuropas weitgehend unbekannt. — Bei erneuter Überprüfung zweier warmzeitlicher Lagerstätten, die bisher als Hinweise auf Eem-interglaziale Buchenvorkommen in Norddeutschland galten, stellte sich jetzt heraus, daß das von C. A. WEBER untersuchte Vorkommen von Fahrenkrug keine Buchenreste enthält; die früheren Angaben beruhen anscheinend auf Fehlbestimmungen. Das *Fagus*-führende „Interglazial" von Bergedorf gehört aber offenbar in das Postglazial: AVERDIECK (1). Die PF eines eiszeitlichen Schotters, mit *Abies*, *Picea* und *Fagus*, bei Neubrugg nördlich von Bern, soll jedoch aus dem Eem oder aus einer älteren Warmzeit datieren (LÜTKY, MATTER und NABHOLZ); und ebenfalls in das letzte Interglazial gehört aus stratigraphischen und vegetationsgeschichtlichen Gründen die an thermophilen Laubholz-Pollen reiche untere Verlehmungszone des „Fellabrunner Komplexes" in Oberfellabrunn, in der unter 200 BP 11 Pollen von *Fagus* gefunden worden sind (FRENZEL). Vielleicht darf hieraus abgeleitet werden, daß durch Niederösterreich die nordwestliche Verbreitungsgrenze von *Fagus* verlief, zumal da MARKOVIČ-MARJANOVIČ aus gleichalten Sedimenten im Becken der Metohija (Flußgebiet des Beli Drim in Jugoslawien) Makrofossilien von *Fagus* erwähnte.

Von der Po-Ebene geben aber MARCHESONI und PAGANELLI neuerdings an, daß *Fagus* im Eem nicht oder nur ganz vereinzelt vorgekommen sei.

Diatomeenfloren: Bislang ist interglazialen Diatomeenfloren meist nicht die Beachtung geschenkt worden, die ihnen vom ökologischen Standpunkt aus zukommt. Daher ist es besonders zu begrüßen, daß BEHRE und BENDA letztinterglaziale Kieselgurlager der Lüneburger Heide ausführlich untersucht haben. Hierbei gliederte BEHRE überdies die letztinterglaziale Vegetationsgeschichte der Lüneburger Heide ähnlich wie SELLE (1) sehr eingehend: I Birken-Zeit; II Kiefern-Birken-Zeit; III Kiefern-EMW-Zeit; IVa Hasel-EMW-Kiefern-Zeit; IVb EMW-Hasel-Eiben-Zeit; V Hainbuchen-Zeit; VI Kiefern-Fichten-Tannen-Zeit; VII Kiefern-Zeit. *Picea omoricoides* wurde hier nicht gefunden. Die Diatomeenfloren lassen erkennen, daß der fossile See bis IVb noch oligotroph war; danach eutrophierte er jedoch. Von der Grenze VI/VII an nahm der Trophiegrad wieder ab. Die Ursachen hierfür werden in der fortgeschrittenen Auslaugung der Moränen, in der Akkumulation der Nadelstreu im Walde oder aber auch in der Entstehung eines Hochmoorgebietes in der Umgebung gesucht. Häufig zu beobachtende baltische und nordwestrussische Diatomeenfloren lassen nach ČEREMISINOVA (1—4) im Ablauf der Zeit den Übergang kalter Süßwasserseen zum interglazialen Meer erkennen. Dieser Wechsel habe sich in dem „Mga-Interglazial" abgespielt, das auf Grund der Diatomeenflora dem Eem zugeordnet wird. Daß die Nutzung der Diatomeenfloren als „Leitfossilien" bestimmter Interglaziale zulässig ist, muß allerdings angesichts der kritischen Bemerkungen von BENDA bezweifelt werden. — Besondere Erkenntnisse zur Waldgeschichte: BORÓWKO-DLUŻAKOWA und HALICKI machten bei Suwalki in der Nadelwaldphase vor dem Klimaoptimum des Eem zahlreiche Funde von *Picea obovata*, so daß angenommen werden muß, die sibirische Fichte sei zu Beginn des Eem wesentlich weiter nach Westen vorgestoßen als während der gesamten anschließenden Zeit einschließlich des Holozäns. Darüber hinaus beobachteten die beiden Autoren, daß *Abies* in der zweiten Hälfte des Interglazials dort nur in Spuren vertreten war, und auch *Carpinus* scheint aus lokalen Gründen stellenweise von geringer Bedeutung gewesen zu sein. KAC und KAC (2) verdankt man interessante Einblicke in die Vegetationsgeschichte der 2. Hälfte des letzten Interglazials Wolyniens, also eines Gebietes, das bisher paläobotanisch wenig durchforscht war. Hier steht 50 km südlich von Lemberg in einer Terrasse das Dnestr ein interglaziales Torflager an. Die Pollenflora läßt folgende Phasen der Waldgeschichte erkennen: 1. Ende einer *Pinus-Quercus*-Phase *(Corylus* bis mehr als 20%; EMW, meist *Quercus*, 17—20%). Am Ende dieser Phase erscheint *Pinus Cembra*. 2. *Pinus-Picea*-Phase mit angeblich sehr viel *Pinus montana* (nur Pollen!); *Carpinus* ist nur in dieser Phase vertreten (bis 5%). 3. *Pinus-Picea*-Phase mit *Picea Omorica*. 4. *Pinus-Betula*-Phase. Es handelt sich ausnahmslos um Waldphasen. Wichtige Makrofossilien: *Picea Omorica, P. orientalis, Betula nana, Selaginella selaginoides, Sphagnum Lindbergii*. Da *Betula nana* in demselben Horizont vorkam wie *Salvinia natans*, nehmen die Verff. aus einem Vergleich mit der heutigen Verbreitung ein Julimittel von 17,5° an (gegenwärtig 19,0°).

4. Die letzte Eiszeit und die Späteiszeit in Europa

Aus einer 37 170 ± 840 Jahre alten Fundschicht von Hengelo in Holland beschrieben TRALAU und ZAGWIJN makroskopische Reste von *Salix herbacea, S. reticulata, S. polaris, Dryas octopetala* und *Betula nana*. — Nach FLORSCHÜTZ und MENENDEZ AMOR (3) sowie MENENDEZ AMOR und FLORSCHÜTZ (1) waren *Artemisia*-Steppen mit *Ephedra, Helianthemum, Hippophaë* und *Chenopodiaceae* für die Stadiale der Letzten Eiszeit in Zamora und Andalusien (bei Granada) besonders bezeichnend, offenbar vergleichbar mit *Artemisia*-Steppen, die BONATTI (1—3) aus dem Gebiet von Rom ermittelte (24 460 ± 1300 und 17 040 ± 350 v. h.). Demgegenüber mutet es merkwürdig an, daß in der Po-Ebene ein „subarktischer *Pinus*-Wald" mit wenig *Picea* und *Abies* gediehen sein soll (MARCHESONI und PAGANELLI). Aus dem Gebiet des Laibacher Moores in Slovenien erwähnte ŠERCELJ (1, 3) eine subarktische Taiga aus *Pinus, Salix, Betula* und *Larix*, die dort während der kältesten Stadiale ein Refugium gefunden hatte. In diese Wälder waren stellenweise offene Landstriche eingeschaltet, mit *Gramineae, Chenopodiaceae, Ephedra* und *Selaginella*, jedoch ohne *Artemisia*. Das Weinviertel Niederösterreichs war die Domäne gramineenreicher Kräutersteppen, in denen bisweilen *Plantago maritima* und *Onosma* eine bedeutende Rolle gespielt hatten (FRENZEL).

Interstadiale von Amersfoort und Brørup, bzw. wärmere Phasen, die mit diesen Interstadialen verglichen werden: In dem Berichtzeitraum sind die erwähnten Wärmeschwankungen wiederholt bearbeitet worden. Hamburg-Bahrenfeld: HALLIK und KUBITZKI; Niederlande, bei Klosterhaar: POLAK und HAMMING; Heyda am Thüringer Wald: ZIEGENHART, JUNGWIRTH und SCHULTZ; ? Bugue, Dordogne: VAN CAMPO und BOUCHUD (wahrscheinlich von *Artemisia* bestimmte Steppen auf den kalkigen, gut drainierten Hängen, im Tal aber *Tilia-Populus*-Gehölze mit *Corylus*);

Gallejaure, Nord-Schweden: MAGNUSSON (Lückiger Birkenwald ohne Fichten und Kiefern, aber mit recht viel *Artemisia*); Slovenien in der Umgebung des Laibacher Moores: ŠERCELJ (2) (*Alnus-Picea*-Phase, mit *Carpinus* (bis 10%), *Fagus* (bis 12%), *Corylus* (um 5%) sowie *Tilia* und *Quercus*]. Besondere Beachtung verdient die Beobachtung von AVER-DIECK (2), daß in Dithmarschen (Schleswig-Holstein) auf das Brørup-Interstadial noch ein weiteres gefolgt ist („Odderade-Interstadial"), in dem nicht mehr *Picea omoricoides* vorkam. Auch in Mittel-Rußland ist nach GERASIMOV, SEREBRJANNYJ und ČEBOTAREVA mit Bildungen dieser wärmeren Zeiten zu rechnen, in denen sich Nadelwälder, möglicherweise mit einer kleinen Beimengung thermophiler Gehölze, wieder etwas stärker ausgedehnt hatten. Der Vorschlag der genannten Autoren, diese wärmeren Phasen als „Ober-Wolgainterstadial" zu bezeichnen, erscheint jedoch angesichts des anderen Inhalts, den MOSKVITIN (1) diesem Interstadial ursprünglich beigemessen hatte, wenig glücklich.

Göttweig-Interstadial (= „Mologo-Šeksninsker Interglazial") [MOSKVITIN (1)]: Über die bestehende Problematik dieses sehr stark umstrittenen Interstadials äußerte sich erneut GROSS. Bei der gegenwärtigen Diskussion geht es einerseits um die Frage, ob dieses Interstadial überhaupt jemals existiert hat und andererseits darum, falls das zutreffen sollte, wie Klima und Vegetation damals geartet waren. Die Ansicht von GROSS über die Realität dieser wärmeren Zeit findet in der Beobachtung von DONOVAN eine Stütze, daß der Meeresspiegel damals (45000 bis 24000 vor heute (v. h.)] ungefähr genau so hoch wie heute gelegen habe. Nach MOSKVITIN (1) trennte das Mologo-Šeksninsker Interglazial (Synonym des „Göttweig" in Rußland) die ältere Kalinin-Vereisung von der jüngeren Ostaškov-Vereisung, die dem Brandenburger Stadium der Letzten Eiszeit entspricht. Die Kalinin-Vereisung soll aber jünger als das Mikulino (= Eem) sein. ČEBOTAREVA sowie GERASIMOV, SEREBRJANNYJ und ČEBOTAREVA zeigten jedoch, daß die Kalinin-Vereisung wahrscheinlich niemals existiert hat. Außerdem liegen von dem Mologo-Šeksninsker Interglazial nur sehr wenige zuverlässige paläobotanische Untersuchungen vor. C^{14}-Datierungen ergaben ein Alter von 42700 ± 2000 bis 25900 ± 900 v. h.: STARIK und ARSLANOV; ZUBAKOV. Sie decken sich also mit den Angaben von GROSS für Mittel- und Westeuropa. Pollenanalysen aus der Umgebung von Rybinsk (GORLOVA, METEL'CEVA, NOVSKIJ und SUKAČEV) sowie von der Balazna (GRIČUK), lassen eine Waldentwicklung erkennen, die im Falle von Rybinsk derjenigen des Letzten Interglazials deutlich ähnelt, die aber an der Balazna große Gemeinsamkeiten mit der postglazialen Waldgeschichte erkennen läßt. C^{14}-Datierungen der „interglazialen" Sedimente von der Balazna ergaben nun auch ein Alter von 5120 ± 200, bzw. 2760 ± 100 und 2400 ± 170 v.h.; bei dem Profil von Rybinsk wurde aber der oben erwähnte Zeitraum von 42700 bis 25900 v. h. ermittelt (ČEBOTAREVA; GERASIMOV, SEREBRJANNYJ und ČEBOTAREVA). Typische mikulino-(Eem-)interglaziale Bildungen weisen dasselbe Alter auf (SEREBRJANNYJ und ČEBOTAREVA; STARIK und ARSLANOV; GERASIMOV und ČEBOTAREVA): Die Datierungen haben offenbar die Leistungsfähigkeit des angewandten Gerätes weit überschritten! Unter dem Begriff des Mologo-Šeksninsker Interglazials scheinen somit sehr verschieden alte Bildungen (mindestens stellenweise) zusammengefaßt worden zu sein. Außerdem soll ein sehr mächtiger fossiler Boden im mittelrussischen Lößgebiet, der im Hangenden des letztinterglazialen Bodens ansteht (MOROZOVA), der also noch am ehesten während des erwähnten „Interglazials" gebildet worden sein müßte, unter Steppen eines kaltkontinentalen Klimas entstanden sein, nicht aber unter einem Walde wärmerer Klimate. Auch diese Beobachtung läßt Zweifel an der Realität des „Mologo-Šeksninsker Interglazials" aufkommen. — Aus dem „Göttweig-Aurignacien"-Interstadial beschrieben KNEBLOVA-VODIČKOVA von Česky Tešin und BIRKENMAJER und ŠRODOŃ von Brzeziny/Karpathen organogene Sedimente mit einer PF, die bei Brzeziny auf Fichtenwälder mit Kiefer und Lärche, bei Česky Tešin aber auf eine „strauchartige Vegetation und kleine Wäldchen parkähnlichen Charakters" neben den offenen *Artemisia*-Gesellschaften schließen läßt. Ebenfalls während des „Göttweig Interstadials" sind nach verbreiteter Ansicht die fossilen Böden des „Fellabrunner Komplexes" bzw. des „Stillfrieder Komplexes" in Niederösterreich gebildet worden. Diese Böden aber datieren bei Oberfellabrunn aus dem Letzten Interglazial, bzw. aus den Interstadialen von Amersfoort und Brørup, wie Pollenanalysen der einzelnen Lößhorizonte erkennen ließen, bei denen außer der PF der *Carpinus*-Phase des Letzten Interglazials auch noch diejenige subalpiner Nadelwälder (mit *Picea omoricoides*) des Amersfoort ermittelt worden ist (FRENZEL). — Demgegenüber halten jedoch ŠERCELJ (3), LONA (2) sowie MENENDEZ AMOR und FLORSCHÜTZ (1) das „Göttweig-Interstadial" als eine ausgesprochene Waldzeit in Slovenien, Oberitalien und Spanien, bei der es in den beiden zuerst genannten Ländern sogar zu einer beträchtlichen Ausdehnung des Buchen-Areals gekommen sein soll.

An der Realität des „Paudorf-Stillfried B-Interstadials", das um etwa 30000 bis 25000 v. h. stattgefunden hatte, ist jedoch nicht zu zweifeln. Bei Laibach dehnten sich damals Kiefernwälder aus, angeblich mit *Fagus* [ŠERCELJ (3)]; in Niederösterreich waren entlang den Flüssen ein subalpiner Nadelwald und der Ulmen-Eschen-Auenwald eingewandert (FRENZEL; KLIMA). Vielleicht datiert aus derselben Zeit eine Pollen- und Makrofossilienflora von Bialka Tatrżanska im Becken von Novyj Targ (West-Karpathen), die auf eine Wiesen- und montane Steppenvegetation mit Zwergstrauchheiden und vereinzelten Coniferen-Hainen schließen läßt: SOBOLEWSKA und ŠRODOŃ (Nachweis von *Ephedra fragilis* var. *campylopoda, E. distachya, Ranunculus sceleratus*).

Spätglazial. Es ist sehr interessant, daß LANG (1) der erste sichere Nachweis einer Klimaxvegetation aus *Betula nana*-Heiden der Ältesten Tundrenzeit in Süddeutschland (Schussenquelle) gelungen zu sein scheint (u. a. Funde von *Luzula sudetica, Potentilla aurea, Arabis alpina, Carduus defloratus* und *Ephedra* cf. *distachya*).

Wiederbewaldung im Bölling: Bei Moya, Barcelona, war Kiefern-Buschwerk in die sonst herrschenden *Artemisia*-Steppen vorgestoßen [MENENDEZ AMOR und FLORSCHÜTZ (2)]; im südwestdeutschen Alpen-

8*

vorland datiert aber die erste Wiederbewaldung spätestens aus dem Bölling [LANG (2)]; an der Dijle bei Heverlee-Leuven sowie im Kempenland nordöstlich von Antwerpen scheint sich ein Kiefern-Buschwerk mit *Corylus* und vielleicht auch einigen Vertretern des EMW ausgedehnt zu haben: MULLENDERS und GULLENTOPS; PLOEY. In Yorkshire (Tadcaster) zeichnet sich das Bölling durch einen schwachen Anstieg der Baumbirken-Kurve bei gleichzeitigem Rückgang des Anteils von *Betula nana* ab: BARTLEY (1). Im Südteil der Lüneburger Heide gediehen einzelne *Betula*-Wäldchen, mit *Salix* und *Hippophaë:* SELLE (2). In das Becken von Novy Targ (West-Karpathen) waren aber Haine aus *Betula, Pinus Cembra, Larix* und *Populus tremula* eingewandert: KOPEROWA. — Wiederbewaldung im Alleröd: Fast geschlossene Kiefernwälder bei Moya/Barcelona: MENENDEZ AMOR und FLORSCHÜTZ (2); ?*Pinus-Betula*-Wälder mit *Corylus* und wenig EMW an der Meije in den französischen Südalpen: COUTEAUX (1); Kiefernwälder, z. T. mit *Corylus* und EMW in Holland und Belgien: VAN DER HAMMEN; POLAK; MULLENDERS und GULLENTOPS; Kiefernwälder mit recht viel *Sanguisorba minor* und *Phragmites,* aber wenig *Empetrum* am Niederrhein: AVERDIECK und DÖBLING. Ost- und Mittel-England lag im Gebiet geschlossener *Betula*-Wälder, denen *Pinus* fehlte. An sie schloß sich in Wales und Ost-Irland die Waldtundra an, in West-Irland, Nord-England und Schottland aber die Tundra: Caernarvonshire: SEDDON (dort in der Jüngeren Tundrenzeit *Cryptogramma crispa* und *Saussurea*); Yorkshire: BARTLEY (1), Nord-England bei Tweed: CONOLLY; Lake District: PENNINGTON (*Polytrichum alpinum* und *Pseudoleskea patens* wohl durch Solifluktion in das Seebecken geschwemmt); Schottland: KIRK und GODWIN; DONNER (1); Kilrea, Nord-Irland: SMITH (3). Selbst bis zur Halbinsel Lista in Süd-Norwegen scheinen hochstämmige Birkengehölze vorgestoßen zu sein; sie verdrängten dort in beträchtlichem Maße die bis dahin herrschenden Schneeböden und *Artemisia*-Steppen: HAFSTEN. Falls aus dem Pollenanteil von *Hippophaë* die Lage der Waldgrenze rekonstruiert werden kann, folgte sie in Norddeutschland und Polen einer Linie, die etwa von Stendal über Frankfurt a. d. Oder, Posen und Plozk nach Kowno verlief. Südlich davon dehnten sich Birken-Kiefern-Wälder aus: SZAFER. Innerhalb dieses Waldlandes war der Anteil der einzelnen Holzarten verschieden: Den Nordfuß der Karpathen kleideten besonders Kiefernwälder mit *Larix* und *Salix,* vielleicht auch schon mit *Corylus, Quercus* und *Picea,* unterbrochen von offenen Vegetationstypen mit *Hippophaë, Ephedra distachya* und *Artemisia.* Im Nordost-Teil des Beckens von Sandomierz war aber die Birke der wichtigste Waldbaum: MAMAKOWA. Bei Novy Targ gediehen schon *Picea-Pinus*-Wälder mit *Betula* und *Alnus,* wahrscheinlich auch schon mit *Abies; Fagus, Carpinus, Corylus, Tilia* und *Quercus* scheinen in der Nähe gewesen zu sein: KOPEROWA.

Jüngere Tundrenzeit: An den Picos de Europa in Nordspanien waren noch „Baumsteppen" verbreitet, mit *Artemisia, Chenopodiaceae, Ephedra* und *Helianthemum:* FLORSCHÜTZ und MENENDEZ AMOR (1). In den Swiętokrzyś-Bergen Mittel-Polens traten aber neben die *Artemisia-Ephedra*-Gramineen-Steppen bereits Gehölze aus *Pinus, Larix* (!), *Betula* und *Salix:* SZCZEPANEK (vgl. im übrigen auch die bereits erwähnte Literatur). Merkwürdigerweise hat in allen bisher in Mittel- und

Westeuropa untersuchten fossilen Pingos, die nicht nur als Zeugen eines kontinentalen Klimas, sondern auch als recht sichere Hinweise auf das Vorhandensein ewig gefrorenen Bodens gelten können, die Ausfüllung der beim Zerfall entstehenden geschlossenen Hohlformen erst frühestens in der jüngeren Tundrenzeit begonnen: Belgien: Pissart (1, 2); Slotboom; Mullenders und Haesendonck; Schleswig-Holstein: Picard (2); Wales: Trotman.

5. Die Nacheiszeit in Europa

Höhenstufen der Vegetation. In den West-Karpathen (Becken von Novy Targ: Koperowa; Tatra-Nationalpark: Krippel) lag die aus *Pinus silvestris, P. Cembra, Betula* und wahrscheinlich *Pinus montana* gebildete Waldgrenze im Präboreal bei etwa 800—1000 m; im Boreal stieg sie weit über 1000 m Höhe hinauf, gebildet aus Lärchen, Arven und Kiefern. In geringeren Höhen stockten bereits *Ulmus-Tilia-Corylus*-Bestände und Fichtenwälder. Atlantikum: Unterhalb eines möglicherweise ausgedehnten Krummholzgürtels folgten die Lärchen-Arven-Stufe, der Fichten-Gürtel und der EMW-Gürtel. Vom Subboreal an werden die ersten Eingriffe des Menschen fühlbar. — Auch in Schottland hatte sich die aus Birken gebildete Waldgrenze im Boreal und Atlantikum um mindestens 300—400 ft. über ihre heutige Lage erhoben, ohne allerdings die alpine Region vollends zu verdrängen: Donner (1).

Pflanzenwanderungen: *Abies alba* scheint nach Süddeutschland über den Schweizer Jura, durch das Allgäu und von den Ostalpen her eingewandert zu sein: Langer (2, auch 1). *Fagus* kommt schon seit dem Subboreal auf Bornholm vor, wo sie im Gefolge der menschlichen Tätigkeit eine wechselvolle Geschichte erlebte: Mikkelsen. *Quercus Ilex* wird seit dem Boreal oder dem Präboreal in der Normandie und am Südrande der Alpen nachgewiesen; mehr als 1000 Jahre später trifft sie aber erst an der süddalmatinischen Küste ein. *Juglans regia* und *Castanea sativa* sind seit mindestens 3500 v. Chr. in der Nord-Türkei bzw. im Iran vorhanden; *Castanea* gedieh gleichzeitig auch an der Ostküste Spaniens. In der griechisch-römischen Zeit erscheinen sie endlich am Südrande der Alpen und in Dalmatien: Beug (1). — Recurrensflächen: In der letzten Zeit ist die Diskussion über die Ursachen des Auftretens von Stillstandslagen des Hochmoorwachstums, der Recurrensflächen, erneut in Fluß gekommen. Es geht hierbei besonders um die Frage, ob die Recurrensflächen als Reaktion der Moore auf allgemeine Klimaschwankungen in Richtung auf eine Zunahme der Trockenheit zu deuten sind, oder ob sie Folgen lokaler hydrologischer Verhältnisse eines einzigen Moores oder gar nur eines Teils eines Moores darstellen. — Nach Aletsee und Overbeck scheint das Entstehen von Recurrensflächen (Schwarzweißtorf-Kontakt: SWK) im wesentlichen mit Klimaschwankungen zusammenzuhängen, wenn auch lokale hydrologische Verhältnisse das Bild komplizieren. Bevorzugte Zeiten einer SWK-Bildung sind 1500 v. Chr., 1000 bis 500 v. Chr., 200 v. bis 200 n. Chr. und 500 bis 700 n. Chr.: Aletsee. In verschiedenen Teilen eines Moores kann aber das Alter des SWK um 1000 Jahre schwanken [Schneekloth (1)], und die Unterbrechung der Moorbildung während der Entstehung eines SWK beträgt vielfach 400 bis 650 Jahre: Lundqvist; Willutzki [vgl. hierzu auch Schneekloth (2, 3), Schneider und Steckhan]. Die Bedeutung lokaler Faktoren bei der Entstehung von Recurrensflächen darf demnach keineswegs unterschätzt werden.

Anthropogene Veränderungen der Vegetation: Die neolithische Landnahme scheint, abgesehen von der sehr frühen Siedlung von Nea Nikomedia in griechisch Mazedonien (6220 ± 150 v. Chr.; dort schon Getreidebau und Macchie nachweisbar: Rodden u. Mitarb.; Godwin und Willis), in Nordwest-Europa um 3400 v. Chr. von Irland (Clark und Godwin),

bzw. um 3500—4000 v. Chr. von der Bretagne [VAN ZEIST (2)] aus-
gegangen zu sein und sich dann langsam über ganz England, Dänemark
und die angrenzenden Gebiete bis etwa 3000 v. Chr. ausgebreitet zu
haben. Die sich hierbei abspielenden Veränderungen in der Vegetation
sind wiederholt bearbeitet worden: Übersichten: TROELS-SMITH (1, 2);
Nordirland: SMITH (1, 3); Westmorland: SMITH (2); Sittard, Holland:
VAN ZEIST (1); Mecklenburg: SCHMITZ (1), Treignes, Belgien: MULLEN-
DERS, DUVIGNEAUD und COREMANS (1,2); belgische Ardennen: MULLEN-
DERS und KNOP; Nord-Spanien, am Picos de Europa: FLORSCHÜTZ und
MENENDEZ AMOR (1; die heutige „Waldsteppen"-Vegetation folgte dort
auf einen *Pinus-Betula-Quercus*-Wald); Zentral-Pyrenäen: BARTLEY (2);
Schleinsee, Südwest-Deutschland: MÜLLER (seit dem jüngeren Atlanti-
kum häufige, aber kurzfristige Rodungsperioden, zwischen denen sich der
Wald wahrscheinlich niemals bis zum Urzustand regeneriert hat); ge-
ringe Rodungen im Becken von Sandomierz, die sich in einem starken
Abfall der *Pinus*-Kurve bemerkbar machen: MAMAKOVA; derselbe Vorgang in den Swiętokrzyś-Bergen Mittelpolens, hier jedoch mit viel stärkerem Anteil der Getreide- und Unkrautpollen als in manchen anderen
Gebieten Europas: SZCZEPANEK. — SMITH und WILLIS verdankt man den
Nachweis, daß jeweils ein Rodungszyklus (vom Beginn der Rodungen
bis zum vollständig regenerierten Hochwald) rund 200—400 Jahre umfaßt hat, wobei die eigentliche Landnutzungsphase nur ein bis wenige
Jahrzehnte dauerte. — Die so frappante Folge: *Ulmus*-Rückgang → Auftreten der ersten Getreide- oder/und Unkrautpollen hatte schon früher
Anlaß gegeben, in dem *Ulmus*rückgang den Einfluß des Menschen zu
erblicken. Dieselbe Ansicht vertritt auch TURNER. Das würde bedeuten,
daß die Grenze Atlantikum/Subboreal, die bei dem *Ulmus*abfall gezogen
wird, anthropogenen Ursprungs ist und somit gebietsweise unterschiedlichen Alters sein mag. Die für den Rückgang von *Ulmus* verantwortlich
zu machende Laubfütterung studierte HEYBROCK an entsprechenden
Wirtschaftstypen in Europa und im Himalaya. Daß es sich hierbei jedoch
nur um die Tätigkeit des Menschen gehandelt hat, ist nicht entschieden,
denn für mehrere westdeutsche Gebirge (SCHÜTRUMPF), für den Harz
(WILLUTZKI), für Schottland [DONNER (1)] und für die Bretagne [VAN
ZEIST (2)] liegen deutliche Hinweise dafür vor, daß der *Ulmus*-Abfall zu
derselben Zeit auch dort eingetreten ist, wo ein Einfluß des Menschen
nicht zu erkennen ist. Zu dem unzweifelbaren menschlichen Eingriff
scheinen somit klimatische Veränderungen hinzugetreten zu sein, wie
vielleicht auch aus der Beobachtung von OLDFIELD und STATHAM sowie
von OLDFIELD (2) im englischen Lake district gefolgert werden kann, daß
der *Ulmus*-Abfall in den "primary elm decline" und in die anschließende
"landnam phase" aufzugliedern ist. Außerdem sind bereits im Atlantikum
in Dänemark Veränderungen in der Zusammensetzung der Holzarten aufgetreten, die nur als Ergebnis von Klimaschwankungen gedeutet werden
können: JØRGENSEN. Nach FÜRST weisen die starken Schwankungen in
der Jahrringbreite neolithischer Hölzer auf eine damals höhere Kon-
tinentalität des Klimas. Dem widerspricht aber die besonders starke
synchrone Vermoorung im Oberharz: WILLUTZKI.

Weitere Angaben zur Vegetationsgeschichte im späten Atlantikum und im Subboreal/Subatlantikum: Dendrochronologische Synchronisierung der Michelsberger und der Cortaillod-Kultur: HUBER und MERZ. Neufunde für das britische Postglazial von *Anagallis arvensis, Sagina nodosa, S. procumbens, Stellaria neglecta, Juncus acutiflorus* u. a. aus der ersten Hälfte des 1. Jahrtsd. v. Chr. in Kent: GODWIN. Älteste Drainagen (525 ± 115 v. Chr.) und Beginn der Plaggendüngung (um 650 bis 700 n. Chr.) in der Grafschaft Bentheim: SCHNEEKLOTH und WENDT. Nachweis des Polygono-Chenopodion und von Secalinetea-Pflanzen in römerzeitlichen Kulturschichten bei Köln: KNÖRZER. — Nach BEUG (2) führte der Mensch im 4. oder 3. vorchristlichen Jahrhundert in Süd-Dalmatien *Castanea* und *Juglans*, vielleicht auch *Pinus halepensis* ein und förderte durch seine Tätigkeit *Pinus* und die für Macchien so charakteristische *Pistacia*.

Historische Pflanzensoziologie. Von grundsätzlicher Bedeutung für die Pflanzensoziologie und -geographie sind die Ergebnisse pollenanalytischer Untersuchungen der letzten Jahre, bei denen sich herausgestellt hat, daß viele gegenwärtig in Europa wichtige Pflanzen-(besonders Wald-)gesellschaften erst der Tätigkeit des Menschen ihre Entstehung verdanken. So müssen die Waldhochmoore Südost-Holsteins [SCHMITZ (2)] und die vermoorten Fichtenwälder des Oberharzes (WILLUTZKI) als Folgen des mittelalterlichen und neuzeitlichen Eingriffs des Menschen in die Vegetation angesehen werden. Das gegenwärtig bei Stolberg (Nordwest-Eifel) verbreitete Querceto-Betuletum hat sich seit der karolingischen Rodung aus dem bisher herrschenden Buchenwald entwickelt. Dasselbe trifft für das Querceto-Carpinetum dieses Gebietes (TRAUTMANN), wie auch für dasjenige in Südost-Belgien zu: COUTEAUX (2). Die als Standorte für zahlreiche „Eiszeitrelikte" bekannten Moore in der Normandie bestehen vielfach erst seit dem Subatlantikum; die „Eiszeitrelikte" müssen also junge Zuwanderer sein: CORILLION und PLANCHAIS. Die heutige „Steppen"-Vegetation auf Öland hat sich dank der Tätigkeit des Menschen aus isolierten Standorten im sonst geschlossenen Laubwald entwickelt, in dem sogar *Fagus* vorgekommen ist: KÖNIGSSON. Das Querco-Abietetum sphagnetosum des schweizerischen Mittellandes entwickelte sich infolge der Eingriffe des Menschen aus einem Buchen-Tannen-Wald, dem die *Sphagnum*-Decken gefehlt hatten: ZOLLER (2). Parallel hierzu verlief während des Subboreals und des Subatlantikums die Entwicklung des bisher als frühpostglaziales Relikt angesehenen Bergkiefern-Moorwaldes der südlichen Entlebucher-Alpe aus einem *Abies-Picea-Fagus*-Wald: LÜDI. Die mittelalterlichen Rodungen in den Chiemgauer Alpen führten zu einer Umwandlung des damals herrschenden Buchen-Fichten-Tannen-Waldes in den heutigen Fichten-Tannen-Wald mit sehr wenig Buche: MAYER (1, 2). Dieselbe Entwicklung läßt sich bei Martino di Castrozza (Trient) ableiten, wo die Entwicklung unter dem Einfluß des Menschen von Buchenwäldern zum heutigen *Picea*-Wald mit *Larix* führte: PAGANELLI (2). Schließlich geht die Kastanienregion Insubriens unmittelbar auf die Tätigkeit des Menschen zurück, und zwar nicht nur dadurch, daß *Castanea* erst von den Etruskern eingeführt worden ist, sondern auch durch die im Ablauf der Zeit stark schwankende Nutzung dieses Baumes: ZOLLER (1).

Sonstige Beobachtungen zur postglazialen Vegetationsgeschichte: Nach DONNER (2) sind in Finnland drei große Waldgebiete zu unterscheiden, die eine unterschiedliche Einwanderungsgeschichte gehabt haben: Süd- und Mittelfinnland, Nordost-Finnland und Nord-Finnland. Die geschichtlichen Unterschiede bedingen es, daß in den drei Gebieten verschiedene Gliederungsprinzipien des Postglazials angewandt werden müssen. Diese entsprechen in Süd- und Mittel-Finnland den in Schweden üblichen; in Nordost-Finnland schließen sie sich an das von NEIJŠTADT an (so auch RUUHIJARVI: deutliche Schlenken treten in den nordfinnischen Mooren erst im Subatlantikum auf; VASARI; VASARI, VASARI und KOLI), und für Nord-Finnland mußte eine neue Gliederung aufgestellt werden. Nach LAPPALAINEN und VASARI kommen schon in Sedimenten der Jüngeren Tundrenzeit in Südost-Finnland makroskopische Reste hochstämmiger Birken und von Kiefern vor. Außerdem sei dort damals die Fichte gewachsen. In der Krautschicht war *Empetrum* besonders wichtig, zusammen mit *Carex chordorrhiza, C. diandra* und *C. limosa.* — Merkwürdig sind einige sehr „junge" C^{14}-Daten aus Rußland: Grenze Boreal/Atlantikum bei Tyrvala an der Memel und am Ojat' in der Smolensk' Oblast': 7370 $\pm$ 210 bzw. 7970 $\pm$ 260 v. h.: STARIK und ARSLANOV; Grenze Atlantikum/Subboreal: Straße Leningrad-Petrozavodsk: 3050 $\pm$ 180 v. h. (STARIK und ARSLANOV); Moor Berendeevo, 100 km nordöstlich von Moskau: 3500 v. h.: NEJŠTADT u. Mitarb. — Nach BORÓWKO-DLUŻAKOWA (2) ist der hohe Anteil des EMW (bis 40%) in der wärmezeitlichen Vegetation der Tucheler Heide durch den besonderen Kalkgehalt des Bodens zu erklären. — POP verdankt man ausführliche Angaben über die Waldgeschichte der Kleinen Walachei: Das Gebiet war im Postglazial weithin mit Eichenwäldern bedeckt, zu denen etwa um 3000 bis 4000 v. h. *Carpinus*-Wälder und noch später *Fagus*-Wälder traten, von denen bisher vielfach angenommen worden ist, sie hätten dort ein eiszeitliches Refugium gehabt. Mindestens in der Buchenzeit hat es dort keine Steppen gegeben.

Literatur

Abkürzungen: Ber. Geobot. Inst. = Berichte d. Geobotanischen Instituts d. Eidgenöss. Techn. Hochschule Zürich; — Bjulleten' = Bjulleten' Komissii po izučeniju četvertičnogo perioda; — DAN = Doklady Akademii Nauk SSSR; — EuG = Eiszeitalter und Gegenwart; — GP = Grana Palynologica; — PS = Pollen et Spores; — Trudy G. I. = Trudy Geologičeskogo Instituta, Akademija Nauk SSSR; — Trudy Kom. = Trudy Komissii po izučeniju četvertičnogo perioda; — Veröff. Geobot. Inst. = Veröffentlichungen d. Geobotanischen Instituts d. Eidgenöss. Techn. Hochsch. Zürich.

ABRAMOVA, A. L., i I. I. ABRAMOV: Problemy Botaniki 6, 7—17 (1962). — ALETSEE, L.: Ber. Geobot. Inst. 34, 56—57 (1963). — ANANOVA, E. N.: (1) Trudy Kom. 20, 67—84 (1962); — (2) PS 4, 329 (1962); (3) 5, 387—396 (1963). — ANDERSEN, S. TH.: Danm. Geol. Unders., IV. Raekke 4, Nr. 8, 23 S. (1963). — AVERDIECK, F. R.: (1) EuG 13, 5—14 (1962); — (2) Ber. Geobot. Inst. 34, 58 (1963). — AVERDIECK, F. R., u. H. DÖBLING: Fortschr. Geol. Rheinld. u. Westfal. 4, 341—362 (1959).

BARANOV, V. I., i L. M. JATAJKIN: Problemy Botaniki 6, 18—26 (1962). — BARTLEY, D. D.: (1) New Phytol. 61, 277—287 (1962); — (2) PS 4, 105—110 (1962). — BEHRE, K. E.: Flora 152, 325—370 (1962). — BENDA, L.: Ber. Naturhist. Ges. Hannover 107, 31—47 (1963). — BERGLUND, B.: Botan. Notiser 116, 289—292 (1963). — BEUG, H. J.: (1) PS 4, 333—334 (1962); — (2) Veröff. Geobot. Inst. 37, 9—15 (1962). — BIRKENMAJER, K., i A. ŠRODOŃ: Z badań czwartorzędu w Polsce 9, 9—70 (1960). — BONATTI, E.: (1) Experientia (Basel) 17, 252 (1961); — (2) Pollen sequences from sediments of the lake of Monterosi, Central Italy, 13. S. hektogr. (1962); — (3) PS 4, 335—336 (1962). — BORÓWKO-DLUŻAKOWA, Z.: (1) Z badań czwartorzędu w Polsce 9, 105—130 (1960); — (2) Kwartalnik Geologiczny 6, 170—175 (1962). — BORÓWKO-DLUŻAKOWA, Z., i B. HALICKI: Acta Geol. Polon. 7, 361—401 (1957).

CAMPO, M. V., et G. AYMONIN: Flora 152, 679—688 (1962). — CAMPO, M. V., et J. BOUCHUD: C. R. Acad. Sci Paris 254, 897—899 (1962). — CAPENKO, M. M., i N. A. MACHNAČ: Trudy Kom. 20, 85—91 (1962). —ČEBOTAREVA, N. S.: Trudy Kom. 19, 148—169 (1962). — ČEREMISINOVA, E. A.: (1) DAN 141, 698—700 (1961); (2) 139, 692—695 (1961); — (3) Bjulleten' 25, 50—70 (1961); — (4) DAN 145,

891—894 (1962). — CHANDA, S.: Geol. Jahrb. 79, 783—844 (1962). — CLARK, J. G. D., and H. GODWIN: Antiquity 36, 10—23 (1962). — CONOLLY, A. P.: Proc. Linn. Soc. London 172, pt. 1, 56—62 (1961). — CORILLION, R., et N. PLANCHAIS: PS 5, 373—386 (1963). — COUTEAUX, M.: (1) PS 4, 111—120 (1962); — (2) Bull. Soc. Roy. Bot. Belg. 94, 261—278 (1962).

DAVÎS, M. B.: Amer. J. Sci. 261, 897—912 (1963). — DONNER, J. J.: (1) Comment. Biol. Soc. Sci. Fenn. 24, Nr. 6, 29 S. (1962); — (2) Acta Bot. Fenn. 65, 40 S. (1963). — DONOVAN, D. T.: Bull. Geol. Soc. Amer. 73, 1297—1298 (1962). — DOROFEEV, P. I.: Materialy po ist. flory i rastitel'nosti SSSR 4, 5—180 (1963). — DRICOT, E. M.: Bull. Soc. Belge de Géol., Paléontol. et Hydrol. 70, 113—141 (1962). — DUIGAN, S. L., and B. W. SPARKS: Phil. Transact. Roy. Soc. London 246 B, 149—202 (1963). — DUMITRASHKO, N. V., D. A. LILIENBERG, B. A. ANTONOV, S. P. BALYAN, B. A. BUDAGOV, E. M. VELIKOVSKAJA, P. V. KOVALEV i D. V. TSERETELI: Rep. 6. Intern. Congr. Quaternary, Warsaw 1961 3, 77—87 (1963).

ELHAI, H., et A. RUDEL: C. R. Acad. Sci. Paris 253, 2093—2095 (1961). — ELHAI, H., P. GRANGEON et A. RUDEL: C. R. Acad. Sci. Paris 256, 4700—4702 (1963). — ERD, K.: Ber. Geol. Ges. DDR 7, 259—261 (1962).

FAEGRI, K.: (1) North Atlantic Biota and their History, 221—232 London (1963); — (2) Naturen 5, 259—295 (1963). — FLORSCHÜTZ, F., u. J. MENENDEZ AMOR: (1) Veröff. Geobot. Inst. 37, 68—73 (1962); — (2) GP 4, 452—458 (1963); — (3) Ber. Geobot. Inst. 34, 59 (1963). — FOLLIERI, M.: (1) Ann. di Bot. 26, 1—3 (1958); (2) 26, 3—16 (1958); — (3) Nuov. Giorn. Bot. Ital. 66, 707—708 (1959); — (4) Quaternaria 5, 261—263 (1958—1961); (5) 5, 265—269 (1958—1961); — (6) Ann. di Bot. 27, 245—280 (1962). — FOLLIERI, M., e M. G. MAGRI: Ann. di Bot. 27, 1—17 (1961). — FRANTZ, U.: Monatsber. Dtsch. Akad. Wiss. 3, 426—435 (1961). — FRENZEL, B.: EuG 15, 5—39 (1964). — FÜRST, O.: Flora 153, 469—508 (1963). — FUNNEL, B. M., and R. G. WEST: Quaterly J. Geol. Soc. London 118, 125—141 (1962).

GERASIMOV, I. P., i N. S. ČEBOTAREVA: Izv. Akad. Nauk SSSR, Ser. geogr., 1963, Nr. 5, 36—44 (1963). — GERASIMOV, I. P., L. R. SEREBRJANNYJ i N. S. ČEBOTAREVA: Antropogen russkoj ravniny i ego stratigr. komponenty, 5—60 Moskva (1963). — GODWIN, H.: Veröff. Geobot. Inst. 37, 83—99 (1962). — GODWIN, H., and E. H. WILLIS: Radiocarbon 4, 57—70 (1962). — GORECKIJ, G. I.: Trudy Kom. 20, 25—46 (1962). — GORLOVA, R. N., E. P. METEL'CEVA, V. A. NOVSKIJ i V. N. SUKAČEV: DAN 140, 1427—1430 (1961). — GRANGEON, P., et A. RUDEL: C. R. Acad. Sci. Paris 254, 2617—2619 (1962). — GRIČUK, V. P.: DAN 137, 380—383 (1961). — GROSS, H.: Quartär 14, 49—68 (1962/63). — GUBONINA, Z. P.: Voprosy paleogeografii i geomorfologii bassejnov Volgi i Urala, 99—121 Moskva (1962). — GUZMAN, A. A.: Materialy po geol. i polezn. iskop. central'n. raj. evrop. časti SSSR 5, 136—138 (1962).

HAFSTEN, U.: GP 4, 326—337 (1963). — HALLIK, R., u. K. KUBITZKI: EuG 12, 92—98 (1962). — HAMMEN, T. v. D.: Geol. en Mijnb. 19, 396—397 (1957). — HAVINGA, A. J.: Een palynologisch onderzoek van in dekzand ontwikkelde bodemprofielen, Diss. Wageningen, 165 S. (1962). — HEIM, J.: Bull. Soc. Roy. Bot. Belge 96, 5—92 (1962). — HEIM, J., et CH. KNOP: Bull. Mus. hist. nat. Marseille 22, 97—102 (1962). — HEYBROCK, H. M.: Acta Bot. Neerl. 12, 1—11 (1963). — HUBER, B., u. W. MERZ: Germania 41, 1. Halbbd., 1—9 (1963).

IVANOVA, N. G.: Bjull. Mosk. Obšč. Ispyt. Prirody. otd. geol. 37, 1, 111—119 (1962). — JØRGENSEN, S.: Danm. Geol. Unders., II. Raekke, Nr. 87 (1963).

KAC, N. JA., i S. V. KAC: (1) Bjulleten' 25, 35—49 (1960); (2) 26, 61—73 (1961); — (3) Bjull. Mosk. Obšč. Ispyt. Prirody, otd. biol. 67, 4, 62—78 (1962). — KARMIŠINA, G. I.: DAN 136, 169—171 (1961). — KIRK, W., and H. GODWIN: Transact. Roy. Soc. Edinburgh 65, 225—249 (1963). — KLIMA, B.: Dolni Vestonice, 427 S. Praha 1963. — KNEBLOVA-VODIČKOVA, V.: Preslia 35, 52—64 (1963). — KNÖRZER, K. H.: Bonner Jahrb. Rhein. Landesmus. Bonn 162, 260—265 (1962). — KÖNIGSSON, L. K.: Geol. Fören. Förhandl. 84, 88—118 (1962). — KOPEROWA, W.: Acta Palaeobot. 2, Nr. 3, 1—62 (1962). — KORTENBOUT VAN DER SLUYS, G., and W. H. ZAGWIJN: Mededel. Geol. Stichting 15, 31—37 (1962). — KRIPPEL, E.: Biol. Prace 9, 5, 41 S. (1963). — KRIŽO, M.: Sbornik vys. školy zemedélské v Brne, C, 1963, Nr. 3, 189—206 (1963). — KUKLA, J., V. LOŽEK u. J. BARTA: EuG 12, 73—91

(1962). — KUZNECOVA, T. A.: (1) DAN **138**, 1421—1423 (1961); (2) **145**, 160—163 (1962).

LANG, G.: (1) Veröff. Geobot. Inst. **37**, 129—154 (1962); — (2) PS **5**, 129—142 (1963). — LANGER, H.: (1) 14. Ber. Naturf. Ges. Augsburg **73**, 120 S. (1962); — (2) Forstw. Cbl. **82**, 33—52 (1963). — LAPPALAINEN, V., and A. VASARI: Arch. Soc. Zool. Bot. Fenn. „Vanamo" **17**, 4, 197—202 (1962). — LONA, F.: (1) Boll. Soc. Geol. Ital. **81**, 3—5 (1963); — (2) Ber. Geobot. Inst. **34**, 67—68 (1963); (3) **34**, 69 (1963); — (4) Boll. Soc. Geol. Ital. **81**, 3—4 (1963). — LOPATNIKOV, M. I., i S. M. ŠIK: Materialy po geol. i polezn. iskop. centr. rajon. evrop. části SSSR **5**, 123—131 (1962). — LÜDI, W.: Veröff. Geobot. Inst. **37**, 169—182 (1962). — LÜTKY, H., A. MATTER u. W. K. NABHOLZ: Eclogae Geol. Helvet. **56**, 119—145 (1963).

MACOUN, J.: Prírodovedný Časopis Slezký **23**, 15—24 (1962). — MAGNUSSON, E.: Geol. Fören. Förhandl. **84**, 363—371 (1962). — MAI, D. H., J. MAJEWSKI u. K. P. UNGER: Geologie **12**, 765—815 (1963). — MAMAKOWA, K.: Acta Palaeobot. **3**, Nr. 2, 57 S. (1962). — MARCHESONI, V., e A. PAGANELLI: Rendiconti Ist. Sci. Univ. Camerino **1**, 47—54 (1960). — MARKOVIČ-MARJANOVIČ, J.: Rep. 5th Meeting geol. F. P. R. of Yugosl. 181—192 (1962). — MASLOVA, I. V.: DAN **137**, 387—390 (1961). — MAYER, H.: (1) Schweiz. Z. Forstwes. Nr. 7, 369—384 (1961); — (2) Forstw. Cbl. **81**, 357—371 (1962). — MENENDEZ AMOR, J., et F. FLORSCHÜTZ: (1) Geol. en Mijnb. **41**, 131—134 (1962); — (2) Estudios Geol. **18**, 93—95 (1962). — MIKKELSEN, N. M.: Bot. Tidskr. **58**, 253—280 (1963). — MOROZOVA, T. D.: DAN **143**, 405—408 (1962). — MOSKVITIN, A. I.: (1) Trudy Kom. **18**, 160—171 (1961); — (2) Bjulleten' **27**, 162 (1962); — (3) Izv. Akad. Nauk SSSR, Ser. geol. **1962**, 7, 35—44 (1962); — (4) Trudy G. I. **64**, 263 S. (1962). — MÜLLER, H.: Geol. Jahrb. **79**, 493—526 (1962). — MULLENDERS, W.: Bull. Soc. Roy. Bot. Belg. **94**, 131—138 (1962). — MULLENDERS, W., J. DUVIGNEAUD et M. COREMANS: (1) Bull. Ass. Nat. professeurs de biol. Belg. **9**, 198—209 (1963); — (2) GP **4**, 439—448 (1963). — MULLENDERS, W., en F. GULLENTOPS: Agricultura **5**, 2. reeks, 57—64 (1957). — MULLENDERS, W., et F. HAESENDONCK: Z. Geomorph. **7**, 165—168 (1963). — MULLENDERS, W., et CH. KNOP: Bull. Soc. Roy. Bot. Belg. **94**, 163—175 (1962).

NEJSTADT, M. I., A. L. DEVIRC, N. G. MARKOVA, E. I. DOBKINA i N. A. CHOTINSKIJ: DAN **144**, 1129—1131 (1962).

OLDFIELD, F.: Geogr. Annaler **45**, 23—40 (1963). — OLDFIELD, F., and D. C. STATHAM: New Phytol. **62**, 53—66 (1963). — OVERBECK, F.: Ber. dtsch. bot. Ges. **76**, (2)—(12) (1963).

PAAS, W.: EuG **12**, 165—230 (1962). — PAGANELLI, A.: (1) Boll. Soc. Eustach. **52**, 3—11 (1959); — (2) Studi Trent. di sc. Natur. **36**, 60—72 (1959); — (3) Nuov. Giorn. Bot. Ital. **67**, 601—605 (1960); — (4) Arch. Bot. e Biogeogr. Ital. **37**, 4. serie, **6**, Nr. 4, 1—8 (1961); — (5) Rendiconti Ist. Sci. Univ. Camerino **2**, 83—96 (1961); — (6) Nuov. Giorn. Bot. Ital. **68**, 109—117 (1961); — (7) Nuov. Giorn. Bot. Ital. **69**, 103—108 (1962). — PAGANELLI, A., e A. SOLAZZI: (1) Rendiconti Ist. Sci. Univ. Camerino **2**, 141—145 (1961); (2) **3**, 64—89 (1962). — PENNINGTON, W.: New Phytol. **61**, 28—31 (1962). — PICARD, K.: (1) Abstr. pap. 6. INQUA-Congr. 30 (1961); — (2) Schr. naturw. Ver. Schlesw.-Holst. **32**, 72—77 (1961); — (3) N. Jb. Geol. Paleontol., Monatsh. **1962**, 273—281 (1962). — PIGOTT, C. D., and M. F. PIGOTT: New Phytol. **62**, 317—334 (1963). — PISSART, A.: (1) Z. Geomorph. **7**, 147—165 (1963); — (2) Hautes Fagnes **1963**, Nr. 2, 57—77 (1963). — PLOEY, J. DE: GP **4**, 428—438 (1963). — POLAK, B.: Acta Bot. Neerl. **12**, 533—538 (1963). — POLAK, B., and C. HAMMING: Geol. en Mijnb. **42**, 202—205 (1963). — POLAK, B., G. C. MAARLEVELD, and D. J. G. NOTA: Geol. en Mijnb. **41**, 333—350 (1962). — POP, E.: Revue de Biol. **2**, 159—185 (1957).

RITCHIE, J. C., and S. LICHTI-FEDOROVIČ: PS **5**, 95—114 (1963). — RODDEN, R. J., G. W. DIMBLEBY, A. C. WESTERN, E. H. HILLS, E. S. HIGGS, and W. J. CLENCH: Proc. Prehist. Soc. **28**, 267—288 (1962). — RUUHIJÄRVI, R.: Ann. Bot. Soc. Zool. Bot. „Vanamo" **34**, Nr. 2, 40 S. (1963).

ŠANCER, E. V.: Trudy Kom. **20**, 5—24 (1962). — ŠČERBAKOVA, E. M.: Vestnik Mosk. Univ., Ser. 5, **1963**, Nr. 4, 25—31 (1963). — SCHMITZ, H.: (1) Dtsch. Akad. Wiss. Berlin, Schr. Sekt. Vor- u. Frühgesch. **10**, 14—38 (1961); — (2) Veröff. Geobot. Inst. **37**, 207—222 (1962). — SCHNEEKLOTH, H.: (1) Ber. dtsch. bot. Ges. **76**, (14)—(16) (1963); — (2) Beih. geol. Jb. **55**, 1—104 (1963); (3) **55**, 105—138

(1963). — Schneekloth, H., u. J. Wendt: Geol. Jb. **80**, 23—48 (1962). — Schneider, S., u. H. U. Steckhan: Beih. Geol. Jb. **55**, 139—192 (1963). — Schütrumpf, R.: Ber. Geobot. Inst. **34**, 72—73 (1963). — Seddon, B.: Philos. Transact. Roy. Soc. London **244 B**, 459—481 (1962). — Selle, W.: (1) Geol. Jb. **79**, 295—352 (1962); — (2) 106. Ber. naturhist. Ges. Hannover 41—47 (1962). — Semmel, A.: Notizbl. hess. Landesamt Bodenf. **91**, 359—365 (1963). — Šercelj, A.: (1) Razprave Geol. Poročila **7**, 25—34 (1961); — (2) Arheoloski Vestnik **13/14**, 273—286 (1962/63); — (3) Razprave, Slov. Akad. znanosti in umetnosti, prirodoslovne in medic. vede, odd. za prirodoslovne vede **7**, 363—418 (1963). — Serebrjannyj, L. R., i N. S. Čebotareva: Antropogen russk. ravniny i ego stratigr. komponenty, 74—85 (1963). — Slotboom, R. T.: Comparative geomorphological and palynological investigations of the Pingos (viviers) in the Hautes Fagnes (Belgium) and the mardellen in Gutland (Luxemburg); Diss. Amsterdam, 41 S. (1963). — Smith, A. G.: (1) Proc. Roy. Irish Acad. **59 B**, Nr. 16, 329—343 (1958); — (2) New Phytol. **58**, 105—127 (1959); — (3) Proc. Roy. Irish Acad. **61 B**, Nr. 20, 369—383 (1961); — (4) PS **4**, 378—379 (1962). — Smith, A. G., and E. H. Willis: Ulster J. Archaeol. **24—25**, 16—24 (1961/62). — Sobolewska, M., and A. Šrodoń: Folia Quaternaria **7**, 16 S. (1961). — Šrodoń, A.: (1) Acta Soc. Bot. Polon. **24**, 627—633 (1955); (2) **24**, 635—637 (1955); — (3) W. Szafer: Szata Roslinnej Polski, **1**, 513—543, Warszawa (1959); — (4) Kwartalnik Geol. **6**, 679—694 (1962). — Starik, I. E., i Ch. A. Arslanov: Bjull. Kom. po opredel. absol. vozrasta geol. formac. **5**, 43—47 (1962). — Sukačev, N.: PS **4**, 381 (1962). — Szafer, W.: Veröff. Geobot. Inst. **37**, 244—249 (1962). — Szczepanek, K.: Acta Palaeobot. **2**, Nr. 2, 45 S. (1961).

Tralau, H.: (1) Botan. Notiser **115**, 147—176 (1962); (2) **115**, 421—428 (1962); — (3) Phyton **10**, 103—109, Horn (1963); — (4) Kungl. Sv. Vetensk. Akad. Handl. 4. ser. **9**, Nr. 3 (1963). — Tralau, H., and W. H. Zagwijn: Acta Bot. Neerl. **11**, 425—427 (1962). — Trautmann, W.: Veröff. Geobot. Inst. **37**, 250—266 (1962). —. Troels-Smith, J.: (1) Smithsonian Rep. for 1959, Publ. 4413 (1960); — (2) Ber über d. 5. Internat. Kongr. f. Vor- u. Frühgesch. Hamburg, 825—832 (1961). — Trotman, D. M.: Z. Geomorph. **7**, 168—171 (1963). — Turner, J.: New Phytol. **61**, 328—341 (1962).

Vasari, Y.: Ann. Bot. Soc. Zool. Bot. Fenn. „Vanamo" **33**, Nr. 1, 140 S. (1962). — Vasari, Y., A. Vasari, and L. Koli: Arch. Soc. Zool. Bot. Fenn. „Vanamo" **18**, Nr. 2, 96—104 (1963). — Vronskij, V. A.: DAN **152**, 934—936 (1963).

West, R. G.: (1) Transact. Norfolk and Norwich Natural. Soc. **19**, 365—375 (1961); — (2) Proc. Roy. Soc. (London) **155 B**, 437—453 (1962); — (3) New Phytol. **61**, 189—190 (1962). — Willutzki, H.: Nova Acta Leopold. **25**, Nr. 160, 52 S. (1962). — Wolf, L., u. H. Lorenz: Geologie **12**, 492 (1963). — Wright, H. E., and H. L. Platten: PS **5**, 445—450 (1963).

Zagwijn, W.: (1) Fortschr. Geol. Rheinld. Westf. **4**, 5—26 (1959); — (2) Mededel. Geol. Stichting, C-III-1, Nr. 5, 78 S. (1960). — Zeist, W. van: (1) Palaeohist. **6—7**, 19—24 (1958/59); — (2) Norois **10**, Nr. 37, 5—19 (1963). — Ziegenhardt, W., J. Jungwirth u. H. J. Schultz: Geologie **12**, 700—714 (1963). — Zoller, H.: (1) Ber. Geobot. Inst. **32**, 263—279 (1961); — (2) Veröff. Geobot. Inst. **37**, 346—358 (1962). — Zubakov, V. A.: DAN **152**, 941—944 (1963).

8. Ökologische Pflanzengeographie

Bericht über die Jahre 1962 und 1963

Von Heinz Ellenberg, Zürich

I. Standortslehre

1. Allgemeines (auch zur Vegetationskunde)

Die Einflüsse der Atomenergie-Gewinnung auf die Umweltsbedingungen von Lebensgemeinschaften sowie den Umlauf radioaktiver Elemente in Ökosystemen (Biozönosen) studiert die „Radioökologie", die sich besonders in den USA rasch zu einem bedeutenden Forschungszweig ausgewachsen hat. Die von Schultz und Klement gesammelten Referate gestatten einen Einblick in Probleme, Methoden und bisherige Ergebnisse. Allein die Bibliographie der Land- und Süßwasser-Radioökologie umfaßt bereits 2030 Nummern.

Biebl (1) behandelt in seinem Überblick über die „Protoplasmatische Ökologie der Pflanzen" zunächst Wasser und Temperatur.

Die Ergebnisse einer Konferenz über Probleme der experimentellen Geobotanik, wie sie sich in Rußland stellen, gab Markow heraus. Einen guten Überblick über den Stand der russischen Geobotanik, insbesondere der Waldökologie, vermitteln die zum 80. Geburtstag Sukatschews von Lawrenko (1) redigierte Festschrift, die von Jurkewitsch herausgegebene Sammlung geobotanischer Studien über Wiesen und der umfangreiche Band der „Geobotanica" über die Steppenvegetation im nördlichen Kasachstan [Lawrenko (2)].

In seiner knappen „Einführung in die Biogeographie von Mitteleuropa", insbesondere von Deutschland, berücksichtigt Freitag auch zahlreiche Tiere, versucht also erstmals wieder eine zusammenfassende Schau von Pflanzen- und Tiergeographie. Mit dem von Ellenberg verfaßten Band IV, 2 („Vegetation Mitteleuropas in kausaler, dynamischer und historischer Sicht") ist die „Phytologie" Walters nunmehr abgeschlossen. Die bewährte „Pflanzensoziologische Exkursionsflora für Südwestdeutschland und die angrenzenden Gebiete" von Oberdorfer kam in 2., beträchtlich veränderter und erweiterter Auflage heraus.

Eine Monographie über „die Vegetation des Sonnenberger Moores im Oberharz und ihre ökologischen Bedingungen" verdanken wir Jensen. Ihm gelang eine Synthese von Vegetationsbeschreibung und -kartierung mit geschichtlichen und ökologischen Untersuchungen, wie sie heute selten zu finden ist. Auf die von Scamoni herausgegebene Gemeinschaftsarbeit über das Meßtischblatt Thurow sei auch hier hingewiesen (s. S. 430).

2. Wärmefaktor

Beispielhaft mit knappen Inhaltsangaben ausgestattet ist die Weltbibliographie der seit 1887 erschienenen Klimaatlanten (125 Nummern) und der 1945—1962 publizierten einzelnen Klimakarten (309 Nummern) von Aniol und Schlegel. Auch auf die alljährlich in den Bibliographien des Deutschen Wetterdienstes erscheinende agrarmeteorologische Bibliographie von Schneider sei hingewiesen. Neue Weltkarten 1:30 Mill. der jährlichen Sonneneinstrahlung, des Wärmetransports durch Meeresströmungen sowie des Luftdrucks und der Winde im Januar und Juli gab Geiger heraus. Vom Klimadiagramm-Weltatlas (Walter und Lieth) erschien bisher nur die erste Lieferung.

Tropische Gezeitenalgen besitzen nach Untersuchungen von Biebl (2) an der Südküste von Puerto Rico ohne ökologische Notwendigkeit eine verhältnismäßig hohe, z. T. bis $-2°$ C reichende Kälteresistenz, ertragen aber im Gegensatz zu den Gezeitenalgen temperierter Meere das Einfrieren nicht. Tropische Tiefenalgen dagegen haben eine geringere Kälteresistenz als die temperierten ($+5$ bis $14°$ C statt $-2°$ C). Die Wärmeresistenz der meisten Tropenalgen ist überraschend gering ($35—40°$ C). Eine Wassertemperatur von $43°$ C tötet innerhalb von 12 Std sämtliche Gezeitenalgen.

Pinus cembra und andere immergrüne Gebirgspflanzen sind nach Larcher (3) „eisbeständig", d. h. sie werden während des Winters frosthart, ohne daß der Gefrierpunkt der Blätter erheblich sinkt. Gegen den Sommer verlieren sie diese Eisbeständigkeit wieder. Mediterrane Immergrüne wie *Olea europaea* hingegen bleiben auch im Winter „eisempfindlich" und erleiden Schaden, sobald sie gefrieren. Nach Tranquillini und Turner schwanken die Nadeltemperaturen von *Pinus cembra* an der Baumgrenze zwischen $-40°$ und $+40°$ C, d. h. um rund $20°$ mehr als in der Luft 2 m über dem Boden. Einen Überblick über die Bodentemperaturen in der Kampfzone oberhalb der Waldgrenze und im subalpinen *Pinus cembra-Larix*-Wald sowie über ihre Bedeutung für die Ansiedlung von Jungbäumen gab Aulitzki.

Künstliche Befrostung bzw. Kühlung von Pflanzen, z. B. von Jungbäumen, am Standort ist nach den Versuchen von Paulsell und Lawrence zu allen Jahreszeiten möglich mit Hilfe von Kühlschlangen, die um die Pflanzen gelegt und aus einer Druckflasche mit CO_2-Gas beschickt werden, das kurz zuvor verdampft wurde. Festes CO_2 („Trockeneis"), das man auf einer Metallplatte über der Pflanze auslegt, erfüllt den gleichen Zweck. In jedem Falle ist eine Isolierung gegen die Außenluft mit Wellpappe und Papier und sorgfältige Temperaturkontrolle notwendig.

Nach den gründlichen Untersuchungen von Sokołowski über die Schneedecke und den Bodenfrost in den Waldgesellschaften des Nationalparks Białowieża unterscheiden sich die einzelnen Assoziationen auch in diesen Faktoren beträchtlich. Eine wesentliche Rolle spielt die Mächtigkeit der Schneedecke, isoliert doch schon eine 15 cm dicke Decke den Boden fast vollkommen gegen die Winterfröste. Böden mit hohem Grundwasserstand, z. B. unter Sumpfwäldern und Seggenriedern, gefrieren überhaupt nur selten. Dauer und Höhe der Schneedecke über verschiedenen Pflanzengesellschaften der subalpinen Stufe bei Obergurgl (Ötztal) stellte Turner nach jahrelangen Messungen dar.

In alpinen Hochlagen über 2700 m genießen die Pflanzen seltener eine strahlungsbedingte Erwärmung über die Lufttemperatur, als allgemein angenommen wird. Denn an den zahlreichen trüben Tagen ist die Überwärmung ohnehin gering, und an klaren Tagen ist sie nach WINKLER nur im Windschutz beträchtlich, d. h. in Mulden oder Nischen, wo die Windgeschwindigkeit nicht über 1—2 m/sec steigt. Luft- und Bodentemperaturen im immergrünen *Orno-Quercetum ilicis*, das als lokale Dauergesellschaft im Küstenland von Triest vorkommt, sind während der Vegetationsperiode meist höher als im sommergrünen *Seslerio-Ostryetum*, der dortigen Vegetationsklimax (LAUSI und POLDINI). Das Mikroklima, insbesondere die Temperaturschwankungen, in Eichenmischwäldern und anderen Pflanzengesellschaften der Dobrudscha kennzeichnete BÎNDIU durch zahlreiche Tagesgänge.

Kleinklima-Vergleiche in Mooren führte SCHMEIDL am Boden und in 5 bzw. 200 cm Höhe über dem Boden aus. Von März bis November wurden im Grünland des Chiemseemoores auf Flachmoorboden 81 Tage mit Bodenfrost registriert, im Grünland auf drainiertem Hochmoor 93, im vorentwässerten Hochmoor mit Zwergsträuchern und einzelnen Kiefern 103 und im unberührten *Sphagnum*-Hochmoor 118 Tage. Das Kleinklima des Teufelsbruches in Berlin-Spandau, eines mesotrophen Moores mit zahlreichen boreal-subarktischen Pflanzen- und Tierarten, ist beträchtlich kälter und kontinentaler als das seiner Umgebung. Nach SUKOPP (1) verkrüppelt hier *Alnus glutinosa* durch häufiges Erfrieren in klaren Frühlingsnächten. Wachstumshemmungen, wie sie durch den für Hochmoor-Oberflächen charakteristischen scharfen Temperatur- und Feuchtigkeitswechsel zustandekommen, sind nach den experimentellen Untersuchungen RUDOLPHs die Hauptursache für die Bildung von anthocyanähnlichen Membranfarbstoffen bei *Sphagnum magellanicum* und anderen Torfmoosarten. Bei reichlicher Wasserzufuhr und günstiger Temperatur unterbleibt die Bildung der roten bis braunen Pigmente selbst bei stärkster Belichtung. Am natürlichen Standort im Hochmoor steht die Pigmentierung in enger Korrelation zu den Kleinklima-Bedingungen, die RUDOLPH in Holstein sorgfältig verfolgte.

Auf Blockschutt hat sich in den Schladminger Tauern durch die Kühlwirkung der zwischen den lockeren Steinen hinabstreichenden Luft ein eigenartiges *Sphagnum*-Hochmoor gebildet (SCHAEFTLEIN, vgl. auch Fortschr. Bot. 22, 113). Ähnliche Moore beobachtete HORVAT in den „Ponikven" (Dolinen) des kroatischen Karstes. Für den Beginn der ombrogenen Vermoorung spielt dort nach GRAČANIN (1) der Nadelhumus des *Pinus mugo*- Krummholzes als Isolator gegen den Karbonatuntergrund eine wesentliche Rolle.

Die „Palsen" (Torfhügel) der nordfinnischen Moore sind, wie RUUHIJÄRVI nach gründlichen Untersuchungen (s. auch Fortschr. Bot. 24, 139) zusammenfassend bestätigt, lediglich durch das Eis emporgehoben worden, das sich beim Gefrieren des Moorbodens in ihnen angesammelt hat. Heute befinden sich die Palsen, die wahrscheinlich vor etwa 3000 Jahren zu entstehen begannen, in einer Phase des Auftauens, möglicherweise infolge zunehmender Klimaverbesserung.

Für die Umgebung von Dresden und Tharandt errechneten BORSDORF und RANFT aus zahlreichen Vegetationsaufnahmen die „mittleren Temperaturzahlen" (mT) im Sinne von ELLENBERG (1952) und konstruierten aus den Mittelwerten für 2 × 2 km große Kartenfelder Linien gleicher mT. Diese stehen in guter Korrelation zur Verbreitung einzelner Pflanzenarten, die die Verfasser in genauen Punktkarten darstellten. Die kleine annuelle *Koenigia islandica* überschreitet weder in Skandinavien noch in Nordamerika die Isotherme für mittlere Sommermaxima von 24 °C, weil sie bei Temperaturen von über 45° abstirbt und diese nach Dahls Untersuchungen über den Wärmeaustausch an feuchten Oberflächen in Gebieten mit Lufttemperaturmaxima über 24° in Bodennähe öfters erreicht werden.

3. Wasserfaktor

„Gewässer und Wasserhaushalt des Festlandes" nennt Keller seine Einführung in die Hydrographie. Herkunft, Bewegung und Verbleib des Wassers in den Böden verschiedener Grünlandgesellschaften hat Eskuche an Hand von Lysimeter-Messungen in zahlreichen farbigen Diagrammen dargestellt. Mit methodischen Fragen zur Beurteilung des Wasserhaushaltes von Pflanzengesellschaften befaßten sich auch Klausing, Göttlich u. a.

Vielversprechend sind die Feuchte- und Dichtemessungen in Böden mit Hilfe von radioaktiven Strahlen und eigens dafür konstruierten Sonden, über die z. B. Diez berichtet. Für die Bestimmung des Wassergehaltes benutzt man Neutronenstrahlen. Der Wasserstoffgehalt einer Substanz steht in direkter Beziehung zur Umwandlung schneller in langsame Neutronen und kann bei mineralreichem Boden als Maß für dessen Wassergehalt benutzt werden. Über die Problematik der Messungen von Bodenwassergehalt und Welkungsprozentsatz mit der Gipsblockmethode berichteten Pisek und Heizmann. Eckardt diskutierte viele bisher von Ökologen verwendete Methoden zur Messung der Größen des Wasserhaushaltes von Pflanzen am Standort und forderte eine stärkere Koordinierung, vergleichende Überprüfung und Standardisierung der Methoden, insbesondere im Hinblick auf ökologische Arbeiten in ariden und semiariden Gebieten. Eine Standardisierung ökologischer Meßmethoden strebt auch das von der International Union for Biological Sciences geplante „Internationale Biologische Programm" an (Waddington u. a.).

Immergrüne Holzpflanzen wie *Rhododendron ferrugineum*, *Picea abies* und *Pinus cembra*, die an der klimatischen Waldgrenze ohne Schneeschutz überwintern, leiden besonders gegen Ende des Bergwinters häufig unter Wassermangel [Larcher (2)]. Dieser wird vor allem durch cuticuläre Transpiration in Schönwetterperioden bei gefrorenem Boden oder vereisten Leitbahnen verursacht.

Bei mediterranen Hartlaubgewächsen kann in der sommerlichen Trockenzeit der Turgor der Blattzellen vorübergehend negativ werden, d. h. die Saugspannung den osmotischen Wert übersteigen. Mehr als 4 at negativer Turgor trat nach den Untersuchungen von Kreeb (2) in Spanien bei *Quercus ilex, Ceratonia siliqua, Rhamnus alaternus* und *Citrus aurantiaca* auf, ein solcher von 2—4 at bei *Arbutus unedo* und *Rosmarinus officinalis*. Diese Werte sind nach Kreeb und Önal eher zu niedrig, denn die von Kreeb (1) entwickelte Methode zur Bestimmung der Saugspannung bedarf einer „Atmungskorrektur", da während der Messungen Substanzverluste auftreten.

Für den Wasserhaushalt der Chamaephyten in Wüsten und mediterranen Formationen ist nach Orshan ein mehr oder minder ausgeprägter Blattfall bedeutsam. Manche Wüsten-Halbsträucher reduzieren ihre Transpirationsorgane im Laufe des Sommers beträchtlich (Orshan und Zand). Annuelle Arten überdauern die Trockenzeit in Form von Samen. Durch wiederholte Besprengung mit 40 mm Wasser konnten Miège und Tschoumé im Sommer auf armen Wüstensandböden bei Dakar (Senegal) pro m² im Mittel 6350 (1700—17 000) Samen von insgesamt 45 Arten zum Keimen bringen. *Chloris pilosa* und *Cenchrus biflorus* machten davon 70% aus. Leichte Regenfälle spielen für das Überleben von Maispflanzen in Trockenzeiten eine unerwartet große Rolle, weil sich das Wasser an ihrer Stengelbasis sammelt und dort vielen ihrer Wurzeln zugute kommt (GLOVER und GWYNNE). In trockenem Grasland Kenyas fanden GLOVER u. Mitarb., daß das Wasser nach Regenschauern dort am tiefsten in den Boden eindringt, wo hohe Grashorste oder andere hochwüchsige Pflanzen, auch Bäume, stehen.

Die von KRAUSCH untersuchten Steppenpflanzen-Gesellschaften an den sonn-exponierten Randhängen des Oderbruches haben ein extremes Kleinklima im Vergleich zu „Wiesensteppen" und Wäldern derselben Gegend, leben also tatsächlich unter steppenähnlichen Bedingungen. Das Mikroklima der Calluneten in der Lüneburger Heide zeigt nach LÖTSCHERT (2) schon auf kleinem Raume beträchtliche Unterschiede, die sich auch auf die Transpiration auswirken.

In den montanen subtropischen Nebelwäldern von El Salvador wechseln die Lebensbedingungen der Epiphyten von der Regen- zur Trockenzeit mehr als man gewöhnlich annimmt. Die Piche-Evaporation z. B. steigt von $0,01-0,08$ cm^3/h auf $0,10-0,38$ cm^3/h, so daß xeromorphe Epiphyten begünstigt werden [LÖTSCHERT (1)]. Die von HOFMANN (1) untersuchten 15 Waldgesellschaften des Schutzgebietes Gellmersdorf an der Oder unterscheiden sich sowohl in den Tagesgängen der Evaporation (in 60 cm Höhe) als auch in den Mittelwerten zahlreicher Bestimmungen. Alno-Fraxineten und Alneten haben die niedrigsten Werte, *Pinus-*, *Quercus-* und *Tilia*-Mischwälder die höchsten. Diese Reihenfolge entspricht der zunehmend großen Einstrahlung auf Strauch- und Krautschicht.

ŠMARDA u. Mitarb. illustrierten den morphologischen und anatomischen Aufbau von *Nardus stricta* an nassen, mittleren und trockenen Standorten und die Verteilung dieses für die Gebirgsvegetation so charakteristischen Grases auf Probeflächen von verschiedenem Wasserhaushalt. Auch bei anderen Pflanzen der subalpinen Weiden variiert die Blatt- und Wurzelanatomie stark.

Ein theoretisches Diagramm der Beziehungen zwischen dem mittleren Jahresniederschlag und dem Jahresdurchschnitt der Netto-Trockensubstanzproduktion von Pflanzengesellschaften (ausgedrückt in Isoplethen von 1, 2, 5, 15, 30 und 50 t/ha . Jahr) konstruierte TOTSUKA auf Grund von Daten aus verschiedenen Vegetationstypen.

4. Licht und Stoffproduktion

Infolge der Reflexstrahlung von weißen Wolken kann die Globalstrahlung an der alpinen Waldgrenze nach TURNER und TRANQUILLINI Maxima erreichen, die weit über der Strahlung bei wolkenlosem Himmel liegen und die Solarkonstante übertreffen. Da die Nettoassimilation bereits bei einer Strahlung von $0,4-2,0$ cal/cm^2 . h positiv wird und das maximale Stundenmittel an der Waldgrenze 107 cal/cm^2 . h beträgt, liegt hier der Kompensationspunkt bei $^1/_{250}$ bis $^1/_{50}$ der vollen Einstrahlung. Soweit es aufs Licht ankommt, können also Jungbäume an strahlungsreichen Apriltagen bereits unter einer Schneedecke von etwa 50 cm Höhe kompensieren, in etwa 15 cm Tiefe unter Schnee mit halber und in 2 cm Tiefe mit voller Intensität assimilieren. Die mit dem Destillations-Pyranometer Bellani gemessene „Zirkumglobalstrahlung" schwankt im

Tages- und Jahreslaufe beträchtlich, auf dem Weissfluhjoch (2667 m) z. B. zwischen nahezu 400 und 160 cal/cm$^2 \cdot d$, in Davos (1600 m) zwischen 255 und 95 und in Basel (318 m) zwischen 225 und 40 cal/cm$^2 \cdot d$ (FLACH).

Durch einen Klappmechanismus wird die von LANGE konstruierte Küvette für CO$_2$-Gaswechselregistrierung mit dem URAS zwischen den einzelnen Messungen immer wieder geöffnet. Die Gewebetemperaturen bestrahlter Blätter zeigen deshalb bedeutend kleinere Erhöhungen als unter den üblichen Küvetten-Bedingungen, so daß diese Klapp-Küvette zur Wiederaufnahme von Assimilationsmessungen am natürlichen Standort ermutigen dürfte.

Nach Zusammenstellungen von ARUGA und MONSI, OGAWA (Fortschr. Bot. **24**, 138) und TEZUKA beträgt die (einseitig gemessene) Blattfläche von tropischen Regenwäldern das 8,5- bis 9,5-fache der Bodenfläche. Der Blattflächenindex liegt also in der Größenordnung mitteleuropäischer Wälder auf fruchtbaren Standorten oder sogar darunter. Auch in Japan können sommergrüne Laubmischwälder höhere Blattflächenindizes erreichen (13,7). Die höchsten wurden an immergrünen Galeriewäldern in NW-Thailand gemessen (16,6). Savannenwälder und laubwerfende Gebüsche haben wesentlich geringere Werte (4,2—4,9), die denen der Eichen-Birken-Wälder auf armen Sandböden NW-Europas entsprechen. Der Blattflächenindex von *Trifolium repens*- Reinbeständen unterliegt nach BROUGHAM starken jahreszeitlichen Schwankungen.

Die Stoffproduktion und die natürliche Produktivität verschiedener Lebensgemeinschaften stehen im Mittelpunkt des geplanten „Internationalen Biologischen Programms", weil noch immer viel zu wenige exakte und vergleichbare Daten vorliegen (WADDINGTON). Einen großen Teil des bisher Bekannten faßte WESTLAKE zusammen. Die primäre Nettoproduktion an organischer Substanz liegt beim Phytoplankton von Ozeanen und Seen ohne Abwasserzufuhr um 2—3 t/ha und Jahr, bei Süßwasser-Makrophyten der gemäßigten Zone um 6 und der Tropen um 17, d. h. bereits in der Größenordnung von sommergrünen Laubwäldern (12) oder Nadelwäldern (28), Wiesen (20) oder Ackerkulturen (22—30) des temperierten Klimas. Tropische Regenwälder erreichen nach WESTLAKE 50 und tropische Kulturen 75 t/ha · Jahr. Die primäre Nettoproduktion von Zwergstrauchheiden in den südlichen Appalachen erreicht nach WHITTAKER diejenige von Wäldern, nämlich 7—15 t/ha · Jahr. Blattfläche und Chlorophyllgehalt pro Bodenfläche sowie die Lichtabsorption durch den Bestand stehen auch bei diesen Gesellschaften in positiver Korrelation zur Produktion an organischer Substanz.

Tropische Regenwälder erzeugen nach BECKING (in LIETH, Fortschr. Bot. **24**, 126) durchschnittlich 12,6—13,1 t/ha · Jahr Derbholz-Trockensubstanz, während breitlaubige immergrüne Wälder der gemäßigten Zone nur 5,1—5,3 t hervorbringen. Dieser große Unterschied beruht nicht auf größerer photosynthetischer Leistungsfähigkeit der Tropenbäume [LARCHER (1)] und auch nicht auf einer größeren Blattfläche (s. o.), sondern darauf, daß diese das ganze Jahr hindurch ununterbrochen voll tätig ist (vgl. auch WALTER, Fortschr. Bot. **24**, 123).

Untersuchungen aus England, Rußland, einigen Tropenländern und anderen Gebieten über die Gesamtproduktion an organischer Substanz

und den Mineralstoffgehalt in Blättern, Zweigen, Stämmen und Wurzeln
sowie im Unterwuchs verschiedenartiger Wälder stellte OVINGTON (1) in
seiner anregenden Schrift über „Quantitative Ökologie und den Begriff
des Wald-Ökosystems" zusammen. Im mittleren Minnesota verglichen
OVINGTON, HEITKAMP und LAWRENCE die Biomasse und die Produktivität von Prärie, Savanne, Eichenwald und Maisfeld miteinander und untersuchten die jahreszeitliche Entwicklung der Biomasse in diesen Formationen. In der Regel ist die Jahresproduktion eines Waldes größer als die
eines Maisfeldes unter ähnlichen Standortsbedingungen. In Tennessee
ermittelten WHITTAKER, COHEN und OLSON die Nettoproduktion von
Liriodendron tulipifera, Quercus alba und *Pinus echinata* nach dem von
OVINGTON angewandten Verfahren. Blüten und Samen können erhebliche Teile der jährlichen Stoffproduktion von Baumbeständen aus-
machen, wie OVINGTON (2) z. B. an den Kätzchen von *Populus tremula*
nachwies.

Von der eingestrahlten Energie nutzen Buchenwälder der Ardennen
durch Photosynthese im Mittel netto 1,23% (0,93—1,51) pro Jahr oder
1,95% (1,48—2,40) in der Vegetationsperiode (NANSON). Ähnliche Werte
für die Energieausnutzung stellten HELMERS und BONNER in Amerika
fest (Buchenwald 2,5% pro Vegetationsperiode, Kiefernpflanzung 2,2%,
annuelle Kulturen 2%), während OVINGTON und HEITKAMP für englische
Nadelforsten und Rübenfelder während der Sommermonate zu höheren
Nutzeffekten kamen (7 bzw. 5%). Den Energie-Haushalt eines *Typha*-
Röhrichts studierte BRAY. Von der Gesamtstrahlung werden in der
Vegetationsperiode 1.1% (im Jahr nur 0,6%) zur Photosyntheseleistung
ausgenutzt, vom sichtbaren Licht ein doppelt so großer Prozentsatz.

Eine Bibliographie über die Produktionspotentiale bestimmter
Pflanzengesellschaften stellten KLAUSING, LOHMEYER und WALTHER zusammen. Während für manche Grünlandgesellschaften bereits zahlreiche
Daten vorliegen, sind bisher erst wenige Waldgesellschaften auf ihre
Ertragsfähigkeit hin untersucht worden. Produktionsmessungen von
MANIL, DELECOUR, FORGET und EL ATTAR haben am Beispiel der boden-
sauren Ardennen-Buchenwälder erneut gezeigt, daß man die pflanzensoziologischen Einheiten als Indicatoren für die Größenordnung der
potentiellen Produktivität verwenden kann.

5. Boden und chemische Faktoren

Die Genese und Evolution der Böden und ihre Bedeutung als Pflanzen-
standorte stehen im Vordergrund der von DUCHAUFOUR verfaßten Einführung in die Bodenkunde. Auch tropische und subtropische Verhältnisse werden darin berücksichtigt. Einen Überblick über die wichtigsten Bodentypen Westdeutschlands gab MÜCKENHAUSEN (1). In Einteilung und Nomenklatur lehnt sich sein System großenteils an KUBIËNA
(1953) an. In Zusammenarbeit mit der Kommission für Bodensystematik
der Deutschen Bodenkundlichen Gesellschaft hat MÜCKENHAUSEN (2)
60 farbige Profildarstellungen mit beschreibendem Text herausgegeben,
die auch für den Geobotaniker eine wertvolle Hilfe beim Bestimmen von
Bodentypen sind.

Auf der von KLINGE entworfenen Bodenkarte von El Salvador nehmen in situ befindliche Reliktböden große Flächen ein, d. h. Bodentypen, die unter warmem Klima entstanden sind und bei der Gebirgsbildung in Höhen emporgehoben wurden, wo sie sich heute nicht mehr bilden könnten. Auch in anderen Gebirgen der Erde, z. B. in den Anden, muß man mit solchen Reliktböden rechnen (KUBIËNA mdl.), zumindest an Stellen, wo die Bodenerosion gering war.

Zur Begriffsbildung bei der Beschreibung von Bodenstrukturen trug MÜCKENHAUSEN (3) durch anschauliche Zeichnungen bei. Die Terminologie organogener Sedimente (Mudde, Gyttja, Dy, Sapropel usw.) klärte GROSSE-BRAUCKMANN (1). Er gab auch einen Bestimmungsschlüssel der besonderen Ausbildungsformen dieser Sedimente und einen Überblick der Definitionen gleichlautender Begriffe durch verschiedene Autoren. Um Torfarten zu kennzeichnen, kann man sich nach demselben Autor (2) vor allem der etwa 20 Pflanzenarten bedienen, deren Reste makroskopisch sicher erkennbar sind. Neben den „morphologischen" Kriterien muß der Zersetzungsgrad des Torfes berücksichtigt werden. GRAČANIN (2) schlug vor, das für erodierte skelethaltige Böden charakteristische oberflächliche Steinpflaster als A_{sk}-Horizont von dem darunter liegenden A-Horizont zu unterscheiden. Die Veränderungen des Bodenaufbaues durch den landwirtschaftlichen Pflanzenbau, insbesondere durch Bodenpressung bei der Bearbeitung, behandelte MÜCKENHAUSEN (4).

Die Blattanalyse ist nach WEHRMANN eine brauchbare Methode zur Beurteilung der Nährelement-Versorgung von Nadelwäldern, sofern die Proben aus gipfelnahen, voll belichteten Kronenteilen von mindestens 8—10 Bäumen im Oktober, November oder Dezember entnommen werden. Netto-Photosynthese und Atmung von *Abies veitchii* und *A. mariesii* stehen nach KUROIWA in positiver Beziehung zum N-Gehalt der Nadeln. Zwischen der Erhöhung der Stickstoffgehalte von Nadeln alter Fichtenbestände infolge Ammoniakgas- oder N-Salzdüngung und der Steigerung der Holzproduktion fanden ZÖTTL und KENNEL ebenfalls signifikante positive Korrelationen.

Der Stickstoffgehalt der Krautschicht von Laubmischwäldern auf Mullboden *(Lamium galeobdolon, Athyrium filix- femina)* ist kaum höher als auf Moder *(Deschampsia flexuosa, Teucrium scorodonia, Molinia)*. Bei einer und derselben Pflanzenart kann der N-Anteil an der Trockensubstanz nach DUVIGNEAUD und DENAEYER-DE SMET (1) sogar niedriger sein, z. B. bei *Oxalis* 1,4—1,9% auf Mull und 2,9 auf Moder. Im Ca-Gehalt sowie im K/Ca-Verhältnis unterscheiden sich die Pflanzen auf beiden Humusformen dagegen sehr. Wegen des geringeren Basengehaltes nimmt die Nitrifikationsfähigkeit in der Reihe Mull — Moder — Rohhumus ab (MORAVCOVÁ-HUSOVÁ), während das NH_4-Angebot steigt.

Nach KLINGE, PUFFE, SCHEFFER und WELTE besteht in mitteldeutschen Rendzinen eine gute Beziehung zwischen dem Gehalt des Bodens an Gesamt-N und an mineralischem N. In einem Mischwald von *Pinus ponderosa, Pseudotsuga menziesii* und *Libocedrus decurrens* fand ZINKE, daß jede Baumart besondere pH-Wertspannen, N-Gehalte, Austauschkapazitäten und andere Bodeneigenschaften verursacht. Auf Lateritböden Ostaustraliens ist N-Mangel der begrenzende Faktor für das Wachstum von gepflanzter *Auracaria cunninghamii*. Ihre N-Versorgung wird aus noch ungeklärten Gründen durch Unterbau mit *Pinus taeda* verbessert (B. N. RICHARDS). *Robinia pseudacacia* reichert den Boden offensichtlich mit N an, denn Ruderalpflanzen und Brombeeren breiten sich unter ihnen aus. Doch erfolgt diese Anreicherung, wie HOFMANN (2) nachwies, nicht durch die Wurzelknöllchen, sondern in erster Linie durch die Laubstreu.

Der Humus, in dem die Epiphyten tropischer Nebel- und Bergwälder wurzeln, ist nach KLINGEs (2) Analysen erstaunlich stickstoffreich, was teils mit dem hohen Gehalt des Regenwassers und des von den Baumblättern herabtropfenden Wassers, teils mit der Zufuhr durch Laubstreu zusammenhängen dürfte. Doch wirken laut SCHWABE auch Blaualgen (Nostocaceen) mit, die zur Bindung des Luftstickstoffs befähigt sind. Die Eigenschaften der von den Epiphyten genutzten Böden (,,sols suspendus") ändern sich ebenso wie die des Bodenhumus mit der Meereshöhe, unterliegen also ähnlichen Bildungsbedingungen [KLINGE (2)].

Durch wiederholte mineralische Düngung von Küstendünen im nördlichen Devonshire erzielte WILLIS auffallende Veränderungen. Die durchschnittliche Höhe und Dichte der Pflanzendecke nahm in 2 Jahren erheblich zu, und *Festuca rubra* bzw. *Poa pratensis* ssp. dehnte sich auf Kosten von *Thymus drucei* und anderen Phanerogamen sowie der Moose aus. *Ammophila arenaria* ging nur wenig zurück. Spurenelemente hatten im Gegensatz zu den Hauptnährstoffen keine Wirkung, waren also wohl im Dünensand in genügender Menge enthalten. In den feuchten Dünentälern erwies sich N-Düngung als besonders wirksam.

Kulturen auf Torfböden mit zusätzlichen Nährstoffgaben (insbesondere K und Mg) stützen die Annahme, daß das Vorkommen der ,,Kalkpflanze" *Schoenus nigricans* auf oligotrophen Mooren Irlands durch eine bessere Mineralsalz-Versorgung verursacht wird, als sie für Hochmoore charakteristisch ist (BOATMAN). ,,Kalkmeidende" Pflanzen kommen auf den Britischen Inseln an vielen Orten über Kalkstein vor, auch dort, wo dieser weder ausgewaschen noch mit saurem Humus überdeckt ist. Dabei handelt es sich nach GRIME nicht um besondere Ökotypen. Meist erwies sich aber der Boden als nährstoffarm, also für konkurrierende Pflanzen ungünstig. Der Deckungsgrad von *Trifolium repens* steht in den von SNAYDON (1) untersuchten Weiderasen in enger Beziehung zu chemischen Bodenfaktoren, insbesondere zum Kalkgehalt. Selbst in tiefgründigen Böden bestehen ,,Unterschiede auf kleinstem Raum", die zur Bildung von Kleinfacies in ihrer Pflanzendecke Anlaß geben.

Auch hinsichtlich der Phosphor-Aufnahme fanden SNAYDON und BRADSHAW bei *Trifolium repens* physiologische Rassen, die sich sogar bei Versuchen mit steigenden P-Gaben durchweg im P-Gehalt ihrer Trockenmasse unterschieden. Der Phosphor-Gehalt des Bodens wirkt in der Umgebung von Sidney (Australien) als begrenzender Faktor für den tropischen Regenwald, den Hartlaubwald und verschiedene trockenere Gehölzformationen, wie BEADLE durch Felduntersuchungen und Topfkulturen nachwies.

Die mehr oder minder halophilen Pflanzengesellschaften des kroatischen Litorals sind von HORVATIĆ im Zusammenhang mit einer Vegetationskarte der Insel Pag eingehend dargestellt worden. Einen Überblick über die phanerogamen Salzpflanzengesellschaften der Niederlande gab BEEFTINK. Binnenländische Salzstellen Brandenburgs und ihre Salzflora in Vergangenheit und Gegenwart beschrieben MÜLLER-STOLL und GÖTZ. Die Vegetation der teilweise und zeitweilig überfluteten Solontschak bzw. Szikböden im Donau-Theiss-Zwischenstromland untersuchte

BODROGKÖZY, besonders im Hinblick auf den Sodagehalt ihrer Böden, zu dem sich enge Beziehungen ergaben.

Die meisten Salzmarsch-Pflanzen von North Carolina zeigten schlechteres Wachstum und geringere Fertilität bei höherem NaCl-Gehalt der Bodenlösung (ADAMS). War dieser doppelt so hoch wie der des Seewassers (7%), so starben alle geprüften Arten. Das Keimungsoptimum von Salzpflanzen liegt bei niedrigeren NaCl-Konzentrationen, als sie an ihren natürlichen Standorten vorkommen. Doch wird ihre Keimung durch steigende Salzgaben weniger gehemmt als die der Glykophyten, wie UNGAR erneut zeigen konnte.

Ihre gründlichen Untersuchungen über die Vegetation und Flora auf Serpentin-Standorten des Balkans haben KRAUSE, LUDWIG und SEIDEL auf Euböa fortgesetzt, wo sich die Böden als wenig erodiert, aber sehr reich an Nickel erwiesen.

Im Katanga (Kongogebiet) erstreckt sich über mehr als 400 km Länge ein Hügelsystem, dessen Böden 500—100 000 ppm und mehr Kupfer enthalten. DUVIGNEAUD und DENAYER-DE SMET (2) haben deren Flora und Vegetation eingehend studiert und unterscheiden nach der Resistenz-Amplitude Eucuprophyten (Eury-, Poly-, Oligo-Cuprophyten), lokale Cuprophyten, Cuprophile und Cuproresistente (Eury-, Poly-, Oligo-Cuproresistente). Trotz des hohen Cu-Gehaltes der Böden nehmen die meisten Cuproresistenten nur wenig von diesem Metall auf, während die Cuprophilen Cu speichern.

Samen von *Alopecurus myosuroides*, *Rumex obtusifolius*, *Matricaria chamomilla*, *Poa annua*, *Apera spica-venti* und *Veronica persica*, d. h. von Ackerunkräutern, die häufig auf schweren oder feuchten Böden zu finden sind, keimen nach MÜLLVERSTEDT bei niedrigem Sauerstoff-Partialdruck. Auf lockeren oder öfters gehackten Böden verbreitete Unkräuter, z. B. *Galium aparine*, *Chenopodium album*, *Stellaria media* und *Avena fatua*, benötigen dagegen mehr O_2. Sauerstoffmangel kann eine zweite Keimruhe auslösen; in O_2-freier Luft sterben alle Samen ab. Mit Hilfe einer von RUTTER und WEBSTER konstruierten Röhre zur Entnahme von Grundwasser für Gasanalysen studierte WEBSTER Beziehungen zur Artenzusammensetzung von Heidevegetation. Er fand, daß der O_2-Gehalt des Grundwassers überall sehr gering ist, im Gegensatz zur geläufigen Meinung auch dort, wo dieses fließt. Das Auftreten von *Molinia* und *Myrica gale* steht zum Kohlensäure- und Schwefelwasserstoff-Gehalt in negativer Korrelation, dasjenige von *Calluna* und *Erica tetralix* in positiver. Selbst in O_2-freiem Grundwasser enthielten die Wurzelrinden-Intercellularen von *Molinia* niemals weniger als 15% O_2 oder mehr als 6% CO_2. Ihre „innere Durchlüftung" ist also sehr wirksam, wie übrigens bei vielen „homobaren" Pflanzen im Sinne NEGERs (1918, vgl. REDIES).

Podestemonaceen kommen in elektrolytarmen Tropenflüssen (wie dem von GESSNER und HAMMER untersuchten Caroni in Venezuela) an jenen Stellen zur Massenentfaltung, wo sich das Wasser intensiv mit Luft vermischt und schäumt, so daß sein geringer Kohlendioxyd-Vorrat stets aus der Luft ergänzt wird. Nur im Gischt des tropischen

Wasserfalles können diese anatomisch und physiologisch so absonderlichen Phanerogamen genügend stark assimilieren. Da hier aber infolge rascher Wasserstandsänderungen die individuelle Lebensdauer der Podestemonaceen gering ist, müssen immer neue Generationen von Samen auf dem Fels inmitten der Strömung keimen können. Die Samen besitzen die bisher wenig beachtete Eigenschaft, mit Wasser benetzt innerhalb weniger Sekunden durch Verquellen der Testa Haftscheiben zu bilden. Diese bestehen aus pektinhaltigen Gelen und lösen sich in höheren Salzkonzentrationen auf, können sich also nur in elektrolytarmem Wasser festheften.

6. Mechanische Faktoren und Eingriffe des Menschen

Windstärke und Schneeverteilung sind für das Gedeihen junger Bäume im subalpinen Bereich von entscheidender Bedeutung und werden von AULITZKI (2) in einem „Wind-Schnee-Ökogramm" für die Aufforstungspraxis ausgewertet.

Die wechselnde Richtung und Stärke des Windes in der bodennahen Luftschicht bis hinab zu Geschwindigkeiten von nur 0,15 m/sec hat BERGER-LANDEFELDT durch ein Flügelrad meßbar gemacht, dessen Bewegungen reibungsfrei durch lichtelektrischen Abgriff und nachgeschaltete Elektronik registriert werden.

Für die Entstehung und Erhaltung der venezolanischen Llanos ist das Feuer der wichtigste Faktor. Horstige Gramineen überstehen die Brände nach VARESCHI am besten, zumal Temperaturen über 90° C nur wenige Sekunden auf ihre an der Bodenoberfläche liegenden Triebe einwirken, während bei normalen Lauffeuern in 10 cm Höhe über dem Boden bereits 315—320° und in 50 cm Höhe 550—660° und mehr erreicht werden. An den trockenen Blattbasen der recht feuerbeständigen Fächerpalmen kann man annähernd den Zeitpunkt des letzten Brandes ablesen. Beim Moorbrennen, wie es in England üblich ist, überleben viele Samen von *Calluna vulgaris*, ja keimen hinterher besser. E. WHITTAKER und GIMINGHAM fanden nun, daß die Samen zwar bei 200° C getötet werden, jedoch nach 1 min Exposition im Bereich von 40—80° C oder $^1/_2$ min bei 80—120° C zahlreicher keimen als bei normalen Wärmebedingungen.

Die Wirkungen der häufigen Buschfeuer auf die Vegetation Südaustraliens und deren Regeneration studierte und kartierte COCHRANE. Es zeigte sich, daß die Rückentwicklung zur Klimaxvegetation auf den meisten Standorten rasch verläuft. Im Kongogebiet von Tanganjika und Nordrhodesien unterscheidet VESEY-FITZGERALD klar zwischen dem „edaphischen" Grasland nasser Standorte und dem viel ausgedehnteren, durch Feuer aus Gehölzformationen geschaffenen „sekundären" Grasland.

Durch Beachtung der Kontakte mit anderen Gesellschaften sowie der ungleich großen Intensität der Trittwirkung kam PASSARGE zu einer feineren und vollständigeren Gliederung der nordostdeutschen Trittpflanzen-Gesellschaften. Im westmittelpolnischen Tiefland gliederte FALIŃSKI (1) diese nach teilweise anderen Gesichtspunkten.

Im Gebiet des kilikischen Ala Dag (südl. Anatolien), das heute nahezu baumfrei ist, haben nach SCHIECHTL und STERN einst ausgedehnte Wälder gestockt. Sie wurden durch Beweidung, Holzkohle- und Bauholzgewinnung vernichtet. Waldweide und andere extensive Nutzungsformen waren bis um 1800 auch in Altpreußen allgemein üblich (MAGER). HESMER und SCHROEDER, die den Einfluß des Menschen auf die Waldvegetation des NW-deutschen Tieflandes eingehend darstellten, unterscheiden eine „Urwaldzeit“, eine „Waldverwüstungszeit“, in der die Schattholzwälder zu Lichtholzwäldern, Ausschlaggebüschen, Heiden oder gar zu vegetationslosen Dünenböden degradiert wurden, und eine „Waldbauzeit“, die vor etwa 200 Jahren begann (vgl. auch ELLENBERG).

Die Auevegetation an der Isar nördlich München und ihre Entwicklung unter dem Einfluß des Menschen hat SEIBERT in klaren Karten und anschaulichen Beschreibungen dargestellt. Die tropischen Tieflands-Regenwälder des südlichen Kamerun erwiesen sich bei den Untersuchungen P. W. RICHARDS' (1) großenteils als nicht primär, wenn sie auch weniger vom Menschen beeinflußt wurden als im westlichen Nigeria. Vorträge eines Symposiums über den Einfluß des Menschen auf die Natur Finnlands gab HUSTICH heraus.

Das früher sehr starke Befressen durch Kaninchen hatte einen von WATT 1936—1960 beobachteten Kalktrockenrasen in Südengland floristisch verarmt. Seit dem Ausschluß dieser Tiere entwickelte er sich zu einer dem *Xerobrometum* ähnlichen Gesellschaft. Die neuerdings wieder zu beobachtende Vermehrung der Kaninchen kehrt die zwischen 1954 und 1957 von THOMAS auf Dauerflächen festgestellten Veränderungen in südenglischen Rasengesellschaften heute stellenweise wieder um. Kaninchen bevorzugen nach MYERS und POOLE bequem aufzunehmende und nicht zu trockene, also meist eiweißreiche Äsung und vermeiden vor allem aromatische oder bitter schmeckende Pflanzenarten, wie z. B. *Inula* und *Lythrum*. Die Methoden zur Bekämpfung grasartiger Unkräuter, die durch Verwendung von Mähdreschern und durch selektive Herbizide ungewollt begünstigt werden, stellte RADEMACHER zusammen.

II. Vegetationskunde

1. Kausalfragen, insbesondere Konkurrenz

Körnerfressende Vögel tragen mehr zur Samenverbreitung bei, als allgemein angenommen wird (KRACH). Nicht nur Samen von *Trifolium repens*, sondern auch von *T. pratense* und *Medicago lupulina* werden von Saatkrähen endozoisch verbreitet. Sperling, Fasan und Taube scheiden Samen von *Chenopodium album* sogar mit erhöhter Keimfähigkeit wieder aus. Andere Samenarten, z. B. *Bromus mollis* und *Holcus lanatus*, sind zwar weniger beständig, werden aber teilweise ebenfalls auf diesem Wege verschleppt. In der Streueschicht eines *Piceetum myrtillosum* hat KARPOW (1) pro m² 1300—5000 keimfähige Samen festgestellt. Diese stammen großenteils nicht aus der Waldgesellschaft selbst, sondern aus Kahlschlagfluren (*Rubus idaeus*, *Epilobium angustifolium*, *Deschampsia caespitosa* u. a.). Sie werden immer wieder erneut durch Wind, Vögel oder Nagetiere herbeigebracht und gehen nach der Keimung großenteils durch Wurzelkonkurrenz der Bäume zugrunde.

SAGAR und HARPER wiesen nach, daß für das Auftreten von *Plantago lanceolata*, *major* und *media* in englischen Weiderasen häufig die Keimungsbedingungen und nicht die Lebensbedingungen der ausgewachsenen Pflanzen entscheidend sind. Außerdem spielt die Konkurrenz durch Gräser und andere Pflanzen eine große Rolle. *Sesleria varia* tritt in Mitteldeutschland wie in den Alpen nie als Pionier auf, sondern gelangt erst auf ruhig lagernden Halden zur Herrschaft, weil sie sehr schlecht keimt (SCHUBERT).

Musterbildung kann in den meisten Pflanzengesellschaften beobachtet und mathematisch erfaßt werden. Nach ihren Ursachen teilte KERSHAW sie ein in morphologische (durch die spezifische Wuchsweise erzeugte), umweltsbedingte und soziologische (durch gegenseitige Einwirkung zustande gekommene). In Klimaxformationen scheint sie durchweg eine geringere Rolle zu spielen als in Pionierstadien und anderen offenen Formationen.

Unter Hinweis auf eine noch nicht publizierte gründliche Untersuchung von ASHTON über *Dipterocarpus*-Wälder auf Borneo und andere neue Arbeiten betonte P. W. RICHARDS (2), daß die kleinräumigen Variationen im Artengefüge des tropischen Regenwaldes nicht, wie bisher angenommen, ganz zufällig sind, sondern sehr genau die vielfältigen kleinen Änderungen der Umweltsbedingungen widerspiegeln, die selbst im Tiefland durch Relief- und Bodenunterschiede verursacht werden.

Einen allgemeinen Überblick über die Erscheinungen der Konkurrenz zwischen höheren Pflanzen und ihre begriffliche Fassung gab BORNKAMM (2). In Reinkulturen hat *Lemna minor* unter den von CATWORTHY und HARPER verwendeten günstigen Kulturbedingungen einen schnelleren Massenzuwachs als *Salvinia natans* oder gar als *Lemna gibba* und *L. polyrrhiza*. In Mischkultur wird sie jedoch von jeder der drei übrigen Arten unterdrückt, selbst von *L. polyrrhiza*, die kaum mehr als halb so rasch wächst. Denn beim Wettbewerb der Wasserlinsen spielen morphologisch-anatomische, nicht physiologische Eigenschaften die Hauptrolle. *L. gibba* und *Salvinia* haben viel Aerenchym und beschatten, an der Oberfläche schwimmend, *L. minor* so sehr, daß diese hungert. *Salvinia* ist außerdem durch den Besitz eines viele Blätter verbindenden Stengels überlegen. Durch Rein- und Mischkulturen bei verschiedenen Beschattungsgraden konnte BORNKAMM (1) auch für den Lichtfaktor zeigen, daß konkurrenzschwache Arten aus ihrem physiologischen Optimum verdrängt werden. *Anagallis arvensis* z. B. wird als schwächste Art durch das Hinzutreten von 1, 2 oder 3 Wettbewerbern aus dem vollen Tageslicht, wo sie an und für sich am besten wächst, verdrängt, und erreicht ein neues Optimum bei 30% rel. Beleuchtungsstärke.

Auf saurem und kalkreichem Boden hat *Trifolium repens* ökologische Rassen herausgebildet, die SNAYDON (2) als "edaphic ecodemes" bezeichnet. Diese wachsen schlechter, wenn man sie auf dem jeweils anderen Boden zieht. Doch erst durch die Konkurrenz in Mischkulturen werden die physiologischen Unterschiede rasch wirksam.

In der mediterranen Region Israels wächst *Avena sterilis*, eine der dort häufigsten annuellen Pflanzen, so rasch und ist so konkurrenzfähig, daß sie Sämlinge von Zwergsträuchern wie *Poterium spinosum* unterdrückt. Diese können daher nur auf mageren, dünn besiedelten Böden Fuß fassen und haben sich erst infolge zunehmender Erosion weithin ausgebreitet (LITAV, KUPERNIK und ORSHAN). Die Wettbewerbsfähigkeit

von Baumarten hängt entscheidend von ihrer Stoffproduktion ab. Bei
guter Wasserversorgung erzielt z. B. *Quercus pubescens* ein höheres
Monatsnetto der Assimilation als *Qu. ilex* und verdrängt deshalb die
letztere, wo sie nicht durch Sommertrockenheit behindert wird. *Larix
decidua* wird auf Rohhumusböden durch *Pinus cembra* verdrängt, weil sie
hier keinen überlegenen Assimilationsapparat aufzubauen vermag
(TRANQUILLINI).

Für das Studium der Konkurrenz zwischen Baumwurzeln und Unterwuchs in
Wäldern der südlichen Taiga benutzte KARPOW (2) radioaktives P³².

ZOLLER wies darauf hin, daß die Konkurrenz der Nadelhölzer *(Abies alba* und
Picea abies), die in den Süd- und Ostalpen nach der letzten Vereisung früher wieder
einwanderten als in die nördlichen Alpengebiete, trotz günstiger Klimabedingungen
ein starkes Hervortreten von *Corylus avellana, Quercus*-Arten und anderen Re-
präsentanten des ,,Eichenmischwaldes" verhinderte. Sobald die Tanne die nördlichen Schweizer Alpen erreicht hatte, verschob sich auch hier das Gleichgewicht im
Wettbewerb zu ungunsten der Laubhölzer, ohne daß das Klima feuchter und kühler
zu werden brauchte.

Die rund 100 Neophyten der mitteleuropäischen Flora siedelten sich vorwiegend
in Pflanzengesellschaften des Tief- und Hügellandes an und mieden dabei extreme
Standorte wie die des *Ericetum tetralicis*, der *Littorelletea* oder der *Scheuchzerio-
Cariceteae fuscae*. Auch in naturnahe Waldgesellschaften konnten sich nach SUKOPP
(2) nur wenige einpassen, obwohl sie großenteils auf vergleichbaren Standorten der
gemäßigten Zone heimisch sind. Nur einigen hochwüchsigen mehrjährigen Neophyten gelang es, durch Verdrängung einheimischer Arten neue Gesellschaften zu
schaffen, wie z. B. das *Impatienti-Solidaginetum* und andere Gesellschaften des
Senecion fluviatilis.

Immer klarer wird erkannt, daß Allelopathie bei der Bildung von
Pflanzengesellschaften nur eine geringe Bedeutung haben kann. Bei den
von KOLB ausgeführten Nährlösungs-Umlauf-Kulturen von Nutzpflanzen mit Unkräutern z. B. ließen sich sämtliche Hemm- und Förde-
rungseffekte auf Nährstoffkonkurrenz zurückführen. Obwohl bei der verwendeten Methodik organische Substanzen, die von der Wurzel der einen
Art stammen, leicht auf die Partnerpflanzen einwirken können, zeigte
sich in keinem Falle ein allelopathischer Effekt auf andere Arten.

2. Vegetationsentwicklung

Auf der von VODERBERG und FRÖDE seit 1946 studierten und wiederholt kartierten, 1906 aus Bagger-Spülgut entstandenen Insel Bock bei
Rügen schreitet die spontane Bewaldung mit *Hippophaë, Salix-, Betula-*
und *Alnus*-Arten rasch fort, während gepflanzte *Quercus rubra* noch
immer nicht höher als 30 cm wurde. Neuankömmlinge können nur noch
vereinzelt in die bereits gefestigte, aus etwa 300 Arten bestehende
Pflanzendecke eindringen.

Unter Klein-Sukzessionen versteht BORNKAMM (3) zeitlich gerichtete
Vorgänge, die nicht auf den die Sukzession bedingenden Außenfaktor,
sondern auf Unterschiede in der Entwicklungsgeschwindigkeit der
einzelnen Arten zurückgehen, also unter verschiedenen Umweltsbedingungen immer in ähnlicher Form auftreten. Die ,,Durchdringungs-
geschwindigkeit", mit der eine Art ,,den ihr im Gleichgewichtsfall zu-
stehenden Anteil an der Vegetation erringt", kann recht verschieden sein.

Die Dynamik der Wüstenvegetation stellte RODIN am Beispiel von West-Turkmenien dar.

3. Vegetationsanalyse und -gliederung

Eine anregende Art der Analyse von Lebensformen und der Aufstellung von Lebensformenspektren hat SCHMID entwickelt und an immergrünen Feuchtwäldern Mexikos erprobt.

Bei eingehendem Studium der Felspflanzen (Petrophyten) in der Tschechoslowakei kam ČEŘOVSKÝ zu einer teilweise neuen Lebensformen-Einteilung. Bei den Kryptogamen unterscheidet er Exo- und Endo-Lithophyten, Chasmolithophyten (z. B. manche Moose) und Mikrolithofagophyten (aktiv den Fels zerstörende Flechten und Moose), bei den Phanerogamen Makrolithofagophyten, Exo- und Endo-Chasmophyten (Spaltenpflanzen) sowie Exo- und Endo-Chomophyten (Detrituspflanzen). Im großen und ganzen steigt in dieser Reihenfolge die verfügbare Humusmenge und damit die Wasser- und Nährstoff-Versorgung.

Das Lehrbuch von GREIG-SMITH über quantitative Vegetationskunde erschien in 2. Auflage. Es gibt einen guten Überblick über moderne mathematisch-statistische Methoden zur Vegetationsanalyse, berücksichtigt allerdings fast nur die in englischer Sprache erschienene Literatur. Die von GOODALL ausgearbeitete Bibliographie zur statistischen Pflanzensoziologie schließt diese Lücke.

Mit dem Problem der Grenzen zwischen Pflanzenassoziationen setzte sich TRACZYK am Beispiel polnischer Erlen- und Kiefernwälder auseinander. Er benutzte dazu großmaßstäbige Karten der Verteilung diagnostisch wichtiger Arten sowie Artmächtigkeits-Diagramme von Transsekt-Aufnahmen, die er zu dem Prozentanteil „syngenetischer Gruppen" und zu Bodenfaktoren (wie pH, Basensättigung, hygroskopisches Wasser und Glühverlust) in Beziehung brachte. Die Grenzen können je nach den ökologischen Bedingungen und je nach der zur Dominanz gekommenen Pflanzenart ziemlich scharf oder fließend sein. Ein Übergangsstreifen ist aber zwischen allen soziologischen Typen vorhanden. Bis zu einem gewissen Grade sind die Grenzen nach FALIŃSKI (2) außerdem jahreszeitlichen Schwankungen unterworfen. Früher austreibende und rasch wachsende Arten verschieben die Grenze zunächst gegen Gesellschaften mit „Spätentwicklern", die dann umgekehrt im Sommer Raum gewinnen.

Die in der Braun-Blanquetschen Schule entwickelten Regeln für die Nomenklatur von Pflanzengesellschaften wurden von BACH, KUOCH und MOOR fixiert und ergänzt. Auch wer die allzuweit gehende Parallelisierung mit der sippensystematischen Nomenklatur ablehnt, wird diese Klärung begrüßen, insbesondere die Regeln zur Verwendung der neuerdings üblich gewordenen Verbindungsvokale o und i (z. B. *Querco-Carpinetum* statt *Querceto-Carpinetum*, *Carici-Fagetum* statt *Cariceto-Fagetum*).

ZLATNÍK verglich die von ihm in der Slowakei für die forstliche Standortsbeurteilung aufgestellten „Waldtypen" mit den pflanzensoziologischen Begriffen der Braun-Blanquetschen Schule und kommt zu weitgehenden Parallelen, was die Verbände oder höheren Einheiten anbetrifft. In Irland arbeitet MOORE (1, 2) seit einiger Zeit mit der Braun-Blanquetschen Methode und wies deren Anwendbarkeit an Moor- und Heidegesellschaften nach. In ihrer schönen Vegetations-Monographie des schottischen Hochlandes lehnten sich Mc VEAN und RATCLIFFE an diese Methode an, veröffentlichten Tabellen mit vollständigen Aufnahmelisten und reihten ihre als „nodi" (Einzahl „nodus") bezeichneten ranglosen Vegetationstypen in das auf dem europäischen Festland entwickelte System ein.

Zu verschiedenen Systemen der afrikanischen Vegetationsformationen nahm MONOD Stellung. Vor allem seine halbschematischen Abbildungen zahlreicher physiognomisch gefaßter Vegetationstypen und die Gegenüberstellung englischer und französischer Namen werden zur Klärung der Begriffe beitragen.

(Über Vegetationskartierung wird auf S. 431 referiert. Der Abschnitt über spezielle Vegetationskunde folgt im nächsten Band.)

Literatur

ADAMS, D. A.: Ecology 44, 445—456 (1963). — ANIOL, R., u. M. SCHLEGEL: Bibliogr. dtsch. Wetterdienstes 14, 31 S. (1963). — AULITZKI, H.: Mitt. forstl. Bundes-Versuchsanst. Mariabrunn 59, 153—208 (1961). — ARUGA, O., u. G. MONSI, zit. nach TEZUKA.

BACH, R., R. KUOCH u. M. MOOR: Mitt. florist.-soziolog. Arb.gem. N. F. 9, 301—308 (1962). — BEADLE, N. C. W.: Ecology 43, 281—288 (1962). — BEEFTINK, W. G.: Biol. Jb. Dodonaea 30, 325—362 (1962). — BERGER-LANDEFELDT, U.: Arch. Meteorol., Geophys. u. Bioklimatol., Ser. B, 11, 468—480 (1962). — BIEBL, R.: (1) Protoplasmologia, Handb. Protoplasmaforsch. 12, 344 S. (1962); — (2) Botanica marina 4, 241—254 (1962). — BĪNDIU, C.: Rev. Biol. (Bucarest) 7, 349—368 (1962). — BOATMAN, D. J.: J. Ecol. 50, 823—832 (1962). — BODROGKÖZY, G.: Acta bot. Acad. Sci. Hungar. 8, 1—37 (1962). — BORNKAMM, R.: (1) Flora 151, 126—143 (1961); — (2) Ber. geobot. Inst. ETH, Stiftg. Rübel, Zürich 34, 83—106 (1963); — (3) Veröff. geobot. Inst. ETH, Stiftg. Rübel, Zürich 37, 16—22 (1962). — BORSDORF, W., u. M. RANFT: Ber. Arb.gem. sächs. Bot. (Dresden) N. F. 3, 33—48 (1962). — BRAY, J. R.: Science (Washington) 136, 1119—1120 (1962). — BROUGHAM, R. W.: J. Ecol. 50, 449—459 (1962).

ČEŘOVSKÝ, J.: Ochrona Přírody (Prag) 15, 97—114 (1960). — CLATWORTHY, J. N., and J. L. HARPER: J. exper. Bot. 13, No. 38, 307—324 (1962). — COCHRANE, G. R.: Ecology 44, 41—52 (1963).

DAHL, E.: Oikos 14, 190—211 (1963). — DIEZ, T.: Z. Kulturtechn. 4, 12—35 (1963). — DUCHAUFOUR, P.: Précis de pédologie. 438 S. Paris: Masson 1960. — DUVIGNEAUD, P., et S. DENAEYER- DE SMET: (1) Bull. Soc. franç. de Physiol. végét. 8, 1—8 (1962); — (2) Bull. Soc. roy. Bot. Belg. 96, 93—231 (1963).

ECKARDT, F. E.: Rech. Zone aride, Unesco (Paris) 15, 155—190 (1961). — ELLENBERG, H.: Vegetation Mitteleuropas. 943 S. Stuttgart: Ulmer 1963. — ESKUCHE, U.: Herkunft, Bewegung und Verbleib des Wassers in den Böden verschiedener Pflanzengesellschaften des Erfttales. 72 S. Düsseldorf (Minist. E. L. F. Nordrhein-Westfalen) 1962.

FALIŃSKI, J.: (1) Acta Soc. Bot. Polon. 32, 81—99 (1963); (2) 31, 239—263 (1962). — FLACH, E.: Arch. Meteorol., Geophys. u. Bioklimatol., Ser. B, 12, 357—403 (1963). — FREITAG, H.: Einführung in die Biogeographie von Mitteleuropa unter besonderer Berücksichtigung von Deutschland. 214 S. Stuttgart: G. Fischer 1962.

GEIGER, R.: Erläuterungen zu den Wandkarten: Die Atmosphäre der Erde, Darmstadt: Perthes 1963. — GESSNER, F., u. L. HAMMER: Internat. Rev. ges. Hydrobiol. 47, 497—541 (1962). — GLOVER, J., and M. D. GWYNNE: J. Ecol. 50, 111—118 (1962). — GLOVER, P. E., J. GLOVER, and M. D. GWYNNE: J. Ecol. 50, 199—206 (1962). — GÖTTLICH, K.: Gas- u. Wasserfach 104, 1328—1333 (1963). — GOODALL, D. W.: Excerpta bot., Sect. B, 4, 253—322 (1962). — GRAČANIN, Z.: (1) Z. Pflanzenernähr., Düngung, Bodenkde. 98, 264—272 (1962); (2) 101, 42—48 (1963). — GREIG-SMITH, P.: Quantitative Plant Ecology. 2. Aufl., 256 S. Washington 1964. — GRIME, J. P.: J. Ecol. 51, 375—390 (1963). — GROSSE-BRAUCKMANN, G.: (1) Geol. Jb. 79, 117—144 (1961); — (2) Z. Kulturtechn. 3, 205—225 (1962).

HELMERS, H., and J. BONNER: Proc. Soc. Amer. Forest. 1959, 32—35 (1960). — HESMER, H., u. F.-G. SCHROEDER: Decheniana (Bonn), Beih. 11, 304 S. (1963). — HOFMANN, G.: (1) Arch. Naturschutz u. Landschaftsforsch. 2, 3—139 (1962); — (2) Arch. Forstwes. 10, 627—631 (1961). — HORVAT, I.: Phyton 9, 268—283 (1961). — HORVATIĆ, ST.: Prirod. Istraživ. 33, Acta biol. (Zagreb) IV, 187 S. (1963). — HUSTICH, I.: Fennia (Helsinki) 85, 128 S. (1961).

JENSEN, U.: Naturschutz u. Landschaftspflege Niedersachs. 1, 85 S. (1961). — JURKEWITSCH, T. D. (Hrsg.): Geobotanisches Studium der Wiesen. 146 S. Minsk 1962 (russ.).

KARPOW, W. G.: (1) Transact. Moscow Soc. Naturalists 3, 131—140 (1960); — (2) Dokladi Akad. Nauk SSSR 146, 717—719 (1962) (russ.). — KELLER, R.: Gewässer und Wasserhaushalt des Festlandes. 520 S. Berlin 1961. — KERSHAW, K. A.: Ecology 44, 377—388 (1963). — KLAUSING, O.: Angew. Pflanzensoziol. (Stolzenau/Weser) 18, 256 S. (1962). — KLAUSING, O., W. LOHMEYER u. K. WALTHER: Excerpta bot., Sect. B, 5, 161—202 (1963). — KLINGE, H.: (1) N. Jb. Geol. Paläont., Abh. 113, 47—53 (1961); — (2) Pedobiologia 2, 102—107 (1963). — KLINGE, H., D. PUFFE, F. SCHEFFER u. E. WELTE: Z. Pflanzenernähr., Düngung, Bodenkde. 96, 46—62 (1962). — KOLB, F.: Z. Acker- u. Pflanzenbau 115, 375—406 (1962). — KRACH, K. E.: Z. Acker- u. Pflanzenbau 107, 405—434 (1959). — KRAUSCH, H.-D.: Arch. Naturschutz 1, 142—164 (1962). — KRAUSE, W., W. LUDWIG u. F. SEIDEL: Bot. Jb. 82, 337—403 (1963). — KREEB, K.: (1) Planta (Berlin) 55, 274—282 (1960); (2) 56, 479—489 (1961). — KREEB, K., u. M. ÖNAL: Planta (Berlin) 56, 409—415 (1961). — KUROIWA, S.: Bot. Magaz. (Tokyo) 73, No. 862, 133—141 (1960).

LANGE, O. L.: Ber. dtsch. bot. Ges. 75, 41—50 (1962). — LARCHER, W.: (1) Mitt. florist.-soziolog. Arb.gem. N. F. 10, 20—33 (1963); — (2) Ber. naturw.-mediz. Ver. Innsbruck 53, 125—137 (1963); — (3) Protoplasma 57, 569—587 (1963). — LAUSI, D., u. L. POLDINI: Boll. Soc. adriat. Sci. 52, 3—62 (1962). — LAWRENKO, E. M. (Hrsg.): (1) Fragen der Vegetationsgeographie, der Geobotanik und der Waldbiogeozönologie. 421 S. Moskau-Leningrad 1962 (russ.); — (2) Geobotanica (Moskau-Leningrad) 13, 525 S. (1961). — LITAV, M., G. KUPERNIK, and G. ORSHAN: J. Ecol. 51, 467—480 (1963). — LÖTSCHERT, W.: (1) Natur und Volk 91, 288—294 u. 329—334 (1961); — (2) Beitr. Biol. Pflanzen 37, 331—410 (1962).

McVEAN, D. N., and D. A. RATCLIFFE: Plant Communities of the Scottish Highlands. 445 S. London (Her Majest. Stat. Off.) 1962. — MAGER, F.: Der Wald in Altpreußen als Wirtschaftsraum Ostmitteleuropas in Vergangenheit und Gegenwart. Bd. I, 391 S., Bd. II, 328 S. Köln: Böhlau 1961. — MANIL, G., F. DELECOUR, G. FORGET et A. EL ATTAR: Bull. Inst. agron. et Stat. Rech. Gembloux 31, 114 S. (1963). — MARKOW, M. W. (Hrsg.): Wissenschaftliche Konferenz über Fragen der experimentellen Geobotanik. Univ. Kasan 1962, 104 S. (russ.). — MIÈGE, J., et M. TSCHOUMÉ: Ann. Facult. Sci. Dakar 9, 81—109 (1963). — MONOD, TH.: Bull. Inst. franç. d'Afrique Noire 25, 594—619 (1963). — MOORE, J. J.: (1) J. Ecol. 50, 761—769 (1962); (2) 50, 761—769 (1962). — MORAVCOVÁ-HUSOVÁ, M.: Rostl. vyrobá (Prag) 36, 845—851 (1963). — MÜCKENHAUSEN, E.: (1) Internat. Soil Confer. New Zealand, Transact. Commiss. IV and V, 3—12 (1962); — (2) Entstehung, Eigenschaften und Systematik der Böden der Bundesrepublik Deutschland. 148 S. Frankfurt a. M.: DLG-Verl. 1962; — (3) Ber. Landesanst. f. Bodennutzungsschutz 3, 1—6 (1962); — (4) Vortragsr. 15. Hochschultag. landw. Fak. Univ. Bonn, 3. u. 4. Okt. 1961, 28 S. — MÜLLER-STOLL, W. R., u. H. G. GÖTZ: Wiss. Z. pädagog. Hochsch. Potsdam 7, 243—296 (1962). — MÜLLVERSTEDT, R.: Weed Res. 3, 154—163 (1963). — MYERS, K., and W. E. POOLE: J. Ecol. 51, 435—451 (1963).

NANSON, A.: Bull. Inst. agron. et Stat. Rech. Gembloux 30, 320—331 (1962).

OBERDORFER, E.: Pflanzensoziologische Exkursionsflora für Süddeutschland und die angrenzenden Gebiete. 2. Aufl. 987 S. Stuttgart: Ulmer 1962. — ORSHAN, G.: The Water Relations of Plants. 206—222. Dorking (England) 1963. — ORSHAN, G., and G. ZAND: Bull. Res. Council Israel D 11, 35—42 (1962). — OVINGTON, J. D.: (1) Advances in ecolog. Res. (London and New York) 1, 103—192 (1962); — (2) Oikos 14, 148—153 (1963). — OVINGTON, J. D., and D. HEITKAMP: J. Ecol. 48, 639—646 (1960). — OVINGTON, J. D., D. HEITKAMP, and D. B. LAWRENCE: Ecology 44, 52—63 (1963).

PASSARGE, H.: Feddes Repert. Beih. 140, 7—18 (1963). — PAULSELL, L. K., and D. B. LAWRENCE: Ecology 44, 146—148 (1963). — PISEK, A., u. K. HEIZMANN: Ber. dtsch. bot. Ges. 74, 465—478 (1962). — PÖTSCH, J.: Wiss. Z. pädagog. Hochsch. Potsdam 7, 167—200 (1962).

RADEMACHER, B.: Arb. DLG 86, 5—21 (1962). — REDIES, H.: Beitr. Biol. Pflanzen 37, 411—445 (1962). — RICHARDS, B. N.: Ecology 43, 538—541 (1962). — RICHARDS, P. W.: (1) J. Ecol. 51, 123—149 (1963); — (2) 51, 231—241 (1963). —

RODIN, L. E.: Dynamik der Wüstenvegetation, dargestellt am Beispiel von West-Turkmenien. 227 S. Moskau-Leningrad 1961 (russ.). — ROTHE, E.: Beitr. Biol. Pflanzen 38, 331—381 (1963). — RUDOLPH, H.: Beitr. Biol. Pflanzen 39, 153—177 (1963). — RUTTER, A. J., and J. R. WEBSTER: J. Ecol. 50, 615—618 (1962). — RUUHIJÄRVI, R.: „Terrasta" (Helsinki) 2, 58—68 (1962).

SAGAR, G. R., and J. L. HARPER: Weed Res. 1, 163—176 (1961). — SAUER, J. D.: Louisiana State Univ. Studies, Coastal Studies Ser. 5, 153 S. (1961). — SCHAEFTLEIN, H.: Mitt. naturw. Ver. Steiermark 92, 104—119 (1962). — SCHMEIDL, H.: Wetter u. Leben (Wien) 14, 77—82 (1962). — SCHIECHTL, H. M., u. R. STERN: Ber. naturw.-mediz. Ver. Innsbruck 53, 173—192 (1963). — SCHMID, E.: Ber. schweiz. bot. Ges. 63, 276—324 (1963). — SCHUBERT, W.: Feddes Repert. Beih. 140, 71—199 (1963). — SCHULTZ, V., u. A. W. KLEMENT: Radioecology. 746 S. London: Chapman and Hall 1963. — SCHWABE, G. H.: Nova Hedwigia 4, 495—545 (1962). — SEIBERT, P.: Landschaftspflege u. Vegetationskunde (München) 3, 124 S. u. 2 Karten (1962). — ŠMARDA, J., u. Mitarb.: Knižn. Sborn. pràc o Tatransk. Národn. Parku 4, 219 S. (1963). — SNAYDON, R. W.: (1) J. Ecol. 50, 133—143 (1962); (2) 50, 439—447 (1962). — SNAYDON, R. W., and A. D. BRADSHAW: J. exper. Bot. 13, 422—434 (1962). — SOKOŁOWSKI, A. W.: Ochrony Przyrody 28, 111—135 (1962). — SUKOPP, H.: (1) Sitzber. Ges. naturf. Freunde Berlin, N. F. 2, 38—49 (1962); — (2) Ber. dtsch. bot. Ges. 75, 193—205 (1962).

TEZUKA, Y.: Jap. J. Bot. 17, 371—402 (1961). — THOMAS, A. S.: J. Ecol. 51, 157—183 (1963). — TOTSUKA, T.: J. Facult. Sci. Univ. Tokyo, Sect. III, 8, 9, 341—375 (1963). — TRACZYK, T.: Ekolog. polska, Ser. A, 8, 85—125 (1960). — TRANQUILLINI, W.: Ber. dtsch. bot. Ges. 75, 353—364 (1963). — TRANQUILLINI, W., u. H. TURNER: Mitt. forstl. Bundes-Versuchsanst. Mariabrunn 59, 127—151 (1961). — TURNER, H.: Mitt. forstl. Bundes-Versuchsanst. Mariabrunn 59, 267—315 (1961). — TURNER, H., u. W. TRANQUILLINI: Mitt. forstl. Bundes-Versuchsanst. Mariabrunn 59, 59—103 (1961).

UNGAR, I. A.: Ecology 43, 763—764 (1962).

VARESCHI, V.: Bol. Soc. venezol. Ci. nat. 23, No. 101, 9—31 (1962). — VESEY-FITZGERALD, D. F.: J. Ecol. 51, 243—274 (1963). — VODERBERG, K., u. E. FRÖDE: Feddes Repert. Beih. 140, 19—26 (1963).

WADDINGTON, C. H.: New Scientist 18, 248—250 (1963). — WALTER, H., u. H. LIETH: Klimadiagramm-Weltatlas. 1. Liefrg., 11 Karten. Jena: G. Fischer 1960. — WATT, A. S.: J. Ecol. 50, 181—198 (1962). — WEBSTER, J. R.: (1) J. Ecol. 50, 619—637 (1962); (2) 50, 639—650 (1962). — WEHRMANN, J.: Landwirtsch. Forsch. 16, 130—145 (1963). — WESTLAKE, D. F.: Biol. Rev. 38, 385—425 (1963). — WHITTAKER, E., and C. H. GIMINGHAM: J. Ecol. 50, 815—822 (1962). — WHITTAKER, R. H.: Ecology 44, 176—182 (1963). — WHITTAKER, R. H., N. COHEN, and J. S. OLSON: Ecology 44, 806—810 (1963). — WILLIS, A. J.: J. Ecol. 51, 353—374 (1963). — WINKLER, E.: Ber. naturw.-mediz. Ver. Innsbruck 53, 209—223 (1963). — WINKWORTH, R. E., and D. W. GOODALL: Ecology 43, 342—343 (1962). — WOHLENBERG, E.: Ber. dtsch. Landeskunde 27, 220—228 (1961).

ZINKE, P. J.: Ecology 43, 130—133 (1962). — ZLATNÍK, A.: Veröff. geobot. Inst. ETH, Stiftg. Rübel, Zürich 36, 53—90 (1961). — ZÖTTL, H., u. R. KENNEL: Forstw. Cbl. 82, 76—100 (1963). — ZOLLER, H.: Bauhinia (Basel) 1, 189—207 (1960).

9. Ökologie

Von THEODOR SCHMUCKER, Göttingen

Blütenbiologie

In einem reich, gut und oft originell bebilderten Buch hat MEEUSE die Bestäubungsbiologie dargestellt; vorwiegend für Laien, die vom Fachmann sachlich belehrt sein wollen.

FREE fand, daß selbst bei dem Besuch der einfach gestalteten Blüten des Apfelbaums durch Bienen doch eine große Mannigfaltigkeit nach Verhalten und Wirkung zu beobachten ist. STEIN hat nachgewiesen, daß jener Stoff (Farnesol), den Hummelmännchen zur Orientierung der Weibchen aussondern, in fast allen Blütenölen enthalten ist und auch als Blütenduftstoff wirkt. Sträucher von *Corylus* sind nach STRITZKE bei 4—9° weitgehend protogyn, bei über 9° aber erfolgt die Anthese der weiblichen Blüten gegen Ende des Stäubens. *Corylus* ist in gewissem Ausmaße selbststeril. *Cereus giganteus* ist nach Befunden von MCGREGOR, ALCORN u. OLIN selbststeril und wird nachts durch Fledermäuse, unter Tag durch Bienen und Tauben bestäubt. Bei *Potamogeton*-Arten ist Zoidiogamie ursprünglich, aber Übergänge zu Anemogamie und Hydrogamie sind vorhanden (DAUMANN). Nach KAVETZKAYA u. TOCKAR soll bei *Juglans* (angeblich bei allen Windblütlern) ein Übermaß an Pollenkörnern (mehr als 20 je zwei Narbenlappen) die Narben schädigen, und zwar durch zu hohe Konzentration eines Stoffes, der aus den Pollenkörnern stammt.

Die hohe Bedeutung des Ultravioletts als für den Menschen unsichtbarer Blütenfarbe (besonders der Blütenzeichnung) hebt KUGLER hervor. Wie kompliziert die genetische Grundlage der Blütenfärbung sein kann, zeigt LAMPRECHT für den Fall von *Pisum*.

Für Heterostylie werden immer neue und z. T. eigenartige Beispiele gefunden. Die *Connaracee Byrsocarpus* ist zwar gestaltlich heterostyl, aber nicht vollkommen selbststeril. „Illegitime" Bestäubung ergibt einen Samenansatz von weniger als der Hälfte [H. G. BAKER (1)]. Recht verschieden sind die Inkompatibilitätsgrade auch bei dem Paradefall, der Gattung *Primula* nach ERNST. Er legt jetzt die Befunde bei dieser Gattung, Ergebnisse einer Lebensarbeit, vor. Untersucht wurden 428 Arten aus 31 Sektionen. Es ergab sich, daß die monomorphen Arten (knapp 10%) über das ganze System verteilt sind. Im übrigen muß auf die in ihrer Art einzigartige Arbeit selbst verwiesen werden.

Für die Inkompatibilität (Selbststerilität) zunächst zwei Beispiele. BARNES u. Mitarb. fanden bei *Pinus monticola* sowohl Exemplare mit voller wie solche mit abgeschwächter Selbststerilität. Fremdbestäubung ergab indessen auch im letzteren Falle immer bessere Ergebnisse. *Larix dahurica* ist nach POZDNIAKOV in Zentraljakutien selbstfertil, im Amurgebiet aber nicht (ebensowenig *L. sibirica*). In die physiologischen Grundlagen der in der älteren Blütenbiologie wenig beachteten, aber theoretisch wie praktisch überaus interessanten Erscheinung der Selbststerilität gewinnt man allmählich Einsicht [LINSKENS (1 u. 2); KROH u. LINSKENS]. In gewissem Zusammenhang damit steht der Nachweis (LINSKENS u. HEINEN), daß die Pollen von Pflanzenarten, bei denen die Narbenpapillen von einer Cutinschicht bedeckt sind, hochaktive Cutinasen enthalten (übrigens auch — LINSKENS u. HAAGE — phytopathogene Pilze in hoher Spezifikation). Die in verschiedenen Teilen des Gynaeceums vorhandenen aktiven Stoffe, welche die Pollenkeimung bzw. das Pollenschlauchwachstum beeinflussen, sind nach MIKI nicht ganz artspezifisch, sondern wirken meist noch bei Gattungsangehörigen, aber nicht mehr innerhalb ganzer Familien. ZINGER u. PETROVSKAYA-BARANOVA fanden, daß die Wand der Pollenschläuche von lebenden Plasmasträngen reichlich durchsetzt ist und ein physiologisch aktives Gebilde darstellt.

Zeit und Intensität des Blühens ist von den äußeren und inneren Faktoren abhängig. WACHTER beobachtete, daß junge Lärchen in Jahren nach einer Wuchsdepression (Spätfrost, Dürre) am reichsten blühten. Die *Lemnaceen* blühen in der Regel selten. Aber MATVEYEV sah im Juni 1962 bei Saratov eine Massenblüte von *L. gibba;* schwache und starke Pflanzen, schwimmende und solche auf dem feuchten Uferboden, blühten reichlich (Ursache: der ungewöhnlich naßkalte Sommer?). *Wolffia* blühte in Nährlösung nur nach Zusatz von Äthylendiamintetraessigsäure. Die Tageslichtlänge änderte nur den Prozentsatz der Blühenden (Dauerlicht: 26%; 6 Std Licht: 71%) (MAHESHWARI u. CHAUHAN).

Zur Klärung der derzeit naturgemäß noch recht problematischen Frage nach der Phylogenie der Blütengestalt trug VAN DER PIJL durch vielseitige Betrachtung verschiedener Gruppen zoogamer Pflanzen bei. Genaue, vorurteilsfreie Analyse der Mannigfaltigkeit könnte weiterhelfen. Viele Beispiele dazu führt auch H. G. BAKER (2) an.

Nach Befunden von HAFSTEN müssen Pollenkörner von *Nothofagus* und *Ephedra*, gefunden auf Tristan da Cunha, in nicht geringer Zahl etwa 5000 km über das Meer geflogen sein.

Orchideen

Die Bestäubung der *Orchideen* hat CH. DARWIN in einem klassischen Werk dargestellt. Aber seine Darlegungen über tropische Orchideen mußten in mancher Hinsicht unvollständig bleiben, weil er meist nicht am Standort beobachten konnte, die Bestäuber nicht kannte und die Angaben seiner Gewährsmänner z. T. unzutreffend waren. Die Arbeiten von DODSON (1 u. 2), der im Laufe von 4 Jahren in Ekuador beobachten konnte, sowie von DODSON und FRYMIRE bringen viele z. T. sehr überraschende Ergänzungen und Berichtigungen. Wenn er auch die Bestäubung bei etwa 50 Orchideenarten an Ort und Stelle beobachten konnte, so meint er doch, auch damit sei bei der überwältigenden Mannigfaltigkeit erst ein Anfang gemacht. Viele Schwierigkeiten stellten sich dem Unternehmen entgegen.

Über die Befunde kann hier nur zusammenfassend berichtet werden. Bestäuber sind vor allem *Hymenopteren: Bombus* (bes. im Gebirge und bei großblütigen Arten), *Xylocopa* (eine kurzrüsselige solitäre Biene), *Centris* (bei *Oncidium*-Arten) und ganz besonders drei nahe verwandte Gattungen *(Euglossa, Eulaema* und *Euplusia)*, halbsoziale Bienen mit langem Rüssel und ähnlichem Verhalten, besonders bei den großen, stark duftenden und bizarr gestalteten Blüten der *Catasetinen.* Von *Lepidopteren* kommen Schmetterlinge nur wenig, Nachtfalter wohl stark in Betracht. Aber über letztere weiß man, wenigstens für Amerika, noch sehr wenig. In Afrika dürften sie bedeutungsvoll sein. Von *Dipteren* sind vor allem Fliegen wichtig, besonders in den Anden, wobei zweifellos auch sehr sonderbare Anpassungen bestehen (z. B. bei *Pleurothallis).* Bestäubung durch Vögel wurde bei einigen Arten beobachtet, dürfte aber im Gebirge nicht ganz selten sein. Natürlich gibt es auch viele Besucher, die nicht bestäuben. Es gibt kaum eine andere Blütenpflanzengruppe, bei der Täuschungsmanöver so häufig sind (falsche Nektarien mit süßem Duft; Aasgeruch bei *Masdevallia fractiflexa,* ähnlich bei manchen *Bulbophyllum-*Arten Asiens); Pseudocopulation *(Trichoceros parviflora,* wie bei *Ophrys* und der australischen *Cryptostylis).* Ganz sonderbar geht es bei *Centris*-Arten zu. Die Männchen bewachen ein bestimmtes Territorium und stürzen sich auf jeden Eindringling, um ihn zu vertreiben. Die Blüten von *Oncidium*-Arten sind in gewissem Grade insektenähnlich gestaltet. Werden sie im Luftzug bewegt, so erscheinen sie offenbar dem Wächter als Eindringlinge. Er attackiert sie — da in den Blütenständen viele Blüten vorhanden sind, so hat er viel zu tun — eine nach der anderen, vollzieht aber in der Folge der Zusammenstöße die Übertragung der Pollinien.

Es gibt bei den *Orchideen* ganz verschiedene Bestäubungsmechanismen. Nicht wenige haben Besucher aus verschiedenen Verwandtschaftskreisen. Mit der Komplikation des abgeleiteten Blütenbaus nimmt der Zug zur Bestäubung durch eine ganz bestimmte Art (z. B. eine einzige *Euglossa*-Art) zu. Es gibt Blüten mit herkogamer bzw. dichogamer Verhinderung der Selbstbestäubung in verschiedenen Ausführungen, es gibt Fallen- und Gleitblüten, Blüten mit Kippeinrichtungen und vor allem solche mit Ausschleuderung der Pollinien *(Catasetum, Cycnoches, Mormodes;* aber bei allen 3 Gattungen sind insbesondere die Auslösemechanismen recht verschieden). Die zahlreichen Arten der Bienengattung *Euglossa* i. w. S. besuchen Blüten von *Apocynaceen, Bixaceen, Zingiberaceen* usw. und beuten deren Nektarien aus. Aber die langlebigen Männchen (bis 6 Monate), die das Nest nach dessen Verlassen nicht mehr besuchen und umherschweifen, sind auch die hochspezialisierten Besucher der bizarren, großen Blüten bei den Gattungen *Catasetum, Cycnoches, Stanhopea, Coryanthes* und *Gongora.* Sie werden angezogen durch den starken Duft, und zwar oft mit ganz spezifischer Bindung zwischen einer Orchideen- und einer Bienenart. Die Besucher finden aber nichts zu fressen, denn die auffälligen Epithelien auf dem Labellum sind keine Futtergewebe, sondern erzeugen die Duftstoffe, Gemische (bis zu 12) von Terpenoiden, die meist flüssig durch die Außenwände dieser ,,Osmophore'' austreten, wie Vogel angibt. Er bestätigt zwar, daß die Bienenmännchen beim Anflug an diesen Epithelien ,,kratzen''. Aber nicht erst durch diese Handlung, die er als Bestandteil eines Pseudo-Kopulationsversuchs oder auch als vorbereitende Balzhandlung deutet, kommt deren Inhalt bzw. deren Erzeugnis mit den Chemorezeptionsorganen auf den Tarsen der Vorderbeine in Berührung, Höcker, die aus dicht zusammengedrängten, gefiederten Trichomen bestehen. Nur die Männchen besitzen diese Organe, und diese werden auch allein angelockt und sensibilisiert. Besonders Dodson (1) schildert es umfassend. ,,Sie (die Männchen) verlieren in erheblichem Ausmaß die Kontrolle über ihre Bewegungen, werden benommen und träge und verlieren ihre Vorsicht. Sie freuen sich offensichtlich dieser Sensation, denn sie kehren längere Zeit (mit Vehemenz) immer wieder zurück. Die torkeligen, vergifteten Bienen können von den (höchst eigenartig geformten) Blüten in einer Weise manipuliert werden, daß sie nicht so rasch wie nüchterne Bienen wieder davonfliegen ...'' und dabei nehmen sie (Katapultmechanismus!) die Pollinien auf bzw. geben sie am richtigen Ort ab. Gedanken über die Phylogenie der Mannigfaltigkeit der Orchideenblüten im Zusammenhang mit den Bestäubern werden angeschlossen. Viele, auch für den Nichtspezialisten interessante Einzelheiten kann man nachlesen bei Dodson (1 u. 2) und Dodson u. Frymire. Nach Vogel werden die zunächst in den ,,Futterhaaren'' reichlich vorhandenen Inhaltstoffe bei der Duftstoffbildung verbraucht. Bei den *Catasetinen* beginnt die Duftemission 2—3 Tage nach Anthesebeginn und dauert mehrere Wochen; Entnahme der Pollinien bzw. Pollination hemmt sie aber alsbald. *Stanhopea* duftet nur an den ersten beiden Tagen. Die Duftstoffe wirken wahrscheinlich auf die Bienen sexuell anreizend (Pheromone).

Ausbreitung

Auch bei imperfekten Pilzen gibt es nach MEREDITH Ausschleuderungsmechanismen für Conidien usw., z. T. von recht sonderbarer Art. Entsprechenden Einrichtungen bei parasitären Pilzen schreibt ROBERT hohe Bedeutung zu. Nur abgeschleuderte Sporen usw. haben Aussicht, von der atmosphärischen Turbulenz erfaßt, in sehr große Höhen getragen und damit fernverbreitet zu werden. Die Wirksamkeit der abenteuerlich gestalteten, oft jahrelang anheftenden Klettfrüchte von *Harpagophyton* („Wollspinnen") wird nach STOPP dadurch herabgesetzt, daß geeignete Tiere den Standort der Pflanzen meiden. Die Haken dieser Früchte dienen auch als Verankerungsorgane. Den Samen der *Podostemonaceen* erlaubt die rasch verquellende Außenschicht der Testa rasches Anheften an den Standorten, z. B. Wasserschnellen in den Tropen (GESSNER u. HAMMER). BRESINSKY beschrieb den Bau der Elaiosome und stellte fest, daß sie neben Fett und meistens auch Zuckern vielfach Eiweiß enthalten. Ein Gehalt von Ricinolsäure scheint ökologisch von Bedeutung zu sein; denn Ameisen lieben diese Substanz sehr. Anlockung auf Entfernung erfolgt nicht, was bei der Allgegenwart von Ameisen weniger schadet.

Das Aufkommen von Sämlingen ist oft an recht spezielle Verhältnisse gebunden. FLORENCE und CROCKER fanden, daß in guten Beständen von *Eucalyptus pilularis* in Ostaustralien Sämlinge nicht oder nur schlecht aufkommen können. Ursache ist in merkwürdiger Weise der Boden selbst. Er enthält Mikroorganismen, die offenbar für das Wurzelwachstum hemmende Stoffe bilden, deren Wirkung nur bei ganz bestimmten Bedingungskonstellationen im Wechselspiel der Bodenorganismen hinreichend ausgeschaltet wird. POLACSEK fand zwar (im Wienerwald im Mastjahr 1946) bis zu 1200 *Fagus*-Sämlinge je Quadratmeter, von denen freilich sehr viele schon im ersten Jahr wieder verschwanden. Aber BORCHERS legte dar, daß die Buchennaturverjüngung auch in natürlichen Buchengebieten, z. B. in Niedersachsen, trotz vieler Bemühungen noch immer problematisch sei; hinreichende Naturverjüngung ist relativ selten, ihr Aufkommen oft nicht gerade gut. Wahrscheinlich sind infolge der Klimaveränderung seit der Mitte des 16. Jahrhunderts viele Buchengebiete ökologisch nicht mehr optimal.

Mycorrhiza

Fast 50 Arbeiten über Mycorrhiza sind in dem Bericht über das Internat. Mycorrhiza-Symposium zu Weimar 1960 enthalten. Einige davon werden im folgenden genannt werden.

Die außerordentlich verbreitete vesikuläre Myc. (HAWKER) birgt noch viele Probleme. MELOH hat sie bei Mais und Hafer untersucht. Sie fördert unter allen geprüften Bedingungen, und zwar durch die Tätigkeit des lebenden Pilzes. Sie wird auch bei schlechter Nährstoffversorgung und starker Schädigung des Assimilationsapparates nicht parasitär. Die Infektion muß im Jugendstadium des Wirtes erfolgen, wobei der Pilz größere Bodenzwischenräume durchwachsen kann. Die Pilze sind nach HAWKER meist *Oomyceten* (*Pythium*, wohl auch *Endogone*). Infektion erfolgt nur bei bestimmten Bedingungskonstellationen, die noch ungenügend bekannt sind. GELZER weist auf die Beeinflussung der Ausbildung durch die Rhizosphaeren-Bakterien hin. Die endotrophen Myc. seien für Leistung und Resistenz z. B. von Kulturpflanzen im Sinne einer Eusymbiose von Bedeutung. Angeblich kann der Pilz im Samen weitergegeben werden. MOSSE (1) gelang die Infektion aus Reinkulturen (*Endogone*). Anwesenheit von *Pseudomonas*-Arten ist dabei nötig. Zuweilen genügt auch Zugabe von pektolytischen Fermenten, macerierenden Stoffen usw. N-Verbindungen verzögern oder verhindern die Myc.-Bildung. Auch nach WINTER u. PEUSS-SCHÖNBECK fördert die endotrophe Myc., wenigstens in vielen Fällen, den Wirt, insbesondere seine ökologische Breite und das Ertragen schlechter Lebensverhältnisse. Ob Parasitismus daraus entstehen kann, ist noch nicht genügend bekannt. OTTO kommt zu der Ansicht, die endotrophe Myc. fördern den Wirt im allgemeinen nicht, schädigen ihn aber auch nicht. Weite Verbreitung von endotrophen *Phycomyceten*-Myc. stellte KATENIN bei vielen *Liliaceen* und *Ranunculaceen* der osteuropäischen Tundra fest. Sehr dankenswert war die Zusammenfassung unserer bisherigen Kenntnisse über die endotrophe Myc. durch MOSSE (2).

Das theoretisch wie praktisch gleich interessante, immer noch ungenügend erforschte Gebiet der ektotrophen Mycorrhiza behandelt in zwei Arbeiten der Altmeister der Erforschung [MELIN (1 u. 2)], nämlich den eigenartigen Einfluß von Baumwurzeln auf die Myc. bildenden Basidiomyceten bzw. den physiologischen Aspekt der Myc. der Waldbäume. TRAPPE hat übersichtlich dargestellt, auf welchen Baumarten eine bestimmte Pilzart vorkommt und umgekehrt. Das Literaturverzeichnis umfaßt über 400 Titel. Durch einen Zufallsbefund konnte MEYER (2) zeigen, daß *Laccaria amethystina*, gewöhnlich ein Saprophyt, bei *Fagus* Myc. bildet. Nach neuen Befunden von FONTANA besitzen in Piemont alle drei einheimischen Pappelarten und die „*canadensis*"-Hybriden Myc., und zwar in recht variabler, aber immer ektotropher Form. *Tilia europaea* besitzt eine ektotrophe Myc. von wechselndes Schichtdicke und z. T. mit Hartigschem Geflecht. Pilzbesetzten Kurzwurzeln fehlen die Wurzelhaare (SEN u. JENIK). Auch im Kongourwald tritt ektotrophe Myc. bei zwei *Caesalpiniaceen* auf (FASSI; FASSI u. MONTANA), die im einzelnen recht vielgestaltig ist, z. T. im Zusammenhang mit der Bodentiefe. Die starke Abnahme der Myc.-Frequenz mit zunehmender Bodentiefe versuchte LYR (2) zu erklären. Es handelt sich offenbar um komplexe Zusammenhänge, jedenfalls nicht in erster Linie um Bodenchemie, O_2- und CO_2-Menge u. dgl. Wie verschieden die Myc. bei Buche und Fichte je nach den Bodentypen ausgebildet und durch Düngung usw. beeinflußt werden kann, zeigte MEYER (1) . In den nördlichen Nadelwäldern findet sich die Myc. bei der Fichte ganz überwiegend in den obersten Schichten im Rohhumus (bis 12000 Wurzelspitzen je Quadratdezimeter). Dort besitzen sie dicke Pilzmäntel und hypertrophe Rindenzellen. Schon etwas weiter unten, im Mineralboden, sind sie viel schmächtiger. Rohhumus können sie nicht abbauen und bevorzugen anorganische N-Verbindungen (MIKOLA u. LAIHO). Dagegen können in solchen Wäldern Myc.-Pilze *(Corticium* und *Cenococcum)* unter Umständen erheblich zur Bildung von Rohhumus beitragen (MIKOLA). Die Myc.-Pilze können zwar die für die Streuzersetzung wichtigen Ektoenzyme (außer Pektinase) ausbilden, sind aber, was die Intensität anbetrifft, den freien Streuzersetzern unterlegen. Immerhin könnten manche Myc.-Pilze (z. B. manche *Boletus*-Arten) in der Natur am Abbau der Cellulose und Hemicellulose im Waldboden, wenigstens in schwachem Ausmaß, beteiligt sein, während *Amanita* u. *Bol. badius* höchstens Hemicellulose zersetzen [LYR (1)]. Nach MÜLLER werden Myc.-Pilze durch antifungale Stoffe in ähnlicher Weise beeinflußt wie andere Basidiomyceten auch; aber Chloromycetin wirkt auf erstere relativ viel stärker ein. In einer besonders interessanten Arbeit geht HANDLEY dem offensichtlichen Antagonismus zwischen *Picea* und *Calluna* auf Callunaheiden nach. Anscheinend sind die Symbionten der beiden Antagonisten: die von *Calluna* hemmen die von *Picea*, dadurch deren Myc.-Bildung und damit das Wachstum unter den gegebenen Bedingungen.

Aufsehen erregten Angaben von *Achromeiko*, wonach bei Eiche und Kiefer die ektotrophe Myc. unter Umständen weit mehr schädige als nütze. Ihnen wurde sofort widersprochen. Dagegen wurde auch praktisch wichtige Förderung immer wieder festgestellt: Auf sandigen Savannenböden Surinams (VAN SUCHTELEN) und in Kenia (GIBSON) (in beiden Fällen in Ländern, die keine einheimischen *Pinus*-Arten besitzen, von entscheidender Bedeutung); für Eichen und Buchen in der Waldsteppe Rußlands *(Puschkinskaya* u. *Mischustin);* bei der Steppenaufforstung in Rußland für *Pinus* und *Quercus*, mit besonderem Erfolg gerade unter schwierigen Umweltsverhältnissen (LOBANOW); für die Arve der Hochgebirgswälder Tirols (MOSER; GÖBL). Nach BAYLISS, McNABB u. MORRISON fördern, entgegen bisheriger Meinung (toleranter Parasitismus), die besonders interessanten Myc.-Knöllchen (endotrophe Myc. von vesikular-arbuskularem Typ) die *Podocarpus*-Arten der Tropen. Der Pilz scheint am natürlichen Standort nicht nur förderlich, sondern lebenswichtig zu sein. Die *Podocarpus*-Knöllchen können als Höhepunkt der endotrophen Myc. gelten, wie die dichotomen Kurzwurzeln von *Pinus* für den der ektotrophen Myc.

Die wichtigen Ergebnisse aus der Schule GÄUMANNS über die Abwehrreaktionen in den *Orchideen*-Knollen stellte NÜESCH zusammen. CAMPBELL wies nach, daß der Partner der chlorophyllosen Orchidee *Gastrodia cunninghami*, wie bei *G. elata* und der gleichfalls holosaprophytischen *Galeola septentrionalis*, der Hallimasch *(Armillaria mellea)* ist, also einer der aggressivsten Holz- und Baumzerstörer *(Nothofagus*-Wälder Neuseelands). Der Pilz baut das Holz ab und führt einen Teil des so gewonnenen Stoffes der Gastrodiaknolle vermittels Rhizomorphen-Strängen zu, die im Boden von Baumstämmen und Stubben zu ihr hinführen. In ihr verzweigen sich die Stränge immer feiner und ergießen schließlich nach Aufplatzen der Hyphenspitzen ihren Inhalt in gewisse Rindenzellen (Plasmoptyse) (bei *Galeola septentrionalis* werden Hyphenballen verdaut, nicht ausgetretenes Protoplasma). So lebt die Orchidee vermittels des Pilzes ausschließlich vom Holz der Bäume, lebender und toter, ein gewiß bemerkenswertes Geschehen. NAKAMURA gelang es, in unerwartet einfacher Weise die Samen von *Galeola septentrionalis* zum Keimen zu bringen. Die Keimungshemmung wird in der Natur durch den Symbiosepilz aufgehoben. Im Bierhefe-Rohrzucker-Agar, der mit Erfolg (bis zu 88% Keimung) als aseptisches Keimmedium verwendet wurde, muß sich ein wirksamer Stoff befinden, der Gleiches vermag wie der Pilz. Aminosäuren konnten ihn ersetzen; Zucker war wirkungslos. Vorhergehendes Einquellen in Kalisalzlösungen war sehr förderlich.

Andere Symbiosen

Nach 15 Jahren liegt das bekannte Buch von SCHAEDE über „Die pflanzlichen Symbiosen" in neuer Auflage (bearbeitet von F. H. MEYER) vor, die in jeder Beziehung auch hohen Anforderungen genügt. Zwölf sehr dankenswerte Zusammenfassungen enthält der Bericht "Symbiotic Assoziations" des 13. Symp. der Gesellschaft für Allgemeine Mikrobiologie (London 1963).

Die Biologie und Physiologie der Flechten behandelte SMITH (1 u. 2). Bei diesen Problemen ist noch viel hypothetisch und mehr spekulativ oder überhaupt unerforscht geblieben. PLESSL, die 95 Arten aus verschiedenen Verwandtschaftskreisen untersuchte, fand bei allen Haustorien, jeweils von artkonstanter und um weltunabhängiger Bildung, bei den anatomisch einfachen primitiven Flechten intracellulare (das Haustorium kommt mit dem Algenzellenplasma nicht in direkte Berührung), bei den komplizierter gebauten intramembranöse. Davon gibt es auch Ausnahmen. GEITLER stellte bei *Psora globifera*, einer hochorganisierten Flechte, intracellulare Haustorien fest. GAMS fand bei zwei Halbflechten *(Botrydina* und *Coriscium)* als Partner *Basidiomyceten*, während sonst *Ascomyceten* die Regel sind. Auf der nordischen Krustenflechte *Lecidea nigrileprosa* stellte POELT das Auftreten von parasitischen Flechtenarten fest; eine zerstört den Wirtsthallus völlig, ohne einen eigenen in geschlossener Form aufzubauen, eine zweite übernimmt lediglich Gonodiengruppen, worauf der Wirtsthallus zerreißt. GRUMMANN führt in seinem Katalog für Deutschland fast 2200 Flechtenarten an (fast soviel als Blütenpflanzenarten) aus 48 Familien bzw. 162 Gattungen. Nach FOLLMANN gibt es in der Antarktis noch mehr als 300 Flechtenarten (fast zwei Drittel endemisch), und zwar bis etwa 86°, also bis in Polnähe. Manche Krustenflechtenthalli dürften mehr als 1000 Jahre alt sein.

Die Leguminosenknöllchen bieten noch immer Probleme in Fülle. Der Weg der N-Fixierung ist noch unklar, aber man kommt der Lösung sichtlich näher (KALININSKAYA; MCKEE, NICHOLAS; PRATT). Daß nicht nur bei *Leguminosen*, sondern auch bei *Alnus* und *Casuarina* das Element Co nötig ist, bewiesen BOND u. HEWITT. Nach BERGERSON besteht eine gewisse positive Korrelation zwischen Hämingehalt und N-Bindung.

Der Eintritt der Bakterien erfolgt nach HAACK teils durch die Wurzelhaare *(Ornithopus)*, teils direkt *(Lupinus)*. Bei der Umwandlung in Bakteroiden erfolgt von seiten der Wirtszelle Auflagerung einer dicken Membranschicht, wie DART u. MERCER nachwiesen. Den oft gehörten

Einwand, die Oberfläche der Leg.-Knöllchen sei infolge der starken Ausbildung der Endodermis recht wenig wegsam, hat WEICHSEL durch den Nachweis, daß diese Ausbildung an der Spitze junger (noch rötlicher) Knöllchen noch nicht eingetreten sei, entkräftet. Es wurde zwar auch nachgewiesen, daß manche der in den Knöllchen reichlich vorhandenen N-Verbindungen usw. dort leicht permeieren können; für den natürlichen Zustand gelang das aber nicht. Nach STEWART wird bei *Alnus* der größte Teil des jeweils gebundenen N schon in den jungen Knöllchen und nicht erst bei der Verdauung des *Actinomyceten* dem Wirt zugeführt. Die Rhizothamnien können im Hochsommer (Zeit der höchsten Aktivität) bis zu 50% des in ihnen enthaltenen Gesamt-N binden, abgeschnittene Knöllchen (Laborversuch) aber nur sehr wenig. Auf die sehr hohe Spezifikation der *Rhizobium*stämme wies BONNIER hin. Bei *Robinia* übertreffen nach HOFFMANN leistungsstarke Bakterienstämme schwache um ein Mehrfaches. Junge Robinienkulturen fixieren bis zu 300 kg N je Jahr und Hektar (also etwa ebensoviel wie landwirtschaftliche Leguminosen). Düngung mit K fördert stark, mit P wenig; mit N hemmt immer. NUTMAN schilderte die Gleichgewichtsverhältnisse bei der Symbiose. Auf einigermaßen mineralkräftigem Boden übertrifft nach MISHUSTIN die N-Fixierung der Leguminosen jene der freilebenden Bakterien. Die Knöllchen bei Nicht-Leguminosen behandelte zusammenfassend BOND.

Den sicheren Nachweis, daß die *Cyanophycee Anabaena*, die in den Blatthöhlen von *Azolla* lebt, in recht beträchtlichem Ausmaß N bindet, glaubt VENKATARAMAN erbracht zu haben. Der Wirt profitiert offenbar davon. Über die Symbiose zwischen Algen und Wirbellosen berichtet eine Übersicht von DROOP; über das Ambrosia-käfer-Problem J. M. BAKER.

Über die Symbiosen bei *Arthropoden* kann man sich bei BROOKS belehren, ebenso aus einer Schrift des Altmeisters BUCHNER („50 Jahre Symbiose-Forschung"), über die Mitwirkung von Mikroben beim Verdauungsprozeß der Wiederkäuer bei HUNGATE, über die interessante und aktuelle Frage der sterilen Aufzucht keimfreier Tiere bei LEV. Eine einzige Arbeit, von GUMPERT, sei noch angeführt. Aus blutsaugenden Wanzen *(Triatominen)* wurde eine Anzahl Bakterien isoliert. Ohne sie kommt die Entwicklung nicht zu Ende, das Tier stirbt ab. Aber als Ersatz können zahlreiche saprophytische Bakterienarten verwendet werden, die alle wuchsstoffautotroph sind und auch die zur Vollentwicklung nötige Panthothensäure erzeugen.

Phanerogame Parasiten, Carnivore

Zur alten Frage, ob der vegetativ so vollkommen andersartige Parasit *Cassytha* wirklich den *Lauraceen* zugezählt werden darf, hat SASTRI beigetragen. Auch die Embryoentwicklung verläuft in beiden Fällen so ähnlich, daß beide zur gleichen Familie gestellt werden können. (Nebenbei bemerkt, gehören nach Teriokhin, auch *Pirola* und *Monotropa* systematisch eng zusammen, als *Ericaceen*-Gruppe mit stark reduzierten Embryonen.)

Man kann nunmehr sagen, daß die ganze Familie der *Loranthaceen* (etwa 1400 Arten) nur aus „Halbparasiten" besteht, nachdem das KUIJT auch für *Gaiadendron (punctatum)* nachgewiesen hat, eine Gattung, die neben der bekannten *Nuytsia floribunda* (Australien) in der Familie allein und zwar ausschließlich) fast baumförmige Vertreter enthält. Die Art lebt in der Nebelzone der tropischen Anden auf großen Bäumen *(Quercus, Weinmannia)*, parasitiert aber nicht auf diesen, sondern auf deren Epiphyten *(Vaccinium, Farne)*. Sie bildet bis 5 m hohe Büsche mit glänzenden Lederblättern. Die goldgelben Blüten sind, wie auch bei anderen tropischen *Loranthaceen* vielfach, vogelblütig. Relativ ursprünglich, wie manches andere, ist die Entwicklung. Der Samen keimt ohne Verzug, der Keimling entwickelt sich auch in Mineralboden gut, besitzt eine Radikularknolle, aus der lange, wenig verzweigte „Wurzeln" hervorgehen. An ihnen entstehen Anschwellungen, aus denen anscheinend primitive, kurzlebige Haustorien in den Wirt eindringen. Das autotrophe Stadium kann ein halbes Jahr dauern. Auch terrestrisch kann die Art leben, bildet dann bis 15 m lange „Rhizome", von denen her wahrscheinlich Baumwurzeln befallen werden. An diesen Systemen entstehen sowohl „Wurzeln" wie aufrechte Zweige.

Bedeutet die Carnivorie wirklich eine wesentliche Zugabe zur Ernährung? HARDER hat gezeigt, daß absolute, bakterienfreie Reinkulturen von *Utricularia exoleta* (hergestellt von E. u. O. PRINGSHEIM) in mineralischer Nährlösung zwar gut wachsen, aber nicht blühen. Letzteres erfolgte aber nach Fütterung mit toten Daphnien, aber auch mit Daphnien-Dekokt und Peptonfleischextrakt, so daß es sich wohl nicht um eine labile, hochspezifische Substanz handeln kann. (Bezüglich der systematischen Stellung der *Lentibulariaceen* meint CASPER, gewisse Ähnlichkeiten mit *Primulaceen* seien vorhanden, aber eine Herleitung aus *Personaten* sei doch viel wahrscheinlicher.) Nach LÜTTGE ist die Aufnahme von Glutaminsäure aus Agar in die Blätter von *Dionaea* sehr geringfügig; die Blätter öffnen sich auch bald wieder. Wird aber gleichzeitig eine lebende Fliege aufgebracht, so wird unter sonst gleichen Verhältnissen reichlich Glutaminsäure aus Agar aufgenommen, ein weiterer Untersuchung bedürftiges Ergebnis. *Aldrovanda* stellt BERTA nach den Fundorten in der CSR und nach ihren Temperaturansprüchen wieder als Subtropenpflanze hin, die von Zugvögeln verschleppt wird.

Das Elektronenmikroskop ist nun auch für Fragen aus dem Bereich der Carnivorie eingesetzt worden. JUNIPER u. BURRAS fanden, daß bei der bekannten wachsartigen Gleitschicht der Kannen von *Nepenthes* der Kanneninnenwand zunächst eine etwa 2 μ dicke Wachsschicht mit lockerer Netzstruktur aufliegt, der eine Schicht aus unregelmäßig gelappten Wachsplättchen (1 μ) folgt, die lose aneinander hängen. Diese haften sich schließlich in ganzen Ballen an die Gliedmaßen der Insekten fest. Bei den Versuchen, sie zu entfernen, verliert das Insekt usw. das Gleichgewicht und stürzt ab. SCHNEPF hat in drei Arbeiten die Funktion der Drüsen von *Drosophyllum* untersucht. Der Fangschleim (Schn. 1) enthält etwa 0,25% feste Subst., die ganz überwiegend aus Polysacchariden (Pentosen wie Hexosen) besteht, welche offenbar in großen, langgestreckten Molekülen vorliegen. Daneben kommt als saurer Bestandteil Gluconsäure vor. Die anderen Stoffe finden sich nur in sehr geringer Konzentration, so der Honigduftstoff und das Antisepticum (nicht Ameisensäure). Die Sekretion der Verdauungsfermente erfolgt erst nach Reizung. Die Bildung des Fangschleims erfolgt, wie bei *Pinguicula*, im Golgi-Apparat der Zellen und ist (Schn. 2) atmungsabhängig. Die Veränderungen im Feinbau der Zellen bei Zufuhr von Eiweißen wird beschrieben (Schn. 3).

Die räuberischen (d. h. mikrobenfangenden) Pilze finden steigende Beachtung. DUDDINGTON stellte die Ergebnisse mehr als 30jähriger, besonders durch C. DRECHSLER geförderter Forschung zusammen. Die meisten „carnivoren" Pilze gehören zu den *Moniliales*, andere zu den *Phycomyceten (Zoopagaceen*, die alle carnivor sind). Solche Pilze sind in fast jedem, nicht zu saurem, Boden vorhanden, manche Arten sogar sehr häufig, und fangen insbesondere *Nematoden* (Älchen). Die biologische Bedeutung im Edaphon ist noch nicht hinreichend erforscht. Zur praktischen Bekämpfung der Älchen hat man sie bereits versuchsweise herangezogen, besonders in den USA und in der USSR. [Über Erfolge berichten z. B. COOKE (2) und DONCASTER.] COOKE (1) unterscheidet 5 Gruppen nematodenfangender Pilze: Solche mit klebenden Netzfallen, mit kurzen, klebenden Zweighyphen, mit klebenden, unseptierten Hyphen, mit contractilen Hyphenringen und endlich solche, die auch als endozoische Parasiten bezeichnet werden könnten.

Einen besonders interessanten Fall eines für Mikrobenfang hochspezialisierten *Phycomyceten (Arnaudovia* nov. gen.) hat VALKANOV in Süßwassergräben bei Varna entdeckt. Aus der unten an der Wassergrenzschicht hängenden Zoospore entwickelt sich ein hängendes, zunächst sehr einfaches, exakt fünfstrahliges Mycel. Fünf dünne, lange Primärhyphen wachsen bogig nach unten, in den Interradien stehen fünf kurze Hyphen, welche das hyponeustische Festhalten an der Wasserhaut sichern. Eine weitere Primärhyphe wächst senkrecht nach unten. Die Primärhyphen sind dicht bedeckt mit sehr kurzen, äußerst dünnen $(0,1\,\mu)$ und zugespitzten Fanghyphen, in merkwürdiger Konvergenz zu den gleichfalls mikrobenfangenden Gattungen *Zoophagus* und *Sommerstorffia.* Sie bedecken sich von der Spitze her mit einem äußerst wirksamen, ganz unwahrscheinlich spezifisch wirkenden Klebstoff. Es kleben nämlich sofort und mit Sicherheit fast alle Arten der mobilen, einzelligen Gattungen *Trachelomonas, Strombomonas* und *Phacotus* fest, nicht aber irgendwelche andere grüne oder farblose *Flagellaten,* ebensowenig *Infusorien, Rotatorien* usw., auch nicht bei direkter Berührung. Die Fanghyphe dringt in das Opfer ein und beutet es mit großem Erfolg aus; denn erst jetzt wächst das Mycel unter starker Verzweigung heran zu größeren Gebilden, an denen in Menge neue Beute gefangen wird. Größe und Zahl der von einem Mycel gebildeten Zoosporen hängt sehr stark von dem Fangergebnis ab. Weibliche Gametangien entstehen überhaupt erst nach der Ausbeutung von mindestens 4—5 Beutezellen.

Extreme Standorte

Auf der Insel Alexanderland (Franz-Joseph-Archipel) gibt es, 9° vom Pol entfernt, gegen Ende des Sommers noch eis- und schneefreie Stellen. Neben ganz wenigen Blütenpflanzen kommen Moose und Flechten vor, in der anschließenden Fastwüste auf sandigem Lehmboden besonders Blau- und Grünalgen (etwa 80 Arten) als erste Humusbildner (NOVICHKOVA-IVANOVA). Im Viktorialand (Antarktis) fanden G. H. MEYER, MORRON, WYSS, BERG u. LITTLEPAGE in einem flachen Salztümpel mit so hoher Salzkonzentration, daß er selbst bei —24° Lufttemperatur nicht zufror, zwar nur Spuren organischer Substanz, aber doch einige Bakterien und eine Form von *Sporobolomyces.* Auch in ozeanischen Tiefen tritt in weichen, nicht zu mineralarmen Böden fast regelmäßig eine Pilzflora auf (HÖHNK). In Klarwasserseen der Alpen (über 1800 m) und ebensolchen in Gebirgen Lapplands ist trotz kurzer eisfreier Zeit und ziemlicher Nährstoffarmut die Stoffproduktion durch Nannoplankton doch nicht ganz unerheblich (RODHE).

Tiere und Pflanzen

Zwischen Primär- und Sekundärschädlingen aus dem Insektenreich für Forstbäume gibt es keine scharfen Grenzen (ZWÖLFER). Auf kärglichen Standorten sind die Bäume, besonders nach Notzeiten (Trockenzeiten usw.), physiologisch geschwächt und leichter anfällig. Die anscheinend primären Schädlinge befallen also, z. B. bei Katastrophen, schon tatsächlich geschädigte Bäume, können daher in gewissem Sinn auch als sekundär bezeichnet werden. Diese Ansicht vertritt unter anderen auch PEACE und nicht zuletzt, in eingehenden Arbeiten, SCHIMITSCHEK (SCHIMITSCHEK; SCHIMITSCHEK u. WIENKE). HEIMANN fand, daß nach besonders starker Transpirationsbeanspruchung die Wurzeln von *Erica* geschwächt waren, so daß die Anfälligkeit gegen Pilze sehr anstieg.

Nach STRIDE u. STRAATMAN ist bei Schmetterlingsraupen die spezifische Auswahl der Fraßpflanzen weitgehend bedingt durch die Vorliebe der Weibchen zur Eiablage an bestimmten Pflanzen, nicht durch aktive Wahl der Raupen.

Auf das Buch von MANI über die Ökologie der Pflanzengallen sei nur eben hingewiesen.

Verschiedenes

Alterung: Von 202 Bakterienkulturen (67 Gattungen) waren (über $CaCl_2$ im Vakuum bei 10°) nach 21 Jahren nur 6,5% ganz abgestorben (MILLER u. SIMONS). SNEATH konnte aus trockener Erde an Herbarpflanzen auch bei den ältesten (320 Jahre) noch einige Bakterien isolieren. In versiegelten Gefäßen waren nach 50 Jahren noch viele Bakterien lebensfähig; in trockener Erde, im Dunkeln, bei Zimmertemperatur nach 14 Jahren noch etwa die Hälfte. MEYER, MORROW u. WYSS berichten, daß aus versiegelten Flaschen mit Dauerhefen, die 51 Jahre im Eis des Roßlandes (Antarktis) gelagert hatten, noch 2 Hefe-, 2 Pilz- und 3 Bakterienarten isoliert werden konnten (dereinst „Verunreinigungen").

Katastrophenjahre sind nach LEWIS (untersucht extreme Trockenjahre bei *Clarkia*-Arten) wesentliche Faktoren bei der Evolution.

Temperaturresistenz von Meeresalgen. Die Kälteresistenz tropischer Meeresalgen aus tieferen Zonen ist geringer als bei solchen aus der gemäßigten Zone; die aus der Gezeitenzone sind dagegen relativ kälteresistent (Begleiterscheinung der Austrocknungsfähigkeit?). Die Hitzeresistenz geht bei ersteren nur wenig über die höchste Wassertemperatur (etwa 30°) hinaus [BIEBL (1)]. Die Algen aus Mangroven (bes. aus der Gezeitenzone) ertragen bis + 3°, z. T. sogar — 2° [BIEBL (2)]. LOOKNITSKAYA stellte bei Meeresalgen starke u. rasche Veränderung der Temperaturresistenz je nach Lebenslage fest.

Produktivität. In der russischen Nadelwaldzone konsumiert 1 ha Nadelwald mit guter Wasserversorgung in der Vegetationszeit 20 - 40 t CO_2 (= 12 - 25 t Trockensubstanzerzeugung); ein Eichenwald auf Tschernosem bei unzureichender Wasserversorgung kaum 10 t CO_2. Die assimilatorische Leistung je Hektar und Stunde ist im ersten Fall weit größer, die Atmung annähernd gleich, ebenso der Wasserverbrauch. Bei Eintritt von Wassermangel geht die produktive Assimilation rasch und stark zurück (GULIDOVA u. URINA). Die jährliche Nettoassimilation eines 20jährigen Bestandes der Ölpalme *Elais guineensis* (nur oberirdische Teile) liefert etwa 20 t Trockensubstanz (Ausnutzung der Sonnenstrahlung 0,56%; des Wellenbereichs 400 - 700 aber 1,2%). Regenwaldbäume können 50 - 70 t erbringen, Zuckerrohr bis 80 t (REES).

Instabilität von Tropenwäldern. Gemischte Regenwälder im Flachland Neuseelands sind unstabil. Das Stadium mit vorwiegend *Podocarpus* wird, allerdings recht langsam, verdrängt durch Laubwald. In Hochlagen sind Podocarpus-Wälder noch weit verbreitet (ROBBINS).

Literatur

Verwendete Abkürzungen:
Symb. = Symbiotic Associations. 13. Symp. Soc. General Microbiology. Ed. P. S. Nutman a. B. Mosse. London 1963. Cambridge. University Press 1963. VIII, 356 S.
Myk. = Mykorrhiza. Internat. Myk. Symp. Weimar 1960. VEB G. Fischer. Jena 1963. 482 S.

ACHROMEIKO, A. J.: Myk. 209—221.
BAKER, H. G.: (1) Bot. Gaz. 123, 206—211 (1962); — (2) Science 139, 877—883 (1963). — BAKER, J. M.: Symb. 232—265. — BARNES, B. V., R. T. BINGHAM, and

A. E. Squillace: Silvae genetica (Frankf.) 11, 103—111 (1962). — Bayliss, G. T. S., R. F. R. McNabb, and T. M. Morrison: Trans. Brit. Myc. Soc. 46, 378—384 (1963). — Bergerson, F. J.: Biochim. biophys. acta (Amst.) 50, 576—578 (1961). — Berta, J.: Biologia (Bratislava) 16, 561—573 (1961). — Biebl, R.: (1) Ber. dtsch. bot. Ges. 75, 271—272 (1962); — (2) Protoplasma (Wien) 55, 572—606 (1962). — Bond, G.: Symb. 72—91. — Bond, G., and E. J. Hewitt: Nature (Lond.) 195, 94—95 (1962). — Bonnier, Ch.: Ann. Inst. Pasteur (Paris) 103, 403—409 (1962). — Borchers, K.: Forst- u. Holzwirt 18, 294—298 (1963). — Bresinsky, A.: Bibliotheca Bot. H. 126, 54 S., 1963. — Brooks, M. A.: Symb. 200—231. — Buchner, P.: Wiss. Z. Univ. Greifswald. Math. nat. Reihe 10, 89—102 (1961).

Campbell, E. O.: Transactions of the Roy. Soc. of New Zealand. Botany. 1, 289—296 (1962). — Casper, S. J.: Öster. bot. Z. 110, 108—131 (1963). — Cooke, R. C.: (1) Ann. appl. Biol. 50, 507—513 (1962); — (2) Ann. appl. Biol. 51, 295—299 (1963).

Dart, P. J., and F. V. Mercer: J. Bact. 85, 951—952 (1963). — Daumann, E.: Preslia (Praha) 35, 23—30 (1963). — Dodson, C. H.: (1) Am. Orchid. Soc. Bull. 31, 525—534, 641—649, 731—735 (1962); — (2) Ann. Missouri Bot. Gard. 49, 35—56 (1962). — Dodson, C. H., and G. P. Frymire: Missouri Bot. Gard. Bull. 49, 133—152 (1961). — Doncaster, C. C.: Umschau 62, 443—446 (1962). — Droop, M. R.: Symb. 171—199. — Duddington, C. L.: Predacious Fungi and the Control of Eelworms. Viewpoints in Biology (London) I, 151—200 (1962).

Ernst, A.: Arch. Julius Klaus-Stift. 37, 1—145 (1962).

Fassi, B.: Myk. 297—301. — Fassi, B., e A. Fontana: Allionia (Torino) 7, 131—157 (1961). — Florence, R. G., and R. L. Crocker: Ecology 43, 670—679 (1962). — Follmann, G.: Umschau 64, 100—103 (1964). — Fontana, A.: Allionia (Torino) 7, 87—129 (1961). — Free, J. B.: J. Anim. Ecol. 29, 385—395 (1960).

Gams, H.: Österr. bot. Z. 109, 376—380 (1962). — Geitler, L.: Österr. bot. Z. 110, 270—280 (1963). — Gelzer, F.: Mikrobiologiia (Mosk.) 31, 662—668 (1962). — Gessner, F., u. L. Hammer: Int. Rev. ges. Hydrophysiol. 47, 497—514 (1962). — Gibson, I. A. S.: Myk. 49—51. — Göbl, F.: Centr. ges. Forstw. 80, 20—30 (1963). — Grummann, V.: Catalogus Lichenum Germaniae. 208 S. Stuttgart: G. Fischer 1963. — Gulidova, I. V., i E. V. Urina: Bjull. Mosk. obsc. Ispyt. Prir., Otd. Biol. 67, Nr. 6, 102—112 (1962). — Gumpert, J.: Zbl Bakt., I. Abt. Orig. 184, 315—318 (1962).

Haack, A. L.: Zbl. Bakt., II. Abt. 114, 575—589 (1961). — Hafsten, U.: Univ. Bergen, Arb. 1960, math. nat. Ser., Nr. 20, 1—48 (1961). — Handley, W. R. C.: Forestry Commission Bull. Nr. 36, 1—70 (1963). — Harder, R.: Planta 59, 459—471 (1963). — Hawker, L. E.: Trans. Brit. mycol. Soc. 45, 190—199 (1962). — Heimann, M.: Meded. Landbouwhogeschool Gent 27, 1126—1132 (1962). — Höhnk, W.: Zbl. Bakt. I. Abt. Orig. 184, 278—287 (1962). — Hoffmann, G.: Arch. Forstw. 10, 627—632 (1961). — Hungate, R. E.: Symb. 266—297.

Juniper, B. E., and J. K. Burras: New Scientist 13, Nr. 269, 75—77 (1962).

Kalininskaya, T. A.: Vestn. Akad. Nauk SSSR 32, Nr. 7, 44—50 (1962). — Katenin, A. E.: Bot. Ž. 47, 1273—1282 (1962). — Kavetzkaya, A. A., i L. O. Tockar: Bot. Ž. 48, 580—585 (1963). — Kroh, M., u. H. F. Linskens: Umschau 1963, 266—269 u. 313—314. — Kugler, H.: Planta (Berl.) 59, 296—329 (1963). — Kuijt, J.: Canad. J. Bot. 41, 927—938 (1963).

Lamprecht, H.: Agri hortique genet. (Landskrona) 20, 156—166 (1962). — Lev, M.: Symb. 325—334. — Lewis, H.: Evolution (Lawrence, Kan.) 16, 257—271 (1962). — Linskens, H. F.: (1) Pollen physiology and fertilisation. Proceedings of the internat. Symp. Nijmegen 1963; — (2) Biochemistry of incompatibility. Proceedings of the XI. International Congress of Genetics. Scheveningen 1963. Pergamon Press 1964. — Linskens, H. F., u. P. Haage: Phytopath. Z. 48, 306—311 (1963). — Linskens, H. F., u. W. Heinen: Z. Bot. 50, 338—347 (1962). — Lobanow, N. W.: Myk. 425—440. — Looknitskaya, A. F.: Citologija (Mosk.) 5, 135—141 (1963). — Lüttge, U.: Naturwissenschaften 50, 22 (1963). — Lyr, H.: (1) Myk. 123—145; — (2) Myk. 303—313.

McGregor, S. E., S. M. Alcorn, and G. Olin: Ecology 43, 259—267 (1962). — McKee, H. S.: Nitrogen metabolisme in plants. 728 S. London: Oxford Univ.-Press 1962. — Maheshwari, S. C., and O. S. Chauhan: Nature (Lond.) 198,

99—100 (1963). — Mani, M. S.: The ecology of plant galls. Monographiae Biologicae. Vol. XII. 400 S. The Hague., 1963. — Matveyev, V. I.: Bot. Ž. 48, 272 (1963). — Meeuse, B. J. D.: The Story of Pollination. X, 243. New York: Ronald Press Co. 1961. — Melin, E.: (1) In Kozlowski, Th.: Tree Growth. S. 247—263. New York: Ronald Press Co. 1962; — (2) Symb. 125—145. — Meloh, K. A.: Arch. Mikrobiol. 46, 369—381 (1963). — Meredith, D. S.: Ann. Bot. (Lond.) N. S. 27, 39—47 (1963). — Meyer, F. H.: (1) Mitt. Bundesanstalt Forst- u. Holzwirtsch. 54, 1—73 (1962); — (2) Ber. dtsch. bot. Ges. 76, 90—96 (1963). — Meyer, G. H., M. B. Morrow, and O. Wyss: Nature (Lond.) 196, 598 (1962). — Meyer, G. H., M. B. Morrow, O. Wyss, Th. E. Berg, and J. L. Littlepage: Science 138, 1103—1104 (1962). — Miki-Hirosige, H.: Mem. Coll. Sci. Univ. Kyoto, Ser. B, 28, 105—118, 375—388 (1961); 29, 75—80 (1962). — Mikola, P.: Myk. 279—284. — Mikola, P., and O. Laiho: Communicationes Inst. Forest. Fenniae 55, Nr. 18, 1—13 (1962). — Miller, R. E., and L. A. Simons: J. Bact. 84, 1111—1114 (1962). — Mishustin, E. N.: Izv. Akad. Nauk. SSSR. Ser. Biol. 27, 685—699 (1962). — Moser, M.: Myk. 407—424. — Mosse, B.: (1) J. gen. Microbiol. 27, 509—520 (1962); — (2) Symb. 146—170. — Müller, L.: Myk. 85—99.

Nakamura, S. I.: Z. Bot. 50, 487—497 (1962). — Nicholas, D. J.: Symb. 92—124. — Novichkova-Ivanova, L. N.: Bot. Ž. 48, 42—53 (1963). — Nüesch, J.: Symb. 335—343. — Nutman, P. S.: Symb. 51—71.

Otto, G.: Myk. 387—398.

Peace, T. R.: Pathology of Trees and Shrubs. 753 S. Oxford University Press 1962. — Pijl, van D.: Evolution 15, 44—59 (1961). — Plessl, A.: Österr. Bot. Z. 110, 194—269 (1963). — Poelt, J.: Österr. Bot. Z. 109, 521—528 (1962). — Polacsek, K.: Cbl. ges. Forstw. 73, 35—72 (1954). — Pozdniakov, L. K.: Bot. Ž. 47, 1000—1006 (1962). — Pratt, J. M.: J. theoret. Biol. 2, 251—258 (1962). — Pringsheim, E. G., and O.: Am. J. Bot. 49, 898—901 (1962). — Puschkinskaya, O. I.,i E. N. Mischustin: Myk. 469—482.

Rees, A. R.: Nature (Lond.) 195, 1118—1119 (1962). — Robbins, R. G.: Trans. Roy. Soc. New Zealand, Bot., 1, 33—75 (1962). — Robert, A. L.: Phytopathology 52, 1095—1100 (1962). — Rodhe, W.: Mém. Ist. ital. Idrobiol. Marco de Marchi 15, 21—28 (1962).

Sastri, R. L. N.: Bot. Gaz. 123, 197—206 (1962). — Schaede, R.: Die pflanzlichen Symbiosen. 3. Aufl. 238 S., bearbeitet von F. H. Meyer. Stuttgart: G. Fischer 1962. — Schimitschek, E.: Anz. Schädlingskunde. 35, 162—165 (1962). — Schimitschek, E., u. E. Wienke: Angew. Entomologie 51, 219—257 (1963). — Schnepf, E.: (1) Flora 153, 1—22 (1963); (2) 153, 23—48 (1963); — (3) Planta 59, 351—379 (1963). — Sen, D. N., and J. Jenik: Nature (Lond.) 193, 1101—1102 (1962). — Smith, D. C.: (1) Biol. Rev. 37, 537—570 (1962); — (2) Symb. 31—50. — Sneath, P. H. A.: Nature (Lond.) 195, 643—646 (1962). — Stein, G.: Naturwiss. 50, 305 (1963). — Stewart, W. D. P.: J. exp. Bot. 13, 250—256 (1962). — Stopp, K.: Beitr. Biol. Pflanz. 37, 63—76 (1962). — Stride, G. O., and R. Straatman: Proc. Linnean Soc. N. S. Wales 87, 69—78 (1962). — Stritzke, S.: Arch. Gartenbau 10, 573—608 (1962). — Suchtelen, N. J. van: Meed. Landbouwhoogeschool Gent 27, 1104—1106 (1963).

Teriokhin, E. S.: Bot. Ž. 47, 1811—1816 (1962). — Trappe, J. M.: Bot. Rev. (N. Y.) 28, 538—606 (1962).

Valkanov, A.: Arch. Protistenk. 106, 553—564 (1963). — Venkataraman, G. S.: Indian J. agric. Sci. 32, 22—24 (1962). — Vogel, St.: Österr. Bot. Z. 110, 308—337 (1963).

Wachter, H.: Silvae genet. (Frankfurt/M.) 11, 153—156 (1962). — Weichsel, G.: Flora 151, 535—571 (1961). — Winter, A. G., u. H. Peuss-Schönbeck: Myk. 367—375.

Zinger, N. V., i T. P. Petrovskaia-Baranova: Dokl. Akad. Nauk SSSR. 138, 466—469 (1961). — Zwölfer, W.: Z. angew. Entomol. 51, 364—370 (1963).

C. Physiologie des Stoffwechsels

10. Physikalische und chemische Grundlagen der Lebensprozesse (Strahlenbiologie)

Von HELLMUT GLUBRECHT, Hannover

Der Beitrag folgt in Band 27

11. Zellphysiologie

Bericht über die Jahre 1961—1963

Von HANS JOACHIM BOGEN, Braunschweig

Mit 2 Abbildungen

1. Allgemeines

Die letzten Jahre biologischer Forschung standen eindeutig unter dem Zeichen einer explosionsartigen Entwicklung der „molekularen Biologie" — und daran wird sich, den Prognosen der Kompetenten nach, in den nächsten Dekaden auch nichts ändern, höchstens daß anstelle chemischer Methoden und Betrachtungsweisen immer mehr physikalische Prinzipien treten werden.

Der Referent dieses Abschnittes hat sich zu fragen a) was molekulare Biologie ist und b) ob unter ihrem Zeichen ein gesondertes Kapitel „Zellphysiologie" überhaupt noch nötig bzw. möglich ist.

Es besteht unter den Autoren eine gewisse Unsicherheit darüber, was molekulare Biologie ist, und was nicht (bzw. noch nicht) dazugehört. Soviel dürfte klar sein, daß auch die molekulare Biologie in erster Linie Biologie ist; allein die Beschäftigung mit Reaktionen zwischen Naturstoffmolekülen läßt sich hier nicht einreihen. Andererseits ist die Zurückführung physiologischer Phänomene auf molekulare Vorgänge seit jeher das erklärte Ziel der klassischen Pflanzenphysiologie gewesen, und dieses Ziel ist, wenigstens im Prinzip, auch mehrfach erreicht worden: man denke nur an PFEFFERs Analyse der Permeationsvorgänge auf Grund der zwischenmolekularen Kräfte (1877). Insofern trug die Pflanzenphysiologie als Kausalanalyse schon seit jeher den Keim der molekularen Biologie in sich.

Heute ist wohl das Konzept "molecular control of cellular activity" weit verbreitet, da es auf dem geradlinigen — analysierenden! — Wege von der Zelle zum Molekül gewonnen wurde. Doch diese Fassung ist wohl zu eng:

The story of "molecular control of cellular activities" is bound to remain fragmentary and incomplete unless it is matched by knowledge of what makes a cell the unit it is, namely, the "cellular control of molecular activities". "The problem of the cell as a unitary system may easily escape notice by those whose practical experience is confined to a limited sector of cellular activities, or it may be recognized but relegated to the mental attic as uncomfortable or untractable ...". The "controlling" molecules have themselves acquired their specific configurations, which are the key to their power of control, by virtue of their membership in the population of an organized cell, hence under "cellular control" (WEISS).

„Organisation", „Koordination", „Regulation" ("frozen literary symbols", WEISS) sind Stationen auf dem umgekehrten — synthetisierenden! — Wege vom Molekül zur lebenden Zelle und daher gleichfalls Gegenstand der molekularen Biologie (vgl. auch SZENT GYÖRGYI). Darin liegt kein Neovitalismus (wie CRICK meint, SZENT GYÖRGYI vorwerfen zu müssen), denn die Grundlagen aller übermolekularen Aggregate, Verbände, Partikel usw. sind natürlich auch chemische resp. physikalische Daten der beteiligten Moleküle.

Damit läßt sich wohl auch die Frage b) mit „ja" beantworten. Wenn angesichts der ins Unübersehbare anschwellenden Fülle der experimentellen Befunde bei den einzelnen Forschungszweigen, z. B. bei speziellen Stoffwechselproblemen, die „Datenverarbeitung" nicht mehr Schritt halten kann, so soll die Zellphysiologie helfen und alle Möglichkeiten registrieren, Ordnungsprinzipien aufzustellen, Ordnungsprinzipien, die wohldefinierte Moleküle betreffen und ihr Schicksal im organisierten Getriebe der Zelle verfolgen. Hierin erblickt der Referent zur Zeit seine Hauptaufgabe.

Genetische und nicht-genetische Ordnung. Die strukturelle und metabolische Ordnung innerhalb der Zelle wird weitgehend bestimmt durch die vorgegebene Information, die in der DNS der Gene bzw. Aktionseinheiten (Cistron, Operon usw.) verankert ist. Die Information liegt dort in verschlüsselter Form vor, dargestellt durch Triplets, Basensequenzen, die für den Einbau bestimmter Aminosäuren in die spezifischen Enzymproteine verantwortlich sind. Ihre molekulare Konstitution wurde bekanntlich in den letzten Jahren aufgeklärt (NIRENBERG u. MATTHAEI einerseits, dann OCHOA u. Mitarb. andererseits); die Weitergabe über die messenger-RNS an die Ribosomen, wo unter Mitwirkung der löslichen RNS und ihrer aktivierten Aminosäuren die Enzymsynthese erfolgt, ist gleichfalls in ihren Grundzügen so bekannt geworden (WATSON, CRICK, WILKINSON), daß sich eine erneute Darstellung erübrigt (vgl. Fortschr. Bot. **25**).

Das genetische System trägt offenbar weitere Informationen (diesen Begriff im weitesten Sinne gebraucht), die die Regulation der Enzymsynthese betreffen: Operatoren (Operator-Gene) bringen die Übertragung der genetischen Information in Gang, Regulatoren (Repressor-Gene) verhindern sie. Dabei kann ein aktiver Repressor durch einen inducer inaktiviert, ein inaktiver Apo-Repressor durch ein Stoffwechselprodukt

aktiviert werden (zusammenfassende Darstellungen HAYES, STARLIN-
GER —, zur Kritik an der Hypothese vgl. LEINER).

Hiernach wären die Grenzen zwischen genetischer und metabolischer
Repression fließend. Demgegenüber betonen McFALL u. MANDELSTAM
(für induzierte Enzyme!), daß zur „kompletten" Regulation beide Typen
der Repression erforderlich seien: besäße eine Zelle nur den genetischen,
nicht aber den metabolischen Repressor, so würde das Enzym nach
Maßgabe seines Substrates produziert, d. h., auch bei reichlichem Angebot anderer guter C-Quellen, die bereits ausreichend C und Energie
liefern könnten. Umgekehrt würde bei alleiniger Anwesenheit des metabolischen Repressors infolge C-Mangels eine Synthese des vordem re-
primierten Enzyms erfolgen, gleichviel ob sein Substrat vorhanden ist
oder nicht. Nur der Besitz beider Repressor-Systeme gewährleistet, daß
das Enzym erst dann synthetisiert wird, wenn Substrat gegenwärtig
ist und wenn die Menge der Intermediär-Produkte gering geworden ist.
Vergleiche hierzu auch die Repression der Transaminase A durch Tyrosin
bei *Escherichia coli* (SILBERT, JORGENSEN u. LIN); die Hemmung der
Tyrosinase von Pilzen durch ihr eigenes Apo-Enzym hingegen (KAR-
KHANIS u. FRIEDEN) betrifft einen Fall von Regulation, die auf Aktivi-
tätsbeeinflussung bereits vorhandener Enzyme beruht.

Es fehlt nicht an Versuchen, allgemeinere Konzepte der Koordination
zu entwickeln. Von ihnen seien nur zwei genannt: GOODWINs "temporal
organization in cells" und MITCHELLs „vektorielle Biochemie".

GOODWIN arbeitet mit „biologischen Elementareinheiten" (Cistron,
Zymon, Replicon, vgl. JACOB u. BRENNER) einerseits und Variablen, wie
Kontrollsystemen, Regulationsmechanismen, „epigenetisches System"[1]
andererseits, und wendet auf sie die formellen oder mathematischen
Prinzipien der statistischen Physik an, analog der thermodynamischen
Behandlung. Der Referent sieht sich außerstande zu beurteilen, ob und
inwieweit das zulässig ist. Immerhin verdient der Versuch, einen Plan
zeitlicher Koordinierung aufzustellen, unser Interesse.

Das gleiche Ziel strebt MITCHELL (1962) an. Für ihn sind die Trans-
portprozesse integrierend mit Wachstum und Morphogenese verbunden.
Die skalare, richtungslose Biochemie müsse durch die vektorielle Biochemie ersetzt werden, in der auch die metabolischen Vorgänge als
Projektion sowohl im Raum als auch in der Zeit darzustellen seien,
vgl. hierzu S. 163ff.

Ordnung ohne vorgegebene Information. Alle gegenwärtigen
Theorien der Replikation, der Codierung und der Proteinsynthese gehen
davon aus, daß jegliche Ordnung in den Sequenzen von Untereinheiten
ausschließlich auf die vorgegebenen genetischen Sequenzen zurückzuführen ist. Wenn man jedoch annimmt, daß auf der Erde früher einmal
lediglich ein ungeordnetes Reservoir molekularer Untereinheiten ohne

---

[1] Das epigenetische System betrifft die Beeinflussung genetischer loci durch
Stoffwechselprodukte als Co-Repressoren und entspricht damit weitgehend der
o. a. metabolischen Repression. In der Hierarchie GOODWINs steht es zwischen dem
metabolischen und dem genetischen System; diese sind ihrerseits Anfangsglieder
einer Folge, die beim kulturellen oder geographischen System endet.

genetische Information und ohne makromolekulare templates bestand,
dann erhebt sich die Frage: können wir den Grad und das Prinzip der
Ordnung, wie sie heute in biologischen Makromolekülen auftreten,
erklären, ohne zurückgreifen zu müssen auf eine zufällige oder willkür-
liche Auswahl einer Sequenz oder auf einen ordnenden Prozeß, der der
weiteren Analyse weder logisch noch empirisch zugänglich ist? PATTEE,
der diese Frage stellt, verneint sie zugleich. Nach seiner Hypothese gehen
Replikation und Selektion von geordneten und nicht von zufälligen
Sequenzen aus. Solche geordneten Sequenzen können aber dadurch entstehen, daß ein makromolekularer Computer, u. a. durch Rückkoppelung,
ohne vorher existierende Befehle kurzkettige Untereinheiten systematisch und wiederholend verlängern kann. Es hat in der Tat den Anschein,
als ob die in Enzym- und Struktur-Proteinen vorliegenden Aminosäure-
Sequenzen eine nicht-genetische Ordnung repräsentieren können.

Solche Arbeiten gehören schon in den Bereich der modernen theoretischen Biologie; es bleibt weiteren Untersuchungen vorbehalten, zu
zeigen, inwieweit dieses Prinzip der „Ordnung ohne vorgegebene Information" auch in heute lebenden Organismen wirksam ist.

Strukturbildung ohne vorgegebenes Muster ist hingegen ohne
weiteres auch *in vitro* zu erreichen, sei es mit codierten (z. B. Collagen)
oder mit nicht codierten Makromolekülen (z. B. Alginaten, Lipoiden).
Hier ist das Ausgangsmaterial natürlich letztlich genetisch kontrolliert.
Je nach seiner makromolekularen Konstitution und je nach den äußeren
Bedingungen „ordnet" es sich aber zu höheren Einheiten an: Aus mole-
kular aufgelöstem Bindegewebs-Collagen läßt sich, etwa durch Dialy-
sieren gegen Salzlösungen, ein kolloidales Präcipitat herstellen, das in
seinen elektronenoptischen, röntgenographischen und biochemischen
Eigenschaften dem natürlichen Collagen entspricht (vgl. WEISS). Poly-
elektrolyte wie Cu-Alginat bilden im elektrischen Feld, wie es auch unter
physiologischen Bedingungen entsteht, ionotrope Gelstrukturen (LANGE
u. PLOHNKE); Makromoleküle, deren Teile in einem Lösungsmittel verschieden löslich sind, bilden mit ihren unlöslichen Teilen Micellen,
Schichten oder Cylinder, während die löslichen Teile und das Lösungsmittel die Zwischenräume ausfüllen. Die Struktur solcher Heterogene
kann durch Polymerisieren des Lösungsmittels fixiert werden (SADRON).

Besonders bemerkenswert ist das Verhalten von Lipoiden. Unter
bestimmten Bedingungen (Anaerobiose, Einwirkung verschiedener
Pharmaka) bilden tierische Zellen, aber auch Hefezellen, auffallende
Myelinfiguren aus, die sich als spiralig angeordnete, einen elektronen-
transparenten Zentralkörper umgebende Lamellensysteme darstellen
(z. B. SAMUELS, GONATAS u. M. WEISS an Tay-Sachs-erkrankten Neu-
ronen, ROBBINS, MARCUS u. GONATAS an Acridinorange-behandelten
HeLa-Zellen, LINNANE, VITOLS u. NOWLAND an *Torulopsis utilis* unter
Anaerobiose). Ihre chemische Zusammensetzung läßt sich leicht ermitteln. Eine synthetische Mischung aus entsprechenden Komponenten
vermag in vitro ganz analoge membranöse Körper zu bilden, die in ihrer
Feinstruktur völlig den *in vivo*-Körpern gleichen. Die Übereinstimmung

erstreckt sich bis in die elektronenmikroskopische Region (SAMUELS, GONATAS u. M. WEISS); vgl. hierzu auch S. 160.

2. Cytoplasma, Endoplasmatisches Reticulum

Die auffälligste Form der Cytoplasmadifferenzierung ist zweifellos das ER. Seine Definition hat — von der beschreibenden Seite her — in den letzten Jahren eine beträchtliche Erweiterung erfahren. Heute werden wohl fast alle Membranstrukturen der Zelle als ER interpretiert (FAWCETT). FAWCETT nimmt lediglich die Mitochondrien aus, aber nach der jüngsten Mitteilung von BELL und MÜHLETHALER scheinen die neu auftretenden Mitochondrien der Eizelle von *Pteridium aquilinum* durch Evagination der Kernmembran zu entstehen; sie müssen daher gleichfalls zum ER gerechnet werden. So sehr diese Befunde mit dem Begriff der "unit membrane" ROBERTSONs in Einklang stehen, so unhandlich wird die Definition des ER für die weitere Analyse, die ja im wesentlichen funktional sein wird. Nirgends wird so deutlich wie gerade beim ER, in welchem Ausmaß Funktion und Struktur einander entsprechen.

Die von SJÖSTRAND (1956) vorgeschlagene Unterteilung in α-Cytomembranen ("rough", mit Ribosomen besetzt, an der Proteinsynthese beteiligt), β-Cytomembranen (äußere Plasmahaut) und γ-Cytomembranen ("smooth", ribosomenfrei) reicht längst nicht mehr aus, obgleich sie immerhin die Proteinsynthese berücksichtigt: proteinbildende Zellen besitzen vorwiegend α-Membranen, während protein"haltende" (retaining) Zellen arm an α-Membranen sind (BIRBECK u. MERCER). Es ist übrigens fraglich, ob hier wirklich Alternativen vorliegen. KAVANAU beruft sich auf ältere Befunde (SJÖSTRAND u. BAKER, 1958, sowie HANZON, HERMODSSON u. TOSCHI, 1959) wonach Ribosomen an rough-Membranen nur nach Osmiumfixierung auftreten, während die gleichen Membranen nach Permanganatfixierung oder Gefriertrocknung "smooth" sind, und hält daher die Ribosomenpartikel für Fixierungs- und Extraktionsartefakte, entstanden durch Aufrollung der abgelösten Ribonucleoproteinkomponenten (RNP) der cytoplasmatischen Hüllen, die um die proteinsynthetisierenden Membranregionen liegen (s. unten).

Die Variabilität bzw. Labilität der ER-Membran wird auch anderweitig deutlich: Ca-Ionen scheinen für die Erhaltung, vielleicht sogar für die Bildung des ER-Systems erforderlich zu sein; Ca-Mangel führt zu dessen Zusammenbruch (MARINOS an Sproßmeristemen von *Hordeum*). In reifenden Baumwollfrüchten erweitert es sich in mehr oder weniger gleichmäßigen Abständen zu kugeligen Bläschen (vgl. auch SCHNEPF), in den Zellen des jungen Embryos entsendet es zahlreiche Tubuli in die Zisternenregion (JENSEN).

Erste Versuche, das ER oder charakteristische Teile davon in Reinfraktionen darzustellen und auf Enzymgehalt, metabolische Aktivität usw. zu untersuchen, haben zum Teil zu (objektbedingt?) widersprüchlichen Ergebnissen geführt: ribosomenfreie ER-Vesikel sind reich an NADH-Cytochrom-c-Reduktase, NADH-Diaphorase, Glucose-6-Phosphatase und ATPase; die beiden erstgenannten treten auch im Überstand auf, während die RNP-Partikel davon fast nichts besitzen (ERNSTER,

SIEKEWITZ u. PALADE). Die Verfasser teilen ferner mit, daß die fest an das ER gebundenen Enzyme in ihrer Aktivität veränderlich sind, entsprechend dem Strukturzustand der Mikrosomen, während die „gelösten" Enzyme, die sich in den Zisternen aufhalten, stabil sind. SCHATZ u. KLIMA hingegen finden bei Hefe die NADH-Cytochrom-c-Reduktase gerade in den Mikrosomen lokalisiert (vor allem auch bei anaerob gezogener Hefe und bei atmungsdefekten »petites«).

Schon diese wenigen, keineswegs repräsentativen Beispiele zeigen, daß es notwendig ist, bei physiologischen Untersuchungen innerhalb des ER zu differenzieren, nach Objekt, Umgebung, Stoffwechselzustand, Entwicklungsstadium usw., daß die enzymatische usw. Analyse lediglich erste Anhaltspunkte erbracht hat, und daß wir von einem generalisierenden Konzept (im Sinne der "unit membranes") noch weit entfernt sind. Trotzdem versucht KAVANAU ein solches Konzept für Struktur und Funktion zu entwickeln. Er geht aus von elektronenmikroskopischen Bildern von Plasmamembranen, die in verdünnter Saponinlösung geschädigt und mit K-Phosphorwolframat negativ gefärbt wurden. Es zeigten sich kreisrunde Gruben bzw. Löcher von 70—90 Å Durchmesser in regelmäßiger hexagonaler Anordnung. Diese Löcher sind umgeben von kreisförmigen bis rechteckigen Ringen (etwa 30 Å dick), die nicht unmittelbar aneinandergrenzen, sondern Interstitien freilassen, besonders deutlich dort, wo 3 Ringe aneinanderstoßen (DOURMASHKIN, DOUGHERTY u. HARRIS). Ganz analoge Muster lassen sich gewinnen, wenn monomolekulare Filme aus reinem Cholesterin mit Saponin behandelt werden (BANGHAM u. HORNE; GLAUERT, DINGLE u. LUCY, vgl. S. 158). KAVANAU vermutet, daß dieses Muster der „Substruktur" der bimolekularen Lipoidschicht im Innern der ER-Lamellen entspricht. Dort befänden sich „Säulen" (pillars), die im veränderlichen Abstand nebeneinander stehen und oben sowie an der Basis von weiterem lipoiden Material bedeckt sind. Diese komplexe Lipoidschicht sei dann beiderseits von Proteinfilmen bedeckt. Die Lipoidschicht existiert in zwei Grenzzuständen, die durch zahlreiche Übergänge miteinander verbunden sind: bei voller Ausdehnung der pillars ist sie völlig geschlossen, bei Kontraktion hingegen mit Poren maximalen Durchmessers versehen. Die Porenweite wird durch die Ladungsverhältnisse, durch Kationen- und Protonen-Verschiebung reguliert.

An der Basis der Säule sollen sich übrigens die RNP-Moleküle sowie die Ribosomen (die nach BIRNSTIEL wenigstens zum Teil dem Nucleolus entstammen, vgl. auch GINZBURG-TIETZ, KAUFMANN u. TRAUB) mustergerecht anordnen (s. oben).

Weitere Einzelheiten dieses zwar noch durchaus spekulativen, gleichwohl aber interessanten Modells anzuführen fehlt es an Platz. Es sei indessen darauf hingewiesen, daß das Modell neue Gesichtspunkte für das Problem der Plasmaströmung bringt. Kontraktion und Relaxation können nämlich polar erfolgen, so daß Matrixmaterial durch die Poren aus den Zisternen nach außen (oder umgekehrt) gepumpt werden kann. Ist der Pumpmechanismus auch noch innerhalb langgestreckter ER-Vesikel polar tätig, so entsteht eine Art Strahltrieb, der durch Rückstoß zu einer gegenläufigen Bewegung (Strömung) von ER-Lamellen und Matrix führt.

Der Referent hat diese neue Hypothese ausführlicher behandelt, weil es wohl der erste einigermaßen fundierte Versuch ist, die Plasmaströmung unter Einbeziehung des ER zu erklären; die übrigen neuen Beiträge zum Problem (dem Referenten liegen 43 Arbeiten vor, darunter zwei neue Theorien) gehen kaum über das bisher Bekannte hinaus.

3. Mitochondrien

Das actomyosinähnliche kontraktile Protein, das aus *Physarum polycephalum* isoliert wurde (vgl. Fortschr. Bot. 23), wurde in kaum abgewandelter Form nunmehr auch in Mitochondrien gefunden (NEIFAKH u. KAZAKOVA aus Rattenleber, POGLAZOV, VOLKOVA u. ZOTIN aus Mäuseleber). Wie dieses besitzt es ATPase-Aktivität, die durch DNP, Mg^{++} und FAD verstärkt wird. Aus mechanisch zertrümmerten Mitochondrienfraktionen gewonnen, läßt es sich in Fäden darstellen, die durch Zusatz von $5 \cdot 10^{-3}$ mol ATP bis zu 17% verkürzt werden. POGLAZOV et al. halten es für möglich, daß das kontraktile Protein zur Permeabilitätsregulierung dient. Man könnte auch annehmen, daß hier ein neuer Faktor gefunden wurde, der in den noch immer ungeklärten Mechanismus der Mitochondrienschwellung eingreift. Bisher trennt man bekanntlich eine „passive", rein osmotische Volumenänderung von einer „aktiven", atmungsabhängigen ab (z. B. NEUBERT, FOSTER u. LEHNINGER). So verlockend es erscheint, beide Mechanismen nunmehr auf ein Protein zurückzuführen, das ja in seinem Kontraktionszustand einerseits vom Ionenmilieu, andererseits vom ATP-Spiegel abhängt, so darf doch nicht vergessen werden, daß in Mitochondrien aus Tumorzellen, die zu erheblicher Kontraktion befähigt sind, das actomyosinähnliche Protein nicht nachweisbar ist (NEIFAKH u. KAZAKOVA). Mit der Eigenbewegung von frisch isolierten Mitochondrien (aus Rattenleber, NAGATSU-ISHIBASHI) scheint es nichts zu tun zu haben, da diese durch Stoffwechselgifte nicht beeinflußt wird.

Über eine Musterbildung bei Mitochondrien und deren Membranen (in Stäbchenzellen der Katzen-Retina) berichtet PEASE: bis zu 7 längliche Mitochondrien liegen dicht zusammengedrängt, halten aber an den Berührungsflächen einen auffallend gleichmäßigen Abstand von 125 Å ein. In diesem „Kontaktbereich" ist die äußere Mitochondrienhülle regelmäßig granuliert, wobei die Granula ihrerseits einen Abstand von 160 Å haben. Der Verfasser weist in einer Fußnote darauf hin, daß diese Abstände recht genau den Abständen entsprechen, die in dem hexagonalen Gruben- bzw. Löchermuster der saponinbehandelten ER-Membranen gemessen wurden (140—160 Å, vgl. S. 160). Vielleicht sind hier die "pillars" KAVANDAUs im Querschnitt zu sehen.

Chloroplasten. Hier soll nur kurz über Arbeiten zur Proteinsynthese in Chloroplasten berichtet werden. Aus Chloroplasten lassen sich, z. B. mit Desoxycholat, Ribosomen gewinnen, die *in vitro* zum Einbau markierter Aminosäuren befähigt sind (APP u. JAGENDORF; BRAWERMAN u. Mitarb.; EISENSTADT u. BRAWERMAN; MIKULSKA, ODINTSOVA u.

Sissakian; Parthier u. Wollgiehn). Sie unterscheiden sich auffallend von den cytoplasmatischen Ribosomen (bei *Euglena*) hinsichtlich ihrer Nucleotidzusammensetzung, der Sedimentationskonstanten und der D-RNS-Bedürftigkeit (Brawerman 1963; Eisenstadt u. Brawerman, vgl. aber auch Mikulska et al. an *Chenopodium* und *Clivia*).

Das Ausmaß der Protein-Synthese bzw. der Proteingehalt der Chloroplasten scheint sehr erheblich zu sein. Zucker u. Stinson erhalten bei Verwendung von Boratpuffer im Homogenisierungsmedium höhere Proteinmengen als bei den üblichen Phosphat- oder Tris-Puffern. Sie berechnen, daß in *Oenothera*-Blättern etwa 80% des mit Borat extrahierten Proteins aus den Chloroplasten stammen müsse.

4. Dictyosomen

Biochemische Untersuchungen an isolierten Dictyosomen scheinen seit den ersten Versuchen von Kuff u. Dalton (1959) nicht durchgeführt worden zu sein. Für die Aufklärung der Zusammenhänge zwischen Funktion und Struktur sind wir im wesentlichen auf *in situ*-Untersuchungen angewiesen, das heißt das Elektronenmikroskop. Nach Schnepf enthält der Fangschleim von *Drosophyllum lusitanicum* ein Polysaccharid aus Galaktose, Arabinose, Xylose, Rhamnose und Gluconsäure, ferner Ascorbinsäure, aber keine Ninhydrin-positiven Substanzen. Durch eine „relativ spezifische elektronenmikroskopische Kontrastierung" mit Rutheniumrot kann gezeigt werden, daß der Fangschleim vom Golgi-Apparat gebildet und durch Golgi-Vesikel ausgeschieden wird. Er soll auf dem Membranwege nach außen gelangen. Es lassen sich quantitative Zusammenhänge zwischen Sekretion und Dictyosomen nachweisen: Bei sehr starker Schleimausscheidung ist die Bildung von Golgi-Vesikeln so intensiv, daß Wachstum und Vermehrung der Golgi-Membranen nicht ausreichen, um den Bestand der Dictyosomen zu erhalten: die Zahl der Golgi-Zisternen pro Dictyosom wird geringer.

Nach Sievers produzieren die Dictyosomen der Wurzelhaare von *Zea Mays* die Baustoffe für das Membranwachstum. An der Basis der Wurzelhaare gelegen, schnüren sie in großer Menge Golgi-Vesikel ab; diese wandern an die Spitze und entlassen dort ihren Inhalt in die wachsende Zellwand.

5. Stoffaufnahme

a) Pinocytose. Nach Weiling kann der Anteil der Pinocytose-Bläschen bei Tomate und Kürbis bis zu 12% des Cytoplasmavolumens betragen. Die Berechnungen beruhen auf Messungen an elektronenmikroskopischen Aufnahmen. Sie beweisen, streng genommen, nicht, daß der Mechanismus der Einstülpung und Abschnürung wirklich ein Stoffaufnahmevorgang ist. Immerhin gibt es wohl wenige Autoren, die einen (Mikro-)Pinocytosemechanismus in Abrede stellen (vgl. Wittekind). Er wird vor allem immer wieder angezogen, um die Aufnahme größerer Moleküle zu erklären (Ashton, Chapman-Andresen u. Jensen für Proteine an Wurzelspitzen und Endospermzellen, Bhide u. Brachet für RNase in Zwiebelwurzelspitzen).

Über die chemischen und physikalischen Grundlagen ist wenig bekannt, da es noch keine Möglichkeit gibt, die Einstülpungen durch Differentialzentrifugierung zu sammeln und zu analysieren. Lediglich in späteren Stufen des Pinocytosevorganges können Fraktionen isoliert werden, die verhältnismäßig reich an Pinocytose-Bläschen sind (sie entsprechen ungefähr der Lysosomenfraktion DE DUVES). In ihnen scheint die saure Phosphatase eine Rolle zu spielen, und zwar in dem Sinne, daß eine Stimulation der Pinocytose zu einem Anwachsen der Phosphataseaktivität führt; umgekehrt verursacht eine Stimulierung der sauren Phosphatase eine Intensivierung der pinocytotischen Prozesse (BARKA). Wie wichtig eine „gleichsam gezielte Pinocytose" für die Pharmakologie ist, hat WITTEKIND in seiner zusammenfassenden Darstellung auf der 102. Jahresversammlung der Gesellschaft deutscher Naturforscher und Ärzte 1963 betont.

b) Metabolisch kontrollierte Stoffaufnahme. Seit dem letzten Bericht (Fortschr. Bot. **23**) scheint die Forschung auf diesem Gebiet etwas zu stagnieren. Zwar ist wohl allgemein akzeptiert, daß der aktive Transport mit einem Phosphorylierungsmechanismus zusammenhängt, aber es ist noch keineswegs klar, ob es sich um eine direkte oder indirekte Koppelung handelt (HEINZ u. PATLAK berechnen, daß der Energieaufwand zur Beförderung von 1 Mol Glycin 1890 cal betragen soll — ein Wert, der zu niedrig ist, als daß von einer direkten Koppelung gesprochen werden könnte).

Ähnlich steht es um die Carrier. Während die Zahl der Schemata von Jahr zu Jahr wächst, ist es bisher noch nicht gelungen, einen einzigen solchen Carrier bzw. ein Carrier-System zu isolieren und *in vitro* wirksam werden zu lassen (vgl. die zusammenfassende Darstellung von JENNINGS) — vermutlich, weil der aktive Transport kein isolierbares biochemisches Phänomen ist, sondern (auch) eine Strukturangelegenheit. Dieser Auffassung versucht MITCHELL durch eine neue Hypothese über den Elektronen- und Protonen-Transport in der Mitochondrienmembran gerecht zu werden. Sie bietet mancherlei Anregungen und soll daher kurz dargestellt werden.

Grundlage seines Systems ist eine reversible ATPase. Sie befin-

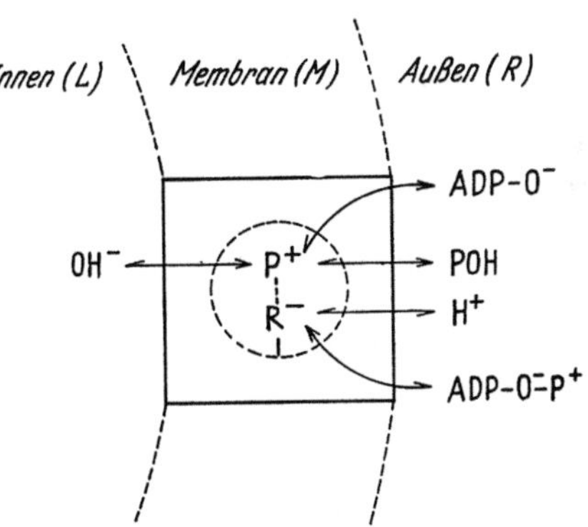

Abb. 8. Anisotropes, reversibles ATPase-System in einer für Ionen impermeablen Membran M zwischen den wäßrigen Phasen L und R. Das aktive Zentrum des Enzyms ist durch den punktierten Kreis dargestellt (nach MITCHELL 1961)

det sich (Abb. 8) in einer Membran zwischen zwei wäßrigen Phasen (Inneres $= L$, äußere Umgebung $= R$). Ihr aktives Zentrum sei, wie bei den Phosphokinasen, für Wasser als Wasser unzugänglich. Das Enzym selbst wird als anisotrop angesehen; es soll von L für OH⁻, nicht aber für H⁺, von R hingegen für H⁺, nicht aber für OH⁻ zugänglich sein.

Thermodynamisch gesehen wird die elektrochemische Aktivität des Wassers im aktiven Zentrum nicht durch die Ionenprodukte $[H^+] \cdot [OH^-]$ der wäßrigen Phasen bestimmt, sondern durch die Produkte der elektrochemischen Aktivitäten $[H^+] \cdot [OH^-]$. Die elektrochemische Aktivität des Wassers im aktiven Zentrum c ist dann

$$[H_2O]_c = [H_2O]_{aq} \cdot \frac{[H^+]_R}{[H^+]_L}$$

Bei „physiologischen" Protonenkonzentrationen zu beiden Seiten der Membran kann das System in Richtung ATP-Bildung arbeiten.

Die Koppelung des Elektronentransportes an die Phosphorylierung hängt von einem gleichfalls anisotropen Transportsystem ab. Seine Beziehung zum anisotropen ATPase-System zeigt Abb. 9.

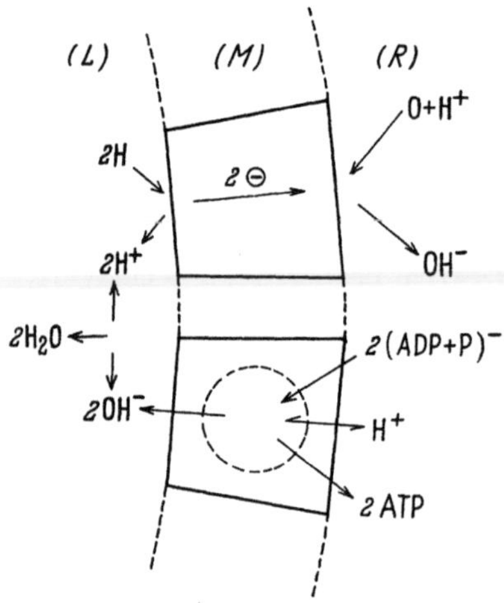

Umgekehrt führt die Koppelung der Phosphorylierung an den Elektronen- und Protonen-Transport zu beträchtlichen elektrischen und osmotischen Effekten. MITCHELL nennt solche Stoffwechselprozesse chemi-osmotisch, da die Reaktion zurückzuführen ist auf eine „Kanalisierung" der Diffusion eines Reaktionspartners (oder einer Gruppe) in einen Weg, der durch die physikalische Organisation des Systems räumlich vorgeschrieben ist. MITCHELL folgert daraus: Ebenso wie der Stoffumsatz einen Transport zur Folge hat, kann auch ein Transportvorgang die Ursache für einen metabolischen Prozeß sein.

Abb. 9. Elektronentransportierendes System (oben) und reversibles ATPase-System (unten), chemi-osmotisch gekoppelt (nach MITCHELL 1961)

Die Vorstellungen sind wohl kaum weniger hypothetisch als die verschiedenen Carrier-Konzepte; immerhin bedeutet die Einbeziehung elektronentransportierender Systeme und physikalisch charakterisierbarer Strukturen in den Kreis der Überlegungen zweifellos einen Fortschritt. Es besteht zu vermuten, daß nicht allein beim Transport durch die Mitochondrienmembran solche oder entsprechende chemi-osmotische Prozesse beteiligt sind, sondern bei Membranstrukturen ganz allgemein (JENNINGS).

Speziell für die oxydative Phosphorylierung in Mitochondrien konnten FLETCHER, FLUHARTY und SANADI zeigen, daß sie durch Arsenit nur in Gegenwart von Dimercaptopropanol (BAL) gehemmt wird. Ein Überschuß von BAL hebt die Hemmung auf, woraus geschlossen wird, daß BAL als Transportmittel für Arsenit durch eine Barriere diene. Diese Barriere ist nicht identisch mit der Doppelmembran, da an Bruchstücken solcher Membranen die gleichen Erscheinungen beobachtet werden. Vermutlich wird sie durch die Tertiär- und Sekundärstruktur der Proteine, also wiederum physikalische Faktoren, dargestellt.

6. Kälteresistenz

Die früher meist vertretene Auffassung, der Frosttod beruhe zur Hauptsache auf einer (grob-)mechanischen Schädigung („Zerreißung plasmatischer Strukturen"), wird heute nur noch von wenigen Autoren geteilt. Selbst wenn zuzugeben ist, daß zwischen mechanischer Zerstörung und (partieller) Denaturierung keine scharfe Grenze gezogen werden kann (vgl. zusammenfassende Darstellung bei ULLRICH), so verlagert sich das Schwergewicht doch mehr und mehr auf frostbedingte Änderungen in der Assoziation, Aggregation usw. einzelner Zellbestandteile. Daß z. B. lösliche Enzyme in ihrer Aktivität durch das Gefrieren weniger betroffen werden als gebundene Enzyme oder ganze Enzymsysteme (ULLRICH u. HEBER an Winterweizen), ist unmittelbar verständlich; immerhin darf nicht vergessen werden, daß Nucleotide durch Einfrieren eine reversible Veränderung erfahren (die durch sie hervorgerufene Beschleunigung des Nematodenwachstums wird um den Faktor 50 erhöht); u. a. wird an die Abspaltung eines kleineren Moleküls von einem Nucleotidproteinkomplex gedacht (HANSEN et al.).

Es ist durchaus unklar, wie die „Schutzwirkung" mehrwertiger Alkohole zustande kommt (ULLRICH u. HEBER; SAKAI 1961, 1962; POSTGATE u. HUNTER). Der vieldiskutierte Dehydratationseffekt entfällt z. B. bei der hochwirksamen 10%-Polyäthylenglykollösung (MG 10000), deren osmotischer Wert ja kaum ins Gewicht fällt (POSTGATE u. HUNTER). Eine direkte Einwirkung auf die frostempfindlichen Makromoleküle bzw. Aggregate, vergröbert als Ersatz der Hydrathülle durch eine „Zuckerhülle" bezeichnet, kann allenfalls bei permeierenden Substanzen angenommen werden. Schließlich ist noch darauf hinzuweisen, daß die bei künstlicher Infiltration so wirksamen Zucker in der Zelle selbst meist nur in sehr geringer Konzentration vorhanden sind. Einige Arten, die eine merklich höhere Konzentration von Mannit und Sorbit zeigen, sind gerade recht wenig frostresistent (*Gardenia, Punica, Malus pumila;* SAKAI 1961).

In der Regel führt die Kältebehandlung zu einer Verminderung der Stoffwechselaktivität. Die Atmungsintensität von *Topinambur*-Gewebe (bei 0° gelagert) sinkt nach 10 Tagen stark ab, während sie bei der Kontrolle konstant bleibt. Es ist für die weitere Analyse bedeutungsvoll, daß die Oxydations- und Phosphorylierungsaktivität in den aus diesem Gewebe isolierten Mitochondrien ebenfalls nach dem zehnten Tage absinkt, bei gleichbleibendem P/O Verhältnis (MINAMIKAWA, AKAZAWA u. URITANI). Bei kühl gelagerten Apfelsinen (0°, 5°, 10° C) steigt die CO_2-Abgabe nach Umlagerung in 20° C während sechs bis zehn Stunden steil an, im Extremfall auf den vierfachen Wert der Normalatmung. Wahrscheinlich handelt es sich um einen rapiden Abbau von Zwischenprodukten, die sich während der Kaltlagerung angehäuft haben (EAKS).

Unter diesen Zwischenprodukten befinden sich auch Zucker. Es liegt nahe anzunehmen, daß diese die Schutzwirkung ausüben können

(HENRIKSEN). Diese plausible Erklärung wird freilich durch die oben erwähnten Befunde von SAKAI (1961) etwas in Frage gestellt.

Immerhin mag sie beim Vorgang der Härtung eine gewisse Rolle spielen. Hier ist indessen wohl eher an eine Stoffwechselumstellung zu denken: bei langsamer Gewöhnung an tiefe Temperaturen ist die Einregulierung auf ein neues Niveau der Stoffumsätze möglich.

Es zeigt sich damit, daß durch die Verfeinerung der biochemischen Methoden und durch Berücksichtigung physikalischer Faktoren die Frostresistenzforschung, die sich in den überkommenen Vorstellungen über mechanische Destruktion etwas festgefahren hatte, neue Anregungen erhalten hat und neue Wege findet.

Schließlich sei noch auf die Untersuchungen ARPAIs an 11 Bakterien- und 4 Hefestämmen hingewiesen. Je mehr sich der Koeffizient Zelllänge:Zellbreite dem Wert 1 nähert, desto größer ist die Resistenz.

Beziehungen zwischen Hitzeresistenz und Kälteresistenz. Durch kurzfristigen Wasserverlust läßt sich die Hitzeresistenz deutlich steigern (HAMMOUDA u. LANGE an *Commelina africana*, *Hedera helix* und *Phoenix reclinata*). Es spricht für den im letzten Bericht (Fortschr. Bot. **23**) diskutierten Zusammenhang, daß im Freiland wachsende Kartoffelpflanzen (Wildarten und Kultursorten) im Sommer nach Schönwetterperioden auch eine höhere Kälteresistenz zeigen; für diese Resistenzerhöhung ist allein die Trockenheit maßgebend, während stärkerer Belichtung und erhöhter Temperatur allein kein Einfluß zukommt (H. FIRBAS). — „Über die eigentlichen Ursachen für das Zustandekommen der Hitzehärtung ... können noch keine Aussagen gemacht werden" (LANGE 1962).

Literatur

APP, A. A., and A. T. JAGENDORF: Biochim. biophys. Acta **76**, 286—292 (1963). — ARPAI, J.: Biologia (Bratislava) **16**, 31—39 (1961). — ASHTON, M., C. CHAPMAN-ANDRESEN, and W. A. JENSEN: Amer. J. Bot. **49**, 658 (1962).

BANGHAM, A. D., and R. W. HORNE: Nature (Lond.) **196**, 953—954 (1962). — BARKA, T.: J. Histochem. Cytochem. **10**, 231—232 (1962). — BELL, P. R., and K. MÜHLETHALER: J. Cell Biol. **20**, 235—248 (1964). — BHIDE, S. V., and J. BRACHET: Exp. Cell Res. **21**, 303—315 (1960). — BIRBECK, M. S. C., and E. H. MERCER: Nature (Lond.) **189**, 558—560 (1961). — BIRNSTIEL, M. L., M. I. CHIPCHASE, and B. B. HYDE: Biochim. biophys. Acta **76**, 454—462 (1963). — BRAWERMAN, G.: Biochim. biophys. Acta **61**, 313—315 (1962); **72**, 317—331 (1963). — BRAWERMAN, G., A. O. POGO, and E. CHARGAFF: Biochim. biophys. Acta **48**, 418—420 (1961); **55**, 326—334 (1962).

CRICK, F. H. C.: in WOLSTENHOLME, G.: Man and his Future. London: J. a. A. Churchill Ltd. 1963.

DOURMASHKIN, R. R., R. M. DOUGHERTY, and R. J. HARRIS: Nature (Lond.) **194**, 1116—1119 (1962).

EAKS, I. L.: Plant Physiol. (Tokio) **35**, 632—636 (1960). — EISENSTADT, J., and G. BRAWERMAN: Biochim. biophys. Acta **76**, 319—321 (1963). — ERNSTER, L., PH. SIEKEVITZ, and G. E. PALADE: J. Cell Biol. **15**, 541—562 (1962).

FAWCETT, D. W.: J. Cell Biol. **19**, 80a, Heft 2 (1963). — FLETCHER, M. J., A. L. FLUHARTY, and D. R. SANADI: Biochim. biophys. Acta **60**, 425—427 (1962). — FIRBAS, H.: Z. Pflanzenzüchtung **48**, 29—35 (1962).

GINZBURG-TIETZ, Y., E. KAUFMANN, and A. TRAUB: Exp. Cell Res. **34**, 384 bis 395 (1964). — GLAUERT, A. M., J. T. DINGLE, and J. A. LUCY: Nature (Lond.) **196**, 953—954 (1962). — GOODWIN, B. C.: Temporal Organization in Cells. New York-London: Academic Press 1963.

HAMMOUDA, M., and O. L. LANGE: Naturwissenschaften 49, 500 (1962). — HANSEN, E. L., F. W. SAYRE and E. A. YARWOOD: Experientia 17, 32—33 (1961). — HANZON, V., L. H. HERMODSSON, and G. TOSCHI: J. Ultrastruct. Res. 3, 216—221 (1959). — HAYES, W.: The Genetics of Bacteria and their Viruses. Studies in Basic Genetics and Molecular Biology. Oxford: Blackwell Scientific Publications 1964. — HEINZ, E., and C. S. PATLAK: Biochim. biophys. Acta 44, 324—334 (1960). — HENRIKSEN, J. B.: Acta agric. scand. 11, 291—296 (1961).

JACOB, F., et S. BRENNER: C. R. Acad. Sci. (Paris) 256, 298—300 (1963). — JENNINGS, D. H.: The Absorption of Solutes by Plant Cells. Edinburgh and London: Oliver and Boyd 1963. — JENSEN, W. A.: J. Cell Biol. 19, 37 A (1963).

KARKHANIS, Y., u. E. FRIEDEN: Angew. Chem. 73, 551 (1961). — KAVANAU, J. L.: Nature (Lond.) 198, 525—530 (1963a); — J. theoret. Biol. 4, 124—141 (1963b). — KUFF, E. L., and A. J. DALTON: In T. HAYASHI (Hrsg.): Subcellular Particles. New York 1959.

LANGE, J., u. K. PLOHNKE: Zeiss Mitt. Fortschr. techn. Opt. 2, 241—255 (1962). — LANGE, O. L.: Naturwissenschaften 49, 20 (1962). — LEINER, M.: Biol. Zbl. 83, 137—172 (1964). — LINNANE, A. W., E. VITOLS, and P. G. NOWLAND: J. Cell Biol. 13, 345—350 (1962).

MARINOS, N. G.: Amer. J. Bot. 49, 834—841 (1962). — McFALL, E., and J. MANDELSTAM: Nature (Lond.) 197, 880—881 (1963). — MIKULSKA, E., M. S. ODINTSOVA and N. M SISSAKIAN: Naturwissenschaften 49, 549 (1962). — MINAMIKAWA, T., T. AKAZAWA, and I. URITANI: Plant and Cell Physiol. (Tokio) 2, 301—309 (1961). — MITCHELL, P.: Nature (Lond.) 191, 144—148 (1961); — J. Gen. Microbiol. 29, 25—37 (1962).

NAGATSU-ISHIBASHI, I.: Okajimas Folia anat. jap. 36, 41—49 (1960). — NEIFAKH, S. A., and T. B. KAZAKOVA: Nature (Lond.) 197, 1106—1107 (1963). — NEUBERT, D., G. V. FOSTER, and A. L. LEHNINGER: Biochim. biophys. Acta 60, 492—498 (1962). — NIRENBERG, M. W., and J. H. MATTHAEI: Proc. Nat. Acad. Sci. (N. Y.) 47, 1588—1602 (1961).

OCHOA, S.: Fed. Proc. 22, 62 (1963).

PARTHIER, B., u. R. WOLLGIEHN: Naturwissenschaften 50, 598—599 (1963). — PATTEE, H. H.: Biophys. J. 1, 683—710 (1961). — PEASE, D. C.: J. Cell Biol. 15, 385—389 (1963). — PFEFFER, W.: Osmotische Untersuchungen. Leipzig: W. Engelmann 1877. — POGLAZOV, B. F., T. J. VOLKOVA, and A. I. ZOTIN: Citologija (Mosk.) 5, 338—339 (1963). — POSTGATE, J. R., and J. R. HUNTER: J. Gen. Microbiol. 26, 367—378 (1961).

ROBBINS, E., P. MARCUS, and N. K. GONATAS: J. Cell Biol. 21, 49—62 (1964).

SADRON, CH.: Angew. Chem. 75, 472—475 (1963). — SAKAI, A.: Nature (Lond.) 189, 416—417 (1961); 193, 89—90 (1962). — SAMUELS, S., N. K. GONATAS, and M. WEISS: J. Cell Biol. 21, 148—152 (1964). — SCHATZ, G., and J. KLIMA: Biochim. biophys. Acta 81, 448—461 (1964). — SCHNEPF, E.: Ber. dtsch. bot. Ges. 74, 269 (1961); — Flora 151, 73—87 (1961); — Z. Naturforsch. 16b, 605—610 (1961). — SIEVERS, A.: Protoplasma (Wien) 56, 188—192 (1963). — SILBERT, D. F., S. E. JORGENSEN, and E. C. C. LIN: Biochim. biophys. Acta 73, 232—240 (1963). — SJÖSTRAND, F., and R. J. BAKER: J. Ultrastruct. Res. 1, 239—252 (1958). — STARLINGER, P.: Angew. Chem. 75, 71—77 (1963). — SZENT GYÖRGYI, A.: In G. WOLSTENHOLME, Man and his Future. London: J. and A. Churchill Ltd. 1963.

ULLRICH, H.: Angew. Bot. 36, 258—272 (1962). — ULLRICH, H., u. U. HEBER: Planta 57, 370—390 (1961).

WEILING, F.: Naturwissenschaften 48, 531 (1961). — WEISS, P.: From Cell to Molecule, in J. M. ALLEN (Hrsg.): The Molecular Control of Cellular Activity. New York: MacGraw Hill 1962. — WITTEKIND, D.: Naturwissenschaften 50, 270—277 (1963).

ZUCKER, M., and H. T. STINSON JR.: Arch. Biochem. Biophys. 96, 637—644 (1962).

12. Wasserumsatz und Stoffbewegungen

Von Hubert Ziegler, Darmstadt

Probleme des Wasserhaushaltes der Pflanzen sind wegen der Fülle der noch offenstehenden Fragen und wegen der praktischen Bedeutung beliebte Themen für internationale Symposien. In der Berichtszeit erschienen die 27 Referate, die auf dem Treffen der British Ecological Society 1961 ("The water relations of plants") gehalten worden waren (vgl. Fortschr. Bot. **24**, 151), im Druck (Rutter u. Whitehead). Ein Symposium über "Water stress in plants" fand in Prag statt; es liegen bisher nur die Kurzfassungen der angemeldeten Referate vor. — Mit dem Phloem-Transport in den Pflanzen befaßte sich ein Symposium, das 1961 in Nottingham abgehalten wurde. Die Vorträge sind jetzt gedruckt (Preston); auf einige der darin enthaltenen Mitteilungen werden wir noch zurückkommen. Eine Reihe von Übersichten über die Struktur der Leitbahnen und den Assimilattransport findet sich in dem Berichtsband über das Symposium "Formation of Wood in Forest Trees", das 1963 im Harvard Forest stattfand (Zimmermann). Einen Überblick über ihre autoradiographischen Studien zum Transport, vor allem von Herbiciden, geben Crafts und Yamaguchi. Eine kürzere Betrachtung über den derzeitigen Stand unserer Kenntnisse vom Feinbau und den Leistungen der Siebröhren stellen Crafts u. Currier an. Eine gedrängte Übersicht über die physikalisch-chemischen Gesetzmäßigkeiten des passiven Strofftransportes durch Membranen verdanken wir Schlögel. Schließlich ist noch auf das Buch von Braun „Die Organisation des Stammes von Bäumen und Sträuchern" hinzuweisen.

I. Der Wasserhaushalt der Pflanze

1. Der Wasserhaushalt der Zelle, osmotische Zustandsgrößen

Bei den Bemühungen zur Charakterisierung des Wasserhaushaltes der Zelle sind weiterhin zwei Schwerpunkte festzustellen: Einerseits gehen die Bemühungen um eine mathematisch-theoretische Erfassung der einzelnen Prozesse weiter und zum andern werden die Bestrebungen fortgesetzt, die praktischen Methoden zu verbessern bzw. besser beurteilen zu können.

Zu der ersten Kategorie zählt eine fleißige Arbeit von Stadelmann, der die mit verschiedenen Methoden und Auswerteverfahren ermittelten quantitativen Angaben über die Wasserpermeabilität des pflanzlichen Protoplasmas miteinander vergleicht. Wesentlich ist, daß bei den meisten Objekten die Permeabilitätskonstanten Werte zwischen $1 \cdot 10^{-4}$ und $15 \cdot 10^{-4}$ cm · sec^{-1} besitzen. Sie schwanken demnach weit weniger von Objekt zu Objekt als die entsprechenden Konstanten für lipoidlösliche Stoffe.

Zur zweiten Gruppe sind Arbeiten zu rechnen, die sich kritisch mit der Brauchbarkeit der heute zumeist verwendeten Methoden zur Messung der Saugspannung der Zelle ("diffusion pressure deficit", "water potential"), der refraktometrischen und der Schlieren-(Schardakow-)Methode, auseinandersetzen (vgl. auch Fortschr. Bot. **22**, 167). Sowohl Gaff u.

CARR als auch SCHLÄFLI kommen zu dem Schluß, daß die Werte vor allem durch austretenden Zellsaft und durch das Zellwandwasser verfälscht werden können. Ohne eingehende Bestimmung der Störeffekte (vgl. GAFF u. CARR) vermitteln beide Verfahren nicht die absolute Größe der Saugspannung der Zelle (im Sinne der Saugkraftgleichung), sondern geben nur ein relatives Maß für den Wasserzustand (SCHLÄFLI). — Ähnliche Schwierigkeiten treten ja auch bei der kryoskopischen Bestimmung des osmotischen Wertes auf, da der Preßsaft auch nur in den seltensten Fällen mit dem Zellsaft völlig identisch ist [vgl. u. a. BERNSTEIN (2)].

Bei refraktometrischen Saugspannungsbestimmungen an Wurzeln ist zwar die Gefahr des Zellsaftaustrittes in die Lösung geringer als bei ausgestanzten Blattstücken, doch wird hier der Brechungsindex der Lösung durch anhaftende Bodenteilchen verändert. SLAVIKOVA (1), (2) schlägt deshalb vor, die Lösung kurz nach dem Einbringen der Wurzel nochmals refraktometrisch zu messen und diesen Wert als Nullwert anzunehmen. Die Methode wurde von ihr (3) zur Bestimmung der Saugspannungsverteilung im Wurzelwerk von *Fraxinus excelsior* benutzt.

Ein beliebtes Verfahren zur Bestimmung des Wasserzustandes eines Organes ist die Festlegung des „Wasserdefizites", „Wassersättigungsdefizites", des „relativen Wassergehaltes" ("relativ turgidity"); hierbei wird der aktuelle Wassergehalt in Beziehung gesetzt zu dem bei Wassersättigung (vgl. Fortschr. Bot. **25**, 214), wobei allerdings die einzelnen Begriffe nicht völlig übereinstimmen. HEWLETT u. KRAMER unterzogen die verschiedenen gebräuchlichen Methoden einer vergleichenden Prüfung und kamen zu dem Schluß, daß das ursprüngliche, von STOCKER (1929) angegebene Verfahren die besten Resultate liefert. Dabei sollte das Sättigungsgewicht der Blätter durch zweistündiges Einstellen der Blattstiele in Wasser herbeigeführt werden; es dürfen dabei nur ausgewachsene Blätter benutzt werden [CATSKY (1)]. Ausgestanzte Blattstücke läßt man sich in wasserdampf-gesättigtem Raum aufsättigen [CATSKY (2)]. Bei Nadeln bringt man vorteilhaft den basalen Teil in Wasser (HARMS u. MCGREGOR).

Die Beziehung des „relativen Wassergehaltes" zur Saugspannung erwies sich für die Nadeln und Blätter verschiedener Bäume innerhalb einer Art unter verschiedenen Bedingungen als konstant [JARVIS u. JARVIS (1)]. Dagegen stieg der osmotische Wert bei Tabakblättern steiler an als nach dem Wasserverlust (wie er sich im Wassersättigungsdefizit darstellte) zu erwarten gewesen wäre; aus der Differenz zwischen dem theoretischen und dem tatsächlichen Wert berechnete SLAVIK (1) den Anteil des leicht verschieblichen, „mobilen" Wassers in der Zelle zu 70—80% des Gesamtwassergehaltes.

Überschreitet das Wassersättigungsdefizit einen bestimmten Wert („sublethales Wasserdefizit"), so kommt es zur irreversiblen Trockenschädigung. Dieser Schwellenwert ist ein wichtiges Maß für die protoplasmatische Austrocknungsresistenz. Bisher wurde meist das Auftreten von nekrotischen Flecken als Kriterium der Trockenschädigung gebraucht; OPPENHEIMER empfiehlt dagegen, die Fähigkeit zur vollen Wiederaufsättigung als Maßstab zu verwenden, die bei Überschreitung

eines bestimmten Welkegrades ("permanent turgor loss point") herabgesetzt ist. Übersteigt der Unterschied zwischen dem ursprünglichen
Sättigungswassergehalt und dem nach Wiederaufsättigen der Blätter
10%, so ist irreversible Schädigung zu erwarten. — Bei verschiedenen
immergrünen mediterranen Bäumen und Sträuchern ergaben sich mit
dieser Methode schon bei Sättigungsdefiziten um 35% irreversible
Schäden.

Von der Verbreitung und ökologischen Bedeutung der negativen
Turgordrucke (Saugspannung > osmotischer Wert) kann man sich derzeit noch kein klares Bild machen. KREEB hält in Nordägypten nur bei
unbewässerten Ölbäumen einen negativen Turgor für gesichert. In
Uzbekistan werden für Xerophyten mittägliche Höchstwerte desselben
von 100 Atm und mehr angegeben (KHADZHIKURBANOVA).

Für Turgordrucke, die den durch die osmotische Zustandsgleichung
angegebenen Wert übersteigen, wird des öfteren die Beteiligung von
elektroosmotischen Wasserverschiebungen in Erwägung gezogen. An
Hand von Versuchen mit *Nitella*zellen schließen FENSOM u. DAINTY, daß
hier der Extraturgordruck, der durch Elektroosmose erzielt werden
könnte, nicht mehr als 10^{-4} Atm betragen kann. Dieser Wert spielt
gegenüber dem normalen Turgordruck von 7—8 Atm praktisch keine
Rolle (vgl. auch DAINTY, CROGHAN u. FENSOM).

Eingehender untersucht wurde die Angleichung der osmotischen
Werte in Wurzeln und Sprossen von (nichthalophytischen) Pflanzen an
steigende Konzentrationen des Mediums. BERNSTEIN (1) fand bei Baum-
woll- und Paprikapflanzen, daß Wurzeln und Sprosse den osmotischen
Wert ihres Zellsaftes bei Zunahme der NaCl-Konznetration der Außenlösung erhöhen. Die osmotische Potentialdifferenz zwischen Zellsaft und
Außenlösung bleibt solange annähernd konstant, als überhaupt noch
Wachstum möglich ist. Das verminderte Wachstum bei Salzzugabe zum
Medium kann deshalb nicht auf eine Verminderung des Turgors zurückzuführen sein. Die osmotische Angleichung erfolgt bei den Nichthalo-
phyten nicht durch eine einfache NaCl-Aufnahme, sondern in verwickel-
terer Weise [BERNSTEIN (2)]. Bei *Solanum tuberosum* und *Agropyron
desertorum* wurde eine Erhöhung des osmotischen Druckes im Medium
(durch Polyäthylenglykol) nicht vollständig durch eine entsprechende
Steigerung des osmotischen Wertes im Zellsaft der oberirdischen Organe
aufgefangen: Bei 1 Bar (= 0,988 Atm) Druckerhöhung in der Außenlösung erhöhten beide Arten die osmotischen Werte um 0,86 Bar, der
ursprüngliche Unterschied zwischen den beiden Arten (*A. desertorum*,
eine xerophytische Pflanze, hatte einen um 6,8 Bar höheren Wert) blieb
also stets erhalten (RUF, ECKERT u. GIFFORD). Bei diesen Bestimmungen
ist stets zu berücksichtigen, daß sich der "free space" anders verhält als
der Symplast, es müssen deshalb entsprechende Korrekturen angebracht
werden (vgl. auch RAY u. RUESINK).

Einige neue Methoden zur Bestimmung des Wassergehaltes werden angegeben.
Die erste, die Ermittelung des Wassergehaltes in Gewebsschnitten mittels des Inter-
ferenzmikroskopes (RUCH, BOSSHARD u. SAURER) hat wohl mehr theoretisches Interesse, während die zweite, eine Bestimmung des Blattwassergehaltes durch die verschieden starke Absorption einer schwachen β-Strahlung, für ökologische Versuche

brauchbar werden könnte. Als geeignete Strahlungsquelle erwies sich Promethium-147 (NAKAYAMA u. EHRLER). Schließlich beschreibt TAKAOKI ein Verfahren zur Bestimmung des Anteils an „gebundenem" Wasser in Gewebeschnitten: Er bringt das Material über eine Schwefelsäurelösung in einen Exsiccator, dessen Luftraum so trocken ist, daß in ihm gerade ein Kobaltchloridpapier von rot nach blau umschlägt. Das nach Einstellen des Gleichgewichtes noch in den Gewebsschnitten verbleibende Wasser wird als gebundenes Wasser betrachtet. Sein Anteil am Gesamtwasser (1—4%) entsprach dabei etwa dem durch andere Methoden ermittelten.

2. Das Wasser im Boden und die Wasseraufnahme

Die in den letzten Fortschrittsberichten wiederholt referierten Bestrebungen zur Bestimmung der Bodenfeuchte mittels radioaktiver Strahlen haben zur Entwicklung eines leichten, tragbaren Neutronenzählgerätes geführt, das zu Freilandbestimmungen geeignet ist (VAN BAVEL).

Die Abnahme des Diffusionskoeffizienten von Wasser in Böden im Feuchtigkeitsgleichgewicht mit steigendem Feuchtigkeitsgehalt wurde mit Hilfe von Tritiummarkiertem Wasser (THO) untersucht; sie verläuft in ähnlicher Weise auch in einem System von Glasperlen (NAKAYAMA u. JACKSON). Ein Verfahren zur (relativen) Messung des für die Pflanze verfügbaren Bodenwassers geben TEP u. LEIDENFORST an: Sie klemmen zwischen zwei dreieckige Backen von 10 cm Seitenlänge ein Spezialsaugpapier, dessen überstehende Ränder abgerissen und dadurch aufgerauht werden. Die mit der Bodenlösung in Berührung kommenden Seitenränder des Papiers sollen ihrer Oberflächenentwicklung nach etwa 200000 Wurzelhaaren entsprechen und eine maximale Saugspannung von 40—50 Atm entwickeln können. Die „Wasserzange" wird für eine bestimmte Zeit in den Boden eingestochen und dann entweder die Breite der feuchten Randzone des Papiers gemessen oder das Saugpapier gewogen. In Sandboden mit Torfzusatz war die Wasseraufnahme des Papiers proportional zu derjenigen von Tomaten.

Die Konzentration der Bodenlösung beeinflußt die Wasseraufnahme aber nicht nur durch die Veränderung der Wasserpotentialdifferenz zwischen Wurzel und Medium, sonder auch indirekt über die Wirkung auf das Wachstum der Wurzeln (und damit auf die Größe der absorbierenden Oberfläche) und der Sprosse (und damit auf die Größe der transpirierenden Fläche). Dazu kommt wahrscheinlich noch ein Einfluß der Ionen auf die Fähigkeit der Wurzelzellen, Wasser zu absorbieren und auf die Vorgänge der aktiven Ionensekretion in das Xylem, die den Wurzeldruck steuern (DREW).

Im Zusammenhang mit der Wasseraufnahme sind die Bemühungen von Interesse, die Struktur der absorbierenden Wurzelregionen, vor allem der Wurzelhaare, weiter abzuklären. SIEVERS findet in den äußersten Spitzen der Wurzelhaare zahlreiche Golgi-Vesikel, die mit der Bildung der Primärwandsubstanzen des durch ausgeprägtes Spitzenwachstum ausgezeichneten Wurzelhaares in Verbindung gebracht werden. Die Zellwand der Wurzelhaare soll nach SCOTT und nach SCOTT, BYSTROM u. BOWLER kutinisiert sein und Tüpfel und Plasmodesmata enthalten. Die immer wiederkehrende Behauptung einer Kutinisierung der Wurzelhaare sollte einmal mit verschiedenen Methoden an breiterem Material kritisch überprüft werden!

Auch die Frage des Wasseraustausches und der Wasseraufnahme durch oberirdische Organe fand wieder Beachtung. VARTAPETIAN u. BADANOVA stellten fest, daß ruhende und aktive Gewebe (z. B. Pappelknospen oder Zwiebeln) in einer Atmosphäre mit $H_2^{18}O$-Wasserdampf den gleichen Wasseraustausch zeigten. Annahmen, daß der Ruhezustand auf einer Herabsetzung des Wasseraustausches mit der Umgebungsluft beruhten, sind deshalb unwahrscheinlich. — DOLZMANN untersuchte elektronenoptisch die Feinstruktur der Kuppelzelle in den Saughaaren von *Tillandsia usneoides* und fand an deren Außenwand zwischen Plasmalemma und Zellwand eine „Zwischensubstanz", die mit der Wasseraufnahme in Verbindung stehen könnte.

Die Cuticula-Struktur und das Ausmaß der Wasseraufnahme in verschiedenen Zonen der Nadeln von *Pinus sylvestris* studierten LEYTON u. JUNIPER. Es zeigte sich, daß der innere Teil der Nadelbasis (innerhalb der Scheiden) speziell für die Wasseraufnahme geeignet ist. Dies dürfte auch ökologische Bedeutung haben, da diese Bezirke bei Dürrebelastung gegen übermäßige Transpiration ihrer Lage wegen geschützt sind, bei Regen aber das an den Nadeln herablaufende Wasser zugeführt bekommen.

Einen interessanten Vergleich von 8 verschiedenen Methoden zur Taumessung stellte NAGEL an. Die zuverlässigsten Werte lieferten die Verfahren nach PACHINGER (Absorption der Taumenge von einer Testrasenfläche mittels 20×20 cm großer Löschpapierbögen und nachfolgende Wägung), nach LEICK (Tauplatten-Wägung) und nach NAGEL (Auswandern eines mit $KMnO_4$ gefärbten Fleckes auf einem Papierstreifen nach Betauung). Auch die registrierenden Methoden nach KESSLER und nach WOELFLE erwiesen sich als brauchbar.

3. Die Wasserabgabe

a) Spaltöffnungsverhalten. Den Problemen des Gasaustausches durch die Stomata, deren Bewegungsmechanismus und der Messung der Spaltöffnungsweite wurden in der Berichtszeit wieder eine Reihe von erwähnenswerten Arbeiten gewidmet. Die allgemeinen Gesetzmäßigkeiten der Diffusion durch kleine Poren unterzogen TING u. LOOMIS einer erneuten eingehenden Prüfung. Sie bestätigten zunächst, daß das Ausmaß des Gasdurchtritts durch Poren mit Durchmessern herunter bis zu 20 μ (und wahrscheinlich auch darunter) dem Durchmesser und nicht der Fläche dieser Poren proportional ist. Poren von elliptischem Umriß erwiesen sich nicht als wirksamer als runde: Die Diffusion ist nicht auf die Porenränder konzentriert. Der Schluß von BROWN u. ESCOMBE, daß die Diffusion durch die einzelnen Poren einer multiperforaten Membran sich gegenseitig nicht behindert, wenn die Poren mindestens 10 Porendurchmesser weit voneinander entfernt liegen, gilt nach TING u. LOOMIS nicht für die Diffusion durch die Stomata. Von einem Porendurchmesser von 200 μ an nimmt die Störung durch die Nachbarporen rasch mit geringeren Porengrößen und wachsender Porenzahl zu, selbst wenn die Poren immer 10 Durchmesser voneinander entfernt sind. So war z. B. die Diffusion durch eine Membran mit Poren von 19 μ Durchmesser und 190 μ Abstand gleich der durch eine Membran mit Poren von 132 μ Durchmesser und 1,32 mm Abstand, obwohl die erste Membran theoretisch den 7 fachen Wert hätte zeigen sollen. Es wurde rechnerisch abgeleitet, daß die Diffusion durch Stomata, die in geöffnetem Zustand 10 μ weit sind und die 10 Durchmesser voneinander entfernt liegen, bei einer Weitenverringerung auf 5 μ wegen der Abschwächung der Störung durch die Nachbarporen auf ein Vielfaches gesteigert würde. Eine Verringerung des Gasdurchtrittes gegenüber den vollständig geöffneten

Stomata ist unter diesen Bedingungen erst bei einer Verringerung der Öffnungsweite um mehr als 95% zu erwarten. Die Wirkung eines teilweisen Stomataschlusses auf die Gasdiffusion hinge demnach entscheidend vom Abstand der Stomata ab. Es wäre lohnend, die natürlichen Spaltöffnungsabstände einmal unter diesem Gesichtspunkt zu überprüfen.

Der Mechanismus der Stomatabewegungen wird im Kapitel „Bewegungen" behandelt, und soll deshalb nicht erörtert werden; es sollen hier nur einige Arbeiten Erwähnung finden, die das „ökologische" Verhalten der Spaltöffnungen verständlich machen können. — Es tritt immer klarer hervor, daß bei den Stomatabewegungen neben den Außeneinflüssen endogene Faktoren eine wesentliche Rolle spielen. So fand STALFELT (1), daß *Vicia faba*- und *Stellaria media*-Pflanzen bei guter Wasserversorgung und bei konstanten Außenbedingungen auch im Dauerdunkel diurnale Schwankungen der Schließzellen-Durchmesser und damit der Porenweite zeigten, wobei das Maximum beider Größen in der ursprünglichen Tag- und das Minimum in der Nachtzeit lag. Das Ausmaß dieser Vorgänge verringerte sich bei zunehmender Dürrebelastung und der Rhythmus verschwand auch nach Abschneiden der Blätter. Wurden diese aber durch spezielle Bedingungen (CO_2-freie Luft, hohe Luftfeuchtigkeit) auch im Dunkeln wieder zur Öffnung der Stomata veranlaßt, so setzte das rhythmische Spiel von neuem ein. Der endogene Rhythmus bestimmt den Zustand der „Öffnungsbereitschaft", das Ausmaß und die Dauer der Öffnung wird dann von den Außenfaktoren (vor allem vom Licht) gesteuert. Dabei hat der Wasserzustand der Schließzellen einen nachhaltigen Einfluß, nicht nur — wie lange bekannt — der während des Öffnungsreizes, sondern auch der früherer Phasen. Es gibt demnach eine Nachwirkung eines Wasserdefizites auf die Öffnungsbereitschaft der Stomata [STALFELT (2)]. — Auch die Länge der vorangegangenen Dunkelperiode wirkt sich auf das Öffnungsverhalten der Stomata im Licht aus, und zwar auf die Geschwindigkeit und das Ausmaß der Öffnungen und auf den Zeitpunkt eines teilweisen (autonomen) Spaltenschlusses einige Zeit nach Beginn der Lichtphase. Diese Gesetzmäßigkeiten können ebenfalls durch die Annahme einer endogenen Rhythmik der Öffnungswilligkeit verständlich gemacht werden (MANSFIELD, vgl. auch Fortschr. Bot. 25, 216/17). Kompliziert wird dieses Bild noch durch Hinweise, daß das Verhalten der Stomata durch das Blattalter wesentlich mitbestimmt wird (McDOWALL, TAZAKI u. USHIJIMA).

Auch unter Freilandbedingungen sind die Spaltöffnungen vieler Pflanzen während der Nachtzeit nicht oder zumindest nicht vollständig geschlossen, wie HÜBL (1), (2) an umfangreichem Material erneut nachwies. Es wird nicht verwundern, daß dieses „wasserverschwendende" Verhalten vor allem bei Pflanzen mit guter Wasserversorgung anzutreffen war.

Eine Sonderstellung nehmen einige Crassulaceen ein: Auch sie halten ihre Stomata während der Nachtzeit geöffnet, aber während des Tages geschlossen. Die Periode des Offenhaltens entspricht dabei der Phase der Säurebildung durch CO_2-Dunkelfixierung (NISHIDA). Es sieht so aus, als legten diese Pflanzen ihren CO_2-Vorrat weitestgehend während der Dunkelphase fest und führten während des Tages bei geschlossenen Spalten und daher geringstem Wasserverlust nur die lichtabhängigen Prozesse durch (zyklische Photophosphorylierung?), welche die Energie zur „Assimilation" des CO_2 liefern. Dieses interessante Verhalten verdient eingehende biochemische Bearbeitung!

Wie erwähnt, beeinflußt das Abschneiden der Blätter die Reaktionen der Spaltöffnungen stark. Diese Wirkungen wurden von einigen Autoren wieder näher analysiert, vor allem auch im Hinblick auf die Brauchbarkeit abgeschnittener Blätter für Photosynthesemessungen. Die Ergebnisse sind derzeit so widersprüchlich (RUFELT; HEATH; MEIDNER; HEATH u. RUFELT; WILLIS; YEMM u. BALASUBRAMANIAM) und die Arbeiten so im Fluß, daß es geboten erscheint, die Ergebnisse erst zusammenfassend zu referieren, wenn sich eine gewisse Klärung eingestellt hat. Es sieht allerdings so aus, als seien die Abschneideeffekte nur vorübergehend und als würde nach einer Übergangsphase der Gaswechsel der abgeschnittenen Blätter bzw. Zweige wieder dem ursprünglichen gleichen [LARCHER (1), WILLIS u. Mitarb.].

b) Transpiration. Ein tragbares Elektrohygrometer zur Messung der Transpirationsintensität an Blattoberflächen beschreibt WALLIHAN. Dabei werden die Einflüsse der Umgebungstemperatur und der atmosphärischen Feuchte kompensiert; das Gerät soll deshalb auch zur Ermittlung der relativen Spaltöffnungsweiten geeignet sein, wenn Bezirke gleicher Spaltöffnungsdichte gemessen werden und zu hohe direkte Bestrahlung vermieden wird. Auch ein Mikrowellen-Refraktometer kann zur Messung der Transpirationsintensität eingesetzt werden (GATES, VETTER u. THOMPSON).

Mit einer modifizierten thermoelektrischen Methode läßt sich die absolute Menge des in intakten Bäumen aufsteigenden Wassers messen. Dies wurde während 3 Vegetationsperioden von LADEFOGED mit verschiedenen Holzarten im geschlossenen Bestand durchgeführt. Die höchsten Werte wies stets die Birke, die niedrigsten die Fichte auf. Die Tagesgänge an klaren Tagen zeigten eingipfelige Kurven (keine Mittagsdelle), auch wiesen die Jahresgänge nur ein Maximum auf (keine mittsommerliche Einschränkung). Bekanntlich folgt die Wassernachfuhr in den Stämmen dem Wasserentzug oft mit einiger Verspätung, so daß es zu täglichen und jahreszeitlichen Schwankungen des Stammwassergehaltes und damit des Stammumfanges kommt (vgl. zuletzt KOZLOWSKI u. WINGET).

Die Transpirationsintensität und das Wasserdefizit (auch die Photosynthese und die Atmung) sind bei ausgewachsenen Tabakblättern an der Spitze bedeutend geringer als an der Basis [SLAVIK (2)]. Dem entspricht eine geringere Dichte der Stomata im apikalen Teil; allerdings sind hier die Stomataflächen größer (doch ist dies für die Diffusionsrate vielleicht nicht entscheidend, s. o.). Beim Reis ist die Blattspitze ebenfalls durch geringere Transpiration ausgezeichnet; hier wird dies auf stärkere Kieselsäureeinlagerung (vor allem zwischen Epidermis und Cuticula) zurückgeführt (YOSHIDA, OHNISHI u. KITAGISHI). Bemerkenswerterweise ist die Flächentranspiration der Grannen von Weizenähren

bei Nacht höher als die der Blätter; es fehlt hier der nächtliche Spaltenschluß (MIROSLAVOV).

Nicht nur nordafrikanische Wüstenpflanzen, sondern auch Pflanzen
mediterraner Standorte zeigen verschiedene Typen der Anpassung an die
hohen Temperaturen: Eine Gruppe von Arten (z. B. *Quercus suber* und
Qu. ilex, Pistacia lentiscus) ist durch Hartlaub, geringe Transpirationskühlung und hohe Hitzeresistenz ausgezeichnet, die andere (z. B. *Cucumis melo, Solanum melongena*) zeigt mesomorphe Blattstruktur, starke
Transpirationskühlung und geringe Hitzeresistenz (LANGE u. LANGE).
Eine weitere, sehr wirksame Anpassung an Trockenzeiten ist die Reduktion der transpirierenden Fläche während der Dürreperiode. Sie
betrug in Israel bei verschiedenen Wüstenpflanzen 72—96% der Gesamt-
fläche, bei mediterranen Arten nur 25—49% (ORSHAN u. ZAND).

Die Bemühungen um die Entwicklung von Stoffen, die eine Verringerung der Transpiration möglichst ohne Beeinflussung der Photosynthese ermöglichen sollen, gehen weiter. Eine Besprühung der Blätter
mit Phenylquecksilberacetat setzte die Transpiration stärker herab als
die Photosynthese. Die Behandlung ergab beim Tabak keine Beeinträchtigung des Wachstums, eine deutliche Hemmung aber bei der Sonnen-
blume [SHIMSHI (1), (2)]. Es ist natürlich zu beachten, daß durch die
Transpirationsverringerung auch die Salzversorgung wesentlich beeinflußt wird (vgl. z. B. GALE u. POLJAKOFF-MAYBER).

Andere Methoden als die Messung der Transpiration von Einzelpflanzen oder
von Pflanzenteilen erfordert die Beurteilung des Wasserhaushaltes von Pflanzen-
beständen oder von Großräumen. Da es sich hierbei aber weniger um ein botanisches
als um ein meteorologisches Problem handelt, sollen die hierzu vorliegenden Arbeiten
(z. B. ALBRECHT, BERGER-LANDEFELDT, DOERING, DOSS, BENNETT u. ASHLEY,
GULIDOVA u. URINA, HOLDRIDGE, IMPENS) nicht näher besprochen werden.

c) Guttation. Eine Übersicht über die Guttationsphänomene gibt
IVANOFF. Bemerkenswert ist, daß eintrocknende Guttationsflüssigkeit
Nekrosen auf den Blättern hervorrufen kann und daß die Guttations-
tropfen in manchen Fällen offenbar Keimmedien für parasitische Organismen darstellen. Auch wichtige Spurenelemente können bei der Guttation mit ausgeschieden werden: Gerstenkeimlinge verlieren auf diese
Weise bis zu 80% der absorbierten Borsäure (OERTLI). — Der Mechanismus der aktiven Guttation ist nach wie vor unklar. Auch die Bedeutung
der neuerdings in den Hydathoden nachgewiesenen sauren Phosphatase
(HÄUSERMANN u. FREY-WYSSLING) für die Abscheidung ist völlig dunkel.
— Ein Verfahren zur automatischen Photoregistrierung der Guttation
beschreiben HÖHN u. HELFRICH.

4. Physiologische und ökologische Auswirkungen der Hydraturverhältnisse

Wie alljährlich, so liegen auch in der Berichtszeit wieder zahlreiche
Arbeiten vor, die sich mit dem Einfluß der Wasserversorgung auf den
Gaswechsel, das Wachstum und den Ertrag der Pflanzen beschäftigen.
Eindeutig ergibt sich stets bei zunehmender Dürrebelastung eine Ver-
ringerung der Photosynthese [TRANQUILLINI, LARCHER (2), DENMEAD u.
SHAW]. Die Steilheit des Abfalls ist bei den einzelnen Arten sehr ver-

schieden und hängt auch vom Vorleben ab — eine „Abhärtung" durch längere Trockenperioden ist deutlich festzustellen (TRANQUILLINI). Bei eingetopften Ölbäumchen nahm beim Austrocknen des Bodens die Transpiration zunächst stärker ab als die Photosynthese, so daß sich das Verhältnis Photosynthese/Transpiration zuerst erhöhte [LARCHER (2)]. — Bemerkenswert ist in diesem Zusammenhang der Einfluß des Wassergehaltes auf den CO_2-Gaswechsel von Algen (DÖHLER u. EGLE), weil hier Faktoren wie Spaltenschluß, Wassernachleitung, Wurzelaktivität u. ä. keine Rolle spielen. Die CO_2-Aufnahme war bei *Chlorella vulgaris* gegenüber Wassersättigung bei 95% relativer Luftfeuchte schon um $^1/_3$—$^1/_4$ herabgesetzt, zwischen 80 und 90% völlig blockiert, während die CO_2-Abgabe erst bei höheren Sättigungsdefiziten vermindert war. Bei geringer Entquellung (95% rel. Feuchte) wird nach erneuter Wassersättigung der ursprüngliche Gasumsatz wieder erreicht, bei stärkerer Entquellung (90—80%) nicht mehr. — Auch die Primärprodukte der Photosynthese scheinen durch die Hydratur der assimilierenden Gewebe (analysiert bei Weizenblättern) beeinflußt zu werden (TARCHEVSKY u. SIYANOVA).

Die Hemmung der Photosynthese durch Wassermangel führt zur Verringerung des Wachstums und des Trockengewichtes [vgl. BROUWER; HERRON, GRIMES u. MUSICK; JARVIS u. JARVIS (2); KUIPER]. KRAMER weist darauf hin, daß für die Beurteilung der Dürrebelastung die alleinige Bestimmung des Bodenwassergehaltes nicht ausreichend ist, da stark und schwach transpirierende Pflanzen ganz verschieden beeinflußt werden können. Es muß daher stets der Wasserzustand der Pflanze selbst ermittelt werden.

Häufig erhöht eine Verschlechterung des Wasserhaushaltes die Disposition der Pflanzen für den Befall durch pflanzliche und tierische Schädlinge. Das gilt für die Anfälligkeit von *Erica* gegenüber *Pilzen* (HEIMANN) ebenso wie für die Befallsbereitschaft von Fichten für den Riesenbastkäfer (SCHIMITSCHEK u. WIENKE) und von Laub- und Nadelhölzern für blattfressende Insekten (SCHWENKE).

Extreme Verhältnisse sind gegeben, wenn der Wurzelraum noch gefroren ist, die oberirdischen Pflanzenteile aber höherer Temperatur und Bewindung ausgesetzt sind; hier kam es bei Fichtenpflanzen nach einem Tage zu Trockenschäden der Nadeln (MICHAEL).

Das Problem der pflanzlichen Trockenresistenz war Gegenstand einiger erwähnenswerter Arbeiten. OPPENHEIMER u. JACOBY stellten klar, daß eine Vorplasmolyse die Austrocknungsresistenz des Cytoplasmas nicht erhöht. Entgegenlautende Angaben von ILJIN werden auf Versuchsmängel zurückgeführt. Auch ein vorübergehendes Wiederaustrocknen gequollener *Sorghum*-Körner erhöhte die plasmatische Trockenresistenz der Blätter der herangewachsenen Pflanzen nicht, wohl aber deren Widerstand gegen einen Wasserverlust bei Dürrebelastung (JACOBY u. OPPENHEIMER). Die weitestgehende Anpassung an Trockenzeiten ist die Fähigkeit zur Austrocknung. Bei dem poikilohydren Farn *Ceterach officinarum* zeigte sich in Untersuchungen von OPPENHEIMER und HALEVY, daß die Schuppen auf den Blättern nicht nur die Wasserabgabe turgeszenter Blätter herabsetzen, sondern auch die

Wasseraufnahme trockener Blätter verzögern. In trockener Luft bleiben die Blätter monatelang am Leben, sie sterben aber über konz. H_2SO_4 schnell ab. Die Hitzeresistenz der trockenen Blätter ist nicht hoch: Bei Temperaturen über 60° gehen sie zugrunde. Eine Atmung war während des Trockenzustandes nicht nachweisbar, setzte aber beim Anfeuchten rasch ein. Auch die Prothallien von *Ceterach* sollen Austrocknen vertragen.

II. Der Stofftransport

1. Cytologische und anatomische Grundlagen

a) Xylem. In Gewebekulturen verschiedener Pflanzenarten (geprüft wurde vor allem *Syringa*), die aus einem rein parenchymatischen Callus bestanden, konnte nicht nur durch Einpfropfen einer Knospe, sondern auch durch Aufsetzen von Agarstückchen mit Zucker (Saccharose oder Glucose) und Wuchsstoff (IES oder Naphthylessigsäure) die Ausbildung von Leitbündelgeweben induziert werden (WETMORE u. RIER). Bemerkenswerterweise ließ sich durch Veränderung der Zuckerkonzentration das Verhältnis Xylem:Phloem variieren: Niedere Konzentrationen (1,5—2,5%) förderten die Xylem-, hohe (3—4%) die Phloembildung, während bei mittleren (2,5—3,5%) beide Gewebsarten zur Entwicklung kamen, wobei gewöhnlich noch ein Cambium zwischen ihnen ausgebildet wurde. Möglicherweise ist hier einer der Steuerungsmechanismen für die Leitbündelausbildung erfaßt.

In den Achsen von *Acer pseudoplatanus* beginnen in der Cambialzone die Zellteilungen im Februar/März (in Frankreich) phloemseitig. Die Zone lebhaftester Teilungstätigkeit wandert dann zunächst nach innen (im Phloemzuwachs finden Ende April kaum noch Teilungen statt) und erfaßt das Xylem. Im Juni erlischt die Mitoseaktivität im Xylem von innen nach außen und ergreift dann wieder das Phloem, wo sie erst im August oder September zum Stillstand kommt (CATESSON).

Bei *Cupressus* besitzen nach BANNAN Arten aus Trockengebieten meist kleinere Tracheiden als solche aus feuchten (verstärkter Schutz gegen Embolien?). Die pseudotransversalen (antiklinen) Teilungswände zeigen bemerkenswerterweise auf dem ganzen Umfang des Stammes die gleiche Neigung. Diese kann aber nach einigen Jahren umschlagen („Widerspänigkeit"). Die Photoperiode hat einen wesentlichen Einfluß auf den Tracheidendurchmesser (LARSON). Zur Zeit des aktiven Längenwachstums bestimmt bei *Pinus resinosa* die Belichtungsdauer der Knospen oder des terminalen Meristems, später die der Nadeln die Tracheidenweiten, wobei Langtag weite, Kurztag enge Lumina induziert. Vermutlich handelt es sich hier um photoperiodisch gesteuerte Wuchsstoffwirkungen. Auch Gibberellinsäure beeinflußt die Xylemausbildung (vgl. Fortschr. Bot. **22,** 165); sie fördert nicht nur die Gesamtzahl der Xylemzellen, sondern vermehrt auch die ring- und schraubenartig verdickten Zellen gegenüber den treppenartig und tüpfelig verstärkten (DAVIS u. HOLMES).

Eine originelle Methode zur Messung der Zuwachsrate des Xylems geben JONES u. EAGLES an: Assimilierte ein Tabakblatt in $^{14}CO_2$, so war in den Stielen der über der Fütterungsstelle befindlichen, noch wachsenden Blätter oft nur eine Zellage im jüngsten Xylem markiert. Wurde der Versuch nach 5 Tagen wiederholt, so waren in den Blattstielen zwei Xylembereiche radioaktiv, die durch inaktives Gewebe voneinander getrennt waren; dieses war in der Versuchspause dazugewachsen.

WHITE (1), (2) verdanken wir eine eingehende Untersuchung der Tracheidenlänge und -form bei den verschiedenen Gruppen der *Filicinae*. Mit fortschreitender phylogenetischer Differenzierung werden die tracheidalen Elemente kürzer und treten quergestellte Endplatten immer mehr in Erscheinung. Diese sind bei einigen Pteridophyten auch perforiert, d. h. die Zellelemente sind zu Tracheengliedern geworden. Dies gilt sicher außer für die Elemente in *Pteridium aquilinum* auch für die in der Wurzel von *Marsilea quadrifolia* (vgl. Fortschr. Bot. **24**, 157, 158) und wahrscheinlich auch für die in den Wurzeln von *Woodsia ilvensis* und *Notholaena sinuata*.

Die cytologischen Vorgänge während der Entwicklung der Xylemelemente fanden erfreulicherweise neuerdings etwas eingehendere Beachtung. LIST untersuchte den DNS-Gehalt und die Volumina der Kerne in den frühen Phasen der Gefäßentwicklung. Weit verbreitet ist eine Endopolyploidisierung der Kerne; bei *Marsilea* tritt in den prospektiven Tracheengliedern an deren Stelle eine Vielkernbildung. Vor dem Absterben des Protoplasten wird in den Tracheengliedern von *Cucurbita* das Endoplasmareticulum in einzelne Blasen aufgelöst, die Mitochondrien degenerieren und die Dictyosomen verschwinden (ESAU, CHEADLE u. RISLEY). Diese Vorgänge ähneln sehr denen bei der Reifung der Siebröhrenglieder. Die Xylemparenchymzellen stehen cytologisch den Phloemparenchymzellen nahe (nicht den Geleitzellen).

In den ausdifferenzierten Gefäßen ist nicht nur bei Nadel- und Laubhölzern, sondern auch bei Kräutern auf der Zellwand eine Warzenschicht vorhanden (LIESE u. LEDBETTER). Es scheint, daß diese Strukturen in all den Fällen ausgebildet werden, in denen im Zuge der Differenzierung der Protoplast abstirbt; sie finden sich z. B. auch auf der „Hartschicht" von *Oxalis*samen, die durch das Aufreißen der Exotesta in der „Kristallschicht" beim Ausschleuderungsvorgang zur Samenoberfläche wird (ZIEGLER). Vermutlich sind die merkwürdigen „Verzierungen" an den Hoftüpfeln und Wänden von Gefäßen einiger Leguminosenarten [SCHMID u. MACHADO (1), (2)] diesen Warzen in ihrer Entstehung an die Seite zu stellen.

Die Schließhäute in den Hoftüpfeln an den Radialwänden der Tracheiden von *Cycas*arten besitzen keinen Torus und ähneln Anfangsstadien der ontogenetischen Entwicklung der Pinaceen-Hoftüpfel. Sie werden deshalb als phylogenetische Grundform der Gymnospermen-Hoftüpfel betrachtet (EICKE).

b) Phloem. Eine gründliche Untersuchung der anatomischen Struktur des sekundären Phloems bei blatttragenden Cactaceen durch SRIVASTAVA u. BAILEY ergab, daß hier die Siebröhrenmutterzellen und die Phloemparenchymzellen aus gemeinsamen Initialen hervorgehen. Die ersteren bilden dann die Siebröhrenglieder und Geleitzellen aus, während die zweiten eine Reihe weiterer Teilungen durchmachen können. Die Siebröhrenglieder sind durch Siebplatten nicht nur mit den Geleitzellen, sondern auch (in geringerem Ausmaß) mit den aus den gemeinsamen Initialen hervorgegangenen Phloemparenchymzellen und — selten — auch mit ontogenetisch nicht verwandten Phloemparenchymzellen verbunden. Auch im Apfelphloem gibt es Parenchymzellen, die Tüpfelverbindungen mit den Siebröhrengliedern haben und mit diesen gleichzeitig kollabieren (EVERT). Dies erinnert an die „Eiweißzellen" im Gymnospermenphloem, an die auch die Siebzellen mit Siebfeldern angrenzen. Diese gehen bei *Pinus*arten aber nicht mit den Siebzellen aus einer Mutterzelle hervor (SRIVASTAVA).

Die elektronenmikroskopische Analyse des Feinbaues der Phloemelemente (Übersicht bei KOLLMANN in PRESTON) wurde fortgeführt. KOLLMANN u. SCHUMACHER schildern im Rahmen ihrer eingehenden Untersuchung des Phloems von *Metasequoia* den Feinbau der Siebfelder in wahrscheinlich zur Leitung befähigten Siebzellen. Es ist stets ein Mittelknoten ausgebildet, der mit einem dichten System von cytoplasmatischen Strukturen erfüllt und mit den Protoplasten der angrenzenden Siebzellen durch zahlreiche Stränge verbunden ist. Die Plasmabrücken sind gegenüber den sie umhüllenden Kallosemänteln bzw. gegenüber der Zellwand durch ein Plasmalemma abgegrenzt und lassen im Innern tubuläre oder fädige Strukturen erkennen, die als Elemente des Endoplasmareticulums angesprochen werden. Ihrem Feinbau nach ähneln die Plasmabrücken in den Siebfeldern von *Metasequoia* demnach den verzweigten Plasmodesmen mit Mittelknoten in normalen Parenchymzellen; sie unterscheiden sich aber doch stark von den Plasmabrücken in den Siebporen hochspezialisierter Angiospermen-Siebröhren (vgl. Fortschr. Bot. **25**, 221).

Der wichtige Befund, daß den reifen Siebröhrengliedern bzw. Siebzellen ein Tonoplast fehlt, während ein „Ektoplasma" (einschließlich eines Plasmalemmas) entwickelt ist, wurde weiterhin bestätigt [BUVAT (1); ESAU; ESAU u. CHEADLE; HUBER u. LIESE]. In den „Schleimkörpern" von *Cucurbita pepo* läßt sich auch Ribonucleinsäure nachweisen [BUVAT (2)]. Ob diese eine funktionelle Bedeutung hat, ist unklar. Bei der Aizoacee *Tetragonia expansa* kommen in den Siebröhren Plastiden vor, die bei ihrer Degeneration ein fibrilläres Material freisetzen, das völlig den Siebröhren-„Schleimkörpern" ähnelt (FALK). Möglicherweise verdanken diese bei den einzelnen Arten ihre Entstehung der Umwandlung verschiedener Zellbestandteile.

Bei der Reifung der Siebröhrenglieder werden nicht nur der Tonoplast, der Kern, die Mitochondrien, das Endoplasmareticulum und die Dictyosomen verändert, auch die Zellwand kann charakteristische Umwandlungen erfahren: Bei *Cucurbita pepo* werden z. B. auf die ursprüngliche Zellwand stark gegliederte Vorsprünge aufgesetzt. Teilweise stehen mit der Wand auch Blasen in Verbindung, die das Plasmalemma nach innen einbeulen (selber also außerhalb der Protoplasten liegen). Es wird daran gedacht, daß diese Strukturen mit Pinocytosevorgängen zusammenhängen könnten, die bei der Stoffaufnahme oder -abscheidung in den Siebröhren beteiligt sein könnten [BUVAT (3)].

2. Der Wasser- und Stofftransport im Xylem

a) Wurzeldruck und Blutungssaft. Im Gegensatz zu den meisten anderen Pflanzen scheint bei den Palmen und bei der Banane (und vielleicht auch bei den anderen baumförmigen Monokotylen?) der Wurzeldruck für den Wassertransport eine entscheidende Rolle zu spielen. DAVIS fand jedenfalls bei 10 Palmenarten und bei *Musa sapientum* bei abgeschnittenen Adventivwurzeln Drucke, welche die Soge der am Stamm verbleibenden Wurzelteile meist erheblich überstiegen und ausreichten, das Wasser bis in die peripheren Teile des Sprosses zu pumpen. Möglicherweise hängt diese Eigentümlichkeit mit der abweichenden anatomischen Struktur der Monokotylenstämme zusammen.

Auch bei den dikotylen Holzarten ist das Bluten nicht nur auf das Frühjahr beschränkt: VOGL u. BORTITZ fanden z. B. bei Pappelstecklingen im Gewächshaus auch im Winter durch Wurzeldruck verursachte Blutung. Der Zuckergehalt des Blutungssaftes lag dabei gleich nach dem Schnitt am höchsten und nahm schnell ab, während sich die Konzentration der Aminosäuren nur unwesentlich änderte. Das gilt aber offenbar keineswegs allgemein; beim Mais z. B. nimmt nach einigen Stunden Blutung die relative Menge an basischen Aminosäuren und Säureamiden zu (BEKMUKHAMEDOVA). Bei *Cucurbita ficifolia* waren nach Fütterung der Wurzel mit ^{14}C-Bicarbonat + Ammonsuccinat im Blutungssaft zuerst u. a. α-Ketoglutarsäure, Glutaminsäure und Glutamin stark markiert (offenbar durch CO_2-Dunkelfixierung und teilweise Umwandlung der Primärprodukte), während in dem später austretenden Saft diese Substanzen nicht mehr nachweisbar waren (KATING u. ESCHRICH).

Bei *Pisum arvense* hängt die Art der Stickstoffverbindungen im Blutungssaft von der Sickstoffversorgung der Wurzel ab (PATE u. WALLACE). Solange die Keimlinge von den Kotyledonen ernährt werden, ist das Verhältnis Amide/Aminosäuren im Blutungssaft 1:3. Hierbei stammen die Stickstoffverbindungen wohl größtenteils aus der Eiweißhydrolyse. Wenn die N-Fixierung durch die Wurzelknöllchen beginnt, verschiebt sich das Verhältnis auf 3:1 zugunsten der Amide: Offenbar werden die Verbindungen weitgehend aminiert, bevor sie in den Blutungssaft gelangen.

Während die Versorgung knöllchenfreier Wurzeln mit Ammoniumverbindungen oder Harnstoff keine wesentlichen Verschiebungen in den Stickstoffverbindungen des Blutungssaftes gegenüber knöllchentragenden zur Folge hatte (offenbar war in allen diesen Fällen der Ammoniak die Stickstoffquelle), war dies bei Nitraternährung anders: Es erschien nicht nur ein beträchtlicher Teil des Nitrats unverändert im Blutungssaft, sondern es bildete sich ein hohes Verhältnis des Amid-N zum Aminosäuren-N aus (etwa 4:1) und es trat Glutaminsäure auf, die sonst nicht nachweisbar war. Hatten knöllchentragende Pflanzen vor dem Abschneiden in $^{14}CO_2$-Atmosphäre assimiliert, so waren im Blutungssaft die meisten der hervortretenden Stickstoffsubstanzen (Asparaginsäure, Asparagin, Glutamin) stark, nur Homoserin schwächer markiert (PATE).

Werden der Wurzel des Maises Aminosäuren (z. B. Glykokoll oder Glutaminsäure) geboten, so werden diese zunächst desaminiert und der freigesetzte Ammoniak in die Synthese verschiedener Aminosäuren einbezogen (RATNER u. UKHINA). — Der Blutungssaft der Bohnen, sehr viel weniger der des Maises, enthält Substanzen, welche die Ergrünung etiolierter Haferblätter fördern (GAVRILENKO u. RUBIN). — Die Eisenkonzentration im Blutungssaft von Sojabohnen wird durch geringe Konzentrationen anderer Kationen gefördert, durch höhere verringert. Nur das Zink setzt in allen geprüften Konzentrationen den Eisengehalt herab; es verdrängt das Eisen nicht aus dem Malatkomplex, in dem dieses wandert, ist aber selber auch z. T. komplex gebunden (LINGLE, TIFFIN u. BROWN).

Das Vorkommen von Saccharose im Blutungssaft von *Acer saccharum* (das ja auch seine wirtschaftliche Verwendung bedingt) ist nicht auf das Fehlen von Invertase zurückzuführen. Das Enzym ist in Präparaten aus Ahorn-Blutungssäften sogar aktiver als im Birkensaft (der überwiegend Hexosen enthält). Vermutlich kommen aber im Ahornsaft Hemmstoffe der Invertasewirkung vor, da im sterilen Saft die Aktivität des Enzyms nur gering ist (MARTIN u. ADAMS).

Die Geschwindigkeit und Richtung der capillaren Wasserbewegung in Papierstreifen, die auf blutende Stümpfe von Maispflanzen aufgesetzt werden, läßt sich als Indicator für den Wasserzustand der Pflanzen verwenden. Sie variiert z. B. stark je nach der Menge des verfügbaren Bodenwassers (ÚLEHLA).

b) Der Transpirationsstrom. Während in den letzten Jahren mehrfach von Zweifeln an der Gültigkeit der Kohäsionstheorie für den Mechanismus des Wassertransportes zu berichten war, sind diese Einwände inzwischen wieder verstummt. Sie beruhten im wesentlichen auf der Unkenntnis der früheren eingehenden Untersuchungen. — Die Grundvoraussetzung der Kohäsionstheorie, die starke Kohäsion der gespannten Wassersäulen, wurde erneut auf originelle Weise bestätigt: Ein Farnanulus unter einer Zugspannung von 200 Atm zeigt keinen „Blasenkammereffekt", d. h. er kann durch radioaktive Bestrahlung mittels ^{32}P, ^{35}S oder Tritium nicht zum Springen gebracht werden (VOGL).

Für die bewährte thermoelektrische Methode der Saftstrommessung gibt SWANSON eine genaue Beschreibung der Meßanordnung. Für Geschwindigkeitsmessungen ist das Verfahren geeigneter als der Einsatz von Isotopen, die zumeist mit den Gefäßwandungen und den umliegenden Geweben schwer überschaubare Austausch- und Absorptionsprozesse eingehen (vgl. z. B. BELL u. BIDDULPH, SALERNO u. EDGINGTON).

Nur wenige der zahlreichen Arbeiten mit Isotopen auf dem Gebiet des Xylemtransportes befassen sich daher mit der Wandergeschwindigkeit (HANOWER, BRZOZOWSKA u. PREVOT fanden z. B. für die Wanderung von ^{35}S in Erdnußsprossen eine Geschwindigkeit von 24 m/Std); die meisten geben Aufschluß über die Richtung des Transportes und die Orte der Speicherung bei Zufuhr der markierten Substanzen entweder über die Wurzel oder über die Blätter. Aus der großen Zahl der einschlägigen Publikationen sollen nur zwei kurz Erwähnung finden.

VAN DIE stellte fest, daß bei Fütterung der Wurzeln von Tomaten mit ^{14}C-Glutaminsäure nicht die am stärksten transpirierenden, älteren

Blätter die höchste spezifische Aktivität aufwiesen, sondern die jüngsten. Sein Schluß, daß die in der Wurzel aus der Glutaminsäure synthetisierten Aminosäuren primär im Xylem wanderten, dann aber aus den Wasserleitungsbahnen von den umliegenden Geweben absorbiert und nach den Orten der stärksten Proteinsynthese verfrachtet würden, ist nicht zwingend: Die Substanzen könnten auch von Anfang an im Phloem gewandert sein.

Bei der Kartoffel ist die Kontaminierung der Knollen durch ^{135}Caesium viel stärker, wenn das Isotop durch die Blätter, als wenn es durch die Wurzel aufgenommen wird (Ludwieg). Dies ist vermutlich darauf zurückzuführen, daß das Element im ersten Falle im Phloem, im zweiten im Xylem transportiert und die Knolle fast ausschließlich über das Phloem ernährt wird.

Handelt es sich bei dem verfrachteten Material um Schadstoffe, so kann die Schadwirkung an den Orten der Akkumulation größer sein als an den Orten der Aufnahme. So stellte Halbwachs fest, daß gasförmiges HCl bei höheren Konzentrationen fleckenförmige Nekrosen in direkter Umgebung der Eintrittszellen verursacht, während durch schwächere Dosen Rand- und Spitzenschädigungen auftreten. Diese letzteren sind auf eine Verlagerung des eingedrungenen Schadstoffes im Blattinnern (vermutlich im Transpirationsstrom) zurückzuführen.

Der wichtigen Frage nach der Zusammensetzung des Xylemsaftes wurde weiter nachgegangen. Barnes prüfte die Stickstoffverbindungen bei einer Reihe von Pflanzen. Bei den Wurzeln von 7 Kiefernarten machte der Glutamin-N 73—88% des gesamten organischen Stickstoffes aus. Diese Verbindung dominierte auch bei 9 weiteren Arten aus 8 verschiedenen Gattungen. Weitere vorherrschende N-Substanzen, die jeweils für bestimmte Gruppen von Arten charakteristisch waren, sind Allantoinsäure, Arginin, Asparagin, Asparaginsäure und — nur bei *Viburnum rafinesquianum* — Glutaminsäure. Im Xylemsaft einer Reihe von Holzarten läßt sich eine Hemmsubstanz nachweisen, die ihrem R_f-Wert nach mit dem Inhibitor β identisch sein könnte (Davison).

Auf originelle Weise untersuchte Peel die Beziehungen zwischen den Ionengehalten des Xylems und des Phloems. Er führte dem Xylem von Weidenstecklingen Lösungen bestimmter Kalium- und Natriumkonzentrationen zu und prüfte die Auswirkung auf den Ionengehalt des Honigtaues der phloemsaugenden Aphide *Tuberolachnus salignus*. Es ergab sich, daß die Ionen erst nach einer Latenzzeit im Honigtau einen Konzentrationsanstieg erfahren. Vermutlich treten sie zuerst in parenchymatisches Speichergewebe über und gelangen erst von hier aus in die Siebröhren; dies entspricht ja auch den anatomischen Gegebenheiten.

Der Übertritt einiger Stoffe aus der Wirtspflanze in Schmarotzer, die auf dem Xylem parasitieren, wurde nachgewiesen. *Melampyrum lineare* nimmt ^{32}P aus der Wirtspflanze auf, gibt aber das Isotop nicht an diese ab, wenn es auf die Blätter aufgebracht wird (Cantlon, Curtis u. Malcolm). *Santalum album* auf *Lantana camara* enthält einen spezifischen Phenolkörper, der bisher nur in den Blättern der Wirtspflanze gefunden wurde (Srimathi u. Sreenivasaya). Die Mistelarten *Phrygi-*

lanthus celastroides, *Dendrophthoe falcata* und *Amyema congener* enthalten auf *Nerium oleander* wachsend von den 12 Glykosiden der Oleander-blätter nur die drei am stärksten polaren: Strospesid, Neritalosid und Odorosid H (Boonsong u. Wright). Vermutlich treten nur diese ins Xylem über.

3. Der Parenchymtransport

Sieht man von der Wanderung der Salze im Parenchym ab — die im Beitrag „Mineralstoffwechsel" behandelt wird —, so konzentriert sich das Interesse an Transporterscheinungen im Parenchymbereich in der Berichtszeit wie in den Vorjahren auf den Einfluß des Kinetins auf diese Vorgänge, auf die Zuckerwanderung und -speicherung im Zuckerrohr-mark und auf die Verschiebung des Auxins.

Bei Haferblättern üben bereits 0,001—0,003 γ Kinetin, in einem Wassertropfen appliziert, eine Attraktionswirkung auf ^{14}C-markierte Assimilate oder $^{32}PO_4^{---}$ aus anderen Blattbereichen aus, während z. B. aufgebrachte Gibberellinsäure und IES unwirksam sind (Gunning u. Barkley). Die Akkumulation erfolgte nicht unter Stickstoffatmosphäre, ist also wohl mit dem aeroben Stoffwechsel verknüpft. Wenn auch die wirksamen Verbindungen, 6-Furfuryl-aminopurin und 6-Benzyl-amino-purin, bisher noch nicht als natürliche Verbindungen nachgewiesen wurden, so ist es doch recht wahrscheinlich, daß die Fähigkeit einer Zelle zur Akkumulation von Stoffen — und damit ihre Eignung, als ''sink'' für Transportvorgänge zu fungieren — u. a. auch hormonal gesteuert wird. Vielleicht sind auch die Befunde, wonach z. B. α-Naphtylphthal-aminsäure (NPA) den IES-Transport im Parenchym hemmt (Morgan), weniger auf eine spezifische Behinderung des Auxintransportes als auf eine Speicherung des Wuchsstoffes in den NPA-versorgten Zellen zurück-zuführen.

Für die Zuckerspeicherung im Zuckerrohr wird ein Reaktionsablauf vorgeschlagen (Sacher, Hatch u. Glasziou), der im wesentlichen die bereits in früheren Fortschrittsberichten referierten Befunde zusammen-faßt. Bemerkenswert ist, daß nach diesen Vorstellungen die Wander-saccharose bei ihrem Übertritt vom Phloem in das Speicherparenchym in die Hexosen zerlegt und diese nachträglich — vor dem Eintritt in die Speicherzellen — wieder zum Rohrzucker zusammengefügt werden sollen.

Eine Reihe von Versuchen zum parenchymatischen Auxintransport wurden in der bekannten Weise durchgeführt, daß der Wuchsstoff (z. T. radioaktiv markiert) den Gewebsstücken mittels eines Agarblockes ein-seitig zugeführt und das Auftreten der Wuchsstoffaktivität (bzw. der Radioaktivität) in einem Receptorblock am anderen Ende gemessen wurde. Bis zu einer bestimmten, für die einzelnen Objekte verschiedenen Konzentration führt eine Steigerung der Wuchsstoffmenge im Donor-block zu einer Vermehrung der Rate, nicht aber der Geschwindigkeit des basipetalen Transportes [Hertel u. Leopold, Scott u. Jacobs, McCready u. Jacobs (1)]. Die Polarität des Auxintransportes ist ver-schieden stark ausgeprägt: Praktisch vollkommen bei Koleoptilen, fehlend z. B. bei Maiswurzeln (Hertel u. Leopold). Sie nimmt in

Phaseolus-Blattstielstücken mit steigendem Alter ab, d. h. der akropetale Wuchsstofftransport nimmt zu [McCready u. Jacobs (2)]. Bei Fruchtstielen von *Fritillaria* ist auch die basipetale Transportgeschwindigkeit der IES in jungen Organen größer als in ausgewachsenen (Kaldewey). In grünen *Pisum*stengeln wird die antipolare, akropetale (nicht die basipetale) Wanderung von IES durch Licht gefördert (Thimann u. Wardlaw). Die Richtung des polaren Transportes kann durch inversen Angriff der Schwerkraft nicht umgekehrt werden, wohl aber wird die Transportleistung unter diesen Bedingungen verringert (Hertel u. Leopold).

In horizontal liegenden, wuchsstoffverarmten (geotropisch auch nach IES-Zufuhr nicht mehr reaktionsfähigen) Fruchtstielen von *Fritillaria* war die Wandergeschwindigkeit von außen gebotenen Wuchsstoffes in der physikalischen Oberseite signifikant größer als in der Unterseite (Kaldewey).

Die Geschwindigkeit des basipetalen, polaren Transportes lag für IES bei allen Autoren in der Größenordnung von Millimetern/Stunde; bei den Maiskokoptilen wurde der maximale Wert von 15 mm/Std erreicht (Hertel u. Leopold).

Bei *Abies balsamea* wurde in der Rinde das Vorkommen von IES sichergestellt (Clark u. Bonga). Sie scheint während der Ruheperiode des Cambiums in den inneren Bereichen der Rinde gespeichert zu werden und von hier bei Beginn der Cambiumaktivität in die eigentliche Cambialzone zu gelangen (Bonga u. Clark).

4. Der Transport im Phloem

a) Die transportierten Stoffe. Beim Zuckerrohr (Hartt u. Mitarb.) und bei *Yucca flaccida* (van Die u. Tammes) ist — wie bei vielen anderen Pflanzen — Saccharose der Haupttransportzucker. Die *Yucca*-Blütenstiele liefern nach Verwundung — wie manche Palmen — ein Exudat, das seiner Zusammensetzung nach (Tammes u. van Die) wohl dem Phloem entstammen muß: Etwa 80—90% des Trockengewichtes bestehen aus Saccharose, der pH-Wert beträgt 8,0—8,2 und unter den anorganischen Ionen überwiegt das Kalium weit, während das Calcium stark zurücktritt. Die Aminosäurenkonzentration ist beachtlich (6,3 bis 10,1 mg/ml), 58% davon macht das Glutamin aus. Assimiliert ein *Yucca*blatt in $^{14}CO_2$, so zeigt das Blütenstielexudat eine ausgeprägte Tagesschwankung im ^{14}C-Gehalt (der sich zu etwa 90% in der Saccharose befindet), obwohl der Zuckergehalt kaum schwankt. Es wird für möglich gehalten, daß die einzelnen Organe der Pflanze (etwa die verschiedenen Blätter) in verschiedenen Rhythmen zu dem Zuckergehalt des Exudates beitragen (van Die u. Tammes).

Die von den meisten bisher untersuchten Arten abweichende Zusammensetzung des Siebröhrensaftes bzw. der Transportsubstanzen von *Cucurbita*arten (quantitatives Zurücktreten der Zucker gegenüber den Stickstoffsubstanzen) wurde eingehend untersucht (Eschrich, Eschrich u. Kating, Kating u. Eschrich).

Analysen der Salzgehalte von Nadeln und Blättern in verschiedenem Alter und zu verschiedenen Zeiten der Vegetationsperiode lassen stets klar erkennen, daß es Elemente gibt, die aus den Blättern wieder auswandern können, und solche, die diese Fähigkeit nicht besitzen, weil sie offenbar im Phloem nicht transportiert werden. So erwiesen sich bei *Pinus taeda* (WELLS u. METZ) wie beim Apfelbaum (OLAND) Stickstoff und Kalium als leicht beweglich, während Magnesium und vor allem Calcium in den Blättern verblieben. Nur in einzelnen Samen scheint das Calcium aus dem Nährgewebe in die wachsenden Organe transportiert zu werden (vgl. z. B. CORMACK, LEMAY u. MACLACHLAN), doch ist auch hier die Verschiebung des Calciums weniger ausgeprägt als z. B. die des Phosphats und Zinks (RIGA u. BUKOVAC, vgl. auch Fortschr. Bot. **25**, 225) und erfolgt vermutlich nicht im Phloem.

[51]Mangan, das Haferpflanzen über ein Blatt zugeführt wurde, wanderte vorwiegend aufwärts in die Wachstumszone bzw. zu den Früchten, wird also wahrscheinlich im Phloem verfrachtet (VOSE).

Da bei Bäumen die Gibberelline zusammen mit Wuchsstoffen vom Typ der IES eine maßgebliche Rolle bei der Steuerung der Cambiumtätigkeit spielen (WAREING), ist die Frage nach der Wanderfähigkeit des Gibberellins im Phloem von besonderer Bedeutung. Da die Siebröhrensäfte verschiedener Bäume Gibberellinaktivität im Zwergmaistest zeigten (KLUGE, REINHARD u. ZIEGLER), ist anzunehmen, daß Gibberellin-aktive Substanzen im Phloem transportiert werden können.

Bemerkenswert ist der meist sehr ansehnliche ATP-Gehalt von Baumsiebröhrensäften (KLUGE u. ZIEGLER). Die ATP-Konzentration zeigt z. B. bei *Tilia* und *Robinia* ausgeprägte Jahresgänge mit Maxima Ende August/Anfang September und Mitte Oktober. Eventuell stehen diese Maxima mit besonderen Transportleistungen des Phloems zu diesen Zeiten in Zusammenhang. Da die ATP-Konzentration keinen Längsgradienten in der Wanderrichtung zeigt, ist das ATP wohl nicht als typische Wandersubstanz zu betrachten. Bei *Robinia* (nicht bei *Tilia*) ist übrigens im Siebröhrensaft ein Enzym aktiv, das ATP bis zum Adenin zu spalten vermag.

b) Die Richtung des Transportes. Wie im Vorjahr (vgl. Fortschr. Bot. **25**, 226), so liegen auch in der Berichtszeit wieder zahlreiche Befunde vor, die bekräftigen, daß der Assimilattransport in der Pflanze stets von "source" zu "sink", d. h. von den Stätten der Assimilatproduktion (bzw. -mobilisierung) zu den Orten des Assimilatverbrauches (bzw. der -speicherung) gerichtet ist (vgl. z. B. STOY; HALE u. WEAVER; HARTT u. Mitarb.; HARTT, KORTSCHAK u. BURR; STARCK; SHEN u. SHEN; WANG u. HSIA; KATING u. ESCHRICH; BACHOFEN u. WANNER; BACHOFEN). Naturgemäß wird die Verteilung der Assimilate durch den Verlauf der Leitbündel maßgeblich mitbestimmt (vgl. z. B. TSING; GIRNIK; GHEORGHIEV u. GHEORGHIEV), eine Tatsache, die häufig zu wenig beachtet wird. Interessant ist, daß die Versorgung der einzelnen Pflanzenteile offenbar auch tageszeitlich verschieden sein kann. So wurden ^{14}C-markierte Assimilate aus Kürbisblättern morgens vorwiegend in den Sproßvegetationspunkt und die jüngsten Blätter, am späten Nachmittag aber auch über das Hypokotyl in die Wurzel geleitet (ESCHRICH u. KATING).

c) Die Geschwindigkeit des Transportes. Auch neue Bestimmungen der Wandergeschwindigkeit radioaktiv markierter Assimilate ergaben wieder die bekannte Größenordnung von etwa 1 m/Std. Beim Zuckerrohr betrug sie für ^{14}C-markierte Substanzen zwischen 45 und 150 cm/Std, im Mittel von 12 Bestimmungen 84 cm (HARTT u. Mitarb.). Besonders erwähnenswert ist die Ermittlung der Wandergeschwindigkeit von ^{11}C-markierten Assimilaten, da dieses Isotop wegen seiner harten γ-Strahlung in vivo mit großer Empfindlichkeit nachgewiesen werden kann (allerdings erfordert die kurze Halbwertszeit von 20,4 min besondere, komplizierte Versuchanordnungen). MOORBY, EBERT u. EVANS (vgl. auch EVANS, EBERT u. MOORBY) fanden auf diese Weise in der Sojabohne Transportgeschwindigkeiten von etwa 60 cm/Std, dagegen keinerlei Hinweis auf einen überschnellen Transport, wie ihn NELSON, PERKINS u. GORHAM für das gleiche Objekt beschrieben (vgl. Fortschr. Bot. **22**, 174).

d) Der Mechanismus des Transportes. Dieses nach wie vor heftig diskutierte Forschungsgebiet hat in der Berichtszeit kaum wesentliche Fortschritte zu verzeichnen. Da sich die Thaineschen "transcellular strands" in den Siebröhren (vgl. neuerdings THAINE u. PRESTON in ZIMMERMANN, THAINE in PRESTON) mit Sicherheit als Beobachtungsfehler erwiesen (vgl. Fortschr. Bot. **25**, 226), sind auch mathematische „Bestätigungen" darauf basierender Stoffleitungstheorien (CANNY u. PHILLIPS) wertlos, es sei denn, man betrachtet sie als Beispiel dafür, wie vorsichtig man mit derartigen mathematischen „Beweisen" ungenügend geklärter physiologischer Zusammenhänge sein muß.

Auch ein histochemischer Nachweis der saueren Phosphatase in Siebzellen, Siebröhrengliedern und „Phloembeckenzellen" [BRAUN u. SAUTER (1), (2)] ist — entgegen der Meinung der Autoren — keineswegs ein — auch nur schwacher — Beleg für aktive Transportvorgänge in den Leitbahnen, solange wir keinerlei Vorstellung besitzen, bei welchen Prozessen der „aktivierten" Wanderung das Enzym eine Rolle spielen soll.

Zwei Hinweise sind noch erwähnenswert: Aus Versuchen über den Transport markierter Assimilate in *Pteridium*-Wedeln schließt WHITTLE (1) auf eine weitgehende Ähnlichkeit in den Transportvorgängen zwischen den Farnen und den höheren Pflanzen, obwohl ja die anatomischen Unterschiede erheblich sind. — KAZARYAN nimmt an, daß in verkorkten Organen mit Chlorenchymen unter dem Korkmantel die grünen Zellen das Atmungs-CO_2 der umliegenden Gewebe verwerten und ihrerseits mit dem Assimilations-O_2 die Atmung vor allem des Phloems unterhalten.

e) Die Be- und Entladung der Leitungsbahnen. Unsere Kenntnisse von der Bereitstellung der wichtigsten Wanderzucker wurden wesentlich erweitert. Zunächst ist von FRYMAN u. HASSID klargestellt worden, daß entgegen früheren Angaben (vgl. Fortschr. Bot. **22**, 172) auch in den Zuckerrohrblättern die Saccharosesynthese mit Hilfe einer Transglykolase erfolgt, welche die Glucose von der Uridindiphosphat-(UDP)-Glucose auf Fructose oder Fructose-6-Phosphat überträgt. UDP-Glucose oder ADP-Glucose nehmen wahrscheinlich auch eine Schlüsselstellung ein für den seit langem bekannten, aber bisher biochemisch noch recht rätselhaften leichten Übergang von Saccharose in Stärke. RONGINE DE FEKETE u. CARDINI konnten im Maisendosperm die Enzyme für folgende Umsetzungen nachweisen:

a) Saccharose $\rightleftharpoons$ ADP-Glucose (oder UDP-Glucose) $\rightarrow$ Stärke

b) Saccharose $\rightleftharpoons$ UDP-Glucose $\rightleftharpoons$ Glucose-1-Phosphat $\rightleftharpoons$ ADP-Glucose $\rightarrow$ Stärke

Die Oligosaccharide, die Galaktosereste an die Saccharose angefügt enthalten („Raffinose-Familie"), entstehen vermutlich durch Umwandlung von UDP-Glucose in UDP-Galaktose mit Hilfe des Enzyms UDPG-4-Epimerase und nachfolgende Transgalaktosidierung auf Saccharose. UDPG-Epimerase konnte im Phloem von *Cucurbita pepo* (das Raffinose enthält) nachgewiesen werden (BIANCHETTI u. MARRÈ) und ein Enzym aus *Vicia faba*-Samen katalysiert die Bildung von Raffinose in einem Ansatz aus α-D-Galaktose-1-Phosphat, Saccharose, ATP und UTP (BOURNE, PRIDHAM u. WALTER).

Weitere Enzyme des Zuckerstoffwechsels, die im Kürbisphloem in hoher Aktivität gefunden wurden (BIANCHETTI u. MARRÈ), sind Hexokinase, UDP-Kinase, UDPG-Pyrophosphatase und anorganische Pyrophosphatase. Vorhanden sind ferner Galaktosekinase, UDP-Galaktose-Pyrophosphatase, Phosphofructokinase, ATPase und Phosphomonoesterase. Zweifellos hat also das Phloemgewebe (das beim Kürbis neben den Siebröhren noch Geleitzellen und Phloemparenchym umfaßt) die enzymatische Ausstattung, um die aus dem Parenchym oder in den Siebröhren herangeführten Zucker vor dem Eintritt in die Leitungsbahnen oder nach der Entnahme aus ihnen in der verschiedensten Weise umzubauen.

f) Die Abhängigkeit des Transportes von Außenfaktoren. Bei *Pteridium* errechnete WHITTLE (2) aus der Radioaktivitätsverteilung bei der Wanderung ^{14}C-markierter Saccharose für den Stofftransport einen Q_{10} von 2,9 und ein Temperaturoptimum von 25—30°. Es wird die interessante Frage aufgeworfen, ob wärmeliebende Pflanzen ein höheres Temperaturoptimum haben oder einfach bei hohen Außentemperaturen mit geringerem Wirkungsgrad arbeiten. Man könnte als weiteres wichtiges Problem die Frage der Übereinstimmung der Temperaturoptima für die Photosynthese und den Stofftransport anfügen. Ein evtl. Stau der Kohlenhydrate im Blatt bei starker Assimilations- und schwacher Transportleistung könnte wahrscheinlich die Photosynthese selbst verringern (vgl. HARTT, HUMPHRIES).

5. Sonderfälle des Stofftransportes

Eine neue Birnenkrankheit in N-Amerika ("Pear Decline") geht auf die Blokkierung der Siebplatten durch Kallose im Phloem der Unterlage unter dem Einfluß des Reises zurück (BLODGETT, SCHNEIDER u. AICHELE). Bei dem wirksamen, wahrscheinlich im Phloem transportierten Agens könnte es sich vielleicht um ein Virus handeln. — Bei einem Vergleich des natürlichen ^{14}C-Gehaltes im „Harz" (Aceton-Extrakt) verschiedener Jahrringe eines Stammes von *Pinus radiata* ergaben sich recht verschiedene Werte; es wird daher geschlossen, daß die radiale Harzverschiebung im intakten Stamm (über die Jahrringgrenzen hinweg) nur sehr geringfügig sein kann (WILSON, GUMBLEY u. SPEDDING).

III. Die Stoffabscheidung

Eine wertvolle Grundlage für physiologische Studien über die Abscheidungsvorgänge in pflanzlichen Drüsen bilden die Untersuchungen der Feinstruktur dieser Organe, die SCHNEPF an Insectivorendrüsen (1), (2), (3), an Nektarien (4), an den Drüsenzellen der Schleimgänge von *Laminaria hyperborea* (5) und an den Köpfchendrüsen der Schuppenblätter von *Lathraea clandestina* (6) durchgeführt hat.

Das Problem der „Ektodesmen" fand weitere Beachtung. FRANKE schließt aus mikroautoradiographischen Bildern nach Applikation wasser-löslicher, ^{14}C-markierter Substanzen auf Blattepidermen auf eine Beteiligung der „Ektodesmen" an der Stoffaufnahme. Da die Präparation eine Auswaschung der löslichen Stoffe einschloß, ist aber wohl eher eine Markierung der Orte lebhaften Stoffeinbaues erreicht worden. — FRÖSCHEL gibt eine Gelatine-Abdruckmethode an, mit der tröpfchenförmige Aus-scheidungen der Epidermis leicht erfaßt werden können, die vermutlich durch die „Ektodesmen" erfolgen. — Da — wie erwähnt (Fortschr. Bot. 24, 166) — die plasmatische Natur der „Ektodesmen" noch keineswegs bewiesen und eher unwahrscheinlich ist, sollte man daran denken, sie zur Vermeidung weiterer Mißverständnisse umzutaufen.

IV. Verschiedenes

Nachdem es gelungen war, die phloemsaugende Aphide *Myzus persicae* auf einer vollsynthetischen Nährlösung zu züchten [vgl. Fortschr. Bot. 25, 229, MITTLER u. DADD (2)], war es nun möglich, das Ernährungsverhalten der Tiere genauer zu analysieren. Überraschenderweise vermögen die Läuse die Nährlösung durch eigene Saugleistung aufzunehmen, sie muß ihnen also nicht unter Druck (wie in den Siebröhren) geboten werden [MITTLER u. DADD (1)]. Die Aminosäuren werden aus der Nährlösung in unterschiedlichem Ausmaß aufgenommen und z. T. im Honig-tau abgeschieden; dessen Aminosäurenzusammensetzung muß also keineswegs immer quantitativ und qualitativ mit der des Siebröhrensaftes übereinstimmen (BRAGDON u. MITTLER).

Läßt man phloemsaugende Aphiden auf radioaktiv markierten Pflanzen saugen, die als Wirte nicht geeignet sind, so führen sie neben Probestichen in das Parenchym (die keine Nahrungsaufnahme zur Folge haben) auch solche in das Phloem aus, die dann einen sprunghaften Anstieg der Radioaktivität des Tieres, aber keine Honig-tauabscheidung bewirken und das Tier zum Verlassen der ungeeigneten Pflanze ver-anlassen (EHRHARDT.) Vermutlich können also die Blattläuse über die Eignung einer Pflanze als Nahrungsquelle erst entscheiden, wenn sie vom Siebröhrensaft gekostet haben.

Übrigens läßt sich die radioaktive Markierung der Wirtspflanzen auch zu Studien über die Wanderung parasitischer Tiere verwenden, da diese infolge der mit dem Futter erworbenen Radioaktivität leicht wieder auf-gefunden werden können. TAIMR u. DLABOLA haben dies für die Zikade *Calligypona pellucida* gezeigt.

Herrn Prof. Dr. B. HUBER, München, danke ich wieder für die freund-liche Hilfe bei der Beschaffung der Literatur.

Literatur

ALBRECHT, F.: Ber. dtsch. Wetterdienst Nr. 83. Offenbach/M.: Selbstverlag d. dtsch. Wetterd. 1962.
BACHOFEN, R.: Ber. schweiz. bot. Ges. 72, 280—285 (1962). — BACHOFEN, R., u. H. WANNER: Ber. schweiz. bot. Ges. 72, 272—279 (1962). — BANNAN, M. W.: Canad. J. Bot. 41, 1187—1197 (1963). — BARNES, R. L.: Forest Sci. 9, 98—102 (1963). — BAVEL, C. H. M. VAN: Soil Sci. 94, 418—419 (1962). — BEKMUKHAME-DOVA, N. B.: Fiziol. Rastenij 10, 253—257 (1963) (russ. m. engl. Zus.fass.). — BELL, C. W., and O. BIDDULPH: Plant Physiol. 38, 610—614 (1963). — BERGER-LANDE-FELDT, U.: Ber. dtsch. bot. Ges. 77, 27—48 (1964). — BERNSTEIN, L.: (1) Amer. J. Bot. 48, 909—918 (1961); (2) 50, 360—370 (1963). — BIANCHETTI, R., e E. MARRÉ: Giorn. Bot. Ital. 69, 299—311 (1962). — BLODGETT, E. C., H. SCHNEIDER, and M. D. AICHELE: Phytopathology 52, 679—684 (1962). — BONGA, J. M., and J. CLARK:

Canad. J. Bot. **41**, 1133—1134 (1963). — Boonsong, C., and S. E. Wright: Aust. J. Chem. **14**, 449—457 (1961). — Bourne, E. J., J. B. Pridham, and M. W. Walter: Biochem. J. **82**, 44 P (1962). — Bragdon, J. C., and T. E. Mittler: Nature **198**, 209/10 (1963). — Braun, H. J.: Die Organisation des Stammes von Bäumen und Sträuchern. Stuttgart: Wiss. Verlagsges. 1963. — Braun, H. J., u. J. J. Sauter: (1) Naturwiss. **51**, 170 (1964); — (2) Planta **60**, 543—557 (1964). — Brouwer, R.: Acta Bot. Neerl. **12**, 248—260 (1963). — Buvat, R.: (1) C. R. Acad. Sci. (Paris) **256**, 5193—5195 (1963); (2) **257**, 733—735 (1963); (3) **257**, 221—224 (1963).

Canny, M. J., and O. M. Phillips: Ann. Bot. (Lond.), N. S., **27**, 379—402 (1963). — Cantlon, J. E., E. J. C. Curtis, and W. M. Malcolm: Ecology **44**, 466—474 (1963). — Catesson, A.-M.: C. R. Acad. Sci. (Paris) **255**, 3462—3464 (1962). — Čatsky, J.: (1) In: The Water Relations of Plants. London: Blackwell Scient. Publ. 1963; — (2) Biologia Plantarum (Praha) **2**, 76—78 (1960). — Clark, J., and J. M. Bonga: Canad. J. Bot. **41**, 165—173 (1963). — Cormack, R. G. H., P. Lemay, and G. A. Maclachlan: J. exp. Bot. **14**, 311—315 (1963). — Crafts, A. S., and H. B. Currier: Protoplasma (Wien) **57**, 188—202 (1963). — Crafts, A. S., and S. Yamaguchi: The Autoradiography of Plant Materials. California Agricultural Exp. Station Extension Service 1964.

Dainty, J., P. C. Croghan, and D. S. Fensom: Canad. J. Bot. **41**, 953—966 (1963). — Davis, E. L., and P. J. Holmes: Phyton (Buenos Aires) **19**, 31—34 (1962). — Davis, T. A.: Nature **192**, 277 (1961). — Davison, R. M.: Nature **197**, 620/21 (1963). — Denmead, O. T., and R. H. Shaw: Agron. J. **54**, 385—390 (1962). — Die, J. van: Acta Bot. Neerl. **12**, 269—280 (1963). — Die, J. van, and P. M. L. Tammes: Acta Bot. Neerl. **13**, 84—90 (1964). — Döhler, G., u. K. Egle: Beitr. Biol. Pfl. **39**, 123—145 (1963). — Doering, E. J.: Soil Sci. **96**, 191—195 (1963). — Dolzmann, P.: Planta **60**, 461—472 (1964). — Doss, B. D., O. L. Bennett, and D. A. Ashley: Agron. J. **54**, 497—498 (1962). — Drew, D. H.: Nature **199**, 93/94 (1963).

Ehrhardt, P.: Experientia (Basel) **19**, 204—205 (1963). — Eicke, R.: Ber. dtsch. bot. Ges. **76**, 229—234 (1963). — Esau, K.: Amer. J. Bot. **50**, 495—506 (1963). — Esau, K., and V. I. Cheadle: Proc. nat. Acad. Sci. (Wash.) **48**, 1—8 (1962). — Esau, K., V. I. Cheadle, and E. B. Risley: Bot. Gaz. **124**, 311—316 (1963). — Eschrich, W.: Planta **60**, 216—224 (1963). — Eschrich, W., u. H. Kating: Planta **60**, 523—539 (1964). — Evans, N. T. S., M. Ebert, and J. Moorby: J. exp. Bot. **14**, 221—231 (1963). — Evert, R. F.: Amer. J. Bot. **50**, 8—37 (1963).

Falk, H.: Planta **60**, 558—567 (1964). — Fensom, D. S., and J. Dainty: Canad. J. Bot. **41**, 685—691 (1963). — Franke, W.: Planta **61**, 1—16 (1964). — Fröschel, P.: Proc. kon. ned. Akad. Wet., C, **66**, 258—264 (1963). — Frydman, R. B., and W. Z. Hassid: Nature **199**, 382—383 (1963).

Gaff, D. F., and D. J. Carr: Ann. Bot. (Lond.), N. S. **28**, 351—368 (1964). — Gale, J., and A. Poljakoff-Mayber: Plant Cell Physiol. **4**, 285—288 (1963). — Gates, D. M., M. J. Vetter, and M. C. Thompson jr.: Nature **197**, 1070—1072 (1963). — Gavrilenko, V. F., i B. A. Rubin: Dokl. Akad. Nauk SSSR **148**, 958—961 (1963) (russ.). — Gheorghiev, D., and H. Gheorghiev: Dokl. bolg. Akad. Nauk **16**, 313—316 (1963). — Girnik, D. V.: Fiziol. Rastenji. Agrokhimiya. Pochnovedenie. Akad. Nauk. SSSR. Moscow, 143—147 (1958). — Gulidova, I. V., i E. V. Urina: Bjull. Mosk. obšč. Ispyt. Prir., Otd. Biol. **67**, 102—112 (1962) (russ.). — Gunning, B. E. S., and W. K. Barkley: Nature **199**, 262—265 (1963).

Häusermann, E., u. A. Frey-Wyssling: Protoplasma (Wien) **57**, 371—380 (1963). — Halbwachs, G.: Flora (Jena) **153**, 333—357 (1963). — Hale, C. R., and R. J. Weaver: Hilgardia **33**, 89—131 (1962). — Hanower, P., J. Brzozowska et P. Prévot: C. R. Acad. Sci. (Paris) **257**, 496—498 (1963). — Harms, W. R., and W. H. Davis McGregor: Ecology **43**, 531—532 (1962). — Hartt, C. E.: Naturwiss. **50**, 666—667 (1963). — Hartt, C. E., H. P. Kortschak, and G. O. Burr: Plant Physiol. **39**, 15—22 (1964). — Hartt, C. E., H. P. Kortschak, A. J. Forbes, and G. O. Burr: Plant Physiol. **38**, 305—318 (1963). — Heath, O. V. S.: Nature **200**, 190—191 (1963). — Heimann, M.: Meded. Landbouwhogeschool Gent **27**, 1126—1132 (1962). — Herron, G. M., D. W. Grimes, and J. T. Musick: Agron. J. **55**, 393—396 (1963). — Hertel, R., and A. C. Leopold: Planta **59**, 535—562 (1963). — Hewlett, J. D., and P. J. Kramer: Protoplasma (Wien) **57**, 381—391 (1963). — Höhn,

K., u. O. Helfrich: Beitr. Biol. Pfl. 39, 373—383 (1963). — Holdridge, L. R.: Ecology 43, 1—9 (1962). — Huber, B., u. W. Liese: Protoplasma (Wien) 57, 429—439 (1963). — Hübl, E.: (1) Österr. bot. Z. 110, 556—607 (1963); — (2) S.-B. österr. Akad. Wiss. mathem.-naturwiss. Kl., Abt. I. 172, 1—84 (1963). — Humphries, E. C.: Ann. Bot. (Lond.) ,N. S. 27, 175—183 (1963).

Jacoby, B., and H. R. Oppenheimer: Phyton (Buenos Aires) 19, 109—113 (1962). — Jarvis, P. G., and M. S. Jarvis: (1) Physiol. Plantarum (Kbh.) 16, 501—516 (1963); (2) 16, 485—500 (1963). — Impens, I.: Meded. Landbouwhogeschool Gent 28, 429—485 (1963) (flämisch m. engl. Zus.fass.). — Jones, H., and J. E. Eagles: Nature 195, 672—673 (1962). — Ivanoff, S. S.: Bot. Rev. (N. Y.) 29, 202—229 (1963).

Kaldewey, H.: Planta 60, 178—204 (1963). — Kating, H., u. W. Eschrich: Planta 60, 598—611 (1964). — Kazaryan, V. O.: Fiziol. Rastenji. Agrokhimiya. Pochnovedonie. Akad. Nauk. SSSR Moscow, 92—97 (1958). — Khadzhikurbanova, G.: Dokl. Akad. Nauk. Uzbeksk. SSSR 11, 54—57 (1961). — Kluge, M., E. Reinhard u. H. Ziegler: Naturwiss. 51, 145/46 (1964). — Kluge, M., u. H. Ziegler: Planta 61, 167—177 (1964). — Kollmann, W., u. W. Schumacher: Planta 60, 360—389 (1963). — Kozlowski, T. T., and C. H. Winget: University of Wisconsin Forestry Research Notes Nr. 83 (1962). — Kramer, P. J.: Agron. J. 55, 31—35 (1963). — Kreeb, K.: Planta 59, 442—458 (1963). — Kuiper, P. J. C.: Meded. Landbouwhogeschool Wageningen 62, 1—27 (1962).

Ladefoged, K.: Physiol. Plantarum (Kbh.) 16, 378—414 (1963). — Lange, O. L., u. R. Lange: Flora (Jena) 153, 387—425 (1963). — Larcher, W.: (1) Planta 60, 1—18 (1963); (2) 60, 339—343 (1963). — Larson, P. R.: Amcr. J. Bot. 49, 132—137 (1962). — Leyton, L., and B. E. Juniper: Nature 198, 770—771 (1963). — Liese, W., and M. C. Ledbetter: Nature 197, 201—202 (1963). — Lingle, J. C., L. O. Tiffin, and J. C. Brown: Plant Physiol. 38, 71—76 (1963). — List, A. jr.: Amer. J. Bot. 50, 320—329 (1963). — Ludwieg, F.: Z. Pflanzenernähr. 99, 190—194 (1962).

Macdowall, F. D. H.: Canad. J. Bot. 41, 1289—1300 (1963). — Mansfield, T. A.: Physiol. Plantarum (Kbh.) 16, 523—529 (1963). — Martin, S. M., and G. A. Adams: Canad. J. Bot. 41, 1605—1612 (1963). — McCready, C. C., and W. P. Jacobs: (1) New Phytol. 62, 19—34 (1963); (2) 62, 360—366 (1963). — Meidner, H., O. V. S. Heath, and H. Rufelt: Nature 200, 283—284 (1963). — Michael, G.: Naturwiss. 50, 382 (1963). — Miroslavov, E. A.: Bot. Z. 48, 1812—1817 (1963) (russ.). — Mittler, T. E., and R. H. Dadd: (1) J. Ins. Physiol. 9, 623—645 (1963); (2) 9, 741—757 (1963). — Moorby, J., M. Ebert, and N. T. S. Evans: J. exp. Bot. 14, 210—220 (1963). — Morgan, D. G.: Nature 201, 476—477 (1964).

Nagel, J. F.: Arch. Meteor. Geophys., Ser. B., 11, 403—423 (1962). — Nakayama, F. S., and W. L. Ehrler: Plant Physiol. 39, 95—98 (1964). — Nakayama, F. S., and R. D. Jackson: Soil Sci. 27, 255—258 (1963). — Nishida, K.: Physiol. Plantarum (Kbh.) 16, 281—298 (1963).

Oertli, J. J.: Soil Sci. 94, 214—219 (1962). — Oland, K.: Physiol.Plantarum (Kbh.) 16, 682—694 (1963). — Oppenheimer, H. R.: Planta 60, 51—69 (1963). — Oppenheimer, H. R., and A. H. Halevy: Bull. Res. Counc. Israel, D, 11, 127—147 (1962). — Oppenheimer, H. R., and B. Jacoby: Protoplasma (Wien) 57, 619—627 (1963). — Orshan, G., and G. Zand: Bull. Res. Counc. Israel, D., 11, 35—42 (1962).

Pate, J. S.: Plant and Soil 17, 333—356 (1962). — Pate, J. S., and W. Wallace: Ann. Bot. (Lond.), N. S. 28, 83—99 (1964). — Peel, A. J.: J. exp. Bot. 14, 438—447 (1963). — Preston, R. D. (Ed.): Phloem Transport in Plants. Progress in Biophysics 13, 242—260 (1963).

Ratner, E. I., and S. F. Ukhina: Fiziol. Rastenij 10, 393—399 (1963) (russ. m. engl. Zus.fass.). — Ray, P. M., and A. W. Ruesink: J. gen. Physiol. 47, 83—101 (1963). — Riga, A. J., et M. J. Bukovac: Bull. Inst. agron. et Stat. Rech. Gembloux 29, 165—196 (1961). — Rongine de Fekete, M. A., and C. E. Cardini: Arch. Biochem. Biophys. 104, 173—184 (1964). — Ruch, F., U. Bosshard, and W. Saurer: Nature 197, 1318—1319 (1963). — Ruf, R. H. jr., R. E. Eckert jr., and R. O. Gifford: Soil Sci. 96, 326—330 (1963). — Rufelt, H.: Nature 197, 985—986 (1963). — Rutter, A. J., and F. H.Whitehead: The Water Relations of Plants.

A symposium of the British Ecological Society London. London: Blackwell Scient. Publ. 163.

SACHER, J. A., M. D. HATCH, and K. T. GLASZIOU: Plant Physiol. 38, 348—354 (1963). — SALERNO, M., and L. V. EDGINGTON: Phytopathology 53, 605—607 (1963). — SCHIMITSCHEK, E., u. E. WIENKE: Z. angew. Entomol. 51, 219—257 (1963). — SCHLÄFLI, A.: Protoplasma (Wien) 58, 75—95 (1964). — SCHLÖGL, R.: Stofftransport durch Membranen. Darmstadt: Steinkopff 1964. — SCHMID, R., u. R. D. MACHADO: (1) Holz Roh- u. Werkstoff 21, 41—47 (1963); — (2) Planta 60, 612—626 (1964). — SCHNEPF, E.: (1) Flora (Jena) 153, 1—22 (1963); (2) 153, 23—48 (1963); (3) 59, 351—379 (1963); — (4) Protoplasma (Wien) 58, 137—171 (1964); — (5) Naturwiss. 50, 674 (1963); — (6) Planta 60, 473—482 (1964). — SCHWENKE, W.: Z. angew. Entomol. 51, 371—376 (1963). — SCOTT, F. M.: Nature 199, 1009—1010 (1963). — SCOTT, F. M., B. G. BYSTROM, and E. BOWLER: Science 140, 63—64 (1963). — SCOTT, T. K., and W. P. JACOBS: Science 139, 589—590 (1963). — SHEN, Y. K., and K. M. SHEN: Acta Biol. exp. sinica 8, 45—53 (1962) (chines. m. engl. Zus.fass.). — SHIMSHI, D.: (1) Plant Physiol. 38, 709—712 (1963); (2) 38, 713 bis 721 (1963). — SIEVERS, A.: Z. Naturforsch. 18b, 830—836 (1963). — SLAVIK, B.: (1) Biol. Plantarum (Praha) 5, 258—264 (1963); (2) 5, 143—153 (1963). — SLAVIKOVA, J.: (1) Preslia (Praha) 35, 241—242 (1963); — (2) Acta Universitatis Carolinae. — Biologica 1963, 245—254; — (3) Acta Horti Bot. Pragensis 1963, 73—79. — SRIMATHI, R. A., and M. SREENIVASAYA: Curr. Sci. 32, 11 (1963). — SRIVASTAVA, L. M.: University of California Publ. in Botany 36, 1—142 (1963). — SRIVASTAVA, L. M., and I. W. BAILEY: J. Arnold Arboretum 43, 234—272 (1962). — STADELMANN, E.: Protoplasma (Wien) 57, 660—718 (1963). — STALFELT, M. G.: (1) Physiol. Plantarum (Kbh.) 16, 756—766 (1963); — (2) Protoplasma (Wien) 57, 719—729 (1963). — STARCK, Z.: Bull. acad. polon. sci. Sér. Sci. biol. Cl. V., 11, 501—507 (1963). — STOCKER, O.: Planta 7, 382—387 (1929). — STOY, V.: Physiol. Plantarum (Kbh.) 16, 851—866 (1963). — SWANSON, R. H.: Rocky Mountain Forest Range Exp. Station, Fort Collins, Colorado. Sation Paper Nr. 68 (1962). — Symposium on Water Stress in Plants. — Abstracts. Praha 1963.

TAIMR, L., u. J. DLABOLA: Acta agron. Acad. Sci. hung. 12, 321—334 (1963). — TAKAOKI, T.: J. Sci. Hiroshima University, Ser. B, Div. 2, 9, 199—207 (1962). — TAMMES, P. M. L.: Acta Bot. Neerl. 13, 76—83 (1964). — TARCHEVSKY, I. A., and N. S. SIYANOVA: Fiziol. Rastenij 9, 534—541 (1962) (russ. m. engl. Zus.fass.). — TAZAKI, T., and T. USHIJIMA: Bot. Mag. Tokyo 76, 237—245 (1963). — TEP, W., u. E. LEIDENFORST: Z. Acker- u. Pflanzenbau 115, 223—230 (1962). — THIMANN, K. V., and I. P. WARDLAW: Physiol. Plantarum (Kbh.) 16, 368—377 (1963). — TING, I. P., and W. E. LOOMIS: Amer. J. Bot. 50, 866—872 (1963). — TRANQUILLINI, W.: Planta 60, 70—94 (1963). — TSING, T.: Acta Biol. exp. sinica 8, 656—663 (1963) (chines. m. engl. Zus.fass.).

ULEHLA, J.: Biol. Plantarum (Praha) 5, 190—197 (1963).

VARTAPETIAN, B. B., i K. A. BADANOVA: Fiziol. Rastenij 10, 106—108 (1963) (russ.). — VOGL, M.: Biol. Zbl. 82, 589—593 (1963). — VOGL, M., u. S. BÖRTITZ: Biol. Zbl. 82, 209—216 (1963). — VOSE, P. B.: J. exp. Bot. 14, 448—457 (1963).

WALLIHAN, E. F.: Plant Physiol. 39, 86—90 (1964). — WANG, F. T., and C. A. HSIA: Acta bot. sinica 10, 43—50 (1962) (chines. m. engl. Zus.fass.). — WAREING, P. F.: Nature 181, 1744 (1958). — WELLS, C. G., and L. J. METZ: Proc. Soil Sci. Soc. Amer. 27, 90—93 (1963). — WETMORE, R. H., and J. P. RIER: Amer. J. Bot. 50, 418—430 (1963). — WHITE, R. A.: (1) Amer. J. Bot. 50, 447—455 (1963); (2) 50, 514—522 (1963). — WHITTLE, C. M.: (1) Ann. Bot. (Lond.), N. S. 28, 331—338 (1964); (2) 28, 339—344 (1964). — WILLIS, A. J., E. W. YEMM, and S. BALASUBRAMANIAM: Nature 199, 265—266 (1963). — WILSON, A. T., J. M. GUMBLEY, and D. J. SPEDDING: Nature 198, 500 (1963).

YOSHIDA, S., Y. OHNISHI, and K. KITAGISHI: Soil Sci. Plant Nutr. 8, 30—35, 36—41 (1962).

ZIEGLER, H.: Ber. Bayer. Bot. Ges. 36, 61—62 (1963). — ZIMMERMANN, M. H. (Ed.): The Formation of Wood in Forest Trees. Symposium Harvard Forest. New York-London: Academic Press 1964.

13. Mineralstoffwechsel

Von HORST MARSCHNER und GERHARD MICHAEL, Stuttgart-Hohenheim

Mechanismus der Salzaufnahme

Das Fehlen wirklicher Fortschritte im Zusammenhang mit der Trägertheorie im engeren Sinne führt in verstärktem Maße zur Suche nach anderen Wegen zur Deutung der im allgemeinen doch recht einheitlichen Versuchsergebnisse, sei es über elektrochemische Betrachtungsweisen oder zumindest über eine Modifizierung bzw. Erweiterung der Trägertheorie. Zwar zeigen EPSTEIN u. Mitarb. erneut, daß sich die Konzentrationsabhängigkeit der Aufnahme von K und Rb als Summe zweier Michaelis-Menten-Gleichungen beschreiben läßt. Doch wird von BRIGGS hervorgehoben, daß die Möglichkeit einer Beschreibung der Konzentrationsabhängigkeit der Kationenaufnahme mit der Michaelis-Menten-Gleichung und damit die Anwendbarkeit der Enzymkinetik noch kein Beweis für die Richtigkeit der Trägertheorie sind. Unter Zugrundelegung einer aktiven Anionenaufnahme (Anionenpumpe) kann nämlich die Konzentrationsabhängigkeit der Kationenaufnahme durch passive Ionendiffusionen entlang dem elektrochemischen Potentialgefälle ebenfalls beschrieben werden, wobei die nach der Michaelis-Menten-Gleichung geforderten Geraden auch erhalten werden. Die Erhöhung der K-Aufnahme aus KCl mit steigender Außenkonzentration kann danach entweder durch verstärkte Anionenaufnahme oder gleichzeitige Kationenabscheidung (z. B. Na-Abgabe) erklärt werden. Diese Möglichkeit der Umkehrung des Aufnahmevorganges (d. h. ein Efflux) ist zwar nach der Trägertheorie als Rücktransport ebenfalls gegeben [OERTLI (1)], die Zellgrenzflächen werden aber allgemein als für Ionen $\pm$ impermeabel angesehen, so daß ihre Überwindung nur in Trägerbindung erfolgen könnte. Dieser Efflux läßt sich immer wieder bei höheren Innenkonzentrationen oder über Austauschvorgänge mit anderen Ionen nachweisen. So fanden SCHULTZ u. Mitarb., daß die K-Aufnahme bei K-armen, aber Na-reichen Zellen von *Escherichia coli* mit einer gleichzeitigen Na-Abgabe verbunden ist, wobei aber die Nettoaufnahme von K größer ist als die Nettoabgabe an Na. Überschüssige K-Aufnahme wird dabei nicht durch gleichzeitige Anionenaufnahme, sondern durch Abgabe von H-Ionen (vgl. auch JACKSON u. ADAMS) und von Na-Ionen kompensiert. Eine hohe Innenkonzentration an Na müßte demnach einen günstigen Einfluß auf die K-Aufnahme haben.

Bei Untersuchungen über die Rückdiffusion von Ionen aus Gewebescheiben von Roten Rüben, die vorher mit einer K- oder NaBr-Lösung im Gleichgewicht standen, fand PITMAN 2 Komponenten des non-free-

space, die er dem Cytoplasma und den Vacuolen zuordnet. Die Zeit für
50 %ige K-Rückdiffusion betrug bei 2° C 2 Std, die Geschwindigkeit
erhöhte sich bei 25° C um den Faktor 3. Aus Influx und Efflux in Abhängigkeit von der Außenkonzentration wird berechnet, daß die „Salzsättigung" des Gewebes hauptsächlich durch Erhöhung des Rückflusses
verursacht wird. Auf Grund von Austauschversuchen mit ^{42}K bei *Chara*
findet HOPE erneut einen relativ geringen Widerstand des Tonoplasten
gegen Ionendiffusion. Der Flux durch den Tonoplasten übersteigt den
durch das Cytoplasma um den Faktor 20, der Flux durch das Plasmalemma erhöht sich um den Faktor 3—5 bei Verzehnfachung der Außenkonzentration. Die Ionen sollen bei ihrer Wanderung Plasmalemma und
Tonoplasten durch lange, schmale Poren durchdringen und nicht unabhängig voneinander wandern. Die Einwanderungsrate von K in die
Vacuolen wird in Ca-Gegenwart eingeschränkt, was erneut zeigen dürfte,
wie stark Ca permeabilitätsverändernd wirkt und daß bei Untersuchungen
von Influx und Efflux Ca-Gegenwart (aber auch sicher schon der Ca-
Versorgungsgrad) eine wichtige Rolle spielen wird. Bei Untersuchungen
über die Chlorid-Aufnahme bei *Vallisneria* konnte von ARISZ allerdings
auch bei vielstündiger Versuchsdauer keinerlei Chlorid-Efflux nachgewiesen werden; ob dieses Ergebnis nur auf Grund der Gegenwart von
Ca in Vorbehandlungs- und Aufnahmelösung zurückzuführen ist oder
an der Ionenart bzw. dem Versuchsobjekt liegt, wäre zu prüfen.

Die Vorstellung der entscheidenden Rolle des elektrochemischen
Potentials für die Ionenaufnahme wurde aus den Ergebnissen von
Potentialmessungen an großzelligen Algen entwickelt, bei denen getrennte Bestimmungen in Cytoplasma und Zellsaft möglich sind. Neuerdings wurden aber von ETHERTON derartige Bestimmungen auch an
Wurzeln und Coleoptilen von Hafer und Erbsen nach der Aufnahme von
K und Na aus verschieden konzentrierten Nährlösungen vorgenommen.
Unabhängig von der Konzentration der Außenlösung lag der Wert z. B.
bei Hafercoleoptilen um − 105 mV. Daraus wurde unter Zuhilfenahme
der Nernst-Gleichung berechnet, daß nur bei niedrigen Außenkonzentrationen von K eine aktive Aufnahme entgegen dem elektrochemischen
Potentialgefälle stattgefunden hatte; bei hohen Außenkonzentrationen
an K — und bei Na in allen Fällen — mußte eine aktive Abscheidung
erfolgt sein. Es hatte zwar vom Standpunkt der Konzentration aus bei
allen Außenkonzentrationen an Na und K eine starke Akkumulation
stattgefunden, nach dem gemessenen Transmembranpotential hätte
aber bei den hohen Außenkonzentrationen die Innenkonzentration mehrfach höher sein müssen. Ein aktiver Transportmechanismus nach außen
müßte damit eine große Rolle spielen. Die Ergebnisse sind interessant,
aber nicht zuletzt aus Gründen der Problematik der Potentialbestimmung
an derartig kleinen Zellen wohl doch nur mit Vorsicht zu betrachten.
Auch dürfte der Fehler, den Gehalt des Gewebes an K oder Na mit der
Konzentration im Zellsaft gleichzusetzen, nicht zu unterschätzen sein.

Dies gilt in gewisser Beziehung auch für die Ergebnisse von BERNSTEIN über
Veränderungen des osmotischen Druckes im Preßsaft von Bohne und Pfefferminze
nach Salzzusatz zur Aufnahmelösung, wenn aus der Ionenkonzentration im Preßsaft

auf die Aufnahme geschlossen wird. Die Anpassung an den erhöhten osmotischen Druck der Außenlösung erfolgte meist schon innerhalb eines Tages, wobei es auch insbesondere in den Blättern zum Anstieg der K-Konzentration im Zellsaft kam, auch wenn der Salzzusatz als NaCl erfolgte. Erst allmählich wurde K durch Na, Ca und Mg ersetzt. Chlorid spielt bei diesen kurzfristigen Versuchen (bis zu einer Woche) für die Anpassung keine große Rolle. Der Anstieg in der K-Konzentration im Zellsaft nach Salzzusatz soll durch einen Anstieg der Konzentration organischer Säuren im Zellinneren zustande kommen, und das hierdurch verstärkte elektrochemische Potentialgefälle würde dann eine passive K-Diffusion in dieser Richtung hervorrufen. Es ist allerdings nicht leicht verständlich, warum auch nach NaCl-Zusatz der Ausgleich zunächst über verstärkte K-Aufnahme zustande kommen soll, sofern man nicht wieder eine aktive Na-Pumpe nach außen annimmt. Im Gegensatz dazu findet GREENWAY nach Zusatz von NaCl zu einer Nährlösung bei Gerste unmittelbar danach einen starken Anstieg in der Erhöhung des NaCl-Gehaltes der Pflanzen, der bei niedrigen Außenkonzentrationen an K mit stärkeren Nettoverlusten an K sowohl aus Wurzeln als auch aus Blättern verbunden war. Bei diesen unterschiedlichen Ergebnissen hinsichtlich der Anpassung können allerdings die Pflanzenarten eine große Rolle spielen, da Gerste normalerweise im Gegensatz zur Bohne sehr viel Na aufnimmt. Bei Tomaten führt eine Erhöhung der Na-Zufuhr in den Blättern zu starker Erhöhung des Na-Gehaltes bei gleichzeitiger Verminderung des K-Gehaltes; in den Früchten wirkt sich die Na-Zufuhr dagegen kaum aus (KIDSON).

Die Schwierigkeiten einer elektrochemischen Betrachtungsweise gegenüber der Trägertheorie liegen vor allem in der Erklärung der Spezifität der Aufnahme. Die allgemein bevorzugte Aufnahme von K gegenüber Na kann zwar noch über Diffusionsunterschiede bzw. Existenz einer nach außen gerichteten Na-Pumpe erklärt werden, bei anderen Ionenpaaren, z. B. K und Cs, ist dies aber nicht möglich. Die Problematik der Verbindung zwischen Stoffwechsel und Ionenaufnahme (Potentialaufbau) bzw. aktiver Anionenaufnahme bleibt auch bei der elektrochemischen Betrachtungsweise voll bestehen.

HELMY u. Mitarb. sehen auf Grund ihrer Versuche über die Aufnahme von Na, K und Ca bei konstanter Ionenstärke die Bedeutung des Wurzelpotentials für die Ionenaufnahme darin, daß bei niedriger Außenkonzentration das Potential hoch und damit auch die Aufnahme hoch ist; mit steigender Außenkonzentration sinkt das Potential, und die Aufnahmerate nimmt ab, womit bei Erhöhung der Außenkonzentration die bekannte Sättigungskurve entstehen würde. Aufnahmeuntersuchungen, z. B. über Wechselbeziehungen zwischen verschiedenen Ionen, wären daher nur bei konstanter Ionenstärke sinnvoll. Die Bedeutung der Innenkonzentration für die Ionenaufnahme wird hier hervorgehoben, ebenso wie von DMITRENKO u. Mitarb., nach denen bei Keimpflanzen die P-Aufnahme der Wurzeln um so geringer wird, je höher der P-Gehalt der Samen ist.

Gegen die Vorstellung einer großen Bedeutung von Ionendiffusionsprozessen bei der Überwindung von Zellgrenzflächen wendet sich OERTLI (1). Die bei Keimpflanzen nach Salzzusatz zum Wurzelmedium zu beobachtende Guttation zeigte sehr enge Beziehungen zur jeweiligen Aufnahme an Ionen; sie ist am höchsten bei optimaler Konzentration der Nährlösung, und rasch aufgenommene Salze verursachen die stärkste Guttation; auch Belüftung fördert die Guttation. Da der Wurzeldruck und damit die Guttation nur bei einer gegenüber dem Außenmedium höheren Innenkonzentration an Ionen vorhanden ist, wird die Ionenaufnahme ausschließlich aktiv und durch Träger vermittelt angenommen. Eine zusammenfassende Darstellung über Ursachen und Wirkungen der Guttation stammt von IVANOFF.

Die neuerdings wieder zunehmende Neigung zur elektrochemischen Betrachtungsweise der Ionenaufnahme bringt es mit sich, daß dem Kationen/Anionen-Gleichgewicht und den organischen Säuren für die Ionenaufnahme wieder größere Bedeutung beigemessen wird. So findet OSMOND durch steigende Chlorid- bzw. Sulfat-Zusätze bei *Atriplex* eine starke Verminderung der organischen Säuren in den Blättern und führt dies auf eine Konkurrenz zwischen anorganischen Anionen und organischen Säuren zurück, wobei ein direktes Eingreifen dieser Säuren in die Ionenakkumulation angenommen wird. Auch EVERS (1—3) vermutet die Ursachen des schlechten Wachstums, insbes. von Pappeln bei einseitiger Zufuhr von Ammoniumsulfat im sauren Bereich, in einem in der Pflanze gestörten Kationen/Anionen-Verhältnis, da Zusätze von Bicarbonat- und Silicatanionen sich günstig auswirkten. Demgegenüber finden JACKSON u. ADAMS bei kurzfristigen Versuchen keinerlei Einfluß des begleitenden Anions auf die Na- und K-Aufnahme und leiten aus den pH-Verschiebungen der Lösung eine völlige Unabhängigkeit der Kationen- von der Anionenaufnahme ab; die Aufnahme der Kationen soll durch einen Austausch mit H^+, die der Anionen mit Basen (meist HCO_3^-) erfolgen. (Es sollte dabei aber nicht übersehen werden, daß bereits geringe Abweichungen des Atmungsquotienten O_2/CO_2 von 1 eine nennenswerte HCO_3^--Fixierung bedeuten und ausgleichend in die Kationen/Anionen-Aufnahme eingreifen können.)

Auf Unterschiede zwischen verschiedenen Sorten einer Art bei der Ionenaufnahme wird mehrfach hingewiesen. HIATT fand bei Tabak deutliche Sortenunterschiede in der K-Aufnahme, die besonders bei niedrigen Konzentrationen ausgeprägt sowie unabhängig vom Wurzelalter waren und sich auch unter Feldbedingungen im Gehalt der Blätter widerspiegeln. Sortenunterschiede bei der Ionenaufnahme bei Raigras werden von VOSE gezeigt. Bei Hafer bestehen sehr große Sortenunterschiede sowohl hinsichtlich der Mn-Aufnahme durch die Wurzeln als auch der Verlagerung aus der Wurzel in den Sproß [MUNNS u. Mitarb. (1—3)].

Stoffwechselunabhängige Phase. Bei Moosen entspricht die Verteilung der Kationen bei der Austauschadsorption weitgehend den Donnangesetzmäßigkeiten (CLIMO). Bei niedrigem pH oder niedriger Kationenkonzentration ergibt sich eine deutlich höhere Konzentration an Austauschstellen in val/l als bei höherem pH und hoher Kationenkonzentration. Die Kationenaustauschkapazität (KAK) lag um etwa den Faktor 500 höher als die Anionen-AK. Die Verteilung der Ladungsstellen soll sehr inhomogen sein, wobei Regionen mit hoher und niedriger Ladungsdichte abwechseln. Eine inhomogene Verteilung fanden auch MITSUI u. UEDA und schließen aus der Form der Titrationskurve auf stark saure Ladungsstellen vorwiegend an der Wurzeloberfläche und schwach saure im Inneren.

Während von NIELSEN u. Mitarb. eine Erhöhung der KAK der Wurzeln für verstärkte Ionenaufnahme verantwortlich gemacht wird

und sich auch nach Mitsui u. Ueda die Unterschiede in der Aufnahme
von K und Ca bzw. Mg bei Bohnen und Weizen mit der unterschiedlichen
KAK der Wurzeln dieser Pflanzen, d. h. mit Donnan-Gesetzmäßigkeiten,
erklären lassen, zeigt Vose, daß Sortenunterschiede bei der Ionenaufnahme von Raigras nicht allein durch die (geringen) Unterschiede in der
KAK hervorgerufen werden können, zumal sich auch bei höherer KAK
der K-Gehalt stark erhöhte.

Von Mengel (1) wird erneut gezeigt, daß die Bindung der Kationen
bei der Austauschadsorption unspezifisch ist und die aktive Aufnahme
von der unspezifischen Verdrängungsreaktion nicht beeinflußt wird.
Damit steht in Einklang, daß die adsorbierten Kationen auch nicht
bevorzugt aufgenommen werden (Marckwordt). Für die aktive Aufnahme sind also andere Gesetzmäßigkeiten verantwortlich als bei der
Austauschadsorption; dies kommt auch in langfristigen Versuchen von
Mengel (2) zum Ausdruck. Das Verhältnis von K/Ca kann in der Aufnahmelösung in sehr weiten Grenzen variiert werden, ohne daß es sich
merklich auf Wachstum und K-Aufnahme auswirkt. Einen viel größeren
Einfluß haben die absoluten Konzentrationen (Aktivitäten) dieser
Ionen.

Die Austauschadsorption von Mangan ist bei Haferwurzeln nach
10 min beendet, das gebundene Mn liegt in 2wertiger Form vor, wobei
neben rein adsorptiven auch komplexe Bindungen eine Rolle spielen
können [(Munns u. Mitarb. (2)]. Der hemmende Einfluß von Al auf die
Cu-Aufnahme in kurzfristigen Versuchen dürfte auf einer Hemmung
der Austauschadsorption beruhen (Hiatt u. Mitarb.).

Eine Erhöhung des osmotischen Druckes der Außenlösung bis zum
Bereich der Grenzplasmolyse führte am Versuchsende zu einer Vermehrung an „austauschbarem" Phosphat, die auf eine Vergrößerung des
freien Raumes hinweist (Linser u. Herwig). Ebenso stieg diese „austauschbare" Fraktion mit Verlängerung der Einwirkungsdauer des
Osmotikums an; bei den Kontrollen blieb sie gleich.

Stoffwechselabhängige Phase. Primäre Bindung. Nach Bange u.
Gemerden ist es nicht möglich, aus dem steilen Anfangsanstieg der
Kationenaufnahme die Trägerkonzentration zu errechnen, da zwischen
der Höhe dieses Anstieges und der stady-state-Aufnahme keine Pro-
portionalität besteht. Eine gewisse Spezifität bei der Anfangsbindung
wurde gefunden, die aber nicht mit einer Trägerbindung identisch sein
soll. Zur Untersuchung dieser Spezifität der Anfangsbindung erscheinen
jedoch Bedingungen zweckmäßiger, bei denen der Stoffwechsel weitgehend ausgeschaltet wird, da in diesem Anfangsanstieg bei Normal-
temperatur auch schon eine nennenswerte Akkumulation ins Zellinnere
mit inbegriffen sein dürfte. Mit Kartoffelscheiben führten MacDonald
u. Laties derartige Untersuchungen bei 0° C durch. Nach Vorbehandlung
bei 25° C erhält man in diesem Falle für Chlorid, Bromid und Phosphat
einen zweiphasigen Aufnahmeverlauf; die während der raschen Anfangsphase aufgenommenen Anionen sind am Versuchsende nicht mehr austauschbar. Vorbehandlung bei 0° C verhindert den Anfangsanstieg, die
stady-state-Aufnahme bleibt unverändert; umgekehrt wirkt sich ein

2,4-DNP-Zusatz zur Aufnahmelösung nach Vorbehandlung bei 25° C aus. Die Bindung der Anionen in der Anfangsphase ist spezifisch, Bromid und Chlorid konkurrieren miteinander, auch Nitrat wirkt vermindernd, Phosphat und Sulfat üben keine Konkurrenz auf die Halogenaufnahme aus. Der Aufnahmeprozeß während des Anfangsanstieges soll im Cytoplasma lokalisiert sein, während die stady-state-Aufnahme mit der Akkumulation in der Vacuole identifiziert wird. TANADA findet bei kurzfristigen Untersuchungen in Gegenwart von Ca, Mg oder Na eine gehemmte Aufnahme von Rb und viel durch K austauschbares Rb, das bereits in Trägerbindung vorgelegen haben soll. Die Ionen werden danach, auch wenn sie an einen Träger gebunden sind, als gut austauschbar angesehen, und die Wanderung soll nicht als Trägerkomplex, sondern in einer Art spezifischem Ionenaustauscher erfolgen.

Wechselbeziehungen. Eine aufschlußreiche Arbeit über Wechselbeziehungen bei der Aufnahme zwischen NH_4 und Nitrat bei Raigras stammt von LYCKLAMA. Die pH-Abhängigkeit der NH_4-Aufnahme ist je nach Art des Begleitions unterschiedlich: bei Sulfat gering, bei Chlorid hoch. In einer vollen Nährlösung ergibt sich aber zwischen pH 4,0 und 6,5 kaum ein Einfluß. Die Nitrataufnahme ist bei pH 6 maximal, steigende Nitratzusätze vermindern die NH_4-Aufnahme nur unbedeutend, dagegen senkt ein äquivalenter NH_4-Zusatz die Nitrataufnahme auf 25%. Ein großer Teil des aufgenommenen Nitrats wird auch innerhalb von 2 Std nicht reduziert. Durch NH_4 wird die Nitratmenge in den Wurzeln nicht verringert, wohl aber die Nitratreduktion. Akkumulation und Reduktion von Nitrat sind also getrennte Prozesse und laufen gleichzeitig und unabhängig voneinander ab. Zur Erklärung der Ergebnisse wird die Trägerhypothese herangezogen, allerdings in der erweiterten Form, nach der als begrenzender Faktor für die Aufnahme beider Ionen die gemeinsame Konkurrenz um eine enzymatische Abbaureaktion angesehen wird. SYRETT u. MORRIS finden bei *Chlorella* eine noch stärkere Hemmung der Nitrataufnahme durch NH_4; Nitrat scheint nur in Abwesenheit von NH_4 aufgenommen werden zu können. Die Nitratreduktion hört sofort mit der NH_4-Aufnahme auf. Bei Anzucht in NH_4-Lösung ist die Nitratreduktion gering (MORRIS u. SYRETT), sie erhöht sich rasch nach Nitrat-Angebot, gleichzeitige NH_4-Gegenwart verhindert den Anstieg. Bildung der Nitratreduktase selbst ist nicht an das Vorhandensein von Nitrat gebunden (vgl. CZYGAN) und auch bei Angebot von Harnstoff vorhanden.

Durch NH_4 wird nach LISANTI u. MARCKWORDT bei Gerste zwar die Rb-Akkumulation in der Wurzel gehemmt, dagegen ist die Verlagerung in den Sproß leicht gefördert. Bei Tabak hemmt NH_4 die Rb-Aufnahme bei kurzfristigen Versuchen in gleichem Ausmaß wie K, bei 1—2 tägiger Versuchsdauer wirkt NH_4 auf die Rb-Verlagerung in den Sproß stärker hemmend als K, wohl als Folge einer Verminderung der Stoffwechselenergie in Gegenwart von überschüssigem NH_4 (SKOELEY u. McCANTS). Dabei sollte allerdings ein möglicherweise schädigender Effekt hoher NH_4-Konzentrationen bei längerer Versuchsdauer beachtet werden. Im Gegensatz zur fördernden Wirkung von Ca auf die Rb-Aufnahme hemmt ein

Rb-Zusatz bei kurzer Versuchsdauer die Ca-Aufnahme bei Gerste vollkommen (MARCKWORDT), bei längerer.Versuchsdauer kommt eine Hemmwirkung in den Sprossen stärker zum Ausdruck als in den Wurzeln
(WELTE u. MARCKWORDT). Dagegen finden HELMY u. Mitarb. bei isolierten Gerstenwurzeln in Gegenwart von Na keine Ca-Aufnahme, Ca
wurde nur in Gegenwart von K aufgenommen. Daraus wird auf eine Beteiligung von Ca bei der K-Trägerkomplexbildung geschlossen.

Über eine Förderung der P-Aufnahme durch Al bei Raigras in kurz-
und langfristigen Versuchen berichten RANDALL u. VOSE. Bei den
Wurzeln wird die Deutung der Ergebnisse zwar durch mögliche Aus-
fällungen sehr erschwert, eine verstärkte Einwanderung in den Sproß
war aber unverkennbar; sie wurde in CN^--Gegenwart wieder aufgehoben,
was als Hinweis auf eine Beeinflussung des Stoffwechsels über das Cyto-
chromsystem gedeutet wird. Bei Baumwolle wurde dagegen die P-Aufnahme insbesondere in die Sprosse durch Al stark herabgesetzt, und es
traten P-Mangelsymptome auf (FOY u. BROWN). Während P die Aufnahme von Zn stark vermindert (BOAWN u. LEGGET), finden STEWARD u.
LEONARD einen fördernden Einfluß von Ca auf die Zn-Aufnahme.

Den Einfluß verschiedener Kationen auf die Fe-Aufnahme (FE-
EDDHA) bei Sojabohnen untersuchten LINGLE u. Mitarb. Bei niedrigen
Konzentrationen wirkten Mn, Cu, Ca, Mg, K und Rb fördernd, bei hohen
stark hemmend, was der allgemeinen Erscheinung eines „Viets"-Effektes
entspricht. Die Kationen beeinflußten Fe-Aufnahme und Menge des
Exsudationssaftes in unterschiedlichem Maße. Die stärkste Hemmwirkung auf die Fe-Verlagerung übte Zn aus, obwohl es selbst kaum in
den Sproß transportiert wurde. SIMONS u. Mitarb. zeigen beim Vergleich
verschiedener Chelate die starke Abhängigkeit der Fe-Aufnahme von
Chelatkonzentration und pH-Wert. Bei pH 6 und niedriger Chelatkonzentration wirkten besonders die Chelate mit niedriger Stabilitäts-
konstante günstig. Da die Stabilität der Fe-Chelate in unterschiedlichem
Maße pH-abhängig ist, ergeben sich bei verschiedenen pH-Werten z. T.
größere Unterschiede in der Wirkung. Bei Gerste ist nach BERINGER die
Cu-Aufnahme aus Chelaten bedeutend höher als aus $CuSO_4$, trotzdem
ist die toxische Konzentration in der Außenlösung bei $CuSO_4$ viel eher
erreicht als bei den Cu-Chelaten. Da außerdem ein Zusatz von Ca zwar
die Cu-Aufnahme aus $CuSO_4$, nicht aber aus den Chelaten verminderte
und bei Doppelmarkierung eine sehr gute Äquivalenz zwischen markiertem Cu und ^{14}C in den Pflanzen gefunden wurde, wird auf die Aufnahme
des ganzen Cu-Chelatmoleküls geschlossen. Die geringere Toxicität der
Chelate wäre auch ein Zeichen für hohe Stabilität der Komplexe in der
Pflanze. Die besonders hohe Stabilität der Fe- und auch der Cu-Kom-
plexe einer aus *Cercospora* isolierten Substanz und deren inaktivierende
Wirkung in der Pflanze ist nach SCHLÖSSER u. STEGEMANN möglicherweise
für die Schadwirkung des Pilzes verantwortlich.

Bei der Aufnahme von Bor durch Gerstenkeimpflanzen konnte
OERTLI (2) keine Konkurrenz durch die Makronährstoffe einer Hoagland-
lösung feststellen; der Einfluß war nur indirekt. Alle Faktoren, die einen
fördernden Einfluß auf Guttation oder Transpiration hatten, erhöhten

auch die Boraufnahme. Auch der fördernde Einfluß der Temperaturerhöhung auf die B-Aufnahme scheint hauptsächlich mit der stärkeren Wasserverlagerung zusammenzuhängen.

Verbindung mit dem Stoffwechsel. Die Zusammenhänge zwischen aktiver Aufnahme und dem Stoffwechsel sind nach wie vor umstritten. MENGEL (3) untersuchte den Einfluß von ATP-Zusätzen auf die Rb-Aufnahme bei Gerstenwurzeln. ATP-Konzentrationen von 10^{-3} hemmten die Rb-Aufnahme um 30—40%, die Hemmung verstärkte sich mit Erhöhung der Zusätze. Auch bei Blockierung des Stoffwechsels durch Azid oder Arsenat bzw. unter anaeroben Bedingungen (N_2) haben ATP-Zusätze keine fördernde Wirkung. Dagegen wird die durch 2,4-DNP bewirkte Hemmung der Rb-Aufnahme durch ATP-Zusätze teilweise rückgängig gemacht; da aber Zusätze von ADP oder AMP die gleiche Wirkung haben, handelt es sich nicht um einen spezifischen ATP-Effekt. Die Ergebnisse sprechen weniger für eine direkte Trägerphosphorylierung als vielmehr für enge Zusammenhänge zwischen aktiver Aufnahme und dem e^--Transport über Atmungsenzyme. Dagegen wird von WEIGL die Bedeutung energiereicher Phosphate für die Ionenaufnahme hervorgehoben. Bei kurzfristigen Versuchen über die Phosphataufnahme bei Maiswurzeln war ATP am stärksten mit ^{32}P markiert. Steigende Arsenatzusätze hemmen die Aufnahme von Phosphat und Sulfat in steigendem Maße. Da KCl-Zusatz den ATP-Umsatz fördert und sich in mehrstündigen Versuchen ·in KCl-Gegenwart die P-Aufnahme erhöht (Mehraufnahme ausschließlich als Orthophosphat), wird auf eine direkte Beteiligung von ATP beim Trägeraufbau geschlossen. Verallgemeinerungen der Ergebnisse von P-Aufnahmeuntersuchungen auf den Aufnahmemechanismus anderer Ionen erscheinen allerdings infolge des ·raschen Einbaues von P in organische Bindung bzw. der intensiven Umtauschvorgänge verfrüht. So erhöhte sich nach kurzfristigem ^{32}P-Angebot und Übertragen in eine P-Lösung nach 10 min der Anteil des anorganischen ^{32}P von 67 auf 90% (gegenüber 50—65% in P-freier Lösung), was den starken Rückaustausch eines Teils des P aus der organischen Bindung zeigt (VYSKREBENTSEVA).

Die Abhängigkeit der Ionenaufnahme von der Atmung ist bekannt. JACKSON u. ADAMS finden aber, daß zwar die Aufnahme von K durch isolierte Wurzeln bei Verminderung der O_2-Konzentration auf 1% stark absinkt, die Na-Aufnahme aber nicht, woraus die Spezifität der Aufnahme abgeleitet wird. Da aber die verwendeten Na-Konzentrationen 100mal höher lagen als die von K, sind diese Unterschiede nicht überraschend. HEIDE u. Mitarb. fanden keinen hemmenden Einfluß von N_2 gegenüber O_2 auf die K-Aufnahme der Wurzeln intakter Gerstenpflanzen, wenn diese längere Zeit mit N_2 vorbehandelt worden waren; ohne Vorbehandlung hemmte N_2 dagegen stark. Die Ergebnisse werden in Zusammenhang mit einer O_2-Diffusion aus dem Sproß in die Wurzel bei N_2-Vorbehandlung diskutiert. HANDLEY u. OVERSTREET finden (wie schon früher bei Ca und Na gezeigt wurde) die Sr-Aufnahme in der 0—1,8 mm langen Spitzenzone von Maiswurzeln temperaturunabhängig; mit zunehmender Entfernung von der Spitze nimmt die Stoffwechselabhängigkeit stark zu

und deutet auf direkte Zusammenhänge zwischen aktiver Aufnahme
und Vacuolisierung hin. In der Spitzenzone tritt bei 26° C unter N_2-
Einwirkung gegenüber normaler Belüftung sogar eine Erhöhung der
Sr-Aufnahme ein, die durch Zerstörung einer Membran (Plasmalemma?)
als Schranke gegen passive Ionendiffusion erklärt wird. In diesem Zusammenhang sind Ergebnisse von BIGGS u. LINNANE interessant, die bei
Hefe durch O_2-Mangel starke Veränderungen im Cytochromgehalt fanden.
Parallel dazu gingen elektronenoptisch sichtbare Veränderungen im
Zellaufbau, besonders der Mitochondrien und der freien cytoplasma-
tischen Membranen, was auf enge Zusammenhänge zwischen Cytochromgehalt der Zellen und dem Grad der Membranorganisation hindeutet.

Der Einfluß der Temperatur auf die Ionenaufnahme wurde in verschiedenen Arbeiten untersucht. Mit Temperaturerhöhung steigt die Aufnahme zunächst allgemein an, der Optimalwert liegt für die einzelnen
Ionen und Pflanzenarten (SARIC u. CURIC), sogar bei einzelnen Sorten
einer Art [MUNNS u. Mitarb. (3)], verschieden hoch und wird auch von der
Außenkonzentration beeinflußt (McKELL u. WILSON). Bei niedriger
Wurzeltemperatur stellten KOROVIN u. Mitarb. nicht nur geringere Ge-
samt-P-Aufnahme, sondern auch schwächeren Einbau in die organische
Fraktion, besonders der Nucleoproteide, fest. Allerdings ist es schwierig,
insbesondere bei langfristigen Versuchen, zwischen einem direkten
Temperatureinfluß auf die Aufnahme und indirekter Beeinflussung über
das Wachstum zu trennen. So bestehen bei Tomaten direkte Beziehungen
zwischen Temperatureinfluß auf die P-Aufnahme und das Wurzelwachstum (CANELL u. Mitarb.). Durch Erhöhung der Substrattemperatur wird
bei Hafer die Mn-Aufnahme in die Sprosse deutlich erhöht; in den Wurzeln kann es umgekehrt sein [MUNNS u. Mitarb. (1)]. Nur bei höheren
Temperaturen ergibt sich gute Linearität zwischen Mn-Gehalt der
Wurzeln und dem der Sprosse. Es werden 3 Mn-Fraktionen in der Wurzel
unterschieden, eine austauschbare und 2 nicht-austauschbare („labil"
und „nicht-labil"). Für den Umtausch mit neu aufgenommenen Mn-
Ionen bzw. Verlagerung in den Sproß soll die „labile" Fraktion verantwortlich sein, während sich pH-Wert und Temperatur besonders auf die
„nicht-labile" Fraktion auswirken [MUNNS u. Mitarb. (2)]. Zwischen den
einzelnen Hafersorten bestehen merkliche Unterschiede hinsichtlich
Größe und Umsatzrate der beiden Fraktionen [MUNNS u. Mitarb. (3)].

Wirk- und Hemmstoffe. Die Hemmung der Ionenaufnahme durch
Chloramphenicol (CA) wird erneut bestätigt. HÖFNER findet bei Gersten-
wurzeln eine starke Hemmung der Phosphataufnahme, und nach BOW-
LING hemmen 2 g CA/l bei intakten Ricinuspflanzen schon nach einer
Stunde die Aufnahme von K völlig, diejenige von Ca und Nitrat stark.
Bei intakten Gerstenpflanzen wird nach UHLER u. RUSSELL in der Wurzel
durch CA die Aufnahme von Rb stark, die von Ca weniger gehemmt, die
Verlagerung in den Sproß wird aber sowohl bei Ca als auch bei Rb stark
vermindert. Eine ähnlich hemmende Wirkung auf die Aufnahme verschiedener Kat- und Anionen hat nach ELLIS u. Mitarb. auch D-Serin;
D-Alanin und D-Threonin hemmen schwächer, L-Verbindungen nicht. Da
weder Atmung noch Efflux durch D-Serin beeinflußt wurden, wird dies,

ebenso wie bei CA, als Beweis gegen direkte Zusammenhänge zwischen der aktiven Ionenaufnahme und der e^--Verlagerung bei der Atmung angesehen. Die Hemmwirkung von CA wird außerdem als Hinweis auf enge Zusammenhänge zwischen Proteinsynthese oder -umsatz und aktiver Ionenaufnahme gedeutet. HANSON u. HODGES untersuchten die Wirkung von CA auf die Ca-Aufnahme isolierter Mitochondrien von Maispflanzen und fanden bei mehr als 1,6 mg CA/ml eine weitgehende Hemmung der Ca-Aufnahme. Sie konnten dabei zeigen, daß mit der Hemmung der Ca-Aufnahme auch eine Entkoppelung der oxydativen Phosphorylierung eintritt. Wenn sich diese Ergebnisse bestätigen ließen, dann wiesen sie auf direkte Zusammenhänge zwischen e^--Übertragung und Ionenaufnahme hin, und die Verbindung zur Eiweißsynthese wäre danach nur indirekt. — Eine 2tägige Vorbehandlung von Bohnenpflanzen mit Kinetin über die Wurzeln wirkte sich nachteilig auf die P-Aufnahme aus, Zufuhr über das Blatt förderte dagegen die P-Aufnahme in der ganzen Pflanze (LINSER u. HEGAZY). Bei Pilzkulturen fand NAGUIB durch Colchicinzusatz keinen gesicherten Einfluß auf das Trockengewicht, dagegen wurden der Gehalt an Gesamt-P und an organischem P und die Nitrat-Aufnahme stark erhöht, wobei besonders der Anteil des Peptid-N anstieg. Während bei Apfel- und Ahornkeimpflanzen eine Vorbehandlung mit IES oder 2,4-D die Aufnahme von P und Ca deutlich hemmt (FEDOROW u. EGOROWA), ermittelten ILAN u. REINHOLD eine Förderung der K- und Rb-Aufnahme durch IES bei Hypokotylsegmenten von Sonnenblumen und vermuten, daß die Struktur des für K, Rb und NH_4 gemeinsamen Trägers durch IES in Richtung einer Bevorzugung von K verändert wird. Die phytotoxische Wirkung verschiedener organischer Stoffe ist nach LEH (1) abhängig von der Versorgung der Pflanzen mit Mg, Mn, Fe und Ca. Terramycin, Actinomycin u. a. Verbindungen rufen Chlorosen hervor, die durch verstärkte Fe-Zufuhr beseitigt werden können.

Die Erhöhung des osmotischen Druckes der Nährlösung durch Zusatz eines Osmotikums wirkt sich in den Sprossen stärker aus als in den Wurzeln. Durch Zusatz von Carbowax fand WOOLEY an Weizen bei längerer Versuchsdauer nur leichte Verminderung des P-Gehaltes der Sprosse. Dagegen wirkt sich bei Mais nach LINSER u. HERWIG Mannit bei 2—3 atm schon sehr stark hemmend auf den P-Transport in den Sproß aus. In Versuchen mit isolierten Gerstenwurzeln war die P-Aufnahme durch Mannit nur bei frischen Wurzeln gehemmt, bei gealterten Wurzeln wirkten Glucose und Fructose als Osmotikum recht unterschiedlich, was nicht überrascht; da aber auch zwischen Lutrol (Polyäthylenglycol) und Mannit große Unterschiede auftraten, dürfte dies ein erneuter Hinweis darauf sein, daß diese Stoffe mehr oder weniger starke spezifische Nebenwirkungen entfalten und nicht nur osmotisch wirken (vgl. auch WOOLEY).

Wanderung der Mineralstoffe

Transport durch die Wurzel. Für die Verlagerung von $^{35}SO_4$ durch Zwiebelwurzeln in den Zentralzylinder reicht eine 2stündige Versuchsdauer nicht aus, während ^{35}S auf dem umgekehrten Weg aus dem Gefäßinnern in gleicher Zeit über Perizykelzellen bis in die Durchlaßzellen der Endodermis gelangte (ZIEGLER u. Mitarb.). — Die Stoffwechselabhängigkeit des Transportes durch die Wurzel in die Gefäße kommt bei der starken Hemmwirkung von Chloramphenicol auf die Rb- (UHLER u. RUSSELL) oder K- und Ca-Verlagerung (BOWLING) in die Sprosse zum Ausdruck. Ähnlich hemmend auf die Ca-Verlagerung wirken Zusätze von 2,4-DNP (BARBER u. KOONTZ), aber auch Gibberellin, selbst wenn mit letzterem nur die Sproßspitze behandelt wurde [LEH (2)]. RANDALL u. VOSE finden dagegen auch bei kurzer Versuchsdauer einen fördernden Einfluß von 2,4-DNP auf die Verlagerung von P in den Sproß. — Auf enge Beziehungen zwischen Wasser- und Borverlagerung in die Sprosse von Gerstenkeimpflanzen weist OERTLI (2) hin. Alle Faktoren, die den Wasserverbrauch der Sprosse (Transpiration, Guttation) erhöhen, fördern auch die B-Verlagerung. Trotz dieses engen Zusammenhanges wird ein aktiver Übertritt von B aus der Wurzelrinde in die Gefäße angenommen.

Verteilung in der Pflanze. BELL u. BIDDULPH untersuchten Influx und Efflux von ^{45}Ca in Stengelsegmenten von Bohnen nach Angebot über die Wurzel. Die Influxkurve war zweiphasig, zuerst steil, später flach. Wird die Zufuhr von ^{45}Ca in der Außenlösung unterbrochen, dann findet Efflux statt, wenn sich in der Außenlösung Ca, Sr oder Mg befinden, nicht aber bei K-Gegenwart. Die Ergebnisse werden als Zeichen einer Ca-Wanderung durch Austauschreaktion an den Kolloiden des Leitungssystems gedeutet; Ca soll nicht im Massenfluß mit dem Transpirationsstrom wandern. Die Schlußfolgerung, daß für den Ca-Einbau in bestimmte Gewebeteile demnach nicht der Wasserverbrauch, sondern die Menge an Austauscherstellen verantwortlich sei, dürfte allerdings gewagt sein. Nach Injektion von ^{45}Ca in wachsende Kürbisfrüchte wird innerhalb eines Tages ein großer Teil des ^{45}Ca im Fruchtstiel wieder zurücktransportiert, was als Hinweis auf einen Rückstrom im Xylem angesehen werden könnte (ZIEGLER). CORMACK u. Mitarb. finden einen Transport von Ca aus den Samen in die Wurzel und Einbau in die Wurzelhaare, wobei allerdings Bedenken hinsichtlich der angewandten Methode aufkommen müssen. Ähnliches gilt für die Befunde von QUENN u. Mitarb., nach denen in einer Ca- oder Sr-Lösung praktisch keine Wanderung von ^{45}Ca apikal in die neu wachsende Wurzelzone stattfindet, sondern nur dann, wenn die Wurzeln in Na-Lösung gebracht werden. Sr soll demnach die „redistribution" von Ca aus älteren Teilen der Wurzel nicht erlauben, wohl aber Na. Der Übertritt von K oder Na aus dem Xylem in das Phloem soll nicht direkt, sondern erst nach Akkumulation der Ionen durch das umgebende Gewebe als passive Abgabe der Ionen an das Phloem erfolgen (PEEL). Nach LINGLE u. Mitarb. liegen Mn und Zn im Exsudationssaft von Sojabohnen entweder als freie Kationen oder in organischer Bindung mit ähnlicher Wanderungsfähigkeit (Elektrophorese) vor, während Fe wahrscheinlich als Malat wandert. Die starke Hemmung von Zn auf die Fe-Verlagerung in den Sproß kann deshalb nicht auf einer Konkurrenz um die Metallbindung beruhen. Aufnahme von ^{91}Y und Transport in die Blätter sollen bei Bohnen als DTPA-Komplex erfolgen, wenn dieser über die Wurzel angeboten wird (ESSINGTON u. Mitarb.).

Sowohl Mn (COOPER u. GIRTON) als auch F (HITCHCOCK u. Mitarb.) zeigen nach Ablagerung in älteren Gewebeteilen keine nennenswerte Verlagerung in neu entwickelte Blätter. Dagegen findet VOSE (2) bei Mn ebenfalls eine „redistribution". Sie wird durch Reis viel stärker aufgenommen als durch Weizen, bei kurzfristigen Versuchen wird es fast vollständig in den Sproß, vor allem in die Blattspitzen verlagert, während P in der Wurzel zurückbleibt. Stoffwechselgifte hemmen die Aufnahme von Si viel geringer als die von P, und auch die Beziehungen zwischen Transpiration und Aufnahme sind bei Si viel enger als bei P (Mitsui u. TAKATOH). Nach JONES u. Mitarb. findet sich Si bei Hafer praktisch in allen Zellwänden, vermutlich in der Mittellamelle abgelagert; eine enge Verbindung zur Cellulose wird angenommen. Der Einbau von Si in die Blätter erfolgt schon in sehr jungem Stadium und scheint die Streckung junger Zellen nicht zu beeinflussen. — Bei direkter Zufuhr von ^{35}SO$_4$ zu den Sprossen erfolgt bei Radieschen in Licht und Dunkelheit ein rascher Einbau von ^{35}S in Cystin und Cystein, später auch in Methionin (SINHA u. COSSINS). Auch abgeschnittene Weizenähren nehmen SO$_4$ auf und bauen es innerhalb weniger Stunden zum größten Teil in Eiweiß ein; die Einbaurate in die einzelnen Eiweißfraktionen war unterschiedlich [GRAHAM u. Mitarb. (1, 2)]. — Unter Verwendung von ^{28}Mg konnte ARONOFF nachweisen, daß Mg im Chlorophyll nicht austauschbar ist und daß auch (innerhalb von 24 Std) kein nennenswerter Chlorophyllumbau stattfindet. In ausgewachsenen Blättern erfolgt daher kein Einbau von ^{28}Mg mehr.

Aufnahme und Verteilung nach Zufuhr über die Blätter. Bei Zufuhr von ^{89}Sr über die Blätter von Kartoffelpflanzen findet praktisch keine Verlagerung innerhalb der Pflanze statt. In die Knollen gelangt ^{89}Sr durch Auswaschung aus den Blättern auf dem Umweg über den Boden (MECKLENBURG u. TUCKEY; MOORBY u. SQUIRE). Die Wanderungsgeschwindigkeit von ^{35}S aus den Blättern in die Wurzeln beträgt nur 2 cm/min, im Gegensatz zu 20—40 cm in umgekehrter Richtung (HANOWER u. Mitarb.). Nach SUDIA u. LINCK wandert auf Blättern von Erbsen aufgebrachtes Zn vornehmlich in Stengel und Blätter unterhalb der Auftragungsstelle und dann ein wachsender Anteil — mit zunehmender Ausbildung der Samenanlage — in die Blüten; die Verteilung zeigt große Ähnlichkeit mit derjenigen von P. Die Aufnahme von P über die Blätter erweist sich als abhängig von Art (K, Na oder NH$_4$-Phosphat) und pH der Phosphatlösung (BOROUGHS u. Mitarb.).

Eine Beeinflussung der P-Aufnahme über das Blatt durch ein gleichzeitiges P-Angebot über die Wurzel läßt sich bei Kartoffeln zwar zeigen, doch weisen die Beziehungen nicht immer eindeutig in Richtung auf eine geringere Blattaufnahme bei erhöhtem Angebot über die Wurzeln (KAINDL u. CHWALA). Diese gegenseitige Beeinflussung scheint nach BARBIER u. BROSSARD bei Mais hinsichtlich Sr zu bestehen, da eine gleichzeitige Zufuhr über das Blatt und die Wurzel zu keinen höheren Sr-Gehalten in der Pflanze führt als eine der beiden Behandlungen allein.

Bei Cs bestehen diese Beziehungen anscheinend nicht. Bei Zufuhr über das Blatt erfolgt hier eine rasche Verteilung in der ganzen Pflanze und sogar wieder eine nennenswerte Cs-Abscheidung an eine Nährlösung mit hohem K-Gehalt.

Ob die von BERNSTEIN beobachteten starken tagesperiodischen Schwankungen im osmotischen Druck des Zellsaftes tatsächlich auf einer K-Verlagerung zwischen Sproß und Wurzel beruhen, wobei es nachts u. U. sogar zu einer K-Abscheidung kommen soll, wäre zu überprüfen. Bei Bäumen kann der Rücktransport aus den Blättern und Nadeln in perennierende Organe kurz vor dem Blatt- bzw. Nadelfall für N, P und K recht bedeutend sein, während Ca (OLAND) bzw. Ca und Mg weiterhin eingelagert werden (WELLIS u. METZ).

Bedeutung der einzelnen Mineralstoffe

In Fortsetzung der elektronenoptischen Untersuchungen der Sproß-spitze von Gerste bei Mineralstoffmangel (vgl. Fortschr. Bot. **25**, 1963) fand MARINOS bei P-, Mg- und N-Mangel in den Mitochondrien Granula und im Cytoplasma große Einschlüsse in unmittelbarer Nähe der Golgi-apparate. Diese Veränderungen sind schon vor sichtbaren Wachstums-hemmungen nachweisbar. Außerdem enthalten die Plastiden bei P-Mangel schon in dieser Spitzenzone Stärke, die normalerweise erst in tiefer gelegenen Zonen auftritt. Im Gegensatz zu Ca-Mangel wird also bei N-, P- und Mg-Mangel die Grundstruktur der Zelle nicht verändert. Bei K- und S-Mangel waren keinerlei Veränderungen nachweisbar. RANGAN u. PANDEY finden an Lein bei K-Mangel einen erhöhten Gehalt an Nucleinsäuren; bei P-Mangel nimmt dagegen der Nucleinsäuregehalt ab, dafür reichern sich freie Aminosäuren, besonders Arginin, an (RANGAN u. MALAVIYA).

STEINECK bestätigte erneut das gegensinnige Verhalten von K und N hinsichtlich Einwirkung auf Sproß- und Wurzelwachstum. Auch auf die Blütenfärbung von Tulpen hat das Verhältnis N/K einen starken Einfluß (LINDSTROM u. MARKAKIS). Verstärkte N-Zufuhr erhöht die Infektionsfähigkeit der Tomatenwurzeln gegenüber Wurzelgallen, K wirkt dem entgegen (BIRAT). Die gleichen Beziehungen bestehen bei Gerste hinsichtlich der Blattfleckenkrankheit (SINGH). Bei Mohn wird die Morphiumbildung durch N sehr stark, durch K etwas, durch P nicht gefördert (ZOSCHKE). Steigende Zufuhr von NH_4-N fördert bei Tabak die Nicotinbildung stärker als NO_3-N (AVUNDZHYAN). Bei Raigras wird durch Nitrat-Düngung der Gehalt an dem Alkaloid Perlolin sehr stark erhöht, Phosphat hat keine Wirkung (BENNETT). Die Verminderung des Schorfbefalls bei Kartoffeln durch Mn bzw. Cu beruht auf direkter Einwirkung von Mn auf den Pilz, wogegen bei erhöhten Cu-Gaben eine Hemmung des Wurzel- und Knollenwachstums eintritt und der Pilz nur schnellwachsendes Gewebe infiziert (MORTVEDT u. Mitarb.).

Kalium. In den Blättern von Erbsenpflanzen zeigt sich bei K-Mangel stark verminderte Pyruvatkinaseaktivität (EVANS). Gegenwart von Na oder NH_4 bei der Anzucht der K-Mangelpflanzen erhöhte die Pyruvat-kinaseaktivität. Unabhängig von der Art der Vorbehandlung wirkte KCl-Zusatz zu den Extrakten fördernd auf die Aktivität dieses Fermentes. Dagegen erhöht sich bei K-Mangelpflanzen die L-Arginin-Carboxylase-Aktivität, es häufen sich Agmatin und Putrescin an (SMITH). Bei K-Mangelwurzeln fand VYSKREBENTSEVA, auch nach P-Zufuhr, stets einen relativ hohen Anteil an anorganisch gebundenem P und schließt auf eine besondere Rolle von K bei der Bildung energiereicher Phosphate. WEIGL stellte in Gegenwart von KCl zwar auch einen erhöhten ATP-Umsatz fest; das in K-Gegenwart zusätzlich aufgenommene Phosphat war aber ausschließlich in der anorganischen Fraktion zu finden.

Natrium. Eine spezifische Wirkung von Na auf Phosphorylierungsprozesse bei *Ankistrodesmus br.* finden SIMONIS u. URBACH. Durch Na wird vor allem der P-Einbau in die TCE-löslichen organischen P-Verbindungen gefördert, die Na-Wirkung ist stark abhängig von der Konzentration (an Na und PO_4), temperaturabhängig und wird durch DNP besonders in Licht gehemmt. Bei *Rhodopseudomonas spher.* kommt es bei Fehlen von Na nur unter aeroben Bedingungen in Dunkelheit zu starker Wachstumshemmung, bei anaerobem Lichtstoffwechsel besteht kein echter Bedarf (GROSSE).

Erdalkaliionen. Ein erneuter Hinweis auf die durch Ca-Gegenwart hervorgerufene Permeabilitätsänderung von Zellgrenzflächen stammt von HOPE; durch Ca-Zusatz zur Außenlösung wird die Einwanderungsquote von ^{42}K in die Vacuolen von *Chara* vermindert. In Untersuchungen von BREWBAKER u. KWACK erwies sich Ca als wirksamer Faktor für die Pollenkeimung, wodurch sich auch das bessere Wachstum großer gegenüber kleiner Pollenmengen erklären läßt; Sr konnte Ca nicht ersetzen. In Ca-Lösung kommt es nach CORMACK u. Mitarb. zur raschen Ca-Einlagerung in Zellwände der Wurzelhaarspitzen, durch die ein weiteres Längenwachstum der Wurzelhaare verhindert wird. QUEEN u. Mitarb. prüften bei Mais die Ersetzbarkeit von Ca durch Sr. In reiner Sr-Lösung zeigten sich starke Wachstumsdepressionen, auch noch, wenn $^1/_{10}$ des Sr durch Ca ersetzt war. In Gegenwart von Sr waren die Zellen kleiner, differenzierte Xylelemente traten schon kurz hinter der Spitze auf, und die Zahl der Seitenwurzelansätze war erhöht. Die hieraus abgeleitete Schlußfolgerung, daß Sr eine fördernde Wirkung auf die Differenzierung ausübt und größere Mengen an Ca für die Zellwandstreckung notwendig sind, dürften aber etwas übereilt sein.

Eine höhere Ca-Konzentration schränkt die Infektion und die Ausbildung des Gallengewebes von *Plasmodium br.* stark ein, die Ca-Wirkung ist aber an das Vorhandensein von B gebunden (PALM). Bei „Stippigkeit" an Äpfeln zeigt die Schale an den befallenen Stellen einen stark verminderten Ca-Gehalt (KIDSON u. Mitarb.), der mit der bekannten günstigen Wirkung von Ca-Spritzungen als Vorbeugemaßnahme in Einklang steht. Durch erhöhtes Angebot an Ca wird bei Klee die Mn-Toxicität herabgesetzt (VOSE u. JONES); die günstige Ca-Wirkung scheint dabei weniger auf einer Hemmung der Mn-Aufnahme als auf Wechselbeziehungen innerhalb der Pflanze zu beruhen. Bei Sortenvergleichen war die Sorte mit dem geringsten Ca-Gehalt am empfindlichsten gegenüber höherer Mn-Zufuhr.

Die Entwicklung von Ca-Mangelsymptomen wurde von BUSSLER (1, 2) an einer größeren Zahl von Pflanzenarten untersucht. Als erste lichtmikroskopisch nachweisbare Veränderung traten an zentral gelegenen jungen Zellen Aufquellungen und Verfärbungen der Zellwände ein, gefolgt von Bildung brauner Substanzen, die die Gefäße verstopfen oder in Intercellularen eindringen können. Makroskopisch traten dann

Aderbräune, Stengelweiche bzw. Stengelknicken und z. T. Blütenfäule ein. Die Symptome waren bei allen untersuchten Arten praktisch einheitlich.

Aufschlußreiche Ergebnisse über die Rolle des Mg bei *Chlorella* erzielte GALLING. Danach kommt es bei Mg-Entzug primär zu einem Einfluß auf die RNS-haltigen Zellstrukturen (Ribosomen), wodurch unmittelbar danach die RNS-Synthese aufhört; nach Mg-Zusatz setzt sie sofort wieder ein. Im Gegensatz dazu ist die Proteinsynthese erst 6 Std nach dem Mg-Entzug gestört, nach Mg-Zusatz setzt die Neubildung von Protein nur allmählich ein; parallel damit läuft die Chlorophyllsynthese. Bei Mg-Mangel kommt es zur Anhäufung säurelöslicher N-Verbindungen (besonders Hypoxanthin und Uracil), dagegen findet sich nur wenig AMP. Die mit dem Mg-Mangel verbundene Anhäufung von Kohlenhydraten hält auch nach Mg-Zufuhr noch mehrere Stunden an. Der gesamte Erholungsvorgang nach Mg-Zugabe ist lichtgebunden.

Eisen. Die Rolle von Fe beim Chlorophyllaufbau in Bohnenblättern wurde von MARSH u. Mitarb. (1) untersucht. Zwischen der Fe-Konzentration der Nährlösung und dem Chlorophyll- bzw. Hämingehalt bestand eine positive Korrelation (vgl. auch SIMONS u. Mitarb.). Wurde Fe-Mangelpflanzen δ-Aminolävulinsäure geboten, dann erfolgte die Bildung von Protoporphyrin genauso wie bei normaler Fe-Versorgung. Wird dagegen den Fe-Mangelpflanzen ^{14}C-Ketoglutarsäure geboten, dann beträgt der ^{14}C-Einbau in Chlorophyll nur $^1/_{20}$ der Kontrollwerte [MARSH u. Mitarb. (2)]. Danach würde also bei Fe-Mangel der gehemmte Chlorophyllaufbau in einer ungenügenden Bildung von δ-Aminolävulinsäure zu suchen sein, während die weiteren Syntheseschritte auch bei Fe-Mangel weitgehend normal verlaufen. KARALI u. PRICE boten Algen bei Fe-Mangel Porphobilinogen und fanden ebenfalls eine normale Porphyrinsynthese bis zum Protoporphyrin, das jetzt in gleicher Konzentration wie bei den normal mit Fe versorgten Algen vorlag.

Da bei Fe-Mangel die Aktivität der photosynthetischen Pyridinnucleotid-Reduktase stark vermindert wird, könnte Fe für dieses Ferment ein wichtiger Co-Faktor sein [MARSH u. Mitarb. (1)]. Bei schlechter Fe-Versorgung von Sojabohnen sinkt die Katalaseaktivität in den Blättern schon deutlich ab, ehe Mangelerscheinungen feststellbar sind (PERUR u. Mitarb.), ein erneuter Hinweis darauf, daß bereits Mangel an einem Nährstoff herrschen kann, ehe Mangelsymptome feststellbar sind [vgl. auch BUSSLER (3)].

Die Wechselbeziehungen zwischen Fe, Licht und EDTA auf das Wurzelwachstum bestehen nach BURSTRÖM darin, daß Fe^{2+} für die normale Meristemaktivität notwendig ist; bei Belichtung erfolgt verstärkte Oxydation zu Fe^{3+}, das wiederum die Meristemaktivität hemmt. Die Hemmwirkung von EDTA in Dunkelheit wird in einer Komplexbildung mit Fe^{2+} gesehen.

Mangan. Bei Mangan-Mangel nehmen Chlorophyllgehalt und Photosynthese nicht in gleichem Maße ab, was als Hinweis auf die Rolle von Mn sowohl bei der Chlorophyllbildung als auch auf den Ablauf der Photosynthese gedeutet wird (COOPER u. GIRTON). In dieser Richtung sind Ergebnisse von LOACH u. CALVIN interessant, die in Mn^{2+}- bzw. Mn^{4+}-Hämatoporphyrin ein starkes Reduktions- bzw. Oxydationsmittel fanden. Dieses System könnte neben den Fe-Porphyrinen eine Rolle bei der Bildung von O_2 aus Wasser spielen.

Cobalt. Die Notwendigkeit von Co für die N_2-Fixierung durch Knöllchenbakterien wird erneut bestätigt. Mit steigendem Co-Gehalt des Mediums fanden KLIEWER u. EVANS auch einen starken Anstieg im Gehalt an B_{12} in den Knöllchen von Sojabohnen. Bei *Azotobacter* zeigte sich der höchste Co-Bedarf bei Angebot von N_2, bei NH_4-Angebot sank er stark ab. Bei *Rhizobium*kulturen war der Co-Bedarf auch davon abhängig, ob Nitrat oder NH_4 geboten wurde: Durch Co-Zusatz war das Wachstum bei NH_4-Ernährung um den Faktor 2, bei Nitrat-Ernährung um den Faktor 25 verbessert. Danach wäre Co in diesen N_2-fixierenden Organismen als Co-Faktor für verschiedene Prozesse des Stoffwechsels erforderlich, die nicht mit der N_2-Fixierung zusammenhängen. Durch steigende Co-Zusätze konnten WILSON u. REISENAUER bei Luzerne Größe und Gewicht der Knöllchen nicht beeinflussen, dagegen stieg der Gehalt der Knöllchen an Leghämoglobin stark an; damit waren auch erhöhte N_2-Fixierung und besseres Pflanzenwachstum verbunden. Auf Co-armem Boden ($< 0,04$ ppm) fanden OZANNE u. Mitarb. starken Rückgang des Kleeanteils; eine Co-Zufuhr erhöhte den N-Gehalt der Pflanzen stark. In Gegenwart von genügend Dünger-N fehlt die Co-Wirkung, der Co-Bedarf der Leguminosen ist also an die Knöllchenbakterien gebunden. Eine eigene Wirkung auf das Pflanzenwachstum wird auch von BURSTRÖM dem Co abgesprochen, es soll vielmehr in physiologisch aktiven Komplexen an die Stelle von Ca oder Fe treten können. Vielleicht kann der von SALISBURY u. EICHHORN beschriebene Befund, daß eine Co-Behandlung der Blätter die Blüteninduktion einer Dunkelperiode bei Xanthium verzögert, in ähnlicher Weise gedeutet werden.

Zink. Nach Zusatz von Zn zu *Rhizopus*-Kulturen fanden WEGENER u. ROMANO innerhalb von 3,5 Std einen Anstieg der RNS-Synthese um das 2,7fache, gefolgt von einem etwas verzögerten Anstieg der Eiweißsynthese. Der Gehalt an freien Nucleotiden stieg nach Zn-Zusatz ebenfalls sofort stark an, während der DNS-Gehalt nur wenig beeinflußt wurde. Die Wachstumsstimulierung durch Zn soll daher in erster Linie auf Förderung der RNS-Synthese beruhen. Auf die Rolle von Zn beim Phosphatstoffwechsel weist MILLIKAN hin. Bei ungenügender Zn-Versorgung der Pflanzen kommt es nach verstärkter P-Zufuhr zu Wachstumsdepressionen und verstärkten Zn-Mangelsymptomen, die nicht durch verminderte Zn-Gehalte der Pflanzen, sondern durch hohe Werte des Quotienten P/Zn zustandekommen. Der kritische Zn-Spiegel in den Pflanzen ist daher stark vom P-Gehalt der Pflanzen abhängig. Eine als „Farnlaub" bezeichnete Mißbildung bei Kartoffeln beruht auf Zn-Mangel (BOAWN u. LEGGET); erhöhte P-Zufuhr verstärkte die Mangelsymptome infolge starker Senkung des Zn-Gehaltes in den Pflanzen.

Kupfer. Steigende Cu-Gaben zu Klee führten nach YATES u. HALLSWORTH zwar zu keiner Veränderung von Menge und Zusammensetzung der Aminosäuren in den Knöllchen, dagegen in den Pflanzen zum Ansteigen der löslichen Aminosäuren und löslichen Zucker, während die organ. Säuren abnahmen. Bei Außenangebot an Nitrat zeigte sich bei den löslichen Aminosäuren in den Pflanzen die gegenläufige Tendenz. Bei annähernd gleicher Gesamt-Cu-Aufnahme wirkt Cu unter anaeroben Bedingungen wesentlich stärker toxisch auf Algenzellen als unter aeroben, was auf unterschiedlicher Verteilung des aufgenommenen Cu zurückgeführt wird (HASSALL). Cu-Mangelerscheinungen sind nach ANDREW artspezifisch.

Halogenionen. Nach Untersuchungen von MARTIN besitzt *Spirodela polyrrhyza* mit 27 μg Cl⁻/l für halbmaximales Wachstum einen ausgesprochen hohen Chlorid-Bedarf (beispielsweise gegenüber *Lemna minor* mit 7 μg Cl⁻/l) und zeigt auch sehr starke Cl-Mangelsymptome. In Bestätigung früherer Ergebnisse von WARBURG finden BOVÉ u. Mitarb., daß bei isolierten Chloroplasten für alle photochemischen Reaktionen Chlorid notwendig ist, in denen O_2 produziert wird. Der in Abwesenheit von Chlorid auftretende Mangel an $TPNH_2$ führt dazu, daß als einziges Produkt der CO_2-Assimilation isolierter Chloroplasten Phosphorglycerinsäure entsteht. Daraus wird geschlossen, daß Chlorid für die Pflanzen auch bei der Photosynthese *in vivo* lebensnotwendig ist.

Durch Fluorid kann bei Hefe eine mit Wachstumshemmung verbundene Stimulierung der Riboflavinproduktion erzielt werden (KAPRÁLEK). YANG u. MILLER finden in Sojabohnen bei Fluoridschädigung Erhöhung der Gehalte an reduzierenden Zuckern, organischen Säuren und Aminosäuren (1); die Dunkelfixierung von CO_2 nimmt zu (3); die Abnahme des Saccharosegehaltes wird mit der verminderten Phosphorglucomutase-Aktivität in Zusammenhang gebracht (2). Nach HITCHCOCK u. Mitarb. kommt es bei höheren HF-Konzentrationen immer erst dann zu Depressionen von Pflanzenwachstum und Ertrag, wenn Chlorose sichtbar in Erscheinung tritt. Je nach Boden- und Pflanzenart kann der „natürliche" Fluorgehalt zwischen 0,03 und 3,0 mg F/100 g Tr. Sbst. schwanken und sich bei Schädigung durch fluorhaltige Abgase um ein Vielfaches erhöhen (GARBER).

Silicium. Bei Reis scheint ein echter Si-Bedarf zu bestehen. Ohne Si treten Schadsymptome auf; die Spitzen der unteren Blätter welken und zeigen Braunverfärbung, auch die Blütenstände und die Samen werden dunkler braun (MITSUI u. TAKATOH).

Ökologische Probleme

Bei Buchenmycorrhiza scheint das Sulfation das Pilzgewebe ohne nennenswerte Beeinflussung zu passieren; eine Entfernung des Pilzgewebes ist — im Gegensatz zur Phosphat-Aufnahme — ohne Einfluß auf die Sulfat-Aufnahme des Wirtsgewebes (MORRISON). Beim Phosphat befindet sich nach kurzer Versuchsdauer die Hauptmenge im Pilzmantel, und zwar in veresterter Form; vom Pilz- zum Wirtsgewebe soll aber nur anorganisches Phosphat wandern (HARLEY u. LOUGHMAN).

Die hohe Salztoleranz von *Agropyrum el.* unter Feldbedingungen kommt nach GREENWAY u. ROGERS vermutlich weniger durch eine verstärkte Widerstandsfähigkeit des Gewebes, als vielmehr durch eine geringere Verlagerung von Na und Chlorid in die Sprosse, d. h. durch verminderte Aufnahme, zustande. Die Bedeutung der Konzentration einer Nährlösung für die Salztoleranz von Gerste gegenüber hohen NaCl-Zusätzen wird von GREENWAY hervorgehoben: Die nachteilige Wirkung hoher NaCl-Zusätze nahm mit steigender Gesamt-Konzentration der Nährlösung ab. Dabei dürfte neben günstigeren Ionenrelationen in der Pflanze auch die verminderte Na-Aufnahme eine Rolle spielen.

Durch Einquellen von Weizensamen in Chloräthanol, LiBr, Tannin u. a. Substanzen erzielte MIYAMOTO (1) eine erhöhte Salztoleranz der Pflanzen. Da aber als Salz NH_4NO_3 verwendet wurde, dürfte die „Salzschädigung" kaum von einer NH_3-Vergiftung zu trennen sein, und man tut wohl gut, noch nicht allgemein von einer Schutzwirkung dieser Substanzen auf die Pflanzenproteine zu sprechen. Einquellen der Samen in Chloräthanol erhöhte außerdem die Widerstandsfähigkeit der Samen gegenüber höheren B-Konzentrationen [MIYAMOTO (2)]. Da aber weder B-Aufnahmen noch Transpiration bzw. Guttation [vgl. OERTLI (2)] gemessen wurden, kann nichts über die Art der Wirkung gesagt werden.

REPP untersuchte die Cu-Resistenz des Protoplasmas verschiedener Pflanzen. Die typische Cu-Pflanze *Silene vulgaris* zeigte dabei eine ausgesprochene „Schockresistenz" gegenüber höheren Cu-Konzentrationen, die in abgeschwächter Form auch bei Ruderal- und Gartenpflanzen auftrat. Bei längerer Versuchsdauer waren die Unterschiede aber nur noch gering. Deshalb ist *Silene* auch nur gegenüber kurzfristigen Steigerungen der Cu-Konzentration im Boden als unempfindlich anzusehen. Bei Vergleichen zwischen Galmei- und Normalformen von *Silene inflata* fand BRÖKER, daß zwischen einer bestimmten Wuchsform und hoher Zinkverträglichkeit kein bestimmter Zusammenhang besteht, sondern daß die natürlicherweise auftretende Kombination von großer Zn-Verträglichkeit und Galmeiwuchs vielmehr auf parallel verlaufende Auslese auf Zn-Verträglichkeit und Anspruchslosigkeit (Wasser, Nährstoffe) zurückzuführen ist.

Das ökologische Verhalten von *Picea* und *Populus* auf Standorten mit verschiedenem pH soll weniger mit der direkten Säurewirkung als vielmehr mit den dort vorhandenen unterschiedlichen N-Formen zusammenhängen [EVERS (1)]. *Populus* zeigt sich in saurem Bereich gegen Ammonium-N [als $(NH_4)_2SO_4$] besonders empfindlich und wächst sehr schlecht; mit Nitrat-N ist das Wachstum auch in saurem Bereich gut. Ein Zusatz von Bicarbonat und Silitat macht aber auch NH_4 in saurem Bereich für *Populus* zur vollwertigen N-Quelle [EVERS (2, 3)].

Aufgrund von Zellsaftanalysen bei einer großen Zahl von Arten versucht KINZEL, familienspezifische Koppelungen zwischen Ca und dem Säurestoffwechsel, insbesondere Oxalsäure, abzuleiten. *Caryophyllaceen* enthalten fast kein wasserlösliches Ca im Zellsaft, bei Außenangebot von Ca wird aufgenommenes Ca fast ausschließlich als Oxalat ausgefällt. Bei den ebenfalls oxalatführenden *Geraniaceen* wird dagegen das aufgenommene Ca nicht einseitig als Oxalat ausgefällt, sondern es bilden sich viele lösliche Ca-Salze. Bei *Atriplex* macht nach OSMOND das Oxalat einen sehr hohen Anteil der Gesamtanionen aus, es ist aber nur z. T. an Ca gebunden, daneben liegen noch viele lösliche K- und Na-Oxalate vor. Dem Oxalat wird eine wichtige Rolle bei der Ionenbalance in den Blättern von *Atriplex* zugeschrieben.

SCOTT u. Mitarb. bestätigten, daß Kalkung sich auf Mo-Mangelstandorten ähnlich wie Mo-Düngung auswirkt; eine Mo-Düngung führt bei gleichzeitiger Kalkung zu überhöhten Mo-Gehalten in den Pflanzen (HAGSTROM u. BERGER). REISENAUER findet eine Verstärkung der Mo-Mangelsymptome auf Mo-Mangelstandorten durch Sulfatzufuhr und erklärt dies mit einer Hemmung von Aufnahme und Verwertung des Mo-Ions durch Sulfat. Um maximale Erbsenerträge und eine hohe

N-$_2$Bindung zu erzielen, waren mit steigender Sulfat-Zufuhr auch erhöhte Mo-Gaben erforderlich. Die Ergebnisse sind deshalb von Interesse, weil z. Z. verstärkt auf S-Mangel hingewiesen (vgl. KÜHN u. MENGEL) und eine verstärkte Sulfat-Düngung empfohlen wird. Bei den auf stark sauren Hochmoorböden auftretenden „Säureschäden" der Pflanzen handelt es sich zum großen Teil um Mangel an Fe und Mo (BRANDENBURG u. Mitarb.).

KÖHNLEIN und KNAUER betonen die Brauchbarkeit der Pflanzenanalyse zur Bestimmung des Versorgungsgrades der Böden mit K und P, insbesondere auf dem Ackerland. 2,2% K$_2$O der Trockensubstanz bei Getreide vor der Blüte werden beispielsweise als Grenzzahl für eine lohnende Erhöhung der K-Düngung angesehen. Auf dem Grünland wird der unterschiedlichen Pflanzenentwicklung durch abgestufte Grenzwerte Rechnung getragen. Nach WEHRMANN ist die Blattanalyse in der Forstwirtschaft eine brauchbare Methode zur Beurteilung des Ernährungszustandes der Bäume. Nach VÖMEL u. ULRICH ist sie zur Ermittlung von Mn-Mangel bei Zuckerrüben geeignet und kann in den Tropen (FINCK) bei landwirtschaftlichen Kulturpflanzen größere Aussagekraft haben als Bodenuntersuchungen.

Auf alkalischen Böden mit niedrigem Gehalt an pflanzenaufnehmbarem Mn kann durch Dichtlagerung des Bodens die Mn-Aufnahme stark erhöht und ein Mn-Mangel beseitigt werden (PASSIOURA u. LEEPER). Die Erklärung hierfür wird in dem dadurch bewirkten engeren Kontakt zwischen Pflanzenwurzeln und Boden gesehen, der zu einer „Kontaktreduktion" von höherwertigem Mn führen soll. Im Zusammenhang mit der Frage der Kontaktaufnahme fanden WERKHOVEN u. OHLROGGE, daß die Rb-Aufnahme aus Suspensionen von Kationenaustauschern höher ist als aus den entsprechenden Gleichgewichtslösungen. Die höhere Rb-Aufnahme aus den Suspensionen wird auf einen Nachlieferungseffekt zurückgeführt, der bis zu einer Entfernung von 150 μ von den Kolloiden wirksam sein soll. BARBER u. Mitarb. vergleichen die Bedeutung von Wurzelwachstum, Massenfluß und Diffusion bei der Nährstoffaufnahme durch die Wurzel im Boden und messen dem Wurzelwachstum die geringste Bedeutung bei. Zur Deckung des Bedarfes an K und P wären alle drei Faktoren erforderlich.

GEISLER findet bei erhöhten CO$_2$-Konzentrationen der Lösung ein stark vergrößertes Wurzelsystem bei Erbsenpflanzen, die Förderung von Längenwachstum und Seitenwurzelzahl vollzog sich allerdings auf Kosten der Wurzeldicke. Auch eine periodische CO$_2$-Behandlung wirkte fördernd auf die Wurzellänge.

Literatur

ANDREW, C. S.: Austr. J. Agric. Res. 14, 654—659 (1963). — ARISZ, W. H.: Protoplasma (Wien) 57, 5—26 (1963). — ARONOFF, S.: Plant Physiol. (Lancaster) 38, 628—631 (1963). — AVUNDZHYAN, E. S.: Fiziol. Rast. 10, 11—16 (1963). — BANGE, G. G. J., and H. v. GEMERDEN: Plant a. Soil 18, 85—98 (1963). — BARBER, D. A., and H. V. KOONTZ: Plant Physiol. (Lancaster) 38, 60—65 (1963). — BARBER, S. A., J. M. WALKER, and E. H. VASEY: J. agric. Food Chem. 11, 204—207 (1963). — BARBIER, G., e. M. BROSSARD: Agrochimica (Pisa) 7, 216—225 (1963). — BELL, C. W., and O. BIDDULPH: Plant Physiol. (Lancaster) 38, 610—614 (1963). —

BENNETT, W. D.: New Zealand J. Agric. **6**, 310—313 (1963). — BERINGER, H.: Z. Pflanzenernähr., Düng., Bodenkde. **100**, 22—34 (1963). — BERNSTEIN, L.: Amer. J. Bot. **50**, 360—370 (1963). — BIGGS, D. R., and A. W. LINNANE: Biochim. biophys. Acta (Amst.) **78**, 785—788 (1963). — BIRAT, R. B. S.: Sci. a. Cult. (Calcutta) **29**, 311—312 (1963). — BOAWN, L. C., and G. E. LEGGET: Soil Sci. (Baltimore) **95**, 137—141 (1963). — BOROUGHS, H., E. BORNEMISZA, and A. S. CARDOSO: Plant a. Soil **19**, 241—248 (1963). — BOVÉ, J. M., C. BOVÉ, F. R. WHATLEY, and D. J. ARNON: Z. Naturforsch. **18 b**, 683—688 (1963). — BOWLING, D. J. F.: Nature (Lond.) **200**, 284—285 (1963). — BRANDENBURG, E., A. SCHNEIDER u. R. EIBENER: Landwirtsch. Forsch. **17** Sdh. 104—112. — BREWBAKER, J. L., and B. H. KWACK: Amer. J. Bot. **50**, 859—865 (1963). — BRIGGS, G. E.: J. exp. Bot. (Engl.) **14**, 191 bis 197 (1963). — BRÖKER, W.: Flora (Jena) **153**, 122—156 (1963). — BURSTRÖM, H.: Advanc. Bot. Res. **1**, 73—100 (1963). — BUSSLER, W.: (1) Z. Pflanzenernähr., Düng., Bodenkde. **100**, 53—58 (1963); — (2) **100**, 129—142 (1963); — (3) Landwirtsch. Forsch. **16**, 153—162 (1963).

CANELL, G. H., F. T. BINGHAM, J. C. LINGLE, and M. J. GARBER: Proc. Soil Sci. Soc. Amer. **27**, 560—565 (1963). — CLIMO, R. S.: An. Bot. **27**, 309—324 (1963). — COOPER, E. E., and R. E. GIRTON: Amer. J. Bot. **50**, 105—110 (1963). — CORMACK, R. G. H., P. LEMAY, and G. A. MACLACHLAN: J. exp. Bot. **14**, 311—315 (1963). — CZYGAN, F. C.: Planta **60**, 225—242 (1963).

DMITRENKO, P. A., E. G. TOMASHEVSKAYA, and V. S. SHUTRMORA: Fiziol. Rast. **10**, 142—147 (1963).

ELLIS, R. J., K. W. JOY, and J. F. SUTCLIFFE: Biochem. J. **87**, 39 P (1963). — EPSTEIN, E., D. W. RAINS, and O. E. ELZAM: Proc. nat. Acad. Sci. (USA) **49**, 684—692 (1963). — ESSINGTON, E., H. NISHITA, and A. WALLACE: Soil Sci. (Baltimore) **95**, 331—337 (1963). — ETHERTON, B.: Plant Physiol. (Lancaster) **38**, 581 bis 585 (1963). — EVANS, H. J.: Plant Physiol. (Lancaster) **38**, 397—402 (1963). — EVERS, F. H.: (1) Z. Bot. **51**, 61—79 (1963); — (2) **51**, 80—90 (1963); — (3) **51**, 91—111 (1963).

FEDOROW, N. J., and J. EGOROWA: Fiziol. Rast. **10**, 227—229 (1963). — FINCK, A.: Landwirtsch. Forsch. **16**, 145—152 (1963). — FOY, C. D., and J. C. BROWN: Proc. Soil Sci. Soc. Amer. **27**, 403—407 (1963).

GALLING, G.: Arch. Mikrobiol. **46**, 150—184 (1963). — GARBER, K.: Landwirtsch. Forsch. **17**. Sdh. 20—26 (1963). — GEISLER, G.: Plant Physiol. (Lancaster) **38**, 77—80 (1963). — GRAHAM, J. S. D., and R. K. MORTON: (1) Austr. J. Biol. Sci. **16**, 357—365 (1963). — GRAHAM, J. S. D., R. K. MORTON, and J. K. RAISON: (2) Austr. J. Biol. Sci. **16**, 375—383 (1963). — GREENWAY, H.: Austr. J. Biol. Sci. **16**, 616—628 (1963). — GREENWAY, H., and A. ROGERS: Plant a. Soil **18**, 21—30 (1963). — GROSSE, W.: Flora (Jena) **153**, 157—193 (1963).

HAGSTROM, G. R., and K. C. BERGER: Agron J.. (Madison, Wis.) **55**, 399—401 (1963). — HANDLEY, R., and R. OVERSTREET: Plant Physiol. (Lancaster) **38**, 180—184 (1963). — HANOWER, P., J. BRZOZOWSKA et P. PRÉVOT: C. R. Acad. Sci. **257**, 496—498 (1963). — HANSON, J. B., and T. K. HODGES: Nature (Lond.) **200**, 1009 (1963). — HARLEY, J. B., and B. C. LOUGHMAN: New Phytol. (Engl.) **62**, 350—359 (1963). — HASSALL, K. A.: Physiol. Plantarum (Kopenhagen) **16**, 323—332 (1963). — HEIDE, H. VAN DER, B. M. BOER-BOLT, and M. H. VAN RAALTE: Acta bot. Neerl. **12**, 231—247 (1963). — HELMY, A. K., M. N. HASSAN, and S. TAHER: Plant a. Soil **18**, 133—139 (1963). — HIATT, A. J.: Plant a. Soil **18**, 273—276 (1963). — HIATT, A. J., D. F. AMOS, and H. F. MASSEY: Agron. J. (Madison, Wis.) **55**, 284—287 (1963). — HITCHCOCK, A. E., P. W. ZIMMERMAN, and R. R. COE: Contrib. Boyce Thompson Inst. **22**, 175—206 (1963). — HÖFNER, W.: Naturwissenschaften **50**, 720 (1963). — HOPE, A. B.: Austr. J. Biol. Sci. **16**, 429—441 (1963).

ILAN, J., and L. REINHOLD: Physiol. Plantarum (Kopenhagen) **16**, 596—603 (1963). — IVANOFF, S. S.: Bot. Rev. **29**, 202—229 (1963).

JACKSON, P. C., and H. R. ADAMS: J. gen. Physiol. (Baltimore) **46**, 369—386 (1963). — JONES, L. H. P., A. A. MILNE, and S. M. WADHAM: Plant a. Soil **18**, 358—371 (1963).

KAINDL, K., u. CH. CHWALA: Atompraxis **9**, 3—7 (1963). — KAPRÁLEK, F.: Biochim. biophys. Acta (Amst.) **71**, 725—727 (1963). — KARALI, E. F., and C. A. PRICE: Nature (Lond.) **198**, 708 (1963). — KIDSON, E. B.: New Zealand J. Agric.

6, 463—465 (1963). — Kidson, E. B., E. T. Chittenden, and J. M. Brooks: New Zealand J. Agric. 6, 43—46 (1963). — Kinzel, H.: Protoplasma (Wien) 57, 522—555 (1963). — Kliewer, M., and H. J. Evans: Plant Physiol. (Lancaster) 38, 99—104 (1963). — Knauer, N.: Landwirtsch. Forsch. 16, 116—129 (1963). — Köhnlein, J.: Landwirtsch. Forsch. 16, 107—115 (1963). — Korovin, A. I., Z. F. Sycheva, and Z. A. Bystrova: Fiziol. Rast. 10, Nr. 2, 137—141 (1963). — Kühn, H., u. K. Mengel: Landwirtsch. Forsch. 16, 267—278 (1963).

Leh, H.-O.: (1) Landwirtsch. Forsch. 16, 173—180 (1963); — (2) Phytopath. Z. 49, 71—83 (1963). — Lindstrom, R. S., and P. Markakis: Science (N. Y.) 142, 1663—1664 (1963). — Lingle, J. C., L. O. Tiffin, and J. C. Brown: Plant. Physiol. (Lancaster) 38, 71—76 (1963). — Linser, H., u. T. Hegazy: Experientia (Basel) 19, 587—588 (1963). — Linser, H., u. K. Herwig: Protoplasma (Wien) 57, 588 bis 600 (1963). — Lisanti, L. E., u. U. Marckwordt: Atompraxis 9, 92—95 (1963). — Loach, P. A., and M. Calvin: Biochemistry 2, 361—371 (1963). — Lycklama, J. C.: Acta bot. Neerl. 12, 361—423 (1963).

MacDonald, I. R., and G. G. Laties: Plant Physiol. (Lancaster) 38, 38—44 (1963). — Marckwordt, U.: Landwirtsch. Forsch. 16, 1—7 (1963). — Marinos N. G.: Amer. J. Bot. 50, 998—1005 (1963). — Marsh, H. V., H. J. Evans, and G. Matrone: (1) Plant Physiol. (Lancaster) 38, 632—638 (1963); — (2) 38, 638—642 (1963). — Martin, G.: Plant a. Soil 18, 258—266 (1963). — McKell, C. M., and A. M. Wilson: Agron. J. 55, 134—137 (1963). — Mecklenburg, R. A., and H. B. Tukey jr.: Nature (Lond.) 198, 562—563 (1963). — Mengel, K.: (1) Agrochimica (Pisa) 7, 236—257 (1963); — (2) Z. Pflanzenernähr., Düng., Bodenkde. 103, 99—111 (1963); — (3) Physiol. Plantarum (Kopenhagen) 16, 767—776 (1963). — Millikan, C. R.: Austr. J. Agric. Res. 14, 180—205 (1963). — Mitsui, S., and H. Takatoh: Soil Sci. Plant Nutr. 9, 49—53, 54—58 (1963). — Mitsui, S., and M. Ueda: Soil Sci. Plant Nutr. 9, 6—12 (1963). — Miyamoto, T.: (1) Physiol. Plantarum (Kopenhagen) 16, 333—336 (1963); — (2) Nature (Lond.) 197, 4867, 620 (1963). — Moorby, J., and H. M. Squire: Radiat. Bot. 3, 95—98 (1963). — Morris, I., and P. J. Syrett: Arch. Mikrobiol. 47, 32—41 (1963). — Morrison, T. M.: New Phytol. (Engl.) 62, 44—49 (1963). — Mortvedt, J. J., K. C. Berger, and H. M. Darling: Amer. Potato J. 40, 96—102 (1963). — Munns, D. N., L. Jacobson and C. M. Johnson: (1) Plant a. Soil 19, 193—204 (1963). — Munns, D. N., C. M. Johnson, and L. Jacobson: (2) Plant a. Soil 19, 115—126 (1963); — (3) 19, 285—295 (1963).

Naguib, J. I.: Arch. Mikrobiol. 47, 154—160 (1963). — Nielsen, K. F., R. B. Carson, and I. Hoffman: Soil Sci. (Baltimore) 95, 315—321 (1963).

Oertli, J. J.: (1) Agrochimica 8, 37—63 (1963); — (2) Advancing, Frontiers of Plant Sci. 6, 55—86 (1963). — Oland, K.: Physiol. Plantarum (Kopenhagen) 16, 682—694 (1963). — Osmond, B.: Nature (Lond.) 198, 503—504 (1963). — Ozanne, P. G., E. A. N. Greenwood, and T. C. Shaw: Austr. J. Agric. Res. 14, 39—50 (1963).

Palm, E. T.: Contrib. Boyce Thompson Inst. 22, 91—112 (1963). — Passioura, J. B., and G. W. Leeper: Nature (Lond.) 200, 29—30 (1963). — Peel, A. J. J.: exper. Bot. (Engl.) 14, 438—447 (1963). — Perur, N., R. L. Smith, and H. H. Wiebe: Current Sci. (Bangalore) 32, 162 (1963). — Pitman, M. G.: Austr. J. Biol. Sci. 16, 647—668 (1963).

Queen, W. H., H. W. Fleming, and I. C. O'Kelley: Plant Physiol. (Lancaster) 38, 410—413 (1963).

Randall, P. J., and P. B. Vose: Plant Physiol. (Lancaster) 38, 403—409 (1963). — Rangan, S., and R. M. Pandey: Current Sci. (Bangalore) 32, 83—84 (1963). — Rangan, Sh., and B. Malaviya: Flora (Jena) 152, 399—408 (1963). — Reisenauer, H. M.: Proc. Soil Sci. Soc. (Amer.) 27, 553—555 (1963). — Repp, G.: Protoplasma (Wien) 57, 643—659 (1963).

Salisbury, F. B., and G. L. Eichhorn: Planta 60, 145—157 (1963). — Saric, M., and R. Curic: Agrochimica 7, 173—184 (1963). — Schlösser, E., u. H. Stegemann: Phytopath. Z. 49, 84—88 (1963). — Scott, R. S., N. A. Cullen, and E. B. Davies: New Zealand J. Agric. 6, 538—555 (1963). — Schultz, St. G., W. Epstein, and A. K. Solomon: J. gen. Physiol. (Baltimore) 47, 329—346 (1963). — Simonis, W., u. W. Urbach: Arch. Mikrobiol. 46, 265—286 (1963). — Simons, J. N., R. Swidler, and H. M. Benedict: Plant Physiol. (Lancaster) 38, 667—674 (1963). — Singh, S.: Indian J. agric. Sci. 33, 1—7 (1963). — Sinha, S. K., and E. A. Cossins:

Nature (Lond.) **199**, 1109 (1963). — Skogley, E. O., and C. B. McCants: Proc. Soil Sci. Soc. Amer. **27**, 549—552 (1963). — Smith, T. A.: Phytochemistry 2, 241 bis 252 (1963). — Steineck, O.: Förderungsdienst (Wien) **11**, 77—81 (1963). — Steward, I., and C. D. Leonard: Soil Sci. **95**, 149—154 (1963). — Sudia, T. W., and A. J. Linck: Plant a. Soil **19**, 249—254 (1963). — Syrett, P. J., and I. Morris: Biochim. biophys. Acta (Amst.) **67**, 566—575 (1963).

Tanada, T.: Plant Physiol. (Lancaster) **38**, 422—426 (1963).

Uhler, R. L., and R. Scott Tussell: J. exp. Bot. (Engl.) **14**, 431—437 (1963). Vömel, A., u. A. Ulrich: Z. Pflanzenernähr., Düng., Bodenkde. **102**, 28—45 (1963). — Vose, P. B.: (1) Plant a. Soil **19**, 49—64 (1963); — (2) J. exp. Bot. (Engl.) **14**, 448—457 (1963). — Vose, P. B., and D. G. Jones: Plant a. Soil **18**, 372—385 (1963). — Vyskrebentséva, E. I.: Fiziol. Rast. **10**, 40—47 (1963).

Wegener, W. S., and H. H. Romano: Science (N. Y.) **142**, 1669—1670 (1963). — Wehrmann, J.: Landwirtsch. Forsch. **16**, 130—145 (1963). — Weigl, J.: Planta **60**, 307—321 (1963). — Wells, C. G., and L. J. Metz: Proc. Soil Sci. Soc. Amer. **27**, 90—93 (1963). — Welte, E., e. U. Marckwordt: Agrochimica (Pisa) 7, 161 bis 172 (1963). — Werkhoven. C. H. E., and A. J. Ohlrogge: Proc. Soil Sci. Soc. Amer. **27**, 523—525 (1963). — Wilson, D. O., and H. M. Reisenauer: Plant a. Soil **19**, 364—373 (1963). — Woolley, D. G.: Canad. J. Plant Sci. **43**, 44—50 (1963).

Yang, S. F., and G. W. Miller: (1) Biochem. J. **88**, 505—509 (1963); — (2) **88**, 509—516 (1963); — (3) **88**, 517—522 (1963). — Yates, M. G., and E. G. Hallsworth: Plant a. Soil **19**, 265—284 (1963).

Ziegler, H.: Planta **60**, 41—45 (1963). — Ziegler, H., J. Weigl u. K. Lüttge: Protoplasma (Wien) **56**, 362—370 (1963). — Zoschke, M.: Z. Acker- u. Pflanzenbau **116**, 317—326 (1963).

14. Stoffwechsel organischer Verbindungen I (Photosynthese)

Von Helmut Metzner, Tübingen

Der Beitrag folgt in Band 27

15. Stoffwechsel organischer Verbindungen II

a) Kohlenhydrat- und Säurestoffwechsel

Von Hans Reznik, Münster/Westf.

Der Beitrag folgt in Band 27

b) Sekundäre Pflanzenstoffe

Von Hans-Botho Schröter, Halle a. d. Saale

Die folgende Darstellung ist Fortsetzung und Ergänzung des vorjährigen Berichtes (Fortschr. Bot. **25**, 270); angesichts der Fülle des Materials muß jedoch auch auf einschlägige Fortschrittsberichte und Review-Artikel sowie auf einige mit größerer Ausführlichkeit abgefaßte Neuerscheinungen in Buchform verwiesen werden:

Alston und Turner: Biochemical systematics (1963). Bernfeld: Biogenesis of natural compounds (1963). Goodwin: Biosynthesis of vitamins and related compounds (1963). Hegnauer: Chemotaxonomie der Pflanzen, Band II: Monocotyledoneae (1963).

Die rasch sich mehrenden Kenntnisse über die chemische Struktur, die natürliche Verbreitung und die Biogenese pflanzlicher Sekundärstoffe haben die Chemotaxonomie in überraschender Weise belebt. Schratz (1963) setzt sich mit den physiologischen Gründen der chemischen Variabilität auseinander, und Erdtman (1963) diskutiert die Probleme erneut an Hand zahlreicher Beispiele und unter besonderer Berücksichtigung der Coniferen (weitere Literatur: Merxmüller, Fortschr. Bot. **25**, 93).

1. Stickstofffreie sekundäre Pflanzenstoffe

a) Terpene und Terpenoide. Mevalonsäure und „aktives Isopren" — Schlüsselsubstanzen bei der Biosynthese der Terpenoide in Tieren und Mikroorganismen — erweisen sich auch in Experimenten an höheren Pflanzen immer mehr als Grundbausteine isoprenoider Stoffwechselprodukte (Zusammenfassung: Nicholas 1963: The biogenesis of terpenes in plants). Einer Ausdehnung der von Ruzicka formulierten „biogenetischen Isoprenregel" (Übersicht: Ruzicka 1963) auf höhere Pflanzen steht daher prinzipiell nichts im Wege, wenngleich Besonderheiten in der chemischen Struktur spezifischer Terpen-Abkömmlinge weitere Untersuchungen fordern.

Eine bisher nur aus Tierleber und Hefe bekannte Mevalonsäure-Kinase, welche Mevalonsäure zu 5-Phosphomevalonsäure phosphoryliert, haben LOOMIS und BATTAILE (1963) auch in Kürbiskeimlingen nachgewiesen.

Für die Analyse ätherischer Öle gewinnt die Gaschromatographie an Bedeutung (z. B.: SMITH 1964: Untersuchungen über die Variabilität des Monoterpen-Gehaltes in einem kalifornischen *Pinus ponderosa*-Bestand). Eine mikroskopische Studie über die Entstehung ölführender Gewebe in den Wurzeln verschiedener *Valeriana*- und *Valerianella*-Arten stammt von HOLZNER- LENDBRADL (1963). Die Autorin beschreibt

„die Ablagerung ätherischer Öle in der Exodermis und in den angrenzenden Rindenschichten. Dabei zeigen die äußeren Rindenschichten an ihren Querwänden besondere Ölbeutel, die sich in Kopf und Stiel gliedern und die sich in Gruppen von 1—4 jeweils in der Mitte der Antiklinalwände befinden. Die Ölbehälter der Exodermiszellen entwickeln sich aus einer Ölvacuole, die in der Nähe des Zellkerns sichtbar wird. Voll ausgebildete Ölbehälter zeigen Kammer- bzw. Wabenstruktur und werden von kleinen Tropfen umgeben. In den äußeren Rindenschichten treten ätherisches Öl und Stärke in ein und denselben Zellen auf. Diese sind auch im adulten Zustand noch lebend. Allein die Exodermis bleibt frei von Amyloplasten, sie besteht zuletzt aus abgestorbenen Elementen, deren Membranen verkorkt sind." (Abbildungen im Original.)

Das in Blütenölen nicht seltene Sesquiterpen Farnesol ist ein Sexuallockstoff der Hummelmännchen. STEIN (1963a, b) vermutet, daß die Substanz mit dem Futter aufgenommen und in den Mandibeldrüsen gespeichert wird. LYNEN u. Mitarb. (GRASSL, AUGSBURG, COY und LYNEN 1963; GRASSL, COY, SEYFFERT und LYNEN 1963) klärten nach Vorarbeit verschiedener anderer Autoren die chemische Konstitution des Cytohämins, der Wirkungsgruppe des sauerstoffübertragenden Fermentes der Atmung. Auffallend ist eine Terpenseitenkette, die nach Alkylierung einer Vinylgruppe des Protohämins mit Farnesylpyrophosphat entsteht. Terpenoide Reaktionspartner mit endständigem Isopentenylpyrophosphat, aber variierender Kettenlänge sind vorstellbar, sie würden Cytohämine mit einer entsprechend langen Seitenkette ergeben:

$$CH_2\text{—}[CH_2\text{—}CH_2\text{—}\overset{\overset{\displaystyle CH_3}{|}}{CH}\text{—}CH_2]_3\text{—}H$$

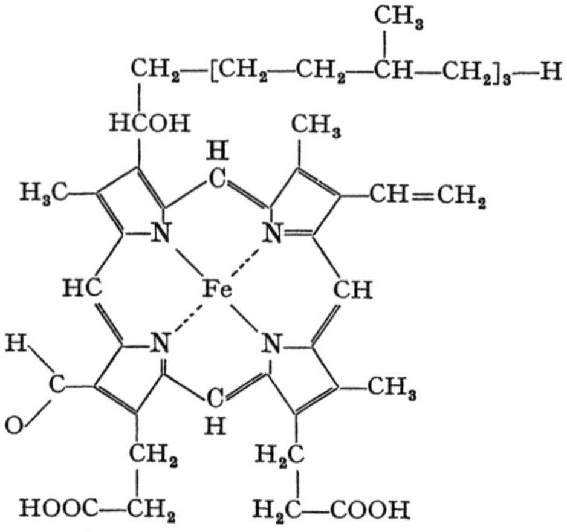

Cytohämin

$$R = CH_2\text{—}CH_2\text{—}CH = \overset{\overset{\displaystyle CH_3}{|}}{C}\text{—}CH_2\text{—}CH_2\text{—}CH = \overset{\overset{\displaystyle CH_3}{|}}{C}\text{—}CH_3$$

NANDI und PORTER (1964) gelang die fermentative Synthese von Geranyl-geranylpyrophosphat aus Farnesylpyrophosphat und markiertem Isopentenylpyrophosphat mit Hilfe einer aus Karotten gewonnenen Synthetase.

Das Triterpen Squalen entsteht nach BEELER, ANDERSON und PORTER (1963) aus Mevalonsäure oder aus Farnesylpyrophosphat in Gegenwart isolierter Plastiden oder angereicherter Fermente aus Tomaten und Mohrrüben.

Zellfreie Extrakte des Pilzes *Phycomyces blakesleeanus* synthetisieren β-Carotin aus Acetat, Hydroxymethylglutarsäure oder Mevalonsäure (YOKOYAMA, NAKAYAMA und CHICHESTER 1962); Hefeenzyme bauen ^{14}C-Isopentenylpyrophosphat in das Lycopin von Tomaten-Homogenisaten ein (VARMA und CHICHESTER 1962).

Über das Vorkommen von Cholesterin in *Solanum tuberosum* und *Dioscorea spiculiflora* berichten JOHNSON, BENNETT und HEFTMANN (1963). Mevalonsäure ist eine Vorstufe für die in Maiskeimlingen nachzuweisenden Steroide (MERCER und GOODWIN 1963), ebenso auch für die Steroide und Sapogenine in *Dioscorea*-Arten (BENNETT, HEFTMANN, PRESTON und HAUN 1963).

Zusammenfassungen: HEFTMANN 1963: Biochemistry of plant steroids. APPLEZWEIG 1962: Steroid drugs.

Den umfangreichen Untersuchungen über Vorkommen, chemische Struktur und pharmakologische Wirkung der Herzglykoside stehen nach wie vor relativ wenige Experimente zur Biogenese dieser Steran-Derivate gegenüber. STABA und LAMBA (1963) bemühen sich um die Ermittlung der günstigsten Bedingungen für das Wachstum isolierter Zellen von *Digitalis lanata* und *D. purpurea* in künstlichen Nährlösungen. Ob sich

Zell- und Gewebekulturen allerdings für die industrielle Gewinnung herzwirksamer Glykoside eignen, bleibt abzuwarten.

Zusammenfassungen: BAUMGARTEN 1963: Die herzwirksamen Glykoside. REICHSTEIN 1962: Besonderheiten der Zucker von herzaktiven Glykosiden.

Daß die hochpolymeren Terpenoide (Kautschuk) aus C_5-Monomeren entstehen, ist mehrfach und an verschiedenen Objekten *(Hevea, Taraxacum)* bewiesen worden. Unklar ist gegenwärtig noch, aus welchen Gründen die Polymerisation nach Erreichen einer bestimmten Kettenlänge aufhört (BONNER 1963).

b) Einfache Benzol-Derivate. Bei genauerer Untersuchung des Reaktionsweges, welcher von Shikimisäure zu Benzol-Derivaten führt,

Shikimisäure

3-Enol-pyruvyl-shikimisäure-5-phosphat

"Chorismic acid"

Prephensäure   4-Hydroxybenzoesäure   Anthranilsäure

wurde im Laboratorium von GIBSON aus *Aerobacter aerogenes* ein Zwischenprodukt isoliert, das wegen seiner Stellung an einem Verzweigungspunkt
der Aromaten-Synthese den Namen "chorismic acid" erhielt und dem die
Konstitution eines 3-Enolpyruvyläthers der trans-3,4-Dihydroxy-cyclo-
hexadien-(1,5)- carbonsäure zugeschrieben wird (GIBSON und JACKMAN
1963; GIBSON 1964):

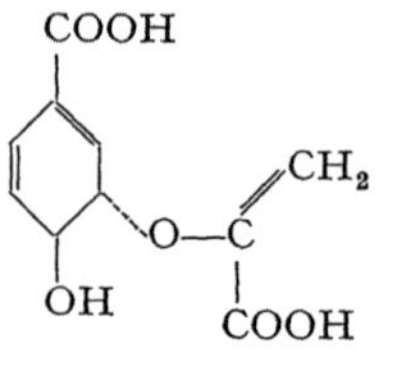

Versuche mit *Aerobacter*-Mutanten (intakte Zellen und Enzym-Präpara-
tionen) rechtfertigen die Eingliederung der Chorisminsäure zwischen
Shikimisäure und Prephensäure (GIBSON und GIBSON 1964) (vgl. Fortschr.
Bot. **25**, 277, siehe Seite 217).

In Gegenwart von Hefeenzymen entsteht p-Aminobenzoesäure aus
Chorisminsäure und Glutamin (als NH_2-Donator) (GIBSON, GIBSON und
Cox 1964).

c) Phenole. SCHMIDT (1963) publiziert unter dem Titel „Biosynthese
phenolischer Pflanzeninhaltsstoffe" neuere Resultate zur natürlichen
Bildung von Phenolen, Phenylpropanen, Flavonoiden, Anthocyanen,
Isoflavonen, Cumarinen und verwandten Naturstoffen. Den an der
Phenol-Biogenese beteiligten Fermenten sind die Beiträge in dem von
PRIDHAM (1963) herausgegebenen Buch "Enzyme chemistry of phenolic
compounds" gewidmet.

d) Lignin. Alle bekannten Lignine lassen sich von den monomeren
Ausgangsprodukten p-Cumaralkohol (I), Coniferylalkohol (II) und
Sinapinalkohol (III) ableiten, p-Hydroxyzimtalkoholen, die sich ledig-
lich in ihrem Methoxylgehalt unterscheiden:

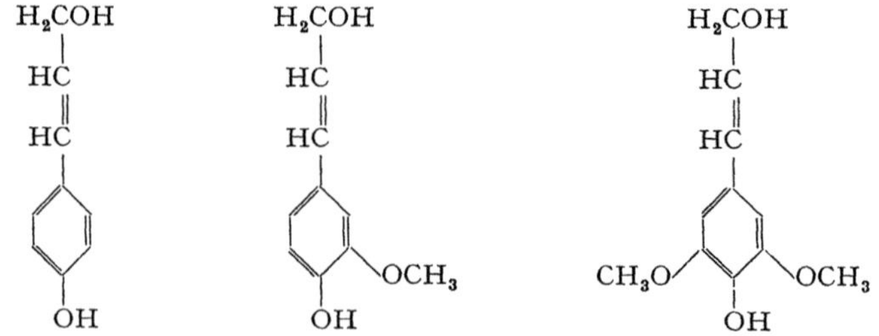

Die Biosynthese der C_6C_3-Verbindungen ist hinreichend geklärt. Im
Cambium sind während der Wachstumsperiode reichliche Mengen der
entsprechenden Glucoside (Glucocumaralkohol, Coniferin und Syringin)
nachzuweisen, bei denen die Glucose jeweils an der phenolischen OH-
Gruppe haftet. Eine Glucosidase liefert die freien Zimtalkohole, die dann

durch Laccase in Gegenwart von Sauerstoff (in geringerem Maße auch durch Peroxydase und Wasserstoffperoxyd) dehydriert werden. Bei der Dehydrierung bilden sich (nach FREUDENBERG) Radikale vom Typ

und die mesomeren Radikale

und

Bei der Absättigung entstehen Dilignole als Zwischenprodukte, z. B. das folgende Chinonmethid (IV):

$+ H_2O$

(IV)   (V)

Dieses addiert Wasser (V) oder andere Hydroxylverbindungen, das resultierende Phenol kann erneut dehydriert werden. Die Mannigfaltigkeit der vorstellbaren und der experimentell nachgewiesenen Zwischenprodukte verbietet eine ausführlichere Besprechung der Reaktion. Es leuchtet jedoch ein, daß die fortgesetzte Dehydrierung eine wesentliche Voraussetzung für das Wachstum des Lignin-Moleküls ist. Hinzu kommen die Addition von Phenolen oder Zuckern an Chinonmethid sowie die Polymerisation der p-Chinonmethide. Die Ligninsynthese ist *in vivo* und in Modellreaktionen eingehend untersucht worden, die Vorstellungen über die Konstitution der Lignine unterschiedlicher Provenienz sind experimentell gut fundiert.

Zusammenfassungen und Diskussionen: FREUDENBERG 1962; NORD und SCHUBERT 1963; FREUDENBERG u. Mitarb.: Chem. Ber. **96** (1963), **97** (1964) (mehrere Arbeiten).

e) Halogenhaltige sekundäre Pflanzenstoffe. Fluoressigsäure, gelegentlich die Ursache von Massenvergiftungen des Weideviehes, wird von Vertretern verschiedener Pflanzenfamilien akkumuliert. OLIVEIRA (1963) hat die Substanz neuerdings aus der in Brasilien vorkommenden Rubiaceen-Art *Palicourea marcgravii* isoliert, PETERS (1963) aus der in Australien verbreiteten *Acacia georginea* (vgl. dazu Fortschr. Bot. **25**, 282).

Caldariomycin ist ein chlorhaltiges Stoffwechselprodukt des Pilzes *Caldariomyces fumago*. BECKWITH und HAGER (1963) sctzten Cyclopentandion-(1,3) als Caldariomycin-Vorstufe ein und beschreiben den folgenden Biosyntheseweg:

$$\text{Cyclopentandion-(1,3)} + Cl^- + H_2O_2 \longrightarrow \text{(2-Chlor-cyclopentandion)} + H_2O + OH^-$$

$$\text{(2-Chlor-cyclopentandion)} + Cl^- + H_2O_2 \longrightarrow \text{(2,2-Dichlor-cyclopentandion)} + H_2O + OH^-$$

$$\text{(2,2-Dichlor-cyclopentandion)} + 4\,H \longrightarrow \text{Caldariomycin}$$

2. Stickstoffhaltige sekundäre Pflanzenstoffe

a) Biogene Amine und Alkaloide. Eine zusammenhängende Darstellung neuer Arbeiten wird zurückgestellt (vgl. Fortschr. Bot. **25**, 282).

b) Betacyane. Etwas verwirrend sind Nomenklatur und (vorläufige) Mitteilungen über die Struktur roter für die Ordnung der Centrospermen spezifischer Pigmente („Stickstoff-Anthocyane"). DREIDING (1961) beschreibt in einer Zusammenfassung die chemischen Eigenschaften und die natürliche Verbreitung der wegen ihrer Empfindlichkeit gegenüber Sauerstoff schwer zu handhabenden Farbstoffe. Am bekanntesten ist das Betanin der Roten Rübe, ein Glucosid des Betanidins (Grundkörper für mehrere ähnlich strukturierte Betacyane):

Betanidin

Die Konstitution des Betanidins wurde von DREIDING u. Mitarb. geklärt (zuletzt: WYLER, MABRY und DREIDING 1963); ihre Vermutung, daß die Betanidin-Biosynthese von zwei Molekülen DOPA ausgehe, scheint sich zu bestätigen: HÖRHAMMER, WAGNER und FRITZSCHE (1964) beobachteten in Keimlingen der Roten Rübe einen signifikanten Einbau von DL-DOPA-(2-^{14}C) in das Betanidin. Lysin, Acetat oder Glycin wurden hingegen während des untersuchten Entwicklungsstadiums nicht inkorporiert.

Literatur

ALSTON, R. E., and B. L. TURNER: Biochemical systematics. Englewood Cliffs, N. J.: Prentice Hall 1963. — APPLEZWEIG, N.: Steroid drugs. New York-Toronto-London: McGraw-Hill Book Comp. 1962.

BAUMGARTEN, G.: Die herzwirksamen Glykoside. Leipzig: VEB Georg Thieme 1963. — BECKWITH, J. R., and L. P. HAGER: J. Biol. Chem. 238, 3091—3094 (1963). — BEELER, D. A., D. G. ANDERSON, and J. W. PORTER: Arch. Biochem. Biophys. 102, 26—32 (1963). — BENNETT, R. D., E. HEFTMANN, W. H. PRESTON, and J. R. HAUN: Arch. Biochem. Biophys. 103, 74—83 (1963). — BERNFELD, P.: Biogenesis of natural compounds. Oxford-London-New York-Paris: Pergamon Press 1963. — BONNER, J.: Fortschr. Chem. org. Naturstoffe 21, 1—16 (1963).

DREIDING, A. S.: Recent developments in the chemistry of natural phenolic compounds (herausgegeben von W. D. OLLIS), 194—211. Oxford-London-New York-Paris: Pergamon Press 1961.

ERDTMAN, H.: Pure appl. Chem. 6, 679—708 (1963).

FREUDENBERG, K.: Fortschr. Chem. org. Naturstoffe 20, 41—72 (1962).

GIBSON, F.: Biochem. J. 90, 256—261 (1964). — GIBSON, F., M. GIBSON, and G. B. COX: Biochim. Biophys. Acta 82, 637—638 (1964). — GIBSON, F., and L. M. JACKMAN: Nature 198, 388 (1963). — GIBSON, M. I., and F. GIBSON: Biochem. J. 90, 248—256 (1964). — GOODWIN, T. W.: The biosynthesis of vitamins and related compounds. New York-London: Academic Press 1963. — GRASSL, M., C. AUGSBURG, U. COY u. F. LYNEN: Biochem. Z. 337, 35—47 (1963). — GRASSL, M., U. COY, R. SEYFFERT u. F. LYNEN: Biochem. Z. 338, 771—795 (1963).

HEFTMANN, E.: Ann. Rev. Plant Physiol. 14, 225—248 (1963). — HEGNAUER, R.: Chemotaxonomie der Pflanzen, Bd. 2. Basel-Stuttgart: Birkhäuser Verlag 1963. — HOLZNER-LENDBRADL, I.: Beitr. Biol. Pflanzen 39, 323—366 (1963). — HÖRHAMMER, L., H. WAGNER u. W. FRITZSCHE: Biochem. Z. 339, 398—400 (1964).

JOHNSON, D. F., R. D. BENNETT, and E. HEFTMANN: Science 140, 198—199 (1963).

LOOMIS, W. D., and J. BATTAILE: Biochim. Biophys. Acta 67, 54—63 (1963).

MERCER, E. I., and T. W. GOODWIN: Biochem. J. 88, 46 P — 47 P (1963).

NANDI, D. L., and J. W. PORTER: Arch. Biochem. Biophys. 105, 7—19 (1964). — NICHOLAS, H. J.: Biogenesis of natural compounds (herausgegeben von P. BERN-FELD), 641—691. Oxford-London-New York-Paris: Pergamon Press 1963. — NORD, F. F., and W. J. SCHUBERT: Biogenesis of natural compounds (herausgegeben von P. BERNFELD), 693—726. Oxford-London-New York-Paris: Pergamon Press 1963.

OLIVEIRA, M. M.: Experientia (Basel) 19, 586—587 (1963).

PETERS, R. A.: Biochem. J. 88, 55 P—69 P (1963). — PRIDHAM, J. B.: Enzyme chemistry of phenolic compounds. Oxford-London-New York-Paris: Pergamon Press 1963.

REICHSTEIN, T.: Angew. Chem. 74, 887—894 (1962). — RUZICKA, L.: Pure appl. Chem. 6, 493—523 (1963).

SCHMIDT, H.: Pharmazie 18, 445—456 (1963). — SCHRATZ, E.: Planta Med. 11, 278—286 (1963). — SMITH, R. H.: Science 143, 1337—1338 (1964). — STABA, E. J., and S. S. LAMBA: Lloydia 26, 29—35 (1963). — STEIN, G.: Naturwiss. 50, 305 (1963a); — Biol. Zbl. 82, 343—349 (1963b).

YOKOYAMA, H., T. O. M. NAKAYAMA, and C. O. CHICHESTER: J. Biol.Chem. 237, 681—686 (1962).

VARMA, T. N. R., and C. O. CHICHESTER: Arch. Biochem. Biophys. 96, 265—269 (1962).

WYLER, H., T. J. MABRY u. A. S. DREIDING: Helv. Chim. Acta 46, 1745—1748 (1963).

16. N-Stoffwechsel

Von ERICH KESSLER, Erlangen und HORST KATING, Bonn

17. Viren und Phagen

a) Phytopathogene Viren

Von HEINZ-GÜNTER WITTMANN, Tübingen

b) Bakteriophagen

Von WALTER HARM, Köln

Die Beiträge folgen in Band 27

D. Physiologie der Organbildung

18. Vererbung

a) Genetik der Mikroorganismen

Von Ulrich Winkler und Reinhard W. Kaplan, Frankfurt/Main

b) Genetik der Samenpflanzen

Von Cornelia Harte, Köln

Die Beiträge folgen in Band 27

19. Cytogenetik

Von Gerhard Röbbelen, Göttingen

Allgemeines. Die Methoden und Ergebnisse der neueren cytogenetischen Forschung wurden im Berichtsjahr für drei klassische Objekte, *Pisum sativum* (Yarnell), *Oenothera* (Cleland) und *Solanum* (Magoon, Ramanujam u. Cooper), in lesenswerten Übersichten zusammengestellt. Als Ausdruck für ein stetig steigendes Interesse im Rahmen von Versuchen mit theoretischer sowie praktisch-züchterischer Zielsetzung entstanden gleichzeitig zwei klare und umfassende Sammelreferate über die Haploiden bei Angiospermen [Kimber u. Riley (1); Magoon u. Khanna]. Drei Symposiumsberichte gewähren einen Einblick in die Bemühungen, die Wirkung energiereicher Strahlen bei der Auslösung chromosomaler Aberrationen zu verstehen (insbesondere Wolff; auch Fritz-Niggli; Sobels). In Stichworten gleichsam ziehen die einschlägigen Abschnitte der Proceedings des XI. Intern. Congress of Genetics in Den Haag einen repräsentativen Querschnitt durch alle gegenwärtigen Forschungsanliegen. Das Gesamtgebiet der klassischen Cytogenetik aber umreißt das empfehlenswerte Lehrbuch von Burnham: "Discussions in Cytogenetics", während der verdienstvolle Lehrbuchbeitrag von Rieger „Die Genommutationen" darstellt. Schließlich sei noch auf eine nützliche Zusammenstellung der Terminologie von Chromosomenzahländerungen hingewiesen (Levan u. Müntzing).

In historischer Sicht gehört das Fachgebiet der Cytogenetik zu den ältesten, in denen die heute allenthalben moderne vergleichende Analyse morphologischer und funktioneller Eigenschaften von cellulären Strukturen zum Prinzip erhoben wurde. Dessen ungeachtet erfreut es sich nach wie vor eines gleichbleibend großen Interesses, wenn man die Anzahl der einschlägigen Publikationen zum Maß nimmt. Für viele dieser Untersuchungen ist die cytogenetische Arbeitsweise allerdings zunehmend zu einer unentbehrlichen, mehr oder weniger sicheren Routinemethode geworden und das ermittelte Resultat gegebenenfalls als Fortschritt einer verwandten Disziplin, wie der Cytotaxonomie (vgl. Abschnitt 5f dieser Berichte) oder der praktischen Züchtungsforschung anzusprechen, so daß es im vorliegenden Referat zumindest im Detail nicht mehr zur Diskussion steht. Ausgeklammert wurden aus dem diesjährigen Bericht weiterhin alle Arbeiten zur chromosomalen Mutationsforschung, deren Fortschritte im letzten Band eingehender dargestellt wurden.

Paarung und Chiasmabildung

In Fortsetzung der interessanten Analyse der meiotischen Chromosomenpaarung im hexaploiden *Triticum aestivum* (Fortschr. Bot. 22, 316f.; 24, 341; 25, 394) zeigten KIMBER u. RILEY (2), daß die Paarung in nulli-5B Haploiden aus dem Paarungsverhalten der Bastarde zwischen den diploiden Ausgangsformen des Kulturweizens richtig vorausgesagt werden kann. In den F_1-Bastarden zwischen *Aegilops speltoides* × *T. monococcum* (B × A), *Ae. speltoides* × *Ae. squarrosa* (B × D) und *T. aegilopoides* × *Ae. squarrosa* (A × D) sind durchschnittlich 7,49 Chromosomen an Paarungen beteiligt. Der entsprechende Wert in Haploiden von *T. aestivum* (ABD) müßte um 3/2 (d.i. 21/14) höher, also bei 11,23 liegen. Tatsächlich beträgt er bei nulli-5B Haploiden 12,07, bei Euhaploiden hingegen nur 1,97. Die phylogenetische Diploidisierung des Weizens ist also ohne entscheidende chromosomale Differenzierung allein durch die epistatische Genwirkung im langen Arm von Chromosom 5B (früher V) zustande gekommen. Daß bei Fehlen dieses Gensystems die heterologen Paarungen vornehmlich zwischen den äquivalenten Chromosomen der 3 Genome stattfinden, bewiesen RILEY u. KEMPANNA erneut in einer vorbildlichen Untersuchung mit anderer Methode, nämlich durch Analyse der Paarungskonfigurationen in 5B-Nullisomen, die cytogenetisch bekannte heterozygote Translokationen enthielten. Trotz komplexer heterogenetischer Konfigurationen waren nulli-5B Amphidiploide (8x) aus *T. aestivum* × *Aegilops longissima* ebenso fertil wie die Euploiden, so daß sich auf diesem Wege ein interspezifischer Genaustausch auch für züchterische Belange erreichen lassen müßte (RILEY u. CHAPMAN). Um zu entscheiden, ob der Mechanismus über die Paarung oder die Chiasmabildung wirksam wird, untersuchte KIMBER nicht nur, wie bisher üblich, die Metaphase I, sondern auch die meiotische Prophase; hier ließ sich die Verhinderung der Paarung zwischen homoeologen Chromosomen im Vergleich euploider zu 5B-nullisomen Pflanzen unmittelbar beobachten. Demgegenüber war die Endbindungshäufigkeit in Metaphase I im Rahmen der Erwartung von dem 5B-System unabhängig. Als Mutationsrate dieses Locus fand OKAMOTO (2, 3) 3,43% nach Röntgenbestrahlung von Eizellen 1—3 Tage vor einer Bestäubung mit Roggenpollen; das Ziel dieses Versuchs war, durch eine mutative Inaktivierung des Systems die Möglichkeiten für einen interspezifischen Genaustausch beim Saatweizen experimentell zu verbessern. — Ähnlich wie beim Weizen haben offenbar auch bei der ausdauernden

Teosinte, die vermutlich als Autotetraploide aus annuellen *Teosinte*-Formen entstand, genetische Änderungen eine Diploidisierung des meiotischen Chromosomenverhaltens herbeigeführt. Da jedoch im Pachytän zahlreiche Partnerwechsel beobachtet wurden, scheint die weitgehende Bivalentpaarung in der Diakinese hier auf eine Reduktion der Chiasmafrequenz und eine Ausweitung der Interferenz über das Centromer hinweg (nachweisbar an dem asymmetrischen Nucleolenchromosom 6) zurückzugehen [SHAVER (2)]. Ein im Verhältnis 3:1 spaltendes Gen, das im homozygot rezessiven Zustand nur eine Paarung von voll homologen Chromosomen zuläßt, wurde auch in fakultativ apomiktischen, polyploiden *Bothriochloa*-Bastarden nachgewiesen (CHHEDA u. HARLAN).

In vielen anderen bearbeiteten Fällen sind die chromosomalen Paarungsverhältnisse in ihren genetischen Ursachen oder Folgen sehr viel weniger durchsichtig, so bei Asynapsis von männlich sterilem Pfeffer (MORGAN) oder bei Desynapsis von *Hordeum* (WAGENAAR), *Lotus*- (GRANT) oder Mais-Bastarden [MAGUIRE (1)]. Desynapsis auf Grund des jetzt auf Chromosom 3 lokalisierten Gens *ds* bei Gerste setzt den Austausch zwischen *li* (Ligula-Ausbildung) und *v* (Zeiligkeit) auf Chromosom 2 von 40—43% auf 14—16% herab (ENNS u. LARTER). Völlige Asynapsis verhindert beim Mais, wie bekannt, jede Rekombination; bei partieller Asynapsis hingegen scheinen die Austauschwerte in den gepaarten, meistens distal gelegenen Segmenten höher als bei den normalen Pflanzen zu liegen (MILLER), was die Vorstellung von einer Begrenzung der Gesamtrekombinationsrate je Bivalent oder Genom unterstreichen würde.

Derartigen interchromosomalen Effekten gibt RAMEL entgegen früheren Hypothesen auf Grund kritischer Untersuchungen an *Drosophila* mit der Annahme von einer Konkurrenz um ein bestimmtes Substrat eine neue, physiologische Deutung. Jedoch kann die Verteilung der Chiasmen im Kern auf einzelne Chromosomengruppen, die an ihrer natürlichen Gestalt oder an Strukturumbauten erkannt werden können, nicht nur negativ [*Delphinium:* BASAK u. JAIN; JAIN u. BASAK (1); Mais: BELLINI u. BIANCHI], sondern auch positiv korreliert sein (*Chrysanthemum:* BHATNAGAR u. JAIN). Ohne Zweifel können zur Erklärung neben Schwelleneffekten (BASAK u. JAIN) genetische Differenzen zwischen den einzelnen Objekten angenommen werden. Die bemerkenswerten Versuche von REES u. AHMAD zeigen beispielsweise, daß die Chiasmafrequenz bei *Lolium italicum, L. perenne* und Bastarden zwischen diesen beiden Arten um so höher liegt, je stärker die betreffende Form annuell ist. Die Autoren sehen darin einen durch Selektion erworbenen adaptiven Vorteil, indem auf diese Weise eine verminderte Variabilität in den Annuellen durch eine höhere Rekombinationsrate kompensiert wird. Andererseits nimmt bei Fremdbefruchtern die Chiasmafrequenz bei Inzucht mit zunehmender Homozygotie ab [Mais: ZEČEVIĆ; *Delphinium:* JAIN u. BASAK (1); vgl. auch Fortschr. Bot. **24**, 346], so daß Ursache und Wirkung wohl zuweilen nur schwer zu trennen sind.

Der bekannte Einfluß äußerer Faktoren auf die Chiasmabildung führt bei einer translokationsheterozygoten Gerstenmutante zu einer geringeren Endbindungsfrequenz in den oberen Spindelstufen der Ähre (Künzel). Besonders attraktiv ist die Methode von Powell u. Nilan, die Abhängigkeit der Chiasmafrequenz von der Temperatur mit Inversionsheterozygoten durch Auszählung der Brücke-Fragment-Bildungen in Anaphase I zu bestimmen. Das so für Gerste ermittelte Maximum der Chiasmabildung bei 16° C fällt merkwürdigerweise etwa mit dem Minimum der von Abel bei *Sphaerocarpus* im vergleichbaren Versuch tetradenanalytisch bestimmten Rekombinationsrate zusammen. Bei *Lolium temulentum* nimmt die Chiasmafrequenz bei höherer Temperatur (30° C) auch mit steigendem Kaliumgehalt der Kulturlösung zu (Law), während in früheren Untersuchungen (Fortschr. Bot. **22**, 319) nur zweiwertigen Ionen, vornehmlich dem Calcium, besondere Bedeutung zugeschrieben wurde. Sicherlich könnte man diesen Befund über eine wechselseitige Beeinflussung bei der Ionenaufnahme erklären. Doch auch Versuche von Ondrej mit Gerste ergaben die höchste Rekombinationsrate bei minimalem Ca-Gehalt in der Nährlösung, so daß anstelle einer direkten Beeinflussung des chromosomalen Calciums andere, vielleicht über das Ionenmilieu gesteuerte, physiologische Veränderungen als primäre Ursache der veränderten Chiasmahäufigkeit angenommen werden.

Dem entsprechen erste Versuche über die Chemie der Rekombination, in denen *Neurospora* zur Zeit des Crossing-over mit spezifischen Protein- und DNS-Antimetaboliten behandelt wurde (Wolff u. de Serres). Dabei ergab Chloramphenicol-Behandlung, daß zur Rekombination, anders als zur chromosomalen Reunion (vgl. Fortschr. Bot. **25**, 399f.), keine Proteinsynthese notwendig ist. Zur Zeit der Meiose gegebenes Fluordesoxyuridin (FUdR) hingegen, das anstelle von Thymin in die DNS eingebaut wird, erhöht die Rekombinationswerte merklich, so daß Crossing-over an DNS-Synthese gebunden zu sein scheint. Diese Vorstellung entspricht neuen Theorien über die Rekombination durch molekulare Hybridisierung (Whitehouse), die an Mikroorganismen entwickelt wurden. Sie schlägt zudem eine Brücke zu den folgenreichen Beobachtungen von Magni [(1, 2); Magni u. von Borstel] an Hefen, nach denen eine mehr als 20 fach höhere spontane Mutationsrate in meiotischen gegenüber mitotischen Zellen vermutlich auf ungleichen Austausch durch Basenverlust oder -addition in der DNS zurückgeht.

Auf Grund dieser Daten könnte der cytologische Ablauf des Rekombinationsgeschehens bei höheren Pflanzen, für den erneut durch die klaren Versuche von Jain u. Basak (2) eine unmittelbare zahlenmäßige Beziehung zur Chiasmabildung aus der Aufteilung der Chromatiden aus den Paarungsverbänden heterozygoter Translokationen nachgewiesen wurde, nicht mehr mit der klassischen Hypothese von Bruch und Reunion in der meiotischen Prophase gedeutet werden. Damit würde aber auch der Sinn der Chromosomenpaarung für diesen Vorgang zweifelhaft und deren Aufgabe mehr einer regulären Coorientierung der Bivalente in der ersten meiotischen Teilung zuzuschreiben sein. Für ein neues Verständnis der meiotischen Paarungsvorgänge verdient der Hinweis von Pusa auf räumliche Beziehungen der Chromosomen zur Kernmembran besondere Beachtung. Vielleicht lassen sich auf diesem Wege auch die zunächst unvereinbaren Beobachtungen deuten, daß die Homologenpaarung im einen Fall von proximal nach distal [*Sorghum*: MAGOON u. SHAMBULINGAPPA (1, 2, 4)], in anderen aber offenbar umgekehrt verläuft [entsprechend den schönen Arbeiten von TABATA (1, 2) an Translokationshybriden von Mais, bei denen die Brüche für die beiden elterlichen Translokationen in entgegengesetzten Armen lagen]. Die statistische Verteilung univalenter Chromosomen auf die Tochterkerne verfolgte SFICAS (1), während HAYWARD die Steuerung der neocentrischen Chromosomenbewegung bei Roggen auf ein System von Polygenen zurückführte, zwischen denen Dominanz, aber keine nicht-allele Interaktion anzunehmen sei.

Genomanalyse

Bastarde. Der überwiegende Anteil der zahlreichen Untersuchungen an Bastarden (dem Ref. lagen aus dem Berichtsjahr allein hierüber 316 Publikationen vor) verfolgt, wie eingangs erwähnt, cytotaxonomische Ziele und wurde mit einer theoretisch-evolutionistischen Fragestellung oder in zunehmendem Umfange auch für praktisch-züchterische Belange an Kulturpflanzen durchgeführt. Mit dem Nachweis chromosomaler Homologien auf Grund von Paarungsbeziehungen und Chromosomenverteilung bzw. deren Störung durch genische oder strukturelle Differenzierung bringen diese Untersuchungen zwar im speziellen manche interessanten Fortschritte; die grundsätzlichen cytogenetischen Einsichten jedoch gehen nur selten über das hinaus, was an z. T. anderen Objekten auch schon in früheren Berichten dargestellt wurde (vgl. Fortschr. Bot. **24**, 314 ff.). Diese Stagnation erklärt sich ohne weiteres damit, daß das meiotische Teilungsgeschehen in seinen kausalen, seinen stofflich-energetischen Beziehungen trotz vieler Bemühungen bislang noch weitgehend unverständlich ist. Daß damit zugleich auch die Bewertung mikroskopischer Einzelbeobachtungen für Aussagen über genomische Verwandtschaften unsicher werden kann, verdient steter Beachtung. Denn man weiß bedauerlich wenig beispielsweise über den wirklichen Grund, aus dem einerseits in Bastarden fast völlig normale Chromosomenpaarung beobachtet wird, obwohl die Eltern verschiedenen Gattungen angehören (*Lolium-Festuca:* ESSAD; *Lycopersicon-Solanum:* KHUSH u. RICK), oder sich die elterlichen Genome in der Länge ihrer Chromosomen im Mittel um den Faktor 1,5 unterscheiden (*Lycopersicon esculentum — Solanum lycopersicoides:* MENZEL), andererseits bei Bastardierung karyologisch gleichartiger Varietäten in F_1 erhebliche Meiosestörungen resultieren können [WATANABE (1)]. Ebenso variabel ist, um ein zweites Beispiel zu nennen, die in Polyploiden vielfach erkennbare Sekundärpaarung (HU; HU u. HO u. a.), deren Deutung nach wie vor nur Hypothesen zugänglich ist. Unter voraussetzungsgemäßen Bedingungen kann eine statistische Analyse der Chromosomenpaarung in Bastarden [SFICAS (2); SFICAS u. GERSTEL] hilfreich sein. So berichtete ARNOLD von ersten Bemühungen, in reziproken Kreuzungen von Eu- mit Raimannia- und Renneria-Oenotheren die Chromosomenenden dieser 3 Gruppen anhand der Diakinesekonfigurationen in den Bastarden zu homologisieren. Daß aber die konventionellen Methoden cytologischer Analyse zu einer klaren Beurteilung der Genomhomologie nicht immer ausreichen, wies z. B. NIELSEN in mehreren Untersuchungen an Gräser-Bastarden nach [*Phleum, Bromus:* NIELSEN (1, 2); NIELSEN, DROLSOM u. JALAL; NIELSEN, HANNA u. DROLSOM; NIELSEN u. NATH; vgl. auch *Phalaris:* ALLISON u. STARLING u. a.]. In diesem Material waren meiotische Paarungs- und Verteilungsstörungen nicht besonders häufig. Die geringe Pollenfertilität zeigte hingegen eine hohe positive Korrelation mit einer prophasischen Pyknose, durch welche, wie Nachkommenschaftsprüfungen ergaben, stärker divergente Genkombinationen vorzeitig eliminiert wurden. Als Ursache dieser „Prophaseletalität" postulierte NIELSEN Gene, deren Einfluß auf die Chromatin-(RNS?)Synthese im fremden Cytoplasma hyperaktiviert bzw. blockiert wird. Weitere Schwierigkeiten der Bastardanalyse entstehen, wenn sich die elterlichen Genome schon im Laufe der Evolution mehr oder weniger stark miteinander vermischten. EVANS (2) führte dazu einen anschaulichen Modellversuch durch, indem er zwei synthetische Amphiploide, *Triticum durum — Aegilops squarrosa* (AABBDD) und *T. durum — Agropyron elongatum* (AABBEE) kreuzte und aus den Bastardnachkommen durch cytologische Selektion von F_2 bis F_7 32 weitgehend stabile, fertile hexaploide Individuen auslas, die neben 14 *T. durum*-Chromosomen im dritten Genom ein Gemisch aus *Aegilops-* (DD) und *Agropyron-* (EE) Chromosomen besitzen mußten. Nach Rückkreuzung mit den ursprünglichen hexaploiden Eltern ergaben sich in der Tat alle theoretischen Möglichkeiten von 7 D + OE bis zu 7 E + OD-Chromosomen. Bei natürlichen Amphiploiden dieser Art wäre eine genaue Bestimmung der elterlichen Genome mit der klassischen Methode einer cytologischen Bastardanalyse verständlicherweise unmöglich. Daß aber eine derartige Bastardierung zwischen Amphidiploiden nach dem gleichen Schema (mit einer Modifikation gleichzeitig vorhandener, verschiedener Genome bei unveränderter Erhaltung von einem oder mehreren gemeinsamen) ein in der Evolution offenbar weit verbreitetes Prinzip ist, bezeugen die grundlegenden Untersuchungen von ZOHARY u. FELDMAN über die Artbildungsvorgänge in der *Aegilops-Triticum*-Gruppe.

Es ist daher einleuchtend, daß Daten über genische Spaltungen eine wertvolle und oft notwendige Ergänzung zur Beurteilung mikroskopisch ermittelter Homologien darstellen. Genannt seien die sorgfältigen Arbeiten von PHILLIPS an *Gossypium*, SHAVER (1) an Mais-*Teosinte* und GERSTEL an *Nicotiana*. Letzterer z. B. verwendete erneut seine bewährte Technik zur Analyse der Rekombinationsverhältnisse bekannter Loci in reziproken Bastarden von *N. tabacum* × *N. sylvestris*-Amphiploiden mit 2n-, 4n-, 6n- oder 8n-Testern, durch die sich eindeutige locus- und chromosomenspezifische Homologiedifferenzen der beiden vereinigten Genome erkennen ließen. Eine weitere vorbildliche Studie stammt von DOYLE, der beim Mais in Polyploiden die Vorzugspaarung im Bereich einer großen paracentrischen Inversion im langen Arm des Chromosoms 3 mit Hilfe von Genspaltung, Multivalentfrequenz und Häufigkeit von Anaphasebrücken bestimmte. Dieselbe Inversion verwandte SHAVER (3) in 4n-Mais-*Teosinte*-Bastarden, um die Spaltungsverhältnisse von Markierungsfaktoren innerhalb der Inversion in strukturheterozygoten sowie -homozygot normalen Allotetraploiden und Autotetraploiden (Mais) zu vergleichen. Die durchschnittlichen Spaltungszahlen, die bei den Allotetraploiden von 10,6:1 auf 31,2:1, bei den Autotetraploiden jedoch nur von 5,7:1 auf 8,0:1 verschoben waren, belegen eindeutig den positiven Einfluß einer Strukturhybridität auf die Diploidisierung einer Allotetraploiden durch Förderung der Vorzugspaarung bzw. Verminderung interspezifischen Austausches. In tetraploiden Artbastarden von Tomaten beobachteten RICK u. KHUSH 6,6% heteromorphe Bivalente als Ausdruck allosyndetischer Paarung und fanden gleichzeitig bei Testkreuzungen mit 6 recessiven Markierungsgenen auf 4 verschiedenen Chromosomen nach der Art $aaaaa \times aa++$ in Übereinstimmung mit den cytologischen Daten in der Nachkommenschaft 7,4—15,4% multipel recessive. MOAV ging der Frage nach, in welchem Ausmaß Autotriploidie bei geringer Verwandtschaft zwischen den Chromosomensätzen zweier Arten den interspezifischen Gentransfer dadurch erhöht, daß ein fremdes Chromosom mit dem dritten Homologen größere Paarungschancen erhält. Dazu wurden Additionslinien von *Nicotiana tabacum*, die einen albina-Faktor *(ws)* im *tabacum*-Genom homozygot enthalten, mit einem zusätzlichen Chromosom von *N. plumbaginifolia (pbg)* verwendet, das das entsprechende dominante Allel *(Ws)* trägt, aber, wie häufig bei Additionslinien, somatisch instabil ist und hier, wenn es verloren geht, eine Weißfleckung der Pflanzen hervorruft. Die Häufigkeit konstant „selbst"-grüner Individuen, die aus Austausch des *Ws*-Allels vom *pbg*- in das entsprechende *tabacum*-Chromosom entstehen, war erwartungsgemäß in Nachkommenschaften von 3n *ws ws ws* + 1 *Ws(pbg)*-Pflanzen signifikant höher als in 2n *ws ws* + 1 *Ws(pbg)*-Linien. Die gleiche Erscheinung einer Zunahme nicht-homologer Paarungen durch Trisomie bestimmten ARNOLD, KRESSEL u. FELLENBERG in Mutanten von *Oenothera berteriana* cytologisch als erhöhte Translokationshäufigkeit, während LAUGHNAN beim Mais die Anzahl von Duplikationen im Genom anhand der Translokationsrate in Hypoploiden nach bevorzugter Paarung des haplo-Chromosoms mit duplizierten Segmenten in nicht-homologen Chromosomen abzuschätzen versuchte.

Karyotypen. Beim Weizen ($n = 21$), wo die einzelnen Chromosomen nur schwer unterscheidbar sind, wurde von der Möglichkeit Gebrauch gemacht, zur Karyotypanalyse die Gestalt der Univalente in den 21 Monosomen bei verschiedenen Sorten möglichst genau zu charakterisieren (GILL, MORRIS, SCHMIDT u. MAAN; SASAKI, MORRIS, SCHMIDT u. GILL). In den 7 für die Chromosomen des D-Genoms nullisomen Weizenlinien traten spontan „gigas"-Pflanzen auf, in denen ein homoeologes Chromosom aus dem A- oder B-Genom trisom geworden war, so daß sich an solchen Pflanzen, wie OHTA (1,2) an SAT-Chromosomen veranschaulicht, die homoeologen Dreiergruppen bestimmen lassen. Infolge ihrer Auffälligkeit wird spontanen [*Haplopappus:* KAMRA; *Anemone:*

MARCHI; *Allium:* BATTAGLIA (1) u. a.] oder im Verlauf der Evolution entstandenen Veränderungen an Satellitenchromosomen (*Agropyron:* SCHULZ-SCHAEFFER u. JURASITS u. a.) oft besondere Aufmerksamkeit geschenkt. Ihre Variabilität, insbesondere die ihrer SAT-Zone und Satelliten, kann jedoch gleichermaßen strukturelle, genotypische oder cytoplasmatische Ursachen haben [KEEP; HENEEN (1); vgl. Fortschr. Bot. **24**, 333]. Bemerkenswert ist die Konstanz der Chromosomenlänge in verschiedenen di-, tetra- und hexaploiden Arten von *Anemone* und deren Bastarden (HEIMBURGER). Die Pachytänanalyse, deren Bedeutung und Vorteile VENKATESWARLU in einem Vortrag erneut herausstellte (vgl. auch Fortschr. Bot. **24**, 335), bewährte sich wieder bei Reis (SHASTRY; DAS u. SHASTRY; SEN) und *Cynodon dactylon* (OURECKY). Doch sollte die Variabilität in Gesamtlänge und Schenkelverhältnis, die bei Mais offenbar neben einer allgemeinen auch eine chromosomenspezifische Komponente einschließt [MAGUIRE (3)], gerade bei Pachytänchromosomen nicht unterschätzt werden. Für Anordnung und Größe der Chromomeren stellten demgegenüber LIMA-DE-FARIA u. SARVELLA — offenbar entgegen ihrem Wunsche — eine bemerkenswerte Konstanz auch nach Translokation eines endständigen Chromosomensegments (mit kleinen Chromomeren) in die Nähe des Centromers (große Chromomeren) fest. Dennoch ist der Hinweis dieser Autoren zweifellos berechtigt, daß wir es im mikroskopischen Bild stets mit dem Phänotyp eines Chromosoms zu tun haben, der durch stoffliche Wechselbeziehung zur umgebenden cellulären Umwelt auch morphologischen Variationen unterliegen kann. Hinweise darauf sind eine verschiedene Hitzeempfindlichkeit der Genome vom hexaploiden Weizen und seinen Stammformen, die sich 2—96 Std vor der Meiose nach Wachstum bei 37° C in einer verschiedenen Häufigkeit karyologischer Störungen ausprägte (JAIN u. RANA), oder die durch Kälte induzierbare differentielle Färbbarkeit bestimmter Chromosomensegmente, wie sie jetzt auch für Compositen nachgewiesen (ONO u. SAKAI) und bei *Fritillaria recurva, Tulbaghia pulchella* und 6 *Cestrum*-Arten zum subtilen Nachweis kryptischer Strukturheterozygotie ausgenutzt wurde (DYER). Übrigens bringt RESENDE in einer grundsätzlichen Zusammenfassung diese Allozyklie der Chromatine mit einer phasenspezifischen Genaktivität in Zusammenhang — eine anziehende Hypothese, die einer eingehenden experimentellen Nachprüfung wert wäre! Die bekannte rel. Konstanz des DNS-Gehalts im Genom zogen REES und REES u. DAVIES dazu heran, unter den diploiden Verwandten des hexaploiden Kulturweizens die vermutlichen Stammformen des B-Genoms herauszufinden, wobei von den 3 möglichen Anwärtern *Agropyron triticeum, Aegilops bicornis* und *Ae. speltoides* letzterem die größte Wahrscheinlichkeit zufiel. Bei *Gossypium* soll in der DNS das Verhältnis von Cytosin:5-Methylcytosin in den Genomen A, B und D signifikant differieren (BROWN).

Daß eine gute Kenntnis des Karyotyps Voraussetzung für viele cytogenetische Arbeiten ist, unterliegt keinem Zweifel. Die Aufstellung von neuen „Standardkaryogrammen" bei *Triticum aestivum* cultivar "Holdfast" [KHAN (1)], *Avena sativa* [RAJHATHY (1)], *A. pilosa* (RAJHATHY u.

Dyck), *Agropyron elongatum* [Evans (1)], *Allium sativum* [Battaglia (2)] oder *Arabidopsis thaliana* (Steinitz-Sears) entspricht daher einem echten Bedürfnis. Bedenklich aber stimmt, wenn von einer Unzahl mehr oder weniger sicher bezeichneter Taxa Karyogramme lediglich als systematische Merkmale in einer Eile veröffentlicht werden, die in einem Falle nicht einmal die Zeit für eine Mitteilung des ausgeschriebenen Gattungsnamens ließ (Bose). Doch auch bei sorgsam bestimmten Chromosomenbildern sollte man stets vor Augen haben, daß sich die Geschichte der Karyotypevolution aus einer vergleichenden Betrachtung rezenter Formen nur in seltenen Fällen stichhaltig ableiten läßt. Ein lehrreiches Beispiel für die Unsicherheit dieser Methode ist, daß der Behauptung von Sato, ein Genom wie das von *Haplopappus gracilis* (n = 2) sei als primitivster Protokaryotyp anzusehen, schon zum Zeitpunkt ihrer Publikation von Jackson (1) mit experimentellen Daten über die Chromosomenpaarung in Artbastarden widersprochen wurde, nach denen *H. gracilis* durch Translokationen und aneuploide Reduktion aus 4chromosomigen Verwandten entstanden sein könnte. Eine Analyse der Karyotypentwicklung kann im Einzelfall also wohl nur dann voll befriedigen, wenn die Aussagen des beschreibenden Vergleichs am gleichartigen Material auch experimentell verifiziert werden können.

Neue Beiträge dazu liefern Untersuchungen über spontane chromosomale Variabilität in natürlichen (besonders eindrucksvoll bei diploidem *Allium carinatum*: Geitler u. Tschermak-Woess; oder auch bei dem allotetraploiden *Elymus rechingeri*: Heneen u. Runemark) oder angebauten Populationen [*Tradescantia*: Vosa; *Haplopappus*: Jackson (2); bei ungefähr 30 Generationen lang ingezüchtetem Roggen: Heneen (2); oder pollensterilem, desynaptischem *Allium cepa*: Koul]. Offenbar ist eine gestörte genetische Homoeostasis als Ursache für eine erhöhte chromosomale Instabilität ausreichend. Bei *Festuca arundinacea* stieg die Anzahl der Zellen mit Brücken in Anaphase I schon nach einer Generation Inzucht von 10,5% auf 18,7%, wobei sich gleichzeitig die intraindividuelle Variabilität von durchschnittlich 10% bis auf 70% erweiterte (Carnahan u. Hill). Spezifische Gene, die Chromosomenbruch induzieren, üben nach Rees (1) ihre Wirkung bei Roggen in Abhängigkeit vom Teilungsablauf in den Pollenmutterzellen interessanterweise nur in der frühen Prophase der Meiose vor der Chromosomenspaltung aus, während bei *Elymus farctus* genetische Faktoren auch die Mitose, jedoch hier auch wiederum nur das G_2-Stadium der Interphase drastisch stören (74% aller Zellen aberrant!), so daß Heneen (3) zur Deutung aus dem Vergleich mit der Wirkungsweise chemischer Mutagene eine Entstehung bestimmter automutagener Stoffwechselprodukte annimmt.

Einzelne Strukturumbauten entstehen in allodiploiden Mais-*Tripsacum*-Bastarden als chromatidale Translokationen durch interspezifischen Austausch; nach Rückkreuzung mit Mais nimmt die Häufigkeit dieses Vorgangs mit zunehmender Diploidie des Maisgenoms schnell ab [Maguire (2, 4)]. Die Verbreitung einzelner Inversionen studierte Ting in Sorten von *Teosinte* aus Guatemala und Mexiko. In einer ausgezeichneten Untersuchung analysierten Heimburger u. Kamitakahara in einer kleinen Population von morphologisch gänzlich normal aussehenden Individuen der *Anemone cylindrica* den Umbau des Karyotyps, der zumindest 3 ungleiche Translokationen und eine pericentrische Inversion einschloß und durch Sterilität der Bastarde mit der Ausgangsform unmittelbar zur völligen reproduktiven Isolierung führte. Dieses wichtige phylogenetische Prinzip gilt insbesondere bei der für manche Formenkreise charakteristischen Translokationsheterozygotie, die daher erneut Gegenstand mehrerer Untersuchungen war (*Clarkia:* SNOW; *Collinsia:* GARBER u. DHILLON; GARBER u. BELL; DHILLON u. GARBER). Bei *Tradescantia paludosa* gelang es WATANABE (2) durch wiederholte Röntgenbestrahlung ruhender Seitenknospen, alle 12 Chromosomen durch fortgesetzte reziproke Translokationen in der Diakinese in einen Ring zusammenzufügen, während bei *Gossypium* die Aufteilung eines 6er-Ringes in kleinere 3er- oder 4er-Ringe durch chromatidalen Austausch innerhalb von Differentialsegmenten in Nachkommen von *G. arboreum-hirsutum*-Bastarden verfolgt werden konnte (ENDRIZZI u. BROWN; TIRANTI u. ENDRIZZI). Besonders erwähnenswert ist schließlich die experimentelle Herstellung eines neuen Karyotyps bei *Delphinium* durch Röntgenbestrahlung ruhender Samen: In der Ausgangsform enthielt das Genom 2 große mediane und 6 kleinere subterminale Chromosomen. Aus 2 dieser kleineren Chromosomen entstanden durch je einen Bruch nahe dem Centromer und durch folgende asymmetrische Translokation zwei mediane Typen, ein drittes großes und ein winziges Chromosom, das in einzelnen Zellen infolge von non-disjunction verlorengehen konnte. Überdies hatten die Pflanzen mit dem neuen Karyotyp ihre Wuchsform verändert, was auf einen Positionseffekt zurückgeführt wird, so daß hier insgesamt 3 wichtige Evolutionsfaktoren gleichzeitig wirksam wurden (JAIN, VASUDEVAN u. BASAK). Daß Positionseffekte auch bei Pflanzen ausgeprägt sein können, nehmen ebenso LESLEY, LESLEY u. SOOST bei der Erklärung einer genetischen Scheckung von Tomatenmutanten an.

Spezielle Chromosomentypen. Mit Hilfe einer reziproken Translokation in jedem Schenkel vom „Geschlechtschromosom" wurden beim Spinat die Geschlechtsfaktoren im kurzen Arm dieses Chromosoms 1 lokalisiert (IIZUKA u. JANICK). Bei *Rumex hastatulus* deutet das Verhältnis der Chromosomenkonstitution zur Geschlechtsausprägung in di-, tri- und tetraploiden Individuen auf eine Balance zwischen X-Chromosomen und Autosomen hin, die durch Y-Chromosomen in Richtung Männlichkeit modifiziert wird. Dieser $X:A + Y$-Mechanismus liegt also zwischen dem $X:A$-System von *Drosophila* und dem $X:Y$-Mechanismus von *Melandrium* (B. W. SMITH). Bei *Rumex arifolius* und *R. thyrsiflorus* scheinen die Y-Chromosomen ihre Bedeutung für die Geschlechtsbestimmung allerdings verloren zu haben (ZUK).

An einem umfangreichen Material studierten BIANCHI, GHATNEKAR u. GHIDONI die Verteilung heterochromatischer "knobs" in den Chromosomen italienischer Maissorten und konstatierten eine von Süden (1,7) nach Norden (3,3) kontinuierlich zunehmende Anzahl je Genom, weshalb sie diesen knobs eine evolutionistisch-adaptive Bedeutung zuschreiben möchten (vgl. Fortschr. Bot. **24**, 340).

Die genetische Bedeutung von B-Chromosomen, über deren Auftreten und cytologisches Verhalten der Abschnitt A 1 dieser Berichte laufend unterrichtet (vgl. zuletzt Fortschr. Bot. **25**, 7), ist immer noch schwer faßbar. Erneut wurden adaptive genetische Wirkungen anhand ihrer Verteilung an natürlichen Standorten wahrscheinlich gemacht (Roggen: LEE; *Lilium auratum:* OGIHARA). Direkt am Phänotyp erkennbare Merkmale variieren jedoch durchweg in die Richtung einer verminderten Vitalität oder Fertilität (*Crepis capillaris:* RUTISHAUSER), so daß bei Kulturpflanzen (Roggen: MÜNTZING; *Agropyron:* BAENZIGER u. KNOWLES) eine züchterische Elimination der B-Chromosomen angeraten scheint, es sei denn, man wolle einer positiven Korrelation zwischen Anzahl von B-Chromosomen und Proteingehalt der Körner beim Roggen eine wirtschaftliche Potenz zuschreiben (FRÖST). In zunehmendem Maße wird daher zum genetischen Verständnis der akzessorischen Chromosomen auf ihren Einfluß auf Paarung und Austausch in den A-Chromosomen hingewiesen. Bei *Panicum* beobachteten HUTCHINSON u. BASHAW bei Anwesenheit von B-Chromosomen eine Tendenz zu lockerer Paarung und frühzeitiger Chromatidentrennung, während RUTISHAUSER bei *Crepis* in Anaphase I eine auffällige Häufung von Inversionsbrücken feststellte. Von partieller genetischer Asynapsis sind bei *Dactylis glomerata* die B- viel stärker als die A-Chromosomen betroffen (SHAH). Diese mikroskopischen Beobachtungen von interchromosomalen Effekten machen es daher leicht verständlich, wenn HANSON bei Mais durch Rekombinationstest im Chromosom 3 bei Anwesenheit von B-Chromosomen eine deutliche Erhöhung der Austauschwerte nachweisen kann. Als Anregung zu weiteren derartigen Analysen, auch wenn sie zunächst negativ ausfallen sollten (Mais: BIANCHI, BUIATTI u. VAN DE WALLE), sieht Ref. in der letztgenannten Untersuchung einen der seit langer Zeit wichtigsten Fortschritte zum genetischen Verständnis der B-Chromosomen.

Polyploidie

Genomreduktion und Haploidie. Grundsätzlich neue Einsichten in die cytologischen Mechanismen, durch welche die Chromosomenzahl um vollständige Sätze herabgesetzt werden kann, wurden im Vergleich zu früheren Berichten nicht gewonnen. Wie jedoch schon von GOTTSCHALK (Fortschr. Bot. **22**, 337 f.) oder neuerdings auch auf Grund einer mikroskopisch beobachteten "complement fractionation" an höher polyploiden *Rubus*-Varietäten von THOMPSON oder an normalem Weizen von WATANABE (3) gefordert, konnte kürzlich RAJHATHY (2) in einer vergleichenden cytologisch-genetischen Studie an autooktoploidem *Hordeum murinum* durch Aufzucht von tetraploiden Nachkommen erstmalig den genetischen Nachweis erbringen, daß doppelt reduzierte Gameten genomisch vollständig und befruchtungsfähig sein können. Versuche zur chemischen Auslösung von Chromosomenverlust ergaben bei *Allium* nach 5-Fluoruracil-Behandlung zwar cytologisch dem ähnliche Bilder, führten jedoch bei *Ribes* mit p-Fluorphenylalanin noch nicht zur erhofften genetischen Manifestation (KNIGHT, HAMILTON u. KEEP). Bemerkenswert sind demgegenüber mehrere Veröffentlichungen von ROSS u. Mitarb. über somatische Chromosomenreduktion in einer „Colchizin reaktiven"

Varietät „Experimental 3" von *Sorghum vulgare* nach Keimlingsbehandlung mit einer 0,5%igen Colchizin-Lanolin-Paste unter bestimmten Versuchsbedingungen (vgl. Ross, Chen u. Simantel). Zunächst waren nach Behandlung diploider Keimlinge in vielen Genen gleichzeitig homozygot veränderte, diploide Mutanten beobachtet worden (Erichsen, Franzke, Sanders u. Ross). Um diese Erscheinung zu deuten, wurden in der gleichen Weise Autotetraploide derselben Varietät behandelt. Von 80 behandelten Keimlingen waren unter 17 Überlebenden 9 diploid, während in 118 Nachkommenschaften von unbehandelten 4n-Pflanzen keine Diploiden auftraten [Chen u. Ross (1)]. Als wirksame Faktoren für dieses ungewöhnliche Ergebnis einer Colchizinierung führen die Autoren genotypische Eigenschaften des Materials und Versuchsbedingungen an. Histologische Untersuchungen an den Tetraploiden ließen erkennen, daß 2—3 Tage nach der Behandlung diploide Zellen an der Basis des Vegetationskegels auftreten, die die tetraploiden in weiteren 2—3 Tagen überwachsen können [Chen u. Ross (2)]. In männlich sterilen Mutanten des gleichen Materials wurden in Pollenmutterzellen Kernfusionen durch mangelhafte Zellwandausbildung [Erichsen u. Ross (1)] und bei einer anderen Linie Triploide in Selbstungsnachkommenschaften von Haploiden beobachtet [Erichsen u. Ross (2)]. Der beste Beweis jedoch, daß hier tatsächlich wohl eine induzierte Chromosomenzahlreduktion und folgende Genomverdoppelung zu den auftretenden homozygoten Mutanten führte, ergab sich nach Behandlung von 441 Keimlingen, die mit mehreren heterozygoten Translokationen markiert waren (vgl. Huang, Ross u. Haensel). Hier traten unter den 258 Überlebenden neben 4 Chimären mit homo- und heterozygotem Gewebe 6 konstante Mutanten mit einer in allen vorhandenen Translokationen homozygoten Chromosomenstruktur auf (Simantel, Ross, Huang u. Haensel; Simantel u. Ross). Insgesamt weisen die Befunde, wenngleich zunächst nur in diesem Sonderfall, auf eine neuartige Möglichkeit cytogenetischer Umkombination hin, die in ihren Wirkungen der bekannten Haploiden- (Fortschr. Bot. 24, 330) oder auch einer Monosomen-Passage (Fortschr. Bot. 24, 350) vergleichbar ist.

Auf die lesenswerten Zusammenfassungen über Entstehung, Verhalten und Bedeutung von Haploiden bei Angiospermen [Kimber u. Riley (1); Magoon u. Khanna] wurde eingangs schon hingewiesen. Neben Versuchen, Haploide mit Hilfe genetischer Markierung (Tabak: Burk), nach „Reizbestäubung" (*Lilium longiflorum*: Emsweller u. Uhring) oder aus Zwillingskeimen (ohne Erfolg bei *Bromus inermis*: Wilton, McGinnis u. Truscott) auszulesen, fanden sich interessante Ergebnisse von Kihara u. Tsunewaki (1, 2) über eine bemerkenswerte Förderung der Haploidenhäufigkeit bei Weizen (auf 3,1%) und *Triticale* (sogar bis auf 53%) nach Übertragung des Genoms in Plasma von *Aegilops caudata* oder von Turcotte u. Feaster über eine massenweise Entstehung von Polyhaploiden (zwischen 24 und 61%) in einem Stamm von *Gossypium barbadense* nach einer Haploidenpassage. Auch Untersuchungen von Bender gehen dieser genetischen Steuerung parthenogenetischer Vorgänge nach; verglichen wurde die Entstehung dihaploider

Pflanzen aus *Solanum tuberosum* (4x) nach Bestäubung mit *S. phureja* (2x) (vgl. Fortschr. Bot. 24, 329) — durch Befruchtung des Endospermkerns mit beiden bereits im Pollenschlauch verschmolzenen generativen Kernen? — mit der induktiven Wirkung von Pollen anderer Kartoffelvarietäten (auch nach Röntgenbestrahlung; vgl. Wöhrmann). Die Bedeutung von Haploiden für 1. eine Genomanalyse bei Polyploiden [*Agropyron intermedium:* Dewey; *Sorghum almum:* Magoon u. Shambulingappa (3); *Medicago sativa:* Clement u. Lehman; *Triticale:* Müntzing, Hrishi u. Tarkowski], 2. für die Herstellung von Aneuploiden-Serien (*Sorghum vulgare:* Schertz) oder 3. von homozygoten Diploiden (Tabak: Stokes; *Beta vulgaris:* Kruse) wurde erneut belegt und der Vorteil einer Kartoffelzüchtung auf dihaploider Basis herausgestellt (von Wangenheim; Chase).

Autoeuploidie. Bei weitem überwiegt auf diesem Gebiet die Anzahl von Arbeiten mit züchterischen Fragestellungen die Fortschritte in theoretischer Erkenntnis, so daß sich die Darstellung auch im folgenden auf ausgewählte Beispiele beschränken kann. Die phänotypischen Veränderungen bei einer Polyploidisierung sind im Einzelfall weder für morphologisch-entwicklungsphysiologische (vgl. u. a. für Kleearten: Hertsch; Kannenberg u. Elliott; Spinat: Bragdø; Lupinen: Troll, Jagoda u. Kunze) noch für physiologisch-chemische Eigenschaften (so bei Rotklee: Bellmann; Steinklee und *Lolium:* Fürste (1, 2); Gerste: Sosulski u. Larter] vorauszusagen. Daher sind Frühteste, wie beim Rotklee die Ausnutzung einer positiven Korrelation zwischen der Größe des Keimblattes und der Gesamtpflanzenmasse bei Blühbeginn (Schweiger u. Papenhagen), von praktischer Bedeutung. Die nicht nur quantitativ, sondern teilweise auch qualitativ unterschiedliche Reaktion von Autoploiden auf Umweltfaktoren im Vergleich zu ihren Ausgangsformen wird erneut anschaulich in den klaren Untersuchungen von Steiner über die Entwicklung von haploiden und diploiden Gametophyten von *Sphaerocarpus* bei wechselnder Beleuchtungsstärke und von Moore über Wachstum und Samenertrag von tetraploidem Roggen beim vergleichenden Anbau in Davis, Calif., und Svalöf, Schweden. Um die „potentielle Fruchtgröße" bei tetraploiden Tomaten zu bestimmen, die wegen ihrer geringen Fertilität in der Regel nur kleinere Früchte als die diploiden ausbilden, versuchte Nilsson erfolgreich, die mangelhafte Stimulation des Fruchtwachstums durch schlechten Samenansatz experimentell durch β-Naphthyloxyessigsäure-Gaben auf den Griffel zu kompensieren.

Daß ein wesentlicher Anteil der Fertilitätsstörungen in polyploiden Populationen auf das Auftreten von aneuploiden, zumeist hypoploiden Individuen zurückgeht (Fortschr. Bot. 24, 328, 25, 411), wurde mehrfach bestätigt (z. B. Gerste: Helgason u. Rommel; *Beta*-Rüben: Rommel; Roggen: Aastveit; oder weitere Studien an *Triticale:* Krolow). Bei autotetraploidem *Sorghum* nahm die Fertilität durch eine Verminderung der Univalenthäufigkeit infolge einer genisch bedingten Steigerung der Chiasmafrequenz von 0,5 % auf 35,5 % bzw. (in Bastarden) 56,9 % zu (Ross u. Chen). Eine größere heterozygote reziproke Translokation zwischen den Chromosomen V und VI vom Roggen, die Ahloo-

WALIA (1) auch im diploiden Genotyp untersuchte, erzeugt bei tetraploidem Material infolge zahlreicher Partnerwechsel bis zu oktovalente Konfigurationen und damit vollständige Sterilität [AHLOOWALIA (2)]. Da Translokationen als wesentlicher Faktor bei der Artbildung von *Secale* bekannt sind (KHUSH; KRANZ), wird das für ein Gras auffällige Fehlen von Polypoidie innerhalb dieser Gattung verständlich, wenngleich die Chromosomenverteilung aus Translokationsmultivalenten gerade beim Roggen eine genetische Steuerung erkennen läßt (LAWRENCE). Analysiert wurden überdies das abweichende Pollenschlauchwachstum bei tetraploidem Rotklee (ŁACZYŃSKA-HULEWICZ u. MACKIEWICZ) und Roggen (BOUHARMONT) sowie die Auswirkungen einer Bestäubung mit haploidem Pollen (Mais: CAVANAH u. ALEXANDER; *Brassica:* DOWNEY u. ARMSTRONG). Als Beitrag zur Deutung der Sterilität von Triploiden beschreibt eine schöne Arbeit von WILSON in den Nachkommen von triploidem *Endymion nonscriptus* das Schicksal der hier sämtlich unterscheidbaren Chromosomen des dritten Genoms.

Nach wie vor liegt das Studium genetischer Daten bei Polyploiden im Argen. Zwar erschienen wieder einige lesenswerte Veröffentlichungen über die Spaltungsverhältnisse einzelner Faktoren bei autotetraploidem Mais (WELCH) oder bei Petunien (SEIDEL). Für einen ganzen Genotyp ist die Bedeutung einer Polyploidisierung jedoch bisher kaum abzuschätzen. Bekanntlich spielen in den meisten Hypothesen Heterozygotie und erweiterte Kombinationsmöglichkeiten die wichtigste Rolle. Die in der Natur (vgl. Fortschr. Bot. 24, 329) und auch im Experiment (Radies, Kamille und Inkarnatklee: JAHR, SKIEBE u. STEIN) nachweisbare Überlegenheit von meiotischen (aus unreduzierten Gameten) gegenüber mitotisch (durch Samen-Colchizinierung usw.) entstandenen Polyploiden weist nach BECKER als dritten Faktor auf die Wirksamkeit von gametischer Selektion hin. Die Bedeutung einer Anorthoploidie für den Genfluß zwischen verschiedenen Arten wurde schon S. 229 hervorgehoben.

Aneuploidie. Ein bevorzugtes Interesse haben in den vergangenen Jahren cytogenetische Arbeiten mit Aneuploiden gefunden (vgl. zuletzt Fortschr. Bot. 24, 350 ff., 25, 411 f.). In Einzelfällen handelt es sich dabei um eine Beschreibung natürlicher Aneuploidie, die meistens einen deutlichen Selektionsnachteil erkennen läßt (*Bothriochloa:* BORGAONKAR u. DE WET; DE WET u. BORGAONKAR; *Vetiveria:* RAMANUJAM u. KUMAR; *Oenothera:* CATCHESIDE; *Clarkia:* SNOW) oder von Aneusomatie (Tomaten: SINHA; *Claytonia:* LEWIS). Verfolgt wurde die Chromosomenverteilung in haploid × diploid-Kreuzungen von Tabak [RAO u. STOKES (2)] oder die Möglichkeit, durch Thalliumacetat oder „Endothal"-Behandlung eine nicht-zufällige Fehlverteilung von Chromosomen zur bevorzugten Auslösung von bestimmten Aneuploiden auszunutzen (*Scilla:* RAGAZZINI). Auch mehrere cytogenetische Analysen an spontanen oder induzierten Mutanten sind in diesem Zusammenhang zu nennen [*Gossypium:* ENDRIZZI, MCMICHAEL u. BROWN; *Rhizinus:* JAKOB; *Medicago:* MURRAY u. CRAIG; Tabak: RAO u. STOKES (1); *Triticum:* ZSCHEGE (2), NISHIYAMA u. ICHIKAWA].

Charakteristisch für die derzeitige Aneuploidenforschung aber sind größere, langjährige Arbeitsprogramme, wie sie heute in vorbildlicher Weise vor allem beim Weizen — durch die bekannten Untersuchungen von SEARS angeregt — in vielen Laboratorien durchgeführt werden (z. B. RILEY, KIMBER u. LAW). Diese Arbeiten beginnen zumeist mit der Herstellung der notwendigen aneuploiden Formen, wie Monosomenserien (vgl. FISCHBECK), Additionslinien [z. B. mit *Agropyron elongatum:* MOCHIZUKI (1, 2)] oder Substitutionslinien [z. B. mit Roggen: SASAKI (1, 2), KHAN (2)] und führen jährlich u. a. zu einer stattlichen Reihe von neu bestimmten Genen, die sich im Wheat Newsletter (10, 1963) zuzusammengetragen findet. Die Übersicht über die Vielzahl der Befunde beim hexaploiden Saatweizen wird allerdings dadurch erschwert, daß ein Merkmal (z. B. Rostresistenz: McGINNIS u. BOYD) in verschiedenen Sorten durch Gene auf verschiedenen Chromosomen und zudem, häufiger als früher vermutet, polygen bestimmt sein kann (z. B. SNYDER, MILLER u. PI). Die genetischen Duplikationen, die aus der polyploiden Entstehung des Weizens resultieren, konnten sich nach vergleichenden Untersuchungen über Eigenschaften von Monosomen (Strahlenempfindlichkeit, Ährenschieben und Vererbung der Monosomie) im Laufe der Evolution in den verschiedenen homoeologen Dreiergruppen in verschiedener Geschwindigkeit differenzieren [TSUNEWAKI (1, 2)]. Manche Gene zeigen, wie des weiteren auf Grund der Polyploidie zu erwarten, deutliche Dosiseffekte, so außer dem bekannten compactoid-Charakter (Q) u. a. der sphaerococcoid- oder der Dickkopf-(squarehead-)Faktor [ZSCHEGE (1)], bzw. ein *virescens*-Gen (v), das SEARS eingehender analysierte. Im letzteren Falle ergaben sich solche Dosisbeziehungen nicht nur bei verschiedener Häufigkeit des Chromosoms 3B (III), in dem v liegt, sondern interessanterweise auch bei Aneusomatie der homoeologen Chromosomen 3A (XII) und 3D (XVI). In ähnlicher Weise verglich MURAMATSU die Dosiswirkung des „Supergens" Q (nach ZOHARY, FELDMAN u. BRICK ein transloziertes fremdes Chromosomensegment aus einer *Triticum*-Verwandten!) im langen Arm des Chromosoms 5A (IX) von *T. aestivum*, das in 0- bis 4facher Dosis eine Ährenverkürzung von speltoid (0) über normal (2) bis compactoid (4) verursacht, mit der Wirkung des homologen Locus q von *T. spelta* nach Substitution des *spelta*-Chromosoms 5A in Chinese-*(T. aestivum-)*Genotyp. Da selbst eine 4fache Dosis von q keinerlei Wirkung erkennen ließ, hatte man früher geschlossen, q sei ein Nullallel (Defizienz) von Q und somit eine Entstehung von *T. spelta* aus *T. aestivum* wahrscheinlich. Erst die Herstellung von für Chromosom 5A tri- und tetrasomen Pflanzen mit einem zusätzlichen Isochromosom aus dem langen Arm desselben Chromosoms widerlegte diese Auffassung dadurch, daß sich auch q bei einer solchen Vermehrung auf die 5- bzw. 6fache Dosis mit einer deutlichen squarehead- bzw. subcompactoid-Ähre ausprägte. Nach Bestäubung einer Serie von Weizenpflanzen (AABBDD), die telozentrische Chromosomen der Genome A und B besaßen, mit Pollen eines amphidiploiden AADD-Weizens ließen sich entgegen früheren Angaben aus dem Auftreten von heteromorphen Bivalenten die Chromosomen II dem B- und VIII dem A-Genom zuordnen [OKAMOTO

(1)]. Beispielhaft ist schließlich die Arbeit von J. D. SMITH über die Gametenkonkurrenz, d. h. die bevorzugte Übertragung einzelner Chromosomen auf die Nachkommenschaft einer Kreuzung von normalem Chinese-Weizen ♀ mit einer monosomen Additionslinie derselben Varietät ♂. Letztere war mono-5A, also mit dem speltoid-compactoid-Faktor markiert und enthielt ein Roggenchromosom I, das sich durch dominante Behaarung unterhalb der Ähre phänotypisch bemerkbar macht. Da bei den weiblichen Gameten keine Konkurrenz angenommen zu werden braucht, wurden die Spaltungsergebnisse in F_1 auf die entsprechenden Daten der reziproken Kreuzung bezogen:

Phänotypen		Chromosomen-konstitution	Häufigkeit	
			beobachtet	erwartet
speltoid	unbehaart	$20'' + 5\,A'$	17	521
squarehead	unbehaart	$20'' + 5\,A''$	639	186
speltoid	behaart	$20'' + 5\,A' + I'$	256	205
squarehead	behaart	$20'' + 5\,A'' + I'$	34	41
andere		verschiedene	15	8

Daraus errechnet sich folgendes Verhältnis der erfolgreichen ♂ : ♀ Gameten für die verschiedenen haploiden Genome:

nullisom	$20'$	0,03
normal	$20' + 5\,A'$	3,47
Roggen substituiert	$20' + I'$	1,21
Roggen addiert	$20' + 5\,A' + I'$	0,81

Die modale Chromosomenzahl scheint somit für die Konkurrenzfähigkeit des Gameten wichtiger als sein Gengehalt zu sein!

Gegenüber den Untersuchungen am Weizen stehen alle ähnlichen Aneuploidenanalysen an anderen Pflanzen an Umfang und Intensität weit zurück. Beim hexaploiden Saathafer wird weiterhin an der Aufstellung eines vollständigen Monosomensortiments gearbeitet, wozu HACKER u. RILEY die wie beim Weizen [WATANABE (4)] in einer Häufigkeit von etwa 1,5% auftretenden, natürlichen Aneuploiden aus der Sorte "Sun II" auslasen. Im übrigen wurden nur Details über die Lokalisation eines albina-Faktors auf dem langen Arm von Chromosom 14 (McGINNIS, ANDREWS u. McKENZIE) oder die Vererbung von Rostresistenz in einer Additionslinie mit *A. strigosa* mitgeteilt (DYCK u. RAJHATHY). Aber auch bei *Gossypium hirsutum* belegt ENDRIZZI, daß sich einzelne Genanalysen durchaus schon mit unvollständigen Monosomenreihen durchführen lassen. Beim Mais wird ein addiertes *Tripsacum*-Chromosom unerwartet häufig, nämlich durch 91% aller Eizellen übertragen, ohne daß zunächst bestimmte cytologische Ursachen dafür sichergestellt werden konnten [MAGUIRE (5)]. Für Additionslinien von *Nicotiana longiflora* (LL + $I_{S\,1-9}$) entwickelte SAND am Beispiel der Beeinflussung einzelner Blütenmaße durch die addierten *N. sanderae*-Chromosomen (S) ein Modell zur topographischen Analyse des S-Genoms hinsichtlich quantitativer Gene.

Während der Arbeiten zur Aufstellung eines Trisomensortiments bei *Clarkia* zählte VASEK nach Kreuzung von $2n \times 3n$-Formen in den auftretenden mehrfach Trisomen ($2n + 1$ bis $2n + 7$) Uni- und Trivalente und fand im Mittel 0,43; 0,46; 0,46; 0,56; 0,54; 0,55 und 0,59 Trivalente je Zelle in Pflanzen mit $1, 2, 3 \ldots 7$ Extrachromosomen. Der somit erkennbare Schwellenwert bei $2n + 4$ Chromosomen beruht vermutlich auf einer Erhöhung der Chiasmafrequenz, wie sie für Triploide bekannt ist. Bei Roggen, für den ein neues Trisomensortiment beschrieben wurde, entstehen aus $2n \times 3n$-Kreuzungen häufiger Trisome (39,7% aller Nachkommen) als Disome [KAMANOI u. JENKINS (1, 2)], wobei sich die Ausbeute durch Auslese leichterer Samen noch weiter steigern läßt (KAMANOI). Interessante Möglichkeiten der Chromosomenpaarung und -verteilung ergeben sich, wenn das trisome Chromosom, wie es nicht selten vorkommt, beispielsweise durch eine pericentrische Inversion umgebaut wird (Gerste: TSUCHIYA) oder durch Translokation tertiäre Trisome entstehen [Roggen: SYBENGA (1, 2); Gerste: RAMAGE].

Literatur

AASTVEIT, K.: Proc. XI. Int. Congr. Genet. I, 214 (1963). — ABEL, W. O.: Proc. XI. Int. Congr. Genet. I, 13 (1963). — AHLOOWALIA, B. S.: (1) Genetica 33, 128—144 (1963); — (2) Genetica 33, 207—221 (1963). — ALLISON, D. C., and J. L. STARLING: Crop Sci. 3, 154—157 (1963). — ARNOLD, C. G.: Chromosoma 14, 31—44 (1963). — ARNOLD, C. G., M. KRESSEL u. G. FELLENBERG: Chromosoma 14, 541—548 (1963).

BAENZIGER, H., and R. P. KNOWLES: Crop Sci. 2, 417—420 (1962). — BASAK, S. L., and H. K. JAIN: Chromosoma 13, 577—587 (1963). — BATTAGLIA, E.: (1) Caryologia 16, 405—429 (1963); (2) 16, 1—46 (1963). — BECKER, G.: Ber. u. Vortr. dtsch. Akad. Landw. Wiss. Berlin 4, 99—113 (1960). — BELLINI, G., and A. BIANCHI: Z. Vererbungslehre 94, 126—132 (1963). — BELLMANN, K.: Züchter 32, 80—90 (1962). — BENDER, K.: Z. Pflanzenzücht. 50, 142—166 (1963). — BERGER, C. A., and E. R. WITKUS: Exper. Cell Res. 27, 348—350 (1962). — BHATNAGAR, S., and H. K. JAIN: Current Sci. 32, 369—370 (1963). — BIANCHI, A., M. BUIATTI, and C. VAN DE WALLE: Genetics 47, 943—944 (1962). — BIANCHI, A., M. V. GHATNEKAR, and A. GHIDONI: Chromosoma 14, 601—617 (1963). — BORGAONKAR, D. S., and J. M. J. DE WET: Cytologia 28, 54—67 (1963). — BOSE, S.: Nature (Lond.) 197, 1229—1230 (1963). — BOUHARMONT, J.: Proc. XI. Int. Genet. Congr. I, 214—215 (1963). — BRAGDØ, M.: Euphytica 11, 143—148 (1962). — BROWN, M. S.: Proc. XI. Int. Genet. Congr. I, 132 (1963). — BURK, L. G.: J. Hered. 53, 222—225 (1962). — BURNHAM, C. R.: Discussions in Cytogenetics. 375 S., Minneapolis: Burgess 1962.

CARNAHAN, H. L., and H. D. HILL: Crop Sci. 2, 445—446 (1962). — CATCHESIDE, D. G.: Heredity 18, 63—75 (1963). — CAVANAH, J. A., and D. E. ALEXANDER: Crop Sci. 3, 329—331 (1963). — CHASE, S. S.: Can. J. Genet. Cytol. 5, 359—363 (1963). — CHEN, C. H., and J. G. ROSS: (1) J. Hered. 54, 96—100 (1963); — (2) Bot. Soc. Amer. Amherst, Mass. 1963. — CHHEDA, H. R., and J. R. HARLAN: Caryologia 15, 461—476 (1962). — CLELAND, R. E.: Adv. Genet. 11, 147—237 (1962). — CLEMENT, W. M., and W. F. LEHMAN: Crop Sci. 2, 451—453 (1962).

DAS, D. C., and S. V. S. SHASTRY: Cytologia 28, 36—43 (1963). — DEWEY, D. R.: J. Hered. 53, 282—290 (1962). — DHILLON, T. S., and E. D. GARBER: Cytologia 27, 189—203 (1962). — DOWNEY, R. K., and J. M. ARMSTRONG: Can. J. Plant Sci. 42, 672—680 (1962). — DOYLE, G. G.: Genetics 48, 1011—1027 (1963). — DYCK, P. L., and T. RAJHATHY: Can. J. Genet. Cytol. 5, 408—413 (1963). — DYER, A. F.: Chromosoma 13, 545—576 (1963).

EMSWELLER, S. L., and J. UHRING: Amer. J. Bot. 49, 978—984 (1962). — ENDRIZZI, J. E.: Genetics 48, 1625—1633 (1963). — ENDRIZZI, J. E., and M. S.

Brown: Can. J. Genet. Cytol. **4**, 458—468 (1962). — Endrizzi, J. E., S. C. McMichael, and M. S. Brown: Crop Sci. **3**, 1—3 (1963). — Enns, H., and E. N. Larter: Can. J. Genet. Cytol. **4**, 263—266 (1962). — Erichsen, A. W., C. J. Franzke, M. E. Sanders, and J. G. Ross: J. Hered. **53**, 304—308 (1962). — Erichsen, A.W., and J. G. Ross: (1) Crop Sci. **3**, 481—484 (1963); (2) **3**, 99—100 (1963). — Essad, S.: Ann. Améliorat. Plantes **12**, 5—103 (1962). — Evans, L. E.: (1) Can. J. Genet. Cytol. **4**, 267—271 (1962); — (2) Proc. XI. Int. Congr. Genet. I, 135—136 (1963).

Fischbeck, G.: Z. Pflanzenzücht. **49**, 107—121 (1963). — Fritz-Niggli, H. (Edit.): Strahlenwirkung und Milieu. München: Urban & Schwarzenberg 1962. — Fröst, S.: Hereditas **50**, 150—160 (1963). — Fürste, K.: (1) Z. Pflanzenzücht. **47**, 156—171 (1962); (2) **47**, 369—387 (1962).

Garber, E. D., and S. L. Bell: Bot. Gaz. **123**, 190—197 (1962). — Garber, E. D., and T. S. Dhillon: Genetics **47**, 461—467 (1962). — Geitler, L., u. E. Tschermak-Woess: Österr. bot. Z. **109**, 150—167 (1962). — Gerstel, D. U.: Genetics **48**, 677—689 (1963). — Gill, B. S., R. Morris, J. W. Schmidt, and S. S. Maan: Can. J. Genet. Cytol. **5**, 326—337 (1963). — Grant, W. F.: Proc. XI. Int. Congr. Genet. I, 132—133 (1963).

Hacker, J. B., and R. Riley: Nature (Lond.) **197**, 924—925 (1963). — Hanson, G. P.: Maize Genet. Coop. News Letter **36**, 34—35 (1962). — Hayward, M. D.: Heredity **17**, 439—441 (1962). — Heimburger, M.: Chromosoma **13**, 328—340 (1962). — Heimburger, M., and I. E. Kamitakahara: Evolution **17**, 358—367 (1963). — Helgason, S. B., and M. Rommel: Can. J. Genet. Cytol. **5**, 189—196 (1963). — Heneen, W. K.: (1) Hereditas **48**, 471—502 (1962); (2) **48**, 182—200 (1962); (3) **49**, 1—32 (1963). — Heneen, W. K., and H. Runemark: Hereditas **48**, 545—564 (1962). — Hertzsch, W.: Z. Pflanzenzücht. **48**, 230—258 (1962). — Hu, C. H.: Cytologia **27**, 285—295 (1962). — Hu, C. H., and K. M. Ho: Bot. Bull. Acad. Sinica **4**, 30—36 (1963). — Huang, C. C., J. G. Ross, and H. D. Haensel: Can. J. Genet. Cytol. **5**, 227—232 (1963). — Hutchinson, D. J., and E. C. Bashaw: Can. J. Genet. Cytol. **5**, 281—289 (1963).

Iizuka, M., and J. Janick: Genetics **48**, 273—282 (1963). — Jackson, R. C.: (1) Amer. J. Bot. **49**, 119—132 (1962); — (2) Can. J. Genet. Cytol. **5**, 421—426 (1963). — Jahr, W., K. Skiebe u. M. Stein: Z. Pflanzenzücht. **50**, 26—33 (1963). — Jain, H. K., and S. L. Basak: (1) Nature (Lond.) **197**, 725—726 (1963); — (2) Genetics **48**, 329—339 (1963). — Jain, H. K., and R. S. Rana: Nature (Lond.) **200**, 499—500 (1963). — Jain, H. K., K. N. Vasudevan, and S. L. Basak: Chromosoma **14**, 534—540 (1963). — Jakob, K. M.: J. Hered. **54**, 292—296 (1963).

Kamanoi, M.: Wheat Inf. Serv. **14**, 26—27 (1962). — Kamanoi, M., and B. C. Jenkins: (1) Wheat Inf. Serv. **15/16**, 40—42 (1963); — (2) Seiken Ziho **13**, 118—123 (1962). — Kamra, O. P.: Chromosoma **13**, 540—544 (1963). — Kannenberg, L. W., and F. C. Elliott: Crop Sci. **2**, 378—381 (1962). — Keep, E.: Can. J. Genet. Cytol. **4**, 206—218 (1962). — Khan, S. I.: (1) Cellule **63**, 293—305 (1963); — (2) Proc. XI. Int. Congr. Genet. I, 122—123 (1963). — Khush, G. S.: Evolution **16**, 484—496 (1962). — Khush, G. S., and C. M. Rick: Genetica **33**, 167—183 (1963). — Kihara, H., and K. Tsunewaki: (1) Jap. J. Genet. **37**, 310—313 (1962); — (2) Wheat Inf. Serv. **15/16**, 32—34 (1963). — Kimber, G.: Wheat Inf. Serv. **14**, 3—5 (1962). — Kimber, G., and R. Riley: (1) Bot. Rev. **29**, 480—531 (1963); — (2) Can. J. Genet. Cytol. **5**, 83—88 (1963). — Knight, R. L., A. P. Hamilton, and E. Keep: Nature (Lond.) **200**, 1341—1342 (1963). — Koul, A. K.: Phyton (B. Aires) **19**, 115—120 (1962). — Kranz, A. R.: Z. Pflanzenzücht. **50**, 44—58 (1963). — Krolow, K. D.: Z. Pflanzenzücht. **49**, 210—242 (1963). — Kruse, A.: Roy. Vet. Agric. College Copenhagen Yearbook 1963, 42—53. — Künzel, G.: Kulturpflanze **11**, 517—534 (1963).

Łaczyńska-Hulewicz, T., u. T. Mackiewicz: Züchter **33**, 11—17 (1963). — Laughnan, J. R.: Proc. XI. Int. Congr. Genet. I, 120—121 (1963). — Law, C. N.: Genetica **33**, 313—329 (1963). — Lawrence, C. W.: Genetica **48**, 347—350 (1963). — Lee, W. J.: Proc. XI. Int. Congr. Genet. I, 119 (1963). — Lesley, M., J. W. Lesley, and R. K. Soost: Genetics **48**, 943—955 (1963). — Levan, A., and A. Müntzing: Portug. Acta Biol., Ser. A, **7**, 1—16 (1963). — Lewis, W. H.: Amer. J. Bot. **49**, 918—928 (1962). — Lima-de-Faria, A., and P. Sarvella: Chromosoma **13**, 300—314 (1962).

MAGNI, G. E.: (1) Proc. nat. Acad. Sci. 50, 975—980 (1963); — (2) In: Repair from Genetic Radiation, 77—85, Edit. F. H. SOBELS. Oxford: Pergamon Press 1963. — MAGNI, G. E., and R. C. VON BORSTEL: Genetics 47, 1097—1108 (1962). — MAGOON, M. L., and K. R. KHANNA: Caryologia 16, 191—235 (1963). — MAGOON, M. L., S. RAMANUJAM, and D. C. COOPER: Caryologia 15, 151—252 (1962). — MAGOON, M. L., and K. G. SHAMBULINGAPPA: (1) Z. Vererbungslehre 93, 14—24 (1962); — (2) Züchter 32, 317—324 (1962); — (3) Genet. Polon. 3, 301—306 (1962); — (4) Chromosoma 14, 572—588 (1963). — MAGUIRE, M. P.: (1) Chromosoma 13, 16—26 (1962); — (2) Genetics 47, 968 (1962); — (3) Cytologia 27, 248—257 (1962); — (4) Can. J. Genet. Cytol. 5, 414—420 (1963); — (5) Genetics 48, 1185—1194 (1963). — MARCHI, P.: Caryologia 16, 121—126 (1963). — McGINNIS, R. C., G. Y. ANDREWS, and R. I. H. McKENZIE: Can. J. Genet. Cytol. 5, 57—59 (1963). — McGINNIS, R. C., and W. J. R. BOYD: Proc. XI. Int. Congr. Genet. I, 226 (1963). — MENZEL, M. Y.: Amer. J. Bot. 49, 605—615 (1962). — MILLER, O. L.: Genetics 48, 1445—1466 (1963). — MOAV, R.: Heredity 17, 373—379 (1962). — MOCHIZUKI, A.: (1) Seiken Ziho 13, 133—138 (1962); — (2) Wheat Inf. Serv. 15/16, 50—53 (1963). — MOORE, K.: Hereditas 50, 269—305 (1963). — MORGAN, D. T.: Cytologia 28, 102—107 (1963). — MÜNTZING, A.: Hereditas 49, 371—426 (1963). — MÜNTZING, A., N. J. HRISHI, and C. TARKOWSKI: Hereditas 49, 78—90 (1963). — MURAMATSU, M.: Genetics 48, 469—482 (1963). — MURRAY, B. E., and I. L. CRAIG: Can. J.Genet. Cytol. 4, 379—385 (1962).

NIELSEN, E. L.: (1) Crop Sci. 2, 181—185 (1962); — (2) Crop Sci. 3, 142—145 (1963). — NIELSEN, E. L., P. N. DROLSOM, and S. M. JALAL: Crop Sci. 2, 459—462 (1962). — NIELSEN, E. L., M. R. HANNA, and P. N. DROLSOM: Crop Sci. 2, 456—458 (1962). — NIELSEN, E. L., and J. NATH: Euphytica 11, 157—163 (1962). — NILSSON, E.: Hereditas 49, 237—240 (1963). — NISHIYAMA, I., and S. ICHIKAWA: (1) Seiken Ziho 13, 143—149 (1962); — (2) Wheat Inf. Serv. 15/16, 53—56 (1963).

OGIHARA, R.: Kromosomo 53/54, 1785—1793 (1962). — OHTA, T.: (1) Seiken Ziho 13, 69—74 (1962); — (2) Wheat Inf. Serv. 15/16, 22 (1963). — OKAMOTO, M.: (1) Can. J. Genet. Cytol. 4, 31—37 (1962); — (2) Seiken Ziho 13, 123—125 (1962); — (3) Wheat Inf. Serv. 15/16, 43—44 (1963). — ONDREJ, M.: Proc. XI. Int. Congr. Genet. I, 13 (1963). — ONO, H., and B. SAKAI: Proc. XI. Int. Congr. Genet. I., 140 (1963). — OURECKY, D. K.: Nucleus 6, 63—82 (1963).

PHILLIPS, L. L.: Amer. J. Bot. 49, 51—57 (1962). — POWELL, J. B., and R. A. NILAN: Crop Sci. 3, 11—13 (1963). — PUSA, K.: Proc. XI. Int. Congr. Genet. I, 110 (1963).

RAGAZZINI, R.: Caryologia 16, 507—511 (1963). — RAJHATHY, T.: (1) Can. J. Genet. Cytol. 5, 127—132 (1963); — (2) Z. Vererbungslehre 94, 269—279 (1963). — RAJHATHY, T., and P. L. DYCK: Can. J. Genet. Cytol. 5, 175—179 (1963). — RAMAGE, R. T.: Proc. XI. Int. Congr. Genet. I, 122 (1963). — RAMANUJAM, S., and S. KUMAR: Cytologia 28, 242—247 (1963). — RAMEL, C.: Hereditas 48, 1—58 (1962). — RAO, P. N., and G. W. STOKES: (1) Crop Sci. 3, 265—266 (1963); — (2) Genetics 48, 1423—1433 (1963). — REES, H.: (1) Heredity 17, 427—437 (1962); — (2) Nature (Lond.) 198, 108—109 (1963). — REES, H., and K. AHMAD: Evolution 17, 575—579 (1963); — REES, H., and W. I. C. DAVIES: Proc. XI. Int. Congr. Genet. I, 136 (1963). — RESENDE, F.: Portug. Acta Biol., Ser. A, 7, 47—94 (1963). — RICK, C. M., and G. S. KHUSH: Genetics 47, 979—980 (1962). — RIEGER, R.: Die Genommutationen. 183 S. Jena: VEB Fischer 1963. — RILEY, R., and V. CHAPMAN: Heredity 18, 473—484 (1963). — RILEY, R., and C. KEMPANNA: Heredity 18, 287—306 (1963). — RILEY, R., G. KIMBER, and C. N. LAW: Ann. Rep. Plant Breed. Inst. Cambridge 1962/63, 91—97. — ROMMEL, M.: Nature (Lond.) 198, 1327—1328 (1963). — ROSS, J. G., and C. H. CHEN: Hereditas 48, 324—331 (1962). — ROSS, J. G., C. H. CHEN, and G. M. SIMANTEL: Proc. XI. Int. Congr. Genet. I, 120 (1963). — RUTISHAUSER, A.: Proc. XI. Int. Congr. Genet. I, 118—119 (1963).

SAND, S. A.: Genetics 47, 982 (1962). — SASAKI, M.: (1) Seiken Ziho 13, 131—133 (1962); — (2) Wheat Inf. Serv. 15/16, 47—49 (1963). — SASAKI, M., R. MORRIS, J. W. SCHMIDT, and B. S. GILL: Can. J. Genet. Cytol. 5, 318—325 (1963). — SATO, D.: Sci. Papers Coll. gen. Educ. Univ. Tokyo 12, 173—210 (1962). — SCHERTZ, K. F.: Crop Sci. 3, 445—447 (1963). — SCHULZ-SCHAEFFER, J., and P. JURASITS: Amer. J. Bot. 49, 940—953 (1962). — SCHWEIGER, W., u. F. PAPENHAGEN: Z. Pflanzenzücht. **50**, 119—131 (1963). — Sears, E. R.: Proc. XI. Int. Congr. Genet. I, 123—124 (1963). — Sen, S. K.: Nucleus **6**, 107—120 (1963). — Shah, S. S.: Chromosoma **14**, 162—185 (1963). — Shastry, S. V. S.: Bull. bot. Surv. India **4**, 241—247 (1962).— Shaver, D. L.: (1) Amer. J. Bot. **49**, 348—354 (1962); — (2) Caryologia **15**, 43—57 (1962); — (3) Genetics **48**, 515—524 (1963). — Seidel, H.: Z. Pflanzenzücht. **48**, 327—359 (1962). — Simantel, G. M., and J. G. Ross: J. Hered. **54**, 277—284 (1963). — Simantel, G. M., J. G. Ross, C. C. Huang, and H. D. Haensel: J. Hered. **54**, 221—228 (1963). — Sinha, P. K.: Beitr. Biol. Pfl. **38**, 189—236 (1963). — Sficas, A. G.: (1) Genet. Res. (Camb.) **4**, 266—275 (1963); — (2) Genetics **47**, 1163—1170 (1962). — Sficas, A. G., and D. U. Gerstel: Genetics **47**, 1171—1185 (1962). — Smith, B. W.: Genetics **48**, 1265—1288 (1963). — Smith, J. D.: Can. J. Genet. Cytol. **5**, 220—226 (1963). — Snow, R.: Amer. J. Bot. **50**, 337—348 (1963). — Sobels, F. H. (Edit.): Repair from Genetic Radiation Damage and Differential Radiosentitivity in Germ Cells. Oxford: Pergamon Press 1963. — Sosulski, F. W., and E. N. Larter: Can. J. Plant Sci. **43**, 23—29 (1963). — Steiner, A. M.: Z. Vererbungslehre **94**, 163—171 (1963). — Steinitz-Sears, L. M.: Genetics **48**, 483—490 (1963). — Stokes, G. W.: Science **141**, 1185—1186 (1963). — Sybenga, J.: (1) Proc. XI. Int. Congr. Genet. I, 122 (1963); — (2) Genen en Phaenen **8**, 44—48 (1963).

Tabata, M.: (1) Cytologia **27**, 410—417 (1962); (2) **28**, 278—292 (1963). — Thompson, M. M.: Amer. J. Bot. **49**, 575—582 (1962). — Ting, Y. C.: Proc. XI. Int. Congr. Genet. I, 121 (1963). — Tiranti, I. N., and J. E. Endrizzi: Can. J. Genet. Cytol. **5**, 374—379 (1963). — Troll, H. J., G. Jagoda u. A. Kunze: Züchter **33**, 184—190 (1963). — Tsuchiya, T.: Proc. XI. Int. Congr. Genet. I, 121—122 (1963). — Tsunewaki, K.: (1) Seiken Ziho **13**, 112—118 (1962); — (2) Wheat Inf. Serv. **15/16**, 38—40 (1963). — Turcotte, E. L., and C. V. Feaster: Science **140**, 1407—1408 (1963).

Vasek, F. C.: Amer. J. Bot. **50**, 244—247 (1963). — Venkateswarlu, J.: 49. Indian Sci. Congr. Cuttack 1962, Sect. Bot., 1—20. — Vosa, C. G.: Caryologia **16**, 679—684 (1963).

Wagenaar, L. E. B.: Proc. XI. Int. Congr. Genet. I, 111 (1963). — Wangenheim, K. H. von: Z. Pflanzenzücht. **47**, 172—180 (1962). — Watanabe, Y.: (1) Wheat Inf. Serv. **14**, 5—7 (1962); — (2) Nature (Lond.) **193**, 603 (1962); — (3) Jap. J. Genet. **37**, 194—206 (1962); — (4) Wheat Inf. Serv. **15/16**, 45—47 (1963). — Welch, J. E.: Genetics **47**, 367—396 (1962). — Wet, J. M. J. de, and D. S. Borgaonkar: Bot. Gaz. **124**, 437—440 (1963). — Whitehouse, H. L. K.: Nature (Lond.) **199**, 1034—1040 (1963). — Wilson, Y. I.: Nature (Lond.) **195**, 1329—1330 (1962). — Wilton, A. C., R. C. McGinnis, and J. D. Truscott: Can. J. Plant Sci. **43**, 18—22 (1963). — Wöhrmann, K.: Z. Pflanzenzücht. **50**, 132—139 (1963). — Wolff, S. (Edit.): Radiation Induced Chromosome Aberrations. New York: Columbia Univ. Press 1963. — Wolff, S., and F. J. de Serres: Proc. XI. Genet. Congr. I, 12 (1963).

Yarnell, S. H.: Bot. Rev. **28**, 465—537 (1962).

Zečević, L. M.: Beograd: Inst. Biol. N. R. Srbije 1962, 43 S. — Zohary, D., and M. Feldman: Evolution **16**, 44—61 (1962). — Zohary, D., M. Feldman, and Z. Brick: Proc. XI. Int. Congr. Genet. I, 230 (1963). — Zschege, C.: (1) Wheat Inf. Serv. **15/16**, 15—17 (1963); — (2) Z. Pflanzenzücht. **49**, 122—160 (1963). — Zuk, J.: Acta Soc. bot. pol. **32**, 5—67 (1963).

20. Wachstum

Bericht über die Jahre 1961—1963

Von JAKOB REINERT, Berlin

Mit 1 Abbildung

1. Native Auxine

Die Entwicklung, die auf diesem Gebiet vor etwa 10 Jahren begonnen hat, bestimmt auch eindeutig die Arbeiten der letzten 3 Jahre. Es steht fest, daß beim Wachstum mit verschiedenen Gruppen von Regulatoren gerechnet werden muß; dabei ist es aber absolut nicht sicher, ob neben den Auxinen, Gibberellinen und Kininen noch andere, bis jetzt unbekannte Gruppen vorkommen. Diese Situation hat sich auch auf die Auxinforschung im engeren Sinne günstig ausgewirkt und zu Fortschritten geführt. Neben bisher unbekannten Auxinen bzw. Wuchsstoffen, die festgestellt wurden, sind auch verschiedene strittige Fragen, welche die Auxine bestimmter Objekte betreffen, geklärt worden.

Entscheidend für diese positive Entwicklung ist vor allem die laufende Verbesserung der Extraktions-, Trennungs- und Testverfahren, besonders aber die Einführung neuer Methoden. Das gilt z. B. für die Dünnschichtchromatographie, deren Eignung für die Trennung von Indolderivaten eine enorme Verringerung des Zeitaufwandes bedeuten kann. STAHL und KALDEWEY berichten über das Verhalten einiger der wichtigsten, natürlich vorkommenden Indolderivate bei der Dünnschichtchromatographie. Nach ihren Untersuchungen, die auch Lösungsmittel und Färbeverfahren betreffen, ist diese Chromatographie nicht nur für die Trennung extrahierter Auxine geeignet, sondern sie bietet in bestimmten Fällen, mit einer unteren Nachweisgrenze um 0,001 γ einen Vorteil gegenüber der üblichen Chromatographie.

Auf die Unsicherheit über das Vorkommen der IES in verschiedenen Objekten (Tabakstengel, Maiskoleoptilen, Äpfeln) ist hier schon mehrfach hingewiesen worden. Sowohl im Tabak (SIROIS) als auch im Fruchtfleisch — allerdings nicht im Samen — von Äpfeln, ist jetzt erneut freie IES neben anderen, wachstumsfördernden Indolderivaten (2-Hydroxyindol-3-essigsäure, Äthylester der IES, u. a. m.) nachgewiesen worden (RAUSSENDORF-BARGEN, DURKEE und POAPST). Damit dürfte die Diskussion über diese strittigen Fragen, die durch die Ergebnisse LUCKWILL's bzw. VLITOS' ausgelöst wurden (vgl. Fortschr. Bot. **19** u. **20**), wahrscheinlich abgeschlossen sein.

Die verschiedenen Arbeiten über das Vorkommen bisher unbekannter Auxine betreffen die Gruppe der ätherunlöslichen Verbindungen.

FARRAR wies in unreifen Maiskörnern mehrere Auxine nach, deren physiologische Wirkung der IES entsprach, die sich aber bei der Chromatographie und der Anfärbung von dieser unterschieden. Nach ihrer Auffassung handelt es sich dabei um eine neue Gruppe, für welche die Bezeichnung „Zeanine" vorgeschlagen wird. Nach SRIVASTÀVA sind diese Wuchsstoffe aus unreifen Maiskörnern Konjugate der IES mit Zuckern. Er vermutet außerdem, daß sie die eigentliche, physiologisch aktive Form der Auxine darstellen.

Als bisher unbekanntes Auxin muß auch das 5-Hydroxytryptophanpeptid bezeichnet werden, das WINTER und STREET aus überalterten Nährmedien isolierter Tomatenwurzeln extrahierten. Es ist das erste Mal, daß eindeutig für ein natürlich vorkommendes Peptid Auxin-Aktivität festgestellt wurde. Die Eigenschaften des Peptids stehen auf Grund des Verhaltens bei der Kristallisation und verschiedenen chemischen Testverfahren sowie der Absorptionsspektren fest.

Über einen ganz anderen Regulatortyp berichten NITSCH u. HARADA, die in Extrakten aus Vegetationspunkten von *Althaea rosea* einen Wuchsstoff nachweisen und kristallin gewinnen konnten, der sowohl bestimmte Auxin- als auch Gibberellineigenschaften hat, sich aber andererseits auch von diesen beiden Wuchsstoffen unterscheidet. Diese Substanz, deren chemische Struktur noch nicht ermittelt wurde, fördert wie das Auxin z. B. die Streckung von Mesokotylsegmenten des Hafers und die Proliferation von bestimmten Gewebekulturen. Sie ist aber unwirksam im Wurzelbildungstest und unterscheidet sich dadurch von Auxin. Wie die Gibberelline, fördert sie das Wachstum von Maiszwergen (d_1, d_3 und d_5) und induziert außerdem bei kältebedürftigen und bei Langtagspflanzen das Schossen bzw. die Blütenbildung unter nicht induktiven Bedingungen. Sie hat aber — im Gegensatz zu den Gibberellinen — z. B. keine fördernde Wirkung auf die Keimung von Salatsamen.

Eine ähnliche Substanz kommt nach KALIFAH, LEWIS u. COGGINS in unreifen Organen vor. Grund für diese Annahme ist die Wirksamkeit dieses Regulators im Avenastandard-Test und der Befund, daß sie nach ihrem Verhalten bei der Chromatographie und auf Grund ihres Fluorescenzspektrums weder zu den Auxinen, noch den Gibberellinen zugeordnet werden kann.

In einer Arbeit von STOWE und OBREITER werden frühere Beobachtungen über Wachstumsförderungen durch natürlich vorkommende Glyceride (vgl. Fortschr. Bot. 22) erweitert. Dieser Effekt tritt an Segmenten aus jungen Erbsensprossen ein, die nicht im Dunkeln, sondern im Rotlicht wuchsen. Voraussetzung ist weiterhin eine Testlösung, die IES und Gibberellin in optimalen Konzentrationen enthält. Die Wirkung der Wuchsstoffe läßt sich durch verschiedene Öle und fettlösliche Vitamine (D_2, E, K_1 u. a. m.) signifikant erhöhen. Obwohl es sich dabei nicht unbedingt um einen hormonalen Effekt handeln muß, sind diese Resultate weiter zu beachten, denn GUDJONSDOTTIR und BURSTRÖM berichten über einen ähnlichen, aber nicht identischen Effekt von Alkoholen an Weizenwurzeln. Sie beobachteten die Aufhebung einer lichtbedingten Hemmung des Wurzelwachstums, die sich nur in eisenhaltigen

Testmedien ergibt, durch primäre Alkohole in Konzentrationen zwischen 10^{-2}—10^{-3} m. Sekundäre und tertiäre Alkohole waren dagegen unwirksam.

2. Auxinstoffwechsel

Über die intracelluläre Lokalisation des nativen Auxins in etiolierten Avenakoleoptilen liegt eine Arbeit von NAKAMURA u. Mitarb. vor, die sich mit den bisherigen Beobachtungen deckt. Sowohl freie als auch gebundene IES fanden sich nur in der löslichen Fraktion (einschl. des Zellsaftes) des Homogenisates aus 1 cm langen Koleoptilspitzen. Eine entsprechende Untersuchung NAKAMURAS über das Tryptophan-IES-System in Stengeln etiolierter Alaskaerbsen führte jedoch zu Resultaten, die sich nicht mit denjenigen an Meristemen und jungen Blättern von Phaseolus aureus decken (vgl. Fortschr. Bot. **22**). Nach NAKAMURA liegt das Tryptophan-IES-System in vier sehr unterschiedlichen Zellfraktionen vor, die durch differentielle Zentrifugierung (zwischen 1000 bis 1 000 000 g) aus den homogenisierten Erbsen gewonnen wurden. Die von NAKAMURA angenommene Beteiligung von zwei verschiedenen Enzymsystemen an der Bildung der IES aus Tryptophan ist schon zwei Jahre früher bewiesen worden. Ausgehend von der Tatsache, daß Reaktionsgemische für die Tryptophan-IES-Umsetzung mehr Auxin liefern, wenn sie bestimmte Polyphenole enthalten, haben GORDON und PALEG auf Grund einer sehr exakten Untersuchung ein Schema für den zweiten, bis jetzt nicht bekannten Weg der IES-Bildung vorgeschlagen (Abb. 10).

$$\text{Phenole} \xrightarrow[\text{Phenolase}]{O_2} \text{Chinone} + \text{Tryptophan} \rightarrow \text{Indolbrenztraubensäure} \rightarrow \text{IES}$$

Abb. 10. Schematische Darstellung der IES-Synthese aus Tryptophan in einem Phenolase-System nach GORDON u. PALEG

Hauptargumente für die Richtigkeit dieses Weges sind die Beobachtungen, daß Reaktionsgemische für die Umsetzung des Tryptophans zur IES aus verschiedenen höheren Pflanzen nach Zusatz von Brenzkatechin sehr viel höhere Auxinausbeuten liefern, daß die Enzyme der Reaktionsgemische durch Pilztyrosinase ersetzt werden können und daß die Synthese der IES durch O_2-Entzug, reduzierende Substanzen sowie durch bevorzugt Kupfer chelierende Substanzen (Diäthyldithiocarbaminat) gehemmt bzw. blockiert werden kann. Die enzymatische Reaktion ist demnach an Phenolasen gebunden, welche die Chinone bilden. Diese reagieren dann direkt mit dem Tryptophan, das oxydativ zur Indolylbrenztraubensäure desaminiert wird. Es wird angenommen, daß dieser Typ der Biosynthese der IES, der zu einem überhöhten Auxinspiegel führen muß, nur unter anomalen Bedingungen wirksam wird. Als Beispiele dafür werden die Callus- und die Gallenbildung genannt.

Die verschiedenen, bisher diskutierten Möglichkeiten für die Rolle des 3-Indolacetonitrils (JAN) im Auxinhaushalt sind von verschiedenen Seiten überprüft worden. Dabei zeigte es sich wieder, daß die Umsetzung des Nitrils zur IES nicht in allen höheren Pflanzen erfolgt (BALLIN,

WIGHTMAN, THURMAN u. STREET). In verschiedenen Geweben (Tomaten, Bohnen) entsteht aus dem Nitril offenbar nur die 3-Indolcarbonsäure (THURMAN u. STREET, WIGHTMAN); die Umsetzung des Nitrils zur Carbonsäure erfolgt durch α-Oxydation. Dabei wird als Zwischenprodukt der entsprechende Aldehyd gebildet (WIGHTMAN). In Brassicaceen und anderen Objekten entsteht neben der 3-Indolylcarbonsäure aber auch IES aus dem Nitril (MÜLLER, WIGHTMAN). Der unmittelbare Präcursor der IES ist dabei mit Sicherheit nicht das 3-Indolacetamid. Es ist aber auch jetzt noch nicht klar, wie die Hydrolyse des Nitrils zur IES verläuft (Ref.).

Die Beobachtungen von ANDREAE und seinen Mitarbeitern (Fortschr. Bot. **20** u. **22**) über die Bindung von Auxin an Aminosäuren sind beträchtlich erweitert und z. T. auch korrigiert worden. Es sind drei Gruppen von Reaktionsprodukten, die nach Fütterung isolierter Gewebe mit IES bzw. anderen Wuchsstoffsäuren nachgewiesen wurden, und zwar Aminosäurekonjugate, Glucoseester und die Hydroxyformen der Auxine sowie ihre Glucoside [KLÄMBT (1, 2, 3, 4); ZENK (1, 2, 3, 4) WIGHTMAN; THURMAN u. STREET]. Als Artefakte haben sich dagegen die Amide der Wuchsstoffsäuren herausgestellt. Sie werden nicht im Gewebe gebildet, sondern sie entstehen offenbar unter bestimmten Bedingungen bei der Aufarbeitung [ZENK (3)]. Die Diskussion über die Natur der Glucoseester der Wuchsstoffsäuren ist ebenfalls experimentell entschieden worden. ZENK (4) konnte zeigen, daß ausschließlich der 1-βd-Glucoseester und nicht die -6d-Form [KLÄMBT (2)] nach Fütterung mit Auxin entsteht.

Wichtig ist auch noch der Befund, daß z. B. das Asparaginsäurekonjugate der Auxine schon gebildet wird, wenn relativ niedrige Naphthylessigsäure-Konzentrationen (10^{-7}—10^{-6} m) Sprossen [ZENK (4)], bzw. 10^{-6} g/ml IES isolierten Wurzeln (THURMAN u. STREET) geboten werden. Damit stellt sich erneut die Frage nach der physiologischen Rolle dieser Verbindungen, denn es kann nicht nur von Entgiftungsreaktionen gesprochen werden, die vermutlich physiologisch inaktive Auxinformen liefern, wenn die Bindung des Auxins schon bei diesen niedrigen, „physiologischen" Konzentrationen einsetzt.

GUHA bestätigte die Ergebnisse einer tschechischen Gruppe (vgl. Fortschr. Bot. 23) über das Ascorbigen einschließlich des Ergebnisses für die Summenformel (C_{17}, H_{17}, O_7, N) dieser Verbindung. Außerdem stellt er fest, daß der Gehalt einzelner Gewebe an Ascorbigen im Laufe der Ontogenese Schwankungen durchmacht. Nach GMELIN u. VIRTANEN ist jedoch nicht das Ascorbigen die native Substanz, sondern ein, von ihnen aus *Brassica oleracea* isoliertes Thioglucosid, das Glucobrassicin. Das Ascorbigen wird dagegen nicht in intakten, sondern nur in beschädigten Zellen durch die Reaktion des Glucobrassicins mit Ascorbinsäure in Gegenwart von Myrosinase gebildet. Besondere Beachtung verdient noch die Feststellung von GMELIN u. VIRTANEN, daß sie außer dem Ascorbigen auch kein Indolylacetonitril in ihren Kohlextrakten feststellen konnten. Diese Befunde sind mittlerweile bestätigt worden (KUTACEK, PROCHAZKA, VERES). Es stellt sich also auch für das Nitril die Frage, ob es ein Artefakt ist, das während der Extraktion anfällt.

3. Auxintransport

Seit etwa 10 Jahren gilt die Feststellung von THIMANN und LEOPOLD (1955), daß nur die IES, nicht aber die 2,4-Dichlorphenoxyessigsäure (2,4-D) in Pflanzen polar transportiert wird. Später ist das auf alle synthetischen Auxine ausgedehnt und als wichtiger Unterschied zwischen natürlichen und synthetischen Auxinen herausgestellt worden (VAN OVERBEEK 1956). Jetzt wird die Richtigkeit dieses „Lehrsatzes" in Frage gestellt. MCCREADY sowie MCCREADY und JACOBS stützen sich dabei auf Ergebnisse mit jungen, noch wachstumsfähigen Segmenten aus Stielen der Primärblätter von *Phaseolus vulgaris*, in denen sie eine weitgehende Ähnlichkeit des Transportes von C^{14}-markierter IES und 2,4-D beobachteten. Beide Auxine wurden unter bestimmten Versuchsbedingungen (Abfangmethode mit Agarblocks, Auxinkonzentrationen zwischen 5—50 Micromol, Versuchszeit 24—28 h) hauptsächlich basipetal transportiert. Die Transportgeschwindigkeit war allerdings unterschiedlich. Für IES wurde ein Mittelwert von 6 mm, für 2,4-D aber nur etwa 1 mm pro Stunde gemessen. Akropetal wurden in beiden Fällen nur geringere Auxinmengen transportiert, dabei war die Leitungsgeschwindigkeit gleich. Es ist also anzunehmen, daß die Auxinwanderung von der Basis zur Spitze ein reines Diffusionsphänomen ist (MCCREADY u. JACOBS).

Unter einer ganzen Anzahl interessanter Einzelbefunde aus anderen Untersuchungen sind ebenfalls mehrere, die in Zukunft besondere Beobachtung verdienen. JACOBS hat schon vor längerer Zeit eine mit der Entfernung von der Sproßspitze abnehmende Fähigkeit der Gewebe zum polaren Auxintransport beobachtet. Dieser Befund ist jetzt an verschiedenen Objekten bestätigt worden [SCOTT u. BRIGGS (1, 2); REIFF u. v. GUTTENBERG; LEOPOLD u. LAM; HERTEL u. LEOPOLD]. Die Ursache für dieses „Transportmuster", das durch die Entfernung der Apex gestört [SCOTT u. BRIGGS (1, 3); LEOPOLD u. LAM] und durch Zuführung von IES wenigstens teilweise wieder hergestellt werden kann (LEOPOLD u. LAM), ist vorläufig noch unbekannt. Es werden verschiedene Möglichkeiten diskutiert, z. T. haben sie aber einen extremen hypothetischen Charakter (vgl. HERTEL u. LEOPOLD), so daß von einer endgültigen Klärung nicht die Rede sein kann.

GOLDSMITH u. THIMANN zeigten, daß die Verteilung markierter IES (^{14}CooH) in Koleoptilsegmenten nicht nur vom polaren Transport, sondern auch von metabolischen Prozessen abhängt. Bei der Abfangmethode enthielten die Blocks am basipetalen Ende stets weniger Auxin, als auf Grund der Transportgeschwindigkeit und der zugeführten IES-Konzentrationen zu erwarten war. Ein Teil des „fehlenden" Auxins, dessen Menge mit zunehmender Länge des Transportweges anstieg, konnte in gebundener Form festgestellt werden, während ein weiterer Teil — offenbar nach Decarboxylierung — als CO_2 ausgeschieden wurde.

Auf eine mögliche Verbindung zwischen dem Transport des Auxins und der Photosynthese ist an dieser Stelle schon mehrmals hingewiesen worden. Nach einer Untersuchung der Wirkung des Lichtes auf die Aufnahme und den Transport von Auxin in Segmenten aus grünen Erbsensprossen kommen THIMANN u. WARDLAW zu Ergebnissen, die folgende Schlußfolgerungen zulassen: erstens, Licht fördert bei einer relativ hohen Intensität (1200 ft.cs) die Auxinaufnahme und die apolare Wanderung des Auxins und zweitens: es hat aber nur einen minimalen, fördernden Effekt auf die polare Leitung. Diese Wirkungen, bei denen Licht nicht durch Zucker ersetzt werden kann (vgl. Fortschr. Bot. **20**), sind auf den beleuchteten Teil des Gewebes beschränkt und führen dort zu einer Akkumulation des Auxins. Auf Grund der Tatsache, daß hauptsächlich blaues und rotes Licht wirksam ist und die Beeinflussung des Auxintransportes auf die beleuchteten Regionen beschränkt ist, wird eine Verbindung zur Photosynthese vermutet, die über die ebenfalls, nur auf die beleuchteten Regionen beschränkte O_2-Freisetzung gegeben sein kann.

4. Streckungswachstum

Schon seit längerer Zeit steht bei den Untersuchungen über die Zellstreckung die Frage im Mittelpunkt, wie es zu der für die Streckung notwendigen Veränderung der Wandeigenschaften kommt. Es ist aber bis jetzt nicht gelungen, den Prozeß — unter vielen — festzustellen, über den Auxin die Dehnbarkeit der Zellwände kontrolliert.

CLELAND schließt eine gesteigerte Dehnungsfähigkeit der Zellmembranen auf Grund eines, durch Auxin geförderten Einbaues von Methylgruppen in die Wandpektine (vgl. Fortschr. Bot. **22** u. **23**) aus. Diese Stellungnahme wird hauptsächlich damit begründet, daß Auxin die Methylierung der Wandpektine und die Streckung von Segmenten aus Haferkoleoptilen nur unter ganz bestimmten Bedingungen (Zuführung von Zuckern) gleichzeitig fördert. In zuckerfreien bzw. Äthioninhaltigen Testlösungen wird das Wachstum praktisch kaum behindert, aber es kommt zu einem weitgehenden Ausfall der Pektinmethylierung [CLELAND (1)]. Hinzu kommt noch eine weitere Beobachtung. Eine Parallele zwischen Pektinmethylierung und Zellstreckung läßt sich unter entsprechenden Versuchsbedingungen nur bei Monokotylen — jedoch nicht bei Dikotylen — nachweisen [CLELAND (2)].

MATCHETT u. NANCE fanden nach IES-Behandlung von Erbsensegmenten sowohl einen verstärkten Abbau als auch eine beschleunigte Synthese des Pektins der Zellwände. Diese Veränderung tritt aber erst relativ spät nach der Auxinzuführung ein. Sie halten aber die Rate des Pektinabbaues (Demethylierung durch Pektinmethylesterase) als entscheidend für die gesteigerte Plastizität wachsender Wände, weil schon sehr viel früher, ebenfalls bedingt durch Auxin, ein verstärkter Ionenaustausch z. B. Ca- gegen K-Ionen einsetzt, der entweder die Stabilität der Pektine erniedrigt oder die Aktivität der PTE erhöht. Die Folge könnte dann eine erhöhte Plastizität der Wand sein.

Nach ähnlichen Versuchen mit Gewebestücken aus Knollen von Artischocken kommen KING u. BAILEY hinsichtlich des fortwährenden, durch Auxin beschleunigten Aufbaus und Abbaus der Wandpektine zu dem gleichen Ergebnis wie MATCHETT und NANCE. Eine klare Entscheidung über die Bedeutung dieses Phänomens für die Streckung treffen sie aber nicht. Sie schließen es allerdings nicht aus, daß durch die erhöhte Umsatzrate des Wandmaterials ein geringes Überwiegen der veresterten Pektine zustande kommen und dadurch eine erhöhte Plastizität der Wand verursacht werden könnte.

Nach RAY und seinen Mitarbeitern ist die oft diskutierte Parallele zwischen der durch Auxin geförderten Plastizität der Zellwände und der gesteigerten Pektinsynthese eine zufällige Erscheinung, die nur unter ganz bestimmten Versuchsbedingungen eintritt. Sie sehen deshalb in einer ständigen Umlagerung von Makromolekülen während des Wandwachstums, möglicherweise verbunden mit einer Änderung des Mengenverhältnisses verschiedener Wandfraktionen, die Ursache für die Auflockerung der Membranen. Grundlage für diese Auffassung sind Ergebnisse mit Segmenten aus Avenakoleoptilen, die eindeutig ein Mißverhältnis zwischen dem Ausmaß der Streckung und der Synthese bestimmter Wandfraktionen — einschließlich der Pektine — aufdecken. Am deutlichsten wird das bei der teilweise oder vollständigen Hemmung des Wachstums durch Ca-Ionen, Fluorid oder Arsenit, während der z. B. die Pektinsynthese (in Gegenwart von Zucker) fast unbehindert weiterläuft. Dazu muß noch erwähnt werden, daß eine stärkere Zunahme des Wandmaterials immer nur in zuckerhaltigen Testlösungen eintritt. Ohne Zucker kommt es aber nur zu einer geringen Vermehrung der Wandsubstanz, obwohl die Streckung ganz beträchtlich (63%) sein kann. Unter diesen Bedingungen nimmt offenbar nur eine Wandfraktion, nämlich die α-Cellulose beträchtlich (bis zu 39%) zu. Diese Beobachtungen werden vorläufig nur als Hinweis dafür betrachtet, daß die fortlaufende Umordnung von Makromolekülen für die Auflockerung der Wand entscheidend ist, ohne daß bis jetzt einer bestimmten Fraktion besondere Bedeutung zugemessen wird (RAY; RAY u. BAKER). Mit dieser Umordnung der Makromolekülen müssen nach RAY u. RUESINK auch Stoffwechselprozesse verbunden sein, denn vor der, durch Auxin induzierten Streckung der Koleoptilsegmente kommt es zu einer Verzögerungsphase von einigen Minuten und die Prozesse, die während dieser Verzögerung ablaufen, haben einen Q_{10}-Wert, der um 2 liegt.

CLELAND (3) vertritt eine sehr viel weitergehende Konzeption über die Beteiligung metabolischer Prozesse an der Streckung. Danach wird über den Proteinstoffwechsel ein Produkt (Enzym oder ein Proteinbaustein) geliefert, welches für die Auxinwirkung und damit für den Aufbau wachsender Zellwände notwendig ist. Begründet wird dieser Standpunkt mit Beobachtungen, welche die Hemmung des Wachstums von Koleoptilsegmenten durch Hydroxyprolin (HP) und deren Aufhebung durch Prolin betreffen. Der Prolineffekt, der nur in Gegenwart von HP auftritt, wird dabei als Indicator für die Beteiligung des Proteinstoffwechsels genommen. CLELAND schließt deshalb auf die Notwendigkeit eines Enzyms oder eines Proteinbausteins für die Streckung, weil HP-Zuführung immer erst nach 2 Std in einer Wachstumshemmung resultiert. Dabei ist es gleichgültig, ob das HP zusammen mit dem Auxin geboten oder ob die Segmente für längere Zeit (6,9 bzw. 21 h) mit HP vorbehandelt worden sind. Das unbekannte Produkt ist demnach bei normalem Verlauf des Proteinstoffwechsels immer in bestimmter Menge vorhanden, bleibt über längere Zeit (21 h) stabil und wird erst während der Streckung verbraucht.

NOODÉN u. THIMANN, die ebenfalls dem Proteinstoffwechsel eine entscheidende Rolle für die Zellstreckung zumessen, vertreten ein Prinzip, das sich weitgehend mit der bekannten, schon seit langem postulierten Fundamental- oder "Master"-Reaktion des Auxins deckt. Nach dieser Auffassung kontrolliert Auxin das Nucleinsäuresystem, besonders aber die Synthese der RNS und damit auch das Streckungswachstum. Gestützt wird diese Hypothese mit der Parallele zwischen der Hemmung des Proteinstoffwechsels bzw. der Hemmung des Streckungswachstums verschiedener Gewebe (Erbsensprosse, Haferkoleoptilen und Artischockenknollen) in auxinhaltigen Testlösungen durch Chloramphenicol, Puromycin, Actinomycin und Fluorphenylalanin. Diese Inhibitoren beeinflussen alle den Proteinstoffwechsel, entweder direkt, wie das Fluorphenylalanin, oder indirekt über das Nucleinsäuresystem, wie Puromycin und Actinomycin. Eine große Schwierigkeit liegt in diesem Falle vorläufig noch in den Befunden mit Maiskoleoptilen, bei denen offenbar keine Korrelation zwischen der Streckung und der Proteinsynthese vorhanden ist (BOROUGHS u. BONNER 1953).

5. Gibberelline

Nach den häufigen Berichten über das Vorkommen unbekannter, nativer Gibberelline ist es kaum überraschend, daß die Reihe der einschließlich ihrer Strukturformeln bekannten Gibberelline auf neun angewachsen ist. Alle haben Carboxylgruppen, und sie enthalten alle das Fluorengerüst. Sie unterscheiden sich nur durch die Zahl und die Position der Hydroxylgruppen im Ring A und C sowie durch das Vorkommen bzw. Fehlen einer Doppelbindung im Ring A (CROSS u. Mitarb.; MACMILLAN, SEATON u. SUTER). Drei dieser Gibberelline (A_5, A_6, A_8) konnten aus Bohnensamen *(Phaseolus multiflorus)*, die anderen aus Nährmedien von *Fusarium moniliforme* isoliert werden. Das G. A_1 wurde sowohl aus den Samen als auch aus den Nährmedien isoliert. Mittlerweile sind aber auch noch weitere „Pilzgibberelline" in höheren Pflanzen ermittelt und mit Hilfe von fluorometrischen und biologischen Testverfahren identifiziert worden. Unreife Gramineensamen enthalten die Gibberellinsäure (JONES, MACMILLAN u. RADLEY) und die Samen von *Eschinocystis macrocarpa* außer dem G A_3 auch noch A_1, A_4, A_7 und ein weiteres, unbekanntes Gibberellin (f), das sich offenbar nur durch eine fehlende Hydroxylgruppe in Position 7 vom G A_7 unterscheidet (ELSON, JONES, MACMILLAN u. SUTER).

Ein anderes, unbekanntes Gibberellin (D) aus *Fusarium*-Medien hat sich als ein Gemisch von G A_4 und G A_7 herausgestellt [SCHMIDT (1, 2)]; diese beiden Gibberelline lassen sich unter bestimmten Bedingungen nur sehr schwer chromatographisch trennen [SCHMIDT (2)].

Auch die Meinungsverschiedenheiten über die Natur des Lactonringes am Ring A der Gibberelline (vgl. Fortschr. Bot. 23) sind beigelegt worden. Nach einer erneuten Überprüfung der Infrarot-Spektren von

γ- und δ-Lactonen wird jetzt auch von der Gruppe um SUMIKI in Übereinstimmung mit den englischen Chemikern (vgl. Fortschr. Bot. 22) angenommen, daß es sich um ein γ-Lacton handelt (MORI, MATSUI u. SUMIKI).

Trotz der geringen Unterschiede in der Struktur der Gibberelline A_1—A_9 unterscheiden sie sich enorm in ihrer Spezifität und ihrer physiologischen Aktivität. Derartige Unterschiede sind zum Teil schon für die zuerst bekannten Gibberelline (A_1—A_5) festgestellt worden; sie liegen jetzt für die gesamte Reihe (A_1—A_9) vor. Die Ergebnisse der entsprechenden Untersuchungen, welche sowohl reine Wachstumsprozesse bei Erbsensprossen, Blattscheiden von Maiszwergen, Gurkenhypokotylen, parthenocarpen Früchten als auch die Blütenbildung betreffen, stimmen im wesentlichen überein. Die höchste Aktivität hatte die Gruppe A_7, A_3, A_4 und A_1. Diese Rangordnung kann sich aber in den verschiedenen Testverfahren genau so wie diejenige der weniger wirksamen Gibberelline, mit Ausnahme von G A_8, verschieben. Gibberellin A_8 war stets nur minimal wirksam (NITSCH u. NITSCH; WITTWER u. BUKOVAC; BRIAN, HEMMING u. LOWE; MICHNIEWICZ u. LANG). Irgendwelche definitiven Aussagen über kausale Zusammenhänge zwischen chemischer Struktur und physiologischer Aktivität sind nicht aus diesen Resultaten abgeleitet worden. Zwei Punkte müssen aber beachtet werden. Erstens, die Unwirksamkeit eines der Gibberelline bei einem bestimmten Prozeß ist kein Beweis gegen eine Beteiligung des Gibberellinsystems und zweitens, negative Befunde über das Vorkommen nativer Gibberelline können erst dann als gültig angesehen werden, wenn mehrere Testverfahren verwendet werden.

Neben den sauren, eine Carboxylgruppe enthaltenden, sind auch neutrale bzw. gebundene, native Formen festgestellt und z. T. identifiziert worden. Nach MURAKAMI (1) wird in Scheiben aus jungen Blättern verschiedener Pflanzen (*Cucurbita, Pharbitis, Ipomoea* u. a. m.) das Glucosid der Gibberellinsäure gebildet, wenn die Blattscheiben für 3 Tage auf Nährlösungen mit Rohrzucker (1%) und hohen Gibberellinkonzentrationen (10^{-3} g/ml) gehalten werden. Dieses gebundene Gibberellin blieb nach dem Verdampfen des organischen Lösungsmittels (70%iges Aceton) im wäßrigen Rückstand und konnte nach chromatographischer Reinigung durch β-Glucosidase (Emulsin) in das G A_3 und Glucose gespalten werden. Ein natives Produkt, das sich bei der Chromatographie genauso wie das G A_3-Glucosid verhält, wurde aus reifen Samen *(Pharbitis, Wistaria)* extrahiert [MURAKAMI (2)].

Eine andere gebundene Form fand McCOMB in wäßrigen Aceton- bzw. Phosphatpuffer-Extrakten aus reifen Bohnensamen *(Phaseolus multiflorus)*. Das gebundene Gibberellin, dessen Natur unbekannt ist, konnte durch Hydrolyse mit dem Enzym Ficin freigesetzt werden; es dürfte also an Protein gebunden sein.

Nicht ganz so einfach zu beurteilen sind Befunde über andere, neutrale Gibberelline. Sie kommen neben sauren Formen — darunter wahrscheinlich A_5 und A_7 — in Kartoffelschalen und Knospen vor. Auf Grund ihrer Löslichkeit in Äthylacetat und ihrer Verteilung zwischen saurer und neutraler Phase (pH: 7,3), könnte angenommen werden, daß sie den gebundenen Auxinen mit niedrigem Molekulargewicht entsprechen (Ref.). Andererseits hat eines dieser neutralen Gibberelline aber unter identischen Bedingungen den gleichen Rf-Wert wie das G A_3-Glucosid MURAKAMIS (HAYASHI u. RAPPAPORT; HAYASHI, BLUMENTHAL-GOLDSCHMIDT u. RAPPAPORT). Mit welchen Schwierigkeiten bei der Klärung dieser Frage in Zukunft noch zu rechnen ist, beweist auch die Tatsache, daß verschiedene saure Gibberelline (A_5, A_7), entgegen den bisherigen Erfahrungen, bei pH-Werten von 5 und 6 in Chloroform gelöst werden können (HAYASHI, BLUMENTHAL-GOLDSCHMIDT u. RAPPAPORT).

Was die Verbreitung der Gibberelline in höheren Pflanzen betrifft, so bestätigen zahlreiche Nachweise bei den verschiedensten Objekten die Annahme, daß sie offenbar in allen Familien vorkommen (vgl. Fortschr. Bot. 23). Besonders erwähnt werden müssen hier nur wenige von diesen Arbeiten. BUTCHER fand Gibberelline in älteren Wurzeln, eines schon seit Jahren isolierten und kultivierten Klones von Tomatenwurzeln. Damit dürfte es feststehen, daß diese Regulatoren in Wurzeln gebildet und nicht nur aus dem Samen bzw. dem Sproß zugeleitet werden. In sehr schnell wachsenden Pflanzen, wie der Leguminose *Pueraria thunb.* und auch in einer Bambusart *(Sinocalamus oldhamii)* sind extrem hohe Gibberellinaktivitäten ermittelt worden (MANZELLI, ADLER u. MERRIT; KATO), die möglicherweise die Ursache für die hohe Wachstumsrate dieser Pflanzen sind. Sie entsprechen pro kg Frischgewicht etwa 100 γ und mehr G A_3-Äquivalenten. Das sind Konzentrationen, wie sie sonst nur in unreifen Samen vorkommen (CORCORAN u. PHINNEY). Die Bambusgibberelline gehören übrigens nach ihrem Verhalten bei der Chromatographie und in verschiedenen biologischen Testverfahren, sehr wahrscheinlich nicht zu der Reihe A_1-A_9 (KATO; KOSHIMIZU, IWAMURA, MITSUI u. OGAWA).

Ein ähnliches Bild hinsichtlich des Vorkommens der Gibberelline ergibt sich bei den niederen Pflanzen. Während der Berichtszeit sind z. B. Gibberelline in Nährmedien von *Acotobacter chrooc.* (VANĆURA) und Basidiomyceten (NÉTIEN u. ODDOUX) nachgewiesen worden. Nach KATO, PURVES u. PHINNEY kommen sie auch in Gymnospermen *(Juniperus)* und Farnen *(Alsophila)*, aber nicht in Lebermoosen *(Marchantia)* und verschiedenen Algen vor. RADLEY extrahierte dagegen aus *Fucus*-arten ganz beträchtliche Mengen gibberellinartiger Substanzen und MOWAT konnte die negativen Ergebnisse von KATO und seinen Mitarbeitern mit großer Wahrscheinlichkeit auf die Gegenwart von Hemmstoffen in den Extrakten aus Algen zurückführen.

Zum ersten Mal sind auch native Antagonisten der Gibberelline festgestellt worden. BÜNSOW fand sie z. B. in Diffusaten aus Knospen und Samen von Roßkastanien, *Lapsana*- und *Mycelis*arten. KÖHLER u. LANG berichten über einen neutralen Chloroform-löslichen Gibberelinantagonisten, den sie mit Äthylacetat aus der wäßrigen Phase (pH 7) von Methanolextrakten aus Samen von *Phaseolus lunatus*, Erbsenkeimlingen und blühinduzierten Hanfpflanzen gewinnen konnten. Diese Substanz ist offenbar ein echtes Antigibberellin, denn sie hemmt in Buscherbsen kompetetiv die wachstumsfördernde Wirkung des G A$_3$. Sie könnte also beim Wachstum und bei der Entwicklung eine wichtige Rolle spielen. KÖHLER hat später diese Resultate mit einem offenbar identischen Antagonisten aus *Vicia faba* Samen erweitert. Er konnte demonstrieren, daß der Antagonismus zwischen dem Inhibitor und der Gibberellinsäure der Michaelis-Menten Beziehung folgt und daß der Antagonist in großwüchsigen Erbsen auch die Wirkung nativer Gibberelline beeinflussen kann.

Es ist mehr als fraglich, ob das von ASEN, CATHEY u. STUART aus Blättern einer *Hydrangea*-Varietät isolierte Hydrangenol, ein Glykosid, zu der gleichen Gruppe von Gibberellin-Antagonisten gehört. Sowohl das Glykosid als auch das Aglukon (Cumarinderivat) hatten per se keine Wirkung auf das Wachstum verschiedener Testobjekte. Sie verstärkten aber in geringer Dosis (0,1 γ/Pflanze) — selbst wenn sie nicht an der gleichen Stelle wie G A$_3$ appliziert wurden — die wachstumsfördernde Wirkung niedriger G A$_3$-Konzentrationen und hemmten bei höheren Gibberellinwerten. Bei einem anderen Testobjekt (Erbsen) konnte beobachtet werden, daß dieser Antagonismus bzw. Synergismus nur dann deutlich wird, wenn G A$_3$ verwendet wurde. Bie Beeinflussung des Wuchsstoffeffektes war dagegen in Gegenwart von G A$_1$, A$_2$ und A$_4$ kaum nachweisbar.

Literatur

ASEN, S., H. M. CATHEY, and N. W. STUART: Plant Physiol. 35, 816—819 (1960).
BALLIN, G.: Planta 58, 261—282 (1962). — BRIAN, P. W., H. G. HEMMING, and D. LOWE: Nature (Lond.) 193, 946—948 (1962). — BÜNSOW, R.: Naturwiss. 48, 308—309 (1961). — BUTCHER, D. N.: J. exp. Bot. 14, 272—280 (1963).
CLELAND, R.: (1) Plant Physiol. 38, 12—18 (1963); (2) 38, 738—740 (1963); — (3) Nature (Lond.) 200, 908 (1963). — CROSS, B. E., J. F. GROVE, P. McCLOSKEY, J. MACMILLAN, J. MOFFAT, and T. P. C. MULHOLLAND: Adv. in Chem. 28, 3—17 (1961).
DURKEE, A. B., and P. A. POAPST: Nature (Lond.) 193, 273—274 (1962).
ELSON, G. W., D. F. JONES, J. MACMILLAN, and P. J. SUTER: Phytochem. 3, 93—101 (1964).
FARRAR, K. R.: Biochem. J. 83, 220—224 (1962).
GMELIN, R., u. A. I. VIRTANEN: Ann. Acad. Sci. fenn. A, II, 107, 1—25 (1961). — GOLDSMITH, M. H., and K. V. THIMANN: Plant Physiol. 37, 492—505 (1962). — GORDON, S. A., and L. G. PALEG: Plant Physiol. 36, 838—845 (1961). — GUDJONS-DOTTIR, SIGRUN, and HANS BURSTRÖM: Physiol. Plantarum 15, 498—504 (1962). — GUHA, B. C.: Indian chem. Soc. 38, 492—494 (1961).
HAYASHI, F., and L. RAPPAPORT: Nature (Lond.) 195, 617 (1962). — HAYASHI, F., S. BLUMENTHAL-GOLDSCHMIDT, and L. RAPPAPORT: Plant Physiol. 37, 774—780 (1962). — HERTEL, R., u. A. C. LEOPOLD: Planta 59, 535—562 (1963).
JONES, D. F., J. MACMILLAN, and M. RADLEY: Phytochem. 2, 307—314 (1963).
KATO, J.: Naturwiss. 50, 226 (1963). — KATO, J., W. K. PURVES, and B. O. PHINNEY: Nature (Lond.) 196, 687—688 (1962). — KHALIFAH, R. A., L. N. LEWIS, and C. W. COGGINS JR.: Science 142, 399 (1963). — KING, N. J., and S. T. BAYLEY: Canad. J. Bot. 41, 1141—1154 (1963). — KLÄMBT, H. D.: (1) Naturwiss. 46, 649 (1959); — (2) Planta 56, 618—631 (1961); (3) 57, 339—353 (1961); (4) 57, 391—401 (1961). — KÖHLER, D.: Ber. dt. Bot. Ges. 76, 248—250 (1963). — KÖHLER, D., and A. LANG: Plant Physiol. 38, 555—560 (1963). — KOSHIMIZU, K., H. IWAMURA, H. MITSUI, and Y. OGAWA: Nature (Lond.) 198, 1306 (1963). — KUTÁCEK, M., L. PROCHÁZKA, and K. VERES: Nature (Lond.) 194, 393—394 (1962).

LEOPOLD, A. C., and S. L. LAM: Physiol. Plantarum 15, 631—638 (1962).
MACMILLAN, I., I. C. SEATON, and P. I. SUTER: Adv. in Chem. 28, 18—25 (1961).
— MANZELLI, M. A., N. ADLER, and J. M. MERRITT: Nature (Lond.) 196, 492—493
(1962). — MATCHETT, W. H., and J. F. NANCE: Amer. J. Bot. 49, 311—319 (1962). —
McCOMB, A. J.: Nature (Lond.) 192, 575—576 (1961). — McCREADY, C. C.: New
Phytologist 62, 3—18 (1963). — McCREADY, C. C., and W. P. JACOBS: New Phy-
tologist 62, 19—34 (1963). — MICHNIEWICZ, M., u. A. LANG: Planta 58, 549—563
(1962). — MORI, K., M. MATSUI, and Y. SUMIKI: Agric. biol. Chem. (Tokyo) 25,
205—222 (1961). — MOWAT, J. A.: Nature (Lond.) 200, 453—455 (1963). — MÜL-
LER, F.: Planta 57, 463—477 (1961). — MURAKAMI, Y.: (1) Bot. Mag. Tokyo 74,
424—425 (1961); (2) 75, 451—452 (1962).
NAKAMURA, T. H., ISHII, and T. YAMAKI: Plant and Cell Physiol. 3, 149—156
(1962); — Bot. Mag. (Tokyo) 76, 388—389 (1963). — NÉTIEN, G., et L. ODDOUX:
C. R. Acad. Sci. (Paris) 253, 520—522 (1961). — NITSCH, J. P., et H. HARADA:
Ann. Physiol. vég. 3, 193—208 (1962). — NITSCH, J. P., et C. NITSCH: Ann. Physiol.
vég. 4, 85—97 (1962). — NOODÉN, L. D., and K. V. THIMANN: Proc. Nat. Acad. Sci.
50, 194—199 (1963).
RADLEY, M.: Nature (Lond.) 191, 684—685 (1961). — RAUSSENDORF-BARGEN,
G. v.: Planta 58, 471—482 (1962). — RAY, P. M.: Amer. J. Bot. 49, 928—939
(1962). — RAY, P. M., and D. B. BAKER: Nature (Lond.) 195, 1322 (1962). —
RAY, P. M., and A. W. RUESINK: Develop. Biol. 4, 377—397 (1962). — REIFF,
B., u. H. VON GUTTENBERG: Flora 151, 44—72 (1961).
SCHMIDT, S.: (1) Flora 151, 455—486 (1961); (2) 152, 527—529 (1962). — SCOTT,
T. K., and W. R. BRIGGS: (1) Amer. J. Bot. 49, 1056—1063 (1962); (2) 47, 492—499
(1960); (3) 50, 652—657 (1963). — SIROIS, J. C.: Canad. J. Bot. 41, 681—684
(1963). — SRIVASTÂVA, B. I. S.: Plant Physiol. 38, 473—478 (1963). — STAHL, E.,
u. H. KALDEWEY: Z. physiol. Chem. 323, 182—191 (1961). — STOWE, B. B., and
J. B. OBREITER: Plant Physiol. 37, 158—164 (1962).
THIMANN, K. V., and I. B. WARDLAW: Physiol. Plantarum 16, 368—377
(1963). — THURMAN, D. A., and H. E. STREET: J. exp. Bot. 13, 369—377 (1962).
VANĆURA, V.: Nature (Lond.) 192, 88—89 (1961).
WIGHTMAN, F.: Canad. J. Bot. 40, 689—718 (1962). — WINTER, A., and H. E.
STREET: Nature (Lond.) 198, 1283—1288 (1963). — WITTWER, S. H., and M. J.
BUKOVAC: Amer. J. Bot. 49, 524—529 (1962).
ZENK, M. H.: (1) Z. Naturf. 15 b, 436—441 (1960); — (2) Nature (Lond.) 191,
493—494 (1961); — (3) Planta 58, 75—94 (1962); (4) 58, 668—672 (1962).

21a. Entwicklungsphysiologie

N. N.

Der Beitrag folgt in Band 27

21b. Physiologie der Fortpflanzung und Sexualität

Von Hansferdinand Linskens, Nijmegen (Holland)

Physiologie der Meiose

In zunehmendem Maße gewinnen die intracellulären Regulationsmechanismen der Chromosomen-Segregation an Interesse. Immer noch sind jedoch die biochemischen Informationen über die Meiose, verglichen mit der Mitose, sehr lückenhaft. Besonders die Gruppe in Urbana (Stern) bemüht sich um tiefergehende Einsichten: Durch Anwendung spezifischer Inhibitoren während der Pollenmeiose kann gezeigt werden, daß zahlreiche zyklische Prozesse an bestimmte Stadien gebunden sind (Stern u. Hotta). Kurzzeitig, aber stadienkorreliert werden Enzyme, wie Thymidin-Kinase, aktiviert [Hotta u. Stern (1, 2)]. Der Gehalt an Thiolgruppen ändert sich zyklisch: Maxima werden während der Diakinese und Metaphase II beobachtet, während sich der Disulphid-Gehalt während der Pollenmeiose nicht ändert (Albertini, Linskens u. Schrauwen, Rodrigues-Pereira u. Linskens). Die Mikrosporen sind ein klassisches Beispiel für die weit verbreitete Fähigkeit der Zellen, ihren physiologischen Charakter entlang der Zeitachse zu ändern. Diese Änderungen sind die Folge von spezifischen Gen-Wirkungen, vergleichbar der induzierten Enzymsynthese bei Mikroorganismen. Die Meiose ist dabei ein offensichtlich gut gegen Störungen aus dem Milieu gepuffertes System (Therman u. Kupila). Die Abfolge der morphologischen Änderungen, die mit der Chromosomen-Kontraktion und -Bewegung während der Meiose verbunden sind, scheint von einer Reihe von Gen-Transkriptionen begleitet zu sein. Bestimmte Gene sind während der Meiose aktiv [Hotta u. Stern (3)], so daß eine Periodizität von Aktivitäten nachweisbar ist [Hotta u. Stern (4)]. In der ersten meiotischen Prophase werden Sprossungen des Nucleolus und die Bildung Feulgen-positiver Substanz an den SAT-Stellen beobachtet (Olah). Hingegen scheint extranucleares, Feulgen-positives Chromatin während der Meiose (Cooper-Effekt; vgl. Fortschr. Bot. 23, 350) ein Artefakt zu sein (Remmel). Zur Frage der RNS-Synthese während der Meiose werden an tierischen Objekten neue Befunde berichtet: RNS-Synthese findet während der meiotischen Prophase in allen Autosomen statt; die Synthese-Rate nimmt während der Diakinese ab. Das X-Chromosom zeigt keine Syntheseaktivität (Henderson). Die frühere These von Taylor (vgl. Fortschr. Bot. 21, 332; 22, 360), wonach keine DNS-Synthese während der meiotischen Prophase stattfindet, wurde durch die Ergebnisse von Hotta und Stern (vgl. Fortschr. Bot. 24, 360), — wenn auch die Autoren damals nicht ausdrücklich darauf hingewiesen haben, — nicht bestätigt. Nunmehr konnte sowohl bei *Lilium* als auch bei *Triturus* eine geringe Einbaurate im Pachytän nachgewiesen werden (PRENSKY, WIMBER u. PRENSKY). Durch Hemmstoff-Experimente an isolierten Antheren kann gezeigt werden, daß die DNS-Synthese nur in der Mikrosporen-Interphase stattfindet und daß im Pachytän-Diplotän-Stadium und bei der Tetradenbildung RNS synthetisiert wird. Offensichtlich kommen die Eiweiß- und RNS-Synthese im Meiose-Zyklus erst nach Abschluß der DNS-Synthese, wenn die Kondensation der Chromosomen bereits begonnen hat, in Gang [HOTTA u. STERN (4)]. Detaillierte autoradiographische Analysen sollten diese wichtigen Befunde bestätigen.

Für die Zunahme der spontanen Mutationsrate während der Meiose (MAGNI u. v. BORSTEL) sind nicht die biochemischen Umbauten verantwortlich, sondern das von der Mitose verschiedene Verhalten während der Paarung und des crossovers (MAGNI).

Meiose-Induktion. Die Frage nach der Natur des induzierenden Prinzips ist immer noch unbeantwortet. Außer dem Induktor spielen auch noch die allgemeine Disposition der sporogenen Gewebe sowie die Energiezufuhr eine Rolle (LINSKENS u. SCHRAUWEN). Die stoffliche Induktion kommt offensichtlich nicht aus dem Tapetum, sondern wird über das Filament und andere Kontakte der Blütenorgane bewirkt, wie sich aus Untersuchungen der meiotischen Teilungswellen in den Antheren ergab. Die Zufuhr des Induktors scheint von Querschnitt und Länge des fasciculären und parenchymatischen Transportweges abhängig zu sein (NEUMANN). Die Entwicklung der Sporenmutterzellen in aseptischer Zellkultur gelingt nicht (RODRIGUES-PEREIRA u. LINSKENS).

In gewissem Umfang lassen sich auch Hefen für die Lösung des Problems heranziehen, wenn sie auch hinsichtlich der Beobachtung des Chromosomen-Verhaltens ungünstig sind. Nach MILLER (1) sind anorganische Komponenten im Medium als primäre Faktoren der Induktion anzusehen: einmal werden N-Verbindungen, in anderen Versuchen Kohlenhydrate als induzierende Prinzipien [MILLER (2)] angesehen. Man darf daher auch hier unspezifische Effekte vermuten, zumal hinsichtlich der Mitose nicht mit vorsynchronisierten Hefe-Kulturen gearbeitet wurde.

Geschlechtsbestimmung

Der HARTMANNschen Klassifikation stellt BACCI eine neue Einteilung der Geschlechtsbestimmung gegenüber:

1. Die sexuelle Polygametie; das Geschlecht ist polygen bedingt, die Geschlechtsfaktoren sind autosomal, d. h. nicht in differenzierten Segmenten des Chromosomensatzes zusammengefaßt.

2. Die sexuale Digametie; beim Heterosomenmechanismus.

3. Die sexuelle Monogametie, z. B. bei reiner Parthenogenese.

Seine Untersuchungen zur Geschlechtsbestimmung bei *Spinacia*, einer normalerweise diöcischen Gattung, die jedoch alle Abstufungen bis zum vollständig monöcischen Typus zeigt, hat JANICK zusammengefaßt. Die geschlechtsbestimmenden Faktoren sind auf dem Chromosom 1 lokalisiert, mit denen der Monöcie bedingende Faktor allel ist [JANICK u. IIZUKA, IIZUKA u. JANICK (1, 2)]. Unterdrückt man die normale Entwicklung von hermaphroditen Blüten, so kann bei *Commelina* eine

Verweiblichung der männlichen Blüten herbeigeführt werden (MIÈGE). Beim Hanf sollen die organischen Säuren eine Zunahme des weiblichen Charakters herbeiführen (ZEMLYANUKHIN u. SHENSHINA). Die Tatsache, daß Symbionten modifikatorisch geschlechtsbestimmend wirken, worauf BUCHNER wiederholt hingewiesen hat, sollte unbedingt erneut untersucht werden.

Konjugation der Bakterien

Der wirksame Oberflächenkontakt zwischen männlichen und weiblichen Zellen beim sexuellen Austausch kommt durch die Wechselwirkung von Arealen mit komplementärer Struktur zustande. Die Konjugation lebender Bakterienzellen ist mit Zellwandpräparaten zu beeinträchtigen, da es zu einer Konkurrenz um die komplementären Orte kommt. Kompetente Zellwandpräparate sind in den ersten Stadien der Konjugation, also bei der Herstellung des aktiven Kontaktes, maximal wirksam (KERN, YURA). Wandpräparate von Zellen beider Geschlechter heben sich in ihrer Wirkung annähernd auf, wenn sie zu gleichen Teilen der Kreuzungssuspension zugegeben werden (YURA). Man kann aus den Befunden schließen, daß sowohl die männlichen als auch die weiblichen Zellen mit einer spezifischen Substanz ausgestattet sind, die für das Zustandekommen der Konjugation wesentlich ist. An der Oberfläche der männlichen Zellen von *E. coli* wurde in der Tat eine solche perjodatempfindliche Konjugationssubstanz nachgewiesen. Sexuelle Konjugation findet nur zwischen einer Zelle statt, die jenen Faktor besitzt, und einer anderen, die ihn nicht besitzt. Die unter dem Einfluß des Episoms F synthetisierte Konjugationssubstanz modifiziert die physikochemischen Eigenschaften der Zelloberfläche (MACCACARO). Die Durchbrechung der Wände erfolgt offensichtlich 15—40 min nach der Kontaktlegung, wie aus Experimenten mit *"multiple mating"* hervorgeht (GROSS). Gemeinsam mit dem F-Faktor können bei Bakterienkreuzungen auch Fragmente des Bakterienchromosoms übertragen werden, was als *Sexduktion* bezeichnet wird (MARTIN u. JACOB). Episomen können also zwischen Bakterien verschiedener Species ausgetauscht werden.

Sporulation der Bakterien

Durch Actinomycin kann in einer kritischen Periode die Sporulation vollständig gehemmt werden; danach ist das Antibioticum unwirksam. Da dieses die RNS-Synthese und damit die notwendige Information für die Proteinsynthese blockiert, kann man Rückschlüsse auf die Lebensdauer der m—RNS, die während der Präsporulationsphase gebildet wird, abschätzen: sie liegt in der Größenordnung einiger Minuten (SPOTTS u. SZULMAJSTER; SZULMAJSTER, CANFIELD u. BLICHARSKA). Asporogene Bakterienstämme behalten die Fähigkeit zur Sporenbildung durch Tausende von Generationen bei [STAMATIN (1)]. Schwach sporogene Stämme können unter der Einwirkung spezifischer Phagen wieder zur Sporulation gebracht werden. Dabei wirken die Phagen nicht transduzierend, sondern reaktivieren die auf die Sporenbildung hinzielenden enzymatischen Prozesse [STAMATIN (2, 3)].

Reproduktion der Algen

Die Gametangienbildung bei *Halymeda* wird durch 3 Faktoren gesteuert: die Erreichung eines Reifezustandes, den Komplex der Umweltfaktoren (NIPKOW) und einen Auslösefaktor noch unbekannter Natur. Die reproduktiven Phasen mit einem Abstand von etwa 28 Tagen lassen eine extraterrestrische Beziehung vermuten (BETH). Der Übergang von der vegetativen zur sexuellen Phase erfolgt durch eine physiologisch-inäquale Zellteilung, bei morphologischer Gleichheit der Teilungsprodukte. Versuche mit Synchronkulturen versprechen daher bessere Einsichten in die Prozesse der Gametenbildung und Kopulation (REICHARD).

Zoosporenbildung. Bei *Protosiphon* hängt die Zoosporenproduktion von der adäquaten Stickstoff-Versorgung des Mediums ab. In alternden Kulturen dürfte daher Erschöpfung von N und Ca für die Begrenzung der Zoosporen-Bildung verantwortlich sein (O'KELLEY u. DEASON). Die normalen Zoosporen befinden sich in einem Zustand extrem starker Turgordehnung (HÖFLER).

Gameten-Kopulation. Von neuen Beobachtungen über die Kopulation heterothallischer *Chlamydomonas*-Arten berichten WIESE und JONES: Der Kopulationsprozeß umfaßt 2 Oberflächen-Reaktionen: die Agglutination der Geißeln sowie die Paarung und Verschmelzung der Zellkörper. Beide Prozesse laufen nach verschiedenen Mechanismen ab. Während der Geißelkontakt bei Abwesenheit von zweiwertigen Kationen (Mg, Ca) nicht stattfindet, wird die Paarung durch Natriumlaurylsulphat und verschiedene SH- und SS-Reagentien selektiv gehemmt. Die Geißelreaktion wird durch geschlechtsspezifische Gamone gesteuert (s. Fortschr. Bot. 20, 268), während für die Zellverschmelzung offensichtlich die apikalen Oberflächeneigenschaften der Papillen Voraussetzung für das der Verschmelzung vorausgehende Verkleben bieten. Ob dabei strukturelle oder komplementäre physiologische Faktoren entscheidend sind, konnte bislang noch nicht entschieden werden. Möglicherweise bieten rezente Ergebnisse über die Bakterien-Kopulation richtungsweisende Anregungen (s. S. 257).

Sexualphysiologie der Pilze

Eine Übersicht über den Reichtum der Pilze an Sexual-Mustern hat RAPER gegeben. Für die Hefen entwirft TAKAHSHI ein Evolutionsschema der Sexualität. Danach entstand Heterothallie auf dem Wege über unbalancierte Homothallie aus der balancierten Homothallie.

Sexuelle Differenzierung. Hauptobjekt einschlägiger Untersuchungen ist nach wie vor *Allomyces*. FÄHNRICH mußte konstatieren, daß durch Zellgifte eine Umdetermination des Gameto- bzw. Sporophyten unmöglich war. Um die Analyse der Differenzierungsvorgänge bemüht sich seit Jahren erfolgreich TURIAN (1 bis 7). Die Differenzierung der männlichen Gametangien ist gekennzeichnet durch einen doppelten Block der Oxydation: der Cytochrom-Oxydase und des Krebs-Zyklus (α-Ketoglutar-Oxydase, und bei Anaerobiose der Bernsteinsäure-Dehydrogenase). Ein Zusammenhang mit der hohen Kernteilungsrate in den männlichen Organen kann vermutet werden. Das DNS-RNS-Verhältnis ist daher auch in den männlichen Kernen höher, während das DNS-Niveau der weiblichen Gametangien als stationär angesehen werden kann. Daher wirken auch Substanzen männlich-induzierend, die eine Erhöhung des DNS-RNS-Verhältnisses verursachen, wie Thymidine und Folsäure, die in der Thymidin-Biosynthese als Co-Faktor benötigt wird [TURIAN (4)].

Sexualreaktion. Die Sexualreaktion der *Mucorineen* ist durch PLEMPEL (vgl. auch Fortschr. Bot. **23**, 347f.) weiter aufgehellt worden. Sie ist durch 3 Wirkstoffpaare gekennzeichnet: Vegetativ wachsende Mycelien bilden auch ohne den Sexualpartner *Progamone*, die ins Substrat abgegeben werden. Berührt der Sexualpartner die Progamon-Sphäre, so wird er zur Sekretion seines *Gamons* angeregt. Das (+)- bzw. (—)-Gamon diffundiert ins Substrat und induziert bei Auftreffen auf die Mycelspitze des Partners die Zygophorenbildung. Die (+)- und (—)-Zygophoren erheben sich über das Substrat und umgeben sich mit einer Wolke ihres *geschlechtsspezifischen zygotropischen Reizstoffes*. Gegen den Konzentrationsgradienten findet verstärktes Spitzenwachstum statt, das zum Organkontakt, zur Kopulation und zur Zygotenbildung führt. Die Gamone konnten isoliert und durch Summenformel charakterisiert werden.

Sporulation. Zahlreiche Pilze lassen sich durch Bestrahlung mit UV-Licht ($310-400$ mμ) zur Sporulation bringen [LEACH (1), MANACHÈRE]. Die sensitive Zone im Mycel liegt in den vordersten 1,5 bis 2 mm der jungen Mycelspitzen. Der photoaktivierte Sporulations-Precursor kann über kürzere Abstände aktiv transportiert werden.

Die Größe der Pyknidien und Conidien wird durch Bestrahlungsdosis und Wellenlänge signifikant beeinflußt [LEACH (2, 3)]. Änderungen der Kolonie-Formen haben Änderungen in der Wandstruktur zur Folge (DE TERRA u. TATUM). Hefe-Sporen unterscheiden sich im Gehalt an Sulfhydryl-Gruppen nicht von den vegetativen Zellen (POMERANZ). Das Hymenium ist ärmer an Aminosäuren (vor allem Alanin, Prolin, Glutaminsäure), als die sterilen Teile des Fruchtkörpers (LATCHÉ). Hingegen wird in sporolierenden Hefezellen eine Akkumulation von Prolin beobachtet (RAMIREZ u. MILLER). Kompetitive Hemmung des Krebs-Zyklus begünstigt Conidien-Differenzierung (TURIAN, SEYDOUX u. VOLKMANN). Bei *Penicillium* erweisen sich Mangan und Eisen als essentielle Spurenelemente für die Einleitung der Sporulation (BHATTACHARYYA u. BASU). Die Ausbildung der Sporenoberfläche wird durch die im Kulturmedium anwesenden Aminosäuren beeinflußt (BERTAUD, MORICE, RUSSELL u. TAYLOR). An der Vergrößerung des Ascus nach Entstehen der Sporen ist nicht nur der steigende Turgordruck, sondern auch Membranwachstum beteiligt (GEITLER).

Sporen-Abschleuderung. Bei Beginn des Regens wird maximale Sporenfreisetzung beobachtet. Dies hat zwei Ursachen: Die Regentropfen erhöhen die Turbulenz der Luft (HIRST u. STEDMAN); außerdem kann durch Benetzung der Fruchtkörper die Sporenausschüttung gefördert werden. Der Abschußrhythmus der Fruchtkörper von *Sphaerobolus* ist rein exogener Natur und abhängig vom Licht-Dunkel-Wechsel, er läßt keine endogene Komponente erkennen (FRIEDRICHSEN u. ENGEL).

Vor dem Abschuß findet eine Umwandlung von Glykogen in reduzierende Zucker statt. Wahrscheinlich kommt es durch den Lichtreiz zu einer momentanen starken Erhöhung der Aktivität glykogenspaltender Enzyme (ENGEL u. SCHNEIDER).

Sexualität der Pteridophyten

Generationswechsel. Als morphogenetische Faktoren während der Embryoentwicklung werden herausgestellt: 1. die *physikalische Hemmung durch das umgebende Gewebe.* Der aus dem Zwang des Archespors befreite Embryo scheint ein ideales Objekt für Differenzierungsanalysen zu sein. Je jünger der exstirpierte Embryo ist, umso größer ist seine weitere Entwicklungsmöglichkeit. Die Nährstoffbedürfnisse des jungen Embryos sind viel komplexer als des älteren, der bereits in die Differenzierungsphase eingetreten ist. 2. Außer spezifischen Lichtbedingungen (MILLER u. MILLER) sind für den Übergang von der gametophytischen zur sporophytischen Morphologie *stadiengerechte Kohlenhydratzufuhr* entscheidend (DE MAGGIO). Die Induktion des Generationswechsels scheint von dem RNS-Gehalt und der Stickstoffversorgung unabhängig zu sein (BELL u. ZAFAR).

Antheridium-Bildung. NÄF bringt weitere Gesichtspunkte für seine Hypothese, daß der für mehrere Arten isolierte Antheridial-Faktor durch Aufhebung eines Blocks der Antheridium-Bildung wirksam ist. Alle von SCHRAUDOLF getesteten Giberelline erwiesen sich als aktiv hinsichtlich der Antheridium-Induktion. VOELLER (1) kann zeigen, daß die Giberelline, die zwar organspezifisch, aber nicht species-spezifisch wirken [VOELLER (2)], nicht identisch mit den genuinen Antheridial-Faktoren (Atheridogen A und B) sind. Gleichzeitige Gaben von Oestradion und Testosteron sollen auf der Oberseite der Prothallien zur Bildung von Antheridien, auf der Unterseite von Archegonien führen (COLONVAL-ELENKOVA).

Apogamie. Apogame Sporophyten-Induktion konnte bei zahlreichen Farnen mit Hilfe geeigneter Zucker-Konzentrationen im sterilen Medium erzielt werden [WHITTIER u. STEEVES (1, 2)].

Stoffwechsel der Blütenorgane

Der eigentliche Umkehrpunkt in der Richtung des Stofftransportes liegt zeitlich bei der Anthese, während mit dem Zeitpunkt der Meiose in den sporogenen Zellen ein verstärkter apikaler Transport zusammenfällt (BEVILACQUA). Das Perigon der Tulpe zeigt bis zur Anthese tagesperiodische Schwingungen in der Atmungsintensität und dem R_Q. Die Dauer der Schwingungen und die Amplitude sind von der Außentemperatur abhängig, welche auch die Lebensdauer der Perigone bestimmt [RUNKEL (1)]. Bei wechselnder Anzuchttemperatur wird der Atmungsstoffwechsel der Perigonblätter durch die höhere Temperatur bestimmt [RUNKEL (2)]. Die Temperatur ist der wichtigste klimatische Faktor, der Anthese und Antherenablösung beeinflußt, während die Luftfeuchtigkeit ohne Einfluß bleibt (SHARMA, KHANNA u. SINGH).

Pollenphysiologie

In dem von Maheshwari herausgegebenen Sammelwerk wird der männliche Gametophyt durch Steffen zusammenfassend behandelt. Das 1. Internationale Symposium zur Pollenphysiologie brachte eine Übersicht über den aktuellen Stand der Forschung (Linskens). Die Wechselwirkung zwischen Pollen und Griffel wird in einem anregenden Fortschrittsbericht von Stanley diskutiert.

Pollenentwicklung. Das Tapetum spielt beim Ablauf der Mikrosporogenese in ernährungsphysiologischer Hinsicht eine bedeutende Rolle (Carnier). In den Antheren findet während der Metaphase II ein Transfer von SH-Gruppen aus dem Tapetum zu den Mikrosporen statt (Linskens u. Schrauwen). Im einzelnen ist bisher nur der Einfluß des Tapetums auf die Exinebildung näher untersucht (Heslop-Harrison). Im Gegensatz zu den Befunden von Rowley (vgl. Fortschr. Bot. **25**, 424), nehmen Larson und Lewis an, daß das Cytoplasma der Mikrospore für die Synthese der Wandsubstanz und die Form der Exine verantwortlich ist. Die jungen Pollenmutterzellen bilden unter sich eine besonders enge plasmatische Einheit, in der die Translokation sämtlicher plasmatischen Elemente (mit Ausnahme der Zellkerne) möglich ist (Eschrich). Die Kohäsion innerhalb der Pollen-Tetraden kommt durch eine Fusion der äußeren Exinestrukturen zustande (Skvarla u. Larson).

Hinsichtlich des Ablaufes der Enzymreaktionen verhalten sich die Mikrosporen unabhängig von den umgebenden Zellen des Tapetums [Hotta u. Stern (2)]. In autoradiographischen Studien kann gezeigt werden, daß kurz vor Beginn der DNS-Synthese in den Mikrosporen im Tapetum keine Markierung mehr stattfindet. In den Mikrosporen waren zwar z. T. die Wände, jedoch nicht die Kerne markiert. Daraus muß man zunächst annehmen, daß die Tapetum-DNS soweit abgebaut wird, daß ein erneuter Einbau unterbleibt. Man muß daher einen nicht-tapetalen pool von DNS-Vorstufen unterstellen (Takats).

Aufbewahrung des Pollens im Hochvakuum und Gefriertrocknung führen zu einer beträchtlichen Verlängerung der Lebensfähigkeit [Jensen, Whitehead (1, 2)]. Im reifen Pollenkorn ist eine deutliche Abgrenzung des vegetativen vom generativen Plasma (mit Kern) zu erkennen, so daß von einem plasmatischen Dimorphismus im Pollen gesprochen werden kann. Das generative Cytoplasma scheint weniger von Außenfaktoren beeinflußbar zu sein (Larson).

Pollenwand. Plasmatische Stränge verbinden die Pollenoberfläche und die Tapetumzellen. Das inhomogene Sporopollenin liegt in der Wand in strangförmigen Bündeln, nicht in lamellarer Form vor (Rowley). Die Pollenwand dürfte nach erneuter, sorgfältiger Untersuchung in vielen Fällen als dreischichtig anzusehen sein, also aus *Exine* (Sexine und Nexine), *Medine* und *Intine* bestehen [De Sloover (1, 2), Saad]. Die neu entdeckte Medine soll aus hygroskopischem Material bestehen, das beim Schutz der Keimporen und bei der Initialphase der Pollenschlauchbildung eine Rolle spielt (Saad). Von der weit verbreiteten Vorstellung, daß die Pollenwand eine undurchdringliche Barriere ist, muß man sich lösen. Es handelt sich vielmehr um eine physiologisch aktive Struktur, die von Plasmasträngen durchzogen ist. In der Pollenwand konnten Dehydrasen, Phosphatase und Ascorbinsäure nachgewiesen werden (ZINGER u. PETROVSKAJA-BARANOVA). Damit ergeben sich für die Untersuchung von Wechselwirkungen zwischen Pollen und Narbenoberfläche neue Deutungsmöglichkeiten.

Pollenkeimung. Die Strukturänderungen in der Apertur-Membran kommen durch von Expansion begleitete Volumenänderungen zustande (ROWLEY u. DAHL). Die Bedeutung des vegetativen Kerns bleibt problematisch (NIKOLAEVA); nach POLJAKOVA reguliert er das Wachstum des Pollenschlauches, nach VASIL hat er bei der Kontrolle des Pollenschlauchwachstums keine Funktion. Das vegetative Plasma ist bei der Keimung stärker strukturiert, als das generative. Oft erkennt man im EM-Bild zwischen Kernmembran und dem Plasma eine breite Zone, die weitgehend frei ist von Organellen [DIERS (2)]. Die nur an der Spitze wachsenden Pollenschläuche zeigen in der Wachstumszone zahlreiche Vesikel (Ø 0,1 μ), die von den Golgi-Strukturen abstammen [ROSEN, DIERS (2)]. Hingegen ist die generative Zelle im Pollenschlauch deutlich vom vegetativen Plasma abgegrenzt, welches außer dem Kern auch Plastiden, Mitochondrien, Dictyosomen und endoplasmatisches Reticulum [DIERS (1)] enthält. Der isoelektrische Punkt im generativen und vegetativen Kern des Pollens ist verschieden hoch; da der IEP sich nur nach DNase-Behandlung ändert (zur alkalischen Seite hin), nach Proteinase-Behandlung jedoch nicht, kann der Schluß gezogen werden, daß sich die beiden Kerne durch unterschiedlichen DNS-Gehalt auszeichnen (BABA, SHINKE u. MIKO-HIROSHIGE). Die spezifische Förderungswirkung der Saccharose auf die Pollenkeimung beruht in erster Linie auf der Anwesenheit der β-D-Fructofuranose im Zuckermolekül (HRABĚTOVÁ z. TUPÝ). Durch Bor im Keimungsmedium wird die Glucose-Oxydation gefördert (STANLEY u. LICHTENBERG). Der Zusammenhang mit dem Nucleinsäurestoffwechsel sollte einmal diskutiert werden (SHKOLNIK u. MAEVSKAYA).

Chemotropismus. Seine Bemühungen zur Aufklärung des Pollenschlauch-Chemotropismus setzt SCHILDKNECHT (SCHILDKNECHT u. BENONI) fort. Auch bei *Narzissus* ist, wie bei den *Oenotheren* (vgl. Fortschr. Bot. **25**, 426), die chemotropische Wirksamkeit der Samenanlagen auf die Ausscheidung von Gemischen ninhydrin-positiver Substanzen (Aminosäuren, Peptiden, Amine) mit Zuckern zurückzuführen. Die Wirkung des Ca-Ions, dem früher eine chemotropische Wirkung zugeschrieben wurde (s. Fortschr. Bot. **25**, 426), dürfte mehr mit dem Populationseffekt der Pollen zusammenhängen (BREWBAKER u. KWAK, KWAK u. BREWBAKER). Die Substanz, welche den positiven Chemotropismus der Pollenschläuche bei *Lilium* induziert, findet sich ausschließlich in der Narbe, und zwar nur während des empfängnisbereiten Stadiums nach Beendigung der Meiose im Embryosack (MIKI-HIROSHIGE).

Selektive Befruchtung. Die Affinität zwischen Samenanlagen und Pollenschläuchen ist ein fein abgestuftes System, in dem selbst ein einziger genetischer Faktor Veränderungen hervorrufen kann, wie SCHWEMMLE (1,2) an einem Modellbeispiel zeigen konnte. Auch kann die Reaktionsgeschwindigkeit zwischen den beiden Partnern als Ursache für selektive Befruchtung bestätigt werden (LECHNER). Für *Pinus* wird das Vorkommen selektiver Befruchtung berichtet (BARNES, BINGHAM u. SQUILLACE). Die von den verschiedenen Samenanlagen abgegebenen chemotropisch wirksamen Stoffe sprechen die verschiedenen Pollenschlauchsorten verschieden gut an. Die Wirksamkeit ist zeitlich auf enge Perioden beschränkt, so daß der Selektionseffekt auf ein abgestuftes Stoff-Zeit-System zurückgeführt werden kann (LANDSPERSKY).

Pollensterilität. Pollensterilität kann auf verschiedenen Stadien der Pollenentwicklung einsetzen: während der Meiose, während der Tetradenbildung sowie im Pollenplasma. Steriler und fertiler Pollen weisen erhebliche Unterschiede auf. Geringe Enzymaktivität (OREL), Korrelation mit Antheren-Pigmentierung (STEIN u. GABELMAN), signifikante Akkumulation von Glycin (BROOKS) lassen sterile Pollen frühzeitig erkennen. Auch die vegetativen Teile der männlich-sterilen Pflanzen können sich qualitativ und quantitativ in ihrem Aminosäuren-Muster von der fertilen Form unterscheiden (SARVELLA u. GROGAN). Durch Colchicinieren entstandene pollensterile Pflanzen zeigen gleiche Kennzeichen wie nach Hybridisierung [ERICHSEN u. ROSS (1, 2)]. Die frühere Beobachtung von FRANKEL (vgl. Fortschr. Bot. **25**, **427**), daß durch Pfropfung männliche Sterilität von der Unterlage auf den Pfropfreis übergeht, konnte BIANCHI bestätigen und als Übertragung episomaler Elemente interpretieren. Mit der Pollensterilität werden der Prolin-Histidin-Quotient (TUPÝ) und das Fehlen von freier Glutaminsäure in Zusammenhang gebracht (ZOLOTOVITCH u. SECENSKA).

Biochemie der Fruchtreifung

In zunehmendem Maße interessiert man sich für die mit den Entwicklungs- und Reife-Vorgängen gekoppelten physiologischen Änderungen (Zusammenfassung: BIALE u. YOUNG). Das spezifische Gewicht der Frucht ist ein sortenspezifisches Merkmal, das in negativer Korrelation zum Fruchtgewicht steht (ROEMER). Der Abfall der Atmungsintensität nach dem klimakterialen Maximum ist verursacht durch abnehmende Aktivität der Carboxylase und der an das mitochondriale System gebundenen Systeme, wobei schließlich Substratmangel als limitierender Faktor auftritt. Die Vermutung, daß eine Entkoppelung von Oxydation und Phosphorylierung in den Mitochondrien nach dem Klimakterium eintritt, ist unzutreffend (HULME, JONES u. WOOLTORTON). Die Reproduktionsorgane weisen eine höhere Transpirationsrate per Einheit Oberfläche auf, als die Blätter (PROKOFJEF u. KATS). Beerenfrüchte zeigen während der Reifeentwicklung und Nachreife abnehmende Atmung und Assimilation, während gleichzeitig der Zuckergehalt (GEISLER u. RADLER) sowie der Gehalt an Aminosäuren (LAFON-LAFOURCADE u. GUIMNERTEAU) zunimmt.

Da bei gleichbleibend hohem Wassergehalt der Placenta und des Perikarps (94%) der Wassergehalt der eingeschlossenen Samen abnimmt, muß die Dehydratation ein aktiver Prozeß noch unbekannter Natur sein (McILRATH, ABROL u. HEILIGMAN). Tomatenfrüchte enthalten Cellulase (HALL). Die Kinine aus dem flüssigen Endosperm der Kokosnuß und aus dem Fruchtfleisch des Apfels scheinen identisch zu sein (ZWAR, KEFFORD, BOTTOMLEY u. BRUCE). Starke Magnetfelder beschleunigen die Fruchtreifung. Der Effekt beruht wahrscheinlich auf Atmungssteigerung durch unspezifische freie Radikale (BOE u. SALUNKHE).

Der Turgor-Spritzmechanismus von *Ecballium* ist ein wirksames Mittel der Autochorie: die Anfangsgeschwindigkeit der Samen reifer Früchte beträgt etwa 17 m/sec (WOLTERS).

Optik der Fruchtoberfläche. Die Verteilung der Ascorbinsäure in der Frucht ist eine Funktion der Lichtexposition der Frucht. Langwellige Strahlen dringen am tiefsten in das Fruchtfleisch ein [BOGDANSKI u. BOGDANSKA (1, 2), BOGDANSKI]. Lichtstreuung und -Reflexion auf der Fruchtoberfläche wird durch die Struktur der Oberflächenwachse bestimmt. Nach Entfernen der Wachsschicht wird diese zwar rasch regeneriert, jedoch nicht in der ursprünglichen Form. Beim Reifeprozeß finden in manchen Fällen Änderungen in der Wachsstruktur statt (MAZLIAK u. CHAPEROT; SKENE).

Literatur

ALBERTINI, L.: C. rend. Acad. Sci. (Paris) **256**, 3490—3491 (1963).
BABA, S., N. SHINKE, and H. MIKI-HIROSIGE: Mem. Coll. Sci. Univers. Kyoto, Ser. B. **28**, 359—363 (1961). — BACCI, G.: Boll. zool. **28**, 469—483 (1961). — BARNES, B. V., R. T. BINGHAM, and A. E. SQUILLACE: Silvae genet. (Frankfurt a. M.) **11**, 103—111 (1962). — BELL, P. R., and A. H. ZAFAR: Ann. Bot. n. s. **25**. 531—546 (1961). — BERTAUD, W. S., I. M. MORICE, D. W. RUSSELL, and A. TAYLOR: J. gen. Microbiol. **32**, 385—395 (1963). — BETH, K.: Pubbl. Staz. Zool. Napoli **32**, suppl. 515—534 (1962). — BEVILACQUA, L. R.: Atti Accad. Ligure Sci. e Lett. **11**, 155—160 (1955). — BHATTACHARYYA, J. P., and S. N. BASU: J. sci. industr. Res. **21C**, 263 bis 268 (1962). — BIALE, J. B., and R. E. YOUNG: Endeavour **21**, 164—174 (1962). — BIANCHI, F.: Genen en Phaenen **8**, 36—43 (1963). — BOE, A. A., and D. K. SALUNKHE: Nature (Lond.) **199**, 91—92 (1963). — BOGDANSKI, C. A.: Bull. Acad. Polon. Sci., Cl. II, **10**, 83—92 (1962). — BOGDANSKI, C. A., and H. W. BOGDANSKA: (1) Bull. Acad. Polon. Sci., Cl. II, **8**, 569—575 (1960); — (2) Bull Acad. Polon. Sci., Cl. V, **10**, 291—296 (1962). — BREWBAKER, J. L., and B. H. KWAK: Amer. J. Bot. **50**, 859—863 (1963). — BROOKS, M. H.: Genetics **47**, 1629—1638 (1962). — BUCHNER, P.: Mikrokosmos **52**, 353—357 (1963).
CANTINO, E. C., and G. TURIAN: Arch. Mikrobiol. **38**, 272—282 (1961). — CARNIEL, K.: Österr. Bot. Z. **110**, 145—176 (1963). — COLONVAL-ELENKOVA, E.: Bull. roy. Soc. Sci. Liège **29**, 281—297 (1960). — CORBETT, M. K., and J. R. EDWARDSON: Nature (Lond.) **201**, 847—848 (1964).
DeMAGGIO, A. E.: J. Linnean Soc. (Bot.) **58**, 361—376 (1963). — DIERS, L.: (1) Z. Naturforsch **18b**, 562—566 (1963); — (2) **18b**, 1092—1097 (1963).
ENGEL, H., u. J. C. SCHNEIDER: Ber. dtsch. bot. Ges. **75**, 397—400 (1963). — ERICHSON, A. W., and J. G. ROSS: (1) Crop Sci. **3**, 335—338 (1963); — (2) **3**, 481 bis 483 (1963). — ESCHRICH, W.: Protoplasma **56**, 718—722 (1963).
FÄHNRICH, P.: Z. Vererbungsl. **92**, 8—20 (1961). — FRIEDERICHSEN, I., u. H. ENGEL: Planta **55**, 313—326 (1960).
GEISLER, G., u. F. RADLER: Ber. dtsch. bot. Ges. **76**, 112—118 (1963). — GEITLER, L.: Österr. bot. Z. **108**, 318—321 (1963). — GROSS, J. D.: Genet. Res. (Cambridge) **4**, 463—469 (1963).
HALL, C. B.: Nature (Lond.) **200**, 1010—1011 (1963). — HENDERSON, S. A.: Nature (Lond.) **200**, 1235 (1963). — HESLOP-HARRISON, J.: Sympos. Soc. Exper. Biol. **17**, 315—340 (1963). — HIRST, J. M., and O. J. STEDMAN: J. gen. Microbiol. **33**, 325—344 (1963). — HÖFLER, L.: Protoplasma **57**, 392—409 (1963). — HOFSTEN, A. V.: Hereditas (Lund) **50**, 117—125 (1963). — HOTTA, Y., and H. STERN: (1) Proc. Nat. Acad. Sci (USA) **49**, 648—654 (1963); — (2) **49**, 861—865 (1963); — (3) J. Cell

Biol. **19**, 45—58 (1963); — (4) **19**, 259—279 (1963). — Hrabětová, E., and J. Tupý: Biol. Plant (Praha) **5**, 216—220 (1963). — Hulme, A. C., J. D. Jones, and L. S. C. Wooltorton: Proc. Roy. Soc. (Lond.) **158** B, 514—535 (1963).

Iizuka, M., and J. Janick: (1) Genetics **47**, 1225—1241 (1962); — (2) **48**, 273—282 (1963).

Janick, J., and M. Iizuka: XVI. Intern. Horticult. Congr. (Brussels) 82—88 (1962). — Jensen, C. J.: Yearbook Roy. Vet. Agricult. Coll. Copenhagen **1964**, 133—146.

Kern, M.: Biochem. biophys. Res. Comm. **8**, 151—155 (1962). — Kwak, B. H., and J. L. Brewbaker: Plant Physiol. **38**, suppl. XXII (1963).

Lafon-Lafourcade, S., et. G. Guimberteau: Vitis **3**, 130—135 (1962). — Landspersky, N.: Biol. Zbl. **82**, 9—29 (1963). — Larson, D. A., and C. W. Lewis jr.: Grana palynolog. **3**, 21—27 (1963). — Latché, J. C.: C. rend. Acad. Sci. (Paris) **257**, 2145—2147 (1963). — Leach, C. M.: (1) Canad. J. Bot. **40**, 151—161 (1962); — (2) **40**, 1577—1602 (1962); — (3) Mycologia **55**, 151—163 (1963). — Lechner, K.: Naturwissenschaften **50**, 695 (1963). — Linskens, H. F. (Hrsg.): Pollen Physiology and Fertilization. Amsterdam: North Holland Publ. Comp. 1964. — Linskens, H. F., and J. A. M. Schrauwen: Biol. Plant. (Praha) **5**, 239—248 (1963).

Maccacaro, G. A.: Ann. Microbiol. (Milano) **11**, 169—172 (1961). — McIlrath, W. J., and Y. P. Abrol: Science (Lancaster, Pa.) **142**, 1681—1682 (1963). — Magni, G. E.: Proc. Nat. Acad. Sci. (USA) **50**, 975—980 (1963). — Magni, G. E., and R. C. van Borstel: Genetics **47**, 1097—1108 (1962). — Maheshwari, P. (Hrsg.): Recent Advances in the Embryology of Angiosperms, Intern. Soc. Plant Morphol., Delhi 1963. — Manachère, G.: C. rend. Acad. Sci. (Paris) **252**, 2912—2914 (1961). — Martin, G., et F. Jacob: C. rend. Acad. Sci. (Paris) **254**, 3589—3590 (1962). — Mazliak, P., et D. Chaperot: Rev. gén. Bot. **66**, 645 (1959). — Miège, J.: C. rend. Acad. Sci. (Paris) **257**, 2316—2318 (1963). — Miki-Hirosige, H.: Mem. Coll. Sci. Univers. Kyoto, Ser. B, **29**, 75—80 (1962). — Miller, J. J.: (1) Nature (Lond.) **198**, 214—115 (1963); — (2) Exper. Cell Res. **33**, 46—49 (1964).

Näf, U.: J. Linnean Soc. (Bot.) **58**, 321—331 (1963). — Neumann, K.: Biol. Zbl. **82**, 665—719 (1963). — Nikolaeva, Z. V.: Doklady Akad. Nauk SSSR **146**, 1117—1120 (1963). — Nipkow, F.: Schweiz. Z. Hydrol. **24**, 1—43 (1962).

O'Kelley, J., and T. R. Deason: Amer. J. Bot. **49**, 771—777 (1962). — Olah, L. V.: Bull. Torrey Bot. Club **89**, 28—42 (1962). — Orel, L. I.: Dokl. Akad. Nauk SSSR **147**, 1495—1462 (1962).

Plempel, M.: Planta **59**, 492—508 (1963). — Poljakova, T. F.: Citologija (Moskau) **3**, 254—265 (2961). — Pomeranz, V.: J. Histochem. Cytochem. **10**, 568—571 (1962). — Prensky, W.: Genetics **47**, 977 (1962). — Prokofjev, A. A., and K. M. Kats: Fisiol. Rast. **10**, 162—167 (1963).

Ramirez, C., and J. J. Miller: Nature (Lond.) **197**, 722—723 (1963). — Raper, J. R.: Mycologia **55**, 79—92 (1963). — Reichart, G.: Ber. dtsch. bot. Ges. **76**, 244—247 (1963). — Remmel, M.: Mber. dtsch. Akad. Wiss. Berlin **1**, 599—602 (1959). — Rodrigues-Pereira, A. S., and H. F. Linskens: Acta Bot. Neerl. **12**, 302—314 (1963). — Roemer, K.: Züchter **33**, 237—249 (1963). — Rosen, W. G.: Sympos. Bot. Applicat. Electr. Microscopy (Oxford) 21—22 (1963). — Rowley, J.R.: Grana palynolog. **3**, 3—19 (1963). — Rowley, J. R., and A. O. Dahl: Pollen et Spores **4**, 221—232 (1962). — Runkel, K. H.: (1) Beitr. Biol. Pfl. **37**, 447—504 (1962); — (2) Planta **59**, 411—419 (1963).

Saad, S. I.: Pollen et Spores **5**, 17—39 (1963). — Sagromsky, H.: Ber. dtsch. bot. Ges. **75**, 345—348 (1962). — Sarvas, R.: Publ. Forest Res. Inst. Finland **53**, 1—198 (1962). — Sarvella, P., and C. O. Grogan: Genetics today (Proc. XI. Intern. Congr. Genetics) I, 204—205 (1963). — Schildknecht, H., u. H. Benoni: Z. Naturforsch. **18**b, 656—661 (1963). — Schraudolf, H.: Nature (Lond.) **201**, 98—99 (1964). — Schwemmle, J.: (1) Z. Vererbungsl. **94**, 133—142 (1963); — (2) Z. Bot. **51**, 217—232 (1963). — Sharma, R. R., A. N. Khanna, and R. M. Singh: Sci. and Culture **29**, 35—37 (1963). — Shkolnik, M. Y., and A. N. Maevskaya: Fiziol. Rast. **9**, 270—278 (1962). — Skavarla, J. J., and D. A. Larson: Science **140**, 173—175 (1963). — Skene, D. S.: Ann. Bot. n. s. **27**, 581—587 (1963). — De Sloover, J. J.: C. rend. Acad. Sci. (Paris) **255**, 987—989 (1962). — Spotts,

C. R. ‚et J. Szulmajster: Biochem. biophys. Acta 61, 635—638 (1962). — Stanley, R. G.: Sci. Progress 52, 122—132 (1964). — Stanley, R. G., and E. A. Lichtenberg: Physiol. Plant. 16, 337—345 (1963). — Stamatin, N.: (1) Arch. Roum. pathol. exper., 19, 492—499 (1960); — (2) 19, 501—506 (1960); — (3) 21, 159—161 (1962). — Steffen, K.: In Rec. Adv. Embryology of Angiosperms, ed. P. Maheshwari, 15—40 (1963). — Stein, H., and W. H. Gabekman: J. Amer. Soc. Sugar Beet Technol. 10, 612—618 (1961). — Stern, H.: Fed. Proc. 22, 1097—1102 (1963). — Stern, H., and Y. Hotta: Cell Growth and Cell Division, Symp. Intern. Soc. Cell Biol. 2, 57—76 (1963). — Szulmajster, J., R. E. Canfield et J. Blicharska: C. rend. Acad. Sci. (Paris) 256, 2057—2060 (1963).

Takahashi, T.: Seiken Zihô 12, 11—20 (1961). — Takats, S. T.: Amer. J. Bot. 49, 748—758 (1962). — De Terra, N., and E. L. Tatum: Science 134, 1066—1068 (1961). — Therman, E., and S. Kupila: Arch. Soc. Zool. Bot. Fenn. Vanamo 18, 127—130 (1963). — Tupý, J.: Biol. Plant. (Praha) 5, 154—160 (1963). — Turian, G.: (1) Path. Microbiol. 23, 687—699 (1960); — (2) 24, 819—839 (1961); — (3) Nature (Lond.) 190, 825 (1961); — (4) Nucleus 4, 151—156 (1961); — (5) Nature (Lond.) 196, 493—494 (1962); — (6) Protoplasma 54, 323—327 (1962); — (7) Devel. Biol. 6, 61—72 (1963). — Turian, G., and E. C. Cantino: J. gen. Microbiol. 21, 721 bis 735 (1959). — Turian, G., J. Seydoux et D. Volkmann: Path. Microbiol. 25, 737—751 (1962).

Vasil, I. K.: Plant Embryology-Sympos. (New Delhi) 254—260 (1962). — Voeller, B. R.: (1) Science (Lancaster Pa.) 143, 373—375 (1964); — (2) Colloqu. Intern. Centre Nat. Rech. Sci. (Paris) 123, 160 (1963).

Whitehead, R. A.: (1) Nature (Lond.) 196, 190 (1962); — (2) Euphytica 12, 167—177 (1963). — Whittier, D. P., and T. A. Steeves: (1) Canad. J. Bot. 38, 925—930 (1961); — (2) 40, 1525—1531 (1962). — Wiese, L., and R. F. Jones: J. Cell and Comp. Physiol. 61, 265—274 (1963). — Wimber, D. E., and W. Prensky: Genetics 48, 1731—1738 (1963). — Wolters, B.: Planta 60, 344—348 (1963).

Yura, T.: Jap. J. Genet. 37, 237—242 (1962).

Zemlyanukhin, A., u. S. V. Shenshina: Fiziol. Rast. 8, 158—163 (1961). — Zinger, N. V., and T. P. Petrovskaja-Baranova: Dokl. Akad. Nauk SSSR 138, 466—469 (1961). — Zolotovitch, G., i. M. Secenska: Dokl. bolgar. Akad. Nauk 15, 639—642 (1962). — Zwar, J. A., N. P. Keford, W. Bottomley, and M. I. Bruce: Nature (Lond.) 200, 679—680 (1963).

22. Bewegungen

Von Wolfgang Haupt, Erlangen

Mit 2 Abbildungen

I. Freie Ortsbewegung und Protoplasmaströmung

a) Geißelbewegung

Die Anwendung neuer Präparationsmethoden führt zu immer tieferen Einsichten in den Feinbau der Geißel. Auf Grund ihrer Untersuchungen bevorzugen Forslind und Swanbeck in der Alternative von Kerridge et al. (Fortschr. Bot. 25, 432) den Aufbau der Bakteriengeißel aus 3 statt 5 Filamenten, die allerdings nur wenig umeinander gewunden sein sollen (⌀ des Einzelfilaments 50—60 Å gegenüber Kerridge et al. 45 Å). Pease dagegen hält den Aufbau aus 5 Filamenten für wahrscheinlicher und vergleicht diese mit den 10 Filamenten (⌀ 35—40 Å), aus denen nach seinen Untersuchungen jede Teilfibrille der 9 peripheren Fibrillenpaare einer „klassischen" Geißel aufgebaut ist (hier untersucht an Ratten-Spermatozoen). Diese 10 Filamente sind zu einem Rohr vereinigt; in gleicher Weise ist dann auch jede der beiden zentralen Einzelfibrillen aufgebaut. Verschiedene Meßergebnisse lassen keine Homologisierung der Filamente mit Myosin- oder Actin-Fibrillen möglich erscheinen.

Der Geißelkranz von *Oedogonium* wird von Hoffman und Manton elektronenmikroskopisch untersucht. Die etwa 120 Geißeln sind an ihren Basalkörnern durch eine ringförmige Struktur zu einer größeren Einheit verbunden; die Ringstruktur ist möglicherweise nicht nur für den mechanischen Zusammenhalt, sondern auch für die bewegungsphysiologische Koordination verantwortlich. Die Geißelwurzeln inserieren am Ring jeweils zwischen zwei Basalkörnern.

Die äußere Mechanik der Geißelbewegung wird von Jahn et al. in eindrucksvollen Strömungsbildern bei *Ceratium* demonstriert. Überraschend kommt den Autoren der Befund, daß eine Vorwärtsbewegung auch durch die Tätigkeit der Quergeißel allein möglich ist; allerdings finden sich ganz entsprechende Bewegungsstudien und Strömungsbilder bereits bei Metzner vor einigen Jahrzehnten. Wirklich neu — außer dem technischen Fortschritt in der Darstellung — scheint vor allem zu sein, daß die Rotationsrichtung dieser Flagellaten davon abhängen dürfte, ob die Quergeißel bei der Bewegung mitwirkt oder nicht: Die Längsgeißel allein erzeugt kein Drehmoment, die Zelle wird infolge ihrer Asymmetrie bei der Vorwärtsbewegung passiv zu einer leiotropen Rotation gezwungen; die Quergeißel erzeugt dagegen ein Drehmoment in umgekehrter Richtung, so daß bei Mitwirkung der Quergeißel die Zelle dexiotrop rotiert.

Eine genaue Vermessung der Längsgeißelbewegung von *Ceratium* führt BROKAW und WRIGHT zu dem Ergebnis, daß die Wellen dieser Geißel keine Sinuswellen darstellen, sondern Teile von Kreisbögen mit geraden Zwischenstücken, so daß jedes Teilstück der Geißel entweder gerade oder unter einem konstanten Krümmungsradius verbogen ist. Für jedes Längenelement bedeutet dies gewissermaßen eine „Alles-oder-Nichts-Entscheidung", was das theoretische Verständnis der Bewegungskoordination erleichtern soll. Hierzu sei auch noch auf eine theoretische Studie von MACHIN verwiesen, nach der nicht die Gesamtenergie der Bewegung aus der Geißelbasis stammen muß, sondern nur die relativ geringe Teilenergie, die zur Synchronisierung und Koordinierung der Bewegungsvorgänge notwendig ist, damit eine Krümmungswelle polar über die Geißel laufen kann. Gleichzeitig gibt diese Theorie auch eine Erklärung, wie zwei (oder mehrere) räumlich benachbarte Geißeln ihre Bewegung koordinieren können ohne gemeinsames Koordinationszentrum.

b) Amöboide Bewegung und Plasmaströmung

Die im vorigen Bericht angedeutete Alternative zur Erklärung der Amöbenbewegung — Druckstromtheorie oder Fontänen-Zug-Theorie mit dem Sitz der bewegenden Kraft am Hinter- bzw. Vorderende — ist weiterhin eine strittige Frage. Die sorgfältigen Beobachtungen und Überlegungen, die nach ALLEN eindeutig für die Fontänen-Zug-Theorie sprechen sollen (zusammengestellt u. a. 1962), können RINALDI und JAHN nicht überzeugen, insbesondere im Hinblick auf neue Beobachtungen dieser Autoren. Bei Mikrophotographien mit einigen Sekunden Belichtungsdauer werden die Plasma-Einschlüsse als kleine Striche dargestellt, die eine sehr exakte Aussage über die Verteilung von Bewegungsrichtung und -geschwindigkeit in den verschiedenen Bereichen der Amöbe erlauben; diese Ergebnisse vertragen sich besser mit der Druckstromtheorie.

Vielleicht erlaubt die neue Methode von ALLEN et al. in absehbarer Zeit eine Entscheidung darüber, ob die bewegende Kraft am Vorder- oder Hinterende zu suchen ist. An Plasmodienstücken von *Physarum* gelang es den Autoren, im Doppelkammerverfahren von KAMIYA zwischen zwei Teilbereichen Temperaturunterschiede von einigen Milligrad oder auch Bruchteilen davon nachzuweisen; diese Temperaturunterschiede sind periodischen Schwankungen unterworfen, die mit dem periodischen Wechsel der Bewegungsrichtung synchronisiert sind. Die Auffassung der Autoren ist wohl gerechtfertigt, daß die Temperaturerhöhung ursächlich mit der Erzeugung der bewegenden Kraft verknüpft ist.

Daneben sei noch auf zwei andere Deutungsmöglichkeiten der amöboiden Bewegung und Plasmaströmung hingewiesen: Nach KAVANAU (1963a, b) wird laufend durch Tubuli des Endomembransystems hyalines Grundplasma hindurchgepreßt, wodurch nach dem Prinzip des Rückstoßes die Tubuli in die eine, das Grundplasma in die andere Richtung bewegt werden; am Ort der Sol-Gel-Umwandlung würden dann die Tubuli in das Netzwerk des Plasmagels eingefügt und umgekehrt. Auch für diese Theorie werden sorgfältige Beobachtungen angeführt. Schließlich versucht JAROSCH, die Plasmaströmung und ebenso die Gleitbewegungen auf die Schraubenstruktur der Proteinfibrillen zurückzuführen; geringfügige Änderungen in der Periodik der Primärschraube müssen nach Modellversuchen zu erheblichen in Längsrichtung verlaufenden Scherkräften führen.

c) Taxien

Nachdem vor fast 50 Jahren durch BUDER eindeutig geklärt wurde, daß ein Flagellat auch dann negativ phototaktisch reagiert, wenn er im konvergenten Licht von der Lichtquelle wegschwimmend in den Brennpunkt gelangt (vgl. Handb. d. Pflanzenphysiologie 17, 1, S. 329), berührt es zunächst recht eigenartig, wenn MEEUSE ein entsprechendes Verhalten verschiedener Euglenales als „positive Phototaxis" bezeichnet. Doch scheint aus der schematischen Abbildung des Verf. hervorzugehen, daß die Organismen sich im Brennpunkt ansammeln, also nicht über diesen hinaus das Licht fliehen. Trotz allem handelt es sich nach der Versuchsanordnung eindeutig um negative Phototaxis; aber ohne nähere Untersuchung bleibt es völlig unklar, warum diese Reaktion an einer bestimmten Stelle zum Stillstand kommt — eine Lichtinaktivierung im Brennpunkt ist äußerst unwahrscheinlich, da als Lichtquelle nur das diffuse Tageslicht eines Fensters und als „Sammellinse" der runde mit Wasser gefüllte Kulturkolben dient.

Bei der Wahl geeigneter Parameter bei Untersuchungen der Phototaxis oder Photokinesis wirkt oft der Umstand störend, daß die meisten Außenbedingungen Beweglichkeit und Orientierungsfähigkeit in gleicher Weise beeinflussen. So ist die Entdeckung von STAHL und MAYER als methodischer Fortschritt zu werten, daß bei *Chlamydomonas* organische Säuren (Essigsäure, Propionsäure, Buttersäure) die Phototaxis ausschalten, ohne die Beweglichkeit zu beeinträchtigen. Die Wirkung kommt der undissoziierten Säure, nicht dem Anion zu, die Hemmung ist völlig reversibel. Da die Hemmung nicht durch Verwendung höherer Lichtintensitäten kompensiert werden kann, dürfte es sich kaum um eine Störung der Primärreaktion, also um einen Einfluß auf den Photoreceptor handeln.

In einer kurzen Übersicht erweitert HALLDAL seine Auffassung, daß der Photoreceptor der Phototaxis ein Carotin-Protein-Komplex ist (Fortschr. Bot. 25, 436), dahingehend, daß der Carotinoid-Anteil in allen Fällen identisch ist und daß die Unterschiede in den Wirkungsspektren verschiedener Organismen lediglich im Proteinanteil begründet sind. Flavine und Pterine scheiden nach HALLDAL auf Grund der Wirkungsspektren eindeutig als Photoreceptoren aus.

Zur Chemotaxis der fruktifizierenden Acrasiales liegen interessante Angaben von BONNER vor; hier handelt es sich in erster Linie um eine Teilwirkung des Acrasin-Wirkungskomplexes: die Orientierung des zum Fruchtkörper auswachsenden Conus. Diese erfolgt normalerweise mehr oder weniger senkrecht vom Substrat weg. In sinnreichen Versuchen wird gezeigt, daß es sich um negative Chemotaxis gegen eine vom Pseudoplasmodium abgegebene gasförmige Substanz handelt. Diese Chemotaxis ist so empfindlich, daß ein neben den Conus gestellter Glasstab bereits zu einer Krümmungsreaktion führt, da der Raum zwischen Stab und Conus mit Gas angereichert ist. Es gibt Anhaltspunkte, daß das Chemotaktikum hier CO_2 ist (doch darf wohl daraus nicht geschlossen werden, daß nun alle Acrasin-Wirkungen auf eine so triviale Weise erklärt werden können).

Streng genommen handelt es sich hier um Chemotropismus; da jedoch der Übergang zwischen Taxien und Tropismen bei Schleimpilzen ohne begrifflich scharf zu fassende Grenze erfolgt, wurden die Beobachtungen an dieser Stelle eingeordnet. Auf die Problematik, in welchem Umfang die Chemotaxis notwendige Voraussetzung für die Aggregation ist, weisen die Untersuchungen von GERISCH (1962) hin. In einer kurzen Notiz (GERISCH 1963) wird gezeigt, daß von Art zu Art die Zusammenhänge recht verschieden sein können.

II. Orientierungsbewegung der Chloroplasten
a) Der Photoreceptor

Die Frage, welche Substanz als Photoreceptor für die lichtinduzierten Chloroplastenbewegungen („Phototaxis") dient, wurde für verschiedene Objekte bearbeitet, so daß jetzt schon einige Wirkungsspektren miteinander verglichen werden können; die Ergebnisse wurden von HAUPT (1963) kurz zusammengefaßt. Bemerkenswert ist einmal, daß bei den genauer untersuchten Objekten jeweils das Wirkungsspektrum der

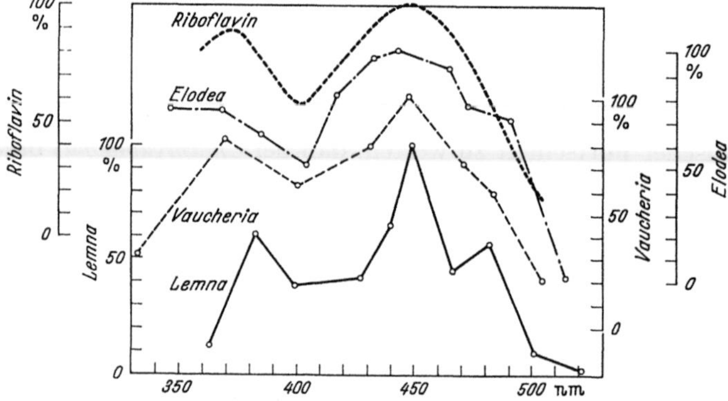

Abb. 11. Vergleich verschiedener Wirkungsspektren mit dem Absorptionsspektrum von Riboflavin. *Lemna:* Negative Phototaxis der Chloroplasten (nach ZURZYCKI 1962a). *Vaucheria:* Positive Phototaxis der Chloroplasten (nach FISCHER-ARNOLD). *Elodea:* Photodinese (nach SEITZ). Absorption des Riboflavins siehe HAUPT und SCHÖNFELD 1962

„positiven Phototaxis" exakt übereinstimmt mit demjenigen der „negativen Phototaxis" (Ausnahme: *Mougeotia*, s. u.), so bei *Lemna* (ZURZYCKI 1962a), *Vaucheria* (HAUPT und SCHÖNFELD 1962; FISCHER-ARNOLD 1963) und *Selaginella* (MAYER, in Vorbereitung). Damit findet sich hier die gleiche Gesetzmäßigkeit, wie sie immer wieder (von seltenen Ausnahmen abgesehen) bei der Phototaxis frei beweglicher Organismen gefunden wurde (vgl. z. B. Fortschr. Bot. 25, 436).

Weiterhin lassen sich interessante Parallelen zwischen verschiedenen Objekten finden: Die Wirkungsspektren von *Lemna* einerseits und *Vaucheria* andererseits sind einander so ähnlich, daß auf den gleichen Photoreceptor geschlossen werden muß; ihr Verlauf ähnelt überdies verblüffend der Absorptionskurve des Riboflavins, und ein Vergleich dieser verschiedenen Kurven mit dem Wirkungsspektrum der Photodinese (SEITZ 1964) läßt den Schluß zu, daß die Bewegungsreaktionen der genannten Objekte alle durch Lichtabsorption im Riboflavin vermittelt werden (Abb. 11). Leider ist eine Verallgemeinerung dieser Befunde auf die Chloroplastenbewegungen aller Pflanzen noch nicht möglich (trotz der großen systematischen Entfernung zwischen der Blütenpflanze *Lemna* und der Alge *Vaucheria*), da das Wirkungsspektrum bei *Selaginella* signifikant von denjenigen der vorher genannten Objekte abweicht. Hier müßten jetzt noch weitere Objekte in die Untersuchungen einbezogen werden.

Eine Ausnahme macht *Mougeotia*, nicht nur in der Bewegungsmechanik, sondern auch im Hinblick auf die Photoreceptoren: Die positive Reaktion ist eine Phytochromreaktion (vgl. Fortschr. Bot. **25**, 204), die negative scheint — mit Vorbehalt — Ähnlichkeiten mit *Vaucheria* aufzuweisen (SCHÖNBOHM 1963).

Erschwert werden diese letztgenannten Untersuchungen sowie ihre Deutung dadurch, daß die negative Reaktion („Starklichtbewegung") von *Mougeotia* eine unerwartete Dosis-Effekt-Abhängigkeit zeigt, indem bei sehr starken — aber noch nicht schädlichen — Belichtungen die Reaktion wieder geringer als im Optimum wird und zudem diese Dosis-Effekt-Kurven bei Verwendung von polarisiertem Licht für verschiedene Orientierung der Schwingungsebene quantitativ und qualitativ verschieden verlaufen (SCHÖNBOHM).

Der früher mitgeteilte Befund, daß der Photoreceptor im wandständigen Cytoplasma, nicht aber in den Chloroplasten lokalisiert ist (Fortschr. Bot. **24**, 380; **25**, 204f.) scheint nicht nur speziell für das Phytochrom bei *Mougeotia* gültig zu sein; für *Vaucheria* mit Riboflavin als Photoreceptor konnte FISCHER-ARNOLD eindeutig ebenfalls die Lokalisierung im Cytoplasma nachweisen, und zwar im Ektoplasma, das die ständigen autonomen Protoplasmaströmungen nicht mitmacht. Aus Versuchen mit polarisiertem Licht schließt SEITZ, daß auch der Photoreceptor für die *Photodinese* bei *Elodea* eine unveränderliche Orientierung besitzt, somit also nur im wandständigen Cytoplasma lokalisiert sein kann. Sofern Riboflavin tatsächlich in den genannten Fällen der Photoreceptor ist, wäre allerdings eine Lokalisierung in den Chloroplasten von vornherein sehr unwahrscheinlich gewesen.

Über das Lokalisierungsproblem hinausgehend konnte für *Mougeotia* weiterhin nachgewiesen werden, daß die Photoreceptoreinheiten in bestimmter Orientierung vorliegen, und zwar entlang gedachter Schraubenlinien, deren Windungssinn demjenigen des schraubenförmig gedrehten Chloroplasten von *Spirogyra* entspricht (HAUPT und BOCK). Diese Orientierung der Photoreceptoren konnte von W. FISCHER bestätigt werden.

Die Untersuchungen an *Mougeotia* haben weiterhin zu Ergebnissen geführt, deren photobiologische Bedeutung möglicherweise über das spezielle Problem der Chloroplastenbewegung hinausgeht. So fand FISCHER eine „Inversion der Schwachlichtbewegung"; d. h. Einstrahlung von längsschwingend polarisiertem Rotlicht („Hellrot" in der Terminologie der Phytochromreaktionen, HR) führt zur Drehung des Chloroplasten aus Flächen- in Kantenstellung im Gegensatz zur umgekehrt verlaufenden Reaktion bei querschwingend polarisiertem Licht. Nachdem FISCHER alle übrigen Möglichkeiten experimentell und rechnerisch ausgeschlossen hat, kommt er zu der Auffassung, daß in diesem Falle von der vorhergehenden Beleuchtung noch eine ungleiche Phytochromverteilung in der Zelle vorliegt, die dann bei Bestrahlung mit längsschwingendem Licht zu dem postulierten Absorptionsgradienten führt.

Durch sinnreiche Versuche kann FISCHER die Richtigkeit seiner Annahme
beweisen. Das würde aber bedeuten, daß das bisher verwendete Schema
der Phytochrom-Umwandlungen noch zu einfach war — vielleicht
können die jüngsten Befunde von BUTLER et al. über die Dunkelreaktionen des Phytochroms eine Erklärungsbasis abgeben.

Eine weitere Besonderheit ist die Wechselwirkung von HR und langwelligem
UV bei der Schwachlichtbewegung von *Mougeotia*. Auf Grund ihrer Versuchsergebnisse kommen HAUPT und SCHÖNFELD (1963) zu der Auffassung, daß UV-
Bestrahlung die Reversibilität des Phytochroms für kurze Zeit blockiert, oder
anders ausgedrückt, daß eine HR-Bestrahlung für kurze Zeit durch UV gegenüber
der induktionslöschenden DR-Wirkung stabilisiert werden kann. Andeutungsweise
findet sich die gleiche Gesetzmäßigkeit auch für Phytochromreaktionen an anderen
Objekten (HAUPT, MUGELE u. SCHÖNBOHM, 1964).

b) Sekundärreaktionen

Die Kausalkette, die von der Belichtung über unbekannte Zwischen-
reaktionen zur beobachteten Orientierungsbewegung der Chloroplasten
führt, kann mit einiger Aussicht auf Erfolg nur bei einem Objekt analysiert werden, bei dem sich Induktion und Reaktion zeitlich trennen
lassen. Das ist für die Schwachlichtbewegung von *Mougeotia* möglich
(positive Phototaxis, Drehung der Chloroplasten in Flächenstellung).
Entsprechend den von BRAUNER u. Mitarb. beim Geotropismus ange-
wendeten Methoden (vgl. z. B. Fortschr. Bot. 21, 354 ff.) konnte MUGELE
Induktion und Reaktion durch Anwendung niedriger Temperaturen
noch weiter voneinander trennen; bei 4° C im Dunkeln aufbewahrte
Algen reagieren — in Zimmertemperatur zurückgebracht — noch nach
9 Std auf eine zuvor erfolgte Rotlicht-Induktion. Daß der Primärprozeß
selbst temperaturunabhängig ist, war nach unseren bisherigen Kenntnissen zu erwarten und wurde von MUGELE in Kontrollversuchen für
Mougeotia exakt nachgewiesen. Auch vom Stoffwechsel ist der photochemische Primärprozeß erwartungsgemäß unabhängig, während die
Folgereaktionen durch Anaerobiose oder Vergiftung des Stoffwechsels
blockiert werden (FETZER). Dabei spielt offenbar nur der aerobe Teil des
Zuckerabbaus eine Rolle für die Energielieferung, und FETZER kann aus
seinen Versuchen den Schluß ziehen, daß die oxydative Phosphorylierung
als Energielieferant für die Bewegung anzusehen ist, im Gegensatz zu den
Verhältnissen bei der Plasmaströmung von *Physarum*, die energetisch
aus der Glykolyse gespeist werden soll (KAMIYA, vgl. Fortschr. Bot. 22,
377).

Abweichend von den Verhältnissen bei normaler Versuchsanordnung — kurze
Induktion, Reaktion in Dunkelheit — wird die Bewegung durch Anaerobiose nicht
wesentlich gehemmt, wenn die Belichtung kontinuierlich bis zum Ende der Reaktion
erfolgt, sofern eine kritische Intensität überschritten wird. FETZER deutet diese
Befunde so, daß nun die photosynthetische Phosphorylierung an die Stelle der
oxydativen als Energielieferant treten kann (vgl. auch HAUPT und FETZER).

Die Frage, an welcher Stelle die Reaktionskette durch die experimentellen Eingriffe blockiert wird, kann MUGELE für die Kälteblockierung
dahingehend beantworten, daß unmittelbar nach der Phytochrom-
umwandlung die weiteren Reaktionen abgestoppt werden; denn noch
nach Stunden kann in solchen Fällen die Induktion durch DR-Bestrah-

lung wieder gelöscht werden. Für die Blockierung durch Unterbrechung des Stoffwechsels mittels Vergiftung oder in Anaerobiose ist eine entsprechende Aussage noch nicht möglich.

Die Blaulichtabsorption, die zur „Starklichtbewegung" führt (Drehung in Kantenstellung, negative Phototaxis), setzt offenbar eine andersartige Reaktionskette in Gang; denn während die Schwachlichtbewegung in ihrer Geschwindigkeit stark temperaturabhängig ist ($Q_{10} \approx 2$ im Bereich von 10—30°), konnte MUGELE für die Starklichtbewegung zwischen 10 und 20° keine Temperaturabhängigkeit finden.

Auch gegenüber Vergiftungen des Stoffwechsels erwies sich bei FETZER die Starklichtbewegung resistenter als die Schwachlichtbewegung. Dabei ist jedoch noch zu berücksichtigen, daß hier nicht in gleicher Weise wie bei der Schwachlichtbewegung eine Trennung zwischen Induktion und Reaktion möglich ist, da die Starklichtbewegung kontinuierliches Licht erfordert. Allerdings kann das kontinuierliche Licht durch intermittierende Lichtblitze ersetzt werden (SCHÖNBOHM), und in diesem Falle ist es möglich, gewisse Einblicke in kurzfristig ablaufende Sekundärprozesse zu gewinnen. Auf jeden Lichtblitz folgen Dunkelreaktionen, die während der ersten 30 sec durch das Phytochromsystem beeinflußt werden können, dann aber offenbar eine gewisse Stabilität erreichen (SCHÖNBOHM). Andererseits sind für eine wirksame Summierung der Einzelreize zu lange Dunkelpausen hinderlich, wobei die Dunkelpausen um so größer sein dürfen, je tiefer die Temperatur ist (SCHÖNBOHM, MUGELE).

c) Tonische Wirkungen von Rotlicht

„Tonisch" ist die Wirkung eines Faktors, der selbst die in Frage stehende Reaktion nicht verursachen kann, jedoch den Verlauf oder das Ausmaß dieser Reaktion beeinflußt, sofern sie durch den adäquaten Außenfaktor in Gang gesetzt wird. Insofern ist der oben erwähnte Rotlichteinfluß auf die Blaulichtreaktion von *Mougeotia* als „tonischer Einfluß" zu verstehen und wirkt sich hier so aus, daß HR die Blaulichtschwelle herabsetzt, DR dagegen heraufsetzt. Auch bei *Vaucheria* kann durch Rotlicht die Schwelle gegenüber Blaulicht herabgesetzt werden (FISCHER-ARNOLD), doch scheint es sich hier nicht um eine Phytochromreaktion zu handeln. ZURZYCKI schließlich findet bei *Lemna* eine erhebliche Beschleunigung der rückläufigen Bewegung aus Schwachlicht- in Dunkelstellung (Epistrophe → Apostrophe), wenn Rotlicht eingestrahlt wird, und erklärt damit die früheren irrigen Angaben, daß Rotlicht auch die Starklichtbewegung auslösen kann (die äußerlich gewisse Ähnlichkeiten mit der Dunkelbewegung hat). Es scheint sich um eine Wirkung der Photosynthese zu handeln, ganz entsprechend wie in den Untersuchungen über Photodinese von SEITZ. Eine weitere Voraussetzung, die erfüllt sein muß, um eine Lichtwirkung als tonisch zu bezeichnen, ist allerdings in den genannten Fällen noch nicht nachgeprüft worden: die Unabhängigkeit der Wirkung von der Belichtungsrichtung.

d) Bewegungsmechanismus

ZURZYCKI (1962b) hat die bisherigen Vorstellungen über den Bewegungsmechanismus zusammengestellt. Seine früher referierten Vorstellungen (Fortschr. Bot. 23, 362; vgl. auch ZURZYCKI 1962a), nach denen Blaulicht je nach Intensität die Haftstellen zwischen Cytoplasma und Chloroplasten festigt oder lockert, gewinnen weiter an Wahrscheinlichkeit durch die Untersuchungen von SEITZ über die Photodinese. Es scheint im wesentlichen eine Frage der Organisation der Zelle (und der Methode des Experimentators) zu sein, ob die Wirkung einer bestimmten Belichtung als Viscositätssenkung (bzw. Erhöhung), als orientierte Chloroplastenverlagerung oder als Einbeziehung der Chloroplasten in die bereits vorhandene Strömung des Cytoplasmas beobachtet werden kann. Eine Verankerung der Chloroplasten an belichteten Plasmabereichen fand auch FISCHER-ARNOLD im Intensitätsbereich der positiven Phototaxis (Schwachlichtbewegung) bei *Vaucheria;* mit der Methode der Partialbelichtung läßt sich hier eindrucksvoll zeigen, daß die Ansammlung an der belichteten Stelle gar keine eigentliche Orientierungsreaktion ist, sondern daß nur die zufällig hierher gelangenden Chloroplasten festgehalten werden — insofern liegt ein Vergleich mit der „Photophobotaxis" nahe; jedoch handelt es sich nicht wie bei der Phobotaxis um eine Umkehr beim Verlassen der „Lichtfalle". Eine Einordnung der Chloroplastenbewegung in die Kategorien Topo- und Phobotaxis erscheint also schlecht möglich und auch insofern nicht sinnvoll, als wir es eigentlich gar nicht mit einer „Phototaxis" zu tun haben; denn das Licht steuert und orientiert zwar die Verlagerungen in der Gesamtzelle, der einzelne Chloroplast reagiert aber gar nicht auf den Lichtfaktor, sondern auf einen im Cytoplasma (also im umgebenden „Medium") erzeugten Gradienten physikalischer oder chemischer Art.

Ist es nun überhaupt der Chloroplast, der „sich orientiert"? Zwar werden immer wieder Strukturen gefunden, die eine mehr oder weniger amöboide Bewegung des Chloroplasten möglich erscheinen lassen (z. B. WILDMAN et al. 1962), andererseits deuten mehr und mehr Beobachtungen darauf hin, daß mindestens in einer großen Zahl von Fällen die Chloroplasten „passiv" vom strömenden Protoplasma verlagert werden. Auch wenn wir von den Fällen absehen, in denen auf einen „Reiz" hin (Licht, Verdunkelung, chemische Wirkungen) das gesamte Plasma mit allen Bestandteilen nach einer bestimmten Stelle strömt, weil wir es hier im strengen Sinne nicht mit Orientierungsbewegungen zu tun haben (FETZMANN, 1962, an *Codium;* HÖFLER, 1963, an *Biddulphia;* URL, 1960, an *Allium*), so gilt doch Gleiches für die eindeutig durch Licht orientierte Chloroplastenansammlung bei *Vaucheria*, wie FISCHER-ARNOLD nachweisen konnte. Es ist allerdings fraglich, ob damit jetzt schon auf alle Fälle von Chloroplasten-„Phototaxis" verallgemeinert werden darf im Sinne grundsätzlich passiver Verlagerung.

III. Phototropismus
a) Pilze

Am Standardobjekt *Phycomyces* wird die Analyse weiter vorangetrieben. Zunächst sei auf zwei Übersichtsberichte hingewiesen: SHROPSHIRE (1963) faßt das bisher Erreichte in einer ausführlichen Darstellung zusammen, während DELBRÜCK in prägnanter Form auf die Vielfältigkeit der Probleme und Gesichtspunkte hinweist. Die wichtigsten Fortschritte finden sich in den Arbeiten von SHROPSHIRE (1962) und CASTLE (1962).

Die Vorstellung, daß für den Reaktionssinn (positive oder negative Krümmung) zwei antagonistisch wirkende Bedingungen verantwortlich sind — die Linsenwirkung einerseits, die Lichtschwächung beim Durchgang durch den Sporangienträger andererseits[1] — wird durch instruktive Versuche von SHROPSHIRE (1962) weiter gefestigt. Ausschlaggebend für den Linseneffekt ist der Unterschied der Brechungsindices zwischen dem Außenmedium (normalerweise Luft $= 1,00$) und dem Zellinneren (1,38); deshalb erfolgt bekanntlich die von BUDER entdeckte Inversion des Phototropismus in Paraffinöl. Da der Linseneffekt jedoch so groß sein muß, daß auch noch die Lichtschwächung beim Durchgang durch den Zellinhalt überkompensiert wird, ist es verständlich, daß der Umkehrpunkt nicht bei einem Außenmedium mit $n = 1,38$ liegt, sondern darunter (vgl. Fortschr. Bot. 24, 381). SHROPSHIRE konnte in Lösungen abgestufter Brechungsindices diese Grenze auf $n = 1,295$ für Bestrahlung mit 440 nm festlegen. Naturgemäß hat diese exakte Kompensation von Linsenwirkung und Lichtschwächung nur für eine bestimmte Wellenlänge Gültigkeit, so daß unter gleichen Bedingungen bei anderen Wellenlängen phototropische Krümmungen auftreten; unter diesen Grenzbedingungen ist also der Reaktionssinn stark von der Wellenlänge abhängig. So fand SHROPSHIRE z. B. für $n = 1,30$ bei 480 nm negative, bei 518 nm positive Krümmung ($-21°$ bzw. $+34°$).

Eine Änderung oder gar Ausschaltung des Linseneffekts gelingt nun noch auf ganz andere Weise, nämlich durch Verwendung divergenten Lichts. Das ist bei den kleinen Dimensionen des Objektes allerdings nur mit einem Kunstgriff möglich: Ein dünner Glasfaden, unmittelbar vor den Sporangienträger gebracht, wirkt als Sammelzylinderlinse; das Objekt befindet sich kurz hinter dem Brennpunkt. Jetzt reicht die Linsenwirkung der Zelle nicht mehr aus, der Phototropismus wird negativ (mögliche Fehlerquellen wurden sorgfältig berücksichtigt). Schließlich kann durch eine experimentelle Erhöhung der Lichtschwächung im Innern der Zelle der Linseneffekt bereits im sichtbaren Bereich so weit überkompensiert werden, wie unter natürlichen Bedingungen im UV: Bei Kultur auf TTC-haltigem Nährboden wird in der Zelle Formazan abgelagert, das als Schirmpigment wirkt und somit ebenfalls zur Inversion des Photo-

---

[1] In diesem Zusammenhang sei darauf hingewiesen, daß bei Vorhandensein eines Schirmpigments im Sporangienträger die Wirkungsspektren der Lichtwachstumsreaktion (LWR) und des Phototropismus nur dann gegensinnig von dieser Schirmwirkung beeinflußt werden, wenn der Phototropismus auf der Lichtschwächung an der Rückseite beruht (also bei *Phycomyces* für $\lambda < 300$ nm), während im Bereich, in dem die Linsenwirkung ausschlaggebend ist (d. h. im sichtbaren Licht) sowohl die LWR als auch der Phototropismus durch einen Schirmeffekt abgeschwächt werden. Aus der Gleichheit der Wirkungsspektren für LWR und Phototropismus im sichtbaren Bereich läßt sich also nicht das Fehlen einer Schirmwirkung beweisen (DELBRÜCK 1962, S. 422; vgl. hierzu die richtige Darstellung von DELBRÜCK und SHROPSHIRE 1960).

tropismus führt. Faßt man alle diese Versuche zusammen, so dürfte wohl die Theorie der Linsenwirkung für *Phycomyces* endgültig bewiesen sein.

Der Frage, in welchem Teil der Wachstumszone die phototropische Krümmung erfolgt, hat Castle (1962) eine sorgfältige Studie gewidmet. Entsprechend seinen Befunden über die Lichtwachstumsreaktion (LWR) ist auch die Krümmung pro Längenelement proportional der Wachstumsgeschwindigkeit der einzelnen Teilbereiche, so daß also jeder Bereich der Wachstumszone anteilig zur Krümmung beiträgt. Das gilt jedoch nur für die Anfangsphase der Krümmung. Schon nach wenigen Minuten beschränkt sich die Krümmung ganz auf den basalen Bereich der Wachstumszone; das Krümmungsmaximum fällt also jetzt nicht mehr mit dem Wachstumsmaximum ungereizter Kontrollen zusammen. Trotz dieser andersartigen Verteilung der Krümmung über die Wachstumszone bleibt die Gesamtkrümmung pro Zeiteinheit (also das Integral der Krümmungen aller Teilbereiche) konstant[1]. Castle sieht darin eine wichtige Bestätigung seiner Auffassung, nach der einseitige Belichtung eine begrenzt verfügbare, für das Wachstum notwendige Substanz quer-polar verteilt (vgl. Fortschr. Bot. 24, 382). Von besonderem Interesse ist in diesem Zusammenhang, daß bei einer Inversion des Phototropismus durch Intensitätserhöhung während der Krümmung (Fortschr. Bot. 21, 353 u. 24, 382) die positive Krümmung an der Basis der Wachstumszone weitergeht, während die negative Krümmung wieder im apikalen Bereich beginnt, entlang der Wachstumszone nach unten wandert und sich dabei dann verliert.

Zum Photoreceptor-Problem liegt eine Notiz von Gettens und Shropshire vor, denen es gelang, aus der Wachstumszone verschiedene Substanzen zu isolieren und dabei Änderungen im Flavingehalt zwischen belichteten und unbelichteten Sporangienträgern zu finden, wobei der zeitliche Verlauf der Änderungen mit dem Verlauf der LWR korreliert werden kann. Weiteren Ergebnissen darf man mit Interesse entgegensehen.

Wassertropfen, die dem Sporangienträger einseitig angesetzt werden, führen zu negativen Krümmungen, also zu erhöhtem Wachstum der behandelten Seite (Thimann u. Gruen, 1960). Auch hier liegt — wie beim Phototropismus unter den Bedingungen von Castle — nicht eine Gesamt-Wachstumssteigerung, sondern nur eine räumliche Neuverteilung des Wachstums vor. Die Behandlung muß im Bereich der Wachstumszone erfolgen, die Stärke der Reaktion ist in gleicher Weise von der Lokalisierung innerhalb der Wachstumszone abhängig wie die Krümmungsintensität in den phototropischen Versuchen von Castle zu Beginn der Reaktion.

Bisher galt es als selbstverständlich, daß junge Sporangienträger von *Pilobolus* sich nach dem gleichen Modus phototropisch krümmen wie *Phycomyces*, d. h. daß positive Krümmung durch Wachstumsförderung auf der lichtabgewandten oder Wachstumshemmung auf der lichtzugewandten Seite zustande kommt (vgl. Fortschr. Bot. 18, 350). Nach den Untersuchungen von Page (1962) trifft dies jedoch nicht zu. Vielmehr

---

[1] Auch das mittlere *Wachstum* bleibt in diesen Versuchen unverändert gleich, da unter den von Castle gefundenen speziellen Versuchsbedingungen gearbeitet wurde, unter denen der Phototropismus nicht von einer LWR begleitet ist (Fortschr. Bot. 24, 382).

wird bei einseitiger Belichtung zunächst das Wachstum völlig sistiert, um dann nach einer gewissen Latenzzeit in Form eines seitlichen Auswuchses (auf der Lichtseite!) neu zu beginnen; dieser seitliche Auswuchs kann unmittelbar unterhalb der früheren Spitze sitzen oder auch etwas basalwärts verschoben, so daß späterhin noch die ursprüngliche Spitze sichtbar bleibt. So liegen hier also die auf den ersten Blick paradox erscheinenden Verhältnisse vor, daß positiver Phototropismus mit Wachstumsförderung auf der Lichtseite korreliert ist. Das ist möglich, weil wir bei *Pilobolus* extremes Spitzenwachstum, bei *Phycomyces* (Stadium IVb) dagegen intercalares Wachstum haben. Da ein entsprechender Reaktionsmechanismus auch bei Rhizoiden von *Dryopteris* gefunden wurde (ETZOLD, persönliche Mitteilung), kann damit gerechnet werden, daß dieser Reaktionstyp weiter verbreitet ist, vielleicht sogar allgemein bei Zellen und nicht-cellulären Objekten mit Spitzenwachstum. Es ist nun zu prüfen, ob hierdurch die einleuchtenden, logisch in sich geschlossenen Vorstellungen von BUDER über den Phototropismus solcher Organe berührt werden (vgl. hierzu Fortschr. Bot. **18**, 350 u. **24**, 384).

b) Coleoptilen

Wesentliche Fortschritte über den Phototropismus der Hafer- und Mais-Coleoptilen verdanken wir BRIGGS und ZIMMERMAN. Sie führen den Nachweis, daß die verschiedenen Reaktionstypen von *Avena* (die wir wenigstens teilweise bei *Zea* wiederfinden) auf verschiedene Reaktionsketten zurückgeführt werden müssen und teilweise sogar auf verschiedene photochemische Primärprozesse (ZIMMERMAN u. BRIGGS, 1963a, b). Ferner wird die Wirkung des Rotlichts auf die phototropische Empfindlichkeit eingehend untersucht (BRIGGS, 1963a) und schließlich wird die Querverschiebung des Auxins im Zusammenhang mit dem Phototropismus einer erneuten Prüfung unterzogen (BRIGGS, 1963b).

Sehr klar läßt sich die Verschiedenheit der ersten positiven (1+) und der ersten negativen Krümmung (1−) einerseits, der zweiten positiven Krümmung (2+) andererseits demonstrieren. So ist einmal in weiten Grenzen das Reizmengengesetz für 1+ und 1− gültig, während die 2+ eine reine Funktion der Belichtungszeit ist (vgl. auch Fortschr. Bot. **23**, 364). Hinzu kommt als besonders wichtiges Argument, daß die unten zu besprechende Phytochromwirkung 1+ und 1− einerseits, 2+ andererseits antagonistisch beeinflußt, indem einmal die phototropische Empfindlichkeit etwa um den Faktor 4 herabgesetzt (1+, 1−), im anderen Fall jedoch um ebensoviel erhöht wird (2+). Außerdem gibt es aber auch Hinweise, daß 1+ und 1− auf verschiedenen Reaktionssystemen beruhen. So tritt 1− zeitlich später auf als 1+; im Grenzbereich können sogar beide Krümmungen an einer Coleoptile auftreten, wobei dann die später beginnende negative weiter apikal lokalisiert ist als die positive, so daß insgesamt eine S-förmige Krümmung resultiert. Von größtem Interesse ist in diesem Zusammenhang der angekündigte Vergleich der Wirkungsspektren der verschiedenen Reaktionen.

Nach den Ergebnissen verschiedenartiger Versuche ist es sehr unwahrscheinlich geworden, daß Änderungen in der Größe des Absorptionsgradienten einen Einfluß auf die phototropische Krümmung haben; damit würde natürlich auch eine Beeinflussung des Wirkungsspektrums durch das Absorptionsspektrum eines Beschattungspigments ausscheiden (vgl. hierzu auch NULTSCH 1963). Vielmehr ist dann eine gegebene phototropische Krümmungsreaktion nur noch eine Funktion der auf der Lichtseite absorbierten Strahlung. Dadurch werden die Verhältnisse so weit vereinfacht, daß es möglich ist, ein reaktionskinetisches Modell der Dosis-Effekt-Beziehungen aufzustellen. ZIMMERMAN und BRIGGS (1963b) kommen mit plausiblen Annahmen tatsächlich zu theoretischen Dosis-Effekt-Kurven, die sich bei der Wahl geeigneter Zahlenwerte für die verschiedenen Parameter so gut mit den empirisch gefundenen Kurven in Deckung bringen lassen, daß eine recht gute Abschätzung der als Parameter eingesetzten Reaktionskonstanten möglich ist. In die Annahmen, die den Berechnungen zugrunde liegen, geht die schon früher auf anderem Wege gewonnene Vorstellung ein (Fortschr. Bot. **23**, 365), daß bei Erhöhung der Strahlungsenergie das aktivierte Pigmentmolekül durch Absorption eines weiteren Lichtquants in eine inaktive Form übergeführt wird; das gilt nicht nur für $1+$, sondern auch für $1-$, und diese beiden Systeme erscheinen somit logisch in sich widerspruchsfrei. Für $2+$ wird die Annahme gemacht, daß die reine Zeitabhängigkeit lediglich einen Grenzfall der normalen Energieabhängigkeit darstellt, in dem nicht eigentlich die photochemische Reaktion begrenzend wirkt, sondern eine langsame Folgereaktion. Dafür sprechen auch Versuche, in denen mehrere kurze Lichtblitze den gleichen Effekt haben wie eine über die ganze Zeit sich erstreckende Belichtung. Auch hier lassen sich dann die verschiedenen postulierten Reaktionskonstanten abschätzen, und die gefundenen Kurven entsprechen befriedigend der Theorie. Eine Inaktivierung in einem zweiten Absorptionsschritt ist bei $2+$ nicht im Spiel. Die wesentliche Bedeutung dieses Modells dürfte sein, daß es dazu anregt, die sich daraus ergebenden Konsequenzen experimentell zu prüfen.

Die Beeinflussung des Phototropismus durch Rotlicht wird an *Avena* und *Zea* untersucht, wobei nicht alle früher referierten Befunde von BLAAUW-JANSEN (Fortschr. Bot. **22**, 381 ff.) bestätigt werden können. Die von BRIGGS (1963a) erzielten Rotlichtwirkungen lassen sich zunächst rein beschreibend dahingehend zusammenfassen, daß die Dosis-Effekt-Kurven verschoben werden (für $1+$ und $1-$ in Richtung höherer, für $2+$ in Richtung geringerer Energien, s. o.).

Die frühere Angabe (Fortschr. Bot. **23**, 366), daß $1+$ bei Mais nur nach Rotbelichtung möglich ist, war eine irrtümliche Interpretation der ersten Versuchsergebnisse; damals wurde durch die Vorbehandlung die Dosis-Effekt-Kurve gerade so verschoben (Empfindlichkeitserniedrigung), daß die Indifferenzzone zwischen $1+$ und $2+$ durch das Maximum $1+$ ersetzt wurde.

Dabei verhalten sich *Avena* und *Zea* im wesentlichen gleich; darüber hinaus konnte die Wirkung für 16 verschiedene Rassen von *Zea Mays* bestätigt werden. Das Maximum der Rotlichtwirkung wird nach einer Bestrahlung von 1—2 Std erreicht; nach Ausschalten des Rotlichts hält die Wirkung noch etwas an, um dann in wenigen Stunden wieder völlig abzuklingen. Sehr bemerkenswert ist, daß die Wirkung einer zweistündigen Bestrahlung mit Rotlicht ersetzbar ist durch 4 Rotlichtblitze von je 1 sec Dauer, die gleichmäßig über diesen Zeitraum verteilt werden.

In diesem Falle läßt sich die Wirkung durch anschließend an jeden Rotlichtblitz gebotenes Dunkelrot (>700 nm) wieder auslöschen. Es besteht also kein Zweifel, daß wir es mit einer echten Phytochromwirkung zu tun haben. Dabei kann eindeutig nachgewiesen werden, daß die hier in Frage stehende Reaktion sich nicht im Primärblatt (Fortschr. Bot. **22**, 382), sondern in der Coleoptile selbst abspielt. Für die Beurteilung der Wirkungsweise ist weiterhin noch von Bedeutung, daß eine Rotlichtbehandlung den Phototropismus nur dann beeinflussen kann, wenn sie vor der phototropischen Induktion geboten wird.

Es liegt sehr nahe, die gleichzeitig beobachtete Reduktion des Auxinspiegels (Diffusionsauxin) um etwa 50% für die phototropischen Empfindlichkeitsänderungen verantwortlich zu machen, zumal der Einfluß auf den Auxinspiegel genau den gleichen Gesetzmäßigkeiten gehorcht. Dann aber ist nicht recht einzusehen, warum Rotlicht unmittelbar nach der phototropischen Induktion völlig unwirksam ist. So müssen wir mit BRIGGS annehmen, daß die Änderung der phototropischen Empfindlichkeit und die Reduktion des Auxinspiegels zwei parallele Wirkungen einer Ursache sind, ohne selbst miteinander in Kausalbeziehung zu stehen.

Eine mögliche Erklärung der Empfindlichkeitsänderungen wäre eine Vermehrung des Pigments, das als Photoreceptor für 2+ fungiert; dadurch würde 2+ empfindlicher und infolge einer Schattenwirkung 1+ und 1− weniger empfindlich (unter der oben begründeten Annahme, daß diese Photoreceptoren sich von demjenigen der 2+ unterscheiden). Hierzu würde der Befund von ASOMANING und GALSTON (1961) passen, daß Rotlicht zu einer Vervierfachung des Carotingehalts in Hafercoleoptilen führt — allerdings unter Versuchsbedingungen, die denen von BRIGGS nicht unmittelbar vergleichbar sind.

Sehr sorgfältige Analysen von BRIGGS (1963b) an *Zea mays* stellen sicher, daß Belichtungen im Bereich der 1+ und 2+ ohne Einfluß auf die Gesamtmenge des Diffusionsauxins sind; eine Photoinaktivierung kann bei diesen Reaktionstypen also nicht als Ursache für die Krümmung angesehen werden. Andererseits wird die Auxinquerverschiebung sichergestellt, sofern bei partieller Halbierung der Coleoptile der äußerste Spitzenbereich intakt bleibt. Im Falle 1+ ist die Querverschiebung auf die obersten $100-300\ \mu$ beschränkt, während bei einer Bestrahlung, die 2+ induziert, bis zu einer Entfernung von 3 mm noch Auxin quer verschoben wird.

Durch verschiedene Versuche und Überlegungen kann sichergestellt werden, daß die Auxinquerverschiebung nicht durch einen anderen Effekt vorgetäuscht wird, weder durch eine einseitige Beeinflussung des Längstransports, noch durch Inaktivierung einer Vorstufe oder eines Synthesefaktors.

Bei dem Versuch, den Phototropismus auf der Basis der Auxinquerverschiebung zu erklären, sind nun verschiedene Tatsachen zu berücksichtigen. Der Absolutbetrag des querverschobenen Auxins ist in allen untersuchten Fällen gleich. Damit sind die relativen Unterschiede ebenfalls gleich, wenn wir im Bereich der 1+, der 2+ oder in einem Indifferenzbereich zwischen beiden Krümmungen arbeiten, in dem unter bestimmten Bedingungen praktisch keine Krümmung induziert wird.

Also die gleiche Auxindifferenz führt durchaus nicht immer zum gleichen Krümmungsergebnis und kann sogar überhaupt keine Krümmung im Gefolge haben. Die absolut gleiche Differenz führt aber zu erhöhtem relativem Unterschied, wenn durch Rotlichtvorbehandlung der Auxinspiegel insgesamt herabgesetzt wird; diese Änderung, die an sich wohl zu einer verstärkten Krümmung führen sollte, führt in einem Fall tatsächlich zu einer Sensibilisierung des Systems (2+), im anderen Fall jedoch zu einer Desensibilisierung (1+). Es fällt recht schwer, ist aber kaum zu umgehen, gerade in dem Zeitpunkt an der Bedeutung der Auxinquerverschiebung für den Phototropismus Zweifel zu äußern, in dem diese Querverschiebung endgültig gesichert erscheint.

Die Frage, warum frühere Autoren immer wieder eine Abnahme des Auxins nach Belichtung gefunden haben, beantwortet BRIGGS damit, daß bei Verwendung von Weißlicht stets auch die oben erwähnte Phytochromreaktion mit ins Spiel kommen mußte, daß in anderen Fällen mit wesentlich höheren Energien gearbeitet wurde (die in den Bereich der 3. positiven Krümmung gehören) und daß außerdem in manchen Fällen mit einer UV-Wirkung gerechnet werden kann. Für die 3. positive Krümmung, die dem in freier Natur zu beobachtenden Phototropismus zugrunde liegen dürfte, hält ZENK Photooxydationen für wesentlich; der Photoreceptor soll in diesem Falle ein Flavin sein.

IV. Geotropismus
a) Die Auxinquerverschiebung in Sproßorganen

Die vielumstrittene Querverschiebung des Auxins als Folge geotropischer Reizung (vgl. Fortschr. Bot. 23, 370; 24, 387) ist durch weitere Untersuchungen jetzt so weit sichergestellt worden, daß ernsthafte Zweifel wohl nicht mehr möglich sind. GILLESPIE und THIMANN haben ihre zunächst an Coleoptilen von *Zea* und *Avena* durchgeführten Versuche auch auf *Helianthus* erfolgreich ausgedehnt, so daß mit gewissem Recht eine allgemeinere Gültigkeit vermutet werden darf. Bemerkenswert ist, daß bei Coleoptilen der Quertransport nicht (wie früher vielfach angenommen) auf die äußerste massive Spitze beschränkt ist, sondern auch in basaleren Abschnitten nachgewiesen werden kann; das zeigen recht eindrucksvolle Versuche, in denen das Auxin aus den longitudinalen Schnittflächen halbierter, dekapitierter Coleoptilen nach der Methode von BRAUNER und APPEL abgefangen wird (GILLESPIE und THIMANN; HAGER und SCHMIDT) — die früher geforderte Kontrolle der Wuchsstoffabgabe entgegen der Schwerkraft (Fortschr. Bot. 23, 370) wurde von den letztgenannten Autoren mit dem erwarteten negativen Erfolg durchgeführt.

Von wesentlicher Bedeutung ist in diesen Versuchen, daß nicht die zu untersuchenden Pflanzenteile extrahiert, sondern nur das von diesen an ein Agarblöckchen abgegebene Auxin bestimmt wurde („Diffusionsauxin"); es hat sich nämlich gezeigt, daß während des normalen polaren Auxintransportes ein mehr oder weniger großer Anteil (je nach Konzentration) im Gewebe festgelegt wird und somit weder für einen Weitertransport (einschließlich Quertransport), noch für eine physiologische Wirkung infrage kommt (GILLESPIE und THIMANN, HERTEL und LEOPOLD, GOLDSMITH und THIMANN). Damit erklären sich zwanglos die Diskrepanzen zu früheren Angaben, die bei Verwendung radioaktiver IES keine Querverschiebung nachweisen konnten (vgl. Fortschr. Bot. 24, 387). Da jedoch auch die hier erwähnten positiv verlaufenen Versuche mit markierter IES durchgeführt wurden, ist methodisch der Befund von Bedeutung, daß die aus dem Gewebe abgegebene Aktivität praktisch ausschließlich unveränderte IES darstellt (GOLDSMITH und THIMANN; HERTEL und LEOPOLD). So kann in diesen diffizilen Untersuchungen auf den umständlichen Biotest verzichtet und stattdessen Radioaktivität gemessen werden.

Eine Alternative zum Quertransport ist eine ungleiche Beeinflussung des polaren Auxin-Längstransportes auf beiden Flanken. Nach KALDEWEY muß es auf diesem Wege zu lokalen Auxinanhäufungen kommen, wenn einseitig die Transportgeschwindigkeit für Auxin über eine begrenzte Strecke erhöht wird (etwa im Bereich des noch jungen Gewebes). Die größte Auxinkonzentration findet sich dann zwangsläufig dort, wo das Transportvermögen abnimmt. Für spezielle Fälle mag das zutreffen und muß überall dort als Alternative zum Quertransport diskutiert werden, wo ungleiche Auxinverteilung nachgewiesen oder wahrscheinlich gemacht wurde, ohne daß bereits quantitative Transportversuche vorliegen (z. B. bei den von WAREING und NASR beschriebenen Gravimorphosen an Holzgewächsen, die einen interessanten Beitrag zur Frage der Apikaldominanz liefern, aber mit dem Geotropismus nur gewisse Primärprozesse gemeinsam haben dürften). Für die hier genannten Objekte konnte diese Möglichkeit als alleinige Erklärung für die beobachteten Differenzen jedoch äußerst unwahrscheinlich gemacht werden. Vielleicht wirken aber bei Coleoptilen beide Mechanismen zusammen (KALDEWEY): die Spitzenreaktion soll dann auf dem Auxinquertransport beruhen, die Basisreaktion auf einer Beeinflussung des Längstransportes; doch müßte sich diese Hypothese exakt prüfen lassen. Für die Blüten- bzw. Fruchtstiele von *Fritillaria* konnte KALDEWEY solche Einflüsse auf den Längstransport nachweisen, allerdings im wesentlichen in einem Sproßbezirk, der nicht mehr wachstumsfähig ist, also auf unterschiedliche Auxinkonzentrationen nicht mehr reagieren kann; ein Quertransport wird in diesem Gewebe durch die Schwerkraft nicht induziert.

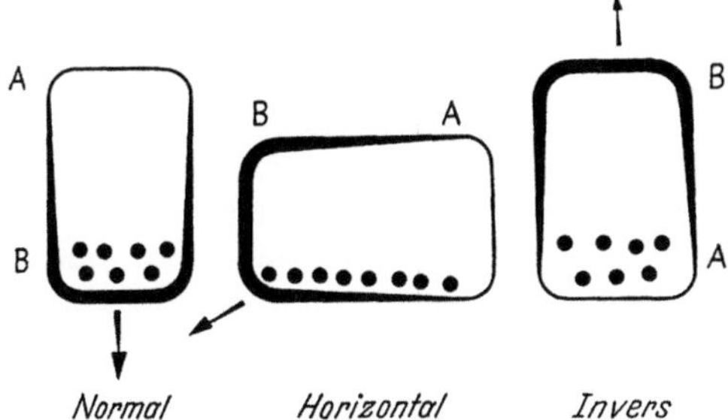

Abb. 12. Hypothetisches Schema der Auxin-Ausscheidung aus einer geotropisch reizbaren Zelle (nach HERTEL und LEOPOLD). Die Verstärkung der Wand deutet das Sekretionsplasma an, die schwarzen Punkte die unter dem Einfluß der Schwerkraft verlagerten „Statolithen". A = apikaler, B = basaler Pol; Pfeil = Resultante der Wuchsstoffausscheidung

Der Mechanismus der Auxinquerverschiebung kann nach dem von HERTEL und LEOPOLD entworfenen Modell verstanden werden; diese schon kurz referierten Vorstellungen (Fortschr. Bot. **25**, 446) werden in Abb. **12** schematisch erläutert. Der wesentliche Bestandteil der Hypothese, daß die spezifische Komponente des gerichteten Auxintransportes nicht die Aufnahme in die Zelle, sondern die Abgabe (Sekretion) ist, dürfte durch die Versuche der Autoren recht gut fundiert sein. Auch der synthetische Wuchsstoff Naphthylessigsäure unterliegt dem gleichen Mechanismus, und die aktive Sekretion läßt sich durch Eingriffe verschiedenster Art in den Stoffwechsel hemmen. Es wären nun einerseits die spezifischen Eigenschaften des postulierten „Sekretionsplasmas" aufzuklären, andererseits die Natur und Wirkungsweise der Statolithen.

Die Bedeutung des Quertransportes für den Geotropismus scheint über alle Zweifel erhaben zu sein, wenn GILLESPIE und THIMANN bei Mais-Coleoptilen noch nachweisen, daß Auxinschwankungen in dem in Frage kommenden Konzentrationsbereich tatsächlich zu Wachstumsschwankungen führen. Jedoch ist der Zeitfaktor bis jetzt noch nicht berücksichtigt worden: In allen Auxintransportversuchen werden die Objekte eine bis mehrere Stunden in geotropische Reizlage gebracht, während für die Krümmungsreaktion unter günstigen Bedingungen bereits Minuten ausreichen. Das ist aus methodischen Gründen wohl nicht leicht zu vermeiden, darf aber bei der Ausdeutung nicht übersehen werden.

b) Auxinquertransport und Querpolarisierung

Wie verträgt sich nun der nachgewiesene Quertransport des Auxins unter dem Einfluß der Schwerkraft mit der Beobachtung, daß auch auxinfreie Sproßorgane den Schwerereiz perzipieren und nach symmetrischer Zufuhr von Auxin nachträglich noch mit einer geotropischen Krümmung reagieren können? Hier liefern die Versuche von BRAUNER und BÖCK sowie HAGER und SCHMIDT wesentliche neue Gesichtspunkte. Zunächst muß der Begriff „auxinfrei" dahingehend präzisiert werden, daß in den fraglichen Fällen (Dekapitation von *Helianthus*) zwar die Auxinkonzentration so weit herabgesetzt wurde, daß ein Wachstum nicht mehr möglich ist, daß jedoch immer noch beachtliche Mengen von „Restauxin" nachweisbar sind. Auch dieses Restauxin unterliegt nachweisbar der Querverschiebung im Schwerefeld, naturgemäß ohne physiologisch wirksam werden zu können. Da jedoch nach LEOPOLD und LAM sowie auch nach Versuchen der vorgenannten Autoren geringe bereits vorhandene Auxinmengen den Längstransport von zugesetztem Auxin beschleunigen, darf angenommen werden, daß auch die Transportrichtung durch vorher schon asymmetrisch verteiltes Auxin beeinflußt werden kann. Hinzu kommt noch eine weitere Wirkung des Restauxins: Mit zunehmender Auxinverarmung nimmt bei *Helianthus* zugleich noch das Reaktionsvermögen auf Auxin ab, das dann durch (noch unterschwellige) Auxinzufuhr wieder erhöht werden kann. So würde die durch Querverschiebung hergestellte ungleiche Verteilung des Restauxins (die auch in Vertikallage noch etwa 12 Std nachweisbar bleibt) einerseits die Reaktionsfähigkeit der ehemaligen Unterseite erhöhen und andererseits symmetrisch dargebotenes Auxin bevorzugt nach dieser Seite dirigieren; der früher postulierte „Co-Faktor" des Auxins wäre also Auxin selbst. Aber auch hier ist wieder einschränkend darauf hinzuweisen, daß in den genannten Versuchen mit sehr langer geotropischer Reizung gearbeitet wurde.

Den Einfluß des Restauxins auf den Auxintransport stellen HAGER und SCHMIDT sich so vor, daß Auxin als Attraktionszentrum für Zucker wirkt (in geotropisch gereizten, auxinarmen *Helianthus*-Hypokotylen ist tatsächlich die Zuckerkonzentration auf der Unterflanke größer), während der Zucker wiederum die für den aktiven Transport des zugeführten Auxins benötigte Energie liefert. Auch für einige weitere Substanzen geben HAGER und SCHMIDT eine ungleiche Verteilung zwischen Ober- und Unterflanke an. In ganz anderem Zusammenhang wurden ähnliche Unterschiede schon früher festgestellt (vgl. z. B. G. CH. u. J. G. MOLOTKOVSKIJ 1955 a, b).

c) Geotropismus bei *Phycomyces*

Das geotropische Verhalten von *Phycomyces*-Sporangienträgern studiert DENNISON (1961) unter Verwendung von Zentrifugalbeschleunigungen, da die Krümmungen im einfachen Schwerefeld zu starken Schwankungen unterworfen sind; schon eine geringfügige Erhöhung des Reizes auf 2—4 g führt zu sauberen, reproduzierbaren Krümmungen. In kontinuierlicher Dauerreizung erfolgt eine stetige Krümmung bis in die reizfreie Endlage. Dagegen führt eine plötzliche Erhöhung oder Erniedrigung der Reizstärke zu interessanten Übergangsreaktionen: Zunächst krümmt sich der Sporangienträger rein passiv, bei Reizerhöhung also in Richtung der Massenbeschleunigung, bei Erniedrigung entgegen; diese passive Phase wird unmittelbar gefolgt von einer aktiven Rückkrümmung, die einige Minuten anhält und etwa zehnmal so schnell erfolgen kann wie die stetige Krümmung bei Dauerreizung. Wichtig ist der Befund, daß es sich nicht einfach um eine (vielleicht als elastisch vorstellbare) mechanische Rückkrümmung der Deformation handelt; denn während die passive Krümmung sich mehr oder weniger gleichmäßig über eine weite Strecke der apikalen Zone verteilt, ist die aktive Krümmung streng auf das Maximum der Wachstumszone beschränkt, wie es aus lichtphysiologischen Versuchen bekannt ist. Trotzdem muß die passive Krümmung als Auslöser für die aktive betrachtet werden: Die Richtung beider Krümmungsreaktionen wird umgekehrt, wenn der Sporangienträger nicht in Luft, sondern in einem Medium der Schwerkraftänderung exponiert wird, dessen spezifisches Gewicht größer als dasjenige des Sporangienträgers ist; ferner führt auch eine rein mechanische Krümmung, ohne Mitwirkung einer Schwerkraftänderung, zu eben derselben aktiven Rückkrümmung. Die aktive Krümmung der Übergangsreaktion wird also durch äußere Deformationen ausgelöst. Gilt Gleiches auch für die stetige Krümmung bei Dauerreizung? Auch hier geben die Versuche im spezifisch schwereren Medium Auskunft: Da die Reaktionsrichtung in diesem Falle nicht umgekehrt und überhaupt nicht wesentlich modifiziert wird, muß es sich um eine Massenverlagerung im Inneren der Zelle handeln, also um einen grundsätzlich anderen Mechanismus als bei der Übergangsreaktion. Hier bleibt weiterhin die Frage nach den beteiligten Statolithen sinnvoll. DENNISON denkt an eine Verlagerung der zentralen Vacuole nach „oben", so daß an der Unterflanke ein dickerer Protoplasmabelag vorhanden wäre, der zu stärkerem Wachstum führen kann; diese Auffassung kann für sich geltend machen, daß in ungereizten Sporangienträgern das Protoplasma im Bereich der Streckungszone seine größte Dicke aufweist.

V. Spaltöffnungsbewegungen

Die Frage, ob der Primäreffekt der photoaktiven Öffnungsbewegung als Photosynthese-Effekt zu verstehen ist, wurde schon mehrfach berührt (vgl. z. B. Fortschr. Bot. **22**, 391). MOURAVIEFF vergleicht nun bei *Veronica beccabunga* für einige Wellenlängen (512, 526, 546 und 660 nm) Photosynthese und Spaltenöffnung und findet dabei bemerkenswerte quantitative Übereinstimmungen. Zwar bleibt vom Standpunkt der Photosyntheseforschung aus ungeklärt, warum die Dosis-Effekt-Kurven im Grün und im Rot gegeneinander nur etwa im Verhältnis 10:7 verschoben sind, aber für die Stomatabewegung gilt exakt das gleiche. Offensichtlich ist hier diejenige Teilreaktion erfaßt, die durch Lichtabsorption im Photosyntheseapparat eingeleitet wird. Der Autor erklärt das auf der bekannten Basis der CO_2-Verarmung des Gewebes; doch wurde dabei nicht berücksichtigt, daß erste Anzeichen der Spaltenöffnung bereits durch Lichtintensitäten induziert werden, die noch etwa 30% unterhalb des Kompensationspunktes liegen — für eine Spaltenöffnung soll aber eine Reduktion des CO_2-Gehaltes auf etwa 0,01% nötig sein. Das spricht wieder gegen die alleinige Bedeutung der CO_2-Konzentration für die Stomatabewegung (vgl. Fortschr. Bot. **24**, 390).

Eine modifizierte Hypothese betrachtet organische Säuren, die als Primärprodukte der CO_2-Bindung entstehen, als ausschlaggebend für die Spaltenöffnung (vgl. Fortschr. Bot. **20**, 301). Für diese Vorstellung sprechen Befunde von NISHIDA an Succulenten: Die untersuchten Pflanzen weichen insofern vom Normalfall ab, als sie ihre Stomata nachts öffnen und tags schließen, wobei deutliche Beziehungen zum diurnalen Säurezyklus bestehen. Nur einige Parallelen seien angeführt: a) Die zwei *Sedum*-Arten, die keinen „inversen Bewegungszyklus" der Stomata zeigen, besitzen auch keinen Säurezyklus. b) Dauer und Intensität der täglichen Beleuchtung beeinflussen die nächtliche Stomataöffnung sowie die Säureanhäufung in gleicher Weise. c) Höhere Temperaturen drücken das morgendliche Säuremaximum herab; parallel wird die nächtliche Spaltenöffnung reduziert. d) Die diurnalen Säureschwankungen lassen sich auch in den Schließzellen nachweisen. Ferner zeigt Verf., daß es sich hier um einen indirekten Effekt insofern handelt, als nicht die Beleuchtung der Schließzellen selbst für die Öffnung in der folgenden Nacht ausschlaggebend ist, sondern die Beleuchtung eines möglichst großen Blattareals in der Umgebung der Stomata.

Diese Erscheinungen haben wohl nichts zu tun mit den diurnalen Schwankungen der Öffnungsbereitschaft oder Öffnungsgeschwindigkeit, wie sie von MANSFIELD und HEATH (1963a), MANSFIELD sowie STÅLFELT (1963a) untersucht wurden, und zwar einmal (a) als autonome Öffnungs- und Schließbewegungen während längerer Dauerdunkel- oder Dauerlichtperioden (48—72 Std), andererseits (b) aber auch als Öffnungs*bereitschaft* gegenüber induzierenden Lichtreizen nach verschieden langer Dunkelzeit. Bei diesen Beobachtungen handelt es sich um echte Manifestationen einer endogenen Tagesrhythmik (vgl. Fortschr. Bot. **24**, 391; **25**, 455), die in ihrem Verlauf von der Dauer und Intensität schwacher Belichtung während der Nachtphase beeinflußt wird und außerdem eine recht eigenartige Temperaturabhängigkeit zeigt, wobei offenbar die Änderung der Temperaturbedingungen wesentlicher ist als die absolute Höhe des Temperaturniveaus (MANSFIELD u. HEATH 1963b). MANSFIELD macht darauf aufmerksam, daß im Fall (b) tatsächlich auch die Öffnungsgeschwindigkeit tagesrhythmisch schwankt, so daß offensichtlich ein Faktor beeinflußt wird, der während des ganzen Bewegungsvorganges wirksam ist. Das würde allerdings gegen die Interpretation von STALFELT (1963a) sprechen (Fall a), nach der der Einfluß der endogenen Tagesrhythmik auf die sog. Spannungsphase beschränkt ist, die die Öffnung nur einleitet, während die eigentliche Öffnungsbewegung (motorische Phase) Licht oder CO_2-Verarmung erfordert; in diesem Falle dürfte nur die Latenzzeit tagesrhythmisch schwanken, nicht mehr aber die Öffnungsgeschwindigkeit, sofern die Bewegung einmal eingeleitet ist. Weiterhin ist aber nicht nur die Öffnungsbereitschaft und die Öffnungsgeschwindigkeit im Licht von der Dauer der vorhergehenden Dunkelphase abhängig, sondern ebenso der weitere Bewegungsverlauf, der ohne Änderung der Außenbedingungen nach gewisser Zeit wieder zu partiellem Schließen führen kann (MANSFIELD, Fall b).

Sowohl NISHIDA als auch MANSFIELD und HEATH können aus ihren Versuchen die SCARTHsche Hypothese widerlegen, nach der Spaltenöffnung durch Quellung von amphoteren Plasmakolloiden erklärt werden soll, die im Licht durch Erhöhung des pH auf $\lessgtr 8$ (CO_2-Verarmung!), in genügend langer Dunkelheit durch pH-Erniedrigung auf $\gtrless 5$ (AtmungsCO_2!) hervorgerufen wird; eine nächtliche Spaltenöffnung geht nämlich ohne weiteres über in eine lichtinduzierte, ohne intermediäre Schließbewegung. Außerdem verlieren nach NISHIDA die Schließzellen fast aller untersuchten Pflanzen augenblicklich ihren Turgor, wenn sie mit einer Mikronadel angestochen werden; das ist aber nur möglich, wenn der Turgor auf osmotischem Wege erzeugt wird, nicht wenn er auf der Quellung von Plasmakolloiden beruht.

Zur viel diskutierten Frage, ob die Öffnungs- oder die Schließbewegung der aktive, d. h. stoffwechselabhängige Vorgang ist (Fortschr. Bot. **20**, 300 f.; **23**, 377), liefern WALKER und ZELITCH einen wichtigen Beitrag. Nach ihren Untersuchungen sind beide Komponenten als aktive Vorgänge zu betrachten, die im Licht stets gegeneinander wirken. Dafür sprechen die Versuche mit Stoffwechselgiften, die beide Vorgänge verschieden (bzw. nur einen von ihnen) reversibel hemmen. NaN_3 hemmt in mittleren Konzentrationen (10^{-4} m) nur die photoaktive Öffnung, nicht den Spaltenschluß; geöffnete Spalten werden durch NaN_3 in dieser Konzentration zum Schließen veranlaßt. Höhere Konzentrationen ($5 \cdot 10^{-4}$ m) dagegen hemmen beide Vorgänge, die Schließzellen behalten den augenblicklichen Öffnungszustand bei, unabhängig von den sonstigen Bedingungen. Das dürfte jedoch noch nicht alle Widersprüche in der Literatur über die NaN_3-Wirkung verständlich machen (vgl. Fortschr. Bot. **20**, 300). Andere Substanzen, die nur die Öffnung hemmen, führen im Licht zu einer bestimmten Gleichgewichtseinstellung, unabhängig davon, ob zu Versuchsbeginn die Spalten geöffnet oder geschlossen waren. Sauerstoffmangel wirkt wieder anders: die Öffnungsbewegung wird gehemmt, die Schließbewegung nicht, aber eine geöffnete Spalte bleibt im Licht offen; der photosynthetisch entwickelte Sauerstoff genügt nicht für die Öffnungsbewegung. Schließlich beeinflußt die Temperatur beide Vorgänge offenbar verschieden, so daß durch höhere Temperaturen das Gleichgewicht mehr in Richtung „offen" verschoben wird. Es wäre nun außerordentlich wichtig, auch ein Gift zu finden, das die Schließbewegung selektiv hemmen kann.

Eine starke kurzfristige Transpirationssteigerung beim Abschneiden von Blättern in Luft ist als Iwanoff-Effekt bekannt. Daß dieser Effekt durch Spaltenöffnung verursacht wird, ist sichergestellt (WILLIS et al.; vgl. hierzu auch Fortschr. Bot. **23**, 376), aber die Ursache der Stomatabewegung ist noch umstritten. RUFELT denkt an hydroaktive Bewegung, weil das im Blatt vorhandene Wasser nach dem Abschneiden leichter beweglich ist; HEATH sowie WILLIS et al. führen dagegen Experimente und Überlegungen an, die mehr für hydropassive Bewegungen sprechen würden, bedingt durch schnelleren Turgorverlust der Nebenzellen im Vergleich zu den Schließzellen. Sowohl RUFELT als auch HEATH geben an, daß zwischen Schließzellen und Nebenzellen Unterschiede in der Geschwindigkeit der Wasseraufnahme bzw. Wasserabgabe bestehen, die in die jeweilige Vorstellung hineinpassen. Handelt es sich hier bei diesen kurzen Versuchszeiten offenbar um reine Wasserverschiebungen, so zeigt STÅLFELT (1963b), daß bei längerer Einwirkung unteroptimaler Hydraturverhältnisse das osmotische System im Bereich der Stomata tiefgreifenden Änderungen unterworfen ist: die Nebenzellen erhöhen ihren osmotischen Wert bis etwa auf das doppelte, während der Og-Wert der Schließzellen praktisch unverändert bleibt. Damit nimmt die Saugkraft der Schließzellen relativ zur Umgebung erheblich ab und das Öffnen der Spalten wird erschwert — eine sehr sinnvolle Anpassung an Trockenperioden. Die Vorgänge sind reversibel.

Noch nicht so weit fortgeschritten ist die Analyse in einem anderen Fall: Wird der Nährlösung Inulin (oder ein anderes Polysaccharid) zugesetzt, so führt die Aufnahme und der nachgewiesene Transport dieser Substanz mit dem Transpirationsstrom bis in die Blätter zu einer drastischen Transpirationseinschränkung, verbunden mit Spaltenschluß, vorausgesetzt, daß zuvor die Wurzel und damit die Barriere gegen hochmolekulare Substanzen entfernt wurde (ALLERUP und HANSEN). Dabei wird an folgende Kausalkette gedacht: Inulin blockiert die Transportwege (etwa Intermicellarräume in den Zellwänden); der dadurch bedingte Wassermangel führt zum hydroaktiven Spaltenschluß, dessen notwendige Folge dann die Transpirationshemmung ist. Wichtig ist der Nachweis, daß es sich bei der Inulinwirkung nicht um einen osmotischen Effekt handelt, wie das Verhalten gegenüber niedermolekularen Vergleichssubstanzen zeigt.

Über die Wirkung der Stomata herrscht vielfach (auch in Lehrbüchern) eine falsche Vorstellung. Anhand von physikalischen Modellversuchen weisen TING und LOOMIS darauf hin, daß die diffusionshemmende Wirkung der Nachbar-Stomata mit abnehmendem Abstand sehr schnell erheblich ansteigt. Das hat sogar zur Folge, daß eine fast geschlossene Spalte noch nahezu die gleiche Diffusion ermöglicht wie die geöffnete, weil nun die hemmende Wechselwirkung wegen des viel größeren relativen Abstandes $\left(= \dfrac{\text{Abstand}}{\text{Porendurchmesser}} \right)$ erheblich nachläßt. Erst die völlig geschlossene Spalte bietet ein wirksames Diffusionshindernis. Andererseits darf aber nicht übersehen werden, daß die Stomata nicht das einzige Diffusionhindernis darstellen. So scheinen z. B. die Ergebnisse von BOSIAN anzudeuten, daß die Beziehungen zwischen Spaltöffnungsweite und Transpiration nicht so einfach sind wie häufig angenommen wird. Insbesondere aber weisen die Versuche und theoretischen Überlegungen von SHIMSHI (1963a, b) darauf hin, daß die Stomata nur dann als allein begrenzender Faktor betrachtet werden können, wenn die übrigen Diffusionswiderstände demgegenüber vernachlässigt werden dürfen (z. B. Mesophyll). Das aber ist unter Verhältnissen angespannter Wasserversorgung nicht mehr der Fall. Daraus ergibt sich zugleich eine Erklärungsmöglichkeit, warum in manchen Fällen die Transpiration durch den Öffnungszustand der Stomata stärker beeinflußt wird als die Photosynthese (vgl. z. B. Fortschr. Bot. 25, 454 f.). Auch SHIMSHI fand ganz entsprechende Diskrepanzen zwischen Transpiration und Photosynthese. Daß solche Versuche (Herabsetzung der Transpiration ohne Beeinträchtigung der Photosynthese) in Trockengebieten größte praktische Bedeutung haben, zumal wenn es gelingt, die Stomata durch im übrigen unschädliche Chemikalien zum Schließen zu veranlassen (SHIM-SHI), sei nebenher erwähnt.

Literatur

ALLEN, R. D.: Sci. Amer. 206, 112—122 (1962). — ALLEN, R. D., W. R. PITTS, D. SPEIR, and J. BRAULT: Science 142, 1485—1487 (1963). — ALLERUP, S., and P. HANSEN: Physiol. Plantarum 16, 721—731 (1963). — ASOMANING, E. J. A., and A. W. GALSTON: Plant Physiol. 36, 453—464 (1961).

BONNER, J. T.: Sci. Amer. 209, 84—93 (1963). — BOSIAN, G.: Ber. dtsch. bot. Ges. 76, 407—413 (1963). — BRAUNER, L., u. A. BÖCK: Planta 60, 109—130 (1963). — BRIGGS, W. R.: Amer. J. Bot. 50, 196—207 (1963a); — Plant Physiol. 38, 237—247 (1963b). — BROKAW, C. J., and L. WRIGHT: Science 142, 1169—1170 (1963). — BUTLER, W. L., H. C. LANE, and H. W. SIEGELMAN: Plant Physiol. 38, 514—519 (1963).

CASTLE, E. S.: J. Gen. Physiol. 45, 743—756 (1962).

DELBRÜCK, M.: Ber. dtsch. bot. Ges. 75, 411—430 (1962). — DELBRÜCK, M., and W. SHROPSHIRE: Plant Physiol. 35, 194—204 (1960). — DENNISON, D. S.: J. Gen. Physiol. 45, 23—38 (1961).

FETZER, J.: Z. Bot. 51, 468—506 (1963). — FETZMANN, E.: Protoplasma 55, 436—451 (1962). — FISCHER, W.: Z. Bot. 51, 348—387 (1963). — FISCHER-ARNOLD, G.: Protoplasma 56, 495—520 (1963). — FORSLIND, B., and G. SWANBECK: Exp. Cell. Res. 32, 179—182 (1963).

GERISCH, G.: Ber. dtsch. bot. Ges. 75, (82)—(89) (1962); — Naturwiss .50, 160 (1963). — GETTENS, R., and W. SHROPSHIRE: Plant Physiol. 38, suppl. IV (1963). — GILLESPIE, B., and K. V. THIMANN: Plant Physiol. 38, 214—225 (1963). — GOLD-SMITH, M. H. M., and K. V. THIMANN: Plant Physiol. 37, 492—505 (1962).

HAGER, A., u. U. SCHMIDT: Ber. dtsch. bot. Ges. 76, 329—341 (1963). — HALL-DAL, P.: Ber. dtsch. bot. Ges. 76, 323—327 (1963). — HAUPT, W.: Ber. dtsch. bot. Ges. 76, 313—322 (1963). — HAUPT, W., u. G. BOCK: Planta 59, 38—48 (1962). — HAUPT, W., u. J. FETZER: Nature (Lond.) 201, 1048—1049 (1964). — HAUPT, W., F. MUGELE u. E. SCHÖNBOHM: Naturwiss. 51, 467 (1964). — HAUPT, W., u. I. SCHÖNFELD: Ber. dtsch. bot. Ges. 75, 14—23 (1962); — Z. Bot. 51, 17—31 (1963). — HEATH, O. V. S.: Nature (Lond.) 200, 191 (1963); 200, 283 (1963). — HERTEL, R., u. A. C. LEOPOLD: Planta 59, 535—562 (1963). — HÖFLER, K.: Protoplasma 56, 1—53 (1963). — HOFFMAN, L., and I. MANTON: J. Exp. Bot. 13, 443—449 (1962).

JAHN, T. L., W. M. HARMON, and M. LANDMAN: J. Protozool. 10, 358—363 (1963). — JAROSCH, R.: Protoplasma 57, 448—500 (1963).

KALDEWEY, H.: Planta 60, 178—204 (1963). — KAVANAU, J. L.: J. theoret. Biol. 4, 124—141 (1963a); — Nature (Lond.) 198, 525—530 (1963b).

LEOPOLD, A. C., u. S. L. LAM: Physiol. Plantarum 15, 631—638 (1962).

MACHIN, K. E.: Proc. Roy. Soc. Lond. B 158, 88—104 (1963). — MANSFIELD, T. A.: Physiol. Plantarum 16, 523—529 (1963). — MANSFIELD, T. A., and O. V. S. HEATH: J. exp. Bot. 14, 334—352 (1963a); 15, 114—124 (1963b). — MEEUSE, B. J. D.: Arch. Mikrobiol. 45, 423—424 (1963). — MOLOTKOVSKIJ, G. CH.: Dokl. Akad.

Nauk SSSR, N. S. 102, 637—639 (1955a). — Molotkovskij, G. Ch., i J. G. Molotkovskij: Dokl. Akad. Nauk SSSR, N. S. 103, 921—924 (1955b). — Mouravieff, I.: Ann. Sci. Nat. Bot. (Paris) 12e Sér. 4, 225—232 (1963). — Mugele, F.: Z. Bot. 50, 368—388 (1962).

Nishida, K.: Physiol. Plantarum 16, 281—298 (1963). — Nultsch, W.: Ber. dtsch. bot. Ges. 76, 298—312 (1963).

Page, R. M.: Science 138, 1238—1245 (1962). — Pease, D. C.: J. Cell. Biol. 18, 313—326 (1963).

Rinaldi, R. A., and T. L. Jahn: J. Protozool. 10, 344—357 (1963). — Rufelt. H.: Nature (Lond.) 197, 985—986 (1963); 200, 191—192 (1963); 200, 284 (1963).

Schönbohm, E.: Z. Bot. 51, 233—276 (1963). — Seitz, K.: Protoplasma 58, 621—640 (1964). — Shimshi, D.: Plant Physiol. 38, 709—712 (1963a); 38, 713—721 (1963b). — Shropshire, W.: J. Gen. Physiol. 45, 949—958 (1962); — Physiol. Rev. 43, 38—67 (1963). — Stahl, N., u. A. M. Mayer: Science 141, 1282—1284 (1963). — Stålfelt, M. G.: Physiol. Plantarum 16, 756—766 (1963a); — Protoplasma 57, 719—730 (1963b).

Thimann, K. V., and H. E. Gruen: Beih. Z. Schweiz. Forstv. 30, 237—263 (1960). — Ting, I. P., and W. E. Loomis: Amer. J. Bot. 50, 866—872 (1963).

Url, W.: Protoplasma 52, 260—273 (1960).

Walker, D. A., and I. Zelitch: Plant Physiol. 38, 390—396 (1963). — Wareing, P. F., and T. A. A. Nasr: Ann. Bot. 25, 321—340 (1961). — Wildman, S. G., T. Hongladarom, and S. I. Honda: Science 138, 434—436 (1962). — Willis, A. J., E. W. Yemm, and S. Balasubramanian: Nature (Lond.) 199, 265—266 (1963).

Zenk, M. H.: Ber. dtsch. bot. Ges. 76, 328 (1963). — Zimmerman, B. K., and W. R. Briggs: Plant Physiol. 38, 248—253 (1963a); 38, 253—261 (1963b). — Zurzycki, J.: Acta Soc. Bot. Polon. 31, 489—538 (1962a); — The Mechanics of the Movements of Plastids. In: Hdb. Pflanzenphysiol. 17/2, 940—978 (1962b).

E. Ausgewählte Kapitel der angewandten Botanik

23. Pflanzenpathologie und Pflanzenschutz
a) Virosen

Von E_RICH_ K_ÖHLER_, Braunschweig

Aus der großen Fülle einschlägiger Arbeiten kann wegen Raummangels nur ein Ausschnitt gegeben werden, dessen Begrenzung aus den drei Abschnittsüberschriften etwa ersehen werden kann.

Identifizierung und Klassifizierung

In den letzten Jahren war man weiter mit Erfolg bemüht, die vielen bekannten und die ständig neu hinzukommenden Viren in ein System zu bringen. Am weitesten haben diese Bemühungen bisher bei den „gestreckten" Viren geführt, die ja auch zahlenmäßig an erster Stelle stehen. Eine vervollständigte Einteilung dieser Viren auf morphologischer Grundlage, wobei auch die übrigen Merkmale Berücksichtigung finden, hat B_RANDES_ erbracht. Es werden die folgenden Gruppen unterschieden:

1. Gruppe des Tabak-rattle-Virus (Normallängen $N = 180$ bis 160 mμ).
2. Gruppe des Tabakmosaikvirus ($N = 300$ mμ).
3. Gruppe des Kartoffel-X-Virus ($N = 480$ bis 580 mμ).
4. Gruppe des Kartoffel-S-Virus ($N = 620$ bis 700 mμ).
5. Gruppe des Kartoffel-Y-Virus ($N = 720$ bis 770 mμ).
6. Gruppe des Rüben *(Beta)*-yellows-Virus ($N = 1250$ mμ).

Die Einordnung einzelner Viren in diese augenscheinlich natürlichen Gruppen wird noch nicht als ganz endgültig angesehen.

Der Kartoffel-X-Virus Gruppe — um ein Beispiel anzuführen — wurden die folgenden Mosaikviren zugeordnet: White clover mosaic (480 mμ), Cymbidium-Mosaik (490), Hydrangea ringspot (500), Kartoffel-X (515), Cactus-X (520), Clover yellow mosaic (540) und Kartoffel-Aucuba (580).

Den Angehörigen der einzelnen Gruppen sind gewisse Antigenfraktionen gemeinsam, sie sind also mehr oder minder miteinander „serologisch verwandt".

Ein gestrecktes Virus mit der bis dahin größtenNormallänge (1725 mμ) bei 18 mμ Dicke wurde unlängst von S_CHMIDT_ et al. (1963) in *Festuca pratensis* und *Lolium multiflorum* entdeckt. Noch länger (um 2000 mμ) sind offenbar die fadenförmigen Partikeln des Tristeza-Virus der *Citrus*gewächse (K_ITAJIMA_ et al. 1964).

Aus dem Rahmen fallen die „bacilliformen" Partikeln des Luzerne-mosaikvirus, die 18 mμ dick sind, aber verschiedene Längen (vorzugsweise 36, 48 und 58 mμ) aufweisen und auch einen von allen gestreckten Viren abweichenden Bau besitzen. Sie enthalten alle etwa 17% Ribosenucleinsäure und sind, abgesehen von den kleineren (20—30 mμ), gleichermaßen infektiös (GIBBS et al. 1963a u. b).

Ganz eigenartige Verhältnisse wurden in letzter Zeit beim Verwandtschaftskreis des Tabak-rattle-Virus festgestellt. Augenscheinlich handelt es sich hier durchweg um Viren, die von Bodennematoden übertragen werden. Die Partikeln des auf diese Weise übertragbaren Tabak-rattle-Virus (Tabakmauche- bzw. Kartoffelstengelbunt-Virus) weisen, wie man schon länger weiß, zwei Hauptlängen von 70 und 180 mμ auf; nur die längeren sind infektiös. Mit ihm ist das gleichfalls bodenbürtige Early-browning-Virus der Erbse serologisch entfernt verwandt (BOS u. VAN DER WANT, 1962; MAAT, 1963). Auch dieses Virus hat zweierlei Längen (etwa 100 und 210 mμ). Nach ALLEN kommen noch andere Viren vor, die zu dieser Gruppe gehören. Ihre Partikeln sind wie die der beiden vorgenannten 25 mμ dick. Die Längenwerte ihrer größeren Partikeln sind etwa von derselben Größenordnung (190—205 mμ); die der kurzen sind dagegen sehr unterschiedlich, sie liegen bei 60 bis 110—115 mμ. Das Verhältnis lang:kurz betrug bei drei Isolaten aus den Niederlanden, Oregon und Kanada 1:1,8, bei zwei weiteren Provenienzen 1:2,5 und beim corky ringspot 1:3,2. Ob diese Viren alle serologisch, wenn auch nur schwach, verwandt sind, ist noch unbekannt, ebenso ist noch die Frage der Infektiosität bei den kurzen Partikeln zu prüfen.

Wir erwähnen in diesem Zusammenhang noch die sehr aufschlußreiche Arbeit von MARKHAM et al. (1963), die sich mit der Deutung der elektronenmikroskopischen Feinstrukturen bei typischen gestreckten und sphärischen Partikeln befaßt.

Untersuchungen über bei Zier- und Wildgehölzen vorgefundene Virosen hat in größerem Umfang SCHMELZER (1962/63) durchgeführt. Die Erreger sind zum großen Teil kleine Kugelviren, die von bestimmten bodenbewohnenden Nematoden übertragen werden. Sie lassen sich differenten Verwandtschaftskreisen (die man sehr wohl als Virusarten bezeichnen könnte), zuordnen. Unter diesen sind die des Tomaten-black ring-Virus und des Arabis-Mosaikvirus mit ihren vielen Varianten wohl die in Europa am meisten hervorstechenden (vgl. insbesondere CADMAN 1960). Mit der serologischen Unterscheidung von Varianten des Tomaten-black ring-Virus mit Hilfe des Überkreuzungsverfahrens befaßten sich BERCKS (1962/63) und STELLMACH u. BERCKS (1963). Die untersuchten Stämme ließen sich in zwei Gruppen („Serotypen") einteilen. Auf der Weinrebe sind in Europa und den USA besonders stark abweichende Varianten des Arabismosaiks verbreitet [CADMAN, DIAS u. HARRISON (1960); DIAS u. HARRISON (1963)]. Sie sind in Deutschland mindestens zum Teil als Erreger der längst bekannten und viel umstrittenen Reisigkrankheit anzusehen (BRÜCKBAUER). Daß aber auch Varianten des Tomatenblack-ring-Virus auf Rebe (und Pfirsich) vorkommen können, zeigten STELLMACH u. BERCKS (1963) sowie MISCHKE u. BERCKS. Über Virusstudien an der Weinrebe in Kalifornien berichteten ausführlich HEWITT et al. (1962).

Der Identifizierung der in Deutschland an Kirschen angetroffenen Virosen waren insbesondere die Untersuchungen von KEGLER (1961, 1962, 1963) gewidmet. Unter anderem ist bemerkenswert, daß sich bestimmte Kirschenviren auf die bekannten Testpflanzen *Chenopodium murale* und *C. quinoa* mechanisch übertragen lassen. Für die Differentialdiagnose erwiesen sich *C. amaranticolor* und *C. capitatum* als geeigneter. Dabei zeigten sich das Stecklenburger Virus mit dem nekrotisierenden Ringfleckenvirus und andererseits das chlorotische Ringfleckenvirus mit dem chlorotisch-nekrotischen Ringfleckenvirus als nahe verwandt. Zwischen den beiden Gruppen scheint jedoch keine, jedenfalls keine nähere Verwandtschaft zu bestehen. Auch Virosen an Apfel, Birne und Pflaume wurden beschrieben (KEGLER 1963 b). Eine Zusammenfassung der virusanalytischen Arbeiten an Kern- und Steinobst nach dem internationalen Stand gab KLINKOWSKI (1963). Die Bekämpfungsfragen bei Obstgehölzen wurden von KEGLER (1961) und STOUT et al. (1961) behandelt.

Das necrotic ringspot-Virus des Steinobstes wurde in Südafrika von VAN REGENMORTEL u. ENGELBRECHT (1962, 1963) näher untersucht. Es gelang, von dem mit spezieller Methode hochgereinigten Virus ein für die Diagnose brauchbares Antiserum zu gewinnen. Die Sedimentationskonstante der Partikeln wurde mit verschiedenen Methoden bei 69 S bzw. 72,7 S bestimmt. Der Durchmesser der (hydrated) Partikel beträgt 29,3 mμ. Ihre Proteinuntereinheiten weisen eine lose Packung auf.

Über Untersuchungen an Gramineen-Viren berichtete mehrfach OHMANN-KREUTZBERG (1962, 1963 a u. b). Sie betreffen das Streifenmosaikvirus der Gerste, ein Mosaikvirus von *Lolium multiflorum* und das Strichelvirus von *Dactylis glomerata*. Diese Viren verhalten sich sehr verschieden. Das erstgenannte wurde nur gelegentlich angetroffen; es verbreitet sich in der Natur mit dem Pollen und den Samen. Das zweitgenannte ist an Wildspezies von *Lolium* und *Hordeum* weit verbreitet und wird durch eine Milbe (*Abacarus hystrix*, Nalepa) übertragen. Der Vektor des dritten, gleichfalls weit verbreiteten Virus ist die Blattlaus *Myzus persicae*.

Der Vergilbungskrankheit der *Beta*-Rüben (beet yellows) sollen in England nach Untersuchungen von RUSSELL in Wirklichkeit zwei verschiedene Krankheiten zugrunde liegen, die je nach Jahrgang und Landschaft in wechselndem Anteil die Rüben befallen und deren Erreger von ihrem Entdecker als "sugar beet yellows virus" (SBYV) und "sugar-beet mild yellowing virus" (SBMYV) unterschieden werden. Beide werden sie von der Blattlaus *Myzus persicae* übertragen, jedoch angeblich nur das SBMYV von der schwarzen Blattlaus *Aphis fabae*. Auch sei dieses Virus in seinem Vektor persistent, das SBYV dagegen semipersistent. Diese Unterschiede bedingen eine unterschiedliche Ausbreitungsdynamik. Unbekannt ist noch, in welchem Grade der Verwandtschaft die Viren zueinander stehen, ob ihre Partikeln auch morphologisch verschieden sind,

ob sie beide in der Rübe Einschlußkörper bilden (s. unten) u. a. m. Nach
Booth (1963) sind zwei yellowing-Viren durch Papierchromatographie
differenzierbar. Mit dem Samen sind sie jedenfalls beide nicht übertragbar. Bei den sehr häufigen Mischinfektionen sind die Schäden größer als
bei Einzelinfektionen. Ob etwa die von Bennett (1960) und Duffus
(1960, 1961) in den USA unterschiedenen Variantengruppen "beet
western yellows" und "beet yellows" den beiden Russellschen Krankheiten entsprechen, bleibt dahingestellt.

Bartels untersuchte die serologischen Beziehungen zwischen den
nach Partikelgrößen übereinstimmenden Viren der „Tobacco etch-
Gruppe", zu der auch die wichtigen Kartoffelviren Y und A gehören.
Solche Beziehungen scheinen in jedem Falle vorhanden zu sein, wenn auch
in der Reaktionsstärke (Präzipitinreaktion) beträchtliche Differenzen zu
Tage traten. Beim Y-Virus sind neben den beiden Haupttypen des
„Neuen" und des „Alten" Y noch Nebentypen („anomale Stämme")
zu berücksichtigen. Ein solcher in Freilandtomaten angetroffener Stamm
wurde von Hein u. Bartels (1963/64) näher untersucht.

Von besonderem Interesse dürfte der von Engelbrecht u. Esau von
neuem erbrachte Nachweis sein, daß in den Chloroplasten vergilbungs-
kranker Rüben Viruseinschlüsse von wohlgeordneter Packung der
Elementarteilchen vorkommen. Da es für sehr unwahrscheinlich gelten
kann, daß die Vollpartikeln in solchen Massen in die Chloroplasten einwandern, ist anzunehmen, daß zum mindesten die Endsynthese zum
Vollvirus in den Plastiden erfolgen kann. Vermutlich ist aber auch schon
die Synthese des Virusproteins in den Chloroplasten möglich. Diese Vermutung wird durch den Befund von Ruppel (1964) nahegelegt, wonach
die Chloroplasten von *Allium* und *Antirrhinum* in beträchtlichen Mengen
eine RNS-Fraktion enthalten, die der Ribosomen-RNS ähnlich ist. Da
die Chloroplasten nach demselben Autor keine Desoxyribonucleinsäure
enthalten, müßte die Synthese der Virus-RNS entweder außerhalb der
Chloroplasten erfolgen, in die die Virus-RNS dann einzuwandern hätte,
oder aber sie wäre von der DNS des Zellkerns überhaupt unabhängig; die
Virus-RNS wäre also selbstreproduktiv, wie das von einzelnen Unter-
suchern nach anderweitigen Befunden schon angenommen wird. An *Beta*-
Chloroplasten dürfte sich die Frage ohne besondere Schwierigkeit entscheiden lassen. Übrigens bildet nach Engelbrecht u. Weiers auch
das ringspot-Virus der Tomate Einschlüsse in den Chloroplasten der
Zuckerrübe.

Natürlich ist nicht zu erwarten, daß bei jeder Wirt-Viruskombination
eine Virussynthese (oder ihr Endschritt) auch in Chloroplasten vorkommt. Immerhin wären die älteren bestimmten Angaben von Kausche
u. Ruska (1940), die Stäbchen des Tabakmosaikvirus in isolierten Chlor-
plasten gesehen haben wollen, der Nachprüfung mit neuer Methode wert
(vielleicht am besten mit „Gelbstämmen". Ref.).

Durch die Befunde von Van Kammen (1963) wird die Vorstellung
gestützt, daß die Synthese zum Vollvirus normalerweise an den Ribosomen erfolgt. Es konnte von ihm Virus-RNS frühestens 20 Std in (oder
an) den Ribosomen nachgewiesen werden. In den folgenden 12 Std stieg

der RNS-Gehalt der Ribosomen an; er blieb dann bis zur 24. Std p. Inf.
stationär, was darauf hindeutet, daß der Zuwachs an infektiöser RNS an
den Ribosomen die Virussynthese-Rate bestimmt. Die Synthese der
Virus-RNS selbst spielt sich nach gut gesicherten Vorstellungen offenbar
im Kern ab (vgl. WITTMANN, Fortschr. Bot. **25**, 315). Sollte bei gewissen
Wirt-Virus-Kombinationen nicht daneben auch eine Synthese von kom-
plettem Virus in den Plastiden möglich sein?

Infektion und Erkrankung

Nach LOVISOLO u. LUISONI hat der Preßsaft aus *Mentha piperita* an
Phaseolus-Blättern eine stark infektionshemmende Wirkung bei der Verimpfung des Luzerne-Mosaikvirus (potato calico-Typ). Sie fehlt dagegen
beim tomato bushy stunt-Virus, wenn der *M. piperita*-Saft mit Saft aus
infektiösem *Datura stramonium* gemischt und das Gemisch auf *Ocimum
basilicum* verimpft wird. Dies ist augenscheinlich ein neues Beispiel dafür,
daß ein solcher Hemmstoff nicht bei jeder beliebigen Wirt-Virus-Kom-
bination gleichsinnig wirken muß (vgl. u. a. HEIN u. KLINKOWSKI 1960;
KÖHLER 1962).

Das Verfahren der Epidermisablösung vom direkt infizierten Blatt
hat sich weiterhin bei der Analyse der Initialphasen der Infektion bewährt. FREY u. MATTHEWS fanden in der TMV-infizierten (unterseitigen)
Epidermis einen 8fach höheren Betrag an RNS als in der nichtinfizierten.
Ein Mehrbetrag machte sich schon 3—5 Std, bevor abimpfbares Virus
neuer Synthese vorhanden war, bemerkbar. Die Infektiosität der Säfte
aus der infizierten abgelösten Epidermis zeigt einen exponentialen Anstieg. Dieser begann 6—7 Std p. I. Ein ebensolcher Anstieg zeigte sich
auch bei Blättern, von denen die Epidermis rechtzeitig abgezogen war,
jedoch begann die Infektiosität hier 4 Std später. Die ersten fertigen
Viruspartikeln sind in der Epidermis erst in der 7. Std und im Mesophyll
in der 11. Std p. I. vorhanden. Demnach verstreicht sowohl in der Epidermis wie im Mesophyll die gleiche Zeit, nämlich etwa 4 Std, bis kom-
plettes Virus vorhanden ist. Dies läßt den Schluß zu, daß der Übertritt
des infektiösen Materials in das Mesophyll in der Form der Virus-RNS
(oder allenfalls Teilen von ihr) erfolgt und daß in der Anfangsphase der
Infektion zunächst die Virus-RNS gebildet wird.

In den Zellen der Epidermis wie in denen des Mesophylls wird dieselbe Virus-Endmenge produziert. Da in der Epidermis weniger Chloro-
plasten vorhanden sind als im Mesophyll, spricht dies — im vorliegenden
Falle — nicht für eine wesentliche Beteiligung der Chloroplasten an der
Virussynthese. FRY u. MATTHEWS wählten eine Versuchstemperatur von
27—28° C. Offenbar sind niedrigere Temperaturen (21—22° oder gar
17—19°) für eine solche Analyse weniger geeignet, wie Versuche von
DIJKSTRA (1962) zu lehren scheinen. Nach Verimpfung des TMV auf die
Epidermis trat hier infektiöses Material (im Sinne von FRY u. MATT-
HEWS) erst nach 8—10 Std in das Mesophyll über. Die Verimpfung von
TMV-RNS hatte das gleiche Ergebnis, obwohl bei ihr eigentlich ein
Vorsprung zu erwarten wäre. In der abgelösten Epidermis selbst war ein
solcher Vorsprung (2—4 Std) allerdings nachweisbar.

Wirtsresistenz

An *Gomphrena globosa* erzeugt das Kartoffel-X-Virus keine systemischen Infektionen, wohl aber an den eingeriebenen Blättern nekrotische Infektionsherde (WILKINSON u. BLODGETT 1948). KERLING untersuchte die Infektiosität der Preßsäfte aus eingeriebenen Blättern als Funktion der Zeit p. I. Auf einen relativ langsamen Anstieg der Infektiosität in den ersten 4 Tagen folgte ein sehr steiler, bis zur Erreichung des Maximums nach etwa 7 Tagen; 20 Tage p. I. war in den Blättern kein infektiöses Virus mehr nachweisbar. Die Testung von Säften aus ringförmigen Ausschnitten der langsam sich vergrößernden, etwa kreisrunden nekrotischen Infektionsherde ließ erkennen, daß der Infektiositätsverlust vom Zentrum nach der Peripherie entsprechend der Nekrotisierung fortschreitet. Dem Anschein nach steht also die Verhinderung der Virusausbreitung in der Pflanze mit der rasch erfolgenden Inaktivierung in den Infektionsherden in ursächlichem Zusammenhang, vielleicht ist aber, ähnlich wie beim TMV auf *Nicotiana glutinosa*, dazu noch eine Inaktivierung von Virus in den Leitbahnen zu postulieren (vgl. KÖHLER 1947).

Für die bei höheren Temperaturen gehemmte systemische Ausbreitung des cabbage-A-Virus auf *N. glutinosa* wurde von GONZALES u. POUND neuerdings ein temperaturabhängiges Inaktivierungssystem verantwortlich gemacht.

Nach LOEBENSTEIN u. ROSS (1963) konnte durch Verimpfung von nativem TMV-Protein entgegen früheren positiv lautenden Angaben (Fortschr. Bot. 23, 400) keine Abwehrwirkung gegen TMV-Infektionen erzielt werden. Wurden aber Blätter von *Datura stramonium* in ihrem basalen Teil entweder mit dem TMV oder dem Tabak-Necrosisvirus durch Einreiben infiziert, so zeigte sich, daß der 10 Tage danach aus dem distalen, nicht infizierten Teil dieser Blätter extrahierte Saft die Infektiosität von Impflösungen, denen er zugesetzt wurde, unter Umständen stark, jedenfalls aber bedeutend stärker herabsetzte als der vergleichbare Saft aus nicht infizierten Kontrollblättern. Die Infektion der Basis hat also in den Blattspitzen entweder die Bildung eines unbekannten Abwehrstoffes induziert oder doch die Bildung eines normalerweise in *Datura*-Blättern schon vorhandenen „Hemmstoffes" stimuliert. Die fragliche Substanz ist ein Protein mit vergleichsweise niedrigem Molekulargewicht. Ob sie etwa beim Mechanismus der „induzierten systemischen Resistenz" (ROSS 1961) eine Rolle spielt, ist noch nicht erkennbar.

Bemerkenswert sind auch die folgenden Befunde von MANDRYK (1963). Durch Injektion von Sporensuspensionen des Pilzes *Peronospora tabacina* in die Mitte des dritten Internodiums von 6 Wochen alten Tabakpflanzen ließ sich die Entwicklung von TMV-Läsionen nach Zahl wie nach Größe hemmen, wenn das Virus 3 Wochen später auf die Blätter gerieben wurde. An den unteren und mittleren Blättern (vom 7. Blatt an gerechnet) war die Wirkung am stärksten. Die Läsionenzahl war hier um 32% gegenüber der Kontrolle gedrückt und die Größe der Läsionen war sogar um 62% reduziert. Scheitelwärts klang die Wirkung hinsichtlich der Läsionenhäufigkeit, nicht aber hinsichtlich der Läsionengröße allmählich ab. Mit demselben Verfahren wird eine Abwehrwirkung gegen den Befall der Blätter von *Pernospora tabacina* erreicht; in diesem Falle dürfte eine Phytoalexin-Wirkung vorliegen (MANDRYK 1960). Im Falle der TMV-„Abwehr" ist wohl die näherliegende Annahme die, daß die Pilzsporen einen die Virusvermehrung oder die Symptomausprägung hemmenden Stoff an die Pflanze abgeben.

Eine mehrfach studierte Erscheinung ist die sog. „Altersresistenz" der Kartoffelpflanze, die in einer erhöhten Abwehrfähigkeit der gereiften Staude besteht und sich dadurch äußert, daß in die neugebildeten Knollen um so weniger — oder auch gar kein — Virus vordringt, je älter die Pflanzen im Zeitpunkt der Infektion waren. Nach den bisherigen Erfahrungen schien sich die Altersresistenz auf beliebige Viren zu erstrecken. Nun konnten aber BEEMSTER (1961) u. DE BOKX (1962) zeigen, daß der neue Typ des Y-Virus — von ihnen als Y^N bezeichnet — offenbar eine Ausnahme macht. Kartoffelsorten, die sowohl gegen das X-Virus als auch gegen das alte Y-Virus eine deutliche Altersresistenz an den Tag legen, zeigten im Vergleichsversuch gegen das Y^N gar keine oder doch nur eine stark abgeschwächte Altersresistenz. Für die Epidemiologie des „neuen Y" ist diese Tatsache von großer Bedeutung.

Die Altersresistenz ist im übrigen physiologisch noch ungeklärt. Zur Diskussion stehen insbesondere zwei Hypothesen (vgl. BEEMSTER 1958). Nach der einen ist sie die Folge eines gestörten Virustransportmechanismus, nach der anderen die Folge von Inaktivierungseinflüssen in den Wanderbahnen. Die neueren Befunde scheinen uns mehr für die zweite Deutung zu sprechen.

Daß die Züchtung auf Resistenz gegen den Befall durch das Vektorinsekt unter Umständen mehr Erfolg verspricht als die auf Resistenz gegen das Virus selbst, erwies sich bei Versuchen von WILCOXSON u. PETERSEN (1960) am Beispiel der Blattlaus *Macrosiphum pisi*.

Nachdem sich endgültig gezeigt hat, daß die Beseitigung des swollenshoot-Virus aus den Kakao-Pflanzungen nicht möglich ist, wird jetzt die Selektion hochtoleranter Kakao-Typen angestrebt (LONGWORTH u. THRESH). Ein altbekanntes Beispiel erfolgreichen Toleranzanbaus ist das mosaiktolerante Zuckerrohr.

Literatur

I. Übersichten

BRANDES, J.: Identifizierung von gestreckten pflanzenpathogenen Viren auf morphologischer Grundlage. Mitt. Biol. Bundesanst. f. Land- und Forstw. Berlin-Dahlem, H. **110**, 130 S. (Jan. 1964).

CORNUET, P.: Maladies à virus des plantes cultivées et méthodes de lutte. 440 S. Paris 1959.

HARRISON, B. D.: Soile-borne plant viruses. Recent Adv. Botany (Canada) Vol. 1, 401—406 (1961). — HEWITT, W.B., A.C.GOHEEN, D.J.RASKI, and G.V.GOODING Studies on virus diseases of the grapevine in California. Vitis 3, 57—83 (1962) [Biol. Abstr. **42**, 956 (1963)].

KASSANIS, B.: Interactions of viruses in plants. Advances Virus Res. **10**, 219—255 (1963). — KASSANIS, B., and A. F. POSNETTE: Thermotherapy of virus-infected plants. Recent Adv. Botany (Canada) 1, 557—563 (1961). — KENNEDY, J.S., M. F. DAY, and V. F. EASTOF: A conspectus of aphids as vectors of plant viruses.

114 S. London. Commonw. Inst. Entomology (1962). — KNIGHT, C. A.: Chemistry of Viruses. In: Protoplasmatologia, Handb. der Protoplasmaforsch. Bd. IV, 2. 172 S. Wien: Springer-Verlag 1963.

MARAMOROSCH, K.: Arthropod transmission of plant viruses. Ann. Rev.Entomology 8, 369—414 (1963). — MISCHKE, W.: Die wichtigsten Viruskrankheiten des Kern- und Steinobstes. Flugbl. Nr. 83. Biol. Bundesanst. 1. Aufl. 15 S. Stuttgart: Verlag Eugen Ulmer 1963.

POSNETTE, A. F.: (Edit.) Virus diseases of apples and pears. Techn. Communic. No. 30. Commonw. Bur. Hort. Plantat. Crops, East Malling, 141 S. (1963). — PRICE, W. C. Inactivation and denaturation of plant viruses. Advances Virus Res. 10, 171—217 (1963).

SLYKHUIS, J. T.: An international survey for virus diseases of grasses. FAO Plant Prot. Bull. 10, 1—16 (1962). — SOMMEREYNS, G.: Les viruses des végétaux, leurs propriétés et leur identification. Gembloux et Paris. (Encyclopedie agronomique et vétérinaire) 245 S. (1962).

WOLFFGANG, H.: Erkenntnisse und Vorstellungen über die Struktur pflanzlicher Viren. Biol. Zbl. 81, 649—666 (1962).

II. Originalarbeiten

BARTELS, R.: Phytop. Z. 49, 257—265 (1963/64). — BEEMSTER, A. B.: Tijdschr. Planteziekten 64, 165—262 (1958); 67, 278—279 (1961). — BENNETT, C. W.: U. S. Dept. Agr. techn. Bull. 1218, 63 S. (1960). — BERCKS, R.: Phytopath. Z. 46, 97—100 (1962/63). — BOKX, J. A. DE: Tijdschr. Planteziekten 63, 136—142 (1962). — BOOTH, V. H.: Biochem. J. (Gr. Br.) 88, 2 (1963) [Nach Bull. signalétique 25—14—4452 (1964)]. — BOS, L., en J. P. H. VAN DER WANT: Tijdschr. Planteziekten 68, 368—390 (1962). — BRÜCKBAUER, H.: Weinbau u. Keller 10, 247—264 (1963).

CADMAN, C. H.: Virology 11, 653—664 (1960). — CADMAN, C. H., H. F. DIAS, and B. D. HARRISON: Nature (Lond.) 187, 577—579 (1960).

DIAS, H. F., and B. D. HARRISON: Ann. appl. Biol. 51, 97—105 (1963). — DIJKSTRA, J.: Virology 18, 142—143 (1963). — DUFFUS, J. E.: Phytopathology 50, 389—394 (1960); — 51, 605—607 (1961).

ENGELBRECHT, A. H. P., and K. ESAU: Virology 21, 43—47 (1963). — ENGELBRECHT, A. H. P., and T. E. WEIER: Amer. J. Bot. 50, 621; Abstr. (1963).

FRY, P. R., and R. E. F. MATTHEWS: Virology 19, 461—469 (1963).

GIBBS, A. J., H. L. NIXON, and R. D. WOODS: Virology 19, 441—449 (1963a); — 21, 134 (1963b). — GONZALES, L. C., and G. S. PAUND: Phytopathology 53, 1041—1045 (1963).

HEIN, A., u. R. BARTELS: Phytopath. Z. 49, 313—324 (1962/63). — HEIN, A., u. M. KLINKOWSKI: Wissensch. Pflanzenschutzkonf. Budapest 145—155 (1960). — HITCHBORN, J. H.: Ann. appl. Biol. 46, 563—570 (1958).

KAMMEN, A. VAN: Mededel. Landbourhoogesch. Wageningen, Nederl. 63, 1—65 (1963). — KAUSCHE, G. A., u. H. RUSKA: Naturwissenschaften 28, 303 (1940). — KEGLER, H.: Tidsskr. Planteavl 65, 163—171 (1961a); — Intensivobstbau, Heft 5 (Sonderdr. 1961, b). — Phytopath. Z. 45, 248—259 (1962); — Phytopath. mediterr. 2, 175—180 (1963a); — Nachrichtenbl. Dtsch. Pflanzenschutzd. N. F. (Berlin) 17, 103—108 (1963b). — KERLING, L. C. P.: Meded. Landbouwhoogesch. Gent. 27, 983—991 (1962). — KITAJIMA, E. W., D. M. SILVA, A. R. OLIVEIRA, and A. S. COSTA: Nature (Lond.) 201, 1011—1012 (1964). — KLINKOWSKI, M.: Abh. Sächs. Akad. Wiss., math-.naturw. Kl. Leipzig 47, Heft 6, 1—37 (1963). — KÖHLER, E.: Phytopath. Z. 39, 242—261 (1960); 45, 243—247 (1962). — Z. Pflanzenkrankh. 51, 449—462 (1941).

LOEBENSTEIN, G., and A. F. ROSS: Virology 20, 507—517 (1963). — LONGWORTH, J. F., and J. M. THRESH: Ann. appl. Biol. 52, 117—124 (1963). — LOVISOLO, O. e E. LUISONI: Atti Acad. Sci. Torino 98, 213—225 (1963/64).

MAAT, D. Z.: Netherl. J. Plant Path. (= T. Pl. ziekt.) 69, 287—293 (1963). — MANDRYK, M.: Austral. J. agr. Res. 11, 16—26 (1960); — 14, 315—318 (1963). MARKHAM, R., S. FREY, and G. J. HILLS: Virology 20, 88—102 (1963). — MISCHKE, W., u. R. BERCKS: Phytopath. Z. 49, 147—155 (1963).

OHMANN-KREUTZBERG, G.: Phytopath. Z. **45**, 260—288 (1962); — **47**, 1—18 (1963a); — **47**, 113—122 (1963b). — OPEL, H., H. B. SCHMIDT u. H. KEGLER: Phytopath. Z. **49**, 105—113 (1963).

POSNETTE, A. F. (edit.): Tech. Commun. No. 30. Commonw. Bur. Hort. Plantat. Crops. East Malling, 141 S. (1963).

REGENMORTEL, M. H. V. VAN, and D. J. ENGELBRECHT: South Afr. J. agric. Sci. **5**, 607—612; — **6**, 505—516 (1963). — Ross, A. F.: Virology **14**, 340—358 (1961). — ROZENDAAL, A., en J. P. H. VAN DER WANT: Tijschr. Plantenziekten **54**, 113 bis 133 (1948). — RUPPEL, H. G.: Biochim. biophys. Acta **80**, 52—62 (1964). — RUSSELL, G. E.: Ann. appl. Biol. **52**, 405—413 (1963).

SCHMELZER, K.: Phytopath. Z. **46**, 17—52 (1962/63, a); — **46**, 105—138 (1962/63, b); — **46**, 235—268 (1962/63, c); — **46**, 315—342 (1962/63, d); — Biol. Zbl. **82**, 601—611 (1963, a). — SCHMIDT, H. B., J. RICHTER,, W. HERTZSCH u. M. KLINKOWSKI: Phytopath. Z. **47**, 66—72 (1963). — STELLMACH, G., u. R. BERCKS: Phytopath. Z. **48**, 200—203 (1963). — STOUT, G. L.: IV. Sympos. virus dis. fruit trees Europe. Lyngby. (Dänemark), 1960. (Tidsskr. Planteavl. **65**, Sondern. 234—246. Kopenhagen (1961).

WILCOXSON, R. D., and A. G. PETERSON: J. econ. Entom. **53**, 863—865 (1960).

23b. Bakteriosen

Von CARL STAPP, Braunschweig

Allgemeines

Mit nomenklatorischen und taxonomischen Fragen befassen sich wiederum eine Reihe von Autoren.

So liefert FLOODGATE (1962) z. B. einige beachtenswerte Betrachtungen über die theoretischen Aspekte der Bakterientaxonomie unter Heranziehung von 51 Literaturzitaten, während KAUFFMANN sich mit der „Species-Definition" auseinandersetzt. Nach Letzterem haben wir 2 Klassifikationen zu unterscheiden, und zwar eine „orthodoxe" und eine „moderne". In der modernen werden die Species definiert „als Gruppen von verwandten sero-fermentativen Phagen-Typen und sind die fundamentalen Einheiten, während in orthodoxer Klassifikation, die mit den höheren Gruppen beginnt, die Species nur mittels biochemischer (meist fermentativer) Methoden bestimmt werden", wie dies in BERGEYs Manual der Fall sei, dagegen die moderne Klassifikation bei den Salmonellen bereits Anwendung finde.

TEŠIĆ (1962) bemängelt, daß manche Autoren die phytopathogenen Bakterien in besondere systematische Einheiten stellen neben die saprophytisch-verwandten und hält folgende allgemeine Gruppierung für richtig, die in gewisser Abweichung von der Anordnung im „Bergey" auch für die phytopathogenen Bakterien Gültigkeit haben soll: Die Genera *Corynebacterium* (Gram-positiv) und *Aplanobacterium* (Gram-negativ) in die Familie *Mycobacteriaceae* (unbegeißelt); die Genera *Pseudomonas* (weiße Fluoreszenten) und *Chromopseudomonas* (gefärbte Kolonien) in die Familie *Pseudomonadaceae* (polar begeißelt) und die Genera *Bacterium* (weiß) und *Chromobacterium* (gefärbt) in die Familie der *Bacteriaceae* (peritrich begeißelt). Es ist kaum anzunehmen, daß TEŠIĆ sich mit diesen Vorschlägen international wird durchsetzen können. Zuzustimmen ist ihm, daß es an der Zeit sei, den Wegen über den Ursprung der phytopathogenen Bakterien in der Natur nachzugehen, der in einer langen Anpassungsperiode an das Leben in der Pflanze vermutet wird.

DYE (1962), der 209 Stämme von *Xanthomonas* aus allen Teilen der Welt isolierte, von denen 57 rekognostiziert waren, hat mit Hilfe der sog. Standardmethoden versucht, die einzelnen Isolate zu identifizieren, was aber trotz Anwendung eines Teiles oder aller 30 Laboratoriumsteste nicht möglich war. Zwar bildeten die *Xanthomonas*kulturen eine beachtenswert uniforme Gruppe, die leicht von anderen ebenfalls gelbes Pigment produzierenden Organismen zu unterscheiden waren, doch wird angenommen, daß manche *Xanthomonas*-Species als Formen einer einzigen Art, die an besondere Wirtspflanzen angepaßt sein könnten, zu betrachten seien. Derselbe Autor bestätigt neuerdings die Verwandtschaft von *Xanth. uredovorus* mit der Gattung *Erwinia* und schlägt deshalb eine Umbenennung in *Erwinia uredovora* vor. Schon im Jahr zuvor hatten HAYWARD u. HODGKISS (1961) die peritriche Begeißelung von *X. uredovorus* festgestellt und auf deren anaerogenen, fermentativen C-hydrat-Stoffwechsel hingewiesen.

Auf Grund ihrer Untersuchungen über von den verschiedensten Bakterienarten gebildete Pigmente kommen STARR u. STEPHENS zu dem Schluß, daß alle diejenigen Bakterienspecies, die Gram-negativ, polar begeißelt und stäbchenförmig sind sowie ein Carotinoid bilden mit Absorptionsmaxima bei 418, 437 und 463 mμ (in Petroläther), in das Genus *Xanthomonas* hineingehören. Andere Carotinoide bildende gelbe Bakterienarten seien von diesem Genus auszuschließen. Schwierigkeiten hinsichtlich der systematischen Stellung ergeben sich für die natürlich vorkommenden oder künstlich induzierten farblosen Xanthomonaden. An 19 verschiedenen

Xanthomonas-Species, die auf Pektinsubstrat gehalten wurden, besaßen nach STARR u. NASUNO 13 eine extracelluläre Enzymaktivität, die Pektinsubstanzen in der gleichen Weise aufspalteten wie die von *Erwinia carotovora*. Das gereinigte Enzym, gewonnen aus *X. campestris*, bedarf zu seiner Aktivität Ca-Ionen. Weder Na-, K-, Mg-, Mn-, Zn- noch Sr-Ionen fördern oder schwächen die Enzymaktivität, doch 0,001 M Ba-Ionen verursachen vollständige Hemmung. Aus den eingehenden Untersuchungen wird gefolgert, daß die ungesättigten Oligogalacturonide eine wichtige Rolle bei der aktuellen Assimilation von Pektinsubstanzen durch Xanthomonaden spielen und damit zugleich hinsichtlich ihrer phytopathologischen Verwandtschaft.

VORONKEVICH u. OVECHNIKOV (1962) fanden auf Grund von UV-Bestrahlung eintägiger Bakteriensuspensionen, daß gelbes Pigment bildende phytopathogene Bakterien die stärkste Resistenz zeigten, und führen eine in ihrer Resistenz abnehmende Reihe phytopathogener Arten auf, beginnend mit *Erwinia carotovora* (?) und endend mit *Xanthomonas translucens*. Ob diese Resistenzunterschiede es ermöglichen, den Grad der Entwicklung parasitischer Eigenschaften unter verwandten Formen aufzudecken, wie die Verff. vermuten, bleibt abzuwarten.

KLEMENT u. LOVREKOVICH weisen auf die Möglichkeit hin, mit Hilfe sog. Schnellmethoden Erreger von Pflanzenkrankheiten sicher zu bestimmen. Als die eine dieser Methoden wird der Nachweis unter Verwendung spezifischer Phagen, als die andere der serologische Test angeführt und an der Identifizierung dreier bohnenpathogener Bakterien, nämlich *Corynebacterium flaccumfaciens*, *Xanthomonas phaseoli* var. *fuscans* und *Pseudomonas phaseolicola* als Beispiele erläutert. Eine dritte, die sog. Injektions-Infiltrations-Methode, zur schnellen Erkennung der Phytopathogenität von *Pseudomonas*-Arten hat KLEMENT entwickelt, die auf der Hypersensibilitätsreaktion von Tabakblättern beruht. DANIELS (1962) hält es für möglich, auf dem Wege über die Papier-Elektrophorese die *Pseudomonas*arten in 2 Gruppen aufzuteilen, von denen die eine 2-Ketogalactonsäure aus Galactose bildet, die andere das nicht tut.

Der ektoparasitische Mikroorganismus mit lytischen Eigenschaften gegenüber empfänglichen Bakterien, den STOLP zuerst isolierte und über den dann von STOLP u. PETZOLD berichtet wurde (s. Beitrag 1963), ist nach mehrfachen neuen Isolierungen von STOLP u. STARR (1, 2) weiter untersucht worden; er hat nunmehr den Namen *Bdellovibrio bacteriovorus* erhalten.

Es ist aber auch jetzt noch nicht möglich, die räuberische (predatory), parasitische Form auf irgendeinem künstlichen Substrat zu züchten. Sie benötigt zu ihrer Vermehrung lebende Wirtszellen, nicht so die saprophytischen aus dem Wildstamm selektierten und keine lytischen Eigenschaften besitzenden Mutanten. Auffallend ist, daß es noch zu einer beträchtlichen Vermehrung der parasitischen Stämme kommt, nachdem der größte Teil der Wirtsbakterien bereits zerstört ist. Alle bisher gewonnenen Isolate besitzen jedoch lytische Aktivität nur gegen Gram-negative Bakterien. Auf Grund ihres Verhaltens gegen die Wirtszellen unterscheiden Verff. mehrere Gruppen, von denen z. B. eine sich nur auf fluorescierende *Pseudomonas*- und auf *Xanthomonas*-Arten beschränkt, andere sich sogar noch strenger spezifisch verhalten. Jedenfalls ist aus ihren Ergebnissen zu folgern, daß wahrscheinlich genau definierte Stämme von *Bdellovibrio*, ähnlich wie die Phagen, zur Diagnose phytopathogener Bakterien mit herangezogen werden können. Aber selbst bei Verwendung von Phagen ist noch immer eine gewisse Vorsicht geboten, wie aus Untersuchungen von E. BILLING hervorgeht, die 284 Pseudomonaden verschiedenster Herkunft gegen 9 Phagen getestet hat. *Pseud. morsprunorum*, *Pseud. phaseolicola*, *Pseud. lachrymans* und *Pseud. syringae* zeigten charakteristische, jedoch nicht spezifische Plaque-Muster mit 3 dieser Phagen.

Erwähnt sei noch, daß GRAINGER die Gültigkeit seiner bereits früher aufgestellten These über die Ursache der Anfälligkeit von Wirtspflanzen gegenüber ihren Erregern neuerdings (1962) an einer Reihe von Beispielen erläutert hat:

Das Potential einer Pflanze für den Befall durch bakterielle oder pilzliche Erreger sei dann am größten, wenn der Gesamtgehalt an Kohlenhydraten, verglichen mit dem Sproßgewicht, die höchsten Werte erreicht habe. Entscheidend soll darnach der Cp/Rs-Faktor sein, wobei Cp das Gewicht der Kohlenhydrate der gesamten Pflanze, Rs das übrige Trockengewicht des Sprosses kennzeichne. Da das Hauptorgan der Pflanze der photosynthetische Sproß sei, stelle das Verhältnis von Cp/Rs den relativen Wirkungsspiegel von löslichem C-hydrat in der Pflanze dar, also die Menge, die vom Parasiten ausgenutzt (plundered) werden könne. Der unterschiedliche Grad der Präzision innerhalb dieser Relation sei möglicherweise auf die uneinheitlichen Ansprüche an C-hydraten durch die differenten Parasiten zurückzuführen.

Wiederum werden vor allem aus Indien einige angeblich neue phytopathogene Bakterienarten beschrieben,

und zwar von RANGASWAMI, PRASAD u. ESWARAN (1961) *Xanthomonas rubrisorghi* als Blattfleckenkrankheitserreger an *Sorghum* im Staate Madras, pathogen aber auch an *Zea mays, Pennisetum typhoides* und *Paspalum scrobiculatum* sowie *Pseudomonas sorghicola* als Streifenkrankheitserreger an *Sorghum*, der jedoch außerdem nur noch an Mais positiv reagieren soll. Nach RANGASWAMI u. ESWARAN (1962) sei ferner *Xanth. esculenti* als ein neuer Erreger an *Hibiscus esculentus* aufgetreten, und nach SRINIVASAN, PATEL u. THIRUMALACHAR (1962) sind *Xanth. duranthae* an *Durantha repens* L. und *Xanth. lantanae* an *Lantana camara* L. var. *aculeata* neue Blattfleckenkrankheitserreger, während *Pseud. hibiscicola* nach MONIZ an *Hibiscus rosa-sinensis* in Südaustralien desgleichen ein neuer Erreger von Blattflecken sein soll.

Spezielles

Bakteriosen verursacht

a) durch Corynebacterium spp. Die bisher bekannten phytopathogenen Corynebakterien, die sämtlich Gram-positiv sind, verursachen wohl alle Tracheobakteriosen. Eine Ausnahme hiervon bildet vielleicht *C. fascians*, das die sog. Verbänderungen an manchen Pflanzenarten hervorbringt.

Es gehört nach NELSON (1962) noch immer zu den wichtigeren Krankheitserregern an *Pelargonium hortorum* und ist nach COLLINGWOOD (1962) an Gladiolen im Staate New Jersey erstmalig festgestellt worden. Sehr ernst tritt in den letzten Jahren nach MANDEL u. GUBA (1962) eine andere *Corynebacterium*art, nämlich *C. ilicis*, in Nantucket, Mass., an *Ilex opaca* auf und wird in Zusammenhang gebracht mit der Anwendung von Mineral- und Stalldünger.

Über die Lebensdauer des Erregers der Luzernewelke, *Corynebacterium insidiosum*, liegen von NELSON u. SEMENIUK neuere Angaben vor.

In natürlicher wie sterilisierter Erde hielt er sich im Freien etwa 66 Tage und im Raum in natürlicher Erde bei —20° C sogar für mehr als 169 Tage lebensfähig und virulent. Ausgehend von einer Einzelkultur, beschrieben DE VAY u. SCHNATHORST eine Präservationsmethode, nach der *C. insidiosum* u. a. in dest. Wasser suspendiert bei 10° C aufbewahrt, sich über eine lange Zeit hin lebensfähig und pathogen halten sollen (?). Zur künstlichen Infektion von jungen Luzernesämlingen sei nach KREITLOW eine Methode geeignet, bei der die Kotyledonen zunächst terminal um $^1/_3$ bis $^1/_2$ durch Abschneiden gekürzt und diese Wundstellen dann mit Bakterien von Bouillon-Lactose-Kulturen besprüht oder beschmiert werden. Die Unterschiede im Verhalten welkeresistenter und welkeanfälliger Luzernelinien seien auf diese Weise hoch signifikant gewesen. Beimpfte Kreuzungshybriden von Luzerne ergaben nach THEURER (1962) keine Hinweise auf die ersten Wege zur Welkeresistenz. Andererseits zeigten HAWN u. LEBEAU (1962), daß die unterschiedlichen Resistenzgrade von 4 Luzernevarietäten gegen *C. insidiosum* im Zusammenhang standen mit der Menge eines auf den Erreger toxisch wirkenden Polypeptid-Komplexes in den Wurzeln. Aus Wurzelextrakten infizierter Pflanzen und aus der Rhizosphäre

konnten Cook u. Katznelson (1960) zwei Bakteriophagen (PCi2 und PCi20)
isolieren, von denen der erste hoch spezifisch war und nur einen Stamm von *C. insidiosum* lysierte, während PCi20 von 20 Stämmen insgesamt 18 zu lysieren vermochte. Über recht deutliche Unterschiede in der Virulenz zwischen 2 Kulturen
von *C. insidiosum*, von denen die eine aus Bologna, Italien, die andere aus Madison,
Wisc., USA, stammte, berichten Ribaldi u. Giannoni (1962).

Kontaxis (1962) hat den Infektionsweg von *C. michiganense*, dem
Erreger der Tomatenwelke, verfolgt.

8 Tage alte Pflanzen (Sorte Bonny Best), deren Blätter 5 morphologisch
differente Typen von Trichomen aufweisen, wurden mit wäßriger Bakteriensuspen-
sion besprüht. 56 Std später seien innerhalb der Zellen der multicellularen Haare
Bakterien nachzuweisen gewesen und 6 Tage nach Infektion bereits im Gefäßsystem der Blattgewebe. Da Kontaxis angeblich mikroskopisch keine Verletzungen
der Trichome nach der Besprühungsaktion feststellen konnte, so folgert er, seien
die unverletzten (?) Trichome als wichtige Eingangspforten für die bakteriellen
Erreger in die Tomatenpflanze anzusehen.

Säfte von reifen Früchten der Tomatensorten Meksikanskii und Vishnevidny
besaßen nach Galach'yan [1961 (1)] eine höhere phytoncide Aktivität gegenüber
C. michiganense als solche von anfälligen Tomatenvarietäten. Saft von *Solanum
nigrum* wirke derartig toxisch, daß er *C. insidiosum* innerhalb einer Stunde zum
Absterben bringe. Sehr wirksam seien nach Galach'yan [1961 (2)] auch die Antibiotica Gramicidin und Streptomycin; weitere sind geprüft worden von N. Stanescu u. O. Constantinescu (1961) und O. Goss. Nach N. D. Buyanova (1960-
soll bereits ein 3maliges Umimpfen von *C. michiganense* auf Substrate mit 500 µg/ml)
Terramycin genügen, um Resistenz gegen dieses Antibioticum zu erzielen. Die
resistenten Stämme seien dadurch charakterisiert, daß ihre Zellen häufig verlängert,
der Kohlenhydratstoffwechsel und die Pathogenität vermindert seien. Im Falle
lokaler Infektionen mit *C. michiganense* sollen die kürzeste Inkubationszeit und
die größte Angriffskraft des Erregers nach E. Bucur u. Lazár (1962) bei Tomatenfrüchten mit einem Durchmesser von 2,5 bis 3,5 cm festgestellt worden sein. Diese
Inkubationszeit variiere mit dem Alter der Kulturen, und zwar sei sie so viel länger
wie die Kultur älter sei.

Warren u. Hooker (1962) empfehlen zur Diagnostizierung und als
Pathogenitätstest von *C. sepedonicum*, dem Erreger der Kartoffelringfäule, junge, im Gewächshaus herangezogene 7—12 cm hohe Tomatenpflanzen, Sorte Bonny Best.

Diese werden mit infektiösem Material aus Kartoffelknollen hypodermal in
den Kotyledonenansatz inoculiert, wobei nach 7—19 Tagen typische Ringfäule-
symptome auftreten sollen. Nach Angaben von Genereux u. Lachance (1960)
gibt andererseits eine Infektionsmethode, bei der junge isolierte Triebe von Kartoffelpflanzen, deren Würzelchen absichtlich verwundet und mit einer Suspension des
Erregers beimpft werden, sehr klare Anzeichen der Resistenz verschiedener Kartoffelsorten. Obwohl die Kartoffelringfäule in Dänemark nur in sehr beschränktem
Ausmaße auftritt, ist die Krankheit durch die dänische Kartoffelsorte Bintje
nach Hellmers (1962) in Schweden eingeschleppt und dort seit 1959 vorhanden.

b) durch Pseudomonas spp. In Deutschland wurde erstmalig von
Hantschke (1960/61) Näheres über das Auftreten von bakteriellen Welkekrankheiten an der Edelnelke, *Dianthus caryophyllus*, mitgeteilt.

Als Erreger konnte *Pseud. caryophylli* nur in einem Gartenbaubetrieb festgestellt werden, dagegen *Pectobacterium (Erwinia) parthenii* var. *dianthicola*
in 17 Betrieben, was auch mit den Häufigkeitsbefunden von M. Bakker u. Scholten
(1961) in Holland übereinstimmt. In Südschweden wurde von Nilsen (1962)
bisher sogar nur das *Pectobacterium* an Nelken gefunden. Während Letzteres sich
sowohl durch pektolytische wie cellulolytische Eigenschaften auszeichnet, besitzt
Ps. caryophylli nur celluloselösende. Auf diesen Charakteristika aufbauend, hat
Gehring (1961 u. 1962) eine einfache Nachweismethode für die Erreger ausgearbei-

tet unter Verwendung von Carboxymethylcellulose als Zusatz zu einem Grund-
medium, bei dem $CaCO_3$ nicht fehlen darf. Das gelartige Selektivsubstrat verliert
nach Beimpfung mit kranken Stengelstückchen bei 25—27° C mehr oder weniger
vollständig seine Viscosität, und zwar bei Anwesenheit von *Ps. caryophylli* nach
2—3 Tagen, bei der des Pektobakteriums bereits nach 20—24 Std. Von 21 verschiedenen Handelssorten, die auf ihr Verhalten gegen 14 Isolate der *Ps. caryophylli*
von NELSON u. DICKEY in den USA geprüft wurden, erwiesen sich sämtliche unter
den durchgeführten Gewächshausbedingungen als anfällig. Kleinere Unterschiede
im Anfälligkeitsgrad traten zwar zutage, Virulenzunterschiede zwischen den
14 *Ps. caryophylli*-Kulturen waren nicht erkennbar.

SCHMIDT machte 1962 auf das Überhandnehmen der durch *Ps.
lachrymans* an Gurken verursachten Blattfleckenkrankheit in Mitteldeutschland aufmerksam.

Diese Bakteriose ist samenübertragbar. Den Infektionsweg im Samen hat
NAUMANN untersucht. Er erfolge über den Funiculus und gehe von dort auf die
Micropyle über. Da auch im Sameninneren liegende Gefäße zahlreiche Bakterien
enthielten, so kämen diese als Ausbreitungsherde im Nucleus in Betracht. Eine
Masseninfektion des embryonalen Gewebes war in keinem Falle feststellbar.
Trotz des Vorhandenseins in den untersuchten Samen gelang es NAUMANN merk-
würdigerweise nicht, den Erreger aus ihnen zu isolieren, weshalb auch seine hieraus
abgeleiteten Schlüsse nicht als stichhaltig angesehen werden dürfen. Nach WALKER,
CHAND u. WADE ist innerhalb der letzten 5 Jahre die durch *Ps. lachrymans* verursachte Bakteriose in Wisconsin die hauptsächlichste Krankheit an Gurken.
Während sie auf Feldern, auf denen 5 Jahre keine Gurken angebaut waren, nur
wenig vorkam, war sie auf Feldern mit kürzerem Fruchtwechsel oder ständigem
Gurkenanbau an den meisten Pflanzen zu finden. Es wird vermutet, daß der Erreger zwei oder mehr Jahre im Boden zu überleben vermag. GORLENKO u. L. N.
BUSHKOVA unterscheiden zwei Gruppen von *Ps. lachrymans*-Stämmen, nämlich
1. solche aus Gegenden mit vorwiegend feuchtem Klima und milden Sommer-
temperaturen wie Moskau, Alma-Ata und Novosibirsk, und 2. solche aus trockenen
Gebieten mit hoher Temperatur wie die Krim und Bulgarien, die generell auch
weniger virulent sein sollen. Nach RODIGIN u. T. I. MINAEVA (1962) soll Zink die
Resistenz von verschiedenen Gurkenvarietäten gegen den Erreger erhöhen und
zugleich die Keimkraft von mit $ZnSO_4$-Lösung behandelten Samen steigern.
Für Transval wurde von VORSTER (1962) erstmalig *Ps. lachrymans* als Erreger
einer Bakteriose an *Cucumis melo* nachgewiesen.

Über neuere Untersuchungsergebnisse einer Obstbaumbakteriose,
die durch *Ps.morsprunorum* resp. der mit dieser sehr wahrscheinlich
identischen *Ps.syringae* verursacht wird, liegt ein Beitrag von STAPP
vor, auf den hier nur verwiesen werden kann, desgleichen auf zwei
von RIDÉ (1961, 1962) für Frankreich und auf eine Literaturzusammenstellung von CAMERON (1962).

Ergänzend dazu sei aber noch berichtet, daß angeblich nach M. MONTALBANO,
RUBIO-HUERTOS u. MARUZZELLA unstabile L-Formen des Erregers, die sphärische
Elemente von unterschiedlicher Größe, doch mit wohl definierter Membran darstellen sollen, in Medien ohne Glycin zu normalen bacillären Formen revertieren,
während sie bei Serienübertragungen in Gegenwart von Glycin stabil blieben.
Diese L-Formen seien, obwohl in biochemischer Hinsicht mit den Normalformen
übereinstimmend, nicht mehr pathogen.

C. GARRETT u. CROSSE entdeckten in 23 von 56 *Ps. morsprunorum*-Kulturen
Phagen, jedoch in 9 Kulturen von *Ps. syringae*, die von kranken Birnbäumen
isoliert waren, keine. Auffallenderweise reagierten die nichtlysogenen Kirschbaum-
kulturen häufiger mit 13 Phagen, die von lysogenen Kulturen stammten, dahin-
gegen waren manche nicht lysogene Pflaumenstämme immun gegenüber allen
getesteten Phagen. Damit wird die Unähnlichkeit der Phagen von Pflaumen- und
Kirschbäumen, die schon früher mit virulenten Phagen aus Böden beobachtet

worden war, bestätigt. Die 23 Phagen wurden von CROSSE u. C. GARRETT des weiteren gegen 200 Pseudomonaden getestet; dabei stellte sich heraus, daß die Mehrzahl einen weiten Wirtskreis hatte und zwischen pflanzenpathogenen und saprophytischen Kulturen nicht unterschied, was auf eine nahe Verwandtschaft der beiden Gruppen schließen lasse. N. BAIGENT, DE VAY u. STARR experimentierten mit 49 Phagen von *Ps. syringae*, teils aus Bakterienkulturen, teils aus Erde, teils aus Mutanten isolierter Phagen stammend. 3 Stämme von *Ps. syringae* gaben den gleichen Phagen (TD) frei. Jeder TD-Phage war in 2 oder mehr Komponenten zu trennen. Einer, ein klarer Plaque (C)-Phage, wahrscheinlich ein Mutant von TD, zeigte Wirtsspezifität, identisch der aller anderen C-Phagen ohne Rücksicht auf den Ursprung des TD-Phagen. Manche Stämme einer anderen Komponente waren spezifisch für einen nicht lysogenen Stamm B 3 von *Ps. syringae*. C-Phagen lysierten nur Stämme von *Ps. syringae*. Pflaumen- und Kirsch-Phag-Typen von *Ps. morsprunorum* blieben während der Passagen durch homologe und heterologe Wirte stabil (Anonym 1).

Wie in Europa zeigte sich auch in Neuseeland (Anonym 2) die durch *Ps. syringae* verursachte Bakteriose an Steinobstbäumen vorherrschend in den Frühlingsmonaten. Dasselbe traf für Kirschbäume nach Infektion mit *Ps. morsprunorum* zu, wie MATTHEWS beobachtete, der aus Klonen-Resistenzversuchen folgert, daß die Widerstandsfähigkeit polygen gesteuert wird. Zu ähnlichen Resultaten hinsichtlich der jahreszeitlichen Aktivität von *Ps. syringae* bei Pfirsichen kamen auch DOWLER u. PETERSON. CROSSE stellte bei 2 Kirschsorten in England fest, daß die Heftigkeit der Blattfleckeninfektion durch *Ps. morsprunorum* von Jahr zu Jahr stark fluktuiert und dies ebensowenig in Beziehung steht zur Menge des Blattoberflächeninoculums wie zur Zahl der Krankheitsherde, die bei jeder dieser Sorten progressiv mit dem Alter der Bäume ansteigt. SHANMUGANATHAN u. CROSSE konnten erstmalig nachweisen, daß die Resistenz der Unterlage durch das Edelreis beeinflußt werden kann. Als neuer Wirt für *Ps. syringae* in Neusüdwales wird *Pennisetum typhoides* angegeben (Anonym 3).

Von 1944 an wurden von NILSSON (1960) in Schweden viele Jahre hindurch Untersuchungen über das Auftreten der Fettfleckenkrankheit der Bohne *(Phaseolus vulgaris)*, über ihren Erreger, *Ps. phaseolicola*, über Symptombildung, Anfälligkeit usw. durchgeführt und eine gute Literaturzusammenstellung bis 1959 gegeben.

Die isolierten Erregerstämme zeigten in allen ihren Eigenschaften weitgehende Übereinstimmung mit älteren Angaben. Bei einer Reihe von schwedischen Bohnensorten wurden Unterschiede in der Anfälligkeit der Bohnenfrüchte festgestellt, Resistenz jedoch in keinem Falle, auch nicht die gleichen Differenzen an vegetativen Organen in frühen Entwicklungsstadien. Linien von Kreuzungen resistenter (Red Mexican UI No. 3) mit anfälligen Bohnensorten (Kinghorn Wax) wurden von DEVERALL u. WALKER getestet. Homogenate von Blättern resistenter Linien zeigten ein schnelleres Sauerstoffabsorptionsvermögen als solche gesunder anfälliger Linien; erstere oxydierten auch Dihydroxymaleinsäure in kürzerer Zeit. Es wird vermutet, daß das schnellere Sauerstoffaufnahmevermögen auf einer „oxydativen Peroxydation" beruhe, vergleichbar der Indolessigsäureoxydation. In beimpften Blättern anfälliger Bohnenpflanzen war nach PATEL u. WALKER (2, 3) ein Anstieg von Ornithin, Histidin, Methionin, Asparagin-Glutamin, β-Alanin und Lysin festzustellen. In resistenten Pflanzen waren dagegen zwischen gesunden und infizierten nur geringe Differenzen zu verzeichnen. Es wird die Möglichkeit ventiliert, daß die Anhäufung erfaßbarer Mengen freien Ornithins und β-Alanins, die beide keine Protein-Aminosäuren sind, im Verein mit anderen Aminosäuren teilweise verantwortlich gemacht werden könnten für die Entstehung der Krankheitssymptome. Als neuer Wirt für *Ps. phaseolicola* wurde in Queensland (Anonym 4) *Phaseolus atropurpureus* nachgewiesen.

MAGIE u. WILSON [1962 (1, 2), 1963] und WILSON u. MAGIE (1962 u. 1963) konnten auf Grund der Pathogenität und der physiologischen Eigenschaften den Erreger der Oliventuberkulose, *Pseudomonas sa-*

vastanoi, nicht von dem Erreger der warzenartigen Wucherungen an Oleander, *Ps. tonelliana*, unterscheiden.

Auch unter Verwendung des Präzipitin- und des Ouchterlony-Gel-Diffusionstestes gelang eine sichere Unterscheidung nicht, wenn auch gewisse Differenzen in sekundären Symptomen erkennbar waren. Isolate beider Species vermögen Indolverbindungen aus anorganischen N-Quellen zu synthetisieren. Nach BELTRÁ (1962, 1963) betrug die Konzentration von β-Indolessigsäure in jungen Tumoren von Oliven $2{,}8 \cdot 10^{-6}$/g Tumorgewebe. Weitere Angaben über die pathologische Histologie der Tumoren an Oliven liegen vor. Zu ähnlichen Befunden wie WILSON und MAGIE hinsichtlich der systematischen Stellung der beiden Erreger kamen ŠUTIĆ u. DOWSON, die deshalb *Ps. tonelliana* nur noch als Synonym gelten lassen wollen, und vorschlagen, den Erreger nunmehr *Ps. savastanoi* var. *nerii* zu benennen.

ŠUTIĆ u. DOWSON (1962) vermochten in Jugoslawien erstmalig *Ps. sesami* als Erreger einer Blattfleckenkrankheit an *Sesamum indicum* zu identifizieren.

Sie sehen diese Pflanze als natürlichen Wirt für den Erreger an, empfehlen aber, auf Grund seiner typischen Reaktionen an bestimmten Organen von *Phaseolus vulgaris*, letztere Pflanze als Differentialwirt zur genaueren Bestimmung von *Ps. sesami*. THOMAS, ORELLANA, KINMAN u. RIVERS (1962) berichten über das Auftreten einer neuen Rasse von *Ps. sesami* in USA. So zeigte sich die seit Jahren gegen die alte Rasse resistente Sesamsorte Margo gegen die neue Rasse anfällig. Bestimmte andere Sorten waren entweder gegen beide Rassen anfällig oder gegen beide resistent. Bei Infektionsversuchen mit den beiden Bakterienrassen und den Sesamsorten Venezuela 51, Margo und Early Russian unter 3 verschiedenen Wachstumsbedingungen durch THOMAS u. ORELLANA stellte sich heraus, daß die Reaktion der Wirte von dem Verhältnis reduzierender Zucker zu Aminoverbindungen abhängig ist, wobei wahrscheinlich bestimmte Aminoverbindungen wie etwa Asparagin und Glutamin wichtiger sein werden als z. B. Leucin, Histidin, Cystin u. a. Die höchsten Aminosäurekonzentrationen fanden sich in den anfälligsten Sorten Delco und Venezuela 51. Die neue Erregerrasse benötigte bei hohem Zuckerspiegel weniger Asparagin als die ältere.

Über die Reaktion von Tabakblättern auf eine Infektion mit dem Erreger des Wildfeuers, *Ps. tabaci*, berichteten u. a. PATEL u. WALKER [2].

Acht Tage nach Beimpfung enthielt das chlorotische Gewebe weniger Asparaginsäure, p-Aminobuttersäure, Alanin und Glutaminsäure, gleiche Mengen von Ornithin und β-Alanin, aber höhere Mengen von 28 anderen Aminoverbindungen als das grüne Gewebe. Eine nicht identifizierte Aminoverbindung zeigte bei der Eluierung die gleiche Stellung wie Methioninsulfoxyd und war nur im chlorotischen Gewebe vorhanden. Die Konzentration von freiem Methionin betrug im grünen Gewebe 0,233, im chlorotischen 0,683 μ mol/g Trockensubstanz. FARKAS, LOVREKOVICH u. KLEMENT (1962) konnten nachweisen, daß in mit *Ps. tabaci* infizierten Tabakblättern die Aktivität von Glucose-6-P-Dehydrogenase um etwa 250% höher lag als in der Kontrolle. Desgleichen lag diese Enzymwirksamkeit in Blättern, die nur mit dem toxinhaltigen Kulturfiltrat behandelt waren, merklich höher. Da aber auch die allein mit Wasser injizierten Blätter eine gegenüber der unbehandelten Kontrolle höhere Enzymaktivität (oder Synthese) besaßen, wird angenommen, daß es sich hier um ein einheitliches Phänomen, d. h. um eine Reaktion seitens der angegriffenen Wirtsgewebe handelt. Die 3 Autoren (LOVREKOVICH, KLEMENT u. FARKAS) stellten ferner fest, daß zwischen der Abnahme des Stärkegehaltes in den durch *Ps. tabaci* hervorgerufenen chlorotischen Gewebepartien und der Hemmung der Phosphorylase-Aktivität in diesen ein kausaler Zusammenhang zu bestehen scheint. Die Chlorose der Tabakblätter und ihr Proteinabbau können nach LOVREKOVICH u. FARKAS durch Kinetin gehemmt werden. Mit dem Proteinverlust ist eine Änderung der RNS-Konzentration assoziiert. Das Verhältnis RNS/Protein bleibt aber immer konstant. Wie weit das Toxin auf den RNS-Stoffwechsel Einfluß hat, wäre noch genauer zu prüfen (siehe auch FARKAS u. LOVREKOVICH). Es hat sich herausgestellt, daß es gegen den Wildfeuererreger immune *Nicotiana*-Arten bisher nicht gibt. Die Erregerstämme vermögen sich nach VALLEAU, LITTON u. JOHNSON sowohl in Blättern anfälliger als auch resistenter Tabakpflanzen zu vermehren, in letzteren aber viel langsamer.

c) Xanthomonas spp. In Taiwan auf Formosa konnte WANG (1961) erstmalig Befall von Zuckerrohr durch *Xanthomonas albilineans* dort feststellen.

An Handelssorten werden PT 4352, H 32-8560 und H 37-1933 als anfällig bezeichnet, während N.Co. 310 eine gewisse Resistenz zugesprochen wird. Auf der Insel Mauritius zeigten sich gegen den gleichen Erreger die Sorten Ebène 1/37 und M. 147/44 nach ROCHECOUSTE resistent. Als sehr anfällig erwiesen sich im Staate Sergipe, Brasilien, nach FRANCO die Sorten CB 36-14, CB 36-24, CB 331, Co 331, CB 49-62, 6 B 50-V u. a.; CB 48-12 schien etwas widerstandsfähiger.

Zum Nachweis des Erregers der Schwarzadrigkeit, *X. campestris*, in infizierten Kohlsamen hat SHACKLETON (1962) eine Keimtestmethode beschrieben.

Die zu prüfenden Samen werden auf feuchtem Fließpapier in Plastikdosen bei 22° C ausgelegt. Innerhalb von 8—10 Tagen sollen dann verseuchte Samen unter Schwarzfärbung absterben.

Nach SLONEKER u. ORENTAS (1962) scheidet *X. campestris* extracellulär ein hochviscöses Polysaccharid vom Molekulargewicht 1580 aus, das neben D-Glucose, D-Mannose, D-Glucuronsäure etwa 3—3,5% Brenztraubensäure enthält. Es soll nach I. ROTH (1961) möglich sein, allein mit den durch den Erreger in Nährlösungen ausgeschiedenen Enzymen, z. B. durch Infiltration an Kohlrabi, die gleichen Gefäßverstopfungen zu erhalten wie nach direkter Infektion mit *X. campestris*.

Von OKABE (1961) liegen Untersuchungen vor über den Einfluß von Phagen auf Virulenz und Lebensdauer von *X. citri*, dem Erreger des sog. *Citrus*-Krebses, in Böden oder Krankheitsherden sowie über die Verbreitung und die Virulenzunterschiede zwischen lysogenen und nichtlysogenen Stämmen.

Unter den japanischen Isolaten befanden sich 26 lysogene und 7 nichtlysogene Stämme. Bei manchen Isolaten schien das natürliche Vorhandensein von doppelt oder dreifach lysogenen Stämmen gegeben. Andererseits waren Organismen derselben Krankheitsherde am gleichen Blatt nicht immer in ihrem Verhalten zu differenten Phagen identisch. Daraus und aus anderen Beispielen wird gefolgert, daß es z. Z. noch nicht als praktikabel anzusehen sei, die *X. citri*-Isolate auf Grund der Phagenreaktionen zu unterscheiden. In feuchten Böden von pH 7 bleibt der Erreger nach R. S. VASUDEVA (1962) bei 30 °C 52 Tage am Leben, bei 5—15° C jedoch 150 Tage, in trockenen Böden aber nur 37 Tage.

X. fragariae ruft die „Eckige Blattflecken"-Krankheit der Erdbeere hervor und ist nach KENNEDY u. KING (1962) in Minnesota weit verbreitet.

In infizierten Blättern vermag der Erreger im Boden bis zur nächsten Vegetationsperiode zu überleben und wurde selbst an 10jährigem Herbarmaterial noch lebensfähig angetroffen.

Die Streifenkrankheit von *Sorghum* und Sudangras, Erreger *X. holcicola*, ist zwischen 1960 und 1962 in der Südukraine aufgetreten und damit nach PASTUSHENKO (1962) zum ersten Male in der Sowjetunion festgestellt worden.

Der Erreger des bakteriellen Blattbrandes von Reis, *X. oryzae*, der nicht nur an Reis, sondern auch an verschiedenen Unkräutern und anderen benachbarten Pflanzen das ganze Jahr über zu finden war, soll nach

MIZUKAMI (1961) wahrscheinlich von infizierter *Leersia oryzoides* seinen Ausgang genommen haben.

Er überlebt mehr als 1 Jahr in geeigneten Kulturmedien, jedoch nur 2 Monate in Böden von pH 6,8 und nur wenige Tage in solchen von niedrigerem pH. In unverletzte Blätter von anfälligen Reispflanzen vermag er durch die Hydathoden einzudringen. Er läßt sich nach SUWA (1962) auch in rein synthetischen Nährmedien mit Natriumglutamat und Spuren von Eisensalz züchten.

Als Überträger von *X. pelargonii*, dem Erreger einer Blattfleckenkrankheit von Pelargonien, kommt nach BUGBEE u. ANDERSON die „weiße Fliege" in Frage.

Die bakteriellen Blattknötchen entstehen durch die cambiale Aktivität im Mesophyll. M. LEMATTRE nennt sie meristematische Knöllchen, die vergleichbar seien denen von crown-gall, sich von diesen aber im weiteren Verlauf der Krankheit dadurch unterschieden, daß ihr Gewebe später nekrotisiere.

Ältere Blätter von Bohnenpflanzen sind nach PATEL (1962) und PATEL u. WALKER (1) weniger anfällig gegenüber *X. phaseoli*, dem Erreger des gewöhnlichen Blattbrandes, als junge.

Sehr niedrige und hohe Gehalte an N, P und K vermindern die Angriffskraft des Erregers. Hohe K- und hohe P-Gaben allein bewirkten das nicht. Infizierte Blätter wiesen eine gesteigerte Konzentration von Histidin, Asparagin-Glutamin, Ornithin, Phenylalanin, Leucin, Isoleucin und Valin auf. Auf der Oberfläche von Bohnenblättern und solchen von gesunden Tomaten sterben die Bakterien nach VORONKEVICH u. G. G. PLATONOVA sehr schnell ab. In wäßrigen Suspensionen von *X. phaseoli* wurde der Absterbeprozeß in Gegenwart der natürlichen Mikroflora der Tomatenblattoberfläche gegenüber denen von Bohnen noch beschleunigt, woraus gefolgert wird, daß die Oberflächen grüner Pflanzen kein günstiges Medium für die Lebensverlängerung phytopathogener Bakterien seien.

X. phaseoli var. *sojense* vermehrte sich nach CHAMBERLAIN (1962) sowohl in Blättern der resistenten Sojabohnensorte CNS als auch in denen der anfälligen Lincoln; in letzterer allerdings stärker. Passagen durch die Blätter der resistenten Sorte hatten aber keinen erkennbaren Einfluß auf die Pathogenität dieses Erregers. Eine in der kanadischen Provinz Ontario gezüchtete neue Sojasorte Clark 63 sei ebenfalls resistent (Anonym 5). Verwendung älteren Saatgutes anfälliger Sorten schütze nicht vor Befall (CHRISTOVA).

Eine bisher nur aus Indien bekannte Blattfleckenkrankheit an *Euphorbia pulcherrima* ist 1960 erstmalig auch in den USA, und zwar in Florida aufgetreten.

Morphologische, kulturelle, physiologische und Überkreuzinfektions-Teste haben nach McFADDEN u. MOREY (1962) ergeben, daß der in den USA isolierte Erreger nahe verwandt, wenn nicht identisch mit *X. poinsettiaecola* sein dürfte.

In Ätherextrakten aus Wurzeln und Stengeln von Zuckermais konnten WHITNEY u. MORTIMORE (1961) mit Hilfe einer Tüpfelmethode 6-Methoxybenzoxalinon (MBOA) nachweisen. Da Zusatz dieses Ätherextraktes zu Bouillonagar das Wachstum von *X. stewarti*, dem Erreger der sog. Stewartschen Krankheit bei Mais, hemmt, wird daraus gefolgert, daß MBOA als möglicher Resistenzfaktor gegen die Maiswelke zu gelten habe.

Als weitgehend resistent gegen *X. stewarti* haben sich nach PETERSON u. ANDERSON (1962) von 59 Maiszüchtungen in New Brunswick die Linien Pa 83, 91 und 887 P erwiesen.

Obwohl in Israel nach Z. VOLCANI (1962) an Tomatenfrüchten eine Fleckenkrankheit seit 1939 bekannt war, ist der Erreger derselben, *X. vesicatoria*, erst 1950 identifiziert worden.

An *Capsicum annuum* wurde die gleiche Krankheit sogar erst im Herbst 1961 entdeckt. In manchen Testen wurde *X. vesicatoria* nur auf den Kotyledonen von Tomatensämlingen von LEBEN nachgewiesen. Da sie trotz Vermehrung keine Krankheitssymptome hervorrief, so spräche das dafür, daß es sich bei dem Erreger um ein „residentes" Bacterium handele, eine Eigenschaft, die in der Epidemiologie dieser Tomatenkrankheit möglicherweise von Bedeutung sein könne. Zu überwintern vermag der Erreger nach PETERSON sowohl in abgestorbenen Stengeln kranker Tomatenpflanzen als auch in deren Rhizosphäre im Boden. Aus ihren genetischen Studien über die Vererbbarkeit der Resistenz von *Capsicum* spp. gegen *X. vesicatoria* schließen COOK u. STALL, daß diese auf einem einzigen Allel beruhe. Bei einer Schwarzfleckigkeit von gewaschenen und in Polyäthylentüten verpackten Radieschen in Florida, die dort zu einem ernsten Problem geworden ist, soll es sich nach SEGALL u. SMOOT (1962) auch um den Befall durch *X. vesicatoria* handeln.

Nach Untersuchungen von STALL u. THAYER (1962) in Florida sollen Streptomycin-resistente Stämme von *X. vesicatoria* sich an Tomaten entwickelt haben, nicht aber an *Capsicum*. Bei der graduellen Steigerung der Resistenz werde es sich eher um eine „Selektion" aus Mischpopulationen handeln als um „adaptive" Änderungen des Erregers.

Der bakterielle Pflanzenkrebs und sein Erreger *Agrobacterium tumefaciens* finden im nächstjährigen Beitrag entsprechende Berücksichtigung.

Literatur

Anonym: (1) Annual Report, East Malling Research Stat., 1962. XXIX + 144 pp. (1962); — (2) Notes on research and investigation, Orchard, N. Z. 36, 118 (1963); — (3) Plant disease survey. Thirty-second Annual Report N. S. W. Dept. of Agricult., Biology Branch-Division of Science Services, 45 pp. (1962); — (4) Report Dept. Agric. Queensland, 1961—1962, 23—25 (1962); — (5) Soybean Dig. 23, 25 (1963).

BAIGENT, NANCY L., J. E. DE VAY, and M. P. STARR: N. Z. J. Sci. 6, 75—100 (1963). — BAKKER, MARTHA, en G. SCHOLTEN: Tijdschr. Pl. Ziekt. 67, 296—302 (1961). — BELTRÁ, R.: Microbiol. esp. 15, 13—33 (1962); — 16, 15—24 (1963). — BEL'TYUKOVA, Mme K. I.: J. Microbiol., Kiev 24, 62—65 (1962). — BILLING, EVE: J. appl. Bact. 26, 193—210 (1963). — BUCUR, ELENA, şi I. LAZÁR: Comunicárile Ac. Republ. Pop. Romine XII, 129—135 (1962). — BUGBEE, W. M., and N. A. ANDERSON: Phytopathology 53, 177—178 (1963). — BUYANOVA, Mme N. D.: Trud. vses. n.-i. Inst. sel.-khoz. Mikrobiol. 17, 37—50 (1960).

CAMERON, H. R.: Techn. Bull. Oreg. agric. Exp. Stat. 66, 64 pp. (1962). — CHAMBERLAIN, D. W.: Plant Dis. Reptr. 46, 707—709 (1962). — CHRISTOVA, E.: Rastitelna zaslita 11, 5—13 (1963). — COLLINGWOOD, E. F.: i. Report of the Mycology Dept., 1962. Rep. States Jersey, 1962, 47—51 (1963). — COOK, A. A., and R. E. STALL: Phytopathology 53, 1060—1062 (1963). — COOK, F. D., and H. KATZNELSON: Canad. J. Microbiol. 6, 121—125 (1960). — CROSSE, J. E.: Ann. appl. Biol. 52, 97—104 (1963). — CROSSE, J. E., and CONSTANCE M. E. GARRETT: J. appl. Bact. 26, 159—177 (1963).

DANIELS, W. F.: Diss. Abstr. 23, 26 (1962). — DE VAY, J. E., and W. C. SCHNATHORST: Nature (Lond.) 199, 775—777 (1963). — DEVERALL, B. J., and J. C. WALKER: Ann. appl. Biol. 52, 105—115 (1963). — DOWLER, W. M., and D. H. PETERSEN: Phytophathology 53, 874 (1963). — DYE, D. W.: N. Z. J. Sci. 5, 393—416 (1962); — 6, 146—149 (1963).

FARKAS, G. L., and L. LOVREKOVICH: Phytopath. Z. 47, 391—398 (1963). — FARKAS, G. L., L. LOVREKOVICH u. Z. KLEMENT: Naturwissenschaften 50, 22—23 (1963). — FLOODGATE, G. D.: Bact. Rev. 26, 277—291 (1962). — FRANCO, E.: Brasil acúcar. 60, 100—108 (1963).

GALACH'YAN, R. M.: i. Primenenie antibiotikov v rastenievodstve. Erevan, Acad. Sci. Armenian S. S. R. 80—84 (1961). — GALACH'YAN, R. M.: i. PANOSYAN, A. K.: Voprosy mikrobiologii I. (Mikrobiol. Sborn. Akad. Armyan. S. S. R.) 11, 21—40 (1961). — GARRETT, CONSTANCE M. E., and J. E. CROSSE: J. appl. Bact. 26, 27—34 (1963). — GEHRING, F.: Nachr. Bl. dtsch. Pfl. Sch. Dienst, Braunschweig

13, 170—172 (1961); — Phytopath. Z. 43, 383—407 (1962). — GENEREUX, H., and R. O. LACHANCE: i. Forty second report of the Quebec Society for the protection of plants 1960, 66—68 (1962). — GORLENKO, M. V., i L. N. BUSHKOVA: Bull. Soc. Nat., Moskau, Ser. biol. 68, 110—115 (1963). — GOSS, OLGA M.: J. agric. W. Austr., Ser. 4. 4, 99—101 (1963). — GRAINGER, J.: Phytopathology 52, 140—150 (1962).

HANTSCHKE, D.: Gartenwelt 60, 3 (1960); — Phytopath. Z. 43, 113—168 (1961). — HAWN, E. J., and J. B. LEBEAU: Phytopathology 52, 266—268 (1962). — HAYWARD, A. C., and W. HODGKISS: J. gen. Microbiol. 26, 133—140 (1961). — HELLMERS, E.: Ugeskr. Landm. 107, 683—688 (1962).

KAUFFMANN, F.: Intern. Bull. Bact. Nomenclat. Taxon. 13, 181—186 (1963). — KENNEDY, B. W., and T. H. KING: Plant Dis. Reptr. 46, 360—363 (1962). — KLEMENT, Z.: Nature (Lond.) 199, 299—300 (1963). — KLEMENT, Z., u. L. LOVRE-KOVICH: Ungar. Agrar-Rundsch. 7, 110 (1963). — KONTAXIS, D. G.: Phytopathology 52, 1306—1307 (1962). — KREITLOW, K. W.: Phytopathology 53, 800—803 (1963).

LEBEN, C.: Phytopathology 53, 778—781 (1963). — LEMATTRE, MONIQUE: Compt. rend. Acad. Sci. (Paris) 256, 4494—4497 (1963). — LOVREKOVICH, L., and G. L. FARKAS: Nature (Lond.) 198, 710 (1963). — LOVREKOVICH, L., Z. KLEMENT, and G. L. FARKAS: Nature (Lond.) 197, 917 (1963).

McFADDEN, L. A., and H. R. MOREY: Plant Dis. Reptr. 46, 551—554 (1962). — MAGIE, A. R., and E. E. WILSON: (1) Phytopathology 52, 741 (1962); — (2) Phyto-pathology 52, 741 (1962); — (3) Phytopathology 53, 1140 (1963). — MANDEL, M., and E. F. GUBA: Phytopathology 52, 925 (1962). — MATTHEWS, P.: i. Fifty third Annual Report, 1962, John Innes Institute 10—11 (1963). — MIZUKAMI, T.: Agric. Bull. Saga Univ. 13, 1—85 (1961). — MONIZ, L.: Curr. Sci. 32, 177 (1963). — MONTALBANO, MADELAINE, M. RUBIO-HUERTOS y J. C. MARUZZELLA: Microbiol. esp. 16, 1—13 (1963).

NAUMANN, K.: Phytopath. Z. 48, 258—271 (1963). — NELSON, G. A., and G. SEMENIUK: Phytopathology 53, 1167—1169 (1963). — NELSON, P. E.: Bull. N. Y. St. Flower Grs. 201, 10 pp. (1962). — NELSON, P. E., and R. S. DICKEY: Phytopathology 53, 320—324 (1963). — NILSON, G. I.: Plant Dis. Reptr. 46, 152—155 (1962). — NILSSON, L.: Statens Växtskyddsanstalt. Meddelanden 11: 76, 375—444 (Stockholm 1960).

OKABE, N.: Spec. Publ. Coll. Agric. Taiwan Univ. 10, 61—73 (1961).

PASTUSHENKO, L. T.: Microbiologija, Kiew 24, 65—69 (1962). — PATEL, P. N.: Diss. Abstr. 23, 1156 (1962). — PATEL, P. N., and J. C. WALKER: (1) Phytopathology 53, 407—411 (1963); — (2) 53, 522—528 (1963); — (3) 53, 885 (1963). — PETERSON, G. H.: Phytopathology 53, 765—767 (1963). — PETERSON, J. L., and J. C. ANDER-SON: Plant Dis. Reptr. 46, 277—278 (1962).

RANGASWAMI, G., and K. S. S. ESWARAN: Andhra agric. J. 9, 1—2 (1962). — RANGASWAMI, G., N. N. PRASAD, and K. S. S. ESWARAN: Andhra agric. J. 8, 269—272 (1961). — RIBALDI, M., and G. B. GIANNONI: Riv. Path. veg. Pavia, Ser. 3, 2, 245—250 (1962). — RIDÉ, M.: Congrès pomologique de France, Paris 1960, 264—292 (1961); — Bull. techn. Inform. Ing. Serv. agric. 167, 257—274 (1962). — ROCHECOUSTE, E.: Occ. Pap. Maurit. Sug. Ind. Res. Inst. 5, 7 pp. (1961). — RODIGIN, M. N., i Mme T. I. MINAEVA: C. R. Acad. Sci. U. S. S. R. 146, 478 bis 479 (1962). — ROTH, IRENA: Bull. Res. Coun. Israel D 10, 271—273 (1961).

SCHMIDT, T.: Pflanzenarzt 15, 91—92 (1962). — SEGALL, R. H., and J. J. SMOOT: Phytopathology 52, 970—973 (1962). — SHACKLETON, D. A.: Nature (Lond.) 193, 78 (1962). — SHANMUGANATHAN, N., and J. E. CROSSE: Rept. E. Malling Res. Stat., 1962, 101—104 (1963). — SLONEKER, J. H., and D. G. ORENTAS: Nature (Lond.) 194, 478—479 (1962). — SRINIVASAN, M. C., M. K. PATEL, and M. J. THIRUMALACHAR: Proc. Indian Acad. Sci. Sect. B. 56, 88—92 (1962). — STALL, R. E., and P. L. THAYER: Plant Dis. Reptr. 46, 389—392 (1962). — STANESCU, NELLY, and O. CONSTANTINESCU: Comun. Acad. Republ. Pop. Rom. 11, 1373—1381 (1961). — STAPP, C.: Z. Pfl.krankh. u. Pfl.schutz 71, 112—121 (1964). — STARR, M. P., and S. NASUNO: Bacteriol. Proc. 1963, 116 (1963). — STARR, M. P., and W. L. STEPHENS: Bacteriol. Proc. 1963, 11 (1963). — STOLP, H., and M. P. STARR: (1) Antonie v. Leeuwenhoek 29, 217—248 (1963); — (2) Bacteriol. Proc. 1963, 47

(1963). — Šutić, D., and W. J. Dowson: Phytopath. Z. **45**, 57—65 (1962); — **46**, 305—314 (1963). — Suwa, T.: Ann. phytopath. Soc. Japan **27**, 165—171 (1962). Tešić, Ž.: Arhiv poljoprivr. nauke **15**, 138—159 (1962). — Theurer, J. C.: Diss. Abstr. **23**, 407 (1962). — Thomas, C. A., and R. G. Orellana: Phytopathology **52**, 30 (1962); — Phytopath. Z. **46**, 101—104 (1963). — Thomas, C. A., R. G. Orellana, M. L. Kinman, and G. W. Rivers: Plant Dis. Reptr. **46**, 248—250 (1962).

Valleau, W. D., C. C. Litton, and E. M. Johnson: Plant Dis. Reptr. **46**, 36—37 (1962). — Vasudeva, R. S.: Sci. Rept. agric. Res. Inst. N. Delhi, 1958—1959, 131—147 (1962). — Volcani, Zafrira: Plant Dis. Reptr. **46**, 175 (1962). — Voronkevich, I. V., i Mme L. N. Ovechnikov: J. gen. Biol., Moskau **23**, 471—474 (1962). — Voronkevich, I. V., i Mme G. G. Platonova: Nauch. Dokl. vyssh. shkol. biol .Sci., 1963, 155—159 (1963). — Vorster, P. W.: Rept. of the Secretary f. agricultural technical Services (S. Africa), 1961, IV + 82 pp. (1962).

Walker, J. C., J. N. Chand, and E. K. Wade: Plant Dis. Reptr. **47**, 15 (1963). — Wang, M.-C.: Spec. Publ. Coll. Agric. Taiwan Univ. **10**, 124—137 (1961). — Warren, H. L., and W. J. Hooker: Amer. Potato J. **39**, 388—389 (1962). — Whitney, N. J., and C. G. Mortimore: Nature (Lond.) **189**, 596—597 (1961). — Wilson, E. E., and Allan R. Magie: Phytopathology **52**, 33 (1962); — (1) Phytopathology **53**, 653—659 (1963); — (2) Phytopathloogy **53**, 893 (1963).

23c. Mykosen

α) Physiologie der Mykosen*

Von Roland Rohringer, Winnipeg, Manitoba

Mit 1 Abbildung

Der erste Band der "Annual Reviews of Phytopathology" enthält Übersichtsreferate von Sequeira (Wuchsstoffe bei Pflanzenkrankheiten), Shaw (die Physiologie der Wirt-Parasit-Beziehungen bei Rostkrankheiten), Tomiyama (Physiologie und Biochemie der pflanzlichen Krankheitsresistenz) und von Cruickshank (1) (Phytoalexine). Weitere zusammenfassende Beiträge veröffentlichten Cruickshank (2) (Phytoalexine), Farkas (Stoffwechselphysiologische Grundlagen der hypersensitiven Abwehrreaktion) und Nüesch (Abwehrreaktionen in Orchideenknollen). Eine Bibliographie von Übersichtsreferaten, welche in den Jahren 1961—1962 erschienen sind, wurde von Stevens zusammengestellt.

Kultur und Stoffwechsel der Parasiten

Die Veröffentlichungen des Berichtsjahres über die künstliche Kultur biotropher Parasiten beschränken sich auf Arbeiten an *Phytophthora* spp.: Henniger (*P. infestans* auf vollsynthetischen Nährmedien), Page u. Wood (*P. infestans* auf vollsynthetischen und anderen Substraten), Roncadori (Verwertung verschiedener anorganischer N-Quellen durch 25 *Phytophthora*-Arten), Hendrix u. Apple (Wachstum von *P. parasitica* var. *nicotianae* auf Fetten und Fettsäurederivaten), Hine u. Aragaki (Vitamin- und andere Nährstoffbedürfnisse von *P. parasitica*), Bohnen (Temperatur- und Lichtoptima für die Zoosporenkeimung und Substrate für das Wachstum von *P. infestans*).

Mehrere Arbeiten befaßten sich mit dem Einfluß der Außenbedingungen auf die Lagerung und Keimfähigkeit, und mit ihrem direkten Einfluß auf Produktion und Keimung von Pilzsporen. Die Wellenlänge des eingestrahlten Lichtes beeinflußt die Sporangienproduktion von *P. parasitica* (Aragaki u. Hine). Die Keimfähigkeit der Sporangien von *P. infestans* hängt von ihrem Quellungsgrad ab (Glendinning, MacDonald u. Grainger). Romero u. Gallegly berichten über den Einfluß von Außenfaktoren auf Produktion und Keimung der Oogonien von *P.* infestans auf künstlichem Substrat. Ähnliche Untersuchungen wurden von de Weille an verschiedenen *Peronosporales* durchgeführt. Temperatur und Luftfeuchtigkeit beeinflußt in ähnlicher Weise die Conidienkeimung von *Erysiphe graminis* f. sp. *avenae*, *E. graminis* f. sp. *hordei* und *E. graminis* f. sp. *tritici* (Manners u. Hossain). Die Appressorienbildung von *E. graminis* f. sp. *tritici* wird durch geringe Lichtintensitäten gefördert, durch Dunkelheit und hohe Lichtintensitäten gehemmt, wobei verschiedene Keimstadien unterschiedlich reagieren (Masri u. Ellingboe). Die Anzuchtbedingungen bei der Vermehrung von *Puccinia coronata* (Hobbs) und von *P. stakmanii* (Blank u. Leathers) beeinflussen die Keimfähigkeit der gebildeten Uredo- bzw. Teleutosporen. Durch Kältebehandlung läßt sich in Uredosporen von

---

* Contribution No. 157 from the Canada Department of Agriculture, Research Station, Winnipeg, Manitoba.

P. graminis tritici eine Keimruhe induzieren, die durch kurze Behandlung bei höherer Temperatur oder durch verschiedene keimfördernde Stoffe wieder aufgehoben werden kann (BROMFIELD). Der Einfluß verschiedener Lagerungsbedingungen auf die Keimfähigkeit wurde ferner untersucht bei *P. polysora* und *P. sorghi* (VON MEYER), *Uromyces phaseoli* var. *phaseoli* (DAVISON u. VAUGHAN) und bei *U. phaseoli* var. *typica* (SCHEIN). Fremdstoffe im als Substrat benutzten Agar und säurelösliche Verunreinigungen des Geräteglases können die Uredosporenkeimung von *P. striiformis* empfindlich stören (EMGE).

Sporen von *Botrytis cinerea* produzieren einen Keimhemmstoff, der bei dichter Sporenaussaat zu Selbsthemmung führt, der aber auch die Sporenkeimung vieler anderer Pilze hemmt (CARLILE u. SELLIN). Der von *Phytophthora infestans* ausgeschiedene Keimhemmstoff ist wahrscheinlich nicht phenolisch (FEHRMANN). Die Wirkung des Hemmstoffes von *Puccinia coronata* kann durch Cumarin, Indolessigsäure oder oberflächenaktive Substanzen aufgehoben werden (IRVINE). Für den Hemmstoff aus *P. triticina* (= *P. recondita*) liegen einige physikalische Daten vor (HOYER). FRENCH und SEARLES u. FRENCH untersuchten den Abbau von Furfural und Zimtaldehyd durch Schwarzrosturedosporen. Die endogenen, keimfördernden Substanzen (z. B. Pelargonaldehyd) sind offenbar mit Keimhemmstoffen chemisch verwandt, und es ist möglich, daß Verbindungen dieser beiden Substanzgruppen von den Sporen ineinander umgewandelt werden können.

Einige Arbeiten über den Stoffwechsel ruhender Sporen behandeln Aufnahme und Umbau von Fettsäuren. Aktivität aus verfüttertem, C^{14}-markierten Acetat wird von Uredosporen des Bohnenrostes schnell assimiliert, in verschiedene Carbonsäuren, und schließlich in Aminosäuren und Zucker, aber nur zu einem ganz geringen Teil in Protein, eingebaut (STAPLES). Glutaminsäure und Malonat sind die ersten radioaktiven Stoffwechselprodukte. Hierdurch findet vielleicht die Anreicherung von Malonat in rostinfizierten Pflanzen (siehe unten) eine teilweise Erklärung. Jedenfalls zeigen diese Ergebnisse, daß ruhende Uredosporen zu einer lebhaften Synthese niedrigmolekularer Substanzen befähigt sind. Schwarzrosturedosporen verwerten Propionsäure durch Abspalten von C_1 als CO_2; C_2 und C_3 der Propionsäure wird mit C_2 als C-Atom der Carboxylgruppe in Acetat wiedergefunden (REISENER, FINLAYSON, McCONNELL u. LEDINGHAM). Dieser Abbau unterscheidet sich von dem aus höheren Pflanzen bekannten Abbauweg. Valeriansäure-2-C^{14} wird von den Sporen durch β-Oxydation verwertet, wobei C_1 und C_2 als Acetat in den Tricarbonsäurecyclus einmünden (REISENER, FINLAYSON u. McCONNELL).

Ein fördernder Einfluß von Zn^{++}, der vor Jahren für Keimung der Uredosporen und für Vesikelbildung bei *Puccinia coronata* beschrieben wurde, kann auch bei dem Wachstum von *Rhizopus nigricans* beobachtet werden und könnte hier auf eine Stimulierung der Nucleotidsynthese oder auf eine Stabilisierung der RNS-Konfiguration zurückgehen (WEGENER u. ROMANO). Im Medium gebotenes, radioaktiv markiertes Carbonat wird während der Keimung der Conidien von *Botrytis cinerea* in Aminosäuren und organische Säuren eingebaut (KOSUGE u. DUTRA). Über die Keimungsphysiologie von *Fusarium solani* berichten COCHRANE,

COCHRANE, SIMON u. SPAETH (erforderliche C- und N-Quellen), COCHRANE, COCHRANE, COLLINS u. SERAFIN (O_2-Aufnahme) und COCHRANE, BERRY, SIMON, COCHRANE, COLLINS, LEVY u. HOLMES (Kohlenhydratabbau). Die bereits umfangreiche Literatur über physiologische und biochemische Veränderungen bei der Keimung von Rostsporen wurde durch eine Reihe enzymatischer Arbeiten bereichert, wobei Paralleluntersuchungen mit saprophytischen Organismen interessante Vergleiche ermöglichen: in Extrakten aus ruhenden Uredosporen von *Puccinia*

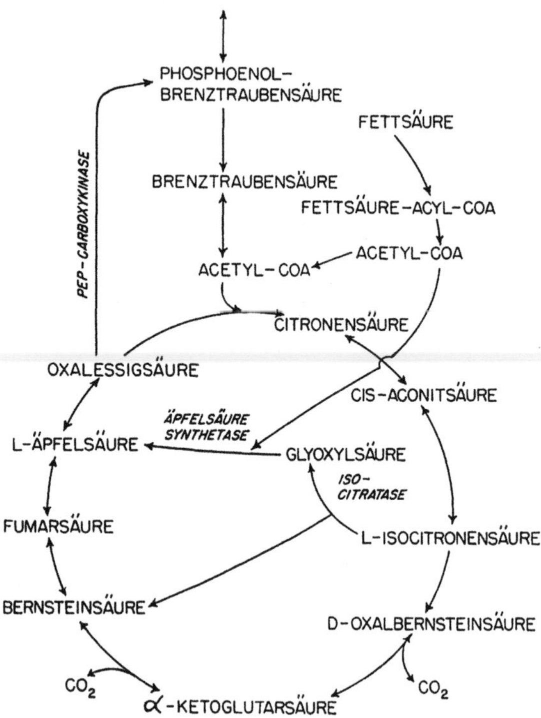

Abb. 13. Mögliche Reaktionen bei der Synthese von Kohlenhydraten aus Fettsäuren während der Keimung von Uredosporen der Rostpilze (nach CALTRIDER, RAMACHANDRAN u. GOTTLIEB)

graminis tritici und von *Uromyces phaseoli* var. *typica* kann eine aktive Isocitratase und Äpfelsäuresynthetase nachgewiesen werden; die Veränderungen, die während der Keimung im Fett-, Kohlenhydrat- und Eiweißstoffwechsel auftreten, lassen sich in das folgende stoffwechselphysiologische Schema einordnen (CALTRIDER, RAMACHANDRAN u. GOTTLIEB): die in den Uredosporen vorhandenen Fettsäuren dienen als Reservematerial für Energiegewinnung und Synthesevorgänge; das aus den Fettsäuren entstehende Acetat geht in den Tricarbonsäurecyclus ein und dient z. T. der Energiegewinnung (Atmungsanstieg!) über die bereits früher lückenlos nachgewiesene Atmungskette; gleichzeitig werden jedoch C-Skelete über den Glyoxylsäurecyclus für Synthesen bereitgestellt, wodurch eine Neusynthese von Enzymeiweiß eingeleitet wird (vgl. Abb. 13).

Diese findet bei den Rosten und bei *Penicillium oxalicum* sofort statt.
Bei *Ustilago maydis* dagegen werden eine Reihe von Fermenten der untersuchten Stoffwechselprozesse erst nach mehrstündiger *Lag*-Periode gebildet [CALTRIDER u. GOTTLIEB (1, 2); GOTTLIEB u. CALTRIDER]. Diese
Besonderheiten bei der Teleutosporenkeimung von *U. maydis* könnten
möglicherweise mit der dort gleichzeitig ablaufenden Reduktionsteilung
zusammenhängen (Ref.). *P. oxalicum* und *U. maydis* unterscheiden sich
von den Rosten durch ihr Bedürfnis für exogene Nährstoffe bei der
Sporenkeimung (vgl. auch GOTTLIEB).

Über andere Sporeninhaltsstoffe und pilzliche Stoffwechselprodukte der
verschiedensten Art berichten eine Reihe von Autoren: Lipoide in *Glomerella
cingulata* (JACK u. MILLER), (+)Threo-9,10-dihydroxyoctadecanonsäure in Uredo-
bzw. Teleutosporen von *Puccinia graminis tritici* und *Gymnosporangium clavarii-
forme* (TULLOCH), Trehalose und Zuckeralkohole in Uredosporen von *P. graminis
tritici* (REISENER, GOLDSCHMID, LEDINGHAM u. PERLIN), Trimethylammonium-
verbindungen in *Tilletia* spp. [NIELSEN (2)], Indolessigsäure in Kulturen von
Sclerophthora macrospora (AKAI u. MORINAKA) und Glutaminsäuredecarboxylase in
Fusarium vasinfectum [NATARAJAN (1, 2)]. *Phytophthora infestans* gibt, besonders
in nährstoffarmen, verdünnten Salzlösungen, s-RNS ins Medium ab, die durch ihren
hohen Hypoxanthin-Gehalt auffällt und sich in ihrer Zusammensetzung bei den
verschiedenen Parasitenstämmen unterscheidet (PAGE u. CLARK; PAGE u. WOOD).

Der folgende Abschnitt enthält eine Übersicht über neubeschriebene,
pilzbürtige Stoffwechselprodukte, für die ein krankmachender
Einfluß auf den Wirt vermutet werden kann, deren Beteiligung im
Krankheitsgeschehen jedoch noch nicht genügend untersucht worden ist.
Nach AOKI, SASSA u. TAMURA produziert *Rhizoctonia solani* m-Hydroxy-
phenylessigsäure, welche die Wurzeln von Wirtspflanzen *in vitro* schädigt.
Für die „Gelbe-Cercospora-Substanz" (SCHLÖSSER u. STEGEMANN) wurde
schwermetallchelierende Wirkung nachgewiesen, die vermutlich im
Wirt zu einer Fe- bzw. Cu-Festlegung führen könnte. Abgabe von En-
zymen ins Nährmedium wurde beobachtet bei *Pyricularia oryzae* (Kata-
lase, Peroxydase, saure Phosphatase und Proteinase; PERUNASKII u.
MIUSOV), *Rhizoctonia solani* (pektolytische Enzyme; NOUR EL DEIN u.
SHARKAS), *Glomerella* spp. (pektolytische und cellulolytische Enzyme;
WINSTEAD u. MCCOMBS), *Corticium solani* (cellulolytische Enzyme;
DANIELS), ferner in einer Reihe von Organismen, welche Getreide-
fußkrankheiten verursachen (Celluloseabbau; GARRETT). Die „Cutinase"-
Aktivitäten von *Rhizoctonia solani*, *Botrytis cinerea*, *Cladosporium
cucumerinum*, *Pyrenophora graminae* und *Penicillium spinulosum* sind
spezifisch: je höher die parasitische Spezifität des Erregers ist, um so
größer ist die enzymatische Aktivität der „Cutinase" für das Cutin des
betreffenden Wirtes (LINSKENS u. HAAGE). Die Polyphenoloxydase von
Coniophora cerebella ist intracellulär und vom Laccasetyp (RÖSCH).

Wirt — Parasit — Beziehungen

Genetik

Die Toxinproduktion von *Helminthosporium victoriae* ist genetisch
festgelegt (NELSON, SCHEFFER u. PRINGLE). Einem Vergleich zwischen
Pathogenität und Fähigkeit der Rekombinanten zur Victorin-Bildung

darf man mit Interesse entgegensehen. Pathogenität in *Puccinia carthami* folgt Mendelschem Erbgang (McCain), nicht jedoch die von *P. sorghi* gegenüber Mais (Berry). Rowell, Loegering u. Powers diskutieren die Verwendung genetisch definierten Weizenmaterials und bestimmter Schwarzrostlinien für die Untersuchung physiologischer Prozesse, die bei der Herausbildung des Infektionstyps mitspielen: das Weizenmaterial besteht aus zwei durch Rückkreuzung gewonnenen isogenen Linien, welche sich im wesentlichen nur in dem Genpaar unterscheiden, das den Reaktionstyp des Wirtes bestimmt; eine der verwendeten Rostkulturen ist heterozygot für Virulenz, die andere ist homozygot für Virulenz und wurde als Mutante durch Röntgenbestrahlung aus ersterer erhalten. Dieses Material bietet einen vielversprechenden Ansatzpunkt für genphysiologische Untersuchungen. Ein Bericht über die Genäquivalenz im Weizen-*Ustilago*-System, der bereits vor 20 Jahren erschien und wenig Beachtung fand, wird von Oort nochmals zusammengefaßt und im Lichte neuerer Ergebnisse diskutiert. Der Autor argumentiert, daß sich Genäquivalenz bevorzugt bei Symbiosen mit biotrophen Parasiten herausgebildet hat, da Saprophyten dem Selektionsdruck durch den Wirt zeitweilig entgehen können.

Disposition des Wirtes

Die Krankheitsbereitschaft der Bohne gegenüber *Rhizoctonia solani* kann durch Gibberellinsäure (Petersen, DeVay u. Houston), die von Hafer gegenüber *Puccinia graminis* f. sp. *avenae* kann durch Mn^{++}-, Cu^{++}- oder Zn^{++}-Mangel verändert werden (Gregory). Mangan-Gaben erhöhen die Resistenz von *Cajanus cajan* (pigeon pea) gegenüber *Fusarium udum (= F. lateritium)* [Subramanian (1, 2)]. Palm untersuchte den Einfluß von Mineralnährstoffen auf die Resistenz von *Brassica rapa* gegen *Plasmodiophora brassicae*. Eine kurze Mitteilung von Yarwood enthält den interessanten Hinweis, daß Gurkenmehltau *(Erysiphe cichoracearum)* die Primärblätter der Bohne *(Phaseolus vulgaris)* befällt und auf ihnen üppig fruktifiziert, wenn sie mit Bohnenrost *(Uromyces phaseoli)* vorinfiziert, oder durch mechanische Verletzung oder durch ein kurzes Wärmebad vorbehandelt werden. Diese erstaunliche Durchbrechung der Wirtsspezifität des Gurkenmehltaus kann auch auf anderen, normalerweise nicht-kongenialen Wirten erfolgen, während eine künstliche Erweiterung des Wirtskreises bei *E. graminis* bisher nicht gelang. Theoretische Betrachtungen über die Ursachen der Wirtsspezifität bei biotrophen Parasiten sollten diese Beobachtungen in Rechnung ziehen.

Der Infektionsvorgang

Die Chlamydosporen von *Fusarium solani* f. *phaseoli* bedürfen exogener Nährstoffe für ihre Keimung. Diese wird im Boden schon durch Zugabe von Aminosäuren und Zuckern aus dem Exudat einer einzigen Bohnenfrucht ermöglicht (Schroth, Toussoun u. Snyder). Die Entwicklung von *Phytophthora palmivora* wird durch dialysierbare Fraktionen der Wurzelexudate von *Theobroma cacao* und anderer Pflanzen gefördert, von nicht-dialysierbaren Fraktionen dagegen gehemmt

(TURNER). Eine stoffliche Beziehung ähnlicher Art, bei welcher den Aminosäuren eine fördernde Rolle zugeschrieben wird, besteht zwischen Erdbeerwurzeln und *Rhizoctonia fragariae* (HUSAIN u. McKEEN). Die Hemmung der Sporenkeimung von *Peronospora tabacina* auf Tabakblättern geht auf phenolische Inhaltsstoffe des Wirtes zurück und kann durch Waschen der Blätter und/oder Riboflavingaben aufgehoben werden. Die Blauschimmelresistenz von *Nicotiana debneyi* kann durch diese Behandlung nicht beeinflußt werden (SHEPHERD u. MANDRYK). ISHCHENKO berichtet über flüchtige Stoffe von Apfelblättern, welche die Entwicklung von *Venturia inaequalis in vitro* hemmen. Die Hemmwirkung von Preßsäften aus Wirten und anderen Pflanzen auf die Uredosporen keimung von *Puccinia coronata* [KONO (1, 2)] hat wahrscheinlich keine biologische Bedeutung (Ref.). FLENTJE, DODMAN u. KERR konnten durch Zwischenschalten künstlicher Membranen zeigen, daß Bildung der Infektionsstrukturen von *Thanatephorus cucumeris (= Pellicularia filamentosa)* auf den Wirtspflanzen nicht durch Kontaktreize, sondern durch chemische Faktoren der Wirte ausgelöst wird. Bei der Infektion von Tomatenblättern mit *Verticillium tricorpus* und *V. dahliae* scheinen Wechselwirkungen zu bestehen zwischen Hemmstoffen des Wirtes, die der Besiedelung entgegen wirken, und der Verfügbarkeit von Nährstoffen, welche der Parasit zur Entwicklung benötigt (GRIFFITHS u. ISAAC). Es ist seit langem bekannt, daß Licht die Infektion von Weizen mit *Puccinia graminis tritici* und mit *P. recondita* in unterschiedlicher Weise beeinflußt. Unter den von YIRGOU u. CALDWELL gewählten Bedingungen förderte Licht (oder Erniedrigung des CO_2-Partialdruckes) das Eindringen von *P. graminis tritici*, während Dunkelheit (oder Erhöhung des CO_2-Partialdruckes) das Eindringen dieses Parasiten hemmte. *P. recondita* drang gleich gut im Licht und im Dunkeln ein und wurde nicht durch Änderungen des CO_2-Gehaltes der Luft beeinflußt. Der Einfluß des Lichtes bei der Infektion wird daher nicht mit Spaltöffnungsbewegungen in Verbindung gebracht, sondern auf Änderungen des CO_2-Partialdruckes durch den Photosyntheseprozeß und auf die unterschiedliche Empfindlichkeit der beiden Roste gegenüber CO_2 zurückgeführt.

Struktur der Berührungsfläche zwischen Wirt und Parasit

Im Berichtsjahr erschienen die ersten elektronenmikroskopischen Aufnahmen parasitierter Wirtszellen. Die Schwarzrosthaustorien (nicht jedoch die intercellulären Hyphen des Parasiten) sind von einer Scheide umgeben, die nach innen der Haustorialzellwand, nach außen durch eine dünne Membran dem Protoplasten der Wirtszelle anliegt [EHRLICH u. EHRLICH (1)]. Die Scheide wird gelegentlich von plasmodesmenähnlichen Kanälen durchzogen, welche Haustorialplasma enthalten. Dies deutet darauf hin, daß die Scheide pilzlichen Ursprungs ist. Das dem Haustorium anliegende Wirtsplasma beherbergt Vesikel, die klein genug sind um die plasmodesmenartigen Kanäle zu passieren. Letztere wurden in Haustorien von *Erysiphe graminis* [EHRLICH u. EHRLICH (2)] und in solchen von *Peronospora manshurica* (PEYTON u. BOWEN) nicht beobachtet. Die Mehltauhaustorien sind im Prinzip ähnlich aufgebaut wie die des Rostes, enthalten im Gegensatz zu diesen jedoch viele Lomasomen. Die im Wirtsplasma nahe den Haustorien auftretenden Vesikel ("secretory bodies") werden hier als Produkte des Wirtes gedeutet (PEYTON u. BOWEN). Eine das Haustorium einschließende, scheidenartige Ablagerung wird auch bei *Albugo candida* beobachtet. Sie umschließt hier das Haustorium nicht ganz, sondern läßt eine ringförmige Fläche am Haustorialhals frei. In Zellen von *Raphanus sativus* wurden gelegentlich — offenbar nekrotische — Haustorien beobachtet, die ganz von der Wirtszellwand eingeschlossen waren (BOWEN, PEYTON u. BERLIN).

Die Wirkung pilzlicher Toxine auf den Wirt

Stoffwechselprodukte von *Botrytis cinerea* lösen im Kohlgewebe Nekrose aus und erhöhen in pilzresistenten Wirtsgeweben die Peroxydaseaktivität (LADYGINA). Conidienextrakte von *Peronospora tabacina* verursachen nach Injektion nekrotische Reaktionen in Tabakblättern, die in gleicher Weise auch in Blättern der pilzresistenten *Nicotiana debneyi* auftreten (IZARD u. CHADOUTEAUD). *Verticillium dahliae* oder *Fusarium vasinfectum* lösen im Xylem der Baumwollpflanze eine Aktivierung der β-Glucosidase aus. Umsetzung der freiwerdenden Aglucone und Anreicherung verschiedener Sekundärprodukte führt wahrscheinlich zum Welken und schließlich zum Tod der Pflanzen (GUBANOV).

Eisenchelierende Verbindungen (z. B. Ferrioxamin B) heben die wachstumshemmende Wirkung der Fusarinsäure bei Hefezellen auf, beeinflussen jedoch nicht die Toxicität der Fusarinsäure in Tomatensprossen und die Hemmung des Toxins auf die Polyphenoloxydase (BÄR). MAJERNIK u. JANITOR berichten über den Einfluß dieses Toxins auf die P^{32}-Aufnahme von Aprikosenzweigen und Tomatensprossen.

Victorin, das Toxin von *Helminthosporium victoriae*, verursacht in anfälligen Haferpflanzen ähnliche Veränderungen (Atmungsanstieg, Ascorbinsäureoxydation, Einfluß auf 2,4-DNP-Behandlung) wie sie nach Infektion beobachtet werden (GRIMM u. WHEELER). Das Toxin bewirkt in Hafergewebe (ähnlich wie Fusarinsäure in Tomaten) eine Permeabilitätserhöhung, die bei Wässerung zu einem Austritt der verschiedensten Inhaltsstoffe führt (BLACK). Vielleicht besteht ein ursächlicher Zusammenhang zwischen toxininduziertem Atmungsanstieg und der Permeabilitätserhöhung (AMADOR u. WHEELER). Letztere ist hierbei wahrscheinlich der auslösende Faktor (WHEELER u. BLACK). Eine neue Reinigungsmethode führte zu besseren Toxinpräparaten [SCHEFFER u. PRINGLE (1)]. Da die Bernsteinsäureoxydase der Mitochondrien nicht auf die Toxinbehandlung anspricht, erscheint den Autoren eine entkoppelnde Wirkung des Toxins unwahrscheinlich. Die Aufnahme des Toxins von anfälligem Wirtsgewebe ist temperaturempfindlich, wird durch 2,4-DNP nicht beeinflußt, und ist daher kein energieverbrauchender Prozeß (SCHEFFER, PRINGLE u. DAST). Trotz pleiotroper Wirkung auf Enzymsysteme des Wirtes, dürfte die biologische Bedeutung des Victoxinins, ein Abbauprodukt des Victorins, gering sein, da seine Konzentration in der Pflanze wahrscheinlich nicht ausreicht um Schädigungen hervorzurufen [SCHEFFER u. PRINGLE (2)]. Das Toxin von *Periconia circinata* ist ein Polypeptid; seine Wirkung ist wirtsspezifisch (PRINGLE u. SCHEFFER).

Läsionen, welche durch Infektion mit *Colletotrichum lindemuthianum* auf *Phaseolus vulgaris* hervorgerufen werden, enthalten Substanzen, welche in gesunden Pflanzen einen Atmungsanstieg um das Vierfache bewirken (ROMANOWSKI). Eine durch Toxinwirkung vom Pilz induzierte Atmungssteigerung wurde kürzlich von WEIR (1, 2) für folgende Wirt-Parasit-Kombinationen beschrieben: *Penicillium expansum* und *Botrytis cinerea* / Apfel, *Fusarium oxysporum* f. sp. *lycopersici* und *Verticillium albo-atrum* / Tomate.

Kulturfiltrate verschiedener *formae speciales* von *Fusarium oxysporum* zeigten in bezug auf ihre toxische Wirkung keine Wirtsspezifität (DAVIS).

Rolle pilzlicher Enzyme bei der Erkrankung

TALIEVA u. PLOTNIKOVA fanden, daß Keimung von *Botrytis*- und *Aspergillus*sporen und Keimung der Uredosporen verschiedener Roste von einer Abgabe pektolytischer Enzyme ins Medium begleitet ist. Diese dienen, nach Meinung der Autoren, bei den Saprophyten der Aufschließung und Gewinnung von Nährstoffen, während sie bei den höher spezialisierten Parasiten zur Ausbreitung im Wirt beitragen. Polygalakturonase, Cellobiase, Xylanase, Cellulase und Pektinmethylesterase werden in Saflor erst nach Infektion mit *Botrytis cinerea* gefunden (BARASH, KLISIEWICZ u. KOSUGE). Phenolische Oxydationsprodukte sollen in *Ricinus communis* für die Inaktivierung pilzlicher, hydrolytischer Enzyme (z. B. von *Botrytis cinerea*) verantwortlich sein (THOMAS u. ORELLANA).

Trotz intensiver Bearbeitung der Welkekrankheiten, welche durch Fusarien verursacht werden, ist die Bedeutung der pektolytischen Enzyme im Krankheitsverlauf noch immer umstritten. *Fusarium oxysporum* f. sp. *lupini* produziert in resistenten und anfälligen Lupinenstengeln gleiche Mengen von Pektinase, und Gefäßverstopfung durch hochmolekulare Substanzen ist wahrscheinlich hier für den Krankheitsverlauf unbedeutend, da solche Gefäßverstopfungen in resistent reagierenden Pflanzen sogar zahlreicher auftreten als in anfällig reagierenden (SAALTINK). Desgleichen besteht keine Relation zwischen Resistenz und dem Gehalt der befallenen Pflanzen an Polyphenolen und ihrer Polyphenoloxydaseaktivität. Auch bei der Tomatenwelke wird die Bedeutung der Gefäßverstopfung durch hochmolekulare Stoffwechselprodukte jetzt bezweifelt: die sorgfältigen Nachuntersuchungen von CHAMBERS u. CORDEN geben kaum Hinweise für Gefäßverstopfung, zeigen jedoch Möglichkeiten der Artefaktbildung, die vielleicht frühere Autoren zu falschen Schlußfolgerungen geführt haben. CHAMBERS u. CORDEN diskutieren deshalb andere welkeauslösende Mechanismen:

a) Das Welken könnte auf den Zusammenbruch der Gefäße zurückgehen, da eine positive Korrelation besteht zwischen Welkeintensität und Zahl der kollabierten Gefäße. Dieser Gefäßzusammenbruch könnte durch Indolessigsäure hervorgerufen werden, da man ihn durch diesen Wuchsstoff künstlich induzieren kann und da andererseits bekannt ist, daß der Erreger Indolessigsäure produziert. Nach MATTA führt Wuchsstoffbehandlung dagegen zu einer Resistenzzunahme (vgl. auch Fortschr. Bot. 24, 404—405) und zu einer gleichzeitigen Aktivitätserhöhung der Polyphenoloxydase.

b) Die Gefäßverbräunung könnte Ursache der Welke sein: Gefäße, deren Wände durch Verbräunung wasserundurchlässig werden, limitieren den lateralen Wassertransport, so daß axiale Translokation bereits durch eine einzige Gefäßverstopfung — z. B. durch Pilzmycel — eingeschränkt wird.

MATTA u. DIMOND bestätigen größtenteils frühere Untersuchungen über die Aktivitäten der Polyphenoloxydase und pektolytischer Enzyme in welkekranken Tomaten, und zeigen darüber hinaus, daß der Aktivitätsanstieg dieser Enzyme der Mycelentwicklung in der kranken Pflanze parallel geht. Die Ergebnisse von DEESE u. STAHMANN über die Bildung pektolytischer Enzyme in anfälligen und resistenten Tomaten nach Infektion mit *Verticillium albo-atrum* stehen im Gegensatz zu den Ergebnissen von BLACKHURST u. WOOD (1). Letztere fanden keine Unterschiede in der Produktion von Polygalakturonase in anfällig und resistent reagierenden Tomatenstengeln. Diese enthielten gleiche Mengen von Pilzmycel, während die Blattstiele resistent reagierender Pflanzen weit weniger von Mycel durchwuchert waren als die anfällig reagierender (BLACKHURST u. WOOD (2)]. Die Welkeresistenz könnte auf größerer Dürreresistenz der Pflanzen beruhen (BLACKHURST).

Erstmalig wurde auch bei *Phytophthora infestans* pektolytische Aktivität, die wahrscheinlich auf eine Endo-Polygalakturonase zurückgeht, gefunden (GROSSMANN). Die Beteiligung dieses Enzyms bei der Erkrankung ist hier noch unklar, da Kulturfiltrate im Macerationsversuch keine Gewebeauflösung der Testpflanzen bewirkten. Daß pektolytische Faktoren nicht unbedingt Gewebeauflösung verursachen, zeigen die Experimente von BATEMAN (1) an *Rhizoctonia solani* und *Phaseolus vulgaris*. Hier wird das Vorhandensein eines Hemmstoffes im Wirt angenommen, der den gewebeauflösenden Einfluß pektolytischer Enzyme unterbindet. Die Verhältnisse werden weiter kompliziert durch die Wechselwirkung mit anorganischen Ionen im Gewebe [BATEMAN (2)] und durch das Auftreten von pektolytischen Enzymen im befallenen Wirtsgewebe, die sich von den *in vitro* gebildeten unterscheiden [BATEMAN (3)].

Über einen Vergleich zwischen parasitärem Verhalten und Produktion pektolytischer Enzyme berichten HADLEY u. PEROMBELON: untersucht wurde die Enzymproduktion von *Rhizoctonia repens* und *R. goodyerae-repentis*, beides Symbionten von *Orchis purpurella* bzw. *Goodyera repens*, und zwei Stämme von *R. solani* (ein Parasit und ein Symbiont von *O. purpurella*). Die *in vitro*-Produktion von Polygalakturonase, Pektinmethylesterase und Protopektinase ist nicht mit der parasitären Eignung der Erreger korreliert. Es wird daher angenommen, daß es erst bei der Auseinandersetzung *in vivo* zu einer Steuerung der Enzymproduktion kommt. Diese Argumentation erscheint etwas verfrüht, denn wir wissen nicht, ob der parasitische Stamm von *R. solani* nach Befall der Knollen pektolytische Enzyme produziert, woraus ihre Bedeutung

bei der Entwicklung des Pilzes *in vivo* abgeleitet werden könnte (Ref.).
Auch bleibt die umfangreiche Literatur über Abwehrreaktionen solcher
Orchideenknollen (vgl. NÜESCH) von den Autoren unberücksichtigt.

Eine Beteiligung pilzlicher Enzyme bei Krankheitsprozessen wurde ferner in
folgenden Veröffentlichungen diskutiert: WALLACE (*Physalospora* spp.; Polygalakturonase, Pektinmethylesterase), KUC (*Cladosporium cucumerinum;* Protease),
HANCOCK u. MILLAR *(Colletotrichum trifolii;* Cellulase, Exo-Polygalakturonase und
Pektinmethylesterase), MASAWA u. KATO (*Leptosphaeria salvinii, Helminthosporium
sigmoideum;* pektolytische und cellulolytische Enzyme), TWEEDY u. POWELL
(*Alternaria mali;* Polygalakturonase), SPALDING (*Rhizopus stolonifer;* pektolytische
und cellulolytische Enzyme), YOUSSEF (*Myrothecium* sp.; pektolytische und
cellulolytische Enzyme), STROBEL (*Diplodia viticula;* Xylanase).

Die lytische Aktivität bei der Besiedelung von Uredosporen verschiedener Roste
durch *Verticillium hemileiae* [LEAL u. VILLANUEVA (1)] dürfte wahrscheinlich auf
pektolytische Enzyme des Hyperparasiten zurückgehen [LEAL u. VILLANUEVA (2)],
da sich rostpathogene Stämme durch hohe Aktivität dieser Enzyme (und durch die
Abwesenheit proteolytischer Aktivität) von nicht-pathogenen Stämmen unterscheiden (LEAL, ACHA u. VILLANUEVA).

Stoffliche Grundlagen der Axenie

Die Dicke der Cuticula resistenter Gurkenfrüchte und ihre schlechte
Eignung als Substrat für die „Cutinase" des Parasiten, scheint ein
Faktor für die Eindringungsresistenz gegen *Cladosporium cucu-
merinum* zu sein (LINSKENS u. HAAGE).

Resistenz von 54 geprüften Rübensorten gegen *Uncinula necator* ist
mit dem osmotischen Wert des Zellsaftes, mit dem Wassergehalt und der
Menge gelöster Substanzen im Zellsaft korreliert, woraus GOHEEN u.
SCHNATHORST schließen, daß der osmotische Wert des Zellsaftes der
Wirtszellen zur Ausbreitungsresistenz dieser Gewebe beiträgt.

Die Konzentration verschiedener Aminosäuren in den betreffenden
Wirtsgeweben und ihre Bedeutung für ernährungsphysiologische Ansprüche von Parasiten werden bei folgenden Wechselbeziehungen diskutiert: *Cochliobolus sativus*/Weizen (TINLINE), *Ascochyta imperfecta*/Luzerne
(MEAD), *Colletotrichum lagenarium*/Kürbis (HADWIGER). Während frühere
Versuche zeigten, daß ernährungsphysiologische Bedürfnisse biochemischer Mutanten von *Venturia inaequalis* virulenzbestimmend sind,
scheint dies bei *Wild*typen verschiedener Pathogenität nicht der Fall zu
sein (WILLIAMS u. BOONE).

· Einige Arbeiten beschäftigen sich mit sekundären Pflanzen-
stoffen als Axeniefaktoren. Für das fungitoxische Prinzip in Gerste,
dessen Struktur immer noch nicht ganz geklärt ist, wird eine neue
Reinigungsmethode angegeben (KOSHIMIZU, SPENCER u. STOESSL). Eine
Phenolsäure aus *Phaseolus lunatus* hemmt die Zoosporenkeimung von
Phytophthora phaseoli; ihre Konzentration in verschiedenen Sorten des
Wirtes ist mit deren Resistenz gegen diesen Erreger korreliert (VALENTA
u. SISLER). Die Polyphenoloxydaseaktivität des Tabaks ist erblich fest-
gelegt, zeigt jedoch keine Beziehung zur Anfälligkeit des Wirtes gegen
Peronospora tabacina (KOELLE). In Weizen und Gerste vorkommende
Chinone hemmen das Wachstum von *Ustilago nuda* und *U. tritici* (MACE
u. HEBERT). Heißwasserbeize oder anaerobe Behandlung des Saatgutes,

wie sie zur Bekämpfung von Branden verwendet werden, führen in den Körnern zu einer Freisetzung des toxischen 2-Methoxyhydrochinons aus glucosidischer Bindung. Die Konzentration des freigesetzten Aglucons reicht aus um den fungiciden Effekt dieser Behandlung hervorzurufen. Es ist jedoch noch fraglich, ob dieser Mechanismus *in vivo* Bedeutung hat, da die Konzentration der untersuchten chinoiden Verbindungen auch in unbehandeltem Saatgut ausreichen würde um das Wachstum des Parasiten zu unterbinden.

Abwehrreaktionen

Bei der Besprechung der Abwehrreaktionen sind im folgenden nur solche Arbeiten angeführt, die eine Beteiligung sekundärer Pflanzenstoffe erkennen lassen. Sicher handelt es sich hierbei um Folge- oder Endprodukte, und der eigentliche Ansatzpunkt der resistenten Reaktion muß im Intermediärstoffwechsel vermutet werden. Trotz vieler Berichte über Unterschiede im Bau- und Betriebsstoffwechsel resistent bzw. anfällig reagierender Pflanzen, sind diese Zusammenhänge jedoch in den meisten Fällen noch nicht geklärt. Aus diesem Grunde werden solche Arbeiten in den betreffenden Abschnitten über die „Physiologische Manifestation der Erkrankung" besprochen.

UEHARA berichtet über eine spektrophotometrische Methode für den Nachweis des durch *Ascochyta pisi* auf Erbsengewebe induzierten Phytoalexins, wodurch der umständlichere biologische Test mit *Glomerella cingulata* umgangen werden kann. Eine Arbeit von CRUICK-SHANK u. PERRIN (1) enthält Angaben über den Effekt von Außenfaktoren und des physiologischen Zustandes des Wirtsgewebes auf die Pisatinproduktion: die Bildung dieses Abwehrstoffes wird im Endokarp der Erbse durch viele fakultative und obligate pilzliche Parasiten, einschließlich von Mehltau und Rost, induziert. Pisatinbildung wird ebenfalls hervorgerufen nach Kontakt des Wirtsgewebes mit Keimmedien dieser Pilze, durch Behandlung mit $CuCl_2$ und $HgCl_2$, aber nicht nach Kontakt mit Bakteriensuspensionen. Eine Gegenüberstellung der Pisatinempfindlichkeit verschiedener Parasiten und deren Fähigkeit zur Anregung der Phytoalexinproduktion im Wirt, ergibt folgendes Bild: *Resistenz* (oder „Unverträglichkeit") liegt vor, wenn die Pisatinkonzentration die Hemmschwelle des angreifenden Parasiten überschreitet, und *Anfälligkeit* resultiert, wenn der Parasit nicht in der Lage ist, überschwellige Phytoalexinkonzentrationen im Wirt hervorzurufen, oder wenn er die Fähigkeit besitzt, höhere Konzentrationen des Abwehrstoffes zu tolerieren. Nach Meinung der Autoren besteht kein kausaler Zusammenhang zwischen Resistenz und der Anhäufung brauner Pigmente am Infektionsort („Polyphenoloxydationsprodukte"), da diese nicht fungitoxisch sind und auch in Abwesenheit der Parasiten gebildet werden. Phaseollin, das Phytoalexin von *Phaseolus vulgaris*, besitzt ähnliche biologische und chemische Eigenschaften (Chromanocumaran) wie das Pisatin (CRUICK-SHANK u. PERRIN (2)]. In einer methodisch sehr interessanten Untersuchung wird über die Isolierung eines durch *Phytophthora megasperma* oder *P. cactorum* in *Glycine max* induzierten Phytoalexins berichtet [KLARMAN u. GERDEMANN (1, 2)]: *P. sojae*, ein mit Soja kongenialer Parasit, wird durch den Abwehrstoff ebenfalls gehemmt, vermag seine Bildung im Wirt jedoch nicht hervorzurufen. Vorläufige Identifizierungsversuche weisen auf phenolischen Charakter des Phytoalexins. Die Verhältnisse liegen also hier ganz ähnlich wie bei den bereits bekannten Abwehrstoffen, welche bei der Einwirkung nicht-kongenialer Parasiten im Gewebe höherer Pflanzen gebildet werden. Mit der Untersuchung von CONDON, KUC u. DRAUDT über die Biosynthese des 3-Methyl-6-methoxy-8-hydroxy-3,4-dihydroisocumarins aus Karottengewebe wurde eine neue Phase der Forschung über Abwehrstoffe eingeleitet. Die Biosynthese des Abwehrstoffes wird durch die verschiedensten Enzymgifte und Antimetaboliten beeinflußt: besonders aufschlußreich ist die *Stimulierung* der Isocumarinsynthese durch NaF, Jodacetat (10^{-4} M) und Malonat sowie die Synthese*hemmung* durch $NaAsO_2$, Methylenblau, Maleinsäurehydrazid, Jodacetamid, Jodacetat (10^{-3} M), durch eine Reihe von Antimetaboliten und durch Anaerobiose. Während C^{14}-markiertes Phenylalanin nicht in das Isocumarin eingebaut wird, sind Acetat, besonders aber Malonat, gute Vorstufen für seine Synthese. Die durch Arsenit hervorgerufene Synthesehemmung (Blockierung der Acetyl-CoA-Bildung aus Pyruvat!) kann durch Acetat, besonders aber durch Malonat, aufgehoben werden. Es ist deshalb wahrscheinlich, daß die Bildung des Isocumarins über den Acetat-Syntheseweg verläuft. Diese Ergebnisse dürften auch für andere Wirt-Parasit-Beziehungen, bei welchen aromatische Substanzen postinfektionell angereichert sind, von theoretischem Interesse sein (Ref.): es fällt auf, daß Stoffwechselgifte, welche die Synthese des Isocumarins hemmen, bei anderen Pflanzenkrankheiten häufig zu einer Brechung der Resistenz führen. Da man erwarten kann, daß auch die Synthese anderer aromatischer Verbindungen über den Acetat-Syntheseweg verläuft, handelt es sich hier vielleicht um mehr als eine zufällige Übereinstimmung. Auch rückt in diesem Zusammenhang die Bedeutung der Malonsäure, für deren Anreicherung in rostinfizierten Geweben bisher keine zufriedenstellende Deutung gefunden wurde, immer mehr in den Vordergrund.

Fluorescierende Substanzen, welche nach Infektion mit *Colletotrichum lindemuthianum* in *Phaseolus vulgaris* gebildet werden, hemmen das Wachstum des Parasiten *in vitro* (ROMANOWSKI). Phenylalanin-3-C^{14} wird nach Infusion in Apfelblättern in Phloridzin, Phloretin, Phloretsäure und in anderen phenolischen Substanzen eingebaut; dies erklärt vielleicht die resistenzerhöhende Wirkung des Phenylalanins gegenüber Infektion mit *Venturia inaequalis* (HOLOWCZAK, KUC u. WILLIAMS). Jedoch scheint die Resistenz nicht nur von Phloridzinkonzentration und Glucosidaseaktivität im Wirtsgewebe abzuhängen (NOVEROSKE). Resistenz gegen diesen Parasiten kann durch Fütterung von o-Cumarsäure induziert werden (KIRKHAM u. FLOOD). Befall mit *Cladosporium cucumerinum* führt in resistenten Gurkenkeimlingen zu Lignifizierung der Zellen am Infektionsort, was mit einer Beteiligung der Peroxydase in Verbindung gebracht wird (HIJWEGEN). Die Abwehrreaktion welkeresistenter Tomaten gegen *Fusarium oxysporum* f. sp. *lycopersici*, bei welcher die Polyphenoloxydase des Wirtes mitspielt, soll zu einer Imprägnierung der Gefäßwände mit Chinonen und deren Polymerisationsprodukten führen und dadurch das Wachstum des Parasiten auf das Gefäßsystem beschränken (MATTA u. DIMOND). Vielleicht sollte hier erneut auf einen möglichen Zusammenhang hingewiesen werden zwischen Polyphenoloxydasebildung und Hemmung dieses Enzyms durch physiologische Konzentrationen von Fusarinsäure (Fortschr. Bot. **22**, 401), die in resistenten Pflanzen sicher in geringerer Menge ausgeschüttet wird als in anfälligen (Ref.). Die Gefäßverbräunungen, die in Bananenwurzeln nach Infektion mit *F. oxysporum* f. sp. *cubense* auftreten, gehen wahrscheinlich auf Oxydationsprodukte des 3-Hydroxytyramins zurück; eine ähnliche Reaktionsfolge wird auch durch andere Mikroorganismen ausgelöst (MACE). Nach einer Beobachtung von KRASNOSHCHEKOVA u. RUNOV (1, 2) enthalten resistente Baumwollpflanzen nach Infektion mit *Verticillium dahliae* oder *Fusarium vasinfectum* weniger Tannin als anfällige Pflanzen. Dies könnte zu der Vermutung führen, daß Stoffwechselprodukte dieser Substanzen an der resistenten Reaktion beteiligt sind (Ref.). Scopoletin und Umbelliferon sind in *Ipomea batatas* nach Befall mit *Ceratocystis fimbriata* angereichert (MINAMIKAWA, AKAZAWA u. URITANI); die Cumarine sind jedoch nicht unmittelbar an der Abwehr des Wirtes beteiligt, da sie vom Pilz *in vitro* abgebaut werden, ohne sein Wachstum zu hemmen. Infektion mit *Peronospora tabacina* führt im Gewebe des Wirtes ebenfalls zu einer lokalen Anhäufung von Scopoletin (MAYR, DISKUS u. BECK). Infiltrationsversuche mit *Phytophthora*-befallenen Kartoffelknollen (FEHRMANN) zeigen, daß der Pilz im Wirt durch Chlorogensäure und deren Spaltprodukte, nicht jedoch durch Zimtsäurederivate und Cumarine, gehemmt werden kann; Kaffeesäure, Scopoletin und Äsculetin hemmen das Wachstum des Parasiten *in vitro*, aber erst in höherer Konzentration. Infektion des Weizens mit *Puccinia graminis tritici* führt, besonders in der resistenten Reaktion, zu einer Anreicherung phenolischer Pflanzenstoffe [KIRALY u. FARKAS (1, 2)]. Die anfällige Reaktion unterscheidet sich von der resistenten durch höheren Ascorbinsäuregehalt und durch eine größere Aktivität der Dehydrogenasen. Vermehrte Aktivität des Pentosephosphatkreislaufes in der anfälligen Reaktion (6-Phosphogluconsäure- und Glucose-6-phosphatdehydrogenase) führt vermutlich zu einem größeren Angebot von NADPH. Die in der resistenten Reaktion übersteigerte Phenolsynthese könnte deshalb mit der postinfektionellen Verschiebung des Redoxgleichgewichtes zusammenhängen, die auch von anderen Autoren beobachtet wurde. Die Frage, ob phenolische Inhaltsstoffe bei dieser und ähnlichen Erkrankungen *Ursache* der Resistenz sind oder nur als *Nebenprodukte* der resistenten Reaktion aufgefaßt werden dürfen, läßt sich nach dem heutigen Stand unseres Wissens noch nicht beantworten (Ref.). Ganz allgemein muß auch heute noch gesagt werden, daß wir von einem Verständnis des Resistenzmechanismus gegenüber biotrophen Parasiten noch weit entfernt sind.

Physiologische Manifestation der Erkrankung

Atmung. BUSHNELL u. ALLEN bestimmten mit Hilfe von Mikrorespirometern die O_2-Aufnahme im Zentrum und an der Peripherie einzelner Kolonien von *Erysiphe graminis* var. *hordei* auf Gerstenblättern. Am 6. Tage nach der Infektion ist die Atmung im Focus 7—10fach

erhöht gegenüber der von nichtinfizierten Blättern. Diese Atmungssteigerung geht zum großen Teil auf den Pilz selbst zurück: die Atmung
des Wirtsgewebes im Pustelbereich, von dem die ektoparasitischen
Strukturen entfernt wurden, erreicht nur den 2-3 fachen Wert der Atmung
gesunden Gewebes. Daß die Atmungssteigerung nicht ausschließlich auf
den Pilz *per se* zurückgeht, zeigen die hohen Atmungswerte, die im
Wirtsgewebe bis zu 2 mm außerhalb der Peripherie des Pilzmycels gemessen wurden. Atmungssteigerung ist jedoch nicht immer eine notwendige Folge der Mehltauinfektion, da etiolierte Gerstenblätter nur
einen geringen Anstieg der O_2-Aufnahme zeigen (MILLERD u. SCOTT).
Dies geht sicher auf Substratmangel zurück, da Zufütterung von Glucose
zu mehltaubefallenen *etiolierten* Blättern wieder zu Atmungswerten
führt, wie sie für infizierte *grüne* Blätter typisch sind. Obgleich man annehmen sollte, daß die Pilzentwicklung in etiolierten Blättern gehemmt
ist, scheint dies nicht der Fall zu sein (". . . pattern of infection of etiolated
tissue similar to that observed with green tissue"). Auf Grund von vergleichenden Untersuchungen mit anfällig bzw. resistent reagierenden
Wirtsgeweben erscheint den Autoren ein qualitativer Unterschied im
Mechanismus der Atmungssteigerung dieser Gewebe möglich.

Weitere Berichte über postinfektionelle Atmungssteigerungen liegen vor von
BURTON (Gurke/*Cladosporium cucumerinum*), BAILOV, ISTATKOV, EDREVA u.
SECHENSKA (Tabak/*Peronospora tabacina*) und von GATINA (Mais/*Ustilago maydis*).

In einer Reihe von Arbeiten wurde die Aktivität der Dehydrogenasen des Wirt-Parasit-Komplexes untersucht. Befall mit *Botrytis
cinerea* bewirkt in anfälligem Kohlgewebe allgemein einen Anstieg der
Dehydrogenaseaktivität (IVANOVA u. RUBIN). In resistent reagierenden
Geweben ist die Aktivität dieser Enzyme vermindert, die der Isocitronen-
säure- und Bernsteinsäuredehydrogenase sogar ganz gehemmt. Über den
Einfluß von *Phytophthora infestans* auf die Dehydrogenaseaktivitäten von
Knollen und Blättern der Kartoffel liegen jetzt histochemische Untersuchungen vor (VISWANATHAN u. PELLETIER): die Aktivität aller 9 untersuchten Dehydrogenasen steigt im parasitierten, nicht-nekrotischen
Knollengewebe zunächst an, die der α-Glycerophosphat-, 6-Phospho-
gluconat- und Glucose-6-phosphatdehydrogenasen fallen in fortgeschrit-
tenem Krankheitsstadium wieder ab. Die Aktivität der Bernsteinsäure-
dehydrogenase ist in infizierten Blättern generell erhöht; die Infektions-
orte sind jedoch von aktivitätsfreien Höfen umgeben. Die mit Tetra-
zoliumchlorid gemessene Dehydrogenaseaktivität steigt auch in Weizenblättern nach Infektion mit Schwarzrost, besonders in der anfälligen
Reaktion [KIRALY u. FARKAS (2)]. Der von SCOTT u. SMILLIE nach
Mehltaubefall in Gerste gefundene Atmungsanstieg ist von einer Aktivi-
tätszunahme der Glucose-6-phosphat- und 6-Phosphogluconsäure-
dehydrogenase begleitet. Diese Veränderungen werden von den Autoren
im Zusammenhang mit der Photosyntheserate der parasitierten Gewebe
diskutiert (s. unten).

Infiltrationsversuche mit 2,4-DNP und Bestimmung der Konzentration anorganischen Phosphates im Gewebe führten RUBIN u. OZERETS-
KOVSKAYA zu dem Schluß, daß in der hypersensitiven Reaktion der

Kartoffelknolle gegen *Phytophthora infestans* eine Entkopplung der Atmung von der oxydativen Phosphorylierung stattfindet.

Der Atmungsanstieg bei der Tomatenfusariose geht nicht auf eine Anregung des Glykolsäureoxydasesystems zurück, wie SANWAL u. WAYGOOD durch kinetische Untersuchungen (Glykolsäureoxydase, Glyoxylsäurereduktase, Coenzymkonzentration) nachweisen konnten. Über postinfektionelle Erhöhung der Aktivität anderer Endoxydasen berichten SEROVA (*Ustilago zeae*/Mais: Ascorbinsäureoxydase) und HAMPTON (*Thielaviopsis basicola*/Karotten: Polyphenoloxydase, Ascorbinsäureoxydase, Peroxydase und Katalase). Das von *Botrytis cinerea* produzierte Polysaccharid erhöht offenbar die Peroxydaseaktivität im Wirtsgewebe, wobei sich resistente und anfällige Kohlsorten in ihrer Reaktion voneinander unterscheiden (AKSENOVA). Der Peroxydaseaktivitäts-Test ist nicht geeignet zur Bestimmung der Feldresistenz von Kartoffeln gegen *Phytophthora infestans*, da viele Kartoffelsorten mit guter *Phytophthora*-Resistenz geringe Peroxydaseaktivität zeigen (HENNIGER u. BARTEL).

Photosynthese. Der Atmungsanstieg, der durch Infektion mit *Erysiphe graminis* var. *tritici* in Gerste hervorgerufen wird, ist von einem Rückgang der Photosyntheserate begleitet (LAST). Die Verminderung der Photosyntheserate ist größer als die durch Pilzbefall hervorgerufene Einbuße der photosynthetischen Nutzfläche. Ein Rückgang der Photosyntheserate wurde am gleichen Objekt auch von SCOTT u. SMILLIE beobachtet, die darüber hinaus über folgende Veränderungen berichten: Infektion führt zu einem teilweisen Verlust des Chlorophylls, zu einer Aktivitätsminderung der Aldolase und der NADPH-Diaphorase (Chloroplastenenzyme! Infektionsbedingte Schädigung der Chloroplasten?), zu einem gleichzeitigen Atmungsanstieg und zu einer Aktivitätserhöhung der Glucose-6-phosphat- und 6-Phosphogluconsäuredehydrogenasen. Die Aktivitäten der Enolase, Isocitronensäuredehydrogenase und der NADH-Cytochrom-c-Reduktase werden von der Infektion nicht beeinflußt. Diese Veränderungen im Atmungsstoffwechsel und in der Photosyntheserate erfolgen gleichzeitig und etiolierte Blätter zeigen, trotz normaler Entwicklung des Pilzes, keine Aktivitätserhöhung der Pentosephosphatenzyme. Von den Autoren wird der folgende kausale Zusammenhang angedeutet: da Photosynthese und Pentosephosphatkreislauf die beiden Hauptlieferanten von NADPH im Stoffwechsel sind, könnte die Atmungssteigerung auf das Unvermögen des Photosyntheseapparates zurückgehen, NADP in genügender Menge zu reduzieren. Erhöhung der NADP-Konzentration könnte dann wahrscheinlich zu einer Aktivitätssteigerung der NADP-verbrauchenden Reaktionen des Pentosephosphatkreislaufes führen (Ref.). In dieser Interpretation wäre also eine Schädigung des Mechanismus der Photoreduktion von NADP die primäre Ursache der postinfektionellen Atmungssteigerung über den Pentosephosphatcyclus. Auch bei rostinfizierten Blättern wurde wieder über eine Hemmung der Photosyntheserate (und über den Einfluß der Infektion auf die Translokation der Assimilate) kurz berichtet (DOODSON; *Puccinia striiformis*). Chloroplastenpräparate, die 4 bzw. 10 Tage nach Rostinfektion aus resistent und anfällig reagierenden Haferpflanzen isoliert wurden, unterscheiden sich von solchen aus gesunden Pflanzen nicht wesentlich in ihrer Fähigkeit zu photophosphorylieren, wenn der Chlorophyllgehalt der Chloroplasten als Bezugsgröße gewählt wird (WYNN). Die Verminderung der Photosyntheseaktivität rostinfizierter Gewebe wird daher auf den postinfektionellen Chlorophyllverlust zurückgeführt. Über eine Anregung der Photosyntheseaktivität in Mais durch Befall mit *Ustilago maydis* berichtet GATINA.

Kohlenhydrate. Infektion mit *Fusarium udum* (= *F. lateritium*) und mit *Botrytis cinerea* verursacht in befallenen Wirtsgeweben eine Verschiebung der Zuckerkonzentration [SUBRAMANIAN (1); BARASH, KLISIEWICZ u. KOSUGE]. EVTUSHENKO fand einen Anstieg der Zuckerkonzentration in Weizenpflanzen nach Infektion mit Braunrost. Eine eingehende Untersuchung von SYAMANANDA u. STAPLES an Mais nach Befall mit *Puccinia sorghi* (Verwendung ganzer Pflanzen und Flößung abgetrennter und Albinoblätter) zeigte jedoch keine Relation zwischen Zuckergehalt und der Rostreaktion. Die Autoren vermuten, daß das Wachstum des Pilzes nicht von der Zuckerkonzentration im Gewebe, sondern von der Umwandlung der Zucker in andere Substanzen abhängt.

Aliphatische Carbonsäuren. Die bisher nicht identifizierte Ketosäure, welche erstmalig in Kohl nach Infektion mit *Peronospora brassicae* gefunden wurde (Fortschr. Bot. **23**, 385), tritt auch nach Infektion mit *Agrobacterium tumefaciens* und in gesunden Blättern von *Brassica kaber* auf. Ihre Anreicherung scheint für Infektionen mit einer relativ langen eusymbiontischen Phase charakteristisch zu sein [NIELSEN (1)]. Der Säuregehalt von Maispflanzen isogener Linien ist nach Infektion mit *Helminthosporium carbonum* in typischer Weise verändert: während die Konzentration der Isocitronensäure unabhängig vom Reaktionstyp ansteigt, erfolgt in anfällig reagierenden Geweben eine starke Abnahme der Äpfelsäurekonzentration (MALCA u. ZSCHEILE).

Infektion mit *Puccinia graminis tritici* bewirkt in Primärblättern des Weizens einen Rückgang der Aconitsäurekonzentration und einen Anstieg der Menge der meisten anderen untersuchten Säuren, wobei die Konzentrationszunahme der Malonsäure besonders auffällt [RUDOLPH (1)]. Letztere gewinnt besonderes Interesse, da sie kürzlich als Vorstufe aromatischer Ringe und eines pflanzlichen Abwehrstoffes erkannt wurde (siehe oben), und da andererseits bekannt ist, daß phenolische Substanzen in rostinfizierten Weizenpflanzen, besonders in der resistenten Reaktion, angereichert sind.

Ein zu Malonsäure führender Syntheseweg ist aus neueren Untersuchungen an *Phaseolus vulgaris* bekannt (DE VELLIS, SHANNON u. LEW; SHANNON, DE VELLIS u. LEW):

$$\text{Carbonat} + \text{PEP} \xrightarrow{\text{PEP-Carboxylase}} \text{Oxalacetat} + \text{Pi}$$

$$\text{Oxalacetat} + {}^{1}\!/_{2}\,\text{O}_2 \xrightarrow{\text{Peroxydase}} \text{Malonat} + \text{CO}_2$$

Daß Oxalessigsäure in Weizenblättern durch Carboxylierung aus Pyruvat entsteht, kann man aus den Ergebnissen von BIDWELL ableiten. Eine postinfektionelle Erhöhung der Peroxydaseaktivität ist besonders in der resistenten Reaktionslage vieler parasitärer Prozesse beschrieben worden.

Aminosäuren und Protein. Kurze Berichte über infektionsgebundene Veränderungen im Eiweißstoffwechsel liegen vor von BURTON (Gurke/ *Cladosporium cucumerinum*) und von BAILOV, ISTATKOV, EDREVA u. SECHENSKA (Tabak/*Peronospora tabacina*). Braun- und gelbrostbefallene Weizenpflanzen zeigen nach EVTUSHENKO bei hoher Infektionsdichte eine Abnahme des Gesamt- und Proteinstickstoffs der Blätter (? Ref.) und eine Zunahme der eiweißfreien Stickstofffraktion. Die Konzentrationsverschiebungen der Aminosäuren, die im Weizenblatt nach Infektion mit *Puccinia graminis tritici* auftreten, lassen sich nach RUDOLPH (1) teilweise als Folge proteolytischer Prozesse deuten, da Asparaginsäure, Arginin, Phenylalanin und die Säureamide angereichert sind, während die mit dem Atmungsstoffwechsel verbundenen Aminosäuren Alanin, Threonin, Serin und Glutaminsäure eine Mengenabnahme erfahren; umgekehrte Verhältnisse kennzeichnen den Hungerstoffwechsel abgetrennter Blätter nach Rostinfektion. Der rosthemmende Einfluß von Semicarbazid und Thiosemicarbazid (Fortschr. Bot. **21**, 366) ist von einem Konzentrationsanstieg der meisten Aminosäuren des Weizenblattes begleitet [RUDOLPH (2)]. Diese Anhäufung geht sicher z. T. zurück auf ein Abfangen der Ketosäuren durch die Carbonylreagentien und auf eine Hemmung von Transaminierungsreaktionen (Abbindung von Pyridoxalphosphat). Eine Sonderstellung nimmt das Glykokoll ein, das durch Carbazidbehandlung eine besonders starke Konzentrationszunahme erfährt (bis zum 50fachen der Ausgangsmenge!). Möglicherweise hängt die Rosthemmung mit einer Blockierung glykokollverbrauchender Syntheseschritte zusammen (C_1-Übertragung durch Formyl-Tetrahydrofolsäure? Ref.). Die Bedeutung von Methylüberträgern wurde von DAVEY u. PAPAVIZAS an der durch *Aphanomyces euteiches* hervorgerufenen Fußkrankheit der Erbsen untersucht. Die Konzentration des Pyridoxalphosphates wird in Sonnenblumen-Kotyledonen durch Infektion mit *Puccinia helianthi* nicht verändert (SMITH u. WAYGOOD). Das Auftreten einer pilzbürtigen Glutaminsäuredehydrogenase im Gewebekomplex erklärt die postinfektionelle Aktivitätsänderung der Glutaminsäuredecarboxylase und der Glutaminsäure-Oxalessigsäure-Transaminase des Wirtes: das Hinzutreten des pilzlichen Enzyms könnte zu einer unterschiedlichen Verteilung der für den Umbau von Glutaminsäure erforderlichen Coenzyme führen. Die Autoren bestätigen ferner den früher beobachteten (Fortschr. Bot. **21**, 366) Aktivitätsrückgang der Glutaminsäuredecarboxylase in schwarzrostbefallenen Weizenblättern. Hinweise allgemeiner Art über die Eiweißsynthese in kranken Pflanzen finden sich bei SCHEFFER, PRINGLE u. DAST (*Helminthosporium victoriae* — Toxin/Hafer), BIRNBAUM (*Phytophthora infestans*/Kartoffellaub) und bei LIPSITS (*Synchytrium endobioticum*/Kartoffelknollen).

Elektrophoretische Trennung an Polyacrylamid-Gelen zeigte Veränderungen in Bildung und Verlust bestimmter Enzymeiweiße während der Keimung von Bohnenrost-Uredosporen und in Bohnenblättern nach Infektion mit Rost [STAPLES u. STAHMANN (1, 2)]: unter dem Einfluß des Wirtes werden Anzahl und Struktur verschiedener Isozyme des

Rostes verändert (saure Phosphatasen, Äpfelsäuredehydrogenase). Der Rost beeinflußt seinerseits die Synthese von Enzymen des Wirtes (Repression der Phosphatasebildung, Stimulierung der Produktion einer der Äpfelsäuredehydrogenasen). Bernsteinsäuredehydrogenase wurde erst nach Infektion gefunden. Mitochondrien aus rostinfizierten Blättern enthalten, im Gegensatz zu solchen aus gesunden Blättern, keine Äpfelsäuredehydrogenase (Austritt des Enzyms aus postinfektionell geschädigten Mitochondrien?).

Nucleinsäurestoffwechsel. Der RNS-Gehalt mehltauinfizierter Gerste steigt in der anfälligen Reaktion bereits am 2. Tage nach der Infektion an, während er sich in der resistenten Reaktion nicht verändert (MILLERD u. SCOTT). Der DNS-Gehalt bleibt dagegen von der Infektion, selbst in der anfälligen Reaktion, unbeeinflußt. Was ebenfalls verwundert, ist der gleichbleibende Nucleinsäuregehalt bei Mehltauentwicklung auf etiolierten Blättern, obwohl das Wachstum des Parasiten auf diesen Geweben offenbar normal verläuft. Ein Versuch, die RNS-Synthese in braunrostbefallenen Weizenblättern mit mikroautoradiographischen Methoden näher zu verfolgen, brachte unerwartete Ergebnisse (NIELSEN u. ROHRINGER): im Gegensatz zu früheren Ergebnissen mit P[32], die einen verstärkten Einbau des Isotops in der anfälligen Reaktion erkennen ließen, wird Tritium-markiertes Cytidin von den Wirtszellen am Infektionsort in geringerem Maße eingebaut als von solchen weiter entfernter Gewebepartien. Diese Hemmung des Cytidineinbaues ist nicht auf eine postinfektionelle Änderung der endogenen Cytidinkonzentration zurückzuführen. Unerwartet ist ebenfalls, daß markiertes Cytidin in der untersuchten Zeitspanne zwar in Kerne und Chloroplasten der Wirtszellen, nicht jedoch in Strukturen des Pilzes eingebaut wird.

Stoffaufnahme und Stofftransport. Über Aufnahme und Translokation von P[32] in kranken Pflanzen berichten COMHAIRE (*Erysiphe graminis/* Weizen), GERWITZ u. DURBIN (*Uromyces phaseoli* var. *typica*/Bohne) und BALDACCI u. BETTO (*U. appendiculatus/* Bohne). Ein kurzer Bericht von JONES enthält Angaben über die Verteilung von S[35] in Haferpflanzen nach Infektion mit *Puccinia coronata* var. *avenae.*

Kinetin und Indolessigsäure. Keimung und Eindringen in den Wirt von *Erysiphe cichoracearum* und von einer Anzahl anderer Mehltaupilze bleibt von Kinetin unbeeinflußt, während die Entwicklung der Parasiten im Wirtsgewebe, im Gegensatz zu *Botrytis fabae* und *Uromyces appendiculatus*, durch diese Substanz empfindlich gehemmt wird (DEKKER). Dieser Hemmeffekt kann durch gleichzeitige Gaben von Folsäure, nicht jedoch von p-Aminobenzoesäure, aufgehoben werden. Hier muß wieder auf frühere Versuche mit Benzimidazol verwiesen werden, das in etwas höherer Konzentration ähnliche Hemmeffekte auslöst und das aus der bakteriologischen Literatur seit langem als Folsäure-Antagonist bekannt ist. Der Bericht von LOVREKOVICH u. FARKAS über den Effekt des Kinetins auf die Wirkung des Toxins von *Pseudomonas tabaci* ist in diesem Zusammenhang ebenfalls von theoretischem Interesse.

Eine sorgfältige Nachuntersuchung von DALY u. DEVERALL über die Decarboxylierung der Indolessigsäure in schwarzrostinfizierten Weizenblättern bestätigt im wesentlichen frühere Versuche anderer Autoren, zeigt jedoch, daß der Auxinabbau von vielen Versuchsbedingungen abhängt (Alter des Pflanzenmaterials, Lichtbedingungen während der Anzucht und Infektion, Infektionsdichte usw.) und daß früher beobachtete, postinfektionelle Unterschiede nicht unbedingt auf Änderungen der Oxydaseaktivität beruhen, sondern durch zögernde Aufnahme radioaktiver Indolessigsäure in rostinfizierte Gewebe vorgetäuscht werden kann. Auch muß berücksichtigt werden, daß Abbau der Indolessigsäure in Weizenblättern größtenteils nicht durch Decarboxylierung, sondern durch andere Reaktionen erfolgt (DEVERALL u. DALY). Das Fehlen eines Abbauproduktes in rostinfizierten Geweben (vgl. Fortschr. Bot. 25, 463) wurde von den Autoren bestätigt.

Literatur

Einige der Literaturangaben sind zusätzlich mit einem Zitat der Reviews of Applied Mycology (RAM) versehen. Hierdurch sind Veröffentlichungen gekennzeichnet, die dem Referenten nur im Auszug zur Verfügung standen.

AKAI, S., and T. MORINAKA: Ann. phytopath. Soc. Japan 27, 239—244 (1962); — RAM 42, 448 (1963). — AKSENOVA, V. A.: C. R. Acad. Sci. USSR 147, 496—498 (1962); — RAM 42, 449—450 (1963). — AMADOR, E. J., and H. WHEELER: Phytopathology 53, 621 (1963). — AOKI, H., T. SASSA, and T. TAMURA: Nature (Lond.) 200, 575 (1963). — ARAGAKI, M., and R. B. HINE: Phytopathology 53, 854—856 (1963).

BÄR, H.: Phytopath. Z. 48, 149—177 (1963). — BAILOV, D., S. ISTATKOV, A. EDREVA, and M. SECHENSKA: C. R. Acad. bulg. Sci. 15, 427—430 (1962); — RAM 42, 633 (1963). — BALDACCI, E., and E. BETTO: Agrochim. 6, 231—250 (1962); — RAM 42, 447—448 (1963). — BARASH, I., J. M. KLISIEWCZ, and T. KOSUGE: Phytopathology 53, 1137—1138 (1963). — BATEMAN, D. F.: (1) Phytopathology 53, 1178—1186; (2) 870—871; (3) 197—204 (1963). — BERRY, R. W.: Diss. Abstr. 23, 4057—4058 (1963). — BIDWELL, R. G. S.: Can. J. Bot. 41, 1623—1638 (1963). — BIRNBAUM, D.: Biol. Zbl. 81, 355—370 (1962). — BLACK, H. S.: Phytopathology 53, 871 (1963). — BLACKHURST, F. M.: Ann. appl. Biol. 52, 79—88 (1963). — BLACKHURST, F. M., and R. K. S. WOOD: (1) Ann. appl. Biol. 52, 89—96 (1963); — (2) Trans. Brit. mycol. Soc. 46, 385—392 (1963). — BLANK, L. M., and C. R. LEATHERS: Phytopathology 53, 921—928 (1963). — BOHNEN, K.: Phytopath. Z. 46, 199—206 (1963). — BOWEN, C. C., G. A. PEYTON, and J. D. BERLIN: Am. J. Bot. 50, 624—625 (1963). — BROMFIELD, K. R.: Phytopathology 53, 745 (1963). — BURTON, C. L.: Diss. Abstr. 22, 4154—4155 (1962). — BUSHNELL, W. R., and P. J. ALLEN: Plant Physiol. 37, 751—758 (1962).

CALTRIDER, P. G., and D. GOTTLIEB: (1) Phytopathology 52, 1217 (1962); (2) 53, 1021—1030 (1963). — CALTRIDER, P. G., S. RAMACHANDRAN, and D. GOTTLIEB: Phytopathology 53, 86—92 (1963). — CARLILE, M. J., and M. A. SELLIN: Trans. Brit. mycol. Soc. 46, 15—18 (1963). — CHAMBERS, H. L., and M. E. CORDEN: Phytopathology 53, 1006—1010 (1963). — COCHRANE, J. C., V. W. COCHRANE, F. G. SIMON, and J. SPAETH: Phytopathology 53, 1155—1160 (1963). — COCHRANE, V. W., S. J. BERRY, F. G. SIMON, J. C. COCHRANE, C. B. COLLINS, J. A. LEVY, and P. K. HOLMES: Plant Physiol. 38, 533—541 (1963). — COCHRANE, V. W., J. C. COCHRANE, C. B. COLLINS, and F. G. SERAFIN: Am. J. Bot. 50, 806—814 (1963). — COMHAIRE, F.: Lejeunia, N. S. 15, 89pp. (1963); — RAM 42, 539 (1963). — CONDON, P., J. KUC, and H. N. DRAUDT: Phytopathology 53, 1244—1250 (1963). — CRUICKSHANK, I. A. M.: (1) Ann. Rev. Phytopath. 1, 351—374 (1963); — (2) J. Austr. Inst. agric. Sci. 29, 23—30 (1963). — CRUICKSHANK, I. A. M., and D. R. PERRIN: (1) Austr. J. biol. Sci. 16, 111—128 (1963); — (2) Life Sciences 9, 680—682 (1963).

DALY, J. M., and B. J. DEVERALL: Plant Physiol. 38, 741—750 (1963). — DANIELS, J.: Trans. Brit. mycol. Soc. 46, 485—502 (1963). — DAVEY, C. B., and

G. C. Papavizas: Am. J. Bot. **50**, 67—72 (1963). — Davis, D.: Phytopathology **53**, 133—139 (1963). — Davison, A. D., and E. K. Vaughan: Phytopathology **53**, 736—737 (1963). — Deese, D. C., and M. A. Stahmann: Phytopath. Z. **46**, 53—70 (1963). — Dekker, J.: Nature (Lond.) **197**, 1027—1028 (1963). — De Vellis, J., L. M. Shannon, and J. Y. Lew: Plant Physiol. **38**, 686—690 (1963). — Deverall, B. J., and J. M. Daly: Plant Physiol. **39**, 1—9 (1964). — De Weille, G. A.: Neth. J. Plant Path. **69**, 115—131 (1963). — Doodson, J. K.: Trans. Brit. mycol. Soc. **46**, 301 (1963).

Ehrlich, H. G., and M. A. Ehrlich: (1) Am. J. Bot. **50**, 123—130 (1963); — (2) Phytopathology **53**, 1378—1380 (1963). — Emge, R. G.: Phytopathology **53**, 745—746 (1963). — Evtushenko, G. A.: Izdat. Akad. Nauk Kirghiz. SSR, pp. 140 bis 154 (1960); — RAM **42**, 592 (1963).

Farkas, G. L.: Tagungsber. dtsch. Akad. Landwirtsch. Berlin **33**, 73—81 (1961). — Fehrmann, H.: Phytopath. Z. **46**, 371—408 (1963). — Flentje, N. T., R. L. Dodman, and A. Kerr: Austr. J. biol. Sci. **16**, 784—799 (1963). — French, R. C.: Bot. Gaz. **124**, 121—128 (1962).

Garrett, S. D.: Trans. Brit. mycol. Soc. **46**, 572—576 (1963). — Gatina, E. S.: Izdat. sel.-khoz. Lit., pp. 85—88 (1960); — RAM **42**, 678 (1963). — Gerwitz, D. L., and R. D. Durbin: Phytopathology **53**, 876 (1963). — Glendinning, D., J. A. MacDonald, and J. Grainger: Trans. Brit. mycol. Soc. **46**, 595—603 (1963). — Goheen, A. C., and W. C. Schnathorst: Phytopathology **53**, 1139 (1963). — Gottlieb, D.: Chem. & Ind. **1963**, 1158. — Gottlieb, D., and. P. G. Caltrider: Nature (Lond.) **197**, 916—917 (1963). — Gregory, G. F.: Diss. Abstr. **23**, 18 (1962). — Griffiths, D. A., and I. Isaac: Ann. appl. Biol. **51**, 231—236 (1963). — Grimm, R. B., and H. Wheeler: Phytopathology **53**, 436—440 (1963). — Grossmann, F.: Naturwissenschaften **50**, 721 (1963). — Gubanov, G. Y.: Fiziol. Rast. **9**, 614—619 (1962); — RAM **43**, 17—18 (1964).

Hadley, G., and M. Perombelon: Nature (Lond.) **200**, 1337 (1963). — Hadwiger, L. A.: Diss. Abstr. **23**, 787—788 (1962). — Hampton, R. E.: Phytopathology **53**, 497—499 (1963). — Hancock, J. G., and R. L. Millar: Phytopathology **53**, 877 (1963). — Hendrix, J. W., and J. L. Apple: Phytopathology **53**, 877—878 (1963). — Henniger, H.: Z. allg. Mikrobiol. **3**, 126—135 (1963). — Henniger, H., u. W. Bartel: Der Züchter **33**, 86—91 (1963). — Hijwegen, T.: Neth. J. Plant Path. **69**, 314—317 (1963). — Hine, R. B., and M. Aragaki: Phytopathology **53**, 1194—1197 (1963). — Hobbs, E. L.: Phytopathology **52**, 1223—1225 (1962). — Holowczak, J., J. Kuc, and E. B. Williams: Phytopathology **52**, 699—703 (1962). — Hoyer, H.: Zbl. Bakt., Abt. 2, **115**, 362—379 (1962). — Husain, S. S., and W. E. McKeen: Phytopathology **53**, 541—545 (1963).

Irvine, B. R.: Diss. Abstr. **23**, 3091—3092 (1963). — Ishchenko, L. A.: Byul. tsentr. genet. Lab. N. V. Michurina, pp. 110—116 (1961); — RAM **42**, 267 (1963). — Ivanova, T. M., and B. A. Rubin: Biochemistry (Leningr.) **28**, 288—294 (1963). — Izard, C., et J. Chadouteaud: C. R. Acad. Sci. (Paris) **255**, 1773—1774 (1962).

Jack, R. C. M., and L. P. Miller: Phytopathology **53**, 879 (1963). — Jones, J. P.: Phytopathology **53**, 623 (1963).

Kiraly, Z., and G. L. Farkas: (1) Proc. Conference Scient. Problems of Plant Protection. I. Phytopathology, pp. 51—55, Budapest, 1961; — RAM **42**, 232—233 (1963); — (2) Phytopathology **52**, 657—664 (1962). — Kirkham, D. S., and A. E. Flood: J. gen. Microbiol. **32**, 123—129 (1963). — Klarman, W. L., and J.W. Gerdemann: (1) Phytopathology **53**, 747; (2) 1317—1320 (1963). — Koelle, G.: Der Züchter **33**, 81—84 (1963). — Kono, A.: (1) Mem. Fac. Agric. Univ.Miyazaki **3**, 57—60 (1962); — RAM **42**, 369 (1963); — (2) Bull. Fac. Agric. Univ. Miyazaki **7**, 296—303 (1962); — RAM **42**, 543 (1963). — Koshimizu, K., E. Y. Spencer, and A. Stoessl: Can. J. Bot. **41**, 744—746 (1963). — Kosuge, T., and J. C. Dutra: Phytopathology **53**, 880 (1963). — Krasnoshchekova, O. F., and V. I. Runov: (1) Uzbek. biol. Zh. **6**, 13—15 (1962); — RAM **42**, 384 (1963); — (2) Uzbek. biol. Zh. **6**, 55—57 (1962); — RAM **42**, 464 (1963). — Kuc, J.: Phytopathology **52**, 961—963 (1962).

Ladygina, M. E.: C. R. Acad. Sci. USSR **147**, 499—501 (1962). — Last, F. T.: Ann. Bot., N. S. **27**, 685—690 (1963). — Leal, J. A., I. G. Acha, and J. R. Villanueva: Nature (Lond.) **200**, 290—291 (1963). — Leal, J. A., and J. R. Villa-

NUEVA: (1) Microbiol. esp. **15**, 269—275 (1962); — RAM **42**, 526 (1963); — (2) Nature (Lond.) **195**, 1328—1329 (1962). — LINSKENS, H. F., u. P. HAAGE: Phytopath. Z. **48**, 306—311 (1963). — LIPSITS, D. V.: C. R. Acad. Sci. USSR **146**, 947—950 (1962). — LOVREKOVICH, L., and G. L. FARKAS: Nature (Lond.) **198**, 710 (1963).

MACE, M. E.: Physiol. Plant. **16**, 915—925 (1963). — MACE, M. E., and T. T. HEBERT: Phytopathology **53**, 692—700 (1963). — MAJERNIK, O., and A. JANITOR: Biologia, Bratislava **18**, 489—497 (1963); — RAM **42**, 742—743 (1963). — MALCA, I., and F. P. ZSCHEILE: Phytopathology **53**, 341—343 (1963). — MANNERS, J. G., and S. M. M. HOSSAIN: Trans. Brit. mycol. Soc. **46**, 225—234 (1963). — MASRI, S. S., and A. H. ELLINGBOE: Phytopathology **53**, 882 (1963). — MATTA, A.: Riv. Pat. veg., Pavia, Ser. 3, **3**, 99—106 (1963); — RAM **43**, 41 (1964). — MATTA, A., and A. E. DIMOND: Phytopathology **53**, 574—578 (1963). — MAYR, H. H., A. DISKUS u. W. BECK: Phytopath. Z. **47**, 95—97 (1963). — McCAIN, A. H.: Phytopathology **53**, 184—187 (1963). — MEAD, H. W.: Can. J. Bot. **40**, 1365—1370 (1962). — MEYER, W. C. VON: Plant Dis. Reptr. **47**, 614—616 (1963). — MILLERD, A., and K. J. SCOTT: Austr. J. biol. Sci. **16**, 775—783 (1963). — MINAMIKAWA, T., T. AKAZAWA, and I. URITANI: Plant Physiol. **38**, 493—497 (1963). — MISAWA, T., and S. KATO: Ann. phytopath. Soc. Japan **27**, 102—108 (1962); — RAM **42**, 195 (1963).

NATARAJAN, S.: (1) J. Indian bot. Soc. **41**, 305—312 (1962); — RAM **42**, 184 (1963); — (2) J. Indian bot. Soc. **41**, 440—447 (1962); — RAM **42**, 525 (1963). — NELSON, R. R., R. P. SCHEFFER, and R. B. PRINGLE: Phytopathology **53**, 385—387 (1963). — NIELSEN, J.: (1) Can. J. Bot. **41**, 314—316; (2) 335—339 (1963). — NIELSEN, J., and R. ROHRINGER: Can. J. Bot. **41**, 1501—1508 (1963). — NOUR EL DEIN, M. S., and M. S. SHARKAS: Phytopath. Z. **48**, 439—444 (1963). — NOVEROSKE, R. L.: Diss. Abstr. **23**, 3585—3586 (1963). — NÜESCH, J.: In "Symbiontic Associations", pp. 335—343, NUTMAN, P. S., and B. MOSSE (Edit.), Cambridge University Press 1963; — RAM **42**, 739 (1963).

OORT, A. J. P.: Neth. J. Plant Path. **69**, 104—109 (1963).

PAGE, O. T., and M. C. CLARK: Phytopathology **53**, 885 (1963). — PAGE, O. T., and F. A. WOOD: Phytopathology **53**, 946—949 (1963). — PALM, E. T.: Contr. Boyce Thompson Inst. **22**, 91—112 (1963). — PERUNASKII, Y. V., and I. N. MIUSOV: Vestn. sel.-khoz. Nauki, Alma-Ata **6**, 39—43 (1963); — RAM **42**, 611—612 (1963). — PETERSEN, L. J., J. E. DeVAY, and B. R. HOUSTON: Phytopathology **53**, 630—633 (1963). — PEYTON, G. A., and C. C. BOWEN: Am. J. Bot. **50**, 787—797 (1963). — PRINGLE, R. B., and R. P. SCHEFFER: Phytopathology **53**, 785—787 (1963).

REISENER, H., A. J. FINLAYSON, and W. B. McCONNELL: Can. J. Biochem. Physiol. **41**, 1—7 (1963). — REISENER, H., A. J. FINLAYSON, W. B. McCONNELL, and G. A. LEDINGHAM: Can. J. Biochem. Physiol. **41**, 737—743 (1963). — REISENER, H. J., H. R. GOLDSCHMID, G. A. LEDINGHAM, and A. S. PERLIN: Can. J. Biochem. Physiol. **40**, 1248—1251 (1962). — RÖSCH, R.: Arch. Mikrobiol. **43**, 392—401 (1962). — ROMANOWSKI, R. D.: Diss. Abstr. **23**, 421 (1962). — ROMERO, S., and M. E. GALLEGLY: Phytopathology **53**, 899—903 (1963). — RONCADORI, R. W.: Phytopathology **52**, 1220 (1962). — ROWELL, J. B., W. Q. LOEGERING, and H. R. POWERS: Phytopathology **53**, 932—937 (1963). — RUBIN, B. A., and O. L. OZERETSKOVSKAYA: Biochemistry (Leningr.) **28**, 80—88 (1963); — RAM **42**, 700—701 (1963). — RUDOLPH, K.: (1) Phytopath. Z. **46**, 276—290; (2) **49**, 114—126 (1963).

SAALTINK, G. J.: Neth. J. Plant Path. **69**, 3—75 (1963). — SANWAL, B. D., and E. R. WAYGOOD: Can. J. Bot. **41**, 55—63 (1963). — SCHEFFER, R. P., and R. B. PRINGLE: (1) Phytopathology **53**, 465—468; (2) 558—561 (1963). — SCHEFFER, R. P., R. B. PRINGLE, and N. P. DAST: Phytopathology **53**, 888 (1963). — SCHEIN, R. D.: Phytopathology **52**, 653—657 (1962). — SCHLÖSSER, E., u. H. STEGEMANN: Phytopath. Z. **49**, 84—88 (1963). — SCHROTH, M. N., T. A. TOUSSOUN, and W. C. SNYDER: Phytopathology **53**, 809—812 (1963). — SCOTT, K. J., and R. M. SMILLIE: Nature (Lond.) **197**, 1319—1320 (1963). — SEARLES, R. B., and R. C. FRENCH: Plant Physiol. **38** (Suppl.) LVI (1963). — SEQUEIRA, L.: Ann. Rev. Phytopath. **1**, 5—30 (1963). — SEROVA, Z. Y.: Dokl. Akad. Nauk BSSR **6**, 805—808 (1962); — RAM **42**, 525 (1963). — SHANNON, L. M., J. DE VELLIS, and J. Y. LEW: Plant Physiol. **38**, 691—697 (1963). — SHAW, M.: Ann. Rev. Phytopath. **1**, 259—294 (1963). — SHEPHERD, C. J., and M. MANDRYK: Austr. J. biol. Sci. **16**, 77—87

(1963). — Smith, J. E., and E. R. Waygood: Can. J. Bot. 41, 41—54 (1963). — Spalding, D. H.: Phytopathology 53, 929—931 (1963). — Staples, R. C.: Contr. Boyce Thompson Inst. 21, 487—497 (1962). — Staples, R. C., and M. A. Stahmann: (1) Phytopathology 53, 890; — (2) Science 140, 1320—1321 (1963). — Stevens, R. B.: Phytopathology 53, 1217—1232 (1963). — Strobel, G. A.: Phytopathology 53, 592—596 (1963). — Subramanian, S.: (1) Proc. Indian Acad. Sci., Sect. B 57, 178—194 ; (2) 259—274 (1963); — RAM 42, 716 (1963). — Syamananda, R., and R. C. Staples: Contr. Boyce Thompson Inst. 22, 1—8 (1963).

Talieva, M. N., and Y. M. Plotnikova: Byull. glav. bot. Sada, Moskau, pp. 53—62 (1962); — RAM 42, 369 (1963). — Thomas, C. A., and R. G. Orellana: Science 139, 334—335 (1963). — Tinline, R. D.: Can. J. Bot. 41, 489—497 (1963). — Tomiyama, K.: Ann. Rev. Phytopath. 1, 295—324 (1963). — Tulloch, A. P.: Can. J. Biochem. Physiol. 41, 1115—1121 (1963). — Turner, P. D.: Phytopathology 53, 1337—1339 (1963). — Tweedy, B. G., and D. Powell: Contr. Boyce Thompson Inst. 22, 9—16 (1963).

Uehara, K.: Bull. Hiroshima agric. Coll. 2, 1—7 (1962); — RAM 42, 584 (1963).

Valenta, J. R., and H. D. Sisler: Phytopathology 52, 1030—1037 (1962). — Viswanathan, M. A., and R. L. Pelletier: Phytopathology 53, 892—893 (1963).

Wallace, J. E.: Diss. Abstr. 23, 422 (1962). — Wegener, W. S., and A. H. Romano: Science 142, 1669—1670 (1963). — Weir, G. M.: (1) Mycopathologia 18, 184—188; (2) 194—198 (1962); — RAM 42, 366—367 (1963). — Wheeler, H., and H. S. Black: Am. J. Bot. 50, 686—693 (1963). — Williams, B. J., and D. M. Boone: Phytopathology 53, 979—983 (1963). — Winstead, N. N., and C. L. McCombs: Phytopathology 53, 961—964 (1963). — Wynn, W. K.: Phytopathology 53, 1376—1377 (1963).

Yarwood, C. E.: Phytopathology 53, 1144—1145 (1963). — Yirgou, D., and R. M. Caldwell: Science 141, 272—273 (1963). — Youssef, Y. A.: Phytopath. Z. 46, 11—16 (1962).

β) Mykosen, verursacht durch Archimyceten und Phycomyceten

Von Johannes Ullrich, Braunschweig

I. Archimyceten

Nachdem im Jahre 1951 erstmalig über eine Spezialisierung des Kartoffelkrebserregers *(Synchytrium endobioticum)* in der UdSSR berichtet worden war (Potlačuk), wird neuerdings in der Vorgebirgszone der Transkarpathen Befall von Kartoffelsorten, die gegenüber der Rasse 1 resistent sind, beobachtet (Chiznjak u. Jakovleva). Auf der Kartoffelkrebskonferenz in Smolenice 1958 (s. Fortschr. Bot. **22**, 420) hatte Fedotova Beobachtungen über eine Virulenzerhöhung des Pilzes nach Passage über schwach anfällige Kartoffelsorten vorgetragen. Malec glaubt nunmehr, diese Befunde bestätigen zu können. Es ist jedoch nicht möglich, vom Pilz Einsporlinien zu erhalten, selbst Einsporangienkulturen sind überaus schwer anzulegen. Die an der Kartoffelknolle befindlichen jungen Keime — sie dienen als Kultursubstrat — ändern während des Winters und damit während der Versuchsanstellung ihren physiologischen Zustand. Es dürfte daher sehr schwer sein, einen einwandfreien Nachweis für die Virulenzänderung des Erregers durch wiederholte Passage zu führen.

Die Verbreitung der gegenüber den Kohlsorten unterschiedlich pathogenen Rassen des Erregers der Kohlhernie *(Plasmodiophora brassicae)* dürfte in Zukunft den Anbau bestimmter Kohlsorten in den amerikanischen Befallsgebieten bestimmen (Williams u. Walker). Vor welchen Problemen hier die Resistenzzüchtung heute schon steht, zeigt das Auftreten einer neuen Rasse (Rasse 7), von der die bisher als resistent geltende und in den USA viel gebaute Kohlvarietät Badger Shipper befallen wird (Seaman u. Mitarb.).

Die Beobachtung von Teakle (Fortschr. Bot. **25**, 487), wonach die Zoosporen von „*Olpidium brassicae*" *(Pleotrachylus virulentus)* das für die Aderchlorose des Kopfsalates verantwortliche Virus zu übertragen vermögen, wurde bestätigt (Teakle u. Gold, Campbell u. Grogan).

II. Phycomyceten

1. Sporulation und Sporenkeimung

Untersuchungen über den Einfluß des Tag-Nacht-Wechsels auf Sporulation und Keimfähigkeit der Sporen sind für die Epidemiologie von Pilzkrankheiten bedeutsam. Die bisher vorliegenden Ergebnisse lassen noch viele Fragen offen und stehen zum Teil im Gegensatz zu geltenden Auffassungen. Freie Sporangien von *Phytophthora infestans* galten bisher als überaus empfindlich für ein Sättigungsdefizit der Luft. Nach DE WEILLE sollen sie hiergegen weniger empfindlich sein, hoch empfindlich jedoch für ultraviolette Sonnenstrahlung. Der Autor schließt aus Laboratoriumsversuchen mit einem Licht-Dunkel-Wechsel, daß Sporangien nur in der Nacht gebildet werden können. GLENDINNING u. Mitarb. finden nicht nur eine verhältnismäßig schnelle Abnahme der Keimfähigkeit der Sporangien bei künstlicher ultravioletter Strahlung, sondern auch im Tageslicht. Die Versuchsanstellung ist, soweit sie mitgeteilt wurde, wenig überzeugend, die Differenzen gegenüber der Kontrolle gering, über eine statistische Sicherung der Ergebnisse wird nichts mitgeteilt.

Licht spielt für die Sporulation von *P. parasitica* auf abgeschnittenen Früchten von Carica papaya keine Rolle. Auf grünen Früchten ist die Sporulation stark, auf reifen Früchten nur schwach. In künstlicher Kultur hingegen wird die Sporulation des Pilzes durch Licht mit einer Wellenlänge von 300—600 mμ enorm stimuliert (ARAGAKI u. HINE). Die Sporulation von *Peronospora tabacina* auf Tabakblattscheiben wird hingegen bei Licht am stärksten gehemmt bei einer Wellenlänge von 450 bis 525 mμ; bei Dauerlicht sind bereits geringe Lichtintensitäten wirksam, während Dunkelperioden die Sporulation induzieren (CRUICKSHANK).

SHEPHERD u. MANDRYK konnten aus dem intakten Tabakblatt Substanzen auswaschen, die die Keimung der Conidien von *Peronospora tabacina* stark hemmen. Daher könnten länger andauernde Niederschläge durch Auswaschung dieser Stoffe die epidemische Ausbreitung des Pilzes beeinflussen. Ein auf dem Tabakblatt lebendes Bakterium vermag Conidien und Keimschläuche dieses Pilzes in ein bis zwei Stunden zu lysieren (SCHMIDT). Sehr überraschend ist die Angabe von MICHAJLOVA, daß Oosporen von *P. tabacina* bei 22—24° C nach 16 Tagen zu 7—10% gekeimt sein sollen. Die Lebensfähigkeit der Conidien von *P. viticola* ist erstaunlich, auf dem Rebblatt bleiben diese bei einer rel. Luftfeuchtigkeit von 40% und einer Temperatur von − 10° C über 18 Monate lebensfähig, bei 50% rel. Feuchte und 0° C überdauern sie noch 7 Monate (GRÜNZEL).

2. Spezialisierung, Wirtskreise und Resistenz

Isolate von *Albugo candida*, von sechs verschiedenen Cruciferenwirten stammend, besitzen jeweils einen spezifischen Wirtskreis, es wird daher eine entsprechende Anzahl von Rassen unterschieden (POUND u. WILLIAMS). Von *Raphanus sativus* gibt es gegenüber diesem Erreger resistente Typen, die mit einer Abwehrnekrose reagieren, tolerante Typen, auf denen der Pilz nur schwach sporuliert, aber eine Hyperplasie des Palisadenparenchyms und eine Hypertrophie der oberseitigen Epidermis hervorruft und schließlich anfällige Typen mit starker Sporulation auf den Kotyledonen (WILLIAMS u. POUND).

In Rußland gleicht das Rassenspektrum des Kartoffelkrautfäuleerregers *(Phytophthora infestans)*, soweit es erfaßt wurde, dem anderer europäischer und außereuropäischer Länder. Die Rassen 1, 4 und 1.4 herrschen auch hier vor (FEDOTOVA). Das auf *Solanum demissum* und

S. stoloniferum basierende Sortiment für die Rassenanalyse besitzt Gene für die Überempfindlichkeitsresistenz. Die Abwehrnekrose tritt auf dem Blatt nach Beimpfung mit inkompatiblen Rassen auf. Diese Resistenz des Blattes ist nicht immer mit einer entsprechenden Resistenz der Kartoffelknolle korreliert. In einigen Fällen sporuliert der Pilz bei inkompatiblem Partner auf der beimpften Schnittfläche der Knollen (DAVILA u. Mitarb.).

Die Resistenz der Sojabohne gegenüber *P. sojae* wird durch ein einziges dominantes Gen vererbt. Es handelt sich um eine typische Eindringungsresistenz. Im Verlauf der Abwehrreaktion der Wirtszellen entsteht eine braunrote Substanz [KLARMAN u. GERDEMAN (1)]. Diese Substanz wird auch nach Inoculation von Hypokotylwunden mit *P. megasperma* oder *P. cactorum* gebildet, obwohl diese Pilze gegenüber der Sojabohne nicht pathogen sind. Das Phytoalexin hemmt bei allen drei Pilzen in künstlicher Kultur das Mycelwachstum [KLARMAN u. GERDEMAN (2)]. Die Vererbung der Resistenz von *Nicotiana debneyi* und *N. goodspedii* gegenüber *P. tabacina* ist offenbar recht verwickelt. Neben einer polyfaktoriellen Resistenz (WITTMER) scheint auch ein nur auf einem einzigen Gen beruhender Resistenztyp zu existieren (CLAYTON). In Australien ist eine Erregerrasse aufgetreten, welche die Resistenz von Abkömmlingen beider *Nicotiana*arten zu brechen vermag (HILL).

Neben der Überempfindlichkeitsresistenz gegenüber *Phytophthora infestans* gibt es bei *Solanum tuberosum* noch eine polyfaktoriell bedingte relative Resistenz. Es überrascht daher nicht, wenn die Pathogenität der verschiedenen Herkünfte einer Rasse stark variiert (SCHULTZ; DOROŽKIN u. REMNEVA). Diese Variabilität findet noch keine befriedigende Erklärung (JINKS u. GRINDLE; PAXMAN). Die Mehrkernigkeit der Zoosporen kann zur Erklärung der Variabilität von Einsporkulturen kaum herangezogen werden, da nur 0,34 % zweikernige Zoosporen aufgefunden wurden (CASTRO). Die drei Komponenten der relativen Resistenz — verminderte Eindringungsrate, verringerte Geschwindigkeit der Ausbreitung im Wirtsgewebe und geringere Sporulationsintensität — sind miteinander korreliert (LAPWOOD). Dennoch ist die relative Resistenz, besonders der Kartoffelknollen, nicht leicht zu erfassen. PAXMAN verimpfte fünf Stämme des Pilzes auf Stücke von Knollenfleisch verschiedener Sorten und schloß aus dem sich bildenden Luftmycelareal auf die Variabilität der Pilzherkünfte und auf eine unterschiedliche Resistenz der Sorten. Hier dürften allerdings kaum zu vermeidende bakterielle Verunreinigungen und die Wundreaktion des Knollengewebes hereinspielen. Versuche, die relative Resistenz mit einer Bestimmung der Peroxydaseaktivität (PA) zu erfassen, sind offenbar zum Scheitern verurteilt (HENNIGER u. BARTEL). Sorten mit guter Resistenz weisen oft eine geringe PA auf. Wieweit und vor allem auf welchem Wege Gibberellin die Phythophthoraresistenz beeinflußt, bedarf nach den ersten Hinweisen noch einer weiteren Klärung (WEINDLMAYR). In den gegenüber *Aphanomyces euteiches* resistenteren Erbsenvarietäten werden weniger Oosporen gebildet (CUNNINGHAM u. HAGEDORN). KING u. CHO benutzen diese Beobachtung für Resistenzteste, die Zahl der im verseuchten Boden in den Wurzelspitzen gebildeten Oosporen ist außerdem ein Maß für die Pathogenität von Erregerisolaten.

Es liegen weitere Befunde vor, wonach auch Bodenpilze eine beachtliche Spezialisierung aufweisen können. So ist *Phytophthora drechsleri*, Erreger einer Wurzelfäule in den künstlich bewässerten Saflorkulturen im Westen der USA, in mehrere Rassen aufgespalten (THOMAS u. KLISIEWICZ). Isolate von *Pythium graminicolum* aus Iowa zeigen eine gewisse Spezialisierung gegenüber den angebauten Getreidearten (HAMPTON u. BUCHHOLTZ). Andererseits werden für Bodenpilze immer neue Wirtspflanzen bekannt. *Phytophthora cinnamomi* befällt auch die Wurzeln der Kulturheidelbeere *Vaccinium corymbosum* (ROYLE u. HICKMAN), unter den überprüften amerikanischen Verhältnissen wird *Pseudotsuga menziesii* von diesem Pilz nicht befallen (ROTH u. KUHLMAN), hochgradig anfällig ist jedoch *Abies fraseri* (KUHLMAN u. HENDRIX). *P. fragariae* befällt 5 von 19 getesteten *Potentilla*arten, von denen *P. glandulosa* im Westen der USA heimisch ist (MOORE u. Mitarb.). *Pythium aphanidermatum* befällt zahlreiche Gramineenarten, die zum Teil bisher als Wirte unbekannt waren (FREEMAN u. HORN).

3. Einzelne Krankheiten

Über Schäden durch *Phytophthora cactorum* im Obstbau wird seit Jahren berichtet. Hauptsymptom ist eine umgürtende Fäule an der Stammbasis, die der Krankheit die Bezeichnung „collar rot" oder Kragenfäule eingetragen hat. Dieser Pilz kann aber auch Fruchtfäulen bei Äpfeln, Birnen und Zwetschen hervorrufen, aus Beobachtungen in Tirol geht hervor, daß Sporen mit Beregnungswasser in die Baumkronen gelangen. Erstmalig wurde hier auch eine Zweig- und Rindenfäule bei Birnen beobachtet [BRAUN u. SCHWINN (2)]. Aus natürlich infizierter Rinde von Apfelbäumen wurde, wie schon vorher in Holland (ROOSJE), nun auch in England *P. syringae* isoliert. Da auch *P. citricola* im Boden von Obstanlagen gefunden wurde, wird angenommen, daß bei der Kronen- und Kragenfäule alle drei *Phytophthora*arten in wechselndem Maße beteiligt sind (SEWELL u. WILSON).

*Phytophthora*arten im Boden können durch verschiedene organische Zusätze bekämpft werden, gegen *P. cactorum* wirkt in gewissen Grenzen Ricinusschrot [BRAUN u. SCHWINN (1, 2)]. Luzernemehl wirkt gegen *P. cinnamomi* (ZENTMYER). *P. parasitica* var. *nicotianae* ist lange im Boden lebensfähig. Entgegen älteren Angaben (Fortschr. Bot. 23, 417) bleibt selbst nach vierjährigem Anbau von Nichtwirten noch ein Infektionspotential, das ausreicht, um an anfälligen Tabaksorten bemerkenswerte Schäden hervorzurufen (APPLE).

Einen auf *Fusarium* sp. lebenden *Phycomyceten* isolierte HASKINS. Der Pilz parasitiert 79 von 98 getesteten Pilzen, wahrscheinlich handelt es sich um *Pythium acanthium*. Für Deutschland neu ist eine Wurzel- und Stengelfäule bei Chrysanthemen, die eine nennenswerte wirtschaftliche Bedeutung haben dürfte. Als Erreger wurde *P. ultimum* nachgewiesen (PAG), es kommen eventuell auch noch andere Arten in Betracht. In den USA werden *P. aphanidermatum*, *P. debaryanum* (JACKSON u. McFADDEN) und *P. spinosum* (TAMMEN u. MUSE) genannt.

Neu aufgetreten ist in Neuseeland *Peronospora matthiola*, dieser Pilz hat sich auf *Matthiola*arten überaus rasch ausgebreitet, ist jedoch gut zu bekämpfen [JAFAR (2)]. Im Kubangebiet der UdSSR tritt *Albugo tragopogensis* auf Sonnenblumen auf, wobei als Infektionsquelle *Tragopogon pratensis* in Betracht kommt (NOVOTELNOVA).

Aus einigen Gebieten liegen Berichte über Auftreten und Verbreitung von *Peronosporaceen* vor, so aus Italien (CIFERRI u. CAMERA), Jugoslawien (MAČEK), Litauen (JERMALAVIČIUTÉ) und Neu-Seeland [JAFAR (1)]. In Jugoslawien tritt *Peronospora tabacina* auf *Nicotiana silvestris*, einer sehr verbreiteten Zierpflanze, auf, in Litauen wird von diesem Pilz *N. affinis* (= *N. alata* var. *grandiflora*) befallen, Wirte, die für die Epidemiologie des Tabakblauschimmels Bedeutung haben können.

Literatur

APPLE, J. L.: Plant Dis. Rep. **47**, 632—634 (1963). — ARAGAKI, M., and R. B. HINE: Phytopathology **53**, 854—856 (1963).

BRAUN, H., u. F. J. SCHWINN: (1) Erwerbsobstbau **4**, 54—56 (1962); — (2) Phytopath. Z. **47**, 327—370 (1963).

CAMPBELL, R. N., and R. G. GROGAN: Phytopathology **53**, 252—259 (1963). — CASTRO, J.: Phytopathology **53**, 24 (1963). — ČISNJAK, P. A., i V. I. JAKOVLEVA: Zašč. rast. (Moskau) **7**, 51 (1962). — CIFERRI, R., e C. CAMERA: Quad. Ist. bot. Univ. Pavia **30**, 1—39 (1963). — CLAYTON, E. E.: Coresta 1962, 25—30 (1962). — CRUICK-SHANK, I. A. M.: Aust. J. biol. Sci. **16**, 88—98 (1963). — CUNNINGHAM, J. L., and D. J. HAGEDORN: Phytopathology **52**, 827—834 (1962).

DAVILA, E., A. MONSON, and C. J. EIDE: Am. Potato J. **39**, 390 (1962). — DOROŽKIN, N. A., i Z. I. REMNEVA: Agrobiologija (Moskau) **1962**, 407—411.

FEDOTOVA, T. I.: Zašč. rast. (Moskau) **7**, 56 (1962). — FREEMAN, T. E., and G. C. HORN: Plant. Dis. Rep. **47**, 425—427 (1963).

GLENDINNING, D., J. A. MacDONALD, and J. GRAINGER: Trans. Brit. mycol. Soc. **46**, 595—603 (1963). — GRÜNZEL, H.: Nachrbl. Dtsch. Pflanzenschutzd. (Berlin) **17**, 139—144 (1963).

HAMPTON, R. O., and W. F. BUCHHOLTZ: Iowa State Coll. J. Sci. **37**, 43—66 (1962). — HASKINS, R. H.: Canad. J. Microbiol. **9**, 451—457 (1963). — HENNIGER, H., u. W. BARTEL: Züchter **33**, 86—91 (1963). — HILL, A. V.: Nature (Lond.) **199**, 396 (1963).

JACKSON, C. R., and L. A. McFADDEN: Florida Agric. Exp. Sta. Bull. **637** (1961). — JAFAR, H.: (1) N. Z. J. agric. Res. **5**, 512—515 (1962); (2) **6**, 70—82 (1963). — JERMALAVIČIUTÉ, I.: Liet. TSR moks. Akad. Darbai Ser. C, 1962, 13—22 (1962). — JINKS, J. L., and M. GRINDLE: Heredity **18**, 245—264 (1963).

KING, T. H., and Y. S. CHO: Plant Dis. Rep. **46**, 777—779 (1962). — KLARMAN, W. L., and J. W. GERDEMAN: (1) Phytopathology **53**, 863—864 (1963); (2) **53**, 1317—1320 (1963). — KUHLMAN, E. G., and F. F. HENDRIX: Plant Dis. Reptr. **47**, 552—553 (1962).

LAPWOOD, D. H.: Ann. appl. Biol. **51**, 17—28 (1963).

MAČEK, J.: Sydowia **16**, 250—253 (1963). — MALEC, K.: Hod. Rosl. Aklim. Nasien **7**, 25—54 (1963). — MICHAJLOVA, P.: Bulg. tjutjun (Sofia) **1962**, 9—12. — MOORE, J. N., D. H. SCOTT, and R. H. CONVERSE: Phytopathology **53**, 883 (1963).

NOVOTELNOVA, N. S.: Zašč. Rast. (Moskau) **7**, 57 (1962).

PAG, H.: Gartenwelt **63**, 466—467 (1963). — PAXMAN, G. J.: Europ. Potato J. **6**, 14—23 (1963). — POTLAJČUK, B. J.: Selekcija i Semenovodstro **18**, 36—39 (1951). — POUND, G. S., and P. H. WILLIAMS: Phytopathology **53**, 1146—1154 (1963).

ROOSJE, G. S.: Tijdschr. Planteziekten **68**, 246—247 (1962). — ROTH, L. F., and E. G. KUHLMAN: J. Forestry **61**, 199—205 (1963). — ROYLE, D. J., and C. J. HICKMAN: Plant Dis. Rep. **47**, 266—268 (1963).

SCHMIDT, J. A.: Z. Naturforsch. **18b**, 172—173 (1963). — SCHULTZ, O. E.: Rev. appl. Myc. **42**, 338 (1963). — SEAMAN, W. L., J. C. WALKER, and R. H. LARSON: Phytopathology **53**, 1426—1429 (1963). — SEWELL, G. W. F., and J. F. WILSON: Nature (Lond.) **200**, 1229 (1963). — SHEPHERD, C. J., and M. MANDRYK: Aust. J. biol. Sci. **16**, 77—87 (1963).

TAMMEN, J., and D. MUSE: Plant Dis. Rep. **45**, 863—865 (1961). — TEAKLE, D. S., and A. H. GOLD: Virology **19**, 310—315 (1963). — THOMAS, C. A., and J. M. KLISIEWICZ: Phytopathology **53**, 368 (1963).

WEILLE, G. A. DE: Europ. Pot. J. **6**, 121—130 (1963). — WEINDLMAYR, J.: Z. Pflanzenkrankh. **70**, 601—609 (1963). — WILLIAMS, P. H., and G. S. POUND: Phytopathology **53**, 893 (1963). — WILLIAMS, P. H., and J. C. WALKER: Plant Dis. Rep. **47**, 608—611 (1963). — WITTMER, G.: Tabacco (Rom) **67**, 29—41 (1963).

ZENTMYER, G. A.: Phytopathology **53**, 1383—1387 (1963).

γ) Mykosen, verursacht durch Ascomyceten und Fungi imperfecti

Von Emil Müller, Zürich

Reaktionen des Wirtsgewebes

Schon während des Eindringens, noch mehr während der Ausbreitung pilzlicher Parasiten reagiert das Wirtsgewebe in charakteristischer Weise (Fortschr. Bot. **25**, 493—501). Die Wechselwirkungen zwischen Wirt und eingedrungenem Parasiten wurden in neuerer Zeit umfassend und nach verschiedenen Gesichtspunkten dargestellt durch Husein u. Kelman, Braun, Ciccarone, Sempio, Subramanian u. Saraswathi-Devi, Uritani u. Akazawa, Allen und Müller in Horsfall u. Dimond.

Die offensichtlichsten Reaktionen der Wirtspflanzen sind ihre morphologischen Änderungen unter dem Einfluß eines eingedrungenen Parasiten. Diese können sowohl für den eingedrungenen Parasiten, wie auch für die Wirtspflanze spezifisch sein.

Zu den wirtsspezifischen Reaktionen gehört zweifellos die Schrotschußkrankheit der *Prunus*-Arten. Es ist schon lange bekannt, daß deren Blätter in eigenartiger Weise auf eingedrungene, parasitische Pilze reagieren. In einer kleinen Entfernung von der Infektionsstelle bilden sie ein Trennungsmeristem gegen das gesunde Blattgewebe (z. B. Gäumann, Naef-Roth). Die Meristemzellen lösen sich darauf längs ihrer Mittellamellen und die nekrotischen Partien fallen heraus. Gleichartig können *Prunus*-Blätter aber auch bei mechanischen oder chemischen Beschädigungen (Naef-Roth), auf Bakterien oder bestimmte Viren (Gäumann) reagieren und ein ähnliches Verhalten gegenüber eindringenden Pilzen fand Erdelska bei *Sclerotinia laxa* (Ehrenb.) Aderh. et Ruhl. in den Zweigen von *Prunus armeniaca* L. Es konnten innerhalb der erkrankten Stellen drei Zonen unterschieden werden, nämlich ein Zentrum mit zerstörten Wirtszellen, in denen das Mycel des eingedrungenen Pilzes wucherte, eine Barriere mit gummösen Zellen, welche die Verbindung zwischen Infektionsherd und gesundem Gewebe unterbrach und vor allem jeglichen Austausch von Wasser verhinderte, sowie daran anschließend ein Zwischengewebe, das in voller Regeneration begriffen war. In den Zweigen vermochten aber die derart isolierten Infektionsstellen nicht auszubrechen.

Zu den auffallendsten Krankheitssymptomen an Pflanzen, welche für den einzelnen Erreger spezifisch sind, gehören Gallen und Hexenbesen. Unter den Ascomyceten sind besonders *Taphrina*-Arten als Erreger derartiger Symptome bekannt. Hexenbesen können auch durch Infektionen mit Imperfekten hervorgerufen werden, so durch *Microstoma castanopsis*

Müller et Sanwal auf *Castanopsis tribuloides* DC. in Indien (MÜLLER u. SANWAL) und durch dessen nahe Verwandte *Articularia quercina* (Peck) v. H. var. *minor* Charles auf *Quercus gambelii* Nutt in Nordamerika (HAWKSWORTH u. MIELKE).

Für einige gallenbildende Ascomyceten sind Untersuchungen über den Mechanismus dieser Gallenbildung im Gange. Bei einer Reihe von Pilzen ist die „in vitro" Bildung von Auxinen, vor allem in Form von Indolessigsäure nachgewiesen worden, so von LINK, WILCOX u. EGGERS bei *Taphrina deformans* (Berk.) Fuck. (Erreger der Pfirsichkräuselkrankheit) und bei *Taphrina cerasi* (Fuck.) Sadeb. (auf *Prunus cerasus* L.), von CRADY u. WOLF bei *Apiosporina morbosa* (Schw.) v. Arx (Syn. *Dibotryon morbosum* [Schw.] Theiss. et Syd.), die auf Zweigen von *Prunus*-Arten in Nordamerika Zweiggallen verursacht, von BERDUCOU für *Nectria galligena* Bres. (auf verschiedenen Bäumen z. B. *Pirus malus* L.) und von S. HIRATA neben verschiedenen *Taphrina*-Arten auch bei *Protomyces inouyei* P. Henn. (auf *Youngia japonica*), *Protomyces lactucae-debilis* Sawada (auf *Ixeris japonica*) und *Protomyces pachydermus* Thüm. (auf *Taraxacum platycarpum*). Es wurde daher ein Zusammenhang zwischen der Fähigkeit zur Bildung dieses Wuchsstoffes und der Gallenbildung angenommen.

GREENE (2) vermochte aber mit der Applikation von Indolessigsäure auf *Prunus*zweige die typischen Anschwellungen der durch *Apiosporina morbosa* verursachten Krankheit nicht zu induzieren; Indolessigsäure bewirkte nur eine Zellvergrößerung, während die typischen knotigen Verdickungen sowohl Hyperplasie wie Hypertrophie zeigen. Der Autor [GREENE (1, 2)] konnte denn auch nachweisen, daß neben Indolessigsäure noch ein anderer Wuchsstoff durch den Pilz gebildet wird, der ebenfalls positiven Avenatest zeigt. Kulturfiltrate mit beiden Komponenten verursachten auf abgeschnittenen Zweigen tatsächlich sowohl Hyperplasie wie auch Hypertrophie. Möglicherweise hat die von HODGES bei der durch *Sclerotium bataticola* Taub. verursachten Schwarzfäule an *Pinus*-sämlingen einen ähnlichen Mechanismus. Typisch für diese Krankheit sind erhabene, rauhe Stellen an der Pfahlwurzel und an größeren Seitenwurzeln, herrührend von einer Vermehrung und Vergrößerung der Phellodermzellen sowie einer abnormen Zellteilung im Phellogen. Der Autor konnte für diesen Pilz die Bildung von Indolessigsäure auch tatsächlich nachweisen.

Auch bei der durch *Fusarium roseum* (Link) Snyder et Hansen verursachten Stengelfäule der Gartennelke vermutet MOREAU einen Wirkungsmechanismus, bei dem Auxine eine Rolle spielen, sei es durch direkte Auxinbildung durch den eingedrungenen Parasiten, sei es durch eine Induktion auf die Auxinbildung des Wirtsgewebes. Auch bei dieser Krankheit entwickeln sich bei bestimmten Nelkensorten Gallen mit starker Geweberegeneration.

In den durch *Cyttaria darwinii* Berk. hervorgerufenen krebsartigen Gallen auf *Nothofagus* fand RIQUÉ weniger Cellulose, dafür mehr Lignin und reduzierende Zucker als in gesunden Geweben.

Die bei vielen Infektionen mit Ascomyceten oder Fungi imperfecti festgestellten Welkesymptome werden durch verschiedenartige Reaktionen des Wirtes und des Parasiten hervorgerufen. Es ist im einzelnen Falle recht schwierig, den Anteil jeder dieser Reaktionen am gesamten Krankheitsbild festzustellen. Dies führt deshalb immer wieder zu Kontroversen über die praktische Bedeutung einzelner Faktoren.

Ein typischer Welkeparasit ist zweifellos *Ceratocystis fagacearum* (Bretz) Hunt (YELENOWSKY u. FERGUS). Nach BECKMAN, KUNTZ, RIKER u. BERBEE verringert sich der Wasserfluß in kranken Eichen bis auf 1% des Wertes von gesunden Bäumen. Diese Reduktion erfolgt zum Teil infolge Gefäßverstopfungen durch Mycel und Conidien. Solche Gefäßverstopfungen wurden auch beobachtet in Ulmen, die mit *Ceratocystis ulmi* (Buism.) Moreau infiziert waren (QUELLETTE, HART u. McNABB) und bei verschiedenen Fusariosen z. B. bei der Tomatenwelke, verursacht durch *Fusarium lycopersici* Sacc. [CHAMBERS u. MALCOLM (1, 2)], bei einer Form von *Fusarium oxysporum* Schlecht. auf *Eucalyptus*-Arten (ARYA u. JAIN), bei einer anderen Form dieses Pilzes auf *Psidium guajava* L. (EDWARD) oder bei der durch *Fusarium cubense* E. F. Sm. verursachten Bananenwelke (TRUJILLO).

Daneben vermögen eingedrungene Pilze auch die Morphologie der Gefäße soweit zu beeinflussen, daß eine Behinderung des Wasserflusses möglich ist. *Cephalosporium gregatum* Allington et Chamberlain verursacht auf der Sojabohne eine Stengelfäule, bei der auch der Wasserdurchfluß stark verringert wird (CHAMBERLAIN u. McALLISTER). CHAMBERLAIN preßte Extrakt aus kranken Stengeln durch Stengelstücke gesunder Pflanzen und prüfte darauf wiederum den Wasserdurchfluß. Dieser erreichte nach der Behandlung mit Extrakt nur noch 10—34% des ursprünglichen Wertes, wobei die aktive Komponente weder durch Autoklavieren bei 120° C, noch durch Verdünnen auf einen Zehntel, noch durch Seitzfiltration in seiner Wirkung beeinträchtigt wurde. Schädigungen der Gefäße durch Kulturfiltrat fanden auch CHAMBERS u. MALCOLM (1, 2) bei *Fusarium lycopersici* in Tomaten. Die Gefäße waren bei ihren Versuchen mit Kulturfiltraten genau deformiert und zusammengefallen wie bei infizierten Pflanzen, und ähnliche Schadbilder erhielten sie nach einer Behandlung mit Indolessigsäure.

BERBEE fand in einem durch *Fusarium solani* (Mart.) App. et Wollenw. verursachten Rindenkrebs der Pappel eine Hinderung der Xylembildung unter der Infektionsstelle, während SCHOENEWEISS die Fähigkeit zur Neubildung von Xylem nach Infektion von Eichen mit *Ceratocystis fagacearum* als einen Resistenzfaktor betrachtet.

Weitaus häufiger ist aber die durch pilzliche Parasiten verursachte Anregung auf die Gefäße, extreme Wandverdickungen auszubilden (Tylosis) oder Gummi auszuscheiden (Gummose). Beides zusammen verursacht Gefäßverengungen bis zum Verschluß, z. B. bei *Ceratocystis fagacearum* (z. B. STUCKMEYER, BECKMAN, KUNTZ u. RIKER; FERGUS u. WHARTON). Auch andere Substanzen können Verstopfungen verursachen. Die durch *Fusarium graminearum* hervorgerufene Stengelnekrose von Mais zeichnet sich dadurch aus, daß bis zu 80% der Gefäßbündel in den infizierten Internodien mit einer braunen Substanz gefüllt sind, welche in Wasser, Ethanol und Formalinessigsäurealkohol löslich ist (LITTLEFIELD u. WILCOXON).

Daneben kann auch die Viscosität des Saftes durch die Erkrankung beeinflußt werden (HART u. MCNABB), wobei zum Teil mitgeschleppte Pilzteile, z. B. Conidien (OUELLETTE) eine Rolle spielen können.

Parallel diesen Vorgängen in den Gefäßen wickeln sich bei vielen Welkekrankheiten noch weitere, meist für den Krankheitsablauf wichtigere Reaktionen ab, die in vielen Fällen auf durch Pilze gebildete Toxine zurückgeführt werden können (Fortschr. Bot. **21**, 375—378; **22**, 401—402; **23**, 387—388; **24**, 404—405; **25**, 466—467).

Die Frage nach dem Mechanismus beim Lärchenkrebs scheint immer noch offen zu sein. Immerhin bringen die Arbeiten von ZYCHA und DAY einige neue Gesichtspunkte.

Leider muß der Erreger des Lärchenkrebses nun schon wieder umbenannt werden. DENNIS erkannte, daß die beiden Gattungen *Lachnellula* Karst. und *Trichoscyphella* Nannf. nicht nebeneinander bestehen können, für *Dasyscypha willkommii* (Hart.) Rehm = *Trichoscyphella willkommii* (Hart.) Nannf. deshalb *Lachnellula willkomii* (Hart.) Dennis zu verwenden sei.

ZYCHA entnahm seinen Untersuchungen, der Pilz dringe entweder im Herbst durch die Narben der abfallenden Nadeln, möglicherweise auch erst im Frühjahr in die Triebe ein. Im letzteren Falle nahm er ein symptomloses Verharren während der Vegetationsperiode an, und der Pilz vermöge nur während der Winterruhe des Wirtes sich in der Rinde auszubreiten, bis ihm zu Beginn der Vegetationsperiode durch die Bildung eines Demarkationsgewebes das weitere Vordringen unmöglich gemacht werde. Demgegenüber fand DAY auf Grund seiner histologischen Untersuchungen, daß die ersten Stadien des Krebses gewöhnlich zu Beginn der Vegetationsperiode auftreten, was durch Meristemaktivität belegt wird. Die Ausbreitung kann auch noch später, jedoch nur während der Wachstumsperiode erfolgen. Oft läßt sich die Infektion als Folge eines Spätfrostes feststellen.

Der obligat biotrophe Parasitismus der Mehltauarten kann nicht ohne weiteres mit dem anderer obligater Parasiten wie Peronosporaceen oder Rostpilzen verglichen werden, weil sie bis auf wenige Ausnahmen das Wirtsgewebe nur oberflächlich besiedeln und lediglich mit ihren Haustorien in die Epidermiszellen dringen (Fortschr. Bot. **25**, 497). K. HIRATA verfolgte die Besiedelung der Gerste durch *Erysiphe graminis hordei* Marchal. In den ersten 45—50 Std nach der Infektion ernährt sich eine entstehende Pilzkolonie mit Hilfe des ersten, aus der Spitze des Keimschlauches herausgewachsenen Haustoriums. Innerhalb dieser Zeitspanne bilden sich sowohl aus der Spitze wie aus seitlichen Verzweigungen des Keimschlauches Hyphen. Der Nährstoffstrom aus dem ersten Haustorium bewegt sich intensiver zurück in den Keimschlauch und von da in die Seitenverzweigungen als vorwärts zu der ersten, aus der Spitze des Keimschlauches hervorgegangenen Hyphe. Erst später werden neue Haustorien gebildet. Auf einigen resistenten Gerstensorten erfolgt die Besiedlung zwar in ähnlicher Weise, doch bricht das Wachstum nach etwa 30—40 Std plötzlich ab. Der Autor führt dies auf eine zu geringe Nährstoffaufnahme durch das erste Haustorium zurück.

Mit Hilfe elektronenoptischer Untersuchungen haben EHRLICH u. EHRLICH ihre Aufmerksamkeit auf die scheidenartigen Umhüllungen der Mehltauhaustorien in den Wirtszellen gelenkt. HIRATA u. KOJIMA haben diese Hülle schon früher aus der Zelle herauspräparieren können. Nach diesen Befunden stimmt darnach die frühere Auffassung, wonach die äußere Plasmamembran der Wirtszelle durch das Haustorium in das Zellinnnere gestülpt wird; doch ist die wirtseigene Membran nicht mit der Scheidewand identisch. Diese zweite Membran besitzt dank ihrer starken Fältelung eine große Oberfläche, und sie läßt sich auch im Bereich der durchstoßenen Wand der Wirtszelle noch feststellen. EHRLICH u. EHRLICH vermuten daher, daß es sich bei dieser Membran um eine pilzeigene Bildung handle; sie schließen allerdings die Möglichkeit einer Reaktion der Wirtszelle nicht aus. Der Scheidenkörper scheint sich zusammenzusetzen aus Wirtssubstanz, welche dem Pilz als Nahrung dient und aus Exkreten des Haustoriums, welche ihrerseits die Reaktionen der Wirtszelle beeinflussen. Diese Autoren fassen daher die Funktion und Entstehung der Scheide anders auf als HIRATA u. KOJIMA, nach denen es um eine verdickte Membran des Wirtsplasmas handelt, welcher eine „Pufferfunktion" zwischen Wirt und Parasit zugeschrieben wird.

Der Einfluß eines eingedrungenen Haustoriums macht sich auch auf die Nachbarzellen geltend (CAPORALI, Fortschr. Bot. **25**, 497) doch ist dieser sehr lokalisiert. BUSHNELL u. ALLEN gelang es nicht, in gesunden Gewebepartien, welche mit mehltaukranken Partien in Kontakt gebracht worden waren, Krankheitssymptome wie Nekrose oder Chlorose hervorzurufen. Hingegen gelang dies mit Hilfe konzentrierter Wasserauszüge aus Mehltausporen.

Literatur

ALLEN, P. J.: In HORSFALL, J. G., and A. E. DIMOND: Plant Pathology **1**, 435—469 (1959). — ARYA, H. C., and G. L. JAIN: Phytopathology **52**, 638—642 (1962).

BECKMAN, C. H., J. E. KUNTZ, A. J. RIKER, and J. G. BERBEE: Phytopathology **42**, 1, 2 (1952). — BERBEE, J. G.: Phytopathology **52**, 724 (1962). — BERDUCOU, J.: C. R. Acad. Sci. (Paris) **228**, 1052 (1949). — BRAUN, A. C.: In J. G. HORSFALL and A. E. DIMOND: Plant Pathology **1**, 189—248 (1959). — BUSHNELL, W. R., and P. J. ALLEN: Plant Physiol. **37**, 50—59 (1962).

CAPORALI, L.: C. R. Acad. Sci. (Paris) **250**, 2415—2417 (1960). — CHAMBERLAIN, D. W.: Phytopathology **51**, 863—865 (1961). — CHAMBERLAIN, D. W., and D. F. McALLISTER: Phytopathology **44**, 4—6 (1954). — CHAMBERS, H. L., and E. C. MALCOLM: (1) Phytopathology **52**, 727—728 (1962); (2) **53**, 1006—1010 (1963). — CICCARONE, A.: In J. G. HORSFALL and A. E. DIMOND: Plant Pathology **1**, 249—277 (1959). — CRADY, E. E., and F. T. WOLF: Physiol. Plant. **12**, 526—533 (1959).

DAY, W. R.: Phytopath. Z. **44**, 313—323 (1962). — DENNIS, R. W. G.: Persoonia **2**, 171—191 (1962).

EDWARD, J. C.: Indian Phytopathology **13**, 168—171 (1960). — EHRLICH, H. G., and M. A. EHRLICH: Phytopathology **53**, 1378—1380 (1963). — ERDÉLSKA, O.: Biologia (Bratislava) **16**, 801—810 (1961).

FERGUS, C. L., and D. C. WHARTON: Progress Report 168, 1—6 (1959).

Gäumann, E.: Pflanzliche Infektionslehre. 2. Aufl. 681 S. Basel 1951.—Greene, G. L.: (1) Diss. Abstr. 21, 3604 (1961); — (2) Phytopathology 52, 880—884 (1962). Hart, J. H., and H. S. McNabb: Phytopathology 52, 13 (1962). — Hawksworth, F. G., and J. L. Mielke: Phytopathology 52, 451—454 (1962). — Hirata, K.: Trans. Mycol. Soc. Japan 2, 2—6 (1960). — Hirata, K., and M. Kojima: Trans. Mycol. Soc. Japan 3, 43—46 (1962). — Hirata, S.: Ann. Phytopath. Soc. Japan 23, 145—149 (1958). — Hodges, C. S.: Phytopathology 52, 210—219 (1962). — Husein, A., and A. Kelman: In J. G. Horsfall and A. E. Dimond: Plant Pathology 1, 144—188 (1959).

Link, G. K. K., H. W. Wilcox, and V. Eggers: Phytopathology 28, 15 (1938). — Littlefield, L. J., and R. D. Wilcoxson: Am. J. Bot. 49, 1072—1078 (1962).

Moreau, M.: Atti de Convegno intern. sul garofano (Sanremo) 1962, 20 pp. (1963). — Müller, E., and B. D. Sanwal: Indian Phytopathology 12, 29—32 (1959). — Müller, K. O.: In J. G. Horsfall and A. E. Dimond: Plant Pathology 1, 470—520 (1959).

Naef-Roth, S.: Phytopath. Z. 15, 1—38 (1948).

Ouellette, G. B.: Canad. J. Bot. 40, 1567—1575 (1962).

Riqué, T.: Rev. Invest. forest. (B. Aires) 1, (3), 3—6 (1957).

Schoeneweiss, D. F.: Phytopathology 49, 335—338 (1959). — Sempio, C.: In J. G. Horsfall and A. E. Dimond: Plant Pathology 1, 278—312 (1959). — Struckmeyer, B. E., C. H. Beckman, J. E. Kuntz, and A. J. Riker: Phytopathology 44, 148—153 (1954). — Subramanian, D., and L. Saraswathi-Devi: In J. G. Horsfall and A. E. Dimond: Plant Pathology 1, 313—348 (1959).

Trujillo, E. E.: Phytopathology 53, 162—166 (1963).

Uritani, I., and T. Akazawa: In J. G. Horsfall and A. E. Dimond: Plant Pathology 1, 349—391 (1959).

Yelenowsky, G., and C. L. Fergus: Bull. Pa. Exp. Sta. 657, 17 pp. (1959).

Zycha, H.: Phytopath. Z. 37, 61—74 (1959).

δ) Mykosen, verursacht durch Basidiomyceten

Von Kurt Hassebrauk, Braunschweig

Hymenomycetes
(mit Ausnahme der Fruchtkörper bildenden Holzzerstörer)

McNabb (3) beschreibt 8 *Exobasidium* spp. von Neuseeland, darunter 4 neue.

Außer *Pellicularia filamentosa* und *P. rolfsii* wurde in Florida in den letzten Jahren auf *Sorgum vulgare, Pennisetum glaucum* u. a. Hirsen zum erstenmal auch *P. filamentosa* f. *sasakii* beobachtet, die bisher nur auf Zuckerrohr in Louisiana, Puerto Rico und Südostasien bekannt war (Weber). *Rhizoctonia zeae*, die seit ihrer ersten Beschreibung auf Mais im Jahre 1934 nie wieder auf dieser Wirtspflanze gefunden worden war, wurde von Ullstrup mehrfach in den Tropen und Subtropen Amerikas und Indiens auf Mais festgestellt, überraschenderweise einmal auch in Indiana, obwohl der Pilz sein Wachstumsoptimum bei 32° C hat.

Husain u. McKeen (1, 2) beschreiben eine in Ontario stark schädigend auf Erdbeeren auftretende *R. fragariae* sp. nov., die nur in kalten Böden (5—10°) und bei kalter Witterung eine Wurzelfäule hervorruft, auf Nährböden aber ein Optimum von 25° zeigt. Diese Intensivierung der Erkrankung bei tieferen Temperaturen wird durch Ausscheidungen der Erdbeerwurzeln bedingt, die nur bei 5—10° beträchtliche Mengen von Aminosäuren enthalten und die Sporenkeimung und das Mycelwachstum stimulieren. Charakteristisch für die neue *Rhizoctonia* ist u. a., daß sie keine Sklerotien bildet. Der Pilz ließ sich auf verschiedene andere Kulturpflanzen im weitesten Temperaturbereich übertragen, nicht allerdings auf Getreide. Bei höheren Temperaturen erwiesen sich *Trichoderma lignorum* und *Penicillium vermiculatum* als starke Antagonisten von *R. fragariae*. Eine von Morgan u. Mitarb. aus Maryland beschriebene Erkrankung der Erdbeeren wird durch eine *Rhizoctonia* sp. hervorgerufen, die offenbar mit *R. fragariae* nicht identisch ist, da sie nur auf den Blättern auftritt und bereitwillig Sklerotien bildet. Taxonomisch unklar ist bisher auch noch die Stellung der *Rhizoctonia*, die in Norwegen "sharp eyespot" auf allen Getreidearten hervorruft (Hansen). Dieser Pilz läßt sich leicht auf Kartoffeln übertragen, ruft hier aber ganz andere Symptome hervor. Shephard u. Wood fanden dagegen bei zwei von Salat und Blumenkohl isolierten Stämmen von *R. solani* eine sehr spezifische Pathogenität, die nur durch hohe relative Feuchtigkeit etwas modifiziert werden konnte.

Uredinales

Brandenburger sowie Blumer haben für mitteleuropäische Verhältnisse bestimmte Pilz-Floren herausgegeben, die u. a. oder ausschließlich die Rost- und Brandpilze berücksichtigen.

Guyot u. Malençon bringen eine umfassende Ergänzung zu ihren 1957 erschienenen "Urédinées du Maroc", in der nicht nur neue Wirtspflanzen und einige neue Rostarten, sondern vor allem auch wertvolle epidemiologische Daten zu wirtschaftlich wichtigen Arten, z. B. *Puccinia graminis*, zu finden sind.

Laundon (1, 2) eröffnet mit Bearbeitungen der auf Acanthaceen, Aceraceen, Actinidiaceen, Adoxaceen und Aizoaceen vorkommenden Uredineen eine Reihe von Rostpilzmonographien auf weltweiter Basis.

Taxonomie und Entwicklung. Laundon (3) setzt sich dafür ein, die von Cummins 1959 als synonym zu *Phragmidiella* gestellte Gattung *Uredopeltis* als eigene Gattung beizubehalten. Nach Baxter ist *Haplopyxis crotalariae* synonym mit *Uromyces crotalariae*. Peterson (2) liefert einen Beitrag zur Klärung der Nomenklatur der schwierigen Gattung *Cronartium* durch eine eingehende Besprechung mehrerer Arten.

Baxter u. Cummins fanden *Physalis subglabrata* als Wechselwirt der auf dem Büffelgras stark schädigend auftretenden *Puccinia kanensis*. Für mehrere andere Rostarten hat Cummins gleichfalls neue oder die bisher überhaupt unbekannten Äcidienwirte gefunden. U. a. wies er für die im Haplostadium als äußerst plurivor bekannte *Puccinia aristidae Boerhaavia erecta* als weiteren Äcidienwirt nach.

Die Untersuchungen von Dalela u. Sinha (1) am Haplonten von *Puccinia penniseti* auf *Solanum melongena* lassen kaum einen Zweifel daran, daß dieser Rostpilz homothallisch ist.

Morphologie. Hiratsuka u. Cummins haben an einem sehr großen Material die Pyknien von Rostpilzen eingehend untersucht und 11 verschiedene Typen herausgefunden. Sie diskutieren eine Phylogenese von den Melampsoraceen zu *Ravenelia* und verwandten kleineren Gattungen.

Die elektronenmikroskopischen Untersuchungen an Rostpilzen wurden fortgesetzt. Ehrlich u. Ehrlich wählten das Uredomycel und die Haustorien von *Puccinia graminis tritici* als Untersuchungsobjekt. Die jungen Haustorien stehen zunächst in unmittelbarem Kontakt mit dem Protoplasten ihrer Wirtszelle und werden erst später eingekapselt.

Nach Moores Untersuchungen zeigt das Äcidienmycel von *Puccinia podophylli* kein Hyphenwachstum mit typischer Septierung, sondern eine arthrogene Thallusbildung. Als Endprodukt der Cytokinese sollen Arthrosporen entstehen.

Keimung und Infektion. Kais beobachtete bei der Keimung von Sporidien des *Cronartium fusiforme* bei 20—23° selten Keimschläuche, sondern meistens die Entstehung von sekundären, tertiären, mitunter sogar quartären Sporidien.

Nutman u. Roberts untersuchten eingehend die Uredosporenkeimung von *Hemileia vastatrix* in Abhängigkeit von Licht und Temperatur. Die Temperaturansprüche in vitro decken sich nicht ganz mit denen in vivo, auch zeigten sich Unterschiede, je nachdem ob die Sporen auf jungen oder älteren Blättern, auf der Blattmitte oder näher dem Rande zu keimten. Clarke hat die Sporenkeimung in Abhängigkeit von der Temperatur statistisch analysiert.

Nach Blank u. Leathers keimen die Teleutosporen der *Puccinia stakmanii* von 12—35° mit einem Optimum bei 24°. Für die Sporidienbildung und -keimung sind aber 28° bereits maximal. Unter 28° wird die

Baumwolle — eine Feuchtigkeit über 90% vorausgesetzt — innerhalb 13 Std. infiziert.

Die sich widersprechenden Angaben über die Rolle des Lichts beim Infektionsvorgang von *P. graminis tritici* konnten von YIRGOU u. CALDWELL klargestellt werden. Entscheidend erwies sich beim Besiedeln des Wirts primär nicht das Licht sondern die CO_2-Konzentration der Atmosphäre oder im Innern des Wirtsgewebes. Es ist sehr beachtenswert, daß *P. recondita tritici* eine solche CO_2-Abhängigkeit bei der Infektion nicht erkennen ließ.

Physiologische Spezialisierung. Bei der Untersuchung auf physiologische Spezialisierung bietet sich nur bei den Getreiderostpilzen eine Differenzierungsmöglichkeit nach Infektionstypen. DAVISON u. VAUGHAN (1) wählten bei *Uromyces phaseoli* und SACKSTON bei *Puccinia helianthi* die Größe der Uredosporenlager als bestimmenden Maßstab. DAVISON u. VAUGHAN (1, 2) mußten aber feststellen, daß die Größe der Uredosori manchmal auf den Primär- und Folgeblättern verschieden ist und überdies von der Dichte der verimpften Sporensuspension sehr stark beeinflußt werden kann.

Unter den zahlreichen Veröffentlichungen über Rassenbestimmungen bei wirtschaftlich wichtigen Rostarten seien nur die Untersuchungen von ORJUELA u. Mitarb. (1, 2) an *P. graminis avenae* in Kolumbien hervorgehoben. Die Autoren konnten hier — z. T. in Höhenlagen von 2600 m — von Kulturhafer und Wildgräsern nicht weniger als 6 Rassen mit 22 Unterrassen isolieren, von denen 18 bisher unbekannt waren. Sie erwiesen sich teilweise als ungewöhnlich stark pathogen und aggressiv; insbesondere die Unterrasse 6 C durchbrach jede bisher bekannte Resistenz. Es ist zu vermuten, daß die äußerst pathogenen Rassen schon lange auf Wildgräsern parasitiert haben und dann durch den zunehmend vermehrten Anbau zahlreicher Hafergenotypen eine ideale Vermehrungsmöglichkeit gefunden haben.

Epidemiologie. Die in den letzten Jahren intensivierte internationale Zusammenarbeit zur Klärung der Epidemiologie des Weizenschwarzrostes in Westeuropa hat zwar wertvolle, aber noch immer keine lückenlosen Aufschlüsse über die großräumige Ausbreitung dieser Rostart gebracht. Die ursprüngliche Annahme von Überwinterungsherden in Marokko, die jedes Jahr im Frühsommer als primäre Infektionsquelle dienen sollten, mußte fallen gelassen werden, da die zeitlichen Differenzen nicht zu überbrücken sind (SANTIAGO; MALENÇON). SANTIAGOs Annahme, daß Nordwestdeutschland und Holland als Übersommerungsgebiete für die in Südwesteuropa vorherrschenden Rassen dienen sollen, ist abzulehnen. Unklar ist auch noch die Rolle der Berberitzen und Wildgräser. Im Gegensatz zu Frankreich (GUYOT), wo die f. sp. *tritici* von *P. graminis* auf Berberitze und verschiedenen Gräserarten garnicht oder selten anzutreffen ist, stehen die Befunde aus Spanien (GUYOT), Italien (SIBILIA u. BASILE) und von der Balkanhalbinsel [SPEHAR; KOSTIĆ (1, 2); SKORDA].

Überraschend ist die verhältnismäßig häufige Feststellung von Äcidien der *P. recondita tritici* auf *Thalictrum* sp. in Piemont, da die natürliche Infektion dieses Wechselwirts bisher außerordentlich selten war (SIBILIA u. Mitarb.). DALELA u. SINHA (2) prüften eine Anzahl von Wildgräsern auf ihre Eignung als Nebenwirte von *P. penniseti* in Indien. Sie fanden nur *Pennisetum polystachyum* als anfällig.

Es steht heute fest, daß *Hemileia vastatrix* durch den Wind nicht verbreitet werden kann. Wenn der Rost in isoliert liegenden Kaffeeplantagen neu auftritt, müssen also andere Übertragungsmöglichkeiten bestehen. Nach CROWE dienen Platygasteriden, *Leptacis kinuensis* und *Synopeas* sp., in Kenya als Vektoren. Die mikrozyklische *Puccinia pittieriana*, die in den letzten Jahren in Höhenlagen Ekuadors und anderer tropischer amerikanischer Gebiete bei Tomaten und vor allem bei Kartoffeln zu katastrophalen Mißernten geführt hat, wird dagegen durch Thrips (*Frankliniella* sp.) nicht weiter ausgebreitet, wie DIAZ u. ECHEVERRIA sowie MORENO u. ECHEVERRIA in Bekämpfungsversuchen feststellen konnten.

v. MEYER prüfte die Aufbewahrungsmöglichkeit der Uredosporen von *Puccinia polysora* und *P. sorghi* und stellte fest, daß die Sporen von *P. polysora* hochgradig empfindlich für Frostgrade und sogar schon für tiefere Temperaturen über dem Nullpunkt sind. Die begrenztere Verbreitung des tropischen Maisrostes dürfte damit zumindest teilweise erklärt sein.

Hyperparasiten. MORGAN isolierte von keimenden Getreiderosturedosporen mit Lysiserscheinungen einen *Bacillus* X, ein gramnegatives *Bacterium* L, *Aspergillus clavatus* und *Bacillus pumilus* und konnte mit Kulturfiltraten aller dieser Organismen, auch nach Autoklavierung, wiederum Keimschlauchlysis herbeiführen. Mit den Kulturfiltraten von *B. pumilus* ließ sich sogar eine Minderung des Rostbefalls (*P. graminis, P. recondita, P. coronata*) erreichen, wenn sie vor dem Beimpfen auf die Blätter der Wirtspflanzen versprüht wurden.

Schäden. DOODSON untersuchte die durch *P. striiformis* an Weizen herbeigeführten Schäden. Der Rost mindert Korngewicht und Kornzahl, setzt die Fertilität herab, verzögert Ährenschieben und Blüte, vermindert das Trockengewicht der Wurzeln und die Zahl der Bestockungstriebe, reduziert die Pflanzenhöhe, Blattlänge und -breite und führt bei schwerem Befall zur Schrumpfkornbildung. Bleiben Fahnenblatt und Spelzen mehr oder weniger verschont, können sich die Pflanzen weitgehend erholen. POPE u. Mitarb. sowie MCNEAL u. SHARP berichten bei spät bestellten Feldern und dem anfälligen Sommerweizen Lemhi im Nordwesten der USA über Ertragsausfälle von 34—60% durch Gelbrostbefall.

Neuauftreten wirtschaftlich bemerkenswerter Rostarten. MCNABB (1, 2) beschreibt von Neuseeland mehrere bisher dort noch nicht gefundene Rostarten, darunter drei neue Species und viele neue Wirtspflanzen. Es ist bemerkenswert, daß von den auf Neuseeland vorkommenden 16 Gräserrosten die heteröcischen Formen nur in der Dikaryophase auftreten.

Der bisher nur aus Asien und Mittelamerika bekannte *Uromyces decoratus* trat erstmals und gleich ziemlich stark an der Elfenbeinküste auf *Crotalaria retusa* und *C. juncea* auf (MERNY).

1961/62 wurde *P. recondita tritici* zum erstenmal auf den Philippinen auf allen Weizensorten gefunden. THORPE u. FAJARDO vermuten, daß der Rost vom chinesischen Festlande oder von Formosa eingeweiht sei, wobei die sich sogleich aufdrängende Frage unbeantwortet bleibt, warum dies nicht schon früher geschehen ist.

Pelargonium zonale zeigte ab Herbst 1962 an der Côte d'Azur und bei Paris starken Rostbefall, der zu Blattverlust führte. Vermutlich handelt es sich um *Puccinia pelargonii-zonalis*, die bisher in Europa unbekannt war und deren Auftreten alarmierend wirkt (GROUET; TRAMIER u. MACIER).

MORIONDO berichtet über ein verbreitetes Vorkommen von *Cronartium flaccidum* auf der als immun oder doch hoch resistent geltenden *Pinus pinea* an den Küsten des Tyrrhenischen Meeres. Außer dem Peridermium fand sich auch der Dikaryont des Rostes auf *Cynanchum vincetoxicum*. Der Rostbefall begünstigte auf den Pinien sekundären Befall durch *Pissodes notatus* und *Dioryctria* sp. Bisher war der Rost in Italien nur auf *P. nigra*, *P. pinaster* und *P. halepensis* bekannt.

Coleosporium pinicola wurde in Nordamerika (Ontario) zum erstenmal auf *Pinus banksiana* festgestellt (REID u. Mitarb.). — In Britisch Kolumbien ist der Drehrost auf *P. ponderosa* nicht *Melampsora pinitorqua*, sondern *M. albertensis* und/oder *M. occidentalis*. *Pucciniastrum arcticum* wurde erstmals auf *Rubus arcticus* beobachtet (MOLNAR). — PETERSON (1) berichtet über mehrere neue Funde von Rostpilzen oder Wirtspflanzen in Süd-Dakota.

Ustilaginales

Von CIFERRI sind als Teil 1 einer "Revisio Ustilaginearum" die Tilletiaceen veröffentlicht.

JØRSTAD (1) hat eine durch wertvolle biologische, phytogeographische u. a. Ausführungen bereicherte Übersicht über die Ustilagineen Norwegens herausgegeben und außerdem seinen bisher auf die Uredineen beschränkten Bericht über die parasitischen Pilze Islands ergänzt (2), der nun auch zahlreiche *Exobasidium* spp. und Ustilagineen aufweist.

NARASIMHAN u. Mitarb. beschreiben einen Brandpilz, der auf *Rivea hippocrateriformis* Hexenbesen hervorruft, und stellen ihn zu einer neuen Gattung *Georgefischeria*.

Nach HALISKY u. WEBSTER ist *Ustilago cynodontis* heterothallisch. TACHIBANA u. DURAN stellten fest, daß die Brandsporen von *Urocystis colchici* unisexuell sind, wobei überraschenderweise das Verhältnis der beiden Geschlechter nicht annähernd gleich sondern etwa 1 zu 3 war.

HOFFMANN u. FISCHER setzten ihre Kreuzungsversuche fort und erhielten aus *Ustilago hordei* × *U. bullata* (1) sowie *U. bullata* × *U. trebouxii* (2) z. T. morphologisch ganz neuartige Hybriden, die man bei natürlichem Vorkommen ohne weiteres als neue Species ansehen müßte. SILBERNAGEL kreuzte nach einer neu entwickelten Methode Monosporidienlinien von *Tilletia caries* mit Sporidienlinien von *T. controversa*, die den hier vorherrschenden Typus des Mycelwachstums zeigten, mit einer Erfolgsquote von 82%. KENDRICK u. HOFFMANN führten Paarungsversuche mit primären Sporidien keimender Brandsporen von *T. controversa* durch, aus denen zu folgern ist, daß die Fusion innerhalb der Rassen durch einen einzelnen Faktor mit zwei Allelen gesteuert wird, während multiple Faktoren die Fusion zwischen Sporidien verschiedener Rassen bestimmen.

T. controversa gilt in der Dikaryophase meist als obligat parasitisch. TRIONE konnte aber zu einem hohen Prozentsatz saprophytisches Wachstum erzielen. Die auf solchen Kulturen entstehenden Brandsporen erwiesen sich jedoch für sonst anfällige Weizensorten als nicht pathogen.

Die Brandsporen von *Ustilago avenae* keimten in Versuchen von GOTH bei 3—5° nicht in der typischen Weise aus, sondern es bildeten sich am Ende der Promycelien Hyphenzweige, die wie apikale Sporidien von *Urocystis* aussahen und z. T. miteinander fusionierten.

T. controversa infiziert nach den Feststellungen von PURDY u. Mitarb. den Weizen nicht während der Keimung, sondern erst nach dem Auflaufen von Dezember bis April und noch später, maximal von Dezember bis Februar. *Agropyron intermedium* wurde am stärksten im Frühjahr an sekundären Halmknospen solcher Pflanzen infiziert, die im Jahre vorher gesät waren (HARDISON).

PURDY u. KENDRICK führten Infektionsversuche mit *T. caries* durch, in denen die Bodenfeuchtigkeit, die Temperatur und der Zeitpunkt der Kontamination variiert waren. Es zeigte sich, daß der Weizen bei höheren Temperaturen einer Infektion zu einem guten Teil zu entwachsen vermag, daß es aber sehr wohl auch in diesen Temperaturbereichen noch zu einer Infektion kommen kann, wenn sich der Brand im Boden in einem aggressiven Entwicklungsstadium befindet. Wenn eine Infektion mit *T. caries* oder *T. foetida* zum Haften gekommen ist, spielt die Bodenfeuchtigkeit, bei der die Pflanzen heranwachsen, keine weitere Rolle mehr für die Brandentwicklung (PURDY).

Nach METCALFE u. Mitarb. kommt es zu signifikanten Ertragseinbußen durch Flugbrandbefall bei Gerste erst durch Infektionsstärken von über 25%. Eine sehr überraschende Wirkung hatte die Infektion mit *U. avenae* auf die Sorte Victoriagrain (NARAIN u. LUKE). Während die Sorte Red Rustproof bei einem Befall von 70% von Anfang an eine Minderung des Trockengewichts und ein verzögertes Wachstum aufwies, reagierte Victoriagrain bei einem Befall von 90% gerade umgekehrt mit Gewichtszunahme (nur in der Zeit 24—32 Tage nach dem Beimpfen) und Wachstumsbeschleunigung.

Elektronenmikroskopische Untersuchungen an Brandsporen mehrerer Rassen von *T. caries* und *T. foetida* ließen gewisse Variierungen der Oberflächenstruktur erkennen, die aber im allgemeinen für eine Trennung der Rassen nicht ausreichten (SWINBURNE u. MATTHEWS).

Die Gefahr einer Infektion mit Brandarten, die durch den Boden übertragbar sind, wird durch die Nachreifedauer und die Temperaturansprüche ihrer Brandsporen bestimmt. *Ustilago crameri* hat keine Ruheperiode und ein Keimungsminimum bei 5°, keimt daher früh restlos im Boden aus. *Sphacelotheca destruens* hat auch keine Keimruhe, aber ein Minimum knapp unter 10°, kann daher im Frühjahr immer noch zu einem gewissen Prozentsatz infizieren. *S. reiliana* hat bei fehlender Keimruhe ein Keimungsminimum bei 15°, keimt daher erst im Frühjahr und ist infolgedessen sehr gefährlich. *U. zeae* hat eine Keimruhe und ein Minimum bei etwa 10°, zeigt aber dennoch im Frühjahr einen starken Rückgang des keimfähigen Sporenmaterials, was — mindestens teilweise — auf mikrobiellen Einflüssen beruhen soll (KÜHNEL).

PIELKA hat in Polen auf den Sporenlagern von *U. tritici*, *U. nuda* und *U. avenae* eine Anzahl Hyperparasiten der Gattungen *Verticillium*, *Fusarium*, *Nigrospora*, *Trichothecium*, *Botrytis*, *Oospora* und *Alternaria* gefunden. Als neu werden von ihm *Tuberculina ustilaginum* und *T. cracoviae* beschrieben.

Der im äußersten Nordwesten der USA seit etwa 20 Jahren bekannte *Urocystis agropyri* hat sich immer mehr ausgebreitet und befällt heute manche Weizenschläge bis zu 30%. Neuerdings ist der Weizen gleichzeitig oft stark mit *Puccinia striiformis* befallen, wodurch sich ganz eigenartige Befallsbilder ergeben. Beide Parasiten scheinen sich gegenseitig nicht zu beeinflussen (PURDY u. HOLTON).

Auf *Pennisetum glaucum* trat in Georgia und damit zum erstenmal in den USA ein *Tolyposporium* auf (WELLS u. Mitarb.).

Literatur

BAXTER, J. W.: Mycologia **54**, 437—439 (1962). — BAXTER, J. W., and G. B. CUMMINS: Plant Dis. Reptr. **47**, 1040 (1963). — BLANK, L. M., and C. R. LEATHERS: Phytopathology **53**, 921—928 (1963). — BLUMER, S.: Rost- und Brandpilze auf Kulturpflanzen. Jena 1963. — BRANDENBURGER, W.: Vademecum zum Sammeln parasitischer Pilze usw. Stuttgart 1963.

CIFERRI, R.: Revisio Ustilaginearum. Pars I. Tilletiaceae. Quad. 27, Ist. bot. Univ. Pavia 1963. — CLARKE, R. T.: Trans. Brit. mycol. Soc. **46**, 44—48 (1963). — CROWE, T. J.: Trans. Brit. mycol. Soc. **46**, 24—25 (1963). — CUMMINS, G. B.: Mycologia **55**, 73—78 (1963).

DALELA, G. G., and S. SINHA: (1) Indian Phytopathol. **15**, 156—161 (1962); — (2) Agra Univ. J. Res., Science, **11**, 113—116 (1962). — DAVISON, A. D., and E. K. VAUGHAN: (1) Phytopathology **53**, 456—459 (1963); (2) **53**, 1138 (1963). — DIAZ, J. R., and J. ECHEVERRIA: Plant Dis. Reptr. **47**, 800—801 (1963). — DOODSON, J. K.: Trans. Brit. mycol. Soc. **46**, 301 (1963).

EHRLICH, H. G., and M. A. EHRLICH: Am. J. Bot. **50**, 123—130 (1963).

GOTH, R. W.: Phytopathology **53**, 357 (1963). — GROUET, D.: C. R. Acad. Agric. France **49**, 295—305 (1963). — GUYOT, L.: Boll. Staz. Pat. veg., ser. terza, **20**, 101—110 (1962). — GUYOT, A. L., et G. MALENÇON: Trav. Inst. scient. chérif. Sér. Bot. No. 28, Rabat (1963).

HALISKY, P. M., and R. K. WEBSTER: Nature (Lond.) **197**, 919—920 (1963). — HANSEN, L. R.: Meld. Norges Landbr. høgsk. **42**, 1—12 (1963). — HARDISON, J. R.: Phytopathology **53**, 579—585 (1963). — HIRATSUKA, Y., and G. B. CUMMINS: Mycologia **55**, 487—507 (1963). — HOFFMANN, J. A., and G. W. FISCHER: (1) Mycologia **55**, 549—562 (1963); (2) **55**, 706—712 (1963). — HUSAIN, S. S., and W. E. MCKEEN: (1) Phytopathology **53**, 532—540 (1963); (2) **53**, 541—545 (1963).

JØRSTAD, I.: (1) Nytt. Mag. Bot. **10**, 85—130 (1963); — (2) Skrift. Norske Vidensk. Akad. Oslo, mat.-naturv. Kl. N. S. No. 10. 1963.

KAIS, A. G.: Phytopathology **53**, 987 (1963). — KENDRICK, E. L., and J. A. HOFFMANN: Phytopathology **53**, 879 (1963). — KOSTIĆ, B.: (1) Boll. Staz. Pat. veg., ser. terza, **20**, 138—142 (1962); (2) **20**, 161—165 (1962). — KÜHNEL, W.: Zbl. Bakt. II, **117**, 180—188 (1963).

LAUNDON, G. F.: (1) Mycol. Papers, Kew, No. 89, 1963; (2) No. 91, 1963. — (3) Trans. Brit. mycol. Soc. **46**, 503—504 (1963).

MALENÇON, G.: Boll. Staz. Pat. veg., ser. terza, **20**, 123—132 (1962). — MCNABB, R. F. R.: (1) Trans. Roy. Soc. New Zealand (Botany) **1**, 109—116 (1962); (2)

1, 235—257 (1962); (3) 1, 259—268 (1962). — McNeal, F. H., and E. L. Sharp: Plant Dis. Reptr. 47, 763—765 (1963). — Merny, G.: Rev. Mycol. 27, 169—171 (1962). — Metcalfe, D. R., V. M. Bendelow, and W. H. Johnston: Canad. J. Plant Sci. 43, 222—225 (1963). — Meyer, W. C. v.: Plant Dis. Reptr. 47, 614—616 (1963). — Molnar, A. C.: Ann. Rept. For. Insect, Dis. Surv., Canada Dept. For., 1962. 118—123 (1963). — Moore, R. T.: Mycologia 55, 633—642 (1963). — Moreno, J. D., y J. Echeverria: Turrialba 13, 152—158 (1963). — Morgan, F. L.: Phytopathology 53, 1346—1348 (1963). — Morgan, O. D., J. G. Kantzes, L. O. Weaver, and W. F. Jeffers: Plant Dis. Reptr. 47, 463—465 (1963). — Moriondo, F.: Monti e Boschi 14, 8—15 (1963).

Narain, A., and H. H. Luke: Phytopathology 53, 1363—1364 (1963). — Narasimhan, M. J., M. J. Thirumalachar, M. C. Srinivasan, and H. C. Govindu: Mycologia 55, 30—34 (1963). — Nutman, F. J., and F. M. Roberts: Trans. Brit. mycol. Soc. 46, 27—44 (1963).

Orjuela, N. J., H. D. Thurston y C. F. Krull: (1) Agric. trop. 18, 529—546 (1962); (2) 19, 123—133 (1963).

Peterson, R. S.: (1) Mycologia 54, 389—394 (1962); (2) 54, 678—684 (1962). — Pielka, J.: Zeszyty Prob. Postepow Nauk Roln. 35, 223—240 (1962). — Pope, W. K., E. L. Sharp, and H. S. Fenwick: Plant Dis. Reptr. 47, 554—555 (1963). — Purdy, L. H.: Phytopathology 53, 985—986 (1963). — Purdy, L. H., J. A. Hoffmann, J. P. Meiners, and V. R. Stewart: Phytopathology 53, 1419—1421 (1963). — Purdy, L. H., and C. S. Holton: Plant Dis. Reptr. 47, 516—518 (1963). — Purdy, L. H., and E. L. Kendrick: Phytopathology 53, 416—418 (1963).

Reid, J., B. W. Dance, and H. J. Weir: Plant Dis. Reptr. 47, 216—217 (1963). Sackston, W. E.: Canad. J. Bot. 40, 1449—1458 (1962). — Santiago, J. C.: Estudos de epidemiologia e de especialização fisiológica da ferrugem negra do trigo. Elvas 1962. — Shephard, M. C., and R. K. S. Wood: Ann. appl. Biol. 51, 389—402 (1963). — Sibilia, C., e R. Basile: Boll. Staz. Pat. veg., ser. terza, 20, 147—151 (1962). — Sibilia, C., R. Basile e M. Bošković: Boll. Staz. Pat. veg., ser. terza, 21, 93—97 (1963). — Silbernagel, M. J.: Phytopathology 53, 1235 bis 1236 (1963). — Skorda, E.: Boll. Staz. Pat. veg., ser. terza, 20, 143—145 (1962). — Špehar, V.: Boll. Staz. Pat. veg., ser. terza, 20, 133—138 (1962). — Swinburne, T. R., and H. I. Matthews: Trans. Brit. mycol. Soc. 46, 245—248 (1963).

Tachibana, H., and R. Duran: Phytopathology 53, 1142—1143 (1963). — Thorpe, H. C., and T. G. Fajardo: Robigo No. 14 (1963). — Tramier, R., et S. Mercier: C. R. Acad. Agric. France 49, 291—295 (1963). — Trione, E. F.: Phytopathology 53, 892 (1963).

Ullstrup, A. J.: Mycologia 55, 682—683 (1963).

Weber, G. F.: Plant Dis. Reptr. 47, 654—656 (1963). — Wells, H. D., G. W. Burton, and D. K. Ourecky: Plant Dis. Reptr. 47, 16—19 (1963).

Yirgou, D., and R. M. Caldwell: Science 141, 272—273 (1963).

23d. Nichtparasitäre Pflanzenkrankheiten

Von ADOLF KLOKE, Berlin-Dahlem

Mit 1 Abbildung

Immissionen

Unter Immissionen versteht man die Einwirkungen von luftverunreinigenden Stoffen auf Menschen, Tiere, Pflanzen oder Gebäude. Das Auftreten von solchen festen, flüssigen und gasförmigen Stoffen in der bodennahen Luftschicht setzt einen Emittenten, der die Emission (Abgabe) von luftverunreinigenden Stoffen ausführt, voraus. Vom Emissionsort werden diese Stoffe in der Regel durch die Luft verfrachtet und verbreitet. Emissionen und Immissionen sind somit Vorgänge, aber nicht die luftverunreinigenden Stoffe selbst, die an die Luft abgegeben werden bzw. Schäden hervorrufen. Diese Definitionen werden vorausgeschickt, da beide Begriffe verschiedentlich falsch angewandt werden (vgl. BERGE und WIETHAUP).

Kraftfahrzeugabgase. In einer amerikanischen Zeitschrift vom Juli 1899 findet sich eine Bemerkung über die städtehygienischen Vorzüge der Motorisierung, in der es u. a. heißt: „Die Verbesserung der Lebensbedingungen durch die Einführung der Motorwagen kann kaum überschätzt werden. Die Straßen bleiben sauber, sind staub- und geruchlos, befahren von Fahrzeugen, die sich auf Gummireifen sanft und geräuschlos dahinbewegen und einen großen Teil der Nervenbelastung des modernen Lebens ausschalten.“ Heute, nach 60 Jahren, hat sich diese Ansicht über den Autoverkehr grundlegend gewandelt, greift er doch nicht nur in das Leben des Menschen, sondern auch in die Entwicklung der Pflanze ein. — Nach HETTCHE wiesen Kulturen von Petunie, Pelargonie, Cinerarie, Lobelie und Fuchsie, die an stark befahrenen Straßen, Kreuzungen und Stoppstellen Hamburgs exponiert wurden, einen ausgesprochenen Kümmerwuchs auf. Dagegen blieben Marguerite und Kapuzinerkresse weitgehend unbeeinflußt. Der Stadteinfluß Hamburgs wirkte sich auch auf die Ausbreitung epiphytischer Flechten aus. Hierfür sind nach VILLWOCK nicht nur Industrieabgase wie SO_2 verantwortlich, sondern auch kleinklimatische Faktoren wie die extremen Trockenheiten in der Stadt, insbesondere in den Sommermonaten. Die Flechtenwüste, d. h. das Gebiet, in dem die Bäume keine Flechten tragen, wird für Hamburg mit 550 km² angegeben. Weitere Literatur zum Problem der Motorabgase diskutieren JUHRÉN u. KNAPP; LEH und GARBER.

Ein besonderes Problem des Autoverkehrs ist durch den Zusatz von Bleitetraäthyl zu den Kraftstoffen gegeben. Nach DIN 51600 ist es zulässig, dem Ottokraftstoff bis zu 0,06 Vol.-% Bleitetraäthyl zuzusetzen.

EILERS schätzt den Bleitetraäthylgehalt der Motorbenzine auf 0,02 bis 0,08 Vol.-%. Danach beträgt der Bleiausstoß eines Autos etwa 2,1 bis 8,5 mg Blei je gefahrene 100 m. Ein Teil dieses Bleies lagert sich auf den Pflanzen in der Nachbarschaft der Autostraßen ab. Nach amerikanischen Untersuchungen (Anonym) gelangen jährlich fast 500 000 t Blei in die Ozeane der nördlichen Halbkugel, von denen 275 000 t mit den Niederschlägen herunterkommen und 200 000 t mit dem Flußwasser in die Meere transportiert werden. Auf der südlichen Halbkugel betragen die Mengen nur etwa 10 000 t. Der Gehalt des Meerwassers an Blei wurde eingehend von TATSUMOTO u. PATTERSON (1, 2) untersucht (vgl. auch CHOW u. PATTERSON). Das Blei soll zum größten Teil mit den Motorabgasen in die Atmosphäre kommen.

Interessanter für diese Übersicht ist die Feststellung von CANNON u. BOWLES, daß gewaschenes Gras in der Nähe einer Hauptstraßenkreuzung bei Denver, Colorado, bis zu 3000 ppm Blei in der Asche enthielt. Allgemein war der Bleigehalt beiderseits der Autobahnen im Luv niedriger als im Lee und nahm mit der Entfernung von der Autobahn ab (1—25 ft: im ⌀ 80 ppm in der Asche der Gräser, über 500 ft: im ⌀ 20 ppm).

An Grasproben aus West-Berlin konnten KLOKE u. RIEBARTSCH mit Zunahme der Verkehrsdichte auf verschiedenen Plätzen einen steigenden Bleigehalt ermitteln. Der höchste Wert wurde mit 57 mg Blei/kg Grastrockenmasse gefunden. Etwa 25% waren abwaschbar. Die Ursache der Verbleiung ist auch hier der Autoverkehr. Eine Blei-Aufnahme aus dem Boden ist nach bisheriger Kenntnis gering, obwohl der Boden allgemein Blei enthält. BALKS bringt eine Übersicht über den Bleigehalt des Bodens und erwähnt auch Fälle von Bleivergiftungen an Vieh, die jedoch auf bleihaltige Wässer zurückzuführen waren.

Smog. Das Zusammenkommen mehrerer luftverunreinigender Stoffe führt zu einer Dunstschicht von unterschiedlicher Stärke über Städten und Industrieanlagen, die mit ,,Smog" bezeichnet wird. Dieser Smog ist die Ursache für nekrotische Flecken, die in den letzten Jahren an den verschiedensten Pflanzen beobachtet wurden. Von 34 Pflanzenarten, die Schadsymptome zeigten, waren Spinat, Gräser, Luzerne und Tabak am empfindlichsten (HILL, PACK, TRESHOW, DOWNS u. TRANSTRUM). Im allgemeinen sind ältere Blätter leichter anfällig. ,,Wetterflecken" an Tabak beschreiben u. a. MENSER u. STREET. Letztere fanden, daß die Fleckenkrankheit bei N-Gaben von 60 lb. sowie bei einer Pflanzendichte von 7260 oder 9860 Pflanzen/acre und Bewässerung am intensivsten ist. BLATTNY u. BRCAK exponierten *Poa annua* L. 54—126 Std am Ausgang eines Prager Autotunnels und konnten die gleichen Symptome beobachten, wie sie in der amerikanischen Literatur als Wetterflecken beschrieben werden. Ältere Blätter wurden an der Basis, jüngere an den Spitzen geschädigt. Quer über die Blätter verliefen Gelbfärbungen, die bei optimalen Wachstumsbedingungen am intensivsten waren. Bei sehr hohen Temperaturen, Trockenheit und Lichtmangel waren die Pflanzen gegen Smog weniger empfindlich. Auch TAYLOR, DUGGER, CARDIFF u. DARLEY fanden bei ihren Untersuchungen mit Phaseolus vulgaris und Petunia hybrida stärkere Schäden bei Belichtung der Pflanzen (vgl. auch

Mansfield u. Heath). — Bereits 1958 berichtete Primault, daß auf dem „Alpenquai" in Zürich die Blätter der Kastanien an der Seeseite gesund blieben, während die der Bäume an der Bergseite regelmäßig erkrankten. Obwohl der Mechanismus der Smog-Wirkung noch nicht geklärt ist, lassen alle bisherigen Untersuchungen und Beobachtungen erkennen, daß die schädliche Wirkung auf Ozon, ungesättigte Kohlenhydrate und Stickstoffoxyde zurückzuführen ist, die durch photochemische Reaktionen, insbesondere durch Licht des UV-Bereiches, „aktiviert" werden. Peroxyde und Ozon rufen allein oder mit anderen Radikalen die Schadwirkungen an Pflanzen hervor. — Die Bildung von Ozon ist auch durch Bestrahlung der Luft mit γ-Strahlen eines Kobalt 60-Präparates möglich (Kertesz u. Parsons).

Schwefeldioxyd. Einen Überblick über die Problematik der Ermittlung vegetationsgefährdender SO_2-Immissionen gibt Stratmann (1) und stellt die Ergebnisse aus Begasungsversuchen als nicht ausreichend hin, um damit auch die Auswirkungen der ständig wechselnden SO_2-Immissionen im Freiland zu beurteilen. Nur experimentelle Freilandversuche in Rauchschadensgebieten, die über einen längeren Zeitraum durchgeführt werden, führen zu Kenngrößen, aus denen der Gefährdungsgrad einer Kultur abgeleitet werden kann. Solche Messungen und entsprechende Auswertungen führte Stratmann (2) durch und erarbeitete so die Grundlagen für die Ermittlung des Gefährdungsgrades. Die Schwierigkeit solcher Messungen zeigt sich, wenn man bedenkt, daß der SO_2-Gehalt der Luft in Rauchschadensgebieten starken Schwankungen unterliegt. Nach Messungen von Buck war der SO_2-Gehalt der Luft in Bochum vormittags meist um 20% höher als nachmittags. Einzelwerte schwankten zwischen 0,1 und 1,5 mg SO_2/m^3 Luft. Die Toxicitätsschwelle für Pflanzen von 0,4 mg SO_2/m^3 Luft wurde mit 38% Häufigkeit überschritten. Die Schädigung hängt aber nicht nur von der SO_2-Konzentration der Luft, den übrigen luftfremden Stoffen und den gegebenen kleinklimatischen Verhältnissen ab, sondern auch von der Kondition der Pflanze. Zahn ermittelte mit steigenden Stickstoffgaben eine zunehmende Widerstandsfähigkeit von Dikotyledonen gegen SO_2, während Phosphorsäure und Kali auch bei hohen Gaben in der Regel wirkungslos waren. Allgemein ist die Schädigungsmöglichkeit durch SO_2 am Tage größer als in der Nacht, ebenso in Zeiten starken Wachstums größer als im Winter. Aber auch im Winter nehmen Nadeln von Fichten SO_2 auf, wie Materna u. Kohout mit Hilfe von $^{35}SO_2$ nachwiesen. Vor allem die jüngeren Nadeln resorbierten das markierte SO_2, gaben es aber auch an andere Pflanzenteile weiter.

Leuchtgas und Erdgas. In der Nähe einer Gärtnerei im Saarland war durch Bodensenkungen eine Leuchtgasleitung gebrochen, so daß langsam aber stetig Leuchtgas in den Boden gelangte und durch Mauerritzen in die Glashäuser eindrang. Alle Pflanzen wurden mehr oder weniger stark geschädigt. Tulpenstengel zeigten Verdickungen und Verkrümmungen und brachten nur teilweise verwachsene Blüten hervor. Treibnarzissen bildeten kleinere Blütentrichter und kürzere Blattstiele. Bei Philodendron färbten sich die Blattränder und Blattspitzen gelb und warfen ebenso wie Fuchsien, Coleus und Azaleen die geschädigten Blätter ab. Der Schaden war durch kaum riechbare Leuchtgasmengen verursacht worden, die über einen längeren Zeitraum in die Glashäuser eingedrungen waren (KLAUSS). Einen ähnlichen Fall berichtet PEARCE, wobei durch Frostspalten im Boden Leuchtgas aus einer Hauptleitung in Glashäuser eindrang und bei den verschiedensten Kulturen völligen Blattfall verursachte. In einem anderen Fall zeigte sich, daß Erdgas für beobachtete Schäden nicht verantwortlich gemacht werden konnte. Die Unschädlichkeit des Erdgases führt PIRONE auf das Fehlen von Kohlenmonoxyd, schädlichen Kohlenwasserstoffen und Cyaniden im Erdgas zurück, die das Leuchtgas pflanzenschädlich machen. (Vgl. auch ADAMS u. ELLIS, die Veränderungen einiger chemischer und physikalischer Faktoren des Bodens nach Sättigung mit Erdgas untersuchten.)

Einen anderen Fall von Leuchtgasschäden beschreibt KLOKE. In Laboratorien, in denen mit Leuchtgas gearbeitet wurde oder in denen gasbeheizte Warmwassergeräte hingen, wurde bei Sansevierien gehemmte Blattentwicklung beobachtet. Der Zusammenhang mit Spuren von Leuchtgas wurde erst klar, als sich herausstellte, daß in Räumen ohne Gasleitungen keine Wuchsveränderungen eintraten. Die in der Abbildung gezeigten Symptome konnten in Versuchen, bei denen Sansevierien unter Glasglocken mit laufender Leuchtgasbeschickung wuchsen, reproduziert werden. Die Leuchtgaskonzentration wurde täglich zweimal nach Betreuung der Pflanzen unter den Glasglocken auf 3,5 Vol.-% eingestellt. Die Schäden waren am stärksten bei S. trifasciáta (Abb.). Aus dem Vegetationspunkt wuchs ein Scheinstamm mit kleinen, schuppenartig übereinanderliegenden Blättern. Lanzettförmige Blätter wurden

Abb. 14. Leuchtgasschäden an *Sansevieria rifasciata*. Rechts gesunder Trieb. Nach Aufstellung in einem chemischen Laboratorium entwickelten sich zahlreiche abnorme Triebe (links)

nicht gebildet. Aus den Blattachseln wuchsen Luftwurzeln, die bei normaler Kultur nicht beobachtet wurden. Auch bei S. trifasciáta ‚Hahnii‘ bildete sich ein Scheinstamm mit gestauchten und verdickten Blättern und Luftwurzeln. Bei S. cylindrica blieb lediglich die allgemeine Entwicklung stark zurück.

Über den Einfluß weiterer luftverunreinigender Stoffe auf die Pflanzenentwicklung wie Schwefelwasserstoff, Fluor, Stickstoffverbindungen, Flugstäube und radioaktive Verunreinigungen der Luft gibt GARBER eine neuere Literaturübersicht.

Literatur

ADAMS, JR. R. S., and R. ELLIS, JR.: Soil Sci. Soc. Amer. Proc. **24**, 41—44 (1960). — *Anonym:* Inst. of Techn. Pasadena, Calif. Presse-Ber. vom 22. 12. 1963.

BALKS, R.: Kalibriefe, Fachgebiet 1, 11. Folge (1961). — BERGE, H.: Phytotoxische Immissionen. Berlin-Hamburg: Verlag P. Parey 1963. — BLATTNY, C., u. J. BRCAK: Wiss. Z. Karl-Marx-Univ. Leipzig, Mathem.-naturwiss. Reihe **11**, 111 bis 113 (1962). — BUCK, M.: Staub **22**, 193—199 (1962).

CANNON, H. L., and JESSIE M. BOWLES: Science (Washington) **137**, 765—766 (1962). — CHOW, T. J., and C. C. PATTERSON: Geochim. Cosmochim. Acta **26**, 263—308 (1962).

EILERS, H.: Water, Bodem, Lucht **50**, 58—82 (1960).

GARBER, K.: Angew. Bot. XXXVI, 127—184 (1962).

HETTCHE, H. O.: Städtehygiene **11**, 238—239 (1960). — HILL, A. C., M. R. PACK, M. TRESHOW, R. J. DOWNS, and L. G. TRANSTRUM: Phytopathology **51**, 356—363 (1961).

JUHRÉN, M., u. R. KNAPP: Angew. Bot. XXXVI, 299—307 (1962).

KERTESZ, Z. I., and GRACE F. PARSONS: Science (Washington) **142**, 1289—1290 (1963). — KLAUSS, DORA: Nachr.bl. dtsch. Pfl.schutzd., (Braunschweig) **14**, 162 bis 164 (1962). — KLOKE, A.: Nachr.bl. dtsch. Pfl.schutzd. (Braunschweig) **15**, 184—186 (1963). — KLOKE, A., u. K. RIEBARTSCH: Naturwiss. **51**, 367—368 (1964).

LEH, H.-O.: Nachr.bl. dtsch. Pfl.schutzd. (Braunschweig) **16**, 23—26 (1964).

MANSFIELD, T. A., and O. V. S. HEATH: Nature (Lond.) **200**, 596 (1963). — MATERNA, J., u. R. KOHOUT: Naturwissenschaften **50**, 407 (1963). — MENSER, H. A., and O. E. STREET: Tobacco (New York) **155**, 191—196 (1962).

PEARCE, S. A.: Gardeners' Chron. (Lond.) **151**, 84 (1962). — PIRONE, P. P.: Garden J. New York bot. Garden **10**, 25—29 (1960). — PRIMAULT, B.: Schweiz. Z. Forstwesen Nr. 1, 1—7 (1958).

STRATMANN, H.: (1) Landw. Forsch. 17. Sonderh. 13—16 (1963); — (2) Freilandversuche zur Ermittlung von Schwefeldioxydwirkungen auf die Vegetation. II. Teil: Messung und Bewertung der SO$_2$-Immissionen. Forschungsberichte des Landes Nordrhein-Westfalen Nr. 1184. Köln und Opladen: Westdeutscher Verlag 1963.

TATSUMOTO, M., and C. C. PATTERSON: (1) Nature (Lond.) **199**, 350—352 (1963); — (2) Earth Science and Meteoritics (North-Holland Pub., Amsterdam, 1963, 74—89). — TAYLOR, O. C., W. M. DUGGER JR., E. A. CARDIFF, and E. F. DARLEY: Nature (Lond.) **192**, 814—816 (1961).

VILLWOCK, INGEBORG: Abh. Verh. Naturw. Ver. Hamburg NF VI, 147—166 (1962).

23e. Pflanzenschutz

Von HERMANN FISCHER, Kiel

Mykosen, allgemein

Die Anwendung chemischer Pflanzenschutzmittel kann auf absehbare Zeit nicht entbehrt werden. Zu diesem Schluß kommt ein von Präsident KENNEDY eingesetzter Untersuchungsausschuß in einem Bericht über den Gebrauch von Pestiziden (BROOKS et al.). Die ungeheure Vermehrung der Bevölkerung besonders in den Entwicklungsländern erfordert nach KEARNS eine erhebliche Zunahme der Erzeugung an Nahrungsmitteln, die nur unter Zuhilfenahme chemischer Pflanzenschutzmittel möglich sei. Das träfe auch für Erzeugnisse der Tropen wie Baumwolle, Bananen, Citrusfrüchte, Kakao, Kaffee, Tee u. a. zu, die bereits jetzt nur unter Zuhilfenahme chemischer Mittel zur Bekämpfung von Krankheiten und Schädlingen wirtschaftlich angebaut werden könnten. In einer Abhandlung über die Chemotherapie der Pflanzenkrankheiten macht HORSFALL auf die Schwierigkeiten aufmerksam, die durch den — im Vergleich mit dem der Tiere — geringen Kreislauf der Pflanzen bestehen. Das Fehlen geeigneter Instrumente zur Messung der Krankheitsintensität in der Pflanze und ein konsequentes Bemühen, oberflächliche Symptome zu behandeln, seien ein Handicap. Im amerikanischen Zierpflanzenanbau hat die Pflanzenhygiene den Vorrang vor Bekämpfungsmaßnahmen (PAG). Das Ausrotten einer Krankheit sei einfacher, als sie ständig bekämpfen zu müssen. Die Aufforderung von BAKER: "Don't fight diseases, eliminate them!" habe sich durchgesetzt.

Bei der Mischung zweier Fungicide kann sowohl Synergie als auch Antagonismus auftreten, je nach den angewandten Konzentrationen, den Mischungsverhältnissen und den geprüften Mikroorganismen (CORBAZ). Auch nach BRAUNE können sich organische Mittel hinsichtlich ihrer fungitoxischen Wirkung in Mischungen erheblich von der der getrennten Komponenten unterscheiden. KUNDERT führte Bekämpfungsversuche gegen den Echten Rebenmehltau *(Oidium)* durch, bei denen er Mischpräparate aus Karathane und Schwefel einsetzte; an Stelle des *Oidiums* trat in den behandelten Kulturen unerwartet *Botrytis* in sehr viel stärkerem Maße auf als in den Kontrollen. COMELLI beobachtete Sekundäreffekte bei kombinierten Fungicidbehandlungen in Citruskulturen. — Nachdem SCHMIDT bereits früher Befruchtungsstörungen nach Fungicidbehandlungen von Äpfeln zur Blütezeit beobachtet hatte, stellten v. RAUSSENDORF-BARGEN sowie O'DANIEL jetzt Beeinflussung der Pollenkeimung, Mißbildung der Pollenschläuche und Ertragsminderungen nach Blütespritzungen fest. Nach BUXTON, SINKA u. WARD erkrankten Sämlinge von *Picea sitchensis* auf Parzellen, die in den vorhergehenden 5 Jahren mit Formaldehyd behandelt worden waren, an Wurzelbrand *(Pythium)* sowie an Nadel- und Wurzelbräune und Kümmerwuchs *(Fusarium)*. Viele isolierte Stämme dieser Erreger erwiesen sich gegen Formalin tolerant. Nach durchgehender Anwendung organischer Fungicide zu Reben liegt der Traubenertrag um 14—18%, das Mostgewicht um 1,9—5,4% höher als bei durchgehender Kupferbehandlung (STELLWAAG-KITTLER). Mit kupferfreien Fungiciden behandelter Hopfen erbrachte nach Feststellungen von SCHILD u. WEYH eine um 5—25% erhöhte Bitterstoffausbeute. Tabakpflanzen, die DE BAETS 12 Wochen mit Maneb oder Zineb behandelte, brachten einen höheren Ertrag und größere Blätter als unbehandelte Pflanzen; der Eiweißgehalt war dabei in den behandelten Pflanzen niedriger — ohne Zweifel eine qualitätsfördernde Wirkung.

HASSEBRAUK warnt mit Recht vor der Gefahr, die dem Getreideanbau durch die absatzmäßig bedingte Sorteneinengung einerseits und die Vielzahl der Rassen der verschiedenen Getreiderostarten andererseits droht. Die Resistenz von Getreidesorten erstreckt sich in der Regel nicht auf alle Rostarten; sind für die Entwicklung bestimmter Rostrassen günstige Bedingungen gegeben, kommt es zu einem Zusammenbruch der befallenen Getreidesorten. Das kann bei der im weitesten Umfang durchgeführten Sorteneinengung zu einer Katastrophe führen. Die Züchtung sollte Sorten entwickeln, die verschiedene Linien mit unterschiedlicher Resistenz gegen eine größere Zahl von Rostrassen besitzen ("multilineal varieties" nach BORLANG). Die rosthemmende Wirkung von Nickelpräparaten ist bereits im vorigen Bericht erwähnt worden. HARDISON hat *Puccinia striiformis* und andere Rostkrankheiten an *Poa pratensis* in der Praxis mit Nickelsulfat und Maneb bekämpft. Die Blasenkrankheit des Teestrauches *(Exobasidium vexans)* wurde von MULDER und von VENKATA RAM mit Nickelpräparaten unterdrückt. Eine rosthemmende Wirkung verschiedener Phenylhydrazone stellten JAWORSKI u. HOFFMAN gegen *Puccinia triticina* fest.

Aus arbeitswirtschaftlichen Gründen beschäftigt man sich in Obstplantagen, die über Beregnungsanlagen verfügen, mit der Ausbringung der Pflanzenschutzmittel auf diesem Wege. BOHR sowie LIEBSTER und PLATTER berichten über gute Ergebnisse. In Südtirol werden 5000 ha ortsfeste Überkronenberegnungsanlagen mit Erfolg gegen den Obstschorf *(Venturia inaequalis)* eingesetzt. Nach O'DANIEL, BERG u. SEIDEL dürfen die Regner keine unberegneten Flecken — Herdbildung! — übriglassen. — Auf der 2. Internationalen landwirtschaftlichen Luftfahrtkonferenz in Grignon berichteten DADD u. BRENCHLEY über den Wert von Luftaufnahmen von Kartoffelfeldern zur Feststellung von Erstherden der Krautfäule *(Phytophthora infestans)* und Festsetzung der Bekämpfungstermine. Gegen *Peronospora tabacina* wurden Fungicide mit Erfolg vom Flugzeug aus versprüht (ACQUIER). FOURCAUD verwendete Additive wie Aminstearate oder Celluloseverbindungen, um die Verdunstung der Fungicide in der Luft zu vermeiden. — Fungicide Reaktionsärosole werden im Gegensatz zu insekticiden Ärosolen bisher nur wenig eingesetzt. Aus 3,7-Dinitroso-1,3,5,7-tetraazabicyclo-(3,3,1) nonan und fungiciden Wirkstoffen lassen sich nach BREMER Präparate herstellen, die nach örtlicher Reaktionsauslösung fungicide Ärosole bilden, die u. a. keine Spritzflecken verursachen.

Bodenfungicide

Die Auswirkungen von Pflanzenschutzmitteln auf die Mikroflora des Bodens wurden von DOMSCH an Hand einer kritischen Sichtung und Zusammenfassung der vorliegenden Veröffentlichungen behandelt. In keinem Fall — auch nicht bei erhöhten Aufwandmengen — wurde auch nur annähernd eine kritische Grenze erreicht. Selbst spezifisch fungicid wirkende Bodenentseuchungsmittel wie Chlorpikrin, Vapam oder Dazomet haben nur eine zeitlich begrenzte Wirkung. CAPRIOTTI u. MARTINI sahen keine negative Beeinflussung von stickstoffbindenden Bakterien durch Zineb, Captan, Schwefel, Ceresan oder Cupravit. DOMSCH untersuchte auch den Einfluß von Fungiciden auf die Aktivität der Boden-Mikroflora an Hand der Atmung von Bodenproben. Einige verringern die Bodenatmung eine begrenzte Zeit, andere üben keinen meßbaren Einfluß aus. — Ebenso wie die Rostkrankheiten (s. oben) stellen auch die Fußkrankheiten des Getreides infolge der aus wirtschaftspolitischen und betriebswirtschaftlichen Gründen veränderten Anbaumethoden den Pflanzenschutz vor schwierige Aufgaben. Die Halmbruchkrankheit *(Cercosporella herpotrichoides)* kann normal durch die Fruchtfolge in Schach gehalten werden. Wo diese Voraussetzung aber nicht mehr gegeben ist, schlägt DIERCKS vor, die befallsmindernde Wirkung des Kalkstickstoffs mit einer später folgenden Spritzung mit Äthyl/Phenyl-Quecksilberverbindungen zu kombinieren. Vielleicht hat Chlorcholinchlorid (CCC), das die Standfestigkeit des Weizens erhöht, für die Resistenz gegen Fußkrankheiten Bedeutung (LEH).

Nach ZOGG sind die üblichen Futtergräser nicht anfällig für die Schwarzbeinigkeit *(Ophiobolus graminis)*, sie können in jeder Fruchtfolge eingesetzt werden. Weizen und Gerste sollten nicht als Stützfrucht für Futtergemenge dienen. Warme Nachsommer- und Herbstmonate nach der Getreideernte spielen für die Eliminierung von *Ophiobolus* eine wichtige Rolle, vorausgesetzt, daß der Parasit sich nicht auf anfällige Wirtspflanzen (Ausfallgetreide) retten kann. SLOPE u. LAST bestätigen, daß *Ophiobolus* durch chlorierte Kohlenwasserstoffe gehemmt wird.

Die unterschiedliche Toleranz verschiedener Stämme von *Rhizoctonia solani* gegen Fungicide fanden SHATLA u. SINCLAIR auch für Pentachlornitrobenzol bestätigt. Einige Isolationen starben bereits bei 600 ppm ab, während andere noch 10000 ppm ertrugen. PAPAVIZAS, DAVEY u. WOODARD verminderten die saprophytische Aktivität von *Rh. solani* durch Düngergaben von Cellulose-Pulver, Haferstroh und Sojabohnenheu, die mit NH_4NO_3 angereichert worden waren. VERHOEFF erzielte gute Bekämpfungserfolge gegen *Rh. solani* an Tomaten (Fußkrankheit) und Salat (Schwarzfäule) mit Pentachlornitrobenzol. POLYAKOV, VLADIMIRSKAYA u. POPOV sowie DAS u. SEN GUPTA fanden Mylone (Dazomet) wirksam gegen *Rhizoctonia*. Nach MOOI hat die chemische Krautabtötung bei Saatkartoffeln (zur Verhinderung der

Virusableitung) früheres und zahlreicheres Auftreten von Sklerotien von *Rh. solani* zur Folge als eine Krautabtötung durch Zupfen. Bodenbehandlung mit Chlorpikrin und Methylbromid ermöglicht nach WILHELM in Kalifornien durch Bekämpfung der Verticilliumwelke gute Erdbeerernten ohne ständigen Fruchtwechsel. Die gleichen Biocide bewährten sich nach HOFFMANN gegen die Asternwelke *(Fusarium oxysporum f. sp. callistephi)*. Methylbromid allein hat nach PAG gegen *Verticillium* keine ausreichende Wirkung, es war nach DZIDZERIYA zur Bekämpfung einer Fusariose und der Schwarzbeinigkeit *(Rhizoctonia)* an der Ölfrucht *Ocimum sp.*, nach TOBOLSKY u. WAHL gegen die Fusarienwelke an Tomaten sehr brauchbar. Auflaufverluste an Sitkafichten wurden von SALT durch eine kombinierte Bekämpfungsmethode vermieden (Saatgutbehandlung mit Methoxyäthyl-Quecksilberchlorid, Bodenbehandlung mit Mylone, Chlorpikrin und Formalin). Allyliden-diacetat ist ein neues, nicht phytotoxisches Bodenfungicid (SCIARONI u. McCAIN).

Virosen

Zuckerrübenstecklinge zur Samengewinnung werden zur Vermeidung von Virusinfektionen zweckmäßig in isolierten Lagen angebaut. Nach englischen Erfahrungen (HULL) ist dies nicht erforderlich, wenn als Deckfrucht Sommergetreide angebaut wird und zusätzlich eine Behandlung mit systemischen Insecticiden erfolgt. Eine indirekte Bekämpfung des big-vein-Virus an Salat erreichten MARLATT u. McKILTRICK durch Bodenbehandlung mit Chlorpikrin und Quintozen: in behandelten Kulturen trat *Olpidium brassicae* als Vektor weniger auf. Ähnliches dürfte auch bei der von JOHNSON u. CHAPMAN erfolgreich durchgeführten Bodenbehandlung mit Methylbromid zur Bekämpfung von TMV in Tomatenwurzeln vorliegen. Allerdings gelang es WIGGS u. LUCAS, Tabakmosaikvirus in Tabakblättern durch Methylbromid-Begasung zu inaktivieren. Methioninsulfoximine besitzen nach SZARD u. BROUWER eine Hemmwirkung gegen TMV in *Nicotiana debneyi*. HEILING, STEUDEL u. THIELEMANN konnten mit 2-Thiouracil Infektionen von Vergilbungsvirus an Zuckerrüben nicht verhindern, doch wurden Ertragsverluste vermindert. Die Symptombildung von phyllody-Virus an Weißklee wurde von CARR u. STODDART durch Zinkgaben verringert oder verhindert; entweder wurde ein durch die Virose entstehender Mangel ausgeglichen oder Zink wirkt durch eine selektive Toxicität virushemmend.

Nach Untersuchungen von BAKER sollte eine Wärmebehandlung von Pflanzenteilen zur Virushemmung dann vorgenommen werden, wenn ihre Hitzeresistenz am größten ist, also bei frisch geernteten Samen, schlafenden Zwiebeln und Knollen. Nach NYLAND u. REEVES ergaben *Shirofugen*-Augen nach einer dreiwöchigen Wärmebehandlung bei 37,5° C virusfreie Reiser; eine einwöchige Vorbehandlung bei 33—35° C ist günstig. ROHLOFF senkte den Verseuchungsgrad virushaltiger Salatsamen (Salatmosaikvirus) durch eine Hitzebehandlung der trockenen Samen (bei sehr hohen Temperaturen). FERNOW, PETERSON u. PLAISTED unterzogen Kartoffelknollen einer Wärmebehandlung bei Temperaturen von 35° C (56 Tage) oder 36° C (39 Tage) und eliminierten dadurch das

Blattroll-Virus. Da die Knollenverluste sehr hoch und die Stauden-entwicklung schlecht ist, eignet sich das Verfahren nur für Zuchtzwecke.

Antibiotica

Als eine der stärksten natürlichen fungistatischen Substanzen wird von BEKKER, LISINA, POLTORAK u. SILAER das aus *Penicillium janthinellum* gewonnene Präparat Janthinellin bezeichnet. Bei Bekämpfungs-versuchen gegen *Puccinia graminis tritici* erwies sich ein neues Antibioticum P-9 aus *Streptomyces spec.* als gleichwertig mit Nickelpräparaten (HAGBORG). Das von BROWN u. HALL zur Bekämpfung von *Sphaerotheca pannosa var. rosae* verwendete Stendomycin, das wirksamer als Actidion sein soll, besitzt eine sehr geringe Phytotoxicität. Therapeutische Wirkung eines Streptothricin-ähnlichen Präparates gegen Apfelmehltau stellte SHARPLES fest. Das gleiche berichtet HORNER vom Streptomycin hinsichtlich der Hemmung sekundärer systemischer Infektionen durch *Pseudoperonospora humuli* an Hopfen (bereits früher von SCHICKE be-obachtet). Vövös hemmte das Wachstum von *Phytophthora infestans* durch Streptomycin; höhere Gaben unterdrückten es ganz. Oomyceten mit Cellulose-haltigen Zellwänden erwiesen sich als empfindlich, während die chitinösen Eumyceten widerstandsfähig waren. Bei Beizversuchen von KÖHLER zur Bekämpfung der Helminthosporiose des Ölmohns zeigten sich Polyen-Actidion- und Actinomycin-haltige Kulturen den Quecksilberbeizmitteln deutlich überlegen. Nach JUMAN ist Actidion sehr wirksam gegen die Blattbräune *(Fabraea maculata)* an *Crataegus oxycantha*, nach HELTON gegen den *Cytospora-(Valsa)*-Krebs an Pfirsich-zweigen; es konnte nach Stammspritzungen zu älteren *Pseudotsuga taxi-folia* noch 192 Tage später in den Nadeln festgestellt werden (WEIR). *Corynebacterium fasciens*, das ein Absterben der Jungpflanzen von *Pelargonium zonale* verursacht, bekämpfte MAAS GESTERANUS durch Behandlung der Mutterstecklinge mit Streptomycin und Oxychinolin-sulfat. Befall von Tomaten mit *Corynebacterium michiganense* wurde von GALACH'YAN mit Granicidin und Streptomycin, von GOSS mit Vanco-mycin, Streptomacin, u. a. niedergehalten.

Literatur

ACQUIER, G.: 2. Intern. Agr. Aviation Conf., Grignon 1962. The Hague 1963. — BAETS, A. DE: 16. Intern. Hort. Congr. 1962 Brüssel Vol. I 1148—1163, Gembloux 1962. — BAKER, K. F.: Phytopathology **52**, 1244—1253 (1962). — BEKKER, Z. E.: Antibiotiki **8**, 207—212 (1963). — BOHR, K.: Ges. Pflanzen **15**, 53—55 (1963). — BORLANG, N. E.: Phytopathology **44**, 398—404 (1954); — Rept. 3. intern. Conf. Wheat Rust, Mexico, 18—24, 1956. — BRAUNE, W.: Phytopath. Z. **47**, 215—238 (1963). — BREMER, H. G.: Z. Pflanzenkr. **70**, 321—331 (1963). — BROOKS, H. et al.: Übersetzung des Berichts des wiss. Beratungsausschusses des Präsidenten der Ver. Staaten v. Amerika v. 15. 5. 1963. Bonn 1963. — BROWN, J. F., and H. R. HALL: Ref. in Phytopathology **52**, 1217 (1962). — BUXTON, E. W., I. SINKA, and V. WARD: Trans. Brit. mycol. Soc. **45**, 433—448 (1962). CAPRIOTTI, A., and A. MARTINI: Chem. Abstr. **57**, col. 10285 e (1962). — CARR, A. J. H., and J. L. STODDART: Ann. appl. Biol. **51**, 259—268 (1963). — COMELLI, A.: Fruits d'outremer **18**, 145—149 (1963). — CORBAZ, R.: Phytopath. Z. **48**, 337—347 (1963).

DADD, C. V., and H. G. BRENCHLEY: 2. Intern. Agr. Aviation Conf., Grignon (1962), The Hague 1963. — DAS, G. N., and P. K. SEN GUPTA: Sci. & Cult. 29, 101—103 (1963). — DIERCKS, R.: Mitt. BBA 108, 133—142 (1963). — DOMSCH, K.: Mitt. BBA 107, 52 S. (1963); — Phytopath. Z. 49, 291—302 (1964). — DZIDZARIYA, O. M.: Ref. in Referat. Zh. Biol. 1962, 15 Sect. G, 70 (1962).

FERNOW, K. H., L. C. PETERSON, and R. L. PLAISTED: Amer. Potato J. 39, 445—451 (1962). — FOURCAUD, A.: 2. Intern. Agr. Aviation Conf., Grignon (1962) The Hague 1963.

GALACH'YAN, R. M.: Ref. in Referat. Zh. Biol. 1962, 23, Sect. G., 74 (1962). — GOSS, O. M.: J. Agric. W. Aust. Ser. 4, 4, 99—101 (1963).

HAGBORG, W. A. F.: Pesticide Progr. 1, 21—23 (1963). — HARDISON, J. R.: Phytopathology 53, 209—216 (1963). — HASSEBRAUK, K.: Mitt. BBA 108, 119—125 (1963). — HEILING, A., W. STEUDEL u. R. THIELEMANN: Phytopath. Z. 49, 374—392 (1964). — HELTON, A. W.: Phytopathology 53, 562—568 (1963). — HOFFMANN, G. M.: Gartenbauwissenschaft 28, 319—358 (1963); — Nachr. bl.dtsch. Pflanzenschd. (Braunschweig) 15, 177—182 (1963). — HORNER, C. E.: Phytopathology 53, 472—474 (1963). — HORSFALL, J. G.: Biol. Abstr. 42, 961 (1963). — HULL, R.: Brit. Sug. Beet Rev. 31, 125—128 (1963).

JAWORSKI, E. G., and P. F. HOFFMAN: Phytopathology 53, 639—642 (1963). — JOHNSON, E. M., and R. A. CHAPMAN: Plant Dis. Reptr. 47, 380—391 (1963). — JUMAN, R. E.: Plant Sis. Reptr. 46, 827—830 (1962).

KEARNS, H. G. H.: Ann. appl. Biol. 51, 353—360 (1963). — KÖHLER, H.: Nachr.bl. dtsch. Pflanzenschd. (Berlin) 17, 165—170 (1963). — KUNDERT, J.: Schweiz. Z. Obst- u. Weinbau 72, 65—70 (1963).

LEH, H. O.: Nachr.bl. dtsch. Pflanzenschd. (Braunschweig) 15, 186—188 (1963). — LIEBSTER, G.: Erwerbsobstbau 4, 1—2 (1962).

MAAS GEESTERANUS, H. P.: Jaarsverslag 1962 Inst. v. Plantenz. Onderzoek Wageningen 1963. — MARLATT, R. B., and R. T. MCKITTRICK: Phytopathology 53, 597—599 (1963). — MOOI, J. C.: Jaarsverslag 1962, Inst. v. Plantenz. Onderzoek, Wageningen 1963. — MULDER, D.: Rep. Tea Res. Inst. Ceylon 1961, 95—99, 1962.

NYLAND, G., and E. L. REEVES: 16. Intern. Hort. Congr. 1962, Brüssel, Vol. I, 1060—1061, Gembloux 1962.

O'DANIEL, W.: Erwerbsobstbau 5, 123—124 (1963). — O'DANIEL, W., F. BERG u. S. SEIDEL: Erwerbsobstbau 5, 28—29 (1963).

PAG, H.: Nachr.bl. dtsch. Pflanzenschd. (Braunschweig) 15, 1—4 (1963). — PAPAVIZAS, G. L., C. B. DAVEY, and R. S. WOODARD: Canad. J. Microbiol. 8, 847—853, 915—922 (1962). — PLATTER, T.: Gartenbauwissenschaft 9, 197 (1962). — POLYAKOV, I. M., M. E. VLADIMIRSKAYA i V. I. POPOV: Zashch. Rast. Moskau (russisch) 8, 29—30 (1963).

v. RAUSSENDORF-BARGEN, G.: Gartenbauwissenschaft 27, 183—192 (1962). — ROHLOFF, I.: Gartenbauwissenschaft 28, 19—28 (1963).

SALT, H.: Ref. in Rev. appl. Mycology 42, 652 (1963). — SCHICKE, P.: Meded. Landb. Hogesch. Gent 26, 1370—1377 (1961). — SCHILD, E., u. H. WEYH: Brauwissenschaft 4, 105 (1963). — SCHMIDT, T.: Pflanzenschutzber. 16, 75—79 (1956). — SCIARONI, R. H., and A. H. MCCAIN: Plant Dis. Reptr. 47, 372—373 (1963). — SHARPLES, R. O.: Nature (Lond.) 198, 306—307 (1963). — SHATLA, M. N., and J. B. SINCLAIR: Phytopathology 53, 1407—1411 (1963). — SLOPE, D. B., and F. T. LAST: Plant Path. 12, 37—39 (1963). — STELLWAAG-KITTLER, F.: Dtsch. Weinbau 8, 295 (1963). — SZARD, C., et D. BROUWER: C. R. Acad. Sci. (Paris) 257, 1421—1424 (1963).

TOBOLSKY, I., and I. WAHL: Plant Dis. Reptr. 47, 301—305 (1963).

VENKATA RAM, C. S.: Phytopathology 53, 276—278 (1963). — VERHOEFF, K.: Neth. J. Plant Path. 69, 265—278, 294—296 (1963). — VÖRÖS, J.: Nature (Lond.) 199, 1110—1111 (1963).

WEIR, L. C.: Bi-m. Progr. Rep. (Ent. a. Path.) Dep. For. Can. 19, 3—4 (1963). — WIGGS, D. N., and G. B. LUCAS: Phytopathology 52, 983—985 (1962). — WILHELM, S.: 16. Intern. Hort. Congr. 1962 Brüssel, Vol. I 223—225, Gembloux 1962.

ZOGG, H.: Mitt. schweiz. Landw. 11, 17—24 (1963); — Phytopath. Z. 48, 272—286 (1963).

24. Holzkrankheiten und Holzschutz

Von HERBERT ZYCHA, Hann. Münden

1. Natürliche Dauerhaftigkeit

Das Holz einer in Polen gewachsenen *Thuja plicata* erwies sich im Kolleschalen-Versuch (LUTOMSKI u. RACZKOWSKI) als sehr widerstandsfähig gegenüber *Coniophora puteana*, was den bisherigen Erfahrungen mit anderen Herkünften dieser Holzart entspricht. Bei Tropenhölzern ist wegen deren Mannigfaltigkeit eine Qualifizierung schwierig. Nach OLIVER and WOODS waren in englischen Häfen folgende Holzarten sehr widerstandsfähig gegenüber Meerwassertieren, wie *Teredo* und *Limnoria: Afrormosia elata, Cylicodiscus gabunensis, Dicorynia paraensis, Eucalyptus marginata, Eusideroxylon zwageri, Lophira alata, Nauclea diderrichii, Ocotea rodiaei, Pterocarpus soyauxii, Tristania conferta* und *Xylia dolabriformis.*

Über Art und Wirksamkeit von Hemmstoffen in resistenten Holzarten konnten weitere Erfahrungen gesammelt werden. RUDMAN (1) setzte seine umfangreichen Untersuchungen fort und konnte zeigen, daß von der großen Zahl der geprüften Extraktstoffe sich gegenüber Braun- und Weißfäulepilzen vor allem Thujaplizin und gewisse Cumarine als fungicid erweisen, während Stilbene weniger und Flavonoide gar nicht wirksam sind. Auch die termitenwidrige Wirkung solcher Stoffe wurde geprüft (RUDMAN and GAY). Gegenüber Eilarven des Hausbockes *(Hylotrupes bajulus)* erwies sich von bekannten Kernholzstoffen β-Thujaplizin als stark, Taxifolin und Pinosylvin als nur schwach giftig (BECKER). Über den Verlust der Pilzresistenz von alterndem Kernholz in stehenden Bäumen konnten weitere Erfahrungen gesammelt werden. So nimmt bei *Eucalyptus marginata* die Widerstandsfähigkeit des Kernholzes gegenüber *Coniophora olivacea* nach dem Mark zu sehr stark ab, was auf säurekatalysierte Kondensation von fungiciden Stoffen zurückgeführt wird [RUDMAN (2)]. Auch bei *Libocedrus decurrens* verliert das innere Kernholz seine Resistenz. Nach ANDERSON u. Mitarb. ist die Ursache dafür eine langsame enzymatische Umsetzung pilzwidriger phenolischer Verbindungen. Die Untersuchungen von LYR über die enzymatische Detoxifikation chlorierter Phenole weisen ebenfalls in diese Richtung.

Will man die biologische Widerstandsfähigkeit einer Holzart ermitteln, so muß man derartige Veränderungen berücksichtigen. BAVENDAMM bewitterte daher das Kernholz dauerhafter überseeischer Handelshölzer mit einem „Gardenerrad" im Laboratorium, ehe er die Termitenfestigkeit der Holzproben prüfte.

2. Holzzerstörung durch Basidiomyceten

Einen Überblick über die laufende Forschung auf dem Gebiet der Holzzerstörung durch Pilze gibt eine Sammlung zahlreicher Einzelberichte anläßlich eines Symposiums in Eberswalde (LYR u. GILLWALD).

Stereum sanguinolentum (Alb. et Schw. ex Fr.) Fr. ist einer der häufigsten Erstbesiedler von Coniferenholz. In Kanada wurde in geköpften Stämmen von *Abies balsamea* dieser Pilz am häufigsten gefunden, wenn der Stumpf nicht schon im ersten Jahr abstarb. Im anderen Fall war *Stereum chailletii* Pers. der häufigste Erstbesiedler (ETHERIDGE and MORIN). ZYCHA u. KNOPF halten *Ster. sanguinolentum* für den bedeutendsten Erreger der „Rotstreifigkeit" des Fichtenholzes. Im Kernholz von *Pinus contorta* führt in Kanada *Peniophora pseudo-pini* Weres. et Gibson zu einer Rotstreifigkeit (LOMAN and Paul).

An lagerndem Birken-Faserholz wurden von HENNINGSSON in Schweden vorwiegend *Polyporus zonatus* und *Lenzites betulina* gefunden, welche unter günstigen Bedingungen bereits nach wenigen Monaten zu erheblichen Gewichtsverlusten führten, während Holz von Kiefer und Fichte zunächst meist von *Peniophora gigantea, Ster. sanguinolentum* und *Polyporus abietinus* befallen wurde, die nach 5 Monaten erst einen geringen Gewichtsverlust verursachten. Bei Laborversuchen von GIORDANO mit Pappelholz vermochten *Pholiota destruens, Pleurotus ostreatus, Collybia velutipes* und *Schizophyllum commune* das Holz nur geringfügig anzugreifen, während *Stereum purpureum* zu etwas höheren Gewichtsverlusten führte und vor allem *Poria byssina, Polyporus versatilis* Rom. und *Pol. hirsutus* das Holz am stärksten angriffen.

Die Frage des Einflusses der Fällungszeit auf die Vermorschbarkeit des Holzes von *Pinus densiflora* durch mehrere *Lenzites*-Arten wurde in Japan untersucht (MIZUMOTO). Es zeigte sich dabei, daß das Kernholz in allen Fällen nur geringfügig angegriffen wird; das Splintholz wird stärker zerstört, doch zeigt das im Frühjahr oder Frühsommer gefällte Holz geringere Pilzwiderstandsfähigkeit als das im Herbst oder Winter gefällte.

Das Problem des Feuchtigkeitseinflusses auf die Zerstörung von Fichtenholz durch Pilze griff AMMER (1) auf. Er konnte zeigen, daß bei *Hypholoma fasciculare, Lenzites abietina, Polyporus stipticus* und *Stereum sanguinolentum* die Holzzerstörung mit zunehmendem Wassergehalt bis zur maximalen Wassersättigung zunimmt. *Pol. caesius* erwies sich als indifferent, während bei *Coniophora puteana* und *Lenzites sepiaria* ein Wassergehalt über 70% (bez. a. Darrgew.) das Pilzwachstum hemmt. Die untere Grenze liegt für die untersuchten Pilze bei 30%. Widersprechende Angaben der Literatur werden auf methodische Fehler bzw. ein „ausklingendes Wachstum" zurückgeführt. — Das von den Pilzen angegriffene Holz nimmt nach Darrtrocknung hygroskopisch weniger Feuchtigkeit auf als das nicht angegriffene [AMMER (2)].

Was den pH-Wert des Substrates betrifft, so ist nach MADHOSINGH *Polyporus adustus* auf ein saueres Medium angewiesen, während *Lenzites sepiaria* noch bei pH 7 und *Coprinus micaceus* selbst bei 9,5 noch zu wachsen vermögen.

Loman untersuchte die Bedingungen, unter welchen die Pilze das im Wald liegende Reisig von *Pinus contorta* am schnellsten zersetzen.

Beim Angriff durch Pilze büßt das Holz sehr schnell seine Festigkeit ein. Das Holz von *Populus marilandica*, 120 Tage in Kolleschalen von *Poria vaporaria* bewachsen, hat in dieser Zeit 25 % seiner Rohdichte, 85 % der Biegefestigkeit, 93 % der Druck- und 92 % der Zugfestigkeit verloren. Die Schlagbiegefestigkeit war auf fast 0 gesunken (Kubiak u. Mitarb.). Am gleichen Objekt konnten Gillwald u. Michalak bereits nach wenigen Wochen einen erheblichen Abfall der Festigkeitseigenschaften des Holzes feststellen. Vergleichsversuche mit *Lenzites abietina* und *Chaetomium globosum* an Pappelholz zeigten eine wesentlich geringere Holzzerstörung, doch eine gleichsinnige Veränderung der Holzeigenschaften. Ähnliche Ergebnisse erhielten Rogalinski u. Mitarb. bei der Prüfung des Einflusses von *Daedalea quercina* auf Holz von *Quercus robur*.

Über den Abbau von Cellulose, Pentosanen und Lignin durch Pilze konnten neue Erfahrungen gesammelt werden. An lagerndem Holz von *Pinus densiflora* und *Fagus crenata* werden durch *Peniophora gigantea* der Polymerisationsgrad und die Feinstruktur der Cellulose erheblich angegriffen, während *Pol. versicolor* und *Poria vaporaria* die Cellulosequalität viel weniger beeinträchtigen (Kayama). Richards untersuchte den Angriff von *Pinus taeda*-Holz durch die Braunfäulepilze *Poria monticola* und *Pol. abietinus*, sowie die Weißfäulepilze *Lenzites trabea* und *Pol. versicolor*. Viala konnte zeigen, daß *Stereum sanguinolentum* im Fichtenholz Cellulose, Lignin und Furfurolverbindungen angreift, während *Ster. purpureum* im Buchenholz vorwiegend die Cellulose abbaut. Der Verlust an Biegefestigkeit scheint hier durch den Celluloseabbau stärker beeinträchtigt zu sein als durch den gesamten Gewichtsverlust.

Mit Hilfe eines umfangreichen, vor allem an Buchenholz gewonnenen Zahlenmaterials bemühte sich Kubiak, die Unterschiede im Holzangriff von Destruktions- und Korrosionspilzen herauszuarbeiten. Die 6 bzw. 7 untersuchten Pilzarten sind teils Laubholz-, teils Nadelholzpilze. Die physikalischen Eigenschaften des angegriffenen Holzes zeigen nur bei relativ hohen Gewichtsverlusten Unterschiede zwischen den beiden Fäuletypen. Das trifft auch für die Hygroskopizität zu, die bei 100 % r. F. mit dem Grad der Holzzerstörung zunimmt, was allerdings im Gegensatz steht zu den Befunden von Ammer (2). Die Bestimmung von Lignin, Cellulose und Pentosanen bestätigt die bekannte Tatsache, daß sich bei den Braunfäulepilzen der Ligningehalt des Holzes kaum verändert, während von den Weißfäulepilzen Lignin und Cellulose in fast gleichem Maße abgebaut werden. Jahn u. Mitarb. konnten an Buchenholz zeigen, daß *Pleurotus ostreatus* und *Polyporus versicolor* als Simultanfäulepilze zunächst Cellulose, Pentosane und Lignin in gleichem Maße abbauen, aber bei sehr starker Holzzerstörung (> 40 % Gew.-Verl.) der Abbau des Lignins relativ geringer ist. Die Beobachtungen verschiedener Forscher auf diesem Gebiet hat Seifert vergleichend zusammengestellt, wobei er auch den Holzabbau durch Insekten mit einbezog. Wesentlich erscheint dabei die Feststellung, daß das Lignin nur dann als Energiequelle bedeutsam ist, wenn auch die für die letzte oxydative Abbaustufe erforderlichen Ligninasekomplexe vorhanden sind. Wird Lignin nur geringfügig angegriffen, so erhöht sich dessen Alkalilöslichkeit, was schließlich dem typischen Bild der Braunfäule entspricht. Die Holzart als solche scheint dabei keine besondere Rolle zu spielen.

Schließlich wurde auch versucht, jene Komponenten des Lignins zu erfassen, welche beim Abbau künstlicher Suspensionen von nativem Lignin durch verschiedene Pilze entstehen (ISHIKAWA u. Mitarb.). Es konnte aber auch mit sterilen Kulturfiltraten holzzerstörender Pilze das Holz enzymatisch angegriffen werden (STARKA u. SCHANĚL).

3. Andere holzbewohnende Mikroorganismen

Zunehmend befaßt man sich mit den Moderfäule-Pilzen. Die Liste solcher Arten aus dem Bereich der Ascomyceten und Imperfecten wird fortlaufend erweitert. Auf Fichtenholz, welches in der Rieselanlage von Kühltürmen ausgelegt war, fand COURTOIS (1) zahlreiche Pilzarten, von welchen aber nur etwa ein Drittel das Holz nennenswert anzugreifen vermochten. Im Laborversuch ergaben aber auch diese bei Kiefernholz (Splint?) nach $3^1/_2$ Monaten nur einen Gewichtsverlust von 1—5%, während Buchenholz stark angegriffen wurde. Neben *Chaetomium globosum* wären hier vor allem zu nennen *Paecilomyces spec., Paec. farinosus, Ceratocystis spec., Sporormia leporina* und *Papularia arundinis*. Die anatomischen Veränderungen, welche dabei in den Zellwänden auftreten, und die vor allem durch bestimmte Formen von Kavernen, welche der gleiche Autor (2) eingehend beschrieb, gekennzeichnet sind, scheinen aber nicht für die jeweilige Pilzart charakteristisch zu sein.

Besondere Aufmerksamkeit verdient immer wieder *Trichoderma lignorum*. Als „Schimmel" an Weidenruten verursachte dieser Pilz im Versuch nach 3 Monaten einen Gewichtsverlust von etwa 7%, wobei die Schlagbiegefestigkeit auf 43% der anfänglichen zurückgeht (MICHALAK u. KIRK). Infiziert man Hirnflächen von frisch geschlagenem Birkenholz mit Sporen dieses Pilzes, so vermögen holzzerstörende Basidiomyceten nicht mehr Fuß zu fassen. Beimpft man gleichzeitig, so vermögen *Polyporus hirsutus, Pol. versicolor* und *Stereum purpureum* nicht zu wachsen, während *Pol. adustus* nicht behindert ist (SHIELDS u. ATWELL). Daß *Monilia sitophila* nur auf gedämpftem, nicht aber auf frischem Buchenholz zu wachsen vermag, führt JURASEK auf die Nährstoffkonkurrenz und auf die antibiotische Wirkung gewisser Bakterien zurück.

Der Verblauung des Nadelholzes kommt nach wie vor eine große wirtschaftliche Bedeutung zu, wenn auch wiederum nachgewiesen werden konnte (PEJOSKI), daß die Bläue — hier an *Pinus nigra* in Mazedonien — das Schwindmaß des Splintholzes kaum verändert und nur die dynamische Festigkeit etwas herabgesetzt wird. Für den Bläuepilz *Discula pinicola* konnte nachgewiesen werden (TAROCINSKI), daß er zwar bei 20° C optimales Wachstum zeigt, aber auch bei wenig über 0° bereits im Holz vorzudringen vermag. Dabei führte bei Kiefernholz das Eindringen der

Pilze von der Mantelfläche her bei verletzten oder geschälten Stämmen schneller zu einer durchgehenden Verblauung, als bei einer Infektion von den Hirnflächen her. Das Vermeiden von Rindenverlusten ist aber auch deshalb wichtig, weil hierdurch die Wasserabgabe der lagernden Stämme sehr verzögert und damit die Bläuegefährdung herabgesetzt wird (v. Pechmann u. Wutz). Es bedarf dann bei nicht entrindeten Stämmen lediglich einer chemischen Schutzbehandlung gegen Insekten und nur in besonderen Fällen zusätzlich eines Pilzschutzes. In Schweden wird entrindetes Kiefernholz meist nur vor Insektenbefall, der die Verblauung fördert, geschützt, doch hält Björkman die Beimischung eines Fungicides (Pentachlorphenol-Präparat) zu dem angewandten Insecticid (Lindan) für nötig, um einen guten Bläueschutz bei längerer Lagerung zu erzielen.

4. Holzschutz

Die holzangreifenden Organismen und ihre Bekämpfung hat Knodel erneut zusammenfassend kurz behandelt und Hickin widmet sich den holzzerstörenden Hauspilzen.

Eine Bestrahlung des Holzes von Fichte, Douglasie, Eiche und Liquidambar mit verschiedenen Dosen γ-Strahlen ergab keine erkennbare Änderung der Pilzwiderstandsfähigkeit (Scheffer).

Gordienko befaßt sich eingehend mit dem Buchenholz, seinem Schutz bei der Lagerung und dem Schutz durch Imprägnierung. Die Ergebnisse basieren zumeist auf eigenen Beobachtungen.

Von technischen Holzschutzverfahren sei nur erwähnt, daß es Lohwag u. Schedl gelang, durch Anwendung eines Kesseldruckes von 15 atü auch das Kernholz der Lärche befriedigend mit Salzen oder Ölen zu durchtränken.

Literatur

Ammer, U.: (1) Forstwiss. Ctrbl. **82**, 321—392 (1963); — (2) Holz Roh- u. Werkstoff **21**, 465—470 (1963). — Anderson, A. B., T. C. Scheffer, and C. G. Duncan: Holzforsch. **17**, 1—5 (1963).

Bavendamm, W.: Holz Roh- u. Werkstoff **21**, 441—446 (1963). — Becker, G.: Holzforsch. **17**, 19—21 (1963). — Björkman, E.: Svenska Skogsvårdsfören. Tidskr. **61**, 165—215 (1963).

Courtois, H.: (1) Holzforsch. **17**, 176—183 (1963); — (2) Holzforsch. u. Holzverwert. (Wien) **15**, 88—101 (1963).

Etheridge, D. E., and L. A. Morin: Canad. J. Bot. **41**, 1532—1534 (1963).

Gillwald, W., u. J. Michalak: Wiss. Z. Humboldt-Univ. Berlin, Math.-naturwiss. Reihe **12**, 265—273 (1963). — Giordano, G.: siehe Lyr u. Gillwald, 7—10. — Gordienko, I. I.: Izdat., Kiev. Ukr. Akad. Sel.-khoz. Nauk 1—92 (1962).

Henningsson, B.: Medd. Stat. Skogsforsk. Inst. Stockholm **52**, 1—32 (1962). — Hickin, E.: The Dry Rot Problem. 116 S. London: Verlag Hutchinson 1963.

Ishikawa, H., W. J. Schubert, and F. F. Nord: Arch. Biochem. Biophys. **100**, 131—139 (1963).

Jahn, E., G. Patscheke u. G. Kerner: Z. allg. Mikrobiol. **3**, 235—250 (1963). — Jurasek, L.: siehe Lyr u. Gillwald, 225—228.

Kayama, T.: J. Japan Wood Res. Soc. **8**, 197—203 (1962). — Knodel, H.: Holzschutz am Bau. 144 S. 2. Aufl. Karlsruhe: Bruderverlag 1963. — Kubiak, M.: Wiss. Z. Humboldt-Univ., Berlin, Math.-naturwiss. Reihe **12**, 895—912 (1963). — Kubiak, M., K. Rogalinski u. J. Michalak: Sylwan **106**, 25—38 (1963).

LOHWAG, K., u. CH. SCHEDL: Holzforsch. u. Holzverwert. (Wien) 15, 113—125 (1963). — LOMAN, A. A.: Canad. J. Bot. 40, 1545—1559 (1962). — LOMAN, A. A., and G. D. PAUL: For. Chron. 39, 422—435 (1963). — LUTOMSKI, K., and J. RACZKOWSKI: Roczn. Dendrol. Polsk. Tow. Bot., Warsz. 17, 183—192 (1963). — LYR, H.: Phytopath. Z. 47, 73—83 (1963). — LYR, H., u. W. GILLWALD: Holzzerstörung durch Pilze (Internationales Symposium Eberswalde 1962). 413 S. Berlin: Akademie-Verlag.

MADHOSINGH, C.: Canad. Plant Dis. Survey, Ottawa 42, 155—158 (1962). — MICHALAK, J., u. H. KIRK: siehe LYR u. GILLWALD, 229—235. — MIZUMOTO, S.: J. Japan For. Soc. 44, 273—275 (1962).

OLIVER, A. C., and R. P. WOODS: Timb. Res. and Devel. Assoc. Tylers Green, 27 S. (1962).

PECHMANN, H. VON, u. A. WUTZ: Forstwiss. Ctrbl. 82, 129—138 (1963). — PEJOSKI, B.: siehe LYR u. GILLWALD, 215—223.

RICHARDS, D. B.: For. Sci. 8, 277—282 (1962). — ROGALIŃSKI, K., J. MICHALAK u. M. KUBIAK: Folia for. Polon. (Drzewn.) No. 4, 163—178 (1962). — RUDMAN, P.: (1) Holzforsch. 17, 54—57 (1963); (2) 17, 86—89 (1963). — RUDMAN, R., u. F. J. GAY: Holzforsch. 17, 21—25 (1963).

SCHEFFER, T. C.: For. Prod. J. 13, 208 (1963). — SEIFERT, K.: Holz Roh- u. Werkstoff 21, 85—96 (1963). — SHIELDS, J. K., and E. A. ATWELL: For. Prod. J. 13, 262—265 (1963). — STÁRKA, J., a L. SCHÁNĚL: Fol. microbiol. (Prag) 7, 197—198 (1962).

TAROCIŃSKI, E.: siehe LYR u. GILLWALD, 207—213.

VIALA, D.: C. R. Acad. France 48, 874—877 (1962).

ZYCHA, H., u. H. KNOPF: Schweiz. Z. Forstwes. 114, 531—537 (1963).

25. Antibiotica

Von Karlheinz Zepf, Frankfurt/Main

Im folgenden wird eine Übersicht über die im Jahre 1963 neu aufgefundenen und beschriebenen Antibiotica gegeben (Tab. 1, S. 372—377). Die Formeln der Antibiotica, deren chemische Konstitution im letzten Jahr aufgeklärt wurden, sind in Tab. 2, S. 378—384, zu finden. Tab. 3 (S. 385/386) enthält schließlich bekannte Antibiotica, über deren Synthese 1963 berichtet wurde. Hinweise auf Übersichtsreferate und das LiteraturVerzeichnis ergänzen diese Zusammenstellung.

Übersichtsreferate

Auf die folgenden Arbeiten, die im letzten Jahr erschienen sind und weitere Informationsmöglichkeiten über Antibiotica bieten, sei hier hingewiesen:
Bohlmann, F., H. Bornowski u. Chr. Arndt: Natürlich vorkommende Acetylenverbindungen. Fortschr. chem. Forsch. 4, 138—272 (1963). — Brunner, R.: Neuentwicklungen auf dem Gebiet der Antibiotica. Med. Welt 1963, Nr. 29—31. — Brunner, R., u. W. Oberzill: Blutspiegel u. Blutspiegelbestimmung älterer und neuerer Antibiotica. Med. Welt 1963, 2329—2337.

Friedrich, W.: Biochemischer Wirkungsmechanismus der wichtigeren Antibiotica. Med. Welt 1963, 2532—2538 u. 2598—2610.

Gsell, O. (Hrsg.): Antibiot. et Chemother. 11 (1963), PI—V.
Humphrey, A. E., and H. Deindoerfer: Microbiological Process Report. Appl. Microbiol. 10, 359—385 (1962).

Jacquillat, Cl.: Les principaux antibiotiques nouveaux. Presse méd. 72, 87—92 (1964).

Protivinsky, R.: Neuere Tuberkulostatika: D-Cycloserin. Subsidia Medica 15, (1963; Heft 2); Viomycin u. Kanamycin: ebenda, Heft 3; Rifamycin u. Streptovaricin: ebenda, Heft 4.

Umbreit, W. W.: Advances in Applied Microbiol. New York and London: Academic Press 1963; Kapitel von S. A. Waksman: The Actinomycetes and their Antibiotics S. 235—315. — Uri, J.: Die Cephalosporine als Sonderarten von Penicillinen. Pharmazie 18, 253—261 (1963).

Vaterlaus, B. P., K. Doebel, J. Kiss, A. J. Rachlin u. H. Spiegelberg: Die Synthese des Novobiocins. Experientia (Basel) 19, 383—391 (1963).

Weidenmüller, H.-L.: Antibiotica. Chemische Struktur u. klinische Verwendbarkeit. Dtsch. med. Wschr. 88, 82—94 (1963). — Werner, G. E.: Antibiotica Codex (f. Ärzte u. Apotheker), Stuttgart: Wissenschaftl. Verlagsgesellschaft 1963.

Literatur

(1) Benazet, E., Y. Charpentie, C. Cosar, M. Dubost, D. Mancy, L. Vinet, J. Preud'homme, J. Renaut u. J. Verbier: Dtsch. Apoth.-Ztg. 103, 1074 (1963). — (2) Calot, L., et A. P. Cercos: Ann. Inst. Pasteur 105, 159 (1963). — (3) Yoshida, T., and K. Katagiri: Abstracts 3. Intersc. Conf. Antimicrob. Agents a. Chemother. (Washington) 1963, S. 38. — (4) Renn, D. W., M. Kugelman, W. P. Cullen, and K. V. Rao: Abstracts 3. Intersc. Conf. Antimicrob. Agents a. Chemother.

(Washington) 1963, S. 39. — (5) Rao, K. V., and D. W. Renn: Abstracts 3. Intersc. Conf. Antimicrob. Agents a. Chemother. (Washington) 1963, S. 39—40. — (6) Renn, D. W., M. Kugelman, and K. V. Rao: Abstracts 3. Intersec. Conf. Antimicrob. Agents a. Chemother. (Washington) 1963, S. 40. — (7) Härri, E., W. Loeffler, H. P. Sigg, H. Stähelin u. Ch. Tamm: Helv. chim Acta 46, 1235—1243 (1963). — (8) Matsumae, A., Y. Kamio, and T. Hata: J. Antibiotics (Tokyo) A 16, 236 (1963). — (9) Matsumae, A., S. Nomura, and T. Hata: J. Antibiotics A. 16, 239 (1963). — (10) Kishiyama, H., M. Okanishi, T. Ohmori, T. Miyaki, H. Tsukiura, M. Matsuzaki, and H. Kawaguchi: J. Antibiotics A. 16, 59—66 (1963). — (11) Di Marco, A., M. Gaetani, P. G. Orezzi u. M. Soldati: Abstracts 3. Intern. Kongreß f. Chemother. (Stuttgart) 1963, S. 137—138. — (12) Bodansky, M., and J. T. Sheehan: Abstracts 3. Intersc. Conf. Antimicrob. Agents a. Chemother. (Washington) 1963, S. 36. — (13) Suhara, Y., M. Ishizuka, H. Naganawa, M. Hori, M. Suzuki, Y. Okami, T. Takeuchi, and H. Umezawa: J. Antibiotics A 16, 107—109 (1963). — (14) Komatsu, N., H. Terakawa, K. Nakanishi, and Y. Watanabe: J. Antibiotics A 16, 139—143 (1963). — (15) Weinstein, M. J., G. M. Luedemann, E. M. Oden, G. H. Wagman, J. P. Rosselet, J. A. Marquez, C. T. Coniglio, W. Charney, H. L. Herzog, and J. Black: J. med. Chem. 6, 463—464 (1963). — (16) Kentaro, H.: Abstracts 3. Intern. Kongr. f. Chemother. (Stuttgart) 1963, S. 138. — (17) Bekker, S. E., et al.: Antibiotiki (Moskau) 8, 207—212 (1963); ref.: Inhaltsverzeichn. sowjet. Fachzeitschr. III B, 12, 1529 (1963). — (18) Desvignes, A.: Ann. pharmac. franç. 21, 569—577 (1963). — (19) Lefemine, D. V., F. Barbatschi, M. Dann, S. O. Thomas, M. P. Kunstmann, L. A. Mitscher, and N. Bohonos: Abstracts 3. Intersc. Conf. Antimicrob. Agents a. Chemother. (Washington) 1963, S. 36. — (20) Whaley, H. A., E. L. Patterson, A. C. Dornbush, E. J. Backus, N. Bohonos: Abstracts 3. Intersc. Conf. Antimicrob. Agents a. Chemother. (Washington) 1963, S. 36—37. — (21) Akita, E., K. Maeda, and H. Umezawa: J. Antibiotics A 16, 147—151 (1963) und Y. Okami, M. Suzuki, H. Umezawa: J. Antibiotics A 16, 152—154 (1963). — (22) Nakanishi, K., M. Tada, Y. Yamada, M. Ohashi, N. Komatsu, and H. Terakawa: Nature 197, 292 (1963). — (23) Zyganow, W. A., et al.: Antibiotiki (Moskau) 8, 29—33 (1963). — (24) Zyganow, W. A., P. N. Goljakow, M. A. Malyschkina, M. W. Furssenko i A. J. Filippowa: Antibiotiki (Moskau) 8, 29—33 (1963). — (25) Buzetti, F., u. V. Prelog: Pharm. Acta helv. 38, 871 (1963). — (26) Miyazaki, K., A. Tsunoda, M. Rikimaru, and N. Ishida: J. Antibiotics A 16, 51 (1963). — (27) Akasaki, K., K. Karasawa, M. Watanabe, H. Yonehara, and H. Umezawa: J. Antibiotics A 16, 127—131 (1963). — (28) Vittimberga, B. M.: J. Org. Chem. 28, 1786—1789 (1963). — (29) Prokop, J. Fr., Abbott Laboratories: US-Patent 3094461 v. 18. 6. 1963. — (30) Miller, T. W., L. Chaiet, B. Arison, R. W. Walker, N. R. Trenner, and F. J. Wolf: Abstracts 3. Intersc. Conf. Antimicrob. Agents a. Chemother. (Washington) 1963, S. 38. — (31) Staphey, E. O., J. M. Mata, J. M. Miller, T. C. Demny, H. B. Woodruff, L. Chaiet, F. Tausig, J. F. Wolf, T. W. Miller, and A. K. Miller: Abstracts 3. Intersc. Conf. Antimicrob. Agents a. Chemother. (Washington) 1963, S. 35—36. — (32) Bradler, G., u. H. Thrum: Z. allg. Mikrobiol. 3, 105—112 (1963). — (33) Calot, L., et A. P. Cercos: Ann. Inst. Pasteur 105, 159 (1963). — (34) Schmitz, H., S. B. Deeck, K. E. Crook, and I. R. Hooper: Abstracts 3. Intersc. Conf. Antimicrob. Agents a. Chemother. (Washington) 1963, S. 41; K. E. Price, A. Schlein, W. T. Bradner, J. Lein: Ebenda S. 41. — (35) Schmitz, H., et al.: J. med. Chem. 6, 613 (1963). — (36) Olson, B. H., C. L. Harvey, and A. J. Junek: US-Patent 3104208 vom 17. 9. 1963. — (37) Dubost, M., P. Ganter, M. Maral, L. Ninet, S. Pinnert, J. Preud'homme et G. H. Werner: Compt. rend. 257, 1813—1815 (1963). — (38) Dutcher, J. D., M. H. v. Saltza, and F. E. Pansy: Abstracts 3. Intersc. Conf. Antimicrob. Agents a. Chemother. (Washington) 1963, S. 40. — (39) Haskell, Th. H., R. H. Bunge, J. C. French, and Q. R. Bartz: J. Antibiot. A 16, 67—75 (1963). — (40) Balan, J., L. Ebringer, P. Nemec, Š. Kovač, J. Dobias: J. Antibiotics A 16, 157—160 (1963). — (41) Rudaja, S. M.: Antibiotiki (Moskau) 8, 99 (1963); ref.: Inhaltsverzeichn. sowjet. Fachzeitschr. III B, 12, 1521 (1963). — (42) Saeger, A., Eli Lilly Co.: US-Patent 3061514 v. 30. 12. 1962. — (43) Rosenfeld G. S., et al.: Antibiotiki (Moskau) 8, 201 (1963); ref. Inhaltsverzeichn. sowjet. Fachzeitschr.

III B, **12**, 1528 (1963). — (44) NADAL, N. G. M., L. V. RODRIGUEZ, and CARMEN CASILLAS: Abstracts 3. Intersc. Conf. Antimicrob. Agents a. Chemoth. (Washington) 1963, S. 38—39. — (45) KOGYO, ONO YAKUSHIN: Japan. Patent 12746 v. 19. 7. 1963. — (46) US-Patent 3096243 v. 2. 7. 1963. — (47) Belg. Patent 624816 v. 14. 5. 1963. — (48) GAUSE, G. F., et al.: Antibiotiki (Moskau) **8**, 387 ff. (1963; No 5). — (49) RINEHART jr., K. L., V. F. GERMAN, W. P. TUCKER u. D. GOTTLIEB: Liebigs Ann. Chemie **668**, 77—86 (1963). — (50) BANNISTER, R., and A. D. ARGOUDELIS: J. Am. chem. Soc. **85**, 234—235 (1963). — (51) DE BOER, C., A. DIETZ, W. S. SILVER, and G. M. SAVAGE: Antib. Annual 1955/56, 886. — (52) TERAO, M., K. KARASAWA, N. TANAKA, H. YONEHARA, and H. UMEZAWA: J. Antibiotics A **13**, 401—405 (1960). — (53) TERAO, M.: J. Antibiotics A **16**, 182 (1963). — (54) CURTIS, P. J., H. G. HEMMING, and W. K. SMITH: Nature **167**, 557 (1951). — (55) SIGG, H. P.: Helv. chim. Acta **46**, 1061—1065 (1963). — (56) KANZAKI, T., E. HIGASHIDE, H. YAMAMOTO, M. SHIBATA, K. NAKAZAWA, H. IWASAKI, T. TAKAWAKA, and A. MIYAKE: J. Antibiotics A **15**, 93 (1962). — (57) IWASAKI, H.: J. pharm. Soc. (Japan) **82**, 1358—1395 (1962). — (58) GOTO, T., H. KAKISAWA, and Y. HIRATA: Tetrahedron **19**, 2079—2083 (1963). — (59) HIRATA, Y., and K. NAKANISHI: J. biol. Chem. **184**, 135 (1950). — (60) GRINEV, A. N., A. S. MEZENCEV i D. V. SIBIRJAKOWA: Z. allg. Chem. (russ.) **33**, 315 (1963; Nr. 1). — (61) TAKITA, T., K. OHI, Y. OKAMI, K. MAEDA, and H. UMEZAWA: J. Antibiotics A **15**, 46—48 (1962). — (62) TAKITA, T.: J. Antibiotics A **16**, 211—212 (1963). — (63) TAKITA, T., and H. NAGANAWA: J. Antibiotics A **16**, 246 (1963). — (64) McMORRIS, T. C., and M. ANCHEL: J. Am. chem. Soc. **85**, 831—832 (1963). — (65) RAO, K. V., W. S. MARSH, A. L. GARRETSON, and E. M. WESEL: Antibiot. and Chemother. **10**, 312—319 (1960). — (66) SCHACH VON WITTENAU, M., and H. ELS: J. Am. chem. Soc. **85**, 3425—3432 (1963). — (67) CEDER, O., J. M. WAISVISZ, M. G. VAN HOEVEN u. R. RYHAGE: Chimia **17**, 352—354 (1963). — (68) McOMIE, J. F. W., M. S. TUTE, A. B. TURNER, and B. K. BULLIMORE: Chem. and Ind. **1963**, 1689—1690. — (69) v. OPPOLZER, W.: Chemotherapia **7**, 133—136 (1963). — (70) SENSI, MAGGI, BALLOTTA: Chemotherapia **7**, 137—144 (1963). — (71) RINEHART JR., K. L., J. R. BECK, D. B. BORDERS, TH. H. KINSTLE, D. KRAUS, W. W. EPSTEIN, and L. D. SPICER: J. Am. chem. Soc. **85**, 4035—4039 (1963). — (72) RAO, K. V., K. BIEMANN, and R. B. WOODWARD: J. Am. chem. Soc. **85**, 2532—2533 (1963). — (73) SHEEHAN, J. C., P. E. DRUMMOND, J. N. GARDNER, K. MAEDA, D. MANIA, S. NAKAMURA, A. K. SEN, and J. A. STOCK: J. Am. chem. Soc. **85**, 2867—2868 (1963). — (74) GODZESKI, C. W., G. BRIER, and D. E. PAVEY: Appl. Microbiol. **11**, 122—127 (1963). — (75) BJELOZEROVA, O. P., et al.: Antibiotiki (Moskau) **8**, 962 ff. (1963). — (76) QUITT, P., R. O. STUDER u. K. VOGLER: Helv. chim. Acta **46**, 1715—1720 (1963). — (77) PLATTNER, P. A., K. VOGLER, R. O. STUDER, P. QUITT u. W. KELLER-SCHIERLEIN: Helv. chim. Acta **46**, 927—935 (1963). — (78) BÜCHI, G., and G. LUKAS: J. Am. chem. Soc. **85**, 647—648 (1963). — (79) ETTLINGER, L., E. GÄUMANN, R. HÜTTER, W. KELLER-SCHIERLEIN, L. NEIPP, V. PRELOG u. H. ZÄHNER: Helv. chim. Acta **42**, 562—569 (1959). — (80) FARKAS, J., a F. SORM: Collect. czechoslov. chem. Commun. **28**, 882—886 (1963). — (81) *Rhône-Poulenc S. A.;* Österr. Pat. 230543 v. 15. 4. 1963. — (82) *T. Seyaku* Co. Ltd.; Jap. Pat. (Nr. unbekannt) v. 2. 10. 1963. — (83) *Merck and Co.;* BR. M. MILLER, J. PUTTER; US-Pat. 3102076 v. 27. 8. 1963. — (84) *Ono Pharm.* Ltd.: Japan Appln. Nr. 20299/63 (Publ. Date: 10. 2. 1963). — (85) SCHMIDT-KASTNER, G. u. J. SCHMID: Medizin und Chemie, Bd. VII, S. 528—539 (1963), Verlag Chemie, Weinheim.

Tabelle 1. *Neue*

Name	Bildner	wirksam gegen
Alveomycin	Streptomycetenstamm Sd 094	gram pos. und gram neg. Organismen
Antibioticum 10026 RP	Streptomycetenstamm	gram positive Bakterien
Antibioticum 17732	Streptomyces erumpens, n. sp.	Pilze
Anthracidin A + B	Streptomyces Nr. 190	gram pos. Bakterien (schwach)
BA-17039 A	Streptomycetenstamm	gram. pos. Bakterien und Tumoren (HeLa-Zellen, S 180, Ca 755)
BA-17039 B	Streptomycetenstamm	gram pos. Bakterien
BA-90912	Streptomycetenstamm	Tumoren (S 180, Ca 755, Mäuse-Leukämie 1210)
BA-181314	Streptomycetenstamm	viele gram pos. Bakterien und Tumoren
Brefeldin A	Penicillium brefeldianum	Pilze, Ehrlich-Ascites-Tumor, schwach gram neg. Bakterien
Cerulenin	Fungi imperfecti Cephalosporium caerulens	Bakterien und Pilze
Cirramycin A + B	Streptomyces sp. Nr. 12090	gram pos. und gram neg. Bakterien
Daunomycin		Tumoren
Doricin	Streptomyces loidensis ATCC 11415	gram pos. Bakterien (?)
Enomycin	Streptomyces mauvecolor	gegen Tumoren; keine antibakterielle Aktivität (Ehrl. Asc.-Ca u. S 180: 0,5—1 mcg/Maus/Tag)
Flammulin	Basidiomycet Flammulina velutipes	Tumoren (Ehrlich-Ascites-Tumor bei 20—40 mcg pro Maus

Antibiotica (1963)

chem. oder physikal. Kennzeichnung	Bemerkungen	Lit.
Fe-haltig, gehört zur Sideromycin-Gruppe; dem Albomycin nahestehend	Geringe Toxicität, hohe Resistenzrate gegenüber Staphylokokken.	(85)
$C_{16}H_{17}N_7O_6S_2$; Fp. 228—230° $[\alpha]_D^{20} = +41°$ ($c = 1$, Äthylcellosolve); farblose Kristalle (gehört zur Althiomycingr.)		(1)
Polyen (Tetraen)		(2)
$C_{20}H_{29}O_5N$; gelbe Kristalle Fp. 114—116°		(3)
Farbloses, neutrales Peptid-Antibioticum; Kristalle, Fp. 185—186°		(4)
Farbloses, neutrales Antibioticum. Enthält keinen Stickstoff, besitzt kein UV Maximum.		(4)
Farblose Kristalle, Fp. 258—260°; Base		(5)
Stickstoffhaltige, neutrale kristalline Substanz. UV-Max.: 250, 361 u. 375 mμ		(6)
	LD_{50}: > 200 mg/kg (Maus i. p.)	(7)
	Niedrige Toxicität, thermostabil	(8, 9)
Macrolide; farbl. Kristalle, Basen; A: Fp. 122—123°; $[\alpha]_D^{20} = -20°$ $c = 1$, Chlf.); B: Fp. 228—229°; $[\alpha]_D^{20} = -61°$ ($c = 1$, Chlf.)	Stabil von pH 2—9 bei 37° (24 Std)	(10)
Polyphenol; Ähnlichkeit zu den Pyrromycinen, Cinerubinen und Rhodomycinen	1—2 mg/kg (Maus) zeigen therapeutischen Effekt beim Ehrlich-Tumor	(11)
$C_{43}H_{52}O_{11}N_8$; Fp. 170—190° (Zers.) UV-Max.: 257 u. 306 mμ; Peptid-Antibioticum	(Ähnlichkeit mit Vernamycin B-Komplex; gewonnen aus Vernamycin B-Mutterlaugen)	(12)
C 47%, H 7,4%, N 14,4%; Base, Peptid. Farblose, federartige amorphe Substanz (gewisse Ähnlichkeit zu Peptimycin) UV-Max.: Sehr schwach bei 278 mμ sonst Endabsorption im UV-Bereich	Stabil bei schwach saurem oder neutralem pH-Wert, weniger stabil im alkal. Milieu	(13)
Basisches Protein; Molgew. $\sim 23\,000$ UV-Max.: 277 mμ. Nach saurer Hydrolyse: 17 Aminosäuren nachweisbar	Bei Tumoren keine in vitro Aktivität. LD_{50}: 25 mg/kg i. p. (Maus)	(14)

Tabelle 1.

Name	Bildner	wirksam gegen
Gentamicin $C_1 + C_2$	Micromonospora purpurea und Micromonospora echinospora	gram pos. u. gram neg. Organismen
Iyomycin A + B	Streptomyces pheoverticillatus n. sp.	Tumoren; nicht gegen Bakterien
Janthinellin	Penicillium janthinellium Biourge 1130/4	Hefen und Pilze
Kitasamycin	Streptomyces kitasatoensis	gram pos. u. einige gram neg. Organismen
LL-AE 705 W	Variante von Streptomyces rimosus	gram pos. Bakterien
LL-AM 684 β	Streptomyces hygroscopicus (NRRL-3017)	gram pos. Organismen
Labilomycin	Streptomyces albosporeus var. labilomyceticus	gram pos. Bakterien und Mycobakterien
Lampterol	Lampteromyces japonicus	Tumoren (bei 120 mcg/kg Maus)
Levorin	Actinomyces levoris	Pilze
Levoristatin	Actinomyces levoris	Bakterien
Manumycin	Streptomyces paroulus (ETH 25000)	gram pos. Bakterien
Miromycin	Streptomyces P-285 (Str. albus verwandt)	Poliovirus an der Maus; prophylaktisch (gram pos. u. gram neg. Organism.)
Monazomycin	Streptomyces mashiuensis (Nr. 3682-JT_{t1})	gram pos. Bakterien und Mycobakterien; sehr schwach gegen Pilze und Hefen

Fortsetzung

chem. oder physikal. Kennzeichnung	Bemerkungen	Lit.
Wasserlösliche Base; $C_1 + C_2$ sind isomere Pseudo-Oligo-Saccharide. Hydrolyse ergibt 2-Desoxystreptamin	Kreuzresistenz mit Neomycin, nicht mit Streptomycin und Streptothricin. Akute LD_{50} (Maus): 72 mg/kg i. v.	(15)
Wasserlösliche Makromoleküle. A: Saures Polypeptid B_{1+2}: Basische Polypeptide	LD_{50} (Maus, i.v.): 150 mg/kg	(16)
Siehe russische Originalarbeit	Nicht gegen Bakterien wirksam; übertrifft in seiner Wirksamkeit gegen zahlreiche saprophyt. und phytopathogene Pilze u. Hefen (in vitro) bei weitem das Griseofulvin	(17)
Macrolid; ähnlich Magnamycin	Besteht aus mehreren Komponenten	(18)
Macrolid-Antibioticum, neutral, farblose Kristalle, Fp.: 222—223° C; $[\alpha]_D = -34,5°$ (A.) UV-Max.: 216 u. 240 mμ (Sch.)		(19)
Macrolid-Antibioticum; $C_{45}H_{79}NO_{17}$; Fp.: 172—175° C; $[\alpha]_D = -44°$; UV-Max.: 282 mμ ($E_{1\,cm}^{1\%} = 245$)	Entsteht neben dem bereits bekannten Antibioticum Tylosin; kann auch durch Reduktion einer Aldehydgruppe aus Tylosin gewonnen werden	(20)
Neutrales, gelbes, kristallines Antibioticum; $C_{21}H_{30}O_7$	Sehr labil, licht- und luftempfindlich	(21)
Base, Kristalle, Fp.: 124—127°; $C_{15}H_{20}O_4$; UV-Max.: 235, 325 mμ (log ε 4,10 + 3,54) in Methanol		(22)
Früher als Antibioticum 26/1 bezeichnet (aus Act. globisporus); Polyen, Heptaen; UV-Max.: 361, 380 u. 404 mμ	Identisch mit Antibioticum 26/1	(23)
Wird neben Levorin gebildet, kein Polyen, der Cycloheximidgruppe nahestehend		(24)
$C_{30}H_{38}N_2O_7$; Fp.: 105°; UV-Max.: 281 u. 325 mμ; $[\alpha]_D = +129°$; gelbe Kristalle, saure Eigenschaften		(25)
Sehr ähnlich dem Xanthomycin A; Base, orangerote Kristalle	$LD_{50} = 48$ mcg/Maus, i. p.	(26)
Gelbe Kristalle; mäßig wasserlöslich; Ninhydrin pos.		(27)

Tabelle 1.

Name	Bildner	wirksam gegen
Muconomycin A	Myrothecium verrucaria	Pilze
M-259	Streptomyces nigellus NRRL 2920	
MSD-92	Streptomyces-Stamm	Gram pos. und gram neg. Organismen
MSD-235 (Komplex aus 235 S u. MSD 235 L	Streptomyces lavendulae u. Streptomyces avidinii	Gram neg. Bakterien Synergisten: Keine der beiden Komponenten ist allein antibakteriell wirksam
Nourseothricin A + B	Streptomyces noursei ATCC 11455	Gram pos. u. gram neg. Organismen, schwach gegen Hefen und Pilze
Ornamycin	Streptomyces ornatus, n. sp.	Gram pos. Bakterien und Pilze
Peliomycin	Streptomyces luteogriseus n. sp.	Gram pos. Bakterien, Amöben, Hefen u. Tumoren
Peptinogan	Streptomycetenstamm ATCC 13748	Tumoren (Sarkom 180)
Restrictocin	Aspergillus restrictus (NRRL 2869)	Tumoren, schwach gegen Pilze
Rubidomycin	Streptomyces coeruleo-rubidus	Gram pos. Bakt. u. Tumoren
Septacidin	Streptomyces funbriatus	Pilze und Tumoren (Carcinom 755)
Succinimycin	Streptomyces olivo-chromogenes	Gram pos. Organismen
Trypacidin	Aspergillus fumigatus	Protozoen (Trypanosoma cruzi u. Toxoplasma gondii)

Die anschließend genannten Antibiotica sind nicht in der Tabelle aufgeführt, da sie entweder schlecht charakterisiert sind, bereits früher — z. B. als Komplex — in diesen „Fortschritten" erwähnt wurden oder die Original-Arbeiten schwer zugänglich sind: Antibioticum 9971 R.F. (81), Antibioticum 660-15 (41), A 116-SA und A 116-SO (42), Albonursin (43), Chonalgin (aus Algen) (44), Gramamycin

Fortsetzung

chem. oder physikal. Kennzeichnung	Bemerkungen	Lit.
$C_{27}H_{34}O_9$; farblose Kristalle (Platten); Fp.: bei 240° gelb, dann über weitem Bereich Zersetzung; $[\alpha]_D^{19} = +184°$	Sehr toxisch; bei Kontakt Hautreizung	(28)
		(29)
$C_8H_9N_9O_3$; gelbe Kristalle; Ähnlichkeit mit Xanthothricin u. Fervenulin. Wahrscheinlich Trioxopyrimidotriazin		(30)
MSD-235 S: Niedermolekulare dialysierbare Verbindung; MSD-235 L: Hochmolekulares Protein; Kristalle	Der Komplex zeigt ungewöhnliche Kreuzresistenz mit nicht ähnlichen Antibiotica	(31)
Wasserlösliche Basen	Gleichzeitig bildet der Stamm Fungicidin u. Cycloheximid	(32)
		(33)
$C_{46}H_{76}O_{14}$; Kristalle, Fp.: 160—164°; $[\alpha]_D^{25} = -74,2°$ (Chlf.)	LD_{50}: 9,2 mg/kg i. p. (Maus)	(34)
C 50%, H 6,8%, N 14,9%. Polypeptid; Molgew.: ~ 15000; Fp.: 240° (Zers.); $[\alpha]_D = -53,7°$ (W)	Abbauprodukt des aus ATCC 13748 gewonnenen komplexen Polysaccharids Actinogan	(35)
$C_{156}H_{270}N_{49}O_{58}S$; Polypeptid; nachgewiesen: Ala, Asp, Gly, His, Lys, Leu, CyS—, Glu, Val		(36)
$C_{27}H_{31}O_{11}N$; Base, Hydrochlorid: rotorange Kristalle, UV-Max.: 236, 255, 290—295, 482—498 u. 533 mμ, in A	LD_{50} (Maus) 47 mg/kg s. c. 5,6 mg/kg i. p.	(37)
Nucleosid-Antibioticum, (nach Hydrolyse Adenin u. 3-Amino-3-deoxy-aldoheptose) Kristalle		(38)
Eisenhaltiges, basisches Antibioticum, ähnlich Ferrimycin; rotorange	Stabil bei pH 6, instabil pH 4	(39)
$C_{18}H_{16}O_7$: neutrale Eigenschaften, Fp.: 228—231° C; $[\alpha]_D^{20} = -102,9°$ ($c = 1$; Essigester)	LD_{50} (Maus) 400—500 mg/kg i.p.	(40)

(japanisch), Lysotoxin (aus Str. Lysotoxis Takiguchi u. Arima) (gehört zur Xanthomycin-Gruppe) (82), Peledimycin (45), Perlimycin (46), R-451 (Gentamicin ähnlich) (47), Restomycin (84), Ristomycin (gehört zur Gruppe der Ristocetine) (48), Sarganin (aus Algen) (44), SP-30 (Gentamicin ähnlich) (47), Tetrin A u. B. (49), Thermycetin (83).

Tabelle 2. *Antibiotica, deren Struktur 1963 aufgeklärt wurde*

Name	Formel	Bemerkungen	Lit.
Bluenso-mycin	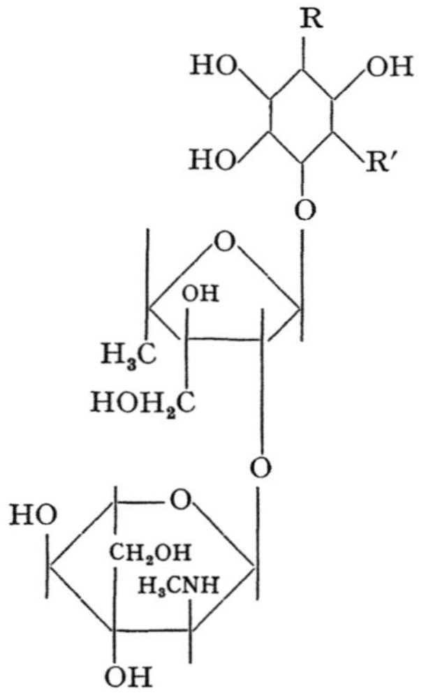 $R = -NHC(=NH)-NH_2$ $R' = -OCONH_2$ oder $R = -OCONH_2$ $R' = -NHC(=NH)-NH_2$	Ursprünglich als Antibioticum U 12898 bezeichnet. Base; gehört zur Streptomycin-Gruppe. Streptidin-Teil des Streptomycins durch eine andere biogenetisch verwandte Guanidin-Base ersetzt	(50, 51)
Emimycin	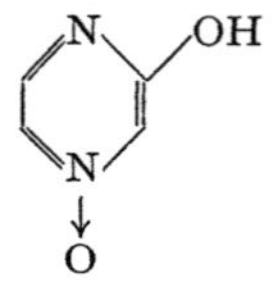 2-Hydroxypyrazin-4-oxid	Wirksam gegen gram pos. u. gram neg. Bakterien sowie gegen Hefen	(52, 53)

Frequentin	(2 tautomere Formen)	Antibioticum aus Penicillium frequentas WESTLING, P. palitans WESTLING u. P. brefeldianum Dodge; antifungale und schwache antibakterielle Wirksamkeit	(54, 55)
Gougerotin	[N⁴-sarcosyl-I-(3′-desoxy-3′-D-serylamido-β-D-allopyranosyl-uronamid)-cytosin]	Aus Streptomyces gougerotii; wirksam gegen gram pos. und gram neg. Organismen sowie gegen Mycobakterien	(56, 57)
Grifolin	2-Farnesyl-5-methyl-resorcin	Aus einem Basidiomyceten (Grifola confluens) 1950 gewonnen. Wirksam gegen gram pos. Organismen u. gegen Mycobacterium phlei. Geringe Toxicität	(58, 59)

Tab. 2. Fortsetzung

Name	Formel	Bemerkungen	Lit.
Heliomycin	1,4,6,7-Tetrahydroxy-11-äthyl-2 (oder 3)-8 (oder 9)-dimethyl-5,12-tetracenchinon	Antibioticum aus Act. flavochromogenes, var. heliomycini; wirksam gegen gram pos. Bakterien und einige Viren	(60)
Ilamycine		Aus Streptomyces islandicus; Komplex, kann in Ilamycin und Ilamycin B getrennt werden. Hauptsächlich gegen Tuberkel-Bakterien wirksam. Peptid-Antibiotica. (Alle Aminosäuren des Komplexes besitzen die L-Form)	(61, 62 63)

R = CHO = Ilamycin

R′ = CH$_3$ = Ilamycin B

Illudin M	2,2,5,7-Tetramethyl-6,6-äthylen-1,5-dihydroxy-4-oxo-$\Delta^{3,7}$-tetrahydroinden 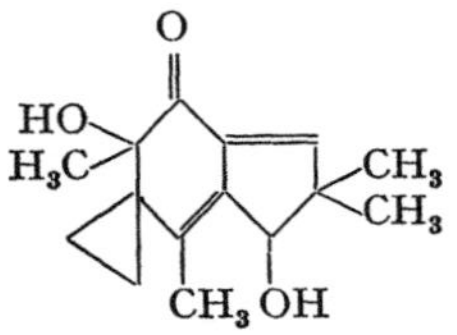	Antibioticum aus dem Basidiomyceten Clitocybe illudens; antibakteriell und antifungal wirksam	(64)
Illudin S	2,5,7-Trimethyl-6,6-äthylen-2-hydroxymethyl-1,5-dihydroxy-4-oxo-$\Delta^{3,7}$-tetrahydroinden 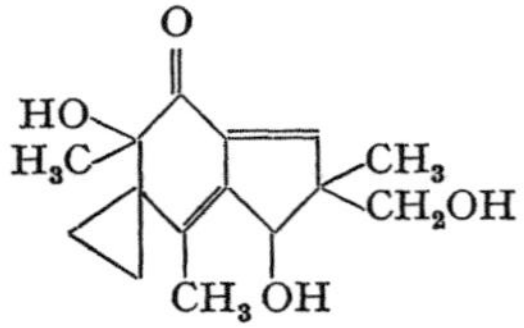		(64)
Indolmycin	5-[1-(β-Indolyl)-äthyl]-2-methyl-iminooxazolidinon-(4) 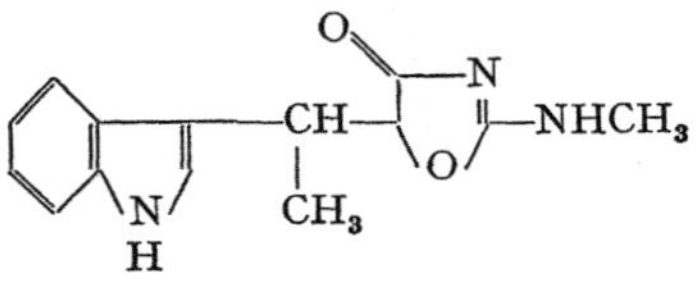	Base, früher Antibioticum PA 155 A genannt, gewonnen aus Streptomyces albus. Wirksam gegen gram pos. Bakterien	(65, 66)

Tab. 2. Fortsetzung

Name	Formel	Bemerkungen	Lit.
Pimaricin	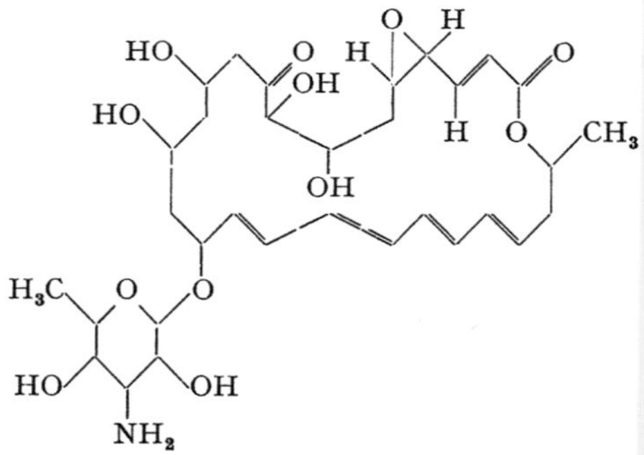	Polyen-Antibioticum. Die Formel läßt die Biogenese des Antibioticums aus Acetat-Resten annehmen	(67)
Pulvillorin-säure	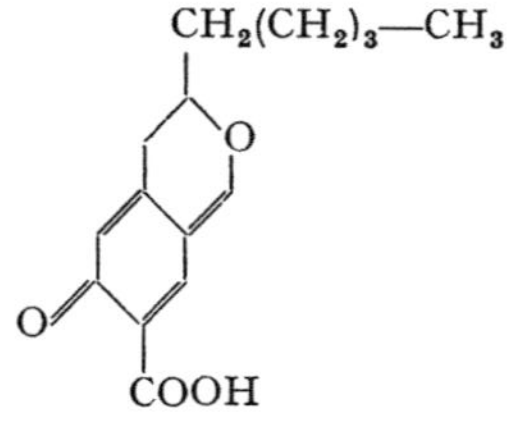	Antibioticum aus Penicillium pulvillorum; antifungale Eigenschaften	(68)

| Rifamycin SV | 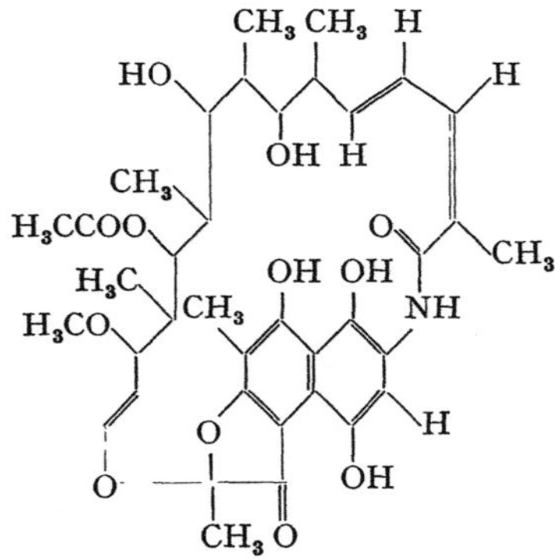 Rifamycin SV | Früher Rifomycin genannt; aus Str. meditarranei n. sp. durch Oxydation und Reduktion des von diesem Stamm gebildeten Rifamycin B. Aktiv gegen gram pos. Organismen und Tuberkel-Bakterien.
Die Rifamycin-Gruppe gewinnt an Bedeutung; es ist hier möglich, chemisch zahlreiche funktionelle Gruppen abzuändern und Verbindungen mit besseren pharmaz. Eigenschaften herzustellen. Sensi et al. (70) haben bereits etwa 150 halbsynthet. Rifamycine hergestellt | (69, 70) |
| Strepto-lydigin | 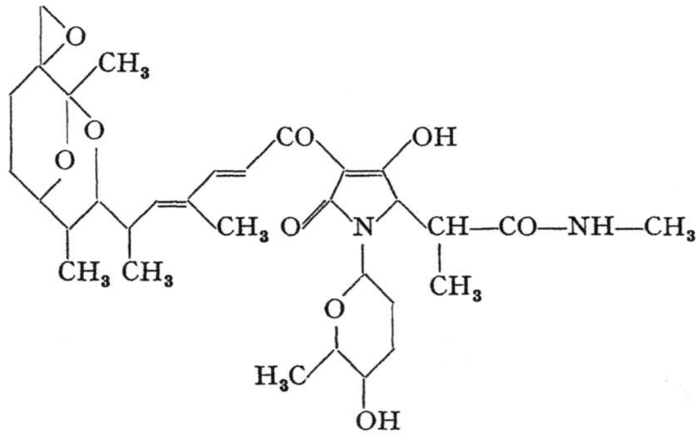 | Aus Streptomyces lydicus; stark saure Eigenschaften, orthorhombische Nadeln.
Wirksam gegen gram pos. Bakterien mit Ausnahme der Mikrokokken.
LD_{50} (Maus): 1800 mg/kg p.o. 500 mg/kg s.c. | (71) |

Tab. 2. Fortsetzung

Name	Formel	Bemerkungen	Lit.
Streptonigrin	H_3CO— ... Formel (Chinolin-Pyridin-Struktur mit $COOH$, CH_3, H_2N, HO, H_3CO, OCH_3)	Aus Streptomyces flocculus; aktiv gegen gram pos. und gram neg. Organismen. Streptonigrin besitzt Antitumor-Eigenschaften (besonders wirksam gegen lymphoide Leukämie)	(72)
Telomycin	HOOC—CH_2—CH_2—CO—Ser—Thr—allo-Thr—Ala—Gly—trans-3-HOPro | NH_2 | O | C—cis-3-HOPro-Δ-Try—β-Me-Try—β-HOLeu || O	Wird von einem Streptomyceten-Stamm produziert; aktiv gegen gram pos. Bakterien. Keine Kreuzresistenz mit den üblicherweise angewandten Antibiotica. Toxicität: LD_{50} (Maus) > 1000 mg/kg (i. v., i. p. und oral)	(73)

Tabelle 3. *Synthese einiger Antibiotica*

Name	Formel	Bemerkungen	Lit.
Cephalothin	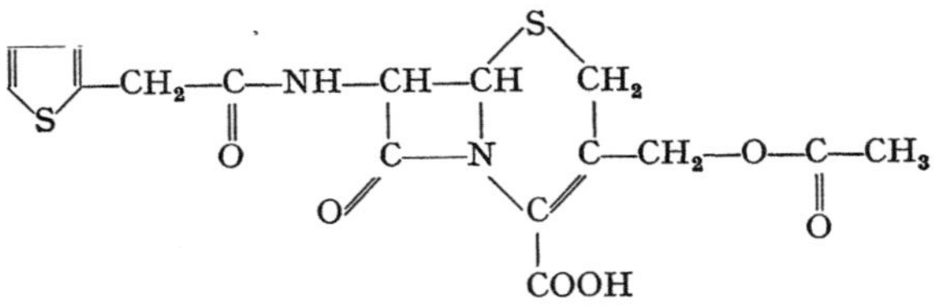 (Strukturformel: Thiophen–CH$_2$–C(=O)–NH–CH–CH–CH$_2$ / S / C–N–C–CH$_2$–O–C(=O)–CH$_3$ / COOH)	Halbsynthetisches Antibioticum, dargestellt aus 7-Amino-cephalosporansäure (7-ACA) u. Thiophen-2-acetylchlorid. (7-ACA durch Hydrolyse aus dem natürlich vorkommenden Cephalosporin C)	(74)
Ditetracyclin	$C_{12}H_{23}O_8N_2$—CH_2—N—CH_2—C_6H_5 | C_2H_4 | $C_{12}H_{23}O_8N_2$—CH_2—N—CH_2—C_6H_5	Halbsynthetisches Antibioticum, Synthese aus Tetra-cyclin, Formaldehyd und N,N'-Dibenzyläthylendiamin. (Soll therapeutisch besser wirken als Tetracyclin-Hydrochlorid.)	(75)
Enniatin A	Cyclohexadepsipeptid (vgl. Formel Enniatin B)	Peptid enthält alternierend N-Methyl-L-isoleucin u. D-α-hydroxy-isovaleriansäure	(76)

Tab. 3. Fortsetzung

Name	Formel	Bemerkungen	Lit.
Enniatin B	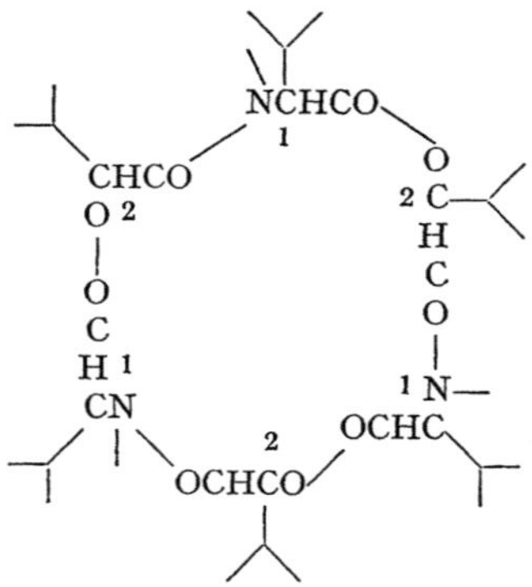 Cyclohexadepsipeptid 1 = Valin 2 = Hydroxyisovaleriansäure	Antibioticum aus Fusarium orthoceras var. enniatinum; hemmt Mycobakterien. Konstitution konnte durch Synthese bewiesen werden. Das Antibioticum enthält alternierend die Aminosäuren D-Valin u. D-α-Hydroxy-iso-valeriansäure	(77)
Holomycin	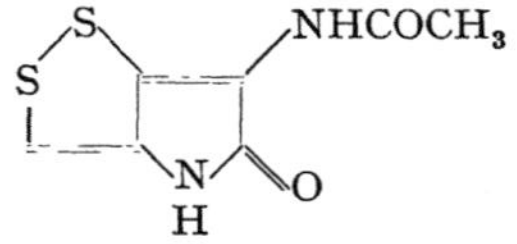 Desmethylthiolutin	Wirksam gegen gram pos. u. gram neg. Organismen	(78, 79)
Psicofuranin	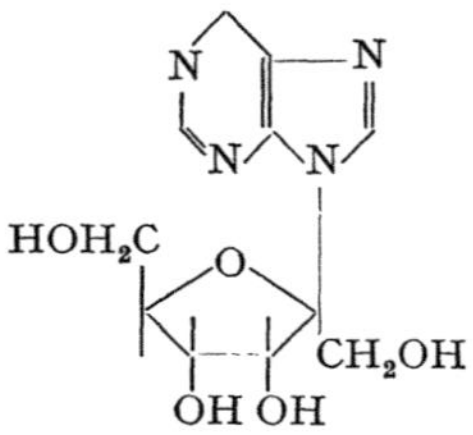	Antitumor-Antibioticum, in mehrstufiger Synthese dargestellt	(80)

26. Hydrobiologie, Limnologie, Abwasser und Gewässerschutz

Von OTTO JAAG, Zürich

A. Hydrobiologie, Limnologie und Ozeanologie

1. Gesamtdarstellungen

In den "International Series of Monographs on Pure and Applied Biology" erschien von RAYMONT (1963) "Plankton and Productivity in the Oceans", ein Lehrbuch, das neben anderen Fragen vor allem das Produktionsproblem behandelt. Die "Contributions of the Scripps Institute of Oceanography" (1962) beleuchten Probleme aus der Biologie, Paläontologie und Biochemie, der Geologie, Hydrologie und Chemie der Weltmeere.

Seit 1920 wurden über den Baikalsee mehr als tausend Arbeiten veröffentlicht. KOZHOV (1963) faßt in "Lake Baikal and its Life" (Monographiae Biologicae Vol. XI) die wichtigsten Resultate dieser Studien zusammen.

Pipelinebau und Hochrheinschiffahrt lösten mancherorts teils leidenschaftlich geführte Diskussionen über die Eutrophierung des Bodensees aus. Die „Internationale Gewässerschutzkommission für den Bodensee" veröffentlichte einen ersten Bericht (1963), in dem die chemischen und biologischen Veränderungen der letzten Jahre untersucht werden. In der Reihe „Einführung in die Kleinlebewelt" (Verlag Kosmos) behandelt HERBST (1963) das Thema „Blattfußkrebse". Die Bücher "Animal Life in Fresh Water" (MELLANBY, 1963) und „Nordisches Plankton" (BRANDT und APSTEIN, 1964) sind neu überarbeitet wieder erschienen.

PRINGSHEIM (1963) prüft Probleme der Artumwandlung an einem neuen Material. In seinem Buch „Farblose Algen" werden cytologische, physiologische und ökologische Fragen eingehend erörtert, so daß sich ein vorläufiges Bild von der Entstehung der farblosen Algen aus chlorophyllhaltigen Lebewesen ergibt. Im „Archiv für Hydrobiologie" (Supplementband XXVII 1963) werden von der „Arbeitsgemeinschaft Donauforschung der Societas Internationalis Limnologiae" drei neue Arbeiten veröffentlicht. Sie behandeln die chemischen und biologischen Einwirkungen der rumänischen Nebenflüsse auf die Donau und das Oligochätenvorkommen in Abhängigkeit von chemischen und physikalischen Faktoren. Außerdem setzt sich eine Arbeit mit der Algenvegetation der Donau-Auen auseinander. ILLIES und BOTOSANEANU (1963) behandeln Methoden und Probleme der Klassifizierung und Zonierung von Fließgewässern.

2. Physiologisch-ökologische Probleme von Plankton- und anderen Wasserorganismen

Der Mechanismus der Nitratreduktion von Grünalgen weist eine Reihe ungeklärter Probleme auf. Vor allem lassen sich aus physiologischen Experimenten mit intakten Zellen kaum Schlüsse auf die Eigenschaften der an diesen Reaktionen beteiligten Enzyme schließen. Eine neuere Arbeit (CZYGAN, 1963) befaßt sich mit dem Problem des ersten und des zweiten Schrittes der Nitratreduktion (d. h. der Reduktion des Nitrates zu Nitrit, bzw. des Nitrites zu Ammonium) von *Ankistrodesmus braunii in vivo* (intakte Zellen) und *in vitro* (Zellextrakt). Sowohl intakte Zellen als auch zellfreie Extrakte unterliegen einem jahreszeitlichen Rhythmus (Maximum im Juli, Minimum im Oktober). Ähnliche periodische Enzymschwankungen beobachteten auch KESSLER und LANGNER (1962) bei einer *Chlorella*. Ob diese Jahresperiodizität auf einer teilweisen Inaktivierung, auf einer verminderten Synthese oder auf einem Rhythmus der Induzierbarkeit der Enzyme beruht, bleibt eine ungelöste Frage. Neben spezifischen Enzymen sind an der Gesamtnitrat- und Gesamtnitritreduktion intakter Zellen nichtenzymatische, reduzierende Systeme beteiligt. Im Rohextrakt können die Enzyme erst nach Zugabe von Cofaktoren aktiviert werden. Die *in vitro* erhaltenen Ergebnisse sind grundsätzlich denen der intakten Zellen ähnlich. Es zeigen sich nur quantitative Unterschiede, bedingt durch den Wegfall der Plasmagrenzschichten.

Interessant wirkt sich der Mangel an Stickstoff auf verschiedene Arten der Gattung *Chlorella* aus. Es ergeben sich dabei physiologisch-chemische Merkmale, die zur taxonomischen Einteilung dieser morphologisch wenig differenzierten Gattung verhelfen (KESSLER u. Mitarb., 1963). So unterscheiden sich beispielsweise verschiedene *Chlorella*-Stämme durch das Verhalten der Pigmente bei Stickstoffmangel. Während die meisten Stämme unter solchen Bedingungen durch den Verlust der Chlorophylle ausbleichen, werden einige Stämme durch die Bildung von Sekundär-Carotinoiden (besonders von Astoxanthin) tief orange.

Bei ökologischen Untersuchungen von Planktonorganismen schenkt man heute außer den bekannten Nährelementen wie Stickstoff und Phosphor den Vitaminen und Spurenelementen vermehrte Aufmerksamkeit. Marine Algen benötigen für ihr Wachstum häufig Thiamin, Biotin oder Vitamin B_{12}. DROOP (1961) berechnete aus der Beziehung zwischen dem Gehalt an B_{12} in natürlichen Gewässern und der Größe der Planktonbiomasse, daß für jedes μ^3 Algenzelle ungefähr 3 Moleküle B_{12} notwendig sind. Diese Beobachtung wurde auf 7 Stämme von zentrischen Diatomeen, alles Planktonformen aus verschiedenen Biotopen, ausgedehnt (GUILLARD, 1963). Die Anzahl B_{12}-Moleküle/μ^3 Algenzelle variierte von 5—18,4. Die Diatomeen stellen demnach ungefähr gleich hohe Ansprüche an Vitamin B_{12} wie andere Organismen. B_{12}-*freie* Kulturen verursachten strukturelle Änderungen bei *Skeletonema costatum*.

Radioaktiv markierte Spurenelemente werden heute in vermehrtem Maße bei ökologischen Untersuchungen angewendet. ODUM und GOLLEY (1963) geben eine Übersicht über die wichtigsten markierten Spurenelemente und erörtern Probleme, die sich bei der Anwendung dieser Isotope ergeben. Bevor dieses neue „Werkzeug" auf dem Gebiet der Ökologie voll eingesetzt werden kann, sind gleichzeitige Experimente *in vitro* und *in situ* notwendig. Sorgfältiges Studium verlangen insbesondere die quantitative Bestimmung der Aufnahme und Abgabe radioaktiver Substanzen durch die Organismen. Mit dieser Methode können dann zur Hauptsache folgende Daten ermittelt werden (ODUM und GOLLEY, 1963):

1. Die Strahlungsdosis, die eine Population empfangen hat,
2. die Umsatzmenge an Elementen, die in den Organismen eingebaut werden,
3. die Wirksamkeit der Isotopenmarkierung bei Studien über das Verhalten, die Verteilung und Dichte von Populationen.

Mit Hilfe der Isotopenmarkierung wurde die Ausscheidung von Spurenmengen Zn^{65} anhand drei verschiedener Größen von *Littorina irrorata* bei drei konstanten Temperaturen im Laboratorium und unter Feldbedingungen während 39 Tagen verfolgt (MISHINA und ODUM, 1963). Varianzanalysen zeigten, daß sowohl Umweltbedingungen als auch die Körpergröße die Menge des ausgeschiedenen Zn^{65} signifikant beeinflussen. Die Resultate ergaben, daß das nicht assimilierte Zn^{65} in einer ersten Phase, das vermutlich an die Biomasse gebundene Zn^{65} hingegen später ausgeschieden wird. Die ausgeschiedene Menge entspricht wahrscheinlich der Aktivität der Individuen.

Anhand benthischer Meeresalgen wurde die Wirkung verschiedener Umweltfaktoren auf die Aufnahme und Abgabe von Zn^{65} untersucht (GUTKNECHT, 1963). Eine pH-Erhöhung förderte die Zn^{65}-Aufnahme und hemmte die Zn^{65}-Abgabe. Belichtung regte sowohl die Aufnahme als auch die Abgabe von Zn^{65} an. Von den drei untersuchten Algen zeigte *Fucus* die höchste Zinkkonzentration (829 mg/kg Trockengewicht), während *Porphyra* den geringsten Gehalt aufwies (123 mg/kg Trockengewicht).

Das Licht ist neben der Temperatur wohl einer der ausschlaggebendsten Faktoren für die Entwicklung des Planktons. Bei Untersuchungen in antarktischen Gebieten stimmte dagegen der Ertrag an assimiliertem Kohlenstoff überhaupt nicht mit der Lichtintensität überein, was bei Oberflächenproben viel ausgeprägter der Fall war (GOLDMAN, MASON, WOOD, 1963). Die hohe Lichtintensität der 24stündigen Tage des Antarktissommers hemmt und schädigt den Photosynthesevorgang. Das arktische Plankton ist an relativ schwaches Licht angepaßt, so daß eine Verstärkung der Lichtquelle eine, allerdings reversible, Depression des Assimilationsertrages verursacht. Die Hemmung konnte quantitativ reduziert werden, indem das Plankton filtriertem Licht ausgesetzt wurde.

Die Photosynthese-Kapazität der Algen unterliegt einem täglichen Wechsel. Einen Beitrag zu diesem Problem leisteten YENTSCH und REICHERT (1963). *Dunaliella-euchlora*-Kulturen wurden, nachdem sie vorangehend in gleichmäßigem Licht gewachsen waren, verdunkelt. Die Fähigkeit, O_2 zu entwickeln, nahm in Funktion zur Zeit zu. Die O_2-Bildung erreichte ein Maximum nach 24 Std Dunkelheit. Nach 40 Std zeigten die

Kulturen keine Anzeichen mehr von einer Adaption der Photosynthese an kleinere Lichtintensitäten, und der Kompensationspunkt wurde bei 100 Std erreicht. In Kulturen mit Nitrat-Stickstoff wurde $3,5\times$ mehr Sauerstoff pro Chlorophylleinheit produziert als in solchen mit Ammoniumstickstoff.

3. Eutrophie und Sanierung der Seen

Nicht von den Problemen der limnischen Produktion zu trennen sind die praktischen Fragen der Überdüngung der Seen und ihrer Reinhaltung beziehungsweise Sanierung. So sehr diese eminent wichtigen Fragen auch mit der Verwaltungspraxis, der Gesetzgebung, schließlich auch der Volkswirtschaft und Staatspolitik verknüpft sind, so sehr berühren sie andererseits einen Bereich des pflanzlichen Lebens, nämlich die Phytoplanktologie, und rechtfertigen damit eine Besprechung an dieser Stelle. Dabei stehen zwei Problemkreise im Vordergrund, nämlich die Dynamik der Pflanzennährstoffe in der belebten Zone der Seen und die Möglichkeiten chemischer und technischer Art, welche die Nährstoffzufuhr zu den Seen herabzusetzen versprechen.

a) Die Dynamik der Nährstoffe, insbesondere des Phosphors, im See. Für den Großteil aller Seen Europas scheint Phosphor der produktionsbegrenzende Faktor zu sein. Infolge des intensiven Stoffaustausches und der allseitigen Kontaktmöglichkeiten im Wasser spielt indessen das Gesetz des Minimums hier nicht so klar wie im Boden, indem der von lebenden oder abgestorbenen Organismen freigegebene Phosphor rasch verteilt wird und wieder aufgenommen werden kann. Durch Tätigkeit von Bakterien wird aus den gelösten organischen Phosphorverbindungen, welche hauptsächlich durch Autolyse abgestorbener Plankter ins Wasser gelangen, in rascher Folge anorganisches Orthophosphat freigesetzt, wie Untersuchungen mit radioaktiv markiertem Phosphat gezeigt haben (WATT u. HAYES, 1963). Bei diesem Vorgang dürften sich die nackten oder dünnhäutigen Einzeller des Nannoplanktons sowie die Bakterien unmittelbar nach ihrem Tod zersetzen, womit ihre körpereigenen Nährstoffe sofort wieder für eine nächste Generation zur Verfügung stehen (ELSTER, 1962). Damit tritt auch die Bedeutung des lange Zeit wesentlich unterschätzten Nannoplanktons in ein helleres Licht. Diese Untersuchungen bestätigen die frühere Feststellung, daß der Phosphor im limnischen Kreislauf ganz erstaunlich kurze Umsatzzeiten haben kann, Tage, Stunden oder sogar nur Minuten. Dabei scheinen die Exkrete des täglich ins Epilimnion aufsteigenden Zooplanktons nicht unwesentlich beteiligt zu sein. POMEROY, MATHEWS und MIN (1963) stellten hierzu fest, daß die Zooplankter täglich ungefähr so viel Phosphor, davon die Hälfte anorganisches Phosphat, abgeben, wie ihr eigener Körper enthält. Der Phosphor, welcher sich im Umlauf befindet, gelangt nur zu einem Teil mit absinkenden Organismen in die Seetiefe; der größere Teil bleibt innerhalb des sehr intensiven intrabiocönotischen Kreislaufes dauernd in der epilimnischen (trophogenen) Wasserschicht (ELSTER, 1962). Diese Tatsache hilft denn auch mit, die erschreckend rasche Zunahme des Planktons im Wasser des Bodensees (Bericht Nr. 1 der Internationalen

Gewässerschutzkommission für den Bodensee, 1963) zu erklären, wonach 1959 der mittlere Gehalt an anorganischem Phosphat in diesem See um 9 γ/l lag, während frühere Bestimmungen wesentlich niedrigere Werte geliefert hatten (KLIFFMÜLLER, 1962). Damit ist freilich nicht statuiert, ob an dieser Erhöhung nur der Phosphorgehalt verantwortlich beteiligt ist. So kann Eisen nach Untersuchungen von SCHLESKE, HOOPER und HAERTL (1962) die Produktion eines ganzen Sees erhöhen, wenn es als Chelat zugegeben wird. Auch ELSTER (1962) weist auf die Möglichkeit hin, daß Eisen als produktionsbegrenzender Faktor wirken kann, ein Problem, das gerade im Zusammenhang mit der Phosphorelimination durch Eisenfällung aktuell ist.

Als Bestandteil des Vitamins B_{12} scheint im limnischen Stoffkreislauf das Kobalt Bedeutung zu besitzen, zumal dieses Metall, im Wasser bzw. Plankton als Cobalamin vorhanden, im Laufe des Jahres ähnliche Gehaltsschwankungen ausführt wie das Phosphat (VISHNIAC und RILEY, 1962).

b) Möglichkeiten der abwassermäßigen Sanierung der Seen. Zur Frage der *Möglichkeit der Reinhaltung und der Sanierung der Seen* ist die Feststellung wesentlich, daß ein gewisser Teil sämtlicher Nährstoffe, welche in einen See gelangen, nicht aus Siedlungen oder Industrien stammt, sondern aus dem Boden. Diese bekannte Tatsache wird durch Feststellungen von COUGHLIN (1963) bestätigt, wonach der Phosphatgehalt in den Oberflächengewässern in landwirtschaftlichem Gebiet etwa zur Hälfte auf die Düngung zurückgeht. Die Ontario Water Resources Commission (1962) führt die zunehmende Veralgung der großen Seen Nordamerikas unter anderem auf den Gebrauch von Kunstdünger zurück, und HUBER (1962) findet, daß die Schwemm- und Drainagewässer aus landwirtschaftlich genutzten Gebieten bis zu 45% des Gesamt-P-Gehaltes der Oberflächengewässer verursachen. Nach den Untersuchungen von VOSS (1963) gehen etwa 21% des von dem Flüßchen Schussen in den Bodensee transportierten Gesamtphosphors zu Lasten der Abschwemmung aus landwirtschaftlich genutztem Gebiet.

Angesichts der Tatsache, daß diese Nährstoffe mit keinerlei technischen Maßnahmen den Seen ferngehalten werden können, bemüht man sich an verschiedenen Seen, dafür den anderen, abwasserbedingten Teil so gründlich wie möglich zu erfassen. Am radikalsten geht dies mit Hilfe einer Kanalisation, welche sämtliche Abwässer abfängt, bevor sie in den See gelangen. Eine solche Anlage ist am Hallwilersee im Bau (FIECHTER, 1963), am Tegernsee im Betrieb (HUBER, 1963), am Thunersee geplant (SPRING, 1963). Eine andere Möglichkeit ist die chemische Elimination der Phosphate aus den Abwässern (HUBER, 1963), ein Verfahren, das vor allem im weiteren Einzugsgebiet der Seen, fern der engeren Seeregion, Anwendung finden dürfte. Eine solche Elimination drängt sich auch deshalb auf, weil nach den Feststellungen von VOSS (1963) und von HUBER (1962) der Phosphorgehalt des kommunalen Abwassers in den letzten Jahren stark angestiegen ist, was zu einem guten Teil auf die Phosphatzusätze in den Waschmitteln zurückgeht.

B. Beseitigung flüssiger und fester Abfallstoffe und Gewässerschutz

1. Detergentien im Wasser und Abwasser

Seit der Veröffentlichung des letzten Beitrages zu diesem Thema (JAAG, 1961) konnten zahlreiche Einzelfragen auf den Gebieten der Forschung sowie der Anwendungs- und Verfahrenstechnik geklärt werden. Insbesondere in der Herstellung und Untersuchung von biologisch leicht abbaubaren Aktivstoffen wurden bedeutende Fortschritte erzielt. Nachdem in England bereits im Verlauf der letzten Jahre eine spürbare Verminderung der Schaumbildung in den Kläranlagen und Flüssen festgestellt werden konnte (EDEN und TRUESDALE, 1960; TRUESDALE, 1962), die auf die Einführung abbaubarer Detergentien zurückzuführen ist, soll nun auch in Deutschland die Umstellung auf neue waschaktive Substanzen auf den Herbst 1964 allgemeinverbindlich erklärt werden (Deutsches Bundesgesetzblatt, 1962). Bei einem Gesamtanfall von 46000 Jahrestonnen für 1961 errechnen HUSMANN, MALZ und JENDREYKO für 1964 eine Entlastung der Gewässer von etwa 10000 Jahrestonnen Aktivsubstanz. Das Ausmaß der Reduktion in den folgenden Jahren wird jedoch nicht mehr von der Art der verwendeten Detergentien, sondern von der Zahl der biologischen Kläranlagen bestimmt werden. Andere Länder, z. B. USA und die Schweiz, stehen kurz vor ähnlichen Lösungen, sei es auf Grund freiwilliger Vereinbarungen oder entsprechender Gesetze.

Die Durchführbarkeit der skizzierten Maßnahmen der öffentlichen Hand ist zur Hauptsache umfassenden Vorarbeiten auf sämtlichen beteiligten Einzelgebieten und einem weitgehenden internationalen Erfahrungsaustausch in Verbindung mit einer Koordination der Forschungsarbeiten zuzuschreiben (Comité Suisse de la Détergence, 1960—1962).

Statistische Aufstellungen über den Detergentien- und Waschmittelverbrauch der meisten Kulturstaaten (HUSMANN, MALZ und JENDREYKO, 1963; Comité Suisse de la Détergence, 1960—1962; HEINZ und FISCHER, 1960—1961; PRAT und GIROUD, 1964; JAAG, 1961; MICHELSEN und MÄRKI, 1962; TRUELSEN, 1963) ermöglichten die Beurteilung der Abwassersituation in bezug auf Detergentien. Mehrere dieser Arbeiten befassen sich zugleich mit den technisch-wissenschaftlichen und analytischen Aspekten des Gesamtproblems und vermitteln einen fast lückenlosen Überblick. Für das Gebiet der deutschen Bundesrepublik liegt eine Zusammenfassung der maßgebenden Arbeiten aus dem Forschungsinstitut der Emschergenossenschaft in dem Bericht Nr. 1153 des Landes Nordrhein-Westfalen von HUSMANN, MALZ und JENDREYKO (1963) über die Beseitigung der Detergentien aus Abwässern und Gewässern vor. HEINZ und FISCHER (1961) veröffentlichten eine Zusammenstellung der Fachliteratur bis 1961. Ein Bericht der OCDE (Organisation de Coopération et de Dévelopement économiques de l'Europe) behandelt die Entwicklung vom Standpunkt des Wasser- und Abwasserfachmannes aus im gesamten westeuropäischen und amerikanischen Wirtschaftsraum an Hand der Literatur und von Umfragen und Informationen der angeschlossenen staatlichen Organisationen (PRAT und GIROUD, 1964). Eine kurzgefaßte Zusammenstellung der einschlägigen Probleme unter Berücksichtigung der schweizerischen Verhältnisse in der Waschmittelchemie liegt von E. JAAG (1961) und eine entsprechende unter Berücksichtigung der Abwassersituation von der EAWAG (MICHELSEN und MÄRKI, 1962) vor. Über den Waschmittelverbrauch in den skandinavischen Ländern berichtet TRUELSEN (1963).

Hinsichtlich der nichtionogenen Produkte, die insbesondere in der Textilindustrie, aber auch in Haushaltswaschmitteln in zunehmendem Maß zum Einsatz gelangen, besteht jedoch eine Lücke. Sie ist wesentlich durch das Fehlen einer zuverlässigen raschen Bestimmungsmethode für Mengen unter 2 mg/l dieser Stoffgruppe bedingt. Da der Fortschritt auf diesem Gebiet seitens der Industrie mit großer Intensität vorangetrieben wird, erhält auch diese Teilfrage eine ständig zunehmende Bedeutung.

a) Analysenmethoden. Entsprechend der Bedeutung der Methylenblaumethode von LONGWELL und MANIECE wurden im Verlauf der Berichtsjahre mehrere Standardvorschriften veröffentlicht (Deutsche Einheitsverfahren f. d. Wasser- und Abwasseruntersuchung, 1960; American Public Health Association, 1960; MICHELSEN und MÄRKI, 1961) und Untersuchungen über Störfaktoren und systematische Fehler ausgeführt. WAYMAN (1962a) macht auf Unterschiede in der Farbintensität des Methylenblau-Detergentienkomplexes aufmerksam, die auf Verunreinigungen im Farbstoff zurückzuführen sind und gibt ein Reinigungsverfahren für letzteren an. GAMESON und LEWIN (1962) empfehlen Konservierung der frischen Proben mit Quecksilberchlorid. BRINK (1962) weist nach, daß die Färbung der Chloroformextrakte beim Stehen unter der Einwirkung von Tageslicht schwächer wird.

Ringanalysen der Fachkommission „Abwasser" des *Deutschen Ausschusses für grenzflächenaktive Stoffe* (1961) in sechs Laboratorien an TPS-haltigem (tetrapropylenbenzolsulfonhaltigem) Flußwasser und synthetischem Abwasser zeigten, daß Mengen bis zu 0,5 mg herab mit Abweichungen von ±20% reproduzierbar festgestellt werden können, sofern genügend Untersuchungen durchgeführt werden. Bei Mengen unter 0,5 mg wurden weit stärkere Abweichungen in den Befunden festgestellt. Ebenso waren die Befunde in TBS-freiem Wasser sehr unterschiedlich. In synthetisch detergentienfreiem Abwasser wurden 0,0 bis 0,3 mg TBS/l gefunden. K. HUSMANN (1961) fand in Ruhrwasser für Detergentiengehalte unter 1 mg WAS (waschaktive Substanz)/l Fehlergrenzen zwischen +20 und −10%, für 1 mg WAS/l ± 7%, für 7 mg WAS/l ± 3%. Für die in der Schweiz ausgeführte Modifikation nach SLACK (einmalige Extraktion mit 50 ml Chloroform) fanden MICHELSEN und MÄRKI (1961) auf Grund von Ringanalysen mit sechs Personen in zwei Laboratorien statistische Streugrenzen für 95% aller möglichen Abweichungen von ±9,6% für Gehalte von 2 mg WAS/l und ±6,0% für Gehalte von 10 mg WAS/l in Flußwasser. Fortlaufende Kontrollbestimmungen im Abwasser der Stadt Zürich ergaben Streugrenzen der Einzelwerte von ±7,6%. Der mittlere WAS-Gehalt der Proben erreichte 3,1 mg/l. Die Resultate nach dieser Methode stimmten im Bereich von

0—3 mg WAS/l mit den Ergebnissen der nicht modifizierten Methode nach LONGWELL innerhalb der Fehlergrenzen überein. Proben mit mehr als 4 mg WAS/l ergaben höhere Werte. Im Verlauf von Untersuchungen über die biologische Abbaubarkeit konnte SWISHER (1963) an Hand von Infrarotspektrogrammen und gaschromatographischen Vergleichsanalysen an Dodecylbenzolsulfonat nachweisen, daß die Resultate nach der Longwell-Methode den Gehalten an unverändertem Dodecylbenzolsulfonat im untersuchten Flußwasser entsprechen. Vergleichende Untersuchungen über die Bestimmungsmethoden nach LONGWELL-MANIECE, WEBSTER und HALLIDAY (abgekürzte Infrarotmethode) und die Infrarotmethode veröffentlichten auch BOLTON, WEBSTER und HILTON (1962).

Als Ergänzung zu den Laboratoriumsmethoden wurden ferner in den Berichtsjahren mehrere Feldmethoden für Schnellbestimmungen bei der Probenahme ausgearbeitet, so von MICHELSEN und MÄRKI (1961), MC. GUIRE (1962) und COHEN (1961). Sie basieren im wesentlichen auf vereinfachten Farbreaktionen.

Zahlreiche Arbeiten liegen auch über Bestimmungsmethoden für nichtionogene Detergentien vor. Die Mehrzahl beruht auf der Eigenschaft der Polyäthylenkondensationsprodukte und der verwandten Verbindungen, mit Schwermetallsalzen unlösliche Komplexverbindungen oder Trübungen zu bilden. KIMURA und HARADA (1959) bestimmen Mengen bis herab zu 2 mg gravimetrisch als Barium-Phosphorwolframsäurekomplex. Nach Untersuchungen der Arbeitsgruppe „Analytik" des Comité de la Détergence (1960) ist die Reproduzierbarkeit der Resultate jedoch nicht befriedigend. ETIENNE (1958) bestimmt bis zu 0,2 mg Polyglykolkondensate im Wasser nach Fällung als Calcium-Phosphormolybdänsäurekomplex in Gegenwart eines Flockungsmittels und Behandeln des getrockneten Niederschlages mit Jodwasserstoffsäure als Jodäthyl. Die Genauigkeit der ziemlich langwierigen Methode ist nach EDELINE und LAMBERT (1963) auch für die angegebenen Mindestgehalte befriedigend. Eine Farbreaktion zwischen dem Wolfram des Präcipitats und Hydrochinon in konzentrierter Schwefelsäure erlaubt nach PITTEN (1962) die Bestimmung von 1 γ Polyäthylenoxydverbindungen.

Eine zusammengefaßte Übersicht an Hand der bis 1963 vorliegenden Arbeiten gibt SCHÖNBORN (1963). Im Versuchsteil der umfassenden Berichtes wird eine Bestimmungsmethode für Mengen bis herab zu 0,2 mg ND (nichtionogene Detergentien)/100 ml beschrieben. Als Reagens dient das von KHO und STOLTEN eingeführte Kaliumquecksilberjodid, das mit verdünnten wäßrigen Lösungen nichtionogener Detergentien eine nephelometrisch meßbare Trübung erzeugt. Störende Abwasserbestandteile sollen mit Hilfe eines Ionenaustauschers und partieller saurer Hydrolyse entfernt werden. Kontrollproben mit Abwasser zeigten jedoch, daß die Methode in der vorliegenden Ausführung noch keine zuverlässigen Werte liefert.

Da die aufgeführten Schwermetallsalze nicht spezifisch reagieren, haben zahlreiche Autoren sich eingehend mit der Isolierung der nichtionogenen Aktivstoffe befaßt. ROSEN (1957, 1961) gelang die Trennung ionischer und nichtionischer Aktivstoffe aus 50%igem Alkohol durch

Adsorption an Dowex-Austauschern. Aus wäßriger Lösung wurden auch die nichtionischen Verbindungen festgehalten. Über papierchromatographische Bestimmungen und Trennungen von Aktivstoffgemischen berichten GINN und CHURCH (1959), PERTSEMLIDES und SOEHRING (1960), BORECKY und GASPARIC (1961) sowie OBRUBA (1962). Neuerdings wurden auch mehrere Arbeiten veröffentlicht, die kleine Mengen nichtionogener Detergentien mit Hilfe von Oberflächenspannungsmessungen bestimmen. Einen Überblick über die bekannten Methoden vermittelt die Arbeit von MARCOU und GUILLAUMIN (1959). Anschließend wird in Analogie zu der Ringabreißmethode nach LE COMTE DU NOUIY ein Meßverfahren unter Benützung einer Lamelle beschrieben. Über die praktische Anwendung der Ringabreißmethode berichten LEWTSCHENKO u. Mitarb. (1961) und BLANKENSHIP und PICCOLINI (1963). Die letztgenannten konnten auf diese Weise die biologische Abbaubarkeit mehrerer Polyäthylen-Fettalkoholaddukte in Flußwasser untersuchen. Die Standardabweichung der Abbaugeschwindigkeit wird mit 30% des Mittelwertes angegeben. In diesem Zusammenhang interessiert auch eine Arbeit von WAYMAN (1963) über die Anwendung der Gibbsschen Adsorptionsgleichung auf Lösungen von Alkylbenzolsulfonat.

b) Prüfmethodik und Resultate von biologischen Abbauversuchen. Es ist zwischen dem eigentlichen biologischen Abbau und der Elimination der Detergentien zu unterscheiden, wobei letztere als Summe der einer wäßrigen Lösung entzogenen Aktivsubstanz aufzufassen ist, und auch den physikalisch adsorbierten Anteil der ursprünglich vorhandenen Substanz und die analytisch nicht nachweisbaren Zwischenstufen des Abbaus umfaßt.

Über den biologischen Abbau berichtet SWISHER (1963) an Hand von Untersuchungen der Gaschromatogramme und Infrarotspektren von geradkettigen ABS-Verbindungen. Danach erfolgt ein rasch verlaufender Abbau, in erster Linie durch β-Oxydation, bis zu β- und γ-Phenylcapronsäure bzw. β-Phenylbuttersäure. Der weitere Abbau setzt an der Seite des unveränderten Alkylrestes ein, ohne daß eine nennenswerte Verzögerung sich durch das Auftreten weiterer Zwischenstufen zu erkennen gibt. Auf Grund ähnlicher Untersuchungen vermuten BLANKENSHIP und PICCOLINI (1963), daß nichtionogene Polyäthylen-Fettalkoholaddukte dem gleichen Abbauschema folgen. NELSON, MC. KINNEY u. Mitarb. stellen auf Grund von Oxydationsversuchen im Warburg-Apparat eine Bilanz über den abgebauten und am Schlamm adsorbierten Teil der Prüfsubstanz auf.

Die Eliminationswerte lassen sich in sog. „stationären" oder in Durchflußversuchen bestimmen. Die erste Gruppe umfaßt den aus der BSB-Bestimmung abgeleiteten „geschlossenen Flaschentest" von FISCHER (1961), einen von HUYSER (1960) beschriebenen „offenen" Flußwassertest und, als Untergruppe, die stationären Prüfungen unter Belüftung detergentienhaltiger synthetischer Nährlösungen mit Abwasserbakterien, die aus Kläranlageablauf, Gartenerde (ROBERTS, 1960) oder gewaschenem Belebtschlamm (SHELL, 1962) gewonnen oder, nach Angaben von HUSMANN, MALZ und JENDREYKO (1963), in detergentienhaltigen Nährlösungen gezüchtet werden. Die Abbauwerte für TPS erreichen nach der Shell-Methode 20% und darüber, nach der Husmann-Methode 3%. Laurylsulfat wird bei allen Methoden praktisch vollständig eliminiert

Die amtliche deutsche Methode (Deutsches Bundesgesetzblatt, 1962) verwendet einen den großtechnischen Belebtschlammverfahren nachgebildeten Durchlauftest. Eine synthetische Nährlösung mit 20 mg Detergens/l wird von Belebtschlamm mit max. 3000 mg Trockensubstanz/l während insgesamt 5 Wochen abgebaut. Die Raumbelastung des Belüftungsgefäßes entspricht 330 ml/l pro Tag. TPS wird zu rund 30%, Laurylsulfat zu rund 100% abgebaut. Die neuen, leicht abbaubaren Aktivstoffe erreichen in diesem Test Abbauwerte zwischen 83 und 97%. In einer Labortropfkörperanlage und einer halbtechnischen Belebtschlammanlage konnten JENDREYKO und RUSCHENBURG (1963) vergleichsweise ein Alkylbenzolsulfonat des neuen Typs zu 84 bzw. 75 und 82% eliminieren. Das gleiche Produkt erreichte in technischen Tropfkörperanlagen Eliminationswerte zwischen 83 und 91%, während TPS zu 26% eliminiert wurde. In Belebtschlammanalagen wurden 67—92% eliminiert. Praxisversuche von SPOHN (1962) mit einem anderen Produkt ergaben auf einer Tropfkörperanlage Eliminationswerte von 85—93%. Für die biologisch leicht abbaubaren Sulfonate auf der Basis der neuen Dobane Typen ermittelten BORSTLAP und KOOIJMAN nach der Shell-Methode Eliminationswerte von 94 und 99%.

c) Biologische Wirkungen. Zwei Arbeiten befassen sich mit der Wirkung detergentienhaltigen Gießwassers auf Pflanzen. DEN DULK (1960) fand, daß Karotten, Endivien, Lattich, Spinat, Tomaten, Blumenkohl, Buschbohnen und Alpenveilchen in der aufgeführten Reihenfolge im Sinn abnehmender Empfindlichkeit beeinflußt wurden. MEYER (1960) führte während fünf Wochen Gießversuche mit Tagesgaben von je 2 l einer 0,8%igen Lösung von Pril, Persil und IMI an Kulturen von Astern, Zinnien, Sommerchrysanthemen, Sellerie, Grünkohl und Tomaten durch. Nur Sellerie und Grünkohl zeigten geringe Wachstumsstörungen. Über die Tödlichkeitsgrenzen von anionaktiven und nichtionogenen Detergentien für Wassertiere berichtet MANN (1962a). Sie betragen für leicht abbaubare anionaktive ABS-Verbindungen bei Forellen 4,5—6,6 mg/l, bei Tubificiden rund 5 mg/l, bei Daphnien 1—10 mg/l. Die entsprechenden Werte für nichtionogene Detergentien liegen zwischen 1—5 (10) mg/l, 0,5—5 (10) mg/l und 1—5 (2) mg/l. In Wasser mit 30 mg/l Dodecylbenzolsulfonat bewirkte ein Temperaturanstieg von 13,5 auf 18° C bei Forellen eine Verkürzung der Manifestationszeit von 13 auf 2 min. Die Todeszeiten wurden von 20 auf 10 min gesenkt. In sauerstoffarmem Wasser (2,9—3,5 mg O_2/l) verminderten sich die Todeszeiten von Aquarienfischen (Gupyi) auf rund ein Drittel. Durch Adaptation konnte die Lebenszeit von Forellen in Wasser mit 25 mg/l Dodecylbenzolsulfonat von 33 auf 60 min verlängert werden. Der gleiche Autor berichtet auch über die Förderung der Geschmacksbeeinflussung bei Fischen, die in phenolhaltigem Wasser unter Zusatz von Detergentien gehältert wurden (MANN, 1962b). NEHRING (1963) veröffentlichte Schwellenwerte für die

Giftwirkung von Flotationsmitteln auf Barsche, Plötzen, Wasserflöhe und Bachflohkrebse. Ein C_{12}-Alkylphenylsulfonat und Mersolat wirkten erheblich stärker als ein C_{10}-C_{16}-Alkylsulfonat.

d) Wirkungen der Detergentien in Böden. Feinsand mit 1000 cm²/g spezifischer Oberfläche adsorbiert nach WAYMAN (1962b) aus Lösungen mit 10 mg ABS/l 0,14 mg ABS/g. Allgemein werden 50% der theoretisch für die Ausbildung einer monomolekularen Schicht erforderlichen ABS-Menge von Feinsand zurückgehalten. LENHARD, DU PLOOY und ROSS (1963) bestimmen die Adsorptionskapazität von Sedimenten als Huminsäureäquivalente. Die Wanderungsgeschwindigkeit von Coli-Bakterien wird nach Untersuchungen von ROBECK u. Mitarb. (1962) und PAGE, WAYMAN und ROBERTSON (1962 und 1963) durch ABS-Mengen in der Größenordnung von 10 mg/l nicht beeinflußt. Bei der Langsamfiltration für die Trinkwasseraufbereitung empfiehlt K. HUSMANN (1963) die Verwendung von Vorfilterbecken mit Zwischenbelüftung, weil andere Mineralisationsprozesse in Anwesenheit von Detergentien infolge der hohen organischen Belastung des Wassers deutlich beeinflußt werden (Nitritbildung). Eine Filterschicht von 30—40 cm Sand oder Kies genügt bei Langsamfiltern selbst bei extremer Belastung durch Detergentien. TPS wurde zu rund 75%, leicht abbaubare ABS zu rund 85% eliminiert.

e) Schaumbildung und Einfluß der Detergentien auf die Leistung von biologischen Kläranlagen. Apparaturen zur Messung der Schaumhöhe werden von WAYMAN, ROBERTSON und PAGE (1962) und Peters (1952) beschrieben. Beide Systeme eignen sich für rasche Serienbestimmungen. Die maßgebenden Parameter wurden an Hand älterer Literatur von DRAPEAU (1962) zusammenfassend behandelt. Neben der Konzentration bestimmen die Temperatur, der pH-Wert, die Viscosität und die Anwesenheit bestimmter organischer und anorganischer Stoffe (Proteine, Magnesiumsalze) Menge und Stabilität des gebildeten Schaumes. An Hand einer Umfrage bei 54 niederländischen Kläranlagen stellt VRIJBURG (1962) u. a. fest, daß von 28 Tropfkörperanlagen 5 unter Schaumbildung leiden. Eine Anlage wies verminderte Leistung auf. Von 23 Belebtschlammanlagen litten 19 unter Schaumbelästigung, 6 wiesen verminderte Abbauleistungen auf, darunter 3 von insgesamt 4 Anlagen mit Druckbelüftung. Über die Verminderung der Schaumkraft von Nacconol-Lösungen durch Kohlenhydrate, Stärke und Casein berichten EDWARDS u. Mitarb. (1961). Begleitstoffe, wie Phosphate, ergeben nach SWANWICK und WHITE (1961) in hartem Wasser eine vermehrte Coagulation organischer Stoffe. Mit zunehmendem pH-Wert sinkt die Absetzgeschwindigkeit. Die Schlammenge nimmt jedoch zu.

f) Beseitigung von Detergentien aus Wasser und Abwasser. In erster Linie ist der zunehmende Ersatz der „harten" Produkte durch die in Abschnitt a) erwähnten neuen Typen als zur Zeit wirksamste Abhilfemaßnahme zu nennen. Die Umstellung wird jedoch erst voll wirksam, wenn genügend biologische Kläranlagen vorhanden sind, um das Abwasser zu reinigen (HUSMANN et al. 1963). Zusätzlich liegen mehrere Untersuchungen über die Elimination von Detergentien mit Hilfe von Fällungsreaktionen und Adsorptionsmitteln vor (HUSMANN et al. 1963;

BUCKSTEEG und MÖLLER, 1961; FLUY 1962). Allgemein ist der spezifische Bedarf an Fällungsmitteln um so größer, je niedriger die Detergentienkonzentration ist und je weitgehender diese entfernt werden soll. Am günstigsten gestaltet sich noch die Fällung mit Eisenoxydhydrat. 100 mg Fe/l (als Eisenoxydhydrat) entfernen bei 10—11 mg WAS/l rund 70%, bei 22—23 mg WAS/l rund 66%, bei 46—47 mg WAS/l rund 71%. Im Vergleich zur eliminierten Detergentienmenge ist daher ein 15facher, resp. ein 7facher und 3facher Überschuß erforderlich (BUCKSTEEG und MÖLLER, 1961).

Bei den Ausschäumverfahren ist die Beseitigung der Schaumkonzentrate zur Zeit noch nicht befriedigend gelöst (HUSMANN et al., 1963). Nach einem von FLYNN (1963) beschriebenen kontinuierlichen Fällungs- und Filtrationsverfahren, wobei Aluminiumsulfat, Aktivkohle und Flockungsmittel eingesetzt werden, sollen Wäschereiablaugen vom Hauptteil (über 90%) der Detergentien und des chemischen Sauerstoffbedarfs (BSB etwa 80—90%) befreit werden können.

2. Verarbeitung und Verwertung fester Siedlungsabfälle

a) Grundlagenforschung. In vermehrtem Maße werden zum Studium der Abbauvorgänge im verrottenden Abfallmaterial sowie zur Feststellung der Wirkung des Müllkompostes auf Pflanze und Boden mikrobiologische und mikrochemische Forschungs- und Testmethoden verwendet. So hat NOVAK (1963a) insbesondere die respirometrischen Untersuchungsverfahren und die Bestimmung der Umsetzungen des Nitrat- und Ammoniakstickstoffes zur Beurteilung mikrobieller Veränderungen im Boden herangezogen. Diese biochemischen Testmethoden erlauben es, die Dynamik der durch die Mikroorganismen hervorgerufenen Veränderungen wirklichkeitsgetreu zu bestimmen. Ein Vergleich der Ammonisations- und Nitrifikationswerte mit denen der Bodenatmung ermöglicht es, über die Beziehungen der physiologischen Verwertbarkeit des Stickstoffes im Boden zu urteilen.

Von besonderem Interesse für das Studium der Wirkung des Müllkompostes auf den damit behandelten Boden sind die von NOVAK (1963b) durchgeführten Untersuchungen über die Beziehungen zwischen der Respiration und dem Stickstoffgehalt des Bodens. Die Mineralisierung des organischen Stickstoffes im Boden ist vom Verhältnis des physiologisch verfügbaren Kohlenstoffes zum Stickstoff abhängig. Dieses Verhältnis kann mittels der relativen Atmungsfähigkeit des Bodens für Stickstoff gut charakterisiert werden und entspricht einem Koeffizienten der Ausnutzung von Stickstoff durch die Mikroflora. Je niedriger dieser Koeffizient ist, desto höhere Werte kann die Mineralisierung des Stickstoffes annehmen. Ist der Koeffizient der Wirkung von Stickstoff gleich, so ist die Mineralisierung des Stickstoffes von der Gesamtgeschwindigkeit der Mineralisierung organischer Stoffe im Boden abhängig. Diese Mineralisation kann durch den Wert der aktuellen Atmungsfähigkeit ausgedrückt werden. Der Korrelationskoeffizient für die Werte der aktuellen Atmungsfähigkeit und Mineralisation des Stickstoffes in Bodenproben ist bei demselben Koeffizienten der Ausnutzung des Stickstoffes um so höher, je weniger unzersetzte organische Substanz im Boden vorhanden ist. Aus diesem Grunde reduziert jede Düngung, die Kompostdüngung jedoch am wenigsten, den Wert der Korrelationskoeffizienten.

Rohde (1963) hat nachgewiesen, daß Mikroben nicht in erster Linie durch ausgeschiedene Kohlensäure, sondern durch Abgabe wasserlöslicher komplexbildender organischer Verbindungen (Chelatbildner) auflösend auf Steine und Mineralstoffe insbesondere in kalkreichen Böden wirken. So stellen rohe Extrakte von Schimmelpilzkulturen und Antibiotica von Strahlenpilzen wirksame Chelatbildner dar. Nach Ansicht des Verf. werden z. B. kleine Steinchen im Regenwurmdarm nicht mechanisch zerkleinert, sondern durch darin von Mikroben reichlich erzeugte Chelatbildner biochemisch angegriffen. Diese Form der biochemischen Verwitterung muß während der natürlichen Flächenkompostierung besonders wirksam sein, weil dabei Schimmel- und Strahlenpilze sowie aerobe Bakterien und Regenwürmer günstige Lebensbedingungen vorfinden. Eine Kompostmiete kann daher als leistungsfähige Produktionsstätte für die Erzeugung von wurzellöslichen Mineralstoffen bezeichnet werden.

Auch von seiten der Hygiene sind in letzter Zeit wertvolle Beiträge zum Problem der Kompostierung fester Abfallstoffe geliefert worden. So haben Untersuchungen von Strauch (1964) in Kompostwerken, die Müll und Klärschlamm verarbeiten, eindeutig gezeigt, daß es möglich ist, unter Einhaltung bestimmter Bedingungen *Bacillus anthracis, Salmonella enteritidis, Erysipelothrix rhusiopathiae* und das Psittakosevirus im Kompost abzutöten. Solche hygienisch einwandfreien Komposte können ohne Gefährdung für die Nutz- und Wildtiere in der Land- und Forstwirtschaft verwendet werden. Weitere Fragen der Hygiene im Zusammenhang mit der Kompostierung werden von Strauch, Knoll und Banse (1963) behandelt.

Auch aus Kreisen der Phytopathologen beginnt sich, wenn auch nur zögernd, ein Interesse an den Fragen der Anwendung von Müllkompost abzuzeichnen. Krankheitserreger von Kulturpflanzen können mit Gemüse- und Kartoffelabfällen aus der Küche oder auch mit Gartenabfällen in den Müll gelangen. Es ist daher zu prüfen, ob auch diese Erreger bei der Kompostierung abgetötet werden, ferner, inwieweit sich Müllkompost hemmend oder fördernd auf im Boden befindliche Erreger auswirkt. Von Wichtigkeit ist ferner die Frage, ob nicht auch die Krankheitsbereitschaft der Wirtspflanzen durch das Ausbringen von Kompost beeinflußt wird. Bis heute liegen von phytopathologischer Seite erst wenige Untersuchungen vor (Martin 1963). Insbesondere wurde das Verhalten von *Plasmodiophora brassicae* und *Rhizoctonia solani* untersucht und dabei festgestellt, daß bei einer Mietenkompostierung mit niedriger Temperatur (max. 46° C) die Erreger nicht abgetötet werden. In Mieten, deren Temperatur zwischen 60 und 67° C lagen, wurden sie jedoch restlos vernichtet. Dasselbe darf auch für die bakteriellen Erreger von Pflanzenkrankheiten angenommen werden.

b) Aufbereitungs-Technik. Eine umfassende Darstellung des gesamten Gebietes der Sammlung, Beseitigung und Verwertung von festen

Abfallstoffen aus Haushalt, Gemeinde, Industrie und Gewerbe findet sich im neuen Handbuch von KUMPF, MAAS und STRAUB (1964), das in 4 Teillieferungen erscheint.

Neuere Erkenntnisse und Erfahrungen über die Müllverbrennung in mittelgroßen und kleineren Städten vermitteln KAMPSCHULTE (1964a und b) und BRUHN (1964). Es handelt sich dabei ausschließlich um Anlagen ohne Wärmeverwertung, denen man in Europa zunehmende Bedeutung beimißt.

Nach wie vor steht das Problem der einwandfreien Beseitigung des Klärschlammes, insbesondere dessen Entwässerung als Vorstufe jeder weiteren Verarbeitung, im Vordergrund des Interesses der Aufbereitungstechnik. Neben den konventionellen natürlichen Entwässerungsverfahren (Trockenbeete, Schlammteiche), die sehr viel Platz benötigen und daher nur noch in speziellen Fällen in Frage kommen, steht heute eine größere Zahl verschiedener Entwässerungsaggregate zur Verfügung, unter denen die statischen Verfahren, insbesondere Vacuumfilter, Precoatfilter, Druckfilter und Filterpressen von Bedeutung sind (KIESS, 1963). Das Filtratwasser ist bei diesen Verfahren praktisch frei von Feststoffen, so daß es in der Regel dem Abwasserzulauf einer Kläranlage übergeben werden kann, im Gegensatz zu den dynamischen Verfahren (Rüttelsiebe, Schwingsiebe), bei denen ein feststoffreiches Filtrat anfällt, das nicht ohne Nachbehandlung in die Kläranlage zurückgeführt werden kann. Den dynamischen Verfahren kommt also höchstens die Bedeutung einer Vorstufe für kombinierte Entwässerungsverfahren zu.

Die weitere Verarbeitung des entwässerten Schlammes kann auf dem Wege der Kompostierung (ANDRES, 1964) oder der Verbrennung (KUMPF, MAAS, STRAUB, 1964) erfolgen. Auf dem Gebiet der Schlammverbrennung hat insbesondere DORR-OLIVER neue Wege eingeschlagen mit der Entwicklung des „Fluo-Solid"-Systems (EBERHARDT und WEIAND, 1963). Es handelt sich dabei um einen Ofen, bei welchem der Rost durch ein mit Luftdüsen erzeugtes Wirbelbett aus Sand oder keramischen Körnern ersetzt ist.

3. Radioaktive Substanzen in Wasser, Wasserorganismen, Böden und Pflanzen

Die radioaktiven Substanzen, die bei den Nuclearversuchen in der Atmosphäre entstanden sind, verursachten eine Erhöhung des Strahlungspegels der Luft, der Niederschläge, der Oberflächengewässer und des Bodens. Während die kurzlebigen Isotope nach ihrer Entstehung ziemlich rasch zerfielen, reicherten sich die langlebigen in den mächtigen Reservoiren, Boden und Oberflächengewässern, allmählich an. Im Sammelreferat »Rapport du Comité scientifique des Nations Unies pour l'étude des effets des radiations ionisantes« (1962), welches etwa 750 Literaturangaben umfaßt, sind die in den vergangenen 10 Jahren gemessenen Radioaktivitäten verschiedener Länder zusammengestellt.

Aus den Berichten der Eidg. Kommission zur Überwachung der Radioaktivität (1957—1962) geht hervor, daß der Anstieg der Radioaktivität, resp. die spezifische Radioaktivität der Gewässer im Verhältnis zu den dem Wasser zugeführten Nuclid-Mengen sehr klein war. Die Ursache dieses Phänomens kann mit dem bekannten Selbstreinigungsmechanismus der Gewässer erklärt werden. Unter Selbstreinigung radioaktiv verunreinigter Gewässer versteht man eine Verlagerung der radioaktiven Substanzen aus dem Wasser z. B. in tierische oder pflanzliche Wasserorganismen. Über das Ausmaß der Speicherung radioaktiver Substanzen durch Wasserorganismen, sowie über den Zusammenhang zwischen der Art der Isotope und der Aufnahmefähigkeit der einzelnen Organismen gibt eine Reihe von Veröffentlichungen Aufschluß (DAVIS; BURKHOLDER, 1963; GILEVA, 1963; HARVEY, 1964; GLASER, 1961; BUZZATI, 1960; FONTAINE, 1960. Ferner folgende drei Arbeiten: "Fission products in water area and aquatic organisms", "Marine biology-effects of radiation", "Relationship between the concentration of radionuclides in Columbia river water and fish").

Laborversuche haben erwiesen, daß die Anhäufung radioaktiver Stoffe ziemlich rasch stattfindet. So nehmen Planktonproben schon in der ersten Stunde mehr als 50 % der zugefügten radioaktiven Substanzen auf (FOSTER und DAVIS).

Radionuclide, welche auf die Oberfläche des Bodens gelangen, werden mehr oder weniger in die tieferen Schichten des Bodens eindringen. Dabei hängt die horizontale Wanderung des deponierten Fallout-Materials von vielen Faktoren ab, nämlich von der Art der Isotope, den Boden-Eigenschaften, dem pH, dem Ionengehalt des Bodens, den Witterungsverhältnissen (Niederschlag, Wind), der Kultivierung des Bodens usw. Im Radiologischen Laboratorium des "Agricultural Research Council, Letcombe Regis, Wantage, Berks, England" wurden mehrere Versuche über die Wanderung der zwei wichtigsten langlebigen Isotope, Strontium-90 und Cäsium-137, in Böden, welche den unter natürlichen Bedingungen herrschenden Witterungseinflüssen ausgesetzt waren, durchgeführt (SHONE). Dabei wurde bei den ungedüngten und unbepflanzten Böden der größte Teil des zugefügten Strontium-90 und Cäsium-137 in den oberen 5 cm zurückgehalten; bei den gedüngten und bepflanzten Böden hingegen wurde ein größerer Anteil (hauptsächlich Strontium-90) bis in 10—13 cm hinunter gefunden. Die im Boden befindlichen Isotope gelangen dann durch die Wurzeln in die Pflanzen, wobei die Aufnahme von vielen Faktoren abhängt, z. B. von der Species der Pflanzen, der Art der Nuclide, des Bodens usw. Dieser Vorgang wurde hauptsächlich in den letzten Jahren von verschiedenen Autoren eingehend untersucht (SCHEFFER und LUDWIEG, 1961; MARSCHNER, 1962; HANDLEY und OVERSTREET, 1963; BARBIER und BROSSARD, 1963; ROMNAY u. Mitarb., 1963).

Eng verbunden mit diesen Problemen ist die gefahrlose Beseitigung radioaktiver Abfälle im Boden und in öffentlichen Gewässern. Über die verschiedenen Möglichkeiten der Abfallbeseitigung orientieren beispielsweise die Arbeiten von BÖHLER (1960) und JAEGER (1959 und 1960). In allerjüngster Zeit konnte auch in der Schweiz dieses Problem gelöst werden, indem für die radioaktiven Abfälle ein geeigneter Stapelplatz gefunden wurde (JAAG, 1963).

Literatur

American Public Health Association: Standard Methods for the Examination of Water, Sewage, and Industrial Wastes, 11th ed., 1960, p. 246. — ANDRES, O.: Der Landkreis, Deutscher Landkreistag Bonn, H. 1 und 2 (1964).

BARBIER, G., et M. BROSSARD: Agrochimica, Ital., **7**, 216—225 (1963). — *Ber. Eidg. Kommission* zur Überwachung der Radioaktivität zuhanden des Bundesrates für die Jahre 1957, 1958 und 1960—1963. Bull. Eidg. Gesundheitsamt. — BLANKENSHIP, F. A., and V. M. PICCOLINI: Soap and Chem. Specialties **39**, 75—77 and 181 (1963). — BÖHLER, G.: Beseitigung radioaktiver Abfälle. Ber. üb. Konferenz in Monaco. Atomkernenergie **5**, 144—147 (1960). — BOLTON, H. L., H. L. WEBSTER, and H. J. HILTON: J. and Proc. Inst. Sew. Purif., 288—301 (1962). — BORECKY, J., and J. GASPARIC: Mikrochimica Acta **48**, 96 (1961). — BORSTLAP, C., and P. L. KOOIJMAN: J. Amer. Oil Chem. Soc. **40**, 78—80 (1963). — BRANDT, K., u. C. APSTEIN, Hrsg.: Nordisches Plankton. Botanischer Teil. 344 S. Neudruck. Amsterdam: Asher & Co., 1964. — BRINK, D. W.: Analyst, **87**, No. 1039, 828—829 (1962). — BUCKSTEEG, W., u. U. MÖLLER: Industrieabwässer **4**, 36—47 (1961). — BURKHOLDER, P. R.: Nature (G. B.) **198**, No. 4880, 601—603 (1963). — BUSNITA, TH.: Arch. Hydrobiol./Suppl. **27**, 119—130 (1963). — BUZZATI, A. A.: Disposal of radioactive wastes. Research programme for the study of radioisotope accumulation by marine organisms and its effects as regards radioactive contamination of the ocean. CNEN-41 (1960).

COHEN, M. J.: Sanitarian **23**, 194—197 (1961). — *Comité Suisse de la Détergence:* (1) Prot. d. Jahresversammlungen 1960—1962; — (2) Gruppe „Analytik", Prot. d. Jahresversamml. 1960. — *Contributions Scripps Inst. of Oceanography,* Univ. of California, **32**, 1515 p., La Jolla/California 1963. — COUGHLIN, F. J.: J. A.W.W.A. **55**, 369 (1963). — CZYGAN, F.-C.: Planta **60**, 225—242 (1963).

DAVIS, J. J.: Accumulation of radionuclides by aquatic insects. HW-SA-2848. — DEN DULK, P. R.: Netherl. J. Agric. Sci., p. 129—142 (1960). — *Deutscher Ausschuß f. grenzflächenaktive Stoffe,* Fachkomm. Abwasser. GWF **102**, 1426 (1961). — *Deutsches Bundesgesetzblatt,* Teil I, Nr. 49, 698—706 (1962). — *Deutsche Einheitsverfahren zur Wasseruntersuchung,* H. 23, 3. Aufl. Weinheim/Bergstraße: Verlag Chemie GmbH 1960. — DRAPEAU, A. J.: Trib. CEBEDEAU **15**, 37 (1962). — DROOP, M. R.: J. Mar. Biol. Assoc. U. K. **41**, 69—76 (1961).

EBERHARDT, H., u. H. WEIAND: Kommunalwirtsch., H. 4, Deutsch. Kommunalverl. Düsseldorf 1963. — EDELINE, F., et G. LAMBERT: Trib. CEBEDEAU **16**, 190 (1963). — EDEN, G. E., and G. A. TRUESDALE: Reprint No. 353 Water Poll. Res. Labor. 1960. — EDWARDS, G. P., V. KESAVULU, SH. SMITH, and K. B. LULLA: J. Water Poll. Control Feder. **33**, 737—747 (1961). — ELSTER, J.: Naturwissenschaften **49**, 3, 49 (1962). — ETIENNE, H.: Bull. CEBEDEAU No. 40, 159—166 (1958) [Ref. WABOLU **8**, 339 (1959)].

FETZMANN, E.: Arch. Hydrobiol./Suppl. **27**, 183—225 (1963). — FIECHTER, R. H.: GWF **104**, 1389 (1963). — FISCHER, K. W.: Fette, Seifen, Anstrichmittel **63**, 14 (1961). — *Fission products in water area and aquatic organisms,* A/AC.82/G/R 4. Japan. — FLUY, T. H.: Water & Sew. Wks **109**, 373—374 (1962). — FLYNN, J. M.: Water & Sew. Wks **110**, 83—84 (1963). — FONTAINE, Y. A.: (1) La contamination radioactive des milieux et des organismes aquatiques, CEA. 1588 (1960); — (2) Radioactive contamination of aquatic media and organisms, USAEC: AEA-5358 (1962). — FOSTER, R. F., and J. J. DAVIS: The accumulation of radioactive substances in aquatic forms. General Electric Company, Genfer Konferenz, Dokument A/Conf. 8/P 280.

GAMESON, A. L. H., and V. H. LEWIN: J. Inst. Sew. Purif. 288—301 (1962) [Ref. Water Poll. Abstr. **36**, p. 230 (1963)]. — GILEVA, E. A.: Dokl. Akad. Nauk, S.S.S.R., **149**, 1157—1158 (1963). — GINN, M. E., and C. L. CHURCH: Anal. Chem. **31**, 551 (1959). — GLASER, R.: Kernenergie **4**, 398—399 (1961). — GOLDMAN, C. R., D. T. MASON, and B. J. D. WOOD: Limnol. Oceanogr. **8**, 313—322 (1963). — GUILLARD, R. R. L., et V. CASSIE: Limnol. Oceanogr. **8**, 161—165 (1963). — GUTKNECHT, J.: Limnol. Oceanogr. **8**, 31—44 (1963).

HEINZ, H. J., u. K. W. FISCHER: Die grenzflächenaktiven Substanzen in Wasser und Abwasser, Bd. I und II, Henkel & Cie, Düsseldorf 1960 und 1961. — HERBST, H. V.: Blattfußkrebse. Sammlg.: Einführung in die Kleinlebewelt. 127 S. Stuttgart:

Kosmos-Verlag 1962. — HANDLEY, R., and R. OVERSTREET: Plant Physiol., USA, 38, 180—184 (1963). — HANISCH, B.: GWF 104, 1399 (1963). — HARVEY, R. S.: Health Physics 10, 243—247 (1964). — HUBER, L.: (1) Münchener Beitr. 9, 276. München: Oldenbourg Verl. 1962; (2) Wasser und Abwasser, H. 2 (1964). — HUSMANN, K.: Veröff. Inst. f. Siedlungswasserwirtsch. d. Techn. Hochsch. Hannover, H. 12, Hannover 1963. — HUSMANN, W., F. MALZ u. H. JENDREYKO: Forsch.ber. d. Landes Nordrhein-Westfalen No. 1153, 127 S. Köln/Opladen: Westdeutsch. Verl. 1963. — HUYSER, H. W.: Vortrag Internat. Kongr. f. grenzflächenaktive Stoffe, Köln 1960.

ILLIES, J., u. L. BOTOSANEANU: Mitt. Internat. Ver. Limnol. No. 12 (1963), 57 S. — *Internat. Gewässerschutzkomm.* für den Bodensee: Ber. Nr. 1: Zustand und neuere Entwicklung des Bodensees (1963), 19 S.

JAAG, E.: Chimia 15, 450—460 (1961). — JAAG, O.: (1) Fortschr. Bot. 23, 170—175 (1961); — (2) Beeinflussung unseres Lebensraumes durch Radioaktivität. Sympos. Foederat. Europäischer Gewässerschutz (FEG) 26.—28. Juni 1963 in Karlsruhe. — JAEGER, TH.: (1) Bauing. 35, 27—28 (1960); (2) Bauing. 34, 279—281 (1959). — JENDREYKO, H., u. E. RUSCHENBURG: GWF 104, 391—396 (1963).

KAMPSCHULTE, J.: (1) Kommunalwirtschaft, H. 1. Düsseldorf: Deutscher Kommunalverlag 1964 (a). — (2) Der Städtetag, H. 2, 89—91 (1964 b). — KELLER, P.: Vortrag Internat. Kongr. der Internat. Arbeitsgemeinsch. f. Müllforschg. in Essen, 1962. — KESSLER, E., u. W. LANGNER: Naturwissenschaften 49, 331—332 (1962). — KESSLER, E., W. LANGNER, J. LUDEWIG, and H. WIECHMANN: Microalgae and Photosynthetic Bacteria, Special Issue of Plant and Cell Physiol., p. 7—20 (1963). — KHO, B. T., and H. G. STOLTEN: Antara Chemicals, New York. — KIESS, F.: Kommunalwirtschaft, H. 9 (1963). — KIMURA, W., u. T. HARADA: Fette, Seifen, Anstrichmittel 61, 930 (1959). — KLIFFMÜLLER, R.: Int. Rev. ges. Hydrobiol. 47, 1, 118 (1962). — KORN, H.: Arch. Hydrobiol./Suppl. 27, 131—182 (1963). — KOZHOV, M.: Lake Baikal and its Life. Monographiae Biologicae XI, 305 p., Dr. W. JUNK, Publishers, The Hague 1963. — KUMPF, W., K. MAAS u. H. STRAUB: Müll- und Abfallbeseitigung. Handb. üb. d. Sammlung, Beseitig. u. Verwert. v. Abfällen aus Haushaltungen, Gemeinden und Wirtschaft. Berlin: Erich Schmidt Verlag 1964.

LENHARD, G., A. DU PLOOY, and W. R. ROSS: Hydrobiologia 21, 177—187 (1963). — LEWTSCHENKO, D. N., A. D. KHUJADKOWA, and N. D. GAWRILOWA: Zavodskaja Lab. 27, 408—409 (1961) [Ref. PHE Abstr. 12/1962].

MANN, H.: (1) Fischwirt 12, 97—101 (1962 a); (2) 12, 1—3 (1962 b). — MARCOU, L., et R. GUILLAUMIN: Procédés de mesure des tensions superficielles. Comité Français de la Détergence; Rapport à la Commission d'Essais du CID 26/1/1959. — McGUIRE, O. E.: J. Amer. Water Wks Assoc. 54, 665—670 (1962). — MELLANBY, H.: Animal Life in Fresh Water. 300 p. Neudruck. Fakenham: Cox-Wyman Ltd. 1963. — MEYER, E.: Mitt. Inst. f. Pflanzenkrankh. u. Pflanzenschutz, Techn. Hochsch. Hannover, 18. 3. 1960. — MICHELSEN, E., u. E. MÄRKI: (1) Gewässerschutz, Sep. Beilage „Technik" der Neuen Zürcher Zeitung Nr. 771—775, 28. 2. 1962; (2) Mitt Lebensm. u. Hyg. 52, 557—571 (1961). — Marine biology-effects of radiation, A/AC.82/R 96. — MARSCHNER, H.: Agrochimica Ital. 7, 75—88 (1962). — MARTIN, P.: Informationsbl. IAM No. 19, 8—10 (1963). — MISHIMA, J., and E. P. ODUM: Limnol. Oceanogr. 8, 39—44 (1963).

NEHRING, D.: Z. Fischerei u. Hilfswiss. 11, 313 (1963).   NELSON, J. K., R. E. McKINNEY, J. M. McATEN, and M. S. KONECKY: Development in industrial microbiology 2, 93 (1961). — NOVAK, B.: (1) Albrecht-Thaer-Archiv 7, 553—563 (1963 a); — (2) Zentr. Bakteriol., Parasitenk. II. Abt. 116, 469—477 (1963 b).

OBRUBA, K.: Coll. czechosl. chem. Commun. 27, 2968 (1962). — ODUM, E. P., and B. GOLLEY: Radioactive tracers as an aid to the measure of energy flow at the population level in nature. In: First National Sympos. on Radioecology, V. SCHULTZ and A. W. KLEMENT (edit.), Reinhold Publishing Corp. 1963. — *Ontario Water Resources Commiss.:* Wat. & Wat. Engng. 66, 110 (1962).

PAAKKOLA, O., and J. K. MIETTINEN: Strontium-90 and cesium-137 in plants and animals in Finnish Lapland during 1960. Annales Academiae Scientiarum Fennicae, Serie A II. Chemica 125 (1963). — PAGE, H. G., C. H. WAYMAN, and J. B. ROBERTSON: (1) Reprints from Geol. Survey Research 1962, Geol. Survey Prof.

Paper 450-C, p. 100—102; — (2) Reprints from Geol. Survey Research 1963, Geol. Survey Prof. Paper 450-E, p. 179. — PERTSEMLIDES, D. K., u. K. SÖHRING: Arznei-mittelforsch. **10**, 990 (1960). — PETERS, H.: Angew. Chemie **64**, 586 (1962). — PIETTER, P.: Chem. and Ind. **1962**, 1832. — POMEROY, L. R., H. M. MATHEWS, and H. S. MIN: Limnol. Oceanogr. **8**, 50 (1963). — PRAT, J., et A. GIROUD: La Pollution des Eaux par les Détergents. Paris: OCDE 1964. — PRINGSHEIM, E. G.: Farblose Algen. 454 S. Stuttgart: G. Fischer-Verlag 1963.

Rapport du Comité Scientifique des Nations Unies pour l'étude des effets des radiations ionisantes. No. 16 A/5216 1962. — RAYMONT, J. E. G.: Plankton and Productivity in the Oceans. Int. Series of Monographs on Pure and Applied Biology. Div. Zoology. Vol. 18, 650 p. Oxford: Pergamon Press 1963.—*Relationship* between the concentration of radionuclides in Columbia river water and fish. U.S.A.E.C. HW-SA-2688. — ROBECK, G. G., A. R. BRYANT, and R. L. WOODWARD: J. Amer. Water Wks Assoc. **54**, 75—82 (1962). — ROBERTS, F. W.: Chem. and Ind. **1960**, 1282—1284. — ROHDE, G.: Z. ges. Hyg. u. ihre Grenzgeb. Org. dtsch. Ges. ges. Hyg. **9**, H. 2, 94—99 (1963). — ROMNAY, E. M., H. NISHITA, I. H. OLAFSON, and K. H. LARSON: Soil Sci. Soc. Amer. Proc. **27**, 383—385 (1963). — ROSEN, M. J.: (1) Anal. Chem. **29**, 1675 (1957); — (2) J. Amer. Oil Chem. Soc. **38**, 218 (1961).

SCHELSKE, C. L., F. F. HOOPER, and E. J. HAERTL: Ecology **43**, 646 (1962). — SCHEFFER, F., u. F. LUDWIEG: Naturwiss. **48**, No. 10, 395—397 (1961). — SCHÖN-BORN, W.: Untersuchungen zur analyt. Best. nichtionischer Detergentien im Ab-wasser. Battelle-Inst., Frankfurt a. M. 1963 (56 S.). — *SHELL*-Method-Series No. 2012—1 (1962). — SHONE, M. G. T.: Mitt. am Colloque international sur la rétention et la migration des ions radioactifs dans les sols. Saclay 16—18 oct. 1962. — SPOHN, H.: Ber. über Praxisversuche mit biologisch weichen Detergentien auf einer Tropfkörper-Anlage. 5 S., 22. 1. 1962, Margarine-Union GmbH, Hamburg. — SPRING, W.: GWF **104**, 40 (1963). — STRAUCH, D.: Veterinärhyg. Untersuch. b. d. Verwert. fester u. flüss. Siedlungsabfälle. Schriftenreihe a. d. Geb. d. öff. Gesundh. wesens, H. 18, 114 S. Stuttgart: Georg Thieme Verl. 1964. — STRAUCH, D., K.- H. KNOLL u. H.-J. BANSE: Der Städtetag, H. 9, 473—475 (1963). — SWANWICK, J. D., R. C. BASKERVILLE, and F. W. LUSSIGNEA: Water & Waste Treatm. J., May/June (1963), reprint Water Poll. Res. Lab. No. 424, Stevenage. — SWANWICK, J. D., and K. J. WHITE: Water & Waste Treatm. J., Sept./Oct. (1961), reprint Water Poll. Res. Laboratory, No. 382, Stevenage. — SWISHER, R. D.: Soap & Chem. Specialties **39**, No. 7, 47—50 and 95, No. 8, 57—60 (1963).

TELITCHENKO, M. M.: Dokl. Vysshei Shkoly, Biol. Nauki, no. 3, 90—93 (1962). — TRUELSEN, F.: Ingeniör- og bygningsväsen **8**, 212—216 (1963). — TRUESDALE, G. A.: Chem. Prod., Dec. 1961/Jan. 1962, reprint Water Poll. Res. Lab. No. 401, Stevenage.

VISHNIAC, H. S., and G. A. RILEY: Limnol. and Oceanogr. **6**, 36 (1962). — VOSS, W.: GWF **104**, 397 (1963). — VRIJBURG, R.: Chemisch Weekblad **58**, 173—175 (1962).

WATT, W. D., and F. R. HAYES: Limnol. Oceanogr. **8**, 2, 276 (1963). —WAYMAN, C. H.: (1) U.S. Geol. Survey Prof. Paper 450-B, p. B-117—B-119 (1962a); (2) 450-C, p. C-137—C-139 (1962b); (3) 450-E, p. E-184—E-186 (1963). — WAYMAN, C. H., J. B. ROBERTSON, and H. G. PAGE: U.S. Geol. Survey Prof. Paper 450-C, p. C-100 (1962).

YENTSCH, C. S., and C. A. REICHERT: Limnol. Oceanogr. **8**, 338—342 (1963).

27. Pharmakognosie

Von Dietrich Frohne und Otto Moritz, Kiel

Allgemeine Informationsquellen

Neu erschienen ist das „Lehrbuch der allgemeinen Pharmakognosie"
von Steinegger und Hänsel (1963). Die Autoren haben nach ein-
führenden Kapiteln über „die Objekte" und „die Grundwissenschaften
der Pharmakognosie" den Stoff im wesentlichen nach dem phytochemi-
schen Einteilungsprinzip geordnet. Von dem in den Fortschr. Bot. XXII
erwähnten "Textbook of Pharmacognosy" von Trease liegt eine neue
Auflage vor (1962). Zur „Chemotaxonomie der Pflanzen" von Hegnauer
ist nach dem ersten Band (1962) bereits ein weiterer hinzugekommen, der
das Gebiet der *Monocotyledoneae* umfaßt (1963). Auch das Handbuch der
Pflanzenanalyse von Paech und Tracey ist durch den Band VII (1964,
herausgegeben von Linskens und Tracey) ergänzt worden, der spezielle
enzymologische Methoden enthält. Ein Beitrag „Arzneipflanzen" von
Schratz, der im Band V des Handbuchs der Pflanzenzüchtung (2. Aufl.
1961) enthalten ist, bringt für jeden, der sich mit Arzneipflanzen zu befassen hat, wichtiges Material und weist gleichzeitig auf die vielfältigen
Probleme der Arzneipflanzenzüchtung hin. Einen Überblick über die
Gruppe der herzwirksamen Glykoside gibt Baumgarten (1963).

Systematische Pharmakognosie

Neben pflanzlichen Drogen, deren Anwendung in der Heilkunde fest
umrissen und auf Grund der Analyse ihrer wirksamen Inhaltsstoffe sinnvoll und zweckmäßig ist, finden sich solche, die von alters her in Gebrauch
sind, ohne daß es bisher gelungen ist, ihre Verwendung mit exakter
Methodik zu begründen. Zu dieser Gruppe sind sowohl in der Volks-
medizin gebräuchliche „Heilpflanzen" als auch offizinelle, jedoch meist
„obsolete" Drogen zu zählen. Im diesjährigen Bericht soll in einer Auswahl über neuere Arbeiten berichtet werden, die mit dem Ziel, die therapeutische Anwendung solcher Drogen wissenschaftlich zu begründen
oder aber ihre Unwirksamkeit nachzuweisen, durchgeführt worden sind.

Pflanzen, denen ein günstiger Einfluß auf den Wundheilungsprozeß
nachgesagt wird, dürften zweifellos zu den ältesten Heilpflanzen zu
zählen sein. Für viele von ihnen hat die moderne Antibioticaforschung
eine Erklärung ihrer Wirksamkeit durch Auffindung antibiotisch wirksamer Substanzen gebracht. In *Aristolochia clematitis*, einer uralten Heil-
pflanze mit entzündungswidrigen und granulationsfördernden Wirkungen
bei der feuchten Behandlung infizierter, schlecht heilender Wunden,
konnte von Pilarczyk (1958, 1959) eine antibiotisch wirksame Substanz

nachgewiesen werden. Der Wirkungsmechanismus dürfte aber dadurch nicht hinreichend erklärt sein, da Extrakte der Pflanze auch peroral in relativ geringen Mengen eine günstige Wirkung haben sollen. Von Interesse sind daher Arbeiten von MÖSE und LUKAS (1961) über die Wirkung wäßrig-alkoholischer Extrakte von *Aristolochia clematitis* sowie von MÖSE (1963) über die Wirksamkeit der Aristolochiasäure, die nach den Arbeiten von PAILER und SCHLEPPNIK (1957) eine 3,4-Methylendioxy-10-Nitro-Phenanthrencarbonsäure ist. Nach MÖSE ist die Aristolochiasäure als die eigentlich wirksame Substanz der Pflanze aufzufassen, durch die bei lokaler, besser noch peroraler Anwendung — in Dosen, die erheblich unter den toxischen liegen — die Phagocytoseaktivität der Leukocyten von Versuchstieren gesteigert werden konnte. Bei Kaninchen konnte darüber hinaus nach i. v. Injektion eine deutliche Steigerung der baktericiden Wirkungen des Serums beobachtet werden. Die Untersuchungen bestätigen also die „die Abwehrkräfte steigernden" Wirkungen von *Aristolochia* und weisen zugleich auf einen Wirkungsmechanismus hin, der im Hinblick auf die zunehmende Resistenz von Mikroorganismen gegen Antibiotica interessant erscheint. Wäßrige Extrakte der Pflanze, die die wasserunlösliche Aristolochiasäure nicht enthalten, wurden von EPERJESSY (1963) untersucht. Neben kardialen Wirkungen, für die möglicherweise Flavonglykoside verantwortlich zu machen sind, konnten antiphlogistische (entzündungshemmende) Effekte nicht beobachtet werden.

Seit langem bekannt und durch die Anwesenheit von Azulenen begründet, ist die antiphlogistische Wirkung der Blüten von *Matricaria chamomilla*. Neben dieser sowie der ebenfalls bekannten spasmolytischen Wirkung der Kamille wurde in einer Arbeit von KIENHOLZ (1963) auch eine Beeinflussung bakterieller Toxine durch Kamillenextrakte festgestellt. Inhaltsstoffe von *Matricaria chamomilla*, schwächer auch solche von *Cochlearia armoracia*, dem Meerrettich, inaktivierten blutkörperchenlösende Toxine von Streptokokken und α-Hämolysine von Staphylokokken. Die Toxininaktivierung beruhte nicht auf einer Oxydationswirkung, auch nicht auf einer Fermentblockierungs- oder Hemmungsreaktion.

Antiphlogistische Wirkungen werden neben antiödematösen und „capillarabdichtenden" Wirkungen auch Zubereitungen aus den Samen von *Aesculus hippocastanum* zugeschrieben. Als Wirkstoff wird vor allem das Saponin Aescin angesehen. Nach VOGEL, MAREK und STOECKERT (1963) muß es, da es weder zum Histamin noch zum Serotonin Antagonist ist, eine antagonistische Wirkkomponente gegen irgendwelche, noch unbekannte Entzündungssubstanzen besitzen. Auf jeden Fall werden die Entzündung selbst sowie als Begleiterscheinungen auftretende Ödeme im Sinne einer rascheren Rückbildung beeinflußt. Die anti-Ödemwirkung ist nicht auf eine Steigerung des lymphatischen Abflusses von Ödemflüssigkeit zurückzuführen. Über die capillarabdichtende Wirkung des Aescins siehe LORENZ und MAREK (1960) und VOGEL und MAREK (1962). Zur Nomenklatur und Struktur des Aescins sei auf Arbeiten von VOIGTLÄNDER und ROSENBERG (1963) und TSCHESCHE, AXEN und SNATZKE (1963) verwiesen. KUHN und LÖW (1963) berichteten, daß sich aus Aescinpräparaten ein kristallisiertes Hexahydroxy-oleanen gewinnen ließ, das unter der Einwirkung von Säure (bereits SiO_2 einer Chromatographiersäule genügt) Wasser abspaltet und in das bekannte Tetrahydroxy-oxido-oleanen (= Aescigenin) übergeht. Das bisherige Aescigenin wäre demnach die Anhydroverbindung des eigentlichen Genins, für das die Bezeichnung Protoaescigenin vorgeschlagen wird. Bezüglich der chromatographischen Analyse von Zubereitungen, die Roßkastanienextrakte enthalten, sei auf die Arbeit von STEINKE (1962) hingewiesen. Auch die Wurzeln von *Panax ginseng (Araliaceae)*, einer alten chinesischen Droge, die als „tonisierende" Modedroge bei uns bekannt ist, sollen antiphlogistische und antiexsudative Wirkungen besitzen. PETKOV und STANEVA (1963) sehen eine Erklärungsmöglichkeit hierfür in der Tatsache, daß bei peroraler Gabe der Droge weiße Ratten eine deutliche Tendenz zur Nebennierenhypertrophie und eine statistisch signifikante Erhöhung des Glucocorticoidgehalts im Harn zeigten.

Zu den Mitteln der unspezifischen Reiztherapie gehören Drogen, die wie *Aristolochia* die körpereigenen Abwehrkräfte mobilisieren, ohne daß über den Mechanismus ihrer Wirkung Näheres bekannt ist. Neben Saponindrogen finden sich in dieser Gruppe auch Pflanzen mit stark reizenden Stoffen anderer Struktur. Seit alters her werden in diesem Sinne *Bryonia dioica* und *alba* angewendet, deren drastisch wirkende Harz- und Bitterstoffe viel untersucht worden sind [neuere Arbeiten von TUNMANN u. Mitarb., z. B. TUNMANN und GERNER (1962)]. HAHN, PATT, UEBEL und VOGEL (1963) konnten jetzt aus den Wurzeln von *Bryonia alba* durch fraktionierte Alkoholfällung ein pyrogen wirkendes Prinzip isolieren, das mit hoher Wahrscheinlichkeit aus Polysacchariden mit einem Mol.-Gew. von ~ 50000 besteht. Die als „Bryopolyosen" bezeichnete Fraktion war pyrogen stark aktiv und in ihrer Wirkung für *Bryonia* spezifisch. Sie besaß keine Antigeneigenschaften. Kaninchen reagierten besonders empfindlich. Da *Bryonia* in der homöotherapeutischen Schule Hauptmittel bei Erkrankungen der serösen Häute ist, sei auf eine „Arzneimittelprüfung mit Bryonia" von PIRTKIEN (1962) hingewiesen, durch die die toxische Wirksamkeit der Verdünnungsstufen D1—D3 sowie die Organotropie der Bryoniazubereitungen zum Magen-Darmkanal bestätigt wird.

Für viele Drogen mit analgetischen und spasmolytischen Effekten ist der Wirkungsmechanismus weitgehend geklärt, die Pflanzen selbst durch Reinsubstanzen oder Synthetica verdrängt. Die widersprechenden Befunde über die spasmolytischen Eigenschaften von *Potentilla anserina* haben SMETANA und FISCHER (1963) zu einer erneuten Überprüfung veranlaßt. Sie erbrachten an isolierten Organen verschiedener Versuchstiere den Nachweis einer spasmolytischen Komponente, die jedoch sehr schwach und in verschiedenen Drogenmustern durch die Anwesenheit einer muskelkontrahierenden Fraktion antagonistisch gehemmt war. Ohne vorherige Anreicherung des spasmolytischen Prinzips erscheint der therapeutische Wert der Droge gleich Null. Ungünstig sind außerdem die großen Unterschiede im Wirkbild verschiedener Drogenmuster.

Völlig unsicher sind Angaben über spasmolytische Wirkungen der im übrigen als „Diaphoreticum" benutzten Blüten von *Tilia*-Arten, während Rindenextrakte von *Tilia*-Arten nach Untersuchungen von FIEGEL und HOHENSEE (1963) gute spasmolytische Effekte zeigen und auf Grund klinischer Versuche bei Leber- und Gallenerkrankungen empfohlen werden. Ähnliche Indikationen werden für Lindenrinde auch von PARIS und THÉALLET (1963) aufgeführt, nach deren Angaben in Frankreich jährlich 80—100 t Lindenrinde für medizinische Zwecke gebraucht werden. Die Autoren isolierten aus der Rinde von *Tilia argentea* ein als Frascosid bezeichnetes Cumaringlykosid ($8\,\beta$-Glykosid des 7,8-Dihydroxy-6-methoxy-cumarins). Cumarindrogen sind im übrigen heute ohne Bedeutung; Anhaltspunkte für eine zirkulationsfördernde Wirkung konnten allerdings MAYER und SUKTHAWORN (1963) gewinnen, als sie Extrakte von *Melilotus albus* an Patienten erprobten, die Verletzungen an den unteren Extremitäten hatten und deshalb einer „Frühaufstehtherapie" nicht zugänglich waren. Diese Kreislaufwirkung wird als Cumarinwirkung angesehen und konnte durch Zusatz von Vitamin P-Substanzen verbessert werden.

Piper methysticum Forsk hat im europäischen Arzneischatz als Rhizoma Kawa Kawa bei bakteriellen Infektionen des Urogenitaltrakts nur vorübergehend einen Platz innegehabt. Neuere Untersuchungen befassen sich wieder mehr mit den zentralsedierenden und analgetisch wirkenden Inhaltsstoffen, die für die ursprüngliche Anwendung der Droge bei den Eingeborenen Polynesiens verantwortlich sein könnten. Eine neuere Übersicht über Chemie und Pharmakologie der Inhaltsstoffe von *Piper methysticum* geben KELLER und KOLOHS (1963) sowie HÄNSEL (1964).

HÄNSEL (1963) berichtet über eine selektive katalytische Hydrierung der Kawa-Lactone mit geringerem Hydrierungsgrad — Kawain, Methysticin, Yangonin —, die zu den stärker sedativ wirkenden Tetrahydroverbindungen führt. Von BRÜGGEMANN und MEYER (1963) wurden die analgetischen Wirkungen von Dihydrokawain und Dihydromethysticin mit Hilfe der von GROSS modifizierten Brennstrahlmethode von HARDY, WOLFF und GOODEL an Mäusen untersucht. Beide Verbindungen waren analgetisch wirksam, Dihydrokawain stärker als Dihydromethysticin. Im Vergleich mit anderen Analgetica war Morphin stärker, Aminophenazon etwa gleich stark, Acetylsalicylsäure dagegen deutlich schwächer wirksam als die Kawa-Lactone.

Ob die Kawa-Substanzen Eingang in die Therapie finden werden, erscheint trotzdem fraglich. Als Beispiel für eine Arzneipflanze, die plötzlich eine erhebliche Bedeutung für die moderne Medizin erlangt hat, nachdem sie seit Jahrhunderten einen Platz im indischen Arzneischatz innegehabt hatte, sei die Gattung *Rauwolfia* nur erwähnt. Da nach ITSKOV und KIBAL'CHICH (1961) in Indien etwa 2600 Species arzneilich gebraucht werden — von denen ~300 in der indischen Pharmakopoe enthalten sind —, wäre die Wiederholung eines solchen Vorganges nicht verwunderlich.

Über Pflanzen mit hormonähnlichen Wirkungen ist bereits in den Fortschr. Bot. XXII berichtet worden. Neuere Arbeiten über Pflanzen mit antidiabetischer Wirkung stammen von SULMAN und MENCZEL (1962), die Extrakte von *Eragrostis bipinnata, Opuntia ficus-indica, Teucrium polium, Trigonella foenum-graecum* und *Zea mays* untersuchten. SHARAF, HUSSEIN und MANSOUR (1963) prüften Angaben über pflanzliche Zubereitungen, die in Ägypten als Antidiabetica gelten und konnten mit verschiedener Versuchsmethodik übereinstimmend blutzuckersenkende Effekte bei Blättern von *Rubus-* und *Morus*-Arten, grünen Zwiebelspitzen und Bohnenschalen beobachten. Inwiefern es sich tatsächlich um eine insulinartige Wirkung handelt, bedarf der Untersuchung.

Über Inhaltsstoffe von *Lithospermum officinale* berichteten HÖR-HAMMER, WAGNER und KÖNIG (1964), während JOHNSON, SUNDER-WIRTH, GIBIAN, COULTER und GASSNER (1963) eine Polyphenolcarbonsäure aus den Wurzeln von *Lithospermum ruderale* isolierten, deren Polymerprodukt eine antigonadotrope Aktivität zeigte. Früchte und Samen von *Jatropha curcus (Euphorbiaceae)*, die in gleicher Weise wie die Samen von *Lithospermum* als perorales Anticoncipiens im Sudan verwendet werden, wurden im Tierversuch von MAMEESH, EL-HAKIM und HASSAN (1963) getestet: weibliche, mit normalen Männchen gepaarte Ratten zeigten keine Anzeichen von Trächtigkeit, wenn ihrem Futter ~3,3% trockene Samen oder Früchte beigegeben waren. Wurde mit normaler Kost weitergefüttert, so erlangten sie beim nächsten Cyclus wieder volle Empfängnisfähigkeit.

Eine neuere Arbeit über die blutdrucksenkende Wirkung der Blätter von *Olea europaea* stammt von KOSAK und STERN (1962), die eine Beeinflussung des Kupferstoffwechsels der Ratte durch wäßrige Olivenblätterauszüge feststellten. Die Aktivitätsminderung des Coeruloplasmins, die dadurch eintritt, bewirkt eine Herabsetzung der Noradrenalin- und Adrenalinsynthese und damit eine Blutdrucksenkung.

Literatur

BAUMGARTEN, G.: Die herzwirksamen Glykoside. Leipzig: VEB G. Thieme 1963. — BRÜGGEMANN, F., u. H. J. MEYER: Arzneimittel-Forsch. 13, 407 (1963). EPERJESSY, E. TH.: Planta med. 11, 103—108 (1963).
FIEGEL, G., u. F. HOHENSEE: Arzneimittel-Forsch. 13, 222 (1963).
HAHN, G., P. PATT, H. UEBEL u. G. VOGEL: Arzneimittel-Forsch. 13, 601 (1963). — HÄNSEL, R.: Planta med. 11, 317—324 (1963). — HÄNSEL, R.: Dtsch. Apoth. Z. 104, 459—64 und 496—501 (1964). — HEGNAUER, R.: Chemotaxonomie der Pflanzen, Bd. 2. Basel, Stuttgart: Birkhäuser Verl. 1963. — HÖRHAMMER, L., H. WAGNER u. H. KÖNIG: Arzneimittel-Forsch. 14, 34—40 (1964).
ITSKOV, N. Y., i P. N. KIBAL'CHICH: Byull. Gl. Bot. Sada Akad. Nauk. SSSR 43, 88—93 (1961); ref. Biol. Abstr. 44 (1) Nr. 3913 (1963).
JOHNSON, G., S. G. SUNDERWIRTH, H. GIBIAN, A. W. COULTER u. F. T. GASSNER: Phytochemistry 2, 145 (1963).
KELLER, F., u. M. W. KOLOHS: Lloydia 26 (1), 1—15 (1963). — KIENHOLZ, M.: Arzneimittel-Forsch. 13, 768—771; 920—926; 980—986; 1109—1116 (1963). — KOSAK, R., u. P. STERN: Arzneimittel-Forsch. 12, 919—921 (1962). — KUHN, R., u. J. Löw: Annal. Chem. 669, 183—188 (1963).
LORENZ, D., u. M.-L. MAREK: Arzneimittel-Forsch. 10, 263 (1960).

MAMEESH, M. S., L. M. EL-HAKIM, and A. HASSAN: Planta med. 11, 98—102 (1963). — MAYER, W., u. K. SUKTHAWORN: Arzneimittel-Forsch. 13, 335—338 (1963). — MÖSE, J. R.: Planta med. 11, 72—91 (1963). — MÖSE, J. R., u. G. LUKAS: Arzneimittel-Forsch. 11, 33 (1961).

PAECH, K., u. M. V. TRACEY, fortgeführt von H. F. LINSKENS u. M. V. TRACEY: Moderne Methoden der Pflanzenanalyse, Bd. VII. Berlin, Göttingen, Heidelberg: Springer-Verl. 1964. — PAILER, M., u. A. SCHLEPPNIK: Med. Chem. 88, 367 (1957). — PARIS, R., et J. P. THÉALLET: Ann. pharm. franc. 19, 580—588 (1961). — PETKOV, W., u. D. STANEVA: Arzneimittel-Forsch. 13, 1078 (1963). — PILARCZYK, W.: Planta med. 6, 258 (1958); 7, 73 (1959). — PIRTKIEN, R.: Eine Arzneimittelprüfung mit Bryonia. Stuttgart: Hippokrates Verl. 1962.

SCHRATZ, E.: Arzneipflanzen in: Handb. d. Pflanzenzüchtung, 2. Aufl. V. Band, Berlin: Paul Parey Verl. 1961. — SHARAF, A. A., A. M. HUSSEIN, and M. Y. MANSOUR: Planta med. 11, 159—168 (1963). — SMETANA, W., u. R. FISCHER: Pharm. Zentralhalle, 102, 624—629 (1963). — STEINEGGER, E., u. R. HÄNSEL: Lehrbuch der allgemeinen Pharmakognosie. Berlin, Göttingen, Heidelberg: Springer Verl. 1963. — STEINKE, G.: Dtsch. Apoth. Ztg. 102, 889—891 (1962). — SULMAN, F. G., and E. MENCZEL: Harokeach Haivri 9, 6—26 (1962); ref. Biol. Abstr. 44 (1), Nr. 3931 (1963).

TREASE, G. E.: A textbook of pharmacognosy, 8th ed. London: Baillière, Tindall and Cox 1962. — TSCHESCHE, R., U. AXEN u. G. SNATZKE: Annal. Chem. 669, 171—182 (1963). — TUNMANN, P., u. W. GERNER: Naturwissenschaften 49, 106 (1962).

VOGEL, G., u. M. L. MAREK: Arzneimittel-Forsch. 12, 815 (1962). — VOGEL, G., M.-L. MAREK u. J. STOECKERT: Arzneimittel-Forsch. 13, 59 (1963). — VOIGTLÄNDER, H. W., u. W. ROSENBERG: Arzneimittel-Forsch. 13, 385—387 (1963).

28. Angewandte Pflanzenphysiologie: Wachstumsregulatoren

Von Sigmund Rehm, Pretoria (Südafrika)

1. Einleitung

Das Bild der Steuerung von Wachstums- und Differenzierungsvorgängen durch pflanzeneigene Wuchsstoffe ist in den letzten Jahren sehr bunt geworden. Neben Auxin spielen Gibberelline und Kinine, Äthylen, Hemmstoffe und wahrscheinlich eine Reihe noch unvollständig bekannter Stoffe, die spezifische Prozesse regulieren (Blütenbildung, Knospenruhe, Organabstoßung, Wurzelbildung), eine entscheidende Rolle. Die Konzentration pflanzeneigener Wuchsstoffe hängt von genetischen Faktoren, dem Entwicklungsstadium und dem physiologischen Zustand der Pflanze ab. Es kann deshalb nicht überraschen, daß Varietäten derselben Art auf von außen zugeführte Wachstumsregulatoren sehr verschieden reagieren können, oder daß Wachstumsbedingungen die Reaktion auf Wuchsstoffe oft entscheidend beeinflussen. Bei der Übertragung von Laboratoriumsresultaten in die landwirtschaftliche oder gärtnerische Praxis kann das eine große Schwierigkeit sein; manche Anwendung von Wuchsstoffen, die im Gewächshaus vielversprechend schien, hat sich im Feld als unzuverlässig erwiesen.

Der Schwerpunkt des folgenden Berichtes liegt bei Anwendungen von Wachstumsregulatoren, die in die kommerzielle landwirtschaftliche Produktion Eingang gefunden haben. Nicht besprochen werden Anwendungen als Laborhilfsmittel (Nährmedien, Förderung des Fruchtansatzes bei Kreuzungen) und zur Unkrautbekämpfung. Die Beeinflussung der Ruheperiode von Knospen oder vegetativen Fortpflanzungsorganen soll in einem späteren Bericht behandelt werden. Berücksichtigt wird hauptsächlich die Literatur nach dem Erscheinen der 2. Auflage von Audus' "Plant Growth Substances" (1959) und Bd. XIV des Handbuchs der Pflanzenphysiologie (1961). Für zusammenfassende Darstellungen neuerer Resultate sei besonders auf Proceedings Plant Science Symposium, Campbell Soup Company, 1962, verwiesen.

2. Beeinflussung der Entwicklung

a) Keimung. Die Stimulierung der Keimung von Gerste durch Gibberellin hat so allgemein Eingang in die Mälzerei gefunden, daß heute die Brauereien die größten Abnehmer von industriell erzeugtem Gibberellin sind. Gibberellin beschleunigt die Keimung und löst die Keimung ruhender Körner aus, so daß Gerste unmittelbar nach der Ernte gebraucht werden kann (Macey u. Stowell; Kleber, Lindemann u. Schmid). Der Embryo ist für die Gibberellinwirkung nicht nötig. Gibberellin wirkt direkt auf die Aleuronschicht, wo es die Mobilisierung nicht nur der amylolytischen, sondern auch der proteolytischen und anderer Enzyme auslöst. Auf aleuronfreies Endosperm, oder wenn die respiratorische Aktivität der Aleuronzellen geschädigt ist, wirkt Gibberellin nicht (MacLeod u. Miller; Paleg u. Sparrow; Paleg, Sparrow u. Jennings). Den größten Vorteil bietet Gibberellin bei beschädigter oder schwach keimfähiger Gerste, aber auch bei guter Gerste wird der Extrakt erhöht. Mittel, um die Wurzelentwicklung der Gerste zu unterdrücken [niedere Temperatur (Paleg u. Sparrow), Auxine (Linko u. Enari)], können angewandt werden, ohne die Gibberellinwirkung zu beeinträchtigen. Die Konzentration von Gibberellin, die in der Mälzerei gebraucht wird, ist gering: 0,01—0,5 mg GS/kg Gerste (Stadler, Kipphahn u. Gallinger).

Gibberellin ist sehr wahrscheinlich der natürliche Wuchsstoff, der beim Beginn der Keimung im Embryo freigestellt wird, von dort in die Aleuronschicht wandert, wo er die amylolytischen Enzyme mobilisiert (Paleg, Sparrow u. Jennings; Lazer, Baumgartner, Dahlstrom u. Morton). Wenn Gibberellin gegeben wird, bewirkt Auxin eine weitere Förderung der amylolytischen und proteolytischen Enzymaktivität (Fleming, Johnson u. Miller).

b) Wachstum. Gibberellin hat in beschränktem Umfang in die Praxis der Blumengärtnerei zur Verlängerung von Blütenstielen (Begonien, Astern, Chrysanthemen, Pelargonien) und zur Vergrößerung der Blütenblätter (Chrysanthemen, Geranien, Hortensien, Petunien) Eingang gefunden. Varga (1, 2) hat die wichtigsten Resultate in zwei Publikationen zusammengestellt. Gibberellin wird gewöhnlich in der Konzentration von 5—10 ppm auf die Pflanzen gesprüht. Der Zeitpunkt der Behandlung ist entscheidend für den Erfolg. Höhere Konzentrationen werden nicht empfohlen wegen ungünstiger Nebenwirkungen, namentlich weil die Stengel zu schlapp werden (Biswas u. Rogers).

In der Topfpflanzenkultur ist es oft erwünscht, die Länge der Pflanzen zu beschränken. Hierfür sind seit einigen Jahren Wuchshemmstoffe auf dem Markt, deren Prototyp (2-Chloräthyl)-trimethylammoniumchlorid (CCC) ist. CCC ist physiologisch interessant wegen seiner Strukturverwandtschaft mit Cholin (Paxton u. Mayr), und weil seine Wirkung der von Gibberellin entgegengesetzt ist (Sachs u. Kofranek; Lockhart; Halevy), so daß man es als Antigibberellin bezeichnet hat. Das natürliche Vorkommen entsprechender Hemmstoffe in Pflanzen wird vermutet (Köhler u. Lang), doch ist ihre chemische Natur noch unbekannt. Andere quaternäre Ammoniumverbindungen [„Amo-1618", 2-Chlorallyltrimethylammoniumchlorid, Bromcholinbromid (Sachs u. Kofranek; Kawahara, Ota u. Chonan)], aber auch chemisch nicht verwandte Verbindungen [2,4-Dichlorbenzyl-tributylphosphoniumchlorid („Phosfon"), N-Dimethylaminomaleaminsäure (Riddel, Hageman, J'Anthony u. Hubbard)] haben ähnliche Wirkungen. Über den physiologischen Angriffspunkt dieser Stoffe und über den Zusammenhang zwischen ihrer chemischen Struktur und Wirkung ist noch wenig bekannt (Sachs u. Kofranek; Halevy u. Cathey). Die meisten dieser Stoffe sind nur in Konzentrationen, die weit über der praktisch benötigten Menge liegen, phytotoxisch, so daß kaum Verluste durch falsche Dosierung zu befürchten sind. Die optimale Menge hängt von der Pflanzenart, manchmal sogar von der Varietät, ab (CATHEY u. STUART; CATHEY u. TAYLOR). Meist ist die praktischste Art der Zuführung die Verabreichung im Gießwasser. Die Internodien der behandelten Pflanzen werden kurz und dick, die Blätter dunkelgrün.

Der alte Hemmstoff Maleinsäurehydrazid hat sich hauptsächlich zur Unterdrückung der Geiztriebe des Tabaks (PETERSEN) in den USA durchgesetzt, trotz gewisser Bedenken (*Anonym;* TATE). Die Suche nach anderen Mitteln für diesen Zweck (z. B. PARUPS u. HOFFMAN) hat noch zu keinem gleichwertigen Ersatz geführt.

c) Organdifferenzierung. 1. Wurzelbildung. Der größte Fortschritt in der Praxis der Stecklingsvermehrung lag in den letzten Jahren nicht auf dem Gebiet der Wuchsstoffe: Die Sprühnebelvermehrung hat bei vielen Pflanzen die Stecklingsvermehrung ermöglicht, bei denen Wuchsstoffe nicht oder wenig helfen [SCHÖNBERG (1, 2); HANGER; TINLEY]. Der Vorteil der Sprühnebelvermehrung liegt offenbar darin, daß den Stecklingen eine große Blattfläche belassen werden kann, so daß der Steckling selbst nicht nur eine natürlich balancierte Menge Auxin und Assimilate, sondern auch die noch immer ungenügend bekannten spezifischen wurzelbildenden Stoffe bilden kann (AUDUS; CHAMPAGNAT; BOUILLENNE; LANPHEAR u. MEAHL). Die Suche nach dem Rhizokalin oder anderen die Wurzelbildung fördernden Stoffen (Phenole) geht noch intensiv weiter [HESS (1, 2); GORTER], da die Stecklingsvermehrung in zahlreichen Fällen, wo sie sehr erwünscht wäre (Forstbäume, Unterlagen für Obstbäume, manche Ziergehölze), noch immer nicht möglich ist.

2. Organabstoßung. Die Abstoßung von Pflanzenteilen (Laub, Früchte, Blumenkronen, Äste) ist einer der interessantesten morphogenetischen Vorgänge bei höheren Pflanzen. Die verschiedenen dabei eintretenden histologischen Veränderungen werden zweifellos, obwohl im einzelnen kaum untersucht, durch eine Reihe biochemischer Umschaltungen ausgelöst. Dabei laufen diese Prozesse oft in wenigen Stunden (Blumenkronen) oder Tagen ab. Es ist nicht überraschend, daß ein so umstürzender Vorgang durch verschiedene Wachstumsregulatoren beeinflußt wird. Die Wirkung des Auxins auf die Abstoßung steht am Beginn der Wuchsstofforschung und hat zu wichtigen praktischen Anwendungen geführt [ADDICOT (2)]. Ebenso ist lange bekannt, daß Äthylen auslösend auf die Abstoßung wirkt [ADDICOT (1)]. Auch Gibberellin kann die Geschwindigkeit der Abstoßung beeinflussen (CARUS, ADDICOT, BAKER u. WILSON). Wahrscheinlich ist die Wirkung all dieser Stoffe sekundär. Ein spezifischer Abstoßungsstoff ist jetzt aus jungen Baumwollfrüchten isoliert worden (,,Abscisin II", $C_{15}H_{20}O_4$: OHKUMA, LYON, ADDICOT u. SMITH).

Praktisch wichtig ist die Auslösung der Blattabstoßung vor der maschinellen Ernte der Baumwolle und bei anderen Pflanzen vor der Samenernte. Dafür werden allgemein phytotoxische Verbindungen, z. B. Magnesiumchlorat, oder spezielle Mittel, z. B. Endothal, verwendet. Keiner dieser Stoffe kann als spezifischer Abstoßungsstoff angesehen werden; die Wirkung ist indirekt über eine Schädigung der Blattzellen, die eine Änderung in der Auxinproduktion oder die Bildung des pflanzeneigenen Abstoßungsstoffes auslöst (RAKITIN, BOKAREV, KRAFT, RAKITINA, GEIDEN u. GURVICH).

Der Gebrauch von Auxinen zur Verzögerung der Abstoßung ist in allen Büchern über Wuchsstoffe beschrieben. Am wichtigsten ist der Gebrauch von Naphthylessigsäure (NES) zur Verhinderung des vorzeitigen Fruchtfalles von Äpfeln und anderen Früchten [AVERY u. JOHNSON; VAN OVERBEEK (1)]. Auch hier besteht das Problem, daß Varietäten verschieden auf die Behandlung reagieren, und daß Wetterbedingungen den Erfolg beeinflussen können (LUCKWILL u. LLOYD-JONES). Zu beachten ist auch, daß die Behandlung mit gewissen Wuchsstoffen (2,4,5-T, 2,4,5-TP) eine Nachwirkung im folgenden Frühjahr haben kann (EDGERTON u. HOFFMAN). Überall in der Welt hat sich die Behandlung von Apfelsinen mit 2,4-D vor dem Versand durchgesetzt. Die Früchte werden so vom Baum geschnitten, daß der Kelch an der Frucht bleibt. Wenn sich der Kelch nach einiger Zeit löst, kann durch die unvollständig vernarbte Wunde *Alternaria citri* eindringen und schnelle Fäulnis bewirken. Wenn die Früchte im Packhaus ein Bad, das 500 ppm 2,4-D enthält, passieren, wird der Kelch nicht abgestoßen und die Früchte bleiben gesund. Eine Nebenwirkung des Bades ist die Verzögerung der Nachreife der Früchte (STEWART; HIELD u. ERIKSON).

3. Blütenbildung. Die Situation ist hier ähnlich wie bei der Organabstoßung: Vielerlei Wuchsstoffe können bei der einen oder anderen Pflanze Blütenbildung auslösen, das sicher anzunehmende Blühhormon (Florigen) ist aber noch unbekannt. Die älteste und heute allgemein gebrauchte praktische Anwendung von Wachstumsregulatoren zur Blühinduktion ist der Gebrauch von NES oder Carbid (Acetylen) bei Ananas, womit vor allem ein gleichmäßiges Blühen und Reifwerden der Felder erzielt wird. NES wird in 5—10 ppm Konzentration in Mengen von 30—60 ml pro Pflanze ein paar Wochen vor der natürlichen Blütendifferenzierung versprüht. Carbid wird in kleinen Stückchen ins Herz jeder Pflanze gelegt. Auch ein chemisch ganz andersartiger Stoff, β-Hydroxyäthylhydrazin, kann Blütenbildung auslösen (GOWING u. LEEPER). Die Förderung der Blütenbildung von Tomaten durch N-meta-Tolylphthalaminsäure ist besonders günstig zur Ertragssteigerung bei mechanisch (einmal) geernteten Tomaten (WADDINGTON u. TEUBNER). Gibberellin wird vor allem bei der Kultur von Kopfsalat zur Saatproduktion gebraucht, um die Bildung der Blütenstände auszulösen, ehe sich der Kopf schließt (Spritzung mit 5 ppm-Lösung). Dies schaltet nicht nur das manuelle Aufschlitzen der Köpfe aus, sondern führt auch zu gleichmäßig reifender und etwa 2 Wochen früherer Ernte. Völlig einwandfreie Saat ist Voraussetzung für die Methode, da vorzeitige Schosser nicht ausgemerzt werden können (HARRINGTON). Gibberellin A_3, das einzige bisher im Handel angebotene Gibberellin, ist für diesen Zweck wirkungsvoller als andere Gibberelline (WITTWER u. BUKOVAC). Auch in der Blumengärtnerei findet Gibberellin in gewissem Umfang Anwendung, um Blütenbildung auszulösen oder zu verbessern, besonders bei Pflanzen, die auch in anderer Hinsicht günstig auf Gibberellin reagieren, wie Chrysanthemen,

Hortensien, *Saintpaulia* [VARGA (2); STUART u. CATHEY]. Bemerkenswert ist, daß bei Azaleen Gibberellin so gut wie die Antigibberelline CCC oder Phosfon Blütenbildung auslösen (BOODLEY u. MASTALERZ; STUART), ein Fall, der der gleichen Wirkung der Antagonisten Auxin/Äthylen auf das Blühen der Ananas ähnelt. Phosfon und andere Antigibberelline fördern die Blütenbildung auch bei einer Reihe anderer Pflanzen (WITTWER u. TOLBERT; GILL u. STUART), wobei kein Zusammenhang zwischen Blühauslösung und Wachstumshemmung zu bestehen braucht (MARTH).

Eine große Zahl von Veröffentlichungen beschäftigt sich in den letzten Jahren mit der Beeinflussung des Geschlechts von Blüten bzw. mit der Induktion von Pollensterilität. In den meisten Experimenten sind Dichlorisobuttersäure und Dichloressigsäure gebraucht worden. Daneben fanden auch Gibberelline und Auxine Beachtung. Meist ist die Grenze zwischen erwünschter Wirkung und Schädigung zu eng, oder Außenfaktoren beeinflussen die Reaktion zu stark, oder die Wirkung ist von zu kurzer Dauer (PATE u. DUNCAN; KHO u. DEBRUYN; NASRALLAH u. HOPP). Nur eine Reaktion ist so sicher und unschädlich, daß sie in der Praxis gebraucht wird: die Bildung männlicher Blüten auf genetisch rein weiblichen Gurkenpflanzen nach Behandlung der Keimpflanzen mit 2000 ppm Gibberellin. Die weibliche Linie, die zur Produktion von Hybridsaat gebraucht wird, kann auf diese Weise leicht fortgepflanzt werden (PETERSON; PETERSON u. DEZEEUW). Gibberellin A_7 ist wirkungsvoller als die anderen Gibberelline, doch genügt die Aktivität von A_3 für praktische Zwecke (WITTWER u. BUKOVAC).

4. Fruchtentwicklung. Der Gebrauch von Gibberellin zur Förderung der Fruchtentwicklung hat sich vor allem bei kernlosen Trauben durchgesetzt. Gibberellin wirkt bei manchen Sorten günstiger als die früher gebrauchte p-Chlorphenoxyessigsäure (WEAVER; WEAVER u. MCCUNE). Während Gibberellin auf Traubensorten mit Kernen gewöhnlich ganz unerwünschte Wirkungen hat, wird in Japan die Sorte „Delaware" in großem Umfang damit behandelt. Die Blütenrispen werden zwei Wochen vor der Blüte in 100 ppm Gibberellinlösung getaucht, und dann wieder 10 Tage nach der Blüte. Die Beeren werden kernlos, reifen 3 Wochen früher und sind weniger geneigt zu platzen (SUMIKI; KAIJURA). Gibberellin verursacht die parthenokarpe Entwicklung von Äpfeln und Birnen (Kernobst reagiert, im Gegensatz zu Steinobst, nicht auf Auxine) [MODLIBOWSKA; VARGA (3); THOMAS]. Nach Frostschäden kann man nun die Kernobsternte durch Gibberellinspritzung ebenso retten, wie das bei Steinobst durch 2,4,5-T möglich ist (CRANE).

Im Obstbau kann die Herabsetzung des Fruchtansatzes eine große Rolle spielen. Übermäßiger Fruchtbesatz bedingt kleine Früchte und schwaches Blühen im nächsten Jahr. Handausdünnen ist zeitraubend und teuer. Der Gebrauch von Spritzmitteln für diesen Zweck hat sich seit etwa 20 Jahren eingebürgert. Teilweise werden einfach toxisch wirkende Mittel (2,4-Dinitroorthocresol) zur Zeit der Vollblüte gespritzt, daneben Auxine (hauptsächlich NES und Naphthalinacetamid in etwa 40 ppm Konzentration), namentlich bei Äpfeln und Birnen. Die Auxinspritzung erfolgt kurz nach der Blüte und führt zum Absterben des Embryos.

VAN OVERBEEK (2) erklärt diese Tatsache als Störung des Verhältnisses zwischen Auxin und Gibberellin: Das erste Entwicklungsstadium der Früchte ist von Gibberellin beherrscht; ein Übermaß von Auxin zu diesem Zeitpunkt [NES wird in der Frucht nicht zerstört wie IES (DONOHO, MITCHELL u. SELL)] vereitelt die Gibberellinwirkung. Die spätere Abstoßung der sich nicht entwickelnden Früchte beruht aber auf einem Mangel an Auxin, das ja nun nicht durch die wachsende Frucht gebildet werden kann (MARSH, SOUTHWICK u. WEEKS). Die Untersuchungen der letzten Jahre auf diesem Gebiet beschäftigen sich mit der unterschiedlichen Reaktion von Varietäten auf die NES-Spritzung, mit dem Einfluß von Witterungsfaktoren (Temperatur, Regen) und der Vorgeschichte des Baumes, die die Aufnahme von NES entscheidend beeinflussen können (WESTWOOD u. BATJER; DONOHO, MITCHELL u. BUKOVAC; HORSFALL u. MOORE; HUGARD). Daneben geht die Suche nach Mitteln, die zuverlässiger sind als DNOC oder NES, weiter. Das ursprünglich als Insecticid gebrauchte 1-Naphthyl-N-methylcarbamat („Sevin") scheint vielversprechend (BATJER u. WESTWOOD; STEBBINS). Es ist noch nicht klar, ob es seine Wirkung nur als Gift oder auch als Wuchsstoff ausübt (BUKOVAC u. MITCHELL).

3. Beeinflussung des Stoffwechsels

a) Stimulierung des Latexflusses von Hevea. Eine wirtschaftlich sehr beachtliche Anwendung von Auxinwuchsstoffen ist die Erhöhung der Gummiproduktion. In Malaya allein beläuft sich der Extra-Ertrag auf 15000 t Gummi per Jahr. Im Durchschnitt ist die Produktion um 30% gesteigert. Ester von 2,4-D oder 2,4,5-T in Öllösung werden in einer schmalen Zone (5—7,5 cm breit) oberhalb des Zapfschnittes aufgetragen. Die Behandlung wird alle 6 Monate wiederholt. Mehrere interessante Untersuchungen beschäftigen sich mit der Physiologie dieser Stimulation. Das einzige Gewebe, das zum Wachstum angeregt wird, ist das Korkcambium. Das sekundäre Dickenwachstum des Holzes wird gehemmt, so daß die Stämme dünner bleiben. Im Latex-führenden Gewebe treten keine anatomischen Veränderungen ein (DE JONGE; WIERSUM (1, 2)). Die Respiration ist örtlich erhöht, Wasser und gelöste Stoffe werden schneller aufgenommen, so daß der gesamte Stoffwechsel gesteigert ist und der protoplasmatische Inhalt der Latexgefäße schneller regeneriert wird. Das Auxin produziert einen lokalen Verbrauchsherd, der metabolisches Material von anderen Teilen des Baumes anzieht [WIERSUM (1)]. Eine direkte Beteiligung des Auxins an der Latexsynthese konnte nicht festgestellt werden (ALLEN u. RHINES). Eine Übersicht über dieses in der Wuchsstoffliteratur wenig beachtete Gebiet gibt BLACKMAN.

b) Haltbarkeit von Schnittblumen und Gemüse. Die Handelspräparate zur Verlängerung der Haltbarkeit von Schnittblumen enthalten als wichtigste Bestandteile Zucker (Rohrzucker oder Glucose), Bactericide und Fungicide [AARTS (1, 2)], daneben auch Atmungshemmstoffe und Metallsalze, die die Anthocyane stabilisieren (WEINSTEIN u. LAURENCOT). Wachstumsregulatoren spielen bei den Präparaten eine untergeordnete Rolle, doch werden günstige Wirkungen von Maleinsäurehydrazid und

NES berichtet. Nachdem nun Kinine auf den Markt gekommen sind, ist auch ihre Wirkung auf Schnittblumen untersucht worden. Sie sind wirkungslos als Beifügung zum Wasser in der Vase, wirken aber günstig, wenn die Blumen für ein paar Sekunden in die Lösung getaucht werden (BALLANTYNE; MACLEAN u. DEDOLPH). Praktisch wichtig kann die Entdeckung werden, daß Äthylenoxyd (Blumen für 20 Std in Atmosphäre mit 0,25% Äthylenoxyd) das Öffnen von Rosen um mehr als 1 Tag verzögert und die Farbe und Haltbarkeit verbessert (ASEN u. LIEBERMAN).

Ob sich der Gebrauch von Benzyladenin zur Verlängerung der Haltbarkeit von Gemüse bewährt, bleibt abzuwarten. Verschiedene Untersuchungen berichten über Erfolge durch Besprühen mit Lösungen von 10 ppm unmittelbar vor oder nach der Ernte, oder durch Eintauchen in solche Lösung. Die besten Resultate werden mit Gemüse von geringer Haltbarkeit (Salat, Broccoli, Spinat) und unter ungünstigen Lagerbedingungen (hohe Temperatur) erzielt (ZINK; MACLEAN, DEDOLPH u. WITTWER; WITTWER, DEDOLPH u. TULI; LIPTON u. CEPONIS).

c) Widerstand gegen Krankheiten. Ein Gebiet, auf dem bisher wenig getan wurde, und das deshalb in der Literatur über Wuchsstoffe kaum erwähnt wird, ist die Anwendung von Wachstumsregulatoren zur Erhöhung der Widerstandskraft von Kulturpflanzen gegen Infektionskrankheiten. In die Praxis hat diese Anwendung noch nicht Eingang gefunden, darum sei hier nur kurz auf ein paar Berichte verwiesen. Die ältere Literatur wird durch HOWARD u. HORSFALL besprochen. Da die parasitischen Pilze keine Reaktion auf die Wachstumsregulatoren zeigen, muß die Ursache der veränderten Resistenz im Stoffwechsel oder Chemismus der Wirtspflanze gesucht werden (DAVIS u. DIMOND; EDGINGTON, CORDEN u. DIMOND). Mit Maleinsäurehydrazid behandelter Tabak ist weniger anfällig gegen *Alternaria longipes* (V. RAMM, LUCAS u. MARSHALL); auch Auxine erhöhen den Widerstand von Tabak gegen diese Krankheit, Gibberellin dagegen macht ihn anfälliger (LUCAS u. V. RAMM). Auxin erhöht die Widerstandskraft von Tomaten gegen *Fusarium* (EDGINGTON, CORDEN u. DIMOND). Auch für Kinine besteht die Möglichkeit der Anwendung im Pflanzenschutz (LUCAS u. V. RAMM; ZINK).

Literatur

AARTS, J. F. TH.: (1) Mededel. Landbouwhogesch. Wageningen **57** (9), 1—62 (1957); — (2) Proc. XVIth intern. hort. Congr. Vol. I, 443 (1962). — ADDICOT, F. T.: (1) Plant Regulators in Agriculture (Ed. H. B. TUKEY). New York: John Wiley: 99—116 (1954); — (2) Hb. Pfl.-Phys. XIV, 829—838 (1961). — ALLEN, S. E., and C. E. RHINES: Proc. natural Rubb. Res. Conf., Kuala Lumpur 1960, 241—255 (1961). — *Anonym:* Agric. Chem. **18** (4), 29, 110—111 (1963). — ASEN, S., and M. LIEBERMAN: Florist's Exchange **139** (4), 32—33 (1963). — AUDUS, L. J.: Plant Growth Substances. London: L. Hill 1959. — AVERY, JR., G. S., and E. B. JOHNSON: Hormones and Horticulture. New York: McGraw-Hill 1947.

BALLANTYNE, D. J.: Canad. J. Plant Sci. **43**, 225—227 (1963). — BATJER, L. P., and M. N. WESTWOOD: Proc. Amer. Soc. hort. Sci. **75**, 1—4 (1960). — BISWAS, P. K., and M. N. ROGERS: Proc. Amer. Soc. hort. Sci. **82**, 490—493 (1963). — BLACKMAN, G. E.: Proc. natural Rubb. Res. Conf., Kuala Lumpur 1960, 19—51 (1961). — BOODLEY, J. W., and J. W. MASTALERZ: Proc. Amer. Soc. hort. Sci. **74**, 681—685 (1960). — BOUILLENNE, R.: Adv. hort. Sci., Proc. XVth intern. hort.

Congr., Vol. I, 1—15 (1961). — BUKOVAC, M. J., and A. E. MITCHELL: Proc. Amer. Soc. hort. Sci. **80**, 1—10 (1962).

CARUS, H. R., F. T. ADDICOT, K. C. BAKER, and R. K. WILSON: Plant Growth Regulation, 559—565. Ames, Iowa: Iowa State Univ. Press 1961. — CATHEY, H. M., and N. M. STUART: Bot. Gaz. **123**, 51—57 (1961). — CATHEY, H. M., and R. L. TAYLOR: Proc. Amer. Soc. hort. Sci. **82**, 532—540 (1963). — CHAMPAGNAT, P.: Hb. Pfl.-Phys. XIV, 839—871 (1961). — CRANE, J. C.: Science **119**, 383 (1954).

DAVIS, D., and A. E. DIMOND: Phytopathology **43**, 137—140 (1953). — DE JONGE, P.: J. Rubb. Res. Inst. Malaya **15**, 53—71 (1957). — DONOHO, JR., C. W., A. E. MITCHELL, and M. J. BUKOVAC: Proc. Amer. Soc. hort. Sci. **78**, 96—103 (1961). — DONOHO, JR., C. W., A. E. MITCHELL, and H. M. SELL: Proc. Amer. Soc. hort. Sci. **80**, 43—49 (1962).

EDGERTON, L. J., and M. B. HOFFMAN: Proc. Amer. Soc. hort. Sci. **83**, 63—67 (1963). — EDGINGTON, L. V., M. E. CORDEN, and A. E. DIMOND: Phytopathology **51**, 179—182 (1961).

FLEMING, J. R., J. A. JOHNSON, and B. S. MILLER: J. agric. Food Chem. **10**, 304—312 (1962).

GILL, D. L., and N. W. STUART: Amer. Camellia Yearb. 1961, 129—135. — GORTER, C. J.: Proc. XVIth intern. hort. Congr., Vol. I, 464 (1962). — GOWING, D. P., and R. W. LEEPER: Science **122**, 1267 (1955).

HALEVY, A. H.: Bull. Res. Counc. Israel, Sect. D, **11**, 83—90 (1962). — HALEVY, A. H., and H. M. CATHEY: Bot. Gaz. **122**, 151—154 (1960). — HANGER, B. F.: Kenya Coffee **26**, 337—338 (1961). — HARRINGTON, J. F.: Proc. Amer. Soc. hort. Sci. **75**, 476—479 (1960). — HESS, C. E.: (1) Proc. XVIth intern. hort. Congr., Vol. I, 385 (1962); (2) Vol. I, 386 (1962). — HIELD, H. Z., and L. C. ERICKSON: Calif. Citrogr. **47**, 308, 331—334 (1962). — HORSFALL, JR., F., and R. C. MOORE: Proc. Amer. Soc. hort. Sci. **80**, 15—32 (1962). — HOWARD, F. L., and J. G. HORSFALL: Plant Pathology, 563—604 (Ed. J. G. HORSFALL and A. E. DIMOND). New York: Academic Press 1959. — HUGARD, J.: Ann. Amelioration Plantes **12**, 197—214 (1962).

KAIJURA, M.: Proc. XVIth intern. hort. Congr., Vol. I, 286 (1962). — KAWAHARA, H., T. OTA, and N. CHONAN: Proc. Crop Sci. Soc. Japan **30**, 257—260 (1962). — KHO, Y. O., and J. W. DEBRUYN: Euphytica **11**, 287—292 (1962). — KLEBER, W., M. LINDEMANN u. P. SCHMID: Brauwelt **99**, 1745—1746 (1959). — KÖHLER, D., and A. LANG: Plant Physiol. **38**, 555—560 (1963).

LANPHEAR, F. O., and R. P. MEAHL: Proc. Amer. Soc. hort. Sci. **83**, 811—818 (1963). — LAZER, L.-V. S., W. E. BAUMGARTNER, R. V. DAHLSTROM, and B. J. MORTON: Proc. A. M. Amer. Soc. Brew. Chem. 1960, 85—89 (1961). — LINKO, M., and T.-M. ENARI: J. Inst. Brew. **66**, 480—486 (1960). — LIPTON, W. J., and M. J. CEPONIS: Proc. Amer. Soc. hort. Sci. **81**, 379—384 (1962). — LOCKHART, J. A.: Plant Physiol. **37**, 759—764 (1962). — LUCAS, G. B., and C. VON RAMM: Plant Dis. Reptr. **47**, 7—9 (1963). — LUCKWILL, L. C., and C. P. LLOYD-JONES: J. hort. Sci. **37**, 190—206 (1962).

MACEY, A., and K. C. STOWELL: J. Inst. Brew. **67**, 396—404 (1961). — MACLEAN, D. C., and R. R. DEDOLPH: Bot. Gaz. **124**, 20—21 (1962). — MACLEAN, D. C., R. R. DEDOLPH, and S. H. WITTWER: Proc. Amer. Soc. hort. Sci. **83**, 484—487 (1963). — MACLEOD, A. M., and A. S. MILLER: J. Inst. Brew. **68**, 322—332 (1962). — MARSH, JR., H. V., F. W. SOUTHWICK, and W. D. WEEKS: Proc. Amer. Soc. hort. Sci. **75**, 5—21 (1960). — MARTH, P. C.: Proc. Amer. Soc. hort. Sci. **83**, 777—781 (1963). — MODLIBOWSKA, I.: A. R. East Malling Res. Sta. 1962, 64—67 (1963).

NASRALLAH, M. E., and R. J. HOPP: Proc. Amer. Soc. hort. Sci. **83**, 575—578 (1963).

OHKUMA, K., J. L. LYON, F. T. ADDICOT, and O. E. SMITH: Science **142**, 1592 bis 1593 (1963). — OVERBEEK, J. VAN: (1) Hb. Pfl.-Phys. XIV, 1137—1155 (1961); — (2) Proc. Plant Sci. Symp., 37—58. Camden, New Jersey: Campbell Soup Co. 1962.

PALEG, L. G., and D. H. B. SPARROW: Nature (Lond.) **193**, 1102—1103 (1962). — PALEG, L. G., D. H. B. SPARROW, and A. JENNINGS: Plant Physiol. **37**, 579—583 (1962). — PARUPS, E. V., and I. HOFFMAN: Canad. J. Plant Sci. **41**, 672—674 (1961). — PATE, J. B., and E. N. DUNCAN: Agron. J. **52**, 506—508 (1960). — PAXTON, R. G., u. H. H. MAYR: Planta **59**, 165—174 (1962). — PETERSEN, E. L.:

Agron. J. **44**, 332—334 (1952). — PETERSON, C. E.: Mich. Agr. Exp. Sta. Quart. Bull. **43**, 40—42 (1960). — PETERSON, C. E., and D. J. DEZEEUW: Mich. Agr. Exp. Sta. Quart. Bull. **46**, 267—273 (1963).

RAKITIN, YU. V., K. S. BOKAREV, V. A. KRAFT, Z. G. RAKITINA, T. M. GEIDEN, and S. M. GURVICH: Fiz. Rast. **8**, 401—404 (Engl. Transl.) (1962). — RAMM, C. VON, G. B. LUCAS, and H. V. MARSHALL JR.: Tobacco (N.Y.), **154** (23), 29—33 (1962). — RIDDEL, J. A., H. A. HAGEMAN, C. M. J'ANTHONY, and W. L. HUBBARD: Science **136**, 391 (1962).

SACHS, R. M., and A. M. KOFRANEK: Amer. J. Bot. **50**, 772—779 (1963). — SCHÖNBERG, G.: (1) Dtsch. Gartenb. **8**, 193—196 (1961); (2) **8**, 247—250 (1961). — STADLER, H., H. KIPPHAHN u. S. GALLINGER: Brauwelt **100**, 1361—1365 (1960). — STEBBINS, R. L.: Proc. Amer. Soc. hort. Sci. **80**, 11—14 (1962). — STEWART, W. S.: Plant Regulators in Agriculture (Ed. H. B. TUKEY), 132—148. New York: John Wiley 1954. — STUART, N. W.: Science **134**, 50—52 (1961). — STUART, N. W., and H. M. CATHEY: Adv. hort. Sci., Proc. XVth intern. hort. Congr., Vol. II, 391—399 (1962). — SUMIKI, Y.: Eigenschaften und Wirkungen der Gibberelline (Ed. R. KNAPP), 204—207. Berlin-Göttingen-Heidelberg: Springer-Verlag 1962.

TATE, D.: Agric. Chem. **18** (8), 37—38 (1963). — THOMAS, L. A.: Nature (Lond.) **198**, 306 (1963). — TINLEY, G. H.: Proc. natural Rubb. Res. Conf., Kuala Lumpur 1960, 409—418 (1961).

VARGA, A.: (1) Eigenschaften und Wirkungen der Gibberelline (Ed. R. KNAPP), 211—216. Berlin-Göttingen-Heidelberg: Springer-Verlag 1962; — (2) Tuinbouwkundige Toepassingen van Gibberellazuur, Publ. 241, Lab. Tuinbouwplantenteelt, Wageningen (1963); — (3) Proc. XVIth intern. hort. Congr., Vol. I, 284 (1962).

WADDINGTON, J. T., and F. G. TEUBNER: Proc. Amer. Soc. hort. Sci. **83**, 700—704 (1963). — WEAVER, R. J.: Nature (Lond.) **181**, 851—852 (1958). — WEAVER, R. J., and ST. B. MCCUNE: Bot. Gaz. **121**, 155—162 (1960). — WEINSTEIN, L. H., and H. J. LAURENCOT JR.: Contr. Boyce Thompson Inst. **22**, 81—90 (1963). — WESTWOOD, M. N., and L. P. BATJER: Proc. Amer. Soc. hort. Sci. **76**, 16—29 (1960). — WIERSUM, L. K.: (1) Arch. Rubb. Cult. **32**, 245—278 (1955); — (2) Rev. gén. Caoutch. **35**, 276—280 (1958). — WITTWER, S. H., and M. J. BUKOVAC: Proc. XVIth intern. hort. Congr., Vol. II, 595—601 (1963) — WITTWER, S. H., and N. E. TOLBERT: Amer. J. Bot. **47**, 560—565 (1960). — WITTWER, S. H., R. R. DEDOLPH, and V. TULI: Proc. XVIth intern. hort. Congr., Vol. II, 428—434 (1963).

ZINK, F. W.: J. agric. Food Chem. **9**, 304—307 (1961).

29. Angewandte Mikrobiologie:
Dextran-Herstellung und Anwendung

Von U. Behrens und M. Ringpfeil, Leipzig

Mit 1 Abbildung

1. Einleitung

Dextrane sind Polysaccharide, deren α-d-Glucopyranosebausteine durch 1,6-Bindungen verknüpft sind. Verzweigungen durch 1,2-, 1,3- und 1,4-Bindungen sind möglich. Neuere Untersuchungen lassen vermuten, daß für die Verknüpfung der Seitenketten die 1,3-Bindung bevorzugt wird. Die Seitenketten haben die gleiche Struktur wie die Hauptketten (Langkettenverzweigung) oder bestehen nur aus einem Monomeren (Kurzkettenverzweigung).

Die Dextrane werden durch ein extracelluläres Enzym, die Dextransucrase (Dextransaccharase) gebildet. Von Bovey wird ein besonderes Verzweigungsenzym angenommen, während Ebert und Patat auf Grund energetischer Betrachtungen die Verknüpfung sowohl der Hauptketten als auch der Verzweigungen einer einzigen Enzymfunktion zuschreiben.

Neben den für technische Synthesen benutzten Arten *Leuconostoc mesenteroides* und *Leuconostoc dextranicum* wurde Dextranbildung auch von *Betabacterium vermiforme, Betacoccus arabinosaceous, Streptobacterium dextranicum, Streptococcus bovis, Streptococcus viridans* und *Streptococcus viscosum* beschrieben. *Acetobacter capsulatum* und *Acetobacter viscosum* bilden aus Dextrinen durch das Enzym Dextran-Dextrinase Dextran.

Die Dextranbildung erregte schon vor mehr als 100 Jahren die Aufmerksamkeit der Wissenschaft, als jene als Ursache der Verschleimung (Froschlaichbildung) von Zuckersäften in Zuckerfabriken erkannt wurde. Die Entdeckung von Grönwall und Ingelman, daß teilhydrolysiertes, fraktioniertes Dextran als Plasmaersatz (Plasmaexpander) geeignet ist, gab den Arbeiten über das Dextran so starke Impulse, daß es heute zu den bestuntersuchten Polysacchariden gehört.

2. Grundlagen und Probleme der technischen Synthese

Durch die erfolgreiche Einführung von Dextranpräparaten als Plasmaexpander konzentrierten sich die Forschungsarbeiten der letzten 20 Jahre auf die Synthese und Erzeugung von niedermolekularem Dextran. Unterschiedliche Molekulargewichte können durch bestimmte Bakterienstämme, durch Beeinflussung der Synthese (Lenkung) und durch partielle Depolymerisation des nativen Dextrans erzeugt werden. Art und

Grad der Verzweigung werden im wesentlichen durch den Bakterienstamm bestimmt. Im Verlauf der Synthese kann sich das Dextran strukturell verändern.

Die Zunahme der Viscosität während der Fermentation wird nicht nur auf eine Kettenverlängerung, sondern auch auf eine Zunahme der Verzweigung bzw. auf eine Verknüpfung ursprünglich linearer Ketten (BOVEY) zurückgeführt.

Die Dextrane sind polymer uneinheitlich. Um zu einheitlicheren Produkten zu gelangen, müssen diese Dextrane fraktioniert werden.

Dementsprechend ergaben sich folgende Probleme:

a) Bildung des Enzyms und enzymatische Dextransynthese,

b) Einfluß des Bakterienstammes auf Molekulargewicht und Struktur

c) Technische Synthese von Dextranen von bestimmtem Molekulargewicht

d) Depolymerisation und Fraktionierung der Dextrane.

a) Bildung des Enzyms und enzymatische Dextransynthese

Da das Enzym in die Kulturlösung ausgeschieden wird, interessieren für die mikrobiologische Synthese lediglich die Kulturfaktoren, die seine Bildung beeinflussen. Die Dextransynthese selbst kann als chemische Polymerisation aufgefaßt werden, für die, neben den die Polymerisation beeinflussenden Zuckern, lediglich die Faktoren, die die Stabilität des Enzyms betreffen, von Bedeutung sind. TSUCHIYA u. Mitarb. geben für eine optimale Enzymbildung (mit *L. mesenteroides* NRRL B-512) folgende Nährlösung an:

Saccharose	2%
Maisquellwasser	2% (Trockengewicht)
KH_2PO_4	0,1%
Spurensalzlösung	0,5% (v/v)

Die Spurensalzlösung, sog. R-Salze, besteht aus

$MgSO_4 \cdot 7H_2O$	$FeSO_4 \cdot 7H_2O$
NaCl	$MnSO_4 \cdot 5H_2O$

Das Bakterienwachstum ist optimal im leicht alkalischen pH-Bereich, aber auch noch im leicht sauren ausreichend. Das Optimum für die Dextransucrasebildung liegt bei pH 6,7. Im alkalischen und sauren Bereich ist das Enzym sehr instabil, sein Stabilitätsoptimum liegt bei pH 5,2. Um ein gutes Bakterienwachstum und somit auch eine reiche Enzymbildung zu gewährleisten, wird die Nährlösung auf etwa pH 7,4 eingestellt. Innerhalb weniger Stunden erfolgt durch die Säurebildung der sich vermehrenden Bakterien ein pH-Abfall, der im Stabilitätsbereich des Enzyms, bei pH 5, das Ende der Enzymsynthese anzeigt. Als Temperaturoptimum wird allgemein 25° angegeben.

Die Dextransynthese erfordert ein Donator-Substrat, das die Glucosyle liefert und eine Verbindung, einen Acceptor, der das durch das übertragende Enzym (Typ: Glykosyltransferase) freigesetzte Glucosyl aufnimmt und bindet. Die Saccharose nimmt auf Grund ihrer leicht spaltbaren glucosidischen Bindung als Donatorsubstrat eine einzigartige Stellung ein (Hehre). Die Möglichkeit, daß Dextran selbst Donator sein kann, wird von Tsuchiya diskutiert und erklärt den häufig beobachteten Viscositätsabfall nach Beendigung der Synthese.

Acceptor-Eigenschaften haben eine Vielzahl einfacher Zucker, Oligosaccharide und besonders niedermolekulare Dextrane. Die Dextransucrase hat für die primäre Alkoholgruppe der glucosidisch gebundenen Glucose die größte Spezifität. Dextrane von einem MG von 10000 bis 30000 sind die wirksamsten Acceptoren. Schwächer sind Isomaltose, Maltose, Glucose, dann Fructose und Saccharose. Wirksamkeit und Konzentration des Acceptors sowie bei Acceptordextranen der Polymerisationsgrad, beeinflussen das Molekulargewicht und die Molekulargewichtsverteilung des sich bildenden Dextrans. Werden einer Enzymlösung, die eine bestimmte Menge Saccharose enthält, verschiedene Mengen Acceptor-Dextran (technisch: Starter) zugesetzt, so ist leicht einzusehen, daß die Größe des Molekulargewichts des sich bildenden Dextrans der Konzentration des Starters umgekehrt proportional ist. Wenn umgekehrt nur die Saccharosekonzentration variiert wird, wird mit steigender Saccharosekonzentration steigendes Molekulargewicht zu erreichen sein. Da jedoch die Saccharose selbst acceptorwirksam ist und während der Synthese acceptorwirksame Fructose freigesetzt wird, verläuft die Dextransynthese nicht eindeutig. Es entstehen insbesondere Leucrose, Oligosaccharide und niedermolekulare Dextrane. Bei Saccharosekonzentrationen über 20% werden ausgesprochen bimodal verteilte Dextrane gebildet (d. h. deutlich voneinander abgesetzter nieder- und höhermolekularer Anteil). Mit zunehmender Saccharosekonzentration verschiebt sich das bimodale Verhältnis zugunsten des niedermolekularen Anteiles. Durch Zugabe bestimmter Zucker ist eine Modifikation der Dextransynthese möglich, so durch Maltose, die die Dextranbildung hemmt und zur Synthese von Oligosacchariden, z. B. Panose, führt (Koepsell, H. J., H. M. Tsuchiya u. a.).

Diese hemmende Wirkung von Acceptoren erklärt Patat (K. Ebert u. F. Patat loc. cit.) durch eine zusätzliche Funktion des Acceptors. Nach Patat befindet sich das Enzym dauernd in Verbindung mit der wachsenden Kette. Acceptoren sollen diese Verbindung zu trennen vermögen.

b) Einfluß des Bakterienstammes

Jeanes u. Mitarb. untersuchten 96 dextranbildende Bakterien und stellten 5 Klassen auf, die sich im Verhältnis der glucosidischen Bindungen (1,6; 1,4 und 1,3) unterscheiden. Die stammbedingten Eigenschaften der Verzweigung scheinen jedoch nicht konstant zu sein (Jones u. Wilkie). 4 monatige Kultivation auf üblichen Nährböden führte zu einem Abfall der Dextranausbeute, die bei Abimpfungen von lyophil getrockneten Stammkonserven nicht auftraten (Januszewicz).

Unverzweigte Dextrane werden von *Acetobacter capsulatum* und *Acetobacter viscosum* aus Dextrin (Hehre u. Hamilton) und von *Streptococcus bovis* (Bailey und Oxford) gebildet. Ein Dextran von niederem

MG, etwa 50000, wird von einem von HEHRE isolierten *Streptococcus*-Stamm synthetisiert.

c) Lenkung der Synthese

Die wissenschaftlichen Erkenntnisse über die enzymatische Dextransynthese ermöglichten es, technische Verfahren zu entwickeln, die eine Lenkung zu einem bestimmten MG durch Vorgabe einer berechneten Menge Saccharose (Glucosyl-Donator) und Starter-Dextran von bekanntem MG (Glucosyl-Acceptor) durchführen. Es lassen sich 2 Verfahrensarten unterscheiden:

Eine, bei der die Reaktion enzymatisch mit mehr oder weniger reinen Enzymlösungen und eine andere, bei der die Lenkung in einer beimpften, sog. wachsenden Kultur erfolgt.

Die Bedingungen für eine enzymatische gelenkte Synthese wurden von HELLMAN u. Mitarb. untersucht. Als geeignetster Starter erwies sich ein Dextran von einem Molekulargewicht von 15000—20000. Die günstigste Saccharosekonzentration lag bei 10%. Die Reaktionstemperatur beeinflußte das Verhältnis des nieder- zum höhermolekularen Anteil. Mit höherer Temperatur erhöhte sich der höhermolekulare Anteil.

Durch Trennung der starterhaltigen, gepufferten Enzymlösung von der Saccharoselösung mit einer Dialysemembran ließ sich eine dosierte Zugabe der Saccharose erreichen (SHURTER). Dadurch wurde eine Variation des Molekulargewichts durch die Kontaktzeit der beiden im Gegenstrom zirkulierenden Lösungen erhalten.

Technisch wird eine gelenkte enzymatische Synthese zweistufig durchgeführt. In der ersten Stufe wird unter optimalen Bedingungen das Enzym erzeugt. Nach Entfernen der Zellen wird die Enzymlösung mit einer berechneten Menge Saccharose und Starterdextran vermischt, wobei der pH-Wert auf 4,7—5,6 durch Pufferung eingestellt wird. Die gelenkte Synthese in wachsender Kultur ist ein einstufiger Prozeß. Erstmalig versuchten NADEL u. Mitarb. durch Zugabe von Starterdextran zu einer saccharosehaltigen Kulturlösung das Molekulargewicht zu modifizieren. Man erhielt jedoch nur etwas mehr als 30% des Dextrans im gewünschten klinischen Bereich. Als Ursache für die Störung der Lenkung wurden die mit der Impfkultur eingebrachten acceptorwirksamen Substanzen, insbesondere Dextran, erkannt (RINGPFEIL). Durch Verwendung einer Impflösung, die praktisch von allen acceptorwirksamen Substanzen frei ist, jedoch die Aktivität der Bakterien erhält, gelang eine Lenkung der Synthese in wachsender Kultur (BEHRENS und RINGPFEIL).

d) Depolymerisation und Fraktionierung

Die Säurehydrolyse, technisch mit Salzsäure bei erhöhten Temperaturen, ist das klassische von INGELMAN eingeführte Verfahren zur Herstellung von klinischem Dextran. Eingehend wurde dieses Verfahren von WOLFF u. Mitarb. beschrieben. Da durch die Hydrolyse eine sehr uneinheitliche Molekulargewichtsverteilung erhalten wird, wurden andere Verfahren der Depolymerisation untersucht. Am aussichtsreichsten erschien der Abbau durch Ultraschall. Hierbei werden sehr molekular-einheitliche Spaltprodukte erhalten (HAMDY u. Mitarb.). Obwohl dieses Verfahren in einer Versuchsanlage in Großbritannien angewandt wurde, scheint es sich nicht durchgesetzt zu haben.

Die Kontrolle des Abbaues ist für die Ausbeute von entscheidender Bedeutung. Es ist nicht möglich, die Säurehydrolyse durch Vorgabe der sie beeinflussenden Faktoren, wie pH-Wert, Temperatur und Zeit fest-zulegen, sondern die Viscosität muß ständig kontrolliert werden. Eine Ausbeuteverbesserung bei der Säurehydrolyse soll dadurch erreicht werden, daß jeweils nur kurzzeitig hydrolysiert wird. Der gewünschte Molekulargewichtsbereich wird durch Fraktionierung abgetrennt und der verbleibende hochmolekulare Anteil hydrolysiert, fraktioniert, wieder hydrolysiert und so fort (DALTER). Eine Depolymerisation, wobei gleichzeitig die Pyrogene zerstört werden, gelingt durch H_2O_2 (LEVI und LOZINSKI). Eine Kontrolle der Hydrolyse soll durch Fest-legung der Temperatur, Zeit und des Katalysators (H-Ionen) in nicht-wäßrigen Lösungsmitteln, z. B. Glycerin, möglich sein (HULTIN und NORDSTRÖM).

Der Alkohol, der zur Fällung und Fraktionierung des Dextrans be-nötigt wird, ist neben dem Zucker die Substanz, die entscheidend zur Kostenbildung des Produktes beiträgt. Von LACKO und MALEK wurde der Einfluß von Salzen auf die Löslichkeit von Dextranfraktionen in wäßrig-alkoholischen Lösungen untersucht und ein Verfahren bekanntgegeben, bei dem die Fällung in Gegenwart von Phosphat durchgeführt wird, wodurch beträchtliche Mengen an Alkohol eingespart werden.

Eine interessante Möglichkeit der Fällung und Fraktionierung ohne Lösungsmittel wurde von WIMMER angegeben. Erdalkali-Ionen fällen im alkalischen Bereich Dextran, wobei der niedermolekulare Anteil zuerst ausfällt.

Neben den chemischen und physikalischen Methoden wurden auch enzymatische Methoden der Depolymerisation untersucht. Es wurden eine Reihe von Pilzbakterien und Organenzymen gefunden, die Dextran abbauen (Dextranasen). Über Schimmelpilzdextranasen berichten u. a. TSUCHIYA, JEANES u. Mitarb.; WHITESIDE-CARLSON und CARLSON sowie HULTIN und NORDSTRÖM. Mit einer Dextranase aus *Aspergillus wentii* erhielten WHITESIDE-CARLSON und CARLSON Dextrane von einem MG zwischen 20000 und 35000. Von SERY und HEHRE wurden im mensch-lichen Darm *Bacteroides*arten isoliert, die zwei verschiedene Dextranasen bilden, wovon eine verzuckert, während die andere nur verflüssigt. Enzyme, aus Organen, besonders aus Leber und Milz, gewonnen, spalten von den Dextranketten die Endglucosyle ab. Hierauf haben ROSENFELD u. Mitarb. Methoden der Strukturbestimmung entwickelt.

Die Erwartungen, technisch brauchbare „Grenzdextrane" durch enzymatischen Abbau zu erhalten, haben sich nicht erfüllt. Die Reak-tionsprodukte sind, abhängig von der Wirkungsweise des Enzyms und der Dextranstruktur, Glucose oder Oligosaccharide. Für die Struktur-aufklärung haben die Dextranasen jedoch Bedeutung erlangt.

3. Technische Herstellung von Dextran

In Abb. 15 sind als Arbeitsschema die 3 Grundverfahren zur technischen Herstellung von Dextran dargestellt. Die Molekulargewichte sind

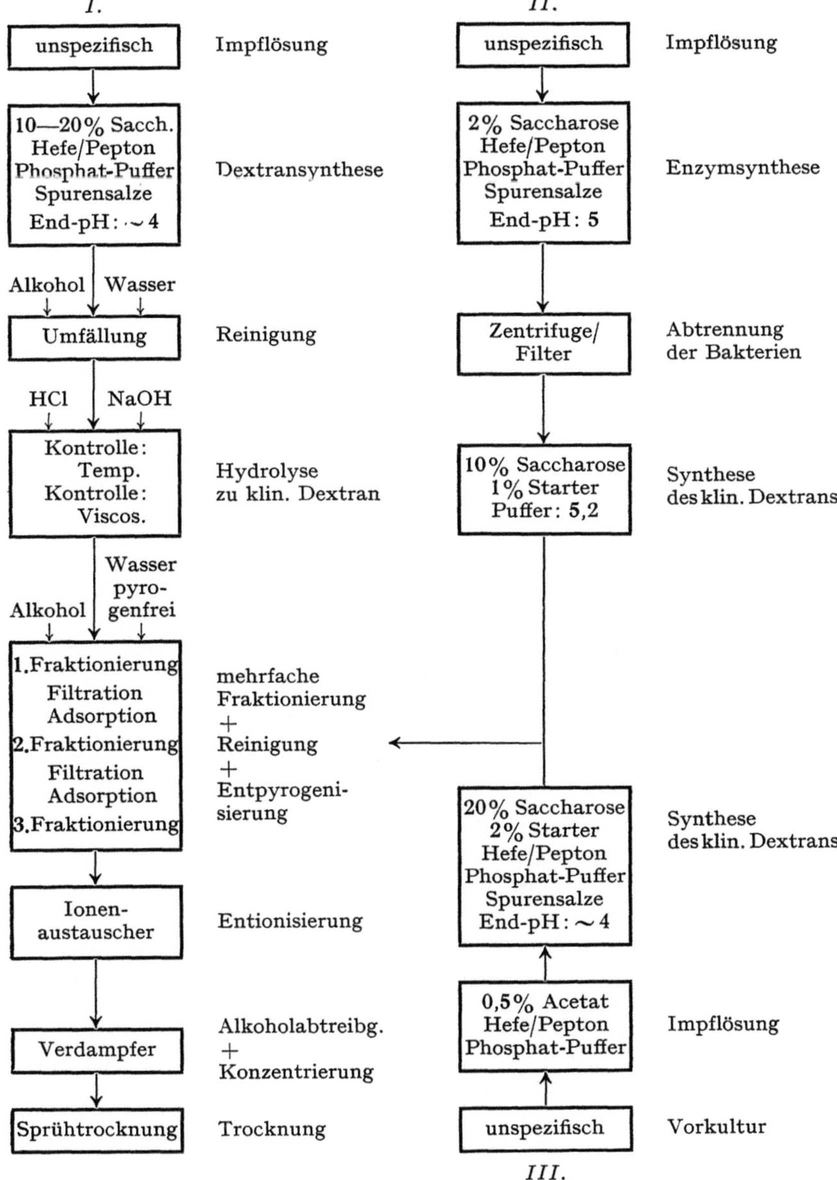

Abb. 15. Herstellung von klinischem Dextran (schematisch) nach dem hydrolytischen Verfahren (*I*), enzymatischen Verfahren (*II*) und der Lenkung in wachsender Kultur (*III*)

entsprechend der Verfahren entweder durch Hydrolyse oder durch Lenkung einstellbar.

Es versteht sich von selbst, daß man mit den beiden Verfahren, die sich der Lenkung bedienen, auch hochmolekulares, sog. natives Dextran herstellen kann, dadurch, daß der Kulturlösung bzw. der Syntheselösung kein Starterdextran zugesetzt wird. Allerdings muß im Falle einer enzymatischen Synthese auch die Enzymlösung starterfrei sein.

Die zunehmende Bedeutung, die Starterdextrane für die technische Synthese erlangt haben, ermöglichen eine restlose Ausnutzung der bei der Fraktionierung anfallenden hoch- und niedermolekularen Anteile. So lassen sich die hochmolekularen Anteile hydrolysieren und im Gemisch mit dem niedermolekularen Anteil als Starter verwenden.

Während für die Herstellung des klinischen Dextrans Verfahren gesucht wurden, die eine große Ausbeute eines klinisch geeigneten Molekulargewichtsbereichs erbringen, ist das Hauptproblem für ein technisches Dextran seine ökonomische Herstellung. Die Produktionskosten setzen sich hauptsächlich aus den Kosten für den Zucker und den Alkohol (Redestillation und Verluste) zusammen. Es müssen daher Verfahren gewählt werden, die eine möglichst theoretische Ausbeute und ein sauberes Produkt erbringen, damit nur eine einmalige Ausfällung nötig ist. Derartige Bedingungen werden durch einen enzymatischen Prozeß weitgehend gewährleistet. In Vorstufen wird die Impflösung auf das notwendige Volumen heraufgeführt und hiermit der Synthesetank für das Enzym beimpft. Unter optimalen Bedingungen wird hier die Dextransucrase gebildet und nach Abschluß der Synthese (pH 5) so viel einer Saccharoselösung zugegeben, daß die Endkonzentration 15—20% beträgt. Durch einen pH-Automaten wird mit NaOH der pH-Wert zwischen 5 und 5,6 gehalten. Die fertige Dextranlösung wird in einen doppelt so großen Fälltank gepumpt und mit der gleichen Menge Alkohol (Methanol) ausgefällt. Das Überstehende wird zur Redestillation, das ausgefällte Dextran in einen Verdampfer zur Alkoholabtreibung und Konzentrierung gepumpt. Von hier geht die etwa 30—40%ige Dextranlösung zu einem geeigneten Trockenaggregat, z. B. zur Sprühtrocknung.

Die Nebenprodukte der Fermentation, Fructose, Mannit und auch Milchsäure, können gewonnen werden und tragen zur Wirtschaftlichkeit des Verfahrens entscheidend bei (OWEN). So kann das nach der Alkoholrückgewinnung anfallende Abwasser, das hauptsächlich Fructose enthält, für andere mikrobiologische Synthesen, wie zur Citronensäure- und Alkoholsynthese, benutzt werden (KOSINSKI). Andere Verfahren beschreiben nach bekannten Methoden die Gewinnung der Fructose, des Mannits bzw. die Umwandlung der Fructose zu Lävulinsäure. Sehr reines Dextran erhält man durch Calciumfällung, wenn die Fructose noch während der Fermentation durch Nachimpfung von Hefe vergoren wird und nach Zusatz von Calciumchlorid der pH-Wert zunächst auf 6 eingestellt und dann erhitzt wird. Nach Filtration wird die jetzt relativ reine Dextranlösung soweit mit Natronlauge versetzt, bis der Dextrancalciumkomplex ausfällt (WIMMER).

4. Anwendung von Dextran

Neben einem Dextran von einem $\overline{MG}$ von 75000 werden auch andere Typen als Plasmaexpander beschrieben. So ein Dextran von einem $\overline{MG}$ von 130000—250000, das noch nach 5 Tagen zu $^1/_5$ im Kreislauf nachweisbar war (BOYD). Die bei der Applikation von klinischem Dextran oft beobachteten Nebenreaktionen sollen durch Reduktion der aldehydischen Endgruppe (Hydrodextran) verringert werden (ZIEF). Neuerdings werden für Infusionslösungen auch relativ niedermolekulare Dextrane von einem $\overline{MG}$ bei 50000 verwandt.

Dextransulfat als Heparinoid ist zwar vielfach beschrieben, hat jedoch infolge von toxischen Reaktionen keine Anwendung gefunden. Der toxische Einfluß des Schwefels soll durch teilweisen Ersatz der SO_3H-Gruppe durch Carboxymethylgruppen ohne Verlust der Wirksamkeit herabgesetzt werden (GABERT). Eisendextran und Carboxymethyleisendextran gewinnen zunehmende Bedeutung als intramuskulär applizierbare Eisenpräparate, insbesondere in der Veterinärmedizin. Wasserlösliche saure Dextranderivate (wie Carboxymethyldextran) und oxydiertes Dextran (CSSR-Pat. 90794) werden als Träger für basische Therapeutica mit Depotwirkung empfohlen. Entsprechend besitzen basische Derivate, wie die Aminoalkoholäther, in Verbindung mit Insulin oder Hormonpräparaten, Depotwirkung.

Neben diesen spezifischen therapeutischen Anwendungsgebieten haben Dextrane bzw. Dextranderivate auch in der Technik Anwendung gefunden bzw. sind Anwendungsgebiete vorgeschlagen worden. Die wichtigsten Eigenschaften des Dextrans sind seine Fähigkeit, als hydrophiles Makromolekül wäßrige kolloidale Lösungen, Suspensionen und Emulsionen zu stabilisieren und in hochmolekularer, nativer Form als Quellmittel zu wirken. Den mengenmäßig weitaus größten Bedarf für technisches Dextran hat die Erdölbohrung, wo es die kolloidale, tonhaltige Bohrspülung stabilisiert und die Wasserabgabe verhindert (MÜLLER). Für die Anwendung in der Lebensmittelindustrie wurden zahlreiche Vorschläge gemacht, so als Stabilisator für Konfektfüllungen, zur Herstellung von eßbaren Schutzüberzügen usw. Ähnliche Anwendungen wie für Dextran wurden auch für das Carboxymethyldextran beschrieben. In kosmetischen Präparaten werden Dextrane bereits verwandt, so bei der Herstellung von Zahnpasten und Cremes, wo sie als hydrophile Quellmittel dienen. Durch Vernetzen mit bifunktionellen Reaktanden, wie Formaldehyd, Acetaldehyd und Epichlorhydrin, wird die Quellwirkung des Dextrans, abhängig vom Vernetzungsgrad, erhöht. Derartig vernetzte Dextrane lassen sich z. B. als Grundkörper für putzkörperfreie Zahnpasten benutzen. Neuerdings haben mit Epichlorhydrin vernetzte Dextrane in der Biochemie zur Fraktionierung von hochmolekularen Substanzen Verwendung gefunden (Sephadex).

Von den wasserunlöslichen Dextranderivaten haben die Ester der höheren Fettsäuren und bestimmte Äther potentielles Interesse. Derartige Produkte eignen sich z. B. als wachsartige Grundmasse für pharmazeutische und kosmetische Präparate, können zum Imprägnieren von Papier, Leder und Stoffen oder wie z. B. der Benzyläther zur Herstellung von Fäden benutzt werden.

Äther oder gemischte Äther-Ester können infolge der filmbildenden Eigenschaften des Dextrangrundmoleküls in der Lackindustrie und in der Kunststoffindustrie als Überzüge Verwendung finden.

Die Herstellung von Dextranderivaten erfolgt nach den Methoden, wie sie durch die Zucker- speziell durch die Cellulosechemie entwickelt wurden, wobei die Wasserlöslichkeit bzw. die leichte Quellbarkeit der Dextrane in Wasser die meisten Reaktionen erleichtert und eine Vorbehandlung, wie sie bei der Cellulose notwendig ist, erübrigt.

Literatur

Zusammenfassende Darstellungen (Auswahl)

DEDONDER, R.: "Glycosidases and Transglycosidation" in Ann. Rev. Biochem. **30**, 347 (1961).

GRÖNWALL, A.: Dextran and its use in colloidal infusion solutions. Stockholm 1957.

HEHRE, E.: "Enzymic Synthesis of Polysaccharides" in Advanc. Enzymol. **XI**, 297 (1951).

INGELMAN, B.: Dextran — a new swedish medicine. Svensk. Kem. Tid. **63**, 213 (1951).

JEANES, ALLENE: "Dextran, a Selected Bibliography," US Dept. Agr., Bur. Agr. Ind. Chem., A 16—288 (1950).

NEELY, W. B.: "Dextran, Structure and Syntheses" in Advanc. Carbohydrate Chem. **15**, 341 (1960).

PATAT, F.: „Zur kinetischen Analyse von Enzymreaktionen. — Die Bildung der Dextransucrase" in Dechema-Monographien **29**, 197 (1957).

PRESCOTT, S., and C. DUNN: "Dextrans" in "Industrial Microbiology," S. 370 (1959).

SQUIRE, I.: Dextran. Its Properties and Use in Medicine, Springfield (1955).

STACEY, M., and C. RICKETTS: "Bacterial Dextrans" in Fortschr. Chemie org. Naturstoffe **8**, 28 (1951).

TSUCHIYA, H. M.: Dextransucrase, Bull. Soc. Chim. Biol. **42**, 1777 (1960).

WHISTLER, R., and I. MILLER: "Dextrans" in "Industrial Gums", S. 531 (1959).

Zitate

BAILEY, R. W., and A. E. OXFORD: J. gen. Microbiol. **19**, 130 (1958). — BEHRENS, U., and M. RINGPFEIL: J. Biochem. Microbiol. Technol. Eng. **3**, 199 (1961). — BOVEY, F. A.: J. Polym. Sci. **35**, 169, 183 (1959). — BOYD, A. M., F. FLETCHER, and A. H. RATCLIFFE: Lancet **1953**, 59.

DALTER, R. S.: US Pat. 2727838 (20. Dez. 1955).

EBERT, K., F. PATAT: Z. Naturf. **17b**, 738 (1962).

GABERT, A.: Dissertation. Math. nat. Fak. Univ. Leipzig (1961).

HAMDY, M. K., Q. VAN WINKLE, G. L. STAHLY, H. H. WEISER, and J. M. BIRKELAND: Ohio J. Sci. **56**, 41 (1956). — HEHRE, E. J.: Bull. Soc. Chim. Biol. **42**, 1805 (1960); — J. Biol. Chem. **222**, 739 (1956). — HEHRE, E. J., and D. M. HAMILTON: Proc. Soc. Exptl. Biol. Med. **71**, 336 (1949). — HELLMAN, N. N., H. M. TSUCHIYA, S. P. ROGOVIN, B. L. LAMPERTS, R. TOBIN, C. A. GLASS, C. S. STRINGER, R. W. JACKSON, and F. R. SENTI: Ind. Engng. Chem. **47**, 1593 (1955). — HULTIN, E., and L. NORDSTRÖM: Acta Chem. Scand. **8**, 1296 (1954); **3**, 1405 (1949).

JANUSZEWICZ, J.: Acta Microbiol. Polon. **4**, 205 (1955). — JEANES, A. R., W. C. HAYNES, C. A. WILHAM, J. C. RANKIN, E. H. MELVIN, M. J. AUSTIN, J. E. CLUSKEY, B. E. FISHER, H. M. TSUCHIYA, and C. E. RIST: J. Am. Chem. Soc. **76**,

5041 (1954). — Jones, J. K. N., and K. C. B. Wilkie: Can. J. Biochem. Physiol. 37, 377 (1959).

Koepsell, H. J., H. M. Tsuchiya, N. N. Hellman, A. Kozenko, C. A. Hoffman, E. S. Sharpe, and R. W. Jackson: J. Biol. Chem. 200, 793 (1952). — Kosinski, K.: Przemysl Spozywczy 9, 479 (1955).

Lacko, L., a J. Malek: Coll. Czechoslov. Chem. Communs. 22, 1106 (1957). — Levi, J., and E. Lozinski: Can. J. Biochem. and Physiol. 33, 448 (1955).

Müller, E. P.: Zeitschrift für angewandte Geologie, 213 (1963).

Nadel, H., C. J. Randles, and G. L. Stahly: Appl. Microbiol. 1, 217 (1953).

Owen, W. L.: Sugar 45, 42 (1950).

Ringpfeil, M.: Dissertation, Math. nat. Fak. Univ. Leipzig (1958). — Rosenfeld, E. L., i J. S. Lukomskaja: Biochimia 21, 412 (1956).

Sery, T. W., and E. J. Hehre: J. Bact. 71, 373 (1956). — Shurter, R. A.: US-Pat. 2717853 (13. Sept. 1955).

Tsuchiya, H. M., A. R. Jeanes, H. M. Bricker, and C. A. Wilham: J. Bact. 64, 513 (1952). — Tsuchiya, H. M., H. J. Koepsell, J. Corman, G. Bryant, M. O. Bogart, V. H. Feger, and R. W. Jackson: J. Bact. 64, 521 (1952).

Whiteside-Carlson, V., and W. W. Carlson: Science 115, 43 (1952). — Wimmer, E. L.: US-Pat. 2686777 (17. Aug. 1954); — US-Pat. 2686778 (17. Aug. 1954). — Wolff, J. A., R. L. Mellies, R. L. Lohmar, N. N. Hellman, S. P. Rogovin, P. R. Watson, J. W. Sloan, B. T. Hofreiter, B. E. Fisher, and C. F. Rist: Ind. Eng. Chem. 46, 2605 (1954).

Zief, M., and J. R. Stevens: J. Am. Chem. Soc. 74, 2126 (1952).

30. Angewandte Geobotanik

Von Heinz Ellenberg, Zürich*

1. Standortsbeurteilung

An Hand zahlreicher Meßwerte von Boden- und Klimafaktoren konnte Hofmann mit statistischen Prüfverfahren nachweisen, daß sich die von ihm ausgeschiedenen 15 Eichenmischwald-Gesellschaften eines Restwaldes in der Uckermark auch in wichtigen standörtlichen Merkmalen unterscheiden. Man darf sie tatsächlich als Indicatoren verwenden und die Artengruppen, aus denen sie zusammengesetzt sind, als ökologische Gruppen interpretieren. Mit Hilfe solcher ökologischer Gruppen berechnete Pötsch für mehrere Grünland-Gesellschaften West-Brandenburgs die mittleren Temperatur-, Feuchtigkeits-, Reaktions- und Stickstoffzahlen im Sinne Ellenbergs. Ökologisch-soziologische Artengruppen der Ackerunkrautvegetation stellten Hilbig, Mahn, Schubert und Wiedenroth zusammen. Zur Präzisierung des ökologischen Zeigerwertes von Pflanzen und Pflanzengesellschaften trug Niemann im Hinblick auf das Grundwasser bei.

Aus Kartierungen der Acker-, Grünland- und Waldgesellschaften leiteten Meisel und Wattendorf „Wasserstufenkarten" ab, auf denen das Gelände nach seinem Wasserhaushalt und dem mit diesem gegebenen Ertragspotential in 7 Stufen eingeteilt wird. Diese immer mehr üblich werdende Art der Verarbeitung ermöglicht es auch Laien, vegetationskundliche Erkenntnisse praktisch auszuwerten. Baeumer kartierte Wasser- und „Ernährungs-" (Zustands-) Stufen des Grünlandes in der Wümmeniederung östlich von Bremen unmittelbar im Gelände, indem er zur Abgrenzung nicht nur die Kombination von Zeigerpflanzen-Gruppen in Wiesen und Weiden, sondern auch Bodeneigenschaften heranzog. Die Zeigerpflanzen wurden zuvor auf Grundwasserbeobachtungen und Ertragsbestimmungen lokal „geeicht".

Ähnlich wie in SW-Deutschland (Schlenker) und anderen Gebieten benutzt man auch im nordostdeutschen Tiefland zur Standortskartierung in Wäldern ein „kombiniertes" Verfahren, das sich je nach den Gegebenheiten mehr der Zeigerpflanzen oder der Klima- und Bodenmerkmale bedient (Kopp und Hurtig). Für die waldbauliche Praxis liefert es bessere Unterlagen als jedes Verfahren für sich allein.

Wohlenberg setzte sich mit dem traditionell durch das Auftreten von Wattpflanzen definierten Begriff der „Deichreife" an der Nordsee-

---

* Bisher teilweise im Abschnitt 8, Ökologische Pflanzengeographie, referiert. Aus der Fülle der Literatur können auch hier nur wenige Beispiele herausgegriffen werden. Deren Auswahl stellt keine Wertung dar.

küste auseinander und zeigte, wie man die durch Bedeichung pflanzen-
leeren Watts hervorgerufene Lücke in der Entwicklung vom Sediment
zum Boden biologisch richtig überwindet.

Welche vegetationskundlichen und bioklimatischen Hinweise heute
der Hochlagen-Aufforstung in den österreichischen Zentralalpen zur
Verfügung stehen, erörterte AULITZKI (1, 2) an instruktiven Beispielen.
Ökologische Untersuchungen verschiedener Autoren zum Zwecke der
Hochlagen-Aufforstung in den Ötztaler Alpen sind in einem Sonderheft
der Bundes-Versuchsanstalt Mariabrunn (Heft 59, 1961) zusammengestellt.

2. Vegetationskartierung

Ein von TÜXEN geleitetes Symposium über Vegetationskartierung
gab einen vielseitigen Überblick über Aufgaben und Stand der Vegetationskartierung, insbesondere in europäischen Ländern. Über die
Arbeiten des »Centre de Cartographie phytosociologique« in Belgien
berichtete NOIRFALISE. GROSSER behandelte Stand und Anwendung
vegetationskundlicher Forschung und Kartierung in der Oberlausitz.

Vegetationskarten des Göttinger Waldes und eine eingehende Beschreibung der dort vorkommenden Pflanzengesellschaften legte WINTER-
HOFF vor. Als Musterbeispiel eines durch starke Reliefunterschiede
geprägten natürlichen Föhrenwald-Komplexes kartierte und analysierte
REHDER den Girstel am Albis bei Zürich. Auf die Moorkarte von JENSEN
(s. Seite 94) sei auch an dieser Stelle hingewiesen.

Eine pflanzensoziologische Karte 1:50000 des Dauergrünlandes auf
dem oberen Vogelsberg wertete SPEIDEL im Hinblick auf ihre betriebs-
wirtschaftliche Bedeutung und auf die Planung von Grünlandverbesse-
rungen aus. Grünland-Wuchsgebiete und den Gültigkeitsbereich einzelner
für die Grünlandkartierung benutzter Differentialarten grenzte SCHREI-
BER in seiner Untersuchung über die standortsbedingte und geographische
Variabilität der Glatthaferwiesen in Südwestdeutschland ab.

Während für die Planung wasserwirtschaftlicher Maßnahmen
flächenmäßige Darstellungen der Vegetation (bzw. der aus ihr abgeleiteten
„Wasserstufen") gute Dienste leisten, sind zur Beweissicherung für die
Veränderung landwirtschaftlich genutzter Flächen durch Wasserkraft-
werke oder andere Eingriffe in den Wasserhaushalt des Bodens genaue
Vegetationsaufnahmen von bestimmten Probeflächen vorzuziehen, die
in dichtem Netz über das voraussichtlich beeinflußte Gebiet verteilt und
nach einigen Jahren wiederholt werden (DANCAU und von ihm zitierte
ältere Literatur).

Vegetations- und Bodenkarten können nach TRAUTMANN
zwar gut übereinstimmen, müssen sich aber nicht decken. Auf Standorten
mittlerer Beschaffenheit lassen sich die Pflanzengesellschaften (z. B.
Luzula-Buchenwälder) oft nicht differenzieren, obwohl sich die Bodenarten (z. B. Kies, Sand, Sandlöß) stark unterscheiden und waldbaulich
ungleich zu bewerten sind. Bei kleinräumigem Wechsel stark verschiedener Bodentypen kann dagegen die Vegetationskartierung rascher zu
einer genauen Übersicht führen als die Bodenaufnahme. Die von MAHN

und SCHUBERT erarbeitete Karte der Ackerunkraut- und Grünland-
Gesellschaften nördlich von Wanzleben stimmt im großen und ganzen
mit den Ergebnissen der Bodenschätzung überein, zeigt aber keine ein-
deutigen Beziehungen zu den von landwirtschaftlichen Versuchs-
anstalten erstellten Karten des Kali-, Phosphor- und Kalkbedarfs. Im
Bereich des Grünlandes ist die Vegetationskarte feiner abgestuft als die
Bodenschätzungskarte.

Die Interpretation und Kartierung der Vegetation mit Hilfe von
Luftbildern ist in der Sowjetunion sehr gefördert worden (STEINER).
Besondere Vorteile bieten die Farbkontraste, die man mit Hilfe des
Spektrozonalfilms SN 2 bei Aufnahmen mit Orangefilter erzielt. Sie
gestatten nicht nur Laub- und Nadelhölzer, sondern auch viele Vegetationsformationen besser zu unterscheiden als auf Schwarzweiß- oder
Infrarot-Bildern. Literaturreferate über forstliche Luftbildauswertung,
besonders in Amerika, stellte BECKING zusammen. Die geographische
Luftbildinterpretation, die sich großenteils ebenfalls der Vegetation
bedient, erörterte TROLL (1). Viele aufschlußreiche Luftbildauswer-
tungen und Vegetationsskizzen aus dem südöstlichen Mauretanien und
dem anschließenden Mali (Westafrika) enthält der Bericht von AUDRY
und ROSSETTI.

3. Landschaftsökologie

Einen Überblick über landschaftsökologische Probleme und Arbeiten
in den Tropen gab TROLL (2).

„Baum und Strauch in der Gestaltung der deutschen Landschaft"
heißt ein aufschlußreiches Taschenbuch von EHLERS, das die ökologisch
und pflanzensoziologisch richtige Verwendung wildwachsender Baum-
und Straucharten bei der Bepflanzung von Autobahnen, Schutthalden
u. dgl. ermöglicht. Die Rekultivierung von Abraumflächen ist ein wichtiges Anliegen der Landschaftspflege und zugleich ein ökologisches
Problem (DARMER). Eine Kippe aus tertiären Feinsanden, eine Halde
von geschüttetem Löß und eine Fläche von angespültem Löß beispielsweise erfordern ganz verschiedene Vorbehandlung, Berasung und Bepflanzung.

Den Vegetations- und Landschaftswandel in der Oberrheinebene,
insbesondere im Bereich der flachgründigen Schotterböden unterhalb
des Isteiner Klotzes, stellte HÜGIN anschaulich dar. Die Grundwasser-
senkung infolge stärkerer Erosion des begradigten Flusses wirkte sich
hier vor allem deshalb so verhängnisvoll aus, weil es sich um sehr durch-
lässige Böden handelt. Auf andere Flußgebiete dürfen diese Erfahrungen
nicht ohne weiteres übertragen werden. Für den Ackerbau auf Lehm-
böden stellen Grundwassersenkungen nach ESKUCHEs Untersuchungen
an der Erft keinen Nachteil dar.

Eine hervorragende Unterlage für landschaftsökologische Studien
und ihre Auswertung in der Landschaftspflege und Wirtschaftsberatung
wurde in Mecklenburg von ZIMMERMANN, REINHARD, KRAUSE und zahlreichen weiteren Mitarbeitern in Form eines Atlasses der Bezirke

Rostock, Schwerin und Neubrandenburg sowie eines ausführlichen Text-
heftes geschaffen. Ausgehend von der Glazialmorphologie, den geolo-
gischen Formationen, den Bodenarten und -typen, der Anfälligkeit für
Wasser- und Winderosion, dem Chlorid- und Carbonatgehalt des Grundwassers und anderen Karten zur Bodenbeurteilung wird die Natur des
Landes in über 40 Einzelblättern dargestellt. Das Klimagefälle von den
Küsten bis zum kontinental-trockenen Südosten kommt in gut aus-
gewählten Faktorenkarten wie in synthetischen Übersichten zum Ausdruck. Außer der natürlichen Vegetation wird auch die Verbreitung
seltener Wasser-, Sumpf-, Flachmoor-, Heide- und Moorpflanzen sowie
charakteristischer Wald- und Trockenrasengewächse wiedergegeben,
die als Indicatoren für ihre Umwelt und als Zeugen der Vegetationsgeschichte gelten dürfen. Tiergeographische Karten, z. B. über die Ausbreitung des Kolkraben seit 1946, fehlen nicht, und Karten der Natur-
und Landschaftsschutzgebiete vervollständigen den Überblick. Am Beispiel eines kleinen Ausschnittes aus dem Mecklenburger Seenrücken, des
Meßtischblattes Thurow in Neubrandenburg, zeigten SCAMONI und seine
Mitarbeiter, wie die landschaftsökologische Forschung durch das Zu-
sammenwirken von Geographen, Standortskundlern, Vegetations-
kundlern, Ornithologen und Wildforschern vertieft und zu präzisen
Ergebnissen geführt werden kann.

Auf solchen beispielhaften Grundlagen sollten nun experimentelle
Untersuchungen beginnen, um endlich einmal die Auswirkungen von
Gewässern, Mooren und Gehölzen auf das Klima der nahen und weiteren
Umgebung oder auf das Tierleben und die Erträge der angrenzenden
Ackerflächen und andere Lehrmeinungen rühriger Landschaftspfleger
zu prüfen. Zu solchen Fragen fehlen aber mit Ausnahme einiger Wind-
schutzstudien noch immer exakte Untersuchungen. Sie wären dringend
notwendig, wenn sich die Landschaftsökologie zu einem fundierten
Wissenszweig und einer zuverlässigen Hilfe für die praktische Landschaftspflege entwickeln will.

Literatur

AUDRY, P., et C. ROSSETTI: Proj. Fonds spéc. Nations Unies Criquet Pélerin,
Rapp. UNSF/DL/ES 3, 257 S. (F.A.O., Rome, 1962). — AULITZKI, H.: (1) Wetter
u. Leben 14, 95—117 (1962); — (2) Schweiz. Z. Forstwes. 114, 1—25 (1963).
BAEUMER, K.: Abh. naturw. Ver. Bremen 36, 118—168 (1962). — BECKING,
R. W.: Commission VII on Photo Interpretation: Working Group on Forestry
Applications. Annual Report 1960. "Photogrammatic Engeneering" 1961, 645—653.
DANCAU, B.: Bayer. landwirtsch. Jb. 38, 624—630 (1961). — DARMER, G.:
Oikos 14, 252—266 (1963).
EHLERS, M.: Baum und Strauch in der Gestaltung der deutschen Landschaft.
279 S. Berlin u. Hamburg 1960. — ESKUCHE, U.: Arb. aus d. Bundesanst. f. Vege-
tationskartierung, Stolzenau/Weser, 72 S. (Düsseldorf 1962).
GROSSER, K. H.: Abh. u. Ber. Naturkundemus. Görlitz 37, 7—31 (1962).
HILBIG, W., G. MAHN, R. SCHUBERT u. E. M. WIEDENROTH: Bot. Jb. 81,
416—449 (1962). — HOFMANN, G.: Arch. Naturschutz u. Landschaftsforsch. 2,
3—139 (1962). — HÜGIN, G.: Beitr. Landespflege 1, Festschr. Prof. Wiepking,
186—250 (1962).
KOPP, D., u. H. HURTIG: Arch. Forstwes. 9, 387—486 (1960).

MAHN, E. G., u. R. SCHUBERT: Wiss. Z. Univ. Halle, math.-nat. R. **11**, 765—816 (1962). — MEISEL, K., u. J. WATTENDORFF: Mitt. florist.-soziol. Arb.gem. N. F. **9**, 230—238 (1962).

NIEMANN, E.: Arch. Naturschutz u. Landschaftsforsch. **3**, 3—36 (1963). — NOIRFALISE, A.: "Le Mouvement sci. en Belg." (Brüssel) **10**, 8 S. (1963).

PÖTSCH, J.: Wiss. Z. pädagog. Hochsch. Potsdam **7**, 167—200 (1962).

REHDER, H.: Ber. geobot. Inst. ETH, Stiftg. Rübel, Zürich **33**, 17—64 (1962).

SCAMONI, A., K. H. GROSSER, C. GÜRTLER, G. HOFMANN, H. PASSARGE, A. SIEFKE u. H. WEBER: Wiss. Abh. dtsch. Akad. Landwirtschaftswiss. Berlin **56**, 340 S., 2 farb. Karten. — SCHLENKER, G.: Allg. Forstz. **1963**, Nr. 20. — SCHREIBER, K. F.: Ber. geobot. Inst. ETH, Stiftg. Rübel, Zürich **33**, 65—128 (1962). — SPEIDEL, B.: Schr. R. Bodenverbandes Vogelsberg (Lauterbach in Hessen) **3**, 67 S. (1963). — STEINER, D.: Erdkunde **17**, 77—100 (1963).

TRAUTMANN, W.: Ber. internat. Sympos. Vegetat. Kartierg. 23.—26. 3. 1959, Stolzenau/Weser. Weinheim 1963, 119—127. — TROLL, C.: (1) Photo-Interpretation Delft **1962**, 266—275 (1962); — (2) J. trop. Geogr. **17**, 1—11 (1963). — TÜXEN, R. (Hrsg.): Berichte des internationalen Symposions über Vegetationskartierung, 23.—26. 3. 1959, in Stolzenau/Weser. Weinheim (Cramer) 1963, 500 S.

WINTERHOFF, W.: Nachr. Akad. Wiss. Göttingen II. math.-phys. Kl. **1962**, 21—79 (1963). — WOHLENBERG, E.: Ber. dtsch. Landeskunde **27**, 220—228 (1961).

ZIMMERMANN, J., H. REINHARD, M. KRAUSE u. a.: Atlas der Bezirke Rostock, Schwerin und Neubrandenburg. Bd. 1: Natur des Landes. Schwerin (Topogr. Dienst) 1962, 141 S. u. 47 Karten.

Sachverzeichnis

Die *kursiv* gedruckten Seitenzahlen weisen auf die Hauptbehandlung
des betreffenden Stichwortes hin